B

Hans Wichmann

Von Morris bis Memphis

Textilien
der Neuen Sammlung
Ende 19. bis Ende 20. Jahrhundert

Mit Beiträgen von:
Stephan Eusemann
Ildikó Klein-Bednay
Jack Lenor Larsen

Birkhäuser

Band 3
der Sammlungskataloge der
Neuen Sammlung

CIP-Titelaufnahme der Deutschen Bibliothek

Neue Sammlung <München>:
[Sammlungskataloge der Neuen Sammlung]
Band ... der Sammlungskataloge der Neuen
Sammlung. – Basel ; Boston ; Berlin : Birkhäuser.
Bd. 3. Von Morris bis Memphis : Textilien der Neuen
   Sammlung ; Ende 19. bis Ende 20. Jahrhundert /
   hrsg. von Hans Wichmann. Mit Beitr. von: Stephan
   Eusemann . . . – 1990
   ISBN 3-7643-2313-2
NE: Wichmann, Hans [Hrsg.]

© 1990 Birkhäuser Verlag, Basel
Printed in Germany
Bild- und Satzspiegel, Einband und Umschlag:
Mendell & Oberer, Graphic Design, München
Layout: Walter Lachenmann und Hans Wichmann
Herstellung: Walter Lachenmann, Schaftlach
Farbreproduktionen: eurocrom 4, Treviso
Schwarzweißreproduktionen: Reprographie Franz
Huber, München
Satz und Druck: Wagner GmbH, Nördlingen
Bindung: Oldenbourg, München

ISBN 3-7643-2313-2

Inhalt

Vorwort

Kein Feld menschlicher Dingerzeugung führt so nahe zum Menschen wie das seiner Textilien. Sie sind sein unmittelbarster Schutz, seine Bergung und Umhüllung. Sie vertreten seine »zweite Haut«, umschmiegen ihn in Raum und Haus und repräsentieren ihn. Mit ihrer Erzeugung sind mächtige Industrien und mit ihrer Verteilung breite Märkte beschäftigt. Textilien gehören deshalb zu den elementaren Bereichen unseres Lebens.

Für ein Museum, das sich professionell mit Gestaltfragen von Serienerzeugnissen auseinandersetzt, führen Textilien darüber hinaus zu den historischen Quellbereichen des industrial design; denn nicht Stahl und Eisen waren die unmittelbaren Antriebskräfte für die industrielle Revolution, sondern die massenhafte Herstellung von Textilien. Der Verdeutlichung dieses Tatbestandes ist deshalb auch das erste Kapitel gewidmet, das sich vor das farbige, bunte Feld der Bildwiedergaben lagert; zumal erst mit den Reformbewegungen des ausgehenden 19. Jahrhunderts bzw. mit amerikanischen Arbeiten europäischer Auswanderer, den sogenannten »Quilts«, das in unseren Sammlungen bewahrte Material einsetzt. Diesem vorangestellt ist weiterhin ein Kapitel, das die Ornamentfrage als Problemkreis des 19. und 20. Jahrhunderts andeutet, damit ein Thema aufgreift, um das sich eine breite, bewegende Diskussion rankt. Es verdiente eine eigenständige, umfangreiche Abhandlung.

Dieses Problem ist vor allem unter drei Aspekten von Interesse. Einmal gewinnt es seine Existenz aus dem Verlust ehemaliger Selbstverständlichkeit, treten doch erst mit dem Beginn industrieller Fertigung, also mit der Deckung von Massenbedarf, Form und Ornament auseinander. Wiederum durch die Massenproduktion wird aber erst der Historismus möglich; ruft doch der durch die Massenproduktion bedingte Verschleiß an Dekoren eine ungeheure Nachfrage nach Mustern hervor. Ihre Deckung wurde durch die Ausschlachtung der mehr und mehr überblickbaren historischen Stile und Weltkulturen möglich. Zum anderen ist Dekor oder Muster und das jeweilige Verhältnis zu ihnen ein Schlüssel für die jeweiligen Kunstrichtungen, für die Neigungen der einzelnen Phasen. So sind das 19. und 20. Jahrhundert in starkem Maße von Sympathie und Abneigung gegenüber dem »Ornament«, die sich wellenweise ablösen oder partiell überlagern, bestimmt. Und schließlich ist kein anderes Material, kein anderes menschliches Gebrauchsding, so eng mit dem Muster verbunden wie das textile.

Mit der sich anschließenden chronologischen Wiedergabe von annähernd 600 westlichen Tapisserien, Stoffen, Teppichen wird eine Fülle von Mustern ausgebreitet, die wohl ein breites Spektrum des Formenvorrats unseres Jahrhunderts dokumentiert.

Diesem zentralen Block folgt ein weiterer Exkurs, der nach der Ornamentfrage wohl das zweite, besonders für das 20. Jahrhundert wichtige Problemfeld, das der Systematisierung, und dieses an Hand von textilen Farbsystemen expliziert.

Durch ein Kapitel über japanische Stoffe, die aus Musterbüchern des 19. Jahrhunderts stammen und von Ildikó Klein-Bednay vorzüglich bearbeitet wurden, werden die Bildfolgen beschlossen. Es handelt sich dabei um eine Pionierarbeit, die erstmals für den westlichen Sprachraum unternommen wurde. Mit diesem Kapitel tritt nach den ekstatischen Farb- und Musterorgien der 2. Hälfte unseres europäischen Jahrhunderts wiederum wunderbare Stille und Beruhigung ein. Nicht mehr laut und bunt, sondern verhalten und subtil sind die kleinen kostbaren Web-, Komon- oder Ikat-Muster, noch wahrhaft integriert in einen Weltzusammenhang, darin der eigentlichen Stellung des Menschen angemessen.

Beschlossen wird das Buch von einem breiten Apparat mit Glossar, Viten, Historien der Werkstätten, Registern und einer umfangreichen Bibliographie, deren Anzahl von Titeln nicht darüber hinwegtäuschen sollte, daß die Erforschung der Textilien des 19. und 20. Jahrhunderts noch durchaus am Anfang steht.

Mein Dank gilt allen, die an der Erstellung dieses Buches mitwirkten, den zahlreichen internationalen Museen ebenso wie den Verfassern der die Publikation erweiternden Beiträge: Stephan Eusemann, Ildikó Klein-Bednay und Jack Lenor Larsen, dessen Abhandlung dank der Genehmigung von Kathryn B. Hiesinger und George H. Marcus des Philadelphia Museum of Art hier erneut abgedruckt werden konnte. Diese Abhandlung wurde in unser Buch einbezogen, weil sie einen guten Überblick vor allem über die amerikanische Textilentwicklung seit 1945 vermittelt und darin meine Ausführungen zum gleichen Thema ergänzt. Für die Übersetzung aus dem Englischen bin ich Frau Gerda Kurz, Nürnberg, verbunden.

Dankbar bin ich weiterhin meinen Mitarbeitern: Susanne Stephanie Girke M. A., die neben deskribierender Erfassung und Einordnung auch das Glossar in seinen Grundzügen erstellte, in gleicher Weise auch Hiltrud Voss M. A., Karin Uhl M. A., Michaela Schneider M. A, Dr. Florian Hufnagl, Josef Strasser M. A., die sich der Objektbeschreibung, Literatursammlung, Erstellung von Viten und den Geschichtsabrissen der Werkstätten angenommen haben. An Vorarbeiten in diesem Sinne war auch Gabriele Bader-Grießmeyer M. A. beteiligt. Um die definitive Abfassung des Apparates, Erforschung von Viten und Firmengeschichten und die formale Korrektur der Objektbehandlungen hat sich auch bei diesem Sammlungskatalog Dr. Corinna Rösner besonders verdient gemacht ebenso wie Dr. Florian Hufnagl bei der Beschaffung der so zahlreichen Aufnahmen. Dank des vielfältigen Engagements konnten zahlreiche Daten und Fakten gehoben und vergessene Entwerfer und Produzenten erneut dem Gedenken zurückgewonnen werden.

Darüber hinaus bin ich Sophie-Renate Gnamm, Herbert Bungartz, E. Lantz und Joachim Gaitzsch für die Erstellung der meisten Aufnahmen dankbar, in gleicher Weise Walter Lachenmann für seinen Einsatz bei Umbruch und Herstellung des Buches. Mein Dank gilt auch Pierre Mendell und Klaus Oberer, vor allem aber dem Birkhäuser Verlag, vertreten durch Hans-Peter Thür und Eduard Mazenauer, die mit der Edierung dieser Publikation einem bisher vernachlässigten, dennoch faszinierenden Forschungsfeld einen neuen Impuls verliehen haben.

Hans Wichmann
Starnberg, im Januar 1990

Der Hintergrund
Textilien: Wegbereiter des Industrial Design

Der Begriff »Industrielle Revolution« läßt wohl zuerst an Stahl, Eisen oder Kohle denken, an technische Hilfsmittel und Rüstzeug, weniger an die Geschmeidigkeit von Textilien, Stoffen oder Kleidung. Dennoch aber sind diese die Wegbereiter und Auslöser des Zeitalters von Technik und Industrie gewesen. Genauer gesagt, war es vor allem ein textiler Grundstoff, die Baumwolle, deren Verarbeitung in England die so folgenreiche Veränderung der menschlichen Lebensbedingungen auslösen und anfänglich tragen sollte.[1]

Textilien sind deshalb mehr als irgendeine andere Gattung unserer Dingwelt Zeugnisse auch von Design, und die Beschäftigung mit ihnen führt in die Wurzelbereiche der Design-Bedingungen der modernen Welt, führt zu den Quellbereichen der Massenproduktion.

Sie liegen durchaus noch im 18. Jahrhundert, obwohl an dessen Beginn in Europa Baumwolle als tropisches Produkt mit exotischem Flair und gewissem Seltenheitswert angesehen wurde. Aber mit Beginn der Spinn- und Vorwerkmaschinen[2] wurde Cotton der Rohstoff einer von Großbritannien ausgehenden Weltindustrie. Zwischen 1720 und 1740 ließ dort vor allem der Landesverbrauch eine Baumwollindustrie in Lancashire entstehen. Aber bereits dieser Anfang ist beachtlich, wurden doch als sekundäre Auswirkung allein in Manchester in diesem Zeitraum 2 000 Häuser gebaut.[3] Durch den Druck eines wachsenden europäischen und atlantischen Außenmarktes erzeugte die stetig steigende Nachfrage gerade in England eine ungewöhnliche, bisherige Erfahrungen durchbrechende Produktionssteigerung. Zwischen 1775/80 importierte das Vereinigte Königreich etwa 6 bis 7 Millionen Pfund (Gewicht) Rohbaumwolle; 1792 waren es fast 35 Millionen und 1810 annähernd 65 Millionen.[4] Vor allem fand Großbritannien einen Markt in den amerikanischen Kolonien, im Sklavenhandel[5] und in Osteuropa.

Als dynamischer Industriezweig riß die Textilbranche die chemische Industrie und den Maschinenbau mit sich und trieb zu fortwährender Modernisierung. Basis dafür war eine neuartige Zusammenarbeit von Wissenschaft und Industrie, die sich vor allem in den sogenannten gelehrten Gesellschaften abspielte, etwa in der Royal Society Londons oder der dort 1754 konstituierten Society for Encouragement of Arts, Manufacture and Commerce. Auch in den sich industrialisierenden Landesteilen bildeten sich Gesellschaften dieser Art, so die Lunar Society in Birmingham oder die 1781 eingerichtete Literary and Philosophical Society in Manchester, die 1783 ein College of Arts and Sciences gründete, dessen Kurse über Techniken des Bleichens, Färbens und Bedruckens von Baumwollstoffen am stärksten besucht wurden.[6]

Diese industrielle Textilproduktion wurde in Großbritannien durch die französisch-napoleonischen Kriege zwischen 1793 und 1815 und die Kontinentalsperre zwar retardiert, aber nicht unterbrochen. Durch die einseitige kontinentale Festlegung Napoleons[7] gelang es vielmehr Großbritannien im Verein mit einer zwischen 1780 und 1820 um 50% gesteigerten Effizienz der Landwirtschaft[8], auf dem zerfallenden französischen Kolonialsystem ein neues Freihandelsreich aufzubauen, dessen Schwerpunkt sich von den Küsten Europas an die jenseits des Atlantiks verlagert hatte.

Der Wert der britischen Baumwollproduktion stieg zwischen 1784/86 und 1811/13 von 5 auf 28 Millionen Pfund Sterling und stand an der Spitze des Warenexports.[9] Diese wirtschaftlichen Daten waren nur durch technische Erfindungen und Verbesserungen möglich. So erfolgte 1810 die Gründung der ersten mechanischen Baumwollweberei und bis etwa 1815 die weitgehende Mechanisierung der Baumwollspinnerei mit äußerst leistungsfähigen Spinnmaschinen (mules).[10]

Trotz immer wieder auftretender wirtschaftlicher Einbrüche und Depressionen[11] gelang zwischen 1820 und 1860 eine weitere gewaltige Zunahme der Baumwollausfuhr um mehr als das Zehnfache, vor allem nach Lateinamerika, Afrika, Indien und China.[12] Auch diese anwachsende Produktion basierte auf technischen Neuerungen. So wird Cartwrights[13] Webstuhl 1822 von R. Roberts[14] vervollkommnet. Bereits um 1825 existiert diese Neuerung in Tausenden von Exemplaren und führt gegen 1830/40 zur technischen Revolution auch der Wollweberei. Ebenfalls um 1825/30 erfolgt durch die automatische Spinnmaschine, die »self acting mule«, von Roberts[15] erneut eine Verbesserung der Baumwollspinnerei, und die gleiche Zeit bringt die Eröffnung der ersten nicht im Grubenbetrieb verwendeten Eisenbahnstrecke zwischen Manchester und Liverpool mit sich. Auch dafür war die Baumwolle der auslösende Faktor, vermochte doch gegen 1820 der 1772 zwischen diesen Städten gebaute Kanal die riesigen Massen von Baumwollimporten und Fertigerzeugnissen kaum mehr zu fassen. Deshalb wurde 1826 der Bau einer Eisenbahn, die sich seit 1825 bereits zum Kohletransport im Grubenbecken von Newcastle bewährt hatte, begonnen und 1830 mit der von George und Robert Stephenson konstruierten Lokomotive »Rocket« in Betrieb genommen.[16] Damit beginnt das Eisenbahn- oder Stahlzeitalter und eine Verkehrserschließung der Welt in neuen Dimensionen. Die Gußeisen- und Stahlerzeugung schnellte in Großbritannien aufgrunddessen von 20 000 Tonnen in den Jahren zwischen 1830/35 auf das Zehnfache im Jahr 1841 empor, um 1846/47 eine Million Tonnen zu erreichen.[17] Bereits in der Mitte des Jahrhunderts besaß Großbritannien Eisenbahnstrecken von mehr als 5 000 Meilen und damit die Grundstruktur seines heutigen Bahnnetzes. Die Vereinigten Königreiche waren, ausgehend von der Industrialisierung ihres Textilgewerbes, den europäischen Festlands-Staaten um mehr als eine Generation voraus, die nun staunend – vor allem Preußen und die anderen deutschen Länder – zur Verfolgungsjagd ansetzten.[18]

Diese industrielle, vor allem von der Baumwollfertigung getragene Verwandlung der Welt erscheint im Rückblick technisch-geschichtlich imponierend. Soziologisch betrachtet zeigt sich unumgänglich die Kehrseite der Medaille, wurde doch unser heutiges Wohlergehen durch Verschleuderung von Menschenkraft, von Glück und Freude und mit riesigen Zerstörungen unseres Planeten bezahlt.

Karl Friedrich Schinkel notiert beispielsweise am 17. Juli 1826 nach einem Besuch von Manchester in sein Tagebuch: »... enorme Fabriken ... haben Gebäude, [die] sieben bis acht Etagen hoch [sind und] so lang als das Berliner Schloß und ebenso tief, ganz feuersicher gewölbt, einen Kanal zur Seite und drinnen. Straßen der Stadt führen durch diese Häusermassen, über den Straßen gehn Verbindungsgänge fort. In ähnlicher Art geht es durch ganz Manchester; das sind Spinnereien von Baumwolle von der feinsten Art ... Seit dem Krieg sind in [Lancashire] vierhundert neue Fabrikanlagen gemacht worden. Man sieht da Gebäude stehen, wo vor drei Jahren noch Wiesen waren. Aber diese Gebäude sehen so schwarzgeräuchert aus, als wären sie hundert Jahre in Gebrauch. Es macht einen schrecklich unheimlichen Eindruck ...«.[19] Charles Dickens schildert die gleiche Situation in »Hard Times« mit den Worten: »... Es war eine Stadt der Maschinen und der hohen Schlote, denen ununterbrochen endlose Rauchschlangen entquollen, ohne sich aufzulösen. Ein schwarzer Kanal durchzog sie und ein Fluß, dessen Wasser purpurrot war von stinkenden Farbstoffen, und es gab riesige Gebäudemassen mit vielen Fenstern, wo es den ganzen Tag lang ratterte und bebte und wo der Kolben der Dampfmaschine eintönig auf- und abstieg wie der Kopf eines Elefanten in trübem Irrsinn ...«.[20]

Natürlich wurden diese riesigen Mengen von Textilien aus Baumwolle, Flachs, Seide oder Wolle nicht nur als Rohware produziert, sondern auch »veredelt«, also mit Mustern versehen, die man einwebte oder aufdruckte. Bei der Verarbeitung der Baumwolle bediente man sich besonders häufig unterschiedlicher Druckverfahren, die schon in der ersten Hälfte des 18. Jahrhunderts als Importe aus Asien über Holland in Europa verbreitet waren.[21] Dieser Zeugdruck wurde technisiert und wissenschaftlich durchdrungen und lieferte auf einfachere Weise Muster als der Webstuhl. Der Kattundruck – besonders nach Afrika und Südamerika geliefert – war für Großbritannien ein wichtiges Exportgut, das nach der Mitte des 19. Jahrhunderts mit leuchtenden Chemiefarben die verhaltenen asiatischen oder amerikanischen landesüblichen Naturfarben ausstach.

Auf dem Kontinent hatten sich in der ersten Hälfte des 19. Jahrhunderts vor allem das Elsaß, Wien und Augsburg zu Zentren dieser Technik entwickelt. In den dortigen Fabriken wurden raffinierte, vor allem kleinteilige Muster produziert, von denen einzelne Manufakturen über tausend verschiedene Entwürfe herstellten.[22] Die Inspiration dafür entlehnten die Musterzeichner[23] vor allem den vegetabilen Bereichen. Veristische Blumendekore, partiell für große Roben auch mit weit dimensionierten Rapporten, Streifen, Karos, auch abstrahierende Muster wechseln mit orientalisierenden, die im Bereich der Weberei vor allem durch die 1805 von Joseph-Marie Jacquard konstruierte Webmaschine preiswert zu erzeugen waren. Gesteuert durch Lochkarten, wob nun diese Maschine weitgehend automatisch.[24] Bereits 1812 arbeiteten allein in Frankreich 18000 Jacquard-Webstühle[25] – mit folgenschweren sozialen Konsequenzen.

Bei der wachsenden internationalen Konkurrenz gewannen das Muster, die »Frage nach dem Ornament« oder des Stils wachsende Bedeutung.[26] Um diese rankte sich vor allem die artifiziell-ästhetische Diskussion des 19. Jahrhunderts, und an ihr schieden sich auch die Geister.

Das wurde bei der Kritik der Weltausstellung in London 1851 deutlich[27] und führte zur Konstituierung von Bildungsanstalten mit Vorbildersammlungen[28], die sich rasch auch in Deutschland verbreiten sollten[29], ließ aber auch die Formierung von Reformbewegungen gedeihen und zwar besonders in England, weil dort die fortschrittliche Industrialisierung ihre Nachteile bereits eindringlich dokumentierte.

Owen Jones[30], A. W. N. Pugin[31] und John Ruskin[32] sind Vorreiter, Christopher Dresser[33] und William Morris[34] ihre praktischen Wegbereiter und die Arts and Crafts Bewegung[35] ihr Sammelbecken mit starker Ausstrahlung nach Mitteleuropa.[36]

Woran entfachte sich nun die Kritik? Wohl vor allem an dem dominant auf Gewinn gerichteten Wesen der Industrie und ihrem so passenden Historismus,[37] graste doch dieser, angefeuert durch die Weltausstellungen, die abendländische Vergangenheit und die gerade entdeckte Ethnographie nach verwertbaren Mustern für das eben kauffähig gewordene Publikum ab.

Der Talmi-Charakter vieler industriell hergestellter Dinge im materiellen und inhaltlichen Sinne wird abgelehnt, erregt Anstoß. Dies ist der eine Faden, während der andere Strang danach trachtete, das sich in Windeseile verbrauchende Formrepertoire neu aufzufüllen. Dazu waren die Stile, auch die Ornamentik des Orients, vor allem aber die Natur eine schier unversiegbare Quelle mit ihren botanischen Gärten, Sammlungen und angegliederten Zeichenschulen.[38]

Dieses Genre vermochte im 19. Jahrhundert Frankreich und damit Paris am freiesten, sichersten und besten zu treffen. Die Lithographien des 1837/38 bei Fleury Chavant erschienenen Vorlagewerkes »Musée des dessinateurs de fabrique« geben über den Standard und über die Weiterführung holländischer Blumenmalerei Aufschluß. In Deutschland dagegen fordert C. G. W. Bötticher in seiner 1839 veröffentlichten »Dessinateurschule« »Symbolik, Geist, beziehungsreiche Gedanken für das Textilornament«.[39]

Doch diese ließen sich nur mühsam erzeugen und benötigten noch etwa zwei Generationen bis zu ihrer Realisierung. Deshalb blieben Frankreich und im letzten Viertel des Jahrhunderts auch England im Bereich sogenannter Ornamentik überlegen.[40] Sie wurde in den vierziger und fünfziger Jahren in

Paris professionell von Alfred Chabel-Dussungey oder dem Elsässer Eduard Müller gehandhabt, dessen große und reiche Blumenmuster, für die Manufakturen Lyons entworfen, Aufsehen erregten, und fand in den Ateliers Arthur Martins Fortsetzung. Geschäftsmäßig, rational erfolgte in dieser Zeichenfirma eine strenge Arbeitsteilung und stilistische Aufgliederung in Louis-XV, Louis-XVI oder Kaschmirartikel, dem Historismus selbst im Arbeitsprozeß Rechnung tragend.[41] In Paris vor allem kauften deshalb die amerikanischen und europäischen Fabrikanten ihre Muster, und einige konkurrenzfähige Entwurfsbüros etwa in Sachsen oder Elberfeld basierten auf französischer Schulung.

Frankreich hatte sich, rückblickend, geschickt und mit Eleganz auf den wechselnden Verbrauch vielfältiger Muster eingestellt und war wohl deshalb in der Lage, sein adäquates Textildesign bis in unsere Tage mit partieller Verlagerung auf die Haute Couture fortzuführen. Dies lag natürlich auch an den weit konstanteren sozio-ökonomischen Bedingungen des Landes, die immer auf bürgerlichen Fundamenten ruhten.[42]

England hat dagegen – hier vor allem den Deutschen das Stichwort gebend[43] – nie das Problemfeld Inhalt, Form, Ethik oder Gesellschaft – wie man es nennen will – losgelassen. Vielleicht gerade deshalb, weil sich die industrielle Revolution dort in einer besonders häßlichen Weise abgespielt hatte.

Christopher Dresser und William Morris sind dafür beispielhaft. Beide haben sich auf unterschiedlichen Wegen sowohl theoretisch als auch praktisch für eine Verbesserung der Gestaltung der Dingwelt und besonders auch der Textilien eingesetzt: Morris im Versuch, die Maschine zu ignorieren, in einem messianischen Zurück zur handwerklichen Kultur; Dresser, indem er für einen sinnvollen Einsatz der Maschine plädierte. Dresser scheint heute im Rückblick die ungleich weitreichenderen Perspektiven entwickelt zu haben. 1868 bereits gab er seine Dozententätigkeit auf und wandte sich verstärkt dem Industrial-, vor allem dem Textil-Design zu. »So sandte er 1869 der Firma Ward in Halifax 158 Entwürfe für Seidendamaste und – neben anderen Entwürfen für andere Hersteller – der Firma Brinton 67 Entwürfe für Teppichmuster. Im Jahr 1871 waren es 192 Teppichmusterentwürfe, die er Crossley's lieferte, um nur wenige Beispiele zu nennen.«[44] Zwischen 1870 und 1872 veröffentlichte er seine »Principles of Decorative Design« in Cassell's »Technical Educator«, und 1876 reiste er nach Besichtigung der Weltausstellung und Vorträgen in Philadelphia nach Japan, um ein wichtiger Vermittler von japanischer Kultur in Europa zu werden.[45] Nach seinem Tode in Mühlhausen, der Textilstadt im Elsaß, vergaß man ihn im Gegensatz zu Morris sehr rasch.[46]

Für die Geschichte des Industrial Design, für die Entwicklung von adäquaten und zugleich qualitätvollen Entwürfen, die sich völlig aus dem viktorianischen Stilpluralismus abheben und in ihrer konstruktiven Haltung zwei Generationen vorauseilen, ist Dresser von großer Bedeutung. Seine Auseinandersetzung mit der sogenannten Ornamentik im Verein mit seinen sich daraus ableitenden Entwürfen bindet ihn in unsere Thematik.

Morris' Werk, von dem unsere Sammlung einen Teil umschließt, ist daneben durchaus unter dem Gesichtspunkt Kunsthandwerk zu betrachten, zu dem Cornelius Gurlitt 1890 äußerte: »Aber mit der Massenproduktion endet nur das Kunsthandwerk, beginnt aber erst die handelspolitisch ungleich wichtigere Kunstindustrie. Dieser ist das Hauptaugenmerk als [Agens] für das Aufblühen unseres Wohlstandes zuzuwenden.«[47]

Textilien sind Produkte der Industrie par excellence, sie sind gewissermaßen die Zeugnisse ihrer Geburt. Sie verkörpern massenhaft gebrauchtes, verbrauchtes und immer von neuem benötigtes Gut, das durch Entwurf und Technik zum ästhetischen Objekt entwickelt, aber nur selten zum Träger künstlerischer Botschaft, also zum Kunstwerk, erhoben werden kann.

Die Textilbestände der Neuen Sammlung
Schwerpunkte und Tendenzen

Das Staatliche Museum für angewandte Kunst in München, das zugleich den Namen »Die Neue Sammlung« trägt, gehört zu den 12 staatlichen Museen Bayerns.[48] Es hat den Auftrag, das Bayerische Nationalmuseum für das 20. Jahrhundert, geöffnet hin zum 21. Jahrhundert, fortzusetzen und zugleich einen völlig neuartigen Museumstyp für »Kunst, die sich nützlich macht« zu konstituieren.[49]

Idee und Initiative zur Gründung der Sammlung sind in der Werkbundbewegung, die sich 1907 in München formierte, verflochten.[50] Auch der Grundstock der Sammlungsbestände speiste sich aus einer 1912 angelegten »Modernen Vorbildersammlung«, die mit dem Ziel, den Geschmack der Bevölkerung durch gute Entwürfe positiv zu beeinflussen, aufgebaut worden war.[51]

Die Sammlungsbestände des heutigen Museums gliedern sich in 23 Sammelgebiete. Eines davon – ein relativ kleines – ist den Textilien gewidmet.[52]

Bereits bei der ersten Ausstellung der »Vorbildersammlung«, also des Grundstockes der Neuen Sammlung, im Sommer 1913 – damals noch im Eigentum des Münchner Bundes, einer Sektion des Deutschen Werkbundes[53] – erregten die Textilien besonderes Interesse. In der Berichterstattung über dieses Ereignis wird jeweils auf die Textilien Bezug genommen.[54] Dieser damalige Bestand, der zwischen 1912 und 1914 zusammengetragen worden ist und in Schloß Nymphenburg den Krieg überdauerte[55], ist auch heute historisch betrachtet der erste Schwerpunkt der Textilsammlung unseres Museums.

Der Charakter dieser Sammlungsansätze wurde vor allem von zwei Faktoren bestimmt. Einmal von den materiellen Konditionen, die bescheiden waren, handelte es sich doch um eine vor allem von Richard Riemerschmid initiierte Privatsammlung einer Künstlergruppe, die lediglich öffentliche Fördermittel erhielt.[56] Deshalb sind viele Textilien der Zeit vor dem Ersten Weltkrieg von den Entwerfern dediziert worden. Zum anderen wurden sie unter der Idee des Werkbundes erworben, also stark unter ethischen, affektiv-pädagogischen Vorstellungen. Ausgangspunkt ist infolgedessen die englische Reformbewegung des verehrten William Morris, dem ein breites Feld vor allem deutscher Entwerfer der Aufbruchszeit zum »Neuen Kunstgewerbe« folgt. Es sind also Künstler oder Designer, die vorgaben, gegen die Zeitströmung des Jugendstils, also gegen die Ausformung des Historismus, eine neue, sachlich konstruktive Richtung zu entwickeln, und denen heute zumeist – als eine Ironie des Schicksals – durch eine wenig differenzierende Kunstgeschichte die Stilbezeichnung »Jugendstil« oder »Art Nouveau« übergestülpt wird[57], obwohl in der Disziplin längst bekannt ist, daß »zeitgleich« nicht immer »inhaltsgleich« bedeutet.

Zu den Namen von Margarethe von Brauchitsch, Hans Christiansen, Robert Engels, Thomas Theodor Heine, Adelbert Niemeyer, Emil Orlik, Bernhard Pankok, Bruno Paul, Otto Prutscher, Richard Riemerschmid, Carl Strathmann, Franz von Stuck oder Henry van de Velde gesellen sich zumeist in den späteren Jahren erworbene Entwürfe von etwa zwanzig weiteren Künstlern.

Dabei sind die wichtigeren Entwerfer häufig mit mehreren Stoffen belegt, so daß im Verein mit anonymem Material hier ein Grundstock von Textilien versammelt ist, der zwar keinen internationalen Querschnitt darstellt, weil er stark stilistisch geprägte Ausformungen ebenso aussart wie die Tendenzen anderer Länder, aber sehr konsequent die Bemühungen um Reformen im deutschsprachigen Raum zu belegen vermag.

Diesem Feld von Druck- und Webstoffen ist ein Werk eingebunden, das sich von den seriellen Objekten sondert. Es ist der subtil bestickte Wandbehang »Der Blütenbaum« von Herman Obrist, ein Unikat, ein Hauptwerk der Textilkunst der Jahrhundertwende und von nationaler Bedeutung. Dieses Werk wurde 1952 nach dem Tod von Frau Marie-Luise Obrist[58] durch Helmut Hauptmann[59] für die Neue Sammlung erworben und dann dem Stadtmuseum München als Leihgabe zur Verfügung gestellt[60]. Diese Erwerbung aus dem Besitze von Silvie Lampe-von Benningsen erfolgte wohl in Erinnerung an die unmittelbar nach dem Tod von Hermann Obrist in der Neuen Sammlung 1928[61] durchgeführte Gedächtnisausstellung.

Günther und Alice von Pechmann[62] und ihr Nachfolger im Amt des Leiters der Neuen Sammlung, Wolfgang von Wersin[63], haben dann zwischen 1925 und 1933 diesen Textilfundus durch sehr wichtige Erwerbungen erweitert und ausgebaut.

Während der Pariser Exposition Internationale des Arts Décoratifs et Industriels Modernes 1925 und in London wurden wiederum Stoffe von William Morris, aber auch Entwürfe von Gregory Brown, Constance Irving, E. Peacock u. a. erworben[64], 1926 Dutzende Coupons der Wiener Werkstätte nach Entwürfen von Josef Hoffmann, Viktor Kovačič, Mathilde Flögl, Hilde Schmid-Jesser, Felice Rix, Maria Likarz, Vally Wieselthier, Dagobert Peche, Max Snischek u. a. Zwischen 1926 und 1929 flossen Proben der meisten bedeutenden deutschen Textilentwerfer in diese Abteilung. So sind alle damaligen wichtigen künstlerischen Mitarbeiter der Deutschen Werkstätten wie Richard Lisker, Josef Hillerbrand, Ruth Geyer-Raack, Wolfgang von Wersin, Adelbert Niemeyer, Else Wenz-Viëtor, Karl und Lisl Bertsch, Berta Senestréy, Ernst Böhm oder Heinrich Sattler vertreten, ebenso die der Vereinigten Werkstätten bzw. der Münchner Farbmöbel-Werke mit Entwürfen u. a. von Fritz August Breuhaus, Pal László, Tommi Parzinger, Viktor von Rauch, Wilhelm Marsmann oder Elisabeth und Robert Raab; natürlich auch das Bauhaus mit Wandbehängen und Stoffen von Anni Albers und Gunta Stölzl oder Hajo Rose, weiterhin handgewebte Entwürfe von Sigmund von Weech, Stoffe der Staatlichen Schule für Handwerk und Baukunst in Weimar[65] und solche der Textilwerkstätten der Burg Giebichenstein in Halle.[66]

Wolfgang von Wersin hat diese Bestände erweitert, hat daneben sehr viele zeitgenössische geklöppelte Spitzen erworben, die jedoch nach dem Zweiten Weltkrieg an die Spitzenklöppelfachschulen in Schönsee, Stadern und Tiefenbach abgegeben wurden. Ihm ist die Erwerbung des Wandteppichs »Pique-As-Constellation« von Hans Arp (1930) zu danken.

Diese Erwerbungen der zweiten Hälfte der zwanziger und beginnenden dreißiger Jahre bilden heute trotz vieler unwiederbringlicher Kriegsverluste den entscheidenden Schwerpunkt der Textilabteilung der Neuen Sammlung. Der historische Abstand von mehr als einem halben Jahrhundert und die erneute Rezeption dieser Phase gibt ihm Gewicht.

Auch er wurde in den nachfolgenden Jahrzehnten vor allem durch Tapisserien und Teppiche ergänzt. So erfolgte 1963 die Akzession des Gobelins »Männlicher Akt« von Johanna Schütz-Wolff (1928), 1967 des prächtigen Teppichs »Volutes« von Pablo Picasso (1932). In den achtziger Jahren konnten für diesen Zeitraum bedeutende Textilwerke Sonja Delaunays, Eileen Grays, Ivan da Silva Bruhns, von Jean und Jacques Adnet und Fernand Légers (1932) den Sammlungen zugeführt werden. Daneben erfuhren die Kollektionen durch Webmuster des Bauhauses für industrielle Stoffe, Textilentwürfe Ruth Geyer-Raacks, des Pariser Studios La Maîtrise und Konzeptionen und Stoffe Sigmund von Weechs wertvolle Ergänzungen.

Nach den Wirren des Zweiten Weltkrieges setzt die Erwerbung nur zögernd ein. Erst 1950 werden Coupons, vor allem der Stuttgarter Gardinen, erneut erworben, obwohl gerade die Textilien schwere Verluste, weniger durch kriegerische Zerstörung als durch Diebstahl und schlechte Unterbringung, erlitten hatten. Die Neuerwerbungen der fünfziger Jahre sind zumeist uni, gestreift oder mit Karos versehen, nur selten gemustert. Das Schlagwort von Adolf Loos scheint wörtlich genommen worden zu sein.[67] Nur im Bereich der Tapisserien überspringt man diese ideologisch-asketische Hürde. Deshalb sind diese heute wohl wichtiger als die Stoffe, etwa der 1953 erworbene Gobelin von Lurçat »Table Noire« der Manufaktur Tabard aus Aubusson oder der kapitale, ebenfalls in Aubusson gewebte Gobelin »Penmarch« von Henri-Georges Adam, der 1963 in die Sammlung gelangte, begleitet von einem Wandteppich Woty Werners und anrührenden naiven Bildteppichen aus der ägyptischen Webschule Harrania.

Das etwas triste Bild der Stoffe der fünfziger Jahre konnte durch jüngst erworbene Coupons von Gianni Dova, Stephan Eusemann, Lucio Fontana, Gio Pomodoro und Enrico Prampolini aufgehellt und anspruchsvoller belegt werden. Leider ermöglichten die spärlichen Erwerbungsmittel seinerzeit nicht den Erwerb von Le Corbusier's »Les Huit« (1955) bzw. Picasso's »Les Clowns à la lune bleue« (1960) oder der herrlichen Tapisserie Braque's »L'Oiseau« (1966), die in Aubusson hergestellt wurden.

In den ausgehenden sechziger Jahren erfolgte noch eine zögernde Ergänzung der Stoffe, vor allem gelang neben der bereits oben erwähnten Erwerbung des Picasso-Teppichs 1968 die einer Tapisserie von Ida Kerkovius und 1971 eines Wandbehangs von Elisabeth Kadow[68], jedoch begann in den siebziger Jahren das Engagement gerade für serielle Textilien mehr und mehr zu erlöschen, wurden doch zwischen 1974 und 1979 außer einigen amerikanischen »Quilts« der Sammlung keine Stoffe mehr zugeführt.

Zwischen 1980 und 1989 konnte sie um mehr als 600 Stoffe, Tapisserien, Teppiche und Entwürfe beträchtlich ergänzt und bereichert werden. Das bedeutet eine Verdoppelung des 1980 vorgefundenen Bestandes. Diese Erwerbungen verteilen sich auf alle historischen Phasen, jedoch belegt die Hauptmasse die ausgehenden siebziger, vor allem die achtziger Jahre, so daß diese heute einen dritten Schwerpunkt innerhalb der Textilabteilung unseres Museums bilden. Dabei wurde der Versuch unternommen, systematisch, international ausgreifend, ästhetisch wertvolle Beispiele möglichst vieler wichtiger europäischer Manufakturen zu erfassen, erstmals auch solche Italiens. Auch in dieser Gruppe wird durch einen 1989 erworbenen, kühnen, plakativen, 1970 entstandenen Leopard-Teppich Gabettis ein Akzent gesetzt, um den sich Gobelins, Teppiche und Webereien von Else Bechteler, Erika Steinmayer, Pierre Mendell, Ottavio Missoni und aus Harrania gruppieren.

Voraussetzung dieser starken Akquisitionstätigkeit war eine konservatorisch einwandfreie, der schönen Materie gerecht werdende Unterbringung des Sammlungsguts.

Mit Hilfe dieser nun weit mehr als 1000 Textilien des 20. Jahrhunderts umfassenden Sammlungsabteilung kann – historisch betrachtet – die formale Textilentwicklung unseres Jahrhunderts in Mitteleuropa demonstriert werden. Dabei ergeben sich, gemäß den Sammlungsintentionen der Neuen Sammlung, typische Gewichtungen. Während sich die mit großen Namen wie Obrist, Picasso, Arp, Léger, Lurçat, Eileen Gray, Adam oder Delaunay verbundenen Tapisserien und Teppiche mehr dem tradierten musealen Sammlungsgut einbinden, ist die Sammlung der Stoffe, der sogenannten »Rapport-Ware«, anders geartet. Allein an Zahl übertreffen ihre zumeist drei Meter langen Coupons die Tapisserien um vieles. Sie stellt damit den Schwerpunkt der Textilabteilung dar. Hier sind Druck- und Webstoffe, leichte Vorhang- und schwere Bezugstoffe aus unterschiedlichsten Materialien vertreten. Es ist Alltagsware – sorgsam gewählte zwar –, vergängliches Gebrauchsgut und in vielen Fällen heute kaum mehr erwerbbar.

Die zukünftige Sammlungspolitik in diesem Bereich zielt auf den weiteren Ausbau besonders dieser Sektion. Jedoch werden auch weiterhin Tapisserien erworben werden, weil durch diese Unikate oder in Kleinserien hergestellten Webereien, Drucke oder Applikationen beispielsetzende Richtpunkte auch für die fabrikmäßige Großserie markiert werden.
(Zu den japanischen Stoffen vgl. die Seiten 356 ff.).

Exkurs I: Bemerkungen zu Ornamentik, Dekor und Muster

»Das Ornament, das über den reinen Nutzen des Gegenstandes hinausgeht, macht uns diesen angenehmer, da es ihm Schönheit und Ausdruck zufügt, wie die Farbe einer Blume dieser Lieblichkeit verleiht. Aber ebenso wenig, wie man von der Farbe sagen kann, daß sie für die Existenz der Blume nötig ist, kann man behaupten, daß das Ornament unentbehrlich ist für die Existenz des Gegenstandes.«

Dies schrieb Christopher Dresser[69] – weltweit der erste eigentliche Designer – 1862 auf der Seite eins seines in London erschienenen Buches »The Art of Decorative Design«.[70] Das Zitat führt in ein Problemfeld, das bis in unsere Tage immer von neuem leidenschaftlich erörtert wurde. Innerhalb der Kunstausübung auch des Kunstgewerbes und der Kunstindustrie, zugleich aber auch in der Kunstreflexion oder der sich heranbildenden Kunstgeschichte war es vor allem im 19. Jahrhundert ein zentrales Thema. Hinter ihm stand die Frage: »In welchem Stil sollen wir bauen?«[71] oder: Mit welchen Mustern sollen wir unsere Stoffe weben und bedrucken? – also tiefe Unsicherheit, gebrochene Selbstverständlichkeit und Hilflosigkeit in Kunstfragen.

Das wirtschaftliche Feld übersah man sehr viel klarer und kühler. Aber die Unsicherheit in ästhetischen Fragen begann sich auch wirtschaftlich negativ auszuwirken. Dies betraf die protestantischen, von der »Aufklärung« vermehrt durchdrungenen Länder stärker als die katholisch-westeuropäischen.

So hatte die Aufklärung zwischen London und Wien die Festen freier und vor allem angewandter Kunstübung stärker erschüttert als etwa in Frankreich, dessen großer Atem seiner Malerei über Revolution, napoleonische Ära und Republik, also durch das 19. Jahrhundert, hindurchgetragen wurde.

Um 1835 war England – das führende, mit vorzüglichen Maschinen ausgestattete Industrieland Europas – im Bereich der Musterentwürfe für Textilien aber ein Kostgänger Frankreichs.[72] Die Ornamentfrage wuchs sich zur nationalen Aufgabe aus. Um den Notstand zu beheben, hatte man deshalb eine Reihe vor allem deutscher und französischer Experten vor ein parlamentarisches Auswahlkomitee geladen, unter anderen Gustav Waagen, den Direktor der Königlichen Museen in Berlin, Claude Guillotte, einen französischen Fabrikanten von Jacquard-Geweben, und Leo von Klenze, den Architekten und Geheimen Rat Ludwigs I. von Bayern. Ziel war es, »Wege aufzuzeigen, wie das Verständnis für die Kunst und die Prinzipien der Gestaltung im Lande besonders bei der werktätigen Bevölkerung zu verbreiten seien und die bisherigen Resultate der einheimischen Kunstinstitute zu beurteilen«.[73]

Da man an Fortschritt durch Erlernbarkeit etwa im Sulzerschen Sinne[74] glaubte, richtete man ein Institut ein, das der Misere entgegenwirken sollte. Am 1. Juni 1837 wurde deshalb die erste englische staatliche Schule für Gestaltung, the School of Design, in den Räumen des Somerset House in London gegründet, dies genau siebzig Jahre nach der in Paris 1767 konstituierten »Ecole Graduite de Dessin« bzw. der etwa gleichzeitigen »Ecole Saint-Pierre« in Lyon.[75]

William Dyce (1806-1864), der zweite Direktor dieser School of Design, gewann darüber hinaus aufgrund einer 1838 durchgeführten Studienreise mit Besichtigung von Staatsschulen in Frankreich, Preußen und Bayern konkrete Anregungen[76], die in das Lehrprogramm eingespeist wurden, an dem auch Christopher Dresser ab 1847 teilnahm.[77]

Diese Ausbildung konzentrierte sich – gemäß den naturwissenschaftlich-historischen Tendenzen der Zeit – vor allem auf drei Bereiche: einmal auf das botanische Zeichnen mit späterer stilisierender Überarbeitung[78] – eine Domäne der Franzosen[79] –, dann, vor allem von England ausgehend, auf die spezifische Strukturierung dieser Muster, also die Herausarbeitung der mathematisch-geometrischen – rapportbedingten – Schemata[80], und drittens auf das anwachsende Studium der Ornamentik möglichst aller Völker und Zeiten. Zur Übermittlung dieser Ornamentwelt entstanden besonders in Deutschland, England und Frankreich zahlreiche Ornamentwerke, in denen die griechischen, asiatischen, europäischen oder mexikanischen Ornamentformen zumeist lösgelöst vom Träger reproduziert wurden.[81] Das waren keine wissenschaftlichen Durchdringungen der Materie, sondern in der Überzahl Materialsammlungen, und dort, wo sich – wie etwa bei Semper – Analysen oder Deutungen abzeichnen, sind sie, unabhängig von ihrer ehemaligen Bedeutung, überholt.

In allen sich stärker industrialisierenden Ländern wurden diese Ornamentbücher Quellen der Ausschlachtung und unverarbeiteten Kopie. Die anwachsende Ornamentfülle seit etwa der Mitte der fünfziger Jahre, besonders gefördert durch die Weltausstellungen, gibt Aufschluß über die begierige Absorption dieser Ornamente.

Durchblättert man die Kunst- und Heimausstattungskapitel der Weltausstellungskataloge zwischen 1851 und 1900[82], so muß selbst den heutigen Wiederentdecker der Ästhetik des Historismus Beklemmung beschleichen. Das Niveau ist deprimierend. Es ist das Ergebnis des energischen Einsatzes frisch emporgekommener Unternehmer, welche die Teilhabe breiter Bevölkerungsschichten an ihrer Kunstvorstellung für gewinnbringend erachteten und damit auf ein adäquates Echo stießen.

Diese Situation war charakteristisch für eine Zeit, in der neuartige Produzenten nichts mehr von der ehemaligen Einheit von Sinn und Form, also der Einheit eines Kunstwerks, wußten. »Gewiß hat das Kunthandwerk hie und da Gegenstände von einem gewissen künstlerischen Wert hervorzubringen vermocht ... Aber was durchaus fehlte, war das Ganze, das den Teilen erst einen Sinn gibt. Und der ›neue Geschmack‹, den man zu wiederholten Malen feierlich auszurufen versucht hat, war nicht dazu geschaffen, dem einbrechenden schlechten Geschmack die Spitze zu bieten. Allerdings kann sogar der schlechte Geschmack, wenn er erst einmal der Vergangenheit angehört, uns reizvoll genug scheinen ... Wir finden liebenswert die grobe Rocaille der Porzellan- und Glaswaren aus der Mitte des Jahrhunderts. Das Biedermeiermahagoni und die Vergoldungen des Zweiten Kaiserreichs behagen uns ebenso wie die soliden Vorzüge der Viktorianischen Ära ... Nicht umsonst hat die Königin, als man in ihrer Gegenwart anläßlich des berühmten Albert Memorial ein paar diskrete Äußerungen der Kritik wagte, verärgert, wie es heißt, zur Antwort gegeben: ›We have used the best materials‹ ...«[83]

Der wirtschaftliche Erfolg Englands – wahrscheinlich auch bedingt durch die Verwendung besten Materials – bewog in der beginnenden zweiten Hälfte des 19. Jahrhunderts vor allem die Deutschen nun in umgekehrter Richtung Anleihen zu nehmen und führte – wie schon oben bemerkt – zur Errichtung eines neuartigen Zweiges von Ausbildungsstätten, den Kunstgewerbemuseen.[84]

Der Geschmacklosigkeit und Willkür ist aber zugleich auch eine Gegenbewegung in Kritik und Handeln erwachsen. Natürlich wurde der zweiten Jahrhunderthälfte kein neuer Stil geschenkt, aber zumindest bot man dem dominierenden schlechten Geschmack die Stirn und schuf für den Benutzer eine Vermehrung der Wahlchance. Zugleich begann der primitive Zugriff in das ausgebreitete Arsenal der Ornamentik seine Unschuld zu verlieren und es stellte sich, zwar zögernd, eine kritische, analysierende Betrachtung dieser zusammengewehten Ornamentik ein, ein erneutes Zusammenfügen ursprünglicher Bezüge.[85]

Dabei wurde deutlich, daß nicht jede Form, die man unter dem Begriff Ornamentik versammelte, auch ein Ornament ist. Es wurde klar, daß zwar

Titelblatt des berühmten Ornamentwerkes von Owen Jones »The Grammar of Ornament«. London 1856.

Beispiel einer Tafel aus dem Ornamentwerk »The Grammar of Ornament« mit der Darstellung griechischer Ornamente. Die Tafel ist beschriftet: »PL XX Greek No. 6.«

Die Tafel 8 des Kapitels »Leaves and Flowers« zeichnete Christopher Dresser (1834 Glasgow – 1904 Mühlhausen). Dresser, der wohl als der erste Designer anzusprechen ist, war damals 22 Jahre alt (vgl. auch S. 12).

»The Grammar of Ornament«
Beispiel für die Ornamentdiskussion im
19. Jahrhundert

Als erstes umfassend illustriertes Werk über
die Ornamentik aller Völker, das auf das
Kunstgewerbe Englands, ja Europas, be-
trächtlichen Einfluß ausgeübt hat, erschien
1856 das 112 Tafeln umfassende Buch von
Owen Jones »The Grammar of Ornament«
im Verlag Day and Son in London. Es wurde
bereits in drei Sprachen ediert (englisch,
französisch, deutsch). Schon 1880 erlebte
diese Arbeit ihre 4. Auflage.
In dem mit 15. Dezember 1856 datierten
Vorwort schreibt Jones: »Ich habe mir daher
beim Bilden dieser Sammlung, der ich den
Namen Grammatik der Ornamente zu geben
wagte, bloß die Aufgabe gestellt, einige der
hervorragendsten Typen von gewissen, in-
nig miteinander verbundenen Stylarten, aus-
zuwählen . . . Ich wagte es, der Hoffnung
Raum zu geben, daß diese unmittelbare Zusammenstellung der vielen Schönheitsfor-
men, die jeder einzelne Styl der Ornamente
darbietet, dazu beitragen dürfte, der ungleichen Tendenz unseres Zeitalters Einhalt zu
thun, die sich damit begnügt, solange die
herrschende Mode es erheischt, gewisse,
einem früheren Zeitalter angehörigen Formen nachzubilden . . .« Im weiteren zweifelt
Jones jedoch diese Wirkung selbst an, vielmehr wurde sein Buch ein Quellenwerk der
von den Reformbewegungen abschätzig be-
trachteten Musterzeichner, obwohl – wie
die Abbildung der Geißblattblüten zeigt –
selbst Morris durch Owen Jones angeregt
wurde.
Besonders bedankt sich Jones auch bei
Christopher Dresser vom Marlborough
House, der »die interessante Tafel Nr. 8 im
zwanzigsten Capitel geliefert hat, auf welcher die geometrische Anordnung der natürlichen Blume dargestellt wird.« Sie ist auf
Seite 18 wiedergegeben.
»The Grammar of Ornament« erlebte 1987
eine Reprintausgabe im Stuttgarter Park-
land-Verlag, deren Farbe jedoch vom Original abweicht.

Zwischen dieser Tafel (PL XCIX) von Owen Jones,
die im Kapitel »Leaves from Nature« als No. 9 ein-
geordnet ist, und dem auf Seite 35 unseres Buches wiedergegebenen Stoff von William Morris
besteht eine unmittelbare Verbindung. Morris
wurde zweifellos durch diese Geißblattblüten für
Partien seines Entwurfes »Honeysuckle« (1876)ˑ
angeregt.

unter dem Begriff die eingeritzten Muster eines prähistorischen Gefäßes, die gestreuten Tupfen einer modernen Tapete, das Blumenmuster eines englischen Chintz-Stoffes und die reiche Komposition eines Perserteppichs ebenso wie Streifen- oder Karomuster eines Bauernleinens oder aber Rokokokartuschen, ein Mäander- oder Flechtmuster landläufig subsumiert werden, weil sie alle auch zugleich schmückende Funktion besitzen. Sie unterscheiden sich aber in vielen Fällen in ihrem Wesen; denn Ornamentik ist keine freie Kunst. Sie ist vielmehr immer – wenn auch enger oder lockerer – an einen Träger gebunden und wird nur an diesem und mit diesem wirklich: an einem Bauwerk, einem Raum, einem Gewebe, Gerät oder Gefäß, und erst mit diesen erhält sie ihren eigentlichen Sinn.[86] Schmuckformen besitzen deshalb gemäß dem Inhalt des Trägers unterschiedliche Valenzen, muß doch der Schmuck eines griechischen Tempels oder der eines mittelalterlichen Perikopenbuches einer anderen Wertung unterzogen werden als der einer Krawatte.

Deshalb ist die Trennung der unsere Dingwelt schmückenden Elemente in einzelne Kategorien sicher sinnvoll. Als erstes schiene es erforderlich, Schmuckformen der Natur und Artefakte zu trennen, obgleich Strukturen wohl Anreger für die meisten menschlichen Schmuckformen sind.

Unter den schmückenden Artefakten besitzen sicher die Ornamente die meisten Aufgaben und Sinngehalte, bringen sie doch eine für den Kunsttypus verbindliche und verständliche Formenvorstellung zum Ausdruck, die aus einem der jeweiligen Epoche eigenen Lebensgefühl hervorgeht und deshalb mit symbolischen, mythologischen und religiösen Bereichen des menschlichen Lebens in Verbindung zu stehen vermag. Das Ornament erwächst also aus einem bestimmten, mannigfaltigen Bedeutungsgrund, aus dem auch der Träger seine Aussage bezieht. Es ist keine Zutat, sondern Sproß des gleichen Prinzips. Deshalb ergibt sich eine untrennbare Verbindung mit dem Träger, eine gegenseitige Ergänzung und Durchdringung. Dabei ermöglicht das Ornament dem Träger ein Eintauchen in die vom Zweck vermehrt freien Zonen, ist doch das Ornament dominant abstrakter Art. Nur dadurch bedingt kann es sogar zum Formprinzip einer Phase – wie dies etwa das Rokoko zeigt – werden.

Die qualitativen Eigenschaften bedingen eine Grenze, die – unterschritten – einerseits das schlechte Ornament und mit ihm zwangsläufig das mißlungene, sinnentstellte Objekt ergibt, andererseits überhaupt ein Herausfallen aus dem Bereich »Ornament« mit sich bringt. Letzteres deutet an, daß Ornamentik sich in einem allgemeinen Verstehen, in einem Stil legitimieren muß, der die bestimmte Formung als Notwendigkeit anerkennt, dem sie Wesensmerkmal ist.

Eine Zeit, die dieser normativen Übereinstimmung nicht mehr unterliegt, ist für die Hervorbringung des Ornaments unfähig geworden. Sie kann für ihr bestimmtes Schmuckbedürfnis keine allgemein verbindlichen Formen finden. Dazu ist nur mehr jeder einzelne in der Lage und zwar durch die Wahl subjektiver Entwürfe, deren Prüfstein jeweils von neuem die Frage nach der immanenten Logik sein muß.

Das viel geschmähte, heute zumeist in pauschaler Rehabilitierung befindliche 19. Jahrhundert muß diese unerbittliche Konsequenz geahnt haben. Die Flucht in eine, Brüchigkeit und gefährdeten Reiz offenbarende Stilisierung – Zentralthema Thomas Manns – gibt davon Zeugnis.

Unsere Zeit hat keine Stilisierung, jedoch die Mittel, sich das Unnötige, vielleicht gerade deshalb so Gewünschte, leisten zu können. Die Bedarfsdeckung erfolgt, da Ornament in der beschriebenen Art unmöglich geworden ist, mit Schmuck anderer Kategorien. Vielleicht wäre die eine als Dekor zu bezeichnen, die als additive Schmuckform mit dominant ästhetischem Gehalt aufgefaßt werden könnte. Dekor besitzt nicht mehr die ursprüngliche Vitalität des Ornaments, ist nicht mit dem Träger inhaltlich unlöslich verbunden, ist auswechselbar, ist artifizielle Erfindung.

Eine letzte Gruppe – sicher die umfangreichste – könnte man unter dem

Begriff Muster subsumieren. Diesem liegt zwar eine dekorative Erfindung zugrunde, jedoch wird sie nach Belieben in völliger Gleichheit wiederholt und irgendeinem Träger auferlegt.

Allein diese grobmaschigen, weiter zu differenzierenden Gliederungsstufen wären in der Lage, gewisse Grundübereinstimmungen zu ermöglichen. Ihre Anwendung wird jedoch auch deutlich machen, daß häufig die Übergänge, besonders zwischen Ornament und Dekor, fließend sind. Eine bestimmte Schmuckform kann unter Umständen beides sein. Die Unterscheidung ist zumeist aber am speziellen Einzelfall möglich.

Wenn man sich nun noch einmal vergegenwärtigt, daß Ornamente eine bestimmte Tiefendimension besitzen, die sich mittelnd zwischen Mensch und Ding fügt, wenn man sich nochmal bewußt wird, daß Ornamente zwar oft symbolische, zeichenhafte oder emblematische Züge tragen, nie aber Symbol oder Zeichen sind, nie abgelöst von einem tragenden Grund, also autonom, existieren, dann wird man zweierlei vermeiden können: erstens, sich nicht von irgendwelchen tradierten, inhaltslosen Ornamenthülsen darüber täuschen zu lassen, daß es heute noch ein Ornament gäbe, und zweitens, daß heutige Produktformen, weil sie vielleicht symbolisch aufgeladen sind, in toto Ornamentcharakter besäßen.

Textilien tragen Muster. Ob bedruckt oder eingewebt – sie haben nichts mit dem oben beschriebenen Wesen des Ornaments zu tun. Die Neue Sammlung besitzt keine Textilien, die mit verfremdeten Ornamenten »geschmückt« oder mit historisierenden Formen dekoriert wurden. Die schmückenden Elemente sind vielmehr eigenständige Erfindungen und Entwürfe der sogenannten Moderne, entsprechen also unserem Jahrhundert. Stilisierte Naturformen und abstrakte Figurationen ergänzen einander.

Textilien des Neuen Kunstgewerbes
Jahrhundertwende bis zum Ende des Ersten
Weltkrieges

Steht die Anfangsphase der industriellen Revolution in enger Verzahnung
mit der Textilproduktion und erwirkt damit dieses Material konstituierende
Bedeutung für die Designgeschichte, so verbindet sich mit ihm um die
Jahrhundertwende erneut eine Auslöserfunktion, welche die freie Kunst
erfassen und total verändern sollte. Auch sie wird in der Kunstgeschichts-
schreibung als Revolution[87] bezeichnet und breitete sich von England –
durchtränkt von Reformideen – aus. Ein »Schweif von Weltanschaulichem
war mit dieser Reformbewegung verbunden. Ästhetisch ging sie gegen den
sinnlosen Historismus und seine Stilkopien an. Die unglaubliche Gefräßig-
keit, mit der die Gebrauchsindustrie die Stile von der Renaissance bis zum
Rokoko verdaute und wiederkäute, hatte im Endergebnis ein furchtbares
Stilgemisch erzeugt, das im ›Atelierstil‹ der neunziger Jahre, einem ›malerischen‹ Wohnwirrwarr alles nur erreichbaren Stilgerümpels, gipfelte. Gegen
diese Entwicklung waren die englischen Reformer angegangen. Sie hatten
in Ornament und Schmuckform einen eigenen Stil gefunden, der an Stelle
der in der Kunstgeschichte ausgeprägten Formen auf originale Natur- und
Pflanzenmotive zurückgriff und diese im Sinne des sensiblen Präraffaelis-
mus und nicht zuletzt durch japanische Vorbilder zu linearen Mustern stilisierte … Im Kulturklima des europäischen Symbolismus der neunziger
Jahre, dem der englische Ästhetizismus sein besonderes Glanzlicht auf-
setzte, war diesem Stil die weiteste Verbreitung sicher. Das Fahrzeug, mit
dem das englische Kunstgewerbe und die es begleitende Geistigkeit nach
Frankreich und Deutschland gelangte, war die 1893 gegründete Londoner
Monatszeitschrift ›The Studio‹ …«[88]
Diese Wirkung ging dominant von der Ornamentik, der sogenannten Flächenkunst, aus, die im Bereich der Textilien ihren stärksten Ausdruck und
Einfluß gewinnen sollte. Sie war vor allem an den Innenraum gebunden, der
in Mitteleuropa um die Jahrhundertwende durch den anwachsenden Be-
sitzstand des Bürgertums eine neuartige Qualität der Repräsentation gewonnen hatte. Sowohl in Frankreich wie auch in England oder Deutschland
wiesen die zahlreichen neuerrichteten opulenten Wohnhäuser in Stadt und
Land – unabhängig von ihrer stilistischen Prägung – eine heute kaum mehr
anzutreffende, ungewöhnliche Fülle von Textilien auf. Als Teppiche, Wandbespannungen, Friese, Vorhänge in mehreren Schichten[89], als Möbelbezüge, Schrank- und Regalverschlüsse, als Betthimmel und -decken, in Form
von Schabracken, Tapisserien, Flügel- und Tischdecken, Paravents, vor allem auch als Kissen dominierten sie die vollgestopften Wohn-, Eß- und
Schlafräume bis hin zum Ersten Weltkrieg, und in ihrer Nachfolge schabloni-
sierte man, um der ungemütlichen Nacktheit und psychischen Kälte entge-
genzuwirken, die Wände der Arbeiterhäuser der dreißiger Jahre.
Der Komfort (»Comfort«) verwandelte im ausgehenden 19. Jahrhundert seinen Wortsinn von »Trost« zu »Bequemlichkeit«, und diese war beherr-
schendes Element in den englischen Clubs[90] mit ihren bequemen, ausla-
denden, den Schlaf fördernden Sesseln, ebenso wie etwa in dem schwülen
Bayreuther Wohnzimmer Richard Wagners[91] oder den Drawingrooms Morris'scher Prägung[92]. Sie hatten den Charakter überreicher Schatullen und
wirkten auf die Dauer ähnlich wie Torten, die sich auf den Appetit schlagen.
Hermann Muthesius hat 1905 die reformerisch bestimmten englischen Innenräume in schöner Anschaulichkeit beschrieben und besonders die Leistung von William Morris etwa mit den Worten hervorgehoben: »Seine in
Tapeten, Fliesen, bedruckten und gewebten Stoffen angewandten Flächenmuster entwickelten sich aus dem zaghaften Streu- oder wenigstens weit
geöffneten naturalistischen Muster seiner Frühzeit bald zu vollstem safti-

gem Reichtum in Form und Farbe. Er folgte zwar überall dem Mittelalter, jedoch nie sklavisch und stets nur in der allgemeinen Empfindung ... Aber er bildete stets in inniger Anlehnung an die Natur ... Und so konnte es gar nicht ausbleiben: daß sein Flachmuster, mochte es Morris wollen oder nicht, viel mehr den Stempel seiner Persönlichkeit als den des Mittelalters annahm. Morris Flachmuster ist wohl die bedeutendste Leistung, die die englische Kunstbewegung überhaupt hervorgebracht hat.«[93] Und an anderer Stelle schreibt Muthesius: »Man sieht heute (1905) in englischen Häusern, deren Besitzer nur einigermaßen Berührung mit der Kunst haben, fast nur Morris'sche Tapeten. Es ist in der Geschichte des Kunstgewerbes wohl kaum je dagewesen, daß die Vorliebe des Publikums einem und demselben Gegenstande so lange treu geblieben ist wie hier. Gewisse Tapeten von Morris, wie das bekannte ›Gänseblümchenmuster‹ und vor allem das ›Granatapfelmuster‹, erfreuen sich noch gerade so sehr der Gunst des Publikums, wie es vor vierzig Jahren, als sie zuerst auf den Markt kamen, der Fall war ...«[94]

Dieser Beliebtheit, ja Popularität verdankt Morris sein fortwirkendes Angedenken, das durch die Wortführer der »Bewegung« um die Jahrhundertwende, wie Hermann Muthesius, noch verstärkt wurde. Deshalb war es auch den Begründern der Neuen Sammlung, die sich dieser ab 1907 in Deutschland konstituierten Bewegung mit dem Namen »Werkbund« verbunden fühlten, ein Anliegen, Stoffe von Morris in den Beständen der Vorbilder-Sammlung zu wissen. Leider wurde unter dem Gewicht von Morris vieles von dem zugedeckt und verschattet, das zu bewahren heute sicher von gleicher Bedeutung gewesen wäre, etwa das Werk von Christopher Dresser oder das von Walter Crane, von C. F. A. Voysey, Lewis F. Day, Heywood Sumner, Arthur Silver oder Allan F. Vigers. Dennoch sind wir dankbar, mehr als ein Dutzend Morrisstoffe zum Teil mit Bahnen von über vier Meter Länge bewahren zu können, welche die von dem Entwerfer geforderten Eigenschaften: Gleichmaß und Reichtum, verbunden mit Geheimnisvollem und Erzählendem besitzen.[95] Diese sogenannte Flächenornamentik fand auf dem Kontinent einen aufgeschlossenen, breiten Boden, trachtete doch die so nervös aufgereizte Avantgarde, aus der »Stickluft von Konvention, Akademie und Historismus herauszukommen.«[96]

Diese Phase um 1895 bis etwa 1905 ist tausendfach beschrieben worden mit ihren Zeitschriften-Gründungen, ihren Ausstellungen von Kunstgewerbe, das sich neben die freie Kunst drängte und nicht mehr nur Moos am Stamm der großen Kunst sein wollte, mit den Kunstgewerbeläden in Paris und dem hineingeflossenen Japonismus, den Bildstickereien in fließender Linienführung, den ebensolchen Bucheinbänden, Tapeten, Plakaten oder Textilien.

Ein zweites kam hinzu: diese Künstler, zumeist anfänglich Maler oder Architekten, trachteten danach, aus dem engen Gehege ihrer Kunstsparten auszubrechen. Sie wollten nicht mehr ein Haus bauen, das ein anderer einrichtete und damit verdarb. Sie wollten vielmehr ein Gesamtkunstwerk schaffen und die Paneele, Stühle, Betten, Heizungsverkleidungen, Kamine, ja alles bis hin zum Löffel oder Sofakissen für den Bauherrn entwerfen und damit ganzheitliches Beispiel geben.[97] Sich gegenseitig stützend, schlossen sie sich ähnlich der Arts and Crafts Movement zusammen, gründeten Werkstätten oder begünstigten ihre Gründung. Dort konnte dann unter einer unternehmerischen Regie alles gefertigt werden, entweder in den Werkstätten selbst oder in ihrem Auftrag, auch die benötigten Textilien.

Gehen wir aber zurück zu den Flächenmustern, die bei Morris und seinen englischen Nachfolgern selbst bei starker Stilisierung noch von der strömenden Kraft der Natur berichten sollten[98], so begann sich die Tendenz auf dem Kontinent sehr rasch zu wandeln. In Deutschland geht es nicht mehr nur um Natur, sondern um »Seele«[99], nicht mehr um pflanzliche Dekoration, sondern um abstrakte Kraftströme[100].

Damit begannen sich der Dekor bzw. das Stoffmuster von einem dienenden

Element hin zu einer subjektiv-autonomen Form zu bewegen, stellt doch Henry van de Velde fest: »Eine Linie ist eine Kraft; sie entlehnt ihre Kraft der Energie dessen, der sie gezogen hat.«[101] Treibende Protagonisten dafür waren vor allem Henry van de Velde, der von Brüssel über Paris und Hagen nach Weimar wechselte, Josef Hoffmann in Wien und in München vor allem Hermann Obrist, der Bernhard Pankok, August Endell, Bruno Paul, Otto Eckmann, Peter Behrens und den Kreis der Obrist-Debschitz-Schule[102] beeinflußte. Schon 1901 schrieb er in den Münchner Neuesten Nachrichten: »Wenn das Münchner Bürgertum die Erkenntnis gewänne, um was es sich hier handelt, daß hier der erste Akt des Dramas der Kunst der Zukunft gespielt wird, der Kunst, die aus dem Kunsthandwerk zur Architektur und von dieser weiter zur Plastik und wieder zur großen Malerei führen wird, – von hier wird die Zukunft Münchens als Kunststadt abhängen.«[103]
Diese Worte liefen der Geschichte voraus, bildeten Perspektiven. »Sie führten geradewegs vom ›abstrakten Stil‹ des Jugendstils und den mit ihm verbundenen Argumenten zur abstrakten Malerei Kandinskys, und sie führten ... über den Gedanken der Zweckmäßigkeit und Ursprünglichkeit des Gerätes unserer Umwelt zu der neuen Wohn- und Baukultur, für die Gropius im ›Bauhaus‹ das weltweit wirkende Forschungsinstitut erstellte. Das will sagen, daß einige der entscheidenden Gedanken, die unsere visuelle Umwelt radikal veränderten, aus jener skizzierten geschichtlichen Lage erwuchsen.«[104] Man könnte ergänzen, daß an diesem Prozeß der Textilentwurf mit seiner »Ornamentik« wesentlich beteiligt war, etwa belegt durch den »Blütenbaum« von Hermann Obrist, der den »Pendelprozeß aufwärts und vorwärts«[105] im Gewande eines vermutlich naturalistischen »Bildes« sichtbar macht, ebenso wie abstrakte Textilentwürfe van de Veldes oder Josef Hoffmanns, die in der Neuen Sammlung bewahrt werden und letztlich Wegbereiter der Auflösung des Ornaments sind, weil Ornamentik von der Sinnbezogenheit nicht getrennt werden kann.
Vielleicht ließe sich an diesem Faktum der heterogene Wirrwarr kunsthistorischer Betrachtung der Zeit um die Jahrhundertwende ein wenig entflechten; denn an den Begriffen »floral« und »abstrakt« oder »konstruktiv« scheiden sich die Geister, und wir gelangen zu der Frage des »Gleichzeitigen«, aber »Ungleichen«.[106]
Zweifellos sind diejenigen Textilien mit abstrakten Entwürfen potentieller. Sie repräsentieren neue, zukunftsweisende Tendenzen, zielen auf das Wesen des 20. Jahrhunderts. Ihnen gebührt die Bezeichnung »Art Nouveau«, während die floralen, ästhetisch durchaus reizvollen Muster Traditionsfelder – auch im Kleide dynamischen Linienschwungs – folgenlos weitertragen.

Die im Besitz der Neuen Sammlung befindlichen Stoffe des hier behandelten Zeitraums stammen ausschließlich von Künstlern des Neuen Kunstgewerbes. Sie konzentrieren sich auf das Zentrum dieser Bewegung, auf München, »von dem aus Olbrich 1899 Darmstadt, Eckmann 1897 Berlin, Pankok 1901 Stuttgart, Behrens 1903 Düsseldorf kolonisierten«[107], und sie wurden vor allem von Entwerfern konzipiert, die für die »Vereinigten Werkstätten für Kunst im Handwerk«[108] und die »Dresdener« bzw. »Deutschen Werkstätten«[109] tätig waren.
Mit Textilien von Margarethe von Brauchitsch, Hermann Obrist, Bernhard Pankok, Bruno Paul und Richard Riemerschmid sind fünf der zwölf frühesten Mitglieder dieser Gruppe in den Beständen der Neuen Sammlung vertreten, zu denen sich Arbeiten von Carl Strathmann, Hans Christiansen, Emil Orlik oder Emil Rudolf Weiß hinzugesellen.
Während die Vereinigten Werkstätten und die Wiener Werkstätte[110] jeweils aus einem Zusammenschluß von Künstlern hervorgingen, wurden die Grundlagen der Deutschen Werkstätten von nur einem Mann, dem Tischlergesellen Karl Schmidt, geschaffen. Auf der einen Seite erfolgte also der Impuls für eine Neubelebung und kreative Erfüllung unserer Dingwelt von einer gebildeten, verantwortungsbewußten und deshalb engagierten Elite,

auf der anderen Seite durch einen schwingungsfähigen, wagemutigen Mann aus dem Volke.[111] Dies bewirkte auch einen gewichtigen Unterschied; denn von Anbeginn sind die Arbeiten der Dresdner Werkstätten weniger prätentiös, weniger nur auf einen kleinen, vermögenden Käuferkreis zugeschnitten als die der Vereinigten oder Wiener Werkstätte.[112] Zudem erfolgte eine neuartige Form der Tantiemenverteilung, und der jeweilige Entwerfer wurde an erster Stelle genannt, das heißt, es ergab sich eine andere sozioökonomische Einschätzung des Künstlers, als es bisher in der Industrie üblich war.[113] Im Verein mit dem ungewöhnlichen Erfolg dieses Dresdner Unternehmens[114] waren dies wohl die Beweggründe, immer neue künstlerische Mitarbeiter zu gewinnen, die sich anfänglich vor allem aus sächsischen Entwerfern zusammensetzten[115], jedoch bereits 1903[116] zahlreiche Künstler auch aus anderen deutschen Provinzen und aus England umfaßten. Dresden begann im Rahmen des Neuen Kunstgewerbes eine Rolle zu spielen, vor allem ab etwa 1903 durch die Gewinnung Richard Riemerschmids. Weit stärker als die Arbeit anderer Werkstätten zielten die hier gesetzten Impulse auf eine qualitativ hochstehende Bedarfsdeckung breiter Bevölkerungsschichten[117], liefen in Organisation und Produktion auf zukunftsweisende Methoden hinaus, die den Begriff Kunstgewerbe durch Design ersetzten. Dresden war deshalb auch die eigentliche Geburtsstätte des »Deutschen Werkbundes«[118], dessen 1907 erfolgte Gründung zugleich in starkem Maße an die Person Richard Riemerschmids geknüpft war.[119] In jenem Jahr schlossen sich auch die 1902 in München von Karl Bertsch gegründeten »Werkstätten für Wohnungseinrichtung München« und die »Dresdener Werkstätten für Handwerkskunst« zusammen. Damit flossen den nunmehrigen »Deutschen Werkstätten« gewichtige gestalterische Kapazitäten durch die Hinzugewinnung von Karl Bertsch, Willy von Beckerath und vor allem Adelbert Niemeyer[120], der eine große Zahl besonders reizvoller Textilien für die Deutschen Werkstätten entwarf, zu.
Von Bedeutung ist daneben die über Dresden vertiefte, unmittelbare Kontaktnahme mit englischen Entwerfern der Reformbewegung, so mit Charles Rennie Mackintosh und Mackay Hugh Baillie Scott. Während Mackintosh vor allem durch seine Arbeiten in Wien 1900, Turin 1902 und Dresden 1903/4 die Gruppe um Riemerschmid in München und Dresden und die von Josef Hoffmann in Wien inspirierte, hat Baillie Scott durch seine langjährige Verbundenheit mit den Deutschen Werkstätten, durch seine Detailbehandlung, Wirkung ausgeübt, ohne jedoch den »Yachting Style«[121] mit seiner hochgezüchteten Ästhetik übertragen zu können. Dieser Stil beschloß sich als Kunstgewerbe im großherzoglich-hessischen Palais in Darmstadt und erlebte in den siebziger Jahren für geschmackvolle Architekten via Italien eine Wiedergeburt.[122]
Die Zukunft lag wohl verstärkt in der Richtung dieser Deutschen Werkstätten und des Deutschen Werkbundes, galt es doch, nicht im Morris'schen Sinne nur ein Zurück zur Handwerkskultur zu finden, sondern dem Maschinenprodukt eine akzeptable Ästhetik abzugewinnen, um der »überhitzten Luxuskunst«[123] des Jugendstils neue Wege zu weisen. An dieser Frage scheiterten letztlich auch die Bemühungen des Leiters des Kaiser-Wilhelm-Museums in Krefeld, Friedrich Deneken, die Textilindustrie seines Heimatortes mit »Neuer Ornamentik« zu durchdringen.[124] Sein von 30 Textilmustern nach Entwürfen von Otto Eckmann, Willy von Beckerath, Henry van de Velde u. a. begleiteter Vortrag über den »modernen Stil in der Textilkunst«[125] fand nur begrenztes Echo, und die ab 1901 von Eckmann, Alfred Mohrbutter, August Endell, Georges de Feure, Richard Riemerschmid u. a. in Krefeld produzierten Seidengewebe bedeuteten keinen Durchbruch, sind jedoch heute gesuchte und äußerst rare Sammelobjekte der Museen. Zu ihnen gehört der bei uns bewahrte Dekorationsstoff »Tula« von Henry van de Velde. An ihm wird aber die Tendenz zum abstrakten Kleinmuster deutlich, das sich gegen die französische und auch englische Praxis stellt, ebenso in Wien vor allem von J. Hoffmann geübt wird und dem sich Her-

mann Muthesius 1901 beunruhigt in der »Dekorativen Kunst« mit den Worten entgegenstellt: »Die Zeichnung verkörpert natürlich das gegenstandslose Flächenmuster, zu dessen Vater sich van de Velde in der modernen Kunst gemacht hat. Diese Stoffe scheinen sich zunächst freilich mehr an die Matronen als an die blühenden Frauenschönheiten zu wenden, wohin auch die Farben deuten« [126] und in seiner »Englischen Innenarchitektur« bemerkt er in Bezug auf Morris: » . . . und er (Morris) würde zu der neuerdings auf dem Festlande aufgebrachten Doktrin des ›gegenstandslosen Ornaments‹ in geradezu fanatischem Gegensatz gestanden haben, wenn er sie erlebt hätte.« [127]

Muthesius tendierte mehr zu den Bemühungen Riemerschmids. Sie schienen ihm auch innerhalb der Werkbundbewegung und im Zusammenhang mit den Deutschen Werkstätten zukunftsoffener. Im Rahmen der das Wort führenden Künstler war Riemerschmid wahrscheinlich einer der ideologisch freiesten und unkonventionellsten. Charakteristisch für seine Stoffe »sind der kleine Rapport und ein relativ einfacher Musterschatz, der jedoch mit großer Einfühlung und Sicherheit über die Fläche verteilt ist, so daß die Strenge der Motive gemildert wird« [128], und an anderer Stelle werden seine Entwürfe wie folgt charakterisiert: »In den Möbelstoffen Richard Riemerschmids . . . scheinen die Möglichkeiten, die mit den Arbeiten von Josef Hoffmann, Henry van de Velde oder Otto Eckmann für die Textilkunst eröffnet wurden, zu einem vorläufigen Höhepunkt vereinigt. Riemerschmid übernahm wie Hoffmann die für Möbelbezüge so günstige Kleinteiligkeit des Musters; er scheute wie Eckmann nicht die Anregungen der Natur, die er in starkem Maße abstrahierte, und es gelang ihm wie van de Velde durch eine kreative Unruhe der drohenden Langweiligkeit eines kleinen, ständig wiederholten Rapportes zu entgehen . . .« [129] Von ihm bewahrt die Neue Sammlung eine größere Zahl von Textilien, ebenso aber auch von Paul Wenz, Emmy Seyfried, Lilly Erk, Robert Engels, Karl Bertsch, Franz Wiedel, vor allem aber von Adelbert Niemeyer, dem so liebenswürdigen, Riemerschmid durchaus ebenbürtigen Entwerfer. [130] Niemeyer hat auch als Dozent im Rahmen seiner Klasse der Münchner Kunstgewerbeschule zahlreiche Stoffe entworfen. Seine Muster sind stärker an der Natur orientiert als die Riemerschmids, weniger geometrisch, jedoch abstrahierend, dadurch weniger verzahnt, häufig in Streifung angelegt. Seine Rapporte sind zumeist größer als die Riemerschmids. Von diesen Entwürfen geht etwas Blühendes, Heiteres aus. Sein Dekor atmet – ob auf Gläsern, Keramik oder Textilien – Selbstverständlichkeit und hohe Kultur, die zweifellos auch von japanischen Anregungen getroffen worden war.

Diese ostasiatischen Einflüsse haben um die Jahrhundertwende alle damaligen bekannten Künstler und Entwerfer empfangen, übernommen und verarbeitet: Riemerschmid in gleicher Weise wie Christiansen, Baillie Scott, Thomas Theodor Heine oder Peter Behrens, Emil Orlik ebenso wie Josef Hoffmann, Robert Oerley, van de Velde oder Dagobert Peche. [131]

Wir haben oben von der Faszination, die Japan auf Christopher Dresser auszuüben vermochte, berichtet. In Kontinentaleuropa werden in den Weltausstellungen in Paris 1867 [132] und vor allem in Wien 1873 breite Paletten japanischer Kulturdokumente ausgebreitet. Hier wird Justus Brinckmann zu den ersten Käufen für das Hamburger Museum für Kunst und Gewerbe angeregt. [133] Sehr rasch entstanden zwischen Hamburg und Siegfried Bing in Paris, dem großen Japanhändler [134], Verbindungen, die sich auch auf den Assistenten Brinckmanns, Friedrich Deneken, erstreckten und nach Krefeld in das dortige Kaiser-Wilhelm-Museum weitergetragen wurden. Deneken bemerkte 1897 u. a.: »Wir finden bei den japanischen Künstlern eine wohltuende Abneigung gegen alles Unnütze, gegen das Prunkende und Unwahre, gegen das lediglich ›Dekorative‹, das sich in unsere Neurenaissance so ungebührlich vordrängt.« [135]

Natürlich wurde auch Wien, besonders die Mitarbeiter der Wiener Werkstätte, von diesen Anregungen ergriffen. Hier hat sich ein spezifischer, abstrakter Dekorstil zu bilden vermocht, der die Impulse in besonders glücklicher Weise aufnahm und fruchtbar weiterentwickelte. Leider kann dieser so interessante und schöne Bereich in unserer Sammlung nur unzureichend dokumentiert werden. Die Weltstadt Wien stellte darin München und Dresden in den Schatten.[136]

Verfolgt man den Weg der Grundschemata von Stoffmustern etwa im Sinne der Untersuchung von Brigitte Tietzel[137], so entspricht der dort beschriebene Weg von Morris zu Hoffmann oder Riemerschmid, also von großformatigem floralen Rapport hin zu kleinen geometrisierenden Mustern, durchaus der Entwicklung. Betrachtet man aber Stoffe nicht als autonome ästhetische Gebilde, sondern als dienende, zweckunterworfene Objekte in einem Ensemble, so gelangt man zu anderen Wertungen. Immer davon ausgehend, daß Morris Bahnbrechendes geleistet hat und sich von dem parallel gepflegten Historismus in schönster Weise abhebt, wandelt sich in der nachfolgenden, vor allem aber in der Enkelgeneration die Einstellung zu Art und Dimensionierung des Musters, bedingt durch eine andere Auffassung von Gestalt und Ensemble. Ein Zweites kommt hinzu: ein gewandeltes Verhältnis von Muster und Grund, und dies vor allem erwirkt durch japanischen Einfluß.[138] Während Morris den Grund als pure Leere betrachtet, die durch das Muster möglichst verstellt werden soll – häufig zweischichtig: einmal als kleinteilige Hinterlegung, dann als großes überlagerndes Rankenwerk[139] – wird gegen 1900 beispielsweise durch Kolo Moser in seinem berühmten, nicht in unserer Sammlung befindlichen Pilzmuster[140] der Grund als Negativform dem Muster (Positivform) gleichwertig verbunden. Dieses Prinzip vermittelt einen nach vorn weisenden, neuartigen anschaulichen Befund. Ihm gegenüber erscheint das Morris'sche Grundschema durchaus noch dem tiefen 19. Jahrhundert angehörig. Zwischen diesen Positionen sind zahlreiche Übergangsbereiche ablesbar, die sich in England etwa bei C. F. A. Voysey[141], Christopher Dresser[142] oder L. P. Butterfield[143] ebenso abzeichnen wie in Frankreich in der Hochblüte der Art Nouveau. Felix Aubert etwa aktiviert bereits den Grund in seinem Stoff Iris d'Eau[144] in interessanter, noch gegenständlicher Weise, und bei Eugène Colonna[145] wird in einigen Entwürfen das sich ergänzende Wechselspiel von Muster und Grund mit großer Sicherheit praktiziert.

Dieses neue, sich dem Jugendstil enthebende Einstellungsprinzip ist nicht mehr stilistisch zu interpretieren, sondern zeigt eine gewandelte Grundhaltung, die sich auch in der Neigung zu kleinem Rapport und geometrisierender Form zugleich dokumentiert. Die Textilien sind dadurch als Kleiderstoff besser der Gestalt des Menschen anpassbar, ordnen sich dieser unter und gliedern sich als Dekorationsstoff dem Innenraum vermehrt ein. Das heißt, geometrische, kleinrapportige Muster fördern das gestalthafte und architektonisch-strukturelle Element, lösen sich von der nestartigen, mit Textilien drapierten »Raumhöhle« des Historismus. Die Entwicklung neuartiger Kleiderformen (Reformkleider) läuft parallel[146]. Dabei bleibt die Farbe eigenartig verhalten.[147] Die Stoffe etwa von Riemerschmid, Niemeyer, Th. Th. Heine, Baillie Scott, van de Velde oder Josef Hoffmann sind im Vergleich zu denen von Morris, besonders bei Webstoffen, farbig reserviert, sie wollen nicht auftrumpfen und sind das Ergebnis der Reformbewegung. Erst die Zeit zwischen den Kriegen bringt auch hier den Umschwung, parallel zur Öffnung der Wand in der Architektur aufgrund einer neuen Akklamation des natürlichen Lichtes, und damit Vorteile mit anderen Kehrseiten.

USA: Quilts

Unter diesem, in Deutschland weitgehend unbekannten Begriff versteht man im angelsächsischen Sprachraum aus Stoffresten selbstgefertigte Bettdecken, die aus einer ornamental gestalteten Oberfläche, einer Rückseite und einer Füllung bestehen. Dabei ist die Übersetzung des englischen Verbums »to quilt« in das deutsche Wort »steppen« ungenau, unterscheidet man doch zwei bis drei grundlegend verschiedene Herstellungsarten. So versteht man unter der Bezeichnung »pieced quilts« Decken, deren Oberseite aus Teilen oder Resten unterschiedlicher Stoffe zusammengenäht sind. Bei den sog. »applique quilts« werden Stoffteile auf eine durchgehende, einfarbige Stoffunterlage aufgenäht.

Bei einer weiteren, allerdings weniger verbreiteten Herstellungsmethode, den sog. »plain quilts«, werden Vorder- und Rückseite aus jeweils einem einfarbigen Stoffstück gefertigt. Der dekorative Charakter entsteht hier durch die plastischen ornamentalen Muster, die sich beim Zusammennähen der verschiedenen Lagen durch die Steppstiche ergeben. Im Verlauf der Herstellung werden zuerst die Teile der Oberfläche zusammengenäht. Nach ihrer Fertigstellung spannt man sie in einen Rahmen. Sind Füllung und Unterseite dem Rahmen angepaßt, werden die drei Lagen entsprechend den Musterlinien, die nach Holz- oder Metallmodeln vorgezeichnet waren, zusammengesteppt und die Ränder mit einem Band versäubert.

Über Alter und Herkunft der Quilt-Tradition hat sich eine Forschungskontroverse ergeben, die wohl aufgrund des vergänglichen, fragilen Materials nie eindeutig entschieden werden kann. Fest steht jedoch, daß vor allem in England Farmersfrauen das Quilten für den eigenen Gebrauch pflegten und lediglich überzählige Produkte an die Bürgerschaft verkauften. Im Zuge der Auswanderungsbewegung brachten sie diese Technik in die neue Heimat mit, wo sie in den Neuengland-Staaten wie Massachussetts, aber auch in Pennsylvania und Ohio eine besondere Blüte erlebte. Der früheste nachgewiesene amerikanische Quilt, heute Sammlung Atheneum Wadsworth, datiert inschriftlich von 1785.

Eine Sonderstellung und zugleich einen kunsthandwerklichen Höhepunkt innerhalb der amerikanischen Quilts nehmen diejenigen der sog. »Amish People« ein, einer ursprünglich aus der Schweiz stammenden religiösen Gemeinde, die jeglichen zivilisatorischen Fortschritt ablehnte und sich deshalb ihre gesamte Gerätewelt selbst herstellte. Die Technik und Tradition des Quilten übernahm sie von ihren englischsprachigen Nachbarn, prägte im 19. Jahrhundert jedoch eine eigene, stark geometrische Ornamentik aus.

Diese Quilts, von denen es eine Reihe feststehender Muster gab, spiegeln in ihrer zurückhaltenden Einfachheit des Dekors durch die ruhigen, aber kräftigen Farben und durch die in penibler Feinarbeit entstandene Herstellung die geistige Haltung ihrer Schöpfer wieder. Historische Textilien, die durch ihre formale, auf das Wesentliche sich beschränkende Reduktion bis heute nichts in ihrer geradezu modern wirkenden Aussagekraft verloren haben.

Lit. u. a.: Holstein Jonathan, The Pieced Quilt. An American Design Tradition. New York 1973 – Bishop Robert u. Elisabeth Safanda, A Gallery of Amish Quilts. New York 1976.

Quilt »Striped Triangles«, USA, um 1870

Baumwollnessel; Patchwork, handgenäht
Auf schwarzem Fond 9 Reihen von je 7 schwarzen Quadraten, mit schwarzen und roten Schrägstreifen besetzt, so daß ein Muster diagonal verlaufender Treppungen und gestreifter Dreiecke entsteht; Bordüre und Futter in Rot; mit Treppenmuster durchsteppt
H. 180 cm; B. 150 cm
Herst.: Ohio Amish People, USA, um 1914
Ankauf New York, 1976
Inv. Nr. 122/76.

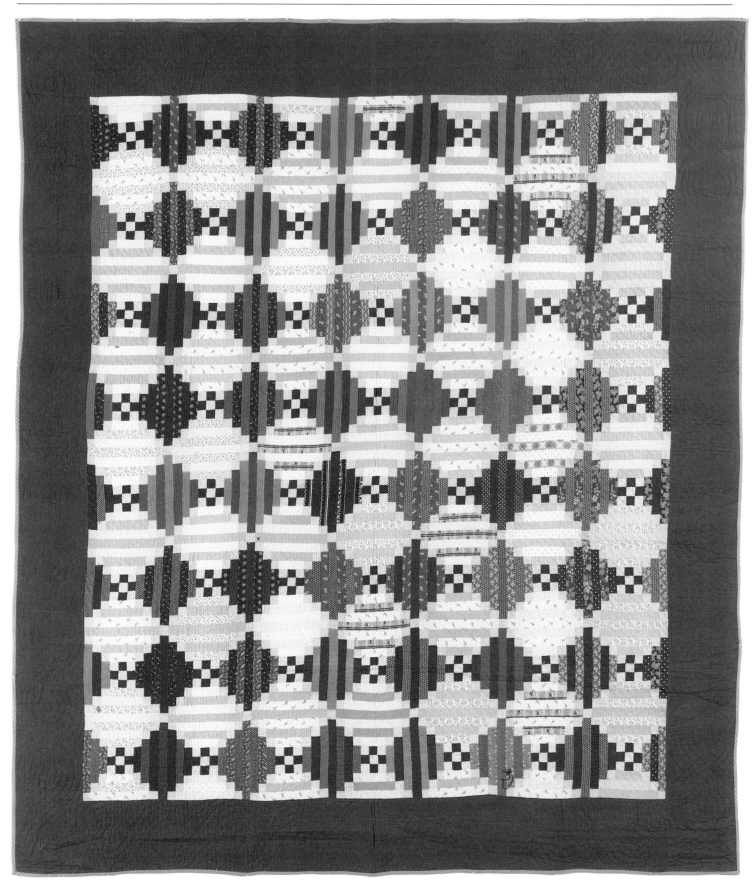

Quilt »Variation on Courthouse Steps«,
USA, um 1870

Baumwollnessel, gefärbt; Patchwork, handgenäht
Flächenmuster aus getreppten Rautenfeldern, abwechselnd aus dunkleren, vertikalen bzw. helleren, horizontalen Stoffstreifen zusammengesetzt,
die teils uni-farbig, teils gemustert sind. Farben:

Grüntöne, Bordeauxrot, Gelb, Weiß, Violett, Grau,
Braun, Beige, Schwarz. Grüner Randstreifen, rote
Bordüre mit weißem Blütenmuster; Futterstoff in
Rosa-Ocker und Braun-Rot; Steppung mit Flecht-
band- und Diagonallinien
H. 217 cm; B. 190 cm
Ausführung in Ohio, USA
Ankauf New York, 1976
Inv. Nr. 121/76.

Quilt (Patchwork-Decke), USA, um 1870

Baumwolle; Patchwork, handgenäht
Querrechteckiges Motiv: breiter dunkelbrauner,
ornamental gesteppter Rand; blau gerahmtes,
beigefarbenes Mittelfeld, darin 4 × 5, auf die
Spitze gestellte Quadrate, jeweils in 3 × 3 Quadrate unterteilt (Rot/Violett, Rot/Grün); blauer
Saum, grau-weißes Rückenfutter

L. 179 cm; B. 202 cm
Ankauf München, 1974
Inv. Nr. 11/74.

Europäische Textilien

William Morris
Dekorationsstoff, Dessin »Tulip«, Nr. 1164,
1875

Registereintrag vom 15.4.1875
Druckstoff; Baumwolle; Leinwandbindung: Mo-
deldruck
Erster Stoff, den Thomas Wardle, Leek, für Morris
druckte
Auf rosafarbenem Grund gewellt aufsteigende
Blattranken mit Papageientulpenblüten; Farben:
Rosa, Hellrot, Rot
L. 62 cm; B. 99 cm (Bahnbreite)
Musterrapport: H. 35 cm; B. 20,3 cm
Herst.: Morris & Co., London, England
Ankauf München, 1974
Inv. Nr. 5/74-1
Entwurfszeichnung und 14 Modeln: The William
Morris Gallery, Walthamstow
Lit. u. a.: Thompson Paul, The Work of William
Morris. London 1967, Abb. V – Aslin Elisabeth,
The Aesthetic Movement. London 1969, 36,
Abb. 29 – [Kat. Mus.] Catalogue of the Morris Col-
lection. William Morris Gallery. Walthamstow/
London 1969, 35, F25 – Pevsner Nikolaus, Der
Beginn der modernen Architektur und des De-
sign. Köln 1971, 26-27 m. Abb. – Naylor Gillian,
The Arts and Crafts Movement. Cambridge/Mass.
1971, Abb. 25 [als Sesselbezug] – Clark Fiona, Wil-
liam Morris, Wallpapers and Chintzes. London/
New York 1973, 56, 62, Nr. 3 m. Abb. – [Kat.
Ausst.] Art Nouveau Belgium France. Institute for
Arts. Houston/Chicago 1976, 145, Abb. 171 [dort
weit. Lit.] – Fanelli Giovanni u. Rosalia, Il tessuto
moderno. Florenz 1976, 114, Abb. 54 – Anscombe
Isabelle u. Charlotte Gere, Arts and Crafts in Britain and America. London 1978, 126, Abb. 148 –
Barten Sigrid, [Kat. Ausst.] William Morris. Museum Bellerive. Zürich 1979, 65, Nr. 32 [dort weit.
Lit.] – Fairclough Oliver u. Emmeline Leary, Textiles by William Morris and Morris & Co. London
1981, 92, P37 – MacCarthy Fiona, British Design
since 1880. London 1982, Abb. 34 – Weisberg Gabriel P., Art Nouveau Bing. Washington 1986, 105
m. Abb. – Parry Linda, William Morris' Textilkunst.
Herford 1987, 148 m. Abb. – [Kat. Mus.] Historismus. Bd. 2. Staatliche Kunstsammlungen. Kassel
1989, 65, Nr. 277 m. Abb.

William Morris ▷
Dekorationsstoff, Dessin »Honeysuckle«,
No. 1794, 1876

Registereintrag vom 11.10.1876
Druckstoff; Baumwolle; Leinwandbindung; Mo-
deldruck
Dieses Muster wurde zuerst von Thomas Wardle,
Leek, gedruckt; heute von der Firma Liberty, Lon-
don, in zwei Farbstellungen produziert.
In abgeflachtes Spitzoval-Schema eingeschlos-
sene Blüten von Tulpen und Geißblatt mit größe-
rem und kleinerem Blattwerk. Farben: Hellbraun,
Hellblau, Rosa, Rot, Weinrot, Olivgrün, Schwarz
Die Geißblattblüten stehen in Abhängigkeit zu
Owen Jones, The Grammar of Ornament. London
1856, pl. XCIX (Leaves from nature N° 9); vgl.
Abb. S. 18
L. 415 cm; B. 98 cm (Bahnbreite)
Musterrapport: H. 72,5 cm; B. 92,5 cm
Herst.: Morris & Co., London, England
Ankauf vom Hersteller, 1925
Inv. Nr. 65/25
Lit. u. a.: Muthesius Hermann, Der Innenraum des
englischen Hauses. Berlin 1905, 102 m. Abb. –
Das englische Haus. Bd. 3 [Werkzeichnung] –
[Kat.] William Morris. Victoria & Albert Museum.
London 1958, Abb. 12 – Pevsner Nikolaus, Pio-
neers of Modern Design. Harmondsworth 1960,
52-53 m. Abb. – Billeter Erika, [Kat.] Europäische
Textilien. Kunstgewerbemuseum. Zürich [1963],
77 m. Abb. = Sammlungskatalog 1 – Thompson
Paul, The Work of William Morris. London 1967,
97, Abb. 12a – Aslin Elizabeth, The Aesthetic Mo-
vement, London 1969, 36, Abb. 26 – [Kat. Mus.]
Catalogue of the Morris Collection. William Morris
Gallery. Walthamstow/London 1969, 36, F55 –
[Kat. Mus.] Die Neue Sammlung. Eine Auswahl
aus dem Besitz des Museums. München [1972],
Abb. 15 – Clark Fiona, William Morris. Wallpapers
and Chintzes. London/New York 1973, 56, Nr. 5
m. Farbabb. – [Kat. Ausst.] William Morris & Co.
Stanford Art Gallery. Stanford/Calif. 1975, 37,
Nr. 43 – Gysling-Billeter Erika, [Kat. Mus.] Objekte
des Jugendstils. Museum Bellerive. Zürich 1975,
92, Nr. 155 m. Abb. [dort weit. Lit.] – Barten Sigrid,
[Kat. Ausst.] William Morris. Museum Bellerive.
Zürich 1979, 45, 65, Nr. 34 m. Abb. – Watkinson
Ray, William Morris as Designer. London 1979,
Abb. 61 – Wichmann Hans, [Kat. Ausst.] Textilien,
Silbergeräte, Bücher. Die Neue Sammlung. Mün-
chen 1980, 18 – Grönwoldt Ruth, [Kat. Ausst.] Art
Nouveau. Textil-Dekor um 1900. Württembergi-
sches Landesmuseum. Stuttgart 1980, Nr. 1
m. Abb. – Fairclough Oliver u. Emmeline Leary,
Textiles by William Morris and Morris & Co. Lon-
don 1981, 35, 89, P19 – Wichmann Hans, Indu-
strial Design. Unikate. Serienerzeugnisse. Die
Neue Sammlung. Ein neuer Museumstyp des
20. Jahrhunderts. München 1985, 178 m. Abb. –
[Kat. Ausst.] Style of Empire. Great Britain 1877-
1947. The Mitchell Wolfson Collection. Miami
(Florida) 1985, 21, Nr. 62 [Tapete desselben Mu-
sters] – [Kat. Ausst.] British Design. Konstindustri
och design 1851-1987. Nationalmuseum. Stockholm 1987, 44, 50 m. Abb. – Parry Linda, William
Morris. Textilkunst. Herford 1987, 51 m. Abb.
[Entwurfszeichnung].

William Morris
Dekorationsstoff, Dessin »African
Marigold«, No. 1770, 1876

Registereintrag vom 7.10.1876
Druckstoff; Baumwolle; Leinwandbindung; Mo-
deldruck
Dieses Muster wurde zuerst von Thomas Wardle,
Leek, gedruckt.
Auf weißem Grund Reihenmuster von großen
Phantasieblüten, herzförmig gerahmt von ge-
schwungenem, Girlanden bildendem Blattwerk
mit Akanthusblättern. In den Zwischenräumen
kleines Blattwerk und kleine Korbblüten. Farben:
Blau, Hellblau, Anthrazit, Braun
Bez. auf zwei Webkanten in Blau: Morris & Com-
pany
L. 402 cm; B. 97,5 cm (Bahnbreite)
Musterrapport: H. 64 cm; B. 40 cm

Herst.: Morris & Co., Merton Abbey/Surrey, Eng-
land
Ankauf vom Hersteller, 1925
Inv. Nr. 61/25
Lit. u. a.: [Kat. Mus.] Catalogue of the Morris Col-
lection. William Morris Gallery. Walthamstow/
London 1969, 32, F5 – Clark Fiona, William Morris.
Wallpapers and Chintzes. London/New York
1973, 57, 65, Nr. 7 m. Abb. – Fanelli Giovanni u.
Rosalia, Il tessuto moderno. Florenz 1976, 113
m. Abb. – Fairclough Oliver u. Emmeline Leary,
Textiles by William Morris & Co. London 1981, 87,
P2 – [Kat. Ausst.] Style of Empire. Great Britain
1877-1947. The Mitchell Wolfson Collection.
Miami (Florida) 1985, 21, Nr. 62 [Tapete desselben
Musters] – Parry Linda, William Morris. Textil-
kunst. Herford 1987, 42 m. Abb. [Entwurfszeich-
nung], 150, Abb. 20.

William Morris
Dekorationsstoff, Dessin »Snakeshead«,
No. 1837, 1876

Druckstoff; Baumwolle; Leinwandbindung; Mo-
deldruck
Auf grünem Grund versetztes Reihenmuster von
verschiedenen Blüten und krautigem Blattwerk,
verbunden bzw. gerahmt durch wellenförmig, spi-
ralig oder oval geführte Ranken; Farben: Grün,
Hellgrün, Weiß, Braun, Gelb, Hellgelb
Bez. auf zwei Webkanten in Grün: Morris & Com-
pany London
L. 398 cm; B. 98 cm (Bahnbreite)
Musterrapport: H. 29,4 cm; B. 20,3 cm
Herst.: Morris & Co., London, England (zuerst ge-
druckt bei Thomas Wardle, Leek)
Ankauf vom Hersteller, 1925
Inv. Nr. 68/25
Entwurfszeichnung: Bleistift, schwarze Feder
H. 67,5 cm; B. 50 cm
Entwicklung des Entwurfes, ausgehend von den
Konstruktionslinien bis zum endgültigen Muster.
Birmingham, City Museum and Art Gallery,
Inv. Nr. 39741
Lit. u. a.: Thompson Paul, The Work of William
Morris. London 1967, 107-108, Abb. 11a – [Kat.
Mus.] Catalogue of the Morris Collection. William
Morris Gallery. Walthamstow/London 1969, 32,
F12 – [Kat. Mus.] Die Neue Sammlung. Eine Aus-
wahl aus dem Besitz des Museums. München
[1972], Abb. 18 – Clark Fiona, William Morris. Wall-
papers and Chintzes. London/New York 1973, 57,
67, Nr. 10 m. Abb. – [Kat. Ausst.] William Morris &
Co. Stanford Art Gallery. Stanford/Calif. 1975, 50,
Nr. 40 – Barten Sigrid, [Kat. Ausst.] William Morris.
Museum Bellerive. Zürich 1979, 65, Nr. 35 – Wich-
mann Hans, [Kat. Ausst.] Textilien, Silbergeräte,
Bücher. Die Neue Sammlung. München 1980, 18
– Fairclough Oliver u. Emmeline Leary, Textiles by
William Morris and Morris & Co. London 1981, 92,
30, Abb. P34 – Parry Linda, William Morris. Textil-
kunst. Herford 1987, 150, Abb. 18.

William Morris
Dekorationsstoff, Dessin »Dove and Rose«,
No. 5064, 1879

Jacquard-Gewebe; Seide, Wolle; Querrips, Atlas-
bindung
Blattranken, florale Formen und Tauben. Farben:
Grün, Gelb, Grau, Rosa, zartes Violett
L. 50 cm; B. 92,5 cm (Bahnbreite)
Musterrapport: H. 50 cm; B. 45 cm
Herst.: Morris & Co., London, England
Geschenk der Deutschen Werkstätten, 1913
Inv. Nr. MB 1322
Lit. u. a.: [Kat. Mus.] Catalogue of the Morris Col-
lection. William Morris Gallery. Walthamstow/
London 1969, 38, F28 – Watkinson Ray, William
Morris as Designer. London 1979, Abb. 16 – Wich-
mann Hans, [Kat. Ausst.] Textilien, Silbergeräte,
Bücher. Die Neue Sammlung. München 1980, 18
– Parry Linda, William Morris. Textilkunst. Herford
1987, 66 m. Abb.

William Morris
Dekorationsstoff, Dessin »Eyebright«, 1883

Registereintrag vom 23. 11. 1883
Druckstoff; Baumwolle; Leinwandbindung; Mo-
deldruck, Indigo-Ätzverfahren
Nach Kat. Krefeld 1972 vermutlich Kleiderstoff.
B. Tietzel sieht starke Abhängigkeit von italieni-
schen Seidenstoffen des 16. Jh. (vgl. S. 264 und
Anm. 16).
Auf indigoblauem Grund wellig aufsteigendes
Rankengitter in Hellblau; an den Schnittpunkten
ockerfarbene Stiefmütterchenblüten, mit ocker-
farbenen und weißen Blüten, olivgrünen Blättern
und Gräsern zu Reihen verbunden
Bez. auf einer Webkante in Weiß: RE Co MORRIS
& COMPANY 449 OXFORD STREET LONDON
W.
L. 49 cm; B. 92 cm (Bahnbreite)
Musterrapport: H. 14,8 cm; B. 11,4 cm
Herst.: Morris & Co., Merton Abbey/Surrey, Eng-
land
Geschenk der Deutschen Werkstätten, 1913
Inv. Nr. MB 1357
Lit. u. a.: [Kat. Mus.] Catalogue of the Morris Col-
lection. William Morris Gallery. Walthamstow/
London 1969, 34, F20 – [Kat. Ausst.] Stoffe um
1900. Textilmuseum. Krefeld 1972, 2, Taf. II –
Clark Fiona, William Morris. Wallpapers and Chint-
zes. London/New York 1973, 54, 74, Nr. 20
m. Abb. – Barten Sigrid, [Kat. Ausst.] William Mor-
ris. Museum Bellerive. Zürich 1979, 67, Nr. 43 –
Watkinson Ray, William Morris as Designer. Lon-
don 1979, Abb. 18 – Wichmann Hans, [Kat. Ausst.]
Textilien, Silbergeräte, Bücher. Die Neue Samm-
lung. München 1980, 18 – Fairclough Oliver u.
Emmeline Leary, Textiles by William Morris and
Morris & Co. London 1981, 35, 89, P16 – Tietzel
Brigitte, Stoffmuster des Jugendstils: Zs. für
Kunstgeschichte 1981, 263-264 m. Abb. – Parry
Linda, William Morris. Textilkunst. Herford 1987,
156, Abb. 52.

William Morris
Dekorationsstoff, Dessin »Strawberry
Thief«, No. 933, 1883

Registereintrag vom 11.5.1883
Druckstoff; Baumwolle; Leinwandbindung; Modeldruck, Indigo-Ätzverfahren

Auf dunkelblauem Grund Rankenwerk mit Blüten,
Erdbeeren und zwei verschiedenen Vogelpär-
chen. Farben: Gelb, Rosa, Rot, Hellbraun, Blaß-
blau, Indigoblau, Hellgrün
Bez. auf den Webkanten in Weiß: RE CO. MOR-
RIS & COMPANY. London
L. 400 cm; B. 97 cm (Bahnbreite)
Musterrapport: H. 52,3 cm; B. 45 cm (zwei Rap-
ports pro Bahnbreite)
Herst.: Morris & Co., Merton Abbey/Surrey, England
Variante: MB 1350
Ankauf vom Hersteller, 1925
Inv. Nr. 57/25
Lit. u. a.: Billeter Erika, [Kat.] Europäische Texti-
lien. Kunstgewerbemuseum. Zürich [1963], 79
m. Abb. = Sammlungskatalog 1 – [Kat. Mus.] Cata-
logue of the Morris Collection. William Morris Gal-
lery. Walthamstow/London 1969, 36, F54 – Pevs-
ner Nikolaus, Architektur und Design. München
1971, 378, Abb. 6 – Clark Fiona, William Morris.
Wallpapers and Chintzes. London/New York
1973, 59, 76, 80, Nr. 22 m. Abb. – Gysling-Billeter
Erika, [Kat. Mus.] Objekte des Jugendstils. Museum Bellerive. Zürich 1975, 94, Nr. 159 m. Abb. –
Fanelli Giovanni u. Rosalia , Il tessuto moderno.
Florenz 1976, 113 m. Abb. – [Kat. Ausst.] Stoffe
um 1900. Textilmuseum. Krefeld 1977, 1, Taf. I –
Anscombe Isabelle u. Charlotte Gere, Arts and
Crafts in Britain and America. London 1978, 39,
Abb. 37 – Barten Sigrid, [Kat. Ausst.] William Mor-
ris. Museum Bellerive. Zürich 1979, 67, Nr. 45
m. Abb. – Fairclough Oliver u. Emmeline Leary,
Textiles by William Morris & Co. London 1981, 35,
92, P35 m. Abb. – [Kat.] William Morris & Kelm-
scott. The Design Council. London 1981, 115,
146, T19 m. Abb. – Parry Linda, William Morris.
Textilkunst. Herford 1987, 155, Abb. 46.

William Morris
Dekorationsstoff, Dessin »Wey«,
No. 1711, 1883

Druckstoff; Leinen; Leinwandbindung; Modeldruck, Indigo-Ätzverfahren

Auf indigoblauem Grund schräg aufsteigende, ge-
wellte Stengel mit großen Phantasieblüten, lappi-
gen Blättern und kleineren Blüten in Hellblau, Oliv,
Rosa, Honiggelb
Bez. auf beiden Webkanten in Weiß: RE Co
MORRIS & COMPANY
L. 418 cm; B. 97 cm; (Bahnbreite)
Musterrapport: H. 35 cm; B. 38 cm
Herst.: Morris & Co., Merton Abbey/Surrey, Eng-
land
Ankauf vom Hersteller, 1925
Inv. Nr. 60/25
Entwurfszeichnung: Birmingham, City Museum
and Art Gallery
Lit. u. a.: Vallance Aymer, William Morris. 1898,
104 – British Decorative Arts of the late 19th Cen-
tury in the Nordenfjeldske Kunstindustriemu-
seum: Nordenfjeldske Kunstindustriemuseum
Ârbok 1961-1962, 85, Abb. 37 – [Kat. Mus.] Catalo-
gue of the Morris Collection. William Morris Gal-
lery, Walthamstow/London 1969, 34, F19 – Clark
Fiona, William Morris. Wallpapers and Chintzes.
London/New York 1973, 60, 80, Nr. 26 m. Abb. –
Fanelli Giovanni u. Rosalia, Il tessuto moderno.
Florenz 1976, Abb. 50 – Anscombe Isabelle u.
Charlotte Gere, Arts and Crafts in Britain and
America. London 1978, 75, Abb. 74 – Barten Si-
grid, [Kat. Ausst.] William Morris. Museum Belle-
rive. Zürich 1979, 67, Nr. 42 [dort weit. Lit.] –
Wichmann Hans, [Kat. Ausst.] Textilien, Silberge-
räte, Bücher. Die Neue Sammlung. München
1980, 18 – Fairclough Oliver u. Emmeline Leary,
Textiles by William Morris and Morris & Co. London 1981, 92, P40 – MacCarthy Fiona, British Design since 1880. London 1982, 14, 55, Abb. 4 –
Wichmann Hans, Industrial Design. Unikate. Serienerzeugnisse. Die Neue Sammlung. Ein neuer
Museumstyp des 20. Jahrhunderts. München
1985, 178 m. Abb. – Fanelli Giovanni u. Rosalia, Il
tessuto Art Nouveau. Florenz 1986, Farbabb. 1 –
Parry Linda, William Morris. Textilkunst. Herford
1987, 155, Abb. 48.

William Morris
Dekorationsstoff, Dessin »Rose«,
No. 1050, 1883

Registereintrag vom 8. 12. 1883
Druckstoff; Baumwolle; Leinwandbindung:
Modeldruck, Indigo-Ätzverfahren

Auf weißem Grund Rosenranken, verschiedene
Blüten, Knospen und Vögel. Farben: Ecru, Gelb,
Orange, Rosa, Rot, Braun, Hellblau, Blau, Grün
L. 401,5 cm; B. 94,5 cm (Bahnbreite)
Musterrapport: H. 50,7 cm; B. 45 cm
Herst.: Morris & Co., Merton Abbey/Surrey, England
Ankauf vom Hersteller, 1925
Inv. Nr. 59/25
Lit. u. a.: [Kat. Mus.] Catalogue of the Morris Collection. William Morris Gallery. Walthamstow/
London 1969, 37, F70 – Clark Fiona, William Morris. Wallpapers and Chintzes. London/New York
1973, 60, 81, Nr. 27 m. Abb. – [Kat. Ausst.] Stoffe
um 1900. Textilmuseum. Krefeld 1977, Nr. 3 – Anscombe Isabelle u. Charlotte Gere, Arts and Crafts
in Britain and America. London 1978, 75, Abb. 73 –
Fairclough Oliver u. Emmeline Leary, Textiles by
William Morris & Co. London 1981, 90, P32 –
Parry Linda, William Morris. Textilkunst. Herford
1987, 156, Abb. 53.

William Morris
Dekorationsstoff, Dessin »Wandle«,
No. 1899, 1884

Registereintragung vom 28.7.1884
Druckstoff; Baumwolle; Leinwandbindung; Modeldruck, Indigo-Ätzverfahren

Auf blauem Grund kleinteiliges Blatt- und Blütenmuster; darin große, schräg aufsteigende Wellenranken, schräg gestreift, mit großen, krautigen Phantasieblüten besetzt. Farben: Weiß, Rosa, Rot, Hellblau, Blau, Grün, Gelb
Bez. auf einer Webkante in Weiß: REG. MORRIS & COMPANY 449 Oxford Street London W
L. 51 cm; B. 95 cm (Bahnbreite)
Musterrapport: H. 95 cm; B. 56 cm
Herst.: Morris & Co., Merton Abbey/Surrey, England
Geschenk der Deutschen Werkstätten, 1913
Variante: Inv. Nr. 62/25
Inv. Nr. MB 1329
Lit. u. a.: Thompson Paul, The Work of William Morris. London 1967, 108, Abb. 11b – [Kat. Mus.] Catalogue of the Morris Collection. William Morris Gallery. Walthamstow/London 1969, 36, F50 – [Kat. Mus.] Die Neue Sammlung. Eine Auswahl aus dem Besitz des Museums. München [1972], Abb. 19 – Clark Fiona, William Morris. Wallpapers and Chintzes. London/New York 1973, 60, 83, Nr. 30 m. Abb. – Fanelli Giovanni u. Rosalia, Il design del tessuto dall'Art Nouveau all'Art Deco = [Kat. Ausst.] 6. Biennale Internazionale della Grafica d'Arte. Bd. 1. Florenz 1978, 140, 160, Nr. 68 m. Abb. – Fairclough Oliver u. Emmeline Leary, Textiles by William Morris and Morris & Co. London 1981, 91, 92, P39 m. Abb. – [Kat.] William Morris & Kelmscott. The Design Council. London 1981, 112, 147, T22 m. Abb. – Wichmann Hans, Industrial Design. Unikate. Serienerzeugnisse. Die Neue Sammlung. Ein neuer Museumstyp des 20. Jahrhunderts. München 1985, 178 m. Abb. – Parry Linda, William Morris. Textilkunst. Herford 1987, 157, Abb. 56.

William Morris
Dekorationsstoff, Dessin »Windrush«,
No. 1227, 1883

Registereintrag vom 18.10.1883
»Windrush« zählt zu einer Serie von Stoffen, die
Morris nach Nebenflüssen der Themse betitelte
(vgl. auch »Lodden« von 1884).
Druckstoff; Baumwolle; Leinwandbindung;
Krapp-Küpenfärbung, Handdruck
Auf rosafarbenem Grund große, wellig aufstei-
gende Stengel mit Phantasieblüten und krautigem
Blattwerk; Zwischenräume von kleinteiligem
Blatt- und Blütenmuster übersponnen; Farben:
Rot, Dunkelrot
Bez. auf der Webkante in Rot: RE Co MORRIS &
COMPANY 449 OXFORD STREET LONDON W
L. 366,5 cm; B. 99,5 cm (Bahnbreite)
Musterrapport: H. 75 cm; B. 64 cm
Herst.: Morris & Co., Merton Abbey/Surrey, Eng-
land
Ankauf vom Hersteller, 1925
Inv. Nr. 67/25
Entwurfszeichnung: Kelmscott House. 17 Mo-
deln: The William Morris Gallery, Walthamstow
Lit. u.a.: Clark Fiona, William Morris. Wallpapers
and Chintzes. London/New York 1973, 59, 77,
Nr. 23 m. Abb. – Fairclough Oliver u. Emmeline
Leary, Textiles by William Morris & Co., London
1981, 92, 41 – [Kat. Mus.] Catalogue of the Morris
Collection. William Morris Gallery. Walthamstow/
London, 32, 37, F9, F128 – Parry Linda, William
Morris Textilkunst. Herford 1987, 156, Abb. 50
[dort Rapport: 52 cm × 45 cm].

William Morris
Dekorationsstoff, Dessin »Cray«,
No. 8171, 1884

Druckstoff; Baumwolle; Leinwandbindung;
Modeldruck
Auf weißem Grund gewellt schräg aufsteigende
große Ranken mit Blüten in Rosa und Rot. In den
Zwischenräumen kleines Blatt- und Blütenmuster
in Weiß, Hellblau, Braun und Rosa
Bez. auf zwei Webkanten in Braun: RE Co
MORRIS & COMPANY 449 OXFORD STREET
LONDON W.
L. 402 cm; B. 45 cm (Bahnbreite)
Musterrapport: H. 95 cm; B. 45 cm
Herst.: Morris & Co., Merton Abbey/Surrey, Eng-
land

Ankauf vom Hersteller, 1925
Inv. Nr. 64/25
Lit. u.a.: Dekorative Kunst 14, 1910, Nr. 1, 21
m. Abb. [als Wandbespannung] – [Kat. Mus.] Cata-
logue of the Morris Collection. William Morris Gal-
lery. Walthamstow/London 1969, 35, F24 – Clark
Fiona, William Morris. Wallpapers and Chintzes.
London/New York 1973, 32, 60, 82, Nr. 28 m. Abb.
– Anscombe Isabelle u. Charlotte Gere, Arts and
Crafts in Britain and America. London 1978, 68,
Abb. 65 – Watkinson Ray, William Morris as De-
signer. London 1979, Abb. 17 – Fairclough Oliver
u. Emmeline Leary, Textiles by William Morris and
Morris & Co. London 1981, 88, P12 – Parry Linda,
William Morris. Textilkunst. Herford 1987, 157,
Abb. 57.

William Morris
Dekorationsstoff, Dessin »Flowerpot«,
No. 1431, 1883

Registereintrag vom 18. 10. 1883
Druckstoff; Leinen; Leinwandbindung; Model-
druck, Indigo-Ätzverfahren
Auf indigoblauem Grund florales Gitterwerk. Den
Rautenfeldern sind Amphoren mit Blumen einge-
schrieben. Motive in den Farben Grün, Hellblau,
Gelb, Rot und Weiß
Bez. auf einer Webkante in Weiß: Morris & Com-
pany 449 OXFORD STREET LONDON W.
L. 51 cm; B. 92 cm (Bahnbreite)
Musterrapport: H. 19 cm; B. 16 cm
Herst.: Morris & Company, London, England
Geschenk der Deutschen Werkstätten, 1913
Inv. Nr. MB 1312
Entwurfszeichnung: Bleistift, Deckfarben,
schwarze Feder. H. 38,3 cm; B. 41,2 cm. Als
Grundlage die Konstruktionslinien eines Rauten-
netzes; ein vollständiges Spitzoval im Umriß wie-
dergegeben. Zwei Hälften des versetzt angeord-
neten symmetrischen Musters ausgeführt und
koloriert. Beschriftung.

Bes.: Birmingham, City Museum and Art Gallery,
Inv. Nr. 41741
Lit. u. a.: [Kat. Mus.] Catalogue of the Morris Col-
lection. William Morris Gallery. Walthamstow/
London 1969, 33, F14 – Clark Fiona, William Mor-
ris. Wallpapers and Chintzes, London/New York
1973, 59, 74, Nr. 19 m. Abb. – Barten Sigrid,
[Kat. Ausst.] William Morris. Museum Bellerive.
Zürich 1979, 67, Nr. 44 [dort Rapport 9,2 ×
9,2 cm. Leihgabe des City Museum, Birmingham
Inv. Nr. 41841] – Wichmann Hans, [Kat. Ausst.]
Textilien, Silbergeräte, Bücher. Die Neue Samm-
lung. München 1980, 18 – Fairclough Oliver u.
Emmeline Leary, Textiles by William Morris & Co.
London 1981, 32, 89, P18 m. Farbabb. – [Kat.] Wil-
liam Morris & Kelmscott. The Design Council.
London 1981, 147, T21 – Parry Linda, William
Morris. Textilkunst. Herford 1987, 52 m. Abb.
[Entwurfszeichnung], 156, Abb. 51 [dort Rapport
12 cm × 12 cm].

William Morris
Dekorationsstoff, Dessin »Lodden«,
No. 1494, 1884

»Lodden« gehört ebenso wie der Stoff »Wind-
rush« (1883) zu einer Reihe von Entwürfen, die
Morris nach Nebenflüssen der Themse betitelte.
Das Muster »Lodden« wird heute von der Firma
Liberty, London, in zwei Farbstellungen gedruckt.
Druckstoff; Leinen; Leinwandbindung; Model-
druck, Indigo-Ätzverfahren
Auf beigem Grund Ranken und Blätter in sich
überkreuzendem Spitzoval-Schema mit verschie-
denen Blüten; Farben: Blau- und Olivtöne
Bez. auf einer Webkante in Grün: RE Co MORRIS
& COMPANY 449 OXFORD STREET
LONDON W.
L. 61,5 cm; B. 98 cm
Musterrapport: H. 56 cm; B. 34,5 cm

Herst.: Morris & Co., Merton Abbey/Surrey, Eng-
land
Ankauf München, 1974
Inv. Nr. 5/74-2
Lit. u. a.: Day Lewis F., The Anatomy of Pattern.
London 1887 [Originalentwurf wiedergegeben] –
[Kat. Mus.] Catalogue of the Morris Collection.
William Morris Gallery. Walthamstow/London
1969, 32, F6 – Clark Fiona, William Morris. Wallpa-
pers and Chintzes. London/New York 1973, 60,
82, Nr. 29 m. Abb. – Barten Sigrid, [Kat. Ausst.]
William Morris. Museum Bellerive. Zürich 1979,
68 – Wichmann Hans, [Kat. Ausst.] Textilien, Sil-
bergeräte, Bücher. Die Neue Sammlung. Mün-
chen 1980, 18 – Fairclough Oliver u. Emmeline
Leary, Textiles by William Morris and Morris & Co.
London 1981, 90, P27 – Parry Linda, William Morris. Textilkunst. Herford 1987, 156, Abb. 54.

William Morris
Dekorationsstoff, Dessin »Medway« oder
»Garden Tulip«, No. 5741, 1885

Registereintrag vom 21. 9. 1885
Druckstoff; Leinen; Leinwandbindung; Model-
druck, Indigo-Ätzverfahren
Das Muster wurde auch als Tapete verwendet.
Entwurfszeichnung: Walthamstow, William Mor-
ris Gallery (Stoff), Birmingham, City Museum and
Art Gallery (Tapete)
Auf blauem Grund gewellt aufsteigende Ranken
mit Tulpenblüten. Der gesamte Grund ist bedeckt
von kleinen Spiralranken, Blüten und Blattwerk.
Farben: Rosa, Rot, Gelb, Hellblau, Grün, Weiß
Bez. auf einer Webkante: RE Co MORRIS &
COMPANY 449 OXFORD STREET LONDON W.
L. 84 cm; B. 95,5 cm (Bahnbreite)
Musterrapport: H. 45,5 cm; B. 39,8 cm (3 Rap-
portes pro Bahnbreite)
Herst.: Morris & Co., Merton Abbey/Surrey, Eng-
land

Inv. Nr. MB 1313
Lit. u. a.: Billeter Erika, [Kat.] Europäische Textilien. Kunstgewerbemuseum. Zürich [1963], 78
m. Abb. = Sammlungskatalog 1 – [Kat. Mus.] Catalogue of the Morris Collection. William Morris Gal-
lery. Walthamstow/London 1969, 35 – Clark
Fiona, William Morris. Wallpapers and Chintzes.
London/New York 1973, 61, 85, Nr. 32 m. Abb. –
Gysling-Billeter Erika, [Kat. Mus.] Objekte des Jugendstils. Museum Bellerive. Zürich 1975, 99,
Nr. 169 m. Abb. – Fanelli Giovanni u. Rosalia, Il tes-
suto moderno. Florenz 1976, Abb. 270 – Barten
Sigrid, [Kat. Ausst.] William Morris. Museum Bel-
lerive. Zürich 1979, Nr. 49. – Wichmann Hans,
[Kat. Ausst.] Textilien, Silbergeräte, Bücher. Die
Neue Sammlung. München 1980, 18 – Grönwoldt
Ruth, [Kat. Ausst.] Art Nouveau. Textil-Dekor um
1900. Württembergisches Landesmuseum. Stutt-
gart 1980, 32-33, Nr. 2 m. Abb. – Fairclough Oliver
u. Emmeline Leary, Textiles by William Morris and
Morris & Co. London 1981, 37, 90, P29 m. Abb. –
MacCarthy Fiona, British Design since 1880. Lon-
don 1982, 14, 55, Abb. 3 – Parry Linda, William
Morris. Textilkunst. Herford 1987, 157, Abb. 59 –
Weisberg Gabriel P., Stile Florale: The Cult of Na-
ture in Italian Design. Miami (Florida) 1988, 99,
Nr. 94 m. Abb. [Tapete].

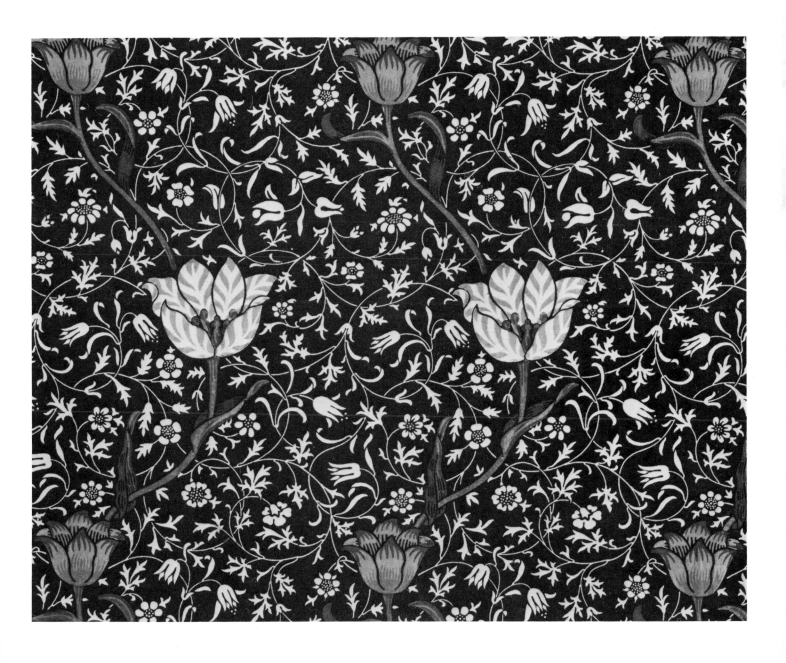

Hermann Obrist
Wandbehang »Großer Blütenbaum«,
um 1895

Der Wandbehang kam 1952, im Todesjahr der Ehefrau Obrists, aus dem Familienbesitz des Künstlers in Besitz des Staatlichen Museums für angewandte Kunst, München.

Hermann Obrist, der 1892 eine Reise nach Italien unternahm, gründete im Herbst des gleichen Jahres mit Berthe Ruchet, der langjährigen Gesellschafterin seiner Mutter, und einer Reihe italienischer Stickerinnen ein eigenes Stickerei-Atelier. 1895 baute er in seinem Wohnhaus in der Münchner Karl-Theodor-Straße ein eigenes Stickerei-Atelier aus, das Ende des Jahres 1900 wegen Überanstrengung von Berthe Ruchet aufgegeben wurde. Nach Siegfried Wichmann entstehen hier »die für damalige Zeit äußerst eigenwilligen Nadelarbeiten. Durch diese Technik realisiert Hermann Obrist dekorative und von Vorbildern unabhängige florale Formen, die über das Kunsthandwerk eingeführt, doch bildkünstlerisch neue Möglichkeiten eröffnen.« Im April 1896 wurde in Littauers Salon am Odeonsplatz eine Ausstellung mit 35 Stickereien nach Entwurf von Obrist gezeigt, anschließend auch in Berlin und London. Der Wandbehang, der wohl auf eine undatierte Vorzeichnung »Dorniger Stengel mit Knospe« (Staatl. Graphische Sammlung, München, Inv.-Nr. 44421) zurückgeht, wurde von Zeitgenossen als Geburtsstunde der neuen, angewandten Kunst gefeiert. Georg Fuchs schrieb 1896 in einem Artikel über Obrist in der Zeitschrift Pan (H. 5, S. 325): »Drei Stickereien gehen in der Werkstätte ihrer Vollendung entgegen: Ein Einsatz für ein Kleiderschränkchen ... und endlich eine vier Meter hohe Wanddekoration: ›Der blühende Baum‹. In majestätischer Pracht erhebt sich der breite Stamm, nach beiden Seiten weit ausladende Äste entsendend. Feierlich steht er, prangend in goldenen Blüten. Ein Strom schwellender Kraft scheint durch Stamm und Geäst in breiten Rhythmen zu pulsen und bis in die äußersten, grünen Spitzchen und in die zartesten gelben Kelche zu beben, ein einziger, großer Takt des Wachstums, ein Dithyrambus auf den Frühling, ein jubelndes ›Es werde!‹ Und dennoch; welche erhabene Ruhe, welche stille Feier, welch reiner Himmelsglanz! Dieser Kerzenschimmer der springenden Knospen und jungen Blüten, dieses milde Prangen, diese ahnungsvollen Dämmerungen zwischen den edelgeschwungenen Ästen, dieses Flimmern in dem noch halbverdeckten Blättergrün ... Möge der Geist Hermann Obrists das deutsche Kunstgewerbe dergestalt erfüllen, daß wir auch über dieses wieder aussagen können: Ein blühender Baum!«

Seide; Querrips; mit Seide bestickt; Plattstich, z. T. unterlegt, und Stilstich

Auf dunkelbraunem Grund ein flächig stilisierter Baum (rötlichbraun) mit spiralig angelegten Ästen; Umriß einem sehr hohen Dreieck einschreibbar. Zarte gelbliche Blütendolden und grüne Knospen an olivfarbenen Zweigen

Bez. unten rechts (neben dem Stamm): OH (monogrammiert)

L. 321 cm; B. 210 cm

Ausgeführt von Berthe Ruchet

Erworben 1952 von Silvie Lampe, München

Inv. Nr. 307/26

Ein weiterer Wandbehang von Hermann Obrist, der 1926 als Geschenk von Mary Berenson, Florenz, in die Sammlung gelangte, dort unter der Inv. Nr. 307/26 verzeichnet war und als »graue Stickerei auf grünem Grund« beschrieben wurde, ging in den Kriegswirren verloren.

Lit. u. a.: Wichmann Siegfried, [Kat. Ausst.] Aufbruch zur modernen Kunst. Haus der Kunst. München 1958, Nr. 635 – Wichmann Siegfried, [Kat. Ausst.] Hermann Obrist. Wegbereiter der Moderne. Stuck-Villa. München 1968, Nr. 66 m. Abb. [vgl. auch die Zeichnungen Nr. 36, 37 m. Abb.] – [Kat. Mus.] Die Neue Sammlung. Eine Auswahl aus dem Besitz des Museums. München [1972], Abb. 30 – Wichmann Hans, [Kat. Ausst.] Textilien, Silbergeräte, Bücher. Die Neue Sammlung. München 1980, 19 – Wichmann Siegfried, [Kat. Ausst.] Jugendstil. Floral. Funktional. Bayerisches Nationalmuseum. München 1984, 64, 67 m. Abb. – Wichmann Hans, Industrial Design. Unikate. Serienerzeugnisse. Die Neue Sammlung. Ein neuer Museumstyp des 20. Jahrhunderts. München 1985, 176, 177 m. Abb.

Robert Oerley
Dekorationsstoff, Dessin »Kosmischer
Nebel«, 1899

Druckstoff; Polyester; Leinwandbindung (Voile)
Auf weißem, durchscheinendem Grund stark be-
wegtes, in sich schwellendes Lineament, das sich
rhythmisch zu Kugelformen verdichtet. Motive in
Weiß
L. 300 cm; B. ca. 150 cm (Bahnbreite)
Musterrapport: H. ca. 17 cm; B. 9 cm
Herst.: Joh. Backhausen & Söhne, Wien, Öster-
reich (Nachdruck)
Ankauf vom Hersteller, 1985
Inv. Nr. 307/86
Lit. u. a. (zum Originalstoff): Deutsche Kunst und
Dekoration 5, 1899/1900, 298 m. Abb. – Kunstge-
werbeblatt 9, 1902, 213 m. Abb. – Schmutzler Ro-
bert, Art Nouveau – Jugendstil. Stuttgart 1962,
298 m. Abb. [hier ohne Entwerfer] – [Kat. Ausst.]
Wien um 1900. Wien 1964, Nr. 815 – [Kat. Ausst.]
Europa 1900. Kursaal Ostende. Brüssel 1967,
Nr. 552 – Grönwoldt Ruth, [Kat. Ausst.] Art Nou-
veau. Textil-Dekor um 1900. Württembergisches
Landesmuseum. Stuttgart 1980, 182-183, Nr. 135
m. Abb. [Farb- und Qualitätsvariante] – Völker An-

gela, Österreichische Textilien des frühen
20. Jahrhunderts: Alte und moderne Kunst 25,
1980, 1 m. Abb. – Fanelli Giovanni u. Rosalia, Il
tessuto Art Nouveau. Florenz 1986, Abb. 71 [Farb-
und Qualitätsvariante] – Varnedoe Kirk, Wien
1900. Köln 1987, 114 m. Abb. [Farb- und Qualitäts-
variante].

Kolomann Moser
Dekorationsstoff, Dessin »Blumen-
erwachen«, 1899

Druckstoff; Polyester; Leinwandbindung (Voile)
Auf transparentem, weißen Grund versetztes Rei-
henmuster von sich öffnenden Blütenblättern und
Blütenkelchen; alle Motive in Weiß
L. 300 cm; B. 150 cm (Bahnbreite)
Musterrapport: H. 21 cm; B. 20 cm
Herst.: Joh. Backhausen & Söhne, Wien, Öster-
reich (Nachdruck)
Ankauf vom Hersteller, 1985
Inv. Nr. 305/86
Originalausführung als Doppelgewebe (Hohlge-
webe) in Baumwolle, Seide und Wolle in Weiß,
Hellbraun, Gelb, Grün und Dunkelblau; Variante:
Violett, Blau, Gelb, beide im Württ. Landesmu-
seum, Stuttgart
Lit. u. a. zum Originalgewebe: Art et Décoration
1902, Bd. 12, 17 – Schmutzler Robert, Art Nou-
veau – Jugendstil. Stuttgart 1962, Abb. 262 –
[Kat. Ausst.] Wien um 1900. Wien 1964, Nr. 812 –
Fanelli Giovanni u. Rosalia, Il tessuto moderno.
Florenz 1976, 30 m. Abb. – Fenz Werner, Kolo Moser. Internationaler Jugendstil und Wiener Sezession. Salzburg 1976, 69, Abb. 31 – Grönwoldt
Ruth, [Kat. Ausst.] Art Nouveau. Textil-Dekor um
1900. Württembergisches Landesmuseum. Stuttgart 1980, 168-169 [dort weit. Lit.] – Tietzel Brigitte, Stoffmuster des Jugendstils: Zs. für Kunstgeschichte 1981, 274 m. Abb. [Analyse] – Fenz
Werner, Koloman Moser. Salzburg 1984, 260,
Taf. 30 – [Kat. Ausst.] Traum und Wirklichkeit.
Wien 1870-1930. Historisches Museum/Künstler-
haus. Wien 1985, Nr. 13/14/24.

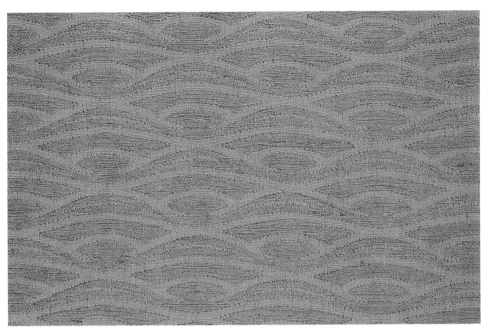

Henry van de Velde
Dekorationsstoff, 1903

Jacquard-Gewebe; Wolle; Atlas- und Leinwandbindung
Waagrecht versetztes Muster von gewellten doppelten Querbändern und abstrakten Formen; Farben: Senfgelb und Schilfgrün (sich stark an japanischen Motiven orientierend)
Der Stoff stammt aus der 1902/03 von Henry van
de Velde für Herbert Esche in Chemnitz erbauten
und ausgestalteten Villa und diente dort als Wandbespannung.
L. 27,5 cm; B. 33 cm; und L. 62 cm; B. 74 cm
Musterrapport: H. 12 cm; B. 12 cm
Geschenk Herbert Esche, Gauting, 1971
Inv. Nr. 21/71-2 und 908/85.

Henry van de Velde
Dekorationsstoff, 1903

Jacquard-Gewebe; Wolle; Querrips, Atlasbindung
Versetztes Reihenmuster mit geometrischen Mo-
tiven; Farben: Grau, Weinrot
L. 33,5 cm; B. 28 cm
Musterrrapport: H. 6 cm; B. 11 cm
Herst.: Wilhelm Vogel, Chemnitz, Deutschland
Geschenk Herbert Esche, Gauting 1971
Inv. Nr. 21/71-3
Lit. u. a.: [Kat. Ausst.] Das Deutsche Kunstgewerbe 1906. III. Deutsche Kunstgewerbausstel-
lung. Dresden 1906, 113, 236 m. Abb. [als Polster-
bezug] – Billeter Erika, [Kat.] Europäische Textilien, Kunstgewerbemuseum. Zürich [1963], 89
m. Abb. = Sammlungskatalog 1 – Gysling-Billeter
Erika, [Kat. Mus.] Objekte des Jugendstils. Museum Bellerive. Zürich 1975, 142, Nr. 262 m. Abb.
[dort weit. Lit.] – Fanelli Giovanni u. Rosalia, Il tessuto moderno. Florenz 1976, Abb. 325.

**Henry van de Velde
Dekorationsstoff »Tula«, 1904/05**

Webstoff (Damast); Baumwolle (teilweise merzerisiert); Atlas- und Köperbindung
Waagrecht versetztes Muster von gewellten Querbändern und stilisierten Glockenblüten in Rosé
L. 32 cm; B. 94 cm; und L. 27,5 cm; B. 33 cm
Musterrapport: H. 5 cm; B. 10 cm
Hergestellt in Krefeld, Deutschland
Inv. Nr. 948/88 und 21/71-1
Lit. u. a.: Billeter Erika, [Kat.] Europäische Textilien. Kunstgewerbemuseum Zürich 1963, 90 m. Abb. = Sammlungskatalog 1 – Gysling-Billeter

Erika, [Kat. Mus.] Objekte des Jugendstils. Museum Bellerive. Zürich 1975, 143, Nr. 263 m. Abb. [dort weit. Lit.] – Fanelli Giovanni u. Rosalia, Il tessuto moderno. Florenz 1976, Abb. 323 – Grönwoldt Ruth, [Kat. Ausst.] Art Nouveau. Textil-Dekor um 1900. Württembergisches Landesmuseum. Stuttgart 1980, 238 f., Nr. 175 m. Abb. [Variante; dort weit. Lit.] – Wichmann Hans, Industrial Design. Unikate. Serienerzeugnisse. Die Neue Sammlung. Ein neuer Museumstyp des 20. Jahrhunderts. München 1985, 179 m. Abb. – Franzke Irmela, Bestandskatalog Jugendstil. Badisches Landesmuseum. Karlsruhe 1987, 257, Nr. 69 m. Abb.

**Bernhard Pankok
Dekorationsstoff, 1904**

Auf Anregung des Stuttgarter Künstlerbundes entwarf Pankok einen Ausstellungsraum für die Dresdener Kunstausstellung 1904, in der Absicht, die Ausstattung im Anschluß in die Stuttgarter Gemäldegalerie einzubringen. Zu der Ausstattung dieses Raumes gehörte neben Möbeln auch diese Wandbespannung. In Stuttgart begann man mit dem Einbau 1905. Die Einweihung des Saales erfolgte 1906. Er ist nicht mehr in der ursprünglichen Form erhalten.
Verwandte Motive tauchen auch auf gestickten Kissenbezügen des Musiksalons der Weltausstellung in St. Louis auf (vgl. Günther Sonja, Interieurs um 1900. München 1971, 101, Abb. 94).
Webstoff; Baumwolle, merzerisiert; Doppelgewebe mit Anbindung; Kreuzköper- (Grund) und Leinwandbindung (Muster)
Auf zart olivgrünem Fond aufsteigende, in Voluten endende Stengel mit Efeublättern
L. 71 cm; B. 95 cm
Musterrapport: H. 28 cm; B. 40,5 cm
Herst.: Carl Faber, Stuttgart, Deutschland
Inv. Nr. 949/88
Lit. u. a.: Klaiber Hans, [Kat. Ausst.] Bernhard Pankok. Württembergisches Landesmuseum. Stuttgart 1973, 106, Nr. 243 m. Abb. – Grönwoldt Ruth, [Kat. Ausst.] Art Nouveau. Textildekor um 1900. Württembergisches Landesmuseum. Stuttgart 1980, 251, Nr. 191 m. Abb. [dort weit. Lit.].

Otto Prutscher
Dekorationsstoff, Dessin »Aristide«, 1905

Jacquard-Gewebe; Baumwolle, Viskose, Poly-
ester; Doppelgewebe mit Anbindung; Leinwand-
und Atlasbindung, kett- und schußlanciert
Auf einem hellen Fond (gebrochenes Weiß) gra-
phisches Muster aus braunem Lineament mit ein-
gelagerten blauen und gelben, geometrischen
Motiven (vertikale Ovale, Dreiecke, Rechtecke)
L. 23,5 cm; B. 28 cm
Musterrapport: H. 29 cm; B. 8,3 cm
Herst.: Joh. Backhausen & Söhne, Wien, Öster-
reich (Nachwebung)
Inv. Nr. 573/89.

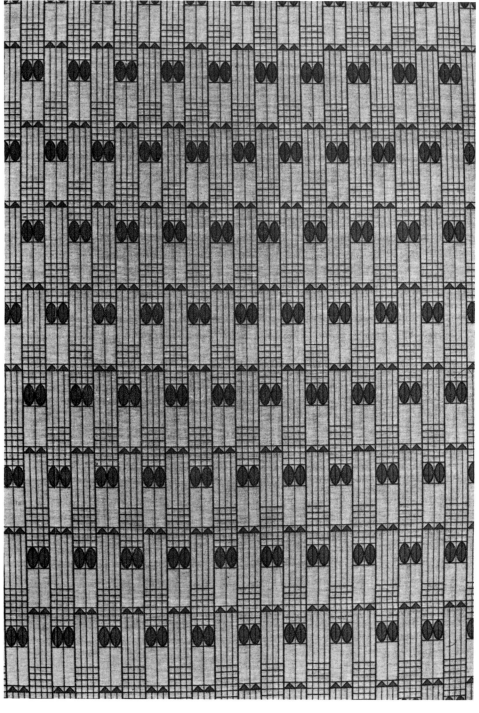

Josef Hoffmann
Dekorationsstoff, Dessin »Sehnsucht«,
1904

Entwurfszeichnung im Besitz der Hersteller,
Wien. Wurde als Möbelbezugstoff für Sessel im
Schreibzimmer des Sanatoriums Purkersdorf ver-
wendet.
Webstoff; Baumwolle, Viskose, Polyester; Dop-
pelgewebe mit Anbindung; Leinwandbindung
(Grund), Kett- und Schußatlasbindung (Muster),
lanciert
Linien- und Gittergerüst mit Ovalformen und Drei-
ecken. Farben: Natur, Rosa, Mittelbraun, Braun
L. 180 cm; B. 130 cm (Bahnbreite)
Musterrapport: H. 23 cm; B. 7 cm
Herst.: Joh. Backhausen & Söhne, Wien, Öster-
reich (Nachwebung)
Ankauf vom Hersteller, 1985
Inv. Nr. 303/85
Lit. u. a.: Deutsche Kunst u. Dekoration 16, 1905,
561 m. Abb. – Innen-Dekoration 17, 1906, 36
m. Abb. – Fanelli Giovanni u. Rosalia, Il tessuto
moderno. Florenz 1976, Abb. 406 o [verwandtes
Muster, umgekehrte Farbstellung] – Grönwoldt
Ruth, [Kat. Ausst.] Art Nouveau. Textil-Dekor um
1900. Württembergisches Landesmuseum. Stuttgart 1980, 202-203, Nr. 150 m. Abb. [dort weit.
Lit.] – [Kat. Ausst.] Moderne Vergangenheit. Wien
1800-1900. Künstlerhaus. Wien 1981, 325
m. Abb. [Entwurf; dat. 1904], 380, Nr. 307 – Tietzel Brigitte, Stoffmuster des Jugendstils: Zs. für
Kunstgeschichte 1981, 276 m. Abb. [Analyse] –
Schweiger Werner Josef, Wiener Werkstätte.
Kunst und Handwerk 1903-1932. Wien 1982, 220
m. Abb. [Stoffentwurf] – [Kat. Ausst.] Josef Hoffmann. Wien. Museum Bellerive. Zürich 1983, 92
m. Abb. Nr. 133, 134, Nr. 201 – [Kat. Ausst.] Traum
und Wirklichkeit. Wien 1870-1930. Historisches
Museum/Künstlerhaus. Wien 1985, Nr. 13/14/26.

Tischdecke, Wien, um 1905

Jacquard-Gewebe; Baumwolle; Doppelgewebe
mit Anbindung; Atlas- und Leinwandbindung
Quadratisches Mittelfeld mit breitem Rahmen.
Mittelfeld strukturiert durch zentriertes geometri-
sches Muster (getrepptes Lineament mit Gitter-
quadraten); Rahmen aus wechselnden, in sich ge-
gliederten Kreis- und Rechteckmotiven (in der Art
von Josef Hoffmann); Farben: Rot und Blau
L. 135 cm; B. 141 cm (Bahnbreite)
Musterrapport des Feldes: H. 11 cm; B. 12,5 cm
Musterrapport des Randes: H. 21,5 cm;
B. 12,5 cm
Hergestellt in Wien, Österreich
Ankauf Wien, 1986
Inv. Nr. 428/86.

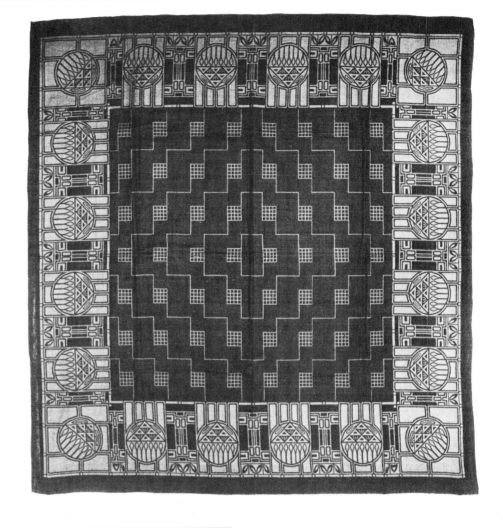

Ausschnitt aus der oben wiedergegebenen Tischdecke, die erstmals während der Ausstellung
»Neu. Donationen und Neuerwerbungen
1986/87« in der Neuen Sammlung 1989 ausgestellt wurde.

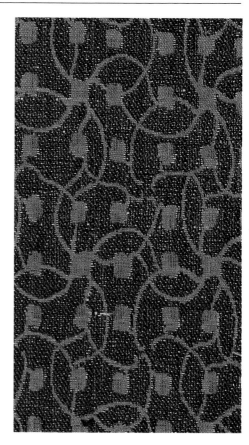

Richard Riemerschmid
Dekorationsstoff, 1905

Florgewebe (Velours); Baumwolle
Auf rotem Grund Reihenmuster von Vierpaß-
blüten in spiraligen Ranken (Hellrot und Rot)
L. 50,5 cm; B. 67 cm (Bahnbreite)
Musterrapport: H. 6 cm; B. 6 cm
Herst.: Deutsche Werkstätten, Dresden,
Deutschland
Varianten: Inv. Nr. MB 1301, MB 1309
Inv. Nr. 738/85
Lit. u. a.: Grönwoldt Ruth, [Kat. Ausst.] Art Nou-
veau. Textil-Dekor um 1900. Württembergisches
Landesmuseum. Stuttgart 1980, 263, 267,
Nr. 213, 226 m. Abb. [Varianten].

Richard Riemerschmid
Dekorationsstoff, 1905

Druckstoff; Baumwolle; Rohgewebe in Lein-
wandbindung (Kretonne-Rohware = Grobnessel)
Locker über den hellen Grund verteilt ein Motiv in
mehreren Größen: violette Frucht an weinrotem
Stengel mit nach rechts zeigendem Blatt
L. 51 cm; B. 112 cm (Bahnbreite)
Musterrapport: H. 25 cm; B. 21,5 cm
Herst.: Deutsche Werkstätten, Dresden,
Deutschland
Geschenk des Herstellers, 1913
Inv. Nr. MB 1320
Lit. u. a.: Dekorative Kunst 9, 1906, Bd. 14, 303
m. Abb. – Warlich Hermann, Wohnung und Haus-
rat. München 1908, 199 – Fanelli Giovanni u. Ro-
salia, Il tessuto moderno. Florenz 1976, Abb. 384
– [Kat. Ausst.] Richard Riemerschmid. Stadtmu-
seum. München 1982, 362, Nr. 472 m. Abb. –
Girke Susanne-Stephanie, Das textile Werk Ri-
chard Riemerschmids. Mag. Arb. München 1984
– Wichmann Hans, Industrial Design. Unikate. Se-
rienerzeugnisse. Die Neue Sammlung. Ein neuer
Museumstyp des 20. Jahrhunderts. München
1985, 179 m. Abb.

Richard Riemerschmid
Dekorationsstoff, um 1905

Jacquard-Gewebe; Leinen, Baumwolle; Doppel-
gewebe mit Anbindung; Leinwand- und Atlasbin-
dung
Auf braunem, leicht bläulich meliertem Grund
regelmäßiges Rankenwerk in Schwarzbraun mit
stilisierten Blüten in Schwarz und Gelb
L. 22 cm; B. 30,5 cm
Musterrapport: H. 8 cm; B. 6 cm
Herst.: Deutsche Werkstätten, Dresden,
Deutschland
Inv. Nr. 955/88
Lit. u. a.: [Kat. Ausst.] Kandinsky und München.
Begegnungen und Wandlungen 1896-1914. Städ-
tische Galerie im Lenbachhaus. München 1982,
216, Nr. 91 m. Abb. – Wichmann Siegfried,
[Kat. Ausst.] Jugendstil. Floral. Funktional.
Bayerisches Nationalmuseum. München 1984,
130 m. Abb.

Richard Riemerschmid
Dekorationsstoff, 1905

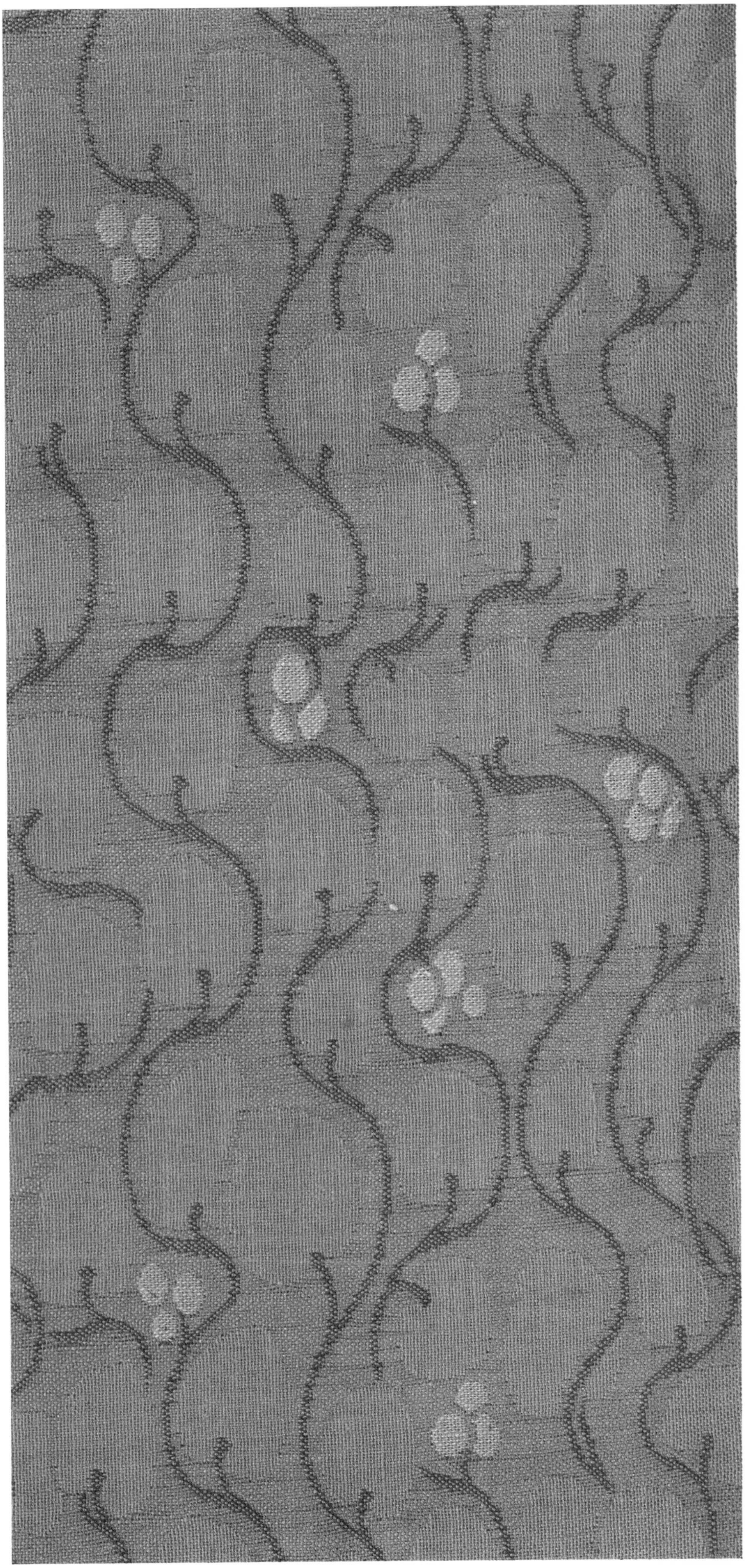

Jacquard-Gewebe; Baumwolle, Seide; Leinwand-
und Kreuzköperbindung
Auf rötlichem Grund aufsteigende, unregelmä-
ßige, geschwungene Ranken (Dunkelrot) mit
herzförmigen Blättern (Orangerot) und kleinen
Beeren (Gelbgrün)
Der Entwurf wird in der Architektursammlung der
TU, München, bewahrt.
L. 50,5 cm; B. 115 cm (Bahnbreite)
Musterrapport: H. 18 cm; B. 16,3 cm
Herst.: Deutsche Werkstätten, Dresden,
Deutschland
Variante: Inv. Nr. MB 1332
Inv. Nr. 704/85
Lit. u. a.: Dekorative Kunst 9, 1906, Bd. 14, 303
m. Abb. – Innen-Dekoration 17, 1906, 142 m. Abb.
– Fanelli Giovanni u. Rosalia, Il tessuto moderno.
Florenz 1976, Abb. 383 – Wichmann Hans, Auf-
bruch zum neuen Wohnen. Basel/Stuttgart 1978,
195 m. Abb. [Variante: Druckstoff] – Grönwoldt
Ruth, [Kat. Ausst.] Art Nouveau. Textil-Dekor um
1900. Württembergisches Landesmuseum. Stutt-
gart 1980, 262 f., Nr. 200-202 m. Abb. – [Kat.
Ausst.] Richard Riemerschmid. Stadtmuseum.
München 1982, 362, 372, Abb. 65 [Variante:
Druckstoff] – Hiesinger Kathryn Bloom (Hrsg.),
[Kat. Ausst.] Art Nouveau in Munich. Philadelphia
Museum of Art. München 1988, 142 m. Abb.
[Variante: Druckstoff].

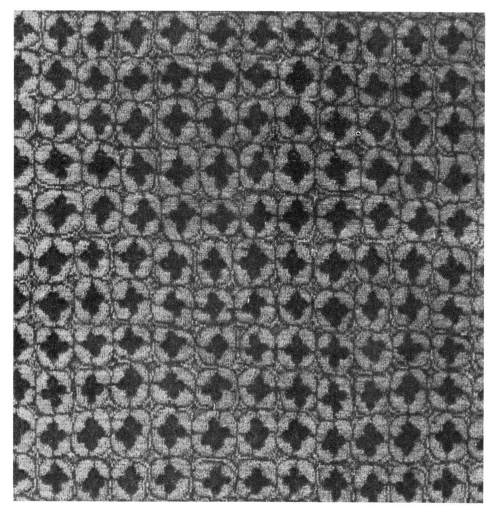

Richard Riemerschmid
Dekorationsstoff, 1905

Webgobelin; Wolle, Baumwolle, Seide; Querrips;
handgewebt
Auf blaugrünem Grund Reihenmuster von Vier-
paßblüten (Gelb/Weiß) in spiraligen Ranken
(Schwarz)
L. 54 cm; B. 114 cm (Bahnbreite)
Musterrapport: H. 4,5 cm; B. 4 cm
Herst.: Deutsche Werkstätten, Dresden,
Deutschland
Varianten: Inv. Nr. MB 1309, 738/85
Geschenk des Herstellers, 1913
Inv. Nr. MB 1301
Lit. u. a.: Dekorative Kunst 9, 1906, Bd. 14, 302
m. Abb. – Grönwoldt Ruth, [Kat. Ausst.] Art Nou-
veau. Textil-Dekor um 1900. Württembergisches
Landesmuseum. Stuttgart 1980, 263, 267, Nr. 213
u. 226 m. Abb. [Varianten].

Richard Riemerschmid
Bezugsstoff, 1905

Florgewebe (Mokett); Wolle
Auf hellgrünem Grund Reihenmuster von vierteili-
gen Blüten (Kern Rot, umgebende Blütenblätter
Rosa), graue Konturen
L. 52,5 cm; B. 130 cm (Bahnbreite)
Musterrapport: H. 3 cm; B. 3,2 cm
Herst.: Deutsche Werkstätten, Dresden,
Deutschland
Varianten: Inv. Nr. MB 1301, 738/85
Geschenk des Herstellers, 1913
Inv. Nr. MB 1309
Lit. u. a.: Deutsche Kunst u. Dekoration 18, 1906,
643 m. Abb. [Variante] – Grönwoldt Ruth,
[Kat. Ausst.] Art Nouveau. Textil-Dekor um 1900.
Württembergisches Landesmuseum. Stuttgart
1980, 264, 266, Nr. 214 u. 223 m. Abb. [Varianten].

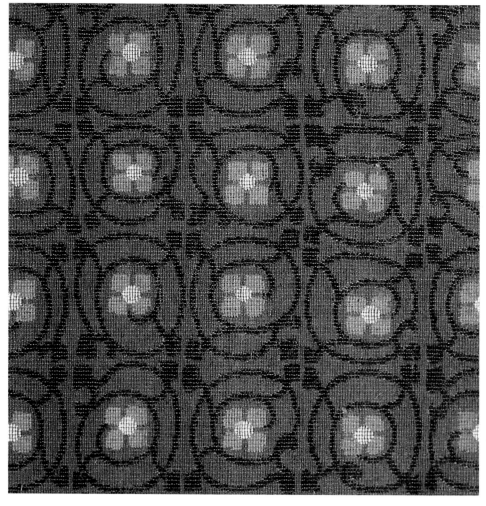

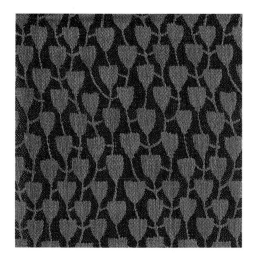

Richard Riemerschmid
Dekorationsstoff, 1905

Jacquard-Gewebe; Leinen, Baumwolle; Doppelgewebe mit Anbindung; Leinwand- und Atlasbin-
dung
Auf blauviolettem Grund versetzte, durch Stiele
miteinander verbundene Kelchblüten in Rostrot
Entwürfe, der eine datiert mit 6.6.1905, befinden
sich in der Architektensammlung der TU, München.
L.45 cm; B.88 cm
Musterrapport: H.6 cm; B.6 cm
Herst.: Deutsche Werkstätten, Dresden,
Deutschland
Varianten: Inv. Nr. 107/65 (weißer Grund mit hellblauen Blüten), 167/80 (weißer Grund mit rostro-
ten Blüten), 951/88 (weißer Grund mit dunkelblauen Blüten)
Inv. Nr. 950/88
Lit. u. a.: Dekorative Kunst 9, 1906, Bd. 14, 302
m. Abb. – Deutsche Kunst u. Dekoration 1906,
Bd. 18, 643 – Innen-Dekoration 17, 1906, 142
m. Abb. – Wichmann Siegfried, [Kat. Ausst.] Se-
cession. Europäische Kunst um die Jahrhundert-
wende. Haus der Kunst. München 1964, 123,
Nr. 1020-1021, Abb. 54 – [Kat. Ausst.] Ein Dokument Deutscher Kunst 1901-1976. Hessisches
Landesmuseum. Darmstadt 1976, 61 m. Abb. [Va-
riante als Bezugsstoff für den Musikzimmerstuhl
Richard Riemerschmids] – Fanelli Giovanni u. Rosalia, Il tessuto moderno. Florenz 1976, Abb. 386 –
Wichmann Hans, Aufbruch zum neuen Wohnen.
Basel/Stuttgart 1978, 209 m. Abb. – Grönwoldt
Ruth, [Kat. Ausst.] Art Nouveau. Textil-Dekor um
1900. Württembergisches Landesmuseum. Stuttgart 1980, 262 f., Nr. 209 u. 268 m. Abb. – [Kat.
Ausst.] Richard Riemerschmid. Stadtmuseum.
München 1982, 362 f., Nr. 475 m. Abb. – Breuer
Gerda, [Kat. Ausst.] Von der Kunstseide zur Industriefotografie. Das Museum zwischen Jugendstil
und Werkbund. Kaiser Wilhelm Museum. Krefeld
1984, 163/165, Nr. 3 m. Abb. [Druckstoff] = Der
westdeutsche Impuls 1900-1914 – Girke Susanne-Stephanie, Das textile Werk Richard Riemerschmids. Mag. Arb. München 1984 – Wichmann Siegfried, [Kat. Ausst.] Jugendstil. Floral.
Funktional. Bayerisches Nationalmuseum. München 1984, 130, Nr. 266 m. Abb. – Wichmann
Hans, Industrial Design. Unikate. Serienerzeugnisse. Die Neue Sammlung. Ein neuer Museumstyp des 20. Jahrhunderts. München 1985, 179
m. Abb. – Fanelli Giovanni u. Rosalia, Il tessuto Art
Nouveau. Florenz 1986, Abb. 34 – Bloom Hiesinger Kathryn (Hrsg.), [Kat. Ausst.] Art Nouveau in
Munich. Philadelphia Museum of Art. München
1988, 142 [weißer Grund mit blauen Blüten].

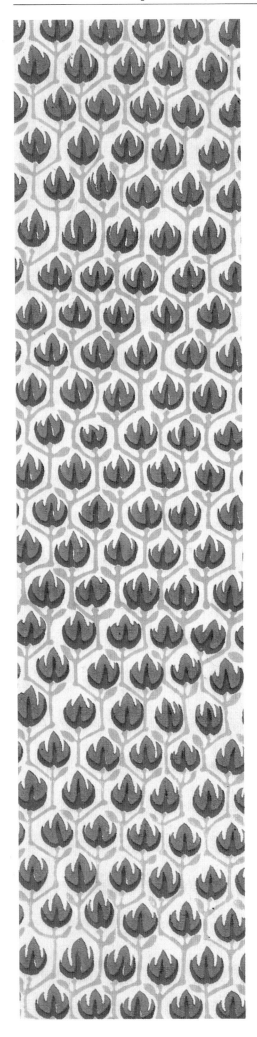

Links: Richard Riemerschmid
Dekorationsstoff, um 1906

Druckstoff; Baumwolle; Rohgewebe in Lein-
wandbindung (Kretonne-Rohware=Grobnessel);
handbedruckt
Auf naturweißem Grund versetzte Blüten, durch
winklig gebrochene, von Ferne sich zu Sechsek-
ken formierende Stiele verbunden; Blüten in Rot/
Blau, Stiele in Grau
L. 98 cm; B. 112 cm (Bahnbreite)
Musterrapport: H. 5 cm; B. 5 cm
Herst.: Deutsche Werkstätten, Dresden,
Deutschland
Variante: Inv. Nr. 716/85 (Blüten in Weinrot/Türkis)
Geschenk des Herstellers, 1913
Inv. Nr. 715/85.

Richard Riemerschmid
Dekorationsstoff, 1907

Druckstoff; Baumwolle; Rohgewebe in Lein-
wandbindung (Kretonne-Rohware=Grobnessel)
Auf weißem Grund Diagonalstreifen von stilisier-
ten Rosenblüten, in ihrer Mitte durch einen
schwarzen Punkt akzentuiert. Ihre Form nähert
sich dem Quadrat; Blütenblätter in Rot.
Entwurfszeichnung in der Architektursammlung
der TU, München, datiert vom 18. und 22. 6. 1907.
Eng verwandte Form in Grüntönen mit gelbem
Punkt als Tapete am gleichen Ort (vgl. [Kat.
Ausst.] Richard Riemerschmid. Stadtmuseum.
München 1982, 368 m. Abb., 380, Nr. 502)
L. 60 cm; B. 114,5 cm (Bahnbreite)
Musterrapport: H. 9 cm; B. 9 cm
Herst.: Deutsche Werkstätten, Dresden,
Deutschland
Inv. Nr. 717/85.

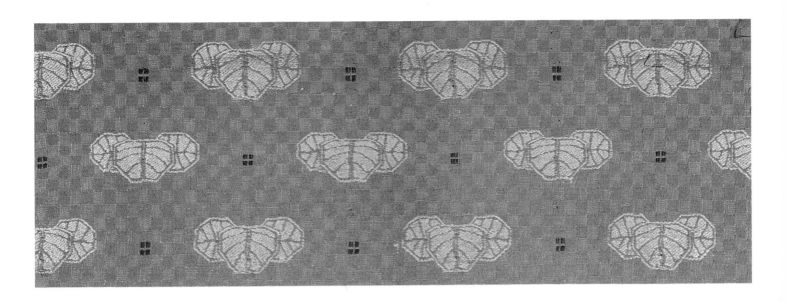

Adelbert Niemeyer
Tapetenstoff, ca. 1905

Jacquard-Gewebe; Wolle, Seide; Querrips, Kö-
per- und Gerstenkornbindung, satinierte Atlasbin-
dung
Auf schachbrettartigem Grund (Grün) versetztes
Reihenmuster von stilisierten dreiblättrigen Moti-
ven in Beige und kleinen Würfeln in Dunkelblau
L. 51 cm; B. 64 cm
Musterrapport: H. 5,6 cm; B. 18,5 cm
Herst.: Wilhelm Vogel, Chemnitz, Deutschland
Ankauf von Hahn und Bach, München 1913
Inv. Nr. MB 1582
Lit. u. a.: Dekorative Kunst 8, 1905, Bd. 12, 496-
498 m. Abb. [als Wandbespannung anläßlich der
Ausstellung der »Vereinigung für angewandte
Kunst« München 1905] – Kunst u. Handwerk 56,
1905/06, 20 m. Abb. [wie vor] – Dekorative Kunst
10, 1907, Bd. 16, 496 m. Abb. – Kunst u. Hand-
werk 59, 1908, H. 3, 72, Abb. 181 [anläßlich der
Ausstellung »München 1908«].

Adelbert Niemeyer
Dekorationsstoff, No. 2797, ca. 1907

Druckstoff; Leinen; Leinwandbindung
Rechtwinkliges Gitterwerk aus Blüten in Rosa und
Weiß auf grauem Grund. Die Überschneidungen
des Gitters sind x-förmig in Weiß markiert.
L. 51 cm; B. 64 cm
Musterrapport: H. 5 cm; B. 5 cm
Herst.: Hahn und Bach, München, Deutschland
Variante: Inv. Nr. MB 1587 (Farben: Blautöne,
Weiß)
Geschenk des Herstellers, 1913
Inv. Nr. MB 1602
Lit. u. a.: Dekorative Kunst 10, 1907, Bd. 16, 497
m. Abb.

Robert Engels
Bezugsstoff, No. 4593, 1907/08

Jacquard-Gewebe; Wolle, Baumwolle, Seide;
Leinwand- und Atlasbindung
Auf sandfarbenem Grund ockerfarbenes Rhom-
ben-Gitter von stilisierten, sich teilweise überdek-
kenden Blüten und Blättern
L. 47,5 cm; B. 66 cm
Musterrapport: H. 24 cm; B. 16 cm
Herst.: Wilhelm Vogel, Chemnitz, Deutschland
Ankauf von Hahn und Bach, München
Inv. Nr. MB 1581
Lit. u. a.: Kunst u. Handwerk 59, 1908, H. 3, 71,
Abb. 178 [andere Farbstellung, Wandbespannung
anläßlich der Ausstellung »München 1908«].

Adelbert Niemeyer
Bezugsstoff, ca. 1907

Florgewebe, bedruckt; Wolle; Rippensamt;
Grund: Leinwandbindung
Auf braunem Grund in diagonal versetzter Rei-
hung Muster von je drei ineinander versetzten
Ringen in Gelb
L. 49 cm; B. 62 cm
Musterrapport: H. 31 cm; B. 31 cm
Herst.: Deutsche Werkstätten, Dresden,
Deutschland
Ankauf von Hahn und Bach, München, 1913
Inv. Nr. MB 1594
Lit. u. a.: Dekorative Kunst 10, 1907, Bd. 16, 497
m. Abb. – Dekorative Kunst 12, 1909, Bd. 20, 428
m. Abb. [als Sofabezug].

Adelbert Niemeyer
Dekorationsstoff, No. 4767, um 1907

Druckstoff; Leinen; Leinwandbindung
Rechtwinkliges Gitterwerk aus Blüten in Weiß
und Ultramarin auf blaugrauem Grund. Die Über-
schneidungen des Gitters sind x-förmig in Weiß
markiert.
L. 52,5 cm; B. 69,5 cm
Musterrapport: H. 4,6 cm; B. 5 cm
Herst.: Hahn und Bach, München, Deutschland
Variante: Inv. Nr. MB 1602 (Farben: Rosa, Grau,
Weiß)
Ankauf vom Hersteller
Inv. Nr. MB 1587
Lit. u. a.: Kunst u. Handwerk 61, 1911, H. 4,
Abb. 301 [andere Farbstellung].

Josef Hoffmann
Dekorationsstoff, Dessin »Lampen«, 1906

Datierung erfolgt aufgrund von Angaben des Her-
stellers.
Webstoff; Baumwolle, Viskose; Doppelgewebe
mit Anbindung; Rips, Kett- und Schußatlasbin-
dung
Auf beigefarbenem Grund versetztes Reihenmu-
ster von graphisch stilisierten Hängelampen; Far-
ben: Violett, Dunkelblau
L. 180 cm; B. 130 cm (Bahnbreite)
Musterrapport: H. 11 cm; B. 8 cm
Herst.: Joh. Backhausen & Söhne, Wien, Öster-
reich, (Nachwebung)
Ankauf vom Hersteller, 1985
Inv. Nr. 304/86
Lit. u. a.: [Kat. Ausst.] Traum und Wirklichkeit.
Wien 1870-1930. Historisches Museum, Künstler-
haus. Wien 1985, Nr. 13/14/28.

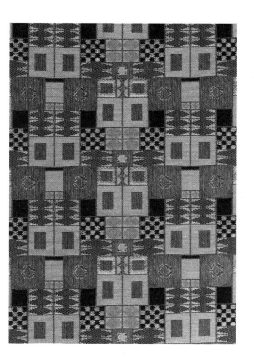

Thomas Theodor Heine
Bezugsstoff, um 1908

Webgobelin; Wolle; Frisé
Auf mauvefarbenem Grund versetztes Reihenmu-
ster von kreisförmig stilisierten Blüten, denen klei-
nere Blüten eingeschrieben sind. Farben: Grün,
Weiß, Blau
L. 53 cm; B. 61,5 cm
Musterrapport: H. 10,5 cm; B. 10,5 cm
Herst.: Vereinigte Werkstätten, München,
Deutschland
Variante: Inv. Nr. MB 1553 (Farben: Grün, Weiß,
Hellviolett, Abb. unten)
Inv. Nr. 735/85
Lit. u. a.: Dekorative Kunst 12, 1909, Bd. 20, 26,
27, 29 m. Abb. [als Bezug von Sitzgarnituren im
Lesezimmer des Lloyd-Dampfers »George Wash-
ington«; Bericht zur »Ausstellung München
1908«], 436 m. Abb. [als Sesselbezug].

Josef Hoffmann
Dekorationsstoff, Dessin »Kunstschau«,
1908 (Seite 62)

Jacquard-Gewebe; Viskose, Baumwolle,
Polyester; Doppelgewebe mit Anbindung;
Leinwand-, Rips- und Atlasbindung
Quadratische und rechteckige Felder, denen geo-
metrische Muster eingeschrieben sind, z. B.
Kreise, Schachbrett, Rechtecke und Rauten. Far-
ben: Grün, Beige, Grau, Schwarz
L. 180 cm; B. ca. 130 cm (Bahnbreite)
Musterrapport: H. 21 cm; B. 17 cm
Herst.: Joh. Backhausen & Söhne, Wien, Öster-
reich (Nachwebung)
Ankauf vom Hersteller, 1985
Inv. Nr. 302/86
Entwurfszeichnung: Bleistift und Wasserfarben
auf kariertem Papier. H. 20,5 cm; B. 33,2 cm
Sign. (in Wasserfarben): JH (im Quadrat)
Beschriftung: Dess. 6804 Florida Prof. Josef Hoff-
mann 1908 J Ho 884.
Bewahrt im Archiv Joh. Backhausen & Söhne,
Wien
Lit. u. a.: Österreichischer Werkbund (Hrsg.), Jo-
sef Hoffmann zum 60. Geburtstag. Wien 1930
[s. p.] m. Abb. – [Kat. Ausst.] Moderne Vergangen-
heit. Wien 1800-1900. Künstlerhaus. Wien 1981,
Nr. 310 – Schweiger Werner J., Wiener Werk-
stätte. Wien 1982, 220 m. Abb. [Entwurf] – [Kat.
Ausst.] Josef Hoffmann. Wien. Museum Belle-
rive. Zürich 1983, 44 m. Abb. 4 [Entwurf], 95
m. Abb. 141, 136, Nr. 218 – [Kat. Ausst.] Traum
und Wirklichkeit. Wien 1870-1930. Historisches
Museum, Künstlerhaus. Wien 1985, Nr. 13/14/29
– Fanelli Giovanni u. Rosalia, Il Tessuto Art Deco e
Anni Trenta. Florenz 1986, Abb. 143 [mit geringfü-
giger Abwandlung im Muster].

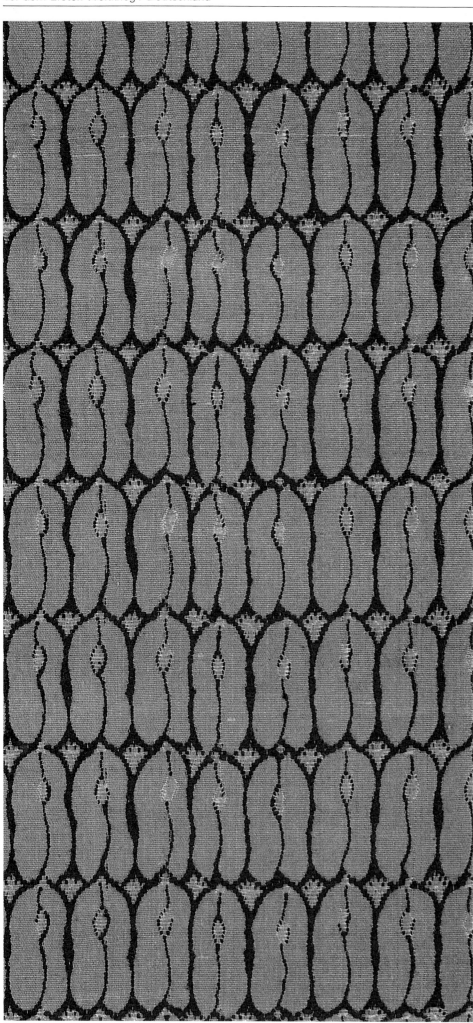

J. Strobel (Schülerin A. Niemeyers)
Dekorationsstoff, No. 3248, 1908

Webstoff; Wolle, Baumwolle, Seide; Doppelge-
webe mit Anbindung (Doubleface); Leinwand-
und Atlasbindung
Reihenmuster von Blattmotiven, die sich aus zwei
Ovalformen zusammensetzen; Farben: gebro-
chenes Weiß, Grau, Blau
L. 53,5 cm; B. 60 cm
Musterrapport: H. 8,5 cm; B. 4 cm
Herst.: Deutsche Werkstätten, Dresden,
Deutschland
Variante: Inv. Nr. 706/85 (Grau, Gelb)
Inv. Nr. 707/85
Lit. u. a.: Kunst u. Handwerk 59, 1908, H. 6, 182,
Abb. 455b – Kunst u. Handwerk 61, 1911, H. 4,
142, Abb. 296.

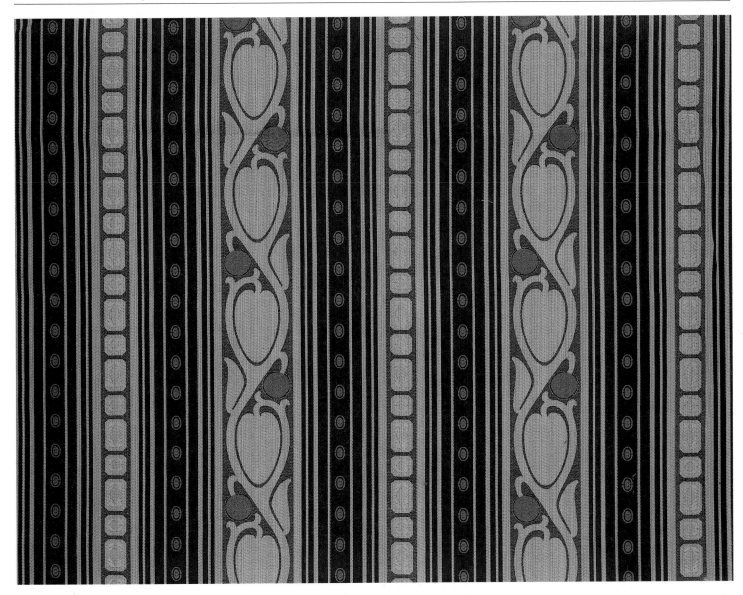

Bruno Paul
Bezugsstoff, um 1908

Jacquard-Gewebe; Baumwolle, Seide; Atlas- und
Leinwandbindung; lanciert
Auf schwarzem Grund senkrechte, hellblaue
Streifen und drei verschiedene Musterreihen:
1. hellblaue Wellenranke mit herzförmigen und
halbmondförmigen Blättern und grünen, runden
Früchten; 2. kleine, grüne Ovale auf schwarzem
Grund; 3. hellblaue Kassetten mit eingeschriebe-
nen, geometrischen Mustern in Senfgelb
L. 70 cm; B. 127 cm (Bahnbreite)
Musterrapport: H. 20 cm; B. 40 cm
Herst.: Vereinigte Werkstätten, München,
Deutschland
Ankauf vom Hersteller, 1913
Inv. Nr. MB 1637
Lit. u. a.: Dekorative Kunst 13, 1910, Nr. 12, 571
m. Abb. [als Sesselbezug] – Popp Joseph, Bruno
Paul. München [1916], 25, 28-29 m. Abb. [als
Wandbespannung von Salons des Lloyd-Damp-
fers »Prinz Friedrich Wilhelm«] – Kunst u. Hand-
werk 64, 1914, H. 1, 23-24 m. Abb. [als Wandbe-
spannung von Salons des Lloyd-Dampfers »Prinz
Friedrich Wilhelm«] – Wichmann Hans, Industrial
Design. Unikate. Serienerzeugnisse. Die Neue
Sammlung. Ein neuer Museumstyp des 20. Jahr-
hunderts. München 1985, 179 m. Abb.

Richard Riemerschmid
Bezugsstoff, 1908 ▽

Webgobelin; Wolle; Querrips
Auf blauem Grund Gittersystem aus offenen Quadraten in Braun mit eingeschriebenen Blättern in Schwarz und Braun
Entwurf datiert vom 28. 8. 1908, in der Architektursammlung der TU, München.
L. 50,5 cm; B. 89 cm
Musterrapport: H. 6 cm; B. 6 cm
Herst.: Deutsche Werkstätten, Dresden, Deutschland
Variante: Inv. Nr. 1135/84 (Druckstoff in Weiß, Grün und Blau)
Geschenk des Herstellers, 1913
Inv. Nr. MB 1297
Lit. u. a.: [Kat. Ausst.] Richard Riemerschmid. Stadtmuseum. München 1982, 365, Nr. 482 m. Abb. – Girke Susanne-Stephanie, Das textile Werk Richard Riemerschmids. Mag. Arbeit. München 1984 – Wichmann Hans, Industrial Design. Unikate. Serienerzeugnisse. Die Neue Sammlung. Ein neuer Museumstyp des 20. Jahrhunderts. München 1985, 180 m. Abb.

Richard Riemerschmid
Dekorationsstoff, 1908

Druckstoff; Baumwolle; Rohgewebe in Leinwandbindung (Kretonne-Rohware=Grobnessel); handbedruckt
Auf naturweißem Grund Gittersystem aus offenen Quadraten in Blau mit eingeschriebenen Blättern (Grün/Blau)
Entwurf datiert vom 28. 8. 1908, in der Architektursammlung der TU, München.
L. 57 cm; B. 114 cm (Bahnbreite)
Musterrapport: H. 4 cm; B. 4 cm
Herst.: Deutsche Werkstätten, Dresden, Deutschland
Variante: Inv. Nr. MB 1297 (Webstoff in Blau, Schwarz und Braun)
Geschenk des Herstellers, 1913
Inv. Nr. 1135/84
Lit. u. a.: Die Ausstellung Köln 1914. Jahrbuch des Deutschen Werkbundes 1915. München 1915, Taf. 32 – [Kat. Ausst.] Richard Riemerschmid. Stadtmuseum. München 1982, 365, Nr. 482 m. Abb. – Wichmann Hans, Industrial Design. Unikate. Serienerzeugnisse. Die Neue Sammlung. Ein neuer Museumstyp des 20. Jahrhunderts. München 1985, 180 m. Abb.

Richard Riemerschmid
Dekorationsstoff, 1908

Jacquard-Gewebe; Leinen, Baumwolle; Doppelgewebe mit Anbindung; Leinwand- und Atlasbindung
Auf naturweißem Grund Muster aus dunkelblauen Rauten mit olivgrüner Umrandung (stilisierte Blütenstengel)
Entwurfszeichnung vom 28. 8. 1908 in der Architektursammlung der TU, München.
L. 74 cm; B. 43 cm
Musterrapport: H. 26 cm; B. 30 cm
Herst.: Deutsche Werkstätten, Dresden, Deutschland
Inv. Nr. 954/88
Lit. u. a.: Wichmann Hans, Aufbruch zum neuen Wohnen. Basel/Stuttgart 1978, 208 m. Abb. – [Kat. Ausst.] Richard Riemerschmid. Stadtmuseum. München 1982, 365, Nr. 481 m. Abb. [dort weit. Lit.] – Wichmann Siegfried, [Kat. Ausst.] Jugendstil. Floral. Funktional. Bayerisches Nationalmuseum. München 1984, 130 m. Abb. 266 – Fanelli Giovanni u. Rosalia, Il tessuto Art Nouveau. Florenz 1986, Abb. 36.

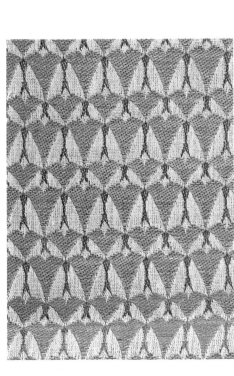

Richard Riemerschmid
Dekorationsstoff, 1908/09

Jacquard-Gewebe; Leinen, Baumwolle; Doppel-
gewebe mit Anbindung; Leinwand- und Atlasbin-
dung
Horizontale Reihung von Schneeglöckchenblüten
in verschiedenen Größen; Farben: Weiß, Gelb,
Olivgrün
L. 67,5 cm; B. 54 cm
Musterrapport: H. 4 cm; B. 2,5 cm
Herst.: Deutsche Werkstätten, Dresden,
Deutschland
Variante: Inv. Nr. 952/88 (Weiß, Blau, Olive)
Inv. Nr. 953/88
Lit. u. a.: Wichmann Hans, Aufbruch zum neuen
Wohnen. Basel/Stuttgart 1978, 209 m. Abb. [Farb-
variante] – Wichmann Siegfried, [Kat. Ausst.] Ju-
gendstil. Floral. Funktional. Bayerisches National-
museum. München 1984, 130 m. Abb. 266 – Fa-
nelli Giovanni u. Rosalia, Il Tessuto Art Nouveau.
Florenz 1986, Abb. 35.

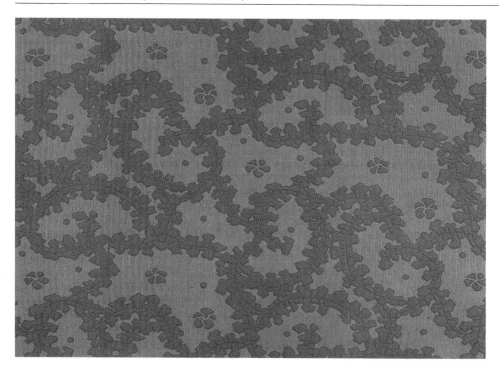

Adelbert Niemeyer
Dekorationsstoff, 1908

Druckstoff; Seide; Querrips
Auf hellgrünem Grund Rankenwerk aus farnarti-
gen Blättern, dazwischen einzelne Blüten und
kleine Beeren; alle Motive in Dunkelgrün mit brau-
nem Rand
L. 51 cm; B. 132,5 cm (Bahnbreite)
Musterrapport: H. 50 cm; B. 65 cm
Herst.: Hahn und Bach, München, Deutschland
(Vertrieb: Deutsche Werkstätten)
Variante: Inv. Nr. MB 1588
Geschenk des Herstellers, 1913
Inv. Nr. MB 1333
Lit. u. a.: Kunst u. Handwerk 59, 1908, H. 3, 72,
Abb. 180 [Farb- und Qualitätsvariante, anläßlich
der Ausstellung »München 1908« als Wandbe-
spannung] – Die Durchgeistigung der deutschen
Arbeit. Jahrbuch des Deutschen Werkbundes
1912. Jena 1912, Taf. 29 [dort als Sesselbezug in
einem von K. Bertsch eingerichteten Wohnzim-
mer der Deutschen Werkstätten].

Adelbert Niemeyer
Tapetenstoff, No. 3244, 1908

Webstoff (Damast); Leinen, Baumwolle; Längs-
rips, Leinwand- und Atlasbindung
Auf graubraunem Grund Rankenwerk aus farn-
ähnlichen Blättern (Weiß), dazwischen einzelne
Blüten und kleine Beeren (Violett)
L. 51,5 cm; B. 68 cm
Musterrapport: H. 44 cm; B. 55 cm
Herst.: Hahn und Bach, München, Deutschland
(Vertrieb: Deutsche Werkstätten)
Variante: Inv. Nr. MB 1333
Ankauf 1913
Inv. Nr. MB 1588
Lit. u. a.: Kunst u. Handwerk 59, 1908, H. 3, 72,
Abb. 180 [anläßlich der Ausstellung »München
1908« als Wandbespannung] – Dekorative Kunst
12, 1909, Bd. 20, 12, 13, 21 m. Abb. [Wandbe-
spannung im Musikzimmer der Ausstellung
»München 1908«] – Dekorative Kunst 14, 1911,
Bd. 24, 281 m. Abb. [wie vor], 285 m. Abb.

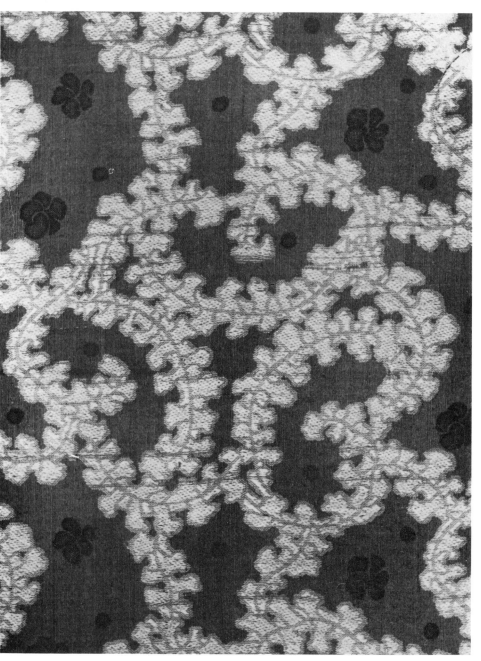

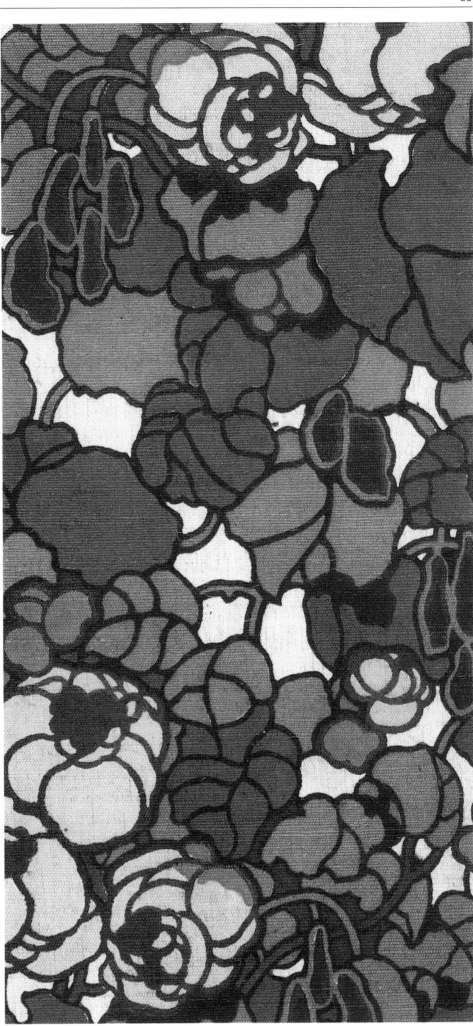

Adelbert Niemeyer
Dekorationsstoff, um 1910

Druckstoff; Leinen; Leinwandbindung
Auf naturfarbenem Grund großes Blumenmuster:
Blattwerk in verschiedenen Blautönen mit dunkel-
blauer Umrandung; Blüten, Knospen und längli-
che Früchte in Schwarzbraun und Violett mit grü-
ner und blauer Umrandung
L. 50 cm; B. 133 cm (Bahnbreite)
Musterrapport: H. 40 cm; B. 65 cm
Herst.: Deutsche Werkstätten, Dresden,
Deutschland
Varianten: Inv. Nr. MB 1319, MB 1326, 911/85
Geschenk des Herstellers, 1913
Inv. Nr. MB 1353
Lit. u. a.: Dekorative Kunst 14, 1911, Bd. 24, 276,
277, 284 m. Abb. [Varianten] – Die Kunst 15, 1912,
Bd. 26, 242 m. Abb. [als Gobelinstoff, Variante] –
Wichmann Hans, [Kat. Ausst.] Textilien, Silberge-
räte, Bücher. Die Neue Sammlung. München
1980, 18 – Wichmann Hans, Industrial Design.
Unikate. Serienerzeugnisse. Die Neue Sammlung.
Ein neuer Museumstyp des 20. Jahrhunderts.
München 1984, 181 m. Abb.

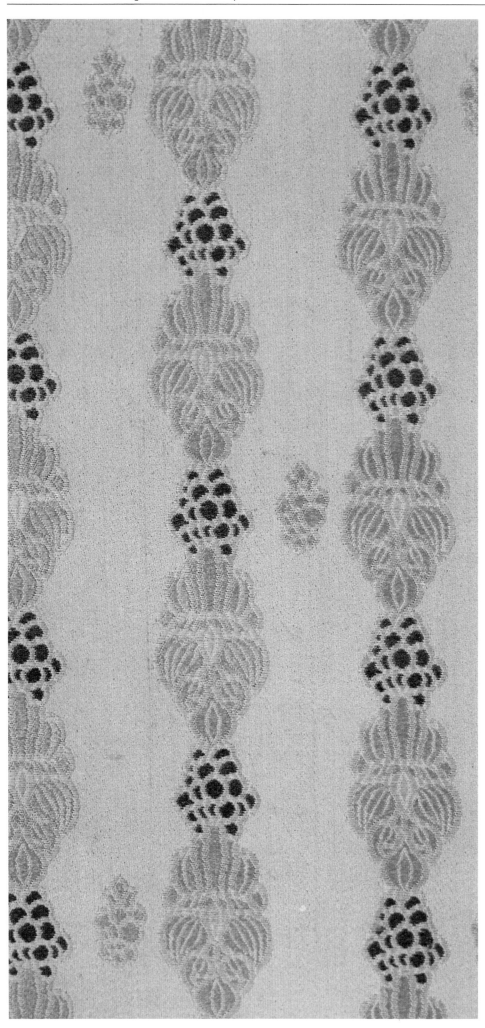

Adelbert Niemeyer
Tapetenstoff, um 1910

Jacquard-Gewebe; Seide; Atlas- und Köperbindung
Auf hellgrünem Grund senkrecht versetztes, balusterartiges Reihenmuster aus Trauben (Dunkelblau) und Blättern (Bläulichgrün). In den Freiräumen versetzte Reihe von vereinzelten, stilisierten Blättern. Alle Motive beige umrandet
L. 49,5 cm; B. 112,5 cm (Bahnbreite)
Musterrapport: H. 15 cm; B. 13,5 cm
Herst.: Deutsche Werkstätten, Dresden, Deutschland
Variante: Inv. Nr. MB 1347
Geschenk des Herstellers, 1913
Inv. Nr. MB 1341
Lit. u. a.: Dekorative Kunst 14, 1911, Bd. 24, 272 m. Abb. [als Tapete in einem Musikzimmer], 284 m. Abb.

Adelbert Niemeyer
Tapetenstoff, um 1910

Jacquard-Gewebe; Seide, merzerisierte Baumwolle; Köper- und Atlasbindung
Auf goldgelbem Grund ein Rhomben-Gitter aus stilisierten Ranken mit Knospen, Blättern (Grün) und Früchten (Dunkelblau); Ranken, Knospen und Umrandungen der Motive in Silbergrau
L. 49,5 cm; B. 110 cm (Bahnbreite)
Musterrapport: H. 22 cm; B. 110 cm
Herst.: Deutsche Werkstätten Dresden, Deutschland
Inv. Nr. MB 1345
Lit. u. a.: Dekorative Kunst 14, 1911, Bd. 24, 285 m. Abb. [als Seidenstoff].

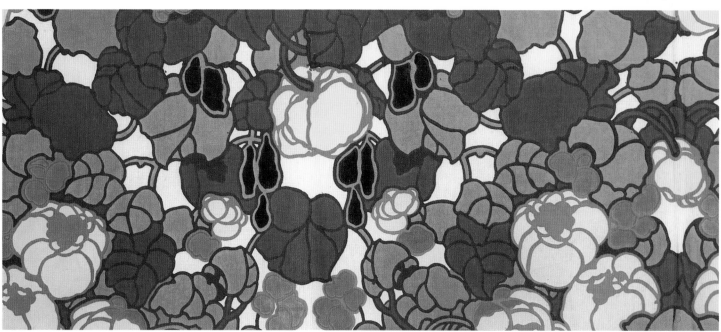

Adelbert Niemeyer
Dekorationsstoff, um 1910

Druckstoff; Baumwolle; Rohgewebe in Lein-
wandbindung (Kretonne-Rohware=Grobnessel)
Auf weißem Grund großes Blumenmuster: Blatt-
werk in verschiedenen Brauntönen mit brauner
Umrandung; Blüten, Knospen und längliche
Früchte in Rosa/Weinrot und Violett mit weinro-
ten und braunen Konturen
L. 49,5 cm; B. 129 cm (Bahnbreite)
Musterrapport: H. 40 cm; B. 65 cm
Herst.: Deutsche Werkstätten, Dresden,
Deutschland
Varianten: Inv. Nr. MB 1326, MB 1353, 911/85
Geschenk des Herstellers, 1913
Inv. Nr. MB 1319
Lit. u. a.: Dekorative Kunst 14, 1911, Bd. 24, 276,
277 m. Abb. [Bezug von Speisezimmermöbeln] –
Dekorative Kunst 15, 1912, Bd. 26, 242 m. Abb.
[Variante als Gobelinstoff] – Wichmann Hans,
[Kat. Ausst.] Textilien, Silbergeräte, Bücher. Die
Neue Sammlung. München 1980, 18 – Wichmann
Hans, Industrial Design. Unikate. Serienerzeug-
nisse. Die Neue Sammlung. Ein neuer Museums-
typ des 20. Jahrhunderts. München 1985, 181
m. Abb. [Variante].

Adelbert Niemeyer
Dekorationsstoff, um 1910

Druckstoff; Leinen; Leinwandbindung
Auf weißem Grund senkrechtes Reihenmuster
von versetzten Rosenblüten in Weiß/Rosa; vio-
lett/dunkelblaue Blütenknospen und grün/braune
Blätter
L. 41,5 cm; B. 110 cm
Musterrapport: H. 21,5 cm; B. 7 cm
Herst.: vermutlich Deutsche Werkstätten, Dres-
den, Deutschland
Inv. Nr. 703/85.

Adelbert Niemeyer
Dekorationsstoff, um 1910

Webstoff; Wolle; Kreuzköpergewebe; handge-
webt
Auf schwarzem Grund schräg aufsteigendes Mu-
ster von Schneeglöckchen in Altrosa und Blättern
in Hellgrün, die einander teilweise überdecken
L. 52 cm; B. 25 cm
Musterrapport: H. 15 cm; B. 25 cm
Herst.: Deutsche Werkstätten, Dresden,
Deutschland
Variante: Inv. Nr. MB 1348
Geschenk des Herstellers, 1913
Inv. Nr. MB 1304
Lit. u. a.: Dekorative Kunst 15, 1912, Bd. 26, 242
m. Abb. [als Gobelinstoff], 499 m. Abb. [als Vor-
hang].

Adelbert Niemeyer
Dekorationsstoff, um 1910

Webstoff; Wolle, merzerisierte Baumwolle; Dop-
pelgewebe mit Anbindung (Doubleface); Lein-
wand- und Atlasbindung
Vorderseite: Auf dunkelblauem Grund senkrecht
aufsteigendes Reihenmuster von gezackten Blät-
tern in Mittelblau, Beige und Blau und Beeren in
Beige und Mittelblau. Rückseite: Auf beigem
Grund Blätter und Beeren in Dunkel- und Mittel-
blau
L. 50,5 cm; B. 124 cm (Bahnbreite)
Musterrapport: H. 14 cm; B. 15 cm
Herst.: Deutsche Werkstätten, Dresden,
Deutschland
Geschenk des Hersteller, 1913
Inv. Nr. MB 1343
Lit. u. a.: Dekorative Kunst 15, 1912, Bd. 26, 243
m. Abb. [Variante in Halbseide] – Wichmann Hans,
Industrial Design. Unikate. Serienerzeugnisse. Die
Neue Sammlung. Ein neuer Museumstyp des
20. Jahrhunderts. München 1985, 180 m. Abb.

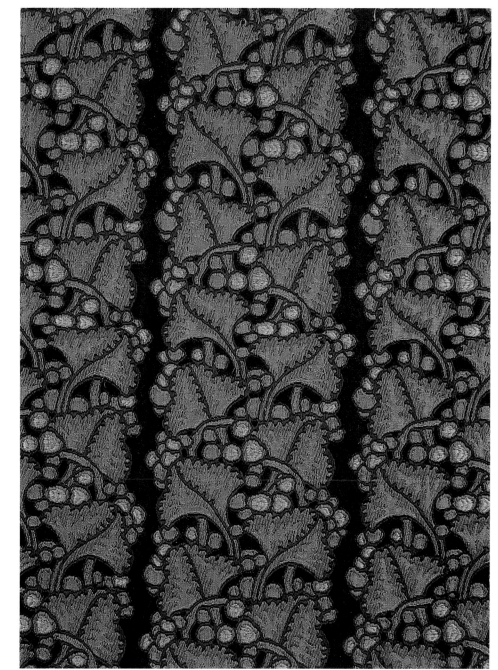

Thomas Theodor Heine
Bezugsstoff, Dessin-Nr. 0589, um 1910

Webgobelin; Halbwolle; Querrips
Auf beigefarbenem Grund Gittersystem aus Rau-
ten in Grün; eingeschriebene, kleinteilige Muster
(Rauten-, Quadrat- und Sternmotive) in Violett,
Gelb und Grün
L. 52 cm; B. 61 cm
Musterrapport: H. 11 cm; B. 11 cm
Herst.: Vereinigte Werkstätten, München,
Deutschland
Ankauf 1913
Inv. Nr. MB 1634
Lit. u. a.: Wichmann Hans, Industrial Design. Uni-
kate. Serienerzeugnisse. Die Neue Sammlung.
Ein neuer Museumstyp des 20. Jahrhunderts.
München 1985, 180 m. Abb.

Bruno Paul
Dekorationsstoff, Nr. 02878, um 1910

Druckstoff; Halbleinen; Leinwandbindung
Auf naturfarbenem Grund: rechteckiges graues
Gitterwerk mit Ovalen, denen abwechselnd eine
stilisierte Blüte und ein griechisches Kreuz einbe-
schrieben sind, in Grau und Rosa
L. 72 cm; B. 131 cm (Bahnbreite)
Musterrapport: H. 14 cm; B. 21 cm
Herst.: Vereinigte Werkstätten, München,
Deutschland
Ankauf vom Hersteller, 1913
Inv. Nr. MB 1555
Lit. u. a.: Dekorative Kunst 15, 1912, Bd. 26, 198
m. Abb. – Wichmann Hans, Industrial Design. Uni-
kate. Serienerzeugnisse. Die Neue Sammlung.
Ein neuer Museumstyp des 20. Jahrhunderts.
München 1985, 180 m. Abb.

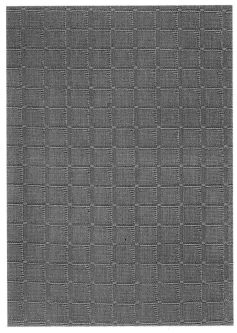

Thomas Theodor Heine (zugeschrieben)
Dekorationsstoff, Nr. 2927, um 1910

Jacquard-Gewebe; Baumwolle, Jute; Querrips,
Atlasbindung
Auf bläulichem Grund ein Gitterwerk, dessen Ver-
tikalen an einen blauen Streifen grenzen. Die Fel-
der links am Gitter schraffiert. Farbe: Senfgelb
L. 50 cm; B. 64 cm
Musterrapport: H. 5 cm; B. 8 cm
Herst.: vermutlich Vereinigte Werkstätten, Mün-
chen, Deutschland
Inv. Nr. 714/85.

Bruno Paul
Dekorationsstoff, Nr. 02831, um 1910

Druckstoff; Leinen; Leinwandbindung
Auf naturweißem Grund vertikales Reihenmuster
von gepunkteten Ovalen (Hellgrau), denen ge-
stielte Rosen (Hellviolett, Hellgrün) eingeschrie-
ben sind; dazwischen vertikale Reihen mit kleinen
hellgrauen Ovalen
L. 68,5 cm; B. 128,5 cm (Bahnbreite)
Musterrapport: H. 14 cm; B. 16,5 cm
Herst.: Vereinigte Werkstätten, München,
Deutschland
Ankauf vom Hersteller, 1913
Inv. Nr. MB 1554.

Dekorationsstoff, Nr. 11705, Frankreich,
um 1910

Druckstoff; Leinen; Leinwandbindung
Grund in zwei Gelbtönen schachbrettartig gemustert, jedes zweite Feld mit einer stilisierten
Blume (Grün, Weiß, Rot). Darüber liegen in versetzter Reihung große, weiße, vertikal schraffierte Sechseck-Felder, denen verschiedene Blüten mit Blättern eingeschrieben sind, durch Rosengirlanden verbunden; Farben: Violettöne,
Grün, Weiß, Rosa, Rot, Schwarz, Gelb.
L. 46,5 cm; B. 60 cm
Musterrapport: H. 34 cm; B. 42 cm
Ankauf von L. Bernheimer, München, 1913
Inv. Nr. MB 1460.

Dekorationsstoff, Nr. 11717, Frankreich,
um 1910

Druckstoff; Leinen; Leinwandbindung
Auf hellbraunem Grund schraffierte Längsstreifen, die mit ausgefüllten Streifen abwechseln. Auf
diesem Grund in versetzter Reihung Henkelvasen
mit Blumen, dazwischen kleine Blütensträuße.
Farben: Grau, Weiß, Gelb, Blau, Schwarz, Grün
L. 47 cm; B. 61 cm
Musterrapport: H. 31 cm; B. 20,2 cm
Ankauf von L. Bernheimer, München, 1913
Inv. Nr. MB 1448.

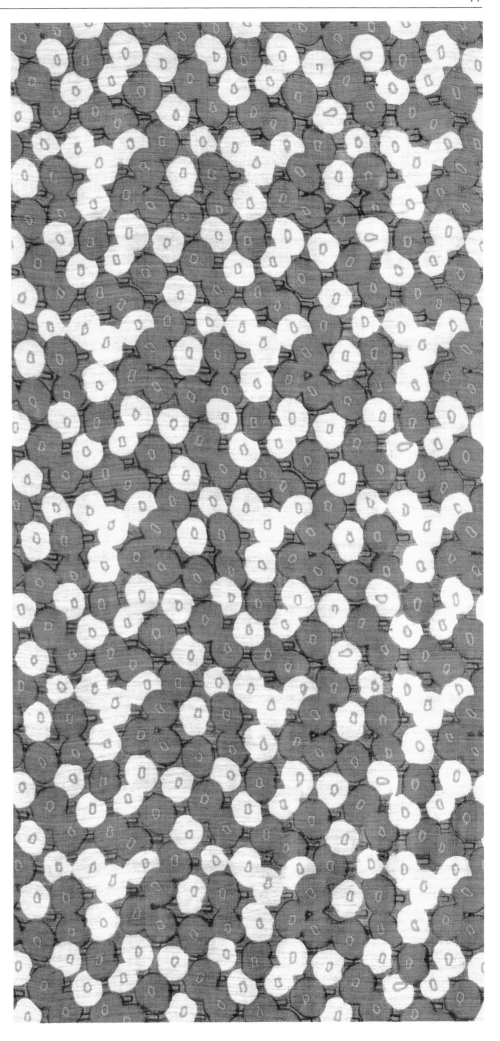

Carl Strathmann
Dekorationsstoff, um 1910

Das Original-Verkaufsetikett trägt den Namen von
Strathmann.
Druckstoff; Seide; Taftbindung; handbedruckt
Dichtes, weiß-grünes Flächenmuster, das Asso-
ziationen an einen blühenden Obstbaum auslöst.
Jeder Fleck trägt in der Mitte einen goldfarbenen
bzw. roten Kreis; Astwerk: Violett.
L.50 cm; B.90 cm (Bahnbreite)
Musterrapport: H.9 cm; B.6 cm
Herst.: Deutsche Werkstätten, Dresden,
Deutschland
Geschenk des Herstellers, 1913
Inv. Nr. MB 1366.

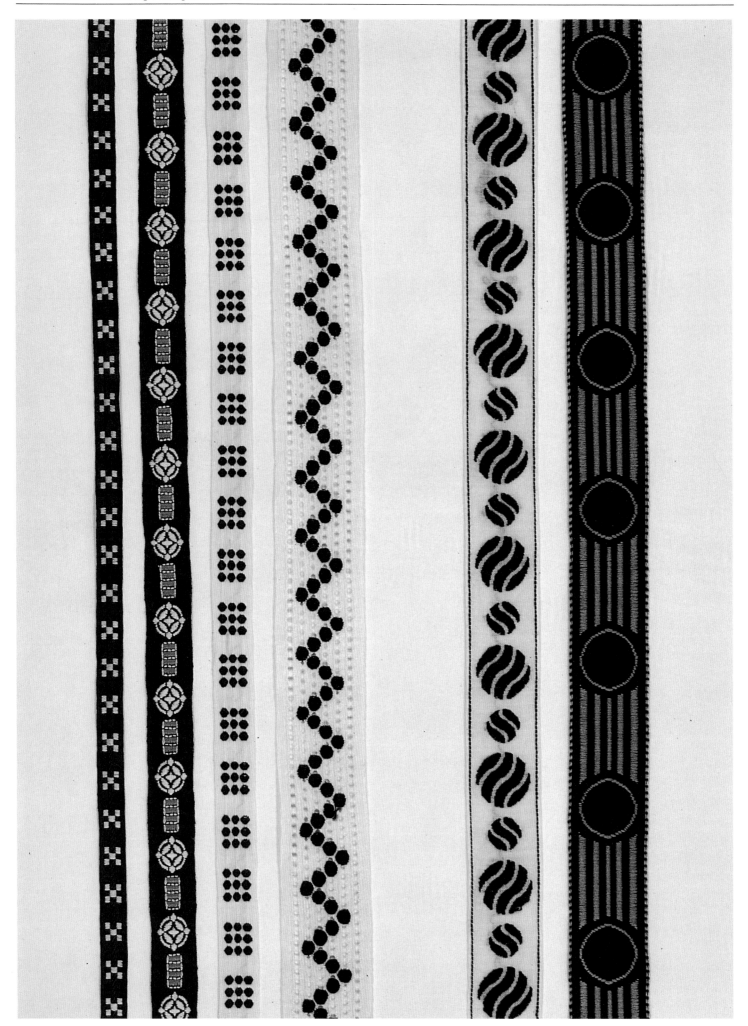

Margarethe von Brauchitsch
Bänder, um 1910

(von rechts nach links) Nr. 1, 2, 3, 5, 6 Wolle, Nr. 4
Baumwolle, Wolle; Bandgewebe, kett- u. schuß-
lanciert; Leinwandbindung
Nr. 1 Auf schwarzem Grund Muster von jeweils
fünf schachbrettartig angeordneten Quadraten;
Farben: Schwarz, Weiß
Nr. 2 Auf schwarzem Grund Muster aus Kreismo-
tiven mit eingeschriebener Raute und länglichem
Rechteck, das aus vier Feldern besteht; Farben:
Weiß, Grau
Nr. 3 Auf weißem Grund Muster mit Quadraten,
die aus neun Punkten gebildet werden; Farbe:
Schwarz
Nr. 4 Weißer Grund mit Durchbrucheffekten; Mu-
ster von kleinen, schwarzen, zu Zick-Zack-Linien
geordneten Punkten
Nr. 5 Auf weißem Grund Muster von Scheibenmo-
tiven in Schwarz, mit weißen gewellten Linien
durchzogen. Die Scheibenmotive haben zwei sich
abwechselnde Größen
Nr. 6 Auf schwarzem Grund Muster aus verschie-
denen breiten Längsstreifen und größeren Krei-
sen; Farben: Schwarz, Grün, Weiß
Nr. 1 L. 36 cm, B. 1 cm; Nr. 2 L. 35 cm, B. 1,7 cm;
Nr. 3 L. 36 cm, B. 1,5 cm; Nr. 4 L. 36,5 cm,
B. 3,2 cm; Nr. 5 L. 36 cm; B. 2,6 cm; Nr. 6
L. 36 cm, B. 2,6 cm
Musterrapport: Nr. 1 H. 5,5 cm; Nr. 2 H. 1,3 cm;
Nr. 3 H. 2,8 cm; Nr. 4 H. 2 cm; Nr. 5 H. 2,5 cm;
Nr. 6 H. 2,5 cm
Herst.: Margarethe von Brauchitsch, München,
Deutschland
Geschenk der Herstellerin, 1913
Inv. Nr. MB 1120.

Josef Hoffmann (zugeschrieben)
Borte, um 1910

Aufgrund sehr verwandter Ornamentierung auf
Metallarbeiten zugeschrieben (vgl. u. a. Schweiger Werner J., Wiener Werkstätte. Wien 1982,
219 [u. l], u. Noever Peter u. Oswald Oberhuber
(Hrsg.), [Kat. Ausst.] Josef Hoffmann. Österreichisches Museum für angewandte Kunst. Wien
1987, 134, Nr. 1124)
Jacquard-Gewebe; Wolle, Seide; Leinen- und Atlasbindung
Auf goldfarbenem Grund schwarze Ranke mit
herzförmigen Blättern und vereinzelten, kreisförmigen Beeren
L. 40 cm; B. 19,6 cm (Bahnbreite)
Musterrapport: H. 34 cm; B. 19,6 cm
Inv. Nr. 712/85.

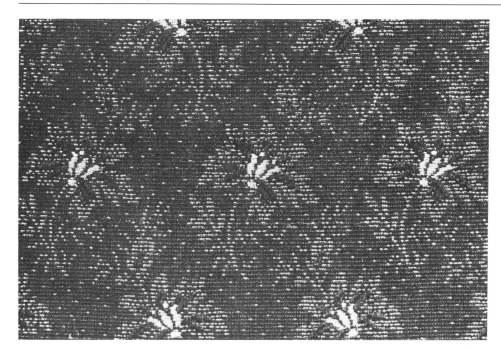

Dekorationsstoff, Deutschland, um 1910

Jacquard-Gewebe; Wolle, merzerisierte Baum-
wolle; Querrips, Atlasbindung (Westenstoff)
Auf schwarzem Grund versetzte Reihen von grü-
nen Blumen mit violett/weißer Blüte
L. 40 cm; B. 58 cm (Bahnbreite)
Musterrapport: H. 15 cm; B. 11 cm
Inv. Nr. 701/85.

Dekorationsstoff, Deutschland, um 1910

Jacquard-Gewebe; Wolle, Baumwolle; Querrips,
Atlasbindung (Westenstoff)
Auf dunkelgrünem Grund feine hellgrüne Zweige
mit Blüten; dazwischen kleines Streumuster von
Bienen (Violett/Weiß), Früchten (Rot) und Blättern
(Hellgrün)
L. 36 cm; B. 59 cm (Bahnbreite)
Musterrapport: H. 6,5 cm; B. 8 cm
Ankauf München, 1913
Inv. Nr. MB 1666.

Dekorationsstoff, Deutschland, um 1910

Jacquard-Gewebe; Halbseide; Kett- und Schußat-
lasbindung (Westenstoff)
Auf mattschwarzem Grund Gitterwerk aus Blatt-
ranken in Violett, dazwischen stilisierte Blumen
mit schmetterlingsförmigen Blüten in Grün und
Gelb
L. 100 cm; B. 45 cm (Bahnbreite)
Musterrapport: H. 18 cm; B. 10 cm
Varianten: MB 1663, MB 1671
Ankauf München, 1913
Inv. Nr. MB 1670.

Hans Christiansen
Bezugs- und Dekorationsstoff, No. 3992,
um 1910

Druckstoff; Hanf, Wolle; Leinwandbindung
Auf schwarzem Grund große Ranken: Rosenblü-
ten (Rosé, Hellgrün); blaue, längliche und hell-
blaue, herzförmige Blätter; grüne Zweige mit run-
den Beeren, denen hellviolett-weiße Sternmotive
eingeschrieben sind
L. 46 cm; B. 65 cm
Musterrapport: H. 26 cm; B. 42 cm
Herst.: Oberhessische Leinenindustrie Marx und
Kleinberger, Frankfurt a. M., Deutschland
Ankauf von Hahn und Bach, München, 1913
Inv. Nr. MB 1592
Nach Margret Zimmermann-Degen (Hans Christiansen. Bd. 1. Königstein 1985, 70) beginnt Christiansen ab 1911 mit geometrischen bzw. floralen
Kleinmustern. Unsere Stoffe sind infolgedessen
vor 1910 einzuordnen. Die Firma Marx und Kleinberger, die 1938 liquidiert wurde, war für Christiansen zwischen etwa 1904 bis zur Mitte der
30er Jahre Auftraggeber. Er besaß dort einen Exklusivvertrag und war besonders mit Louis Marx
befreundet.

Hans Christiansen (zugeschrieben)
Bezugsstoff, um 1910

Die Zuschreibung erfolgte aufgrund des verwand-
ten, in unserer Sammlung befindlichen Stoffes
von Christiansen (Inv. Nr. MB 1592), der eine ähnli-
che Struktur und engverwandte Detailformen (be-
sonders bei den sternförmigen Blüten) aufweist.
Druckstoff; Hanf, Wolle; Leinwandbindung
Auf dunkelblauem Grund großes Blumenmuster;
Farben: Dunkelgrün, Grün, Braun, Hellblau, Rot
(Farben »verschossen«)
L. 63 cm; B. 130 cm (Bahnbreite)
Musterrapport: H. 41 cm; B. 52 cm
Herst.: Oberhessische Leinenindustrie Marx und
Kleinberger, Frankfurt a. M., Deutschland
Inv. Nr. 708/85
Lit. u. a.: Dekorative Kunst 17, 1914, Bd. 30, 262
m. Abb. [als Vorhang und Wandbespannung] –
Neuwirth Waltraud, Wiener Werkstätte. Wien
1984, 112, 113, Nr. 77 m. Abb. [als Bezugsstoff für
Sesselgruppe in der Wohnhalle des Wohnhauses
Eduard Ast, Wien].

Mackay Hugh Baillie Scott
Dekorationsstoff, um 1910

Druckstoff; Leinen; Leinwandbindung
Auf grauem Grund senkrecht aufwärtssteigendes
Reihenmuster; 1. Streifen: stilisierte rote Ahorn-
blätter, gelbe Lindenblätter, weiße Stiele, kleine
gelbe Blüten; 2. Streifen: orangefarbene Eichen-
blätter mit Eicheln, gelbe Ulmenblätter mit roten
Beeren, weiße Stiele
L. 50 cm; B. 112 cm (Bahnbreite)
Musterrapport: H. 24 cm; B. 27 cm
Herst.: Deutsche Werkstätten, Dresden,
Deutschland
Geschenk des Herstellers, 1913
Inv. Nr. MB 1349
Lit. u. a.: Wichmann Hans, Industrial Design. Uni-
kate. Serienerzeugnisse. Die Neue Sammlung.
Ein neuer Museumstyp des 20. Jahrhunderts.
München 1985, 180 m. Abb.

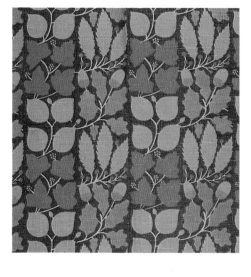

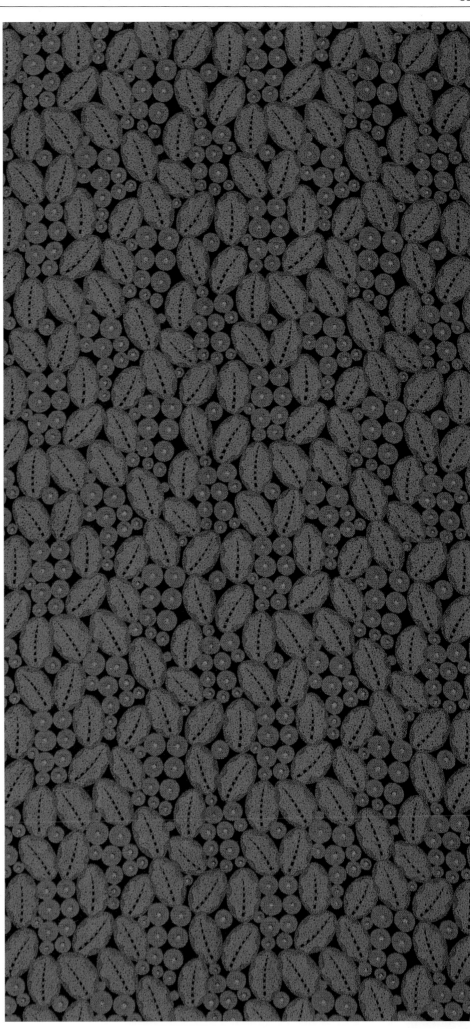

Mackay Hugh Baillie Scott (zugeschrieben)
Dekorationsstoff, um 1910

Zuschreibung aufgrund eines verwandten Stof-
fes, abgebildet in: Dekorative Kunst 15, 1912,
Bd. 26, 243
Druckstoff; Baumwolle; Rohgewebe in Lein-
wandbindung (Kretonne-Rohware=Grobnessel)
Auf schwarzem Grund umschließt in dichter An-
ordnung ein Blättergitterwerk (Türkisgrün mit vio-
letter Zeichnung) lavendelfarbene Beeren, die
durch gelbe Punkte gehöht sind.
L. 50,5 cm; B. 59 cm
Musterrapport: H. 8 cm; B. 6 cm
Herst.: Deutsche Werkstätten, Dresden,
Deutschland
Inv. Nr. 1137/84.

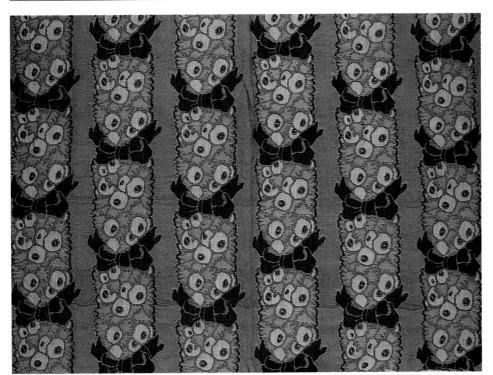

Emmy Seyfried
Dekorationsstoff, um 1910

Webstoff; Seide, Wolle; Doppelgewebe mit An-
bindung; Leinwand- und Atlasbindung
Auf mauvefarbenem Grund vertikale Streifen aus
Blumengirlanden mit versetzten schwarzen
Schleifen; Blüten und Blätter in Beige und Ocker-
gelb
L. 43,5 cm; B. 56,5 cm
Musterrapport: H. 15 cm; B. 18 cm
Herst.: Hahn und Bach, München, Deutschland
Inv. Nr. 713/85
Lit. u. a.: Kunst u. Handwerk 62, 1912, H. 9, 278,
Abb. 614.

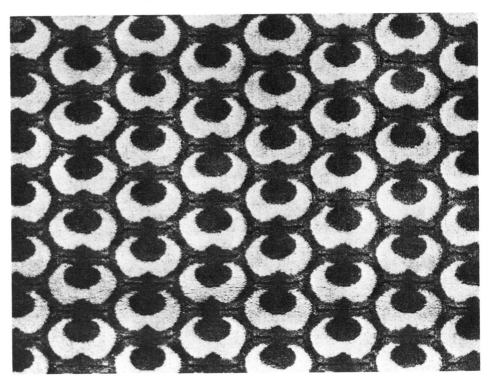

Emmy Seyfried
Bezugsstoff, 1911

Florgewebe (Velours); Baumwolle
Auf beigefarbenem Grund ein Muster in versetz-
ter Reihung (Beige/Hellbraun). Muster: ovale For-
men, die von leicht eingekerbten Bogenmotiven
umfangen werden.
L. 53 cm; B. 64,5 cm
Musterrapport: H. 6 cm; B. 4,5 cm
Ankauf von Hahn und Bach, München, 1913
Inv. Nr. MB 1584
Lit. u. a.: Kunst und Handwerk 62, 1912, H. 9, 277,
Abb. 612 [andere Farbstellung].

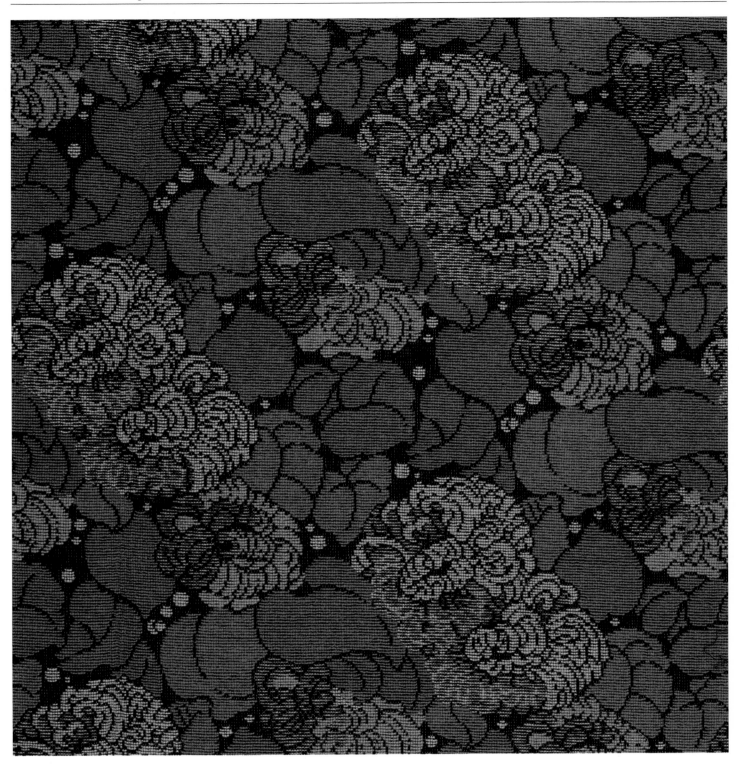

Emmy Seyfried
Bezugsstoff, 1911

Webgobelin; Wolle; Querrips
Auf schwarzem Grund schräg aufsteigendes Mu-
ster aus gelben und beigefarbenen Blüten, dazwi-
schen grüne und braune Blätter und kleine weiße
Punkte
L. 50,5 cm; B. 62 cm
Musterrapport: H. 15 cm; B. 15 cm
Herst.: Wilhelm Vogel, Chemnitz, Deutschland
Ankauf von Hahn und Bach, München, 1913
Inv. Nr. MB 1591
Lit. u. a.: Kunst u. Handwerk 62, 1912, H. 9, 279,
Abb. 620 [andere Farbstellung].

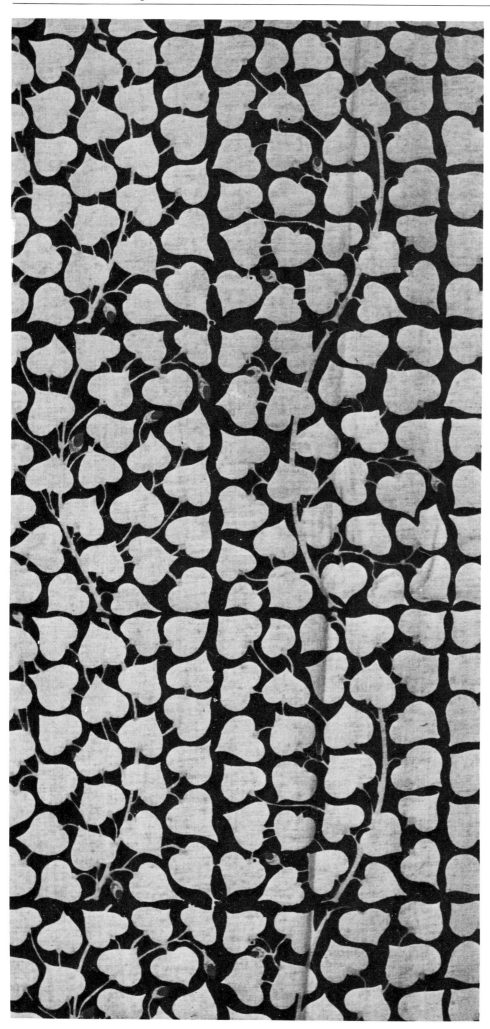

Richard Riemerschmid
Dekorationsstoff, 1910

Druckstoff; Baumwolle; Leinwandbindung
Auf schwarzem Grund aufsteigende, wellige Ran-
ken mit Lindenblättern in Weiß, vereinzelt kleine
Knospen in Grün
Ablichtung des Entwurfes in der Architektur-
sammlung der TU, München, mit Juni 1910 da-
tiert
L. 124 cm; B. 163,5 cm
Musterrapport: H. 15 cm; B. 31 cm
Herst.: Deutsche Werkstätten, Dresden,
Deutschland
Variante: Inv. Nr. 196/80 (weißer Grund, graue
Blätter)
Inv. Nr. 912/85
Lit. u. a.: Dekorative Kunst 14, 1911, Bd. 24 (Son-
derheft: Münchner Ausstellung angewandter
Kunst in Paris, Salon d'Automne 1910), Taf. nach
S. 120, 121 m. Abb. [Vorhang und Bettdecke eines
Herrenschlafzimmers: Variante] – Die Ausstellung
Köln 1914. Jahrbuch des Deutschen Werkbundes
1915. München 1915, Taf. 32 [Variante] – Günther
Sonja, Interieurs um 1900. München 1971, 114,
Abb. 105 – Wichmann Siegfried, Jugendstil. Mün-
chen 1977, 82 m. Abb. – Wichmann Hans, Auf-
bruch zum neuen Wohnen. Basel/Stuttgart 1978,
209 m. Abb. – Wichmann Hans, [Kat. Ausst.] Texti-
lien, Silbergeräte, Bücher. Die Neue Sammlung.
München 1980, 19 – [Kat. Ausst.] Richard Riemer-
schmid. Stadtmuseum. München 1982, 375,
Nr. 487, Abb. 66 – Wichmann Siegfried, [Kat.
Ausst.] Jugendstil. Floral. Funktional. Bayerisches
Nationalmuseum. München 1984, 131, Nr. 268
m. Abb.

Emil Orlik
Dekorationsstoff, No. 291, um 1910

Druckstoff; Hanf; Leinwandbindung
Auf dunkelblauem Grund vertikales Reihenmuster
aus stilisierten, fleckenartigen Blüten und Blät-
tern; Farben: Gelb, Hellgelb, Weiß, Orange, Mit-
telblau, Schwarz, Apricot, Grün
L. 63 cm; B. 130 cm (Bahnbreite)
Musterrapport: H. 36 cm; B. 25 cm
Herst.: Vereinigte Werkstätten, München,
Deutschland
Ankauf vom Hersteller, 1913
Inv. Nr. MB 1639
Lit. u. a.: Dekorative Kunst 15, 1912, Bd. 26, 198
m. Abb.

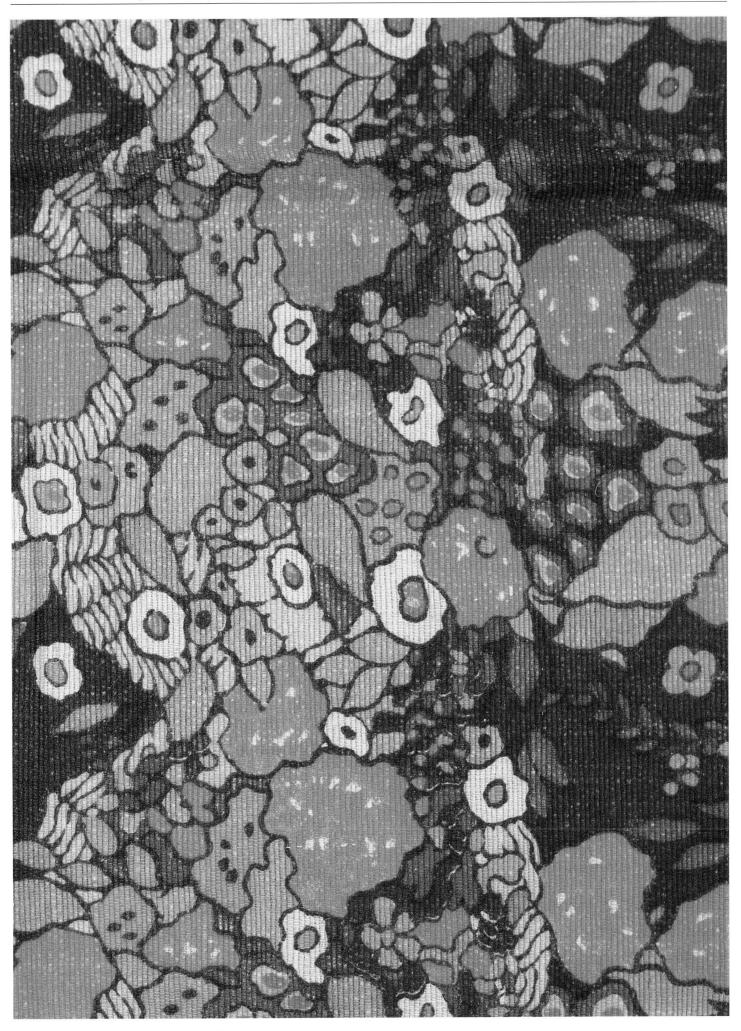

Ossian Andersson
Tischdecke, um 1910

Zuschreibung auf Grund des Inventars
Jacquard-Gewebe; Baumwolle, teilweise merze-
risiert; Leinwand- und Atlasbindung
Auf grauem Grund breitgerahmtes, quadratisches
Mittelfeld: versetzte Reihen von blütenartigen
Vierpaßmotiven mit mehrfach geschweiften In-
nenfeldern, dazwischen Fischblasenmuster. Rah-
men: Reihe aus mehrfach geschweiften Feldern,
umschlossen von gegenständigen Spiralmotiven.
Farben: Orange, Blau
L. 129,5 cm; B. 124,5 cm
Musterrapport: H. 34 cm; B. 33 cm
Inv. Nr. MB 1678.

Dekorationsstoff, Deutschland, um 1910/12

Jacquard-Gewebe; merzerisierte Baumwolle;
Kett- und Schußatlasbindung
Ketten: Weiß und Creme; Schüsse: Schwarz und
Kupfer. Waagrecht versetztes Muster von Qua-
draten, denen abwechselnd Kreise (Schwarz,
Kupfer) und senkrechte Doppelbalken (Creme)
eingeschrieben sind
L. 46 cm; B. 61 cm
Musterrapport: H. 2 cm; B. 2 cm
Ankauf von L. Bernheimer, München, 1913
Inv. Nr. MB 1445.

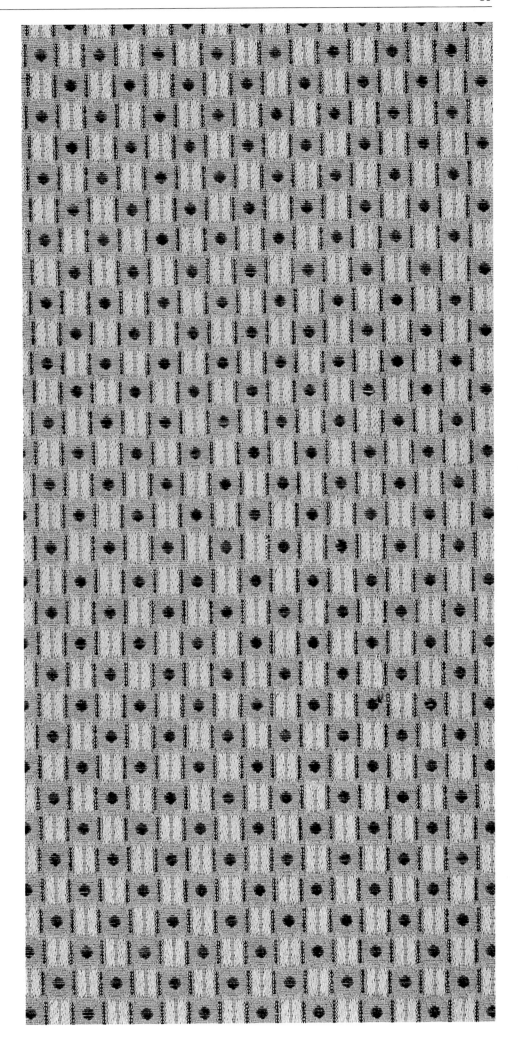

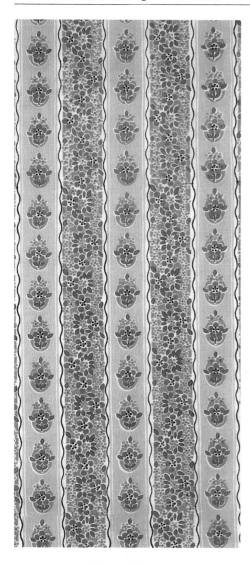

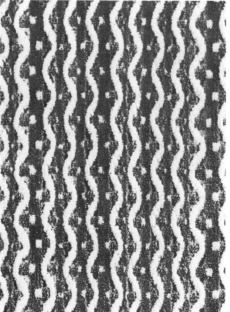

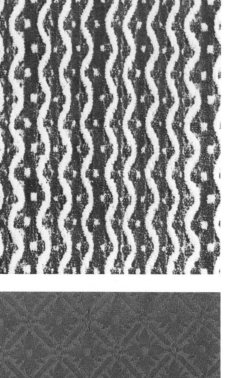

Dekorationsstoff, Deutschland, 1910/12

Florgewebe (Velours); Baumwolle
Senkrechtes Streifenmuster aus Wellenbändern
(Weiß) und Reihen versetzter kleiner Quadrate
(Weiß/Braun)
L. 61,5 cm; B. 47,5 cm (Bahnbreite: 128 cm)
Musterrapport: H. 3,5 cm; B. 2,5 cm
Ankauf von L. Bernheimer, München, 1913
Inv. Nr. MB 1443.

Franz von Stuck
Dekorationsstoff, No. 206/IIa, um 1910

Jacquard-Gewebe; Seide; Taft- und Atlasbin-
dung; verschiedene Fadenstärken
Diagonales Gitterwerk (Hellrot), das rhombenför-
mige, stilisierte Blüten umschließt (Dunkelrot)
L. 23 cm; B. 62,5 cm
Musterrapport: H. 3,5 cm; B. 3,5 cm
Geschenk 1913
Inv. Nr. MB 1611.

Dekorationsstoff, No. 493, Deutschland,
um 1910

Druckstoff; Mohair; Leinwandbindung
Vertikale Streifen, im Wechsel aus Blumengirlan-
den und gelben Bändern mit Blumenmedaillons
bestehend. Farben: Gelb, Orange, Violett, Grün,
Weiß, Braun
L. 64,5 cm; B. 137 cm (Bahnbreite)
Musterrapport: H. 5,5 cm; B. 10,9 cm
Herst.: Vereinigte Werkstätten, München,
Deutschland
Inv. Nr. MB 1638.

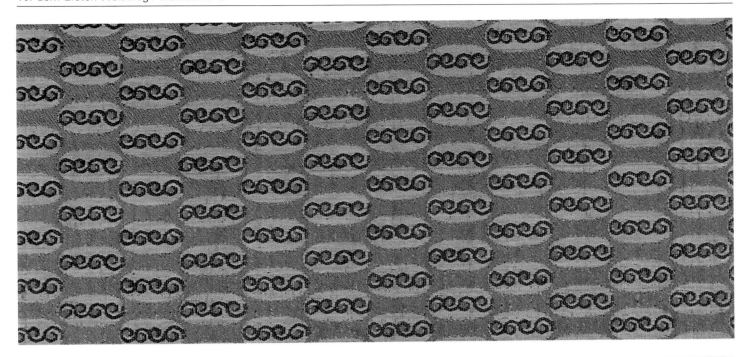

Dekorationsstoff, No. 3870, Deutschland,
um 1910

Jacquard-Gewebe; Wolle, Baumwollzwirn, Seide;
Leinwand- und Atlasbindung
Auf blauem Grund versetztes Reihenmuster von
länglichen Ovalen, denen eine schwarze Spiral-
kette mit blauen Punkten eingeschrieben ist
L. 48 cm; B. 58 cm
Musterrapport: H. 8 cm; B. 6,5 cm
Ankauf von Hahn und Bach, München, 1913
Inv. Nr. MB 1590.

Paul Wenz
Dekorationsstoff, um 1910

Jacquard-Gewebe; Leinen, Baumwolle; Doppel-
gewebe mit Anbindung (Doubleface); Leinwand-
und Atlasbindung
Sich überschneidendes Bandmotiv von kartu-
schenartiger Form. Die Schnittpunkte sind mit Ro-
setten besetzt, ebenso Mitte und Schulterpunkte
der Kartuschen. Fond ausgefüllt mit von Blüten
durchsetztem Rankenwerk. Farben: Beige, Weiß
L. 49 cm; B. 131 cm (Bahnbreite)
Musterrapport: H. 42 cm; B. 26 cm
Herst.: Deutsche Werkstätten, Dresden,
Deutschland
Geschenk des Herstellers, 1913
Inv. Nr. MB 1336.

Dekorationsstoff, No. 945, Holland, 1911

Druckstoff; Wolle; Köperbindung
Auf weißem Grund schräg aufsteigendes Muster;
Motiv: Zweig mit Beeren und Blättern, dahinter
graphisch dargestellter Zweig; Farben: Blau, Tin-
tenblau
L. 40 cm; B. 58 cm (Bahnbreite)
Musterrapport: H. 8 cm; B. 9 cm
Ankauf München, 1913
Inv. Nr. MB 1669.

Dekorationsstoff, Deutschland, No. 4436,
um 1912

Jacquard-Gewebe; Seide, verschiedene Faden-
stärken; Taft- und Köperbindung, Längs- und
Querrips
Auf violettem Grund violettes quadratisches Git-
terwerk
L. 50 cm; B. 58 cm
Musterrapport: H. 2,5 cm; B. 2,5 cm
Ankauf von Hahn und Bach, München, 1913
Inv. Nr. MB 1585.

Dekorationsstoff, No. 4360, Österreich, um
1911

Druckstoff; Leinen; Leinwandbindung
Auf weißem Grund großes Blumenmuster in ver-
setzter Reihung; Farben: Grün, Schwarz, Blau,
Gelb
L. 53 cm; B. 62,5 cm
Musterrapport: H. 35 cm; B. 33 cm
Herst.: S. E. Steiner & Co., Wien, Österreich
Ankauf von Hahn und Bach, München, vor 1913
Inv. Nr. MB 1586.

Josef Hoffmann (zugeschrieben)
Dekorationsstoff, No. 1619, um 1912

Druckstoff; Mohair; Leinwandbindung
Dichtes Schuppenmuster aus kleinen Rauten,
durch die Farbgebung zu abwechselnd hellen und
dunklen Zick-Zack-Reihen formiert. Farben: Grün,
Beige, Dunkelbraun
L. 45 cm; B. 62 cm
Musterrapport: H. 3,5 cm; B. 3,5 cm
Ankauf von L. Bernheimer, München, 1913
Inv. Nr. MB 1439.

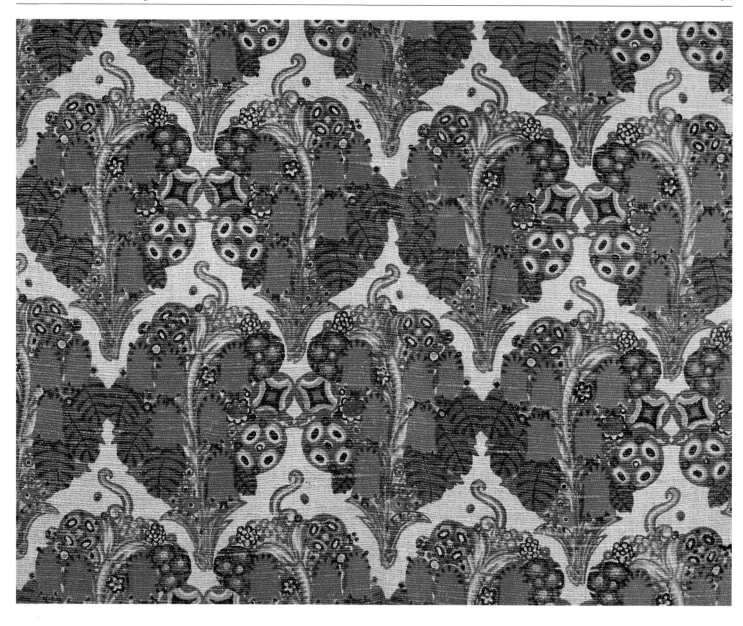

Ernst Lichtblau
Dekorationsstoff, um 1911

Druckstoff; Hanf, Wolle; Leinwandbindung (Kette
dünn, Schuß dick)
Auf weißem Grund versetztes Reihenmuster aus
Blumenbouquets; Farben: Grün, Karminrot, Rosa,
Schwarz, Weiß
L. 48,5 cm; B. 63,5 cm
Musterrapport: H. 26 cm; B. 16 cm
Herst.: Joh. Backhausen & Söhne, Wien, Öster-
reich
Ankauf von Hahn und Bach, München
Inv. Nr. MB 1586
Lit. u. a.: Dekorative Kunst 15, 1912, Bd. 26, 582
m. Abb.

Josef Hoffmann
Dekorationsstoff, Dessin »Monte Zuma«,
No. 417/1, um 1911

Druckstoff; Baumwolle; Batist
Auf weißem Grund schwarzes Muster aus flora-
len und geometrischen Formen in hochrechtecki-
gen Feldern
L. 51 cm; B. 102 cm (Bahnbreite)
Musterrapport: H. 24 cm; B. 15 cm
Herst.: Wiener Werkstätte, Wien, Österreich
Ankauf vom Hersteller, 1926
Inv. Nr. 80/26
Lit. u. a.: Wichmann Hans, [Kat. Ausst.] Textilien,
Silbergeräte, Bücher. Die Neue Sammlung. Mün-
chen 1980, 20 – Neuwirth Waltraud, Wiener
Werkstätte. Wien 1984, 122, 123, Nr. 87 m. Abb. –
Rücker Elisabeth, [Kat. Ausst.] Wiener Charme.

Mode 1914/15. Germanisches Nationalmuseum.
Nürnberg 1984, 150, Nr. A 8 m. Abb. [dort als Kissenbezug aus Pongé-Seide] – Wichmann Hans,
Industrial Design. Unikate. Serienerzeugnisse. Die
Neue Sammlung. Ein neuer Museumstyp des
20. Jahrhunderts. München 1985, 182 m. Abb. –
Fanelli Giovanni u. Rosalia, Il tessuto Art Deco e
Anni Trenta. Florenz 1986, Abb. 142 – Noever Peter u. Oswald Oberhuber (Hrsg.), [Kat. Ausst.] Josef Hoffmann. Österreichisches Museum für angewandte Kunst. Wien 1987, 186/187, Nr. 15
m. Abb.

Bruno Paul (zugeschrieben)
Dekorationsstoffe, um 1912

Druckstoff; Leinen; Leinwand- und Atlasbindung
Auf weißem Grund Gittermuster von Quadraten
und Rechtecken, denen Rauten (Grün) und Felder
(Blau, Schwarz) mit weißen Ovalen eingeschrie-
ben sind. Variante in anderer Farbstellung mit vio-
letten Rauten und gelb/schwarzen Feldern
L. 131 cm; B. 56 cm
Musterrapport: H. 5 cm; B. 6 cm
Inv. Nr. MB 1689 u. MB 1690.

Lilly Erk
Dekorationsstoff, um 1911

Jacquard-Gewebe; Halbseide; Atlas- und Diago-
nalbindung
Auf rötlich-beigem Grund versetzte Vertikalreihen
von Kelchblüten in Dunkelblau und Hellviolett und
grauen Kelchblättern
L. 49,5 cm; B. 126 cm (Bahnbreite)
Musterrapport: H. 30 cm; B. 18 cm
Herst.: Deutsche Werkstätten, Dresden,
Deutschland
Geschenk des Herstellers, 1913
Inv. Nr. MB 1337
Lit. u. a.: Dekorative Kunst 15, 1912, Bd. 26, 531
m. Abb.

Adelbert Niemeyer
Dekorationsstoff, um 1911

Jacquard-Gewebe; Wolle, Baumwolle; Lein-
wand-, Köper- und Atlasbindung
Auf matt braun-rosafarbenem Grund Muster von
aufsteigenden Wellenranken in Blau mit stilisier-
ten grünen Beeren und blauen Punkten
L. 51,5 cm; B. 103 cm (Bahnbreite)
Musterrapport: H. 6 cm; B. 4 cm
Herst.: Deutsche Werkstätten, Dresden, Ge-
schenk des Herstellers, 1913
Inv. Nr. MB 1335.

Otto Baur
Dekorationsstoff (Tapetenstoff), 1911

Webstoff (Damast); Leinen, Baumwolle; Lein-
wand- und Atlasbindung
Auf altrosa Grund senkrechte Reihen von braun-
rosafarbenem Blattwerk, beige umrandet. Die
Reihen werden durch zwei schmale, senkrechte,
beigefarbene Streifen eingefaßt.
L. 51,5 cm; B. 136,5 cm (Bahnbreite)
Musterrapport: H. 12 cm; B. 20 cm
Herst.: Deutsche Werkstätten, Dresden
Geschenk des Herstellers, 1913
Inv. Nr. MB 1298
Lit. u. a.: Kunst u. Handwerk 61, 1911, H. 5, 150,
Abb. 308/309 [anläßlich der Ausstellung »Pariser
Herbstsalon 1911«].

Adelbert Niemeyer
Dekorationsstoff, um 1911

Druckstoff; Halbleinen; Leinwandbindung
Auf weißem Grund schräg aufsteigendes Blu-
menmuster aus roséfarbenen Blüten, umgeben
von braunem und dunkelblauem Blattwerk
L. 52 cm; B. 55 cm
Musterrapport: H. 16 cm; B. 11 cm
Herst.: Deutsche Werkstätten, Dresden,
Deutschland
Variante: Inv. Nr. 718/85
Inv. Nr. 719/85
Lit. u. a.: Dekorative Kunst 15, 1912, Bd. 26, 242
m. Abb. – Wichmann Hans, Aufbruch zum neuen
Wohnen. Basel/Stuttgart 1978, 210 m. Abb. [ver-
wandte Tapete].

Schülerin von Adelbert Niemeyer   ▷
Dekorationsstoff, 1911

Druckstoff; Leinen; Leinwandbindung
Auf weißem Grund senkrechtes Reihenmuster
von versetzten Blättern in Grün, die sich mit klei-
nen Blüten in Blau abwechseln, eingefaßt von
durchbrochenem Lineament
L. 50 cm; B. 64 cm
Musterrapport: H. 4 cm; B. 7 cm
Herst.: Oberhessische Leinenindustrie Marx und
Kleinberger, Frankfurt a. M., Deutschland
Ankauf von Hahn und Bach, München, 1913
Inv. Nr. MB 1593
Lit. u. a.: Kunst u. Handwerk 61, 1911, H. 4, 142,
Abb. 297 [andere Farbstellung].

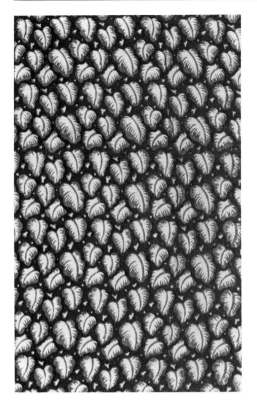

Adelbert Niemeyer
Dekorationsstoff, um 1912

Druckstoff; Seide; Taftbindung
Auf dunkelbraunem Grund dichtes versetztes Rei-
henmuster von stilisierten Blättern in Weiß mit
rosafarbener Konturierung; dazwischen kleine
Felder in Rot und Weiß
L. 50 cm; B. 93 cm (Bahnbreite)
Musterrapport: H. 5,5 cm; B. 5,5 cm
Herst.: Deutsche Werkstätten, Dresden
Variante: Inv. Nr. 910/85 (Farben: Dunkelbraun,
Weiß, Gelb); Geschenk des Herstellers, 1913
Inv. Nr. MB 1363
Lit. u. a.: Dekorative Kunst 17, 1914, Bd. 30, 248
m. Abb. [dort als Tapete ausgeführt von Erismann
& Cie, Breisach].

Adelbert Niemeyer
Dekorationsstoff, um 1912

Webstoff; Wolle; Kettgobelin mit Rückseitenmu-
sterung; Querripsbindung
Auf türkisfarbenem Grund ein blaues Gitterwerk,
in dessen Quadrate je zwei weiße und blaue
kleine Quadrate eingeschrieben sind
L. 51 cm; B. 131,5 cm (Bahnbreite)
Musterrapport: H. 4 cm; B. 4 cm
Herst.: Deutsche Werkstätten, Dresden,
Deutschland
Variante: Inv. Nr. MB 1305 (Grün, Violett,
Schwarz)
Geschenk des Herstellers, 1913
Inv. Nr. MB 1307.

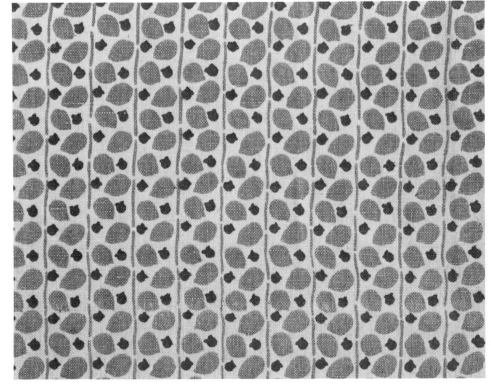

Adelbert Niemeyer
Dekorationsstoff, um 1912

Webstoff; Wolle; Kettgobelin mit Rückseitenmu-
sterung; Querripsbindung
Auf grünem Grund gitterartiges Muster von ge-
flochtenen Querbändern in Violett; in den Zwi-
schenräumen schräg versetzt je zwei violette und
schwarze kleine Quadrate
L. 53 cm; B. 130 cm (Bahnbreite)
Musterrapport: H. 4,5 cm; B. 5 cm
Herst.: Deutsche Werkstätten, Dresden,
Variante: Inv. Nr. MB 1307 (Farben: Blau, Grün,
Weiß); Geschenk des Herstellers, 1913
Inv. Nr. MB 1305 (vgl. Abb. oben).

Adelbert Niemeyer
Dekorationsstoff, um 1912

Druckstoff; Baumwolle; Rohgewebe in Lein-
wandbindung (Kretonne-Rohware=Grobnessel)
Auf naturweißem Grund Reihenmuster von spira-
ligen Ranken in Grün. Rot und Violett füllen die
Freiräume der S-Kurven aus.
L. 44,5 cm; B. 115 cm (Bahnbreite)
Musterrapport: H. 11,5 cm; B. 11 cm
Herst.: Deutsche Werkstätten, Dresden,
Deutschland
Inv. Nr. 1136/84.

Emmy Seyfried
Dekorationsstoff, No. 4601, um 1912

Jacquard-Gewebe; Wolle, Seide; Doppelgewebe
mit Anbindung (Doubleface); Leinwand-, Köper-
und Atlasbindung
Vorderseite: graugrüner Grund mit schwarzem
Rautengitter; an den Schnittstellen oval angeord-
nete, schneckenhausförmige Motive (Gelb,
Schwarz). Rückseite: gelber Grund mit schwar-
zem Rautengitter; an den Schnittstellen schwarz-
graugrüne Ovale mit schneckenhausförmigen
Motiven (Graugrün, Weiß, Schwarz)
L. 51 cm; B. 61 cm
Musterrapport: H. 50 cm; B. 25 cm
Herst.: Wilhelm Vogel, Chemnitz, Deutschland
Varianten: Inv. Nr. MB 1576 (Violett, Beige,
Schwarz), MB 1578 (Blaugrün, Beige, Schwarz)
Ankauf von Hahn und Bach, München, 1913
Inv. Nr. MB 1577.

Emmy Seyfried
Dekorationsstoff, um 1912

Jacquard-Gewebe; Wolle, Seide; Doppelgewebe
mit Anbindung (Doubleface), Leinwand-, Köper-
und Atlasbindung
Vorderseite: auf graubeigem Grund schwarzes
Rautengitter; an den Schnittstellen oval angeord-
nete, schneckenhausförmige Motive (Blaugrün,
Schwarz). Rückseite: auf blaugrünem Grund grau-
beige-schwarzes Rautengitter; an den Schnittstel-
len blaugrün-schwarze Ovale mit schneckenhaus-
förmigen Motiven (Graubeige, Schwarz)
L. 49 cm; B. 60,5 cm
Musterrapport: H. 50 cm; B. 25 cm
Herst.: Wilhelm Vogel, Chemnitz, Deutschland
Varianten: Inv. Nr. MB 1576 (Violett, Beige,
Schwarz) u. MB 1577 (Gelb, Graugrün, Schwarz)
Ankauf von Hahn und Bach, München, 1913
Inv. Nr. MB 1578.

Thomas Theodor Heine
Bezugsstoff, No.0613, um 1912

Webgobelin; Wolle; Querrips
Auf hellgrünem Grund zwei übereinander geblen-
dete Gitter in Weiß und Orange; Schnittstellen
des orangefarbenen Gitters mit schwarzen Qua-
draten, Überschneidungen beider Gitter mit roten
Strichen akzentuiert
L. 54 cm; B. 62 cm
Musterrapport: H. 4,5 cm; B. 4,5 cm
Herst.: Vereinigte Werkstätten, München,
Deutschland
Ankauf vom Hersteller, 1913
Inv. Nr. MB 1632.

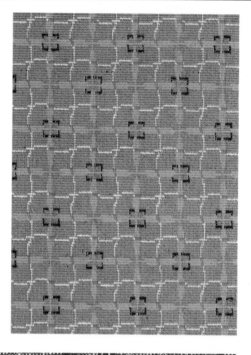

Thomas Theodor Heine
Bezugsstoff, No.03463, um 1912

Jacquard-Gewebe; Baumwolle, Wolle; Leinwand-
und Atlasbindung; lanciert
Auf gelb-grauem Grund (Kette: Gelb, Schuß:
Grau) senkrecht versetztes Reihenmuster:
1. Reihe: orangefarbene Kreise; 2. Reihe: violette
Kreise mit grauem Innenkreis. Graue Wellenlinien
trennen die Reihen; feine weiße und graue, senk-
rechte und waagrechte Streifen durchlaufen das
Muster und halbieren die Kreise.
L. 46,5 cm; B. 62,5 cm
Musterrapport: H. 14 cm; B. 17,5 cm
Herst.: Vereinigte Werkstätten, München,
Deutschland
Ankauf vom Hersteller, 1913
Inv. Nr. MB 1556
Lit. u. a.: Wichmann Hans, [Kat. Ausst.] Textilien,
Silbergeräte, Bücher. Die Neue Sammlung. Mün-
chen 1980, 18.

Thomas Theodor Heine   ▷
Bezugsstoff, um 1912

Jacquard-Gewebe; Baumwolle, Wolle; Leinwand-
und Atlasbindung; Grundkette: Gelb, Bindekette:
Weiß und Blau, Schuß: Orange
Auf gelbem Grund senkrechter Streifendekor.
1. Streifen: Spitzovale (Orange) und Rautenfelder
(Weiß), 2. Streifen: dünne, gleichmäßig unterbro-
chene blaue Linie
L. 47 cm; B. 53,5 cm
Musterrapport: H. 6 cm; B. 6 cm
Herst.: Vereinigte Werkstätten, München,
Deutschland
Ankauf vom Hersteller, 1913
Inv. Nr. MB 1550.

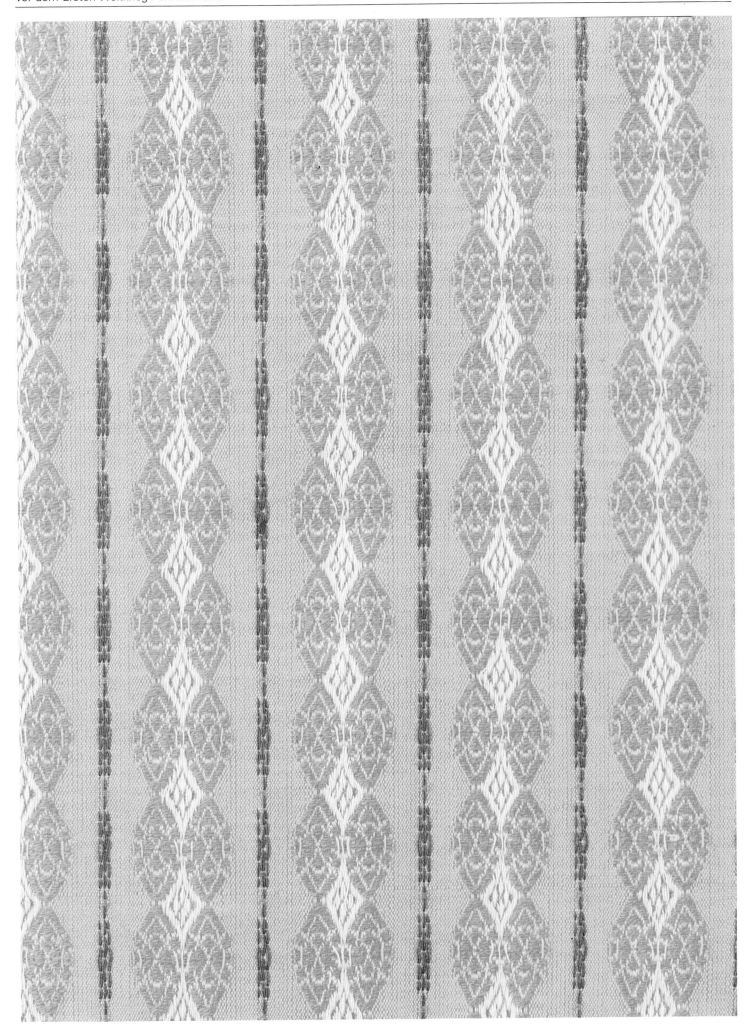

Georg Fuchs
Band, um 1911

Bandgewebe; Baumwolle; Köperbindung, S- und
Z-Grat
Versetztes Reihenmuster von Zick-Zack-Linien;
Farben: Blau, Weiß
Wie Inv. Nr. 731/85 u. 722/85 durch angehängten
Zettel als Arbeit Georg Fuchs' ausgewiesen; wur-
den in der Bayerischen Gewerbeschau München
1912 gezeigt (vgl. Amtl. Denkschrift München
1913, S. 106).
L. 101,5 cm; B. 11 cm
Musterrapport: H. 2 cm; B. 2 cm
Herst.: Mechan. Bandweberei Georg Fuchs, Pas-
sau, Deutschland
Inv. Nr. 725/85.

Georg Fuchs
Band, um 1911

Bandgewebe; Baumwolle; Kett-, Schußatlas- und
Leinwandbindung
Durch angehängten Zettel als Arbeit Georg Fuchs'
ausgewiesen; wurde in der Bayerischen Gewer-
beschau München 1912 gezeigt.
Gittersystem aus Rauten, denen je vier Dreiecke
eingeschrieben sind; Farben: Blau, Weiß
L. 99 cm; B. 10,5 cm
Musterrapport: H. 1,5 cm; B. 1,5 cm
Herst.: Mechan. Bandweberei Georg Fuchs, Pas-
sau, Deutschland
Inv. Nr. 724/85
Lit. u. a.: Bayerische Gewerbeschau 1912 in Mün-
chen. Amtliche Denkschrift. München 1913, 106,
Abb. 24.

Georg Fuchs
Band, um 1911

Bandgewebe; Baumwolle; Kett- und Schußatlas-
bindung
Versetztes Gittersystem aus offenen Rauten mit
eingeschriebenen länglichen, kleinen Flächen;
Farben: Blau, Weiß
L. 95,5 cm; B. 10,5 cm
Musterrapport: H. 1,5 cm; B. 1,5 cm
Herst.: Mechan. Bandweberei Georg Fuchs, Pas-
sau, Deutschland
Inv. Nr. 731/85
Lit. u. a.: Bayerische Gewerbeschau 1912 in Mün-
chen. Amtliche Denkschrift. München 1913, 106
m. Abb. [ähnliche Stücke].

Georg Fuchs
Band, um 1911

Bandgewebe; Baumwolle; Kett- und Schußatlas-
bindung
Senkrecht verlaufende Zick-Zack-Linien, an den
Spitzen kleine weiße Rauten; Farben: Blau, Weiß
L. 101,5 cm; B. 10,5 cm
Musterrapport: H. 1,2 cm; B. 1,4 cm
Herst.: Mechan. Bandweberei Georg Fuchs, Pas-
sau, Deutschland
Variante: Inv. Nr. 721/85 (Rot, Weiß)
Inv. Nr. 722/85
Lit. u. a.: Bayerische Gewerbeschau 1912 in Mün-
chen. Amtliche Denkschrift. München 1913, 106,
Abb. 26.

Karl Bertsch
Dekorationsstoff, um 1912

Streifen-Gewebe (Rayé); Roßhaar, Baumwolle;
Leinwandbindung
Auf schwarz-grünem Grund senkrechte Streifen
von verschiedener Breite
L. 49,5 cm; B. 54 cm
Musterrapport: H. 7 cm; B. 7 cm
Herst.: Deutsche Werkstätten, Dresden,
Deutschland
Geschenk des Herstellers, 1913
Inv. Nr. MB 1302.

Käthe Lore Zschweigert
Dekorationsstoff, um 1912

Druckstoff; Leinen; Leinwandbindung
Auf dunkelbraunem Grund Blumenmuster in den
Farben: Senfgrün, Blaugrün, Rosé, Krapplack-
Braun, rötliches Hellbraun, Weiß, Violett
L. 50 cm; B. 124 cm (Bahnbreite)
Musterrapport: H. 23 cm; B. 24 cm
Herst.: Deutsche Werkstätten, Dresden,
Deutschland
Geschenk des Herstellers, 1913
Inv. Nr. MB 1328.

Emil Rudolf Weiß
Dekorationsstoff, No. 05562, um 1910

Druckstoff; Leinen; Leinwandbindung
Auf hell-olivfarbenem Grund aufsteigende, große
Blumenranken; Farben: Hellbraun, Orange, Vio-
lett, Dunkel- und Hellblau, Cyclam, Rosa
L. 64 cm; B. 130 cm (Bahnbreite)
Musterrapport: H. 40 cm; B. 42 cm
Herst.: Oberhessische Leinenindustrie Marx und
Kleinberger, Frankfurt a. M., für Vereinigte Werk-
stätten, München, Deutschland
Ankauf vom Hersteller, 1913
Inv. Nr. MB 1640
Lit. u. a.: Deutsche Kunst u. Dekoration 1911/12,
Bd. 29, [s. p., vor S. 273] m. Abb. — Dekorative
Kunst 17, 1914, Bd. 30, 247 m. Abb. [dort als Ta-
pete für VW ausgeführt von Adolph Burchardt
Söhne, Berlin] — Wichmann Hans, [Kat. Ausst.]
Textilien, Silbergeräte, Bücher. Die Neue Samm-
lung. München 1980, 19.

Käthe Lore Zschweigert
Dekorationsstoff, um 1912

Jacquard-Gewebe; Halbseide; Leinwand-, Atlas-
und Kreuzköperbindung
Auf hellgrauem Grund schräg aufsteigendes, vio-
lettes Rankenmotiv mit rosafarbenen, herzförmi-
gen Blüten
L. 49 cm; B. 103 cm (Bahnbreite)
Musterrapport: H. 10 cm; B. 9 cm
Herst.: Deutsche Werkstätten, Dresden,
Deutschland
Geschenk des Herstellers, 1913
Inv. Nr. MB 1359.

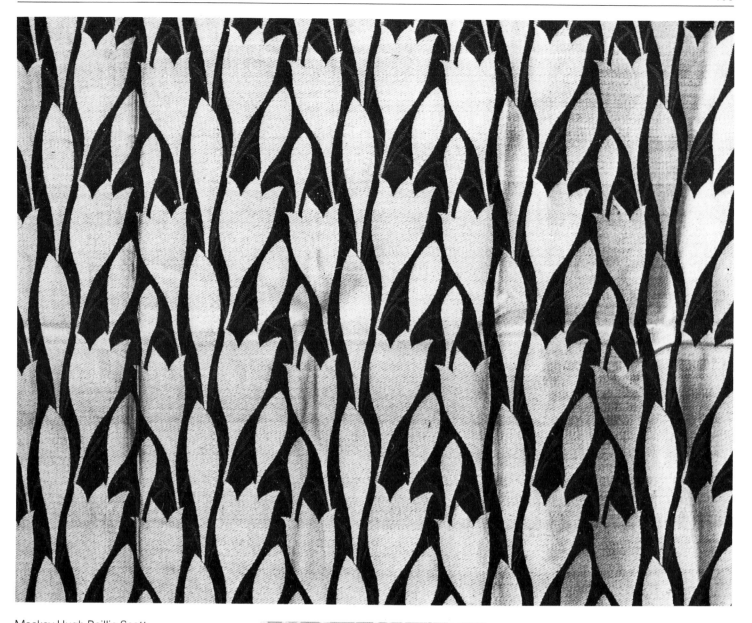

Mackay Hugh Baillie Scott
Dekorationsstoff, ca. 1912

Jacquard-Gewebe; Wolle, Seide; Atlas- und Kö-
perbindung
Auf schwarzem Grund aufsteigendes, versetztes
Reihenmuster von länglich stilisierten Herbstzeit-
losen-Blüten und Knospen in Naturweiß; Grund
bedeckt mit länglichen, feinen, braunen Blättern
L. 50 cm; B. 54 cm
Musterrapport: H. 23 cm; B. 8 cm
Herst.: Deutsche Werkstätten, Dresden,
Deutschland
Geschenk des Herstellers, 1913
Inv. Nr. MB 1321
Lit. u. a.: Kunst u. Handwerk 62, 1912, H. 10, 302,
Abb. 655 [anläßlich der »Bayerischen Gewerbe-
schau 1912« aus der Gruppe der »Deutschen
Werkstätten für Handwerkskunst«].

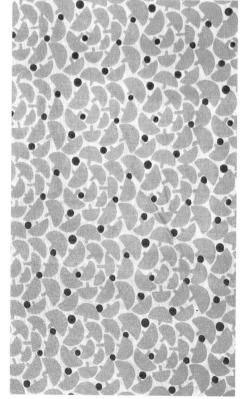

Dekorationsstoff, Dessin »Maslyn«,
England, um 1913

Druckstoff; Seide; Taftbindung
Auf weißem Grund dichtes Muster von unter-
schiedlich kleinen gelben Schirmen; dazwischen
einzelne dunkelblaue Punkte
L. 50 cm; B. 64 cm
Musterrapport: H. ca. 4,2 cm; B. ca. 4,4 cm
Herst.: Liberty, London, England
Ankauf vom Hersteller, 1913
Inv. Nr. MB 1566.

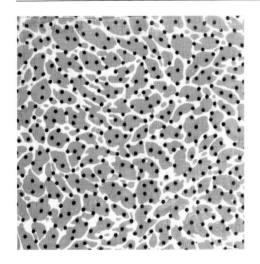

Dekorationsstoff, Dessin »Maslyn«,
England, um 1913

Druckstoff; Seide; Taftbindung
Auf weißem Grund dichtes Muster von unter-
schiedlich kleinen, unregelmäßigen gelben Flek-
ken; darüber Streumuster von dunkelblauen
Punkten
L. 52 cm; B. 65 cm
Musterrapport: H. ca. 25 cm; B. ca. 25,5 cm
Herst.: Liberty, London, England
Ankauf vom Hersteller, 1913
Inv. Nr. MB 1562.

Dekorationsstoff, England, um 1912

Druckstoff; Seide; Taftbindung
Auf hellgrünem Grund abstraktes Blattmuster in
versetzter vertikaler Reihung. Muster: gerader,
weißer Stiel mit stilisierten rhombenförmigen
Blättern. Farben: Hellbraun, Hellblau
L. 50,5 cm; B. 65 cm
Musterrapport: H. 3 cm; B. 3,5 cm
Inv. Nr. MB 1567.

Valentin Witt
Dekorationsstoff, um 1912

Jacquard-Gewebe; Halbleinen; Atlas- und Diago-
nalbindung
Auf weißem Grund dicht aneinandergereihte
Ovalformen in Grau, die horizontale und vertikale
Reihen bilden und zwischen sich ein Quadrat um-
schließen
L. 51,5 cm; B. 64 cm
Musterrapport: H. 11 cm; B. 7 cm
Ankauf von Hahn und Bach, München, 1913
Inv. Nr. MB 1595
Lit. u. a.: Wichmann Hans, Industrial Design. Uni-
kate. Serienerzeugnisse. Die Neue Sammlung.
Ein neuer Museumstyp des 20. Jahrhunderts.
München 1985, 180 m. Abb.

Borten, Österreich, um 1913

Atlasgewebe; Leinen; Kett- und Schußatlasbin-
dung
Von links nach rechts: Auf weißem Grund hell-
blaue Wellenlinie; in die Kurvenflächen einge-
paßt: große hellblaue Kreise mit weißem kreis-
rundem Innenfeld und zwei seitlich beigeordnete,
kleine schwarze Kreise
L. 42 cm; B. 5 cm
Musterrapport: H. 6 cm; B. 4,5 cm
Variante in den Farben: Schwarz, Weiß
L. 42 cm; B. 5 cm
Musterrapport: H. 6 cm; B. 4,5 cm
Auf weißem Grund zwei gegenständige Wellen-
bänder; in den elliptischen Innenfeldern breite
Längsstreifen; versetzt dazu in den Randfeldern
schmalere Längsstreifen. Farbe: Rosa
L. 41,4 cm; B. 5 cm
Musterrapport: H. 6 cm; B. 4,2 cm
Variante in den Farben: Schwarz, Weiß
L. 41,5 cm; B. 5 cm
Musterrapport: H. 6 cm; B. 4,2 cm
Herst.: Herrburger und Rhomberg, Wien, Öster-
reich
Geschenk des Herstellers, 1913
Inv. Nr. MB 1392, MB 1371, MB 1383, MB 1384
Lit. u. a.: Wichmann Hans, [Kat. Ausst.] Textilien,
Silbergeräte, Bücher. Die Neue Sammlung. Mün-
chen 1980, 19.

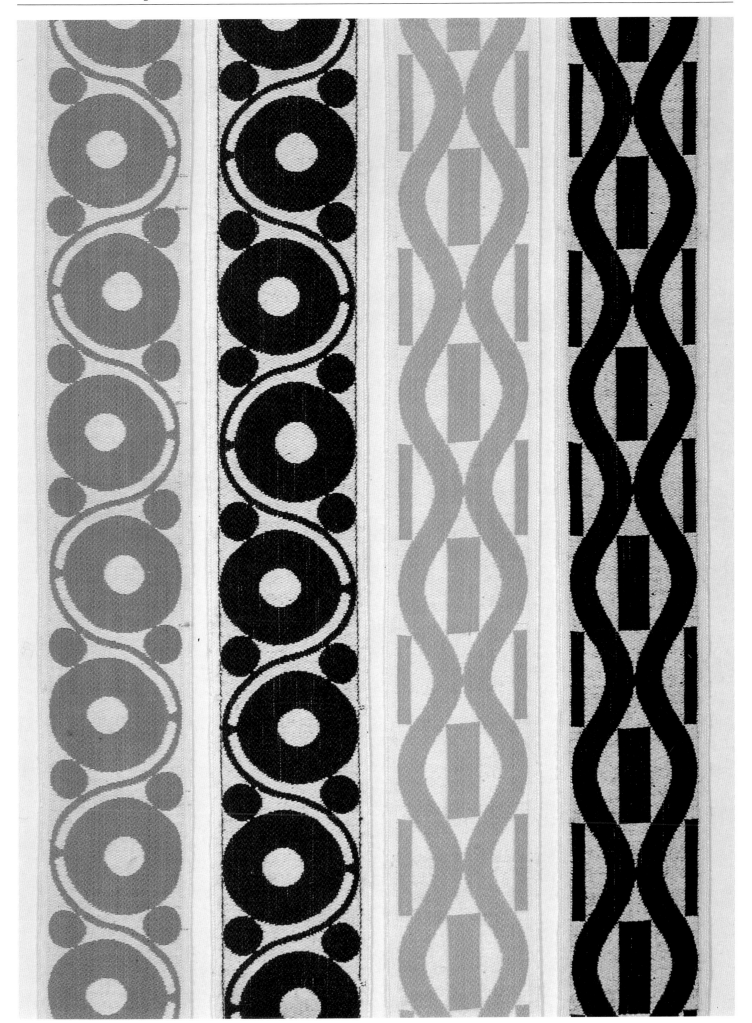

Margarethe von Brauchitsch
Runde Tischdecke, 1915

Kurbelstickerei; Leinen, Baumwolle; Leinwand-
bindung
Auf naturweißem Grund kreisrunde Bordüre mit
Rosendekor (schwarze Blüten, grüne Blätter); In-
nenfläche durch vier Kreissegmentbögen
(Schwarz) symmetrisch geteilt, sodaß ein rauten-
ähnliches Mittelfeld entsteht
Bez.: MvB 1915 (monogrammiert)
Ø 152 cm
Musterrapport (Rosendekor): B. 11 cm
Herst.: Margarethe von Brauchitsch, München,
Deutschland
Ankauf München, 1985
Inv. Nr. 361/86
Lit. u. a.: [Kat. Aukt.] Jugendstil und angewandte
Kunst. Galerie W. Ketterer. 100. Auktion 8. No-
vember 1985. München 1985, 143, Nr. 626
m. Abb.

Ludwig Heinrich Jungnickel
Dekorationsstoff, Dessin »Hochwald«, 1913

Druckstoff; Baumwolle; Leinwandbindung
Auf schwarzem Grund in versetzter Reihung stili-
sierte Nadelbäume und Waldgetier. Alles in
Schwarz und Weiß, Pilze in Weiß und Rot, Gräser
in Grün, vereinzelt verschiedene rote Blumen mit
weiß-grünen Blättern
L. 50,5 cm; B. 123,5 cm (Bahnbreite)
Musterrapport: H. 50 cm; B. 45 cm

Herst.: Wiener Werkstätte, Wien, Österreich
Ankauf vom Hersteller, 1926
Inv. Nr. 94/26
Lit. u. a.: Deutsche Kunst und Dekoration 17,
1914, 385 m. Abb. [als Bezug einer elektrischen
Hängelampe] – Dekorative Kunst 18, 1915, Bd. 32,
239 m. Abb. [als Vorhang und Bezug einer
Lampe].

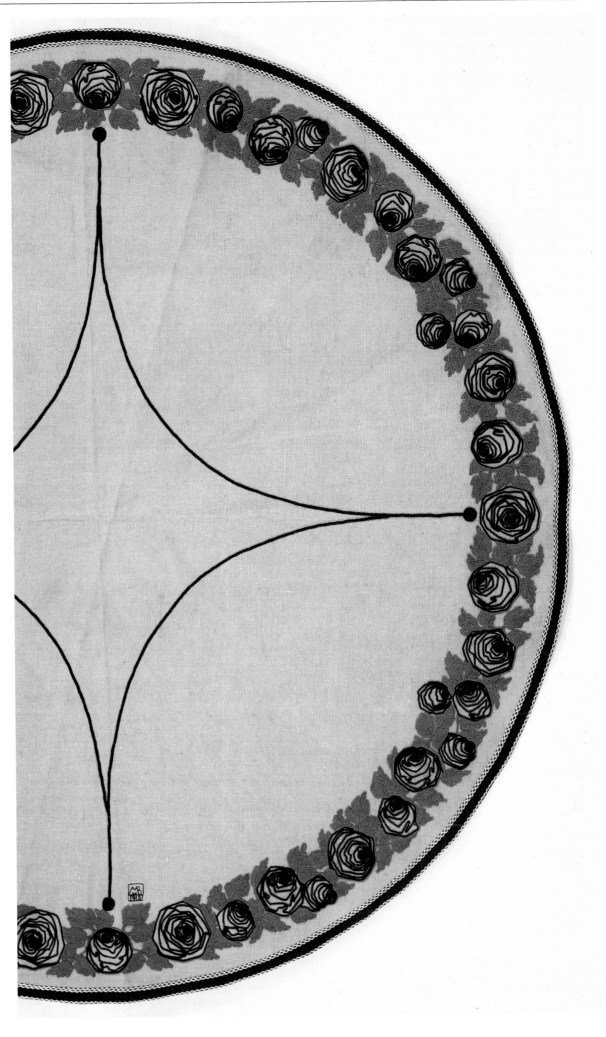

Dagobert Peche
Dekorationsstoff, Dessin »Irrgarten«,
No. 840, 1915/17

Druckstoff; Seide (Kreppgarn); Querrips
Auf schwarzem Grund gitterartige, unregelmä-
ßige Anordnung von Ähren in den Farben Weiß
und Violett.
Die von ostasiatischen Textilmotiven beeinflußten
Pflanzenmuster mit spitzen Blattformen sind für
die Entwürfe Peches besonders bezeichnend.
Bez. auf der Webkante in Schwarz: WW
L. 169 u. 120 cm; B. 90 cm (Bahnbreite)
Musterrapport: H. 50 cm; B. 44 cm
Herst.: Wiener Werkstätte, Wien, Österreich
Ankauf vom Hersteller, 1930
Inv. Nr. 430/30
Lit. u. a.: Mrazek Wilhelm, [Kat. Ausst.] Die Wiener
Werkstätte. Österreichisches Museum für ange-
wandte Kunst. Wien 1967, 78, Nr. 363, Abb. 48
[dort als ›Irrgarten‹ bezeichnet] – Schweiger Wer-
ner J., Wiener Werkstätte. Wien 1982, 221
m. Abb. – Neuwirth Waltraud, Wiener Werkstätte.
Wien 1984, Nr. 116 m. Abb. [andere Farbstellung].

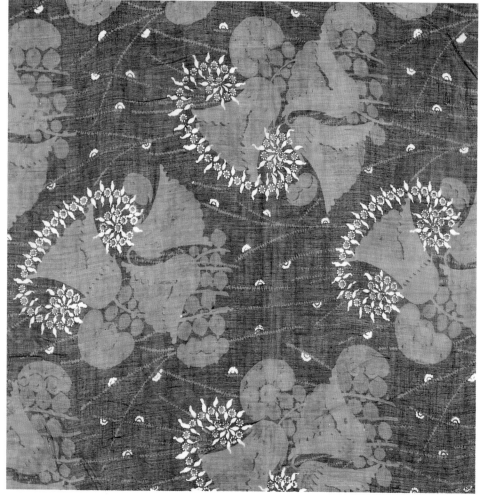

Lotte Frömmel-Fochler
Dekorationsstoff, Dessin »Samtente«,
No. 86082, um 1914

Druckstoff; Baumwolle; Batist
Auf schwarzem Grund versetztes Reihenmuster
mit wechselnder Richtung: Glockenblüten (Ok-
kergelb, Mattviolett, Mattgrün, Rot, Weiß), runde
Blüten (Rot, Grün, Gelb), Kränze aus kleinen Blü-
ten und Blättchen (Grün, Weiß); Hintergrund mit
lockerem Streumuster aus grünen Halmen und
kleinen weißen Blüten
L. 49,5 cm; B. 125,5 cm (Bahnbreite)
Musterrapport: H. 29 cm; B. 22 cm
Herst.: Wiener Werkstätte, Wien, Österreich
Ankauf vom Hersteller, 1926
Inv. Nr. 90/26
Lit. u. a.: Eisler Max, Österreichische Werk-Kultur.
Wien 1916, 215 m. Abb. – Fanelli Giovanni u. Ro-
salia, Il tessuto moderno. Florenz 1976, Abb. 613
[dort als »pagina di un campionario dei tessuti
stampati a mano«, dat. ca. 1914].

Dagobert Peche
Dekorationsstoff, Dessin »Sommerfalter«,
um 1918

Druckstoff; Seide; Taftbindung
Auf weißem Grund vertikales Streifenmuster,
durchzogen von feinen horizontalen schwarzen Li-
nien; in den Zwischenräumen eingestreute Mo-
tive in Schwarz (Stern, drei verschiedene Blüten
mit Stiel und Blättern). Farben: Dunkel- und Mit-
telblau, Rot, Schwarz
Bez. auf der Webkante in Schwarz: Wiener Werk-
stätte
L. 400,6 cm; B. 94,5 cm (Bahnbreite)
Musterrapport: H. 35 cm; B. 20 cm
Herst.: Wiener Werkstätte, Wien, Österreich
Variante: Inv. Nr. 101/26 (Grund: mattviolett)
Ankauf vom Hersteller, 1926
Inv. Nr. 429/30
Lit. u. a.: Wichmann Hans, [Kat. Ausst.] Drehpunkt
1930. BMW-Museum. München 1979, 19 – Wich-
mann Hans, [Kat. Ausst.] Textilien, Silbergeräte,
Bücher. Die Neue Sammlung. München 1980, 21.

Leichte Stoffe, helle Farben
Die Zeit zwischen den Kriegen und ihre Kontraste

Vieles von dem, was die zwanziger und dreißiger Jahre bestimmen sollte, war im Keim oder in ersten Ansätzen bereits vor dem Ersten Weltkrieg angelegt oder angeformt, wurde durch diesen nur retardiert, um sich dann vehement auf dem Boden neuartiger sozio-ökonomischer Konstellationen zu entfalten. Der Krieg der Massen begünstigte die Herausbildung einer Massengesellschaft im Rahmen von neuartiger Internationalität und weltweiter Massenkommunikation.[148] Im Vergleich zu heutigen Voraussetzungen waren aber die Ausprägungen eher harmlos und blieben nur auf einen Teil der Bevölkerung der Industrienationen beschränkt. Im Rückblick wirken diese Veränderungen eigentümlich improvisiert und kursorisch, und dies sowohl bei den Dingen wie bei den Menschen. Die Metropolen bestimmen vermehrt das Timbre und die Lebensformen.[149] Dies wirkt sich zwangsläufig auch in den Textilien und ihrer Anwendung aus und bestimmt den Charakter der Kleidung, die als Mode immer zuerst – gleichsam seismographisch – den Wandel aufzeigt.

Positiv ausgedrückt, waren das Helle, Leichte, Ungebundene und Bewegliche Maximen, die trotz scharfer Kontraste diese Zeit bestimmten, die aber schon um die Jahrhundertwende sichtbar wurden, besonders in Wien mit starker Näherung und Durchdringung von Kunst und Gewerbe, auch von angewandter Kunst und Mode, die zugleich in die freie Kunstäußerung zurückwirken konnte, wie es etwa in der Arbeit von Gustav Klimt sichtbar wird. Seine Ornamentik erfuhr zweifellos neben dem Einfluß Japans auch durch seine Gefährtin, die Modistin Emilie Flöge[150], die mit ihrer Schwester einen exklusiven Modesalon in Wien unterhielt, Anregungen. Besonders aber wird innerhalb der Wiener Werkstätte die Neigung zum Textil deutlich, beginnt sich doch ab etwa 1915 deren Schwerpunkt hin zur Mode zu verlagern.[151]

Ähnliche Tendenzen werden auch in Paris sichtbar. Dort beginnt man bereits 1907 die ersten Ideen für eine große internationale Ausstellung zu entwickeln, in der nach dem Initiator Roger Marx der Ballast der Geschichte abgeworfen werden sollte; »denn die dem Sozialen verpflichtete Kunst hat nur dann eine Daseinsberechtigung, wenn sie sich strikt in die eigene Zeit fügt.«[152]

Geplant für 1916, wurde diese Ausstellung jedoch erst 1925 unter dem Titel »Exposition Internationale des Arts Décoratifs et Industriels Modernes« verwirklicht, der zum Synonym für eine wichtige Richtung der zwanziger Jahre werden sollte, für den Stilbegriff Art Déco, und damit für eine Tendenz, die wiederum eng mit Schmuck, Dekor und Muster verbunden ist, ja aus diesen ihr Wesen bezieht. Wiederum setzten an dieser Frage die Kontroversen ein. Aus der Konfrontation mit dem Dekor erwuchs die Diskussion über Funktion und Funktionalismus, über technische Form, Konstruktion und Konstruktivismus oder Rationalismus, erwuchs letztlich ihr Wesen und ihre jeweilige kontrastreiche Inkarnation.

Aber gehen wir nochmals zurück in die Vorkriegsaera. Wir sahen oben, daß sich die Muster von den gegenständlichen Vorbildern zu lösen begannen und im Wechselspiel mit der freien Kunst in die Abstraktion hinübertasteten, sich die Rapporte verkleinerten, wie das Muster-Grund-Prinzip ein anderes wurde. Wien war dafür ein Ausgangspunkt mit seinem Streben nach einem Gesamtkunstwerk, in dem sich Möbel und Teppiche, Stoffe und Gebrauchsgegenstände bis hin zur Kleidung der Besitzer zu einer sich ergänzenden Einheit zusammenfügen sollten, und dies – vor allem durch Hoffmann – unter Reduzierung und Rationalisierung des Formenapparates. Zwangsläufig reagierte auch die Kleidung auf diese Veränderung. Das häßliche Reformkleid verwandelte sich vor allem durch Ideen des Pariser Mode-

Designers Paul Poiret[153] zu einem ästhetisch ansprechenden Gegenstand, der ebenso von Emilie Flöge und Gustav Klimt in Wien unter dem Etikett «rationale Kleidung» propagiert wurde.[154] Die Verbindung Paris – Wien via Wiener Werkstätte dokumentierte sich auch in der Verarbeitung von Stoffen der Werkstätte im Pariser Atelier Poirets.[155] Diese Tendenz zeigte sich aber auch in anderen Konstellationen, etwa in der angewandten künstlerischen Arbeit Sonia Delaunays, die 1918 in Madrid, ausgehend von einer Zusammenarbeit mit Sergej Diaghilew[156], begann und dann in ihrer Boutique »Casa Sonia« später in Paris fortgesetzt wurde. Die von ihr entworfenen Stoffe bezeichnete Robert Delaunay als »Simultan Stoffe« und beschreibt sie wie folgt: »Allein die Farben bestimmen durch Anordnung, Ausbreitung und ihr Verhältnis zueinander auf der Oberfläche eines Gemäldes, eines Stoffes oder eines Möbelstückes, ganz allgemein also im Raum, den Rhythmus der Formen, und diese Formen sind aus Farbflächen aufgebaut, deren Harmonie mit einer Fuge vergleichbar ist.«[157]
Stoffe und Textilien dieser Art – von denen Die Neue Sammlung einen Teppich beherbergt – heben sich ebenso wie die Textilentwürfe Serge Gladkys von dem allgemein in Frankreich geübten Entwurfsrepertoire selbst in den zwanziger Jahren noch stark ab. Es waren im allgemeinen »die Stoffe mit großen, bunten Blumen vor einem Hintergrund in kräftigen Farben bedruckt. Es gab zum Beispiel ein Wirrwarr von Mohn, Kornblumen und goldenen Rosengirlanden vor schwarzem Grund. Alle möglichen floralen Muster überfluteten mit ihrem Farbenreichtum die Mode, die Dufy ins Leben gerufen hatte.« Dies schreibt ebenfalls Delaunay, auf seine Zunft blickend.[158] Aber mehr noch wurden wohl die Stoffe Lyons, etwa die von Bianchini-Ferrier, Coudurier-Fructus, Chatillon-Mouly-Roussel oder Henri Bertrand verlangt, in deren Repertoire François Ducharne[159], der 1920 eine eigenständige Produktion aufbaute, besondere Akzente setzte. Stoffe dieser Herstellung dokumentierten das Milieu der sogenannten repräsentativen Gesellschaft, besaßen manchmal von Japan inspirierten Geschmack – besonders die von Ducharne – und fügen sich damit nahtlos in die besonders von Frankreich praktizierte, konventionelle Linie der Textileleganz ein, die auch in der Pariser Ausstellung von 1925 dominierte. Gegen sie opponierte damals Le Corbusier mit den Worten: »Aber die dekorierten Objekte füllen die Gestelle der Warenhäuser und werden für wenig Geld einer Masse von Käufern angeboten. Doch diese Artikel sind schlecht hergestellt. Die Verzierung verdeckt die Fehler der Fabrikation und die schlechte Qualität des verwendeten Materials. Die Verzierung ist nichts als Tarnung. Jeder Schund ist übermäßig dekoriert, das Luxusobjekt aber ist gut gearbeitet, einfach und sauber – seine Nacktheit enthüllt die Qualität der Herstellung.«[160]
Blickt man nach England, so ist dort der Impuls der Arts and Crafts Movement im Schwinden. Aber noch immer werden Morris-Stoffe verkauft.[161] Schon gegen 1910 richtet sich das Interesse auf Frankreich. Poiret und Diaghilew beeinflussen die Londoner Mode, die sich nach dem Ersten Weltkrieg in einen konfektionellen Bereich für breite Verbraucherschichten und einen anspruchsvollen der High Society mit ihren Court Dress Makers spaltet. »Die immer einfacher geschnittenen, leicht als Konfektionsware herzustellenden Kittelkleider, von Saison zu Saison ein wenig anders, ein wenig neu im Schnitt, fördern die Entwicklung der ›Mode für alle‹ im folgenden Jahrzehnt.«[162] Mit dem sich darin dokumentierenden Lebensgefühl wandeln sich auch die Muster der Textilien. Sie sind nun kleinteiliger, stark stilisiert, teils abstrahiert, farbig zumeist auf hellen Grund geordnet und kommen der Wiener Werkstätte näher als dem Paris-Lyoner Musterrepertoire. Gegenüber der Vorweltkriegsphase tritt der Webstoff hinter den Druckstoff zurück. Oft wird der gleiche Stoff im Dekorations- wie auch im konfektionellen Mode-Bereich verwendet.
Stoffe dieser Artung entsprachen den von Werkbundideen bestimmten Grundlagen der 1925 als Staatssammlung konstituierten Neuen Sammlung[163] mehr als die französische Richtung. Es ist deshalb nicht verwunder-

lich, daß Baron von Pechmann als ihr erster Leiter – obwohl wir dies heute bedauern – während der Exposition Internationale des Arts Décoratifs et Industriels Modernes in Paris vor allem englische Stoffe für unsere Sammlung erwarb, so von Gregory Brown, Foxton, Constance Irving, Minni Mac Leish, Take Sato, Liberty oder Elisabeth Peacock. Diese Stoffe schlagen in ihrer Grundhaltung eine gewisse Verbindung zur Wiener Werkstätte, die zweifelsohne die sich um 1900 herausbildende kommerzielle deutsche Werkstättenbewegung stark beeinflußt hat.

Wie oben bemerkt, verlagerte sich bereits seit etwa 1907 mit dem Ausscheiden von Moser und Czeschka und dem Eintritt von Eduard Josef Wimmer-Wisgrill die Tendenz der Werkstätte. Wimmer wird 1911, im Jahr der Fertigstellung des Palais Stoclet in Brüssel, Leiter der neu konstituierten Modeabteilung, die sehr rasch zu expandieren beginnt. 1913 findet eine stark akklamierte Modeschau in Berlin statt.[164] Die dekorative Tendenz wird weiterhin durch die ab 1915 erfolgende Mitarbeit von Dagobert Peche verstärkt. Im gleichen Jahr entwirft die Werkstätte erstmals Bühnenkostüme und eröffnet im Wiener Palais Esterházy (Kärntner Straße 41) ein Modehaus. Zweigniederlassungen in Marienbad und Zürich schließen sich 1917 an. Eigenartigerweise bleibt trotz des verlorenen Krieges der Expansionsdrang auch in den zwanziger Jahren lebendig. So stellt 1920 die Wiener Werkstätte Mode und Stoffe während der Frankfurter Messe aus, und 1922, dem Jahr, in dem Wimmer-Wisgrill von Max Snischeck als Leiter der Modeabteilung abgelöst wird, errichtet man gar eine Filiale in New York. 1925 ist Österreich vor allem mit seiner Wiener Werkstätte wirkungsvoll in der Pariser Art-Déco-Ausstellung vertreten.[165] »Aber«, wie Varnedoe 1986 feststellt, »ließ die Qualität nach, und zu viele ihrer Produkte waren von einem unübersehbaren Element des Kitsches bestimmt. Ironischerweise wird späterhin gerade diese am wenigsten innovative, nur gefällig-dekorative Phase meistens mit der Werkstätte in Verbindung gebracht, während man die Arbeiten der frühen Jahre erst in den letzten Jahrzehnten allgemein wieder entdeckt hat.«[166]

Diese Aussage ist sicher für das Gesamtspektrum der Wiener Werkstätte richtig, trifft aber nicht den Bereich der Textilien und Mode in gleicher Weise. In diesem Feld hat die Werkstätte auch in den zwanziger Jahren äußerst reizvolle Muster und Figurationen entwickelt, die – europäisch betrachtet – wohl die liebenswürdigste, nicht neureich-auftrumpfende Facette des Art-Déco-Stils darstellen. Das war sicher nicht mehr revolutionär im gesamtkünstlerischen Sinne – hier hatte Deutschland die Führung übernommen –, artikulierte aber vieles von den erstrebten freien und natürlichen Lebensvorstellungen der zwanziger Jahre mit ihren leichten, hellen bedruckten Stoffen nach Entwürfen von Leo Blonder, Hilda Flögl, Viktor Kovačič, Maria Likarz, Dagobert Peche, Max Snischeck, Hilda Schmid-Jesser oder Vally Wieselthier. Von ihnen werden zahlreiche Stoffe in der Neuen Sammlung bewahrt.

Generell ist innerhalb des Textilbereichs ein Wechsel der Akzente zu beobachten. Die Textilien lösen sich gewissermaßen von der Architektur und wenden sich mehr der Person zu. Mit anderen Worten: die Textilien reduzieren ihre innenarchitektonisch-repräsentative Funktion; sie werden subjektiv dienlicher, privater, persönlicher.

Diese Tendenz wurde vor allem durch die Wiener Werkstätte auch auf deutsche Einrichtungen ähnlicher Art übertragen. Für die Textilprodukte der »Deutschen« und der »Vereinigten Werkstätten« war sie in starkem Maße richtungweisend. Besonders die »Deutschen Werkstätten« entwickelten in den zwanziger Jahren eine Vielzahl von Stoffen, die sich ebenbürtig neben die der Wiener Werkstätte stellen, begünstigt durch das 1923 gegründete Tochterunternehmen »Deutsche Werkstätten Textilgesellschaft«, das sich des Ausbaus dieser Sektion annahm.[167] Die Entwürfe von Karl Bertsch, Lisl Bertsch-Kampferseck, Ruth Geyer-Raack[168], Richard Lisker, Adelbert Niemeyer, Elisabeth Raab, Heinrich Sattler, Berta Senestréy, Eugen Julius

Schmid, Else Wenz-Viëtor, Wolfgang von Wersin, besonders aber die von Josef Hillerbrand für unterschiedlichste Stoffarten und auch Teppiche sind von heiterer Anmut und Leichtigkeit erfüllt, demonstrieren in vielen Fällen beispielhafte Flächenkunst.

Die Muster der »Vereinigten Werkstätten«, etwa die von Breuhaus de Groot, Pal László, Tommi Parzinger, oder von Maria May der Berliner Reimann-Schule akzentuieren dagegen mehr die Farb- und Formspannungen. Überraschungseffekte und starke Stilisierungen sind für sie charakteristisch. Die Stoffe sind dadurch anspruchsvoller und repräsentativer. Locker, spielerisch, äußerst zart in den Farben wirken ihnen gegenüber die Entwürfe von Wilhelm Marsmann und Viktor von Rauch für die Münchner Farbmöbel-Werke. Diese wohl sonst in keiner Sammlung mehr anzutreffenden Textilien besitzen etwas von der auch durch Friedrich Adler in Hamburg angestrebten Zartheit und Helle. Es sind Stoffe, die eine lebensbejahende Stimmung atmen, dabei aber sehr genau die Labilität der Zeit ahnen lassen, die heiterer sein wollte, als es eigentlich die Wirklichkeit zuließ.

Versammelt man diese zumeist bedruckten Gewebe aus London, Wien, Berlin, Dresden, München oder Hamburg nochmals vor dem inneren Auge, so ist es ein verwandtes buntes Völkchen von dekorativ-gefälligen Farben und Formen, das ohne Dramatik, jenseits von Revolutionsattitüden und ohne angespanntes Kunstwollen an uns vorüberzieht. Es sind Dinge unseres Lebens, die mit einer gewissen Wehmut durch unsere Hände gleiten und eine liebenswerte Seite des menschlichen Daseins im Strome der Vergänglichkeit aufleuchten lassen. Sie erinnern mehr an Wünsche, Hoffnungen, Freuden, mehr an Ferien, Sommer und Ausruhen als an die Realität mit ideologischer Festlegung, mit Arbeitswelt und politischem Muskelspiel. Es ist eine entspannende, sicher auch folgenlose, uns nicht auf den Pelz rückende, dadurch aber angenehme Welt.

Von dieser windstill erscheinenden Nische sondern sich zwei parallel verlaufende, unterschiedlich geartete Strömungen ab, einmal die nervöse, ungemein hochstilisierte Art-Déco-Richtung Frankreichs, in der sich das dialektische Spiel von Überzüchtung, Verformung, tändelnder Raffinesse mit burschikosem Augenzwinkern mengt – deren textile Ausformung nur unzureichend in unserem Museum belegt ist –, zum anderen die deutsche Linie des Bauhauses und verwandt ausgerichteter Schulen, wie etwa die Staatliche Bauhochschule in Weimar oder die Burg Giebichenstein in Halle mit Johanna Schütz-Wolff, die Maria Likarz 1920 ablöste.

Weltweit hat wohl keine andere künstlerische Ausbildungsstätte eine ähnliche Wirkung erlangt wie das nur 14 Jahre bestehende Bauhaus. Seine Ausbildungsmethoden werden nach wie vor in Europa, Amerika oder Asien angewandt. Es ist das Verdienst von Walter Gropius, der im Frühjahr 1919 als Gründer des »Staatlichen Bauhauses« nach Weimar berufen wurde, überwiegend Mitarbeiter gewonnen zu haben, die mit außergewöhnlicher Ausstrahlungskraft und teilweise mit genialer künstlerischer Aussage befähigt waren. Obwohl Gropius zu Anfang mit Ausnahme des Bildhauers Gerhard Marcks nur Maler als Lehrer berief (1919 Lyonel Feininger, 1920 Georg Muche, 1921 Paul Klee und Oskar Schlemmer, 1922 Wassily Kandinsky, 1923 Moholy-Nagy), konzentrierte sich der Schwerpunkt der Arbeit nicht auf die Malerei. Vielmehr beruhte die Schulung auf der versuchten Übermittlung eines objektivierbaren Grundbestandes der Form- und Farbelemente, die einem Gesamtkunstwerk dienstbar gemacht werden sollten. Ziel der Bauhausbewegung war, die Spartenteilung künstlerischer Tätigkeit zu überbrücken und an ihre Stelle enge Zusammenarbeit zu setzen. Jeder Lernende sollte sich bei der Bearbeitung einer Einzelaufgabe des Bezuges zum Ganzen, »der Wechselbeziehungen der ihn umgebenden Lebensphänomene«[169] bewußt sein. Grundlage des Lernprozesses war nach wie vor die handwerkliche Übung, aber nicht im Sinne der Herstellung von Einzelstücken, sondern als Entwicklung von Prototypen für die Serienherstellung.

Das Bauhaus knüpfte damit erneut an Ideen der Reformbewegungen Englands, des Werkbundes und an die des Gesamtkunstwerks Wiens an, jedoch auf einer anderen Bewußtseinsstufe, die anfänglich durch einen abstrakten Expressionismus und Konstruktivismus bestimmt wurde, sich dann sehr rasch unter Einfluß der holländischen De-Stijl-Gruppe und des russischen Konstruktivismus zum ausschließlichen Funktionalismus wandelte, der nur verbal in reiner Form praktiziert wurde. Der Funktionalismus lehnt aber das Ornament[170] und die darunter subsumierten Schmuckformen ab. Wie nun wurden Textilien im Bauhaus gestaltet? Das war anfangs – wie wir aus Quellen wissen[171] – eine äußerst dilettantische Angelegenheit ohne ausreichende handwerkliche Basis, die aber Freiräume für formale und technische Experimente bot. Die Gewebe stellten bis zum Ende des dritten Jahrzehnts dominant Unikate dar, in denen sich die Beeindruckung durch die Maler-Lehrer wie Itten, Muche und Klee niederschlug. Es entstanden formal abstrakte, farbig sensible, auf Simultan-Kontrasten aufbauende, zum Teil mit neuartigen, unerprobten Materialien handgewebte Arbeiten. Gunta Stölzl hat wohl an der Entwicklung eines Gewebetypus, der sich mit dem Begriff Bauhaus in Deckung bringen läßt, den entscheidenden Anteil, Anni Albers und später Otti Berger um 1930 an der Wandlung zum neuen Programm, das von der zuvor auch im Bauhaus geübten handwerklichen Tätigkeit hin zu maschinell hergestellten Struktur-Geweben führt.[172] Dieser Prozeß – unter der Ägide von Hannes Meyer stark ideologisiert – war schmerzvoll und bedingte den Weggang Gunta Stölzls. Er zielt auf System-Textilien, löst erneut den Stoff von der Person und will ihn erneut dem Raum dienstbar machen.[173]

Bauhausgewebe mit Klee, Kandinsky, Muche oder Feininger im Hintergrund stellen eine Verbindung zu Sonia Delaunay her und zu in Algerien gewebten Teppichentwürfen Hans Arps, mit dem Sonia Delaunay befreundet war[174], führen schließlich hinüber zu Künstlerteppichen in der Art von Pablo Picasso, Eileen Gray oder da Silva Bruhns, zu Arbeiten, die vermehrt der freien Kunst verbunden sind und sich im Besitz der Neuen Sammlung befinden. Bauhausgewebe schlagen aber zugleich eine Brücke zu den anonymen Massengeweben der zweiten Hälfte unseres Jahrhunderts, deren Struktur von Systemüberlegungen bestimmt wird.

Mit den Methoden und Ergebnissen des Bauhauses haben sich die meisten zeitgenössischen künstlerischen Ausbildungsstätten auseinandergesetzt. So etwa die Staatliche Bauhochschule in Weimar unter Ewald Dülberg[175] oder die Burg Giebichenstein in Halle[176], in der Benita Otte, eine Schülerin des Bauhauses, als Nachfolgerin von Johanna Schütz-Wolff wirkte. Ebenso waren in die Berliner Lehrtätigkeit Sigmund von Weechs Ideen des Bauhauses eingeflossen. Es waren Impulse, die erst nach dem Zweiten Weltkrieg voll zum Tragen kommen sollten, begann doch – vor allem ausgelöst durch den New Yorker Börsenkrach – das labile Gleichgewicht im Rahmen weltweiter Kommunikation um 1930 in Abkapselung und Gleichschaltung zu kippen[177]. So erlosch 1932 die Wiener Werkstätte, in Paris geben Nicole Groult ebenso wie Paul Poiret auf, Valentin Manheimer geht in Berlin in Konkurs. 1933 wird dort das Bauhaus geschlossen, und die Exporterlöse der Pariser Haute Couture, die 1925 noch an zweiter Stelle lagen, sinken 1933 auf den 27. Platz.

Weltweit fiel Reif auf die Hoffnungen, und die differenzierten, unrobusten und dadurch gefährdeten Leistungen begannen vor allem dort, wo sich Diktaturen zu etablieren vermochten, zu verlöschen. Davon wurde auch Die Neue Sammlung betroffen.[178] Ihre Bestände an Textilien der dreißiger Jahre sind infolgedessen belanglos.

Dagobert Peche
Dekorationsstoff, Dessin »Irrgarten«,
No. 16983, um 1918

Druckstoff (Crêpe de Chine); Seide; Taftbindung
Fläche in große, verschiedengeformte, geometri-
sche Felder aufgeteilt, denen Planelemente ein-
gezeichnet sind (im Charakter einer Collage). Far-
ben: grauer Fond, Rosa, Hell-Türkis, Hellgelb,
Orange, Weiß, Schwarz
L. 142 u. 124 cm; B. 94,5 cm (Bahnbreite)
Musterrapport: H. 40 cm; B. 32 cm
Herst.: Wiener Werkstätte, Wien, Österreich
Ankauf vom Hersteller, 1926 (laut Inventarbuch
als »Irrgarten« bezeichnet)
Inv. Nr. 105/26
Lit. u. a.: Wichmann Hans, [Kat. Ausst.] Drehpunkt
1930. BMW-Museum. München 1979, 19 – Wich-
mann Hans, [Kat. Ausst.] Textilien, Silbergeräte,
Bücher. Die Neue Sammlung. München 1980, 20.

Viktor Kovačić   ▽
Dekorationsstoff, Dessin »Schottland«,
No. 41061, col. 1V6, um 1920

Druckstoff; Baumwolle; Batist
Auf weißem Grund Karomuster aus Pinselstri-
chen in lichten und dunklen Grautönen. In die je-
weiligen Felder sind horizontale türkisfarbene Pin-
sellinien und zierliche rote Kreuze eingelagert.
L. 50 cm; B. 109 cm (Bahnbreite)
Musterrapport: 26 cm; B. 26 cm
Herst.: Wiener Werkstätte, Wien, Österreich
Ankauf vom Hersteller, 1926
Inv. Nr. 91/26
Lit. u. a.: Wichmann Hans, [Kat. Ausst.] Textilien,
Silbergeräte, Bücher. Die Neue Sammlung. Mün-
chen 1980, 20.

Dagobert Peche
Dekorationsstoff, Dessin »Storchenschna-
bel«, No. 85734, col. 4V3, um 1920

Druckstoff; Baumwolle; Batist
Auf grauem Grund schwarzes, zartes Blumen-
werk: Wiesenstorchschnabel und Reiherschnabel
Bez. auf der Webkante: WW
L. 52 cm; B. 110 cm (Bahnbreite)
Musterrapport: H. 19 cm; B. 19 cm
Herst.: Wiener Werkstätte, Wien, Österreich
Ankauf vom Hersteller, 1926
Inv. Nr. 92/26.

Felice Rix
Dekorationsstoff, Dessin »Archibald«, ca.
1921

Druckstoff; Baumwolle; Batist
Auf naturweißem Grund braunes Rautengitter
von verschieden breiten Streifen. Darüber liegt
ein quadratisches Gitterwerk von türkisfarbenen
und gelben Linien.
Bez. auf einer Webkante in Braun: WW
L. 50 cm; B. 102 cm (Bahnbreite)
Musterrapport: H. 26 cm; B. 31 cm
Herst.: Wiener Werkstätte, Wien, Österreich
Inv. Nr. 740/85.

Leopold Blonder
Dekorationsstoff, Dessin »Aussee«,
No. 85821, col. 8V1, um 1922

Druckstoff; Baumwolle; Batist
Ineinander versetztes Muster aus Blatt- und Blü-
tenmotiven, Garben und Trauben. Farben: Weiß,
Schwarz
L. 50 cm; B. 110 cm (Bahnbreite)
Musterrapport: H. 21 cm; B. 22 cm
Herst.: Wiener Werkstätte, Wien, Österreich
Ankauf vom Hersteller, 1926
Inv. Nr. 77/26.

Felice Rix   ▷
Dekorationsstoff, Dessin »Frühlingswiese«,
No. 41047, um 1920

Druckstoff; Baumwolle; Batist
Auf weißem Grund zarte, nach rechts oder links
geneigte Stiele mit stilisierten Blüten und Früch-
ten
L. 51 cm; B. 106 cm (Bahnbreite)
Musterrapport: H. 40 cm; B. 45 cm
Herst.: Wiener Werkstätte, Wien, Österreich
Ankauf vom Hersteller, 1926
Inv. Nr. 83/26.

Felice Rix
Dekorationsstoff, Dessin »Brillenschlange«,
No. 18027, um 1923

Druckstoff; Seide; Taftbindung
Fond: Vertikalstreifen in Gelbtönen (B. ca.
11,5 cm), überzogen von einem zarten, diagonal
angeordneten Gitterwerk in Braun
Bez. auf den Webkanten: WW
L. 298 cm; B. 92 cm (Bahnbreite)
Musterrapport: H. 17 cm; B. 23,5 cm
Herst.: Wiener Werkstätte, Wien, Österreich
Ankauf vom Hersteller, 1926
Inv. Nr. 96/26.

Maria Likarz (später Strauss-Likarz)
Dekorationsstoff, Dessin »Ethik«,
No. 85890, 1923

Druckstoff; Baumwolle; Batist
Auf beigefarbenem Fond Horizontalbänder, die
versetzt durch braune Linien und Streifen rhythmi-
siert sind
L. 52 cm; B. 111 cm
Musterrapport: H. 12,5 cm; B. 11,5 cm
Herst.: Wiener Werkstätte, Wien, Österreich
Ankauf vom Hersteller, 1926
Inv. Nr. 82/26
Lit. u. a.: Wichmann Hans, [Kat. Ausst.] Textilien,
Silbergeräte, Bücher. Die Neue Sammlung. Mün-
chen 1980, 20.

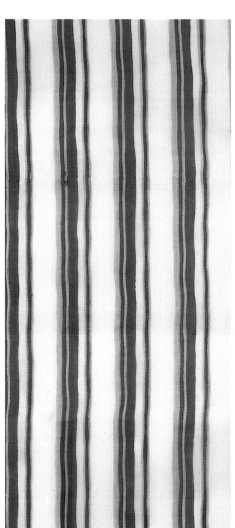

Maria Likarz (später Strauss-Likarz)
Dekorationsstoff, Dessin »Fidelio«,
No. 18075, um 1923

Druckstoff; Seide; Taftbindung
Auf weißem Grund unterschiedlich breite, regel-
mäßig wiederholte Vertikalstreifen. Farben: Mit-
telblau, Rosa
L. 52 cm; B. 95 cm (Bahnbreite)
Musterrapport: B. 5 cm
Herst.: Wiener Werkstätte, Wien, Österreich
Ankauf vom Hersteller, 1926
Inv. Nr. 104/26.

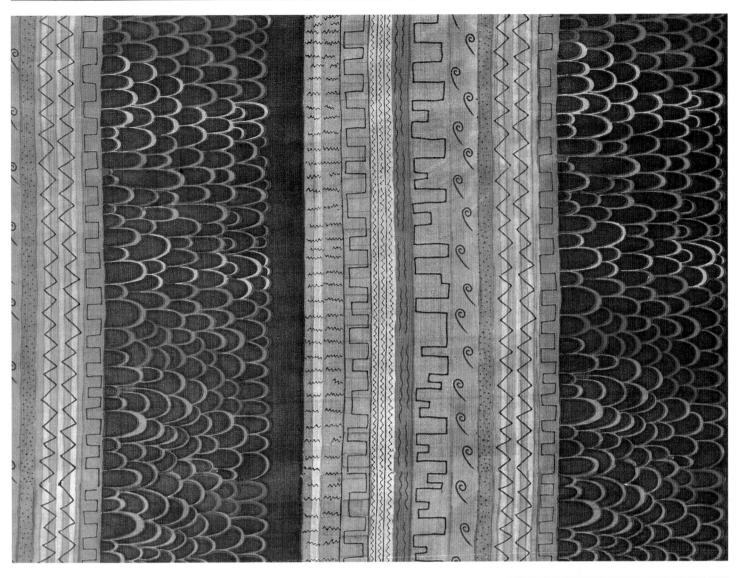

Hilda Schmid-Jesser
Dekorationsstoff, Dessin »Abruzzen«, um
1923

Druckstoff; Seide; Taftbindung
Verschieden breite Vertikalstreifen, denen schup-
penartige Muster eingeschrieben sind; Farben:
Aubergine, Rosa-Töne, Grau, Orange, Ocker,
Schwarz
Bez. auf weißer Webkante in Schwarz: »WW«
L. 53 cm; B.94 cm (Bahnbreite)
Musterrapport: H.37 cm; B.33 cm
Herst.: Wiener Werkstätte, Wien, Österreich
Ankauf vom Hersteller, 1926
Inv. Nr. 88/26
Lit. u.a.: Wichmann Hans, [Kat. Ausst.] Textilien,
Silbergeräte, Bücher. Die Neue Sammlung. Mün-
chen 1980, 20 – Wichmann Hans, Industrial De-
sign. Unikate. Serienerzeugnisse. Die Neue
Sammlung. Ein neuer Museumstyp des 20. Jahr-
hunderts. München 1985, 185 m. Abb.

◁ Vally Wieselthier
Dekorationsstoff, No. 86101, Dessin »An-
dromache«, um 1923

Druckstoff; Baumwolle; Batist
Auf weißem Grund senkrechte schwarze Strei-
fen. Ein breiter Streifen wird von einem schmalen
begleitet.
Bez. auf der Webkante in Schwarz: WW
L.52 cm; B.107 cm (Bahnbreite)
Musterrapport: H.16 cm; B.16 cm
Herst.: Wiener Werkstätte, Wien, Österreich
Ankauf vom Hersteller, 1926
Inv. Nr. 79/26.

Mathilde Flögl
Dekorationsstoff, Dessin »Allegro«,
No. 85921, col. 2V9, um 1923

Druckstoff; Baumwolle; Batist
Auf sandfarbenem Grund zarte, schwarze, verti-
kale Linien, die partiell von langstieligen, gra-
phisch angedeuteten Blumen übergriffen werden.
Ihre Blätter verleihen ihnen pfeilförmigen Charak-
ter. Farben: Gelb, Grün, Rosé, und Schwarz
L.51 cm; B.110 cm (Bahnbreite)
Musterrapport: H.33 cm; B.33 cm
Herst.: Wiener Werkstätte, Wien, Österreich
Ankauf vom Hersteller, 1926
Inv. Nr. 78/26.

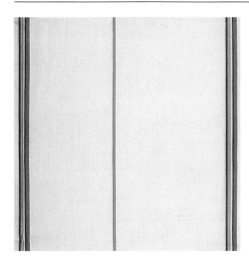

Eugen Julius Schmid
Dekorationsstoff, No. 2128, 1922

Streifen-Gewebe (Rayé); Baumwolle; Rohge-
webe in Leinwandbindung (Kretonne-Rohware
=Grobnessel), Kettatlasbindung; Indanthren
Auf naturfarbenem Grund schmale Vertikalstrei-
fen in großen Abständen; Farben: Rosa, Hellblau
L. 118 cm; B. 117 cm (Bahnbreite)
Musterrapport: B. 28,5 cm
Herst.: Deutsche Werkstätten, Dresden,
Deutschland
Ankauf vom Hersteller, 1928
Inv. Nr. 222/28.

Berta Senestréy
Dekorationsstoff, No. 3753, 1923

Karo-Gewebe; Wolle; Leinwand-, Atlas- und Kö-
perbindung
Karomuster in den Farben Gelb, Schwarz, Weiß,
Grau, Beige, Rot, Blau, lindgrüner Grund
L. 115 cm; B. 132 cm (Bahnbreite)
Musterrapport: H. 12,5 cm; B. 13,5 cm
Herst.: Deutsche Werkstätten, Dresden,
Deutschland
Ankauf vom Hersteller, 1928
Inv. Nr. 255/28.

Berta Senestréy
Dekorationsstoff, No. 3358, 1923

Streifen-Gewebe (Rayé); Baumwolle; Leinwand-
bindung, Kette verschiedenfarbig, Schuß weiß;
Indanthren
Unterschiedlich breite Vertikalstreifen, in regelmä-
ßigen Abständen wiederholt. Farben: Hellgelb,
Braun, Rosa, Graubeige
L. 119 cm; B. 104 cm (Bahnbreite)
Musterrapport: B. 15 cm
Herst.: Deutsche Werkstätten, Dresden,
Deutschland
Ankauf vom Hersteller, 1928
Inv. Nr. 201/28.

Berta Senestréy
Dekorationsstoff, No. 3357, 1923

Streifen-Gewebe (Rayé); Baumwolle; Leinwand-
bindung, Kette und Schuß verschiedenfarbig; In-
danthren
Verschieden breite Vertikalstreifen in Blautönen
und Rosa
L. 116,5 cm; B. 104 cm (Bahnbreite)
Musterrapport: B. 12 cm
Herst.: Deutsche Werkstätten, Dresden,
Deutschland
Ankauf vom Hersteller, 1928
Inv. Nr. 199/28
Lit. u. a.: Wichmann Hans, Aufbruch zum neuen
Wohnen. Basel/Stuttgart 1978, 219 m. Abb.

Sigmund von Weech
Bezugsstoff, Dessin »Tosca«, 1923

Webstoff; Baumwolle und Chenillefäden; Dop-
pelgewebe mit Anbindung (Doubleface); Lein-
wandbindung
Horizontale Streifungen in Weiß, Blau und Ocker,
dazwischen eingelagerte, unterschiedlich große
Quadrate (Rostrot) in diagonaler Anordnung
L. 88 cm; B. 130 cm
Musterrapport: H. 22 cm; B. 21,5 cm
Herst.: Handweberei Sigmund von Weech,
Schaftlach/München, Deutschland
Geschenk von Frau Charlotte von Weech, 1987
Inv. Nr. 989/88.

Eileen Gray
Teppich »Black Magic«, 1923

Wolle, Hanfkette; handgeknüpft (Smyrna-Knoten, 300 Knoten/10 cm²)
Auf schwarzem Fond abstrakte Komposition aus geometrischen Elementen. Im Zentrum offenes Rechteck mit mehreren, diesem an- und eingepaßten Dreiecken, Quadraten und Kreissegmenten in Pastelltönen: Grau, Hell- und Dunkelgrau, Naturweiß
L. 255 cm; B. 250 cm
Herst.: Ecart International, Paris, Frankreich, (Nachknüpfung 1986)
Ankauf München, 1987
Inv. Nr. 262/88

Im »Bedroom-boudoir for Monte Carlo« während des 14. Salon des Artistes Décorateurs 1923 ausgestellt
Lit. u. a.: Johnson Stewart, Eileen Gray: Designer 1879-1976. London 1979, 32 m. Abb. – Emery Marc, Furniture by Architects. New York 1983, 101, 114 m. Abb. – Loye Brigitte, Eileen Gray 1879-1976 Architecture Design. Alençon 1984, 55 m. Abb.

Friedrich Adler
Wandbehang mit Enten, um 1923

Druckstoff; Baumwolle; Leinwandbindung
Auf sandfarbenem Grund ein hellblaues Feld (=
Wasser) mit verschieden breiten, sandfarbenen
Diagonal-, Vertikal-, Längsstreifen, die miteinander verbunden sind (Assoziation: Baumgeäst mit
hängenden Blüten, sowie Girlanden). Dazwischen
lange, breite braune Querstreifen (= Wasserwel-
len). Über das Feld verteilt drei verschieden große
Enten, die von oben rechts nach unten links
schwimmen. Sie bilden ein Dreieck, ihr Kielwas-
ser formiert sich zu einem dreiecksförmigen Li-
neament. Farben: Braun, Beige, Gelb, Hellblau,
Weiß.
Unten rechts im blauen Feld ein beiger Kreis, dem
ein großes gelbes »A« mit gelbem Punkt einbe-
schrieben ist.
L. 163 cm; B. 129 cm
Musterrapport: H. 141 cm; B. 116 cm
Herst.: Friedrich Adler, Hamburg, Deutschland
Geschenk von Heinz Thiersch, 1968
Inv. Nr. 40/68.

Friedrich Adler
Entwurf zum Wandbehang mit Enten (siehe
unten), um 1923

Gouache/Aquarell auf Papier; 9,3 × 7 cm
Inv. Nr. 40/68a.

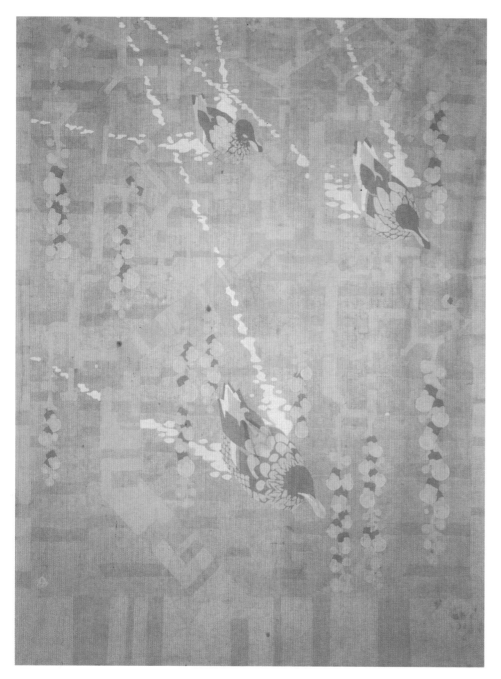

Friedrich Adler   ▷
Foulard, um 1924

Batik; Seide; Atlasbindung
Das Tuch ist in vier quadratische Felder aufgeteilt,
die an den Längsseiten jeweils von einem ca.
4 cm breiten Streifen gerahmt sind; in jedem Feld
ein großes Blumenmotiv. Farben: Braun, Mattrot,
Gelb, Grün, Rot
L. 75 cm; B. 76 cm
Herst.: Friedrich Adler, Hamburg, Deutschland
Geschenk von Heinz Thiersch, 1968
Inv. Nr. 40/68.

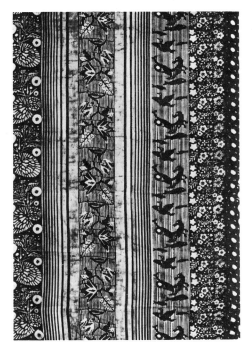

Friedrich Adler
Dekorationsstoff, um 1923

Batik; Wolle; Köperbindung
Auf mittelblauem Grund senkrechte weiße Strei-
fen mit verschiedenen Mustern von Blüten, Blät-
tern, Fischen, Seepferdchen, Enten im Flug; Far-
ben: Blau, Weiß
L.165 cm; B.84 cm (Bahnbreite)
Musterrapport: H.37 cm; B.84 cm
Herst.: Friedrich Adler, München, für Adler-Textil-
GmbH, Hamburg, Deutschland
Geschenk von Heinz Thiersch, 1968
Inv. Nr. 40/68.

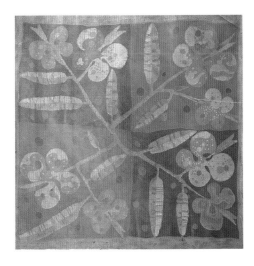

Friedrich Adler
Vorhang, um 1924

Druckstoff; Baumwolle; Leinwandbindung;
Handmodeldruck
Auf weißem Grund orangefarbenes, horizontales
Reihenmuster von umgekehrt u-förmigen Moti-
ven (Assoziation: Torbögen)
L.234 cm; B.122 cm (Bahnbreite)
Musterrapport: H.31 cm; B.35 cm
Herst.: Friedrich Adler, Hamburg, Deutschland
Geschenk von Heinz Thiersch, 1968
Inv. Nr. 40/68.

Minnie MacLeish
Dekorationsstoff, No. 2825/44, um 1924

Druckstoff; Baumwolle; Rohgewebe in Lein-
wandbindung (Kretonne-Rohware=Grobnessel)
Auf rötlich-grauem Grund aufsteigende Blütenrispen mit Schmetterlingen und Hummeln. In den
Zwischenräumen Streumuster aus kleinen, unre-
gelmäßigen Tupfen und sternförmigen Blüten.
Farben: Rot, Gelb, Braun, Weiß, Blau, Hellblau,
Grau, Lila, Dunkelbraun, Grün
Angeregt und eng verwandt mit dem Stoff »Ma-
rina«, Entwurf Dagobert Peche, ausgeführt für die
Wiener Werkstätte, um 1913. Bewahrt im Öster-
reichischen Museum für angewandte Kunst,
Wien. Vgl.: Völker Angela, Österreichische Texti-
lien des frühen 20. Jahrhunderts: Alte und mo-
derne Kunst 25, 1980, Nr. 171, Abb. 15, S. 7.
L. 319,5 cm; B. 80 cm (Bahnbreite)

Musterrapport: H. 74 cm; B. 76 cm
Herst.: William Foxton Ltd., London, England
Ankauf während der »Exposition des Arts Décora-
tifs et Industriels Modernes«, Paris 1925
Inv. Nr. 118/25.

Elizabeth Peacock
Dekorationsstoff, um 1924

Streifen-Gewebe (Travers); Wolle; Leinwandbin-
dung
Rhythmisch abwechselnde horizontale Streifen.
Kettfaden: Blau. Schußfäden: Hellbraun, Dunkel-
braun, Weiß, Blau
L. 362 cm; B. 94,5 cm
Musterrapport: H. 10 cm
Herst.: Elizabeth Peacock, Clayton, Hussocks,
Sussex, England
Ankauf während der »Exposition Internationale
des Arts Décoratifs et Industriels Modernes«, Pa-
ris 1925
Inv. Nr. 124/25.

Minnie MacLeish
Dekorationsstoff, No. 2989/10, um 1924

Druckstoff; Baumwolle; Rohgewebe in Leinwandbindung (Kretonne-Rohware=Grobnessel)
Auf dunkelbraunem Grund quadratisches Gitterwerk, dessen Kreuzungspunkte von kleinen Kreisen umschrieben sind. In versetzter Reihung sind
jeweils vier Felder zusammengefaßt durch eingeschriebene Tiermotive. Farben: Hellgrün, Weiß,
Hellrot, Hellblau, Grün
L. 320 cm; B. 78,5 cm (Bahnbreite)
Musterrapport: H. 50 cm; B. 50 cm
Herst.: William Foxton Ltd., London, England
Ankauf während der »Exposition Internationale
des Arts Décoratifs et Industriels Modernes«, Pa-
ris 1925
Inv. Nr. 119/25.

Take Sato
Dekorationsstoff, Dessin »Schmetterling
und Vogel«, um 1924

Druckstoff; Baumwolle; Rohgewebe in Lein-
wandbindung (Kretonne-Rohware=Grobnessel)
Auf naturfarbenem Grund versetzte, aufstei-
gende, feine wellige Äste mit Phantasieblüten,
Blättern, Früchten, Vögeln und Schmetterlingen.
Farben: Dunkel- und Hellbraun, Blau, Gelb, Rot,
Rosa, Grau, Grün
L. 162 cm; B. 78 cm (Bahnbreite)
Musterrapport: H. 57 cm; B. 48 cm
Herst.: William Foxton Ltd., London, England
Ankauf in der »Exposition Internationale des Arts
Décoratifs et Industriels Modernes«, Paris 1925
Inv. Nr. 120/25
Lit. u. a.: vgl. Decorative Art 1926. The Studio Year
Book. London 1926, 171 m. Abb. [verwandtes
Muster: Dessin »Sweet pea and butterfly«].

Dekorationsstoff,
England, um 1924

Druckstoff; Baumwolle; Rohgewebe in Lein-
wandbindung (Kretonne-Rohware=Grobnessel)
Auf naturfarbenem Grund Muster von Blüten und
Blattwerk mit Schmetterlingen; Farben: Grün,
Schwarz, Braun, Hellbraun, Kornblumenblau,
Gelb, Beige, Rot, Lila
L. 169,5 cm; B. 131 cm (Bahnbreite)
Musterrapport: H. 62 cm; B. 63 cm
Herst.: William Foxton Ltd., London, England
Ankauf in der »Exposition Internationale des Arts
Décoratifs et Industriels Modernes«, Paris 1925
Inv. Nr. 121/25.

Gregory Brown
Dekorationsstoff, No. 3449, um 1924

Druckstoff; Leinen; Leinwandbindung
Auf gelbem Grund abgeflachte Spitzovalformen,
einander überschneidend, und Rauten- und Dra-
chenformen in Zitronengelb, Schwarz, Weiß,
Grün, Hellgrün, Violett, Hellviolett, Orange, Hell-
blau, Türkisblau, Grau
L. 314 cm; B. 127 cm (Bahnbreite)
Musterrapport: H. 36 cm; B. 25 cm
Herst.: William Foxton Ltd., London, England
Erworben in der »Exposition Internationale des
Arts Décoratifs et Industriels Modernes«, Paris
1925
Inv. Nr. 115/25
Lit. u. a.: Wichmann Hans, Industrial Design. Uni-
kate. Serienerzeugnisse. Die Neue Sammlung.
Ein neuer Museumstyp des 20. Jahrhunderts.
München 1985, 183 m. Abb.

Constance Irving
Dekorationsstoff, No. 3014/44, um 1924

Druckstoff; Baumwolle; Rohgewebe in Lein-
wandbindung (Kretonne-Rohware=Grobnessel)
Auf naturfarbenem Grund in senkrecht versetzter
Reihung Blumenbouquets und Rosenblüten mit
Knospen und Blättern. Als Hintergrund ein Blüten-
teppich aus kleinen runden stilisierten Blüten. Far-
ben: Grau, Rosa, Weinrot, Braun, Beige, Hellgrün,
Gelb, Hellblau, Violett
L. 156 cm; B. 80,5 cm (Bahnbreite)
Musterrapport: H. 67 cm; B. 40 cm
Herst.: William Foxton Ltd., London, England
Ankauf in der »Exposition Internationale des Arts
Décoratifs et Industriels Modernes«, Paris 1925
Inv. Nr. 117/25.

Teppich, Marokko, um 1925

Knüpfteppich; Wolle (Schuß), Baumwolle (Kette,
Zwischenschuß), Smyrna-Knoten, 16×21 Kno-
ten/dm²
Sogen. Berberteppich mit querrechteckigen und
quadratischen Flächen unterschiedlicher Größe in
Weiß, Grau, Braun, Rotbraun, teilweise meliert
Diese Muster dürften wohl auch das Formreper-
toire der Bauhausweberei – besonders durch die
Vermittlung Paul Klees, angeregt haben.
L. 164 cm; B. 117 cm
Hergestellt in Marokko
Ankauf durch Emil Preetorius, München (1883-
1973), in Paris am 20. 10. 1927 (116,50 RM – ein
damals großer Betrag) für Die Neue Sammlung
Inv.Nr. 167/27.

Dekorationsstoff, No. 32110, F686,
Deutschland, 1924

Druckstoff; Baumwolle; Rohgewebe in Lein-
wandbindung (Kretonne-Rohware=Grobnessel)
Auf dunkelbraunem Grund weißes vertikales
Streifenmuster von winkelförmigen Motiven und
stilisierten Bäumen und Blumen
L. 201 cm; B. 79 cm (Bahnbreite)
Musterrapport: H. 17 cm; B. 13 cm
Entwurf u. Herst.: Hahn und Bach, München,
Deutschland
Ankauf vom Hersteller, 1925
Inv. Nr. 27/25
Lit. u. a.: Innen-Dekoration 35, 1924, 365 m. Abb.

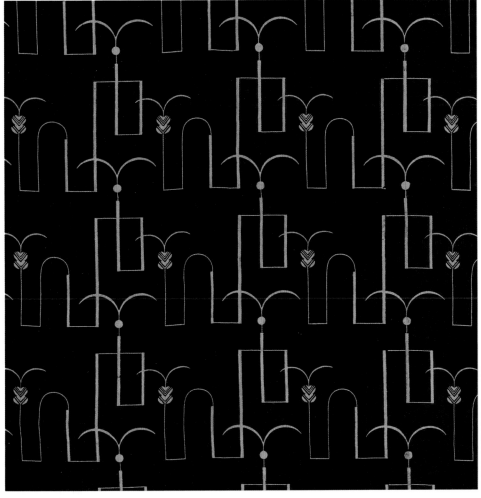

Josef Hillerbrand
Dekorationsstoff, 1924

Druckstoff; Seide; Taftbindung
Auf schwarzem Grund ineinander übergreifende
Reihen aus mäanderartig verbundenen, graphi-
schen Motiven in Hellbraun: stilisierte Palmen
und Torbögen
L. 196 cm; B. 92,5 cm (Bahnbreite)
Musterrapport: H. 16 cm; B. 27 cm
Herst.: Deutsche Werkstätten, Dresden,
Deutschland
Ankauf in der Ausstellung »Bayerisches Kunst-
handwerk«, München 1925
Inv. Nr. 32/25
Lit. u. a.: Wichmann Hans, [Kat. Ausst.] Textilien,
Silbergeräte, Bücher. Die Neue Sammlung. Mün-
chen 1980, 19 – Wichmann Hans, Industrial De-
sign. Unikate. Serienerzeugnisse. Die Neue
Sammlung. Ein neuer Museumstyp des 20. Jahr-
hunderts. München 1985, 182, 183 m. Abb.

Ruth Hildegard Geyer-Raack
Dekorationsstoff, Dessin 670, Qual. 25,
Farbstellung 19, 1924

Druckstoff; Baumwolle; Rohgewebe in Lein-
wandbindung (Kretonne-Rohware=Grobnessel)
Auf weißem Grund Bildmotive in senkrechter Rei-
hung, leicht ineinander versetzt: Bäume, Haus,
treppensteigendes Mädchen, Mädchen in Kut-
sche, Paar mit Sonnenschirm. Farben: Braun,
Hellbraun, Rosa
L. 319 cm; B. 121 cm (Bahnbreite)
Musterrapport: H. 83,5 cm
Herst.: Bayerische Textilwerke, Tutzing,
Deutschland
Geschenk des Herstellers, 1925
Inv. Nr. 31/25
Lit. u. a.: Dekorative Kunst 28, 1925, Bd. 52, 284
m. Abb. [über dem Paravant hängend; anläßlich
der Ausstellung »Bayerisches Kunsthandwerk«,
München].

Ruth Hildegard Geyer-Raack
(zugeschrieben)
Dekorationsstoff, 1924

Druckstoff; Leinen; Leinwandbindung
Auf weißem Grund Muster aus zwei zierlichen
Baumstämmen mit langen Ästen in Hellgelb und
Senfgelb; daran Phantasieblüten, -blätter und
-früchte. Farben: Rot, Rosa, Orange, Grün, Gelb,
Senfgelb
L. 285 cm; B. 121,5 cm (Bahnbreite)
Musterrapport: H. 79 cm; B. 82,5 cm
Herst.: Bayerische Textilwerke, Tutzing,
Deutschland
Geschenk des Herstellers, 1925
Inv. Nr. 30/25
Lit. u. a.: Deutsche Kunst und Dekoration 30,
1927, 325, 326 m. Abb. [als Tapete eines Schlaf-
zimmers innerhalb der Ausstellung Gebrüder
Schürmann-Köln].

Josef Hillerbrand
Dekorationsstoff, Nr. 2055, 1924

Druckstoff; Baumwolle; Rohgewebe in Lein-
wandbindung (Kretonne-Rohware=Grobnessel);
Indanthren
Auf naturweißem Grund senkrecht versetztes
Reihenmuster von Vögeln, geflochtenen Körben
mit Früchten, Blattwerk und Schmetterlingen;
Farben: Rosé- und Blautöne, Weiß, Braun
L. 317 cm; B. 130 cm (Bahnbreite)
Musterrapport: H. 76 cm; B. 60 cm
Herst.: Deutsche Werkstätten, Dresden,
Deutschland
Variante: Inv. Nr. 233/28 (Batist)
Ankauf vom Hersteller, 1928
Inv. Nr. 214/28
Lit. u. a.: Deutsche Kunst und Dekoration 27,
1924, 368 m. Abb. [dort als Tapete und Vorhang] –
Innendekoration 36, 1925, 457 m. Abb. [als Vor-
hang] – Neue Frauenkleidung und Frauenkultur
22, 1926, H. 3, 75 m. Abb. [als Polsterbezug und
Tapete] – Riezler Walter (Hrsg.), Das Deutsche
Kunstgewerbe (Monza 1925). Berlin 1926, Abb. 9
[als Tapete].

Josef Hillerbrand
Dekorationsstoff, No. 2890, 1924

Druckstoff; Baumwolle; Batist
Auf weißem Grund diagonal versetztes Reihen-
muster von zarten Blütenzweigen; Farben: Wein-
rot, Dunkel-, Helltürkis, Rosa, Schwarz
L. 120 cm; B. 104 cm (Bahnbreite)
Musterrapport: H. 32 cm; B. 27 cm
Herst.: Deutsche Werkstätten, Dresden,
Deutschland
Ankauf vom Hersteller, 1928
Inv. Nr. 242/28
Lit. u. a.: Riezler Walter (Hrsg.), Das Deutsche
Kunstgewerbe (Monza 1925). Berlin 1926,
Abb. 58 [als Tapete].

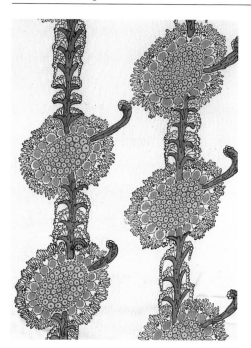

Dekorationsstoff,
England, um 1924

Druckstoff; Halbseide; Taftbindung
Auf weißem Grund vertikal versetztes Reihenmu-
ster von Stielen mit lanzettförmigen Blättern und
runden Phantasieblüten; Farben: Grün, Gelb, Lila,
Dunkelviolett
L. 49 cm; B. 115 cm (Bahnbreite)
Musterrapport: H. 26,2 cm; B. 25,5 cm
Herst.: wohl William Foxton Ltd., London, Eng-
land
Inv. Nr. 739/85.

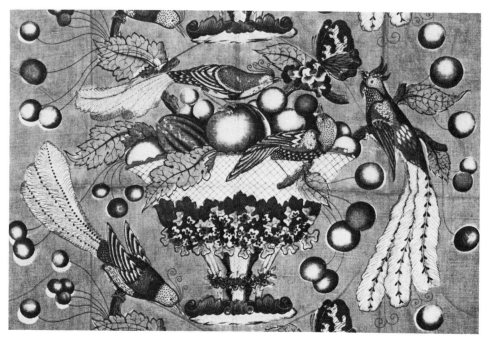

Dekorationsstoff,
wohl England, um 1925

Druckstoff; Leinen; Leinwandbindung
Auf olivgelbem Grund senkrecht aufsteigendes
Muster aus Obstschalen mit Phantasievögeln und
Schmetterlingen. Farben: Weinrot, Lindgrün und
Naturfarbe des Leinens, in Schwarz konturiert
L. 105 cm; B. 76 cm (Bahnbreite)
Musterrapport: H. 37 cm; B. 63 cm
Inv. Nr. 747/85.

Dekorationsstoff, No. 12025, wohl England,
um 1924

Druckstoff; Leinen; Leinwandbindung
Auf naturfarbenem Grund großes Rankenmuster
aus Blättern, Blüten, Geäst. Früchten, Vögeln und
Schmetterlingen. Farben: Kakaobraun, Dunkel-
braun, Gelb, Rot, Hellrot, Grün, Hellgrün
L. 139 cm; B. 127 cm (Bahnbreite)
Musterrapport: H. 88 cm; B. 62 cm
Ankauf München, 1925
Inv. Nr. 144/25.

Bezugsstoff, No. 12017, England, ca. 1925

Druckstoff, Leinen; Leinwandbindung
Auf mauve-farbenem Grund braune, wellige Äste
mit dunkelbraunen Konturen, Magnolienblüten,
verschiedene andere Blüten, Knospen, Blätter,
Fasane und Rebhühner. Farben: Naturweiß, Grün,
Gelbgrün, Senfgelb, Rosa, Violett, Hell-Lila, Hell-
braun, Schwarz. Stark japonisierend
L. 135 cm; B. 130 cm (Bahnbreite)
Musterrapport: H. 53 cm; H. 115,5 cm
Herst.: Heal and Son Ltd., London, England
Inv. Nr. 746/85
Lit. u. a.: Decorative Art 1926. The Studio Year-
Book. London 1926, 119 m. Abb. [als Polsterbe-
zug eines Sofas, Angabe: »Printed Linen by Heal
and Son, Limited, London«] – Innen-Dekoration
39, 1928, 460 m. Abb. [als Sesselbezug].

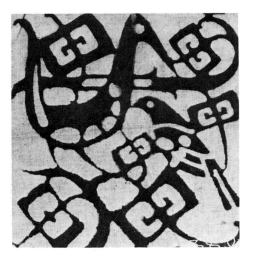

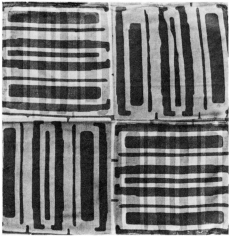

Friedrich Adler
Kissenbezug, um 1925

Druckstoff; Baumwolle; Leinwand- und Atlasbin-
dung
Vorderseite aufgeteilt in vier quadratische Felder,
die mit Streifenmuster gefüllt sind; Farben: rötli-
ches Braun, Gelb, Weiß. Rückseite: Gelb
L. 47 cm; B. 50 cm
Musterrapport: H. 24 cm; B. 49 cm
Herst.: Friedrich Adler, Hamburg, Deutschland
Geschenk von Heinz Thiersch, 1968
Inv. Nr. 40/68.

Friedrich Adler
Dekorationsstoff, um 1925

Druckstoff; Leinen; Querrips; Reservedruck
(Weiß), Handmodeln
Auf gelbem Grund lockeres Streumuster; in Weiß
verschiedene Blüten mit und ohne Stengel, ver-
schieden große Punkte, Früchte
L. 73 cm; B. 62,5 cm
Musterrapport: H. 24 cm; B. 24 cm
Herst.: Adler-Textil GmbH, Hamburg, Deutsch-
land; Färberei: Carola Haller, Hamburg (später
USA)
Geschenk von Heinz Thiersch, 1968
Inv. Nr. 40/68.

Friedrich Adler
Dekorationsstoff, um 1924/25

Batik; Baumwolle; Leinwandbindung
Auf weißem Grund Motiv in Blau: Geäst mit zwei
verschieden großen Vögeln
L. 22 cm; B. 22 cm
Herst.: Friedrich Adler, Hamburg, Deutschland
Geschenk von Heinz Thiersch, 1968
Inv. Nr. 40/68.

Friedrich Adler
Dekorationsstoff, um 1925

Druckstoff; Baumwolle; Atlasbindung; Reserve-
druck (Weiß)
Die Modeln wurden aus Metall-Halbfertigteilen
von Adler selbst montiert, später von Naum
Slutzky, der nach seiner Bauhaustätigkeit ab 1924
bei Adler angestellt war.
Auf gelbem Grund weiße, vertikale Musterstrei-
fen: Rautenmotive, die sich zick-zack-förmig ver-
spannen
L. 249 cm; B. 135 cm (Bahnbreite)
Musterrapport: H. 19 cm; B. 21 cm
Herst.: Adler-Textil GmbH, Hamburg, Deutsch-
land; Färberei: Carola Haller, Hamburg
Geschenk von Heinz Thiersch, 1968
Inv. Nr. 40/68

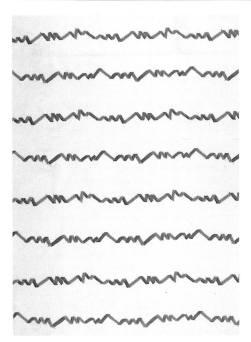

Berta Senestréy
Dekorationsstoff, No. 3373, um 1924/25

Webstoff; Baumwolle; kombiniertes Gewebe
(Karo-Gewebe und längsgestreiftes Gewebe);
Leinwand- und Schußatlasbindung
Auf weißem Grund Längsstreifen unterschiedli-
cher Breite, rhythmisch sich wiederholend; Far-
ben: Braun, Rosé, Gelb, Hellgrün. Darüber gela-
gert quadratisch-lineares Gitterwerk; Farben:
Gelb, Hellgrün, Blau
L. 52,3 cm; B. 126 cm (Bahnbreite)
Musterrapport: H. 16 cm; B. 10 cm
Herst.: Deutsche Werkstätten, Dresden,
Deutschland
Ankauf vom Hersteller, 1926
Inv. Nr. 266/26.

Elisabeth Raab
Dekorationsstoff, No. 3000, um 1924/25

Druckstoff; Baumwolle; Batist
Auf zartgrünem Grund Rautengitter von Linien,
Streifen und klein gewellten Linien. Farben:
Schwarz und helle Grüntöne
L. 50,5 cm; B. 101 cm (Bahnbreite)
Musterrapport: H. 18,5 cm; B. 13,5 cm
Herst.: Deutsche Werkstätten, Dresden,
Deutschland
Ankauf vom Hersteller, 1926
Inv. Nr. 242/26.

Else Wenz-Viëtor   △
Dekorationsstoff, No. 3106, um 1924/25

Druckstoff; Baumwolle; Rohgewebe in Lein-
wandbindung (Kretonne-Rohware=Grobnessel)
Auf weißem Grund vertikales Reihenmuster von
unregelmäßig gezackt verlaufenden Streifen (in
der Art eines Kardiogramms) in Blau-Rot
L. 52 cm; B. 127 cm (Bahnbreite)
Musterrapport: H. 21 cm; B. 10 cm
Herst.: Deutsche Werkstätten, Dresden,
Deutschland
Ankauf vom Hersteller, 1926
Inv. Nr. 259/26
Lit. u. a.: Neue Frauenkleidung u. Frauenkultur 21,
1925, H. 5, 141 m. Abb. [als Sommerkleid; Mate-
rial: grün und gelb handbedruckter Schleierstoff].

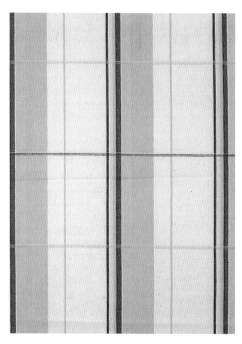

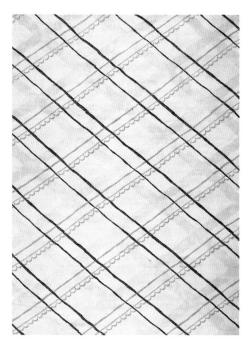

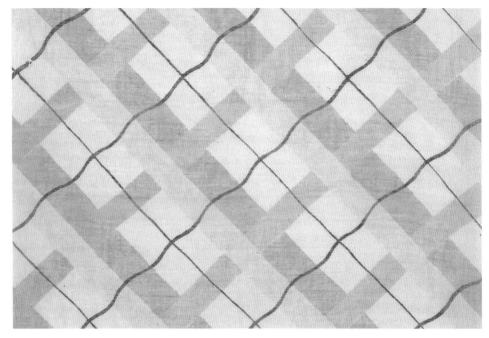

Elisabeth Raab
Dekorationsstoff, No. 2995, um 1924/25

Druckstoff; Baumwolle; Batist
Auf naturfarbenem Grund Rautengitter von leicht
gewellten Linien und Streifen. Farben: Dunkel-
braun, Kaffeebraun, Gelb, Ocker
L. 298,5 cm; B. 103 cm (Bahnbreite)
Musterrapport: H. 12 cm; B. 12 cm
Herst.: Deutsche Werkstätten, Dresden,
Deutschland
Variante: Inv. Nr. 732/85 (Farben: Hellrot, Rosa,
bläuliches Hellgrau)
Ankauf vom Hersteller, 1926
Inv. Nr. 244/26
Lit. u. a.: Deutsche Kunst u. Dekoration 30, 1927,
382 m. Abb. [als Vorhang eines Zimmers, dessen
Entwurf von Karl Bertsch stammt].

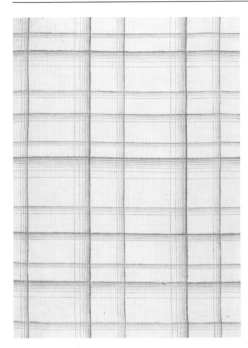

Richard Lisker
Dekorationsstoff, No. 2921, 1925

Druckstoff; Baumwolle; Batist
Auf rosafarbenem Grund Karomuster in Weinrot
und verschiedenen Rosé-Tönen
L. 50 cm; B. 103 cm (Bahnbreite)
Musterrapport: H. 21 cm; B. 27 cm
Herst.: Deutsche Werkstätten, Dresden,
Deutschland
Ankauf vom Hersteller, 1926
Inv. Nr. 243/26.

Tommi Parzinger
Dekorationsstoff, No. 2005, um 1924/25

Druckstoff; Baumwolle; Rohgewebe in Lein-
wandbindung (Kretonne-Rohware=Grobnessel)
Auf naturfarbenem Grund leicht ineinander ver-
setztes horizontales Reihenmuster mit Fischen
und Wasserpflanzen in stark stilisierter Form. Die
Reihen wechseln ihre Richtung. Farben: Rottöne
und Grau
L. 50,5 cm; B. 129 cm (Bahnbreite)
Musterrapport: H. 23 cm; B. 17 cm
Herst.: Deutsche Werkstätten, Dresden,
Deutschland
Ankauf vom Hersteller, 1926
Inv. Nr. 260/26.

Luise Pollitzer
Borte, K. 3, 1925

Streifen-Gewebe (Rayé); Wolle; Längsrips
Verschieden breite Längsstreifen in Schwarz,
Blau und Orangetönen
L. 127 cm; B. 19,5 cm
Musterrapport: B. 19,5 cm
Herst.: Luise Pollitzer, München, Deutschland
Ankauf vom Hersteller, 1926
Inv. Nr. 312/26.

Max Snischek
Dekorationsstoff, Dessin »Phantom«,
Nr. 18120, um 1925

Druckstoff; Seide; Taftbindung
Auf weißem Grund vertikales Muster von anein-
andergesetzten Streifen unterschiedlicher Breite
und Länge mit abgeschrägten Enden. Farben:
Dunkelblau, Mittelblau, Rot, Gelb, Grau
Bez. auf der Webkante in Rot: WW
L. 44 cm; B. 94,5 cm (Bahnbreite)
Musterrapport: H. 22 cm; B. 33 cm
Herst.: Wiener Werkstätte, Wien, Österreich
Ankauf vom Hersteller, 1926
Inv. Nr. 97/26
Lit. u. a.: Wichmann Hans, [Kat. Ausst.] Textilien,
Silbergeräte, Bücher. Die Neue Sammlung. Mün-
chen 1980, 21.

Max Snischek
Dekorationsstoff, Dessin »Berggeist«,
Nr. 18106, um 1925

Druckstoff; Seide; Taftbindung
Auf weißem Grund ineinander versetztes gra-
phisch geometrisches, mäanderartiges Muster;
Farben: Mittelblau, Grau, Rot
Bez. auf der Webkante in Hellblau: WW
L. 51 cm; B. 94 cm (Bahnbreite)
Musterrapport: H. 43 cm; B. 38 cm
Herst.: Wiener Werkstätte, Wien, Österreich
Ankauf vom Hersteller, 1926
Inv. Nr. 102/26
Lit. u. a.: Wichmann Hans, [Kat. Ausst.] Drehpunkt
1930. BMW-Museum. München 1979, 19 – Wich-
mann Hans, [Kat. Ausst.] Textilien, Silbergeräte,
Bücher. Die Neue Sammlung. München 1980, 21
– Wichmann Hans, Industrial Design. Unikate. Se-
rienerzeugnisse. Die Neue Sammlung. Ein neuer
Museumstyp des 20. Jahrhunderts. München
1985, 182 m. Abb.

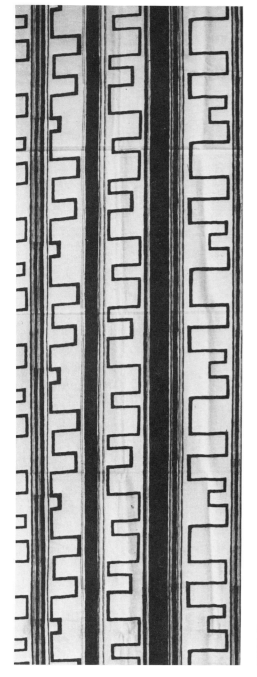

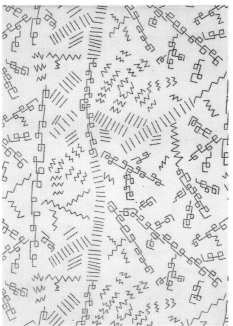

Felice Rix
Dekorationsstoff, Dessin »Gespann«,
No. 85798, 1925

Druckstoff; Baumwolle; Batist
Auf weißem Grund schwarzes, senkrecht aufstei-
gendes Muster aus kurzen Zick-Zack-Linien,
Strichbändern, Ösenketten etc.
L. 51 cm; B. 100 cm (Bahnbreite)
Musterrapport: H. 20 cm; B. 17 cm
Herst.: Wiener Werkstätte, Wien, Österreich
Ankauf vom Hersteller, 1926
Inv. Nr. 84/26
Lit. u. a.: Wichmann Hans, [Kat. Ausst.] Textilien,
Silbergeräte, Bücher. Die Neue Sammlung. Mün-
chen 1980, 20.

Felice Rix
Dekorationsstoff, Dessin »Jussuf«,
No. 41131, um 1925

Druckstoff; Baumwolle; Rohgewebe in Lein-
wandbindung (Kretonne-Rohware=Grobnessel)
Auf weißem Grund senkrechtes Reihenmuster in
Schwarz aus verschieden breiten Streifen, dazwi-
schen Zinnenmotiv
L. 300 cm; B. 78 cm (Bahnbreite)
Musterrapport: H. 36 cm; B. 55 cm
Herst.: Wiener Werkstätte, Wien, Österreich
Ankauf vom Hersteller, 1926
Inv. Nr. 93/26.

Felice Rix
Dekorationsstoff, Dessin »Paradiesvogel«,
No. 85511, col. 16V3, um 1925

Druckstoff; Baumwolle; Batist
Auf blauem Grund gelbes Muster aus Weinblät-
tern, Trauben, Blüten, Früchten
L. 53 cm; B. 110 cm (Bahnbreite)
Musterrapport: H. 30 cm; B. 30 cm
Herst.: Wiener Werkstätte, Wien, Österreich
Ankauf vom Hersteller, 1926
Inv. Nr. 89/26.

Felice Rix
Dekorationsstoff, Dessin »Gespinst«, 1925

Druckstoff; Baumwolle; Batist
Auf gelbem Grund aufsteigendes Astwerk in
Braun mit eingeschriebenen gelben Zick-Zack-
Linien, Ösenketten etc.
Bez. auf der Webkante: WW
L. 52 cm; B. 108 cm (Bahnbreite)
Musterrapport: H. 15 cm; B. 23 cm
Herst.: Wiener Werkstätte, Wien, Österreich
Variante: Inv. Nr. 86/26 (rote Äste, schwarzes
Lineament)
Ankauf vom Hersteller, 1926
Inv. Nr. 85/26
Lit. u. a.: Wichmann Hans, [Kat. Ausst.] Textilien,
Silbergeräte, Bücher. Die Neue Sammlung. Mün-
chen 1980, 21.

Felice Rix   ▽
Kleiderstoff, Dessin »Tokio«, No. 17478,
1926

Druckstoff; Seide; Taftbindung
Auf schwarzem Grund stilisierte, weiß-blau ge-
streifte Blüten mit roten Staubgefäßen. Die Blü-
ten wirken wie asiatische Schirme; Blätter in Rot
und Blau
L. 51 cm; B. 92,5 cm (Bahnbreite)
Musterrapport: H. 43 cm; B. 28 cm
Herst.: Wiener Werkstätte, Wien, Österreich
Ankauf vom Hersteller, 1926
Inv. Nr. 103/26
Lit. u. a.: Wichmann Hans, [Kat. Ausst.] Drehpunkt
1930. BMW-Museum. München 1979, 19 – Neu-
wirth Waltraud, Wiener Werkstätte. Wien 1984,
198, Nr. 155 m. Abb. [als Kissenbezug].

◁ Felice Rix
Dekorationsstoff, Dessin »Mexico«,
No. 41014, col. 16V3, 1925

Druckstoff; Baumwolle; Batist
Auf gelbem Grund braunes geometrisierendes
Lineament
L. 50 cm; B. 110 cm (Bahnbreite)
Musterrapport: H. 11,5 cm; B. 11,5 cm
Herst.: Wiener Werkstätte, Wien, Österreich
Ankauf vom Hersteller, 1926
Inv. Nr. 87/26
Lit. u. a.: Wichmann Hans, [Kat. Ausst.] Textilien,
Silbergeräte, Bücher. Die Neue Sammlung. Mün-
chen 1980, 21.

Wolfgang von Wersin
Dekorationsstoff, No. 2938, um 1925

Druckstoff; Baumwolle; Batist
Auf weißem Grund Muster in versetzter Reihung
aus Bogenmotiven, die sich zu Gruppen formieren
und von graphischen Zeichen durchsetzt sind (In-
itialen des Namens des Entwerfers). Farben:
Braun, Gelb, Grün
L. 116 cm; B. 100 cm (Bahnbreite)
Musterrapport: H. 17 cm; B. 17 cm
Herst.: Deutsche Werkstätten, Dresden,
Deutschland
Variante: Inv. Nr. 245/26 (Farben: Grau, Braun,
Rot)
Ankauf vom Hersteller, 1928
Inv. Nr. 230/28.

Ernst Böhm
Dekorationsstoff, No. 2061, 1925

Druckstoff; Leinen; Leinwandbindung
Geometrisierendes Bandmotiv mit eingelagerten
stilisierten Waldmotiven; Farben: Hellblau, Weiß,
Dunkelblau
L. 499 cm; B. 126 cm (Bahnbreite)
Musterrapport: H. 39 cm; B. 30,5 cm
Herst.: Deutsche Werkstätten, Dresden,
Deutschland
Variante: Inv. Nr. 72/27 (Farben: Rot, Weiß, Rosa)
Ankauf in der Ausstellung »Das Bayerische Hand-
werk« im Glaspalast, München 1927
Inv. Nr. 75/27
Lit. u. a.: Neue Frauenkleidung u. Frauenkultur 22,
1926, H. 8, 226 m. Abb. [Polsterbezug] – Deutsche
Kunst u. Dekoration 30, 1927, 375 m. Abb. [Pol-
sterbezug] – Neue Frauenkleidung u. Frauenkultur
24, 1928, H. 6, 224, 225 m. Abb. [Sitzpolsterbezug
und Vorhang] – Deutsche Kunst u. Dekoration 31,
1928, 321 m. Abb. [Bericht über »Stoffe der Deutschen Werkstätten A.-G.«].

Franz Wiedel
Dekorationsstoff, No. 2089, 1925

Druckstoff; Baumwolle; Rohgewebe in Lein-
wandbindung (Kretonne-Rohware=Grobnessel)
Auf naturweißem Grund vertikal versetztes Rei-
henmuster von stilisierten großen Blättern und
Blüten; Farben: Kaffeebraun, Dunkelblau, Rosé-
töne
L. 122 cm; B. 129 cm (Bahnbreite)
Musterrapport: H. 45,5 cm; B. 78 cm
Herst.: Deutsche Werkstätten, Dresden,
Deutschland
Ankauf vom Hersteller, 1928
Inv. Nr. 207/28
Lit. u. a.: Dekorative Kunst 28, 1925, Bd. 52, 284
m. Abb. [anläßlich der Ausstellung »Bayerisches
Kunsthandwerk«, München, als Bezug eines So-
fas von Karl Bertsch] – Innen-Dekoration 41, 1930,
472, 473 m. Abb. [als Vorhang].

Elisabeth Raab
Dekorationsstoff, Dessin »Starnberg 1«,
1925

Druckstoff; Waschseide; Kreppbindung
Auf weißem Grund dichtes Rautenmuster mit
schräg aufsteigender Tendenz. Farben: Orange,
Gelbgrün, Beige
L. 350 cm; B. 78 cm (Bahnbreite)
Musterrapport: H. 16 cm; B. 12 cm
Herst.: Deutsche Farbmöbel AG, München,
Deutschland
Varianten: Inv. Nr. 341/28, 343/28, 344/28 (andere
Farbstellungen)
Ankauf vom Hersteller, 1928
Inv. Nr. 339/28.

Elisabeth Raab
Dekorationsstoff, Dessin »Starnberg 2«,
1925

Druckstoff; Baumwolle; Batist
Auf weißem Grund ineinander versetzte Rauten-
gitter in den Farben: Hellblau, Blau, Hellgelb,
Orange, Dunkelbraun, Beige
L. 192 cm; B. 102 cm (Bahnbreite)
Musterrapport: H. 40 cm; B. 20 cm
Herst.: Deutsche Farbmöbel AG, München,
Deutschland
Ankauf vom Hersteller, 1928
Inv. Nr. 342/28
Lit. u. a.: Neue Frauenkleidung u. Frauenkultur 22,
1926, H. 1, 19 m. Abb.

Ivan Da Silva Bruhns
Teppich Nr. 55, Serien-Nr. 55/87-1, 1925

100% Wolle; handtufted auf Stramin-Träger; Unterseite gummiert, mit weißem Nessel beschichtet
Auf hellviolettem Grund ein auf die Diagonalen bezogenes Muster aus getreppten, aneinandergepaßten Flächen in Rosa, Dunkelviolett, Weiß und Schwarz
L. 200 cm; B. 295 cm
Herst.: Classic Carpet Collection, Denkendorf, Deutschland, 1987 (Nachfertigung)
Ankauf vom Hersteller, 1987
Inv. Nr. 297/88
Lit. u. a.: Battersby Martin, The Decorative Twenties. London 1969, Abb. 96 [ähnlicher Teppich, um 1926].

Sigmund von Weech
Decke, No. K14, 15337, 1925

Streifen-Gewebe (Travers); Wolle; Leinwandbindung; handgewebt
Verschieden breite Querstreifen in Schwarz und Weiß
L. 173 cm; B. 147,5 cm (Bahnbreite)
Musterrapport: H. 19 cm; B. 1 cm
Herst.: Handweberei Sigmund von Weech, Schaftlach/Oberbayern, Deutschland
Ankauf vom Hersteller, 1926
Inv. Nr. 331/26.

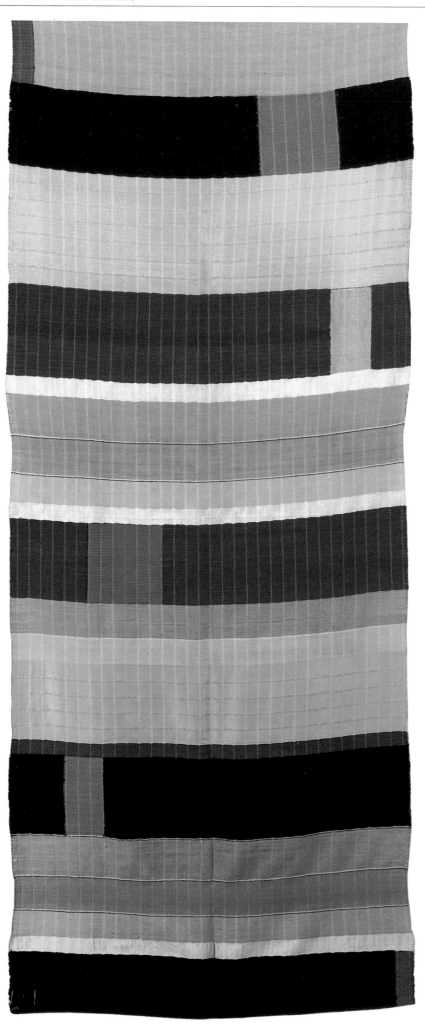

Anni Albers
Wandbehang Nr. 175, 1925

Webstoff; Wolle, Seide, Chenille- und Bouclé-
garn, einfache Garne unterschiedlicher Stärke;
unterschiedliche Köperbindungen
Verschieden breite Querstreifen, vereinzelt unter-
brochen von verschiedenen Rechtecken. Farben:
Kornblumenblau, Braun, Grautöne, Weiß,
Schwarz, Blaugrün, Gelb, Orange
L. 236 cm; B. ca. 96 cm
Hergestellt im Bauhaus, Dessau, Deutschland
Ankauf vom Hersteller, 1926
Inv. Nr. 364/26
Lit. u. a.: Eckstein Hans, [Kat.] Die Neue Samm-
lung. München 1964, Abb. 8 [falsche Maße] –
[Kat. Ausst.] Arbeiten aus der Weberei des Bau-
hauses. Bauhaus-Archiv, Darmstadt 1964, [s. p.].

Anni Albers
Wandbehang Nr. 81, 1925

Jacquard-Gewebe; Seide, Baumwolle, Acetat,
unterschiedliche Fadenstärken; Atlas- und Lein-
wandbindung; broschiert
Verschieden breite und lange Querstreifen in Dun-
kelgrün, Gelb- und Grautönen
L. 145 cm; B. 92 cm
Hergestellt im Bauhaus, Dessau, Deutschland
Ankauf vom Hersteller, 1926
Inv. Nr. 363/26
Lit. u. a.: Wingler Hans M., Das Bauhaus. Bram-
sche 1962, 418 m. Abb. – Eckstein Hans, [Kat.]
Die Neue Sammlung. München 1964, Abb. 7 [ir-
rige Angaben] – siehe auch [Kat. Ausst.] Arbeiten
aus der Weberei des Bauhauses. Bauhaus-Archiv,
Darmstadt 1964 [s. p.] – [Kat. Mus.] Die Neue
Sammlung. Eine Auswahl aus dem Besitz des
Museums. München [1972], Abb. 71 – Wichmann
Hans, [Kat. Ausst.] Textilien, Silbergeräte, Bücher.
Die Neue Sammlung. München 1980, 9, 19
m. Abb. – Wichmann Hans, Industrial Design. Uni-
kate. Serienerzeugnisse. Die Neue Sammlung.
Ein neuer Museumstyp des 20. Jahrhunderts.
München 1985, 184 m. Abb. – Fanelli Giovanni u.
Rosalia, Il tessuto Art Deco e Anni Trenta. Florenz
1986, Abb. 118 – [Kat. Ausst.] Gunta Stölzl. Webe-
rei am Bauhaus und aus eigener Werkstatt. Bau-
haus-Archiv. Berlin 1987, 120-121 [auch Abb. der
Vorzeichnung].

Gunta Stölzl
Wandbehang, Nr. 539, 1926

Webstoff; Kunstseide (Rayon), Wolle; Ajour-
gewebe; Ajourbindung
Großes Karomuster in Rosa, Weiß, Schwarz, Hell-
rosa, Beige, Hellblau
L. 227,5 cm; B. 89,5 cm
Musterrapport: H. 45 cm
Hergestellt im Bauhaus, Dessau, Deutschland
Ankauf vom Hersteller, 1926
Inv. Nr. 526/26
Lit. u. a.: siehe auch [Kat. Ausst.] Arbeiten aus der
Weberei des Bauhauses. Bauhaus-Archiv. Darm-
stadt 1964. [s. p.; verwandte Objekte] – Wich-
mann Hans, [Kat. Ausst.] Textilien, Silbergeräte,
Bücher. Die Neue Sammlung. München 1980, 21
– Wichmann Hans, Industrial Design. Unikate. Se-
rienerzeugnisse. Die Neue Sammlung. Ein neuer
Museumstyp des 20. Jahrhunderts. München
1985, 184 m. Abb.

Gunta Stölzl
Wandbehang Nr. 186a, 1925

Webstoff; Seide, Wolle, unterschiedliche Faden-
stärken; kombiniertes Gewebe; Ajourbindung,
Köper-, Atlas- und Leinwandbindung
Verschieden breite Querzonen mit horizontalen
oder vertikalen Streifen, Karomuster und Oval-
Formen in Blau, Weiß und Grau
L. 102 cm; B. 56 cm
Musterrapport: B. 12 cm
Hergestellt im Bauhaus, Dessau, Deutschland
Ankauf vom Hersteller, 1926
Inv. Nr. 365/26
Lit. u. a.: vgl. Wingler Hans M., Das Bauhaus.
Bramsche 1962, 313, 418 – s. a. [Kat. Ausst.] Ar-
beiten aus der Weberei des Bauhauses. Bauhaus-
Archiv. Darmstadt 1964 [s. p.] – vgl. auch Stadler-
Stölzl Gunta, In der Textilwerkstatt des Bauhau-
ses 1919 bis 1931: Das Werk 55, 1968, 744-748 –
Wichmann Hans, [Kat. Ausst.] Textilien, Silberge-
räte, Bücher. Die Neue Sammlung. München
1980, 21 – Wichmann Hans, Industrial Design.
Unikate. Serienerzeugnisse. Die Neue Sammlung.
Ein neuer Museumstyp des 20. Jahrhunderts.
München 1985, 184 m. Abb.

Gunta Stölzl
Wandbehang, Nr. 247, 1926

Webstoff; Seide, Wolle, Kunstseide, verschie-
dene Fadenstärken, Bouclégarn; kombiniertes
Gewebe; Ajourbindung, Leinwand- und Köperbin-
dung; broschiert
Geometrisches Muster von senkrechten und
waagrechten Streifen und Flächen, ineinander
versetzt, in Weiß, Orange, Lila, Rosa und Grau-
beige
L. 146,5 cm; B. 97 cm
Hergestellt im Bauhaus, Dessau, Deutschland
Ankauf vom Hersteller, 1926
Inv. Nr. 524/26
Lit. u. a.: [Kat. Ausst.] Arbeiten aus der Weberei
des Bauhauses. Bauhaus-Archiv. Darmstadt
1964. [s. p.; ähnliche Objekte] – Wichmann Hans,
Industrial Design. Unikate. Serienerzeugnisse. Die

Neue Sammlung. Ein neuer Museumstyp des
20. Jahrhunderts. München 1985, 184 m. Abb. –
[Kat. Ausst.] Gunta Stölzl. Weberei am Bauhaus
und aus eigener Werkstatt. Bauhaus-Archiv. Berlin 1987, 57-58, Nr. 50 m. Abb.

Gunta Stölzl
Wandbehang, Nr. 324, 1926

Webstoff; Zellwolle, Baumwolle, Bouclégarn, ein-
fache Garne unterschiedlicher Stärke; Atlas-,
Rips- und Panamabindung
Verschieden breite Querstreifen in den Farben
Kornblumenblau, Gelb, Rot, Grün, Naturweiß,
Weiß
L. 139 cm; B. 90 cm
Hergestellt im Bauhaus, Dessau, Deutschland
Ankauf vom Hersteller, 1926
Inv. Nr. 525/26
Lit. u. a.: [Kat. Ausst.] Arbeiten aus der Weberei
des Bauhauses. Bauhaus-Archiv. Darmstadt
1964. [s. p.; verwandte Objekte] – Stadler-Stölzl
Gunta, In der Textilwerkstatt des Bauhauses 1919
bis 1931: Das Werk 55, 1968, 744-748 [ver-
wandte Objekte] – Wichmann Hans, [Kat. Ausst.]
Textilien, Silbergeräte, Bücher. Die Neue Samm-
lung. München 1980, 21 – Wichmann Hans, Indu-
strial Design. Unikate. Serienerzeugnisse. Die
Neue Sammlung. Ein neuer Museumstyp des
20. Jahrhunderts. München, 184 m. Abb. – [Kat.
Ausst.] Gunta Stölzl. Weberei am Bauhaus und
aus eigener Werkstatt. Bauhaus-Archiv. Berlin
1987, 57, 59, Nr. 51 m. Abb.

Wandbehang, Nr. 216a, Deutschland, 1925

Webstoff; Wolle, Kunstseide, Baumwollzwirn,
Metallfaden, Chenille- und Bouclégarn, einfache
Garne unterschiedlicher Stärke; Doppelgewebe;
Köperbindung
Unterschiedlich breite, versetzte Vertikalbahnen
aus verschieden hohen Querstreifen; Farben:
Braun- und Orangetöne, Gold, Schwarz
Bez.: Staatl. Bauhochschule Weimar (orig. Zettel)
L. 178 cm; B. 155 cm
Herst.: Staatliche Hochschule für Handwerk und
Baukunst, Weimar, Deutschland
Ankauf vom Hersteller, 1926
Inv. Nr. 368/26.

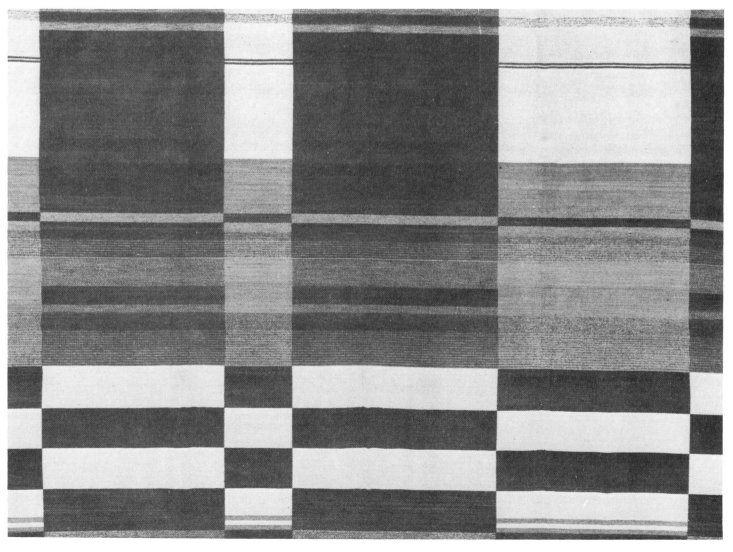

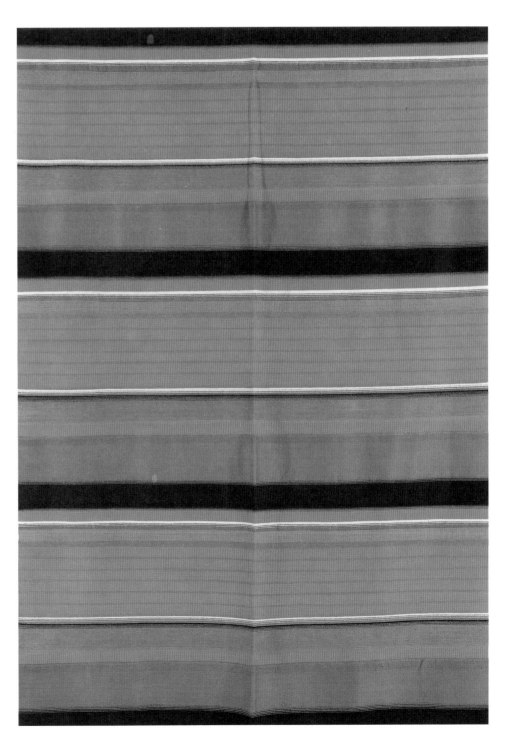

Dekorationsstoff, Nr. T 100, Deutschland, 1926

Streifen-Gewebe (Travers); Wolle; Leinwand-, Rips- und Köperbindung
Auf rotem Grund unterschiedlich breite, in sich gemusterte Querstreifen in Weiß, Beige, Blau und Schwarz
L. 340 cm; B. 116 cm
Musterrapport: H. 66 cm
Herst.: Werkstätten der Stadt Halle, Burg Giebichenstein, Deutschland
Ankauf vom Hersteller, 1927
Inv. Nr. 657/26
Lit. u. a.: Wichmann Hans, [Kat. Ausst.] Textilien, Silbergeräte, Bücher. Die Neue Sammlung. München 1980, 21.

Dekorationsstoff, Nr. T 117, Deutschland, 1926

Streifen-Gewebe (Travers); Wolle, Leinen, Zellwolle, unterschiedliche Fadenstärken; Leinwand-, Atlas-, Ripsbindung, Kettflottungen
Blau-schwarze Streifen unterschiedlicher Breite im Wechsel mit gemusterten weißen Querstreifen
L. 283 cm; B. 92 cm (Bahnbreite)
Musterrapport: H. 52 cm
Herst.: Werkstätten der Stadt Halle, Burg Giebichenstein, Deutschland
Ankauf vom Hersteller, 1927
Inv. Nr. 658/26
Lit. u. a.: Wichmann Hans, [Kat. Ausst.] Textilien, Silbergeräte, Bücher. Die Neue Sammlung. München 1980, 21.

Lisl Bertsch-Kampferseck
Dekorationsstoff, No. 2174, um 1926

Streifen-Gewebe (Rayé); Baumwolle; Leinwand-
bindung, Schuß: weiß, Kette: verschiedenfarbig;
Indanthren
Auf weißem Grund unterschiedlich breite Längs-
streifen in den Farben Rot, Rosa-Töne, Hellblau
L. 120 cm; B. 102 cm (Bahnbreite)
Musterrapport: B. 15 cm
Herst.: Deutsche Werkstätten, Dresden,
Deutschland
Ankauf vom Hersteller, 1928
Inv. Nr. 219/28.

Wolfgang von Wersin   ▷
Dekorationsstoff, No. 3277, um 1926

Druckstoff; Baumwolle; Rohgewebe in Lein-
wandbindung (Kretonne-Rohware=Grobnessel)
Auf weißem Grund Gitterwerk aus Streifen und
Linien; darüber leicht versetzt, quadratisches Git-
ter aus Wellenlinien. Farben: Grau, Hellblau, Hell-
grün, Gelb
L. 125 cm; B. 129 cm (Bahnbreite)
Musterrapport: H. 11 cm; B. 11 cm
Herst.: Deutsche Werkstätten, Dresden,
Deutschland
Ankauf vom Hersteller, 1928
Inv. Nr. 210/28.

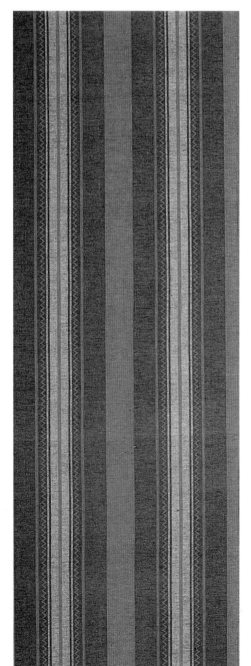

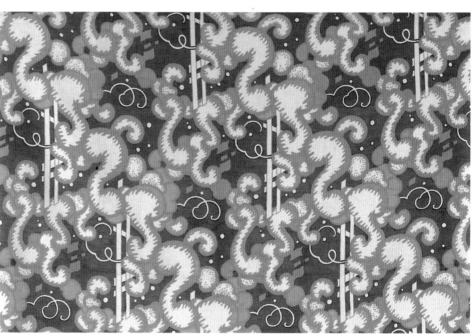

Adelbert Niemeyer
Dekorationsstoff, No. 4511, 1926

Druckstoff; Leinen; Leinwandbindung
Auf blauem Grund schräg aufsteigendes Muster:
Gebilde in S-Form, dazwischen vertikale Stabmo-
tive, weiße Punkte, kleine Parallelogramme und
weiße rankenartige Linien. Farben: Weiß, Blau
und Rottöne
L. 118 cm; B. 130 cm (Bahnbreite)
Musterrapport: H. 42 cm; B. 49 cm
Herst.: Deutsche Werkstätten, Dresden,
Deutschland
Ankauf vom Hersteller, 1928
Inv. Nr. 218/28.

Ruth Hildegard Geyer-Raack
Bezugsstoff, No. 3737, um 1925

Webgobelin; Wolle; Längsrips
Verschieden breite Längsstreifen in Blau, Weiß
(meliert), Orangebraun, Rotbraun; dazwischen
Vertikalstreifen mit zimtbraunen Zick-Zack-Linien
L. 98,5 cm; B. 124 cm (Bahnbreite)
Musterrapport: B. 15 cm
Herst.: Deutsche Werkstätten, Dresden,
Deutschland (orig. Zettel)
Ankauf vom Hersteller, 1928
Inv. Nr. 247/28.

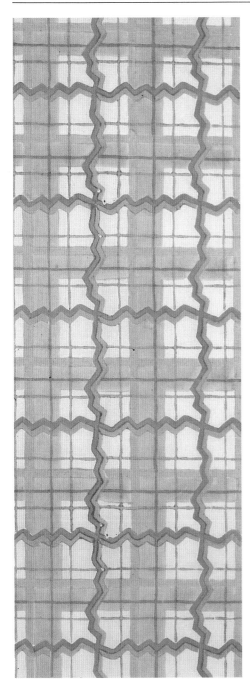

Josef Hillerbrand
Dekorationsstoff, No. 2001, 1926

Druckstoff; Baumwolle; Rohgewebe in Lein-
wandbindung (Kretonne-Rohware=Grobnessel)
Auf naturfarbenem Grund diagonal versetztes, sti-
lisiertes Muster von welligen Zweigen mit Früch-
ten und Blättern; Farben: Braun, Hellgrün, Rosé-
töne
L. 120 cm; B. 128 cm (Bahnbreite)
Musterrapport: H. 44 cm; B. 43 cm
Herst.: Deutsche Werkstätten, Dresden,
Deutschland
Ankauf vom Hersteller, 1928
Inv. Nr. 213/28
Lit. u. a.: Wichmann Hans, Aufbruch zum neuen
Wohnen. Basel/Stuttgart 1978, 216 m. Abb.

Berta Senestréy
Dekorationsstoff, No. 2170, 1926

Druckstoff; Baumwolle; Rohgewebe in Lein-
wandbindung (Kretonne-Rohware=Grobnessel);
Indanthren
Auf naturweißem Grund unterschiedlich breite
Vertikalstreifen in rhythmischer Folge; Farben:
Hellgrün und verschiedene Grautöne
L. 119,5 cm; B. 102,5 cm (Bahnbreite)
Musterrapport: B. 14,2 cm
Herst.: Deutsche Werkstätten, Dresden,
Deutschland
Ankauf vom Hersteller, 1928
Inv. Nr. 223/28.

Adelbert Niemeyer   ▷
Dekorationsstoff, No. 2044, 1926

Druckstoff; Baumwolle; Rohgewebe in Lein-
wandbindung (Kretonne-Rohware=Grobnessel)
Auf weißem Grund vertikale rosafarbene Zick-
Zack-Streifen, die in versetzter Folge jeweils drei
kurze Einbuchtungen aufweisen und von zwei
schmaleren Streifen begleitet werden.
L. 51,5 cm; B. 129 cm (Bahnbreite)
Musterrapport: H. 4,5 cm; B. 9 cm
Herst.: Deutsche Werkstätten, Dresden,
Deutschland
Variante: Inv. Nr. 212/28 (Farben: Weiß/Braun;
vergrößertes Muster)
Ankauf vom Hersteller, 1926
Inv. Nr. 258/26.

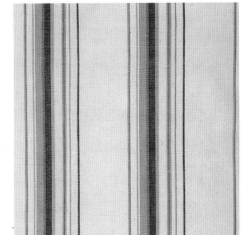

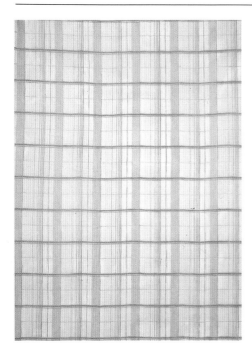

Josef Hillerbrand
Dekorationsstoff, No. 2948, 1926

Druckstoff; Baumwolle; Batist; Indanthren
Auf weißem Grund Karomuster in Hellblau, Hell-
braun, Hellrot
L. 120 cm; B. 101 cm (Bahnbreite)
Musterrapport: H. 10,5 cm; B. 13 cm
Herst.: Deutsche Werkstätten, Dresden,
Deutschland (orig. Zettel)
Ankauf vom Hersteller, 1928
Inv. Nr. 238/28.

Josef Hillerbrand
Dekorationsstoff, 1926

Druckstoff; Leinen; Leinwandbindung
Auf rotem Grund Muster von senkrecht aufstei-
genden Stielen mit seitlich davon befindlichen,
stark stilisierten Blattmotiven und Blüten in den
Farben Naturweiß, Rot, Rosa, Hellgrün, Braun
L. 80,5 cm; B. 61 cm
Musterrapport: H. 52 cm; B. 50 cm
Herst.: Deutsche Werkstätten, Dresden,
Deutschland
Inv. Nr. 734/85
Lit. u. a.: Wichmann Hans, [Kat. Ausst.] Textilien,
Silbergeräte, Bücher. Die Neue Sammlung. Mün-
chen 1980, 8 m. Abb. – Wichmann Hans, Indu-
strial Design. Unikate. Serienerzeugnisse. Die
Neue Sammlung. Ein neuer Museumstyp des
20. Jahrhunderts. München 1985, 183 m. Abb.

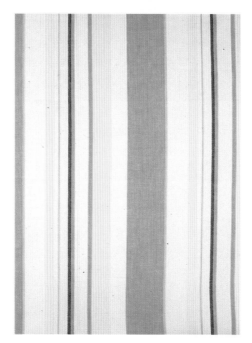

Josef Hillerbrand
Dekorationsstoff, No. 2263, 1926

Streifen-Gewebe (Rayé); Baumwolle; Leinwand-
bindung, Schuß: weiß, Kette: verschiedenfarbig;
Indanthren
Auf weißem Grund unterschiedlich breite Längs-
streifen in rhythmischer Folge; Farben: Orange,
Rosa, Hellgrün, Dunkelblau, Braun
L. 118 cm; B. 132 cm (Bahnbreite)
Musterrapport: B. 27 cm
Herst.: Deutsche Werkstätten, Dresden,
Deutschland
Ankauf vom Hersteller, 1928
Inv. Nr. 200/28.

Josef Hillerbrand
Dekorationsstoff, No. 4529, 1926

Druckstoff; Leinen; Leinwandbindung
Auf dunklem Grund aufsteigendes Muster aus
Blattmotiven, Paradiesvögeln und Vasen in Grün,
Graugrün, Violettgrau und Weiß
Bez. auf einer Webkante in Schwarz: Entw. Prof.
Hillerbrand. DEWE
L. 512 cm; B. 127 cm (Bahnbreite)
Musterrapport: H. 80 cm; B. 58 cm
Herst.: Deutsche Werkstätten, Dresden,
Deutschland
Variante: Inv. Nr. 73/27 (andere Farbstellung)
Ankauf während der Ausstellung »Bayerisches
Kunsthandwerk« im Münchener Glaspalast, 1927
Inv. Nr. 83/27
Lit. u. a.: Pechmann Alice Frfr. v., Jahrbuch der
Deutschen Werkstätten. München 1928, 15
m. Abb. – Decorative Art 1930. The Studio Year
Book. London 1930, 76 m. Abb. [als Sesselbezug]
– Wichmann Hans, Aufbruch zum neuen Wohnen.
Basel/Stuttgart 1978, 240 m. Abb. [als Sesselbe-
zug] – Wichmann Hans, [Kat. Ausst.] Textilien, Sil-
bergeräte, Bücher. Die Neue Sammlung. Mün-
chen 1980, 8 m. Abb. – Wichmann Hans, Indu-
strial Design. Unikate. Serienerzeugnisse. Die
Neue Sammlung. Ein neuer Museumstyp des
20. Jahrhunderts. München 1985, 183 m. Abb.

Karl Bertsch
Dekorationsstoff, No. 271, 1926/27

Streifen-Gewebe (Rayé); Roßhaar, Baumwolle;
Leinwandbindung
Unterschiedlich breite Vertikalstreifen in den Far-
ben: Gelb, Braun, Schwarz, Weiß, Grün, Dunkel-
grün
L. 60 cm; B. 60 cm
Musterrapport: B. 19,5 cm
Herst.: Deutsche Werkstätten, Dresden,
Deutschland
Ankauf vom Hersteller, 1928
Inv. Nr. 262/28.

Karl Bertsch
Dekorationsstoff, No. 3951, 1926

Webstoff; Wolle; Epinglégewebe
Längsstreifen unterschiedlicher Breite in den Far-
ben Rot und Oliv; feine weiße Querstreifen
L. 62 cm; B. 129 cm (Bahnbreite)
Musterrapport: H. 0,5 cm; B. 8,5 cm
Herst.: Deutsche Werkstätten, Dresden,
Deutschland
Ankauf vom Hersteller, 1928
Inv. Nr. 258/28.

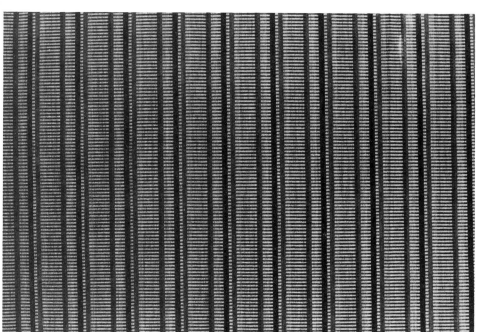

Josef Hillerbrand
Dekorationsstoff, No. 3391, 1927

Karogewebe; Baumwolle; Leinwand- und Atlas-
bindung; Indanthren
Auf weißem Grund rhythmisch wiederholte
Längsstreifen und Karogitter; Farben: Dunkel-
braun, Türkisblau
L. 119 cm; B. 129 cm (Bahnbreite)
Musterrapport: H. 8,5 cm; B. 12 cm
Herst.: Deutsche Werkstätten, Dresden,
Deutschland
Ankauf vom Hersteller, 1928
Inv. Nr. 206/28.

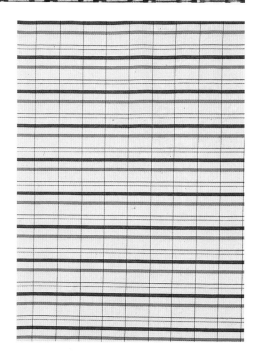

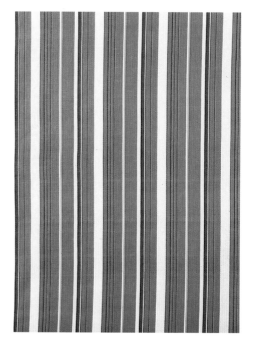

Heinrich Sattler
Bezugsstoff, No. 3673, 1927

Webgobelin; Wolle; Längsrips
Sich überschneidende Wellenlinien, die horizon-
tale, ovale Formen und gestreckte Rhomben um-
schreiben. Die Formen sind jeweils zweifarbig:
Türkis und Helltürkis
L. 60 cm; B. 128 cm (Bahnbreite)
Musterrapport: H. 4,5 cm; B. 12,5 cm
Herst.: Deutsche Werkstätten, Dresden,
Deutschland
Ankauf vom Hersteller, 1928
Inv. Nr. 248/28
Lit. u. a.: Innen-Dekoration 39, 1928, 405 m. Abb.
[als Polsterbezug einer Sofabank und eines Stuhls
von Albert Voelter] – Wichmann Hans, Aufbruch
zum neuen Wohnen. Basel/Stuttgart 1978, 219
m. Abb.

Josef Hillerbrand
Dekorationsstoff, No. 3398, 1927

Streifen-Gewebe (Rayé); Baumwolle; Leinwand-
bindung, Schuß: weiß, Kette: verschiedenfarbig;
Indanthren
Unterschiedlich breite Streifen in den Farben:
Weiß, Grün, Hellgrün, Dunkelbraun
L. 120 cm; B. 129 cm (Bahnbreite)
Musterrapport: B. 21 cm
Herst.: Deutsche Werkstätten, Dresden,
Deutschland
Ankauf vom Hersteller, 1928
Inv. Nr. 203/28.

Josef Hillerbrand
Bezugsstoff, No. 3690, 1927

Webgobelin; Wolle; Längsrips
Auf grünem Grund versetztes Reihenmuster von
stilisierten kleinen Tannen in Schwarzgrün, Grün
und Gelb
L. 59,5 cm; B. 127 cm (Bahnbreite)
Musterrapport: H. 32 cm; B. 10,5 cm
Herst.: Deutsche Werkstätten, Dresden,
Deutschland
Varianten: Inv. Nr. 249/28; 733/85 (Farben: Weiß/
Olive, Rosa/Braun)
Ankauf vom Hersteller, 1928
Inv. Nr. 250/28
Lit. u. a.: Innen-Dekoration 39, 1928, 405 m. Abb.
[als Kissenbezug] – Wichmann Hans, Aufbruch
zum neuen Wohnen. Basel/Stuttgart 1978, 219
m. Abb.

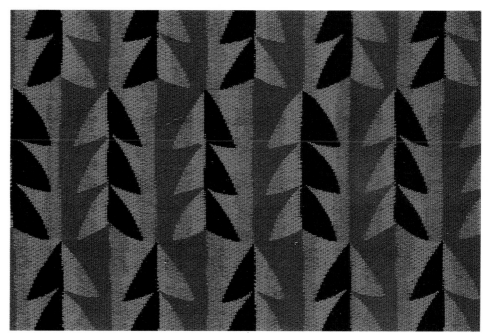

Wilhelm Marsmann
Dekorationsstoff, Dessin »Madrid 2«, 1927

Druckstoff; Leinen; Leinwandbindung
Auf naturfarbenem Grund schräg aufsteigendes
Muster von Blättern, Vasen mit Blumen und hän-
genden Körben mit Früchten. Farben: Grüntöne,
Hellblau, Hellbraun, Rosa, Weinrot
L. 349 cm; B. 128 cm (Bahnbreite)
Musterrapport: H. 48 cm; B. 46 cm
Herst.: Deutsche Farbmöbel AG, München,
Deutschland
Ankauf vom Hersteller, 1928
Inv. Nr. 338/28.

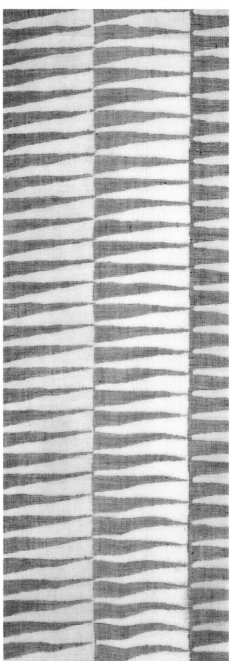

Wilhelm Marsmann
Dekorationsstoff, 1927

Druckstoff; Baumwolle; Batist
Auf grünem Grund ineinander versetzte Gitter in
Gelb, Hellgelb, Hellila und Orange; darin Blüten,
Früchte, Schmetterlinge und Vögel; Farben:
Weiß, Gelb, Hellgelb, Orange, Hellila
L. 288 cm; B. 98 cm (Bahnbreite)
Musterrapport: H. 45 cm; B. 56 cm
Herst.: Deutsche Farbmöbel AG, München,
Deutschland
Ankauf vom Hersteller, 1928
Inv. Nr. 336/28.

Viktor von Rauch
Dekorationsstoff, Dessin »Kristall 2«, 1927

Druckstoff; Baumwolle; Batist
Auf einem Grund aus roséfarbenen und hell-
blauen Vertikalstreifen versetzte, spitze Dreiecke
in horizontaler Lage. Farben der Dreiecke: Dunkel-
und Hellgrau
L. 243,5 cm; B. 102 cm (Bahnbreite)
Musterrapport: H. 2 cm; B. 9 cm
Herst.: Deutsche Farbmöbel AG, München,
Deutschland
Variante: Inv. Nr. 333/28 (Farb- und Muster-
variante)
Ankauf vom Hersteller, 1928
Inv. Nr. 347/28.

Viktor von Rauch
Dekorationsstoff, Dessin »Kristall 3«, 1927

Druckstoff; Baumwolle; Batist
Auf mittelblauem Grund sich abwechselnde verti-
kale Reihenmuster von Streifenbändern und stili-
sierten Früchten mit Blüten. Die Streifenbänder
bestehen aus versetzt angeordneten Streifungen.
Farben: Weiß, Grau, Gelb, Dunkelblau
L. 350 cm; B. 99 cm (Bahnbreite)
Musterrapport: H. 33,5 cm; B. 45,5 cm
Herst.: Deutsche Farbmöbel AG, München,
Deutschland
Variante: Inv. Nr. 348/28 (Weiß, Gelb, Dunkel-
braun, Hellbraun)
Ankauf vom Hersteller, 1928
Inv. Nr. 351/28.

Otti Berger
Bezugsstoff, Dessin »Carré«, um 1928

Entworfen im Bauhaus
Karo-Gewebe; Wolle, Baumwolle, Quer- und
Längsrips
Karomuster in Beige, Braungrau, Grau, Mauve,
Schwarz
L. 182 cm; B. 130 cm (Bahnbreite)
Musterrapport: H. 10 cm; B. 10 cm
Herst.: Storck-Stoffe, Krefeld, Deutschland,
1973/74 (Nachwebung)
Der Stoff wird heute als Nachwebung für Cassina,
Italien, hergestellt.
Inv. Nr. 1322/83
Lit. u. a.: [Kat. Ausst.] Arbeiten aus der Weberei
des Bauhauses. Bauhaus-Archiv. Darmstadt 1964
[s. p.; verwandte Objekte] – Fuchs Heinz u. Fran-
çois Burkhardt, [Kat. Ausst.] Produkt, Form, Ge-
schichte. 150 Jahre deutsches Design. Berlin
1985, 200, Nr. 4.9 m. Abb. [dort als Nachwebung
von Cassina, Italien] – Wichmann Hans, Industrial
Design. Unikate. Serienerzeugnisse. Die Neue
Sammlung. Ein neuer Museumstyp des 20. Jahrhunderts. München 1985, 184 m. Abb. – Olgers
Karla u. Caroline Boot, [Kat. Ausst.] bauhaus de
weverij. Nederlands Textielmuseum. Tilburg
1988, 23 m. Abb. – [Kat. Ausst.] Frauen im Design.
Design Center. Stuttgart 1989, 210 m. Abb.

Sonia Delaunay
Wandteppich, 1927

Wolle; tufted
Ocker- und Brauntöne, Gelb, Rot, Grün, Schwarz.
Abstraktes geometrisches Muster aus 2 einander
überschneidenden Kreisflächen und einer dritten
Viertelkreisfläche, die in verschiedenfarbige, kon-
zentrische Ringe und Segmentflächen unterteilt
sind
H. 200 cm; B. 200 cm
Herst.: Images, Venedig, Italien, 1981 (Nachferti-
gung)
Ankauf 1984
Inv. Nr. 942/84

Lit. u. a.: [Kat. Ausst.] Provokationen. Design aus
Italien. Deutscher Werkbund Niedersachsen und
Bremen. Hannover 1982, 95 m. Abb. – Wichmann
Hans, Industrial Design. Unikate. Serienerzeugnisse. Die Neue Sammlung. Ein neuer Museumstyp des 20. Jahrhunderts. München 1985, 185
m. Abb. – Wichmann Hans, [Kat. Ausst.] Donationen und Neuerwerbungen 1984/85. Die Neue
Sammlung. München 1988, 76 m. Abb., 126 [dort
weit. Lit.].

Wilhelm Marsmann
Dekorationsstoff, 1928

Druckstoff; Halbleinen; Leinwandbindung
Auf grauem Grund stilisierte große Blätter und
Blüten; Farben: Orange, Rot, Gelb, Hellgrün,
Rosa, Weiß (verwandt mit Mustern von J. Hiller-
brand)
L. 111 cm; B. 129,5 cm (Bahnbreite)
Musterrapport: H. 69 cm; B. 59 cm
Herst.: Deutsche Farbmöbel AG, München,
Deutschland
Geschenk des Entwerfers, 1928
Inv. Nr. 8/31.

Wilhelm Marsmann
Dekorationsstoff, 1928

Druckstoff; Halbleinen; Leinwandbindung
Auf mattblauem Grund vertikale Stengel mit un-
terschiedlichen Blüten und Blättern sowie
Schmetterlingen in versetzter Reihung; Farben:
Weiß, Rosa, Hellgrau, heller Ocker
L. 99 cm; B. 129,5 cm (Bahnbreite)
Musterrapport: H. 38 cm; B. 36 cn
Herst.: Deutsche Farbmöbel AG, München,
Deutschland
Geschenk des Entwerfers, 1928
Inv. Nr. 7/31
Lit. u. a.: Wichmann Hans, [Kat. Ausst.] Textilien,
Silbergeräte, Bücher. Die Neue Sammlung. Mün-
chen 1980, 20.

Wilhelm Marsmann und Viktor von Rauch
Dekorationsstoff, 1928

Druckstoff; Kunstseide; Taftbindung
Auf gelbem Grund Fische und Wasserpflanzen;
Farben: Grau, Hellgrau, Weiß, Grüntöne
L. 140 cm; B. 124 cm (Bahnbreite)
Musterrapport: H. 69 cm; B. 65 cm
Herst.: Deutsche Farbmöbel AG, München,
Deutschland
Geschenk des Entwerfers, 1928
Inv. Nr. 6/31
Lit. u. a.: Kunst u. Handwerk 81, 1931, H. 2, 40
m. Abb.

Wilhelm Marsmann
Dekorationsstoff, 1928

Druckstoff; Halbleinen; Leinwandbindung
Auf honiggelbem Grund stark stilisierte Glocken-
blüten und Blattformen; Farben: Braun, Hell-
braun, Hellgrün
L. 89 cm; B. 129,5 cm (Bahnbreite)
Musterrapport: H. 50 cm; B. 82 cm
Herst.: Deutsche Farbmöbel AG, München,
Deutschland
Geschenk des Entwerfers, 1928
Inv. Nr. 9/31.

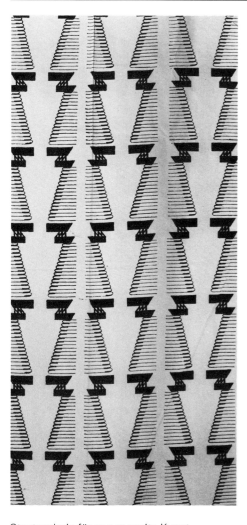

Johanna Schütz-Wolff
Bildteppich »Männlicher Akt«, 1928

Wolle; Halbgobelin auf Flachwebstuhl
Stilisierter männlicher Dreiviertelakt in Rückenan-
sicht
Bez. l. u.: JSW
H. 200 cm; B. 150 cm
Herst.: Johanna Schütz-Wolff, Halle, Deutschland
Ankauf von der Künstlerin, 1963
U. a. 1930 in der Ausstellung »Moderne Bildwirke-
reien« des Grassi-Museums in Leipzig ausgestellt
Inv. Nr. 96/63
Lit. u. a.: [Kat. Ausst.] Ausstellung Moderner Bild-
wirkereien 1930. J. B. Neumann und Guenther
Franke. München 1930 [Abb. als Buchumschlag] –
Eckstein Hans, [Kat.] Die Neue Sammlung. Mün-
chen [1964], 23 m. Abb. – [Kat. Ausst.] Johanna
Schütz-Wolff. Bildwirkereien und Graphik. Kunst-
verein. München 1969, 32, Nr. 6, Umschlagabb. –
Wichmann Hans, [Kat. Ausst.] Textilien, Silbergeräte, Bücher. Die Neue Sammlung. München
1980, 21 – Nauhaus Wilhelm, Die Burg Giebichenstein. Leipzig 1981, Abb. 24 – [Kat. Ausst.] Johanna Schütz-Wolff 1896-1965. Bildwirkereien, Holzschnitte, Monotypien. Akademie der Schönen
Künste. München 1986 m. Abb.

Staatsschule für angewandte Kunst,
Nürnberg
Klasse Emma Hoffmann
Dekorationsstoff, 1928

Druckstoff; Baumwolle; Leinwandbindung
Auf weißem Grund senkrechtes Reihenmuster
gegenständiger, aus engen Bogen- und Zickzack-
Linien gebildeter Dreiecksmotive in Schwarz
L. 488 cm; B. 80 cm (Bahnbreite)
Musterrapport: H. 17,5 cm; B. 16 cm
Herst.: Klasse Emma Hoffmann, Staatsschule für
angewandte Kunst, Nürnberg, Deutschland
Ankauf vom Hersteller, 1929
Inv. Nr. 697/28.

Gertrud Arndt
Vorhangstoff, Dessin »Specchio Colorato«,
um 1928

Entworfen im Bauhaus
Webstoff; Viskose; Doppelgewebe mit Anbin-
dung (Doubleface); Leinwandbindung
Karomuster, regelmäßig durchzogen von vertika-
len Streifen, in Weiß, Braun-, Blau- und Gelbtönen
L. 304,5 cm; B. 134,5 cm (Bahnbreite)
Musterrapport: H. ca. 7 cm; B. ca. 8,4 cm
Herst.: Storck-Stoffe, Krefeld, Deutschland,
1973/74 (Nachwebung)
Geschenk von Dr. Georg W. Hirtz, 1983
Inv. Nr. 1319/83
Lit. u. a.: Wichmann Hans, [Kat. Ausst.] Neu. Do-
nationen und Neuerwerbungen 1982/83. Die
Neue Sammlung. München 1986, 26.

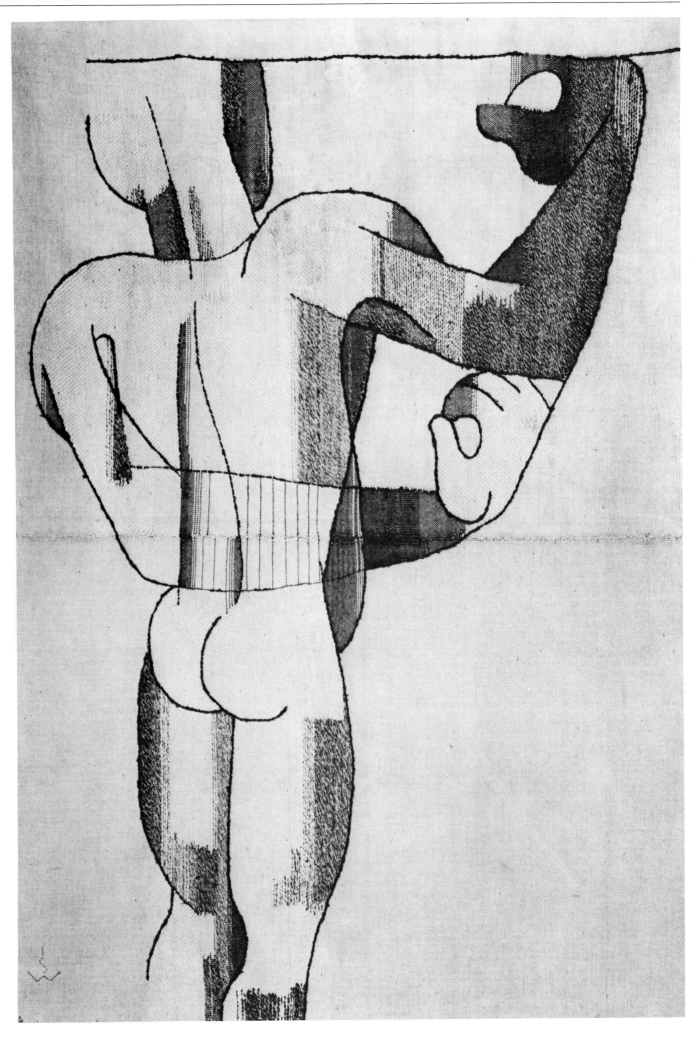

Oben und unten: Sigmund von Weech
Entwurfsblätter für gepolsterten Stahlrohr-
Sessel und gepolsterten Hocker, 1927

Wulstpolsterung mit schwarzen, roten und grau-
melierten Streifen
Transparentpapier; Feder, Blei, roter Farbstift,
Kohle; auf Karton montiert
Oben: perspektivische Ansicht eines Stahlrohr-
Sessels
Bez. l. u.: vW (ligiert)
Kohle, Blei- und roter Farbstift; 23,5 × 18,5 cm
Unten: Seiten-, Front- und Aufsicht eines Hockers
Bez. Mitte: polster-hocker 1/10; r. u. Stempel:
atelier professor s. von weech DWB ÖWB BDG
münchen
Feder, Blei- und roter Farbstift; 20,1 × 21 cm
Montierkarton: 50 × 35 cm
l. u. Klebeetikett: Weech 496; r. u.: D 1; Mitte u.
Datierung (Bleistift): 1927
Geschenk von Frau Charlotte von Weech, Mün-
chen, 1987
Inv. Nr. 997/88.

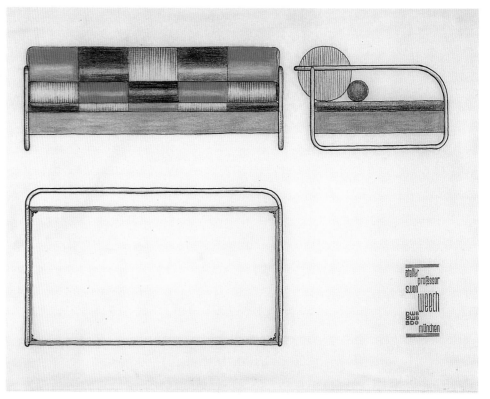

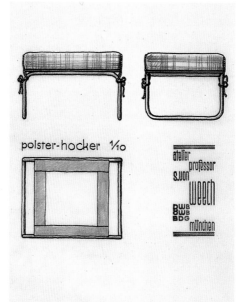

polster-hocker 1/10

Sigmund von Weech
Entwurfsblatt für eine Couch mit Stahlrohr-
gestell, Polsterung und Bezugsstoff, 1928

Bezugsstoff mit großen rechteckigen Flächen in
Schwarz, Rot und meliertem Grau
Transparentpapier; Feder, Blei, roter Farbstift; auf
Karton montiert
Bez. r. u. (schwarzer Stempel): atelier professor s.
von weech DWB ÖWB BDG münchen
31 × 41,5 cm
Montierkarton: 50 × 35 cm
l. u. Klebeetikett: Weech 497; r. u.: D 5; r. Mitte
Datierung (Bleistift): 1928
Geschenk von Frau Charlotte von Weech, Mün-
chen, 1987
Inv. Nr. 999/88.

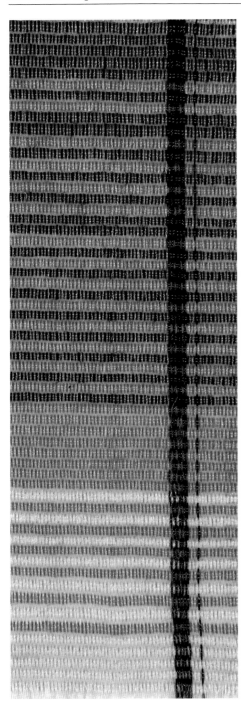

Sigmund von Weech
Webprobe für Möbelbezugsstoff, 1929

Streifen-Gewebe (Travers); Kette: Kunstroßhaar,
Schuß: Kunstfaser; unterschiedliche Garnstär-
ken; Kettripsbindung
Muster von irisierender Wirkung, bestehend aus
horizontalen Streifen, die sich durch Farben zu
verschiedenen Bändern zusammenordnen. Sie
sind von einer schwarzen, vertikalen Linie durch-
zogen. Farben: Schwarz, Weiß, Rostorange
Zwei Webproben auf weißem Karton (50 cm ×
35 cm)
l. u. Exlibris: Weech [handschriftlich:] 284
M. u. maschinenbeschriftetes Etikett: MÖBEL-
STOFF MIT KUNSTROSSHAARKETTE 1929
L. 15 cm; B. 8 cm
Geschenk von Frau Charlotte von Weech, 1987
Inv. Nr. 995/88-2
Lit. u. a.: Kircher Ursula, Von Hand gewebt. Marburg 1986, 131 m. Abb.

Sigmund von Weech
Webprobe für Möbelbezugsstoff, 1929

Streifen-Gewebe (Travers); Kette: Kunstroßhaar;
Schuß: Kunstfaser; unterschiedliche Garnstär-
ken; Kettripsbindung
Muster von irisierender Wirkung, bestehend aus
kleinen horizontalen Balken, die sich in der Verti-
kalen zu unterschiedlich breiten Bahnen in ver-
setzter Reihung fügen. Farben: Blau, Schwarz,
gebrochenes Weiß
Zwei Webproben auf weißem Karton (50 cm ×
35 cm)
l. u. Exlibris: Weech [handschriftlich:] 284
M. u. maschinenbeschriftetes Etikett: MÖBEL-
STOFF MIT KUNSTROSSHAARKETTE 1929
L. 16 cm; B. 22 cm
Musterrapport: H. 1 cm; B. 8,4 cm
Geschenk von Frau Charlotte von Weech, 1987
Inv. Nr. 995/88-1
Lit. u. a.: Kircher Ursula, Von Hand gewebt. Mar-
burg 1986, 131 m. Abb.

Hedwig Heckemann
Dekorationsstoff, No. 1035, 1928

Karo-Gewebe; Wolle, Streichgarn; Leinwandbin-
dung
Großes Karomuster von unterschiedlichen Recht-
ecken und Quadraten in Blautönen und Rot
L. 250 cm; B. 198 cm (Bahnbreite)
Musterrapport: H. 14,5 cm; B. 31,5 cm
Herst.: Staatliche Hochschule für Handwerk und
Baukunst, Weimar, Deutschland (orig. Zettel)
Ankauf vom Hersteller, 1928
Inv. Nr. 373/28
Lit. u. a.: Wichmann Hans, [Kat. Ausst.] Textilien,
Silbergeräte, Bücher. Die Neue Sammlung. Mün-
chen 1980, 19.

Ewald Dülberg
Dekorationsstoff, No. 1026, 1928

Karo-Gewebe; Wolle, Streichgarn; Leinwandbin-
dung
Karomuster in Orange- und Gelbtönen
L. 60 cm; B. 190 cm (Bahnbreite)
Musterrapport: H. ca. 34,5 cm; B. 35,5 cm
Herst.: Staatliche Hochschule für Handwerk und
Baukunst, Weimar, Deutschland (orig. Zettel)
Ankauf vom Hersteller, 1928
Inv. Nr. 371/28.

Ewald Dülberg
Bezugsstoff, No. 1010, 1928

Karo-Gewebe; Wolle, Streichgarn; Leinwandbindung
Großes Karo in den Farben: Blau, Hellblau, Violett, Rottöne, Rosa
L. 120 cm; B. 190 cm (Bahnbreite)
Musterrapport: H. 30 cm; B. 28 cm
Herst.: Staatliche Hochschule für Handwerk und Baukunst, Weimar, Deutschland (orig. Zettel)
Ankauf vom Hersteller, 1928
Inv. Nr. 368/28.

Hugo Gugg
Dekorationsstoff, No. 156, 1928

Streifen-Gewebe (Rayé); Baumwolle; Leinwandbindung
Unterschiedlich breite Vertikalstreifen in den Farben Rosé, Gelb, Braun, Goldbraun, Hellbraun, Hellgrün, Rostrot, Beige
L. 120 cm; B. 190 cm (Bahnbreite)
Herst.: Staatliche Hochschule für Handwerk und Baukunst, Weimar, Deutschland (orig. Zettel)
Ankauf vom Hersteller, 1928
Inv. Nr. 364/28
Lit. u. a.: Wichmann Hans, [Kat. Ausst.] Textilien, Silbergeräte, Bücher. Die Neue Sammlung. München 1980, 19.

Josef Hillerbrand
Dekorationsstoff, 1929

Druckstoff; Seide; Taftbindung
Auf schwarzem Grund Reihenmuster von unter-
schiedlichen stilisierten Blättern, Zweigen, Bee-
ren und Spiralmotiven. Farben: Rot, Weiß, Gelb,
Braun
L. 58 cm; B. 59 cm
Musterrapport: H. 40 cm; B. 42 cm
Herst.: Deutsche Werkstätten, Dresden,
Deutschland
Ankauf vom Hersteller
Inv. Nr. 448/30
Lit. u. a.: Kunst u. Handwerk 81, 1931, 43 m. Abb.
– Wichmann Hans, [Kat. Ausst.] Textilien, Sil-
bergeräte, Bücher. Die Neue Sammlung. Mün-
chen 1980, 19.

Josef Hillerbrand
Dekorationsstoff, No. 2246, um 1929

Druckstoff (Crêpe de Chine); Seide; Taftbindung
Auf schwarzem Grund locker gereihte, stilisierte
Motive in Weiß und Rot: Blätter, Federn, Früchte,
Hirsch und Vogel
L. 208 cm; B. 117 cm (Bahnbreite)
Musterrapport: H. 40 cm; B. 38 cm
Herst.: Deutsche Werkstätten, Dresden,
Deutschland
Ankauf vom Hersteller, 1930
Inv. Nr. 449/30
Lit. u. a.: Wichmann Hans, Aufbruch zum neuen
Wohnen. Basel/Stuttgart 1978, 217 m. Abb.

Josef Hillerbrand
Dekorationsstoff, No. 4695, 1929

Druckstoff; Leinen; Leinwandbindung
Auf schwarzem Grund einander übergreifende
Reihen von stark stilisierten Blatt- und Pflanzen-
motiven, durchsetzt mit Waldtieren (Hirsch und
Reh). Farben: Rot, Rosa, Schwarz
L. 300 cm; B. 127,5 cm (Bahnbreite)
Musterrapport: H. 80 cm; B. 60 cm
Herst.: Deutsche Werkstätten, Dresden,
Deutschland
Ankauf vom Hersteller, 1930
Inv. Nr. 453/30
Lit. u. a.: Innen-Dekoration 42, 1931, H. 6, 219
m. Abb. [als Sesselbezug] – Die Kunst 39, 1938,
Bd. 78, 277 m. Abb. [als Vorhang in einem Herren-
zimmer der Möbelfabrik Georg Schoettle, Stutt-
gart] – [Kat. Ausst.] Die Zwanziger Jahre in Mün-
chen. Stadtmuseum. München 1979, 422-423,
Nr. 368c m. Abb. – Wichmann Hans, [Kat. Ausst.]
Textilien, Silbergeräte, Bücher. Die Neue Samm-
lung. München 1980, 20.

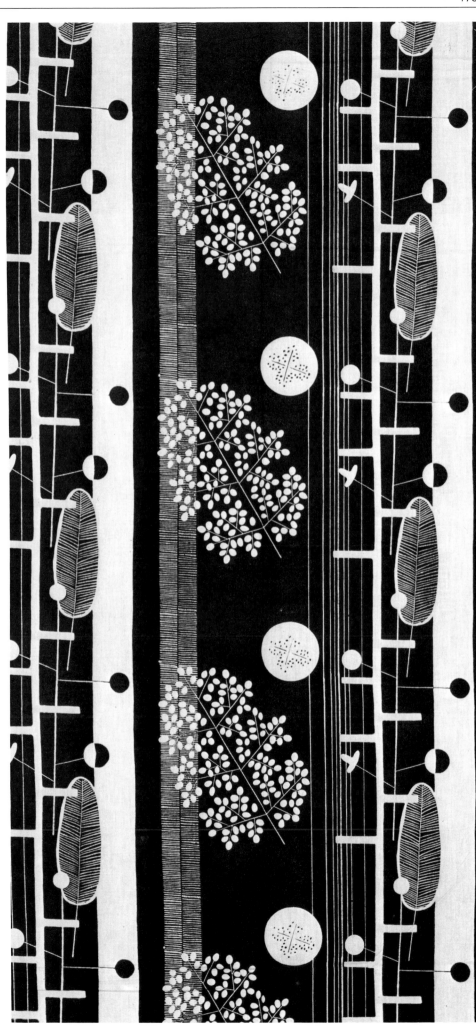

Josef Hillerbrand
Dekorationsstoff, No. 4719, 1929

Druckstoff; Baumwolle; Rohgewebe in Lein-
wandbindung (Kretonne-Rohware = Grobnessel)
Senkrechte Streifen verschiedener Breite mit gra-
phischem Muster (positiv bzw. negativ, in Weiß
auf blau-schwarzem Grund) aus Blättern, leiterar-
tig stilisierten Zweigen, Blütenrispen, Beeren u. ä.
L. 300 cm; B. 124 cm (Bahnbreite)
Musterrapport: H. 62 cm; B. 52 cm
Herst.: Deutsche Werkstätten, Dresden,
Deutschland
Variante: Inv. Nr. 451/30 (Grund in Orange)
Ankauf vom Hersteller, 1930
Inv. Nr. 450/30
Lit. u. a.: Wichmann Hans, [Kat. Ausst.] Textilien,
Silbergeräte, Bücher. Die Neue Sammlung. Mün-
chen 1980, 20. – Wichmann Hans, Industrial
Design. Unikate. Serienerzeugnisse. Die Neue
Sammlung. Ein neuer Museumstyp des 20. Jahr-
hunderts. München 1985, 183 m. Abb.

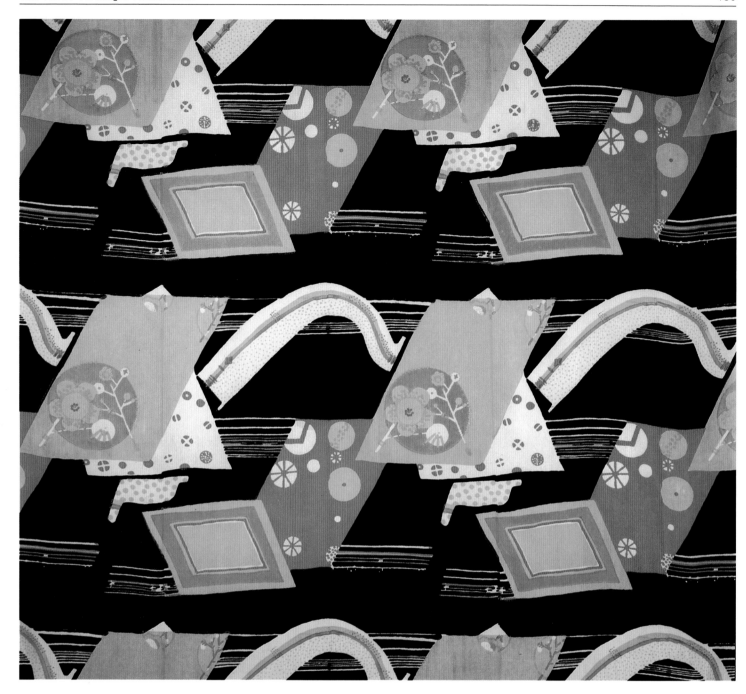

Maria May
Dekorationsstoff, Dessin »Schlager«,
No. 6279, um 1930

Druckstoff; Honanseide; Taftbindung
Auf schwarzem Grund einander übergreifende
Reihen von feinen Querstreifen und vier verschie-
den gemusterten, unterschiedlich großen, durch
eine Wellenlinie verbundenen Parallelogrammen.
Diese Motive haben die Farben: Rot, Gelb, Weiß,
Hellblau.
Bez. auf der Webkante in Schwarz: VW Schlager
L. 142 cm; B. 119 cm (Bahnbreite)
Musterrapport: H. 45 cm; B. 68 cm
Herst.: Vereinigte Werkstätten, München,
Deutschland
Ankauf München, 1932
Inv. Nr. 189/31.

Maria May (zugeschrieben)
Dekorationsstoff, Dessin »Isfahan«,
um 1929/30

Druckstoff; Baumwolle; Leinwandbindung
Auf rotem Grund versetztes Motiv mit s-förmigen
sich nach oben verjüngenden Zonen in Beige-Hell-
grün. Diese sind halbkreisförmig schraffiert und
mit stilisierten Pflanzen besetzt, die sich partiell
verdichten.
Bez. auf der Webkante in Rosa: VW ISFAHAN
L. 291 cm; B. 128 cm (Bahnbreite)
Musterrapport: H. 18 cm; B. 24 cm
Herst.: Vereinigte Werkstätten, München,
Deutschland
Inv. Nr. 743/85.

Maria May
Dekorationsstoff, Dessin »Tiere im Ge-
zweig«, No. 3282, 1929

Druckstoff (Crêpe); Rayon auf Viskose-Basis;
Kreppbindung
Auf weißem Grund feines blaues Punktraster;
darauf große, vertikal versetzte Reihen von wellig
aufsteigenden Ranken mit Blättern, Blüten,
Schmetterlingen, Libellen, Rehen, u. a. Motiven;
Farben: Blau, Grau, Rot, Dunkel- und Hellgrün,
Schwarz
L. 150 cm; B. 120 cm (Bahnbreite)
Musterrapport: H. 140 cm; B. 77 cm
Herst.: Schule Reimann, Berlin, Deutschland
Ankauf vom Hersteller, 1930
Inv. Nr. 7/30.

Paul László
Dekorationsstoff, Dessin »Transfer«,
No. 1752, 1929

Druckstoff; Kunstseide; Querrips
Auf lachsfarbenem Grund senkrecht aufsteigende
Ranken in Rot mit Blattwerk in Rot und Braun-
tönen
Bez. auf einer Webkante in Braun: VW Transfer
L. 287 cm; B. 132 cm (Bahnbreite)
Musterrapport: H. 60 cm; B. 60 cm
Herst.: Vereinigte Werkstätten, München,
Deutschland
Ankauf vom Hersteller, 1930
Inv. Nr. 424/30
Lit. u. a.: Innen-Dekoration 41, 1930, H. 10, 382,
383, 400 m. Abb. [als Vorhang] – Innen-Dekoration
42, 1931, H. 2, 78 m. Abb. – Innen-Dekoration 43,
1932, H. 5, 168, 173 m. Abb. – Wichmann Hans,
[Kat. Ausst.] Textilien, Silbergeräte, Bücher. Die
Neue Sammlung. München 1980, 20.

Fritz August Breuhaus de Groot
Dekorationsstoff, Dessin »Rondo«,
No. 1978, 1929/30

Druckstoff; Leinen; Leinwandbindung
Auf braunem Grund zwei sich abwechselnde Rei-
hen aus rotbraunen und rosa-weißen kreisrunden
Blüten in Aufsicht und Seitenansicht, die sich teil-
weise überdecken
Bez. auf der Webkante: VW Rondo
L. 299 cm; B. 130 cm (Bahnbreite)
Musterrapport: H. 41 cm; B. 35 cm
Herst.: Vereinigte Werkstätten, München,
Deutschland
Ankauf vom Hersteller, 1930
Inv. Nr. 418/30.

Fritz August Breuhaus de Groot
Dekorationsstoff, Dessin »Yvonne«,
No. 1978, 1929/30

Druckstoff; Leinen; Leinwandbindung
Auf schwarzem Grund versetztes Reihenmuster
mit Korb- und Kelchblüten in zarten Pastellfarben
Bez. auf einer Webkante: VW Yvonne
L. 300 cm; B. 130 cm (Bahnbreite)
Musterrapport: H. 54 cm; B. 42 cm
Herst.: Vereinigte Werkstätten, München,
Deutschland
Ankauf vom Hersteller, 1930
Inv. Nr. 417/30.

Paul László
Dekorationsstoff, No. 1996, 1929/30

Druckstoff; Baumwolle; Frottiergewebe
Auf weißem Fond senkrecht aufsteigendes, gros-
ses Blumenmuster in Hellrot und Hellblau
L. 296 cm; B. 155 cm (Bahnbreite)
Musterrapport: H. 80 cm; B. 60 cm
Herst.: Vereinigte Werkstätten, München,
Deutschland
Ankauf vom Hersteller, 1930
Inv. Nr. 427/30.

Anneliese May
Dekorationsstoff, 1929/30

Streifen-Gewebe (Travers); Baumwolle, unter-
schiedliche Garnstärken; Querrips, Leinwand-
bindung
Horizontale Streifen unterschiedlicher Breite in
rhythmischer Anordnung; Farben: Weiß, Gelb,
Rosa, Hell- und Dunkelblau, Dunkelbraun, Orange,
Grün
L. 167 cm; B. 99 cm
Herst.: Vereinigte Werkstätten, München,
Deutschland
Geschenk von Dr. Harald May, München, 1989
Inv. Nr. 892/89.

Anneliese May
Dekorationsstoff, No. 2090, 1929/30

Streifen-Gewebe (Rayé); Baumwolle; Leinwand-
bindung
Auf weißem Grund zarte Vertikalstreifen in den
Farben Hellbraun, Braun, Rosé, Rot, Hellrot,
Weinrot, Zitronengelb, Hellblau, Mittelblau
L. 296 cm; B. 121,5 cm (Bahnbreite)
Musterrapport: B. 62 cm
Herst.: Vereinigte Werkstätten, München,
Deutschland
Variante: Inv. Nr. 425/30 (Grüntöne, Gelb, Weiß,
Dunkelblau)
Ankauf vom Hersteller, 1930
Inv. Nr. 426/30
Lit. u. a.: Wichmann Hans, [Kat. Ausst.] Textilien,
Silbergeräte, Bücher. Die Neue Sammlung. Mün-
chen 1980, 20.

Tommi Parzinger
Dekorationsstoff, Dessin »Primavera«,
No. 1905, 1929/30

Druckstoff; Baumwolle; Rohgewebe in Lein-
wandbindung (Kretonne-Rohware=Grobnessel)
Auf braunem Grund senkrecht aufsteigendes Mu-
ster aus stark stilisierten Tier- und Pflanzenmoti-
ven von applikationsartiger Wirkung in den Farben
Rot, Weiß, Hellbraun, Hellrot
Bez. auf der Webkante in Rot: VW Primavera
L. 300 cm; B. 127 cm (Bahnbreite)
Musterrapport: H. 50 cm; B. 55 cm
Herst.: Vereinigte Werkstätten, München,
Deutschland
Ankauf vom Hersteller, 1930
Inv. Nr. 420/30
Lit. u. a.: Innen-Dekoration 42, 1931, H. 2, 67
m. Abb.

Tommi Parzinger
Dekorationsstoff, Dessin »Geisha«,
No. 1912, 1929/30

Druckstoff; Baumwolle; Leinwandbindung; ge-
chintzt
Auf schwarzem Fond lockere Diagonalmusterung
mit rundem Aquarium, Vogelkäfig, Schale mit Äp-
feln, Gruppe mit Vase, Becher und Flasche sowie
verstreuten Blüten, Kirschen und Schmetterlin-
gen; Farben: Weiß, Gelb, Orange, Rot, Hellblau,
Grau
Bez. auf der Webkante in Rot: VW Geisha
L. 300 cm; B. 128 cm (Bahnbreite)
Musterrapport: H. 42 cm; B. 60 cm
Herst.: Vereinigte Werkstätten, München,
Deutschland
Ankauf vom Hersteller, 1930
Inv. Nr. 419/30
Lit. u. a.: Innen-Dekoration 42, 1931, H. 2, 68, 69
m. Abb. [als Bezugsstoff; Dessin auf hellem
Grund].

Tommi Parzinger
Dekorationsstoff, Dessin »Sylt«,
um 1929/30

Druckstoff; Seide; Taftbindung
Verschiedenartig gemusterte, wellige Querstrei-
fen mit geometrischen Einlagerungen in versetz-
ter Reihung; Farben: Zitronengelb, Grau, Hellblau,
Rosa, Rot
Bez. auf der Webkante in Rot: V.W. Sylt
L. 43,5 cm; B. 84 cm (Bahnbreite)
Musterrapport: H. 31 cm; B. 45 cm
Herst.: Vereinigte Werkstätten, München,
Deutschland
Inv. Nr. 749/85.

Gunta Stölzl (Zuschreibung)
Dekorationsstoff, um 1929

Um 1929 entwickelte die Weberei des Bauhauses
in Kooperation von Anni Albers, Gertrud Arndt-
Hantschk, Otti Berger, Bella Ullmann, Gerhard
Kadow, Margaret Leischner, Gunta Stölzl u. a.
Textilien für die Industrie. Eine Reihe davon ist
nachfolgend wiedergegeben.

Karo-Gewebe; Wolle; Querrips, Leinwandbin-
dung
Großes Karo, schachbrettartig gemustert; Far-
ben: Schwarz, Weiß, Rot
L. 18,5 cm; B. 18 cm
Musterrapport: H. 15 cm; B. ca. 18 cm
Herst.: wohl Textilwerkstätte des Bauhauses,
Dessau, Deutschland (bzw. polytextil gmbh,
Berlin)
Ankauf 1973
Inv. Nr. 50/73-1
Lit. u. a.: [Kat. Ausst.] Concepts of the Bauhaus.
The Busch-Reisinger-Museum Collection. Cam-
bridge (Mass.) 1971, 96, 97, Nr. 696 m. Abb.
[Variante] – [Kat. Ausst.] Gunta Stölzl. Weberei
am Bauhaus und aus eigener Werkstatt. Bauhaus
Archiv. Berlin 1987, 84, 85, Nr. 106 m. Abb.
[Variante].

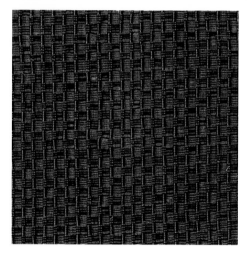

Bauhaus Dessau
Bezugsstoff, um 1929

Webstoff; Wolle, unterschiedliche Garnstärken;
Querrips, Leinwandbindung
Kleinteiliges Schachbrettmuster in den Farben:
Kornblumenblau, Schwarz, Orange
L. 11 cm; B. 18 cm
Musterrapport: H. 1 cm; B. 1 cm
Herst.: wohl Textilwerkstätte des Bauhauses,
Dessau, Deutschland
Ankauf 1973
Inv. Nr. 50/73-8
Lit. u. a.: vgl. Wingler Hans M., Das Bauhaus.
Bramsche 1962, 468.

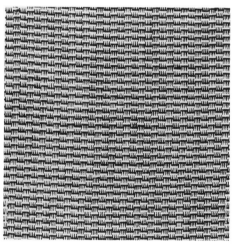

Bauhaus Dessau
Bezugsstoff, um 1929

Webstoff; Wolle, Zellwolle; Querrips (Kette dünn,
Schuß verschieden dick)
Flechtwerkartiges Muster; Farben: Schwarz,
Orange, Rosa
L. 13,5 cm; B. 14,5 cm
Musterrapport: H. 0,5 cm; B. 0,7 cm
Herst.: wohl Textilwerkstätte des Bauhauses,
Dessau, Deutschland
Ankauf 1973
Inv. Nr. 50/73-7
Lit. u. a.: vgl. Wingler Hans M., Das Bauhaus.
Bramsche 1962, 468.

Gunta Stölzl (Zuschreibung)
Dekorationsstoff, um 1929

Karo-Gewebe; Wolle; Rips, Leinwandbindung
Großes Karo, schachbrettartig gemustert; Far-
ben: Schwarz, Weiß, Mittelblau
L. 16 cm; B. 15,5 cm
Musterrapport: H. ca. 14,5 cm; B. ca. 12 cm
Herst.: wohl Textilwerkstätte des Bauhauses,
Dessau, Deutschland (bzw. polytextil gmbh,
Berlin)
Ankauf 1973
Inv. Nr. 50/73-3
Lit. u. a.: [Kat. Ausst.] Concepts of the Bauhaus.
The Busch-Reisinger-Museum Collection. Cam-
bridge (Mass.) 1971, 96, 97, Nr. 696 m. Abb. [Va-
riante] – [Kat. Ausst.] Gunta Stölzl. Weberei aus
dem Bauhaus und aus eigener Werkstatt. Bau-
haus Archiv. Berlin 1987, 84, 85, Nr. 106 m. Abb.
[Variante].

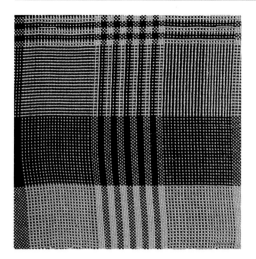
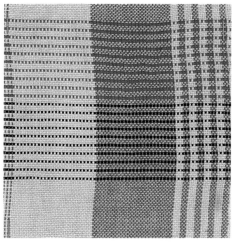

Gunta Stölzl
Dekorationsstoff, um 1929

Karo-Gewebe; Wolle; Rips, Leinwandbindung
Großes Karo, schachbrettartig gemustert; Far-
ben: Schwarz, Hellgrün
L. 17 cm; B. 16,5 cm
Musterrapport: H. 10 cm; B. ca. 16,5 cm
Herst.: wohl Textilwerkstätte des Bauhauses,
Dessau, Deutschland (bzw. polytextil gmbh,
Berlin)
Ankauf 1973
Inv. Nr. 50/73-6
Lit. u. a.: [Kat. Ausst.] Gunta Stölzl. Weberei am
Bauhaus und aus eigener Werkstatt. Bauhaus-
Archiv. Berlin 1987, 84, 85, Nr. 106 m. Abb.
[Variante].

In einem retrospektiven Artikel über die Entwicklung der Bauhaus-Weberei schrieb Gunta Stölzl
1931 u. a.: . . . 1922-23 hatten wir eine wesentlich
andere wohnvorstellung als heute. unsere stoffe
durften noch ideenschwere dichtungen, blumiges
dekor, individuelles erlebnis sein! sie fanden auch
außerhalb der bauhausmauern rasch anklang in
ziemlich breiter öffentlichkeit – . . .
allmählich trat eine wandlung ein. wir fühlten, wie
anspruchsvoll diese selbständigen einzelstücke
seien: decke, vorhang, wandbehang. der reichtum von farbe und form wurde uns zu selbstherr-
lich, er fügte sich nicht ein, er ordnete sich dem
wohnen nicht unter, wir suchten uns zu vereinfa-
chen, unsere mittel zu disziplinieren, materialge-
rechter, zweckbestimmter zu werden. damit kamen wir zu meterstoffen, die eindeutig dem
raum, dem wohnproblem dienen konnten. die pa-
role dieser neuen epoche: »modelle für die industrie!« . . . (bauhaus 1931, H. 2, 2).

Gunta Stölzl
Dekorationsstoff, Dessin »Bianco-Nero«,
1929/31

Streifen-Gewebe (Travers); Baumwolle, Zellwolle,
Wolle; Leinwandbindung, Querrips (Kette dünn,
Schuß verschieden dick)
Feine, verschieden breite Horizontalstreifen in
Schwarz und Weiß
L. 300 cm; B. 134 cm (Bahnbreite)
Musterrapport: H. ca. 13,5 cm
Herst.: Storck-Stoffe, Krefeld, Deutschland (Nach-
webung 1973/74)
Geschenk von Dr. Georg W. Hirtz, Breitenbrunn
(Burgenland), Österreich, 1983
Inv. Nr. 1321/83
Lit. u. a.: Fuchs Heinz u. François Burkhardt, [Kat.
Ausst.] Produkt Form Geschichte. 150 Jahre deut-
sches Design. Institut für Auslandsbeziehungen.
Berlin 1985, 201, Abb. 4.11. – [Kat. Ausst.] Frauen
im Design. Design Center. Stuttgart 1989, 230
m. Abb.

Gunta Stölzl (Zuschreibung)
Dekorationsstoff, um 1929

Karo-Gewebe; Wolle; Rips, Leinwandbindung
Großes Karo, schachbrettartig gemustert; Far-
ben: Weiß, Schwarz, Rotbraun, Hellrot
L. 16 cm; B. 14,5 cm
Musterrapport: H. 14,3 cm; B. ca. 14 cm
Herst.: wohl Textilwerkstätte des Bauhauses,
Dessau, Deutschland (bzw. polytextil gmbh,
Berlin)
Ankauf 1973
Inv. Nr. 50/73-2
Lit. u. a.: [Kat. Ausst.] Concepts of the Bauhaus.
The Busch-Reisinger-Museum Collection. Cam-
bridge (Mass.) 1971, 96, 97, Nr. 696 m. Abb.
[Variante] – [Kat. Ausst.] Gunta Stölzl. Weberei
am Bauhaus und aus eigener Werkstatt. Bauhaus
Archiv. Berlin 1987, 84, 85, Nr. 106 m. Abb.
[Variante].

Gunta Stölzl
Dekorationsstoff, um 1929

Karo-Gewebe; Wolle; Rips, Leinwandbindung
Großes Karo, schachbrettartig gemustert; Far-
ben: Schwarz, Weiß, Hellgrün
L. 19 cm; B. 18,5 cm
Herst.: wohl Textilwerkstätte des Bauhauses,
Dessau, Deutschland (bzw. polytextil gmbh,
Berlin)
Ankauf 1973
Inv. Nr. 50/73-4
Lit. u. a.: [Kat. Ausst.] Gunta Stölzl. Weberei aus
dem Bauhaus und aus eigener Werkstatt. Bau-
haus Archiv. Berlin 1987, 84, Nr. 106 m. Abb.

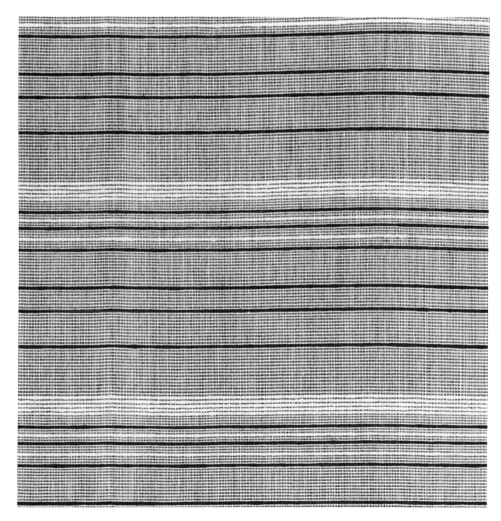

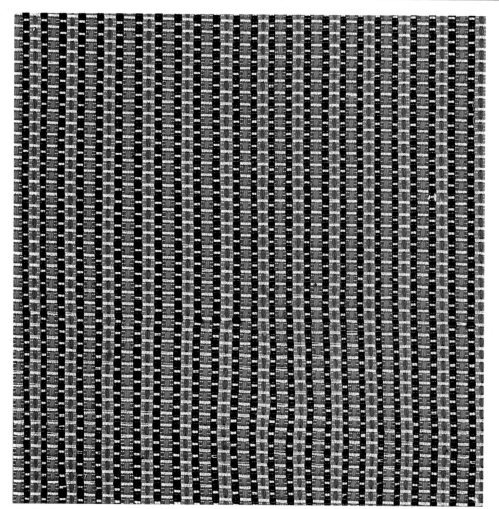

Bauhaus Dessau
Dekorationsstoff, um 1930

Webstoff; Wolle, Garne unterschiedlicher Stärke;
Rips, Kettflottungen
Kleinteiliges Streifenmuster in den Farben Braun,
Weiß, Schwarz, Orange
L. 33 cm; B. 26 cm
Musterrapport: H. 33 cm; B. 26,5 cm
Herst.: Textilwerkstätte des Bauhauses, Dessau,
Deutschland
Ankauf 1974
Inv. Nr. 101/74-9
Lit. u. a.: vgl. Wingler Hans M., Das Bauhaus.
Bramsche 1962, 468.

Bauhaus Dessau
Bezugsstoff, um 1930

Webstoff; Wolle, Acetat, unterschiedliche Garn-
stärken; kombiniertes Gewebe; Querrips, Atlas-
bindung, Kettflottungen
Kleinteiliges Streifenmuster in versetzter Rei-
hung; Farben: Schwarz, Orange, Gelb, Braun
L. 16,3 cm; B. 24 cm
Musterrapport: H. 1 cm; B. 0,7 cm
Herst.: Textilwerkstätte des Bauhauses, Dessau,
Deutschland
Ankauf 1974
Inv. Nr. 101/74-2
Lit. u. a.: vgl. Wingler Hans M., Das Bauhaus.
Bramsche 1962, 468.

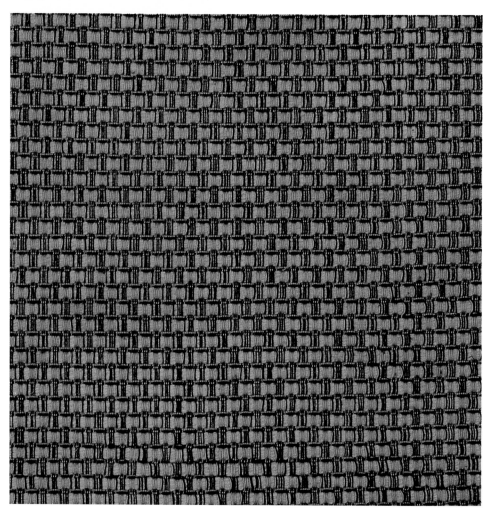

Bauhaus Dessau
Bezugsstoff, Dessin »Allegro«, um 1930

Webstoff; Wolle, Zellwolle; Kett- und Schußköperbindung
Verschieden breite Querstreifen, durchzogen von breiten vertikalen Streifen in gleichmäßigen Abständen; Farben: Weiß, Schwarz, Rot, Rosa, zwei Grüntöne, Dunkelblau, Gelb, Goldgelb
L. 188 cm; B. 134,5 cm (Bahnbreite)
Musterrapport: H. 24 cm; B. 14,5 cm
Herst.: Storck-Stoffe, Krefeld, Deutschland (Nachwebung 1973/74)
Inv. Nr. 1320/83
Lit. u. a.: Fuchs Heinz u. François Burkhardt, [Kat. Ausst.] Produkt Form Geschichte. 150 Jahre deutsches Design. Institut für Auslandsbeziehungen. Berlin 1985, 201, Abb. 4.13.

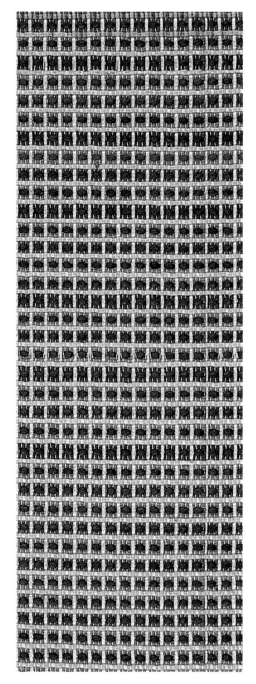

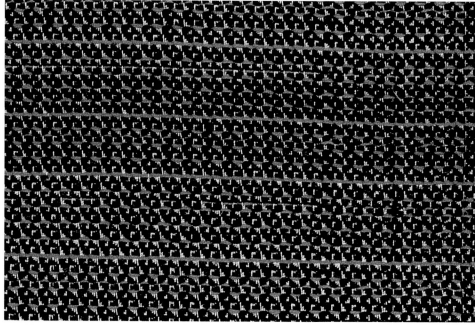

Bauhaus Dessau
Bezugsstoff, um 1930

Webstoff; Wolle, unterschiedliche Garnstärken;
kombiniertes Gewebe; Rips, Atlasbindung
Horizontales Streifenmuster, durchsetzt von geo-
metrischen Motiven in den Farben Schwarz,
Weiß, Orange
L.37 cm; B.27 cm
Musterrapport: H.3,5 cm; B. ca. 1 cm
Herst.: Textilwerkstätte des Bauhauses, Dessau,
Deutschland
Ankauf 1974
Inv. Nr. 101/74-8
Lit. u. a.: vgl. Wingler Hans M., Das Bauhaus.
Bramsche 1962, 468.

Bauhaus Dessau
Dekorationsstoff, um 1930

Webstoff; Wolle; Rips, Kettflottungen
Kleinteiliges Streifenmuster in den Farben Blau,
Hellblau, Weiß, Senfgelb
L.26,5 cm; B.24,5 cm
Musterrapport: H. ca. 3 cm; B.0,5 cm
Herst.: Textilwerkstätte des Bauhauses, Dessau,
Deutschland
Ankauf 1974
Inv. Nr. 101/74-7
Lit. u. a.: vgl. Wingler Hans M., Das Bauhaus.
Bramsche 1962, 468.

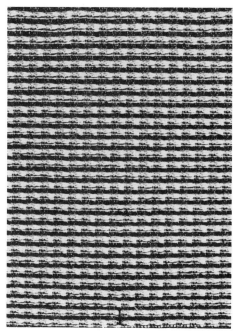

Bauhaus Dessau
Drei Bezugsstoffe, um 1930

Webstoff; Wolle, Baumwolle, merzerisiert; zwei-
farbiger Kettrips (ein sehr grober und ein sehr fei-
ner Faden)
Horizontales Streifenmuster. Die drei Stoffe un-
terscheiden sich in den Farben: 1. Schwarz und
Rot, 2. Schwarz und Grün, 3. Schwarz und Blau
L.1) 34 cm; 2) 9 cm; 3) 9 cm; B.1) 27 cm;
2) 15 cm; 3) 16 cm
Musterrapport: H.0,4 cm
Herst.: Textilwerkstätte des Bauhauses, Dessau,
Deutschland
Ankauf 1974
Inv. Nr. 70/74-5
Lit. u. a.: vgl. Wingler Hans M., Das Bauhaus.
Bramsche 1962, 468.

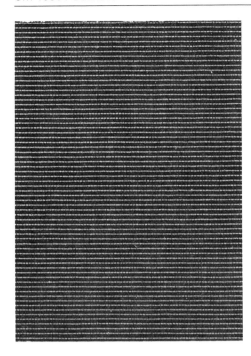

Bauhaus Dessau
Bezugsstoff, um 1930

Webstoff; Wolle, Bouclégarn, einfache Garne unterschiedlicher Stärke; Rips, Leinwandbindung
Kleinteiliges Streifenmuster in den Farben Beige, Schwarz, Hellgrün
L. 28,5 cm; B. 26 cm
Musterrapport: H. 1 cm; B. 1 cm
Herst.: Textilwerkstätte des Bauhauses, Dessau, Deutschland
Ankauf 1974
Inv. Nr. 101/74-10
Lit. u. a.: vgl. Wingler Hans M., Das Bauhaus. Bramsche 1962, 468.

Bauhaus Dessau
Dekorationsstoff, um 1930

Webstoff; Wolle, Viskose; kombiniertes Gewebe; Rips, Halbdreherbindung
Kleinteiliges Streifenmuster in den Farben Gelb, Hellgrün, Blaugrau
L. 30 cm; B. 24 cm
Musterrapport: B. 0,3 cm
Herst.: Textilwerkstätte des Bauhauses, Dessau, Deutschland
Ankauf 1974
Inv. Nr. 101/74-6
Lit. u. a.: vgl. Wingler Hans M., Das Bauhaus. Bramsche 1962, 468 – [Kat. Ausst.] Bauhaus and Knoll Textiles. Tokio 1989, 17 m. Abb.

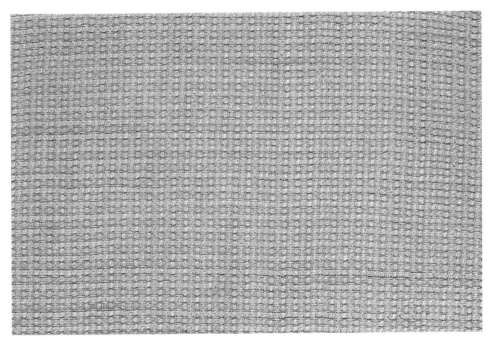

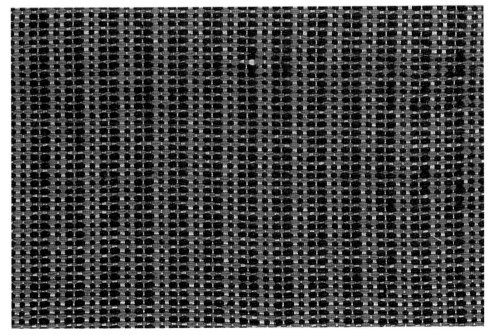

Bauhaus Dessau
Bezugsstoff, um 1930

Webstoff; Wolle, Garne unterschiedlicher Stärke; Rips
Kleinteiliges Streifenmuster in den Farben Weiß, Braun, Hellbraun, Orange
L. 30 cm; B. 25 cm
Musterrapport: H. 0,5 cm; B. 1 cm
Herst.: Textilwerkstätte des Bauhauses, Dessau, Deutschland
Ankauf 1974
Inv. Nr. 101/74-1
Lit. u. a.: vgl. Wingler Hans M., Das Bauhaus. Bramsche 1962, 468.

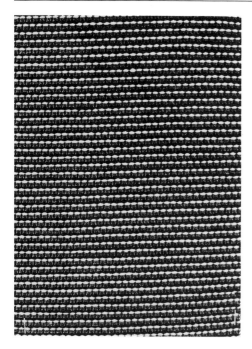

Bauhaus Dessau
Bezugsstoff, um 1930

Webstoff; Wolle; Rips
Kleinteiliges Streifenmuster in versetzter horizon-
taler Reihung in den Farben Schwarz, Weiß, Grau
L. 25 cm; B. 18 cm
Musterrapport: H. 1,3 cm; B. 1 cm
Herst.: Textilwerkstätte des Bauhauses, Dessau,
Deutschland
Ankauf 1974
Inv. Nr. 101/74-11
Lit. u. a.: vgl. Wingler Hans M., Das Bauhaus.
Bramsche 1962, 468.

Bauhaus Dessau
Dekorationsstoff, um 1930

Karo-Gewebe; Wolle; Köperbindung, S- und
Z-Grat
Kleinteiliges Karo in den Farben Schwarz, Weiß,
Grau, Gelb, Orange, Rosa
L. 40 cm; B. 19,5 cm
Herst.: Textilwerkstätte des Bauhauses, Dessau,
Deutschland
Ankauf 1974
Inv. Nr. 101/74-13.

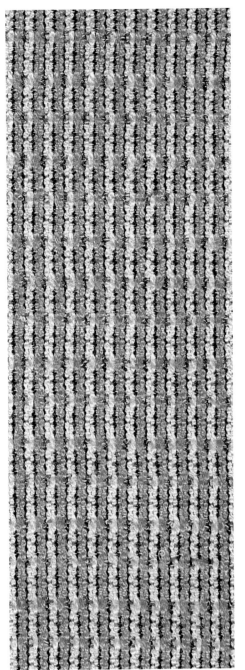

Bauhaus Dessau
Dekorationsstoff, um 1930

Webstoff; Wolle, Acetat, unterschiedliche Garn-
stärken; kombiniertes Gewebe; Halbdreher- und
Leinwandbindung, Schußflottungen
Kleinteiliges Streifenmuster in den Farben Weiß,
Lachsfarben, Beige, Braun, Schwarz
L. 15,5 cm; B. 18 cm
Musterrapport: H. 0,5 cm; B. 0,8 cm
Herst.: Textilwerkstätte des Bauhauses, Dessau,
Deutschland
Ankauf 1974
Inv. Nr. 101/74-4
Lit. u. a.: vgl. Wingler Hans M., Das Bauhaus.
Bramsche 1962, 468.

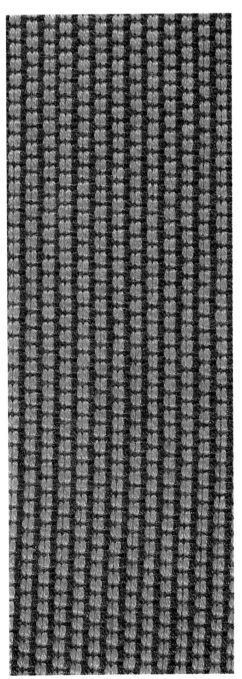

Bauhaus Dessau
Bezugsstoff, um 1930

Webstoff; Wolle; Rips
Kleinteiliges, versetztes Streifenmuster in vertika-
ler Reihung; Farben: Rostbraun, Orange, Schwarz
L. 21,5 cm; B. 22,5 cm
Musterrapport: H. 1,3 cm; B. 1 cm
Herst.: Textilwerkstätte des Bauhauses, Dessau,
Deutschland
Ankauf 1974
Inv. Nr. 101/74-12
Lit. u. a.: vgl. Wingler Hans M., Das Bauhaus.
Bramsche 1962, 468 – [Kat. Ausst.] Bauhaus and
Knoll Textiles. Tokio 1989, 16 m. Abb.

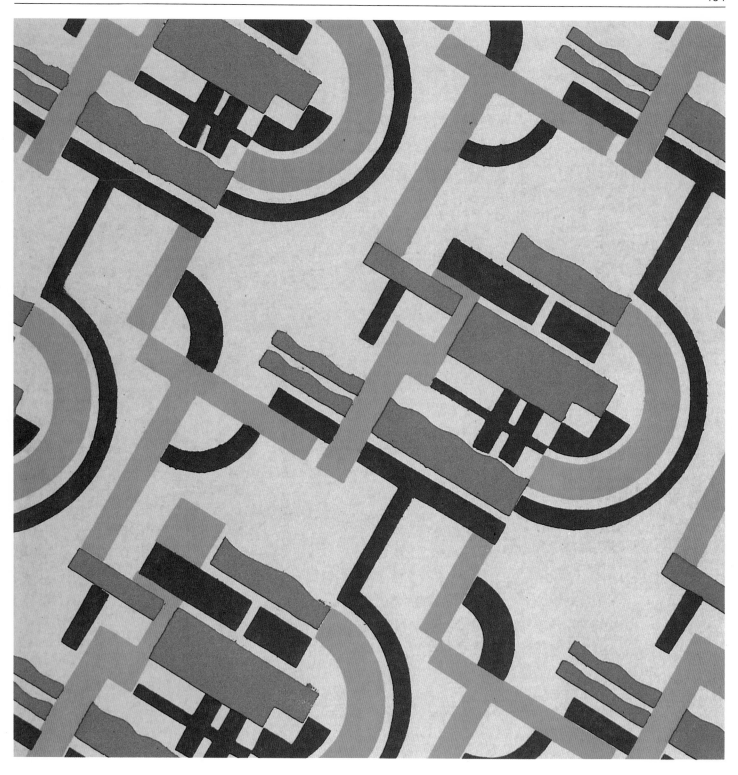

Serge Gladky
Textilentwurf, 1931
Linoldruck aus der Publikation Nouvelles
Compositions Décoratives, Première série

Pl. 19: auf gelblichem Fond diagonal angeordne-
tes, geometrisches Muster in den Farben Anthra-
zit, Orange und Blaugrün: Halb und Viertelkreisbö-
gen, rechtwinklig gebrochenen Linien sowie
Rechtecke, die auf einer Längsseite von einer
Wellenlinie begrenzt werden
Papier: 32,6 × 25 cm
Plattengröße: 23,8 × 17,9 cm
Inv. Nr. 919/84
Lit. u. a.: Wichmann Hans, [Kat. Ausst.] Neu. Do-
nationen und Neuerwerbungen 1984/85. Die
Neue Sammlung. München 1988, 126, 127.

Serge Gladky
Textilentwurf, 1931
Linoldruck aus der Publikation Nouvelles
Compositions Décoratives, Première série

Die Publikation Gladkys erschien 1931 in Paris mit
einer Einleitung von Georges Rémon, Direktor der
École der Arts Appliques de la Ville de Paris.
Pl. 11: auf hellgrauem Fond Streifen- und Winkel-
muster in den Farben Zyklam, Grün, Blau
Papier: 32,5 × 24,9 cm
Plattengröße: 23,5 × 15,2 cm
Inv. Nr. 919/84
Lit. u. a.: Wichmann Hans, [Kat. Ausst.] Neu. Do-
nationen und Neuerwerbungen 1984/85. Die
Neue Sammlung. München 1988, 126, 127.

Serge Gladky
Textilentwurf, 1931
Linoldruck aus der Publikation Nouvelles
Compositions Décoratives, Première série

Pl. 43: auf gelblichem Fond Treppenmuster und
Halbovale in den Farben Zyklam, Grün, Blau
Papier: 32,6 × 25,2 cm
Plattengröße: 23,7 × 17,6 cm
Inv. Nr. 919/84
Lit. u. a.: Wichmann Hans, [Kat. Ausst.] Neu. Do-
nationen und Neuerwerbungen 1984/85. Die
Neue Sammlung. München 1988, 126, 127.

Serge Gladky
Textilentwurf, 1931
Linoldruck aus der Publikation Nouvelles
Compositions Décoratives, Première série

Pl. 4: auf weißem Fond einander überlagernde
Rechtecke in den Farben Zyklam, Grün und Gelb,
die durch weiße Streifen unregelmäßig durch-
schnitten sind
Papier: 32,7 × 25 cm
Plattengröße: 24 × 18,2 cm
Inv. Nr. 919/84
Lit. u. a.: Wichmann Hans, [Kat. Ausst.] Neu. Do-
nationen und Neuerwerbungen 1984/85. Die
Neue Sammlung. München 1988, 126, 127.

Serge Gladky
Textilentwurf, 1931
Linoldruck aus der Publikation Nouvelles
Compositions Décoratives, Première série

Pl. 13: auf hellockerfarbenem Fond diagonal angeordnetes Streifen- und Winkelmuster in den Farben Rot und Zyklam; Zwischenräume ausgefüllt
durch Kreuz- und Wellenlinien in Grün bzw. Zyklam
Papier: 32,6 × 24,9 cm
Plattengröße: 23,9 × 17,9 cm
Inv. Nr. 919/84
Lit. u. a.: Wichmann Hans, [Kat. Ausst.] Neu. Donationen und Neuerwerbungen 1984/85. Die
Neue Sammlung. München 1988, 126, 127.

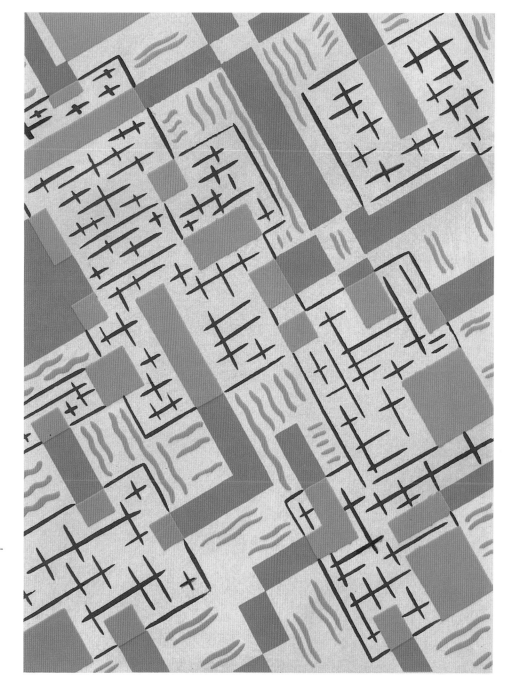

Sigmund von Weech
Zwei Entwurfsblätter für einen gepolsterten
Stahlrohr-Sessel, 1930

Bezugsstoff: große schwarze, weiße und melierte Karos
Transparentpapier; Feder, Blei; auf Karton montiert
Oben: perspektivische Ansicht in rundem Ausschnitt
maschinenbeschr. Etikett: Stahlrohrstuhl, Junkers, Dessau, 1928
23,5 × 21,5 cm (Passepartout)
Unten: Seiten-, Front- und Aufsicht
Bez. r. u., Stempel (rot): atelier professor s. von
weech DWB ÖWB BDG münchen
21 × 23 cm
Montierkarton: 50 × 35 cm
l. u. Klebeetikett (Exlibris): Weech 503; Mitte u.
maschinenbeschr. Etikett: STUHLENTWURF
FÜR EIN JUNCKERSCHES STAHLROHRPATENT
AUSFÜHRUNG BEI JUNCKERS 1930; r. u.: D 13
Geschenk von Frau Charlotte von Weech, München, 1987
Inv. Nr. 996/88.

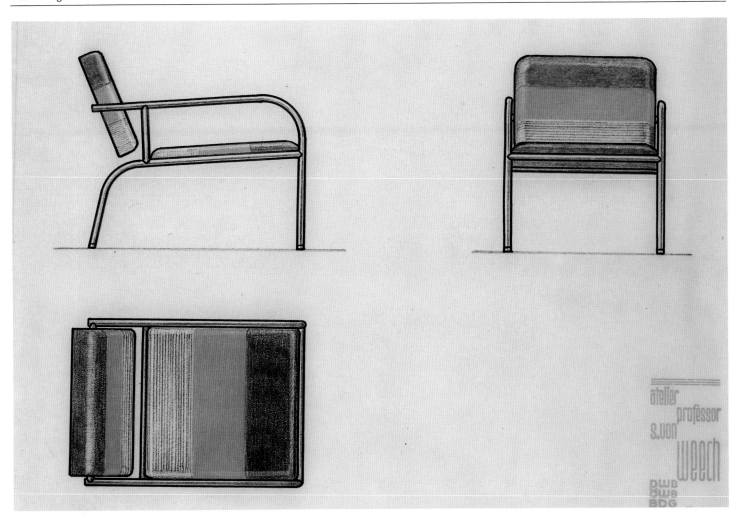

Sigmund von Weech
Zwei Entwurfsblätter für einen gepolsterten
Stahlrohr-Sessel, 1930

Bezugsstoff: breite rote, schwarze und grau-
melierte Streifen
Transparentpapier; Feder, Blei- und roter Farbstift; auf Karton montiert
Oben: perspektivische Ansicht in rundem Ausschnitt
maschinenbeschr. Etikett: Stahlstuhl, Junkers,
Dessau, 1930
23,5 × 21,5 cm (Passepartout)
Unten: Seiten-, Front- und Aufsicht
Bez. r. u., Stempel (rot): atelier professor s. von
weech DWB ÖWB BDG münchen
21,2 × 28 cm
Montierkarton: 50 × 35 cm
l. u. Klebeetikett (Exlibris): Weech 504; Mitte u.
maschinenbeschr. Etikett: STUHLENTWURF
FÜR EIN JUNCKERSCHES STAHLROHRPATIENT
AUSFÜHRUNG BEI JUNCKERS 1930; r. u.: D 14
Geschenk von Frau Charlotte von Weech, München, 1987
Inv. Nr. 998/88.

Jean und Jacques Adnet
Bodenteppich, um 1930

Wolle; geknüpft
Quadrate und Dreiecke in den Farbtönen Rot-
braun, Braunschwarz, Hellbeige und Schwarz
Bez. r. u.: JJA
H. ca. 144 cm; B. ca. 156 cm
Ankauf London, 1985
Inv. Nr. 897/85
Lit. u. a.: [Kat. Aukt.] Decorative Arts from 1850 to
the Present Day. Christie, Manson & Woods Ltd.
London. 18. Juli 1985, 57, Nr. 210 m. Abb. – Wich-
mann Hans, [Kat. Ausst.] Neu. Donationen und
Neuerwerbungen 1984/85. Die Neue Sammlung.
München 1988, 76, 126 m. Abb.

Hans Arp
Wandteppich »Pique As – Constellation«,
1930

Wolle; geknüpft
Grau, Rot, Schwarz. Große eckige Flächen mit
leicht geschwungenen Umrissen; kleines augen-
ähnliches Zeichen im linken oberen, großes Sym-
bol für Pique-As im rechten unteren Viertel
H. 212 cm; B. 150 cm
Hergestellt im Auftrag der Galerie Myrbor, Paris,
in deren Werkstätten in Sétif in Algerien
Ankauf von Graph. Kabinett GmbH, München,
1930
Inv. Nr. 554/30
Lit. u. a.: [Kat. Ausst.] Moderne Bildwirkereien.
Grassi-Museum. [Leipzig] 1930, Nr. 54 m. Abb. –
Die Form 5, 1930, H. 10, 260 m. Abb. – [Kat.
Ausst.] Neue Schweizer Bildteppiche in Konfron-
tation mit Werken von Henri-George Adam, Hans
Arp . . . St. Gallen 1959, 12, Nr. 17 – [Kat. Ausst.]
Neue französische Wandteppiche. Museum für
Kunst und Gewerbe. Hamburg 1960, 5, 16, Nr. 5
m. Abb. – [Kat. Ausst.] Wandteppiche aus Frank-
reich. Paris baut. Die Neue Sammlung. München
1960, 9, Nr. 4 m. Abb. – [Kat. Ausst.] Teppiche.
Kestner-Gesellschaft. Hannover 1961, 7, 8, Nr. 1
m. Abb. – [Kat. Ausst.] Wandteppiche. Die Neue
Sammlung. München 1961, 13, 26, Nr. 1 m. Abb. –
Eckstein Hans [Kat. Mus.] Die Neue Sammlung.
München 1965, Abb. 1 – [Kat. Ausst.] Um 1930.
Die Neue Sammlung. München 1969 m. Abb. –
Sembach Klaus-Jürgen, Stil 1930. Tübingen 1971,
Farbtaf. I – [Kat. Mus.] Die Neue Sammlung. Eine
Auswahl aus dem Besitz des Museums. Mün-
chen [1972], Abb. 102 – Wichmann Hans, [Kat.
Ausst.] Textilien, Silbergeräte, Bücher. Die Neue
Sammlung. München 1980, 19 – Wichmann
Hans, Industrial Design. Unikate. Serienerzeug-
nisse. die Neue Sammlung. Ein neuer Museum-
styp des 20. Jahrhunderts. München 1985, 186
m. Abb., 187.

Studio La Maîtrise des Kaufhauses
Lafayette, Paris, Teppichentwürfe, um 1930

Im Herbst 1989 gelang die Erwerbung von
etwa 100 Entwürfen des Studios »La Maîtrise«. Dieses Studio, das auch unter dem
Titel »Ateliers des Arts Appliqués« firmierte,
war ein Appendix des 1896 gegründeten Pariser Kaufhauses »Galeries Lafayette«, das
innerhalb von nur zwei Jahrzehnten von einem relativ primitiven Gemischtwarenladen
zu einem tonangebenden, exklusiven Haus
entwickelt worden war. Ab 1906 erfolgte der
Neubau nach Plänen von Georges Chedanne,
die zwischen 1910 und 1912 von Ferdinand
Chanut geändert wurden. Es entstand
durch diesen Architekten das erste Grand Ma-
gasin in armierter Betonskelettbauweise.
1921 wurde unter Leitung von Maurice
Dufrène das »La Maîtrise« integriert, das
angestellte Entwerfer, aber auch externe
Designer beschäftigte. Die Mitarbeiter stellten u.a. im »Salon d'Automne« und im »Salon des Artistes Décorateurs« aus. Das Atelier Dufrène entsprach ähnlichen Einrichtungen, die auch die anderen drei großen Pariser Kaufhäuser vorzuweisen hatten, von denen das Studio Primavera des Kaufhauses
»Au Printemps« (gegründet 1912) zu den äl-
testen zählte. Alle vier Kaufhäuser hatten in
der »Exposition Internationale des Arts Décoratifs et Industriels Modernes«, Paris
1925, einen eigenen Pavillon entwickelt.
Derjenige von La Maîtrise war von Ferdinand Chanut errichtet und von Maurice
Dufrène ausgestattet worden.
In dem Konvolut von Teppichentwürfen befinden sich u.a. Arbeiten der Entwerfer J. J. Adnet,

Morel Bissière, Christian Combal, Marcel
Coupé, Maurice Dufrène, Suzanne Guiguichon,
René Herbst, Pierre Paul Montagnac, Henri
Pinguenet, Ch. Rogelet, J. F. Thomas. Dar-
über hinaus werden in der Literatur Ent-
würfe von Eric Bagge, Jean Beaumont,
Edouard Bénédictus, Mlle. Coutant, Gabriel
Englinger und Mlle. Marionnée genannt.

Lit. u. a.: Marrey Bernard, Les grands magasins. Des
origines à 1939. Paris 1979 – Duncan Alastair, Art
Deco Furniture. The French designers. London 1984
– Bony Anne, Les années 30. Paris 1987 – Duncan
Alastair, Encyclopedia of Art Deco. London 1988 –
Bouillon Jean Paul, Art Déco 1903-1940. Genf 1989.

René Herbst   ▷
Teppichentwurf, um 1930

Aquarell auf weißem Papier
Ineinander greifende Winkelformen in Rotbraun,
Orange, Schwarz auf hellbräunlichem Grund
Bez. r. u.: Hr
Beschr. Rücks.: Cde. 4793 – 1m40 × 0m55
[Stempel:] 8315 1878
Entwurf: 32,5 × 13,7 cm; Blatt: 33,5 × 14,5 cm
Montierkarton: 39,5 × 29 cm
Inv.Nr. 1302/89

Morel Bissière
Teppichentwurf »Printemps«, 1927

Gouache auf weißem Papier
Diagonal orientierte Komposition: einander überlagernde Rechtecke unterschiedlicher Größe, z. T.
mit breiten Zickzackstreifen gefüllt bzw. von Viel-
paßmotiven umfangen; Blau-, Grautöne, Türkis,
Schwarz
9 × 15,8 cm
Bez. Montierkarton: Morel Bissière . . . Parc St
Maur
Montierkarton: 16,5 × 26 cm; Beschr.: Printemps 90 × 160 4 140 × 2 choisi par Mr. guilleri le
12/4-27; Rücks. gestempelt: 9424 3368
Inv.Nr. 1310/89

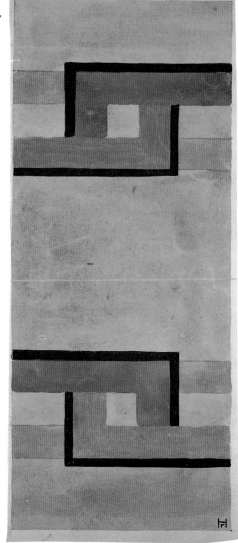

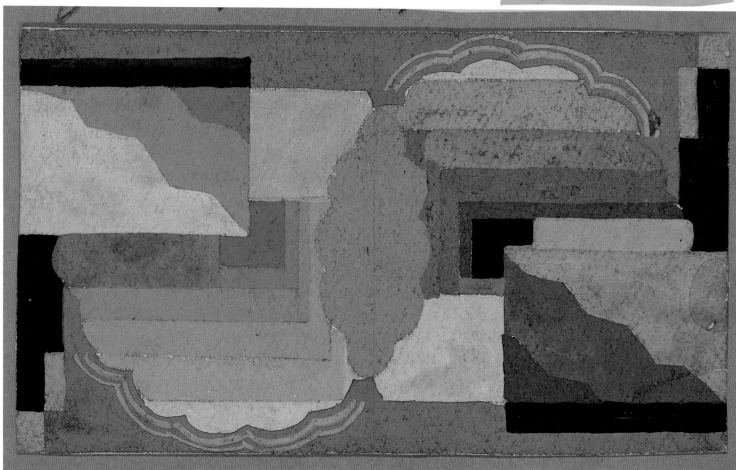

Teppichentwurf, Paris, um 1930

Kreide und Gouache auf bräunlichem Transparent-
papier
Großes Quadrat, in zahlreiche Drei- und Vielecks-
flächen sowie einzelne rundbogig begrenzte Flä-
chen unterteilt, z. T. weiß konturiert bzw. in
Schwarz oder Rosa koloriert
Beschr.: 21 × 21 ... 1,50 × 1,50 Cdn. 4872 ...
Entwurf: 15 × 15 cm; Blatt: 18,5 × 18,5 cm
Montierkarton: 20,3 × 27,6 cm; Rücks. gestem-
pelt: 03090 3525
Inv.Nr. 1308/89.

René Herbst
Teppichentwurf, um 1930

Gouache auf gelblichem Papier
Auf braunem Fond zwei ineinander greifende,
rechtwinklig gebrochene Flächen, durch begleitende Winkellinien zum Quadrat ergänzt, in Dunkelrot und Weiß
Bez. r. u.: Hr
Beschr. Rücks.: Cde. 6148 1 × 1 tirée du »Gabli-
bier« mais en tons havane et rouge [Stempel:]
01492 3587
23,9 × 23,9 cm
Montierkarton: 29 × 26 cm
Inv.Nr. 1300/89.

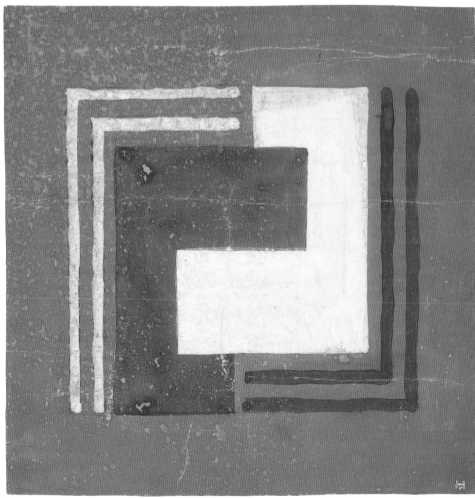

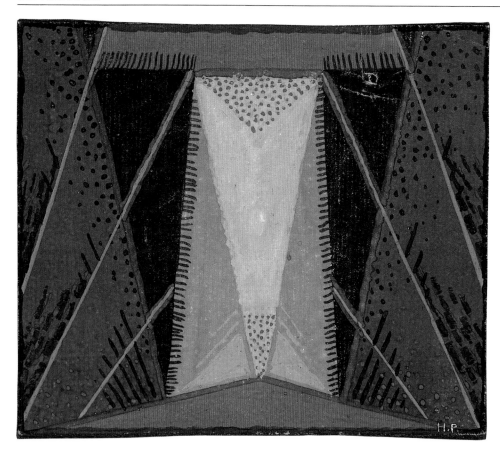

Henri Pinguenet
Teppichentwurf, um 1930

Gouache auf weißem Papier
Symmetrisch zur vertikalen Mittelachse geord-
nete Dreiecks- und Vierecksflächen, z. T. gepunk-
tet, schraffiert etc., von langen Linien unterteilt; in
Grün-, Grautönen, Violett, Braun, Gelb
Bez. r. u.: H. P.
11,6 × 13,7 cm
Montierkarton: 39 × 29 cm; gestempelt: MO-
DÉLE DEPOSÉ [Rücks.:] HENRI PINGUENET ...
01141 3488
Inv.Nr. 1309/89.

Teppichentwurf »Les Dalles«,
Paris, um 1930

Aquarell auf weißem Papier
Auf hellem Fond verschwimmende Rechtecke,
z. T. ineinander übergehend bzw. durch Linien verbunden; in Rot, Orange und Braun
Farbflächen durch Zahlen 1-11 gekennzeichnet
Beschr. Rücks.: Cde. 48/8 – »Les Dalles« 17 × 17
140 × 220 [Stempel:] 8724 1951
14 × 21,8 cm
Montierkarton: 29 × 39,2 cm; Rücks. gestempelt: wie vor
Inv.Nr. 1314/89.

Teppichentwurf »Tiré du Pré«, Paris, um
1930

Gouache auf gelblichem Papier
Symmetrisch zur vertikalen Mittelachse geord-
nete Rechtecksflächen unterschiedlicher Größe,
von Rundbogenformen und kleinen sphärischen
Dreiecken überlagert; Grün-, Grautöne, Hellblau,
Braun, Orange, Weiß, schwarze Umrandung
Beschr. Rücks.: Cde. 5340 1m20 × 3m »Tiré du
Prè« [Stempel:] 01553 3605
15 × 21,1 cm
Montierkarton: 30,2 × 21 cm; Rücks. gestem-
pelt: wie vor
Inv.Nr. 1307/89.

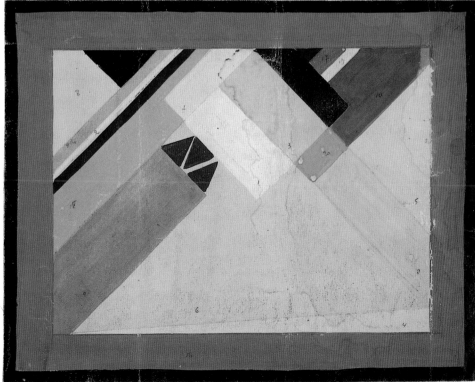

Teppichentwurf »Limpide«, Paris, um 1930

Gouache auf weißem Papier
In doppeltem Rahmen geometrische Komposition
aus Dreiecken, Rechtecken und Streifen unter-
schiedlicher Größe, einander z. T. überschnei-
dend, in Grau-, Grün-, Weiß- und Brauntönen,
Orange, Mauve
Farbflächen mit Zahlen 1-21 gekennzeichnet
Beschr. Rücks.: »Limpide« 0/5454 1,50 × 2,20
[Stempel:] 01668 3367
17 × 21,8 cm
Montierkarton: 29 × 23 cm; Rücks. gestempelt:
wie vor
Inv.Nr. 1311/89.

Bauhaus Dessau
Dekorationsstoff, 1932

Mustercoupon mit Originalmusterzettel Nr. 122;
gehört zum Musterbuch von »bauhaus-
druckstoff A« mit sechs Mustercoupons
Druckstoff; Baumwolle, Kreppgarn; Atlasbindung
Auf weißem Grund verschlungene, horizontalge-
richtete Wellenlinien in unterschiedlichen Abstän-
den; Farbe: Grün
L. 45 cm; B. 31 cm
Musterrapport: H. ca. 12 cm; B. ca. 12 cm
Herst.: M. van Delden + Co., Gronau/Westfalen,
Deutschland (Druck)
Stoffe dieser Art der Firma van Delden und »Bau-
haus-Tapeten« der Firma Rasch in Bramsche wurden gemeinsam vertrieben und für beide eine Ge-
meinschaftswerbung entwickelt. Vgl. Tagebuch
von Gunta Stölzl vom 2. März 1932.
Inv. Nr. 107/36
Lit. u. a.: Die Form 1933, 74 m. Abb. – [Kat. Mus.]
Die Neue Sammlung. Eine Auswahl aus dem Be-
sitz des Museums. München [1972], Abb. 112 –
[Kat. Ausst.] Gunta Stölzl. Weberei am Bauhaus
und aus eigener Werkstatt. Bauhaus Archiv. Berlin 1987, 140 m. Abb.

Bauhaus Dessau
Dekorationsstoff, 1932

Mustercoupon mit Originalmusterzettel Nr. 132;
gehört zum Musterbuch von »bauhaus-
druckstoff A« mit sechs Mustercoupons
Druckstoff; Baumwolle, Kreppgarn; Atlasbindung
Auf weißem Grund Gitterwerk von Wellenlinien in
unterschiedlichen Abständen; Farbe: Blau
L. 45 cm; B. 31 cm
Musterrapport: H. ca. 12 cm; B. ca. 12 cm
Herst.: Textilwerkstätte des Bauhauses, Dessau,
Deutschland
Inv. Nr. 107/36
Lit. u. a.: Die Form 1933, 74 m. Abb. – [Kat. Mus.]
Die Neue Sammlung. Eine Auswahl aus dem Be-
sitz des Museums. München [1972], Abb. 112.

Bauhaus Dessau
Dekorationsstoff, 1932

Mustercoupon mit Originalmusterzettel Nr. 66;
gehört zum Musterbuch von »bauhaus-
druckstoff A« mit sechs Mustercoupons
Druckstoff; Baumwolle, Kreppgarn; Atlasbindung
Auf weißem Grund vertikale, sich überschnei-
dende Zick-Zack-Linien in Braun
L. 45 cm, B. 31 cm
Musterrapport: H. 1 cm; B. 21,5 cm
Herst.: Textilwerkstätte des Bauhauses, Dessau,
Deutschland
Inv. Nr. 107/36
Lit. u. a.: [Kat. Mus.] Die Neue Sammlung. Eine
Auswahl aus dem Besitz des Museums. Mün-
chen [1972], Abb. 112.

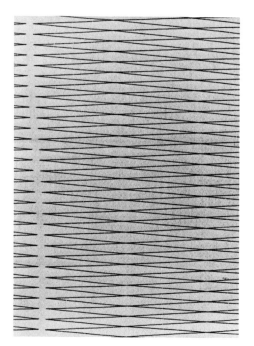

Bauhaus Dessau
Dekorationsstoff, 1932

Mustercoupon mit Originalmusterzettel Nr. 9;
gehört zum Musterbuch von »bauhaus-
druckstoff A« mit sechs Mustercoupons
Druckstoff; Baumwolle, Kreppgarn, Atlasbindung
Auf weißem Grund unregelmäßig dicke, horizon-
tale Linien in Orange
L. 45 cm; B. 31 cm
Musterrapport: H. ca. 3 cm
Herst.: Textilwerkstätte des Bauhauses, Dessau,
Deutschland
Inv. Nr. 107/36
Lit. u. a.: Die Form 1933, 74 m. Abb.

Hajo und Katja Rose (zugeschrieben)
Dekorationsstoff, 1932

Mustercoupon mit Originalmusterzettel Nr. 4;
gehört zum Musterbuch von »bauhaus-
druckstoff A« mit sechs Mustercoupons
Druckstoff; Baumwolle, Kreppgarn; Atlasbindung
Auf weißem Grund breite Querstreifen mit u-för-
miger Strukturierung; Querbänder meliert; Farbe:
Braun
L. 45 cm; B. 31 cm
Musterrapport: H. 32 cm; B. 0,5 cm
Herst.: Textilwerkstätte des Bauhauses, Dessau,
Deutschland
Inv. Nr. 107/36
Vgl. u. a. die Entwürfe abgebildet in: [Kat. Ausst.]
Gunta Stölzl. Weberei am Bauhaus und aus eige-
ner Werkstatt. Bauhaus Archiv. Berlin 1987, 141.

Hajo Rose
Dekorationsstoff, 1932

Mustercoupon mit Originalmusterzettel Nr. 82;
gehört zum Musterbuch von »bauhaus-
druckstoff A« mit sechs Mustercoupons
Druckstoff; Baumwolle, Kreppgarn; Atlasbindung
Auf weißem Grund vertikale Zick-Zack-Linien von
Schreibmaschinentypen »6« und »9«, die paar-
weise angeordnet sind; Streifen von »6« und »9«
akzentuieren horizontal in gleichmäßigem Ab-
stand die Zick-Zack-Linien. Farben: Dunkel- und
Hellblau
L. 45 cm; B. 31 cm
Musterrapport: H. 28 cm; B. 1,5 cm
Herst.: Textilwerkstätte des Bauhauses, Dessau,
Deutschland
Inv. Nr. 107/36
Lit. u. a.: Die Form 1933, 74 m. Abb. – [Kat. Ausst.]
Katja Rose Weberei. Bauhaus-Archiv. Berlin 1983,
Nr. 7 m. Abb. [Varianten] – Peter Halm (Hrsg.),
Bauhaus-Berlin. Weingarten 1985, 206 m. Abb.

Josef Hillerbrand
Dekorationsstoff, um 1933

Druckstoff; Baumwolle; Rohgewebe in Lein-
wandbindung (Kretonne-Rohware=Grobnessel)
Auf schwarzem Grund vertikales Reihenmuster
von weißen Linien, an denen seitlich sich Zweige
mit weißen Beeren in unterschiedlicher Größe be-
finden
L. 293 cm; B. 128 cm (Bahnbreite)
Musterrapport: H. 45 cm; B. 42,5 cm
Herst.: Deutsche Werkstätten, Dresden,
Deutschland
Ankauf vom Hersteller, 1936
Inv. Nr. 264/35
Lit. u. a.: Dekorative Kunst 37, 1936, Bd. 74, 230
m. Abb.

Pablo Picasso
Wandteppich »Volutes«, 1932 (Ausschnitt)

Wolle; geknüpft
Auf rotem Grund schwarzes, volutenbildendes
Muster
H. 254 cm; B. 190 cm
Herst.: Ausführung in Afghanistan, 1965 (Nach-
knüpfung)
Ankauf München, 1967
Inv. Nr. 27/67
Lit. u. a.: [Kat. Ausst.] Teppiche. Galerie Beyeler.
Basel [o. J.], Nr. 34 – [Kat. Ausst.] Teppiche. Kest-
ner-Gesellschaft. Hannover 1961, 10, Nr. 30 –
[Kat. Mus.] Die Neue Sammlung. Eine Auswahl
aus dem Besitz des Museums. München [1972],
Abb. 93 – Duncan Davis Douglas, Adieu Picasso.
London [ca. 1974], 230 m. Abb. [mit Picasso in
dessen Wohnung] – Wichmann Hans, [Kat.
Ausst.] Textilien, Silbergeräte, Bücher. Die
Neue Sammlung. München 1980, 20, Titelbild –
Wichmann Hans, Industrial Design. Unikate.
Serienerzeugnisse. Die Neue Sammlung. Ein
neuer Museumstyp des 20. Jahrhunderts.
München 1985, 187 m. Abb.

Fernand Léger
Wandteppich »Formes sur fond blanc«,
1932

Der Entwurf des 1959 ausgeführten Teppichs entstand 1932. Légers Schaffensperiode von circa 1928 bis 1939 läßt sich mit den Schlagworten »Verselbständigung der Dingwelt« und »Das Ding im Raum« kennzeichnen; zugleich gewinnt die Farbe immer größere Bedeutung. Am Schnittpunkt dieser Tendenzen ist der 1932 entstandene Entwurf des Teppich »Formes sur fond blanc« einzuordnen: als Komposition von farbigen Flächenformen, gleichsam verdinglichte Farbe, im Idealraum des weißen Grundes. Von den meisten anderen Teppichen Légers unterscheidet sich »Formes sur fond blanc« durch den Verzicht auf jegliche Anleihen im Realistisch-Gegenständlichen.
1924 wurde in Aubusson auf Veranlassung von Madame Marie Cuttoli die erste Tapisserie nach einem Entwurf von Léger gefertigt (Le Masque Negre). Zu dieser Zeit begann auch seine Auseinandersetzung mit dem Problem der Wandgestaltung, als er 1925 im Auftrag von Mallet-Stevens und Le Corbusier Dekorationen und Wandmalereien für Eingangshalle und »Pavillon d'Esprit Nouveau« bei der »Exposition Internationale des Arts Décoratives et Industriels Modernes« in Paris schuf.
Le Corbusiers Äußerung darüber ist in gleichem Maße für Légers Tapisserien gültig: »Léger begegnete der Architektur und kam über die lärmenden Diagonalen hinaus; die Bewegung liegt nun nicht mehr in der Zeichnung, sondern sie geht hervor aus dem Vordringen und Zurückweichen der Farben. Mit dieser Dynamik komponiert er. Diese Malerei ist Schwester der Architektur, darin liegt ihre besondere Bedeutung, aber sie bleibt durchaus Malerei. Die Verbindung ist so zwingend, daß Léger von allen heute schaffenden Malern derjenige ist, dessen Bilder eine zeitgemäße Umgebung gleichen Ursprungs verlangen . . . Er ist der Maler von heute, er bedarf eines neuen geistigen Ausdrucks der Architektur.« (nach: [Kat. Ausst.] Fernand Léger. Haus der Kunst. München 1957, 83).
Der Teppich »Formes sur fond blanc« wurde erst 1959 gewebt, als Fernand Légers Witwe Nadja den Karton – neben anderen seiner Teppichentwürfe – dem Atelier Pinton Frères in Aubusson zur Ausführung übergab.
Diese Manufaktur war zusammen mit den Werkstätten Tabard Frères, Goubely-Gatien u.a. entscheidend an der Erneuerung der Teppichwirkerei in Frankreich beteiligt, wurde doch in diesen Betrieben in Aubusson seit den zwanziger Jahren unter Leitung von Madame Cuttoli eine ganze Teppichserie nach Kartons moderner Künstler wie z.B. Braque, Picasso, Lurçat und Le Corbusier gefertigt.
Über Légers Tapisserien schrieb Jacques Thirion 1962: »Man muß feststellen, daß sich wenige Werke so gut zur Projektion auf Wände eignen wie die Légers. Lebendigkeit der Komposition, Reinheit der Farbtöne, Befreiung der dritten Dimension – all dies trägt zum Gelingen dieser gewebten Transformationen bei, bei denen – sofern der Maßstab vom Entwurf abweicht – der Rhythmus der Komposition nicht etwa nur gleich bleibt, sondern sogar zu monumentaler Wirkung sich ausweitet. . . . Das, was Léger bei Tapisserien schätzte, war – abgesehen von ihrer Größe – ihre weiche Textur, die die Kontraste bereichern oder, zuweilen, mildern kann, köstliche Übergänge schafft und die Schwarztöne tiefer, die Grau- und Weißtöne satter wiedergibt. . . . In Légers Augen waren Tapisserien andererseits ein hervorragendes Medium, die Kunst dem gemeinschaftlichen Leben näherzubringen, sie in seinen alltäglichen Rahmen einzuführen, in die Paläste und Luxushotels, die Verwaltungs- und Bankgebäude, die Reiseagenturen und Büros.«
Unter den zwanzig 1962 in Nizza ausgestellten Tapisserien Légers wählte Jean Cocteau, der das Vorwort zum Katalog verfaßte, »Formes sur fond blanc« aus; aus seinem Besitz kam der Teppich an seinen Adoptivsohn Edouard Dermit und wurde 1989 von der Neuen Sammlung erworben.

Wolle; gewirkt
Auf weißem Grund lockeres Gefüge von kurvig
begrenzten Flächen in den Farben Hellviolett, Alt-
rosa, Grau, Kreideblau, Moosgrün, Senfgelb,
Grünlichgelb, Ziegelrot, Schwarz, Anthrazit
Bez. r. u. (eingewirkt): F. LEGER
l. u.: PF
Rückseite m. aufgenähtem Etikett: FORMES
SUR FOND BLANC D'APRES LE CARTON DE LÉ-
GER . . . [Maße] PF TAPISSERIE D'AUBUSSON
TISSÉE PAR LES ATELIERS PINTON FRÈRES
H. 220 cm; B. 240 cm
Herst.: Ateliers Pinton Frères, Aubusson, Frank-
reich
Ankauf München, 1989
Inv. Nr. 1170/89
Lit. u. a.: [Kat. Ausst.] F. Léger. Tapisseries, Cera-
miques, Bronzes, Lithographies. Palais de la Me-
diterranée. Nizza 1962, [s. p.] m. Abb. [geringfügig
abweichende Variante].

Ruth Hildegard Geyer-Raack
Textilentwurf, No. 0213, um 1932

Tempera auf weißem Karton
Auf schwarzem Grund versetztes Reihenmuster
mit schräg aufsteigender Tendenz: s-förmige Mo-
tive, denen jeweils zwei Punkte verschiedener
Größe und Farbe eingeschrieben sind; in den Zwi-
schenräumen einzelne weiße Punkte. Farben:
Weiß, Grün, Gelb
L. 95,5 cm; B. 73,5 cm
Musterrapport: H. ca. 32 cm; B. ca. 61 cm
Geschenk der Tochter der Künstlerin
Inv. Nr. 1111/84
Lit. u. a.: Wichmann Hans, [Kat. Ausst.] Neu. Do-
nationen und Neuerwerbungen 1984/85. Die
Neue Sammlung. München 1988, 127.

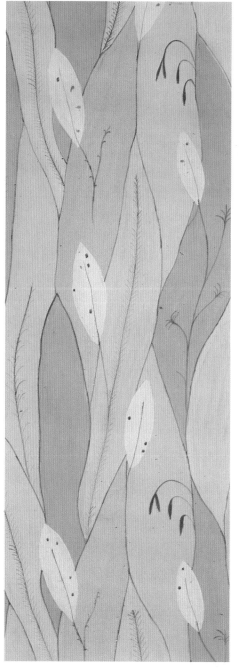

Ruth Hildegard Geyer-Raack
Textilentwurf, um 1932

Tempera auf weißem Karton
Längliche, wellig aufsteigende Blätter bedecken
den Grund; dazwischen feine Stiele mit Blättern
in Grün. Farben: Hellblau, Hellgrün, Rosa, Weiß,
Grün
L. 93,5 cm; B. 64 cm
Musterrapport: H. ca. 56 cm; B. ca. 64 cm
Geschenk der Tochter der Künstlerin
Inv. Nr. 1112/84
Lit. u. a.: Wichmann Hans, [Kat. Ausst.] Neu. Do-
nationen und Neuerwerbungen 1984/85. Die
Neue Sammlung. München 1988, 127.

Ruth Hildegard Geyer-Raack
Textilentwurf, No. 0097, um 1932/33

Tempera auf weißem Karton
Auf weißem Grund in der Mitte vertikal aufstei-
gender Zweig, aus dem verschiedene Blätter und
Blütenranken wachsen. Farben: Hell- und Dunkel-
grün, Hellblau, Orange, Gelb
H. 83 cm; B. 58 cm
Musterrapport: H. 60 cm; B. 58 cm
Geschenk der Tochter der Künstlerin
Inv. Nr. 821/89.

Ruth Hildegard Geyer-Raack
Textilentwurf, No. 0086, um 1933

Tempera auf weißem Karton
Auf schwarzem Grund in der Mitte vertikal auf-
steigender, knorriger Zweig mit stilisierten Blatt-
und Blütenranken; Farben: Hell- und Dunkelgrün,
Weiß, Hell- und Dunkelblau, Blaugrün, Hell- und
Dunkelrot, Violett
H. 88 cm; B. 58 cm
Musterrapport: H. 74 cm; B. 58 cm
Geschenk der Tochter der Künstlerin
Inv. Nr. 822/89.

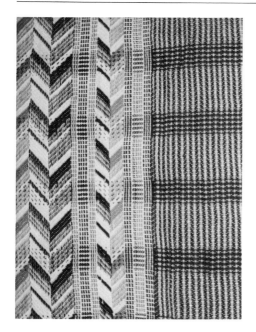

Elisabeth Hablik-Lindemann
Bezugsstoff, Dessin »Donau«, 1934

Webstoff; Baumwolle, Wolle, unterschiedliche
Garnstärken; Leinwandbindung, leinwandartiger
Einsatz von Kett- und Schußflottungen, verfloch-
tene Köperbindung (Ausgangsbindung: Breitgrat-
köperbindung)
Auf hellrot-weinrot-weißem Grund weinrote Verti-
kalstreifen; an einem Ende breite Querstreifen
mit Zickzackmusterung in Hellrot, Weinrot und
Weiß
L. 247 cm; B. 59,5 cm (Bahnbreite)
Musterrapport: H. 0,7 cm; B. 8 cm; bzw.
H. 21 cm; B. 7 cm
Herst.: Handweberei Hablik-Lindemann, Itzehoe/
Holstein, Deutschland
Ankauf vom Hersteller, 1935
Inv. Nr. 50/34.

Sigmund von Weech ▷
Webprobe für Dekorationsstoff mit gezeich-
neter Patrone, 1932
Zwei Webproben für Dekorationsstoffe mit
Angaben zur Herstellung, 1936

Entstanden während der Lehrtätigkeit von
Weechs an der Höheren Fachschule für Textil-
und Bekleidungsindustrie in Berlin, als Muster-
blatt einer Serie
Auf der linken Seite Drehergewebe mit dazugehö-
riger Patrone; Baumwolle, teilweise mercerisiert,
unterschiedliche Fadenstärken; Dreher- und Lein-
wandbindung; handgewebt
Großes Karomuster in Schwarz, Weiß, Rot und
Orange
Bez. l.: vW [ligiert] 32
L. 26 cm; B. 15 cm
Auf der rechten Seite zwei Webstoffe mit jeweils
daruntergesetzten Annotationen; gebleichtes und
ungebleichtes Leinen (Werggarn, Flachsvistra);
Leinwand- und Köperbindung; handgewebt
Oberes Gewebe mit horizontalem Streifenmuster
in den Farben Weiß und Beige
L. 5 cm; B. 8,5 cm
Unteres Gewebe mit horizontalem Streifenmu-
ster Ton in Ton; Farbe: Beige
Bez. r. o.: vW [ligiert] 36
L. 6,5 cm; B. 8,5 cm
Montierkarton: 35 × 50 cm
r. u. Klebeetikett (Exlibris): Weech 310
Geschenk von Frau Charlotte von Weech, Mün-
chen, 1987
Inv. Nr. 994/88.

Sigmund von Weech
Dekorationsstoff, 1935

Druckstoff; Baumwolle; Rohgewebe in Leinwandbindung (Kretonne-Rohware=Grobnessel);
Indanthren
Auf braunem Grund vertikales Muster mit Tier-
und Pflanzenmotiven, dazwischen zierliches Rankenwerk und stilisierte Blüten in Weiß
L. 292 cm; B. 120 cm (Bahnbreite)

Musterrapport: H. 38 cm; B. 30 cm
Herst.: Handweberei Sigmund von Weech,
Schaftlach/Oberbayern, Deutschland
Ankauf von Theodor Gaebler GmbH, München,
1936
Inv. Nr. 267/35.

Sigmund von Weech ▷
Zwei Webproben für Vorhangstoff mit
gezeichneten Patronen und Annotationen,
um 1934
Webprobe für Kleiderstoff mit Annotationen, um 1934

Entstanden während der Lehrtätigkeit von
Weechs an der Höheren Fachschule für Textil-
und Bekleidungsindustrie in Berlin, als Muster-
blatt einer Serie
Auf der linken Seite zwei Webproben für Vorhangstoff mit Patronen und einer Zeichnung im
Maßstab 1:10 mit Annotationen
Gewebe mit durchbrochenen Charakter; gebleichtes Leinen; Drell- und Leinwandbindung
Unifarbenes Gewebe, bestehend aus horizonta-
len, glatten Streifen dichter Webart, die gitterar-
tige Streifen durchbrochener Webart rahmen;
Farbe: Weiß. Durchbruch hinterlegt mit Papier,
das mit roter Wachskreide coloriert ist
Bei der kleineren Webprobe sind die Musterein-
schüsse in lindgrünem Leinen ausgeführt. Durch-
bruch hinterlegt mit Papier, das mit Bleistift colo-
riert ist
L. 14,3 cm; B. 10,2 cm; bzw. L. 9,5 cm;
B. 10,2 cm
Auf der rechten Seite Webprobe für Strand- und
Sommerkleiderstoff
Streifen-Gewebe (Travers); gebleichtes Leinen,
Mattkunstseide (Kräuselgarn); Flachsvistra; Lein-
wand- und Köperbindung; kettlanciert
Horizontale Streifen glatter Webart rahmen
schmale Streifen, die sich zu Bändern zusammen-
ordnen; alles von feinen weißen Linien durchzo-
gen; Farben; Weiß, Hell- und Mittelblau.
L. 14 cm; B. 12 cm
Musterrapport: H. 8,5 cm; B. 9 cm
Montierkarton: 35 × 50 cm
r. u. Klebeetikett (Exlibris): Weech 314
Geschenk von Frau Charlotte von Weech, Mün-
chen, 1987
Inv. Nr. 992/88.

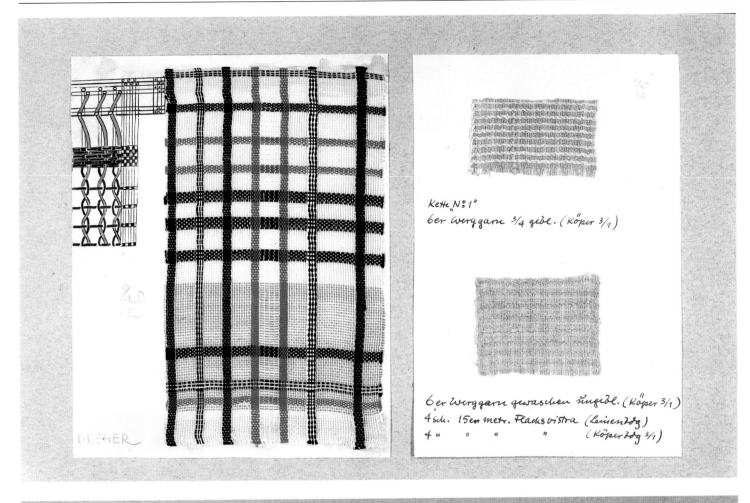

Kette N° 1"
6er Werggarn ³/₄ gebl. (Köper 3/1)

6er Werggarn gewaschen ungebl. (Köper 3/1)
4 Sch. 15er metr. Flachsvistra (Leinenzdg)
4 " " " " (Köper 2dg 3/1)

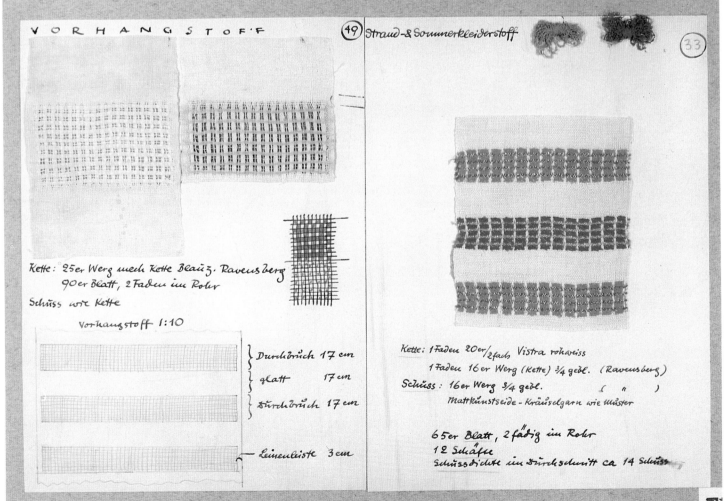

V O R H A N G S T O F F   (49) Strand-& Sommerkleiderstoff   (33)

Kette: 25er Werg mech Kette Blanz. Ravensberg
        90er Blatt, 2 Faden im Rohr
Schuss wie Kette

        Vorhangstoff 1:10

                    } Durchbruch 17 cm
                    } glatt   17 cm
                    } Durchbruch 17 cm

                    — Leinenleiste 3 cm

Kette: 1 Faden 20er/2fach Vistra rohweiss
        1 Faden 16er Werg (Kette) ³/₄ gebl. (Ravensberg)
Schuss: 16er Werg ³/₄ gebl.   (")
        Mattkunstseide-Kräuselgarn wie Muster

        65er Blatt, 2 fädig im Rohr
        12 Schäfte
        Schussdichte im Durchschnitt ca 14 Schuss

Anneliese May
Dekorationsstoff, um 1935

Karo-Gewebe; Baumwolle; Leinwandbindung
Großes Karomuster in Schwarz, Weiß, Gelb, Rot,
Blau, Violett, Grau, Orange und Grün
L. 78 cm; B. 124 cm (Bahnbreite)
Musterrapport: H. 18 cm; B. 39 cm
Herst.: Pausa AG, Mössingen, Deutschland
Geschenk von Dr. Harald May, München, 1989
Inv. Nr. 891/89.

Anneliese May
Dekorationsstoff, um 1935

Karo-Gewebe; Baumwolle; Leinwandbindung
Großes Karomuster in Schwarz, Gelb und Hell-
grau
L. 167 cm; B. 120 cm (Bahnbreite)
Musterrapport: H. 16 cm; B. 15 cm
Herst.: Pausa AG, Mössingen, Deutschland
Geschenk von Dr. Harald May, München, 1989
Inv. Nr. 890/89.

Richard Riemerschmid
Dekorationsstoff, 1935 (Entwurf)

Druckstoff; Baumwolle; Rohgewebe in Lein-
wandbindung (Kretonne-Rohware=Grobnessel)
Vertikale Bänder von unregelmäßigen Kreuz- und
Quadratformen in Oliv-Braun
Entwurf F 1 381 datiert vom 4. 6. 1935, bewahrt in
der Architektursammlung der TU, München
L. 45 cm; B. 36,5 cm
Musterrapport: H. 15 cm; B. 15 cm
Hersteller: Starnberger Modeldruck, Starnberg,
Deutschland (erstmals gedruckt 1951)
Inv. Nr. 792/89
Lit. u. a.: [Kat. Ausst.] Richard Riemerschmid.
Stadtmuseum. München 1982, 378, Nr. 494
m. Abb. [andere Farbstellung].

Josef Franz
3 Mustercoupons mit Originalmusterzettel
(aus einem Musterschal), 1936

1. Mustercoupon »Garda No. 2«
Webstoff (Damast); Leinen, Baumwolle; Atlas-
und Köperbindungen
L. 32 cm; B. 27 cm
Musterrapport: H. 15 cm; B. 19 cm
2. Mustercoupon »Calma No. 4« (abgebildet)
Webstoff (Damast); Leinen, Baumwolle; Atlasbin-
dung
L. 30 cm; B. 27 cm
Musterrapport: H. 21,5 cm; B. 21 cm
3. Mustercoupon »Alma No. 46«
Webstoff (Damast); Leinen, Baumwolle; Atlasbin-
dung
L. 26 cm; B. 27 cm
Musterrapport: H. 19,5 cm; B. 25 cm
Herst.: Josef Franz, Bruneck/Südtirol, Italien
Geschenk des Herstellers
Inv. Nr. 104/36.

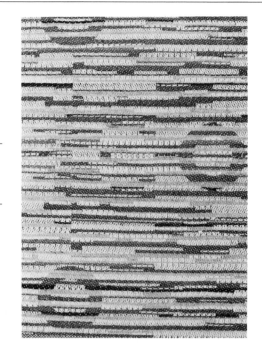

Tischtuch, Deutschland, 1936

Jacquard-Gewebe; Leinen, Baumwolle; Grund-
lage Köperableitung, Breitgrat-, Kett- und Schuß-
köperbindung (S- und Z-Grat), Spitzkarobindung,
Atlasbindung
Versetztes Reihenmuster von Ovalen, denen
Quadrate und Rechtecke eingeschrieben sind (Po-
sitiv-Negativ-Effekt). An den Längsseiten des Tu-
ches versetztes Reihenmuster von verschieden
breiten Vertikalstreifen und kleinen Quadraten.
Farben: Weiß, Beige. Das Muster basiert auf tra-
ditionellen Formen.
L. 53 cm; B. 59 cm (Bahnbreite)
Musterrapport: H. 14 cm; B. 17,5 cm
Herst.: Handweberei Schmitter, Murnau,
Deutschland
Geschenk des Herstellers, 1937
Inv. Nr. 222/36.

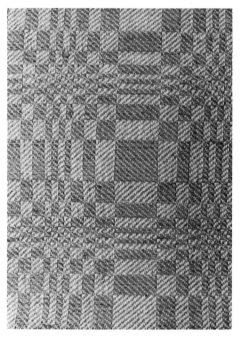

Josef Franz
2 Mustercoupons mit Originalmusterzettel
(aus einem Musterschal), 1936

1. Mustercoupon »Radia No. 3« (abgebildet)
Webstoff (Damast); Leinen, Baumwolle; Atlas-
und Köperbindungen
L. 30 cm; B. 27 cm
Musterrapport: H. 22,5 cm; B. 21 cm
2. Mustercoupon »Carol No. 29«
Webstoff (Damast); Leinen, Baumwolle; Atlas-
und Köperbindungen
L. 24 cm; B. 27 cm
Musterrapport: H. 19 cm; B. 21 cm
Herst.: Josef Franz, Bruneck/Südtirol, Italien
Geschenk des Herstellers, 1936
Inv. Nr. 104/36.

Sigmund von Weech
Dekorationsstoff, 1939

Webstoff (Halbdamast); Baumwolle, Leinen;
Leinwand- und Atlasbindung; kettlanciert
Auf feinem Lineament entwickelt sich ein Gitter-
system aus Rauten, länglichen Ovalen und Qua-
draten. Farben: Naturweiß, Hellbraun. Das Mu-
ster zeigt Einflüsse der japanischen Ornamentik.
L.44,5 cm; B.25,5 cm
Musterrapport: H.8,1 cm; B.8,1 cm
Musterstück auf weißem Karton (50 × 35 cm)
l. u. Klebeetikett (Exlibris): Weech 301
M. u. handschriftlich datiert: 1939
Geschenk von Frau Charlotte von Weech, Mün-
chen, 1987
Inv. Nr. 990/88.

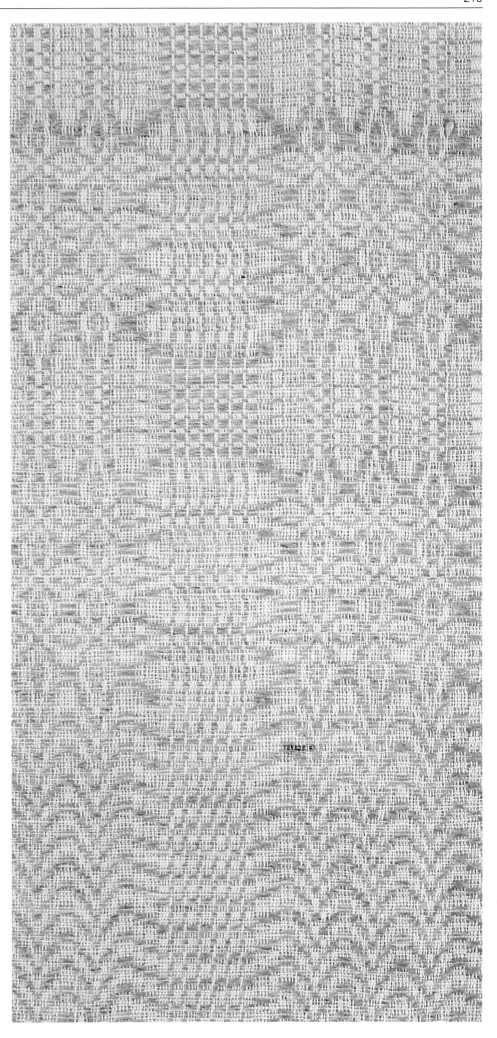

Sigmund von Weech
Webprobe für Dekorationsstoff, 1939

Karo-Gewebe; gebleichtes und ungebleichtes Leinen; Leinwand- und Drellbindung; handgewebt
Karomuster in Beige und Weiß. Die weißen Felder haben gitterartigen Charakter, entstanden
durch die durchbrochene Webart; sie werden von
glatten Feldern dichter Webart eingerahmt. Am
linken Rand ein vertikaler Streifen in Rosé
Webproben auf beigefarbenem Papier (18,5 cm ×
27,5 cm), aufgezogen auf meliertem Karton
(50 cm × 35 cm)
l. u. Klebeetikett (Exlibris): Weech 315
handschriftlich datiert: 1939
L. 14,5 cm; B. 25 cm
Musterrapport: H. 8,3 cm; B. 7 cm
Variante: Inv. Nr. 993/88-2 (Farb- und Mustervariante)
Geschenk von Frau Charlotte von Weech, München, 1987
Inv. Nr. 993/88-1.

Sigmund von Weech
Dekorationsstoff, 1940

Jacquard-Gewebe; merzerisierte Baumwolle;
Leinwand- und Atlasbindung; schußlanciert
Feines vertikales Streifenmuster, bestehend aus
zarten Blüten- und Blattmotiven, die von schma-
len Streifen gerahmt werden; Farben: Hellgrau,
Beige, Goldgelb
L. 28 cm; B. 18 cm
Musterrapport: H. 5,2 cm; B. 8,2 cm
Musterstück auf weißem Karton (50 × 35 cm)
l. u. Klebeetikett (Exlibris): Weech 319
M. u. handschriftlich datiert: 1940
Geschenk von Frau Charlotte von Weech, 1987
Inv. Nr. 991/88
Lit. u. a.: Kircher Ursula, Von Hand gewebt. Mar-
burg 1986, 130 m. Abb.

Richard Riemerschmid
Dekorationsstoff, 1940 (Entwurf)

Druckstoff; Baumwolle; Leinwandbindung
Horizontal gerichtete, sich partiell übergreifende
Wellenformen im Oliv auf leicht rot-bräunlichem
Grund
Entwurf F 473 datiert vom 28. 5. 1940, bewahrt in
der Architektursammlung der TU, München
1953 auch durch die Firma Erismann & Cie, Brei-
sach, als Tapete gedruckt
L. 90 cm; B. 73 cm
Musterrapport: L. 24,5 cm; B. 20 cm
Hersteller: Starnberger Modeldruck, Starnberg,
Deutschland (erstmals 1953)
Richard Riemerschmid äußerte sich über die er-
sten Muster sehr zufrieden im Gegensatz zu den
Andrucken der Tapeten (vgl. Schreiben an Eris-
mann vom 5. 1. 1953).
Inv. Nr. 791/89
Lit. u. a.: [Kat. Ausst.] Richard Riemerschmid.
Stadtmuseum. München 1982, 383, Nr. 515
m. Abb. [als Tapete; dort auch auf S. 534 der Brief
an Erismann zitiert].

Der Weg zum autonomen Stoff
Textilien der zweiten Jahrhunderthälfte

I.

Das fünfte Jahrzehnt unseres Jahrhunderts war für die Industrienationen aufgrund des Zweiten Weltkrieges und seiner Folgen kreativ unfruchtbar, auch für die Textilgestaltung, die sich in Militärtuch, Drell, Nessel und Camouflage-Muster weitgehend erschöpfte.

Wie wohl kein anderes Feld menschlicher Dingerzeugung bedarf die Textilgestaltung, um gedeihen zu können, des Friedens, der Prosperität und Konkurrenz, damit einer Überschußproduktion. Erst dann werden die Kräfte herausgefordert, Schmuck und Dekor zu erfinden, die das nur Existentielle übersteigen und Illusion und Vorstellung die Tore öffnen. Die Anstrengung Europas, sich erneut in diesen Zustand zu versetzen, war in den ausgehenden vierziger Jahren ungewöhnlich und bewundernswert.

Stand 1947 – um ein signifikantes Ereignis zu benennen – die VIII. Mailänder Triennale noch unter dem Motto der Bestandsaufnahme von Zerstörung und der Entwicklung von Notprogrammen, so hatte sich dies 1951 in der IX. Triennale zur »Einheit der Künste« gewandelt.[179] In diesen wenigen Jahren waren heute kaum mehr vorstellbare Leistungen erbracht worden, und selbst in den total zerschlagenen und demontierten Kerngebieten Europas hatte man die schlimmsten Verheerungen getilgt.

Das Wort »Einheit der Künste« bestätigt aber einen weiteren Schritt, nämlich das Bemühen, erneut eine stärkere Verbindung zwischen den Kunstsparten herzustellen, vor allem den Graben zwischen zweckbehafteter und freier Kunst zu schließen. Dies bedeutete eine Wendung hin zur zweiten Hälfte unseres Jahrhunderts; denn die Grundlage dafür war eine sich wandelnde Gewichtung von freier und angewandter Kunst, die infolge eines Demokratisierungsprozesses mit einer Aufwertung zweckbehafteter Kunst verbunden war und so – vor allem in Italien – den Austausch beider Sparten im Rahmen der Arbeit eines Künstlers begünstigte. Im Rahmen der Textilgestaltung bewirkte dieser Einstellungswandel wichtige Impulse. Er war die Voraussetzung für die stetig steigende Akzeptation von Design im öffentlichen Bewußtsein.

Von primärer Bedeutung für die rasche Entfaltung einer erneuten, weltweiten zivilen Textilproduktion war der aufgestaute riesige Bedarf. Seine Deckung erfolgte, wie auch heute zu beobachten, zumeist formal belanglos, das heißt das Muster verdiente nicht, über die Dauer des Textils als Verbrauchsgut hinaus bewahrt zu werden; denn nur ein kleiner Teil bestimmte ästhetisch die Richtung, zeigte Innovation und Perspektiven.

Zweifelsohne waren um 1950 die Länder begünstigt, die nicht unmittelbar unter den Kriegseinwirkungen gelitten hatten, so in Europa vor allem die skandinavischen Staaten. Ihre Textilprodukte besetzten Märkte, die durch zerstörte Eigenproduktion brachlagen, und sie wurden zugleich Wegbereiter einer formal anspruchsvollen Linie. Entwürfe von Viola Gråsten (Schweden) etwa für Mölnlycke, Göteborg, deren künstlerische Leiterin sie seit 1956 war, von Ruth Hull (Dänemark) für Unika-Vaev, von Marjatta Metsovaara-Nyström (Finnland) für Tampella, von Vuokko Eskolin-Nurmesniemi (Finnland) für Printex bzw. Marimekko, Age Faith-Ell (Schweden) für Mölnlycke oder Astrid Sampe (Schweden) für Nordiska Kompaniet und Knoll International belegen dies. Dieser skandinavische Stil mit kräftigen Farben, Streifen und Karos, die im dunklen Gitterwerk wie durchglühte Glasfenster aufleuchten, die körnig-kräftigen Wollstoffe oder das graphisch stilisierte Pflanzen- und Blattwerk begleiten die Welle skandinavischer Möbel und verbinden sich in vorzüglicher Weise mit dem Ton der Naturhölzer.

Alle diese Entwerferinnen wurden für ihre Arbeiten ausgezeichnet, erhielten zumeist bei den Triennalen in Mailand zwischen 1951 und 1960 den

Grand Prix oder Goldmedaillen, die Finnland als Gesamtheit in den fünfziger Jahren durch seine beispielhafte Repräsentation mehrmals zu erringen vermochte.[180]

Im Sog der Nachfrage bildeten sich um 1950 weltweit neue Produktionsstätten bzw. Textilverlage. So konstituierte sich 1948 in Italien das Unternehmen Isa in Busto Arsizio, 1946 in Geretsried bei München die Jacquard-Weberei Rohi, 1947 eröffnete Hans G. Knoll in der East 65th Street in New York seinen ersten Textil-Schauraum, dem 1951 unter dem Namen »Knoll International« Zweigunternehmen in Frankreich und Deutschland folgten. In das Jahr 1947 reichen die Anfänge Missonis im Rahmen einer kleinen Strickerei in Triest zurück. Jack Lenor Larsen gründet 1950/51 sein erstes Studio in New York, etwa gleichzeitig beginnen Printex und Marimekko (1949/51) in Finnland ihre Produktion unter Leitung von Armi Ratia, und im deutschen Augsburg nimmt 1954 das Fuggerhaus seine Arbeit auf. Mit diesen Namen verbindet sich heute das Vorstellungsbild von hoher Leistung im Erzeugen von Geweben. Sie vor allem haben im Verein mit einer Reihe von traditionsreichen Unternehmen das Wesen der Textilien der zweiten Hälfte unseres Jahrhunderts geprägt, und sie alle sind eigentlich keine Repräsentanten des heute leichthändig entworfenen, irrigen Bildes der fünfziger Jahre, das sich dünnblütig um die schwächliche »Nierenform« ranken soll.

Mit Ausnahme von Frankreich, das im wesentlichen seinen Textilmustern der Vorkriegszeit treu blieb, werden in allen nach einem modernen Ausdruck suchenden Ländern – in den nordischen und in den Avantgarden Amerikas[181], vor allem aber in Deutschland und Holland – das formal konstruktive Erbe aufgegriffen und umgeformt oder Tendenzen der zwanziger Jahre etwa in den Arbeiten Josef Hillerbrands für Dewetex modifiziert und weiterentwickelt. Dies zeigen beispielsweise die Entwürfe Margret Hildebrands der Stuttgarter Gardinen, die sich nach der Zerstörung ihrer Fabriken in Herrenberg niedergelassen haben.[182] Wie Lucienne Day[183] erhielt auch Margret Hildebrand während der IX. Triennale 1951 eine Goldmedaille, und ihre Stoffentwürfe – weitergetragen durch ihre Lehrtätigkeit an der Hamburger Hochschule für bildende Kunst – setzen in Deutschland einen selbst vom trockenen Werkbund[184] anerkannten formalen Standard für Textilgestaltung.

Neben dieser konstruktiven, dekorativ verhaltenen Textil-Design-Linie, die sich ebenso in Arbeiten von Brigitte Burberg oder Helga Tuchtfeld der Krefelder Werkkunstschule dokumentiert, zeichnet sich in Europa eine zweite Tendenz ab, die sich aus der unmittelbaren Zusammenarbeit von freien Künstlern mit Fabriken ergibt. Sie wird insbesondere in Italien und Deutschland deutlich. So entwarfen zwischen 1954 und 1957 u. a. die Maler Lucio Fontana, Gianni Dova, Enrico Prampolini und der Bildhauer Gio Pomodoro[185] für Isa in Busto Arsizio und im gleichen Zeitraum Willi Baumeister für Pausa in Mössingen.

Durch diese »Künstlertextilien«, die innerhalb der Textilgestaltung etwa den gleichen Stellenwert wie die »Künstlerplakate«[186] im Rahmen des Plakatentwurfs einnehmen, ergaben sich für den professionellen Textil-Designer reiche Anregungen. Der freie Umgang mit der Farbe, die Lösung vom starren geometrischen Muster, eine neuartige Freiheit im Linienfluß werden dadurch dem Textildesign eröffnet, und der lockere Pinselduktus, der ein Kriterium des Stoffentwurfs der sechziger Jahre bis heute sein sollte, nimmt innerhalb des Stoffdrucks wohl von daher seinen Ausgang.

Unerörtert bleibt dabei die Frage, ob die Übertragung eines Gemäldes beispielsweise in der Art des Stoffes »Concetto Spaziale«« von Fontana als ein sich wiederholender Rapport, somit als Muster, nicht dem Wesen eines freien Kunstwerks entgegenläuft. Das Stoffmuster Fontanas könnte natürlich als Spiel mit seinem Werk betrachtet werden, bei dem Raum und Fläche – der ehemaligen Grundkonstante eines Stoffes folgend – verwandelt werden.[187]

Dieses Faktum führt hinüber zu den Bildwirkereien und Gobelins, die auch in den fünfziger Jahren nach Künstlerentwürfen entstanden.

Die Neue Sammlung besitzt Arbeiten dieser Art aus Aubusson: so »La Table Noire«, 1953 von Jean Lurçat entworfen, den kapitalen 7 Meter langen abstrakten Gobelin »Penmarch« von Henri-Georges Adam, der 1958 im Atelier von Suzanne Goubely-Gatien gewebt wurde, und vor allem den prachtvollen Wandbehang »Formes sur fond blanc« nach einem »Carton« Fernand Légers, der 1959 bei Pinton Fréres entstand.

Die traditionsreiche Weberstadt Aubusson, im Marche-Gebiet an der Creuze im westlichen Auslaufgebiet des Zentralmassivs gelegen, wurde 1937 von Lurçat entdeckt und erlebte in den fünfziger und sechziger Jahren eine neue Blüte, stellte eine Art nationaler Pilgerstätte dar. Jacques Adnet, als Leiter der Compagnie des Arts Français, war staatlicher Auftraggeber, und zahlreiche große Maler Frankreichs entwarfen für Aubusson,[188] das eine Art Treffpunkt der französischen Kunstwelt wurde. Lurçat arbeitete eng mit dem Bildwirker François Tabard zusammen, aus dessen Werkstatt auch unser Gobelin stammt, und beherrschte das Metier. Gerade an dieser Arbeit gleitet deshalb der Vorwurf, »Reproduktion eines Kunstwerkes« zu sein, ab[189], und die von Adam entworfene Tapisserie hat sich bereits von der Tradition Aubussons gelöst, gehört zu der Gruppe Mario Prassinos, Michel Tourlières oder Robert Wogenskys. Sein Entwurf bezieht bereits Überlegungen des auf Serie zielenden Design-Prozesses ein.

Der ebenfalls in unserem Museum bewahrte Bildteppich »Pastorale« von Woty Werner aus dem Jahr 1954 zeigt ein anderes Verhältnis zum Produktionsprozeß als das in den Gobelin-Manufakturen übliche. Er wird von Werner Schmalenbach wie folgt charakterisiert: »Da ist die Inspiration während des Webens dauernd lebendig und wach, die formale Erfindung liegt nicht vor dem Weben, sondern wird aus ihm geboren. Unmittelbar aus dem Handwerklichen tritt die Form hervor. Das kann ein Prinzip sein, das man verficht, ohne daß es vor notorischem ›Kunstgewerbe‹ schützt. Es kann aber auch, das beweist Woty Werner mit ihren köstlichen Arbeiten, eine Selbstverständlichkeit sein, so selbstverständlich wie für den Maler der Gebrauch von Pinsel und Farbe.«[190]

Dies sind Schattierungen im Bereich der Künstlerentwürfe und -arbeiten, die im Verein mit Textil-Design auf die »Einheit der Künste« zielen. Sie geben dem Textilentwurf Spannung, Variabilität, Reichtum und Vielfalt.

Für die Maschinenproduktion, damit für die zweite Hälfte unseres Jahrhunderts, ist daneben eine dritte, sich in den fünfziger Jahren abzeichnende Linie von Bedeutung. Sie knüpft intellektuell an das um 1930 im »Bauhaus« apostophierte »Struktur-Gewebe« an. Die Konditionen der Webtechnik und die damit verbundene Farbmischung werden systematisiert und zu der Bildung von Mustern mit Farbvariationen genützt. So entsteht eine Art von System-Design, auf dessen Boden sich mit ökonomischen Mitteln unendliche Variationen erzeugen lassen. Diese Systematisierung im »Gewebebau« ruht auf einer reichen Jacquard-Web-Tradition. Sie wurde u.a. in der Scuola di Tessitura in Tesero, Italien, geübt, besonders aber unter Stephan Eusemann in der deutschen Textilfachschule in Münchberg erprobt, wurde von Georg Hirtz für Storck, Krefeld, und bis heute mit schönsten Ergebnissen von Marga Hielle-Vatter für ihr Unternehmen »Rohi« in Geretsried bei München praktiziert. Diese Linie ist die eigentlich zukunftsweisende. Sie zieht eine Quintessenz aus funktionalen Formvorstellungen und sozio-ökonomischen Bedingungen ohne Aufgabe potentieller Differenzierung.

Die fünfziger Jahre haben somit alle wichtigeren Facettierungen der Textilgestaltung der zweiten Hälfte unseres Jahrhunderts vorbereitet, im Ansatz geformt oder partiell realisiert. Auf ihren Konzepten und Ergebnissen ruhen die nachfolgenden Jahrzehnte.

II.

Die sechziger Jahre sind eine Phase der Konsolidierung, nicht der Innovation, erst an ihrem Ende spiegelt auch die Textilgestaltung die internationale Generationskrise, die sich mit wirtschaftlichem Abschwung verbindet.[191] Design setzt sich zwar durch, ohne jedoch die Massen zu erreichen. Braun wird zu einem Begriff bei 5% der Bürger; in Italien erringen Brionvega, Olivetti oder Cassina Erfolge, und Knoll International und Hermann Miller entwickeln sich zu Status-Symbolen. Der Bürger beginnt zu expandieren, die Gesellschaft wird mobil, und die Unterhaltungsindustrie, begleitet von Popkunst, kommt in Schwung. So faszinieren Elvis Presley und die Beatles die Exponenten einer neuen Generation, die sich als Hippies in Californien formieren oder in der Londoner Carnaby-Street treffen. Es ist aber auch das Jahrzehnt der Errichtung der »Mauer« quer durch Deutschland (1961), der Ermordung Kennedys (1963), des Vietnamkrieges und der spektakulären Mondlandung (1969). In den ersten Jahren, bis in die zweite Hälfte dieses Dezenniums hinein, dominieren jedoch noch durchaus die Maximen der sogenannten »Guten Form«,[192] die für den gehobenen Textilentwurf mit formaler Verhaltenheit und Produktdauer verbunden sind. Noch besitzen die skandinavischen Textilentwürfe Gewicht, vor allem beginnt Marimekko mit unkonventionellen, frischen, großrapportigen Mustern auf dem amerikanischen Markt Fuß zu fassen, nachdem Jackie Kennedy mehrere Modelle dieses finnischen Unternehmens gekauft hatte.[193] Storck, Krefeld, und Knoll International produzieren edle Baumwoll- und Wollgewebe von subtilen Strukturen. Stephan Eusemann versucht, seine Textil-Web-Systeme dem Markt einzugliedern,[194] und Anton Stankowski entwirft für Pausa straff geometrische Muster.[195] Dagegen zieht in die Stuttgarter Gardinen (mit Antoinette de Boer 1963) eine neue Generation ein. In den Druckstoffen vor allem vergrößern sich die Rapporte, und die Muster werden unkonventioneller, wie etwa in Entwürfen von Jack Lenor Larsen zu beobachten. Noch konzipiert die Dänin Lis Ahlmann[196] Karo-Motive in der Art von Anni Albers und Marianne Strengel des Black Mountain College in North Carolina bzw. der Cranbrook Academy of Art in Michigan,[197] aber zeitgleich entwirft die Finnin Maija Isola für Printex mächtige Muster von einfacher Form im Pinselduktus. Generell wird eine Wandlung des Dekors sichtbar. Nicht nur werden die Formen größer, suggestiver, sie verlieren auch ihre Starre, beginnen sich zu lockern, wird doch die Form oft nur durch sich verdichtende Binnenelemente gebildet, wie man dies an Entwürfen des Briten Peter Mc Culloch, für die er 1963 den Design Award erhielt, ablesen kann.[198]

Daneben zeichnen sich Ansätze eines internationalen Austausches ab; so beginnt Wolf Bauer[199] 1965 mit Entwürfen für Knoll International und Heal eine Praxis, die sich heute als selbstverständlich ausweist.

Am Ausklang des Jahrzehnts ist die Veränderung der Textilmusterung nicht mehr übersehbar. Lokalfarbigkeit, daneben eine Neigung zu dem Farbton »Pink«, verbunden mit großen Rapporten und plakativer Musterung bei starker Spannung zwischen Dekor und Grund dominieren. Diese Mittel sind relativ undifferenziert und laut, zugleich beginnt sich, wie Stoffe von Shirley Craven (England)[200] zeigen, eine Formenwelt abzuzeichnen, die Muster des Memphis-Stils vorwegzunehmen scheint. Der Schmuck erhebt in diesem Prozeß anwachsend einen fast signalhaften Anspruch, der Phänomene des Großstadtlebens[201] und ihrer Reklamen spiegelt und den Träger, ob Mensch oder Raum, zu dominieren beginnt.

III.

»Es war schwer geworden, Design zu verantworten und durchzusetzen. Die Rezession bewirkte die Nostalgie und die Sehnsucht nach einem neuen ›Biedermeier‹.« Dies ist der Beginn des den siebziger Jahren vorgestellten Mottos in einer Jubiläumsschrift der Stuttgarter Gardinen.[202] Man könnte ergänzen: Es war schwer, bei der Divergenz der Stimmen eine gemeinsame Tendenz im Textil-Design zu entdecken. Weltweit war eine gewisse

Sättigung der Märkte zu beobachten, und das Vietnam-Debakel hatte Reif auf den Fortschrittsglauben gestreut, hatte die Generationen entfremdet, die jeweils andere Ufer zu erreichen trachteten. Skepsis bestimmt die Design-Entwürfe. Italien flüchtete sich in Ironie, Konzeption und Utopie.[203] Der so reizvolle Knüpfteppich Roberto Gabettis und Aimaro Isolas spiegelt diese Situation. Er erinnert entfernt an tibetanische Tigerteppiche, natürlich auch an das vor den Kamin gebreitete Tigerfell des Nimrods. Appliziert auf den Grund eines Knüpfteppichs, ist es das Abbild der Larve eines erstorbenen Wesens. Das »Teppichfell« entlarvt im dialektischen Spiel entleerte Gewohnheiten, weist auf die Hohlheit der Repräsentation und kündet von Vanitas, ihr Dauer gebend. Zugleich verkörpert die leuchtend orangefarbene, schwarz gemusterte Fläche auf violettem Grund einen hohen, zwischen Wirklichkeit und Irrationalität changierenden ästhetischen Reiz.

Wie anders wird das allgemeine Geschehen im Bildteppich (1971) von Elisabeth Kadow und Hildegard von Portatius interpretiert. Es ist ein eigentümlich doppelgesichtiges Webwerk, kleinteilig, nach innen gerichtet, zurückgenommen. Über eine delikate Farbwelt legen sich wie Wimpern gesenkter Lider – das Leuchten verhüllend – Schichten von Tausenden dunklen, eingeknüpften Fäden, unter denen die Macchia der Farbe nur hervorspäht. Und der Knüpfteppich Erika Steinmeyers, der in den Jahren zwischen 1972 und 1976 entstand, spiegelt die andere, noch von Technik im modernen Sinne unberührte, als heil vermutete Welt am Choqueyapu-Fluß der Färber im bolivianischen Cochabahba. Dort flossen noch die Farbreste in das strömende Gewässer und wurden von der Natur absorbiert, ein Zustand der Unschuld, dem England schon in der ersten Hälfte des 19. Jahrhunderts enthoben war.[204]

Den Bildwirkereien der Neuen Sammlung steht eine größere Zahl von Web- und Druckstoffen gegenüber. Sie wollen Textilgestaltung belegen, nicht nur Trends dokumentieren. Bei dieser museums-spezifischen Auswahl tauchen viele Namen der bereits in den sechziger Jahren genannten Hersteller und Entwerfer erneut auf. Jack Lenor Larsen und Richard Landis mit ihrer »Polychrom«-Serie oder den Karo-Webstoffen, deren Quadrate wie durchleuchtete Glasfenster auf dunklem Grund wirken. Daneben konzipiert Larsen großrapportige Pflanzenmuster in der Art eines Photonegativs.

Knoll International knüpft durch Nob und Non Utsumi Verbindung zu japanischen Formvorstellungen, die vor allem in den achtziger Jahren die abendländische Textilgestaltung anregen sollten.

Antoinette de Boer, die Leiterin des Design-Ateliers der Stuttgarter Gardinen, erreicht in den siebziger Jahren hohes internationales Niveau und wird vorzüglich durch Entwürfe von Heidi Bernstiel-Munsche, Tina Hahn und Christa Häusler-Goltz ergänzt. In gleicher Weise entfaltet Wolf Bauer seine exzellente Fähigkeit zum Stoffentwurf, belegt etwa durch Arbeiten für Heal, London, Knoll International, Fuggerhaus, Augsburg, oder Sunar in Schelklingen. Nach wie vor befruchten die skandinavischen Länder die internationale Textilgestaltung. So realisiert beispielsweise Tampella (Finnland) ausgezeichnete Entwürfe Barbara Brenners, Kinnasand (Schweden) solche von Gillian Marshall, Ingrid Dessau und Annalisa Åhall, und die schwedische Weberei Marks-Pelle produziert Dessins von Monica Hjelm.

Besondere Hervorhebung verdienen daneben die Seiden-Kollektionen »Samarra« und »natura« des Fuggerhauses, die den empfänglichen Betrachter wegen ihrer subtilen Struktur und ihres edlen Materials beeindrucken, das sich glänzend oder matt – zum Teil kettgefärbt – in schönster Weise entfaltet. Das gleiche Wesen besitzen die Gewebe Marga Hielle-Vatters. Bei ihnen erwächst die Qualität aus Farbgebung und formalem Entwurf, welche die kreative Leistungsfähigkeit unseres Jahrhunderts beispielhaft dokumentieren.

Auch die siebziger Jahre offenbaren Tendenzen trotz zögernden Tastens und Anpassung des Gros an kleinbürgerliche Geschmacksdiktate mit Bevorzugung von Schokoladenbraun und Karamel. Zweifelsohne haben die funktional-konstruktiv ausgerichteten Entwürfe vor allem der Webstoffe durch die Druckmuster Impulse empfangen. Sie sind farbiger und lebendiger geworden, ohne von ihrer bestechenden technischen Qualität zu verlieren. Dies zeichnet sich auch bei den Geweben des Schweizer Unternehmens Baumann in Langenthal ab, für das u. a. Verena Kiefer, Lotti Preiswerk und Claudia Schenk-Hunziker tätig sind. Neue Bereiche wurden daneben wieder vom Stoffdruck ausgelotet. Barbara Brown etwa entwirft für Heal, London, Muster,[205] die durch ihren illusionistischen, dreidimensional erscheinenden Stil das tradierte Flächenmuster aufbrechen, oder aber Vuokko Eskolin-Nurmesniemi beginnt ihre großrapportigen Photodrucke. Der Weg hin zum autonomen Charakter des Textilmusters und seiner Farbe wird von der Avantgarde nochmals ein Stück voran getrieben.

IV.

Die achtziger Jahre repräsentieren für die Industrienationen ein von Internationalität und Prosperität bestimmtes Dezennium. Daraus erwachsen ein forcierter individueller Verbrauch, Übersättigung und Anspruch, die sich zwangsläufig auch im Habitus der Textilien widerspiegeln. Dies bedingt auf der einen Seite Negierung tradierter ästhetischer Normung, die ihren Niederschlag in gespielter Gleichgültigkeit, verbunden mit einer Art »Lumpen-Look«, findet, auf der anderen Seite Extravaganzen in allen Schattierungen. Zwischen diesen Extremen ist das Normale geradezu als Ausdruck des Seltenen eingepreßt.

In dieser stetig das Novum verlangenden und verschlingenden Industrie,[206] die mit jährlich neuen Musterungen die geheimen Wünsche des Verbrauchers zu treffen versucht, findet Jahr für Jahr ein gewaltiger Verschleiß von Einfällen und formaler Kreativität statt. Es ist deshalb beeindruckend, daß diesem scheinbar unstillbaren Bedürfnis der Welt auch in den achtziger Jahren im Rahmen der Textilgestaltung auf einem hohen Niveau entsprochen werden konnte.

Das ist mit Hilfe der Bestände der Neuen Sammlung besonders gut ablesbar, weil für diesen Zeitraum mehrere hundert gesammelte Stoffe als Belege dienen können. Sie zeigen die Internationalität, die Kooperation zwischen den Ländern, besonders auch die mit Japan; denn inzwischen arbeiten bravourös Fujiwo Ishimoto für Marimekko und versuchsweise Yasuko Hashimoto für Stuttgarter Gardinen. Vor allem konnte dieses internationale Spektrum auch durch Textilien Italiens und Frankreichs bzw. durch italienische und französische Entwerfer bereichert werden. Gegenüber den nordischen Ländern zeichnet sich somit im Süden Europas ein neues Gewicht textiler Gestaltung ab. Da wird einmal die alte Tradition etwa in den Paisley-Mustern weitergepflegt, zum anderen entstehen eigenständige und eigenwillige, zum Teil äußerst dynamische Entwürfe beispielsweise von Giulio Turcato, Jole Gandolini, Ottavio Missoni, Piero Dorazio, Maurizia Dova, Mary Cappelli, Flavio Albanese oder aber in den traditionsreichen venezianischen Unternehmen Rubelli, die in die vielförmige und -farbige Welt der Textilien unserer Tage eine neue Note tragen. Diese erhält durch die von Nathalie du Pasquier 1982 für Memphis entworfenen Stoffe einen besonders interessanten Akzent. Sie zeigen völlig neuartige, von der Natur abgehobene, anorganisch wirkende Formen – spitzkantige, von zackigem Lineament umgebene Flecken –, die mit einer eigenartigen Beweglichkeit, wie sie sich etwa in einem Kristallgarten abzuzeichnen vermag, ausgestattet sind. Diese Stoffe sind Zeugnisse der von Ettore Sottsass kreierten kunstgewerblich-ironischen Linie, welche die Gemüter wohl wie keine andere Richtung animierte, und sind im Rahmen dieses »Stils« nicht nur interessant, sondern auch sinnvoll.

Nathalie du Pasquier ist Französin und schlägt darin Verbindung zu den im Auftrage des Fuggerhauses von Hubert de Givenchy entworfenen Stoffen. Es sind ungemein raffinierte, technisch äußerst schwierig zu erstellende, teils im Ikat-Verfahren erzeugte Textilien, die den repräsentativen Atem der

Haute Couture, zugleich französische Textiltradition, durchtränkt von neuen Ideen, weitertragen.

Das Gros des Textilbestandes der achtziger Jahre entstammt jedoch den Webereien und Druckereien, die schon oben genannt wurden, in vielen Fällen auch von Entwerfern, die bereits in den siebziger Jahren tätig waren. Es sind durchgängig Entwürfe hoher Qualität. Besondere Hervorhebung verdient noch eine Reihe von Webstoffen, die in der holländischen, aus der de Stijl-Bewegung hervorgewachsenen Weberei Ploeg entworfen und hergestellt wurden. Sie sind von hoher Farbkultur bestimmt und von ebensolcher technischer Qualität. Die Formen – Streifen, Karos, Dreher-Gewebe – in zarten Farbschattierungen entheben sich der Aktualität der Stunde, lösen sich damit aus dem Kursus des Design-Verschleißes. Eine ihrer Qualitätskomponenten ist die kreative Dauer, das weitgehende Enthobensein von der Mode, und hierin verbinden sie sich mit den ehemaligen Storck-Stoffen etwa der Serie »plus«, die heute – dies sei dankbar registriert – noch bei den Stuttgarter Gardinen produziert werden, mit Arbeiten Marga Hielle-Vatters oder der »Samarra«-Kollektion des Fuggerhauses. Eine Verbindung zu dieser Art oder Einstellung schlägt das 1966 im dänischen Ebeltoft begründete Unternehmen Kvadrat, dessen farbige Entwürfe von Finn Sködt bzw. die streng graphischen von Ross Littell an die technische Qualität anknüpfen, vor allem jedoch das Farbgefüge aktualisieren.

Textilien dieser Art verbinden sich zwanglos mit dem Raum und dem Menschen, sie bieten sich als Teile eines Ensembles an. Andere durchaus qualitätvolle Entwürfe zielen auf Akzentsetzung, so etwa die mächtigen, großartigen Rapporte Fujiwo Ishimotos oder Vuokko Eskolins für Marimekko. Allgemein ist wiederum gegenüber den siebziger Jahren eine Verstärkung der Farbigkeit, die nun vom Plakativen mehr zum Malerischen hin zu wechseln scheint, und eine noch stärkere Akzentuierung der Formen zu beobachten.

Textilien sind heute – dort wo sie prononciert unsere Zeit vertreten und zugleich prägen – ungemein eigenständige Aussageträger, nicht mehr nur sekundäre innenarchitektonische Elemente. Sie dominieren selbst als Kleiderstoff den Träger und haben eine neuartige Priorität gewonnen. Sie antworten und entsprechen einer Welt der Aktualität und Ereignishaftigkeit, in der die Dauer nur mehr eine nachgeordnete Qualität darstellt.

Textilien sind dreidimensional aufzufassen, besonders als Webstoffe. Sie sind Körper, räumliche Gebilde, die sich nicht nur flächig begreifen lassen. In diesem Sinne betrachtet, gewinnen sie eine plastische Qualität, die wohl keiner besser ins Bewußtsein zu heben vermochte als der Japaner Issey Miyake,[207] der mit Textilien neuartige, zuvor noch nie gesehene Kunstwerke, Botschaftsträger, zu schaffen vermochte, dies unterlegt mit asiatischer Welterfahrung. Nur die »Emanzipation« der Stoffe, ihr Autonom-Werden, farblich und formal jedoch in einen Zusammenhang eingestimmt, hat dies ermöglicht.

Margret Hildebrand
Dekorationsstoff, Dessin »Empel«, 1950

Druckstoff; Baumwolle; Kreppbindung
Auf weißem Grund Muster mit stilisierten, einander übergreifenden Blättern; Farben: Hellblau; Rot, Hellgrün, Senfgrün, Braun
L. 111,5 cm; B. 120 cm
Musterrapport: H. 39 cm; B. 37 cm
Herst.: Stuttgarter Gardinenfabrik GmbH, Herrenberg, Deutschland
Geschenk des Herstellers, 1951
Inv. Nr. 747/52
Lit. u. a.: Architektur u. Wohnform 59, 1950/51, H. 1, 22 m. Abb. – Die Kunst 50, 1952, 270 m. Abb. [als Vorhang], 396 m. Abb. [als Sesselbezug] – Haupt Otto, Margret Hildebrand. Stuttgart 1952 m. Abb. = Schriften zur Formgebung 1 – Koch Alexander, Dekorationsstoffe, Tapeten, Teppiche. Stuttgart 1953, 56 m. Abb. – md (moebel + decoration) 1959, H. 7, 348 m. Abb. – Hiesinger Kathryn B., [Kat. Ausst.] Design since 1945. Philadelphia Museum of Art. London 1983, 185 m. Abb. – [Kat. Ausst.] Textildesign 1934-1984 am Beispiel Stuttgarter Gardinen. Design Center. Stuttgart 1984, 32 m. Abb.

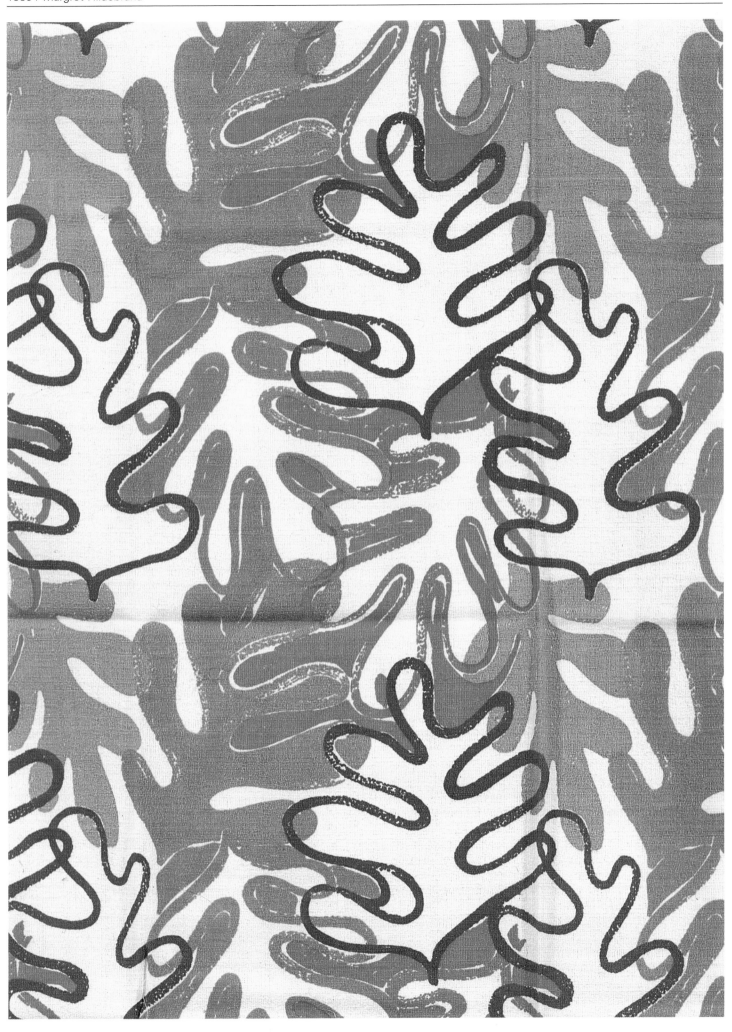

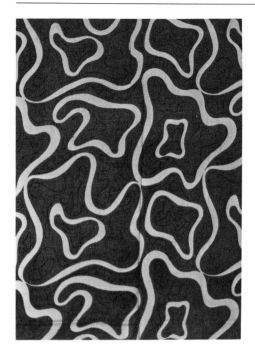

Walter Matysiak
Dekorationsstoff, Dessin »Eskimo«, 1949

Druckstoff; Zellwolle; Leinwandbindung
Auf mittelblauem Grund stark bewegte, ondu-
lierte, weiß konturierte Formen (fünfziger Jahre)
mit unterlegtem schwarzen Lineament verwand-
ter Artung
L. 112 cm; B. 123 cm (Bahnbreite)
Musterrapport: H. 31 cm; B. 31 cm
Herst.: Pausa AG, Mössingen, Deutschland (für
W. Falk GmbH, Bonn)
Ankauf Stuttgart, 1951
Inv. Nr. 366/50
Lit. u. a.: Innen-Dekoration 57, 1949, H. 6, 128
m. Abb.

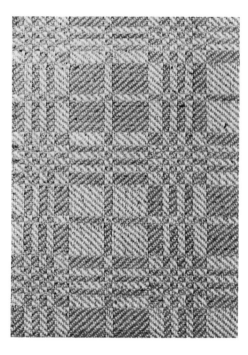

Webstoff, Italien, um 1950

Jacquard-Gewebe; Leinen, Baumwolle; Grundlage: Köperableitung, Breitgrat-, Kett- und Schuß-
köperbindung (S- und Z-Grat), Spitzkarobindung,
Atlasbindung
Versetztes Reihenmuster von Quadraten, denen
vier kleine Quadrate eingeschrieben sind (Positiv-
Negativ-Effekt). Dazwischen und an den Längs-
seiten des Stoffes versetztes Reihenmuster von
verschieden breiten Vertikalstreifen und kleinen
Quadraten. Farben: Weiß, Beige. Das Muster ba-
siert auf traditionellen Formen.
L. 18,5 cm; B. 40 cm (Bahnbreite)
Musterrapport: H. 12,4 cm; B. 11 cm
Herst.: Scuola di Tessitura a Mano, Tesero, Italien
Ankauf in der Münchener Handwerksmesse,
1951
Variante: Inv. Nr. 480/51
Inv. Nr. 480/51-1.

Dekorationsstoff, Dessin »Carmen«,
Deutschland, 1950

Druckstoff; Zellwolle; Leinwandbindung
Auf weißem Grund unterschiedlich breite Vertikal-
streifen im Pinselduktus, in rhythmischem Wech-
sel; Farben: Hellrot, Oliv
L. ca. 300 cm; B. 117 cm (Bahnbreite)
Musterrapport: B. 41 cm
Herst.: Erwin Sorge GmbH, Stuttgart, Deutsch-
land
Variante: Inv. Nr. 367/50 (Hellgrün, Braungelb)
Ankauf Stuttgart, 1951
Inv. Nr. 368/50.

Piero Fornasetti
Dekorationsstoff, Dessin »Notizie«, No. 5,
1950 (Grundentwurf)

Basiert auf einem Entwurf aus dem Jahr 1950 mit
dem Titel »Ultime Notizie«
Druckstoff; 100% Seide; Taftbindung
Auf beigem Fond Muster mit Schmetterlingen
und Blüten auf internationalen Zeitungsnotizen,
beeinflußt vom Surrealismus
L. 124 cm; B. 133,5 cm
Musterrapport: L. 10,9 cm; B. 67 cm
Herst.: Fuggerhaus, Augsburg, Deutschland
(Druck 1978)
Geschenk des Herstellers, 1980
Inv. Nr. 94/80
Lit. u. a.: Domus 1950, Nr. 246, Mai-H. m. Abb. –
Magnesi Pinuccia, Tessuti d'Autore degli anni Cin-
quanta. Turin 1987, Taf. 41 [Basisentwurf].

Margret Hildebrand
Dekorationsstoff, Dessin »Como«, Nr. 6393,
1951

Druckstoff; 100% Baumwolle; Rohgewebe in
Leinwandbindung (Kretonne-Rohware=Grobnes-
sel); handbedruckt
Fond: Mauve; horizontale, weiße Streifen mit sti-
lisierten Bäumen, verschieden gemustert in den
Farben Weiß und Grau
Bez. auf den Webkanten in Grau: ENTW. MAR-
GRET HILDEBRAND COMO
L. 353 cm; B. 120 cm (Bahnbreite)
Musterrapport: H. 18 cm; B. 61 cm

Herst.: Stuttgarter Gardinenfabrik GmbH, Herrenberg, Deutschland
Ankauf vom Hersteller, 1953
Inv. Nr. 821/53
Lit. u. a.: Hatje Gerd (Hrsg.), idea 53. Internationales Jahrbuch für Formgebung. Stuttgart 1952, 50
m. Abb. – Haupt Otto, Margret Hildebrand. Stuttgart 1952 m. Abb. = Schriften zur Formgebung 1 –
Koch Alexander, Dekorationsstoffe, Tapeten, Teppiche. Stuttgart 1953, 14 m. Abb. – md (moebel +
decoration) 1959, H. 7, 349 m. Abb. – [Kat. Ausst.]
Textildesign 1934-1984 am Beispiel Stuttgarter
Gardinen. Design Center. Stuttgart 1984, 33
m. Abb.

Elsbeth Kupferoth
Dekorationsstoff, Dessin »Zebra«, 1952

Druckstoff; Zellwolle; Leinwandbindung
Auf weißem Grund Musterung mit ab- und an-
schwellenden Streifen (Pinselduktus), die spitz zu-
laufen und die Assoziation von Zebrastreifung er-
wecken: Farben: Schwarz, Hellgrau
L. 352 cm; B. 124 cm (Bahnbreite)
Musterrapport: H. 63 cm; B. ca. 59 cm
Herst.: Pausa AG, Mössingen, Deutschland
Ankauf München, 1953
Inv. Nr. 769/52
Lit. u. a.: Koch Alexander, Dekorationsstoffe, Ta-
peten, Teppiche. Stuttgart 1953, 12 m. Abb.

Dekorationsstoff, Italien, 1953

Druckstoff; Leinen; Leinwandbindung
Auf weißem Grund Geäst mit Blüten, Früchten
und Blättern; dazwischen vereinzelt naschende
Vögel. Farben: Hellgrün, Mittelblau, Gelb, Rosa,
Schwarz
Bez. auf einer Webkante: GB
L. 198 cm; B. 133 cm (Bahnbreite)
Musterrapport: H. 90 cm; B. 125 cm
Hergestellt in Florenz, Italien
Ankauf Florenz, 1953
Inv. Nr. 1144/53.

Josef Hillerbrand
Dekorationsstoff, 1952

Druckstoff; Kunstfaser mit Leinencharakter; Lein-
wandbindung
Auf weißem Grund vertikal versetztes Reihenmu-
ster von Blumensträußen mit unterschiedlichen,
stilisierten Blüten und länglichen Blättern; Farben: Rot, Rosa, Blau, Hellblau, Grün, Dunkelgrün,
Orangegelb. Hinter jedem Blumenarrangement
hellgrau gefleckter Hintergrund
H. 348 cm; B. 145 cm (Bahnbreite)
Musterrapport: H. 70 cm; B. 133 cm
Herst.: DeWeTex, Wolfratshausen, Deutschland
Ankauf von Deutsche Werkstätten, München,
1952
Inv. Nr. 770/52
Lit. u. a.: Koch Alexander, Dekorationsstoffe, Ta-
peten, Teppiche. Stuttgart 1953, 50 m. Abb. – md
(moebel interior design) 1983, H. 10, 43 m. Abb.

Dekorationsstoff, Schweiz, um 1952

Druckstoff; Baumwolle; Leinwandbindung; ge-
chinzt
Auf hellgrauem Grund Muster aus locker ineinan-
der versetzten Farnen, Brombeerzweigen, Efeu
u. a., alle Motive in Rosa und Weiß
Bez. auf einer Webkante in Gold: Stoffels Swiss
Print Stoffels. Schweiz
L. 205 cm; B. 122 cm (Bahnbreite)
Musterrapport: H. 103 cm; B. 120 cm
Entwurf u. Herst.: Stoffel & Co., St. Gallen,
Schweiz
Ankauf Florenz, 1953
Inv. Nr. 1143/53
Lit. u. a.: Architektur u. Wohnform 61, 1952/53,
H. 1, 72 m. Abb.

Margret Hildebrand
Dekorationsstoff, Dessin »Tunis«, 1952

Druckstoff; Zellwolle; Atlasbindung
Auf lindfarbenem Grund geometrisches Reihen-
muster von Trapezen, Dreiecken und Rechtecken,
die coloriert oder schraffiert sind; Farben: Blau,
Weiß, Gelb, Hellrot
Bez. auf der Webkante in Blau: Entw. Margret
Hildebrand Tunis
L. 350 cm; B. 130 cm (Bahnbreite)
Musterrapport: H. ca. 140 cm
Herst.: Stuttgarter Gardinenfabrik GmbH, Herren-
berg, Deutschland
Ankauf München, 1953
Inv. Nr. 768/52
Lit. u. a.: Hirzel Stephan, Kunsthandwerk und Ma-
nufaktur in Deutschland seit 1945. Berlin 1953, 62
m. Abb. – Koch Alexander, Dekorationsstoffe, Ta-
peten, Teppiche. Stuttgart 1953, 34 m. Abb. – Die
Kunst 52, 1954, 269 m. Abb. – [Kat. Ausst.] Textil
1934-1984 am Beispiel Stuttgarter Gardinen. De-
sign Center. Stuttgart 1984, 30 m. Abb.

R. R. Wieland
Dekorationsstoff, Nr. 28-5028/3, 1953

Druckstoff; Zellwolle; Leinwandbindung
Olivgrüne Wellenformen, die sich rhythmisch ver-
dichten, bilden vertikales Streifenmotiv.
Bez. auf der Webkante in Oliv: Thorey Werkstät-
ten R R Wieland Dessin
L. 710 cm; B. 116 cm
Musterrapport: H. 66 cm; B. 39 cm
Herst.: Thorey Werkstätten, Mering bei Augs-
burg, Deutschland
Ankauf vom Hersteller, 1954
Inv. Nr. 44/54.

R. R. Wieland
Dekorationsstoff, um 1953

Druckstoff; Zellwolle; Schußatlasbindung
Auf schwarzem Fond versetztes, vertikales Rei-
henmuster mit schräg aufsteigender Tendenz aus
unregelmäßigen Querrechtecken verschiedener
Größe in Weiß
Bez. auf einer Webkante in Schwarz: R. R. Wie-
land Dessin
L. 340 cm; B. 130 cm (Bahnbreite)
Musterrapport: H. 25 cm; B. 25 cm
Herst.: Thorey Werkstätten, Mering bei Augs-
burg, Deutschland
Inv. Nr. 744/85.

Jean Lurçat
Bildteppich »La table noire«, 1953

Wolle; gewirkt
Weißer Fond mit surrealen Motiven (Mandoline,
Hummer, Weingläser u. a.) in den Farben
Schwarz, Blau, Rot, Grünbraun
Bez. r. u.: Lurçat
H. 152 cm; B. 200 cm
Herst.: Tabard Frères & Soeurs, Aubusson, Frank-
reich
Ankauf vom Hersteller, 1954
Inv. Nr. 1154/53
Lit. u. a.: [Kat. Ausst.] Jean Lurçat. Tapisseries
nouvelles. Maison de la Pensée Françoise. Paris
1956, Taf. 12 u. 14 [ähnliche Teppiche der frühen
50er Jahre] – Graphis 1958, Nr. 75, 16, Abb. 13 –
Roy Claude, Lurçat. Genf 1961, Taf. 76 [»La Table
Blanche«, verwandter Teppich, 1952] – Eckstein
Hans, [Kat. Mus.] Die Neue Sammlung. München
1965, 23 m. Abb. – Wichmann Hans, [Kat. Ausst.]
Textilien, Silbergeräte, Bücher. Die Neue Samm-
lung. München 1980, 23.

Stephan Eusemann
Bezugsstoff, 1953/1954

Webstoff; Wolle, unterschiedliche Fadenstärken;
Rips, Leinwandbindung
Muster von irisierender Wirkung, bestehend aus
in der Art eines Reißverschlusses zueinander ver-
setzten kleinen Streifen in Violett und Türkis, von
schmalen, schwarzen Vertikalstreifen gerahmt
L. 50 cm; B. 39 cm
Musterrapport: H. 3,2 cm; B. 1 cm
Herst.: Fachschule für Textilindustrie, Münch-
berg, Deutschland
Geschenk von Prof. S. Eusemann, 1988
Inv. Nr. 687/89.

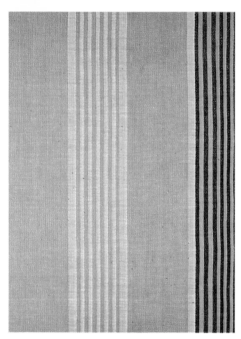

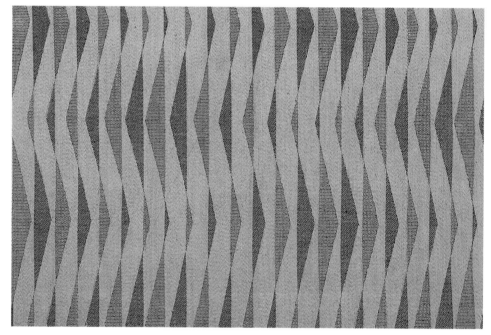

Stephan Eusemann
Dekorationsstoff, 1953/54

Streifen-Gewebe (Rayé); Baumwolle; Leinwand-
und Köperbindung
Vertikale Streifen, dominant grün; daneben band-
artig zusammengefaßte Streifen in Weiß bzw.
Schwarz, die jeweils durch einen breiteren, wei-
ßen Streifen gerahmt werden
L. 58 cm; B. 39 cm
Herst.: Fachschule für Textilindustrie, Münch-
berg, Deutschland
Varianten: Inv. Nr. 691/89-b (Farbvariante mit hell-
blauem Fond)
Geschenk von Prof. S. Eusemann, 1988
Inv. Nr. 691/89-a.

Stephan Eusemann
Dekorationsstoff, um 1954

Jacquard-Gewebe; Baumwolle; Atlas- und Köper-
bindungen
Reihenmuster von kontinuierlich größer und klei-
ner werdenden Dreiecken in Grautönungen auf
hellem Grund, so daß der optische Effekt einer
Rautengitterstruktur entsteht
L. 59 cm; B. 39 cm
Musterrapport: H. 32,5 cm
Herst.: Fachschule für Textilindustrie, Münch-
berg, Deutschland
Geschenk von Prof. S. Eusemann, 1988
Inv. Nr. 689/89.

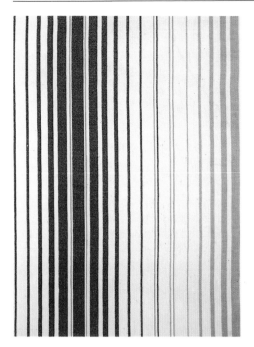

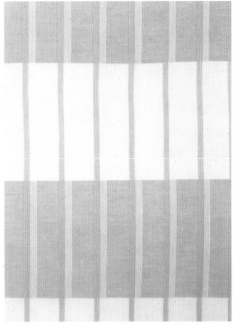

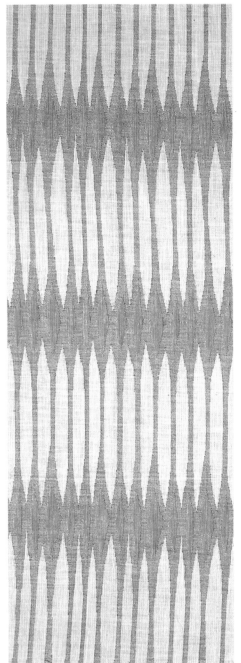

Stephan Eusemann
Dekorationsstoff, 1953/1954

Webstoff; Baumwolle; Köperbindung
Längsstreifen verschiedener Breite und Farbe auf
naturweißem Fond, Farben: Flaschengrün, Wein-
rot, Lindgrün
L. 57 cm; B. 39 cm
Herst.: Fachschule für Textilindustrie, Münch-
berg, Deutschland
Geschenk von Prof. S. Eusemann, 1988
Inv. Nr. 683/89.

Stephan Eusemann
Dekorationsstoff, 1953/54

Webstoff; Baumwolle; Köper- und Leinwandbin-
dung
Horizontale, breite Streifen in Grauviolett und ge-
brochenem Weiß, vertikal durchkreuzt von grau-
violetten und gebrochen weißen Linien
L. 54 cm; B. 32 cm
Musterrapport: H. 27 cm; B. 4 cm
Herst.: Fachschule für Textilindustrie, Münch-
berg, Deutschland
Varianten: Inv. Nr. 692/89 (Farb- und Struktur-
variante)
Geschenk von Prof. S. Eusemann, 1988
Inv. Nr. 684/89.

Stephan Eusemann
Dekorationsstoff, 1953/54

Webstoff; Leinen; Doppelgewebe mit Anbin-
dung; Leinwandbindung
Horizontale Bänder von spindelförmigen Flächen
in Weiß und Rot auf grauem Fond
L. 58 cm; B. 40 cm
Musterrapport: H. 16 cm; B. 4,3 cm
Herst.: Fachschule für Textilindustrie, Münch-
berg, Deutschland
Geschenk von Prof. S. Eusemann, 1988
Inv. Nr. 685/88.

Stephan Eusemann
Dekorationsstoff, um 1954

Drehergewebe; Baumwolle; Leinwand-, Dreher-
und Halbdreherbindung, handgewebt
Unifarbenes, transparentes Gewebe, bestehend
aus horizontalen und vertikalen Streifen dichter
Webart, die quadratische Felder transparenter
Webart einrahmen; Farbe: Naturweiß
L. 57 cm; B. 37 cm
Musterrapport: H. ca. 4 cm; B. ca. 5 cm
Herst.: Fachschule für Textilindustrie, Münch-
berg, Deutschland
Geschenk von Prof. S. Eusemann, 1988
Inv. Nr. 686/89.

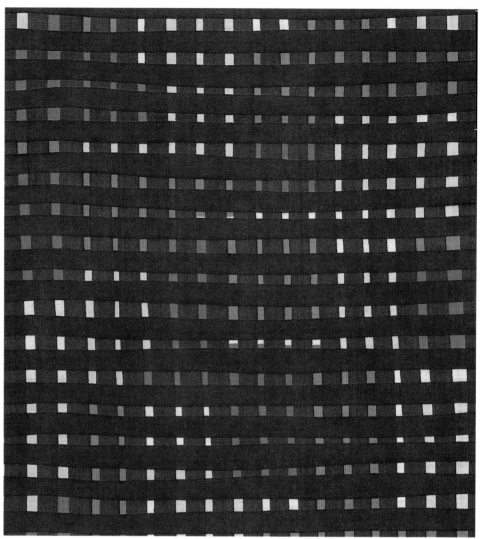

Richard Riemerschmid
Dekorationsstoff, Dessin »37-3081«, Farbe
8, 1954

Druckstoff; Zellwolle; Leinwand- und Schußatlas-
bindung
Auf weißem Grund Mäanderformen in grau-
blauem Lineament, durchsetzt von kleinen senf-
gelben Quadraten
L. 420 cm; B. 116 cm (Bahnbreite)
Musterrapport: H. 9 cm; B. 9 cm
Herst.: Falkensteiner Gardinenweberei und Blei-
cherei, Mering bei Augsburg, Deutschland
Ankauf vom Hersteller, 1954
Inv. Nr. 42/54.

Margret Hildebrand
Dekorationsstoff, Dessin »Cadiz-10«,
Nr. 6393, 1952

Druckstoff; Baumwolle; Leinwandbindung
Farbfelder in Rot, Gelb und Blau auf weißem
Grund, überlagert von einem kräftigen, schwar-
zen, engteiligen Gitterwerk (Glasfensterwirkung)
L. 356 cm; B. 130 cm (Bahnbreite)
Musterrapport: H. 62 cm; B. 62 cm
Herst.: Stuttgarter Gardinenfabrik GmbH, Herren-
berg, Deutschland
Ankauf vom Hersteller, 1954
Inv. Nr. 11/54
Lit. u. a.: Hatje Gerd (Hrsg.), idea 54. Internationa-
les Jahrbuch für Formgebung. Stuttgart 1953, 50
m. Abb. – md (moebel + decoration) 1959, H. 7,
349 m. Abb. – [Kat. Ausst.] Textildesign 1934-1984
am Beispiel Stuttgarter Gardinen. Design Center.
Stuttgart 1984, 42 m. Abb. – Wichmann Hans, In-
dustrial Design. Unikate. Serienerzeugnisse. Die
Neue Sammlung. Ein neuer Museumstyp des
20. Jahrhunderts. München 1985, 188 m. Abb.

Lucio Fontana
Dekorationsstoff, Dessin »Concetto Spaziale«, 1954

Druckstoff; Baumwolle; Leinwandbindung
Auf grünlich-grau meliertem Fond monochrome
Komposition aus gegeneinander versetzten, konzentrischen Kreisen, die aus unregelmäßigen, von
hinten durch die Fläche getriebenen Löchern mit
kantigen, lange Schatten werfenden Graten bestehen.
Bez. auf den Webkanten: Disegno di Lucio Fontana. Concetto Spaziale. Isa.
L. 100 cm; B. 130 cm
Musterrapport: H. 51 cm
Herst.: Isa, Busto Arsizio, Italien
Ankauf München, 1988
Inv. Nr. 640/89
Lit. u. a.: Design (London) 1955, Nr. 80, 30, Abb. 37
– Domus 1955, Nr. 302, Abb. Titelseite – Branzi
Andrea u. Michele De Lucchi (Hrsg.), Il Design
Italiano degli Anni '50. Mailand 1980, 183, Nr. 601
m. Abb. – Magnesi Pinuccia, Tessuti d'Autore
degli Anni Cinquanta. Turin 1987, 54, Nr. 34
m. Abb. u. 108 [Farbvariante in Rosé] – Domus
1988, Nr. 692, 16 m. Abb. – [Kat. Ausst.] Les Années Cinquantes. Centre Georges Pompidou.
Paris 1988, 361 m. Abb.

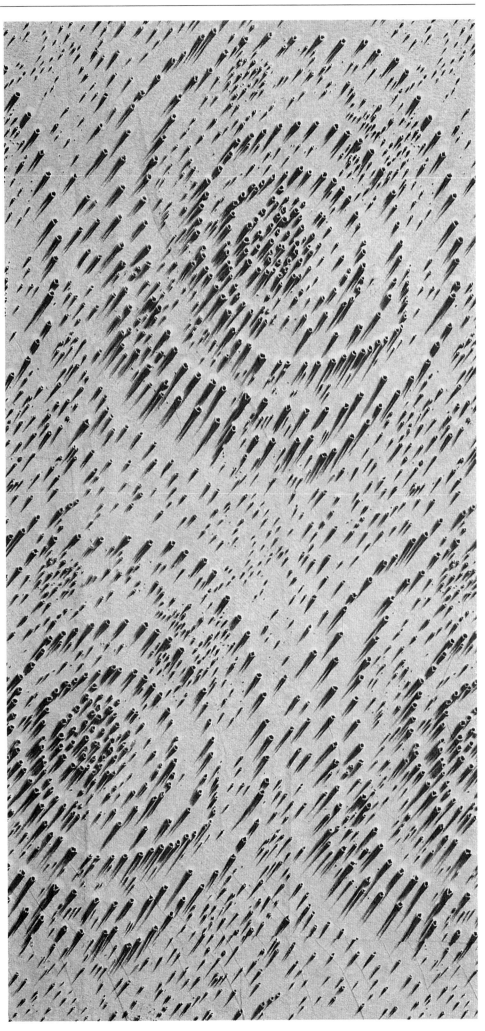

Woty Werner
Bildteppich »Pastorale«, 1954

Wolle, Baumwolle; gewirkt
Olivgrüner Fond mit farbigen, flächig-abstrakten
Motiven (unregelmäßige Quadrate, Vielecke,
Streifen und Rundformen) in unterschiedlicher
Materialstruktur
Bez. r. u.: Woty 54
H. 205 cm (mit Fransen); B. 145 cm
Ankauf 1963
Inv. Nr. 97/63
Lit. u. a.: [Kat. Ausst.] Wandteppiche. Die Neue
Sammlung. München 1961, 27 m. Abb. – [Kat.
Ausst.] Bildwirkereien von Woty Werner. Die
Neue Sammlung. München 1964, Abb. 11 – Eck-
stein Hans, [Kat. Mus.] Die Neue Sammlung.
München [1964], 23 m. Abb. – Wichmann Hans,
[Kat. Ausst.] Textilien, Silbergeräte, Bücher. Die
Neue Sammlung. München 1980, 23.

Richard Riemerschmid
Dekorationsstoff, Dessin 9-5014, Farbe 5,
1954

Druckstoff; Zellwolle; Leinwandbindung
Auf weißem Grund Reihen von Mäanderformen
im Pinselduktus (Rot)
L. 300 cm; B. 120 cm (Bahnbreite)
Musterrapport: H. ca. 10 cm; B. ca. 10 cm
Herst.: Thorey Werkstätten, Mering bei Augs-
burg, Deutschland
Ankauf vom Hersteller, 1954
Inv. Nr. 43/54.

Dekorationsstoff, Deutschland, 1954

Druckstoff; Baumwolle; Rohgewebe in Lein-
wandbindung (Kretonne-Rohware=Grobnessel)
Auf weißem Grund senkrechte rote Linien; seit-
lich davon in leichtem Aufwärtswinkel züngelnde
Formen in Schwarz
Bez. auf der Webkante in Schwarz: UNITEX
KÜNSTLER HANDDRUCK
L. 306,5 cm; B. 120,5 cm (Bahnbreite)
Musterrapport: H. ca. 6 cm; B. 39,5 cm
Herst.: Pausa AG, Mössingen (für Unitexil GmbH,
München), Deutschland
Ankauf München, 1955
Inv. Nr. 372/54.

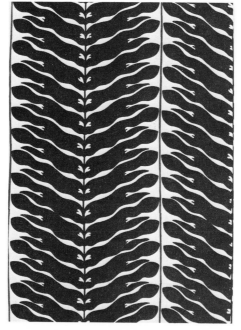

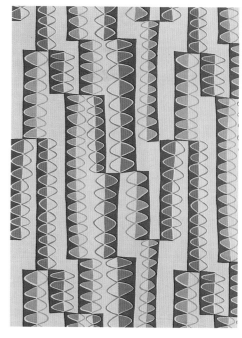

R. R. Wieland (zugeschrieben)
Dekorationsstoff, Dessin »1R.3162«,
Farbe 4, 1954

Druckstoff; Zellwolle; Leinwandbindung
Auf weißem Grund Muster von ineinander ver-
setzten Reihen aus verschieden langen Vertikal-
balken mit einer positiv-negativ Wellenlinie; Far-
ben: Blau, Weiß, Grau, Rot
L. 282 cm; B. 118 cm
Musterrapport: H. 57,2 cm; B. 41,5 cm
Herst.: Falkensteiner Gardinenweberei und Blei-
cherei, Mering bei Augsburg, Deutschland
Ankauf vom Hersteller, 1954
Inv. Nr. 9/54.

Josef Hillerbrand
Dekorationsstoff, Dessin »Gestreifte Vase«,
1954

Druckstoff; Zellwolle; Leinwandbindung
Auf schwarzem Grund großflächiges Muster in
zwei vertikalen Reihen: Vasen mit Zweigen, Blät-
tern, gepunkteten Flächen und Kreisen mit einge-
schriebenen sternartigen Motiven. Farben: Rot,
Rosa, Weiß, Grün, Gelb, Blau, Schwarz
Bez. auf einer Webkante in Grün: NR. 705/1 Ge-
streifte Vase DEWETEX Entwurf Prof. Hillerbrand
Made in Germany
L. 233,5 cm; B. 128 cm (Bahnbreite)
Musterrapport: 57 cm; B. 62 cm
Herst.: DeWeTex, Wolfratshausen, Deutschland
Variante: Inv. Nr. 135/54 (andere Farbstellung)
Ankauf vom Hersteller, 1954
Inv. Nr. 308/54
Lit. u. a.: Architektur u. Wohnform 66, 1957/58,
H. 4, 176/177 m. Abb. – Die Kunst 57, 1959, 223
m. Abb. [als Bezugsstoff] – Die Kunst 60, 1962,
211 m. Abb. [als Vorhang].

Willi Baumeister
Dekorationsstoff, Dessin »Montabaur«,
Col. 6 und 9, 1954/55

Druckstoff; 100% Baumwolle; Leinwandbindung
Abstrakte Komposition unterschiedlicher Formelemente. Es handelt sich um in der Oberfläche
strukturierte, biomorphe, frei-organische und flächige Gebilde. Sie verbinden sich zu einem malerisch komplexen, bildhaften Eindruck. Zwei Farb-
stellungen: Weiß, Ziegelrot, Blau, Abstufungen
von Grün, Gelb, Grau und Braun auf bräunlich-
grauem bzw. gelbgrünem Fond
L. 150 cm; B. 120 cm (Bahnbreite)
Musterrapport: H. 78 cm
Herst.: Pausa AG, Mössingen, Deutschland
Variante: Inv. Nr. 810/89 (andere Farbstellung mit
ziegelrotem Fond)
Geschenk des Herstellers, 1989
Inv. Nr. 811/89 u. 812/89
Lit. u. a.: Baukunst u. Werkform 9, 1956, H. 6, 336
m. Abb. – Die Kunst 54, 1956, 145, 147 m. Abb. –
Fuchs Heinz u. François Burkhardt, [Kat. Ausst.]
Produkt, Form, Geschichte. 150 Jahre deutsches
Design. Berlin 1985, 267, Abb. 6.12.

Stephan Eusemann
Bezugsstoff, um 1955

Webstoff; Wolle, Leinen; Doppelgewebe mit An-
bindung; Leinwandbindung
Schmale, versetzte Vertikalreihen unterschiedlich
großer Rechtecke in Grün mit gelben Konturen;
letztere verbinden sich zu einem Gitterwerk.
L. 54 cm; B. 39 cm
Musterrapport: H. 11,1 cm; B. 2,8 cm
Herst.: Fachschule für Textilindustrie, Münch-
berg, Deutschland
Geschenk von Prof. S. Eusemann, 1988
Inv. Nr. 688/89.

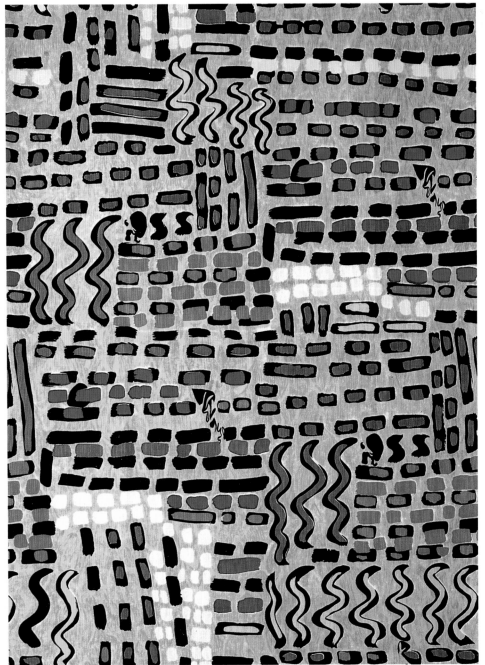

Gianni Dova
Dekorationsstoff, 1955

Druckstoff; Baumwolle; Leinwandbindung
Auf gelblichem Fond abstrakte Komposition aus
Gruppierungen von Wellenlinien und Rechtecken
im Pinselduktus; Farben: Schwarz, Grün, Gelb,
Rot, Braun, Violett
L. 100 cm; B. 137 cm
Musterrapport: H. 92 cm
Herst.: Isa, Busto Arsizio, Italien
Preise/Auszeichnungen u. a.: Mailand, Compasso
d'Oro 1955 (Vorwahl)
Ankauf München, 1988
Inv. Nr. 641/89
Lit. u. a.: [Kat. Ausst.] Premio La Rinascente Com-
passo d'Oro. Mailand 1955, 59 m. Abb. – Design
(London) 1956, Nr. 87, 48 m. Abb. – Domus 1956,
Nr. 314, 54 m. Abb. – Bony Anne, Les Années 50.
Paris 1982, 219 m. Abb. [Variante] – Magnesi Pi-
nuccia, Tessuti d'Autore degli Anni Cinquanta.
Turin 1987, 47, Nr. 27 m. Abb., 107 [dort weit. Lit.].

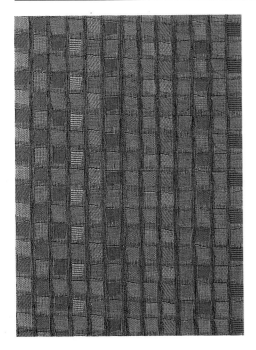

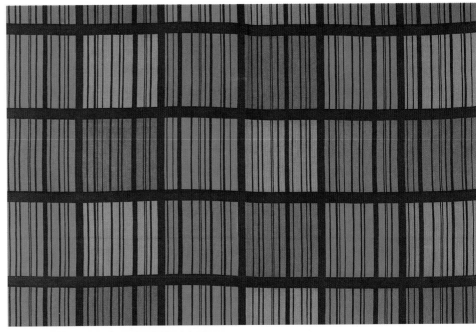

Lisbeth Bissier
Läufer, Dessin »Zeichenornament«,
ca. 1956

Webstoff (Damast); Reinleinen (irisches Leinen);
Atlasbindung
Auf schwarzem Grund gleich breite Querstreifen
in den Farben Gelb, Hellviolett, Orange, Lindgrün
und Hellblau; durchzogen von vertikal versetztem,
linearen Reihenmuster in Beige
L. 73,2 cm; B. 148,5 cm
Musterrapport: H. 24,5 cm; B. 6 cm
Herst.: Lisbeth Bissier, Hagnau/Bodensee,
Deutschland
Ankauf von der Künstlerin, 1959
Inv. Nr. 21/59
Lit. u. a.: Werkkunst 18, 1956, H. 1, Abb. 21.

Stephan Eusemann
Bezugsstoff, 1956

Der Webstoff war auf der XI. Triennale 1957 in
Mailand ausgestellt.
Jacquard-Gewebe; Baumwolle; Rips, Leinwand-
und Köperbindung
Auf grau meliertem Fond, regelmäßig angeord-
nete Quadrate mit unregelmäßigem Kontur, die
sich durch Farb- und Musternuancierungen von-
einander abheben. Farben: Grau-, Türkis- und
Blau-Variationen
L. 39 cm; B. 37 cm
Musterrapport: H. 4 cm; B. 5,5 cm
Herst.: Fachschule für Textilindustrie, Münch-
berg, Deutschland
Geschenk von Prof. S. Eusemann, 1988
Inv. Nr. 680/89
Lit. u. a.: [Kat. Ausst.] Elfte Triennale in Mailand
1957. Deutsche Abteilung. Palazzo dell'Arte al
Parco. Stuttgart 1957 [s. p.] – 125 Jahre Textilaus-
bildungsstätten in Münchberg 1854-1979.
[Münchberg] 1979, 33 m. Abb. [andere Farbstel-
lung].

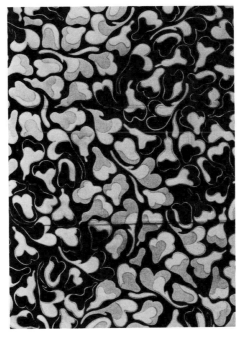

Margret Hildebrand
Dekorationsstoff, Dessin »Baku«, Qual. 351,
Farbe 3, 1955

Druckstoff; Halbleinen; Leinwandbindung; Indan-
thren
Durch schwarze Quer- und Längsstreifen werden
quadratische Felder gebildet, die farblich versetzt
sind. Jedes Feld ist durch unterschiedlich breite,
schwarze Vertikallinien durchzogen. Farben der
Felder: Violett, Grün, Kornblumenblau, helles
Blaugrün
Bez. auf der Webkante in Schwarz: design: baku
L. 390 cm; B. 126 cm (Bahnbreite)
Musterrapport: H. ca. 81 cm; B. ca. 40 cm
Herst.: Stuttgarter Gardinenfabrik GmbH, Herren-
berg, Deutschland
Geschenk des Herstellers, 1959
Inv. Nr. 33/59
Lit. u. a.: Baukunst u. Werkform 9, 1956, H. 5, 278
m. Abb. – [Kat. Ausst.] Textildesign 1934-1984 am
Beispiel Stuttgarter Gardinen. Design Center.
Stuttgart 1984, 41 m. Abb.

Marjatta Metsovaara
Dekorationsstoff, um 1955

Druckstoff; Baumwolle; Leinwandbindung
Auf dunkelgrünem Grund unregelmäßige, ineinan-
der versetzte, birnenförmige und amorphe For-
men in den Farben: Ocker, Orange
L. 125,5 cm; B. 122 cm
Herst.: Tampella, Tampere, Finnland
Geschenk von Frau A. Feldmaier, München, 1986
Inv. Nr. 953/86.

Stephan Eusemann
Bezugsstoff, um 1957/58

Webstoff; Wolle, Baumwolle; Doppelgewebe mit
Anbindung; Leinwandbindung, Oberfläche flau-
schig
Vertikalstreifen aus spiegelbildlich versetzten For-
men, Grund und Muster wechselnd. Farben: Dun-
kelblau, Hellgrau-Türkis
L. 58 cm; B. 38 cm
Musterrapport: H. 10 cm; B. 31 cm
Herst.: Fachschule für Textilindustrie, Münch-
berg, Deutschland
Geschenk von Prof. S. Eusemann, 1988
Inv. Nr. 681/89.

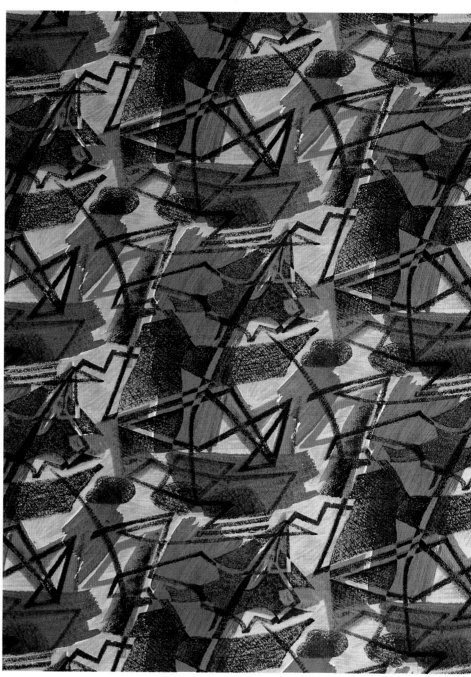

Enrico Prampolini
Dekorationsstoff »Ampo«, 1956

Druckstoff; Baumwolle; Leinwandbindung
Abstrakte Komposition mit breit aufgetragenen
Pinselstreifen in den Farben Gelb, Violett, Rot, Ok-
ker und schwarzen sgraffitoartigen Pinselzeichen
Bez. an den Webkanten: Man. JSA »AMPO« Di-
segno di Enrico Prampolini II° Premio ex-aequo
Concorso Centro Internaz.°· delle arti e del co-
stume
L. 100 cm; B. 134 cm
Musterrapport: H. 42 cm; B. 65 cm
Herst.: Isa, Busto Arsizio, Italien
Preise/Auszeichnungen: 1° Premio ex aequo Con-
corso dal Centro Internazionale dell Arti e del Co-
stume di Palazzo Grassi, Venedig 1956
Ankauf München, 1988
Inv. Nr. 642/89
Lit. u. a.: domus 1956, Nr. 319 [s. p.] m. Abb. – Ma-
gnesi Pinuccia, Tessuti d'Autore degli Anni Cin-
quanta. Turin 1987, 85, 108, Nr. 64 m. Abb. – do-
mus 1988, Nr. 692, 16 m. Abb..

Viola Gråsten
Dekorationsstoff, Dessin »Korgpil«, 1957

Druckstoff; Baumwolle; Leinwandbindung (Kette
dünn, Schuß dick); handbedruckt
Auf türkisblauem Grund drei gerade aufsteigende
Baumstämme mit stilisiertem, sich teilweise
überschneidendem Ast- und Blattwerk; Blätter in
Grün, Äste und Blattkonturen in Dunkelblau
Bez. auf einer Webkante in Dunkelblau: BRA Bo-
hag Mölnlyke Handtryck ›Korkpil‹ Design Viola
Grasten Handprinted in Sweden
L. 225 cm; B. 118 cm (Bahnbreite)
Musterrapport: H. 64,5 cm
Herst.: Mölnlyke, Göteborg, Schweden
Geschenk des Herstellers, 1986
Inv. Nr. 768/86
Lit. u. a.: md (moebel + decoration) 1958, H. 8,
419 m. Abb. – mobilia 24, 1958, Nr. 32, 16 m. Abb.

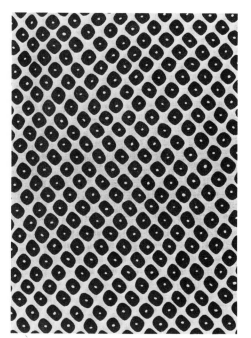

Margret Hildebrand
Dekorationsstoff, Dessin »Pont«,
Qual. 6420, Farbe 9, um 1957

Druckstoff; Baumwolle; Rohgewebe in Lein-
wandbindung (Kretonne-Rohware=Grobnessel);
Indanthren
Auf weißem Grund versetztes Reihenmuster von
unterschiedlichen, sich dem Quadrat nähernden
Flecken in Grau, denen jeweils ein kleiner weißer
Punkt eingeschrieben ist
L. 204 cm; B. 130 cm (Bahnbreite)
Musterrapport: H. ca. 5 cm; B. ca. 5 cm
Herst.: Stuttgarter Gardinenfabrik GmbH, Herren-
berg, Deutschland
Inv. Nr. 915/85.

Josef Hillerbrand
Dekorationsstoff, Dessin »Sommerwiese«,
um 1957

Druckstoff; 100% Baumwolle; Rohgewebe in
Leinwandbindung (Kretonne-Rohware=Grobnes-
sel)
Auf weißem Grund senkrechtes Reihenmuster
von Blumen, Blättern, Zweigen, Früchten, Vögeln
und kleinen Insekten; Farben: Gelb, Grün, Rot,
Rosa, Braun, Mittelblau
Bez. auf einer Webkante in Braun: DEWETEX De-
sign Prof. Hillerbrand ›Sommerwiese‹ 100% Co
L. 300 cm; B. 130 cm (Bahnbreite)
Musterrapport: H. 45 cm; B. 32 cm
Herst.: WK-Textil, Leinfelden-Echterdingen,
Deutschland, 1983 (Nachdruck eines Entwurfes
für die Deutsche Werkstätten)
Geschenk des WK-Verbandes, 1985
Inv. Nr. 989/85.

Josef Hillerbrand
Dekorationsstoff, Dessin »Bunter Vogel«,
1957

Druckstoff; 100% Baumwolle; Rohgewebe in
Leinwandbindung (Kretonne-Rohware=Grobnes-
sel)
Auf weißem Grund zwei senkrechte Reihen von
wellig aufsteigenden Zweigen mit Blumen, Blät-
tern, kleinen Insekten und Vögeln; Farben: Blau,
Hellblau, Grün, Hellgrün, Rot, Rosa, Braun
Bez. auf einer Webkante in Blau: DEWETEX De-
sign Prof. Hillerbrand ›Bunter Vogel‹ 100% Co
L. 300 cm; B. 130 cm (Bahnbreite)
Musterrapport: H. 91 cm; B. 64 cm
Herst.: WK-Textil, Leinfelden-Echterdingen,
Deutschland, 1983 (Nachdruck eines Entwurfes
für die Deutsche Werkstätten)
Geschenk des WK-Verbandes, 1985
Inv. Nr. 991/85
Lit. u. a.: Wichmann Hans, [Kat. Ausst.] Neu. Do-
nationen und Neuerwerbungen 1984/85. Die
Neue Sammlung. München 1988, 127.

Vuokko Eskolin
Dekorationsstoff, Dessin »Röttl«, um 1958

Druckstoff; Baumwolle; Rohgewebe in Lein-
wandbindung (Kretonne-Rohware=Grobnessel)
Unterschiedlich breite Querstreifen in Pinselduk-
tus; Farben: Grüntöne, Preußischblau, Dunkel-
braun
Bez. auf der Webkante in Grün: Vuokko Eskolin
»Röttl« Printex Suomi Finnland
L. 316 cm, B. 130 cm (Bahnbreite)
Musterrapport: H. 74 cm
Herst.: Printex, Helsinki, Finnland
Inv. Nr. 11/59.

Josef Hillerbrand
Dekorationsstoff, Dessin »Taormina«, um
1957

Druckstoff; 100% Baumwolle; Rohgewebe in
Leinwandbindung (Kretonne-Rohware=Grobnes-
sel); gechinzt
Auf weißem Grund drei senkrecht versetzte Rei-
hen von Vasen mit Blumen und Schalen mit Obst;
Farben: Grün, Hellgrün, Blau, Hellblau, Weinrot,
Rot, Hellviolett, Grau
Bez. auf einer Webkante in Blau: DEWETEX De-
sign Prof. Hillerbrand ›Taormina‹ 100% Co
L. 300 cm; B. 130 cm (Bahnbreite)
Musterrapport: H. 64 cm; B. 84 cm
Herst.: WK-Textil, Leinfelden-Echterdingen,
Deutschland, 1983 (Nachdruck eines Entwurfes
für die Deutschen Werkstätten)
Geschenk des WK-Verbandes, 1985
Inv. Nr. 990/85.

Stephan Eusemann
Dekorationsstoff, 1958

Jacquard-Gewebe; Baumwolle; Köper- und Rips-
bindungen
Unifarbener, changierender Fond in Graublau mit
horizontalen, unregelmäßigen Zickzackbändern
unterschiedlicher Struktur; Variante mit ziegelro-
tem Fond
L. 55,5 cm; B. 40 cm
Musterrapport: H. 19,5 cm; B. 5 cm
Herst.: Fachschule für Textilindustrie, Münch-
berg, Deutschland
Geschenk von Prof. S. Eusemann, 1988
Inv. Nr. 682/89-b u. 682/89-a.

Ruth Hull
Dekorationsstoff, Dessin »Ruter«, Nr. 7,
Ende 1950er Jahre

Druckstoff; Baumwolle mit Kunstfaserbeimi-
schung; Leinwandbindung (Kette: dünn, Schuß:
dick)
Schwarzes Raster mit Pinsel gezogen, glasfen-
sterartig unterlegt in Blau, Violett, kaltem Grün, an
einigen Stellen weiß durchscheinend
L. 517 cm; B. 118,5 cm (Bahnbreite)
Musterrapport: H. 72,5 cm; B. 100,5 cm
Herst.: Mölnlyke, Göteborg, Schweden
Inv. Nr. 369/84
Lit. u. a.: [Kat. Ausst.] Gewebt, gedruckt. Die Neue
Sammlung. München 1959 – Zahle Erik (Hrsg.),
Skandinavisches Kunsthandwerk. München/Zü-
rich 1963, Abb. 152 [verwandtes Muster] – Design
aus Dänemark. Kopenhagen 1976, 120-121 [ver-
wandtes Muster]. – Wichmann Hans, Industrial
Design. Unikate. Serienerzeugnisse. Die Neue
Sammlung. Ein neuer Museumstyp des 20. Jahr-
hunderts. München 1985, 188 m. Abb.

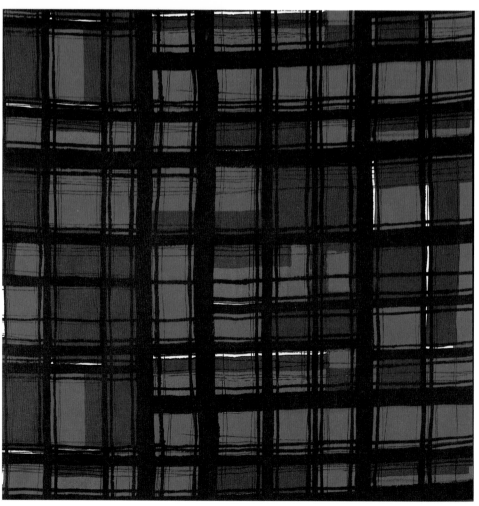

Gio Pomodoro
Dekorationsstoff »I Cirri«, 1957

Druckstoff; Baumwolle; Atlasbindung
Auf goldgelbem Fond Komposition aus farbig ge-
äderten, unterschiedlich breiten Querstreifen, die
wie abgerissene und ausgefranste Papierstreifen
wirken; Farben: Weiß, Türkis, Lindgrün, Olivgrün,
Gelb, Königsblau, Dunkelbraun
Bez. auf den Webkanten: Man JSA 1° premio ex-
aequo »CONCORSO 11ª TRIENNALE DI MI-
LANO« »I CIRRI« disegno di Gio Pomodoro
L. 99 cm; B. 136 cm
Musterrapport: H. 57 cm; B. 63 cm
Herst.: Isa, Busto Arsizio, Italien
Preise/Auszeichnungen: 1° Premio ex aequo al
concorso 11ª Triennale di Milano 1957
Ankauf München, 1988
Inv. Nr. 643/89

Lit. u. a.: domus 1957, Nr. 332, 49 m. Abb. – domus 1957, Nr. 335. [Umschlagabb.] – Magnesi Pinuccia, Tessuti d'Autore degli anni Cinquanta.
Turin 1987, 76, Nr. 58 m. Abb., 108 [dort weit. Lit.]
– domus 1988, Nr. 692, 16 m. Abb..

Henry-Georges Adam
Bildteppich »Penmarch«, 1958 (Entwurf)

Wolle; gewirkt
Flächig abstrakte Komposition aus Streifen, Drei-
ecks- und Polygonalformen in Schwarz, Grau und
Beige
Bez. r.: Adam 58
H. 150 cm; B. 700 cm
Herst.: Atelier Suzanne Goubely-Gatien, Aubus-
son, Frankreich, 1962
Ankauf vom Künstler, 1963
Inv. Nr. 6/63
Lit. u. a.: [Kat. Ausst.] Neue französische Wand-
teppiche. Museum für Kunst und Gewerbe. Ham-
burg 1960, 5, Nr. 4 – [Kat. Ausst.] Wandteppiche
aus Frankreich. Paris baut. Die Neue Sammlung.
München 1960, 9 [der Teppich befand sich da-
mals noch im Besitz des Mobilier National, Paris] –
Eckstein Hans, [Kat. Mus.] Die Neue Sammlung.
München [1964], 23, Abb. 5 – [Kat. Mus.] Die
Neue Sammlung. Eine Auswahl aus dem Besitz
des Museums. München [1972], Abb. 151 – Wich-
mann Hans, [Kat. Ausst.] Textilien, Silbergeräte,
Bücher. Die Neue Sammlung. München 1980, 21.

Rudolf Bartholl
Dekorationsstoff, 1959

Drehergewebe; Baumwolle, Wolle, verschiedene
Fadenstärken; Halbdreherbindung
Muster von senkrechten und waagerechten Strei-
fen unterschiedlicher Breite in Weiß und verschie-
denen Grauwerten
L. 343,5 cm; B. 133 cm (Bahnbreite)
Herst.: Handweberei Rudolf Bartholl, Bad Oldes-
loe, Deutschland
Ankauf vom Hersteller, 1959
Inv. Nr. 53/59.

Age Faith-Ell
Dekorationsstoff, Dessin »Ruter«, 1959

Streifen-Gewebe (Rayé); Wolle; Leinwand- und
Atlasbindung; kettlanciert
Wechsel von violetten, weiß melierten und
schwarzblauen Streifen; letztere sind von feinen
violetten Linien durchzogen.
L. ca. 450 cm; B. 118 cm (Bahnbreite)
Musterrapport: B. 23,5 cm
Herst.: Mölnlycke, Göteborg, Schweden
Geschenk des Herstellers, 1959
Inv. Nr. 25/59.

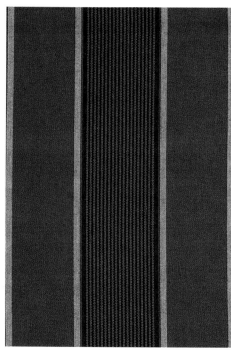

Brigitte Burberg
Dekorationsstoff, 1959

Webstoff; Baumwolle; Doppelgewebe mit Anbin-
dung (Doubleface); Leinwandbindung
Zwischen grünen bzw. dunkelblauen Vertikal- und
Horizontalstreifen schmale Hochrechtecke in
Rosa, Rot, Weiß, Orange, Gelb, Grau, Schwarz,
Grün und Blau
L. 329 cm; B. 102 cm (Bahnbreite)
Musterrapport: H. 121 cm
Herst.: Textilingenieurschule, Krefeld, Deutsch-
land
Ankauf vom Hersteller, 1959
Inv. Nr. 58/59.

Dekorationsstoff, Dessin »Edessa«,
Qual. 340, Farbe 9, Deutschland, 1959

Druckstoff; Halbleinen; Leinwandbindung; Indan-
thren
Auf hellgrauem Grund rechtwinkliges, weißes Git-
terwerk
L. 400 cm; B. 126 cm (Bahnbreite)
Musterrapport: H. ca. 20 cm
Herst.: Stuttgarter Gardinenfabrik GmbH, Herren-
berg, Deutschland
Geschenk des Herstellers, 1959
Inv. Nr. 30/59.

Dekorationsstoff, Dessin »Valetta«,
Deutschland, 1959

Druckstoff; Halbleinen; Leinwandbindung
Auf blauem Fond hellgrüne Vertikalstreifen, die
partiell von breiten, grünen Bändern überlagert
werden
Bez. auf einer Webkante in Grün: valetta
L. 266 cm; B. ca. 127 cm (Bahnbreite)
Musterrapport: H. 12 cm; B. 2,8 cm
Herst.: Stuttgarter Gardinenfabrik GmbH, Herren-
berg, Deutschland
Geschenk des Herstellers, 1959
Inv. Nr. 27/59.

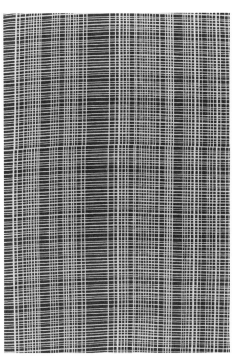

Helga Tuchtfeldt
Dekorationsstoff, 1958

Webstoff; Leinen, Bouclégarn, verschiedene Fa-
denstärken; Doppelgewebe mit Anbindung
(Doubleface); Leinwandbindung
Reihenmuster aus Mäanderformen; Farben:
Schwarz, Gelb
L. 564 cm; B. 124 cm (Bahnbreite)
Musterrapport: H. 98 cm; B. 44 cm
Herst.: Werkkunstschule Hannover, Deutschland
Ankauf vom Hersteller, 1959
Inv. Nr. 59/59.

Gisela Thiele
Dekorationsstoff, Dessin »Kola«, Farbe 3,
1959

Druckstoff; Halbleinen; Leinwandbindung
Schwarzes Quadratgitter mit Feldern in den Far-
ben Preußischblau, Mittelblau, Kornblumenblau,
Rosa, Weinrot, Violett
Bez. auf der Webkante in Schwarz: design: Gisela
Thiele. Kola
L. 396 cm; B. 125 cm (Bahnbreite)
Musterrapport: H. ca. 96 cm
Herst.: Stuttgarter Gardinenfabrik GmbH, Herren-
berg, Deutschland
Geschenk des Herstellers, 1959
Inv. Nr. 28/59
Lit. u. a.: [Kat. Ausst.] Textildesign 1934-1984 am
Beispiel Stuttgarter Gardinen. Design Center.
Stuttgart 1984, 42 m. Abb.

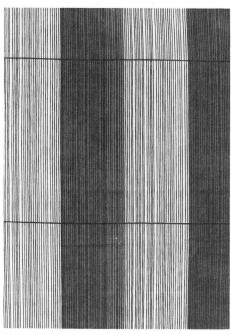

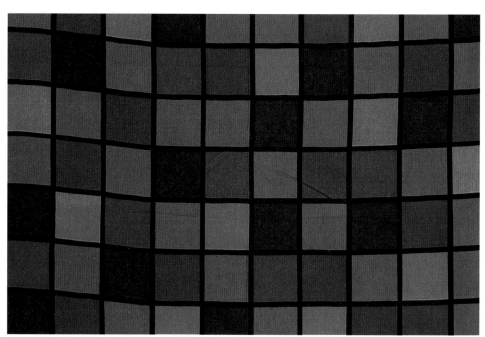

Gisela Thiele
Dekorationsstoff, Dessin »Fasano«,
Qual. 351, Farbe 3, 1959

Druckstoff; Halbleinen; Leinwandbindung; Indan-
thren
Fond von unterschiedlich breiten Vertikalstreifen
in den Farben Weiß, Violett, Mittelblau; darüber
dichte, schwarze, vertikale Linien, in großem Ab-
stand von einer horizontalen schwarzen Linie un-
terbrochen
Bez. auf der Webkante in Schwarz: design: Gisela
Thiele fasano
L. 390 cm; B. 126 cm (Bahnbreite)
Musterrapport: H. 49 cm; B. 38,5 cm
Herst.: Stuttgarter Gardinenfabrik GmbH, Herren-
berg, Deutschland
Geschenk des Herstellers, 1959
Inv. Nr. 32/59.

Lisbeth Bissier
Läufer, 1959

Ajourgewebe; Leinen; Ajourbindung, handge-
webt
Verschieden breite, jeweils durch horizontale
Graustreifen isolierte Querstreifen mit kleinteili-
gen, versetzten Reihenmustern; Farben: Beige,
Gelb, Mauve, Kornblumenblau, Hellblau, Hellvio-
lett, Weiß, Orange, Dunkel- und Hellgrün
L. 142,6 cm; B. 49,5 cm (Bahnbreite)
Musterrapport: B. 1 cm
Herst.: Lisbeth Bissier, Hagnau/Bodensee,
Deutschland
Ankauf von der Künstlerin, 1959
Inv. Nr. 20/59.

 Helga Tuchtfeldt
Dekorationsstoff, Nr. 23 IX, 1958

Druckstoff; Leinen; Kreppbindung
Lindgrüner Fond mit horizontalen, unregelmäßi-
gen, schwarzen Bändern, in die Rechtecke einge-
lagert sind. Sie wechseln mit hellen Streifen, die
durch schmale, vertikale Rechtecke gegliedert
werden.
L. 481 cm; B. 119 cm (Bahnbreite)
Musterrapport: H. 63 cm; B. 119 cm
Herst.: Werkkunstschule Hannover, Deutschland
Ankauf vom Hersteller, 1959
Inv. Nr. 60/59.

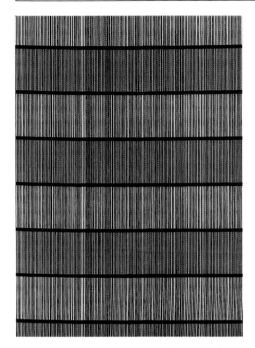

Gisela Thiele
Dekorationsstoff, Dessin »Brione«,
Qual. 355, Farbe 9, 1958

Druckstoff; Halbleinen; Leinwandbindung; Indan-
thren
Auf weißem Grund vertikale Rechtecke, abwech-
selnd von vertikalen und horizontalen Schraffuren
dicht durchzogen; Farbe: Schwarz
Bez. auf einer Webkante in Schwarz: Design:
Brione
L. 450 cm; B. 126 cm (Bahnbreite)
Musterrapport: H. 40 cm; B. 42 cm
Herst.: Stuttgarter Gardinenfabrik GmbH, Herren-
berg, Deutschland
Geschenk des Herstellers, 1959
Inv. Nr. 31/59
Lit. u. a.: Architektur u. Wohnform 66, 1957/58,
H. 7, 301 m. Abb.

Gisela Thiele
Dekorationsstoff, Dessin »Arran«,
Qual. 355, Farbe 9, 1959

Druckstoff; Halbleinen; Leinwandbindung; Indan-
thren
Breite, durch eine schwarze Linie getrennte, hori-
zontale Streifen in Weiß und Grau; darüber dichte,
schwarze, vertikale Linien
Bez. auf einer Webkante in Schwarz: design arran
L. 402 cm; B. 131 cm (Bahnbreite)
Musterrapport: H. 26,5 cm; B. 62 cm
Herst.: Stuttgarter Gardinenfabrik GmbH, Herren-
berg, Deutschland
Variante: Inv. Nr. 26/59b (Horizontalstreifen in
Gelb/Hellgelb)
Geschenk des Herstellers, 1959
Inv. Nr. 26/59.

Stephan Eusemann
Dekorationsstoff, Dessin »Mosaik«,
Nr. 0212, Farbe 05, um 1960

Webstoff aus einer Musterkollektion, die in 6 ver-
schiedenen Farbstellungen produziert wurde
Baumwolle, Viskose; Doppelgewebe mit Anbin-
dung; Leinwandbindung
Vertikales Streifenmuster. Die grünen Streifen
werden durch rechteckige Felder rhythmisiert;
Farben meliert: Graugrün, Grüngelb, Olivgrün,
Blaugrün
L. 92 cm; B. 56 cm
Musterrapport: B. 14,5 cm
Herst.: Gebrüder Müller, Mechanische Weberei,
Zell/Ofr., Deutschland
Geschenk von Prof. S. Eusemann, 1988
Inv. Nr. 676/89.

Schüler der Webschule in Harrania
Bildteppich, um 1960

Baumwolle; gewirkt (Hautelisse)
Dominant in Blau- und Rotbrauntönen gehalten,
z. T. mit Grün-Gelb-Ockertönen. Bildmotiv: in ei-
nem Nilboot mit Segel fünf Erwachsene und fünf
Kinder in strenger, flächiger Frontalität, z. T. win-
kend. Das Boot ist von Fischen mit strauchartiger,
stilisierter, vegetabiler Ornamentik umgeben.
H. 102 cm; B. 158 cm (mit Fransen 180 cm)
Herst.: Webschule in Harrania bei Kairo, Leitung
Ramses Wissa-Wassef, Ägypten
Erworben 1986 aus dem Nachlaß von Hans Eckstein, München
Inv. Nr. 771/86
Lit. u. a.: [Kat. Ausst.] Primitive Bildwirkereien aus
Ägypten. Die Neue Sammlung. München 1962
[vergleichbare Teppiche] – Forman W. u. B., Ram-
ses Wissa-Wassef, Blumen der Wüste. Prag 1971
[vergleichbare Teppiche] – [Kat. Ausst.] Das Land
am Nil. Bildteppiche aus Harrania. Staatliche
Sammlung ägyptischer Kunst. München 1978
[vergleichbare Teppiche].

Samiha Ahmed
Bildteppich »Fischer auf einem See«, 1963

Wolle, Baumwolle; gewirkt (Hautelisse); Pflan-
zenfarben)
Ohne Entwurfszeichnung unmittelbar am Webstuhl entwickelte Komposition: See mit Segel-
boot und drei Fischern mit vollen Netzen inmitten
einer von vielfältigen Sträuchern und Tieren beleb-
ten Landschaft; streng flächige, naive Darstel-
lungsweise
H. 152 cm; B. 258 cm
Herst.: Samiha Ahmed, Webschule in Harrania
bei Kairo, Leitung Ramses Wissa-Wassef, Ägypten
Ankauf von Prof. Ramses Wissa-Wassef, Kairo,
1964
Inv. Nr. 34/64

Lit. u. a.: [Kat. Ausst.] Primitive Bildwirkereien aus
Ägypten, Die Neue Sammlung. München 1962
[vergleichbare Teppiche] – Eckstein Hans, [Kat.
Mus.] Die Neue Sammlung. München [1964], 23,
Abb. 4.

Dekorationsstoff, Nr. 73, Deutschland,
um 1960

Webstoff; Chemiefaser, Viskose; Leinwandbin-
dung, zwei unterschiedlich gedrehte Garne, Kette
hellrot, Schuß grau
Bicolor-Gewebe von lockerem Charakter in den
Farben Hellrot und Grau
L. 406 cm; B. 131 cm (Bahnbreite)
Herst.: Storck & Co KG, Krefeld, Deutschland
Geschenk des Herstellers, 1985
Inv. Nr. 943/85.

Stephan Eusemann
Bezugsstoff, ca. 1961

Webstoff aus einer Musterkollektion, die in 6 ver-
schiedenen Farbstellungen produziert wurde
Wolle; Doppelgewebe mit Anbindung; Leinwand-
bindung
Vertikale Streifen aneinandergefügter Rauten; bei
jedem zweiten Streifen werden die Rauten aus
zwei verschiedenfarbigen Dreiecken gebildet. Far-
ben: Lindgrün, Türkis, Gelborange
L. 29,5 cm; B. 19,5 cm
Musterrapport: H. 5,8 cm; B. 5 cm
Herst.: Fachschule für Textilindustrie, Münch-
berg, Deutschland
Geschenk von Prof. S. Eusemann, 1988
Inv. Nr. 679/89.

Stephan Eusemann
Dekorationsstoff, Dessin »Mistral«,
Nr. 0213, Farbe 05, um 1960

Webstoff aus einer Musterkollektion, die in 8 ver-
schiedenen Farbstellungen produziert wurde
Baumwolle, Viskose; Doppelgewebe mit Anbin-
dung; Leinwandbindung
Muster aus Rechtecks- und Quadratflächen mit
eingeschriebenen, farblich halbierten Kreisen in
Positiv-Negativ-Effekt; Farben: Türkis, Violett,
Grauviolett, Olivgrün
L. 27,5 cm; B. 26 cm
Musterrapport: H. 11 cm; B. 14,5 cm
Herst.: Gebrüder Müller, Mechanische Weberei,
Zell/Ofr., Deutschland
Geschenk von Prof. S. Eusemann, 1988
Inv. Nr. 678/89.

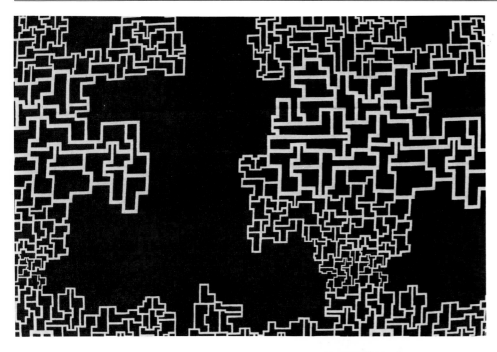

Anton Stankowski
Dekorationsstoff »Planina«, 1962

Druckstoff; Baumwolle; Leinwandbindung
Auf olivfarbenem Grund Labyrinthmuster aus
rechtwinklig gebrochenen, weißen Linien unter-
schiedlicher Breite
L. 300 cm; B. 130 cm (Bahnbreite)
Musterrapport: H. 63 cm; B. 125 cm
Herst.: Pausa AG, Mössingen, Deutschland
Geschenk des Herstellers, 1986
Inv. Nr. 408/87.

Dekorationsstoff, Schweden, um 1965

Druckstoff; Baumwolle; Leinwandbindung
Auf grünem Grund vier versetzte vertikale Reihen
von großen, herzförmigen Blättern in Orange und
Gelb mit unterschiedlichem Binnen-Lineament
L. 309 cm; B. 118 cm (Bahnbreite)
Musterrapport: H. ca. 66 cm
Herst.: Mölnlyke, Göteborg, Schweden
Inv. Nr. 769/86.

Wolf Bauer
Dekorationsstoff, Dessin »Collage«,
K 5200/3, 1967

Druckstoff; 100% Baumwolle; Florgewebe
(Velours)
Auf weißem Grund zwei senkrecht aufsteigende
Stämme mit abstrahiertem Blatt- und Astwerk;
Farben: Braun-, Oliv-, Violett-Töne
L. 80 cm; B. 120 cm (Bahnbreite)
Musterrapport: H. 63 cm; B. 59 cm
Herst.: Knoll International, Murr/Murr, Deutsch-
land
Variante: Inv. Nr. 1201/83 (andere Farbstellung)
Geschenk des Herstellers
Inv. Nr. 91/80
Lit. u. a.: [Kat. Ausst.] Kunst vom Fließband. Pro-
dukte des Textildesigners Wolf Bauer. Design
Center. Stuttgart 1970, 18-19 m. Abb., Nr. 21-25
[Farbvarianten] – Architektur u. Wohnform 78,
1970, H. 8, 418, Abb. 12 – md (moebel interior de-
sign) 1970, H. 3, 88 m. Abb. – md (moebel interior
design) 1970, H. 6, 100 m. Abb. – Wichmann
Hans, [Kat. Ausst.] Textilien, Silbergeräte, Bücher.
Die Neue Sammlung. München 1981, 22 – Lara-
bee Eric u. Massimo Vignelli, Knoll Design. New
York 1981, 101 m. Abb.

Ida Kerkovius
Wandteppich, 1967

Wolle; geknüpft
Farbiges Muster aus geometrischen Formen: ver-
schiedene Rechtecke und Kreismotive, Vertikal-
und Horizontalstreifen
L. 220 cm; B. 80 cm
Herst.: Marta Lutz, Stuttgart, Deutschland, 1968
Ankauf von der Herstellerin, 1968
Inv. Nr. 59/68
Lit. u. a.: Wichmann Hans, [Kat. Ausst.] Textilien,
Silbergeräte, Bücher. Die Neue Sammlung. Mün-
chen 1980, 23.

Antoinette de Boer
Dekorationsstoff, Dessin »Zimba«, Nr. 2211,
Farbe 5, 1969

Druckstoff; 55% Baumwolle, 45% Leinen; Lein-
wandbindung
Vertikales Muster breiter, wellenförmiger Streifen
in Braun, Maisgelb, Hellgrün, Oliv, Gelborange,
Orange, Dunkelorange, Rotbraun, Zyklam, Braun-
violett
L. 300 cm; B. ca. 131 cm (Bahnbreite)
Musterrapport: H. ca. 77 cm; B. 127 cm
Herst.: Stuttgarter Gardinenfabrik GmbH, Herren-
berg, Deutschland
Geschenk des Herstellers, 1983
Inv. Nr. 1341/83
Lit. u. a.: md (moebel interior design) 1969, H. 8,
62 m. Abb. – [Kat. Ausst.] Textildesign 1934-1984
am Beispiel Stuttgarter Gardinen. Design Center.
Stuttgart 1984, 56 m. Abb. – md (moebel interior
design) 1984, H. 7, 46 m. Abb.

Peter Seipelt
Dekorationsstoff, Dessin »tonga«,
Nr. 655/9600, um 1968

Streifen-Gewebe (Rayé); 100% Baumwolle; Lein-
wandbindung, Schuß hellgelb, Kette verschieden-
farbig
Gleichbreite Vertikalstreifen in Oliv, Gelb- und
Grüntönen
L. 300 cm; B. 133 cm (Bahnbreite)
Musterrapport: B. 13 cm
Herst.: Storck, Krefeld, Deutschland
Ankauf vom Hersteller, 1980
Inv. Nr. 101/80.

Jack Lenor Larsen
Dekorationsstoff, Dessin »Wintertree«,
Nr. 819701, 1968

»Ausbrenner«; 65% Polyester, 35% Baumwolle;
Ajourgewebe; Leinwandbindung
Auf weißem Grund transparentes Muster von
Geäst
Bez. auf einer Webkante im Ausbrenner-Verfah-
ren: Wintertree a Larsen Design 1968 by Jack
Lenor Larsen Incl.
L. 300 cm; B. 166 cm
Musterrapport: H. 150 cm; B. 175 cm
Herst.: Jack Lenor Larson GmbH, Stuttgart,
Deutschland
Geschenk des Herstellers, 1980
Inv. Nr. 136/80
Lit. u. a.: Wichmann Hans, [Kat. Ausst.] Textilien,
Silbergeräte, Bücher. Die Neue Sammlung. Mün-
chen 1980, 23.

Jack Lenor Larsen und Richard Landis
Dekorationsstoff, Dessin »Landis Polychrome«, Nr. 834501, um 1970

Webstoff; 85% Polyester, 15% Leinen; Doppel-
gewebe mit Anbindung (Doubleface); Köper- und
Ripsbindung
Streifenraster in Brauntönen, der leuchtend far-
bige, blaue, rote, orangefarbene und violette,
hochrechteckige Felder umschließt
L. 298,5 cm; B. 123 cm
Musterrapport: H. 117,5 cm; B. 61 cm
Herst.: Jack Lenor Larsen GmbH, Stuttgart,
Deutschland
Geschenk des Herstellers, 1980
Inv. Nr. 154/80.

Peter Seipelt
Dekorationsstoff, Dessin »plus streifen«,
Nr. 612/1225, 1971

Streifen-Gewebe (Rayé); 100% Schurwolle; Lein-
wandbindung
Unterschiedlich breite Vertikalstreifen in den Far-
ben Dunkelbraun, Hellbraun, lichter Ocker und
Beige
L. 300 cm; B. 130 cm (Bahnbreite)
Musterrapport: B. 65 cm
Herst.: Storck, Krefeld, Deutschland
Ankauf vom Hersteller, 1980
Inv. Nr. 103/80
Lit. u. a.: [Kat. Ausst.] Jahresauswahl 1975. Design
Center. Stuttgart 1975, Nr. 18 m. Abb. – Wich-
mann Hans, [Kat. Ausst.] Textilien, Silbergeräte,
Bücher. Die Neue Sammlung. München 1980, 23
– Wichmann Hans, [Kat. Ausst.] Neu. Donationen
und Neuerwerbungen 1980/81. Die Neue Samm-
lung. München 1982, 23.

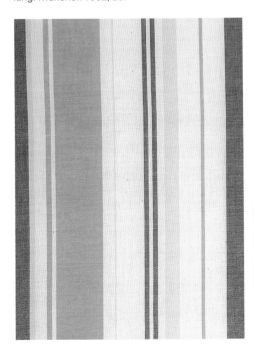

Peter Seipelt
Bezugsstoff, Dessin »Kairouan«,
Nr. 204/7022, um 1968

Webstoff; 100% Schurwolle; Zickzack-Köper
Zickzack-Streifen in Naturweiß und Grün
L. 80 cm; B. 140 cm
Musterrapport: H. ca. 5 cm
Herst.: Storck, Krefeld, Deutschland
Variante: Inv. Nr. 115/80 [andere Farbstellung]
Ankauf vom Hersteller, 1980
Inv. Nr. 116/80
Lit. u. a.: Wichmann Hans, [Kat. Ausst.] Textilien,
Silbergeräte, Bücher. Die Neue Sammlung. Mün-
chen 1980, 23.

Jack Lenor Larsen
Dekorationsstoff, Dessin »Hills of Home«,
Nr. 931403, 1971

Druckstoff; 100% Polyester; Leinwandbindung
Auf weißem Grund horizontales Reihenmuster:
Berg- und Waldlandschaft in Braun, Gelb- und
Orangetönen
Bez. auf der Webkante in Gelb: Hills of Home a
Larsen Design 1971 Exclusive handprint by Jack
Lenor Larsen
Hergestellt nach einem Entwurf von Susan Bur-
gess-James
L. 292,5 cm; B. ca. 123 cm
Musterrapport: H. ca. 94 cm, B. ca. 118 cm
Herst.: Jack Lenor Larsen GmbH, Stuttgart,
Deutschland
Geschenk des Herstellers, 1980
Inv. Nr. 137/80
Lit. u. a.: Salman Larry, Jack Lenor Larsen in Bo-
ston: craft horizons 1971, April-H., 4 – Wichmann
Hans, [Kat. Ausst.] Textilien, Silbergeräte, Bücher.
Die Neue Sammlung. München 1980, 23.

Roberto Gabetti, Aimaro Isola, Luciano Re
und Guido Drocco
Teppich, 1970

Das Motiv geht auf tibetische »Tiger-Teppiche«
zurück, die für ihre erstaunliche Abstraktion des
Motives bekannt sind.
Wolle; geknüpft, Rand und Leopard hochflorig,
Fond flach
Rotes, schwarz getupftes und wie eine Jagdtro-
phäe ausgebreitetes Fell eines Leoparden auf
dunkelviolettem Fond mit breitem Randstreifen
L. 250 cm; B. 200 cm
Herst.: Manifattura Paracchi (für Collezione
ARBO), Turin, Italien
Ausgestellt auf der Eurodomus 4, Turin 1972, so-
wie auf der Mostra Italiana Diseño, Museo Rufius
Tamayo, Mexiko 1986
Ankauf München, 1988
Inv. Nr. 1013/89
Lit. u. a.: [Kat. Firma] L'Architettura. Cronache e
storia. ARBO. Turin 1973 – Ferrari Fulvio. Gabetti
e Isola Mobili. Turin 1986, 81, 83, Nr. 87 m. Abb.

Verena Kiefer
Dekorationsstoff, Dessin »Pinocchio«,
Nr. 6549, Farbe 7, um 1973

Druckstoff; 83% Polyester, 17% Seide; Lein-
wandbindung
Auf weißem Grund senkrecht aufsteigendes Mu-
ster von wolkenartigen Motiven, denen unter-
schiedlich große Punkte eingeschrieben sind;
Farbe: Lindgrün. (Dazu Mustercoupons in den
Farben Schwarz, Gelb und Grün)
Bez. auf einer Webkante in Lindgrün: Pinocchio
L. 145 cm; B. 118 cm (Bahnbreite)
Musterrapport: H. 96 cm
Mustercoupons: L. 37 cm; B. 19,5 cm
Herst.: Stuttgarter Gardinenfabrik GmbH, Herren-
berg, Deutschland
Geschenk des Herstellers, 1980
Inv. Nr. 162/80.

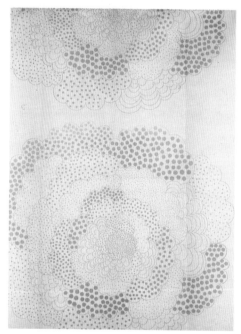

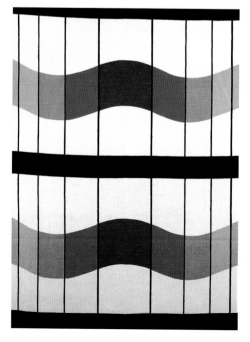

Antoinette de Boer
Dekorationsstoff, Dessin »Mong Gong«,
Nr. 2205, Farbe 2, 1970

Druckstoff; 55% Baumwolle, 45% Leinen; Lein-
wandbindung
Weißer Fond, überspannt von breiten, horizonta-
len und schmalen, vertikalen Streifen, dazwischen
horizontale Wellenlinie in Braun- und Grüntönen
L. 300 cm; B. 133 cm (Bahnbreite)
Musterrapport: H. 77 cm; B. 126 cm
Herst.: Stuttgarter Gardinenfabrik GmbH, Herren-
berg, Deutschland
Geschenk des Herstellers, 1983
Inv. Nr. 1339/83
Lit. u. a.: Architektur u. Wohnform 78, 1970, H. 8,
418, Abb. 1 – md (moebel interior design) 1970,
H. 12, 39 m. Abb. – [Kat. Ausst.] Jahresauswahl
1975. Design Center. Stuttgart 1975, 304 m. Abb.
– [Kat. Ausst.] Textildesign 1934-1984 am Beispiel
Stuttgarter Gardinen. Design Center. Stuttgart
1984, 62 m. Abb. – md (moebel interior design)
1984, H. 7, 46 m. Abb.

Elisabeth Kadow
Bildteppich »Portatius 11«, 1971

Wolle; Baumwolle; handgewebt, Leinwandbin-
dung mit unterschiedlich dicht eingeknüpften Fa-
denbüscheln
Vielfarbige schmale Horizontalstreifen in Zyklam-
rot, Orange, Senfgelb, Hellblau, Graublau, Hellvio-
lett, Rosé; darüber dunkelblaue Fadenbüschel in
drei wellig begrenzten Zonen
Bez. l. o.: EK und HP
Rückseite mit aufgenähtem Nesseletikett: Elisa-
beth Kadow »Portatius 11« 1971
H. 252 cm; B. 104 cm
Herst.: Hildegard von Portatius, Krefeld
Ankauf von der Entwerferin, 1973
Inv. Nr. 27/73
Lit. u. a.: [Kat. Ausst.] Exempla '73. Handwerks-
messe. München 1973, 98-99 m. Abb. – Wich-
mann Hans, [Kat. Ausst.] Textilien, Silbergeräte,
Bücher. Die Neue Sammlung. München 1980, 22.

Erika Steinmeyer
Bildteppich »Choqueyapu – Fluß der Färber«, um 1972

Gobelin; handgesponnene Schafwolle (Kette), Al-
pacawolle (Schuß); Naturfarben aus einheimischen bolivianischen Pflanzen
Die Künstlerin hielt sich seit 1968 wiederholt in
Bolivien auf und verarbeitete in diesem wie in ihren anderen Entwürfen Inspirationen durch die
südamerikanische Landschaft und die Kultur der
Indios; ferner wurden neue technische Anregungen wirksam: so sind als Resultat der typischen
Arbeitsweise der bolivianischen Weber beide Seiten des Gobelins gleichwertig.
Auf naturhellem Fond wellenartige, diagonal von
links unten nach rechts oben aufsteigende, unterschiedlich breite Streifen in den Farben Gelb,
Lindgrün, Hellblau, Violett, Pink, Rot, Flaschengrün, Schwarz
Bez. r. u.: E S [ligiert]

Rückseite mit aufgenähtem, handbeschriftetem
Nesseletikett: Erika Steinmeyer Gobelin »CHO-
QUEYAPU – Fluss der Färber« . . . [Angaben zu
Größe und Material] . . . Handgesponnen und
handgewebt in COCHABAHBA/Bolivien
H. ca. 133 cm: B. ca. 181 cm
Ausführung in Cochabahba, Bolivien
Inv. Nr. 1011/88.

Maija Isola
Dekorationsstoff, Dessin »Pepe«, 1972

Druckstoff; 100% Baumwolle; Leinwandbindung
Vertikales Muster von welligem Ranken- und
Blattwerk mit Tukanen (sogen. Pfefferfresser),
hinterlegt mit gebogten Streifen in Gelb. Farben:
Weiß, Blau, Hellblau, Rot, Grün
Bez. auf der Webkante in Blau: Maija Isola ›Pepe‹
Marimekko oy 1972 Suomi-Finland
L. 180 cm; B. 149 cm (Bahnbreite)
Musterrapport: H. 92 cm
Herst.: Marimekko Oy, Helsinki, Finnland
Ankauf München, 1989
Inv. Nr. 801/89
Lit. u. a.: [Kat. Firma] Phenomenon Marimekko.
Helsinki 1986, 119, Abb. 17.

Antoinette de Boer
Dekorationsstoff, Dessin »Sipri«, Nr. 2209,
Farbe 9, 1972

Druckstoff; 55% Baumwolle, 45% Leinen; Lein-
wandbindung
Auf weißem Fond horizontale Streifenbänder, die
aus vertikalen, unterschiedlich langen, jeweils an
den Enden abgerundeten Streifen in sieben Grau-
tönen bestehen
Bez. auf einer Webkante in Schwarz: Antoinette
de Boer Sipri
L. 300 cm; B. 130 cm (Bahnbreite)
Musterrapport: H. 86 cm; B. 125,4 cm
Herst.: Stuttgarter Gardinenfabrik GmbH, Herren-
berg, Deutschland
Geschenk des Herstellers, 1983
Inv. Nr. 1340/83
Lit. u. a.: [Kat. Ausst.] Textildesign 1934-1984 am
Beispiel Stuttgarter Gardinen. Design Center.
Stuttgart 1984, 69 m. Abb. – md (moebel interior
design) 1984, H. 7, 46 m. Abb.

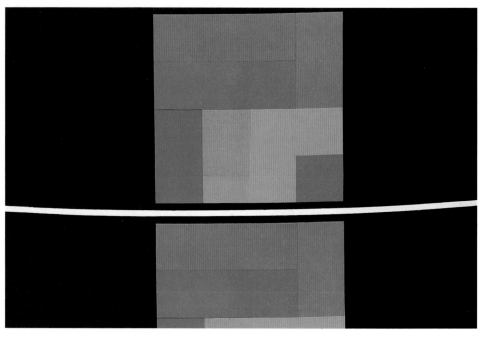

Marga Hielle-Vatter
Bezugsstoff, Dessin »Simiona«, um 1973

Streifen-Gewebe (Travers); 78% Schurwolle,
22% Baumwolle; Längsrips
Verschieden breite Querstreifen in Braun-, Beige-,
Grau- und Mauvetönen
L. 116 cm; B. 128,5 cm (Bahnbreite)
Musterrapport: H. 42,5 cm
Herst.: rohi-Stoffe GmbH, Geretsried, Deutsch-
land
Variante: Inv. Nr. 134/80 (andere Farbstellung)
Geschenk des Herstellers, 1980
Inv. Nr. 135/80
Lit. u. a.: Wichmann Hans, [Kat. Ausst.] Textilien,
Silbergeräte, Bücher. Die Neue Sammlung. Mün-
chen 1980, 22.

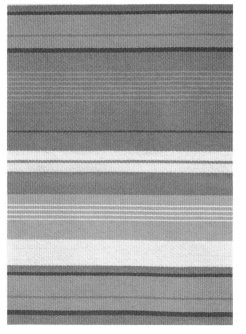

Barbara Brenner
Dekorationsstoff, Dessin »Enza«,
Nr. 11-3101, 1972/73

Druckstoff; Rohgewebe in Leinwandbindung
(Kretonne-Rohware=Grobnessel)
Auf schwarzem Fond Farbquadrat, das sich aus
sieben einzelnen quer- und hochrechteckigen
Farbflächen zusammensetzt; Farben: Hellblau,
Hellgrün, Violett, Karminrot, Hellrot, Dunkelrot,
Violettblau
Bez. auf der Webkante in Schwarz: TOP made by
Tampella Finland for Intair design Barbara Brenner
L. 108 cm; B. 150 cm (Bahnbreite)
Musterrapport: H. 60 cm
Herst.: Tampella, Tampere, Finnland (für Intair –
International Stoffdesign, Hamburg/Zürich/New
York)
Geschenk der Wohnberatung, München, 1983
Inv. Nr. 1203/83

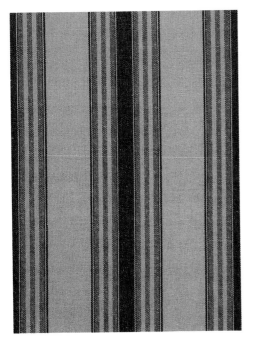

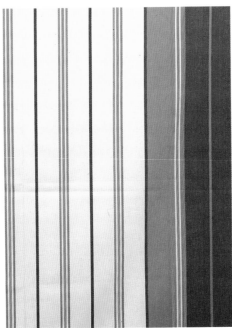

Ingrid Dessau
Dekorationsstoff, Dessin »Mowitz«,
Nr. 11333, Farbe 14, um 1974

Streifengewebe (Rayé); 100% Baumwolle; Lein-
wandbindung
Unterschiedlich breite Vertikalstreifen in Creme-
weiß, Dunkelgrün, Hellgrün, Hellrot
L. 300 cm; B. 164 cm (Bahnbreite)
Herst.: Kinnasand, Kinna, Schweden
Geschenk des Herstellers, 1980
Inv. Nr. 130/80
Lit. u. a.: Wichmann Hans, [Kat. Ausst.] Textilien,
Silbergeräte, Bücher. Die Neue Sammlung. Mün-
chen 1980, 24.

Gillian Marshall
Dekorationsstoff, Dessin »Karl Oskar«,
Nr. 12943, Farbe 16, 1974

Streifen-Gewebe (Rayé); 56% Baumwolle, 22%
Leinen, 22% Rayon; Leinwandbindung
Auf beigem Grund vertikale Streifen unterschiedli-
cher Breite in den Farben Dunkelbraun, Braun,
Weiß
L. 300 cm; B. 152 cm (Bahnbreite)
Musterrapport: B. 13,5 cm
Herst.: Kinnasand, Kinna, Schweden
Geschenk des Herstellers, 1980
Inv. Nr. 131/80
Lit. u. a.: Wichmann Hans, [Kat. Ausst.] Textilien,
Silbergeräte, Bücher. Die Neue Sammlung. Mün-
chen 1980, 24 – Wichmann Hans, [Kat. Ausst.]
Neu. Donationen und Neuerwerbungen 1980/81.
Die Neue Sammlung. München 1982, 23.

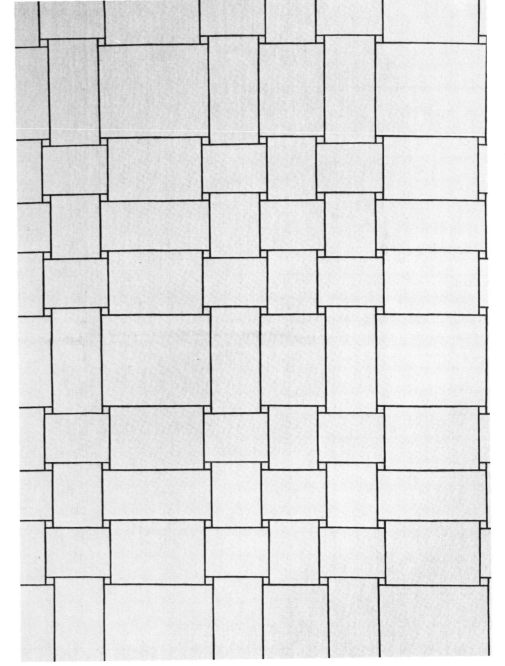

Antoinette de Boer
Dekorationsstoff, Dessin »Mahan«,
Nr. 1029, Farbe 9, 1974/75

Druckstoff; 100% Baumwolle; Leinwandbindung
(Kette weiß, Schuß beige)
Auf beigem Grund flechtwerkartiges Muster aus
einander durchdringenden Streifen mit schwarzer
Konturierung. (Dazu Mustercoupons in den Far-
ben Rostrot, Braun und Goldgelb)
Bez. auf einer Webkante in Schwarz: Mahan
L. 120 cm; B. 124 cm (Bahnbreite)
Musterrapport: H. 42 cm, B. 44 cm
Herst.: Stuttgarter Gardinenfabrik GmbH, Herren-
berg, Deutschland
Geschenk des Herstellers, 1980
Inv. Nr. 157/80.

Dekorationsstoff, Dessin »Fiore«, Nr. 6531, Farbe 2, Deutschland, 1974

Druckstoff; 75% Polyester, 25% Baumwolle; Leinwandbindung; Voile
Auf naturweißem Grund zwei vertikale Reihen von fächerartig angeordneten, länglichen, stilisierten Blättern in Braun
Bez. auf einer Webkante in Braun: Stuttgarter Gardinen Fiore
L. 120 cm; B. 126 cm (Bahnbreite)
Musterrapport: H. 69 cm
Herst.: Stuttgarter Gardinenfabrik GmbH, Herrenberg, Deutschland
Geschenk des Herstellers, 1980
Inv. Nr. 160/80.

Antoinette de Boer
Dekorationsstoff, Dessin »Larisa«, Nr. 351, Farbe 4, 1974/75

Druckstoff; 100% Baumwolle; Leinwandbindung
Quadratische Felder: Fond aus versetzten Horizontalstreifen in Lind- und Dunkelgrün, teils überlagert von Gruppierungen aus unterschiedlich langen, oben abgerundeten Vertikalstreifen in Moosgrün
Bez. auf einer Webkante in Grün: Design Antoinette de Boer. Larisa
L. 120 cm; B. 126 cm (Bahnbreite)
Musterrapport: H. 39 cm
Herst.: Stuttgarter Gardinenfabrik GmbH, Herrenberg, Deutschland
Geschenk des Herstellers, 1980
Inv. Nr. 127/80
Lit. u. a.: Wichmann Hans, [Kat. Ausst.] Textilien, Silbergeräte, Bücher. Die Neue Sammlung. München 1980, 22.

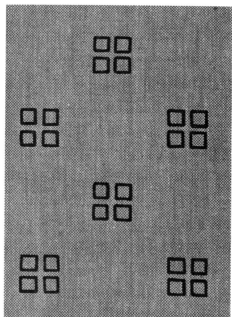

Antoinette de Boer
Dekorationsstoff, Dessin »Karufa«, Farbe 1, 1974

Druckstoff; 100% Baumwolle; Leinwandbindung (Kette weiß, Schuß beige)
Auf beigem Fond versetztes Reihenmuster von je vier kleinen Quadraten, die zu einer quadratischen Form gruppiert sind; Farbe: Rot
Bez. auf einer Webkante in Rot: Karufa
L. 120 cm; B. 124 cm (Bahnbreite)
Musterrapport: H. 9,7 cm; B. 38 cm
Herst.: Stuttgarter Gardinenfabrik GmbH, Herrenberg, Deutschland
Geschenk des Herstellers, 1980
Inv. Nr. 158/80.

Heidi Bernstiel-Munsche
Dekorationsstoff, Dessin »Iwu«, Nr. 6547, Farbe 3, 1974

Druckstoff; 53% Leinen; 47% Baumwolle, unterschiedliche Fadenstärken; Leinwandbindung
Auf beigefarbenem Grund senkrechtes, ineinander versetztes Reihenmuster von Diagonalstreifen in Dunkelblau. In der Mitte des Stoffes sind die Streifen breit und lang, zu den Webkanten hin werden sie schmaler und kürzer (Assoziation: Reifenspur)
Bez. auf einer Webkante in Dunkelblau: Design: Heidi Bernstiel »Iwu«
L. 120 cm; B. 124 cm (Bahnbreite)
Musterrapport: H. 55 cm
Herst.: Stuttgarter Gardinenfabrik GmbH, Herrenberg, Deutschland
Geschenk des Herstellers, 1980
Inv. Nr. 156/80
Lit. u. a.: [Kat. Ausst.] Jahresauswahl 1975, Design Center. Stuttgart 1975, Nr. 303 m. Abb. – [Kat. Ausst.] Textildesign 1934-1984 am Beispiel Stuttgarter Gardinen. Design Center. Stuttgart 1984, 76 m. Abb.

Else Bechteler
Bildteppich »Prähistorisch«, 1975

Wolle, Baumwolle; gewirkt (Hautelisse) und ge-
knüpft
Abstrakte Komposition aus unregelmäßigen, z. T.
keilförmigen Flächen und Streifen im Pinselduk-
tus; Farben: Abstufungen von Grau, Grün, Violett,
Braun, kräftige Rot- und Gelbtöne
Bez. r. o.: EB 75; auf der Rückseite l. u.: Else
Bechteler München 1975
H. 360 cm; B. 175 cm
Herst.: Else Bechteler, München, Deutschland
Dauerleihgabe der Prähistorischen Staatssamm-
lung, München
Lit. u. a.: [Kat. Ausst.] Erste Biennale der deut-
schen Tapisserie. Bayerische Akademie der Schö-
nen Künste. München 1978, 20 f. m. Abb. – [Kat.
Ausst.] Else Bechteler. Werkraum Godula Buch-
holz, Pullach. München 1980 [Abb. Rückseite].

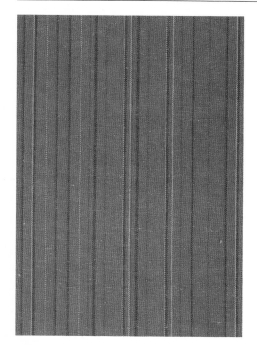

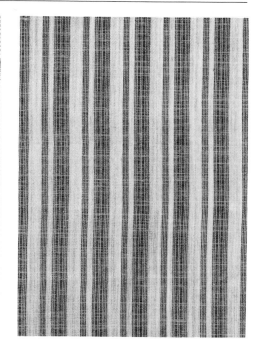

Annalisa Åhall
Dekorationsstoff, Dessin »Villervalla«,
Nr. 13020, Farbe 15, 1975

Streifen-Gewebe (Rayé); Wolle; Leinwandbindung
Unterschiedlich breite Längsstreifen in den Farben Dunkelbraun, Hellrot, Weiß, Senfgelb auf rostrotem Grund
L. 300 cm; B. 150 cm (Bahnbreite)
Musterrapport: B. 20 cm
Herst.: Kinnasand, Kinna, Schweden
Variante: Inv. Nr. 1262/84-2 (andere Farbstellung)
Geschenk des Herstellers, 1985
Inv. Nr. 1262/84-1.

Monica Hjelm
Bezugsstoff, Dessin »Skipper«, Farbe 60,
1977

Streifen-Gewebe (Rayé); 55% Wolle, 25% Rayon, 20% Baumwolle; Köperbindungen (S- und Z-Grat)
Gleichbreite Längsstreifen in Dunkel- und Hellgrün, abwechselnd von blauen bzw. rosafarbenen Linien begleitet
L. 150 cm; B. 150 cm (Bahnbreite)
Musterrapport: B. 7,6 cm
Herst.: Marks-Pelle Vävare AB, Kinna, Schweden
Geschenk des Herstellers, 1985
Inv. Nr. 1274/84
Lit. u. a.: vgl. Bjerregaard Kirsten (Hrsg.), Design from Scandinavia Nr. 13. Kopenhagen 1984, 107 m. Abb.

Edna Lundskog
Dekorationsstoff, Dessin »Pusta«,
Nr. 300 CM, Farbe 2, 1977

Drehergewebe; Baumwolle, Kunstfaser; Halbdreher- und Köperbindung (Fischgrat)
Vertikalstreifen in Naturweiß von unterschiedlicher Breite, in sich gemustert (Fischgrat)
L. 300 cm; B. 132 cm
Musterrapport: B. ca. 12,5 cm
Herst.: Baumann, Langenthal, Schweiz
Geschenk des Herstellers, 1981
Inv. Nr. 821/81.

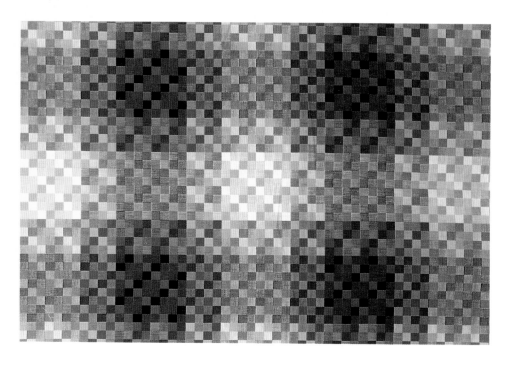

Gillian Marshall
Dekorationsstoff, Dessin »Ulrica«,
Nr. 12948, Farbe 26, um 1976

Webstoff; 100% Baumwolle; Doppelgewebe mit Anbindung (Doubleface); Leinwandbindung
Sich aus kleinen Quadraten zusammensetzendes Karo-Muster, das sich zu dunkleren Längs- und Querbändern fügt. Farben: Brauntöne, Weiß, Beigetöne und Dunkelblau
L. 300 cm; B. 148 cm (Bahnbreite)
Musterrapport: H. ca. 46 cm; B. ca. 43 cm
Herst.: Kinnasand, Kinna, Schweden
Geschenk des Herstellers, 1980
Inv. Nr. 129/80
Lit. u. a.: Wichmann Hans, [Kat. Ausst.] Textilien, Silbergeräte. Bücher. Die Neue Sammlung. München 1980, 24 – Wichmann Hans, [Kat. Ausst.] Neu. Donationen und Neuerwerbungen 1980/81. Die Neue Sammlung. München 1982, 23.

Mechthild Wierer
Badeanzugstoff, Dessin »Hommage à Julio
Le Parc (1928-)«, Lytac/62044 C/15, 1975/76

Stoff gehört zu der »Série d'Hommages à ...«,
die im Rahmen des Designkonzeptes »Arts Plasti-
ques« entwickelt wurde.
Druckstoff; 83% Polyamid, 17% Elasthan; Kette-
Schuß-Schrumpfgewebe (beidseitig dehn- und
streckbar); Mehrfarbendruck
Verschieden große Rechtecke, aneinander ge-
setzt, in Weiß, Schwarz, Blau, Hellblau, Rot, Gelb
L. ca. 177 cm; B. 98,5 cm (Bahnbreite, unge-
dehnt)
Musterrapport: H. 17 cm; B. 10,5 cm (ungedehnt)
Herst.: Texunion (Taco), Pfastatt-le-Château,
Frankreich
Varianten: Inv. Nr. 1031/84a (andere Farbstellun-
gen)
Ankauf von der Entwerferin, 1984
Inv. Nr. 1031/84
Lit. u. a.: [Kat. Ausst.] Trend Textil '80. Deutsches
Museum. München 1980, 30.

Mechthild Wierer
Badeanzugstoff, Dessin »Hommage à Sonja
Delaunay (1885-1979)«, Lytac 62567 C/1,
1975/76

Druckstoff; 83% Polyamid, 17% Elasthan; Kette-
Schuß-Schrumpfgewebe (beidseitig dehn- und
streckbar); Mehrfarbendruck
Muster von Kreissegmenten, Rechtecken, Drei-
ecken, Trapezen; Farben: Blau- und Rottöne
L. 150 cm; B. 99 5 cm (Bahnbreite, ungedehnt)
Musterrapport: H. 40 cm; B. 74,5 cm (ungedehnt)
Herst.: Texunion (Taco), Pfastatt-le-Château,
Frankreich
Varianten: Inv. Nr. 1030/84a (andere Farbstellun-
gen)
Ankauf von der Entwerferin, 1984
Inv. Nr. 1030/84
Lit. u. a.: Wichmann Hans, [Kat. Ausst.] Neu. Do-
nationen und Neuerwerbungen 1984/85. Die
Neue Sammlung. München 1988, 127.

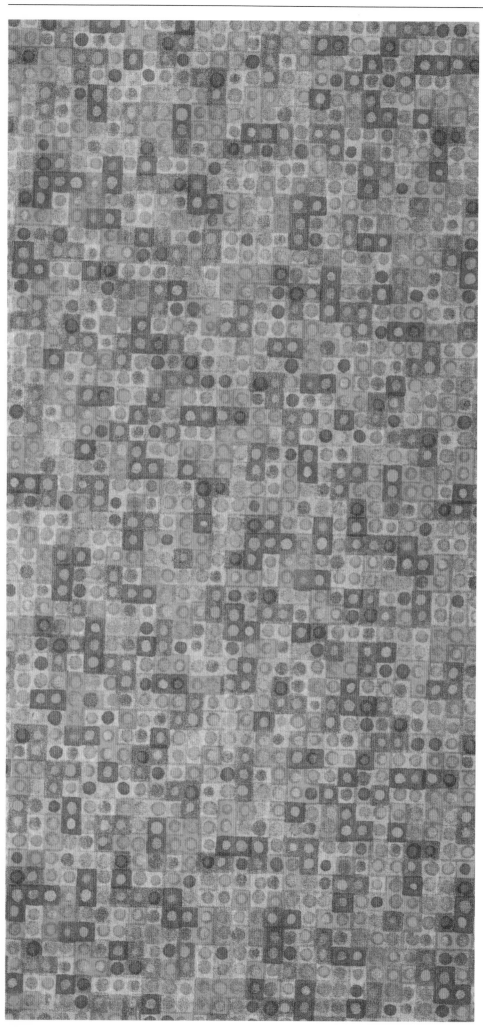

Christa Häusler-Goltz
Dekorationsstoff, Dessin »Domino«,
K 5600/3, 1977

Druckstoff; 100% Baumwolle; Velours; Atlasbin-
dung
Aneinandergesetzte Quadrate, Rechtecke und
Winkelflächen, denen Punkte eingeschrieben sind
(Assoziation: Dominosteine); Farben: Rot-, Braun-
und Grautöne
Bez. auf der Webkante in Rosa: DOMINO
DESIGNED BY CHRISTA HÄUSLER FOR KNOLL
INTERNATIONAL 1977
L. 80 cm; B. 132 cm (Bahnbreite)
Musterrapport: H. 21 cm; B. 32,3 cm
Herst.: Knoll International, Murr/Murr, Deutsch-
land
Geschenk des Herstellers, 1980
Inv. Nr. 93/80
Lit. u. a.: md (moebel interior design) 1978, H. 9,
76 m. Abb. – Wichmann Hans, [Kat. Ausst.] Texti-
lien, Silbergeräte, Bücher. Die Neue Sammlung.
München 1980, 22.

Antoinette de Boer
Stoff, Dessin »Baribada«, Nr. 2035, Farbe 6,
1977

Druckstoff; 100% Baumwolle; Köperbindung
Schwarzes Gitterwerk von unterschiedlich ge-
formten Rhomben, koloriert in den Farben Oliv,
Grün, Grau, Blau, Rosa, Orange
Bez. auf einer Webkante in Schwarz: Design: An-
toinette de Boer Baribada
L. 120 cm; B. 126 cm (Bahnbreite)
Musterrapport: H. ca. 51 cm; B. ca. 13 cm
Herst.: Stuttgarter Gardinenfabrik GmbH, Herren-
berg, Deutschland
Varianten: Inv. Nr. 283/80-1 u. 283/80-3 (andere
Farbstellungen)
Geschenk des Herstellers, 1980
Inv. Nr. 283/80-2
Lit. u. a.: [Kat. Ausst.] Jahresauswahl 1978. Design
Center. Stuttgart 1978, Nr. 374 m. Abb. – [Kat.
Ausst.] Textildesign 1934-1984 am Beispiel Stutt-
garter Gardinen. Design Center. Stuttgart 1984,
50 m. Abb.

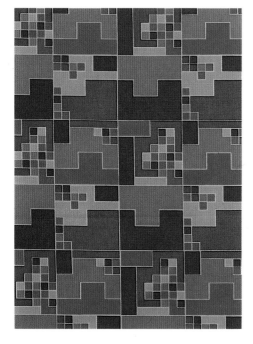

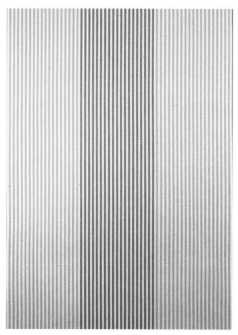

Ingrid Ollmann
Dekorationsstoff, Dessin »Tonga«,
Nr. 657/1022, 1978

Streifen-Gewebe (Rayé); 100% Baumwolle; Lein-
wandbindung
Vertikale Bahnen, abwechselnd aus braun/weißen
bzw. ocker/weißen Vertikalstreifen formiert
L. 300 cm; B. 133 cm (Bahnbreite)
Musterrapport: B. 33 cm
Herst.: Storck von Besouw, Krefeld, Deutschland
Ankauf vom Hersteller, 1980
Inv. Nr. 102/80
Lit. u. a.: [Kat. Ausst.] Deutsche Auswahl 1979.
Design Center. Stuttgart 1979, 117 m. Abb. –
Wichmann Hans, [Kat. Ausst.] Textilien, Silberge-
räte, Bücher. Die Neue Sammlung. München
1980, 23 – Wichmann Hans, [Kat. Ausst.] Neu. Do-
nationen und Neuerwerbungen 1980/81. Die
Neue Sammlung. München 1982, 23.

Antoinette de Boer
Dekorationsstoff, Dessin »Quadro«,
Nr. 2038, Farbe 6, 1978

Druckstoff; 100% Baumwolle; Leinwandbindung
Quadrate und Winkelflächen; Farben: Grün, Hell-
grün, Gelb, Rot, Pink, Blau, kräftiges Mittelblau,
weiße Konturen
Bez. auf einer Webkante in Grün: Design:
Antoinette de Boer ›Quadro‹
L. 300 cm; B. 134,5 cm (Bahnbreite)
Musterrapport: H. 31,5 cm; B. 32 cm
Herst.: Stuttgarter Gardinenfabrik GmbH, Herren-
berg, Deutschland
Geschenk des Herstellers, 1983
Inv. Nr. 1335/83
Lit. u. a.: [Kat. Ausst.] Jahresauswahl 1978. De-
sign-Center. Stuttgart 1978, Nr. 377 – [Kat. Ausst.]
Textildesign 1934-1984 am Beispiel Stuttgarter
Gardinen. Design Center. Stuttgart 1984, 83
m. Abb. – Wichmann Hans, Industrial Design. Uni-
kate. Serienerzeugnisse. Die Neue Sammlung.
Ein neuer Museumstyp des 20. Jahrhunderts.
München 1985, 188 m. Abb.

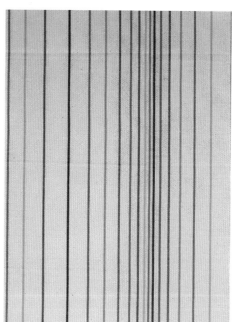

Verena Kiefer
Dekorationsstoff, Dessin »Domino-130«,
Farbe 3, 1978

Ajourgewebe; Baumwolle, Kunstfaser; Rips,
Leinwandbindung
Auf transparentem, weißem Grund gleich breite
Vertikalstreifen, rhythmisch angeordnet; Farben:
Rosa, Hellgrau, Rottöne, Orange, Lila, Dunkelvio-
lett
L. 300 cm; B. 132 cm (Bahnbreite)
Musterrapport: B. 44 cm
Herst.: Baumann, Langenthal, Schweiz
Variante: Inv. Nr. 822/81-2 (andere Farbstellung)
Geschenk des Herstellers, 1981
Inv. Nr. 822/81-1.

Dekorationsstoff, Dessin »Lancia«, K63/1,
Deutschland, 1978

Jacquard-Gewebe; 100% Wolle; Leinwand- und
Atlasbindung
Reihenmuster aus kleinen Dreiecken in Natur-
beige
L. 82 cm; B. 131 cm (Bahnbreite)
Musterrapport: H. 2,8 cm; B. 2,5 cm
Herst.: Knoll International, Murr/Murr, Deutsch-
land
Geschenk des Herstellers, 1980
Inv. Nr. 90/80
Lit. u. a.: [Kat. Ausst.] Jahresauswahl 1978. Design
Center. Stuttgart 1978, Nr. 233 m. Abb. – Wich-
mann Hans, [Kat. Ausst.] Textilien, Silbergeräte.
Bücher. Die Neue Sammlung. München 1980, 24.

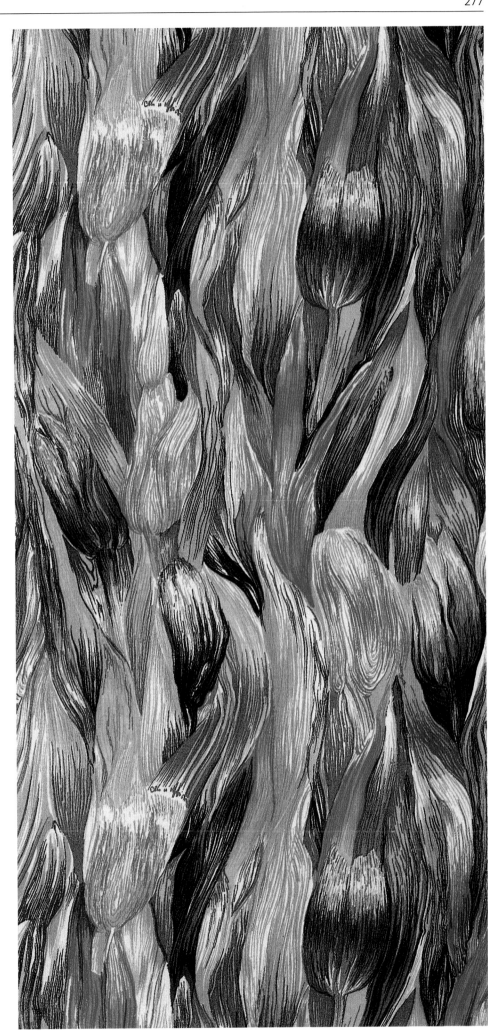

Ottavio Missoni
Dekorationsstoff, Dessin »Raso Tulip«,
Var. 31214, Ende 1970er Jahre

Druckstoff; 100% Baumwolle; Köperbindung
Muster aus züngelnden, bunten Tulpen und Tul-
penblättern in Gelb, Orange, Karminrot, Dunkel-
rot, Hell- und Dunkelgrün, Grau, Hell- und Dunkel-
türkis, Hell- und Dunkelviolett, Dunkelbraun
Bez. an einer Seite: printed by hand
L. 70 cm; B. 140 cm
Musterrapport: H. 31 cm; B. 54 cm
Herst.: t&j vestor, Collezione Missoni, Golasecca,
Italien (Stoff seit 1982 in Produktion)
Geschenk des Herstellers, 1987
Inv. Nr. 892/87
Lit. u. a.: Wichmann Hans, Italien: Design 1945 bis
heute. München/Basel 1988, 119 m. Abb. = indu-
strial design – graphic design 4.

Wolf Bauer
Dekorationsstoff, Serie »Articolor«, Nr. 12,
1978

»Ausbrenner«; 74% Polyester, 26% Baumwolle;
Ajourgewebe; Leinwandbindung
Auf weißem Grund schwarzes Muster von gro-
ßen, in sich gepunkteten Blättern und Blüten
Bez. auf einer Webkante in Schwarz: FUGGER-
HAUS EDITION ARTICOLOR CREATION WOLF
BAUER
L. 122,5 cm; B. 163 cm (Bahnbreite)
Musterrapport: H. 81 cm; B. 81 cm
Herst.: Fuggerhaus, Augsburg, Deutschland
Geschenk des Herstellers, 1980
Inv. Nr. 98/80
Lit. u. a.: Wichmann Hans, [Kat. Ausst.] Textilien,
Silbergeräte, Bücher. Die Neue Sammlung. Mün-
chen 1980, 22.

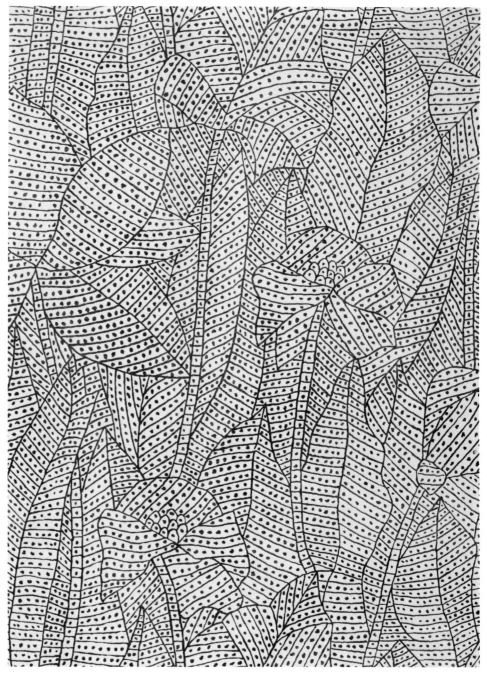

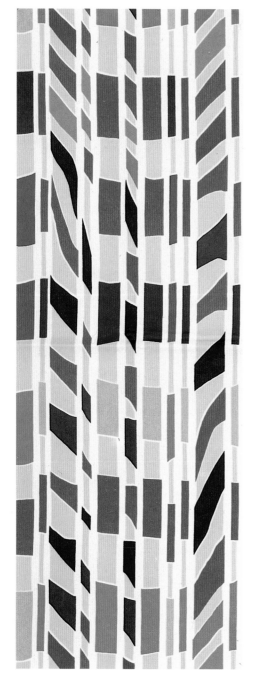

Wolf Bauer
Dekorationsstoff, Serie »Articolor«, Nr. 51,
1978

Druckstoff; Baumwolle; Velours
Unterschiedlich breite Vertikalreihen von Rechtek-
ken und verzerrten Vierecken in 14 Farben auf
weißem Grund
Bez. auf einer Webkante in Grün: Fuggerhaus Edi-
tion Creation Wolf Bauer
L. 122 cm; B. 134 cm
Musterrapport: H. 100 cm; B. 62,5 cm
Herst.: Fuggerhaus, Augsburg, Deutschland
Geschenk des Herstellers, 1980
Inv. Nr. 99/80
Lit. u. a.: md (moebel interior design) 1978, H. 10,
59 m. Abb.

Wolf Bauer
Dekorationsstoff, Serie »Articolor«, Nr. 21,
1978

Druckstoff; 100% Baumwolle; Leinwandbindung
Auf weißem Grund locker angeordnete Farbtup-
fen; Farben: Blau-, Grün-, Rot-, Orangetöne
(10-farbig)
Bez. auf einer Webkante in Blau: FUGGERHAUS
EDITION ARTICOLOR CREATON WOLF BAUER
L. 120,5 cm; B. 130,5 cm (Bahnbreite)
Musterrapport: H. ca. 129 cm; B. ca. 123 cm
Herst.: Fuggerhaus, Augsburg, Deutschland
Variante: Inv. Nr. 95/80
Geschenk des Herstellers, 1980
Inv. Nr. 96/80
Lit. u. a.: md (moebel interior design) 1978, H. 10,
59 m. Abb. – Wichmann Hans, [Kat. Ausst.] Texti-
lien, Silbergeräte, Bücher. Die Neue Sammlung.
München 1980, 22 m. Abb. [Variante].

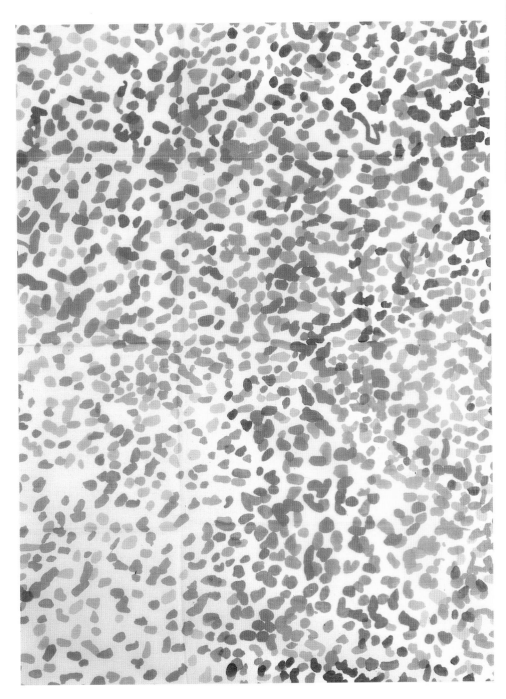

Wolf Bauer
Dekorationsstoff, Serie »Articolor«, Nr. 41,
1978

Druckstoff; 100% Baumwolle; Leinwandbindung
Auf weißem Grund horizontal verlaufende grün-
blaue Streifen, durchkreuzt von vertikal angeord-
neten roten und rosafarbenen Rechtecken, die
sich einer blauen Linie einfügen
Bez. auf einer Webkante in Rot: FUGGERHAUS
EDITION ARTICOLOR CREATION WOLF BAUER
L. 121 cm; B. 129,6 cm (Bahnbreite)
Musterrapport: H. 2,5 cm; B. 3 cm
Herst.: Fuggerhaus, Augsburg, Deutschland
Geschenk des Herstellers, 1980
Inv. Nr. 97/80.

Tina Hahn
Dekorationsstoff, Dessin »Macon«,
Nr. 2078, Farbe 8, 1979

Druckstoff; Baumwolle; Leinwandbindung
Versetzte Anordnung von kreisförmigem Linea-
ment, das sich zu Spiralen zusammenfügt; Far-
ben: Rosa, Hellbraun, Blau, Grün
Bez. auf der Webkante in Braun: Design: Tina
Hahn. Macon
L. 300 cm; B. 126 cm (Bahnbreite)
Musterrapport: H. ca. 73 cm
Herst.: Stuttgarter Gardinenfabrik GmbH, Herren-
berg, Deutschland
Preise/Auszeichnungen u. a.: Trend Textil 80. Prä-
dikat »Textile Innovation 80«. Haus Industrieform
Essen.
Geschenk des Herstellers, 1980
Inv. Nr. 88/80
Lit. u. a.: Wichmann Hans, [Kat. Ausst.] Textilien,
Silbergeräte, Bücher. Die Neue Sammlung. Mün-
chen 1980, 22 – Wichmann Hans, [Kat. Ausst.]
Neu. Donationen und Neuerwerbungen 1980/81.
Die Neue Sammlung. München 1982, 22 – [Kat.
Ausst.] Deutsche Auswahl 1981. Design Center.
Stuttgart 1981, 170, Nr. 2/507 m. Abb. – md (moe-
bel interior design) 1980, H. 3, 45 m. Abb.

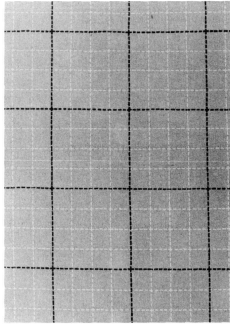

Nob und Non Utsumi
Dekorationsstoff, Dessin »Small World«,
K 3000/4, 1979

Druckstoff; 100% Baumwolle; Rohgewebe in
Leinwandbindung (Kretonne-Rohware=Grobnes-
sel)
Auf beigefarbenem Grund großes hellbraunes
Quadratgitter und diesem eingeschriebenes, klei-
nes weißes Quadratgitter, beide gebildet aus
durchbrochenem Lineament
Bez. auf einer Webkante in Hellbraun: Small
World designed Exclusively for Knoll Textiles nob
u. non
L. 300 cm; B. 120 cm (Bahnbreite)
Musterrapport: H. 92 cm
Herst.: Knoll International, Murr/Murr, Deutsch-
land
Variante: Inv. Nr. 59/82 (andere Farbstellung)
Geschenk des Herstellers, 1982
Inv. Nr. 58/82
Lit. u. a.: Architektur u. Wohnwelt 87, 1979, H. 6,
415 m. Abb. – md (moebel interior design) 1980,
H. 2, 38 m. Abb.

Nob und Non Utsumi
Dekorationsstoff, Dessin »Large World«,
K. 3101/1, 1979

Druckstoff; Baumwolle; Batist
Auf weißem Grund weißes Quadratgitterwerk,
gebildet aus durchbrochenem Lineament
Bez. auf einer Webkante in Weiß: Large World
Nob u. Non Designed Exclusively For Knoll
Textiles
Teil eines Gestaltungs-Programms, das in einer
Kollektion für verschiedene Nutzungszwecke aus-
geführt wurde.
L. 300 cm; B. 120 cm (Bahnbreite)
Musterrapport: H. 16,5 cm; B. 16,5 cm
Herst.: Knoll International, Murr/Murr, Deutsch-
land
Variante: Inv. Nr. 57/82-2 (andere Gewebeart:
Nessel)
Geschenk des Herstellers, 1982
Inv. Nr. 57/82-1
Lit. u. a.: Architektur u. Wohnwelt 87, 1979, H. 6,
415 m. Abb. – md (moebel interior design) 1980,
H. 2, 39 m. Abb.

Nob und Non Utsumi
Dekorationsstoff, Dessin »Small Space«,
1979

Druckstoff; 100% Baumwolle; Batist
Diagonales Strichwerk, regelmäßig durchsetzt
von Rechtecken, die mit horizontalem Lineament
bzw. linearer Struktur angefüllt sind. Alle Motive
in Violett
Bez. auf einer Webkante in Violett: SMALL
SPACE Nob u. non DESIGNED EXCLUSIVELY
FOR KNOLL TEXTILES
L. 304 cm; B. 120 cm (Bahnbreite)
Musterrapport: H. 32,5 cm; B. 27 cm
Herst.: Knoll International, Murr/Murr, Deutsch-
land
Varianten: Inv. Nr. 60/82-2; 60/82-1 (Muster in
Schneeweiß bzw. Hellbraun)
Geschenk des Herstellers, 1982
Inv. Nr. 60/82-3
Lit. u. a.: Architektur u. Wohnwelt 87, 1979, H. 6,
415 m. Abb. – md (moebel interior design) 1980,
H. 2 (Februar), 38 m. Abb. – [Kat. Ausst.] Deutsche
Auswahl 1980. Design Center. Stuttgart 1980,
114, Nr. 183 m. Abb. [Farbvariante] – Wichmann
Hans, [Kat. Ausst.] Neu. Donationen und Neuer-
werbungen 1980/81. Die Neue Sammlung. Mün-
chen 1982, 32.

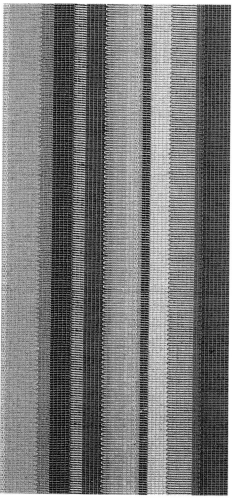

Karl Klein
Dekorationsstoff, Dessin »Futura«,
Nr. 2886-10, 1979

Druckstoff; 93% Bourrette-Seide, 7% Polyester;
Leinwandbindung (Kette dünn, Schuß dick)
Auf naturfarbenem Grund perspektivisch auf ein
Rund zugeordnete, ineinander verzahnte Stabfor-
men; Zeichnung in Schwarz
L. 199 cm; B. 124 cm (Bahnbreite)
Musterrapport: H. 65 cm; B. 59,5 cm
Herst.: Fuggerhaus, Augsburg, Deutschland

Geschenk des Herstellers, 1980
Inv. Nr. 125/80
Lit. u. a.: Wichmann Hans, [Kat. Ausst.] Textilien,
Silbergeräte, Bücher. Die Neue Sammlung. Mün-
chen 1980, 23 – Wichmann Hans, [Kat. Ausst.]
Neu. Donationen und Neuerwerbungen 1980/81.
Die Neue Sammlung. München 1982, 22.

Lotti Preiswerk
Dekorationsstoff, Dessin »Piano-145«,
Farbe 9, 1979

Drehergewebe; Baumwolle, verschiedene Faden-
stärken; Dreherbindung
Unterschiedlich breite Vertikalstreifen in Weiß,
Schwarz, Hellbraun, Rosé, Grautönen
L. 180 cm; B. 145 cm
Musterrapport: B. 43 cm
Herst.: Baumann, Langenthal, Schweiz
Variante: 824/81-1 (andere Farbstellung)
Geschenk des Herstellers, 1981
Inv. Nr. 824/81-2.

Vuokko Eskolin-Nurmesniemi
Ponchoartiger Umhang,
Dessin »Myllynkivi«, um 1979

Druckstoff; 100% Baumwolle; Leinwandbindung
Durch Streifenraster verfremdetes Fotoportrait
der Künstlerin mit Hut; Farben: Schwarz, Weiß
Durchmesser: 120 cm
Herst.: Vuokko, Helsinki, Finnland
Ankauf München, 1989
Inv. Nr. 797/89.

Heidi Bernstiel-Munsche
Dekorationsstoff, Dessin »Cebrina«,
Nr. 2419, Farbe 2, 1979

Druckstoff (Voile); 100% Polyester; Leinwandbin-
dung
Auf weißem Grund geometrisches Muster aus
abgetreppten Flächen mit Schräg- und Horizontal-
streifen, engem Lineament und Dreiecken; Far-
ben: Blau, Hellblau, Orange, Rotbraun, Beige
L. 300 cm; B. 128 cm (Bahnbreite)
Musterrapport: H. ca. 52,5 cm; B. 62,5 cm
Herst.: Stuttgarter Gardinenfabrik GmbH, Herren-
berg, Deutschland
Geschenk des Herstellers, 1980
Inv. Nr. 281/80
Lit. u. a.: [Kat. Ausst.] Deutsche Auswahl 1980.
Design Center. Stuttgart 1980, 124, Nr. 2/306
m. Abb.

Christa Häusler-Goltz
Dekorationsstoff, Dessin »Aquarius«,
Nr. 4385-183/422, aus der Serie »Neue Gra-
phik«, 1979

Druckstoff; 84% Baumwolle, 16% Vibrin, Pol-
kette 100% Baumwolle; Velours
Auf weißem Grund weit ausladende Wellenlinien
in Rosé, Weiß und hellen Lilatönen
L. 124 cm; B. 129 cm
Musterrapport: H. 64 cm
Herst.: JAB Josef Anstoetz, Bielefeld, Deutsch-
land
Geschenk des Herstellers, 1981
Inv. Nr. 694/81.

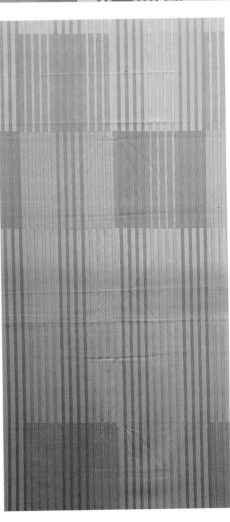

Wolf Bauer
Dekorationsstoff, Dessin »Patio 1 P 803«,
1979

Druckstoff; 100% Baumwolle; Velours
Schmale, vertikale Streifen mit eingelagerten
Rechtecken; Farben: Gelb, Orange, Grau
Bez. auf einer Webkante in Hellgrau: Dessin Patio
1979 Designed by Wolf Bauer for Sunar Textiles
100% CO POL 100% CO
L. 180 cm; B. 130 cm (Bahnbreite)
Musterrapport: H. ca. 128 cm
Herst.: Sunar Textil GmbH, Schelklingen,
Deutschland
Geschenk des Herstellers, 1980
Inv. Nr. 278/80
Lit. u. a.: [Kat. Ausst.] Deutsche Auswahl 1980.
Design Center. Stuttgart 1980, 128, Nr. 2/319
m. Abb.

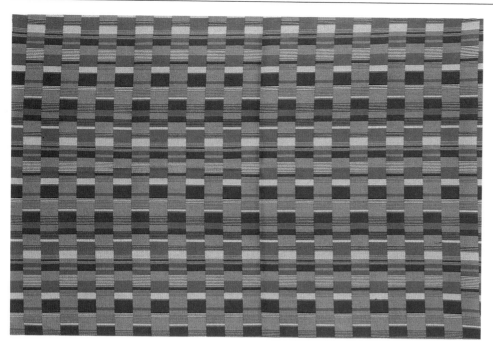

Marga Hielle-Vatter
Bezugsstoff (Air-Bus), Dessin »Weimar«,
Farbe »aqua«, Mustercoupon, 1980

Jacquard-Gewebe; 73% Schurwolle, 27% Vis-
kose; Doppelgewebe mit Anbindung; Atlasbin-
dung
Versetzte Vertikalreihen unterschiedlich breiter
Horizontalstreifen; Farben: Weiß, Hellblau, Gelb-
grün, Blaugrün
L. ca. 89 cm; B. 130 cm (Bahnbreite)
Musterrapport: H. 29 cm; B. 9,7 cm
Herst.: rohi-Stoffe, Geretsried, Deutschland
Variante: Inv. Nr. 1110/84
Geschenk des Herstellers, 1984
Inv. Nr. 1110/84a
Lit. u. a.: md (moebel interior design) 1984, H. 1,
83 m. Abb. [Farbvariante].

Marga Hielle-Vatter
Bezugsstoff, Dessin »Konversation«, Farbe
»marmor«, 1981

Jacquard-Gewebe; 54% Schurwolle, 46% Baum-
wolle; Doppelgewebe mit Anbindung; Köperbin-
dungen (S- und Z-Grat)
Versetzte Reihen von in sich gemusterten Qua-
draten, Rechtecken und Winkelflächen; Farben:
Beige, Weiß, Grün, Violett, Grau
L. 80 cm; B. 130 cm
Musterrapport: H. 7,3 cm
Herst.: rohi-Stoffe, Geretsried, Deutschland
Geschenk des Herstellers, 1985
Inv. Nr. 562/85
Lit. u. a.: [Kat. Ausst.] Deutsche Auswahl 1982.
Design Center. Stuttgart 1982, 157, Nr. 2/272
m. Abb.

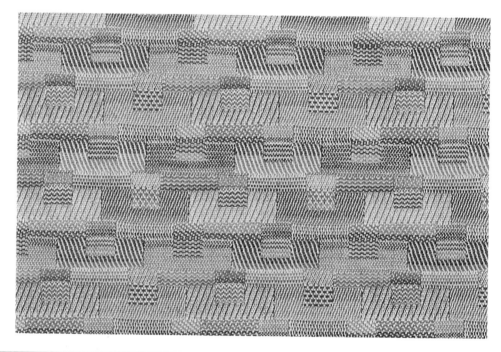

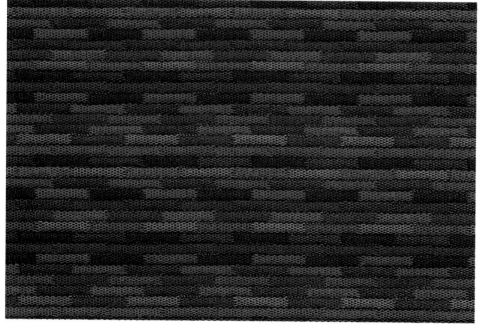

Marga Hielle-Vatter
Bezugsstoff, Dessin »Dividiert«, Farbe
»aqua«, 1983

Jacquard-Gewebe; 78% Schurwolle, 22% Baum-
wolle; Doppelgewebe mit Anbindung; Köperbin-
dung
Versetzte Horizontalreihen von schmalen, gleich-
langen Streifen in Blautönen, Oliv, Violett
L. 150 cm, B. 131 cm
Musterrapport: H. 8,5 cm
Herst.: rohi-Stoffe GmbH, Geretsried, Deutsch-
land
Variante: Inv. Nr. 561/85 (Farbvariante in Weißab-
stufungen)
Geschenk des Herstellers, 1985
Inv. Nr. 560/85.

Antoinette de Boer
Dekorationsstoff, Dessin »Rinde«, Nr. 2086,
Farbe 1, 1980

Druckstoff; 100% Baumwolle; Leinwandbindung
Auf naturweißem Grund Wellenstruktur in Rosé
L. 300 cm; B. 130 cm (Bahnbreite)
Musterrapport: H. ca. 40 cm; B. 99 cm
Herst.: Stuttgarter Gardinenfabrik GmbH, Herren-
berg, Deutschland
Geschenk des Herstellers, 1982
Inv. Nr. 954/82
Lit. u. a.: [Kat. Ausst.] Deutsche Auswahl 1981.
Design Center. Stuttgart 1981, 165 m. Abb. –
Wichmann Hans, [Kat. Ausst.] Neu. Donationen
und Neuerwerbungen 1984/85. Die Neue Samm-
lung. München 1988, 127.

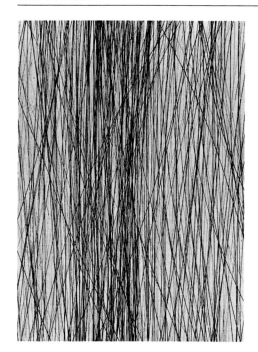

Anneli Airikka-Lammi
Dekorationsstoff, Dessin »Seitti«,
Farbe 7268/12, 1980

Druckstoff; 100% Baumwolle; Leinwandbindung
Auf hellblauem Fond dicht gesetzte, sich schnei-
dende Linien in Dunkelblau und Schwarz
L. 300 cm; B. 135 cm (Bahnbreite)
Musterrapport: H. ca. 10 cm
Herst.: E. Helenius, Tampere, Finnland
Geschenk des Herstellers, 1982
Inv. Nr. 812/82
Lit. u. a.: [Kat. Ausst.] Finnland gestaltet. Helsinki
1982, Nr. 88 m. Abb.

Anneli Airikka-Lammi
Dekorationsstoff, Dessin »Purje«,
Nr. 6294 462001, 1980

Druckstoff; 100% Baumwolle; Leinwandbindung
(Kretonne-Rohware = Grobnessel)
Auf weißem Fond breite, sich überkreuzende
Farbstreifen in Rot, Gelb, Grün, Blau
Bez. auf einer Webkante in Rot: PURJE MADE IN
FINLAND BY TAMPELLA
L. 300 cm; B. 150 cm (Bahnbreite)
Musterrapport: H. ca. 62 cm
Herst.: Tampella, Tampere, Finnland
Geschenk des Herstellers, 1982
Inv. Nr. 809/82
Lit. u. a.: [Design (London) 1982, Nr. 402, 31/32
m. Abb. – [Kat. Ausst.] Finnland gestaltet. Helsinki
1982, Nr. 85 m. Abb.

Vuokko Eskolin-Nurmesniemi
Dekorationsstoff, Dessin »Hedelmä«, 1980

Druckstoff; 100% Baumwolle; Leinwandbindung
Muster basierend auf einer Fotografie von Kürbis-
sen; Farben: Schwarz, Weiß
Bez. auf der Webkante in Schwarz: VUOKKO
SUOMI-FINLAND DESIGN VUOKKO ESKOLIN-
NURMESNIEMI – HEDELMÄ – 80 100% CO
L. 300 cm; B. 145 cm (Bahnbreite)
Musterrapport: H. 99 cm
Herst.: Vuokko, Helsinki, Finnland
Ankauf München, 1989
Inv. Nr. 798/89
Lit. u. a.: [Kat. Ausst.] Design Textile Scandinave
1950/1985. Musée de l'Impression sur Etoffes.
Mülhausen 1986, 27-28 m. Abb., Nr. 66.

Kristina und Maija Isola
Dekorationsstoff, Dessin »Jojo«, Nr. 14038,
Farbe 17, 1980

Druckstoff; 100% Baumwolle; Rohgewebe in
Leinwandbindung (Kretonne-Rohware=Grobnes-
sel)
Breite Vertikalreihen von kleinen, dicht gesetzten
Dreiecken, abwechselnd mit schmalen Vertikal-
streifen; Farben: Weiß, Hellblau
Bez. auf einer Webkante in Weiß: MARIMEKKO
MAIJA ISOLA-KRISTINA LEPPO: »JOJO« MARI-
MEKKO OY 1980 SUOMI FINLAND 100% CO
L. 300 cm; B. 145 cm (Bahnbreite)
Musterrapport: H. ca. 2 cm; B. ca. 7 cm
Herst.: Marimekko, Helsinki, Finnland
Geschenk des Herstellers, 1983
Inv. Nr. 365/84.

Kristina und Maija Isola
Dekorationsstoff, Dessin »Musta Maria«,
Nr. 11194, Farbe 25, 1980

Druckstoff; 100% Baumwolle; Rohgewebe in
Leinwandbindung (Kretonne-Rohware=Grobnes-
sel)
Auf weißem Fond großformatiger Dekor aus Drei-
ecken in zarten Gelb-, Ocker- und Brauntönen
Bez. auf einer Webkante in Weiß: MARIMEKKO
MAIJA ISOLA-KRISTINA LEPPO: »MUSTA MA-
RIA« MARIMEKKO OY 1980 SUOMI FINLAND
100% CO
L. 300 cm; B. 140 cm (Bahnbreite)
Musterrapport: H. ca. 85 cm
Herst.: Marimekko, Helsinki, Finnland
Geschenk des Herstellers, 1983
Inv. Nr. 366/84.

Kristina und Maija Isola
Dekorationsstoff, Dessin »Ararat«,
Nr. 11011, Farbe 5, 1980

Druckstoff; 100% Baumwolle; Rohgewebe in
Leinwandbindung (Kretonne-Rohware=Grobnes-
sel)
Rechtwinklige, längliche Dreiecke in horizontaler
Reihung; Farben: Weiß, Altrosa
Bez. auf einer Webkante in Rosé: MARIMEKKO
MAIJA ISOLA-KRISTINA LEPPO: »ARARAT« MA-
RIMEKKO OY 1980 SUOMI FINLAND 100% CO
L. 300 cm; B. 140 cm (Bahnbreite)
Musterrapport: H. ca. 23 cm; B. 8 cm
Herst.: Marimekko, Helsinki, Finnland
Geschenk des Herstellers, 1983
Inv. Nr. 364/84
Lit. u. a.: Wichmann Hans, [Kat. Ausst.] Neu. Do-
nationen und Neuerwerbungen 1984/85. Die
Neue Sammlung. München 1985, 127.

Fujiwo Ishimoto
Dekorationsstoff, Dessin »Ukkospilvi«, 1980

Druckstoff; 100% Baumwolle; Leinwandbindung
Auf grauem Grund weißes Netzwerk in großzügi-
gem Pinselduktus, dreieckige, trapezförmige und
rautenartige Felder bildend
Bez. auf einer Webkante in Weiß: MARIMEKKO
FUJIWO ISHIMOTO »UKKOSPILVI« MARI-
MEKKO OY 1980 SUOMI-FINLAND 100% CO
L. 292 cm; B. 147 cm (Bahnbreite)
Musterrapport: H. 171 cm; B. 130 cm
Herst.: Marimekko, Helsinki, Finnland
Geschenk des Herstellers, 1983
Inv. Nr. 362/84
Lit. u. a.: [Kat. Ausst.] Finnland gestaltet. Museum
für Kunst und Gewerbe. Hamburg 1982, Nr. 95
m. Abb. [Farbvariante].

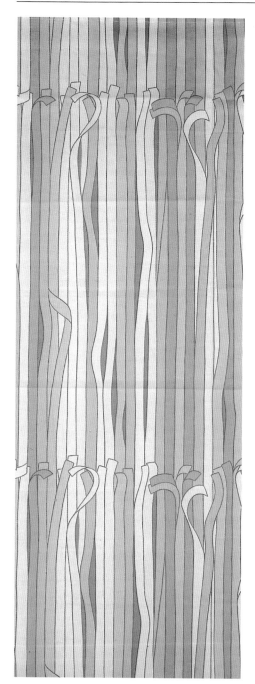

Antoinette de Boer ▷
Dekorationsstoff, Dessin »Rondate«,
Nr. 2074, Farbe 6, 1980

Druckstoff; 100% Baumwolle; Leinwandbindung
Auf weißem Grund zwei senkrechte Reihen von
Kreismotiven, die durch horizontale Linien gebil-
det werden. Die Linien setzen sich in Form von
reihenmäßig gesetzten Punkten über den Umriß
der Kreise fort. Farben: Gelb, Orange, Zyklam,
Violett, Blau, Grün
Bez. auf einer Webkante in Grün: Design
Antoinette de Boer RONDATE
L. 325 cm; B. 126 cm (Bahnbreite)
Musterrapport: H. ca. 65 cm
Herst.: Stuttgarter Gardinenfabrik GmbH
Preise/Auszeichnungen u. a.: Deutsche Auswahl
1981, Design Center Stuttgart
Geschenk des Herstellers, 1980; Inv. Nr. 85/80
Lit. u. a.: Architektur u. Wohnwelt 88, 1980, H. 2,
1988, Abb. 1 – md (moebel interior design) 1980,
H. 3, 47 m. Abb. – [Kat. Ausst.] Deutsche Auswahl
1981. Design Center. Stuttgart 1981, 171, Nr. 2/
503 m. Abb. – [Kat. Ausst.] Textildesign 1934-1984
am Beispiel Stuttgarter Gardinen. Design Center.
Stuttgart 1984, 92 m. Abb. – md (moebel interior
design) 1984, H. 7, 47 m. Abb.

Christa Häusler-Goltz
Dekorationsstoff, Dessin »Tapes«, Nr. 9190,
1980

Druckstoff; 100% Baumwolle; Rohgewebe in
Leinwandbindung (Kretonne-Rohware=Grobnes-
sel)
Auf weißem Grund Muster von Linien, die senk-
recht schilfartig aufsteigen, sich teilweise über-
schneiden und deren Spitzen sich zusammenrol-
len; Farben: Braungrau, Beige, Grau
Erinnert an die um 1923 von Dagobert Peche ent-
worfene Tapete »Schilf« (abgebildet in: Olligs
Heinrich (Hrsg.), Tapeten. Ihre Geschichte bis zur
Gegenwart Bd. 2. Braunschweig 1970, S. 151).
Bez. auf der Webkante: TAPES BY CHRISTA
HÄUSLER-GOLTZ 100% CO
L. 361 cm; B. 130 cm (Bahnbreite)
Musterrapport: H. ca. 80 cm
Herst.: Heal Textil GmbH, Stuttgart, Deutschland
Variante: Inv. Nr. 285-1 (andere Farbstellung)
Preise/Auszeichnungen u. a.: Deutsche Auswahl
1980, Design Center Stuttgart
Geschenk des Herstellers, 1980
Inv. Nr. 285/80-2

Lit. u. a.: [Kat. Ausst.] Deutsche Auswahl 1980.
Design Center. Stuttgart 1980, 113, Nr. 2/151
m. Abb.

Fuggerhaus Studio
Dekorationsstoff, Dessin »Samarra«,
Nr. 3248-14, 1980

Webstoff; 100% Wildseide; Taftbindung; hand-
gewebt
Horizontal gestreifte Fläche von feinen, sich op-
tisch mischenden Tönen von Zyklamrot, Violett,
Grün, Gelb, Beige
L. 300 cm; B. 120 cm (Bahnbreite)
Herst.: Fuggerhaus, Augsburg, Deutschland
Geschenk des Herstellers, 1983
Inv. Nr. 1312/83
Lit. u. a.: md (moebel interior design) 1981, H. 12,
31, Abb. 3 und 5 [andere Farbstellung] – Wich-
mann Hans, [Kat. Ausst.] Neu. Donationen und
Neuerwerbungen 1982/83. Die Neue Sammlung.
München 1986, 26.

Peter Seipelt
Dekorationsstoff, Dessin »Basket-T«,
K 7600, 1981

»Ausbrenner«; 56% Polyester, 44% Baumwolle;
Leinwandbindung; Ajourgewebe
Diagonales Flechtwerk gebildet aus linear ge-
streiften Bändern; Farbe: Weiß
Bez. auf einer Webkante in Weiß: BASKET-T DE-
SIGN KNOLL INTERNATIONAL 1981 44% CO
56% PL
L. 300 cm; B. 160 cm (Bahnbreite)
Musterrapport: H. ca. 30 cm; B. 26 cm
Herst.: Knoll International, Murr/Murr, Deutsch-
land
Preise/Auszeichnungen: Deutsche Auswahl
1982, Design Center Stuttgart
Geschenk des Herstellers, 1982
Inv. Nr. 958/82
Lit. u. a.: [Kat. Ausst.] Deutsche Auswahl 1982.
Design Center. Stuttgart 1982, 165 m. Abb.

Fuggerhaus Studio
Dekorationsstoff, Dessin »Samarra«,
Nr. 3343/87, 1981

Streifen-Gewebe (Travers); 100% Wildseide;
Taftbindung (Kette dünn, Schuß verschieden dick,
dadurch ripsähnlicher Effekt); handgewebt
Horizontale Streifen unterschiedlicher Breite und
Struktur; Farben: Schilfgrün, Grau, lichtes Ocker,
zartes Braun
L. 300 cm; B. ca. 120 cm (Bahnbreite)
Musterrapport: H. ca. 7 cm
Herst.: Fuggerhaus, Augsburg, Deutschland
Geschenk des Herstellers, 1983
Inv. Nr. 1311/83
Lit. u. a.: Wichmann Hans, [Kat. Ausst.] Neu. Do-
nationen und Neuerwerbungen 1982/83. Die
Neue Sammlung. München 1986, 26.

Sylvia Markhoff
Dekorationsstoff, Dessin »Akershus«,
Nr. 3502-4, 1981

Druckstoff; 100% Baumwolle; Köperbindung;
(10-Farbendruck)
Rechteckige, kleine Felder, durchzogen von Farb-
streifen, die sich verzahnen und ineinander grei-
fen; Farben: Gelb-, Violett-, Blau-, Grün- und Rosa-
töne
L. 300 cm; B. 140 cm (Bahnbreite)
Musterrapport: H. 32 cm
Herst.: Fuggerhaus, Augsburg, Deutschland
Geschenk des Herstellers, 1983
Inv. Nr. 1375/83
Lit. u. a.: Wichmann Hans, Industrial Design. Uni-
kate. Serienerzeugnisse. Die Neue Sammlung.
Ein neuer Museumstyp des 20. Jahrhunderts.
München 1985, 188 m. Abb. – Wichmann Hans,
[Kat. Ausst.] Neu. Donationen und Neuerwerbun-
gen 1982/83. Die Neue Sammlung. München
1986, 26.

Fujiwo Ishimoto
Dekorationsstoff, Dessin »Nauru«, um 1981

Druckstoff; 100% Baumwolle; Leinwandbindung
Reihen von rechteckigen Feldern, leicht versetzt,
denen schmale, gleichbreite Querstreifen einge-
schrieben sind; Farben: Grau, Weiß, Lila, ver-
schiedene Blau- und Brauntöne
Bez. auf einer Webkante in Hellblau: MARI-
MEKKO FUJIWO ISHIMOTO »NAURU« MARI-
MEKKO OY SUOMI-FINLAND 100% CO
L. 300 cm; B. 145 cm (Bahnbreite)
Musterrapport: H. 128 cm; B. 128 cm
Herst.: Marimekko, Helsinki, Finnland
Geschenk des Herstellers, 1983
Inv. Nr. 361/84
Lit. u. a.: [Kat. Ausst.] Finnland gestaltet. Museum
für Kunst und Gewerbe. Hamburg 1982, Nr. 94
m. Abb.

Annalisa Åhall
Dekorationsstoff, Dessin »Troja«,
Nr. 101395, Farbe 14, 1981

Streifen-Gewebe (Rayé); 100% Baumwolle; Lein-
wandbindung
Unterschiedlich breite Längsstreifen in Grüntö-
nen, Weiß, Hellblau, Grau und Braun
L. 300 cm; B. 150 cm (Bahnbreite)
Herst.: AB Kinnasand, Kinna, Schweden
Geschenk des Herstellers, 1985
Inv. Nr. 320/86.

Fujiwo Ishimoto
Dekorationsstoff, Dessin »Raju«, 1981

Druckstoff; 100% Baumwolle; Leinwandbindung
Auf weißem Fond in großen Abständen breite Ho-
rizontalstreifen mit großzügigem Pinselduktus in
den Farben Rot, Gelb, Grün, Blau
Bez. auf der Webkante in Blau: MARIMEKKO FU-
JIWO ISHIMOTO »RAJU« MARIMEKKO OY
1981 SUOMI FINLAND 100% CO
L. 300 cm; B. 139 cm (Bahnbreite)
Musterrapport: H. 160 cm
Herst.: Marimekko, Helsinki, Finnland
Varianten: Inv. Nr. 363/84 u. 368/84 (andere Farb-
stellungen)
Inv. Nr. 359/84
Lit. u. a.: [Kat. Ausst.] Finnland gestaltet. Museum
für Kunst und Gewerbe. Hamburg 1982, Nr. 98
m. Abb.

Ingrid Dessau
Dekorationsstoff, Dessin »IS«, Nr. 101420,
Farbe 1, ca. 1982

Webstoff; 100% Baumwolle; kombiniertes Ge-
webe; Ajourbindung (= Etaminébindung), Atlas-
bindung
Weißes, rechtwinkliges Gitter, das quadratische
Felder umgrenzt. Die Felder sind durchbrochen.
L. 300 cm; B. 150 cm (Bahnbreite)
Musterrapport: H. ca. 10 cm; B. ca. 10 cm
Herst.: AB Kinnasand, Kinna, Schweden
Geschenk des Herstellers, 1985
Inv. Nr. 317/86
Lit. u. a.: Bjerregaard Kirsten (Hrsg.), Design from
Scandinavia, No. 12. Kopenhagen [ca. 1983], 110
m. Abb.

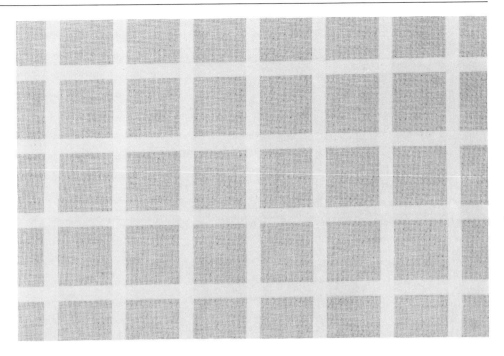

Inez Svensson
Dekorationsstoff, Dessin »Amadeus«,
Nr. 8121467, Farbe 21, 1982

Druckstoff; 100% Baumwolle; Leinwandbindung
Auf weißem Grund geometrisches Muster von
rechtwinklig zueinander geordneten, unterschied-
lich langen Vertikal- und Horizontalstreifen; Far-
ben: Zitronengelb, Grau, Schwarz
Bez. auf der Webkante in Schwarz: ›AMADEUS‹
DESIGN INEZ SVENSSON
L. 300 cm; B. 153 cm (Bahnbreite)
Musterrapport: H. 58,5 cm
Herst.: Borås Wäfveri AB, Borås, Schweden
Geschenk des Herstellers, 1983
Inv. Nr. 1266/84
Übernahme eines Musters von Paul Speck, das
u. a. 1927 auf einer Teedose der Karlsruher Majo-
lika Manufaktur Verwendung fand.
Lit. u. a.: md (moebel interior design) 1983, H. 9,
30 m. Abb. – [Kat. Ausst.] Design. Design Center.
Stockholm 1985, 36 m. Abb.

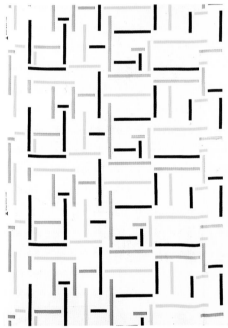

Anneli Airikka-Lammi
Dekorationsstoff, Dessin »Paviljonki«,
Nr. 6559 47733-012, 1981

Druckstoff; 100% Baumwolle; Leinwandbindung
(Kretonne-Rohware=Grobnessel)
Breite, vertikale Farbstreifen, von schmalen, hori-
zontalen Farbstreifen durchquert; Farben: Türkis,
Pink, Rosé, Gelb, Hellgelb, gedecktes Violett,
Hellrot
Bez. auf einer Webkante in Rosa: PAVILJONKI
MADE IN FINLAND BY TAMPELLA
L. 300 cm; B. 130 cm (Bahnbreite)
Musterrapport: H. ca. 32 cm
Herst.: Tampella, Tampere, Finnland
Geschenk des Herstellers, 1982
Inv. Nr. 811/82
Lit. u. a.: Design (London) 1982, Nr. 402, 31/32
m. Abb. – [Kat. Ausst.] Finnland gestaltet. Helsinki
1982, Nr. 84 m. Abb.

Inez Svensson
Dekorationsstoff, Dessin »Cleopatra«,
Nr. 8127647, Farbe 4, 1982

Druckstoff; 100% Baumwolle; Leinwandbindung,
gechinzt
Auf weißem Grund graues Schachbrettmuster
mit eingefügten, verschiedenen großen Quadra-
ten und Rechtecken; Farben: Zitronengelb, Pink,
Türkis
Bez. auf der Webkante in Grau: CLEOPATRA DE-
SIGN INEZ SVENSSON borås
L. 300 cm; B. 154,5 cm (Bahnbreite)
Musterrapport: H. ca. 139 cm
Herst.: Borås Wäfveri AB, Borås, Schweden
Geschenk des Herstellers, 1983
Inv. Nr. 1268/84
Lit. u. a.: md (moebel interior design) 1983, H. 9,
30 m. Abb.

Christa Häusler-Goltz
Dekorationsstoff, Dessin »Minor«,
Nr. 4384-152, Serie »Neue Graphik«, 1981

Druckstoff; Grund: 84% Baumwolle, 16% Vibrin;
Polkette: 100% Baumwolle; Florgewebe
(Velours); Leinwandbindung
Horizontale Bänder aus kurzen, senkrechten viel-
farbigen Strichen, partiell versetzt angeordnet.
Dominante Farben: helle Blautöne, Rosatöne,
Braun und Grün
Bez. auf der Webkante in Braun: MINOR jab-
stoffe 84% CO 16% VI POL 100% CO CHRISTA
HÄUSLER-GOLTZ
L. 125 cm; B. 130 cm
Musterrapport: H. ca. 64 cm
Herst.: JAB Josef Anstoetz, Bielefeld, Deutsch-
land
Variante: Inv. Nr. 696/81-2 (Grau- und Brauntöne)
Preise/Auszeichnungen: Deutsche Auswahl
1981, Design Center Stuttgart
Geschenk des Herstellers, 1981
Inv. Nr. 696/81-1
Lit. u. a.: [Kat. Ausst.] Deutsche Auswahl 1981.
Design Center. Stuttgart 1981, 184, Nr. 2/530
m. Abb.

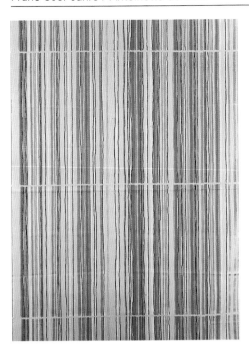

Antoinette de Boer
Dekorationsstoff, Dessin »Simbi«, Nr. 1137,
Farbe 14, 1981

Druckstoff; 100% Baumwolle, gechintzt: Lein-
wandbindung
Auf naturfarbenem Grund Muster von vertikalen
Streifen und Linien in Weiß, Rosa, Hellgrün,
Schwarz, Hellgrau
Bez. auf einer Webkante in Hellgrün: de Boer
design »SIMBI«
L. 300 cm; B. 136 cm (Bahnbreite)
Musterrapport: H. ca. 55 cm; B. ca. 90 cm
Herst.: Stuttgarter Gardinenfabrik GmbH, Herren-
berg, Deutschland
Preise/Auszeichnungen: Deutsche Auswahl
1982, Design Center Stuttgart
Geschenk des Herstellers, 1982
Inv. Nr. 953/82
Lit. u. a.: [Kat. Ausst.] Deutsche Auswahl 1982.
Design Center. Stuttgart 1982, 163 m. Abb. –
Wichmann Hans, [Kat. Ausst.] Neu. Donationen
und Neuerwerbungen 1984/85. Die Neue Samm-
lung. München 1988, 127, 128.

Antoinette de Boer
Dekorationsstoff, Dessin »Joto«, Nr. 1132,
Farbe 1, 1981

Druckstoff; 100% Baumwolle; Leinwandbindung
Grauer Fond mit weißen, partiell schwarz kontu-
rierten bzw. schwarzen langgestreckten, einander
teilweise übergreifenden Rechtecken und roten
Halb- und Vollkreisen
Bez. auf einer Webkante in Schwarz: Design:
Antoinette de Boer JOTO
L. 300 cm; B. 131,5 cm (Bahnbreite)
Musterrapport: H. 91 cm; B. 128,5 cm
Herst.: Stuttgarter Gardinenfabrik GmbH, Herren-
berg, Deutschland
Preise/Auszeichnungen: Deutsche Auswahl
1981, Design Center Stuttgart
Geschenk des Herstellers, 1983
Inv. Nr. 1332/83
Lit. u. a.: [Kat. Ausst.] Deutsche Auswahl 1981.
Design Center. Stuttgart 1981, 89, Nr. 517 – md
(moebel interior design) 1981, H. 3, 72 m. Abb.
[anläßlich der Messe »Heimtextil« 1981]; H. 5, 33
m. Abb.

Tina Hahn
Dekorationsstoff, Dessin »Razio«, Nr. 2097,
Farbe 1, 1981

Druckstoff; 100% Baumwolle; Leinwandbindung
Schwarz vergitterte Rechtecke bilden, von wei-
ßem Grund flankiert, Vertikalbahnen. In jedem
Rechteck, oben rechts, ein unregelmäßiger, kur-
zer roter Strich, der das Rechteck durchbricht.
Bez. auf der Webkante in Schwarz: Design: Tina
Hahn. RAZIO
L. 300 cm; B. 131 cm (Bahnbreite)
Musterrapport: H. 65 cm; B. 62,5 cm
Herst.: Stuttgarter Gardinenfabrik GmbH, Herren-
berg, Deutschland
Variante: Inv. Nr. 1308/84
Geschenk des Herstellers, 1983
Inv. Nr. 233/84
Lit. u. a.: [Kat. Ausst.] Textildesign 1934-1984 am
Beispiel Stuttgarter Gardinen. Design Center.
Stuttgart 1984, 99 m. Abb. – md (moebel interior
design) 1982, H. 10, 84/85 m. Abb.

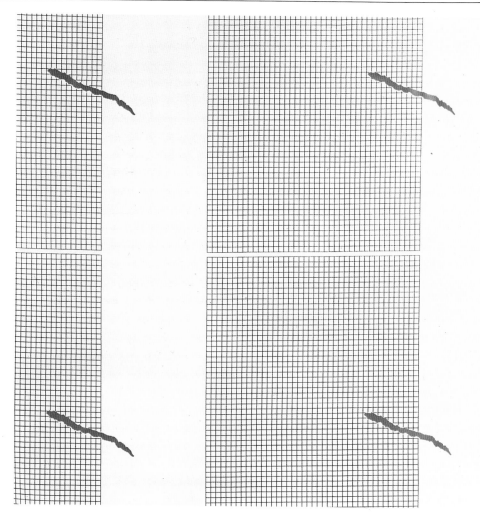

Antoinette de Boer
Dekorationsstoff, Dessin »Obojan«,
Nr. 2103, Farbe 1, 1982

Druckstoff; 100% Baumwolle; Leinwandbindung
Weiß konturierte Quer- und Hochrechtecke unter-
schiedlicher Länge, Breite und Farbe; einige
Rechtecke sind wellenförmig in zwei verschieden
farbige Hälften geteilt. Farben: helles Blaugrau,
Violett, Karminrot, Rosé, dunkles Blaugrau
Bez. auf einer Webkante in Rosé: Design:
Antoinette de Boer OBOJAN
L. 300 cm; B. 126 cm (Bahnbreite)
Musterrapport: H. 89 cm
Herst.: Stuttgarter Gardinenfabrik GmbH, Herren-
berg, Deutschland
Variante: Inv. Nr. 232/83-2 (Türkis, helles Grau-
braun, Blau, Hell- und Dunkelgrün, Ocker)
Preise/Auszeichnungen u. a.: Deutsche Auswahl
1982, Design Center Stuttgart
Geschenk des Herstellers, 1983
Inv. Nr. 232/83-1
Lit. u. a.: [Kat. Ausst.] Deutsche Auswahl 1982.
Design Center. Stuttgart 1982, 161, Nr. 2/334
m. Abb. – md (moebel interior design) 1982, H. 10,
85 m. Abb. – [Kat. Ausst.] Textildesign 1934-1984
am Beispiel Stuttgarter Gardinen. Design Center.
Stuttgart 1984, 96 m. Abb.

Christa Häusler-Goltz
Dekorationsstoff, Dessin »Hydra«,
Nr. 8140-147/216, Serie »Neue Graphik«,
1980

Druckstoff; 100% Baumwolle; Leinwandbindung; Lackdrucktechnik
Auf weißem Grund Reihenmuster von hellrosa
konturierten Quadraten, deren rechte obere Ecke
von gebogenen, dicht gesetzten Linien ausgefüllt
wird. Die freie Fläche bildet jeweils ein Viertel-
kreis. Farben: Grau, lichte Gelbtöne, helles Altrosa
Bez. auf der Webkante in Rosa: HYDRA jab-stoffe
100% CO CHRISTA HÄUSLER-GOLTZ
L. 120 cm; B. 130 cm (Bahnbreite)
Musterrapport: H. 45,5 cm; B. 42 cm
Herst.: JAB Josef Anstoetz, Bielefeld, Deutschland
Variante: Inv. Nr. 695/81-1 (helle Grau- und Beigetöne)
Preise/Auszeichnungen u. a.: Deutsche Auswahl
1981, Design Center Stuttgart
Geschenk des Herstellers, 1981
Inv. Nr. 695/81-2
Lit. u. a.: [Kat. Ausst.] Deutsche Auswahl 1981.
Design Center. Stuttgart 1981, 185, Nr. 2/531
m. Abb. – Fuchs Heinz u. François Burkhardt, Pro-
dukt. Form. Geschichte. 150 Jahre deutsches De-
sign. Berlin 1985, 305 m. Abb.

Antoinette de Boer
Dekorationsstoff, Dessin »Lezuza«,
Nr. 2652, Farbe 16, 1982

Druckstoff; 75% Polyester, 25% Baumwolle;
Leinwandbindung
Auf weißem Fond zarte, horizontale, unregelmä-
ßige Linien, die sich mehrfach überschneiden und
so ein horizontales Farbband im Rapport ergeben.
Farben: Violett, Blau, Grün, Orange, Grüngelb
L. 300 cm; B. 132 cm (Bahnbreite)
Musterrapport: H. ca. 88 cm
Herst.: Stuttgarter Gardinenfabrik GmbH, Herren-
berg, Deutschland
Variante: Inv. Nr. 231/83-2 (Ocker, Blaugrün, -grau,
Silberweiß, Grau)
Preise/Auszeichnungen u. a.: Deutsche Auswahl
1982, Design Center Stuttgart
Geschenk des Herstellers, 1983
Inv. Nr. 231/83-1
Lit. u. a.: [Kat. Ausst.] Deutsche Auswahl 1982.
Design Center. Stuttgart 1982, 162, Nr. 2/333
m. Abb. – md (moebel interior design) 1982, H. 10,
84 m. Abb. – [Kat. Ausst.] Textildesign 1934-1984
am Beispiel Stuttgarter Gardinen. Design Center.
Stuttgart 1984, 98 m. Abb. – Wichmann Hans,
[Kat. Ausst.] Neu. Donationen und Neuerwerbun-
gen 1982/83. Die Neue Sammlung. München
1986, 27.

Nathalie du Pasquier
Dekorationsstoff, Dessin »Gabon«, 1982

Druckstoff; Baumwolle; Köperbindung
Diagonalstreifen, überlagert von gezackten Feldern mit geometrischen Elementen (Zickzacklinien, Dreiecke u.a.); Farben: Braun, Dunkelrot, Violett, Weiß, Dunkelgelb, Orange, Pariserblau.
Bez. auf der Webkante in Violett: NATHALIE DU PASQUIER FOR MEMPHIS-1982-PRODUCED IN ITALY BY RAINBOW
L. 115 cm; B. 150 cm (Bahnbreite)
Musterrapport: H. 79 cm
Herst.: Memphis Milano s. r. l., Pregnana Milanese, Italien
Ankauf München, 1988
Inv. Nr. 1051/89
Lit. u. a.: [Kat. Firma] Memphis Milano. Mailand 1986, 86 m. Abb. – Radice Barbara, Memphis. Mailand 1984, 93 m. Abb. [andere Farbstellung].

Nathalie du Pasquier
Dekorationsstoff, Dessin »Zaire«, 1982

Druckstoff; Baumwolle; Köperbindung
Dicht gefügte Felder mit gezackter Umrandung,
denen geometrische Figuren (Dreiecke, unregel-
mäßige Sechsecke) eingeschrieben sind; in den
Zwischenräumen kleine Punkte. Farben:
Schwarz, Dunkelviolett, Türkis, Pariserblau. Das
Muster zeigt Einflüsse afrikanischer Ornamentik.
Bez. auf der Webkante in Dunkelviolett: NATHA-
LIE DU PASQUIER FOR MEMPHIS-1982-PRO-
DUCED IN ITALY BY RAINBOW
L. 112 cm; B. 150 cm (Bahnbreite)
Musterrapport: H. 87 cm
Herst.: Memphis Milano s. r. l., Pregnana Mila-
nese, Italien
Ankauf München, 1988
Inv. Nr. 1050/89
Lit. u. a.: [Kat. Firma] Memphis Milano. Mailand
1986, 86 m. Abb. – Radice Barbara, Memphis.
Mailand 1984, 93 m. Abb. [andere Farbstellung].

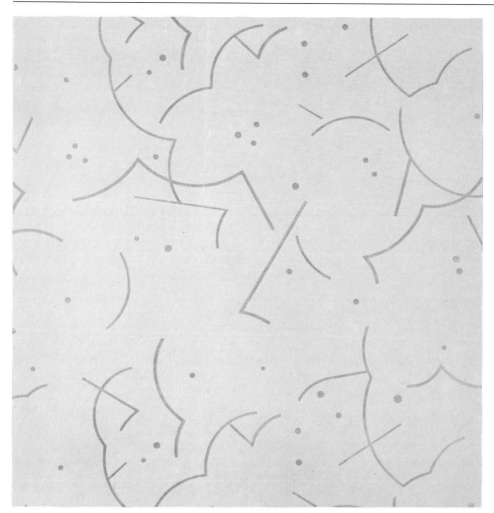

Alexandre Mimoglou
Dekorationsstoff, Dessin »Uptown-T«, Nr.
K8600, 1982

»Ausbrenner«; 56% Baumwolle, 44% Polyester;
Ajourgewebe; Leinwandbindung
Weißer Fond mit transparentem Streumuster von
Kreissegmenten, Strichen und Punkten
Bez. auf einer Webkante in Braun: UPTOWN-T
DESIGNED BY ALEXANDRE MIMOGLOU FOR
KNOLL TEXTILES 1982 56% CO 44% PL
L. 300 cm; B. 130 cm (Bahnbreite)
Musterrapport: H. ca. 61 cm; B. 125 cm
Herst.: Knoll International, Murr/Murr, Deutsch-
land
Variante: Inv. Nr. 1326/83-2 (Druckstoff; 100%
Baumwolle)
Preise/Auszeichnungen u. a.: Deutsche Auswahl
1983, Design Center Stuttgart
Geschenk des Herstellers, 1983
Inv. Nr. 1326/83-1
Lit. u. a.: [Kat. Ausst.] Deutsche Auswahl 1983.
Design Center. Stuttgart 1983, 50, Nr. 254 m. Abb.
– Wichmann Hans, Industrial Design. Unikate. Se-
rienerzeugnisse. Die Neue Sammlung. Ein neuer
Museumstyp des 20. Jahrhunderts. München
1985, 188 m. Abb.

Alexandre Mimoglou
Dekorationsstoff, Dessin »Sails«, Nr. K7900,
1982

Druckstoff; 100% Baumwolle; Leinwandbindung
Unregelmäßig über die weiße Fläche verteilte
Farbstriche in der Länge von ca. 12 und 20 cm;
Farben: Blau, Zyklam, Dunkelblau und Zartviolett
Bez. auf einer Webkante in Mittelblau: SAILS DE-
SIGNED BY ALEXANDRE MIMOGLOU FOR
KNOLL TEXTILES 1982 100% CO
L. 300 cm; B. 130 cm (Bahnbreite)
Musterrapport: H. 64 cm; B. 123 cm
Herst.: Knoll International, Murr/Murr, Deutsch-
land
Variante: Inv. Nr. 1327/83-1 (»Ausbrenner«;
Baumwolle/Polyester)
Geschenk des Herstellers, 1983
Inv. Nr. 1327/83-2.

Alexandre Mimoglou
Dekorationsstoff, Dessin »Festival«,
Nr. K8300, 1982

Druckstoff; 100% Baumwolle, leicht gechintzt;
Leinwandbindung
Auf weißem Fond Streumuster von Gruppierun-
gen aus Kreisen, Kreissegmenten und Dreiecken;
Farben: Rosa-, Blau-, Orangetöne (7-Farbendruck)
Bez. auf einer Webkante in Rosa: FESTIVAL DE-
SIGNED BY ALEXANDRE MIMOGLOU FOR
KNOLL TEXTILES 1982 100% CO
L. 303 cm; B. 128 cm (Bahnbreite)
Musterrapport: H. ca. 64 cm; B. 126 cm
Herst.: Knoll International, Murr/Murr
Preise/Auszeichnungen u. a.: Deutsche Auswahl
1983, Design Center Stuttgart
Geschenk des Herstellers, 1983; Inv. Nr. 358/84
Lit. u. a.: [Kat. Ausst.] Deutsche Auswahl 1983.
Design Center. Stuttgart 1983, 167 m. Abb.

Alexandre Mimoglou
Dekorationsstoff, Dessin »Crazy Night«,
Nr. K8200, 1982

Druckstoff; 100% Baumwolle, gechintzt; Lein-
wandbindung
Auf weißem Fond Streumuster von Kreissegmen-
ten in Orange, Rot, Gelb, Rosa und Blau
Bez. auf einer Webkante: CRAZY NIGHT
DESIGNED BY ALEXANDRE MIMOGLOU FOR
KNOLL TEXTILES 1982 100% CO
L. 301 cm; B. 130 cm (Bahnbreite)
Musterrapport: H. ca. 64 cm; B. 124 cm
Herst.: Knoll International, Murr/Murr
Geschenk des Herstellers, 1983; Inv. Nr. 356/84
Lit. u. a.: Wichmann Hans, [Kat. Ausst.] Neu. Do-
nationen und Neuerwerbungen 1982/83. Die
Neue Sammlung. München 1986, 27 [Variante].

Alexandre Mimoglou
Dekorationsstoff, Dessin »Uptown«, 1982

Druckstoff; Baumwolle; Leinwandbindung
Weißer Fond, bedruckt mit Kreissegmenten, Stri-
chen und Punkten als Streumuster in Rot, Blau,
Gelb, Rosa, Blaugrün
Bez. auf einer Webkante in Rot: UPTOWN
DESIGNED BY ALEXANDRE MIMOGLOU FOR
KNOLL TEXTILES 1982 100% CO
L. 302 cm; B. 125 cm (Bahnbreite)
Musterrapport: H. 64 cm; B. 130 cm
Herst.: Knoll International, Murr/Murr, Deutsch-
land
Variante: Inv. Nr. 1326-83-1 (»Ausbrenner«;
Baumwolle/Polyester)
Preise/Auszeichnungen u. a.: Deutsche Auswahl
1983, Design Center Stuttgart
Geschenk des Herstellers, 1983
Inv. Nr. 1326/83-2
Lit. u. a.: [Kat. Ausst.] Deutsche Auswahl 1983.
Design-Center. Stuttgart 1983, 50, Nr. 254 – Wich-
mann Hans, Industrial Design. Unikate. Seriener-
zeugnisse. Die Neue Sammlung. Ein neuer Mu-
seumstyp des 20. Jahrhunderts. München 1985,
188 m. Abb.

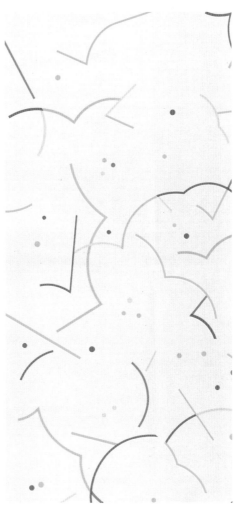

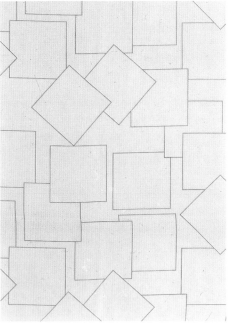

Antoinette de Boer
Dekorationsstoff, Dessin »Tirana«,
Nr. 2656, Farbe 1, 1983

Druckstoff; 75% Polyester (Dacron), 25% Baum-
wolle; Batist
Auf weißem Grund geometrische Musterung von
einander überschneidenden Quadraten mit roter
Konturierung; L. 300 cm; B. 140 cm (Bahnbreite)
Musterrapport: H. 78 cm; B. 88 cm
Herst.: Stuttgarter Gardinenfabrik GmbH
Variante: Inv. Nr. 1338/83 (Farbvariante: Weiß/
Schwarz)
Preise/Auszeichnungen u. a.: Deutsche Auswahl
1983, Design Center Stuttgart
Geschenk des Herstellers, 1983; Inv. Nr. 1337/83
Lit. u. a.: md (moebel interior design) 1983, H. 4,
73 m. Abb. – [Kat. Ausst.] Textildesign 1934-1984
am Beispiel Stuttgarter Gardinen. Design Center.
Stuttgart 1984, 108 m. Abb. – md (moebel interior
design) 1984, H. 7, 47 m. Abb. – Wichmann Hans,
Industrial Design. Unikate. Serienerzeugnisse. Die
Neue Sammlung. Ein neuer Museumstyp des
20. Jahrhunderts. München 1985, 188 m. Abb.,
189 – [Kat. Ausst.] Design in Europa. Design Center. Stuttgart 1988, 190 m. Abb.

Giulio Turcato
Dekorationsstoff »Costellazione«,
Nr. 3050-02, 1983

Druckstoff; 100% Baumwolle; Satinbindung
Auf ockerfarbenem Fond mit beigen, fleckenarti-
gen Inseln freies Spiel von violetten Linien im Pin-
selduktus
L. 310 cm; B. 140 cm
Musterrapport: H. 140 cm
Herst.: De Angelis, Mailand, Italien (Vertrieb in
Deutschland: Marktex, Palmiotta & Co KG, Kron-
berg/Taunus)
Geschenk der Fa. Marktex, Palmiotta & Co KG,
1987
Inv. Nr. 751/88.

Antoinette de Boer
Dekorationsstoff, Dessin »Kamos«,
Nr. 2110, Farbe 9, 1983

Druckstoff; 100% Baumwolle; Leinwandbindung
Auf weißem Fond System unterschiedlich breiter
Streifen in Rot und Anthrazit
Bez. auf einer Webkante in Grau: Antoinette de
Boer KAMOS
L. 300 cm; B. 131 cm (Bahnbreite)
Musterrapport: H. ca. 101 cm; B. 126 cm
Herst.: Stuttgarter Gardinenfabrik GmbH, Herren-
berg, Deutschland
Variante: Inv. Nr. 1333/83 (Farbvariante: Oliv, Hell-
blau, Rosé)
Preise/Auszeichnungen u. a.: Deutsche Auswahl
1983, Design Center Stuttgart
Geschenk des Herstellers, 1983
Inv. Nr. 1334/83
Lit. u. a.: [Kat. Ausst.] Deutsche Auswahl 1983.
Design Center. Stuttgart 1983, 177 m. Abb. –
[Kat. Ausst.] Textildesign 1934-1984 am Beispiel
Stuttgarter Gardinen. Design Center. Stuttgart
1984, 104 m. Abb. – md (moebel interior design)
1984, H. 7, 47 m. Abb.

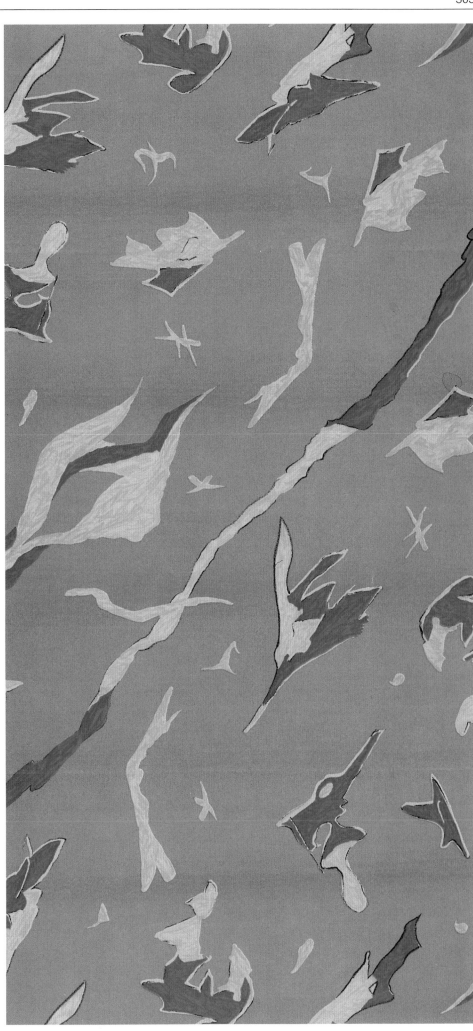

Giulio Turcato
Dekorationsstoff »Astri«, Nr. 3052/22, 1983

Druckstoff; 100% Baumwolle; Satinbindung
Auf grünem Fond abstrakte Zeichen sowie amor-
phe Farbflecken in Ocker, Gelb und Violett, im
freien Malduktus aufgetragen
L. 320 cm; B. 140 cm
Musterrapport: H. 70 cm; B. 68 cm
Herst.: De Angelis, Mailand, Italien (Vertrieb in
Deutschland: Marktex, Palmiotta & Co KG, Kron-
berg/Taunus)
Geschenk der Fa. Marktex, Palmiotta & Co KG,
1987
Inv. Nr. 477/88
Lit. u. a.: Wichmann Hans, Italien: Design 1945 bis
heute. Basel 1988, 122 m. Abb.

Marga Hielle-Vatter
Bezugsstoff »Effizienz«, Farbe »aqua«,
1982

Jacquard-Gewebe; 75% Schurwolle, 25% Baum-
wolle; Doppelgewebe mit Anbindung; Köperbin-
dung
Versetztes Reihenmuster von Querstreifen, die
durch Quadrate und Rechtecke gebildet werden;
Farben: Blau-, Grün- und Lilatöne, Braun, Altrosa
L. 150 cm; B. 151 cm
Musterrapport: H. 42,5 cm; B. ca. 28,5 cm
Herst.: rohi-Stoffe GmbH, Geretsried, Deutsch-
land
Variante: Inv. Nr. 559/85 (Farbvariante: »bronce«)
Geschenk des Herstellers, 1985
Inv. Nr. 558/85.

Marga Hielle-Vatter
Bezugsstoff »Singapore-Stripe«, Farbe
»dream«, 1983

Jacquard-Gewebe; 67% Schurwolle, 33% Vis-
kose; Rips
Gleich breite Querstreifen, vertikal schraffiert in
Blau-, Aubergine-, Beige-, Grün- und Brauntönen
L. 150 cm; B. 130 cm
Musterrapport: H. 35 cm
Herst.: rohi-Stoffe GmbH, Geretsried, Deutsch-
land
Geschenk des Herstellers, 1985
Inv. Nr. 557/85.

Marga Hielle-Vatter
Bezugsstoff »Protokoll«, Farbe »aqua«,
1983

Jacquard-Gewebe; 72% Schurwolle, 28% Baum-
wolle; Köperbindungen
Graublaue Streifen, von grünen und bläulichen
Zickzack-Bändern durchdrungen, Rauten und
Pfeilformen bildend. Farben: Grün, Grau, Grau-
blau, Hellblau
L. 150 cm; B. 130 cm
Musterrapport: H. 44,5 cm; B. ca. 29,5 cm
Herst.: rohi-Stoffe GmbH, Geretsried, Deutsch-
land
Geschenk des Herstellers, 1985
Inv. Nr. 578/85.

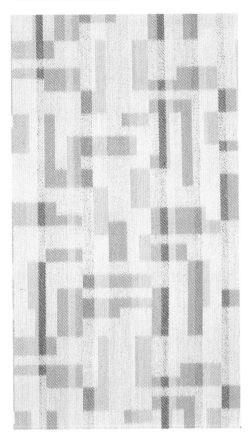

Marga Hielle-Vatter
Bezugsstoff (Air-Bus) »Autogramm«, Farbe
»anden tabak«, 1983

Jacquard-Gewebe; 73% Schurwolle, 27% Baum-
wolle; Doppelgewebe mit Anbindung; Atlasbin-
dung
Geometrisches Muster von verschieden breiten
und langen Querstreifen; Farben: Braun-, Rosé-
und Orangetöne (7 Farben)
L. 150 cm; B. 130 cm (Bahnbreite)
Musterrapport: B. 29,5 cm
Herst.: rohi-Stoffe GmbH, Geretsried, Deutsch-
land
Variante: Inv. Nr. 1139/84-a
Geschenk des Herstellers, 1984
Inv. Nr. 1139/84
Lit. u. a.: md (moebel interior design) 1984, H. 1,
83 m. Abb. [Farbvariante].

Marga Hielle-Vatter
Bezugsstoff (Air-Bus) »Capito«,
Farbe »pastell«, 1983

Jacquard-Gewebe; 73% Schurwolle, 27% Baum-
wolle; Doppelgewebe mit Anbindung; Atlasbin-
dung
Sandfarbener Fond mit unterschiedlich langen
und breiten Querstreifen, die sich winkelförmig
verzahnen; Farben: Hellblau, Rosa, Hellbraun,
Violett, Senfgelb in unterschiedlichen Nuancen (7
Farben)
L. 150 cm; B. 130 cm (Bahnbreite)
Musterrapport: H. 27 cm; B. 28,5 cm
Herst.: rohi-Stoffe GmbH, Geretsried, Deutsch-
land
Geschenk des Herstellers, 1984
Inv. Nr. 1138/84
Lit. u. a.: md (moebel interior design) 1984, H. 1,
82 m. Abb.

Marga Hielle-Vatter
Bezugsstoff, »Claire«, Farbe »Banane«,
1983

Jacquard-Gewebe; 74% Schurwolle, 26% Baum-
wolle; broschiertes Doppelgewebe; abgeleitete
Köperbindung
Fond aus gleichbreiten Querstreifen in den Farben
Neapel- und Bananengelb, Hellbraun und Hell-
grün; diagonal versetztes Muster von feinen, ver-
schieden langen Streifen in den Farben Weiß,
Hellgrün, Hellbraun, Gelb- und Rosatönen
L. 150 cm; B. 130 cm (Bahnbreite)
Musterrapport: H. 35 cm; B. 43 cm
Herst.: rohi-Stoffe GmbH, Geretsried, Deutsch-
land
Geschenk des Herstellers
Inv. Nr. 1212/84
Lit. u. a.: md (moebel interior design) 1984, H. 1,
81 m. Abb. [Farbvariante] – Wichmann Hans, Indu-
strial Design. Unikate. Serienerzeugnisse. Die
Neue Sammlung. Ein neuer Museumstyp des
20. Jahrhunderts. München 1985, 189 m. Abb.

ploeg-Design-Team
Dekorationsstoff, Dessin »Cezanne«,
Farbe 07/48, 1982

Streifen-Gewebe (Rayé); 55% Baumwolle, 45%
Schurwolle; Leinwand- und Köperbindung;
schußlanciert
Schmale Vertikalstreifen auf hellblauem Grund in
Blau, Weiß und Braun
L. 300 cm; B. 120 cm (Bahnbreite)
Musterrapport: B. 13 cm
Herst.: Weverij de Ploeg GmbH, Bergeyk, Holland
Variante: Inv. Nr. 767/86 (Blau, Grau, Grün auf
Helltürkis)
Geschenk des Herstellers, 1986
Inv. Nr. 766/86.

ploeg-Design-Team
Dekorationsstoff, Dessin »strico«,
Farbe 05/49, 1983

Streifen-Gewebe (Rayé); 100% Baumwolle; Lein-
wandbindung
Gleich breite Vertikalstreifen, die sich in der Farb-
stellung wiederholen. Farben: Hellblau, Rosa,
Apricot- und Brauntöne
L. 300 cm; B. 120 cm (Bahnbreite)
Musterrapport: B. ca. 40,3 cm
Herst.: Weverij de Ploeg GmbH, Bergeyk, Holland
Geschenk des Herstellers, 1986
Inv. Nr. 765/86.

Fuggerhaus Studio
Bezugsstoff, Dessin »Samarra«,
Nr. 3886-155, 1983

Webstoff; 100% Wildseide; Taftbindung; Kett-
Ikat; handgewebt
Vertikales Reihenmuster von durchgehenden
Streifen in Altrosa und von in folgenden Farben
zusammengesetzten Streifen: Grau, Blau, Blaß-
rosa, Lindgrün, Flaschengrün, Gelb, Ocker, Braun
L. 300 cm; B. 125 cm (Bahnbreite)
Musterrapport: H. 24 cm; B. 18,5 cm
Herst.: Fuggerhaus, Augsburg, Deutschland
Geschenk des Herstellers, 1986
Inv. Nr. 947/86.

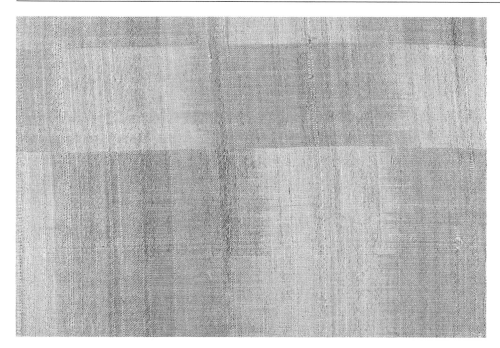

Fuggerhaus Studio
Dekorationsstoff, Dessin »Samarra«,
Nr. 3883-121, 1983

Webstoff; 100% Wildseide; Taftbindung; Kett-
Ikat; handgewebt
Flächenmuster aus ineinander übergehenden
Quadraten in Sand, Ocker, Pastellbraun und
-türkis
L. 24 cm; B. 22 cm
Musterrapport: H. 65 cm
Herst.: Fuggerhaus, Augsburg, Deutschland
Geschenk des Herstellers, 1988
Inv. Nr. 567/89.

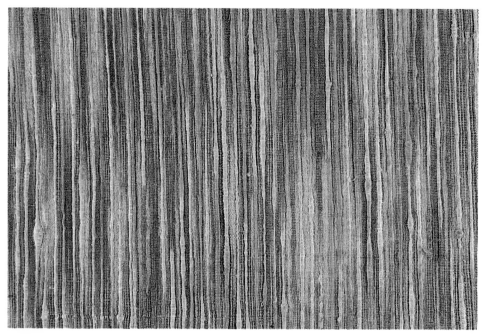

Fuggerhaus Studio
Dekorationsstoff, Dessin »Samarra«,
Nr. 3876-125, 1983

Webstoff; 80% Wildseide, 20% Baumwolle;
Leinwandbindung; Kett-Ikat; handgewebt
Gewebe mit unregelmäßigen Streifen und Flek-
ken in den Farben Beige, Zyklamrot, Ocker, Blau
L. 24 cm; B. 22 cm
Herst.: Fuggerhaus, Augsburg, Deutschland
Geschenk des Herstellers, 1988
Inv. Nr. 568/89.

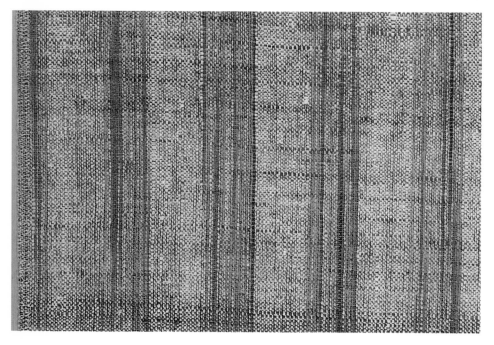

Fuggerhaus Studio
Bezugsstoff, Dessin »Samarra«,
Nr. 3875-156, 1983

Streifen-Gewebe (Rayé); 100% indische Wild-
seide; Taftbindung; handgewebt
Vertikales Streifenmuster auf beige-olivfarbenem
Grund in den Pastellfarben Rosé, Gelb, Lindgrün,
Türkis; Musterung entsteht durch farbige Kettfä-
den, Schußfäden einheitlich olivgrün.
L. 300 cm; B. 120 cm (Bahnbreite)
Musterrapport: B. 4,5 cm
Herst.: Fuggerhaus, Augsburg, Deutschland
Geschenk des Herstellers, 1986
Inv. Nr. 948/86.

Willem Witteveen (ploeg-Design-Team)
Dekorationsstoff, Dessin »litempo«,
Farbe 02/69, 1984

Streifen-Gewebe (Rayé); 100% Baumwolle;
Ajourgewebe; Leinwand- und Halbdreherbindung
Gleich breite Vertikalstreifen durch dreherähnliche
Effekte von einander abgesetzt; in Pastelltönen
(Weiß, Beige, Rosa, Gelb, Hellblau)
L.300 cm; B.150 cm (Bahnbreite)
Musterrapport: B.24,5 cm
Herst.: Weverij de Ploeg GmbH, Bergeyk, Holland
Geschenk des Herstellers, 1986
Inv. Nr. 761/86
Lit. u. a.: [Kat. Firma] Weverij de Ploeg 1923 – he-
den. [Bergeyk, ca. 1984], 8 m. Abb. [Variante] –
md (moebel interior design) 1985, H. 12, 68
m. Abb.

Elsbeth Kupferoth
Dekorationsstoff, Dessin »Cool«,
Nr. 3240752, 1983

Druckstoff; 100% Baumwolle; Leinwandbindung
gechintzt
Gleich breite, vertikale Streifen (Pinselduktus) auf
weißem Grund; Farben: Oliv, Helltürkis, Grau,
Rosa, Hellbraun
Bez. auf einer Webkante in Hellbraun: K-KOLLEK-
TION Cool Design Elsbeth Kupferoth 100%
BAUMWOLLE
L. 300 cm; B. 143 cm (Bahnbreite)
Musterrapport: B. 23 cm
Herst.: Kupferoth-Drucke, München, Deutschland
Varianten: Inv. Nr. 1264/84-a, b (andere Farbstel-
lungen)
Preise/Auszeichnungen u. a.: Deutsche Auswahl
1983, Design Center Stuttgart
Geschenk des Herstellers, 1985
Inv. Nr. 1264/84
Lit. u. a.: [Kat. Ausst.] Deutsche Auswahl 1983.
Design Center. Stuttgart 1983, 172 m. Abb.

Sven Fristedt
Dekorationsstoff, Dessin »multi-x«,
Nr. 8207001, Farbe 2, Koll. »Satin Cross«,
1983

Druckstoff; 100% Baumwolle; Köperbindung
Auf schwarzem Grund Muster von kleinen Qua-
draten, teils koloriert, teils mit Schraffuren, Punk-
ten etc. gemustert; in großzügiger Streuung ist
vereinzelt ein weißes »X« gesetzt, das die Größe
eines quadratischen Feldes hat. Farben: Weiß,
Gelb, Weinrot, Orange, Braun
Bez. auf einer Webkante in Weiß: MULTI-X SVEN
FRISTEDT borås
L. 300 cm; B. ca. 140 cm (Bahnbreite)
Musterrapport: H. 39,5 cm
Herst.: Borås Wäfveri AB, Borås, Schweden
Geschenk des Herstellers, 1985
Inv. Nr. 340/86
Lit. u. a.: Bjerregaard Kirsten (Hrsg.), Design from
Scandinavia, No. 13. Kopenhagen 1984, 122
m. Abb. – Boman Monica (Hrsg.), Design in Swe-
den. The Swedish Institute. Stockholm 1985, 65-
67 m. Abb. – [Kat. Ausst.] Design. Design Center.
Stockholm 1985, 37 m. Abb.

Thomas Brolin
Dekorationsstoff, Dessin »Air«, Nr. 108051,
Farbe 13, 1984

Druckstoff; 100% Baumwolle; Köperbindung
Auf hellgrauem Grund Farbspritzer und -schlieren.
Darauf horizontal angeordnetes geometrisches
Muster von je zwei leicht versetzten, eng aneinan-
der liegenden Stäben, die Gelb und Hellblau ge-
streift sind
Bez. auf einer Webkante in Hellblau: KINNASAND
PRINT Thomas Brolin HANDPRINTED BY
L. JUNGBERG SWEDEN
L. 300 cm; B. 140 cm (Bahnbreite)
Musterrapport: H. ca. 100 cm
Herst.: AB Kinnasand, Kinna, Schweden
Variante: Inv. Nr. 295/88 (Blautöne, Violett, Türkis,
Orange)
Geschenk des Herstellers, 1985; Inv. Nr. 318/86
Lit. u. a.: Bjerregaard Kirsten (Hrsg.), Design from
Scandinavia, No. 13. Kopenhagen 1984, 14
m. Abb. – Boman Monica (Hrsg.), Design in Swe-
den. The Swedish Institute. Stockholm 1985, 65
m. Abb. – [Kat. Ausst.] Design Textile Scandinave
1950/85. Musée de l'Impression sur Etoffes. Mül-
hausen 1987, 62, Nr. 1920.

Ingrid Dessau
Dekorationsstoff, Dessin »Zig-Zag«,
Nr. 103066, Farbe 11, 1983

Webstoff; 100% Baumwolle; Doppelgewebe mit
Anbindung (Doubleface); Leinwandbindung
Treppenartige angeordnete, dunkelblaue Streifen,
durchsetzt von horizontalen Streifen und rechtek-
kigen Farbfeldern, die zweiseitig von dem Trep-
penmotiv begrenzt werden; Farben: Dunkel- und
Hellblau, Orange, Gelbgrün, Violett und dunkler
Ocker
L. 180 cm; B. 150 cm (Bahnbreite)
Musterrapport: H. ca. 25 cm
Herst.: AB Kinnasand, Kinna, Schweden
Geschenk des Herstellers, 1985
Inv. Nr. 323/86
Lit. u. a.: Busch Akiko, Product Design. Internatio-
nal Award Winning Designs for the Home and Of-
fice. New York 1984, 229 m. Abb.

Inez Svensson
Dekorationsstoff, Dessin »Zero«,
Nr. 8121442, Farbe 1, 1983

Druckstoff; 100% Baumwolle; Leinwandbindung
In versetzter Reihung mit schräg aufsteigender
Tendenz Muster aus großen, farbigen Quadraten
und kleinen, schwarzen, an zwei Kanten winklig
gerahmten Quadraten; Farben: Weiß, Grau, Zitro-
nengelb
Bez. auf der Webkante in Schwarz: ZERO DE-
SIGN INEZ SVENSSON borås
L. 300 cm; B. 153 cm (Bahnbreite)
Musterrapport: H. 40,5 cm; B. 42,5 cm
Herst.: Borås Wäfveri AB, Borås, Schweden
Geschenk des Herstellers, 1983
Inv. Nr. 1269/84
Lit. u. a.: Boman Monica (Hrsg.), Design in Swe-
den. The Swedish Institute. Stockholm 1985, 65
m. Abb.

Fujiwo Ishimoto
Dekorationsstoff, Dessin »Ostjakki«,
Farbe 44, 1983

Druckstoff; 100% Baumwolle; Leinwandbindung
Vier vertikale Bahnen, in der Horizontalen aufge-
teilt in rechteckige Farbfelder, die sich ineinander
verzahnen; Farben: Hellblau, Hellviolett, Rosa,
Grau, Orange, lichter Ocker, rötliches Neapelgelb
Bez. auf der Webkante in Violett: MARIMEKKO
FUJIWO ISHIMOTO: ›OSTJAKKI‹ MARIMEKKO
OY 1983 SUOMI-FINLAND 100% CO
L. 300 cm; B. 145 cm (Bahnbreite)
Musterrapport: H. 143 cm
Herst.: Marimekko, Helsinki, Finnland
Ankauf München, 1989
Inv. Nr. 800/89.   ◁

Finn Sködt
Dekorationsstoff, Dessin »Cursiva«, 1984

Druckstoff; 100% Baumwolle; Leinwandbindung
Auf weißem Grund horizontales Reihenmuster
von geometrischen, einander teilweise übergrei-
fenden Formen (Quadrate, Rechtecke, Streifen
usw.); Farben: Schwarz, Grautöne, Blautöne,
Ocker
Bez. auf der Webkante in Schwarz: Design Cur-
siva by Finn Sködt
L. 300 cm; B. 140 cm (Bahnbreite)
Musterrapport: H. 64 cm
Herst.: Kvadrat Boligtextiler AS, Ebeltoft, Däne-
mark
Ankauf vom Hersteller, 1985
Inv. Nr. 258/86
Lit. u. a.: Bjerregaard Kirsten (Hrsg.), Design from
Scandinavia, No. 13. Kopenhagen 1984, 24, Nr. 5
m. Abb.

Verner Panton
Dekorationsstoff, »Mira-Beta«,
Nr. 561.103.3, 1985

Druckstoff; Baumwolle, gechintzt; Leinwandbindung
Auf grauem Grund vertikale, feine, weiße Linien,
die folgende Motive aussparen: Dreiecke, Kreise,
Quadrate, Rechtecke von unterschiedlicher
Größe
L. 300 cm; B. 140 cm (Bahnbreite)
Musterrapport: H. 64 cm; B. 140 cm
Herst.: Mira-X, Leinfelden-Echterdingen, Deutschland
Preise/Auszeichnungen u. a.: Deutsche Auswahl
1986, Design Center Stuttgart
Geschenk des Herstellers, 1986
Inv. Nr. 957/86
Lit. u. a.: [Kat. Ausst.] Deutsche Auswahl 1986.
Design Center. Stuttgart 1986, 132 m. Abb. [Farbvariante].

Freia Prowe
Dekorationsstoff, Dessin »Mira-Abacus«,
Nr. 550.225.7, 1985

Webstoff; 100% Baumwolle; Leinwandbindung;
Schärli
Vertikales Reihenmuster von diagonal aufsteigenden Streifen aus langgestreckten Parallelogrammen in Zitronengelb, Ockergelb, Hellviolett, Dunkelviolett, Altrosa, Türkis
L. 300 cm; B. 140 cm (Bahnbreite)
Musterrapport: H. 18,5 cm; B. 27,5 cm
Herst.: Mira-X, Leinfelden-Echterdingen,
Deutschland
Preise/Auszeichnungen u. a.: Deutsche Auswahl
1986, Design Center Stuttgart
Ankauf vom Hersteller, 1986
Inv. Nr. 956/86
Lit. u. a.: [Kat. Ausst.] Deutsche Auswahl 1986.
Design Center. Stuttgart 1986, 135 m. Abb. [Variante].

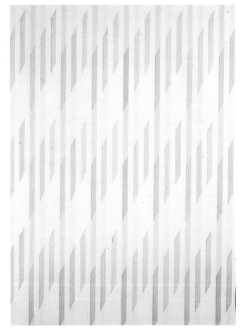

Marga Hielle-Vatter
Dekorationsstoff, »Amabile«,
Farbe »prinzess«, 1985

Jacquard-Gewebe; 78% Schurwolle, 22% Baumwolle; Atlas- und Köperbindung
Muster aus geometrischen Formen (Quadrate,
Rechtecke, Dreiecke), in diagonalen Reihen angeordnet. Melierte Farben in Pastelltönen: Rosé,
Hellblau, Gelb, Violett, Altrosa, Türkis, Grün
L. 220 cm; B. 130 cm (Bahnbreite)
Musterrapport: H. 18,5 cm; B. 28 cm
Herst.: rohi-Stoffe GmbH, Geretsried, Deutschland
Preise/Auszeichnungen u. a.: Deutsche Auswahl
1986, Design Center Stuttgart
Geschenk des Herstellers, 1986
Inv. Nr. 982/86
Lit. u. a.: md (moebel interior design) 31, 1985,
H. 12, 65 m. Abb. – [Kat. Ausst.] Deutsche Auswahl 1986. Design Center. Stuttgart 1986, 144
m. Abb.

ploeg-Design-Team
Dekorationsstoff, Dessin »trepida«,
Farbe 03/04, 1984

Streifen-Gewebe (Rayé); 100% Polyester; Lein-
wandbindung
Drei breite Farbstreifen, von vertikalen Linien
durchzogen und voneinander getrennt; Farben:
Grüntöne, Blau, helle Blautöne, Grau
L. 300 cm; B. 120 cm (Bahnbreite)
Herst.: Weverij de Ploeg GmbH, Bergeyk, Holland
Geschenk des Herstellers, 1986
Inv. Nr. 764/86.

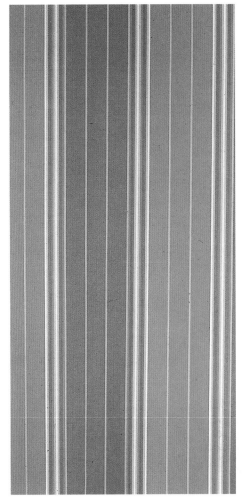

ploeg-Design-Team
Dekorationsstoff, Dessin »cobrizio«,
Farbe 03/43, 1984

Druckstoff; 100% Baumwolle; Köperbindung
Auf weißem Grund leicht unregelmäßig gewellte,
horizontale Streifen; Farben: Hellgrau- und Hell-
blautöne, Helltürkis
Bez. auf der Webkante in Hellgrau: ploegstofen
holland
L. 300 cm; B. 140 cm (Bahnbreite)
Musterrapport: H. 60 cm
Herst.: Weverij de Ploeg GmbH, Bergeyk, Holland
Geschenk des Herstellers, 1986
Inv. Nr. 760/86.

Christa Häusler-Goltz
Dekorationsstoff »Laser«, Nr. 4223-426,
1985

Druckstoff; 100% Baumwolle; Leinwandbindung
Vertikal orientierte Farbflecken mit zarten Über-
gängen in der Art von Aquarellmalerei, in den
Farbtönen: Gelb, Rot, Blau
L. 300 cm; B. 130 cm (Bahnbreite)
Musterrapport: H. 82 cm; B. ca. 64 cm
Herst.: Fuggerhaus, Augsburg, Deutschland
Geschenk des Herstellers, 1986
Inv. Nr. 944/86.

Ulrike Greiner-Rhomberg
Dekorationsstoff »Locarno«, Nr. 234, 1985

Druckstoff; 100% Baumwolle; Leinwandbindung
Vertikales, pastellfarbenes Streifenmuster (brei-
tere Streifen an den Rändern); Farben: Grün,
Gelb, Braun, Rosa (Pinselduktus)
L. 300 cm; B. 140 cm (Bahnbreite)
Herst.: Pausa AG, Mössingen, Deutschland
Geschenk des Herstellers, 1986
Inv. Nr. 954/86.

Finn Sködt
Dekorationsstoff, Dessin »Crunch«, 1984

Druckstoff; 57% Leinen, 43% Baumwolle; Lein-
wandbindung
Auf weißem Grund Streumuster von geometri-
schen Formen (Rechtecke, Dreiecke, Trapeze
usw.) in leuchtenden Farben: Zitronengelb,
Orange, Rot, Blau, Hellblau, Lila, Grün, Blaugrün
Bez. auf der Webkante in Blau: Design Crunch by
Finn Sködt
L. 300 cm; B. 140 cm (Bahnbreite)
Musterrapport: H. 63 cm
Herst.: Kvadrat Boligtextiler AS, Ebeltoft, Däne-
mark
Ankauf vom Hersteller, 1985
Inv. Nr. 257/86
Lit. u. a.: Bjerregaard Kirsten (Hrsg.), Design from
Scandinavia, No. 13. Kopenhagen 1984, 24, Nr. 4
m. Abb.

Jole Gandolini
Bezugsstoff, Dessin »Herakles«,
Nr. 3867/23, 1984/85

Jacquard-Gewebe; 50% Baumwolle, 50% Poly-
acryl, unterschiedliche Fadenstärken; Doppelge-
webe mit Anbindung; Leinwand- und Köperbin-
dung
Rotes Flechtwerk in quadratischen Feldern von
unterschiedlicher Flechtdichte; Zwischengrund
mit bordeauxfarbenen, grünen, lindgrünen und
hellblauen Streifen
L. 39 cm; B. 30 cm
Musterrapport: H. 62 cm; B. 62 cm
Herst.: Fuggerhaus, Augsburg, Deutschland
Variante: Inv. Nr. 942/86 (Bräunlich, Rot, Blau,
Grün)
Preise/Auszeichnungen u. a.: Deutsche Auswahl
1986, Design Center Stuttgart
Geschenk des Herstellers, 1988
Inv. Nr. 569/89
Lit. u. a.: [Kat. Ausst.] Deutsche Auswahl 1986.
Design Center. Stuttgart 1986, 131 m. Abb.

Ottavio Missoni
Dekorationsstoff, Dessin »Trocadero«,
Var. D 620170, 1985

Druckstoff; 100% Baumwolle; Köperbindung
Auf schwarzem Fond Gesichter in Frontal- und
Profilansicht; Farben: Beige, Blau, Türkis,
Schwarz, Grün, Orange, Gelb, Violett, Rosé-Vio-
lett
L. 70 cm; B. 140 cm
Musterrapport: B. 111 cm
Herst.: t&j vestor, Golasecca, Italien
Geschenk des Herstellers, 1987
Inv. Nr. 893/87.

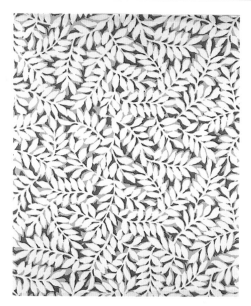  

Hubert de Givenchy
Dekorationsstoff, Dessin »Persan«,
Nr. 3900-6, 1985

Druckstoff; 100% Baumwolle, gechintzt; Lein-
wandbindung
Olivfarbener Fond, Muster aus Zweigen und Blät-
tern in Weiß mit grauem Rand (Pinselduktus)
L. 59 cm; B. 42 cm
Musterrapport: H. 40 cm; B. 40 cm
Herst.: Fuggerhaus, Augsburg, Deutschland
Geschenk des Herstellers, 1988
Inv. Nr. 572/89
Lit. u. a.: Architektur u. Wohnen 1985, H. 3, 135
m. Abb. [andere Farbstellung].

Hubert de Givenchy
Dekorationsstoff, Dessin »Caprice«,
Nr. 3897-4, 1985

Druckstoff; 100% Baumwolle; Leinwandbin-
dung; Chiné (Kettdruck)
Fuchsienfarbener Fond, bedruckt mit orientalisie-
renden Mustern (Palmetten, Paisley) in versetzten
Reihen; Farben: Violett, Rosé, Braun
L. 59 cm; B. 42 cm
Musterrapport: H.. 30 cm; B. 42 cm
Herst.: Fuggerhaus, Augsburg, Deutschland
Geschenk des Herstellers 1988
Inv. Nr. 571/89.

Hubert de Givenchy
Dekorationsstoff, Dessin »Cigale«,
Nr. 3895-6, 1985

Druckstoff; 100% Baumwolle, gechintzt; Köper-
bindungen, Leinwand-, Rips- und Satinbindung,
Musterflottungen; Chiné (Kettdruck)
Farbflecke ineinanderlaufender Farben: Grün,
Blau, Gelb. L. 300 cm; B. 140 cm (Bahnbreite)
Musterrapport: H. 58 cm; B. 91 cm
Herst.: Fuggerhaus, Augsburg, Deutschland
Geschenk des Herstellers, 1986
Inv. Nr. 950/86
Lit. u. a.: Architektur u. Wohnen 1985, H. 3, 135-
136 m. Abb.

Hubert de Givenchy
Dekorationsstoff, Dessin »Corsaire«,
Nr. 3896-3, 1985

Druckstoff; 100% Baumwolle, gechintzt; Lein-
wandbindung; Chiné (Kettdruck)
Vertikales Reihenmuster: auf grauem Grund zwi-
schen Trennlinien aus roten, roséfarbenen und
türkisgrünen Streifen alternierende Reihen von
übereinander gestaffelten Palmetten und von ge-
fächerten Streifen in Rosé, Rot, Türkisgrün
L. 59 cm; B. 42 cm
Musterrapport: H. 22,5 cm; B. 35,5 cm
Herst.: Fuggerhaus, Augsburg, Deutschland
Variante: Inv. Nr. 951/86 (Weiß, Gelb, Rot auf
blauem Grund)
Geschenk des Herstellers, 1988
Inv. Nr. 570/89.

Piero Dorazio
Dekorationsstoff, Dessin »Cocktail«,
Qual. 329, Farbe 15, Nr. 11008, 1985

Druckstoff; 100% Baumwolle, gechintzt; Lein-
wandbindung
Vertikales Muster von dichtem Linienwerk, das
sich aus aneinander gesetzten Farbtupfen und
-strichen zusammensetzt; Farben: Schwarz,
Gelb, Orange, Violett hell, Grün und Blautöne
Bez. auf der Webkante in Orange: DESIGN PIERO
DORAZIO 100% CO
L. 300 cm; B. 140 cm (Bahnbreite)
Musterrapport: H. 63 cm; B. 45 cm
Herst.: Pausa AG, Mössingen, Deutschland
Geschenk des Herstellers, 1989
Inv. Nr. 815/89.

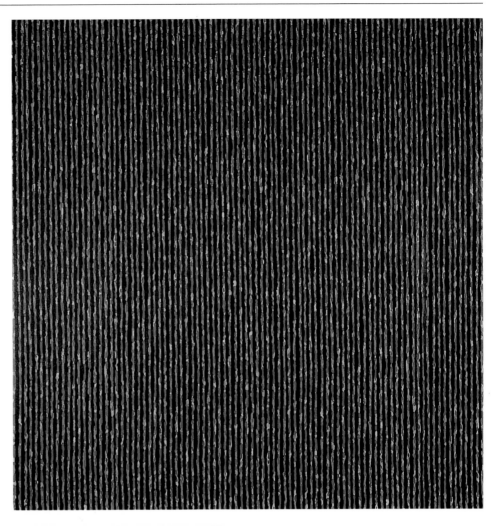

Piero Dorazio
Dekorationsstoff, Dessin »Pomposo«,
Qual. 329, Farbe 22, Nr. 11011, 1985

Beruht auf einer Bildthematik der 60er Jahre
Druckstoff; 100% Baumwolle, gechintzt, Lein-
wandbindung
Dichtes Strichwerk im Pinselduktus wird von dia-
gonal aufsteigenden blauen Linien durchzogen;
Farben: Schwarz, Gelb, Grün-, Blau- und Rosa-
töne
L. 166 cm; B. 140 cm (Bahnbreite)
Musterrapport: H. 31,5 cm; B. 33,5 cm
Herst.: Pausa AG, Mössingen, Deutschland
Variante: Inv. Nr. 816/89 (Schwarz, Hellgrün, Blau-,
Rot-, Rosatöne)
Geschenk des Herstellers, 1989
Inv. Nr. 817/89.

Diethard Stelzl
Dekorationsstoff, Dessin »Cassandra«,
Farbe 08-420, 1985

Jacquard-Gewebe; 100% Baumwolle; Doppelge-
webe mit Anbindung; Leinwand- und Ripsbin-
dung; kettlanciert
Horizontale Streifen in freier, leicht ondulierter Li-
nienführung. Gedämpfte Farbskala in Pastelltö-
nen: dominante Brauntöne, Beige, verhaltene
Blautöne
L. 184 cm; B. 142 cm (Bahnbreite)
Musterrapport: H. 30 cm
Herst.: aste Möbelstoffweberei, Eislingen/Fils,
Deutschland
Preise/Auszeichnungen u. a.: Bundespreis »Gute
Form« 1985/86
Geschenk des Herstellers, 1986
Inv. Nr. 115/87
Lit. u. a.: [Kat. Ausst.] Bundespreis Gute Form
1985/86. Rat für Formgebung. Darmstadt 1986,
34 m. Abb. [Farbvariante] – form, Zeitschrift für
Gestaltung 1986, Nr. 114, 54 m. Abb.

Diethard Stelzl
Bezugsstoff »Unitas«, Farbe 00-450, 1985

Jacquard-Gewebe; Baumwolle, merzerisiert;
Doppelgewebe mit Anbindung (Doubleface);
Leinwand- und Atlasbindungen
Horizontale Streifungen, durchsetzt von querge-
streiften, pyramidalen Formen; Pastellfarben:
Grau, Rotviolett, Mittelblau, Orange, Lindgrün
L. 69 cm; B. 62 cm
Musterrapport: H. 12 cm; B. 16,5 cm
Herst.: aste Möbelstoffweberei, Eislingen/Fils,
Deutschland (1986)
Geschenk des Herstellers, 1987
Inv. Nr. 919/87.

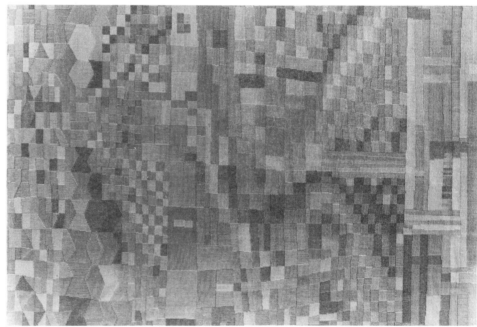

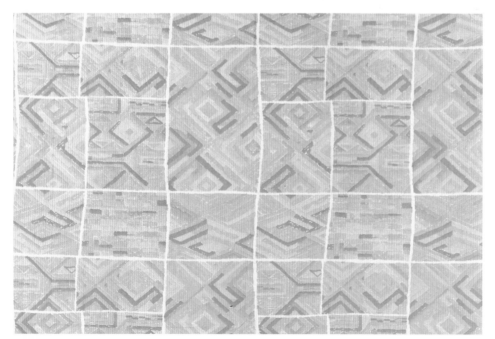

Roswitha Anton-Moseler
Bezugsstoff »Caesar«, Farbe 21-110, 1986

Webstoff; 100% Baumwolle; Doppelgewebe mit
Anbindung; Leinwandbindung
Innerhalb rechteckig abgegrenzter Felder unter-
schiedlicher Größe geometrisches Muster beste-
hend aus Rauten, Dreiecken, Winkelformen und
Querrechtecken mit fließenden Konturen in Pa-
stellfarben: Altrosa, Braun, Ocker, Graugrün, Au-
bergine
L. 177 cm; B. 130 cm
Musterrapport: H. 55 cm; B. 66 cm
Herst.: aste Möbelstoffweberei, Eislingen/Fils,
Deutschland
Varianten: Inv. Nr. 921/87 (in helleren Tönen)
Preise/Auszeichnungen u. a.: Bundespreis »Gute
Form« 1985/86
Geschenk des Herstellers, 1986
Inv. Nr. 117/87
Lit. u. a.: [Kat. Ausst.] Bundespreis Gute Form
1985/86. Rat für Formgebung. Darmstadt 1986,
35 m. Abb. – form, Zeitschrift für Gestaltung 1986,
Nr. 114, 55 m. Abb.

◁ Roswitha Anton-Moseler
Bezugsstoff »California«, Farbe 27-150,
1985

Jacquard-Gewebe; 100% Baumwolle; Doppelge-
webe mit Anbindung
Flächendeckendes, kleinteiliges Muster aus unre-
gelmäßigen, geometrischen Motiven (Rauten,
Rechtecke, Quadrate usw.) in nuancierten Farbtö-
nen: Blau, Grau, Rosé, Ocker, Beige
L. 180 cm; B. 66 cm
Musterrapport: H. 54 cm; B. 66 cm
Herst.: aste Möbelstoffweberei, Eislingen/Fils,
Deutschland
Variante: Inv. Nr. 920/87 (Rosé, Violettöne, Lind-
grün, Orange)
Preise/Auszeichnungen u. a.: Bundespreis »Gute
Form« 1985/86 – Deutsche Auswahl 1985
Geschenk des Herstellers, 1986
Inv. Nr. 116/87
Lit. u. a.: [Kat. Ausst.] Deutsche Auswahl 1985.
Design Center. Stuttgart 1985, 145 m. Abb. –
[Kat. Ausst.] Bundespreis Gute Form 1985/86. Rat
für Formgebung. Darmstadt 1986, 35 m. Abb.
[Farbvariante 16-608; falsche Bezeichnung
»Inari«] – form, Zeitschrift für Gestaltung 1986,
Nr. 114, 55 m. Abb. [falsche Bezeichnung »Inari«].

Ross Littell
Bezugsstoff »Grafic«, Farbe 162, 1986

Jacquard-Gewebe; 88% Baumwolle, 9% Poly-
ester, 3% Viskose; Querrips
Graphische Musterung in Schwarz und Weiß, be-
stehend aus Streifen, die perspektivisch zu Wür-
felformen zusammengeordnet sind
L. 180 cm; B. 130 cm
Musterrapport: H. 4 cm; B. 4 cm
Herst.: Kvadrat Boligtextiler AS, Ebeltoft, Däne-
mark
Variante: Inv. Nr. 657/89 (Mustervariante)
Preise/Auszeichnungen u. a.: Design-Auswahl
1988, Design Center Stuttgart
Geschenk des Herstellers, 1988
Inv. Nr. 658/89
Lit. u. a.: [Kat. Ausst.] Design-Auswahl '88. Design
Center. Stuttgart 1988, 143 m. Abb.

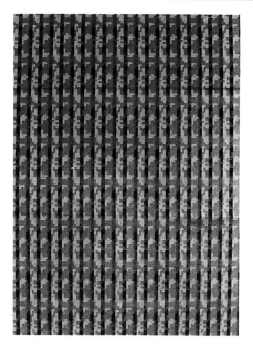

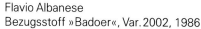

Flavio Albanese
Bezugsstoff »Badoer«, Var. 2002, 1986

Webstoff; 100% Baumwolle; Doppelgewebe mit
Anbindung; Leinwand- und Köperbindung (S- und
Z-Grad)
Horizontales Reihenmuster mit rechteckigen Fi-
guren, die aus kleinen Quadraten gebildet werden
und auf horizontalen Linien aufsitzen. Pastellfar-
ben; Grund: Hellviolett, Farben der Karos: Rosé,
Braun, Grüntöne, Mittelblau (meliert)
L. 300 cm; B. 140 cm
Musterrapport: H. 7,2 cm; B. 6,2 cm
Herst.: Lanerossi, Schio (Divisione Rossitex,
Pievebelvicino), Italien
Geschenk des Herstellers, 1986
Inv. Nr. 794/87
Lit. u. a.: domus 1986, Nr. 674, [s. p.] m. Abb.
[Farbvariante].

Flavio Albanese
Bezugsstoff »Prassitele«, Var. 2010, 1986

Webstoff; 100% Baumwolle; Querrips
Vertikales Streifenmuster aus unregelmäßigen,
gestuft versetzten, braunen und beigefarbenen
Rechtecken auf orangefarbenem Grund
L. 295 cm; B. 140 cm
Musterrapport: H. 12 cm; B. 6,3 cm
Herst.: Lanerossi, Schio (Divisione Rossitex,
Pievebelvicino), Italien
Geschenk des Herstellers, 1986
Inv. Nr. 793/87.

Flavio Albanese
Bezugsstoff »Malcontenta«, Var. 2007, 1986

Webstoff; 100% Baumwolle; verstärktes Ge-
webe mit Anbindung; Querrips, Leinwandbin-
dung
Muster aus gestreiften und melierten Rechtek-
ken, die vertikal und versetzt geordnet sind. Far-
ben: Schwarz, Violett, Grau
L. 300 cm; B. 140 cm
Musterrapport: H. 14 cm; B. 6 cm
Herst.: Lanerossi, Schio (Divisione Rossitex,
Pievebelvicino), Italien
Variante: Inv. Nr. 795/87 (andere Farbstellung in
Orange/Rot/Grau)
Geschenk des Herstellers, 1986
Inv. Nr. 795/87-2
Lit. u. a.: Domus 1986, Nr. 674, [s. p.] m. Abb.
[Farbvariante] – Wichmann Hans, Italien: Design
1945 bis heute. München/Basel 1988, 122, 123
m. Abb. = industrial design – graphic design 4.

Bezugsstoff, Kollektion »Acapulco«, Italien,
1987

Jacquard-Gewebe; 85% Viskose, 15% Polypropy-
lene; Doppelgewebe mit Anbindung (Double-
face); Quer- und Längsripsbindungen
Auf vertikal gestreiftem Fond verschiedene
Rechtecke, denen kleine Flecken in Positiv- oder
Negativ-Form eingeschrieben sind; Farben: Zitro-
nengelb, Violettöne; Rot, Rosé, Türkis, Blau, Grün
L. 155 cm; B. 280 cm (Bahnbreite)
Musterrapport: H. 25 cm; B. 15,5 cm
Herst.: Giesse Springolo S. p. A., Treviso, Italien
Ankauf vom Hersteller, 1988
Inv. Nr. 1031/89
Lit. u. a.: domus 1988, Nr. 696, [s. p.] m. Abb.

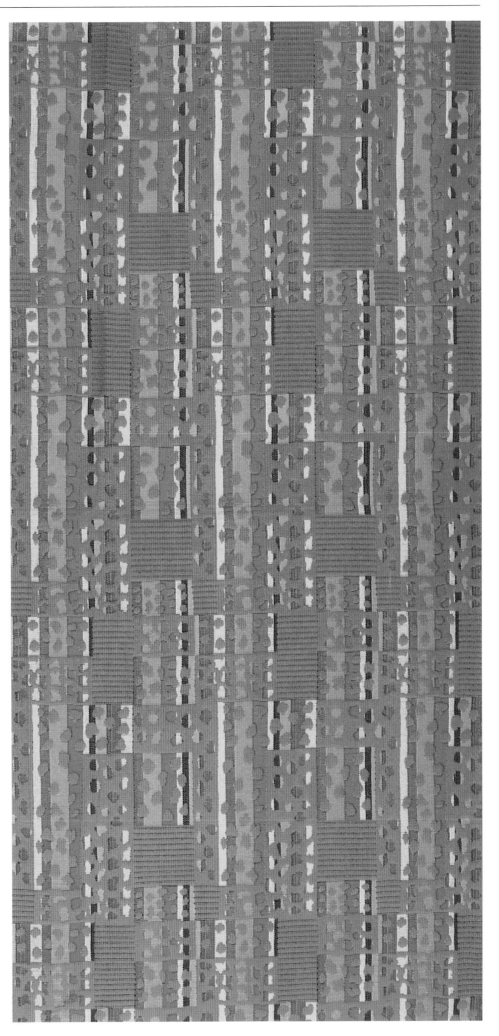

▷

Fujiwo Ishimoto
Dekorationsstoff, Dessin »Koski«, 1986

Druckstoff; 100% Baumwolle; Leinwandbindung
Horizontal verlaufendes Muster von ineinander
verlaufenden bzw. teilweise übereinander gela-
gerten Farbflächen und -schlieren in rhythmisch
welliger Anordnung. Farben: dunkles Mauve,
Hellviolett, Türkis, Gelbgrün, Grün, Hellrot,
Orange
Bez. auf der Webkante in Rosa: MARIMEKKO FU-
JIWO ISHIMOTO ›KOSKI‹ MARIMEKKO OY 1986
SUOMI-FINLAND
L. 303 cm; B. 145 cm (Bahnbreite)
Herst.: Marimekko, Helsinki, Finnland
Ankauf München, 1989
Inv. Nr. 796/89.

Ufficio Tecnico Luciano Marcato
Dekorationsstoff, Kollektion »Zagare«, Dessin »Tulips«, Nr. 12718, 1988

Druckstoff; 100% Baumwolle; Köperbindung
Auf horizontal schraffiertem Fond versetztes Rei-
henmuster von stilisierten Tulpen; Pastellfarben:
Hellrot, Altrosa, Mittelblau, Türkis, Braun, Gelb,
Grautöne
Bez. auf der Webkante in Grau: LUCIANO MAR-
CATO Made in Italy
L. 300 cm; B. 140 cm (Bahnbreite)
Musterrapport: H. 63 cm; B. 93 cm
Herst.: Luciano Marcato, Venedig, Italien
Ankauf vom Hersteller, 1988
Inv. Nr. 1027/89
Lit. u. a.: AIT (Architektur Innenarchitektur . . .) 96,
1988, H. 9, 85, Abb. 12 – domus 1988, Nr. 696,
[s. p.] m. Abb.

Thomas Brolin
Dekorationsstoff, Dessin »Tabasco«,
Nr. 108079, Farbe 11, 1987

Druckstoff; Baumwolle; Atlasbindung
Auf weißem Grund einander teilweise über-
schneidende, vertikale Streifen im Pinselduktus,
die an Papierschlangen erinnern; Farben: Ma-
genta, Grautöne, Türkis, Blau, Ocker
Bez. auf der Webkante in Grau: KINNASAND
PRINTED BY LJUNGBERG SWEDEN
L. 300 cm; B. 140 cm (Bahnbreite)
Musterrapport: H. 90 cm
Herst.: Kinnasand AB, Kinna, Schweden
Ankauf vom Hersteller, 1988
Inv. Nr. 1035/89
Lit. u. a.: domus 1988, Nr. 696, [s. p.] m. Abb.

Donna Gorman
Dekorationsstoff, Dessin »Kukkasaari –
flower island«, 1987

Druckstoff; 50% Baumwolle, 50% Polyester;
Leinwandbindung
Auf weißem Fond Muster aus stilisierten Blatt-
und Blütenmotiven, jeweils grau konturiert, im
Pinselduktus aufgetragen; Farben: Hellgelb,
-blau, Orange, Grün, Rot
Bez. am unteren Rand, handschriftlich: »KUKKA-
SAARI« MARIMEKKO OY COPYRIGHT 1987
DONNA GORMAN DESIGNER
L. 260 cm; B. 220 cm
Musterrapport: H. 45 cm; B. 45 cm
Herst.: Marimekko, Helsinki, Finnland (unter Li-
zenz hergestellt von den Dan River-Fabriken,
USA)
Geschenk des Herstellers, 1988
Inv. Nr. 575/89.

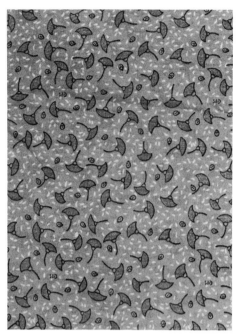

Oben links: Mario Talli Nencioni
Dekorationsstoff, Kollektion »Ermitage«,
Dessin »Papavero«, 1987

Jacquard-Gewebe (verstärkt); Baumwolle; Lein-
wand- und Atlasbindung; reversibel
Diagonal versetztes Reihenmuster aus Blatt- und
Blütenmotiven; Farben: Schwarz, Karminrot,
Weinrot, Olivgrün
L. 300 cm; B. 140 cm (Bahnbreite)
Musterrapport: H. 46 cm; B. 61 cm
Herst.: Telene S. p. A., Cernusco sul Naviglio (Mai-
land), Italien
Geschenk des Herstellers, 1988
Inv. Nr. 1033/89
Lit. u. a.: domus 1988, Nr. 696, [s. p.] m. Abb.

Oben rechts: Maurizia Dova
Kleiderstoff »Maggio«, 1987

Druckstoff; 100% Baumwolle; Köpergewebe
Kleinteiliges Streumuster auf roséfarbenem, weiß
gesprenkelten Fond, bestehend aus blauen, stili-
sierten Blüten mit gelben Punkten und grünen
Stengeln
Gehört wie das Dessin »Nova« zu einer Stoffkol-
lektion für Kinderbekleidung.
L. 300 cm; B. 140 cm
Musterrapport: H. 12,5 cm; B. 15 cm
Herst.: Naj-Oleari S. p. A., Mailand, Italien
Geschenk des Herstellers, 1987
Inv. Nr. 483/88.

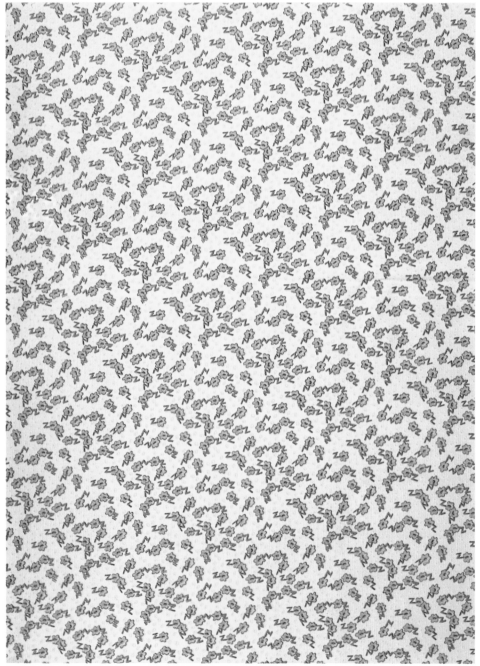

Maurizia Dova
Kleiderstoff »Nova«, 1987

Druckstoff; 100% Baumwolle; Köperbindung
Kleinteiliges Blumenstreumuster auf gelbem
Fond, diagonal organisiert; Farben der Blumen:
Rot, Blau
L. 300 cm; B. 145 cm
Musterrapport: H. 10 cm; B. 12 cm
Herst.: Naj-Oleari S. p. A., Mailand, Italien
Geschenk des Herstellers, 1987
Inv. Nr. 482/88.

Studio Mary Cappelli
Dekorationsstoff, Nr. 1839, Farbe 1, 1987

Druckstoff; Leinen; Leinwandbindung
Muster von aneinander gesetzten Rechtecken,
denen kubistisch wirkende Teilflächen (Pinselduk-
tus) eingeschrieben sind; Farben: Violett, Grau,
Dunkelgrün, Hellrot, Orange, Pariserblau, Rot
L. 180 cm; B. 140 cm (Bahnbreite)
Musterrapport: H. 48,5 cm; B. 35 cm
Herst.: Enzo degli Angiuoni S. p. A., Birago di Len-
tate (Mailand), Italien
Ankauf vom Hersteller, 1988
Inv. Nr. 1028/89
Lit. u. a.: domus 1988, Nr. 697, [s. p.] m. Abb.

Jaana Reinikainen
Dekorationsstoff, 1987

Druckstoff; 100% Baumwolle; Leinwandbindung
Muster von unterschiedlichen rechteckigen Farb-
feldern, die dicht aneinandergesetzt, sich teil-
weise überlagern; darüber in großen Abständen
verteilte Gruppierungen von schwarzen Punkten
oder Strichen. Farben: Schwarz, Violett, Fuchsia,
Braun, Blau
L. 310 cm; B. 150 cm (Bahnbreite)
Musterrapport: H. 63 cm
Herst.: Finlayson, Tampere, Finnland
Ankauf München, 1989
Inv. Nr. 799/89.

Langenthal-Design
Bezugsstoff »Tetto«, Nr. 04719, Farbe 190,
1987

Jacquard-Gewebe; 92% Wolle, 8% Polyamid;
Doppelgewebe mit Anbindung (Doubleface);
Leinwand-, Rips- und Atlasbindung
Muster von einander überlagernden, geometri-
schen Farbfeldern (Rechtecke, Trapeze u. a.),
Assoziation: Dachlandschaft; Farben: Blaugrau,
Grünblau, Bordeaux, Rotorange, Ockergrün
L. 180 cm; B. 137 cm (Bahnbreite)
Musterrapport: H. 26,5 cm; B. 34 cm
Herst.: Langenthal AG, Langenthal, Schweiz
Geschenk des Herstellers, 1988
Inv. Nr. 1075/88.

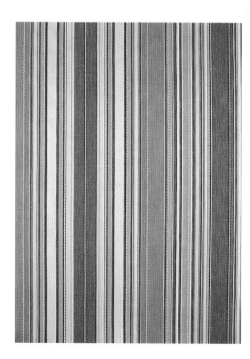

Studio Lorenzo Rubelli
Bezugsstoff »Touareg«, Kollektion »Terre
assolate«, 1988

Streifen-Gewebe (Rayé); 61% Baumwolle, 39%
Viskose; Leinwand- und Köperbindung
Längsstreifen unterschiedlicher Breite in rhythmi-
scher Wiederholung; Farben: Sand, Ocker, Rost-
rot, Aubergine, Graublau
L. 305 cm; B. 133 cm
Musterrapport: B. 43,5 cm
Herst.: Lorenzo Rubelli S. p. A., Venedig, Italien
Geschenk des Herstellers, 1988
Inv. Nr. 665/89
Lit. u. a.: Domus 1988, Nr. 696, [s. p.] m. Abb.

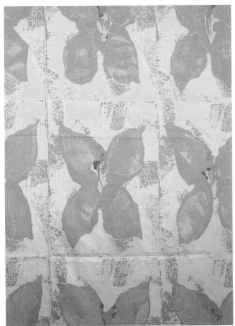

Inka Kivalo
Dekorationsstoff, Dessin »Artificial Flower«,
1987

Druckstoff; 100% Baumwolle; Atlasbindung
Auf gelbem Grund Reihenmuster von großen li-
lienartigen Blüten, dazwischen vereinzelt großzü-
gig angelegte Pinselspuren; Farben: Grau, Wein-
rot, helles Ocker, Goldocker, Hellrot
Bez. auf der Webkante in Gelb: INKA KIVALO
›ARTIFICIAL FLOWER‹ MARIMEKKO OY 1987
SUOMI-FINLAND 100% CO.
L. 300 cm; B. 145 cm (Bahnbreite)
Musterrapport: H. 99 cm
Herst.: Marimekko, Helsinki, Finnland
Ankauf München, 1989
Inv. Nr. 795/89.

Inka Kivalo
Dekorationsstoff, Dessin »Arvoitus«, 1988

Druckstoff; 100% Baumwolle; Leinwandbindung
Farbflächen in rhythmisch kräftigem Pinselduktus,
malerisch dargestellt; vereinzelte Farbtupfer und
-schlieren setzen in lockerer Anordnung Akzente.
Farben: Schwarz, Blau, Orangerot, Gelb, Grün
Bez. auf der Webkante in Blau: MARIMEKKO
INKA KIVALO ›ARVOITUS‹ MARIMEKKO OY
1988 SUOMI-FINLAND 100% CO.
L. 77 cm; B. 145 cm (Bahnbreite)
Herst.: Marimekko, Helsinki, Finnland
Ankauf München, 1989
Inv. Nr. 793/89.

Ottavio Missoni
Tuch, Nr. 03963, Farbe 2242, Kollektion
Frühjahr/Sommer 1987

Druckstoff; 100% Baumwolle; Leinwandbindung
(Voile)
Fond in Hellblau, durchsetzt mit verschiedenarti-
gen Farbflächen, die sich in der Mitte zu einem
Quadrat verdichten; Farben: Rot, Blau, Violett,
Oliv
Bez. in Schwarz: MISSONI
L. 177 cm; B. 140 cm
Herst.: Missoni S. p. A., Sumirago (Varese), Italien
Geschenk des Herstellers, 1987
Inv. Nr. 816/88
Lit. u. a.: Wichmann Hans, Italien: Design 1945 bis
heute. München/Basel 1988, 137 m. Abb. = indu-
strial design – graphic design 4.

Ottavio Missoni
Mantille, Nr. 04968, Farbe 0078, Kollektion
Winter 1987/88

Spitzenstoff; 75% Polyester, 25% Baumwolle;
Bobinettechnik
Florales Muster in Grün; Fransen
L. 130 cm; B. 120 cm
Musterrapport: H. 20 cm; B. 83 cm
Herst.: Missoni S. p. A., Sumirago (Varese), Italien
Geschenk des Herstellers, 1987
Inv. Nr. 817/88
Lit. u. a.: Wichmann Hans, Italien: Design 1945 bis
heute. München/Basel 1988, 130, 131 m. Abb. =
industrial design – graphic design 4.

Jack Lenor Larsen
Textilien nach 1945

Jack Lenor Larsen verfaßte 1983 diese Abhandlung für das von Kathryn B. Hiesinger und George H. Marcus des Philadelphia Museum of Art herausgegebene Buch »Design since 1945«. Es begleitete eine gleichnamige Ausstellung, die von 16. Oktober 1983 bis 8. Januar 1984 in Philadelphia gezeigt wurde.
Entgegenkommenderweise gaben die Herausgeber und der Autor ihre Zustimmung, daß der Beitrag, dessen Übersetzung Frau Gerda Kurz zu danken ist, auch in diesem Buch wiedergegeben werden kann. Die Abhandlung Jack Lenor Larsens wird deshalb hier wiedergegeben, weil sie nach wie vor eine vorzügliche Darstellung vor allem der amerikanischen Textilgeschichte seit 1945 ist und dadurch meine vorangegangenen Aussagen, die dominant europäisch ausgerichtet sind, in guter Weise ergänzt.

Es ist nicht einfach, die ungestüme, explosionsartige Entfaltung des Design nach den düsteren Kriegsjahren zu erklären. Design war damals etwas, wofür man sich engagierte, wofür man in der optimistischen Hoffnung, die Welt im Licht der vier Freiheiten neu gestalten zu können, kämpfte. Welches Vorrecht, Designstudent zu sein in jener Zeit, in der die Lösungen so einfach schienen, so eindeutig . . . und harmlos dazu! Die neue Ordnung der Dinge verhieß allen, die an sie glaubten, Logik und Klarheit, Schönheit und Sinngehalt. Wirtschaftliche Gesichtspunkte spielten kaum eine Rolle. George Nelson, Charles Eames, Eero Saarinen und viele andere wiesen uns freundlich den rechten Weg; das Museum of Modern Art in New York war uns Mutterkirche; Design-Ausstellungen im ganzen Land veranschaulichten eindringlich die neue Formgebung; wir wußten uns im Bunde mit dem modernen Tanz, der modernen Kunst und – natürlich – mit der Architektur, die sich endlich von den Fesseln bürgerlicher Kunsttradition befreit hatte. Das Design war jung, und wir kamen uns vor wie die Ritter der Tafelrunde.
In den achtziger Jahren nun will es scheinen, als hätte das Pendel damals nur kräftiger ausgeschlagen. Seit geraumer Zeit sieht sich die mittlerweile ins Reifestadium eingetretene Bewegung durch Kommerz und politische Ernüchterung beengt und durch Glanz und Breitenwirkung der modernen Kunst in den Hintergrund gedrängt.
In den Nachkriegsjahren mit ihrem mutigen Neubeginn dagegen herrschten jugendlicher Revoluzzergeist und demokratische Gesinnung; »die neue Form« richtete sich an alle, die Interesse für sie bekundeten. Das Museum of Modern Art startete ein weitgespanntes Bildungsprogramm für die Öffentlichkeit, in dessen Mittelpunkt die von Edgar Kaufmann jr. veranstalteten Good-Design-Ausstellungen standen. Sie wurden von Museen und Galerien im ganzen Land übernommen; Design-Wettbewerbe und -Ausstellungen waren an der Tagesordnung.
Wir schätzten damals klare, mit sparsamen Mitteln erzielte Lösungen auf der Basis von Logik und gesundem Menschenverstand. Die neue Architektur befaßte sich vorrangig mit dem Wohnbereich, und ihm galt auch das Hauptinteresse der Entwerfer von Möbeln und anderen Einrichtungsgegenständen. Die Gestaltung von Stauraum wurde neu überdacht, klobige Polstermöbel hatten ebenso ausgedient wie Blumenmuster, Tapeten, Krimskrams, polierte Flächen, Überfeinerung und jegliche Anspielung auf Verzierung, Ornament und Ancien Régime. Der Schmuck der neuen Fensterwände beschränkte sich auf die Rahmenkonstruktion, ungebrochene Grundfarben dominierten, erstmals boten sich unseren Blicken weiße Wände dar, und schwarze Stahlrohrmöbel auf dünnen Beinen schienen, von

der Wand losgelöst, im Raum zu schweben. Das zeitgemäße Holz war helle, mattierte Birke.

Dem demokratisch-revolutionären Geist entsprach ein vom Einzelhandel beherrschter Markt. Allerorten schossen einschlägige Geschäfte wie Pilze aus dem Boden und signalisierten mit Begriffen wie »zeitgemäß«, »modern«, »Design« im Firmenschild Wallfahrern zur guten Form den rechten Weg. Später flaute dann mit unserem Wohlgefallen an undekoriertem weißem Porzellan, Bertoia-Stühlen und leuchtenden, geometrischen Druckmustern auf hellem Baumwollgrund auch die Begeisterung dieser Ladenbesitzer ab, die ohnedies mehr missionarische als geschäftliche Qualitäten besaßen. Und was einst als Lockwort im Firmennamen gedient hatte, ließ nun Zweifel an der Vertrauenswürdigkeit aufkommen.

Auf dem Textilsektor waren neue Gewebestrukturen sehr gefragt; wir sehnten uns nach »architektonischen« und »funktionalen« Oberflächen. Die meisten dieser Stoffe waren billig wie die Baumwoll-, Rayon-, Hedeleinen- und Jutefasern, aus denen sie gewebt waren. Die Modeneuheiten auf dem Garnsektor betonten die Struktur, darunter Chenillegarne und das neuentwickelte Lurex.

Ein Jahrzehnt lang stillte peruanisches Leinen in leuchtenden Farbstellungen unseren Hunger nach sichtbarer Struktur. Die nachfolgenden belgischen, dann polnischen Leinen hielten sich nicht so lange. Als Alltags-Ausstattungsware dienten borkiger Baumwollkretonne und dicker, »antiker« Satin. Als typischer Bodenbelag erfreuten sich strapazierfähige Kokos- und Sisalteppiche fast ebenso großer Beliebtheit wie die hellen neuen PVC-Fliesen. Am oberen Ende der Preisskala standen kostbare, für Architektenbehausungen eigens angefertigte Webereien. Muster wurden meist gedruckt, waren in der Regel einfach bis betont simpel und ließen vielfach schwedische Einflüsse erkennen. Bei den besten handelte es sich um Direktimporte aus Schweden nach Entwürfen skandinavischer Architekten, die während ihrer kriegsbedingten Isolation Muße für dergleichen gefunden hatten. Ob in freien Abstraktionen oder in geometrischen Formen gehalten, gaben sich diese Muster graphisch und vor allem architektonisch. Zwei führende amerikanische Stoffdruckentwerfer, Angelo Testa und Ben Rose, arbeiteten in Chicago, während in New York Knoll Associates und Laverne Originals das Hauptgewicht auf freie lineare Muster legten, die im besten Fall frisch und naiv und gelegentlich amüsant und witzig wirkten.

Führend unter den großen Webern dieses Zeitabschnitts war Dorothy Liebes aus San Francisco, die überdimensionale Webstrukturen aus fingerdicken Garnen einführte und Jalousien, wie sie sich ausdrückte, »nacherfand«, deren schwere Rippen in kontrastreich gestreifte Ketten aus matten und glänzenden, rauhen und glatten und vor allem leuchtend farbigen Materialien eingewoben waren. Marianne Strengell, die aus einer großen Vielzahl von Werkstoffen naturalistischere Gewebe in gedämpften finnischen Farbnuancen herstellte, beeinflußte neben den vielen Studenten, die sie an der Cranbrook Academy of Art in Michigan heranbildete, auch das Architektur-Design. Anni Albers schließlich, die vom Bauhaus ans Black Mountain College in North Carolina übergewechselt war, profilierte sich als Galionsfigur der Avantgarde. Ihr philosophisch ausgerichteter Einfluß zeichnete sich durch glasklare Präzision aus. Obwohl sie an der Wiederentdeckung der Struktur beteiligt gewesen war, konzentrierte sich ihre Arbeit zu dieser Zeit insbesondere auf das abstrakte Muster. Sie war die Autorin und Akademikerin dieses Dreigestirns bedeutender Weberinnen, die auf klarem Denken bestand und uns auf die präkolumbianische Webkunst aufmerksam machte.

Bei den schönsten Stoffen dieser Periode handelte es sich um handgewebte Unikate für spezifische Zwecke. Knoll stellte daneben einfache mechanisch gewebte Stoffe von Toni Prestini und Marianne Strengell her und importierte Handdrucke der schwedischen Nordiska Kompaniet – womit sich die Auswahl so ziemlich erschöpfte.

Die fünfziger Jahre erwiesen sich als Dreh- und Angelpunkt der Entwicklung. Steckte das moderne Design um 1950 noch in den Kinderschuhen, so ging seine frühe Jugend vor 1960 schon zu Ende, und mit diesem Jahrzehnt endete auch die tonangebende Stellung des amerikanischen Design. Wir erlebten den tiefgreifenden Einfluß des Abstrakten Expressionismus und der Corporate-Design-Kunden und damit die ersten Kontaktnahmen zwischen Design und etablierter Oberschicht. Kostbare Materialien und Oberflächen fanden nun ebenso Anklang wie hohes handwerkliches Können oder die gegen Ende des Jahrzehnts von Edward Wormley durch Verbindung von Altem und Neuem in klaren und übersichtlichen architektonischen Räumen erzielte Eleganz. Gemeinsam mit Edgar Kaufmann lenkte Wormley unsere Aufmerksamkeit auf den Jugendstil, insbesondere auf die Glaskunst Louis Comfort Tiffanys. Gleichzeitig stellte sich eine neue Vorliebe für handwerkliche Vollendung, polierte Flächen, durchdachte Kompositionen und einen unserem Wohlstand gemäßen Luxus ein. Das Schwergewicht des Verkaufs verlagerte sich vom Einzelgeschäft auf den Ausstellungsraum. Unter der Führung von Florence Knoll vollzog sich der Übergang von der Sisalmatte und der PVC-Fliese zum samtweichen V'Soske-Teppich und vom Schmiedeeisen zum polierten Chrom und rostfreien Stahl. Als Hölzer bevorzugte man nun geöltes Teak, Nußbaum und Palisander. In diesem Jahrzehnt mit seinem aufkommenden ausgedehnten Tourismus wurde der Ferne Osten neu entdeckt, womit die ersten exotischen Importe ins Land kamen. Damals erlangten die vom amerikanischen Architekten Jim Thompson in Bangkok entworfenen thailändischen Seiden größte Beliebtheit, und mit diesen einfachen, leuchtenden Geweben lernten wir eine bis dahin ungeahnte Farbenglut kennen. Knoll führte die ersten honigfarbenen Tussahseiden oder silk burlaps, wie sie damals genannt wurden, ein, kleine kalifornische Textilhäuser boten handgewebte Stoffe aus Mexiko und Strohgewebe aus Norwegen an, und auch Grastapeten wurden wieder importiert. Jack Lenor Larsen verarbeitete handgesponnene Wildbaumwolle aus Haiti und anschließend handgesponnene Wolle aus Kolumbien und Mexiko. Und im einflußreichsten der nach dem Krieg aufblühenden britischen Design-Studios, Donald Brothers in Dundee, entwickelte Peter Simpson dreherähnliche Leinen-Bezugsstoffe, die sich in Dan Coopers New Yorker Ausstellungsraum als so erfolgreich erweisen sollten. Führende Textilentwerfer wie Lucienne Day, Marianne Straub und die Edinburgh Weavers brachten zweckmäßige und preiswerte Vorhangstoffe für den neuzeitlichen Geschmack heraus, von denen jedoch nur wenige den Weg auf den amerikanischen Markt fanden.
Nachdem Edward Fields und Stanislav V'Soske in der Teppichherstellung zur Elektro-Tufting-Technik übergegangen waren und die ersten großen, zumeist farbenfrohen, reichgemusterten und hochflorigen Nadelteppiche produziert hatten, kamen maschinell gefertigte Tuftingteppiche aus Baumwolle und später aus Nylon und den anderen »Wunderfasern« auf den Markt.
Zunehmend machte sich der Einfluß des europäischen, insbesondere des skandinavischen Design bemerkbar. Gegen Ende der fünfziger Jahre fanden die von Thonet, Mies van der Rohe, Le Corbusier und Breuer vor dem Krieg entwickelten Möbelformen neue Beachtung, während uns Arundell Clarke die Zweckmäßigkeit klassischer Gewebe wie Samt und Plüsch sowie Roßhaar und andere Gewebe-Strukturen der Vorkriegszeit wieder vor Augen führte.
Zu Beginn des Jahrzehnts bescherten Evelyn Hill und Eszter Haraszty in Zusammenarbeit mit Rancocas Knoll eine ungewöhnliche Möbelbezugsstoff-Kollektion aus Wolle mit Nylonbeimischung in Pfauenblau und Dattelpflaumengelb. Haraszty führte außerdem Drucke von bleibendem Interesse und zwei richtungsweisende Möbelbezugsstoffe ein: »Transportation Cloth«, ein dichtes Gewebe aus kräftigen Viskosegarnen, das die auf die Wunderfasern gesetzten falschen Hoffnungen eine Zeitlang zu bestätigen

schien, und »Nylon Homespun« von Suzanne Huguenin, einen behaglicheren Stoff von beachtlicher Haltbarkeit. D. D. und Leslie Tillett fertigten mit Hilfe von Deckmitteln und Ziehrahmen (verwandt dem Siebdruck) exotische Handdrucke mit frei fließenden Streifen und Karos an. Alexander Girard entwickelte für Herman Miller serienweise exotische geometrische Druck- und Webmuster in schimmernden Helldunkel-Kontrasten oder einer an die mexikanische Volkskunst erinnernden, lebhaften Farbigkeit, Boris Kroll machte vor allem in seiner »Caribbean Collection« jene irisierenden Töne populär, die uns bereits durch die Farbgebung von Dorothy Liebes und Jim Thompson vertraut waren und bereicherte unser Mustervokabular mit Jacquard-Wellenmotiven.

Die berühmten Studios der Stockholmer Nordiska Kompaniet überraschten mit einer Reihe bedruckter Leinenstoffe und Jacquards von Astrid Sampe und Viola Gråsten, Vuokko Eskolin konzipierte ihre ersten Stoffe für Marimekko – bei aller Schlichtheit berückende Drucke in heiteren Farben.

Marjatta Metsovaara, Helsinki, stellte eine stattliche Anzahl handgewebter Stoffe aus den unglaublichsten, teils im rohsten Naturzustand belassenen Materialien, teils aus Plastikfasern und Metallgespinst statt Garn, her. Finnlands bahnbrechende Weberin Dora Jung ist zwar besonders für ihre bildhaften Damast-Wandbehänge bekannt, entwarf aber zu dieser Zeit bemerkenswerte Leinen-Tischwäsche für Damast-Jacquardwebstühle. Gleichfalls aus Finnland kamen in mehreren Schüben riesige Rya-Teppiche ins Land, deren Erscheinungsbild und Qualität im Rahmen des Nachkriegs-Design einzigartig dastehen. Marga Hielle-Vatter, Deutschland, entwickelte für ihren Betrieb »Rohi« wollene Möbelbezugsstoffe für Schaft- und Jacquardwebstühle, vielfach mit gestreiftem Untergrund. In den ausgehenden fünfziger Jahren realisierte Larsen auf mechanischen Webstühlen Stoffe, die bis dahin der Handweberei vorbehalten schienen. Er führte eine neue Skala heller und dunkler Natur- und Erdfarben ein und druckte bereits damals romantische Muster, vielfach auf Baumwollsamt.

Die sechziger Jahre waren dann die Zeit der neuen Oberschicht, des aufkommenden Vertragsdesign, des International Style, der Ästhetik Mies van der Rohes, des gesteigerten Interesses an dem in der Vorkriegsära entworfenen und vielfach mit verchromten Stahlrohrgestellen ausgestatteten Mobiliar. Man bemühte sich, Blendwirkung und »Nachtschwärze« der großen neuen Fenster in den modernen Häusern und die Zwischenwände der neuen Hochbauten zu kaschieren. Vorhänge waren nun allgegenwärtig, gleichviel, ob es eine Privatsphäre abzuschirmen galt oder nicht. Leslie Tillett und Ben Rose untersuchten Glasfasern auf ihre schmutzabweisenden Eigenschaften, ihre Feuerfestigkeit und – in der Anfangszeit – ihre Farbresistenz. Jack Larsen entwickelte Ketten aus Plastikfäden, die, durch Hitze vorbehandelt, das für die damaligen Stores so typische Durchhängen verhinderten.

Da die großen, ungerahmten Bilder in Amtsstuben und Wohnräumen keine konkurrierenden Webwaren und Teppiche vertrugen, bürgerten sich zunehmend schwere Wollstoffe ein. Und da handgesponnene, ungefärbte Garne von Haus aus genügend Eigenart und Charakter aufweisen, bevorzugte man einfache Webtechniken. Um die kompliziert geschwungenen Polster der neuen Möbel straff beziehen zu können, stellte man wiederholt Versuche mit Stretch-Stoffen an – eine Entwicklung, die mit der Einführung der skulpturalen Möbel der französischen Entwerfer Olivier Mourgue und Pierre Paulin noch eine Beschleunigung erfuhr.

Während die Einflüsse von Jugendstil und Tiffany anhielten, gesellten sich durch die von Elizabeth Gordon herausgestellten shibui deutliche japanische Untertöne hinzu. Und als wir uns nach volkstümlichen Elementen zu sehnen begannen, füllte Alexander Girard dieses Vakuum mit popular artes aus Lateinamerika. Damit war der Krimskrams wieder da.

Mit der wachsenden Zahl an Ausstellungen, Publikationen und Design-Messen nahm auch der amerikanisch-europäische Austausch zu. Zur neuen

Generation skandinavischer Textilentwerfer zählten Rolf Middelboe und
Verner Panton von Unika Vaev, Lis Åhlmann, Paula Trock u. a. In Großbritannien entwickelten insbesondere Heal's und Edinburgh Weavers lebendige
Drucke. In den späten sechziger Jahren brachte der Finne Timo Sarpaneva
die ersten, in zwei großen finnischen Baumwollspinnereien durch Roboter
automatisch »handbemalten« Ambiente-Textilien heraus; gleichzeitig ergoß sich eine zweite Welle von Marimekko-Drucken auf den Markt, deren
größere Rapporte die sichere Handschrift Maija Isolas trugen.
Auf psychedelische Verirrungen, Jugendrevolte und Anti-Kriegsbewegung
folgte der Niedergang der Schulen und bürgerlichen Einrichtungen. Mit ihm
breitete sich eine neue Freiheit und Ungezwungenheit aus, die sich vor
allem in der Kleidung äußerte, aber auch in Farben und Mustern der Einrichtung und der neuen Vorliebe für billige und legere Fußbodenpolster,
Schaumstoffmöbel und unkonventionelle, aufblasbare oder mit Plastikkügelchen gefüllte Sitzgelegenheiten niederschlug.
Eine neue, dezidierte Präferenz für hochmodische Baumwollstoffe machte
sich bemerkbar. Im Anschluß an Everett Browns bahnbrechende (aber nicht
gebührend gewürdigte) Kollektionen für Fieldcrest waren Laken und Handtücher in, und wir arbeiteten emsigst für die ersten modischen Entwerferkollektionen. Martex verlegte sich auf Klassisches, Spring Mills führte eine
ungewöhnliche Emilio-Pucci-Gruppe aus und später geschmackvoll zurückhaltende Entwürfe aus dem Studio Bill Blass. Außerdem erlebten wir die
schizophrene Spaltung in einen hemmungslosen, jugendorientierten Lokalmarkt und den expandierenden Vertragshandel mit seinem gesetzten, auf
die Oberschicht zugeschnittenen Programm.
In den siebziger Jahren – dem beigen Jahrzehnt – ging man dann an die
Popularisierung und Ausschlachtung des »Natur-Looks«, der sich allerdings
für die als Abnehmer ins Auge gefaßten jungen Familien häufig als wenig
geeignet erwies. Chemiefasern stießen zunehmend auf Ablehnung, und
fast alle neuen Entwicklungen auf dem Möbelsektor waren auf den Vertragshandel abgestimmt. Das Bedürfnis nach kultiviertem Lebensstil griff
landesweit um sich und weckte selbst bei Kleinstädtern das Interesse für
die »Schlemmerküche«, für modernen Tanz, künstlerisch anspruchsvolle
Filme und den internationalen Tourismus.
Auf dem Teppichsektor begrüßten wir das Ende des rauhen Läufers, die
Renaissance der weichen Veloursteppiche und der Wiltonmuster und –
namentlich im Vertragshandel – die Rückkehr zur Wolle. Teppichherstellung
und -musterung erlangten ein neues, anspruchsvolles Niveau, mit dem die
Entwicklung postindustrieller Techniken wie des Nadelfilz-Verfahrens einherging. Teppichfliesen rückten zum festen Bestandteil des Angebots
auf.
Allzuoft wurden unter dem Namen eines berühmten Modeschöpfers oder
Filmstars »Designerkollektionen« vorgestellt. Man sprach von »Modeimpulsen«, eklektizistische Neigungen und eine seltsame neue Nostalgie kamen
auf, viele Trennungslinien zwischen moderner und traditioneller Formgebung verwischten sich. Seide feierte ebenso ein Comeback wie weiche
Damaste, ägyptische Baumwolle und differenzierte Druckmuster, und Art-
Déco-Musterung gewann zunehmend an Bedeutung.
Klare Führungslinien fehlten. Die meisten Entwerfer und Hersteller orientierten sich am Markt und maßen sogenannten »Rennern« zunehmendes
Gewicht bei. Immer häufiger führten Möbelhäuser nun auch Textilkollektionen. Typisch für die Verschmelzung von europäischem und amerikanischem Design waren die bedruckten Stoffe des Schweden Sven Fristedt
mit ihren frischen Mustern und die neuerliche Beliebtheit Marimekkos. Jack
Larsen führte in seinen ersten Thaibok-Seidenkollektionen Brokate, Ikats
und Ätzdrucke ein. Die Farbpalette des Jahrzehnts gab sich gedämpft,
sanft, »erwachsen« – Tendenzen, die sich auf dem Massenmarkt in allzu
vielen ungefärbten, leicht schmutzenden Garnen niederschlugen.
Die Textilkunst rückte mit Tapisserien, vor allem aber mit kühnen Experi-

menten, bei denen man Gewebtes an den Wänden applizierte, von der Decke herabhängen ließ oder auf Sockeln zur Schau stellte, zu einem wichtigen Element im öffentlichen Bereich auf. Fragen des Umweltschutzes, der Wiederverwendung, des Recycling und der Restaurierung spielten das ganze Jahrzehnt lang eine Rolle, und immer häufiger war der Begriff »postindustriell« zu hören. Die hektische Abfolge der Bewegungen und Stilrichtungen innerhalb der bildenden Künste einerseits und im Bereich der Sitten und der Kritik andererseits beschleunigte letztlich die Parade der Baustile. Und wie ist es um Form und Gestalt der postmodernen Ausstattungsgegenstände bestellt?

Das neue Jahrzehnt eröffnet mit einem Überblick über das 20. Jahrhundert weitgespannte Perspektiven. Damit gewinnen die frühen Protagonisten der Moderne wie Frank Lloyd Wright, Gerrit Rietveld, Charles Rennie Mackintosh und Josef Hoffmann wieder an Einfluß, findet die Arts-and-crafts-Bewegung, namentlich in ihrer amerikanischen Ausformung, erneut Zustimmung. Das Interesse an den frühen Perioden neuzeitlicher Formgebung hat zu einer Wiederbelebung der Vorkriegs-»Moderne« geführt, die mit mancherlei Neuauflagen und Kopien ins Blickfeld rückt, erstreckt sich aber auch auf die vierziger und fünfziger Jahre.

Dieser ganze Trend wird durch die neuerliche Konzentration auf Altbausanierung und -restaurierung weiter verstärkt. Erstmals nach einem halben Jahrhundert kommt architektonisches Schmuckwerk wieder in Gunst, und mit ihm Begriff und Idee der angewandten Künste. Das Kunsthandwerk hat mittlerweile erhebliches Gewicht erlangt und übt einen entscheidenden Einfluß aus. Amerikanischen Kunsthandwerkern der Jahrhundertmitte wie Wharton Esherick, George Nakashima und Mija Grotell wird in den USA, Meta Maas-Fetterstrom, Paolo Venini u. a. in Europa neue Wertschätzung zuteil.

Kunsthandwerker neuen Schlags begnügen sich mit der Produktion weniger, signierter Stücke, die ihre Vorbilder nicht verleugnen. Sam Maloof und Wendel Castle sind lediglich die bekanntesten Vertreter einer herausragenden Generation von Möbelmachern, Ed Moulthrop findet mit seinen holzgedrechselten Ritualgefäßen Anerkennung, die neue Glaskunst macht Furore, Brent Kington und Albert Paley beeindrucken mit Eisen- und Stahlkonstruktionen, Weber von so unterschiedlichem Temperament wie Richard Landis und Helena Hernmarck haben die Textilkunst zum Webstuhl – und zur Wand – zurückgeführt.

Die achtziger Jahre stehen im Zeichen von Eleganz, Konservatismus und Internationalismus. Immer häufiger sind die Ausstattungshäuser großen, oft multinationalen Konglomeraten angegliedert. Der vergleichsweise stabile und gesicherte amerikanische Markt zieht zunehmend europäische Firmen an, die in den USA Geschäftsmöglichkeiten und eine zusätzliche Operationsbasis suchen.

Das »Speicher-Syndrom« – die Neigung, offene Räume nach Bedarf und Geldbeutel zu gestalten – greift auf Neubauten über und zieht eine weitere Lockerung der strikten Innenaufteilung in Koch-, Wohn- und Schlafbereich nach sich. Zunehmend werden konservative Formelemente frei im Raum arrangiert – vielfach unter Zuhilfenahme indirekter bühnentechnischer Trennungen. Das multifunktionale, den verschiedenen Stimmungslagen Rechnung tragende Erscheinungsbild der japanischen Wohnarchitektur wird erneut auf seine Übertragbarkeit auf kleinere, offenere Innenräume untersucht – häufig in Verbindung mit einer sachkundigen, vom Theater übernommenen Beleuchtung, wobei Mobiliar und anderes Zubehör als »Requisiten« dienen, um neutralen Räumen eine individuelle, persönliche Note zu geben. Es geht um ein bestimmtes Raumgefühl und seine Auswirkungen auf unsere kollektive Psyche, und es hat ganz den Anschein, als sollte das 20. Jahrhundert, das – wie das 19. – mit der Besinnung auf vernunftgemäße und klassische Lösungen begann, mit den emotionalen Anliegen einer Romantik ausklingen.

Die Art-Déco-Einflüsse, die den Textilbereich seit den sechziger Jahren gestreift hatten, zeigen sich neuerdings lediglich in Mustern, die, sauber auf hellen Farbgrund gesetzt, eine spielerisch-witzige Note anschlagen, sowie in der Vorliebe für kleine, aber nicht notwendig geometrische Dessins. Trompe-l'oeil-Effekte sind gang und gäbe. Die in der Architektur und mehr noch im Architektur-Schrifttum vielbeschworene Postmoderne dürfte sich – von der Farbe einmal abgesehen – auf den Textilbereich wohl kaum so gravierend auswirken wie auf Mobiliar und Beiwerk. Allerdings sind verspielte Fenstergarnierungen zu erwarten: Rüschen und Volants dürften wohl wiederkehren, thermoplastisch behandelte, in Falten gelegte Vorhangwände oder plissierte Stoffe sich behaupten.

Obwohl überbetonte Strukturen nach wie vor Anklang finden, ist der Trend zur klassisch-ebenmäßigen Oberfläche doch unverkennbar. Alltagsware und Stoffe ohne Herkunftsangabe spielen eine immer größere Rolle. Zum Velours und Plüsch der siebziger Jahre kommen Wollsatin und Billardtuch, Uniformserge und Drell. Dicke, weiche, anilingefärbte Leder gewinnen als Möbelbezug zunehmend an Bedeutung, desgleichen Rohr- und Weidengeflechte. Möbelflächen werden wieder lackiert, Holz findet stärkeren Anklang als zu irgendeinem Zeitpunkt seit den fünfziger Jahren, verchromtes Metall und Kunststoff-Fronten treten dagegen mehr in den Hintergrund. Dicke Chenillegarne sind wieder in Mode, und Seide wird häufiger verwendet als je zuvor in der Geschichte.

Architekten bejahen bei ihren Textilien und Teppichen mehr Muster, Karos finden neue Zustimmung. Erstmals seit den dreißiger Jahren werden Muster wieder in vielfältigen Größenabstufungen arrangiert und Wert auf eine sorgfältig abgestimmte Farbenskala gelegt. Die von der Landschaftsarchitektur bis zur Kamingestaltung allenthalben beobachtbare neue Symmetrie schlägt sich im Textilbereich in regelmäßigen Tüpfelmotiven, auf Möbelpolstern zentrierten Mustern und Stühlen mit Medaillons nieder.

Schließlich ist das Interesse am Design als Kunstform neu erwacht – und das just zu einem Zeitpunkt, da Markt und Hersteller diesen Gesichtspunkt offenbar aus dem Blick verloren haben. Innerhalb wie außerhalb Amerikas zeigen Museen immer häufiger Ausstellungen über Design im allgemeinen und Textildesign im besonderen. Erstmals seit den fünfziger Jahren wird Design mit Schwung und Begeisterung wieder als Berufung verstanden und ernsthafte Arbeit auf dem Gebiet der Gewebestrukturen geleistet. Ich erwarte mir ein reiches, aus vielfältigen Quellen gespeistes Ergebnis, eine Abkehr vom Oberflächlichen und eine Hinwendung zu komplexen Geweben und anspruchsvollen Oberflächenstrukturen und Farbgebungen. Gleichermaßen an der Vergangenheit und am Markt orientiert, werden die Textilentwerfer neue Frische in dieses uralte Gewerbe bringen.

Stephan Eusemann
Exkurs II: Textil-Design
Textil-System-Design
Textil-Design-Systeme

Stephan Eusemann leitete zwischen 1952 und 1960 bis zur Übertragung einer Professur die Abteilung für Textilgestaltung innerhalb der Staatlichen Höheren Fachschule für Textilindustrie in Münchberg. Dort unternahm er den Versuch, bestimmte Schritte in der industriellen Textilgestaltung, vor allem im Bereich der Farbgebung, zu systematisieren.

I.

Um gelegentlichen Mißverständnissen vorzubeugen: Textildesign ist mehr als dekorative Flächenkunst, mehr als nur Erstellung von Dessins, von graphischen Entwürfen, von flächigen Motiven oder formalen Applikationen. Textilien leben vom integrierten Zusammen»spiel« von Farben, Formen, Strukturen, von einer Anmutungsqualität, die wie Erlebnisse der Natur dem Menschen emotionale Anregung bieten können. Für den großen finnischen Architekten und Designer Alvar Aalto waren sie »Symbole der Natur«.
Was kann oder soll bei der Schaffung dieser besonderen, humanitären, ästhetischen Qualität Systematik bewirken? Muß man nicht Erstarrung und Trockenheit, Öde und Monotonie befürchten?
Mitnichten! Gerade bei der Gestaltung von Textilien, die schon bei der elementarsten Gewebeform aus dem »konstruktiven« Ver-Binden, dem Ver-Flechten von rechtwinklig sich kreuzenden Kett- und Schußfäden sich bilden, ist »System« als einfachste Form gestalterischer Ordnung gegeben.
»Die Bemühungen um die Heranbildung guter Formgestalter ... werden also besonders darauf abgestellt sein müssen, die Fähigkeit zu vermitteln, die nötig ist, um zu Gestaltungsergebnissen zu kommen, die materiell und ästhetisch funktionieren, denen die Gestalteinheit nicht verlorengegangen ist, auch wenn – wie heute meist – das Werkstück nicht mehr in unmittelbarer Auseinandersetzung mit Werkzeug und Material, sondern nach einem Gestaltungsplan in Arbeitsteilung gefertigt wird ... der Beruf des Gestalters ist ein für unsere Zeit typischer Beruf, der künstlerische Befähigung und technisches Können gleichermaßen voraussetzt und in einer Person zum Einklang bringt ...«, schrieb ich 1958 als Begründung für zeitgemäße Entwurfs- und Ausbildungsmethoden im Bereich Textildesign am Münchberger Lehrinstitut, der heutigen Fachhochschule.
Dank der technischen, von qualifizierten Meistern und Dozenten betreuten Ausstattung konnte dann auch ein großer Teil meiner »systematisch« entwickelten, als Lehrbeispiele gedachten Entwürfe realisiert werden.
Wichtigste Grundlage für dieses Studium war selbstverständlich eine intensive Schulung der Sensibilität für die tragenden Gestaltungskomponenten: Farbe, Form und Struktur, der Vielfalt an optischen und haptischen Details und der scheinbar unbegrenzten Fülle des Zusammenspiels im fertigen Produkt.
Deshalb mußte das Blickfeld des Textil-Designers erweitert und sein Können flexibler werden. Die sich in ihrer Zielsetzung fortwährend wandelnden Aufgaben mußten in gesellschaftlicher wie wirtschaftlicher Hinsicht zunehmend komplexer gesehen und strukturelle Zusammenhänge erforscht werden, damit Gestaltlösungen für möglichst viele Dinge im Rahmen übergreifender Systeme angestrebt werden konnten. Denn »das Ganze ist mehr als nur die Summe seiner Teile«, muß doch der Designer der Zukunft in der Lage sein, für seine Entwicklungen Ausdrucksformen zu finden, die nicht seine subjektive Wesens- und Lebensart, sondern objektiv die Breite und

den Reichtum der sinnvollen Emotionen des Käufers widerspiegeln, gemäß dem scholastischen Motto: »Unitas multiplex«.

Nicht die Anhäufung von heterogenen Entwurfslösungen, sondern die Fähigkeit, zu komplexen Seh- und Arbeitsweisen zu gelangen, ist zu fördern, etwa im Sinne des Vergleichs: Zwei Dutzend mäßiger »Solisten« sind der Sache gewiß weniger dienlich als zwei Dutzend sicherer und zuverlässiger Chorsänger.

Wenn die Textilindustrie – ganz gleich in welcher Sparte und mit welchen Produktionsmitteln – in Zukunft gesicherter planen, produzieren und verkaufen will, wird sie Designer benötigen, die in ihrem Studium geübt wurden, wie das Spannungsfeld zwischen dem industriellen Imperativ nach Rationalisierung und den vielschichtigen Verbraucherwünschen überbrückt werden kann, auf welche Weise durch System-Design mit einem Minimum an technischem und materiellem Aufwand ein Optimum, ein breiter Fächer ästhetisch qualifizierter Produkte gestaltet werden kann. Deshalb wird der Textildesigner der Zukunft neben seiner kreativen Begabung nicht nur Kenntnisse über textile Materialien und Techniken benötigen, sondern auch Wissen über gesellschaftliche Problemfelder unterschiedlicher Art.

System-Design kann bei einem solchen Bildungsstand nicht in Schematismus abgleiten, wie man meinen könnte, vielmehr erwächst aus der Fähigkeit zu übergreifender Sicht, aus dem Überblick und aus der Begabung zur Kombination, aus logischen Gestaltungsordnungen, immer von neuem ein sinnvolles Ergebnis.

Nach eigener Erfahrung in Forschung, Lehre und Praxis erscheint eine kybernetisch unterlegte Verfahrensweise heute richtig und ergiebig, eine ausgleichende Rückkoppelung, eine gewisse Eigenkontrolle, gemäß dem Motto, das dem Maler Braque zugeschrieben wird. »J'aime la règle, qui corrige l'émotion et j'aime l'émotion, qui corrige la règle«. (Ich liebe die Regel, welche die Emotion, und die Emotion, welche die Regel korrigiert.) Und die Praxis wird zeigen, daß sich eine Sentenz des amerikanischen Architekten Richard Neutra realisieren läßt: »Die Kunst des Entwurfs kann sich mit wissenschaftlichem Geschick verbinden, und keinerlei Minderwertigkeitskomplex soll diese Ehe stören.«

Diese Überlegungen und Ergebnisse erheben keinen Anspruch auf Ausschließlichkeit. Es würde genügen, wenn sie für einen Teil der Zukunftsprobleme erleichternde Hilfestellung bieten könnten. Im übrigen wird man nicht umhin können, das zu bedenken, was Norbert Wiener frei von Zweckoptimismus einst so formulierte: »Wir dürfen nicht zurückschauen, wenn wir überleben wollen. Unsere Väter haben vom Baum der Erkenntnis gekostet, und obwohl seine Frucht in unserem Munde bitter schmeckt, steht der Engel mit dem flammenden Schwert hinter uns. Wir müssen weiter erfinden und Brot verdienen, nicht nur im Schweiße unseres Angesichts, sondern mit den Ausschwitzungen unserer Gehirne.«

II.

Mag uns diese – bereits in den fünfziger Jahren – formulierte Sentenz heute vielleicht zu pathetisch erscheinen, so steht doch fest, daß an ihrem Wahrheitsgehalt kaum zu zweifeln ist.

Im Vergleich zu anderen Aufgaben der zukünftigen Daseinsbewältigung ist vielleicht die Bedeutung des Systemdenkens im Textilbereich als sekundär anzusehen, aber es stellt dennoch ein uns eng begleitendes Lebensfeld dar, dessen Zukunft anwachsend von Automation bestimmt sein wird. Der ihr zugrunde liegenden Systematisierung sollten Gestaltungskonzepte vorgeordnet werden.

Das bedeutet, daß im Hinblick auf zukünftiges Textil-System-Design – auch im Rahmen bereits geübter textiler Design-Systeme – nicht nur mathematisch und materialistisch-rationell gewonnene Produktergebnisse dominieren dürfen, sondern vielmehr human-ästhetische Qualitäten angestrebt werden sollten.

Die dafür erforderlichen Voraussetzungen müssen selbstverständlich durch intensives Studium der entscheidenden Gestaltungskomponenten: Farbe – Form – Struktur, und durch Sensibilisierungs-Training gewonnen werden. Spezifische Wesenseigenschaften und Wirkungen müssen durch Erkunden und Erproben elementarer Ordnungen, als unentbehrliche erste Schritte zur Gestaltung, erkannt werden. Erst von dort führt der Weg zu brauchbaren »Bausteinen« für Gestaltungssysteme, mit denen sich »tragfähiges« System-Design praktizieren läßt.

Von dieser Basis ausgehend ergibt die schrittweise Veränderung von »nur« einer von mehreren Gestaltungskomponenten erstaunliche Prozesse mit folgerichtigen Konsequenzen.

Der besondere Nutzen zahlreicher Systeme ist nicht etwa in der Tatsache zu sehen, daß das (geordnete, geplante, organisierte) Zusammenfügen verschiedener, gestaltbildender Faktoren eine additive Struktur ergibt, sondern – und dies in besonderem, überraschendem Maße beim textilen System-Design – ausgesprochen typische »Synergie«-Effekte, das heißt spezifische Multiplikations-, ja sogar Potenzierungs-Wirkungen beim integrierenden Zusammenspiel entstehen. Von daher erklärt sich u. a. das bereits angeführte Zitat: »Das Ganze ist mehr als die Summe seiner Teile.«

Das wird umso einleuchtender, wenn man erkennt, daß gerade beim Textil-System-Design zahlreiche der »gestaltbildenden« Faktoren bereits durchaus bündige textile »Detail«- oder »Prä«-Design-Systeme darstellen.

Zum besseren Verständnis und zur Veranschaulichung der spezifischen Probleme einerseits und ökonomischer Vorteile andererseits soll ein einfaches System-Design-Verfahren beschrieben werden mit der Kondition: »Möbelstoff, Schaftgewebe, mittelschwer, solide, Dreifach-Zwirn aus Wollkammgarn in Kette und Schuß, elementare Bindungen, lebendiges, polychrom strukturiertes Warenbild, hochwertige Optik in 10 Farbstellungen (›Kolorits‹).«

Beim herkömmlichen Entwicklungsweg wird der Entwerfer für jedes Farbmuster – pragmatisch und intuitiv – nach bewährter Übung drei »harmonische« Töne verzwirnen bzw. verweben lassen, mit dem Ergebnis, daß zehn zwar abgestimmte Kolorits vorliegen, die jedoch im Mit- und Zueinander mehr oder weniger heterogen wirken.

Materialeinsatz bei zehn Kolorits mit je drei verschiedenfarbigen Zwirnen (= 30 Fäden), Einkauf, Färben, Lagerhaltung von Garn-Material bzw. Fertigprodukten, einschließlich der Kett-Disposition und der Fehleranfälligkeit bei Zwirnen und Weben sind sehr kostenintensiv, und die Möglichkeit zu »harmonischen« Kombinationen – gerade bei größeren Raumensembles – ist kaum möglich, trotz unverkennbarer »Schönheit« jedes einzelnen Kolorits (vergleichbar der Problematik beim Einsatz»zwang« von sogenannten »RAL«-Farben).

Damit verglichen kann z. B. (nach eigener praktischer Erfahrung, vgl. Abb.) im System-Design aus zehn chromatisch geordneten Farbgarnen für 3fach-Zwirn ein »Detail-System« so angeordnet werden, daß bei Farb-Nr. 1-10 folgendermaßen gezwirnt werden kann:

1. Kolorit Farb-Nr. 1+2+3
2. Kolorit Farb-Nr. 2+3+4
3. Kolorit Farb-Nr. 3+4+5 etc. bis
10. Kolorit Farb-Nr. 10+1+2

d. h. mühelos 10 »verwandte«, zusammenstimmende (selbstverständlich auch »harmonische«) Kolorits bei nur 10 Farbgarnen (statt 30 wie bei herkömmlicher, nicht komplex verstandener Entwurfsmethode). Doch dies ist nicht der einzige Vorteil des »Systems«; von zusätzlicher und sehr spezifischer Bedeutung sind nämlich auch noch weitere, logische Differenzierungen, so z. B. wenn bei erwünschter spannungsreicher Polychromie neue Gestaltungsmöglichkeiten durch das systematische Durchspielen, bei dem zum »Einer-Abstand« (1+2) ein »Zweier-Sprung« (...+4) kommt, also: (1+2+4), (2+3+5), (3+4+6) etc. ... entstehen, und sich spätestens ab hier die Systematik erweitert, – bildlich gesprochen – vom zweidimensional »geknoteten« ins dreidimensional verknüpfte »NETZ-Werk«.

Jeder Knoten wäre dabei also das Symbol für ein jeweiliges Gestaltungs- (bzw. Produktions-)Ergebnis, »gehalten« (d. h. verursacht) von mindestens zwei, in der Regel jedoch von mehr Gestaltkomponenten, wie z. B. drei, die, wie in einem Koordinaten-System dreidimensional aufeinandertreffend, sich verknoten, oder gar vier oder fünf, wenn auch diagonale Verbindungen mitwirken.

Derart komplex entwickeltes textiles System-Design ermöglicht es, eine nahezu unbegrenzte Vielfalt klar unterscheidbarer Ergebnisse zu gewinnen, die in dieser Fülle und Eindeutigkeit auf rein intuitivem Weg zu finden – ohne verschwimmende Unterschiede – nie möglich wäre. Das heißt, nur mit geplantem System wird es möglich, auch Massenprodukte mit gewissen individualistischen Charakterzügen auszustatten und »Einheit der Vielfalt« (d. h. Individuelles in der Menge) ohne konformistischen Einheitsbrei zu ermöglichen.

Um möglichst zuverlässige und grundlegende Gestaltungskriterien für textiles System-Design zu gewinnen, sollte der Textil-Designer möglichst früh bei der Produktplanung eingeschaltet werden, d. h. bei »Vorprodukten« für Gewebe, beispielsweise bei der Bestimmung der Beschaffenheit von Garnen und Zwirnen und Erwägung der »Fertigungsmöglichkeiten«, der Geräte und Maschinen mit dem Ziel, ihren Einsatz zu optimieren. Eigentlich müßte in aller Regel die Planung bereits bei der textilen Rohfaser beginnen. Wie die Bildbeispiele zeigen, ist dies keine übertriebene, allzu kühne Fiktion. Um 1960 war die »Neue Baumwollen-Spinnerei Bayreuth« bereit, meinem Vorschlag zu folgen und ein umfassendes Garnprogramm als sogen. Melangen zu entwickeln, um damit zu produzieren. Es bot sich also die Möglichkeit, für die Gestaltungskomponente »Farbe« ein eigenständiges »Basis«- oder »Prä«-System zu konzipieren.

III.

Daß textiles System-Design – richtig geplant und praktiziert – aufgrund des immanenten Rationalisierungseffektes bemerkenswerte wirtschaftliche Vorteile zur Folge hat, ist demnach einleuchtend; gleichermaßen und nicht weniger beachtlich jedoch – weil einander bedingend – sind die Gewinne an gestalterischer Qualität – vor allem, wenn die wesentlichen Komponenten und Faktoren im komplexen Überblick sensibel – sowohl für sich, insbesondere aber im Wechselspiel des ästhetischen Zueinander eines Produkt- »Netzwerks« – geplant wurden.

Je eher, das heißt, je »anfänglicher« und näher am materiellen Ausgangspunkt eine Basis für die Realisierung einer komplexen Produktidee begründet werden kann, um so sicherer kann mit reichhaltigen technischen und besonders mit ästhetischen »Synergie-Effekten« gerechnet werden, da sich hier – bildlich gesprochen – noch die »Basis-Atome« zu vielerlei »Molekülen« und »Molekularketten« gruppieren lassen.

Unter den verschiedenartigen textilen Entwurfs- und Fertigungs-Systemen, die ich in den Jahren vor bzw. nach 1960 entwickelte, eignet sich für die Explizierung – wie ich meine – ein Farb-System am besten. Als Beispiel soll die »Farb-Misch- und Farb-Gestaltungs-Ordnung« gewählt werden, die den Arbeitstitel »EU-Melangen« trug.

Dieses Gestaltungs-System geht von der elementaren Basis von kleinsten, feinsten Textilfasern aus, deren »Filamente« nach Gestaltungsplan eingefärbt, gewissermaßen den Pigmentkörnern einer »Pulverfarbe« entsprechen.

Damit vereinfacht sich überdies auch die Beschreibung des entscheidenden Unterschiedes zwischen einem derart umfassend geplanten, speziellen und dennoch symptomatischen textilen Design-System und der nach wie vor praktizierten herkömmlichen Methode, jeden gewünschten Einzel-Farbton für sich zu »mélangieren«.

Die ehemaligen Mélangeure sind eine besondere Spezies von Koloristen, welche die Praxis des »Mischelns« nach Gefühl mit schlafwandlerischer Sicherheit beherrschen, für »Klassiker« (des »grauen Flanells« z.B.) ebenso wie für einzelne »marktgängige« Neuerscheinungen.

Bei den »EU-Melangen« empfahl ich, die »Flocke«, das heißt die feinen Fasern z.B. der Baumwolle, in zwölf gleichabständige, optimal gesättigte Bunttöne nach »Farbkreis«-Ordnung einzufärben, das heißt die sechs »Ecktöne« Gelb (Abk. nach »Yellow« = Y), Orange (»O«), Rot (»R«), Violett (»V«), Blau (»B«) und Grün (»G«), dazu sechs Zwischentöne (»YO«, »OR« usw.), außerdem die Nichtfarben Schwarz (»S«) und Weiß (»W«).

Den eindeutig definierbaren drei Kriterien aller systematisch (d.h. im dreidimensionalen »Farbraum«) geordneten Farben und ihrer logischen Veränderbarkeit folgend, nämlich einmal von »Bunt-Ton« zu den jeweils zwei benachbarten »Bunt-Tönen«, wie z.B. von »Y« zu »GY« einerseits und »YO« andererseits = »Bunt-Art« (»Farbton«), zum zweiten: durch »Aufhellen« bzw. »Abdunkeln« = »Hellbezugswert« (»Dunkelstufe«, »Helligkeit«) und zum dritten Veränderung nach mehr oder weniger Buntanteil = Intensität bzw. (»Bunt«-)Sättigung, konnten nun entsprechende Mischungsverhältnisse systematisch bestimmt und logisch geordnete Gestaltungsmaßnahmen abgeleitet werden. So könnte man z.B. in Prozentschritten Fasermischungen durchführen und eine kontinuierliche Reihe von Buntton »Y« nach Buntton »YO« erstellen, nämlich:

1. Mischung = 99 kg »Y« + 1 kg »YO«
2. Mischung = 98 kg »Y« + 2 kg »YO« und so weiter bis
99. Mischung = 1 kg »Y« + 99 kg »YO«.

Dieses drastische Beispiel, wonach sich 1200 »Farbkreis«-Stufen ergäben, ist selbstverständlich völlig unrealistisch, und zwar in Richtung ästhetisch-gestalterischer Kriterien, da die kaum unterscheidbaren Stufungen bei weiteren Modulationen immer verschwommener reagieren würden und damit die extrem hohe Stückzahl auch wirtschaftlich keinerlei »Synergie-Effekt« mehr bieten könnte. Nachteilig wäre überdies auch noch die Vernachlässigung technologischer Gegebenheiten.

Die Technik des mechanischen Spinnens erfolgt über mehrere Maschinengruppen und Streckwerke, wobei die Zwischenergebnisse vom »Faser-Vlies« unmittelbar nach der Vermischung im »Batteur« über die Kardiermaschine laufen, welche das Faservlies erzeugt. Bereits das erste daraus gedrehte, lockere Band wird in jeweils sechs hohen Metallzylindern (»Kannen«) gesammelt und in mehreren Etappen verstreckt, verdichtet und verdreht, bis die endgültige Garnstärke erzielt ist. Dieses (wie zufällig vorhandene) Sechser-System ließe sich in Hinblick auf die optische Strukturgestaltung ausnützen, nämlich von kontrastreich grob aus den letzten »Kannen« kommend bis zart, homogen ab Karde. Das vorgeschlagene Verfahren (Ergebnis ca. 3500 Mélangen) ließ folgende Systematik zu: z.B. »Mischen der Bunttöne«: bei nur zwei Komponenten, also z.B.:

aus Gelb + Gelb-Orange in 6er-Anteilen; 1) 1. Kanne »Gelb« + 2., 3., 4., 5., 6. Kanne »Gelb-Orange«; 2) 1. + 2. Kanne »Gelb« + 3., 4., 5., 6. Kanne »Gelb-Orange«; etc.

Ergebnis: 72 gut unterscheidbare Buntmelangen.

Darüber hinaus ließen sich aber auch – in dieser Sechserskala fortfahrend – weiße Flocken bzw. weiße + schwarze oder nur schwarze Flocken hinzugeben, wie z.B.:

5 Gelb + 1 Weiß

bzw. 4 Gelb + 2 Weiß etc.

oder 4 Gelb + 1 Weiß + 1 Schwarz

bzw. 2 Gelb + 2 Weiß + 2 Schwarz

oder 3 Gelb + 1 Weiß + 2 Schwarz

bzw. 3 Gelb + 2 Weiß + 1 Schwarz.

Selbst wenn hunderte dieser »Muster«, auf »Muster-Kärtchen« gewickelt, untereinander verglichen werden, sind nicht *einmal* zwei Muster völlig gleich (wie auch unter tausenden Eichenblättern nicht zwei deckungsgleiche sind).

Dies erscheint logisch; denn beim Kombinieren mit drei Komponenten (in Skalen) können alle drei Skalen-Schritte verschoben werden, bzw. nur zwei, während einer stehen bleibt, oder nur einer, während zwei stehen bleiben.

Die Abbildung auf der rechten Seite mit völlig zufällig ausgewählten Mélangen, auf Musterkärtchen gewickelt, beweist die systematisierte Kombinierbarkeit. Haptik und allgemein stoffliche »Ausstrahlung« sind gleich, nur die Farbe erbringt Differenzierung.

Auf diesem Wege entworfene und gefertigte Produkte sind in ihrer Vielfalt den Knotenpunkten in einem vielschichtigen »Netzwerk« vergleichbar.

Es ist der übergroßen Zahl wegen unmöglich, alle die nach einem Design-System entwickelten, zum Teil vorhandenen oder zumindest denkbaren Produkte zu zeigen. Deshalb kann nur an einer Reihe von Beispielen, gleichsam an einem sehr viel grobmaschigeren Netz ein Überblick über einen systematisch entworfenen und gefertigten Gewebe-Komplex erfolgen.

Die dafür ausgewählten 18 Bildwiedergaben sind Teil einer überaus vielfältigen, etwa ab Mitte der fünfziger Jahre entwickelten Gewebeserie, die von mir als »Schul«-Beispiel konzipiert wurde. Ein damals »moderner« mechanischer Webstuhl (einer von ca. hundert mit Hand bzw. mechanisch betriebenen Webstühlen des Münchberger Lehrinstituts mit zwei Dutzend Schäften und Lochkarten-Steuerung) war zu »bemustern«. Geplant war ein schlichter, solider Baumwollstoff mittlerer Fadenstärke und -dichte in Kette und Schuß. Hochschäftige Ketteinzüge sind fehleranfällig und zeitraubend, deshalb sollten auf dieser Kette zwei gleiche, zueinander versetzte, rhythmisch an- und abschwellende »Streifen«gruppen auf heller, warmtoniger Kette gewebt werden.

Die warmtonig helle bzw. (im folgenden Abschnitt) kühlschiefrig dunkle
Kette ist in zwei gleichen, zueinander versetzten Streifendessins auf je 12
einzeln steuerbaren Schäften eingezogen, wie die Abbildungen oben rechts
und links (jeweils mit Vorder- und Rückseite) zeigen. Dabei ist die Abbildung
auf der linken Seite durchgehend mit einem zurückhaltenden Rotton abge-
schossen, während bei dem Beispiel auf der rechten Seite der sensibel
warmgraue Gesamtton als »optische« Mischung von zwei Schußfäden
Gelb und zwei Fäden des komplementären Violett entstanden ist.
Zwischen den Beispielen auf dieser Seite existieren zahlreiche »verwandte« Variationen, jedoch mit eigenständiger Gliederung und Farbstruktur. Mit Lochkarten gesteuerte Schußfolgen ergeben formal und farbig sich
ändernde »Rapport«bilder. Kleinteilige Rapporte von »nur« 4 Schüssen lassen sich – variantenreich gewechselt – ausdehnen bis zu einigen hundert
Schußfäden. Vgl. dazu das Beispiel unten mit tektonisch gekörnter Oberflä-
chenoptik, entstanden aus 4 Fäden Schußrapport, bei Bindungs- und Farbwechsel.

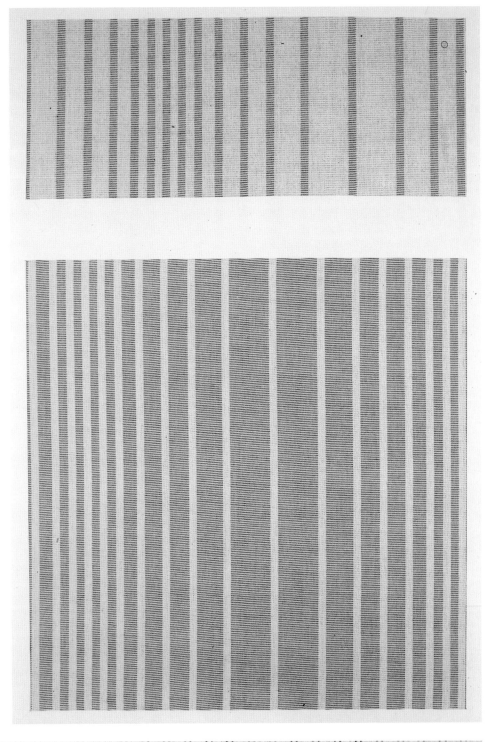

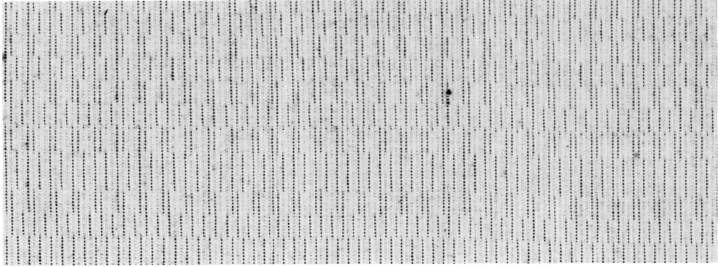

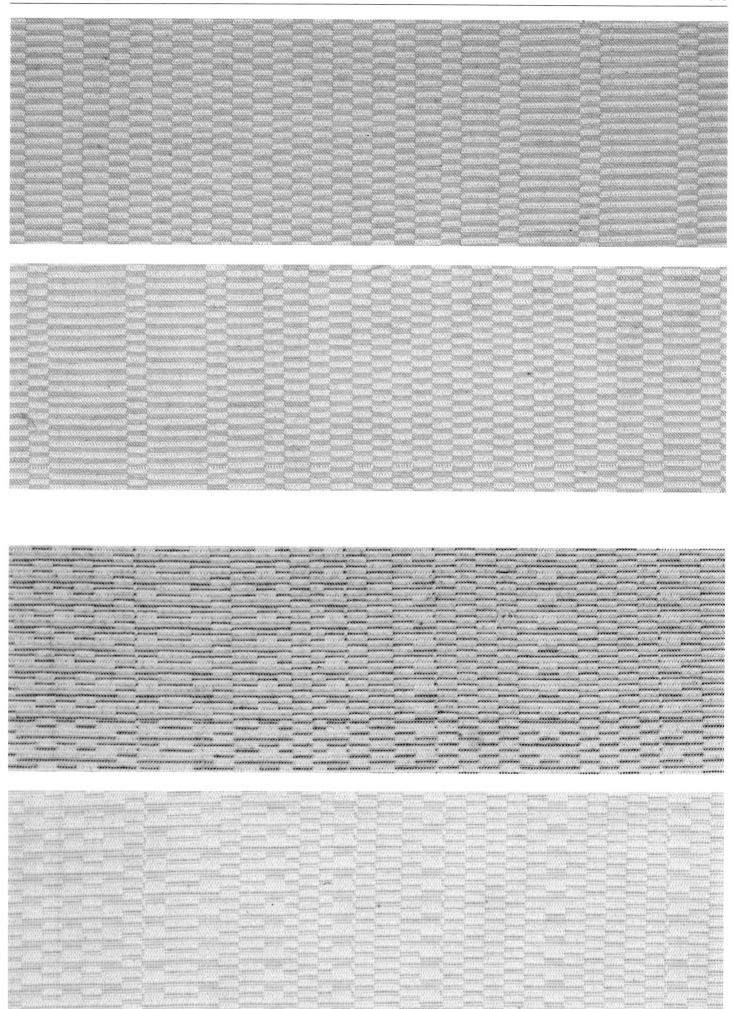

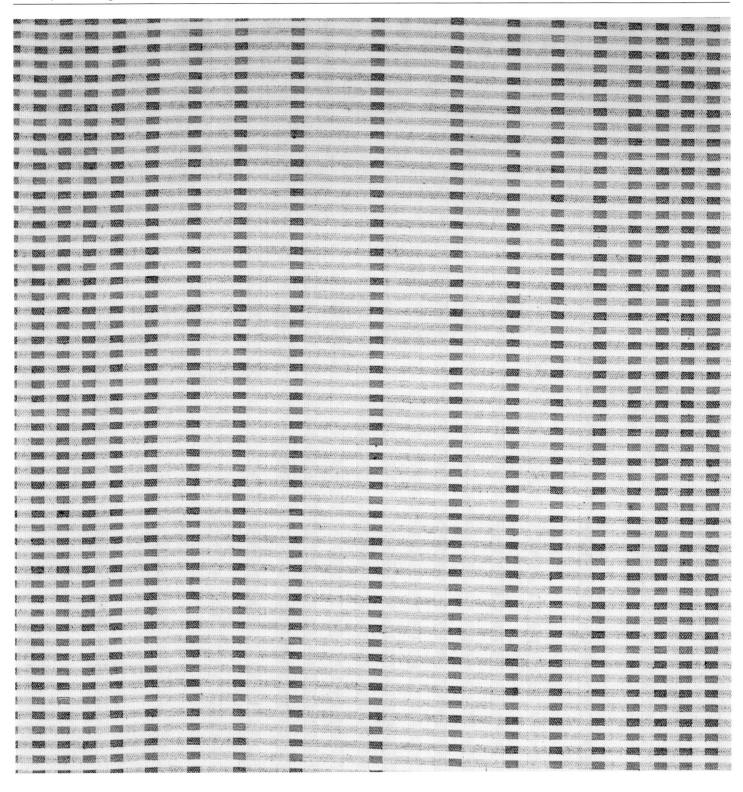

Die Abbildungen auf der linken Seite sind Steigerungen, da jeweils die
kontrastreicher farbigen Schüsse durch Versetzen eine gröber gerasterte
polychrome Mischung ergeben.
Das Beispiel auf der rechten Seite ist analog konzipiert, wirkt jedoch durch
weiteres Verdoppeln der Schußzahl noch markanter.

Durch das Verdoppeln der Schußzahl tritt bei den Abbildungen auf diesen
Seiten sogar die Strukturintensität in Kettrichtung in Erscheinung.

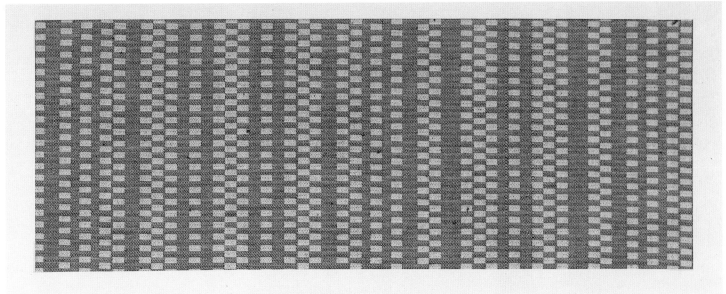

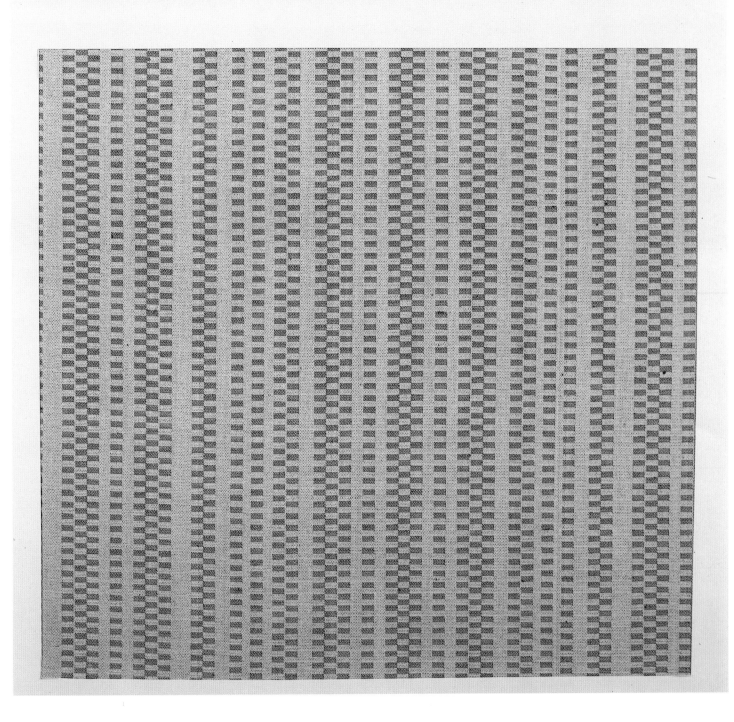

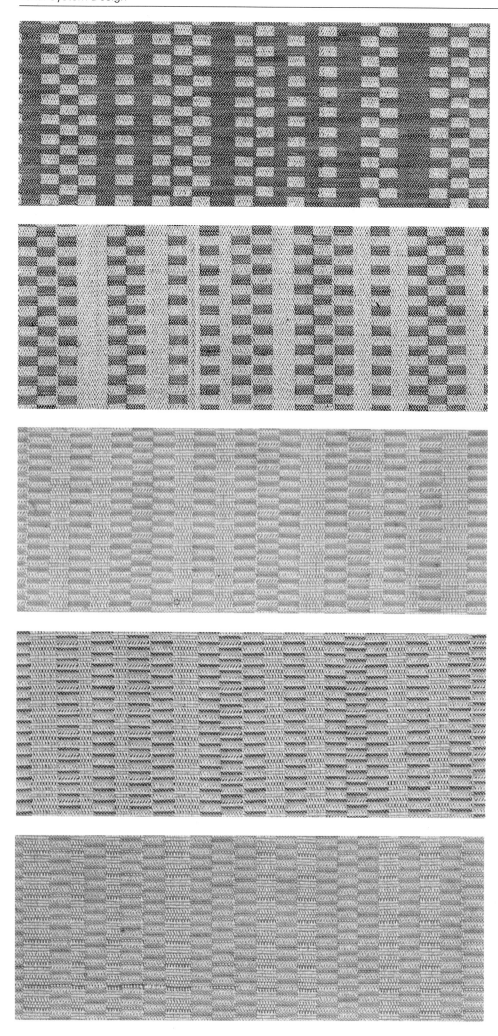

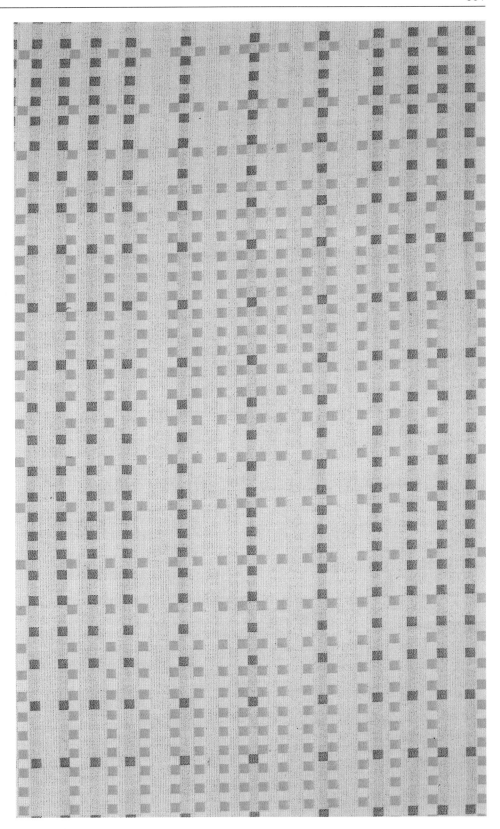

Weitere Bindungsdifferenzierungen bringen nun auch das zweite Streifen-
design mit zur Geltung. Analog gilt das dann auch für die Beispiele auf der
linken Seite, wobei sich jedoch durch entsprechende Steuerung mit der
»Farben«-Lochkarte eine völlig neuartige Farbstruktur gebildet hat.

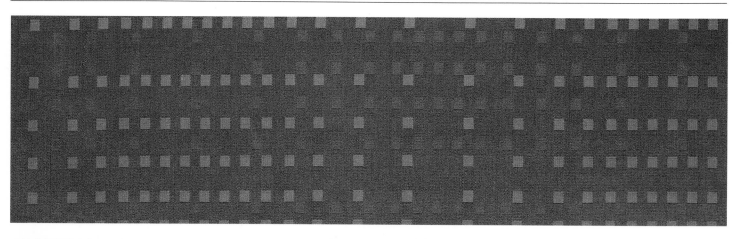

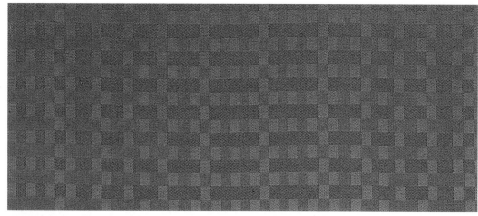

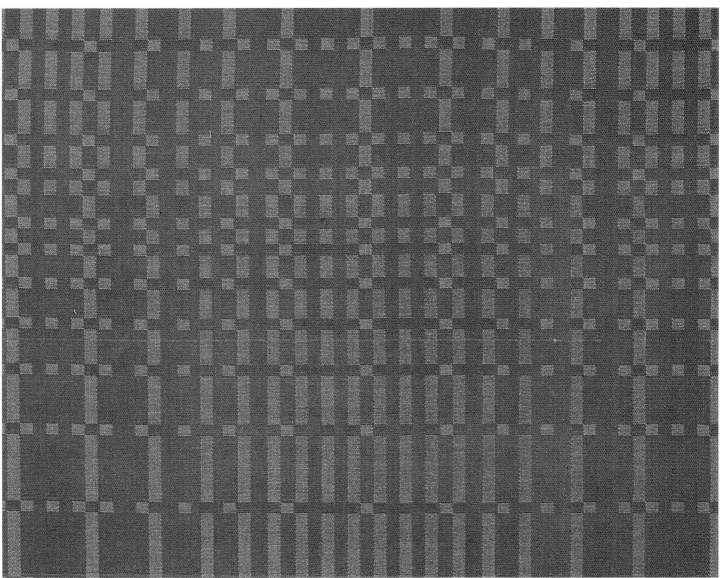

Auf der hell-warmen Kette schließlich ergibt sich nach zahlreichen logi-schen, sich erweiternden »Rapport-Bildern« (bei mindestens einem halben Tausend von gesteuert wechselnden, komplementärfarbigen, hier rötlichen und grünlichen Schußfäden) in flächigem Versatz teils verdichtet, teils in kleine Quadrate aufgelockert, ein überaus lebendiges Bild.

Bei dem Gewebe auf der linken Seite oben wurden auf der schieferdunklen Kette mit gleichen Lochkarten die gleichen Schußfarben wie bei dem auf der vorangegangenen Seite abgebildeten eingetragen. Die Abbildungen der linken Seiten unten und rechts zeigen Analogien zu entsprechenden Kom-positionen im hellen Kettbereich.

Die Beispiele auf diesen Seiten hingegen sind neu und »eigenartig«; Grund
dafür: Jedes »Kett-Design« kann sich über mehrere Zentimeter – klar und
eindeutig, mit und ohne Farbwechsel – entfalten, und zwar hin zu einem
»klassisch« ruhigen Gewebebild.

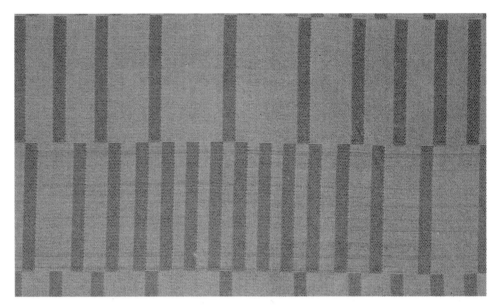

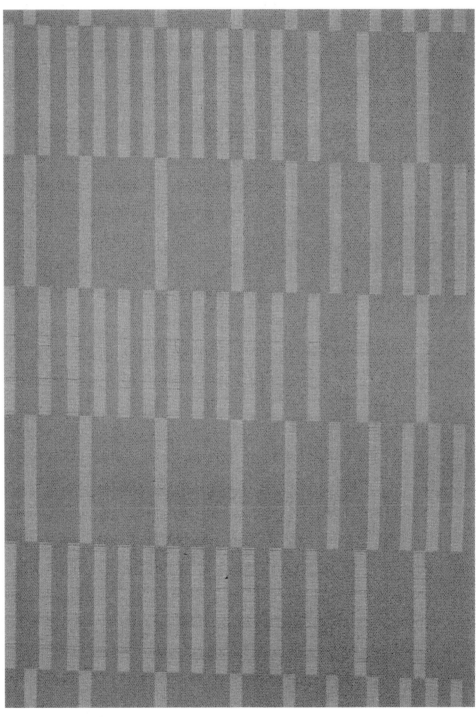

Ildikó Klein-Bednay
Japanische Musterbücher des 18. und 19. Jahrhunderts

Die Münchner Neue Sammlung besitzt seit 1988 drei japanische Textil-Musterbücher des 19. Jahrhunderts aus der ehemaligen Sammlung von Prof. Sigmund von Weech, die er um 1938 von der wenige Jahre zuvor gegründeten (1934), den Werkbundideen nahestehenden »Gesellschaft für internationale Kulturbeziehungen« (Kokusai Bunka Shinkôkai), Tokio, erhielt. Diese drei Musterbücher sind nicht nur ganz ausgezeichnete Exemplare ihrer Art, denn jedes ist einer anderen Gattung der japanischen Textilkunst zuzuordnen; sie spiegeln darüber hinaus auch das Interesse der Zeit an der Kunst und am Kunsthandwerk Japans wider.

Die Öffnung Japans seit der Mitte des 19. Jahrhunderts zum Westen hin führte zu vielfältigen gegenseitigen Beeinflussungen. So beteiligte sich Japan an den großen Weltausstellungen und Industriemessen; zwischen 1873 und 1900 haben die Japaner schon an nicht weniger als 15 solcher internationaler Ausstellungen teilgenommen[208]. Die verbesserten Reisemöglichkeiten zwischen Europa, Amerika und Japan brachten auch die Entstehung der großen westlichen Sammlungen an ostasiatischer Kunst und Kunsthandwerk mit sich.

Unter den mitgebrachten Kunstgegenständen haben auch einige Musterbücher und andere Textilien ihren Weg nach Europa gefunden. In dieser Zeit entstand u. a. auch die ostasiatische Sammlung des heutigen Textilmuseums Krefeld, das 1880 noch als ›Königliche Gewebesammlung‹ gegründet wurde. Sie war jedoch in erster Linie als Studiensammlung angelegt, sozusagen als Vorbildersammlung für die höheren Webe- und Färbeschule[209]. Deshalb wurden auch textile Fragmente nach technischen Gesichtspunkten, nicht nur ganze Gewänder usw. gesammelt, womit die Krefelder Sammlung besonders reichhaltig ist. Neben solcher systematischer Sammeltätigkeit wurden ganze Kollektionen erworben. So haben Ungarn bzw. ungarische Sammler bei den Weltausstellungen in Wien und Paris fast das gesamte Material an japanischen Textilien angekauft, das sich heute zum Teil im Hopp-Ferenc-Museum in Budapest befindet[210]. Aus den ehemaligen deutschen und österreichischen Privatsammlungen seien nur die Textilien aus der Sammlung Bälz, ca. 800 Stück, darunter mehrere datierte Musterbücher[211], sowie die ca. 500 Stück umfassende Kollektion von Färbeschablonen aus der Zeit um 1800 aus der Sammlung Siebold genannt, die heute im Museum für Völkerkunde in Wien aufbewahrt werden. Ein weiteres Musterbuch ist gleichfalls in Wien, im Österreichischen Museum für Angewandte Kunst zu finden[212]. Auf die Sammlungen in Paris, London u. a. kann hier nur hingewiesen werden.

Musterbücher sind in Japan vor allem seit der Mitte der Edo-Zeit (18. Jahrhundert) in zunehmender Anzahl entstanden. Sie galten den verschiedensten Gattungen japanischer Textilkunst (Weberei, Ikat, Komon-Muster, usw.), waren aber auch unterschiedlich angelegt. Musterbücher entstanden als Sammlungen von Textilproben selbst oder auch als Zeichnungen. Diese konnten Stoffmuster darstellen mit Anleitungen (Farbenangaben, usw.) oder auch Zeichnungen von ganzen Gewändern enthalten. Einige wurden von namhaften Künstlern gefertigt (Kōrin), mitunter gedruckt, andere als Firmenbücher angelegt (moyō-kagami, shima-chō, benri-chō, hika-e-chō, shima-tebiki, mihon-chō, usw.), um nur einige Typen zu nennen[213]. Solche Musterbücher waren besonders gehütete Familienschätze; jeder Künstler und Handwerker besaß seine eigene Kollektion. Eines der Zentren für Schablonendruck war schon seit dem 17. Jahrhundert Kioto/Horikawa, wo besonders viele solche Musterbücher und Schablonensammlungen angelegt worden sind. Eines der interessantesten erhaltenen Musterbücher ist das »Kyōjirusi komon-chō« (Sammlung von komon-Muster im Kioto-Stil), herausgegeben von Jōkichi, Ikoku-ya/Fukushima Präfektur (Ende 18.Jahrhundert)[214]. Einige weitere aus dem 19.Jahrhundert sind u. a. ein »shima-tebiki«, datiert 1845 (Kōka 2)[215]; ein »shima-chō« datiert 1869 (Meiji 2); sowie ein »shima-gara-mihon«, datiert 1884 (Meiji 17)[216].

Seit der zweiten Hälfte des 19.Jahrhundert ging die Anlage solcher Musterbücher erheblich zurück. Das zunehmende Interesse des Westens an der japanischen Textilkunst und umgekehrt, das Interesse der Japaner an den westlichen Techniken, führte gleichzeitig auch zur Übernahme westlicher Technologien. Schon in den Jahren nach 1880 wurden in Japan mehr als 50 Textilfabriken gegründet und unter französischer und italienischer Anleitung geführt[217]. Dies bewirkte aber gleichzeitig auch einen Rückgang der Familienbetriebe wie auch der handwerklichen Weberei, vor allem in den großen Zentren. Damit wurde der Entstehung solcher Musterbücher die Grundlage entzogen, wie auch das Interesse der Japaner selber an diesen zunächst erlosch. Wohl darin liegt eine der Ursachen, daß solche Musterbücher, obwohl ursprünglich in nicht geringer Anzahl auch nach Europa gelangt, weitgehend unbekannt und – ob in Europa, Amerika oder Japan selbst – bislang unbearbeitet blieben. Auch gingen in Japan viele der noch erhaltenen Exemplare in und nach dem Zweiten Weltkrieg verloren.

Erst seit den sechziger Jahren zeichnet sich wieder ein Interesse an diesem lange Zeit unterschätzten und verkannten Gebiet ab, wenigstens schon in Japan selbst. Zu nennen sind die Veröffentlichungen des Japan Textile Color Design Centers, Osaka (3 Bände) als bisher einzige grundlegende Publikation hierzu in westlichen Sprachen (1959-61; Neuauflage 1980). Außerdem erschien die Reihe von Riich Urano (Hrsg.) »Nihon senshoku sō ka« in den siebziger Jahren in Tokio (nur japanisch); und schließlich die Reihe »Japanese Design Collections« von Kamon Yoshimoto in den achtziger Jahren (japanisch mit englischem Resumé; Research Association for Old Textiles). Die beiden letztgenannten sind bislang fast die einzigen, die einige solche Musterbücher bzw. einige Seiten daraus überhaupt abgebildet, Motive benannt und schon erste Bearbeitungen vorgenommen haben[218]. Eine ausführlichere Untersuchung, selbst eine Beschreibung dieser Muster seitens der Kunstgeschichte wurde noch nicht vorgenommen. Deshalb fehlen auch noch verläßliche Datierungshilfen.

Die hier vorliegende Publikation der drei Musterbücher der Münchner Neuen Sammlung ist die erste in Europa (und Amerika), die dem japanischen Musterbuch eine eingehende wissenschaftliche Untersuchung widmet. Es bleibt zu hoffen, daß dieser Pionierarbeit weitere folgen werden, um diesem komplexen Gebiet gerecht zu werden.

Mihon-chō I (Musterbuch I)

Das zweifellos interessanteste ist das erste der japanischen Musterbücher, das in die Zeit um 1800 anzusetzen ist. Es handelt sich dabei um ein querformatiges, mit Hanfschnur gebundenes, 106 Seiten umfassendes Musterbuch mit insgesamt 415 Stoffmustern. Sein Format von 17 × 24 cm entspricht in etwa dem in Japan üblichen ›chūban‹ d. h. ›mittleres Format‹. Die Blätter bestehen aus eierschalen-farbenem (vergilbtem) Japan-Papier, zur Verstärkung wurden jeweils zwei Blätter zusammengeklebt (sie sind durch die Luftfeuchtigkeit teilweise gelöst). Der feste Einband ist über Pappe mit blau eingefärbtem Baumwollnessel kaschiert, in Indigo-Färbung (aigata), stark verblichen, zum Teil gelöst, an der Rückseite zur Hälfte fehlend; am gesamten Buch zeigen sich Spuren von Wurmfraß. Vorder- und Rückseite sowie beide Umschlaginnenseiten (Vorsatzspiegel) tragen japanische Beschriftung, teilweise fehlend oder sehr stark verwittert[219]. Es handelt sich um eine Mustersammlung der Kiotoer Niederlassung des Geschäfts von Matsusaka-ya, unter der Leitung von Kōbayashi, jedenfalls was einen Teil der Mustersammlung betrifft. In beide Innenseiten ist das gemeinsame Ex

Libris von Sigmund und Ingetrude von Weech mit Familienwappen eingeklebt.

Die 415 rechteckigen Mustercoupons sind scheinbar unsystematisch in
unterschiedlichen Größen zu je 1 bis 6 Stück pro Seite aufgeklebt und oben
beschriftet. Es handelt sich hier um eine Numerierung, die offenbar von
mehreren Personen ausgeführt worden ist. Darauf deuten sowohl der unterschiedliche Pinselduktus im Schriftbild als auch die Differenzen im Zah-
lensystem selber hin. Dabei lassen sich einige Regelmäßigkeiten beobachten. So ist etwa jede zweite Doppelseite mit je 6 Mustercoupons pro Seite
versehen, die die gleiche Größe (5,1 × 6,4 cm) und Qualität hinsichtlich
Material, Technik und Musterung aufweisen, insgesamt 290 Stück. Die
anderen Doppelseiten dagegen sind mit Mustercoupons verschiedener
Größe und Anzahl versehen: meisten 2 oder 4 pro Seite, jedoch kommen
gelegentlich auch 3, 5 oder auch nur ein einziger Mustercoupon vor; sie
unterscheiden sich auch in Material, Farben und Musterung erheblich voneinander. Allen diesen ist jedoch gemeinsam, daß sie mit rostbraunen,
passepartoutartigen Papierstreifen umklebt sind und daß jede linke Seite
einen Firmenstempel trägt[220]. Auch ist bei diesen Seiten eine durchgehende Numerierung (von hinten nach vorne und von rechts nach links, in der
Art des japanischen Buches) zu beobachten, von 1 bis 124. Lediglich die
letzten beiden, ganzseitigen Musterproben tragen keine Numerierung, sie
sind wohl zuletzt in die noch vorhandenen freien Stellen (als 125. und 126.)
eingeklebt worden. Die kleineren Coupons jedoch sind nur auf den jeweils
einander gegenüber liegenden Seiten fortlaufend numeriert, und zwar nach
japanischer Art spaltenweise von oben nach unten und von rechts nach
links. Dies geschieht jedoch so, daß das Verhältnis der beiden Seiten zueinander umgekehrt verläuft, d. h. auf der linken Seite die kleineren, auf der
rechten die größeren Zahlen erscheinen, also von links nach rechts. Daß
dies dem allgemein Üblichen widerspricht, läßt sich auch an der genauen
Numerierungsfolge der Mustercoupons eines anderen, ähnlichen Musterbuchs (Komon-chō) – ebenfalls vom Ende der Edo-Zeit – aufzeigen. Auch
dieses ist u. a. mit je 6 Musterproben pro Seite versehen, eine Doppelseite
trägt z. B. die Nummern 349-355 (rechts) und 355-360 (links)[221].

Diese Beobachtungen, die relative Einheitlichkeit der beiden sich stark voneinander unterscheidenden, je nach Doppelseite wechselnden Musterproben, ihre Anordnung und Numerierung usw. lassen nur die Erkenntnis zu,
daß es sich hier um zwei voneinander ganz unterschiedliche Sammlungen
handelt, um zwei Musterbücher in einem, es handelt sich hier also um ein
absolutes Unikum. Diese Annahme wird durch die Nummernfolgen am
deutlichsten gestützt: die fortlaufenden Nummern der rostbraun umrande-
ten, größeren Coupons bedeuten, daß sie den letzten Zustand darstellen.
Das umgekehrte Verhältnis der beiden Seiten im Falle der kleineren Coupons läßt sich dagegen nur durch Falzung erklären, d. h. die jetzt nebeneinander liegenden Seiten lagen ursprünglich dos-à-dos, also hintereinander.
Daraus folgt, daß das frühere Musterbuch – entsprechend japanischer
Buchkunst – ursprünglich aus vorne gefalteten Doppelblättern bestand. Auf
die jeweiligen Außenseiten wurden die kleinen Coupons geklebt, die Innenseiten blieben natürlich leer. In einer Zweitverwendung wurde die Heftung
dann gelöst und die einzelnen Doppelblätter umgekehrt, so daß die alten
Muster nunmehr innen lagen (dies erklärt auch das relativ frischere Aussehen der kleineren Mustercoupons), außen jedoch freie Flächen waren. Auf
diese nun freien Flächen wurden dann die neuen Muster, die großen Coupons, geklebt, rostbraun umrandet und links mit Firmenstempel versehen.
Beim Binden wurde natürlich nicht auf die Reihenfolge der alten Doppel-
Blätter geachtet, da diese lediglich das Material für das neue Musterbuch
bildeten. Dies erklärt sowohl die umgekehrte Reihenfolge der Doppelsei-
ten-Numerierung als auch den sprunghaften Wechsel der Nummernhöhe
der kleinen Coupons nach jeder Doppelseite (z. B. 257-262 und 263-268 auf
S. 22-23; oder: 303-308 und 309-314 auf S. 26-27). Daß es sich bei dem

ursprünglichen Musterbuch um eine komplette Sammlung gehandelt hat, zeigt, daß dessen Nummern zahlenmäßig fast vollständig sind (mit drei Kapitelüberschriften), wenn auch jetzt in der falschen Reihenfolge. Nur eine einzige Doppelseite fehlt (Nrn. 233-244). Auch tragen die zweifarbigen Muster, die innerhalb der kleinen Coupons eine Sondergruppe darstellen, die Nummern von 277 aufwärts durchgehend und enden mit der Zahl 314[222], wobei die letzten drei Zahlen (312-314; auf S. 27 von vorne gezählt, sonst S. 80) keine Muster enthalten; also endete hier das ursprüngliche Buch. Ein späterer Sammler wird dann wohl die Doppelblätter aufgeschnitten haben (nur an zwei Stellen ist die ursprüngliche Verklebung, bei Nr. 1-24, noch erhalten), so daß nun zwei Musterbücher unterschiedlicher Systeme einander durchdringen. Beide für sich sind von besonderer Qualität und verdienen es, jeweils für sich betrachtet zu werden.

Teil A: Kyōjirushi komon-chō (Sammlung feiner Muster im Kioto-Stil)

Die 290 Mustercoupons der ›Kleinen-Gruppe‹ sind mit den sog. komon-Mustern verziert, d.h. einer besonders kleinen und minutiösen Musterung rein japanischen Stils, sozusagen als ›all-over-design‹. Diese Feinheit der Musterbildung finden wir etwa seit dem 16. Jahrhundert in Japan, vor allem als Verzierung von ›kami-shimo‹ den offiziellen Gewändern der Samurai sowie von Familienmitgliedern des Shōguns und einigen Daimyōs. Diese besaßen sogar mitunter ihnen speziell vorbehaltene Muster, sog. ›tome-gara‹ (d.h. verbotene Muster), die niemand sonst tragen durfte. Die Herstellung von solchen komon-Mustern unterstand bis in das 19. Jahrhundert einem besonderen Kontrollsystem und einer Vertriebsüberwachung, mit den Zentren von Shiroko und Jike[223]. Seit Ende des 18. Jahrhunderts wurden solche Muster zunehmend auch von der städtischen Bevölkerung verwendet, ganz besonders in der Gegend um Kioto. Da auch in der Herstellung sehr kostspielig, wurden Gewänder mit solcher Musterung dann vor allem bei ›halboffiziellen‹ und besonders feierlichen privaten Anlässen wie auch zur Tee-Zeremonie getragen (chū-rei-fuku).
Diese Musterung wird in einer Art Wachsreserveverfahren (rōkechi) und mit Hilfe von Papierschablonen (kata-gami) hergestellt (kata-gami-zome; kurz kata-zome)[224] und zeichnet sich durch besondere Feinheit und Kleinteiligkeit der Muster aus. Die in dieser Sammlung befindlichen Mustercoupons sind aus Seidenpongée, mit feiner glatter Strukturierung, welche die Feinheit der Musterung besonders zum Vorschein bringen kann. Als Farben treten Hellblau und Grau auf – weiß ausgespart (Weißreservage) – sowie Dunkelblau und Schwarz – grau ausgespart (Halbtonreservage) – letztere mit einem vorangehenden ganz leichten Färbebad des Grundmaterials, um bei der späteren, viel dunkleren Färbung zu starke Kontrast-Wirkungen zu vermeiden. Die Muster sind zum größten Teil in der sog. ›kiri-bori‹-Technik hergestellt, deren Kennzeichen in den winzig kleinen Pünktchen zutage tritt. Sie werden in die Schablonen – wie der Name schon besagt – mit Hilfe von Fileten eingestanzt, diese gelegentlich sogar von verschiedenen Größen – ein überaus schwieriger und langwieriger Arbeitsvorgang, der nicht die kleinsten Fehler zuläßt[225].
Bei der letzten Gruppe im Musterbuch (ab jap. Nr. 277 im Teil A) ist die Grundfärbung in helleren Farbtönen gehalten: hell- bis mittelblau, taubengrau und bräunlich-grau, mit weißen Aussparungen. Sie werden dann in einem zusätzlichen Arbeitsvorgang mit schwarzem Aufdruck versehen, der dadurch noch kapriziösere und spielerische Musterungen ermöglicht. Auch die Aussparungen (Weißreservage) erfolgen bei diesen Stücken meist in der sog. ›dogu-bori‹-Technik (Form-Muster; tool-carving), die neben den Punkten auch andere kleine Formelemente, wie z.B. Tropfenform u.a., verwendet[226].
Die Musterung selber zeigt eine erstaunliche künstlerische und darstelleri-

sche Vielfalt; von kleinen Blumen (ko-hana), bis zu Gegenständen, wie Faltfächer (sensu), oder auch geometrischer Musterung, wie Bambusmatten-
Struktur (ajime) oder verschränkte Quadrate (kaku-chigai). Glückssymbole,
wie Motive für langes Leben (Kiefernadeln) oder für starken Charakter
(Bambusstämme und Blätter) sind genauso zu finden wie Darstellungen mit
poetischem Inhalt: Herbstgräser, Ahorn oder in die Wasser-Wellen fallende
Kleeblätter.

Teil B: Sara-Fuji tehon-chō (Sara-Fuji Mustersammlung)

Die 126 Mustercoupons der zweiten Sammlung dieses Musterbuchs sind
nicht von der gleichen Einheitlichkeit und zeigen die kaum vorstellbare Fülle
und den Reichtum künstlerischer und technischer Möglichkeiten, die die
japanische Textilkunst in vielerlei Hinsicht unerreichbar machten und die
auch in den anderen Bereichen japanischen Kunstgewerbes auf gleich hohem Niveau wiederzufinden ist. Als eine Art Formengrammatik bieten hier
schon diese nur wenige Zentimeter großen Mustercoupons eine wahre
Fundgrube, an denen sich die unendlichen Möglichkeiten ablesen lassen,
und nur dies ermöglicht es, die Gewänder und die anderen Schöpfungen
japanischer Textilkunst erst wirklich in ihrer Ganzheit erfassen zu können.
Die einzelnen Stücke der Sammlung unterscheiden sich sowohl in Größe
und Material: Seidenkrepp (chirimen), Baumwolle (momen) u.a., als auch in
der Färbung: Schablonendruck mit zwei oder mehr Farben, teilweise auch
mit Reservage oder Flächenaufdruck ergänzt (Flaschenkürbis, Nr.325). Den
größten Unterschied jedoch finden wir in der Vielfältigkeit der Musterung.
So erscheinen insbesondere Motive rein japanischer Ausprägung literari-
schen Inhalts und mit leichter Asymmetrie: Palast-Motive (Nr.358)[227], Kraniche im Wolkenmeer (Nr.49), Grashalme und Kleeblätter im Schnee
(Nr.249), Karpfen im Fluß (Nr.276) oder Bambusgitter und Flaschenkürbisse
(Nr.279). Auch symbolbeladene Motive sind besonders häufig zu finden,
wie die für langes Leben (Kiefer: Nr.233, 63 u.a.), für Jugend und Frühling
(Weidenzweige und Schwalben: Nr.396), Symbole für festen Charakter
(Bambus: Nr.170, 188) oder für Ausdauer (Karpfen, der gegen den Strom
schwimmt: Nr.276).
Aber auch chinesisch beeinflußte Motive treten auf: Päonienblüten mit
Ranken (Nr.360) oder der chinesische Löwe (kara-shishi: Nr.362). Daneben
findet sich die sog. ›Indiana‹, die aus Indien über China nach Japan gelang-
ten (wie ursprünglich der Löwe auch) und so, teilweise stärker assimiliert,
übernommen worden sind, in der Art des sarasa bzw. wa-sarasa[228]. Sie
unterscheiden sich ebenso in Material und Technik (meist Chintz, ganz feine
Baumwolle mit Schablonendruck) wie auch in ihren Farben (sehr häufig
beige-farbener Grund) und vor allem in ihrem viel strengeren Stil von den
Textilien rein japanischer Ausprägung (Nr.51, 78, 327). Jedoch wurden sie
gerade seit Anfang des 19. Jahrhunderts in Japan wieder besonders beliebt,
und dies erklärt auch ihr häufigeres Auftreten in solchen Firmen-Musterbü-
chern[229].

Mihon-chō II: Ōshima kasuri-shū (Ikat-Sammlung aus Ōshima)

Auch bei dem zweiten Musterbuch handelt es sich um eine besondere
Sammlung, eine ausgezeichnete und äußerst seltene Kollektion von Ikat-
Geweben aus Amami Ōshima (kurz: Ōshima, auch Amami jima d.h. Insel
Amami genannt). Es liegt im südlichsten Japan, zwischen Kyūshū und Oki-
nawa, der größten Insel der Gruppe Amami-shotō, gehört zur Provinz
Ōsumi und untersteht der Präfektur Kagoshima[230].
Bei dem sich in der Neuen Sammlung befindenden Musterbuch handelt es
sich um ein Album aus Pappe, in Form eines längsrechteckigen Faltbuchs

von der Größe 26 × 18,5 cm, und damit weitgehend in den allgemein
üblichen Maßen des japanischen Originalbogens (masa-ban) gehalten (ca.
50 × 37 cm), aus dessen gleichmäßiger Teilung, durch den längsgefalzten
Halbbogen, sich die Maße dieses Albums etwa ableiten lassen[231]. Der feste
Einband ist mit blau eingefärbtem und etwas ausgeblichenem Baumwollnessel über Pappe kaschiert, in Indigo-Färbung (aigata). Die Vorsatzblätter
und das längliche Titelschild bestehen aus mit Goldglimmer bedrucktem,
dekorativen Papier. Die Titelbeschriftung ist in ›kaisho‹ d. h. Normal- oder
Regelschrift: »Ōshima kasuri-shū«, mit schwarzer Tusche. Das Album enthält 25 Seiten (Blätter doppelseitig beklebt) mit insgesamt 180 Stoffmustern, je Seite 5-9 Stück, unregelmäßig und in verschiedenen Größen aufgeklebt. Einige der Stücke (pro Seite 1-2) sind mit Musterschere im Format
von ca. 5 × 5,7 cm Größe ausgeschnitten; die anderen von unterschiedlichen Formaten, z. T. unregelmäßig ausgeschnitten und angeordnet, die
Ränder oft ausgefranst. Auffallend viele Mustercoupons enthalten Webkanten.

Alle Stoffproben des Albums sind charakteristische und sorgfältig ausgewählte Stücke für die traditionelle Textilkunst Ōshimas, ein noch weitgehend unerschlossenes Gebiet Japans, in dem aber bei der Bevölkerung eine
sehr hohe handwerkliche Tradition zu verzeichnen ist; fast alle Haushalte
besitzen heute noch ihren eigenen Webstuhl[232]. Das Material dieser Mustercoupons ist ausnahmslos die für Ōshima charakteristische, handgesponnene Kimono-Seide (Amami Ōshima tsumugi), mit der ebenfalls für
diese Region charakteristischen dunkelbraunen Färbung (cha-gasuri). Aus
den Zweigen des tēchigi-Baumes, in Okinawa auch ›tēkachi‹ genannt (Rha-
phiolepis umbellata), wird dieser Farbstoff gewonnen, anschließend in einem eisenhaltigen Schlammbad fixiert (doro-zome), um dadurch erst seine
besondere, dunkle Farbnuancierung zu gewinnen[233]. Die Musterung weist
außerordentlich feine, kleinteilige und vorwiegend geometrische Muster
auf. Sie ist zudem als besondere Seltenheit in ›Doppelikat-Technik‹ (tate-
yoko-gasuri) gefertigt, d. h. daß sowohl die Kett- als auch Schußfäden mit
einer speziellen Garnreservierungsmethode noch vor dem Weben gefärbt
werden. Dieses Verfahren wird außer in Japan nur noch in Indonesien (Ur-
sprungsland), auf der Insel Bali (mit Baumwolle) angewendet sowie in Indien: in Gujarat (mit Seide)[234]. Jedoch kommen auch diese in Feinheit und
Kleinteiligkeit der Musterung der japanischen Stücke nicht nach.

Bei der Musterung treten besonders häufig Motive auf, die dem Wunsch
für ein langes Leben und Wohlstand entsprungen sind. Als deren bedeutendste sind allerlei Abwandlungen der ›Schildkrötenschalen‹- bzw. ›Schildpatt-Gitter‹-Musterungen zu finden, ein in Ostasien besonders bedeutungs-
volles Symbol für langes Leben. In seinen oktogonalen und hexagonalen
Abwandlungen (kikkō, shikkō kawari), wie auch in den bei diesen Doppel-
ikat-Stücken häufig zu findenden Abwandlungen des ›hachijūhachi‹- bzw.
›kome‹-Motivs, bildet es eine Kombination aus einem X und einer Kreuz-
form, die dem zusammengezogenen Schriftzeichen für 88 bzw. dem Zeichen für Reis entspricht. Damit ist es Sinnbild für ein besonders langes
Leben (des 88. Geburtstages; bei-ju no iwai) und für Wohlstand (Reis)[235].
Die Musterbildung geschieht hier häufig mit den ›Ikat-Sternchen‹ (Mosquito
oder ka-gasuri), durch die der Doppelikat-Technik gegebene und sehr
schwierige Möglichkeit, daß sowohl an der Kette wie am Schuß ausgesparte, winzig kleine Musterungen einander fast decken und so diese kleinen Sternformen bilden. Je kleinteiliger und feiner die Musterung, um so
›verwaschener‹, d. h. mit ganz leichter bräunlicher Tönung, erscheinen die
Muster, da die Farbe ein wenig in die ausgesparten Garnflächen ein-
dringt[236].
Einige der Musterproben gehören den sog. Farbikaten (iro-gasuri) an
(7 Stück), die neben ihrer speziellen braunen Grundfarbe mit weiteren Farben (Grün, Gelb und Rot) in Schußikat gefärbt sind (yoko-gasuri). Drei weitere Stoffmuster sind der Gruppe der sog. ›Bildikate‹ (e-gasuri) zuzuordnen.

Waren die Farbikate von der technischen Seite her Ausnahmen (Ergänzung mit weiteren Farben, Verwendung von Effektfäden), bezieht sich hier der Ausnahmezustand auf die Darstellungsinhalte selbst, nämlich auf eher figurative Motive, wie z. B. ein Vogel, eine Fischergestalt (Nr. 2, 3), eine Schildkröte oder eine Kiefer[237], die, ebenfalls im Schußikat-Verfahren hergestellt, in leuchtend silbrigen, hellen Farbtönen (= Grundton der verwendeten Seidenfäden) in der dunkelbraunen Grundfärbung des Materials erscheinen.

Mihon-chō III: Shima-gara mihon-chō (Streifenmuster-Sammlung)

Das dritte Musterbuch ist ebenfalls einem weiteren, von den bisherigen abweichenden Gebiet japanischen Textildesigns gewidmet, den farbigen Geweben (shima-ori) mit der Streifen-Musterung und Gitterbildung. Es handelt sich hier also um eine Streifenmuster-Sammlung (shima-gara mihon-chō, kurz: shima-chō).

Diese Mustertypen sind in ihren Ursprüngen nicht rein japanisch, sondern fremde Übernahmen. Seit Ende der Muromachi- und während der Momoyama-Periode (16. Jahrhundert) wurden sie nach Japan durch die Handelsschiffe (kango) – deren Fracht vor allem Seidengewebe, aber auch gestreifte Baumwoll- und Wollstoffe beinhaltete – in das Land eingeführt, so aus Indien, Java und vor allem aus europäischen Ländern. Dabei fanden ganz im besonderen die englischen bzw. schottischen Tücher und deren Musterung Beachtung[238]. Auf den fremden Ursprung solcher Musterung weist auch die Tatsache hin, daß in Japan bis in die Meiji-Zeit hinein (2. Hälfte 19. Jahrhundert) das japanische Wort für Streifen (shima) mit zwei verschiedenen, auswechselbaren Zeichen geschrieben worden ist, wobei das eine homonym mit dem Wort für ›Insel‹ (ebenfalls ›shima‹) ist und andeutet, daß diese Musterung von der ›Insel‹, d. h. von weither über das Meer und in das Land gebracht worden ist[239]. Während der Edo-Zeit wurde die Streifen-Musterung immer mehr in das eigene Forminventar aufgenommen, integriert und fand immer breitere Verwendung. Seit der Mitte der Edo-Zeit und während der ganzen Meiji- und Taishō-Zeit sind Streifenmuster in allen möglichen Varianten (horizontal, vertikal gestreift, als Gitter oder als reine Karomuster), in den verschiedensten Kombinationen, Farbzusammenstellungen, Materialien und Strukturen bei allen Schichten der Bevölkerung zu finden, und es gibt nur wenige Länder, in denen die Streifen-Musterung schließlich solchen Formenreichtum erreicht hat wie gerade in Japan[240].

Bei der vorliegenden Sammlung handelt es sich um 50 lose Blätter, die in einer Kassette zusammengefaßt sind. Die hochrechteckige Kassette mit festem Vorder- und Rückdeckel (Pappe) sowie beweglichen Klappen ist mit blau eingefärbtem Baumwollnessel überzogen, in Indigo-Färbung (aigata). Sie besitzt zwei Schließen an der vorderen linken Seite, ist stark verblichen und weist vor allem oben und rechts Wasserschäden auf. Die linke Seite des Kassettendeckels ist mit einer Vignette versehen, die noch Spuren einer Beschriftung mit schwarzer Tusche trägt. Die untere Seite des Vorderdeckels ist asymmetrisch mit einem blau-beige-rot gestreiften Baumwollstoff beklebt: von der linken Seite zur rechten unteren Ecke hin mit einer gezackten Linie absteigend (entsprechend der rechten oberen Hälfte einer matsukawa-bishi-Verzierung). Das schmale Hochformat der 50 Blätter (gelbliche Kartons) von 31,5 × 17 cm entspricht in etwa der Standardgröße eines japanischen ›Schmalbildes‹ (hoso-e) von ca. 32 × 15 cm[241]. Auf jedem der 50 Blätter befinden sich drei Stoffmuster untereinander, also insgesamt 150 Mustercoupons, jeweils von der gleichen Größe von 6,7 × 12,7 cm, mit leichter Abrundung an den Ecken. Sie sind nur an der oberen Seite aufgeklebt, die untere Hälfte lose. Unter den Mustercoupons ist in ganz kleiner Siegelschrift (tensho) der Herkunftsort des jeweiligen Sammlungsstücks in blauer Farbe in den Karton geprägt.

Es handelt sich hier um eine ausgezeichnete Sammlung farbiger Gewebe, die alle, bis auf wenige Ausnahmen (Blatt 3), mit Streifen und Gittermuster verziert sind (shima-gara kōshi-moyō), einige auch mit Karomuster (danga-wari: ichimatsu). Wie den in Siegelschrift verfaßten Namen unter den Coupons zu entnehmen ist, entstammt der größte Teil der Stücke (123 aus 150) der Kansai-Ebene: Mehr als die Hälfte (insgesamt 76 Stück) sind aus Kioto und unmittelbarer Umgebung (Kyōto-shinai: 31 Musterproben; Kyōto-fukin: 45), einige weitere aus Nara (Nara-chihō: 13), aus Tamba (Tamba-hōmen: 7), aus Fukuchi-yama (Fukuchi-yama-hōmen: 11) und aus Nagoya bzw. deren östlicher Umgebung (Nagoya-itō: 16). Die übrigen kommen aus Hokuriku (Hokuriku-hōmen: 7), Chūbu, aus Shinshū (Shinshū-chihō: 2), ebenfalls Chūbu, aus Banshū (Banshū-hōmen: 14; sino-jap. Name für: Harima, San-yōdō), aus Awa (Awa-chihō: 2), Shikoku, und aus Tottori (Tottori: 1), Chū-goku. Eine Musterprobe (5/b) ist unbezeichnet.

Die Mustercoupons sind indes jedoch weder regional noch farblich, nach Muster oder auch nach technischen oder anderen erkennbaren Gesichts-punkten geordnet, sondern völlig unsystematisch aufgereiht (so z. B. Blatt 29: ›a‹ aus Fukuchi-yama-hōmen, ›b‹ aus Kyōto-shinai, ›c‹ aus Nagoya-itō; auch keine farblichen oder mustermäßigen Entsprechungen). Es handelt sich hierbei jedoch um eine einheitliche Sammlung von farbigen Geweben mit Streifenmuster und um eine Kollektion von Stücken mit besonders delikaten und feinen Musterungen. Sie gewinnen außerdem dank ihrer ge-nauen Herkunftsangaben an Bedeutung. So lassen sich viele regionale Un-terschiede beobachten, etwa, daß die Nara-Stücke sich meist durch eine besonders tiefe Indigo-Färbung auszeichnen. Bei den Sammlungsstücken aus Fukuchi-yama befinden sich meist gröbere Gewebe, auch aus bzw. mit Hanf. Die Kioto-Stücke dagegen weisen die feinsten technischen Raffines-sen auf – entsprechend den verfeinerteren Ansprüchen seiner städtischen Bevölkerung. Sie sind häufig in leichten Pastelltönen gefärbt (von Beige bis hellem Nußbraun und Hellblau), auch kombinieren sie verschiedene Bindun-gen (Leinwandbindung mit Köper: Nr. 2/b) oder Mischgewebe (so Seide mit Baumwolle; ito-ire). Einige der Kioto-Stücke weisen außerdem auch zusätz-liche feine Ikat-Musterung auf (1/c, 4/c), desgleichen manche gröbere Ge-webe z. B. aus Banshū (10/b) oder aus Tottori (11/c).

Die drei Musterbücher der Münchner Neuen Sammlung stellen nicht nur drei bzw. vier Kollektionen von Stoffproben historischer japanischer Texti-lien dar. Sie sind innerhalb dieses Gebietes differenziert nach Komon-Mu-stern u. a. (Musterbuch I), Ikat (Musterbuch II) und Streifenmustern (Mu-sterbuch III). In ihrem zeitlichen Nacheinander reichen diese Musterbücher von Ende Edo- bis Anfang der Meiji-Zeit. Sie erlauben sogar z. T. exakte Lokalisierungen und eröffnen damit auch Einblicke in die regionale Kunst- und Wirtschaftsgeschichte Japans.

Kimonostoff, Ende Edo-Zeit
(1. Hälfte 19. Jh.)

Druckstoff; Seide; Taftbindung; Schablonendruck
(kata-zome) mit Reservage (rôkechi) und Aufdruck
Komon-Muster: fallende Kiefernnadeln (chiri
matsuba), weiß ausgespart, und fliegende Kraniche (tsuru) in Schwarz auf hellgrauem Grund.
Symbole für langes Leben. Musterung in kiri-bori
(Punkt-Muster: Weiß) und dôgu-bori (Form-Muster: Schwarz)
L. 6,5 cm; B. 5 cm
Musterrapport: L. (Hauptmotiv) 2-2,8 cm
Inv. Nr. 1003/88-5 (jap. Muster-Nr. 279/A)
vgl. auch Inv. Nr. 1003/88-365 (chiri matsuba-Motiv)
Lit. u. a.: Urano Riich (Hrsg.), Komon. Tokio 1974,
63 m. Abb. [auf Indigo], 136 m. Abb. [in kiri-bori] =
Nihon senshoku sô ka, Bd. 7 – Blakemore Fran-
ces, Japanese Design through Textile Patterns.
Tokio/New York 1984, 171 m. Abb. [Vergleichsbei-
spiele].

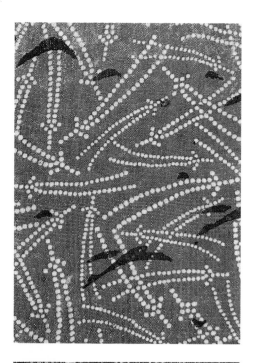

Kimonostoff, Ende Edo-Zeit
(1. Hälfte 19. Jh.)

Geht auf Muster der frühen Edo-Zeit (17. Jh.) zu-
rück.
Druckstoff; Seide; Taftbindung; Schablonendruck
(kata-zome) mit Reservage (rôkechi) und Aufdruck
Komon-Muster: »Bambuswald«. Bambus-
stämme (take) mit Blättern gegenläufig nebenein-
ander gereiht, weiß ausgespart in hellgrauem
Grund; stilisierte Blüten in Schwarz aufgedruckt.
Musterung in kiri-bori (Punkt-Muster: Weiß) und
dôgu-bori (Form-Muster: Schwarz)
L. 6,4 cm; B. 5,1 cm
Inv. Nr. 1003/88-11 (jap. Muster-Nr. 285/A)
Lit. u. a.: Yamanobe Tomoyuki (Hrsg.), Nihon no
senshoku. Bd. 4. Tokio 1980, T. 58 u. 61 – Noma
Seiroku, Japanese Costume and Textile Arts.
New York/Tokio 1983, Abb. 92 [Vergleichsbei-
spiele der frühen Edo-Zeit, 17. Jh.].

Kimonostoff, Ende Edo-Zeit
(1. Hälfte 19. Jh.)

Druckstoff; Seide; Taftbindung; Schablonendruck
(kata-zome) mit (Halbton-)Reservage (rôkechi)
Komon-Muster: geometrische Musterung aus
verschränkten, konzentrischen Quadraten (kaku-
chigai), an vier Ecken überlappt, und ausgesparten
Kreuzformen (jûji). Hellgrau auf dunkelgrauem
Grund; Musterung in kiri-bori (Punkt-Muster)
L. 6,3 cm; B. 5,1 cm
Musterrapport: H. 1,6 cm; B. 1,6 cm
Inv. Nr. 1003/88-19 (jap. Muster-Nr. 273/A)
Lit. u. a.: Textile Designs of Japan. Bd. 2 (Geo-
metric designs). Tokio/New York 1980, T. 61,5,
T. 163,1 [verwandte Muster].

Kimonostoff, Ende Edo-Zeit
(1. Hälfte 19. Jh.)

Druckstoff; Seide; Taftbindung; Schablonendruck
(kata-zome) mit Reservage (rôkechi) und Aufdruck
Komon-Muster: große sechsblättrige Hanfblüten
(asa-no-ha) mit kleinen, schematisierten Chrysan-
themen (kiku) in der Mitte; Weißreservage in
grauem Grund, Blütenkonturen durch schwarzen
Aufdruck verstärkt. Musterung in dôgu-bori
(Form-Muster)
L. 6,4 cm; B. 5,1 cm
Musterrapport: H. (Hauptmotiv) 2,2-2,8 cm
Inv. Nr. 1003/88-43 (jap. Muster-Nr. 299/A)
Lit. u. a.: Textile Designs in Japan. Bd. 2 (Geomet-
ric designs). Osaka 1960, T. 169,8 [Vergleichsbei-
spiel, Chrysantheme] – Urano Riich (Hrsg.), Ko-
mon. Tokio 1974, 132 m. Abb. [Hanfblüte] = Ni-
hon senshoku sô ka, Bd. 7 – Blakemore Frances,
Japanese Design through Textile Patterns. New
York/Tokio 1984, 196 m. Abb. [in kiri-bori].

Kimonostoff, Ende Edo-Zeit
(1. Hälfte 19. Jh.)

Druckstoff; Seide; Taftbindung; Schablonendruck
(kata-zome) mit Reservage (rôkechi) und Aufdruck
Komon-Muster: stilisierte Wasserwellen (sei-
gaiha) aus bogenförmigen Linien, weiß ausge-
spart in hellblauem Grund; Y-Formen (Vogel-
schwarm) in Dunkelblau aufgedruckt
L. 6,4 cm; B. 5,1 cm
Musterrapport: H. 1,2 cm; B. 1,5 cm
Inv. Nr. 1003/88-36 (jap. Muster-Nr. 295/A)
Lit. u. a.: Nihon no senshoku. Bd. 4. Tokio 1980,
T. 63 [in kôkechi, Abbindeverfahren] – Yoshimoto
Kamon (Hrsg.), Wa-sarasa mon-yô zukan (Sarasa-
Mustersammlung). Tokio 1982, 109, Abb. 50
[Wellen u. Vögel] – Noma Seiroku, Japanese Cos-
tume and Textile Arts. New York/Tokio 1983,
Abb. 189 [Vergleichsbeispiel, Nô-Kostüm, 2. Hälfte
Edo-Zeit] – Blakemore Frances, Japanese Design
through Textile Patterns. New York/Tokio 1984,
51 u. 98 m. Abb. [Vergleichsbeispiele].

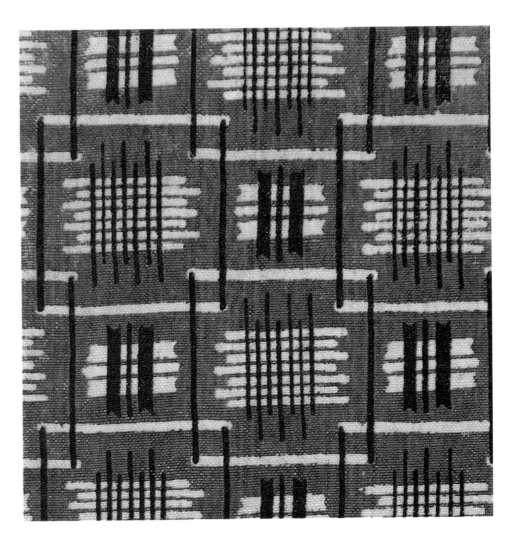

Kimonostoff, Ende Edo-Zeit
(1. Hälfte 19. Jh.)

Druckstoff; Seide; Taftbindung; Schablonendruck
(kata-zome) mit Reservage (rôkechi) und Aufdruck
Komon-Muster: geometrische Musterung; ver-
schränkte Quadrate (kaku-chigai), an vier Ecken
überlappt, aus weißen Horizontal- und schwarzen
Vertikal-Linien gebildet. Binnenzeichnung: je 7
(Zwischenraum-Muster je 3) einander kreuzende,
weiße und schwarze Linien in grauem Grund. Ho-
rizontale Linien in Weißreservage, vertikale in
schwarzem Aufdruck. Musterung in shima-bori
(Linien-Muster). Für Unregelmäßigkeit der Linien-
Längen sind Vorbilder in der Kasuri-(Ikat-)Technik
zu finden.
L. 6,4 cm; B. 5,1 cm
Musterrapport: H. 2,8 cm; B. 2,8 cm
Inv. Nr. 1003/88-38 (jap. Muster-Nr. 291/A).

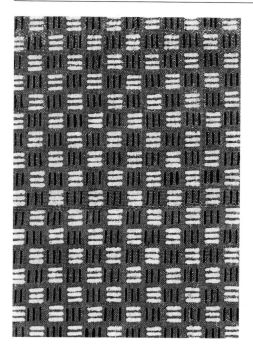

Kimonostoff, Ende Edo-Zeit
(1. Hälfte 19. Jh.)

Druckstoff; Seide; Taftbindung; Schablonendruck
(kata-zome) mit Reservage (rôkechi) und Aufdruck
Komon-Muster: geometrische Musterung, geflochtenen Bambusmatten (ajiro) ähnlich. Schachbrettartig (ichi-matsu) wechselnde Flächen mit
drei horizontalen (weißen) bzw. drei vertikalen
(schwarzen) Linien; weiße Linien ausgespart in
grauem Grund, schwarze Linien aufgedruckt
L. 6,4 cm; B. 5,1 cm
Musterrapport: H. 0,7 cm; B. 0,7 cm
Inv. Nr. 1003/88-44 (jap. Muster-Nr. 297/A)
Lit. u. a.: Textile Designs of Japan. Bd. 2 (Geometric designs). Tokio/New York 1980, T. 62,1/2 [ver-
wandtes Muster] – Yoshimoto Kamon (Hrsg.),
Wa-sarasa mon-yô zukan (Sarasa-Mustersammlung). Tokio 1982, 134, Abb. 55.

Kimonostoff, Ende Edo-Zeit
(1. Hälfte 19. Jh.)

Druckstoff; Seide; Taftbindung; Schablonendruck
(kata-zome) mit (Weiß-)Reservage (rôkechi)
Fein gezeichnete Flußlandschaft mit Kiefernwald
im Hintergrund, Boote und Pavillons. Weiß ausgespart in grauem Grund; Motive gegenläufig
L. 6,4 cm; B. 5,1 cm
Inv. Nr. 1003/88-54 (jap. Muster-Nr. 169/A).

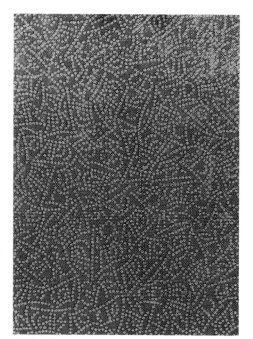

Kimonostoff, Ende Edo-Zeit
(1. Hälfte 19. Jh.)

Druckstoff; Seide; Taftbindung; Schablonendruck
(kata-zome) mit (Weiß-)Reservage (rôkechi)
Komon-Muster aus gebogenen und geraden, kur-
zen und langen Linien: abgewandelte lateinische
Buchstaben und Monogramme ohne konkrete
Bedeutung. Muster dieser Art waren beliebt vor
allem als Hintergrund-Dekoration im Kunstge-
werbe; sie entstanden in Auseinandersetzung mit
portugiesisch-holländischer Kultur im 16.-17. Jh.
Musterung in kiri-bori (Punkt-Muster); weiß aus-
gespart in graublauem Grund
L. 6,4 cm; B. 5,1 cm
Inv. Nr. 1003/88-56 (jap. Muster-Nr. 174/A)
Lit. u. a.: Tuer Andrew, Japanese Stencil Designs.
New York 1967 (1. Aufl. 1893), 10 m. Abb. [ver-
wandtes Muster].

Kimonostoff, Ende Edo-Zeit
(1. Hälfte 19. Jh.)

Druckstoff; Seide; Taftbindung; Schablonendruck
(kata-zome) mit Reservage (rôkechi)
Komon-Muster: Fischer, mit sich unregelmäßig
kreuzenden Angeln (tatebina-Figuren); weiß aus-
gespart in grauem Grund
L. 6,4 cm; B. 5,1 cm
Musterrapport: Motivgröße: H. 0,8 cm; B. 1,9 cm
Inv. Nr. 1003/88-60 (jap. Muster-Nr. 173/A).

Kimonostoff, Ende Edo-Zeit
(1. Hälfte 19. Jh.)

Druckstoff; Seide; Taftbindung; Schablonendruck
(kata-zome) mit Reservage (rôkechi) und Aufdruck
Komon-Muster: hufeisenförmige, kleine Blüten
(kohana), weiß ausgespart in grauem Grund;
Stiele schwarz aufgedruckt. Musterung in kiri-bori
(Punkt-Muster: Weiß) und dôgu-bori (Form-Mu-
ster: Schwarz)
L. 6,4 cm; B. 5,1 cm
Inv. Nr. 1003/88-109 (jap. Muster-Nr. 309/A).

Kimonostoff, Ende Edo-Zeit
(1. Hälfte 19. Jh.)

Druckstoff; Seide; Taftbindung; Schablonendruck
(kata-zome) mit Reservage (rôkechi) und Aufdruck
Komon-Muster: in den Fluß fallende Kleeblätter
(ryû-sui ni hagi), weiß ausgespart in grauem
Grund, und Ahornblätter (kaede no ha), schwarz
aufgedruckt. Herbstsymbolik. Musterung in kiri-
bori (Punkt-Muster: Weiß) und dôgu-bori (Form-
Muster: Schwarz)
L. 6,4 cm; B. 5,1 cm
Inv. Nr. 1003/88-112 (jap. Muster-Nr. 310/A)
Lit. u. a.: Urano Riich (Hrsg.), Komon. Tokio 1974,
131 u. 135 m. Abb. [verwandte Muster] = Nihon
senshoku sô ka, Bd. 7.

Kimonostoff, Ende Edo-Zeit
(1. Hälfte 19. Jh.)

Druckstoff; Seide; Taftbindung; Schablonendruck
(kata-zome) mit Reservage (rôkechi)
Komon-Muster: tropfenförmige Kleeblätter (hagi)
aus Kreissegmenten gebildet, auf Streumuster,
sog. »Birnengrund« (nashiji). Weiß ausgespart in
grauem Grund. Musterung in kiri-bori (Punkt-Muster)
L. 6,4 cm; B. 5,1 cm
Inv. Nr. 1003/88-146 (jap. Muster-Nr. 222/A).

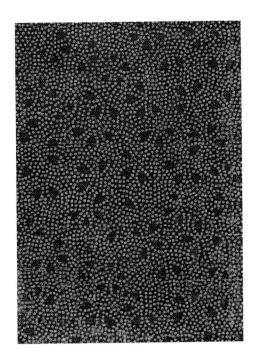

Kimonostoff, Ende Edo-Zeit
(1. Hälfte 19. Jh.)

Druckstoff; Seide; Taftbindung; Schablonendruck
(kata-zome) mit (Halbton-)Reservage (rôkechi)
Komon-Muster: Anker mit blütenförmiger Öse,
dicht gedrängt mit kleinem – zum Teil ebenfalls
blütenförmigem – Füllmuster: hellgrau in dunkelgrauem Grund. Musterung in kiri-bori (Punkt-Muster)
L. 6,4 cm; B. 5,1 cm
Musterrapport: H. (Hauptmotiv) 0,8 cm
Inv. Nr. 1003/88-176 (jap. Muster-Nr. 188/A).

Kimonostoff, Ende Edo-Zeit
(1. Hälfte 19. Jh.)

Verwendet Motive der früheren Edo-Zeit
(17./18. Jh.).
Druckstoff; Seide; Taftbindung; Schablonendruck
(kata-zome) mit (Weiß-)Reservage (rôkechi)
Komon-Muster: Komposit-Muster aus Faltfächern
(sensu) und Tänzern (tatebina-Figuren) mit sich
gelegentlich kreuzenden Armen als Füll-Muster.
Weiß ausgespart in grauem Grund
L. 6,4 cm; B. 5,1 cm
Musterrapport: Einzelmotive H. 0,7 cm
Inv. Nr. 1003/88-169 (jap. Muster-Nr. 183/A)
Lit. u. a.: Tuer Andrew, Japanese Stencil Designs.
New York 1967 (1. Aufl. 1893), Abb. 33 [realisti-
schere Variante des Tänzer-Motivs] – Yoshimoto
Kamon (Hrsg.), Wa-sarasa mon-yô zukan (Sarasa-
Mustersammlung). Tokio 1982, 38, Abb. 44, 63,
Abb. 110 – Noma Seiroku, Japanese Costume and
Textile Arts. New York/Tokio 1983, Abb. 73 [Ver-
gleichsbeispiele für Fächer-Motiv, 17./18. Jh.].

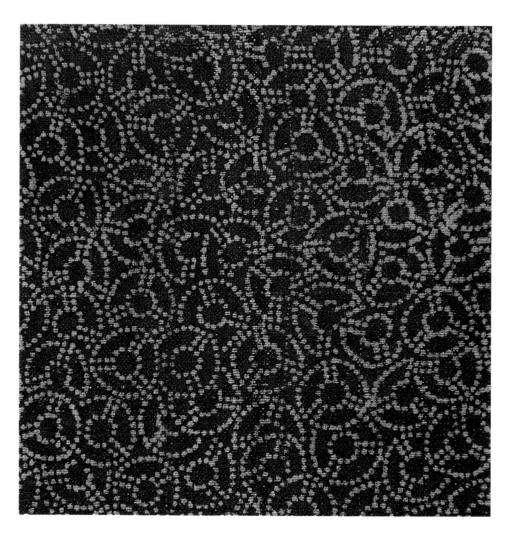

Kimonostoff, Ende Edo-Zeit
(1. Hälfte 19. Jh.)

Ähnliche Muster seit der Momoyama-Zeit
(2. Hälfte 16. Jh.) nachweisbar
Druckstoff; Seide; Taftbindung; Schablonendruck
(kata-zome) mit Reservage (rôkechi)
Komon-Muster: Fächer-Medaillons, einander
überlagernd; jeweils drei Faltfächer (sensu) einen
Kreis formierend. Weiß ausgespart in grauem
Grund. Musterung in kiri-bori (Punkt-Muster)
L. 6,4 cm; B. 5,1 cm
Musterrapport: H. (Motiv) 0,7 cm
Inv. Nr. 1003/88-162 (jap. Muster-Nr. 179/A)
Lit. u. a.: Urano Riich (Hrsg.), Komon. Tokio 1974,
127 m. Abb. [Fächer-Motiv] = Nihon senshoku sô
ka, Bd. 7 – Noma Seiroku, Japanese Costume and
Textile Arts. New York/Tokio 1983, Abb. 80 [Ver-
gleichsbeispiel aus der Momoyama-Zeit].

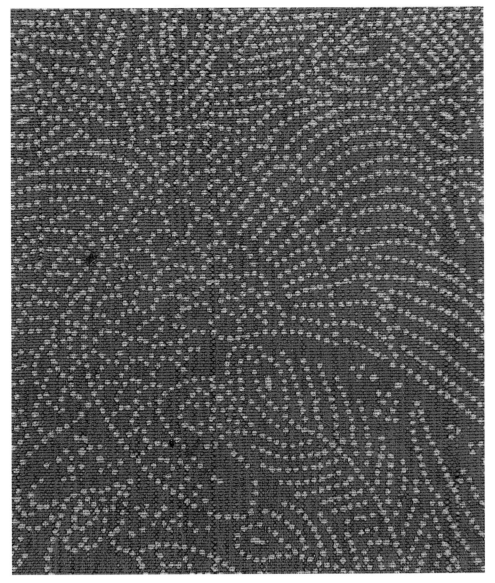

Kimonostoff, Ende Edo-Zeit   ▽
(1. Hälfte 19. Jh.)

Druckstoff; Seide; Taftbindung; Schablonendruck
(kata-zome) mit (Halbton-)Reservage (rôkechi)
Komon-Muster: Farnblätter (Urajiro) mit eingeroll-
ter Spitze, dicht gefügt und z. T. miteinander verbunden; hellgrau in dunkelgrauem Grund. Musterung in kiri-bori (Punkt-Muster)
L. 6,4 cm; B. 5,1 cm
Musterrapport: (Musterelement) L. 1 cm
Inv. Nr. 1003/88-179 (jap. Muster-Nr. 189/A)
Lit. u. a.: Urano Riich (Hrsg.), Komon. Tokio 1974,
12 u. 14 m. Abb. [verwandtes Muster aus einer
ähnlichen Sammlung] = Nihon senshoku sô ka,
Bd. 7 – Textile Designs of Japan. Bd. 2 (Geometric
designs). Tokio/New York 1980, T. 171,7 [ver-
wandtes Muster].

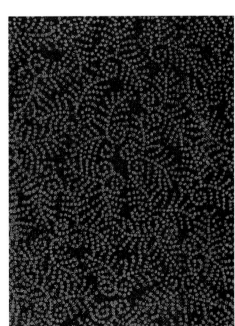

Kimonostoff, Ende Edo-Zeit
(1. Hälfte 19. Jh.)

Druckstoff; Seide; Taftbindung; Schablonendruck
(kata-zome) mit (Weiß-)Reservage (rôkechi)
Komon-Muster: Pfauen mit fächerförmig ge-
spreizten Federn, Rad schlagend. Frühlingssym-
bolik. Weiß ausgespart in hellblauem Grund. Musterung in kiri-bori (Punkt-Muster)
L. 6,4 cm; B. 5,1 cm
Inv. Nr. 1003/88-253 (jap. Muster-Nr. 37/A)
Lit. u. a.: Yoshimoto Kamon (Hrsg.), Wa-sarasa
mon-yô zukan (Sarasa-Mustersammlung). Tokio
1982, 102, Abb. 6 – Watson William (Hrsg.), [Kat.
Ausst.] The Great Japan Exhibition. Art of the Edo
Period 1600-1868. Royal Academy of Arts. London 1980, Abb. 36 [Vergleichsbeispiel aus der Malerei: Ogata Kôrin, 1. Viertel 18. Jh.].

Kimonostoff, Ende Edo-Zeit
(1. Hälfte 19. Jh.)

Druckstoff; Seide; Taftbindung; Schablonendruck
(kata-zome) mit (Weiß-)Reservage (rôkechi)
Komon-Muster: Kugeltöpfe (tsubo-gata) und
Schmetterlinge; gekreuzte Linien und Pünktchen
als Füllmuster weiß ausgespart in dunkelgrauem
Grund; Musterung in kiri-bori (Punkt-Muster)
L. 6,4 cm; B. 5,1 cm
Musterrapport: H. u. B. ca. 2 cm (unregelm.)
Inv. Nr. 1003/88-255 (jap. Muster-Nr. 40/A)
Lit. u. a.: Tuer Andrew, Japanese Stencil Designs.
New York 1967 (1. Aufl. 1893), Abb. 88 – Sugihara
Nobuhiko, [Kat. Ausst.] Katazome: Stencil and
Print Dyeing. National Museum of Modern Art.
Tokio 1980, Abb. 180 [schematischeres Ver-
gleichsbeispiel].

(Sarasa-Mustersammlung). Tokio 1982, 103, Abb. 15 [tate-waku mit kara-hana] – Blakemore Frances, Japanese Design through Textile Patterns. New York/Tokio 1984, 11, 113 m. Abb. [saya-gata mit manji].

Kimonostoff, Ende Edo-Zeit ▷
(1. Hälfte 19. Jh.)

Druckstoff; Baumwolle; Leinwandbindung; Schablonendruck (kata-zome) mit Reservage (rôkechi) und Aufdruck
Kreismuster (maru-mon): in horizontalen Reihen versetzt angeordnete Kreisornamente, weiß ausgespart in beige-farbenem Grund; hier in Grau aufgedruckt konzentrische Kreise (dôshin-wa), darüber gelagert in Rotbraun fünf auf die Mitte gerichtete Keile
L. 13 cm; B. 9 cm
Musterrapport: H. u. B. ca. 1 cm (Motivgröße)
Inv. Nr. 1003/88-16 (jap. Muster-Nr. 121/B)
Lit. u. a.: Tuer Andrew, Japanese Stencil Designs. New York 1967 (1. Aufl. 1893), Abb. 59 [Vergleichsbeispiel] – Blakemore Frances, Japanese Design through Textile Patterns. New York/Tokio 1984, 93 m. Abb. [Motivvariante].

Kimonostoff, Ende Edo-Zeit △
(1. Hälfte 19. Jh.)

Damast; Seide; Köperbindungen; Schablonendruck (kata-zome)
Wellenlinien und Blumen (hana-tate-waku): horizontale, gegenständige, doppelte Wellenlinien (tate-waku); als Füllmuster reihenweise wechselnd Pflaumenblüten (ume no hana) und Margeritenranken (kara-hana). Pflaumenblüten jeweils als große Vollblüten in den Wellenbergen, verkleinert in den Verengungen; Margeriten als Rankenblumen umrißhaft, reihenweise gegenläufig. Musterung in Rotbraun (Pflaumenblüten) und Schwarz (tate-waku, kara-hana und Umrißlinien) vor graublauem Grund. Grund-Musterung (eingewebt): ineinander greifende T-Formen (saya-gata-Musterung); in den Zwischenräumen Swastiken (manji)
L. 11 cm; B. 8,1 cm
Musterrapport: H. 2,5 cm; B. 3,2 cm
Inv. Nr. 1003/88-18 (jap. Muster-Nr. 119/B)
vgl. auch Inv. Nr. 1004/88-65 u. 69 (verwandte Muster mit Swastika-Motiv)
Lit. u. a.: Urano Riich (Hrsg.), Komon. Tokio 1974, 125 u. 139 m. Abb. [Vergleichsbeispiele] – Yoshimoto Kamon (Hrsg.), Wa-sarasa mon-yô zukan

Kimonostoff, Ende Edo-Zeit ◁
(1. Hälfte 19. Jh.)

Druckstoff; Baumwolle; Leinwandbindung; Schablonendruck (kata-zome)
Schildpatt-Gitter (kikkô): in horizontalen, versetzten Reihen angeordnete Hexagone, aus Doppellinien gebildet; gemeinsame Gitterlinie in Dunkelblau, Binnenlinie blau, jedoch jedes dritte braun (vertikale Entsprechungen). Binnenmuster: Kreisform, gebildet aus dreifachem Komma-Muster (tomoe) mit Mittel-Wirbel, in der Horizontale abwechselnd mit zwei verschiedenen Blütentypen (kohana), einer gegenständlichen (Lotus oder Malve, 8 bzw. 5 Blätter) und einer stilisierten Blüte (7 bzw. 9 Blätter); in Blau und Braun auf beige-farbenem Grund. Das Schildpatt-Gitter ist Symbol für langes Leben.
L. 12 cm; B. 9 cm
Musterrapport: H. 3,8 cm; B. 5,4 cm
Inv. Nr. 1003/88-29 (jap. Muster-Nr. 118/B)
Lit. u. a.: Yamanobe Tomoyuki (Hrsg.), Nihon no senshoku. Bd. 2. Tokio 1979, T. 160, 162 [kikkô m. kohana bzw. kohana u. tomoe in Quadrate eingefügt] – Yoshimoto Kamon (Hrsg.), Wa-sarasa mon-yô zukan (Sarasa-Mustersammlung). Tokio 1982, 53, Abb. 22, 55, Abb. 46 [Vergl. beispiele].

Kimonostoff, Ende Edo-Zeit ◁
(1. Hälfte 19. Jh.)

Druckstoff; Seide; Taftbindung; Schablonendruck (kata-zome) mit (Weiß-)Reservage (rôkechi) und Aufdruck
Arabeskenmedaillons und Stufenpolygone in vertikalen/horizontalen, versetzten Reihen. Große Arabeskenmedaillons kreuzförmig und spitzbogig mit Ranken umrandet, an den vier Ecken Palmetten, in der Mitte große Lotusblüte (renga) als Hauptmotiv; Stufenpolygone ebenfalls in Spitzbogen endend, konzentrisch gestuft, in der Mitte chinesischer Löwe (kara-shishi); Löwenkopf und Blätter als Verbindung beider Hauptmotive. Alle Motive schwarz konturiert und blaugrün verstärkt mit weißen Aussparungen in graublauem Grund
L. 13,5 cm; B. 10 cm
Musterrapport: H. 8,2 cm; B. 8,2 cm
Inv. Nr. 1003/88-1 (jap. Muster-Nr. 124/B)
Lit. u. a.: Urano Riich (Hrsg.), Sarasa. Tokio 1972, 115 u. 203 m. Abb. [Vergleichsbeispiel aus einem Musterbuch] = Nihon senshoku sô ka, Bd. 2 – Yoshimoto Kamon (Hrsg.), Wa-sarasa mon-yô zukan (Sarasa-Mustersammlung). Tokio 1982, 28, Abb. 65, 22, Abb. 32 – Blakemore Frances, Japanese Design through Textile Patterns. New York/Tokio 1984, 220 m. Abb. [botan ni kara-shishi, Päonie u. Löwe].

Kimonostoff, Ende Edo-Zeit
(1. Hälfte 19. Jh.)

Druckstoff; Seidenkrepp; Taftbindung; Schablonendruck (kata-zome)
Windräder (kazaguruma) in versetzten, vertikalen
Reihen, durch zickzackförmige Linien verbunden.
Diese bilden jeweils 6 Flügel, d.h. jeden zweiten
des 12teiligen Windrades. Windräder in Schwarz
vor dunkelblauem Grund mit grauen Diagonalstreifen
L. 11,5 cm; B. 8,5 cm
Musterrapport: H. 3,2 cm; B. 5,3 cm
Inv. Nr. 1003/88-30 (jap. Muster-Nr. 117/B)
Lit. u. a.: Yamanobe Tomoyuki (Hrsg.), Nihon no
senshoku. Bd. 4. Tokio 1980, T. 13 [realistischeres
Vergleichsbeispiel].

Kimonostoff, Ende Edo-Zeit ▷
(1. Hälfte 19. Jh.)

Druckstoff; Baumwolle; Leinwandbindung; Schablonendruck (kata-zome)
Falter und Schmetterlinge (Chô) in Clematis-Ranken (Waldreben): große Falter und kleinere
Schmetterlinge mit ausgebreiteten Flügeln in den
Zwischenräumen der gewundenen Clematis-Ranken mit Blüten und Blättern auf hellblauem
Grund; Ranken und Konturen (in der Linie wechselnd) in Dunkelblau und Braun aufgedruckt; Flächenfüllungen in Mittelblau. Schmetterlinge stehen als Sinnbild für langes Leben und den
Wunsch, daß man mindestens 70 Jahre alt werden möge.
L. 12,5 cm; B. 10,5 cm
Inv. Nr. 1003/88-77 (jap. Muster-Nr. 104/B)
Lit. u. a.: Yoshimoto Kamon (Hrsg.), Wa-sarasa
mon-yô zukan (Sarasa-Mustersammlung). Tokio
1982, 143, Abb. 15 [Vergleichsbeispiel].

Kimonostoff, Ende Edo-Zeit △
(1. Hälfte 19. Jh.)

Druckstoff; Baumwolle; Leinwandbindung; Schablonendruck (kata-zome) mit Reservage (rôkechi)
und Aufdruck
Kreismuster (maru-mon): in horizontalen Reihen
versetzt angeordnete Kreissegmente als Rad-Muster (kuruma moyô), weiß ausgespart in blauem
Grund. Speichen: reihenweise in Rotbraun, Dunkelblau und Blaugrün aufgedruckt. Indigo-Färbung
(aigata)
L. 6,5 cm; B. 12,5 cm
Musterrapport: H. 4,5 cm; B. 2,5 cm
Inv. Nr. 1003/88-32 (jap. Muster-Nr. 112/B).

Kimonostoff, Ende Edo-Zeit
(1. Hälfte 19. Jh.)

Druckstoff; Seidenkrepp; Taftbindung; Schablonendruck (kata-zome)
Wolkenmeer (unkai) mit fliegenden Kranichen
(tsuru), Symbole für langes Leben. Wolken aus
bogigen Linien, wechselnd in Dunkelblau und
Rostbraun gebildet; Kraniche in den Zwischenräumen in verschiedenen Flugpositionen, in Dunkelblau und Rostbraun. Blauer Grund, Indigo-Färbung
(aigata)
L. 13 cm; B. 8,5 cm
Inv. Nr. 1003/88-49 (jap. Muster-Nr. 110/B)
Lit. u. a.: Textile Designs of Japan. Bd. 3 (Designs
of Ryuku, Ainu and foreign textiles). Osaka 1961,
T. 162,2 – Mizoguchi Saburô, Design Motifs. New
York/Tokio 1973, 126 m. Abb. – Yamanobe Tomoyuki (Hrsg.), Nihon no senshoku. Bd. 1. Tokio
1979, T. 169 – dass., Bd. 4. Tokio 1980, T. 104
[Vergleichsbeispiele].

Kimonostoff, Ende Edo-Zeit
(1. Hälfte 19. Jh.)

Druckstoff; Seidenkrepp; Taftbindung; Schablonendruck (kata-zome)
Kiefernäste (shôjô) und Pflaumenzweige (ume-
gae), gegeneinander versetzt; Symbole des ausgehenden Winters (Januar/Februar). Kiefernäste
vorwiegend in Grün, Pflaumenblüten (baika) und
-knospen vorwiegend in Dunkelblau auf blauem
Grund, Indigo-Färbung (aigata)
L. 11 cm; B. 8 cm
Inv. Nr. 1003/88-63 (jap. Muster-Nr. 106/B)
Lit. u. a.: Urano Riich (Hrsg.), Komon. Tokio 1974,
32 m. Abb. [Vergleichsbeispiel] = Nihon senshoku
sô ka, Bd. 7.

Kimonostoff, Ende Edo-Zeit ◁
(1. Hälfte 19. Jh.)

Druckstoff; Baumwolle; Leinwandbindung; Schablonendruck (kata-zome)
Indisch beeinflußtes Muster (»Indiana«). »Blumen
der zwölf Monate« (jûnikka getsu no hana): ein-
zelne Blüten (Pflaume – Jan./Febr.; Aprikose –
Febr.; Pfirsich – März; Lotus – Juni; Zimtblüte –
August; Zapfen – Dez.; u. a.) vollerblüht, in Seitenansicht oder als Knospen, in verschiedene Richtungen weisend locker gereiht. Blüten in Rot mit
braunen Stielen und blauen Blättern auf beige-farbenem Grund
L. 12,7 cm; B. 8,5 cm
Musterrapport: H. 6,5 cm
Inv. Nr. 1003/88-51 (jap. Muster-Nr. 108/B)
Lit. u. a.: Eberhard Wolfram, Lexikon chinesischer
Symbole. Köln 1983, 41 f. m. Abb. [Vergleichsbei-
spiele].

Kimonostoff, Ende Edo-Zeit △
(1. Hälfte 19. Jh.)

Druckstoff; Baumwolle; Leinwandbindung; Schablonendruck (kata-zome)
Indisch beeinflußtes Muster. Blumenarabeske
(kara-kusa moyô): je zwei horizontale Reihen von
Nelken (Rot) und Quitten-Blüten (Rot, Hellblau)
mit reich gewundenen Blätter-Ranken (kara-kusa)
in Hellblau auf beigefarbenem Grund; Konturen
schwarz aufgedruckt
L. 11,7 cm; B. 18,2 cm
Musterrapport: H. 6 cm; B. 6 cm
Inv. Nr. 1003/88-64 (jap. Muster-Nr. 105/B)
Lit. u. a.: Yoshimoto Kamon (Hrsg.), Wa-sarasa
mon-yô zukan. (Sarasa-Mustersammlung). Tokio
1982, 88, Abb. 19, 120, Abb. 23 [Vergleichsbei-
spiele].

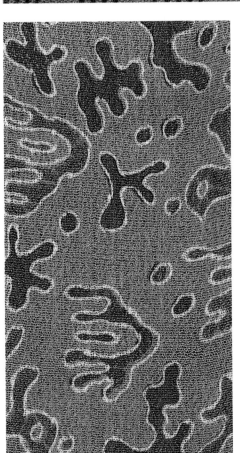

**Kimonostoff, Ende Edo-Zeit
(1. Hälfte 19. Jh.)**

Druckstoff; Seide; Taftbindung; Schablonendruck
(kata-zome)
Stilisiertes Berg-Wolken-Motiv: vertikal verlaufende Zickzackstreifen (= Berglinien, yama-michi)
jeweils aus vier parallel verlaufenden Linien gebildet; in den etwas breiteren Zwischenstreifen ge-
genläufige C-Bögen (= Wolkenlinien, kumo moyô)
mit kurz eingerollten, etwas verdickten Enden.
Durch Farbkontrast entstehen horizontale Reihen,
jeweils wechselnd: die vier Linien des Zickzack-
bandes in Braun, C-Bögen in Blau und umgekehrt;
blaugrauer Grund.
L. 6,5 cm; B. 8,5 cm
Musterrapport: H. 1,8 cm; B. 1,2 cm
Inv. Nr. 1003/88-99 (jap. Muster-Nr. 96/B)
Lit. u. a.: Blakemore Frances, Japanese Design
through Textile Patterns. Tokio/New York 1984,
84 m. Abb. [Variante des Bergmotivs, abgetreppt;
auf Männer-yukata, Indigo-Färbung].

**Kimonostoff, Ende Edo-Zeit
(1. Hälfte 19. Jh.)**

Auf indische Muster des 18. Jh. zurückgehend
Druckstoff; Baumwolle; Leinwandbindung; Scha-
blonendruck (kata-zome)
Spitzovalnetz aus stilisierten Blattranken, in verti-
kalen bzw. horizontalen Reihen versetzt, wechselnd in Blau und Beige (Grund), mit kreuzförmi-
gen Verbindungsstücken (jûji). Als Füllornament in
jedem Spitzoval eine geöffnete Pflaumenblüte
(uma) in Rot. Verbindungsstücke und Blattwerk in
Grün, Ranken und Konturen in Dunkelblau
L. 11,7 cm; B. 9,5 cm
Musterrapport: H. 3,5 cm; B. 2,5 cm
Inv. Nr. 1003/88-78 (jap. Muster-Nr. 103/B)
Lit. u. a.: Markowsky Barbara, Europäische Sei-
dengewebe des 13.-18. Jahrhunderts. Köln 1976,
Abb. 90, 110, 111 [Vergleichsbeispiele aus dem
europäischen Bereich] = Bestandskataloge des
Kunstgewebemuseums Köln, 8 – Yoshimoto Ka-
mon (Hrsg.), Wa-sarasa mon-yô zukan (Sarasa-
Mustersammlung). Tokio 1982, 97, Abb. 90 – Nab-
holz-Kartaschoff Marie-Luise, Golden Sprays and
Scarlet Flowers. Traditional Indian textiles. Kioto
1986, Abb. 89 [Baumwollstoff aus Gujarat, 18. Jh.,
Blockdruck u. Reservage].

**Kimonostoff, Ende Edo-Zeit
(1. Hälfte 19. Jh.)**

Druckstoff; Seidenkrepp; Taftbindung; Schablo-
nendruck (kata-zome) mit (Weiß-)Reservage (rô-
kechi) und Aufdruck
Muster aus unregelmäßigen, amorphen Formen,
erinnernd an Wellenkämme und aufschäumende
Gischt; in Blau, Rostbraun und Grün auf hell-
blauem Grund; Formen weiß konturiert. Muste-
rung in mehrfarbigem Aufdruck (irosashi) und Re-
servage (weiße Umrißlinien)
L. 13 cm; B. 10 cm
Inv. Nr. 1003/88-80 (jap. Muster-Nr. 101/B)
Lit. u. a.: Chung Young Yang, The Art of Oriental
Embroidery. History, aesthetics and techniques.
New York 1979, Abb. 7/16.

Kimonostoff, Ende Edo-Zeit
(1. Hälfte 19. Jh.)

Druckstoff; Seidenkrepp; Taftbindung
Blumenarabeske (kara-kusa moyô): exotische Blüten (cinnamonartig) und Knospen an gewundenen Ranken mit Blättern. Blüten in Violett und Blau, Blätter in Blau mit dunkelbraunen Akzentsetzungen, Ranken und Konturen in Dunkelblau auf beige-farbenem Grund
L. 6,4 cm; B. 9,6 cm
Inv. Nr. 1003/88-95 (jap. Muster-Nr. 100/B)
Lit. u. a.: Yoshimoto Kamon (Hrsg.), Wa-sarasa mon-yô zukan (Sarasa-Mustersammlung). Tokio 1982, 19, Abb. 14 [Chintz, Kaliko; vergleichbares Muster, Blätter jedoch dichter].

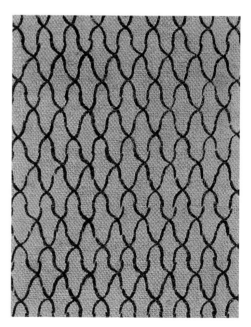

Kimonostoff, Ende Edo-Zeit
(1. Hälfte 19. Jh.)

Druckstoff; Seidenkrepp; Taftbindung; Schablonendruck (kata-zome)
»Reisfelder« (inada): rautenartiges Muster mit jeweils einer gebogenen Seite (Reisfelder aus der Vogelschau); beidseitig dieser ausgesparten Linie gegenständig dunkle Flecken und parallele Strichlagen (Wasserflächen und Reishalme von unterschiedlichen Größen). Reihenweise wechselnd: Flecken blau, Linien hellbraun bzw. umgekehrt auf olivgrünem Grund. Die Rautenmusterung (kikkô-gata) des Reisfeldes erinnert an die Musterung des Schildkrötenpanzers und steht als Symbol für langes Leben im Wohlstand.
L. 6 cm; B. 10 cm
Inv. Nr. 1003/88-118 (jap. Muster-Nr. 85/B)
Lit. u. a.: Sze Mai-mai, The Mustard Seed Garden. Manual of painting. Princeton 1978 (1. Aufl. 1956), 198, Abb. 70 [Vergleichsbeispiel aus der Malerei: aus dem Shan Shoh P'u (Book of Mountains and Rocks), 17. Jh.].

Kimonostoff, Ende Edo-Zeit
(1. Hälfte 19. Jh.)

Druckstoff; Seidenkrepp; Taftbindung; Schablonendruck (kata-zome)
Fledermaus (kômori) vor spinnennetzartigem (kumo no su), aus dünnen Linien gebildetem Hintergrund: Glückssymbole (doppeltes Glück). In Blau und Grün auf olivgrünem Grund
L. 6,5 cm; B. 9,4 cm
Inv. Nr. 1003/88-119 (jap. Muster-Nr. 88/B)
vgl. Inv. Nr. 1003/88-202 (Spinnennetz-Motiv)
Lit. u. a.: Tuer Andrew, Japanese Stencil Designs. New York 1967 (1. Aufl. 1893), Abb. 89 [Vergleichsbeispiel, Kombination von Fledermaus u. Spinnweben für Motive des Schablonendrucks].

Kimonostoff, Ende Edo-Zeit
(1. Hälfte 19. Jh.)

Druckstoff; Baumwolle; Leinwandbindung; Schablonendruck (kata-zome)
Netz-Muster (amime), weitmaschig aus einander kreuzenden, gewellten Linien; in Schwarz auf beige-farbenem Grund
L. 6 cm; B. 8,3 cm
Inv. Nr. 1003/88-115 (jap. Muster-Nr. 92/B)
Lit. u. a.: Textile Designs of Japan. Bd. 2 (Geometric Designs). Osaka 1960, T. 119/1,2 – Watson William (Hrsg.), [Kat. Ausst.] The Great Japan Exhibition. Art of the Edo Period 1600-1868. Royal Academy of Art. London 1980, Abb. 406 – Yamanobe Tomoyuki (Hrsg.), Nihon no senshoku. Bd. 3. Tokio 1980, T. 99 – Blakemore Frances, Japanese Design through Textile Patterns. Tokio/New York 1984, 166 m. Abb. [Vergleichsbeispiele].

Kimonostoff, Ende Edo-Zeit
(1. Hälfte 19. Jh.)

Druckstoff; Baumwolle; Leinwandbindung; Schablonendruck (kata-zome)
»Holzmaserung« in Schwarz auf beige-farbenem Grund. Musterung in shima-bori (Linien-Muster)
L. 6,5 cm; B. 9,3 cm
Inv. Nr. 1003/88-136 (jap. Muster-Nr. 82/B)
vgl. auch Inv. Nr. 1004/88-15 (Motiv der »Holzmaserung«)
Lit. u. a.: Blakemore Frances, Japanese Design through Textile Patterns. Tokio/New York 1984, 191 m. Abb. [Vergleichsbeispiel].

Kimonostoff, Ende Edo-Zeit
(1. Hälfte 19. Jh.)

Druckstoff; Seide; Taftbindung; Schablonendruck (kata-zome)
Exotische Blütenranken mit orchideenartigen Blüten in Violett und Dunkelblau auf blaugrauem Grund
L. 5,5 cm; B. 10 cm
Inv. Nr. 1003/88-140 (jap. Muster-Nr. 78/B)
Lit. u. a.: Yoshimoto Kamon (Hrsg.), Wa-sarasa mon-yô zukan (Sarasa-Mustersammlung). Tokio 1982, 98, Abb. 99 [Vergleichsbeispiel].

Kimonostoff, Ende Edo-Zeit
(1. Hälfte 19. Jh.)

Druckstoff; Seidenkrepp; Taftbindung; Schablonendruck (kata-zome)
Indisch beeinflußtes Muster (sog. »Indiana«). Blumenarabeske (kara-kusa moyô): exotische Blüten (Nelken und Orchideen) in Violett und Schwarz mit blauen Blättern auf beige-farbenem Grund; Ranken und Konturen in Schwarz aufgedruckt
L. 5 cm; B. 8 cm
Inv. Nr. 1003/88-154 (jap. Muster-Nr. 76/B)
Lit. u. a.: Yoshimoto Kamon (Hrsg.), Wa-sarasa mon-yô zukan (Sarasa-Mustersammlung). Tokio 1982, 103, Abb. 19 [Vergleichsbeispiel, ähnl. Typus].

Kimonostoff, Ende Edo-Zeit
(1. Hälfte 19. Jh.)

Ähnliche Muster in Japan seit der Nara-Zeit (8. Jh.) nachweisbar
Druckstoff; Baumwolle; Leinwandbindung; Schablonendruck (kata-zome)
»Indiana«. Große Blüten- und Blättermedaillons (nur im Ausschnitt vorhanden); umrandet und miteinander verbunden durch kleine, ovale Kettenglieder mit je einer vierblättrigen Blüte als Füllmuster; abwechselnd mit kleinen Kreismedaillons mit »Sieben-Kreis-Musterung« (shichiyo-mon).
Farben: Dunkelblau (Kettenglieder), Rotviolett, Braun und Grün auf beige-farbenem Grund
L. 5,5 cm; B. 9,5 cm
Inv. Nr. 1003/88-120 (jap. Muster-Nr. 86/B)
Lit. u. a.: Yamanobe Tomoyuki (Hrsg.), Nihon no senshoku. Bd. 1. Tokio 1979, T. 30 u. 43 [Vergleichsbeispiele; Parallelen seit der Nara-Zeit in Japan zu finden, bes. Fragmente aus China (T'ang) u. Zentralasien, mit Preßschablonen u. Reservedruck].

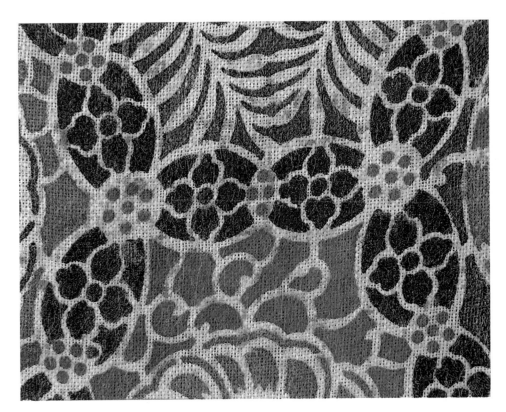

Kimonostoff, Ende Edo-Zeit
(1. Hälfte 19. Jh.)

Druckstoff; Seidenkrepp; Taftbindung; Schablonendruck (kata-zome)
Ornamentbänder auf grauem Grund: abwechselnd Päonienranken (Blüten in Violett, Blätter und Ranken in Schwarz) und Ornamentfries (vierblättrige stilisierte Blüten alternierend mit Mäandermotiv in Blau, gesäumt von Karo-Reihen in Violett).
L. 11 cm; B. 7,2 cm
Musterrapport: H. 4.5 cm; B. 3,5 bzw. 7 cm
Inv. Nr. 1003/88-155 (jap. Muster-Nr. 74/B)
Lit. u. a.: Yamanobe Tomoyuki (Hrsg.), Nihon no senshoku. Bd. 2. Tokio 1979, T. 149-152 [Blumenfriese mit Karo-Umrandung] – Yoshimoto Kamon (Hrsg.), Wa-sarasa mon-yô zukan (Sarasa-Mustersammlung). Tokio 1982, 125, Abb. 4 [Vergleichsbeispiele].

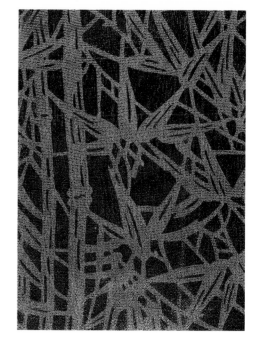

Kimonostoff, Ende Edo-Zeit
(1. Hälfte 19. Jh.)

Druckstoff; Baumwolle; Leinwandbindung; Schablonendruck (kata-zome) mit (Halbton-)Reservage (rôkechi)
Glyzinien-Zweige (sagari-fuji), s-förmig gebogene Blütentrauben, netzförmig verflochten in der Art eines Fundô-Musters. Blau in dunkelblauem Grund; Indigo-Färbung (aigata). Vgl. dazu den Stoff von H. Givenchy S. 316
L. 10,2 cm; B. 8,3 cm
Musterrapport: H. 3,8 cm; B. 5,8 cm
Inv. Nr. 1003/88-189 (jap. Muster-Nr. 64/B)
Lit. u. a.: Textile Designs of Japan. Bd. 2 (Geometric patterns). Tokio/New York 1980, T. 120,2 [verwandtes Muster] – Watson William (Hrsg.), [Kat. Ausst.] The Great Japan Exhibition. Art of the Edo-Period 1600-1868. Royal Academy of Art. London 1980, Abb. 375 [Vergleichsbeispiel, Früh-Edo-Zeit] – Noma Seiroku, Japanese Costume and Textile Arts. New York/Tokio 1983, Abb. 39, 40, 72 [Vergleichsbeispiele].

Kimonostoff, Ende Edo-Zeit
(1. Hälfte 19. Jh.)

Druckstoff; Seidenkrepp; Taftbindung; Schablonendruck (kata-zome)
Bambusstämme (take) und -blätter (take no ha), dicht gefügt, hellblau in dunkelblauem Grund; Indigo-Färbung (aigata). Musterung mit Negativ-Schablone für Hintergrund-Aufdruck
L. 11 cm; B. 8,5 cm
Inv. Nr. 1003/88-170 (jap. Muster-Nr. 71/B).

Kimonostoff, Ende Edo-Zeit
(1. Hälfte 19. Jh.)

Mustertypus der mittleren Edo-Zeit (2. Viertel 18. Jh.), indisch beeinflußt
Druckstoff; Baumwolle; Leinwandbindung; Schablonendruck (kata-zome)
»Indiana«. Blumenarabeske (kara-kusa moyô): s-förmig gebogene, an den Enden eingerollte Blütenranken, einander berührend, mit verschiedenen Blüten (kohana), Knospen und Blättern. An den Berührungspunkten sechsblättrige Blüten, im Zentrum der Ranken Nelken. Als Füllmuster weitere Einzel-Blüten, Knospen und Blätter in Violett und Grün, sowie konturiert (unausgefüllt) im okkerfarbenen Grund ausgegrenzt; Ranken und Konturen in Schwarz. L. 12,5 cm; B. 9 cm
Inv. Nr. 1003/88-172 (jap. Muster-Nr. 69/B)
Lit. u. a.: Yamanobe Tomoyuki (Hrsg.), Nihon no senshoku. Bd. 2. Tokio 1979, T. 141 [eng verwandtes Muster] – Textile Designs of Japan. Bd. 3 (Ryukyu, Okinawan, Ainu and foreign designs). Tokio/New York 1980, T. 148,3 [eng verwandtes Muster, mittlere Edo-Zeit] – Yoshimoto Kamon (Hrsg.), Wa-sarasa mon-yô zukan. Tokio 1982, 94 Abb. 62, 96 Abb. 80 [Vergleichsbeispiele].

Kimonostoff, Ende Edo-Zeit
(1. Hälfte 19. Jh.)

Druckstoff; Baumwolle; Leinwandbindung; Scha-
blonendruck (kata-zome) mit (Halbton-)Reservage
(rôkechi)
Hängende Bambuszweige (take) und -blätter in
Blau, davor Weidenzweige (ryûjô) in Braun, einan-
der überkreuzend, in dunkelblauem Grund. Indigo-
Färbung (aigata)
L. 13 cm; B. 9 cm
Inv. Nr. 1003/88-188 (jap. Muster-Nr. 65/B)
Lit. u. a.: Watson William (Hrsg.), [Kat. Ausst.] The
Great Japan Exhibition. Art of the Edo Period
1600-1868. Royal Academy of Art. London 1980,
Abb. 190 [Vergleichsbeispiel aus der Malerei,
Bambus von Ryû Rikyô, 1. Hälfte 18. Jh.].

Kimonostoff, Ende Edo-Zeit
(1. Hälfte 19. Jh.)

Druckstoff; Baumwolle; Leinwandbindung; Schablonendruck (kata-zome)
Ahornblätter (kaede no ha) und Herbstgräser (akigusa), spinnwebenartig gefügt, in Schwarz auf
graugrünem Grund. Flächenaufdruck: amorphe
Formen (stilisierte Sandbänke, suhama), in wäßrigem Braun schattiert
L. 10,5 cm; B. 8,6 cm
Inv. Nr. 1003/88-202 (jap. Muster-Nr. 63/B)
vgl auch Inv. Nr. 1003/88-342 und 1003/88-119
(Sandbank- und Spinnweben-Motiv).

Kimonostoff, Ende Edo-Zeit
(1. Hälfte 19. Jh.)

Druckstoff; Seide; Taftbindung; Schablonendruck
(kata-zome)
Edo-Komon: geometrisches Muster; gleichför-
mige Reihen von Querrechtecken wechselnd mit
je vier schmalen, vertikalen Strichen in Dunkelblau
auf blaugrauem Grund. Die Rechteckbreite entspricht etwa den Abständen der Striche und Reihen voneinander. Durch Versetzung der Reihen
entsteht eine diagonale Musterung.
L. 10,1 cm; B. 8,5 cm
Musterrapport: H. 1,3 cm; B. 1,1 cm
Inv. Nr. 1003/88-216 (jap. Muster-Nr. 58/B)
Lit. u. a.: Yoshimoto Kamon (Hrsg.), Wa-sarasa
mon-yô zukan (Sarasa-Mustersammlung). Tokio
1982, 43, Abb. 82 [Vergleichsbeispiel für ähnl.
geom. Musterung].

Kimonostoff, Ende Edo-Zeit
(1. Hälfte 19. Jh.)

Druckstoff; Baumwolle; Leinwandbindung; Scha-
blonendruck (kata-zome)
Mäanderartiges Muster aus rechtwinklig gebro-
chenen Streifen in horizontalen, ineinander ge-
schobenen Reihen. Muster: hellblauer Grund,
Zwischenräume dunkelblau aufgedruckt; letztere
auch lesbar als abgewandelte Swastiken (manji).
Indigo-Färbung (aigata)
L. 11,2 cm; B. 9,4 cm
Musterrapport: H. 10 cm; B. 5,8 cm
Inv. Nr. 1003/88-187 (jap. Muster-Nr. 66/B)
Lit. u. a.: Yamanobe Tomoyuki (Hrsg.), Nihon no
senshoku. Bd. 1. Tokio 1979, T. 35 – Blakemore
Frances, Japanese Design through Textile Pat-
terns. Tokio/New York 1984, 112, 113 m. Abb.
[Vergleichsbeispiele].

Kimonostoff, Ende Edo-Zeit   ▽
(1. Hälfte 19. Jh.)

Druckstoff; Bourretteseide; Taftbindung; Scha-
blonendruck (kata-zome)
Grashalme (akigusa) und Kleeblätter (hagi) im
Schnee, in Dunkelblau auf mittelblauem Grund.
Fliegende Wildgänse (gachô), braun aufgedruckt.
Symbole für Spätherbst und Winteranfang
L. 11,5 cm; B. 8,5 cm
Inv. Nr. 1003/88-249 (jap. Muster-Nr. 49/B)
vgl. auch für Einzelmotive Inv. Nr. 1003/88-342 u.
361
Lit. u. a.: Yamanobe Tomoyuki (Hrsg.), Nihon no
senshoku. Bd. 4. Tokio 1980, T. 51 [verschneite
Herbstgräser auf Kosode] – Blakemore Frances,
Japanese Design through Textile Patterns. Tokio/
New York 1984, 48 m. Abb. [Herbstgräser u. Wild-
gänse], 177 m. Abb. [Gräser u. Klee].

Kimonostoff, Ende Edo-Zeit
(1. Hälfte 19. Jh.)

Vergleichbare Muster seit ca. 2. Hälfte 17. Jh.
nachweisbar
Druckstoff; Baumwolle; Leinwandbindung; Schablonendruck (kata-zome)
Stilisiertes Flechtwerkmuster (kagome), gebildet
aus diagonalen und vertikalen Linien, die einen
sechszackigen Stern (Davidsstern) ergeben. Mitte
jeweils betont durch breitumrandete Hexagone
(Schildpatt-Musterung: kikkô) in vertikalen Rei-
hen, sich an den Spitzen berührend; dreieckige
Zwischenräume mit y-förmigen Füllmuster,
Flechtwerk imitierend. Binnenmusterung der He-
xagone: je eine achtblättrige Blüte (kikkô-hana-
bishi). Farben: Seiten der Hexagone in Grün und
Violett (Grün mit rotem Überdruck), Flechtwerk in
Rot, Blüten wechselnd in Blau und Rot konturiert;
graublauer Grund
L. 10,3 cm; B. 9,5 cm
Musterrapport: H. 4,9 cm
Inv. Nr. 1003/88-217 (jap. Muster-Nr. 57/B)
Lit. u. a.: Wichmann Siegfried (Hrsg.), [Kat. Ausst.]
Weltkulturen und moderne Kunst. Haus der
Kunst. München 1972, 324, Abb. J6 [kosode,
Spät-Edo; Vergleichsbeispiel mit Bambuskorbmu-
ster] – Mizoguchi Saburô, Design Motifs. New
York/Tokio 1973, Abb. 123 = Arts of Japan, Bd. 1 –
Urano Riich (Hrsg.), Komon. Tokio 1974, 127
m. Abb. [in kiri-bori] = Nihon senshoku sô ka, Bd. 7
– Noma Seiroku, Japanese Costume and Textile
Arts. New York/Tokio 1983, Abb. 163 [Vergleichs-
beispiel, 2. Hälfte 17. Jh.].

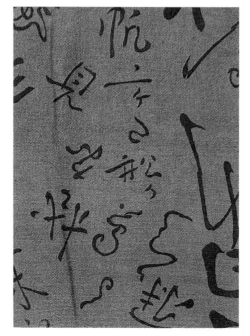

Kimonostoff, Ende Edo-Zeit
(1. Hälfte 19. Jh.)

Druckstoff; Baumwolle; Leinwandbindung; Scha-
blonendruck (kata-zome)
»Schrift-Musterung« (monji-moyô): verstreute
einzelne japanische Schriftzeichen ohne erkenn-
baren Zusammenhang (z. B. san: drei; mieru: se-
hen; moku: Baum; otoko: Mann) in Schwarz auf
graublauem Grund
L. 10,5 cm; B. 8,7 cm
Inv. Nr. 1003/88-232 (jap. Muster-Nr. 54/B)
Lit. u. a.: Tuer Andrew, Japanese Stencil Designs.
New York 1967 (1. Aufl. 1893), 12-13 m. Abb. [Ver-
gleichsbeispiele, auch zu »Brief-Musterung«] –
Blakemore Frances, Japanese Design through
Textile Patterns. Tokio/New York 1984, 232, 233
m. Abb. [ähnliches Muster auf Samuraigewand,
Holzschnitt von Toyokuni III].

Kimonostoff, Ende Edo-Zeit
(1. Hälfte 19. Jh.)

Druckstoff; Bourretteseide, Taftbindung; Schablonendruck (kata-zome)
Knorrige Kiefernäste (matsujô) mit sternförmig angeordneten langen Nadeln (matsuba). In den
Zweigen je zwei kleine Chrysanthemenblätter
(kiku no ha). Muster in Dunkelblau auf mittelblauem Grund; Indigo-Färbung (aigata)
L. 12,5 cm; B. 9 cm
Inv. Nr. 1003/88-233 (jap. Muster-Nr. 53/B)
Lit. u. a.: Urano Riich (Hrsg.), Komon. Tokio 1974,
81 m. Abb. [Chrysanthemenblätter als Meiji-Ko-
mon] = Nihon senshoku sô ka, Bd. 7 – Blakemore
Frances, Japanese Design through Textile Patterns. Tokio/New York 1984, 169 m. Abb. [Ver-
gleichsbeispiel, Kiefer-Motiv].

Kimonostoff, Ende Edo-Zeit
(1. Hälfte 19. Jh.)

Druckstoff; Bourretteseide; Taftbindung; Scha-
blonendruck (kata-zome)
Bambuszweige (take) mit Blättern, ineinander ver-
schlungen, in Vertikalreihen wechselnd mit Efeu-
ranken. Farben: Schwarz und Braun auf grünem
Grund
L. 12,2 cm; B. 9 cm
Inv. Nr. 1003/88-250 (jap. Muster-Nr. 48/B).

Kimonostoff, Ende Edo-Zeit
(1. Hälfte 19. Jh.)

Druckstoff; Bourretteseide; Taftbindung; Schablonendruck (kata-zome)
Streifenmuster als stilisiertes »Berg-Wasser-Mo-
tiv« (kawashima-yamagata-moyô): breite Längsstreifen (daimyô), wechselnd in Violett und Grün
auf grauem Grund; beidseitig gesäumt von kleinen waagrechten Strichen; in den Zwischenräumen horizontal verlaufende »M-förmige« Linien
(sog. »Bergformen«: yamagata), schwarz, in parallelen Reihen
L. 12 cm; B. 7,5 cm
Musterrapport: B. 2,6 cm
Inv. Nr. 1003/88-247 (jap. Muster-Nr. 51/B)
Lit. u. a.: Yoshimoto Kamon (Hrsg.), Suji, shima,
kôshi mon-yô zukan (Linie, Streifen, Gitterwerk-
Mustersammlung). Tokio 1985, 9 m. Abb. [yama-
gata-Motiv].

Kimonostoff, Ende Edo-Zeit
(1. Hälfte 19. Jh.)

Druckstoff; Seidenkrepp; Taftbindung; Schablo-
nendruck (kata-zome) mit (Weiß-)Reservage (rôkechi) und Aufdruck
Kreismuster (maru-mon): in versetzten vertikalen
Reihen Kreisornamente auf beige-braunem
Grund; Rad-Muster (kuruma) mit sechs Speichen
in Blau mit rotem Aufdruck (durch Überdruck:
Braun) und weiß ausgespart; windradförmige
kleine Blüten (kohana) als Nabe in Rot, weiß ausgespart. L. 10,2 cm; B. 9,2 cm
Musterrapport: H. 1,7 cm; B. 2,5 cm
Inv. Nr. 1003/88-260 (jap. Muster-Nr. 47/B)
Lit. u. a.: Yoshimoto Kamon (Hrsg.), Wa-sarasa
mon-yô zukan (Sarasa-Mustersammlung). Tokio
1982, 38 Abb. 46 [ähnl. Blütenmotive im Kreis], 54
Abb. 35 [Vergleichsbeispiel für »Windradblüten«,
yûzen, Chintz, Kaliko].

Kimonostoff, Ende Edo-Zeit ▷
(1. Hälfte 19. Jh.)

Druckstoff; Bourretteseide; Taftbindung; Scha-
blonendruck (kata-zome)
Karpfen (koi) im Fluß; Strömung durch horizontale
Linien angedeutet, mit Wellenkämmen und Luft-
blasen; Symbol für Beharrlichkeit und Mut sowie
für sozialen Wohlstand. Schwarzviolett auf
blauem Grund; Indigo-Färbung (aigata)
L. 12,5 cm; B. 8,7 cm
Inv. Nr. 1003/88-276 (jap. Muster-Nr. 43/B)
Lit. u. a.: Tuer Andrew, Japanese Stencil Designs.
New York 1967 (1. Aufl. 1893), Abb. 17 [Ver-
gleichsbeispiel].

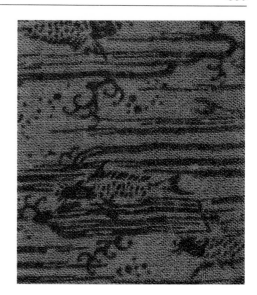

Kimonostoff, Ende Edo-Zeit
(1. Hälfte 19. Jh.)

Druckstoff; Bourretteseide; Taftbindung; Schablonendruck (kata-zome)
»Segelboote in der Ferne« (tô-hansen): kleinteiliges Muster aus unregelmäßig angeordneten kurzen Querstrichen in Violett (Boote), sowie darüber
und diese kreuzend, unregelmäßig verteilte kurze
braune Längsstriche von unterschiedlicher Dicke
und Länge auf grauem Grund. Die Unregelmäßigkeit der Querlinien (Segel) deutet Bewegung und
Ferne an. Literarisches Motiv
L. 12,2 cm; B. 7,7 cm
Inv. Nr. 1003/88-263 (jap. Muster-Nr. 44/B)
Lit. u. a.: Sze Mai-mai, The Mustard Seed Garden.
Manual of Painting. New York 1956, 308, Abb. 89
[Vergleichsbeispiel aus der Malerei] – Textile Designs of Japan. Bd. 2 (Geometric designs). Osaka
1961, T. 175,7 [ähnliches Motiv in kiri-bori].

Kimonostoff, Ende Edo-Zeit
(1. Hälfte 19. Jh.)

Druckstoff; Seide; Taftbindung; Schablonendruck
(kata-zome)
Bambusgitter (takegôshi) und Flaschenkürbisse
(hyôtan). Gitter diagonal geführt, Kürbisranken mit
Blättern und herabhängenden Kürbissen (auch ge-
genläufig); in Schwarz auf beigefarbenem Grund
L. 11,8 cm; B. 9,2 cm
Inv. Nr. 1003/88-279 (jap. Muster-Nr. 40/B)
vgl. auch Inv. Nr. 1003/88-325
Lit. u. a.: Watson William (Hrsg.), [Kat. Ausst.] The
Great Japan Exhibition. Art of the Edo Period
1600-1868. Royal Academy of Art. London 1980,
Abb. 381, 386 – Noma Seiroku, Japanese Cos-
tume and Textile Arts. New York/Tokio 1983,
Abb. 59, 74 [Vergleichsbeispiele, Spät-Edo].

Kimonostoff, Ende Edo-Zeit
(1. Hälfte 19. Jh.)

Druckstoff; Seidenkrepp; Taftbindung; Schablo-
nendruck (kata-zome)
Geometrische Musterung: verschränkte konzen-
trische Quadrate (kaku chigai), an vier Ecken über-
lappt, dadurch schachbrettartige Wirkung im
Wechsel von Kreuzformen (jûji) und Gitter; in
Schwarz auf olivgrünem Grund
L. 10,8 cm; B. 7 cm
Musterrapport: H. 1,7 cm; B. 1,7 cm
Inv. Nr. 1003/88-277 (jap. Muster-Nr. 42/B)
Lit. u. a.: Tuer Andrew, Japanese Stencil Designs.
New York 1967 (1. Aufl. 1893), Abb. 81 – Textile
Designs of Japan. Bd. 2 (Geometric designs). To-
kio/New York 1980, T. 61,5 [verwandtes Muster].

Kimonostoff, Ende Edo-Zeit
(1. Hälfte 19. Jh.)

Druckstoff; Seidenkrepp; Taftbindung; Schablonendruck (kata-zome)
Blumenarabeske (kara-kusa moyô): kräftige grüne
Blumenranken mit Blüten, Knospen und Blättern
in Violett, Braun und Beige, schwarz konturiert;
sowie dünne ›kara-kusa‹-Ranken aus Spiral-Linien
als Füllmuster in Schwarz; beigefarbener Grund
L. 11,1 cm; B. 7,7 cm
Musterrapport: H. 5,9 cm
Inv. Nr. 1003/88-308 (jap. Muster-Nr. 35/B)
Lit. u. a.: Yoshimoto Kamon (Hrsg.), Wa-sarasa
mon-yô zukan (Sarasa-Mustersammlung). Tokio
1982, 27, Abb. 57, 94, Abb. 63 – Blakemore Frances, Japanese Design through Textile Patterns.
Tokio/New York 1984, 182, 183 m. Abb. [Ver-
gleichsbeispiele].

Kimonostoff, Ende Edo-Zeit
(1. Hälfte 19. Jh.)

Druckstoff; Seidenkrepp; Taftbindung; Schablonendruck (kata-zome)
Geometrisiertes Blütenmuster (Ausschnitt). Vertikale Reihen gebildet aus großen getreppten Polygonen, je Reihe mit unterschiedlichen stilisierten
Kreuzblüten (Blüten-Blätter-Musterung); dazwischen versetzte, vertikale Reihen unterschiedlicher Motive. Trennmuster (Zwischenglieder) gefüllt mit stilisierter achtblättriger Blüte. Musterung
in Violett und Schwarz auf olivgrünem Grund.
L. 11,3 cm; B. 8,1 cm
Musterrapport: H. 4,3 cm
Inv. Nr. 1003/88-295 (jap. Muster-Nr. 36/B)
Lit. u. a.: Yamanobe Tomoyuki (Hrsg.), Nihon no
senshoku. Bd. 2. Tokio 1979, T. 170; weitere Ver-
gleichsbeispiele für die einzelnen Elemente lassen sich bes. zahlreich bei der Musterung von
Orientteppichen finden, vgl. u. a. Hubel Reinhard
G., Ullstein Teppichbuch. Frankfurt/Berlin/Wien
1972, Farbabb. IV, Abb. 53, 54.

Kimonostoff, Ende Edo-Zeit
(1. Hälfte 19. Jh.)

Druckstoff; Baumwolle; Leinwandbindung; Schablonendruck (kata-zome)
Schildpatt-Gitter (kikkô). Hexagone in horizontalen, versetzten Reihen; je eine Reihe mit amor-
pher Musterung in Art von Bergformationen und
Sandbank-Motiven; die andere Reihe abwech-
selnd gefüllt mit Lotusblume (renge) und Muschel
mit zwei Goldfischen (kai, kingyo); Hintergrund:
Dreiecke in Violett und Grün; beigefarbener
Grund. Lotusblüte, Muscheln und Goldfischpaar:
buddhistische Symbole (drei der Acht Kostbarkei-
ten); Schildpattmusterung steht für langes Leben.
L. 11,8 cm; B. 8 cm
Musterrapport: H. 9,5 cm; B. 5,5 cm
Inv. Nr. 1003/88-310 (jap. Muster-Nr. 33/B)
Lit. u. a.: Yoshimoto Kamon (Hrsg.), Wa-sarasa
mon-yô zukan. Tokio 1982, 53, Abb. 21, 57,
Abb. 60 – Textile Designs of Japan. Bd. 2. Tokio/
New York 1980, T. 98,4 – Yamanobe Tomoyuki
(Hrsg.), Nihon no senshoku. Bd. 3. Tokio 1980,
T. 9, 10 [Vergleichsbeispiele].

Kimonostoff, Ende Edo-Zeit
(1. Hälfte 19. Jh.)

Druckstoff; Seide; Taftbindung; Schablonendruck
(kata-zome)
Oktogonales Schildpatt-Gitter (shikkô); an den
Kreuzungspunkten (d. h. an jeder zweiten Seite
des Oktogons) unvollständige konzentrische Quadrate (ireko masugata); Füllmotive: Fledermäuse
(kômori) und fünfblättrige Blüten (kohana). Schildpattmusterung und Fledermäuse: Symbole für
glückliches, langes Leben. L. 11,2 cm; B. 8,5 cm
Musterrapport: H. 2,5 cm; B. 5,7 cm
Inv. Nr. 1003/88-324 (jap. Muster-Nr. 31/B)
Lit. u. a.: Textile Designs of Japan. Bd. 2 (Geometric designs). Osaka 1960, T. 166,7 – Yamanobe
Tomoyuki (Hrsg.), Nihon no senshoku. Bd. 2. Tokio 1979, T. 176 – Yoshimoto Kamon (Hrsg.), Wa-
sarasa mon-yô zukan. Tokio 1982, 57, Abb. 67 –
Noma Seiroku, Japanese Costume and Textile
Arts. New York/Tokio 1983, [s. p.] m. Abb. [Ver-
gleichsbeispiele für shikkô-Muster mit unter-
schiedlichen Binnenmotiven].

Kimonostoff, Ende Edo-Zeit
(1. Hälfte 19. Jh.)

Druckstoff; Seidenkrepp; Taftbindung; Schablo-
nendruck (kata-zome) mit Reservage (rôkechi) und
Aufdruck
Flaschenkürbis (hyôtan) mit Stauden und Ranken,
diagonal angeordnet, weiß ausgespart und
schwarz aufgedruckt; taubengrauer Grund mit
Flächenaufdruck, schattiert in wäßrigem Schwarz
(Sandbankform, suhama)
L. 12,5 cm; B. 6,5 cm
Inv. Nr. 1003/88-325 (jap. Muster-Nr. 30/B)
vgl. auch Inv. Nr. 1003/88-279
Lit. u. a.: Watson William (Hrsg.), [Kat. Ausst.] The
Great Japan Exhibition. Art of the Edo Period
1600-1868. Royal Academy of Art. London 1980,
Abb. 381 [Vergleichsbeispiel].

Kimonostoff, Ende Edo-Zeit
(1. Hälfte 19. Jh.)

Druckstoff; Baumwolle; Leinwandbindung; Schablonendruck (kata-zome)
Indisch beeinflußtes Muster (»Indiana«). Blumenarabeske (kara-kusa moyô): vertikal verlaufende
Clematis (Waldreben) mit Blüten, Knospen, Blättern und Früchten in Violett und Grün auf beigefarbenem Grund; Ranken und Konturen in Schwarz
L. 12,2 cm; B. 8,8 cm
Inv. Nr. 1003/88-327 (jap. Muster-Nr. 28/B)
Lit. u. a.: Yamanobe Tomoyuki (Hrsg.), Nihon no
senshoku. Bd. 2. Tokio 1979, T. 168 [Vergleichs-
beispiel: sarasa; Chintz, Kaliko].

Kimonostoff, Ende Edo-Zeit (1. Hälfte
19. Jh.)

Druckstoff; Seide; Taftbindung; Schablonendruck
(kata-zome)
»Bambuswald«: schlanke, biegsame Bambus-
stämme (take), dicht gefügt und vertikal aufstre-
bend (auch gegenläufig), in Schwarz und Braun
auf grauem Grund
L. 12,6 cm; B. 8,5 cm
Inv. Nr. 1003/88-326 (jap. Muster-Nr. 29/B)
Lit. u. a.: Tuer Andrew, Japanese Stencil Designs.
New York 1967 (1. Aufl. 1893), T. 49 – Yamanobe
Tomoyuki (Hrsg.), Nihon no senshoku. Bd. 4.
Tokio 1980, T. 44, 86 [Vergleichsbeispiele].

Kimonostoff, Ende Edo-Zeit
(1. Hälfte 19. Jh.)

Druckstoff; Seidenkrepp; Taftbindung; Schablo-
nendruck (kata-zome)
Fliegende Wildgänse (gachô) in Braun vor weitma-
schigem, verknoteten Netz (amime) in Schwarz.
Olivgrüner Grund mit Flächenfärbung: dunkel-
schattierte, stilisierte Sandbänke (suhama)
L. 12,5 cm; B. 8,5 cm
Inv. Nr. 1003/88-342 (jap. Muster-Nr. 25/B)
vgl. auch Inv. Nr. 1003/88-202 (Sandbank-Motiv) u.
1003/88-249 (Wildgänse)
Lit. u. a.: Feddersen Martin, Japanisches Kunstgewerbe, Braunschweig 1960, Abb. 204 – Textile
Designs of Japan. Bd. 2 (Geometric designs).
Osaka 1960, T. 119,5 – Urano Riich (Hrsg.), Komon. Tokio 1974, 63 m. Abb. = Nihon senshoku
sô ka, Bd. 7 – Yamanobe Tomoyuki (Hrsg.), Nihon
no senshoku. Bd. 1. Tokio 1979, T. 156-159 –
dass., Bd. 3, Tokio 1980, T. 5, 44, 45 [Vergleichs-
beispiele].

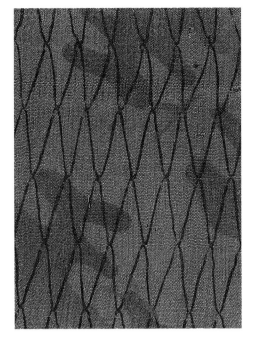

Kimonostoff, Ende Edo-Zeit   ▽
(1. Hälfte 19. Jh.)

Druckstoff; Seidenkrepp; Taftbindung; Schablonendruck (kata-zome)
Geknickter Bambusstamm (take) mit aufstreben-
dem Zweig und Blättern; in Schwarz auf olivgrünem Grund mit schattierten, dunkleren Flächen
(bräunlichgrau) in Wolkenform
L. 11 cm; B. 8,1 cm
Inv. Nr. 1003/88-357 (jap. Muster-Nr. 22/B)
Lit. u. a.: Goepper Roger, Vom Wesen chinesischer Malerei. München 1962, Abb. 23 [Ver-
gleichsbeispiel aus der Malerei: Albumblatt von
Wên T'ung »Geknickter Bambuszweig«] – Tuer
Andrew, Japanese Stencil Designs. New York
1967 (1. Aufl. 1893), Abb. 9 [Vergleichsbeispiel].

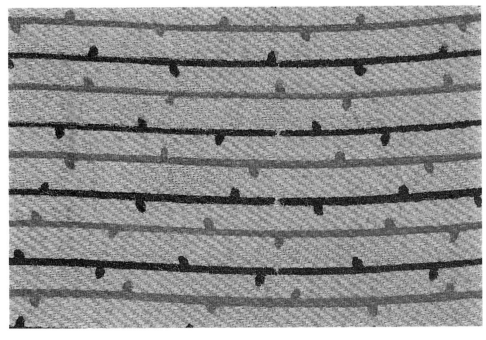

Kimonostoff, Ende Edo-Zeit
(1. Hälfte 19. Jh.)

Druckstoff; Seide; Schrägköper-Bindung; Schablonendruck (kata-zome)
Weidenzweige (ryûjô) mit Knospen, stark stilisiert,
in leichter Biegung parallellaufend, wechselnd in
Schwarz und Rostbraun auf braunem Grund
L. 12,1 cm; B. 8,8 cm
Inv. Nr. 1003/88-341 (jap. Muster-Nr. 26/B)
vgl. auch Inv. Nr. 1003/88-396 (ryûjô-Motiv)
Lit. u. a.: Urano Riich (Hrsg.), Komon. Tokio 1974,
140 m. Abb. [Vergleichsbeispiel] = Nihon senshoku sô ka, Bd. 7.

Kimonostoff, Ende Edo-Zeit
(1. Hälfte 19. Jh.)

Druckstoff; Seide; Schrägköper-Bindung; Scha-
blonendruck (kata-zome)
»Palast-Motive« (goshodoki moyô): diagonale
Striche, Punkte und geschnörkelte Linien, auf-
schäumende Wasserwogen symbolisierend; Wa-
genräder, halb aus den Wellen ragend (katawa-
guruma); halbgeöffnete und geschlossene
Schirme (komorigasa); in Schwarz auf beigefarbenem Grund (gefleckt)
L. 9,8 cm; B. 8 cm
Inv. Nr. 1003/88-358 (jap. Muster-Nr. 21/B)
Lit. u. a.: Watson William (Hrsg.) [Kat. Ausst.] The
Great Japan Exhibition. Art of the Edo-Period
1600-1868. Royal Academy of Art. London 1980,
Abb. 381 – Yamanobe Tomoyuki (Hrsg.), Nihon no
senshoku. Bd. 3. Tokio 1980, T. 87 [Vergleichsbei-
spiele für Motiv »halbe Räder«] – Blakemore Fran-
ces, Japanese Design through Textile Patterns.
New York/Tokio 1984, 8 m. Abb. [Schirm-Motiv].

Kimonostoff, Ende Edo-Zeit
(1. Hälfte 19. Jh.)

Druckstoff; Baumwolle; Leinwandbindung; Schablonendruck (kata-zome)
Üppige Päonien-Blüten (botan) und stilisierte, gewundene Ranken in Braun auf beige-farbenem Grund
L. 12,5 cm; B. 9,2 cm
Inv. Nr. 1003/88-360 (jap. Muster-Nr. 19/B)
Lit. u. a.: Tuer Andrew, Japanese Stencil Designs. New York 1967 (1. Aufl. 1893), Abb. 38 [in kiri-bori] – Fux Herbert, [Kat. Ausst.] Traditionelles Kunsthandwerk der Gegenwart aus Japan. Österreichisches Museum für angewandte Kunst. Wien 1974, Abb. 121 – Yamanobe Tomoyuki (Hrsg.), Nihon no senshoku. Bd. 2. Tokio 1979, T. 101 [Vergleichsbeispiele].

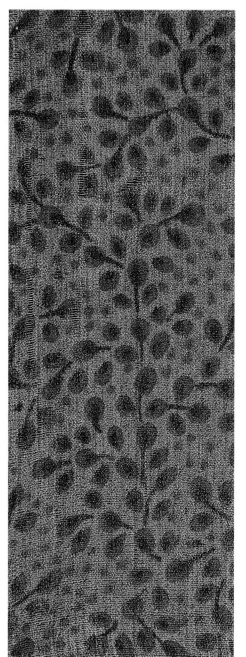

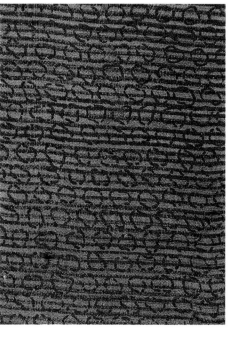

Kimonostoff, Ende Edo-Zeit
(1. Hälfte 19. Jh.)

Druckstoff; Seide; Taftbindung; Schablonendruck (kata-zome)
Edo-Komon: skizzenhafte horizontale Linien in dichter Folge (sen-suji-moyô, d. h. »Tausend-Linien-Muster«); jeweils zwei oder drei Linien durch unregelmäßige Rundformen verbunden. Schwarz auf graublauem Grund
L. 11,2 cm; B. 8,5 cm
Inv. Nr. 1003/88-309 (jap. Muster-Nr. 34/B).

Kimonostoff, Ende Edo-Zeit
(1. Hälfte 19. Jh.)

Druckstoff; Seidenkrepp; Taftbindung; Schablonendruck (kata-zome)
»Kleewiese«: dichtgefügte, rankenartige Stengel mit runden Kleeblättern (hagi) in Grün und Blau; dazwischen als Füllmuster kleine braune Punkte (Herbstlaub) auf olivgrünem Grund. Herbstsymbolik
L. 10,5 cm; B. 7,6 cm
Inv. Nr. 1003/88-361 (jap. Muster-Nr. 18/B)
Lit. u. a.: Yamanobe Tomoyuki (Hrsg.), Nihon no senshoku. Bd. 4. Tokio 1980, T. 42 – Noma Seiroku, Japanese Costume and Textile Arts. New York/Tokio 1983, Abb. 42, 109 [Vergleichsbeispiele in Seidenstickerei] – Blakemore Frances, Japanese Design through Textile Patterns. New York/Tokio 1984, 177 m. Abb. [Vergleichsbeispiele für hagi-Motiv].

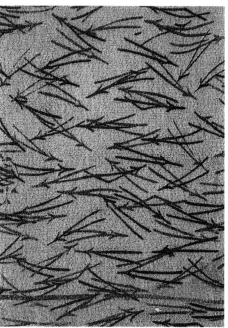

Kimonostoff, Ende Edo-Zeit
(1. Hälfte 19. Jh.)

Druckstoff; Seidenkrepp; Taftbindung; Schablonendruck (kata-zome)
Streumuster: fallende Kiefernnadeln (chiri matsuba). Dunkelblau und Grün auf olivgrünem Grund
L. 11,3 cm; B. 9 cm
Inv. Nr. 1003/88-365 (jap. Muster-Nr. 13/B)
vgl. auch Inv. Nr. 1003/88-5 (chiri matsuba-Motiv in kiri-bori)
Lit. u. a.: Urano Riich (Hrsg.), Komon. Tokio 1974, 63 m. Abb. = Nihon senshoku sô ka, Bd. 7 – Blakemore Frances, Japanese Design through Textile Patterns. New York/Tokio 1984, 171 m. Abb. [Vergleichsbeispiele].

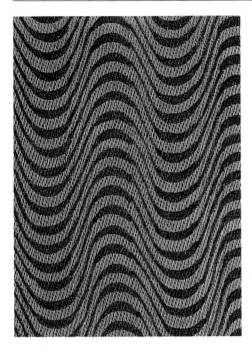

Kimonostoff, Ende Edo-Zeit
(1. Hälfte 19. Jh.)

Druckstoff; Seide; Schrägköper-Bindung; Scha-
blonendruck (kata-zome)
Fließende Wasserwellen (yoroke-shima): streng
parallel verlaufende Wellenlinien, in den Biegungen anschwellend; in Schwarz auf braungetön-
tem Grund. Vgl. dazu den Stoff von Riemerschmid
S. 221
L. 11,7 cm; B. 8,5 cm
Inv. Nr. 1003/88-364 (jap. Muster-Nr. 15/B)
Lit. u. a.: Yoshimoto Kamon (Hrsg.), Wa-sarasa
mon-yô zukan (Sarasa-Mustersammlung). Tokio
1982, 137, Abb. 79 – Noma Seiroku, Japanese
Costume and Textile Arts. New York/Tokio 1983,
Abb. 43 – Blakemore Frances, Japanese Design
through Textile Patterns. New York/Tokio 1984,
99 m. Abb. [Vergleichsbeispiele].

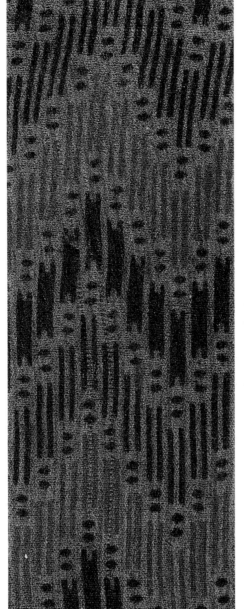

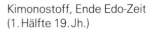

Kimonostoff, Ende Edo-Zeit
(1. Hälfte 19. Jh.)

Druckstoff; Seidenkrepp; Taftbindung; Schablonendruck (kata-zome)
»Bergformen« (yamagata): horizontale Zickzack-
bänder, aus einzelnen kurzen (am Ende eingezo-
genen) Längsstreifen (1. Reihe) und gleichlangen
Doppellinien (2. und 3. Reihe) gebildet, jeweils von
2 Doppelpunkten getrennt. In Dunkelblau, jede
2. Doppellinien-Reihe in Braun, vor grüngrauem
Grund. Das Muster entsteht durch Versetzung
gleichförmig gebildeter vertikaler Musterreihen.
L. 11,1 cm; B. 7,1 cm
Musterrapport: H. 5 cm; B. 2,5 cm
Inv. Nr. 1003/88-366 (jap. Muster-Nr. 12/B)
Lit. u. a.: Noma Seiroku, Japanese Costums and
Textile Arts. New York/Tokio 1983, Abb. 14, 160
[Yamagata-Motive der Früh- und Mittel-Edo-Zeit].

Kimonostoff, Ende Edo-Zeit
(1. Hälfte 19. Jh.)

Druckstoff; Baumwolle; Leinwandbindung; Schablonendruck (kata-zome)
»Windrad-Blüten«: verschiedene große Blüten in
versetzten vertikalen Reihen; durch angesetzte,
leicht gebogene und einseitig gezackte Blätter
windradförmig angeordnet. Blumen und Blätter in
Graugrün, Konturen in Violett und Schwarz, beigefarbener Grund. Füllmusterung durch graugrüne
Punkte als »gestochene Schattierung« (tsuku-bo-
kashi), auch »Übergangsmusterung« (watari-te),
gebildet; vor allem für Blumen-Musterung bei ja-
panischem Kaliko (wa-sarasa) verwendet
L. 12,5 cm; B. 8,6 cm
Musterrapport: H. 10,5 cm
Inv. Nr. 1003/88-367 (jap. Muster-Nr. 11/B)
Lit. u. a.: Yoshimoto Kamon (Hrsg.), Wa-sarasa
mon-yô zukan (Sarasa-Mustersammlung). Tokio
1982, 119, Abb. 16; sowie Kap. »sagara-te«
S. 115-122 [zu tsuku-bokashi].

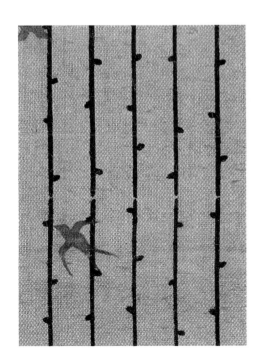

Kimonostoff, Ende Edo-Zeit
(1. Hälfte 19. Jh.)

Druckstoff; Seide; Taftbindung; Schablonendruck
(kata-zome)
Fliegende Schwalben (tsubame) und stilisierte
sprießende Weidenzweige (ryûjô), horizontal gereiht, in Schwarz (Wiedergabe hier gemäß Musterbuch); Schwalben verstreut, in Mittelbraun
auf hellbraunem Grund. Symbole des Frühlings
L. 10,5 cm; B. 8,4 cm
Inv. Nr. 1003/88-396 (jap. Muster-Nr. 6/B)
vgl. auch Inv. Nr. 1003/88-341 (ryûjô-Motiv)
Lit. u. a.: Urano Riich (Hrsg.), Komon. Tokio 1974,
140 m. Abb. = Nihon senshoku sô ka, Bd. 7 – Yamanobe Tomoyuki (Hrsg.), Nihon no senshoku.
Bd. 4. Tokio 1980, T. 34 – Blakemore Frances, Japanese Design through Textile Patterns. New
York/Tokio 1984, 24, 25 m. Abb. [Vergleichsbei-
spiele].

Kimonostoff, Ende Edo-Zeit
(1. Hälfte 19. Jh.)

Druckstoff; Seide; Schrägköper-Bindung; Schablonendruck (kata-zome)
Dünne Kiefernzweige (matsujo) mit sternförmig angeordneten Nadeln in Schwarz auf unregelmäßig getöntem Grund (Hellbraun/Grau). Symbol für den Winter und ein langes Leben
L. 12 cm; B. 9 cm
Inv. Nr. 1003/88-397 (jap. Muster-Nr. 5/B)
Lit. u. a.: Yamanobe Tomoyuki (Hrsg.), Nihon no senshoku. Bd. 4. Tokio 1980, T. 53 [Vergleichsbeispiel].

Kimonostoff, Ende Edo-Zeit
(1. Hälfte 19. Jh.)

Geht auf Muster der frühen Edo-Zeit (17. Jh.) zurück.
Druckstoff; Seidenkrepp; Taftbindung; Schablonendruck (kata-zome)
Fließendes Wasser (kanze-mizu): wellenförmige Linien, einander überschneidend, unregelmäßig und dichtgefügt, in Braun und Dunkelblau auf olivgrünem Grund (Wiedergabe gemäß dem Musterbuch)
L. 12,2 cm; B. 8,6 cm
Inv. Nr. 1003/88-399 (jap. Muster-Nr. 3/B)
Lit. u. a.: Fux Herbert, [Kat. Ausst.] Traditionelles Kunsthandwerk der Gegenwart aus Japan. Österreichisches Museum für angewandte Kunst. Wien 1974, [s. p.] m. Abb. – Urano Riich (Hrsg.), Komon. Tokio 1974, 77 m. Abb. [Muster als Verzierung von Damenkleidung, Meiji-Zeit] = Nihon senshoku sô ka, Bd. 7 – Yomanobe Tomoyuki (Hrsg.), Nihon no senshoku. Bd. 4. Tokio 1980, T. 89 [Vergleichsbeispiel, Früh-Edo-Zeit].

Kimonostoff, Ende Edo-Zeit
(1. Hälfte 19. Jh.)

Druckstoff; Baumwolle; Leinwandbindung; Schablonendruck (kata-zome)
Spitzovalnetz, aus c-bogen- und x-förmigen, gegeneinander gestellten und versetzten Blütenranken gebildet, in Hellbraun (Grundton) und Blau. An den Verbindungsstellen kleine Pflaumenblüten (ume no hana) in Rot; in den Feldern reihenweise wechselnd und gegenläufig Tulpen und Rosen in Rot mit blauen paarigen Blättern; Stiele und Konturen in Schwarz; brauner Grund
L. 12,6 cm; B. 9,3 cm
Musterrapport: H. 3,2 cm; B. 3,2 cm
Inv. Nr. 1003/88-382 (jap. Muster-Nr. 8/B)
Lit. u. a.: Bühler Alfred u. Eberhard Fischer, Musterung von Stoffen mit Hilfe von Preßschablonen. Basel 1974, Abb. 23 [Vergleichsbeispiel, Reliefschnitt] = Basler Beiträge zur Ethnologie 16 – Textile Designs of Japan. Bd. 2 (Geometric designs). Tokio/New York 1980, T. 117,3 [Vergleichsbeispiele] – Yoshimoto Kamon (Hrsg.), Wa-sarasa mon-yô zukan (Sarasa-Mustersammlung). Tokio 1982, 47, Abb. 111.

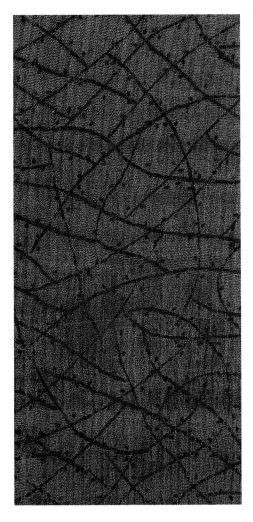

Kimonostoff, Ende Edo-Zeit
(1. Hälfte 19. Jh.)

Druckstoff; Baumwolle; Leinwandbindung; Schablonendruck (kata-zome)
Indisch beeinflußtes Muster. Blumenarabeske (kara-kusa moyô): verschiedene Blüten und Knospen, wie z. B. Princess-Kirschen (hime-zakura), Pflaumenblüte (ume no hana) und China-Blüten (kara-hana) in Rot und Dunkelblau, mit reich gewundenen Blatt-Ranken (kara-kusa: »China-Gras«); Blätter in Dunkelblau, Ranken und Umrisse in Schwarz; hellblauer Grund
L. 13,8 cm; B. 18,2 cm
Musterrapport: H. 7 cm; B. 7,5 cm
Inv. Nr. 1003/88-414 (jap. Muster-Nr. 125/B)
Lit. u. a.: Yoshimoto Kamon (Hrsg.), Wa-sarasa mon-yô zukan Sarasa-Mustersammlung). Tokio 1982, 93, Abb. 59 – Blakemore Frances, Japanese Design through Textile Patterns. New York/Tokio 1984, 73, 139, 183 m. Abb. [Vergleichsbeispiele].

Kimonostoff, Ende Edo-Zeit
(1. Hälfte 19. Jh.)

Druckstoff; Seidenkrepp; Taftbindung; Schablonendruck (kata-zome)
Weidenzweige (ryûjô) mit Knospen, in großen Biegungen einander überkreuzend; dunkelblau auf olivgrünem Grund. Frühlingssymbol
L. 11,3 cm; B. 7,6 cm
Inv. Nr. 1003/88-383 (jap. Muster-Nr. 7/B)
Lit. u. a.: Yamanobe Tomoyuki (Hrsg.), Nihon no senshoku. Bd. 4. Tokio 1980, T. 80 [realistischeres Vergleichsbeispiel].

Kimonostoff, Ende Edo-Zeit
(1. Hälfte 19. Jh.)

Druckstoff; Seidenkrepp; Taftbindung; Schablonendruck (kata-zome) mit (Weiß-)Reservage (rôkechi) und Aufdruck
Trommel-Muster (taiko-mon): versetzte Reihen aus kreisförmigen Trommelmotiven wechselnd mit kleinen achtblättrigen Blüten (kohana), weiß ausgespart in grauem Grund. Trommelmotive mit gezackten Rändern, weiß in Dunkelblau; Mittelfeld mit sog. »Drei-Komma-Muster« (tomoe), wirbelförmiger Zwischenraum in Braun. Die Trommel ist Attribut der Donnergottheit (Raiden), ihre gezackten Ränder symbolisieren den Trommelklang
L. 12 cm; B. 7,8 cm
Musterrapport: H. 4,8 cm; B. 4,8 cm
Inv. Nr. 1003/88-413 (jap. Muster-Nr. 1/B)
Lit. u. a.: Textile Designs of Japan. Bd. 2 (Geometric designs). Tokio 1980, T. 139,3 – Watson William (Hrsg.), [Kat. Ausst.] The Great Japan Exhibition. Art of the Edo Period 1600-1868. Royal Academy of Art. London 1980, Abb. 393 [verwandte Muster].

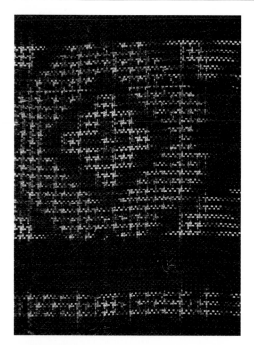

Kimonostoff, Ende Edo-Zeit ◁
(1. Hälfte 19. Jh.)

Kasuri-Gewebe; Seide (Ôshima tsumugi); Taftbindung; Doppelikat (tate-yoko-gasuri)
Streifenmuster (shima-gara): Wechsel von schmalen und breiten Ornamentstreifen. Hauptmotiv des breiten Streifens: abgeeckte, in das Streifenmuster eingepaßte Raute; gefüllt mit getrepptem Polygon, darin Kreuzmotiv (jûji) mit betonter Mitte; in Weiß und Hellbraun in dunkelbraunem Grund. Färbung: cha-gasuri (braunes Ikat) mit têchigi und doro-zome (Schlammfärbung, eisenhaltig)
L. 4,7 cm; B. 12,6 cm
Musterrapport: B. 5,8 cm
Hergestellt auf Amami Ôshima
Inv. Nr. 1004/88-11
Lit. u. a.: Yoshimoto Kamon (Hrsg.), Wa-sarasa mon-yô zukan (Sarasa-Mustersammlung). Tokio 1982, 132, Abb. 46 [Vergleichsbeispiel].

Lit. u. a.: Langewis Jaap, Geometric patterns on Japanese ikats: Kultuurpatronen. Bulletin of the Ethnological Museum. Bd. 2. Delft 1960, Abb. 14 – Stephen Barbara, [Kat. Ausst.] Japanese Country Textiles. Royal Ontario Museum. Toronto 1965, K39 m. Abb. [Vergleichsbeispiele].

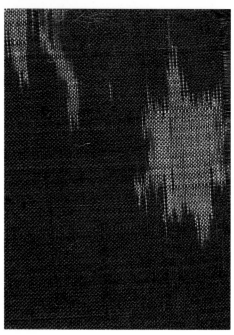

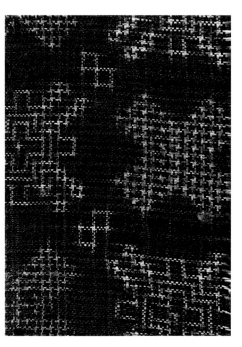

Kimonostoff, Ende Edo-Zeit ▽
(1. Hälfte 19. Jh.)

Kasuri-Gewebe; Seide (Ôshima tsumugi); Taftbindung; Schußikat (yoko-gasuri) und eingewebte farbige Fäden in beiden Richtungen
Tejima-Musterung: Farbikat (iro-gasuri) vor Gitter-Musterung (kôshimoyô). Gitter aus doppellinig eingewebten, hellblauen Kett- und Schußfäden gebildet (futasuji-kôshi); diese schachbrettmusterartig (ishi-datami) ausgefüllt: horizontale, versetzte Reihen von unregelmäßigen, farbigen Quadraten in Rot, Weiß und Grün, in Schußikat. Verbindungsmotiv: in den Kreuzungspunkten des Gitters kleine gelbe Flächen; dunkelbrauner Grund (Wiedergabe um 90° gedreht)
L. 5,6 cm; B. 14 cm
Musterrapport: B. 4,3 cm
Hergestellt auf Amami Ôshima
Inv. Nr. 1004/88-6
Lit. u. a.: Textile Designs of Japan. Bd. 2 (Geometric designs). Tokio/New York 1980, T. 47,1 [verwandtes Muster] – Yoshimoto Kamon (Hrsg.), Suji, shima, kôshi mon-yô zukan (Linie, Streifen, Gitterwerk – Mustersammlung). Tokio 1985, 7 m. Abb. [futasuji-kôshi], 9 m. Abb. [kasuri-shima].

Kimonostoff, Ende Edo-Zeit
(1. Hälfte 19. Jh.)

Kasuri-Gewebe; Seide (Ôshima-tsumugi); Taftbindung; Schußikat (yoko-gasuri)
Bildikat (e-gasuri): Fischer, Schildkröte und Vogel (nur im Ausschnitt vorhanden), in Silbergrau ausgespart in braunem Grund; alle drei Motive in stark abstrahierter Darstellung und in Umkehrung der Größenverhältnisse (der Fischer u. l. am kleinsten, der Vogel o. r. am größten). Färbung: cha-gasuri (braunes Ikat) mit têchigi und doro-zome (Schlammfärbung, eisenhaltig)
L. 11 cm; B. 5,8 cm
Hergestellt auf Amami Ôshima
Inv. Nr. 1004/88-3
Lit. u. a.: Langewis Jaap, Geometric patterns on Japanese ikats: Kultuurpatronen. Bulletin of the Ethnological Museum. Bd. 2. Delft 1960, Abb. 8 – Stephen Barbara, [Kat. Ausst.] Japanese Country Textiles. Royal Ontario Museum. Toronto 1965, K22 m. Abb. [Vergleichsbeispiele].

Kimonostoff, Ende Edo-Zeit
(1. Hälfte 19. Jh.)

Kasuri-Gewebe; Seide (Ôshima tsumugi); Taftbindung; Doppelikat (tate-yoko-gasuri)
Musterung »88. Geburtstagsfest« (bei-ju no iwai) mit hachijûhachi-Motiv (Zahl 88): um einen Mittelpunkt aus dünnen Linien gebildete konzentrische Kreuzformen (getreppte Polygone), in den Ecken ergänzt zum Andreaskreuz durch zwei Reihen getreppter Linien. Dieses hachijûhachi-Motiv alternierend mit ungegliederten Andreaskreuzen, gebildet aus jeweils vier Reihen von Ikat-Sternchen (Mosquito; ka-gasuri). Beide Hauptmotive reihenweise versetzt und von je zwei übereckgestellten Quadraten getrennt. Muster weiß und hellbraun in dunkelbraunem Grund. Färbung: cha-gasuri (braunes Ikat) mit têchigi und doro-zome (Schlammfärbung, eisenhaltig)
Das japanische Motiv »hachijûhachi« enthält das japanische Schriftzeichen für die Zahl 88; zugleich ist diese Form identisch mit dem Zeichen für Reis (kome); beides zusammen ergibt die Symbolik für langes Leben im Wohlstand. L. 5,2 cm; B. 9,6 cm
Musterrapport: B. 6 cm
Hergestellt auf Amami Ôshima
Inv. Nr. 1004/88-4

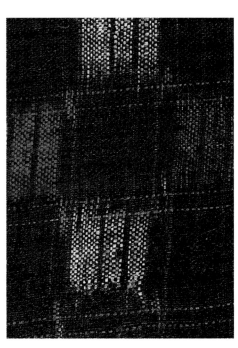

Kimonostoff, Ende Edo-Zeit
(1. Hälfte 19. Jh.)

Kasuri-Gewebe; Seide (Ôshima tsumugi); Taftbindung; Doppelikat (tate-yoko-gasuri)
Abgewandelte Schildpatt-Musterung (kawari shikkô-moyô): ungemusterte Oktogone, mit Ikat-Sternchen (Mosquito, ka-gasuri) konturiert; Verbindungsglieder: Quadrate aus 4×4 Ikat-Sternchen und unregelmäßigen Ikat-Linien; reihenweise schachbrettartig versetzt; weiß bzw. hellbraun in dunkelbraunem Grund. Färbung: cha-gasuri (braunes Ikat) mit têchigi und doro-zome (Schlammfärbung, eisenhaltig)
L. 5,4 cm; B. 9,6 cm
Musterrapport: H. 2,4 cm; B. 2,4 cm
Hergestellt auf Amami Ôshima
Inv. Nr. 1004/88-14.

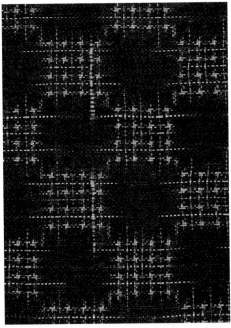

Kimonostoff, Ende Edo-Zeit
(1. Hälfte 19. Jh.)

Kasuri-Gewebe; Seide (Ôshima tsumugi); Taftbindung; Doppelikat (tate-yoko-gasuri)
Abgewandelte Schildpatt-Gitter-Musterung (kawari shikkô-kôshi); als Füllmuster getrepptes Polygon mit Mittelquadrat, wechselnd mit konzentrischen Quadraten (ireko-masugata) von der Größe der Polygone. Gesamtbild: Wechsel fast gleichgroßer Elemente; durch Versetzung der Reihen ergibt sich das aus Ikat-Sternchen (Mosquito, ka-gasuri) gebildete Schildpatt-Gitter mit Oktogonen im Zentrum und kreuzförmig angeordneten Quadraten; weiß bzw. hellbraun in dunkelbraunem Grund. Färbung: cha-gasuri (braunes Ikat) mit têchigi und doro-zome (Schlammfärbung, eisenhaltig). Symbol für langes Leben
L. 5,4 cm; B. 9,5 cm
Musterrapport: H. 2,7 cm; B. 2,7 cm
Inv. Nr. 1004/88-19
Lit. u. a.: Textile Designs of Japan. Bd. 2 (Geometric designs). Osaka 1960, T. 49,3 [ireko-masugata] – Tomita Jun u. Noriko, Japanese Ikat Weaving. London 1984, Abb. 11 [getrepptes Polygon in Schußikat].

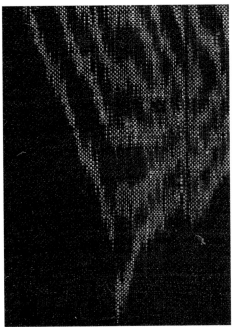

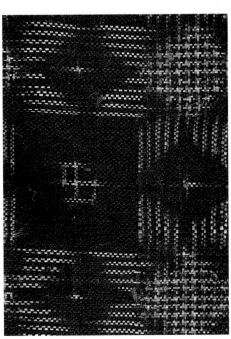

Kimonostoff, Ende Edo-Zeit
(1. Hälfte 19. Jh.)

Kasuri-Gewebe; Seide (Ôshima tsumugi); Taftbindung; Schußikat (yoko-gasuri)
Bildikat (e-gasuri): »Holzmaserung«. Große, unregelmäßige Rautenform, gebildet aus unregelmäßigen, jedoch in gleichgerichteten Schleifen angeordneten Wellenlinien; weiß bzw. hellbraun in dunkelbraunem Grund. Färbung: cha-gasuri (braunes Ikat) mit têchigi und doro-zome (Schlammfärbung, eisenhaltig). Ausschnitt aus größerem Musterzusammenhang
L. 5,4 cm; B. 9,1 cm
Hergestellt auf Amami Ôshima
Inv. Nr. 1004/88-15
vgl. auch Inv. Nr. 1003/88-136 (Motiv der »Holzmaserung«)
Lit. u. a.: Wichmann Siegfried (Hrsg.), [Kat. Ausst.] Weltkulturen und moderne Kunst. Haus der Kunst. München 1972, 261 m. Abb. – Blakemore Frances, Japanese Design through Textile Patterns. New York/Tokio 1984, 191 m. Abb. [Vergleichsbeispiele].

Kimonostoff, Ende Edo-Zeit
(1. Hälfte 19. Jh.)

Kasuri-Gewebe; Seide (Ôshima tsumugi); Taftbindung; Doppelikat (tate-yoko-gasuri)
Gitter-Musterung (kôshi-moyô). Gitter aus jeweils zehn Ikat-Linien gebildet (tôsuji-kôshi); an den Kreuzungspunkten Rauten aus sich überkreuzenden Ikat-Linien; dazwischen in den Gitterstäben ausgesparte, gleichgroße Rauten mit Mittelpunkt; Füllmuster: zwei kleine, übereck gestellte Quadrate; weiß und hellbraun in dunkelbraunem Grund. Färbung: cha-gasuri (braunes Ikat) mit têchigi und doro-zome (Schlammfärbung, eisenhaltig)
L. 5 cm; B. 8,8 cm
Musterrapport: H. 4 cm; B. 8,8 cm
Hergestellt auf Amami Ôshima
Inv. Nr. 1004/88-18
vgl. auch Inv. Nr. 1004/88-4 für Musterdetails
Lit. u. a.: Urano Riich (Hrsg.), Kasuri. Tokio 1973, 25 m. Abb. [futasuji-kôshi mit ähnl. Mittelmotiv] = Nihon senshoku sô ka, Bd. 3 – Noma Seiroku, Japanese Costume and Textile Arts. New York/Tokio 1983, Abb. 102, 104 [Vergleichsbeispiele].

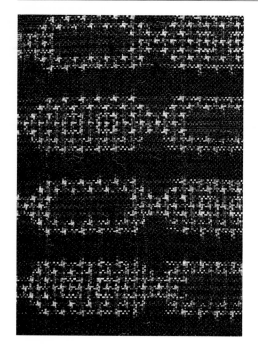

Kimonostoff, Ende Edo-Zeit
(1. Hälfte 19. Jh.)

Kasuri-Gewebe; Seide (Ôshima tsumugi); Taftbindung; Doppelikat (tate-yoko-gasuri)
»Steinwand«-Musterung mit Blumenfüllung (hana-ishigaki). Gitter aus jeweils zwei horizontalen (durchgehenden) und drei vertikalen (unterbrochenen) Ikat-Reihen gebildet; dabei entsteht eine Musterung aus Reihen von versetzten Quadraten (Steinwand) mit eingeschriebenen kleinen Blüten; weiß und hellbraun in dunkelbraunem Grund. Färbung: cha-gasuri (braunes Ikat) mit têchigi und doro-zome (Schlammfärbung, eisenhaltig)
L. 7,6 cm; B. 5 cm
Musterrapport: H. 3 cm; B. 1,7 cm
Hergestellt auf Amami Ôshima
Inv. Nr. 1004/88-28
Lit. u. a.: Urano Riich (Hrsg.), Komon. Tokio 1974, 135 m. Abb. [ishi-gaki-Motiv in kiri-bori-Technik] = Nihon senshoku sô ka, Bd. 7.

Kimonostoff, Ende Edo-Zeit
(1. Hälfte 19. Jh.)

Kasuri-Gewebe; Seide (Ôshima tsumugi); Taftbindung; Doppelikat (tate-yoko-gasuri)
Abgewandelte Schildkrötenschale-Musterung (kawari kikkô-moyô): miteinander verbundene, langgestreckte Hexagone in horizontaler Reihung; abwechselnd gefüllt mit je zwei kleinen, konzentrischen Quadraten bzw. mit ungemusterter Mitte; reihenweise versetzt mit Abstand von halber Hexagonbreite, dadurch Streifenwirkung; weiß bzw. hellbraun in dunkelbraunem Grund. Färbung: cha-gasuri (braunes Ikat) mit têchigi und doro-zome (Schlammfärbung, eisenhaltig). Symbol für langes Leben
L. 5,1 cm; B. 11,5 cm
Musterrapport: H. 2,5 cm; B. 2 cm
Hergestellt auf Amami Ôshima
Inv. Nr. 1004/88-23
vgl. auch Inv. Nr. 1004/88-63 (ähnliches Muster)
Lit. u. a.: Blakemore Frances, Japanese Design through Textile Patterns. New York/Tokio 1984, 34 m. Abb. [Motivvariante].

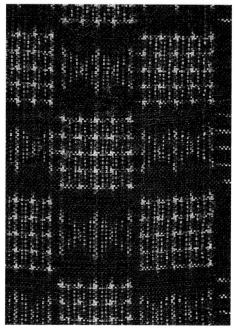

Kimonostoff, Ende Edo-Zeit
(1. Hälfte 19. Jh.)

Kasuri-Gewebe; Seide (Ôshima tsumugi); Taftbindung; Doppelikat (tate-yoko-gasuri)
Quadrate (seihô) und Trommel (taikô). Quadrate gebildet aus 5×5 Ikat-Sternchen (Mosquito, kagasuri); Trommel-Motiv gebildet aus kleinen Rauten mit x-förmiger Verlängerung der Seitenlinien oben und unten; in ungemusterten Feldern, reihenweise versetzt, schachbrettartig; weiß und hellbraun in dunkelbraunem Grund. Färbung: chagasuri (braunes Ikat) mit têchigi und doro-zome (Schlammfärbung, eisenhaltig)
L. 5,2 cm; B. 10,5 cm
Musterrapport: H. 2,9 cm; B. 2,9 cm
Hergestellt auf Amami Ôshima
Inv. Nr. 1004/88-31.

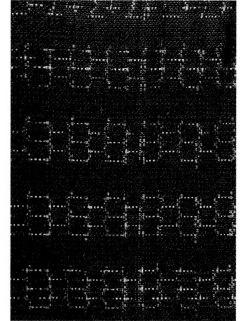

Kimonostoff, Ende Edo-Zeit
(1. Hälfte 19. Jh.)

Kasuri-Gewebe; Seide (Ôshima tsumugi); Taftbindung; Doppelikat (tate-yoko-gasuri)
Schildpatt-Streifen-Musterung (kikkô-shima-moyô): schmale Streifen von jeweils drei versetzten Reihen von Hexagonen (Schildpatt-Muster), in etwa gleich breitem Abstand; weiß bzw. hellbraun in dunkelbraunem Grund. Färbung: cha-gasuri (braunes Ikat) mit têchigi und doro-zome (Schlammfärbung, eisenhaltig). Symbol für langes Leben
L. 5,8 cm; B. 5,2 cm
Musterrapport: H. 1,3 cm
Hergestellt auf Amami Ôshima
Inv. Nr. 1004/88-36
Lit. u. a.: Urano Riich (Hrsg.), Kasuri. Tokio 1973, 170 m. Abb. [kikkô-gasuri] = Nihon senshoku sô ka, Bd. 3 – ders., Komon. Tokio 1974, 126 m. Abb. [Vergleichsbeispiel in kiri-bori] = Nihon senshoku sô ka, Bd. 7 – Yoshimoto Kamon (Hrsg.), Wa-sarasa mon-yô zukan (Sarasa-Mustersammlung). Tokio 1982, 36, Abb. 27 – Blakemore Frances, Japanese Design through Textile Patterns. New York/Tokio 1984, 55 m. Abb. [Vergleichsbeispiele].

Kimonostoff, Ende Edo-Zeit
(1. Hälfte 19. Jh.)

Kasuri-Gewebe; Seide (Ôshima tsumugi); Taftbindung; Doppelikat (tate-yoko-gasuri)
Diagonalgitter (naname-kôshi): aus in der Mitte unterbrochenen Andreaskreuzen gebildet; an den Kreuzungspunkten oktogonale Aussparung mit Mittelquadrat; dieses wechselnd mit ausgespartem Kreuz (jûji) als Füllmuster. Reihenweise versetzt; weiß bzw. hellbraun in dunkelbraunem Grund. Färbung: cha-gasuri (braunes Ikat) mit têchigi und doro-zome (Schlammfärbung, eisenhaltig)
L. 3,7 cm; B. 9,7 cm
Musterrapport: H. 2,5 cm; B. 2,3 cm
Hergestellt auf Amami Ôshima
Inv. Nr. 1004/88-41
Lit. u. a.: Blakemore Frances, Japanese Design through Textile Patterns. New York/Tokio 1984, 110 m. Abb. [verwandtes Muster in kata-zome].

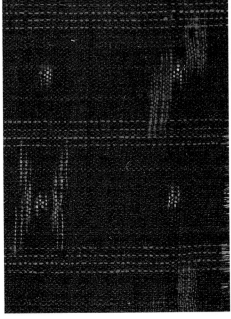

Kimonostoff, Ende Edo-Zeit
(1. Hälfte 19. Jh.)

Kasuri-Gewebe; Seide (Ôshima tsumugi); Taftbindung; Doppelikat (tate-yoko-gasuri) und eingewebte weiße Kettfäden
Ornamentstreifen (kasuri-shima-gara): bestehend aus gefüllten Doppelikatstreifen mit querlaufenden parallelen Doppellinien und Punktreihen (vorwiegend in Schußikat), sowie gleichbreiten Streifen mit »Mauerwerk-Musterung« (ishi-gaki), gebildet aus jeweils vier eingewebten weißen Kettfäden mit kurzen, versetzten Querstreifen in Schußikat. Weiß und hellbraun in dunkelbraunem Grund; Färbung: cha-gasuri (braunes Ikat) mit têchigi und doro-zome (Schlammfärbung, eisenhaltig). Wiedergabe hier gemäß Musterbuch
L. 12 cm; B. 4,5 cm; Musterrapport: H. 3 cm
Hergestellt auf Amami Ôshima
Inv. Nr. 1004/88-47
vgl. auch Inv. Nr. 1004/88-173 (verwandtes Muster)
Lit. u. a.: Urano Riich (Hrsg.), Komon. Tokio 1974, 135 m. Abb. [ishi-gaki-Motiv] = Nihon senshoku sô ka, Bd. 7 — Yoshimoto Kamon (Hrsg.), Karakusa mon-yô zukan (Arabesken-Mustersammlung). Tokio 1985, Abb. 517 [Vergleichsbeispiel].

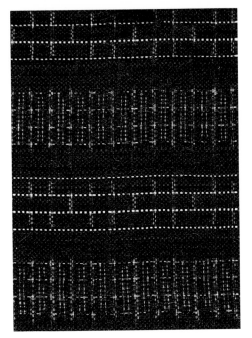

Kimonostoff, Ende Edo-Zeit
(1. Hälfte 19. Jh.)

Kasuri-Gewebe; Seide (Ôshima tsumugi); Taftbindung; Schußikat (yoko-gasuri) und eingewebte farbige Kettfäden
Farbikat (iro-gasuri) mit Streifenmuster (shimamoyô). Streifenmuster gebildet von jeweils vier eingewebten roten Kettfäden in dunkelbraunem Grund (Wiedergabe hier gemäß Musterbuch).
Ikat-Muster in horizontalen Reihen, in zwei Varianten, jeweils mit punktförmiger Mittelbildung; dabei rote versetzte Doppelstreifen alternierend mit einzelnen Punkten, – reihenweise versetzt – gelbe gegenständige Dreieckformen, gleichfalls mit Punkten alternierend. Dunkelbraune Grundfärbung mit têchigi und doro-zome (Schlammfärbung, eisenhaltig)
L. 14,4 cm; B. 6,3 cm; Musterrapport: H. 5,5 cm
Hergestellt auf Amami Ôshima
Inv. Nr. 1004/88-42
Lit. u. a.: Urano Riich (Hrsg.), Kasuri. Tokio 1973, 41, 46, 150, 163, 166 m. Abb. [Vergleichsbeispiele] = Nihon senshoku sô ka, Bd. 3 – Yoshimoto Kamon (Hrsg.), Suji, shima, kôshi mon-yô zukan (Linie, Streifen, Gitterwerk – Mustersammlung). Tokio 1985, 8, 9 m. Abb. [ähnl. Muster].

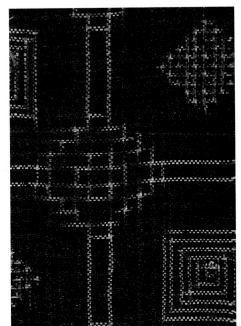

Kimonostoff, Ende Edo-Zeit
(1. Hälfte 19. Jh.)

Kasuri-Gewebe; Seide (Ôshima tsumugi); Taftbindung; Doppelikat (tate-yoko-gasuri)
Doppelliniges Quadratgitter (futasuji-kôshi); an den Kreuzungspunkten getreppte Polygone mit ausgespartem Mittelkreuz. Füllmuster: konzentrische Quadrate (ireko-masu-gata) wechselnd mit Rauten. Weiß und hellbraun in dunkelbraunem Grund. Färbung: cha-gasuri (braunes Ikat) mit têchigi und doro-zome (Schlammfärbung, eisenhaltig)
L. 4,5 cm; B. 8,2 cm
Hergestellt auf Amami Ôshima
Inv. Nr. 1004/88-48
Lit. u. a.: Textile Designs of Japan. Bd. 2 (Geometric designs). Tokio 1980, T. 47,2 [verwandtes Muster], T. 49,3 [Vergleichsbeispiel für ireko-masugata].

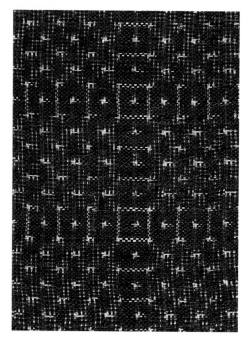

Kimonostoff, Ende Edo-Zeit ▷
(1. Hälfte 19. Jh.)

Kasuri-Gewebe; Seide (Ôshima tsumugi); Taftbindung; Doppelikat (tate-yoko-gasuri)
Schildkrötenschale-Musterung (kikkô-moyô): langgestreckte, gefüllte Hexagone in versetzter Reihung, jeweils mit einer der Längsseite der Rauten entsprechenden Linie (aus Ikat-Sternchen) verbunden, die zugleich die Hexagone der nächsten Reihe trennt; Binnenmusterung der Hexagone: Dreieckfüllungen mit Ikat-Sternchen, in der Mitte gefülltes Rechteck mit kreisförmigen Aussparungen. Weiß bzw. hellbraun in dunkelbraunem Grund; Färbung: cha-gasuri (braunes Ikat) mit têchigi und doro-zome (Schlammfärbung, eisenhaltig). Symbol für langes Leben
L. 4,8 cm; B. 10 cm
Musterrapport: B. 2,3 cm
Hergestellt auf Amami Ôshima
Inv. Nr. 1004/88-63
vgl. auch Inv. Nr. 1004/88-23 (verwandtes Muster).

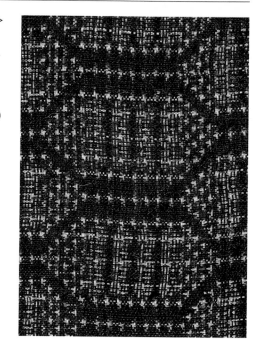

Kimonostoff, Ende Edo-Zeit
(1. Hälfte 19. Jh.)

Kasuri-Gewebe; Seide (Ôshima tsumugi); Taftbindung; Doppelikat (tate-yoko-gasuri)
Schildpatt-Gitter-Musterung (kikkô-kôshi): gebildet aus länglichen, in horizontalen und vertikalen Reihen angeordneten Hexagonen; an den Kreuzungspunkten Quadrate, jeweils mit Ikat-Sternchen in der Mitte; diese weitergeführt in die Gitterfelder und mit diagonalen Linien verbunden (Rautenmusterung). Weiß bzw. hellbraun in dunkelbraunem Grund; Färbung: cha-gasuri (braunes Ikat) mit têchigi und doro-zome (Schlammfärbung, eisenhaltig). Schildpatt-Gitter-Musterung steht als Symbol für langes Leben.
L. 5,3 cm; B. 11 cm
Musterrapport: B. 2,3 cm
Hergestellt auf Amami Ôshima
Inv. Nr. 1004/88-53
Lit. u. a.: Urano Riich (Hrsg.), Kasuri. Tokio 1973, 167 m. Abb. [Vergleichsbeispiele] = Nihon senshoku sô ka, Bd. 3.

Kimonostoff, Ende Edo-Zeit
(1. Hälfte 19. Jh.)

Kasuri-Gewebe; Seide (Ôshima tsumugi); Taftbindung; Doppelikat (tate-yoko-gasuri)
Flechtwerkmuster (yose-jima): gebildet aus jeweils zwei doppelten Ikat-Linien, ablesbar als große ineinander greifende T-Formen (saya-gata-Musterung); in den Zwischenräumen Swastiken (manji). Weiß bzw. hellbraun in dunkelbraunem Grund; Färbung: cha-gasuri (braunes Ikat) mit têchigi und doro-zome (Schlammfärbung, eisenhaltig). Die Swastika, ein ursprünglich aus Indien übernommenes buddhistisches Symbol, gilt auch als Wind-Motiv. L. 7,3 cm; B. 4,6 cm
Musterrapport: H. 2,2 cm; B. 2,2 cm
Hergestellt auf Amami Ôshima
Inv. Nr. 1004/88-65
vgl. auch Inv. Nr. 1003/88-18 u. 1004/88-69 (verwandte Muster mit Swastika-Motiv)
Lit. u. a.: Textile Designs of Japan. Bd. 2 (Geometric designs). Osaka 1960, T. 163,9 – Urano Riich (Hrsg.), Komon. Tokio 1974, 125, 139 m. Abb. [in kiri-bori] = Nihon senshoku sô ka, Bd. 7 – Blakemore Frances, Japanese Design through Textile Patterns. New York/Tokio 1984, 113 m. Abb. [verwandte Muster].

Kimonostoff, Ende Edo-Zeit ▷
(1. Hälfte 19. Jh.)

Kasuri-Gewebe; Seide (Ôshima tsumugi); Taftbindung; Doppelikat (tate-yoko-gasuri)
Abgewandelte Schildpatt-Gitter-Musterung (kawari shikkô-kôshi): durch besonders kurze, eingezogene Schrägseiten fast quadratisch wirkende Oktogone; als Füllmuster getrepptes Polygon mit Mittelquadrat; Zwischenmotiv: gefüllte Quadrate (etwa von der Größe der Oktogone) mit 6×6 Ikat-Sternchen reihenweise wechselnd mit Ikat-Linien; durch Versetzung der Reihen schachbrettartige Musterung. Weiß bzw. hellbraun in dunkelbraunem Grund; Färbung: cha-gasuri (braunes Ikat) mit têchigi und doro-zome (Schlammfärbung, eisenhaltig). Symbol für langes Leben
L. 5,8 cm; B. 11 cm
Musterrapport: H. 3,5 cm; B. 3,5 cm
Hergestellt auf Amami Ôshima
Inv. Nr. 1004/88-60
vgl. auch Inv. Nr. 1004/88-19 u. 1004/88-31 (verwandte Muster).

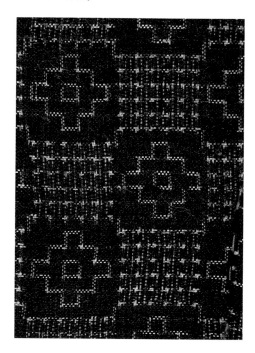

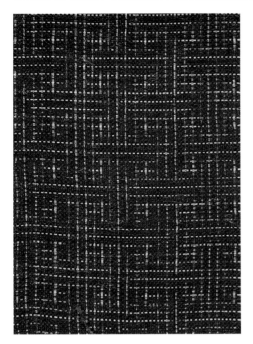

Kimonostoff, Ende Edo-Zeit ▷
(1. Hälfte 19. Jh.)

Kasuri-Gewebe; Seide (Ôshima tsumugi); Taftbindung; Doppelikat (tate-yoko-gasuri)
Doppelliniges Quadratgitter (futasuji-kôshi); an den Kreuzungspunkten ungemusterte Kreise mit kleinen Mittelquadraten; als Füllmuster des Gitterwerks Andreaskreuze, gebildet aus Ikat-Sternchen (Mosquito, ka-gasuri) und kurzen unregelmäßigen Linien (Regen-Muster, ameiri-gasuri). Weiß und hellbraun in dunkelbraunem Grund; Färbung: cha-gasuri (braunes Ikat) mit têchigi und doro-zome (Schlammfärbung, eisenhaltig)
L. 11 cm; B. 5,7 cm
Musterrapport: H. 1,6 cm; B. 1,6 cm
Hergestellt auf Amami Ôshima
Inv. Nr. 1004/88-72.

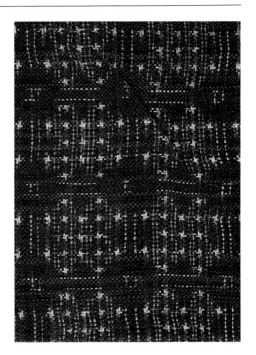

Kimonostoff, Ende Edo-Zeit
(1. Hälfte 19. Jh.)

Kasuri-Gewebe; Seide (Ôshima tsumugi); Taftbindung; Doppelikat (tate-yoko-gasuri)
Flechtwerkmuster (yose-jima): aus jeweils zwei mittleren Ikat-Linien gebildet, ablesbar als ineinander greifende T-Formen (saya-gata-Musterung); in den Zwischenräumen unscharfe, swastika-artige Musterung (manji). Weiß bzw. hellbraun in dunkelbraunem Grund; Färbung: cha-gasuri (braunes Ikat) mit têchigi und doro-zome (Schlammfärbung, eisenhaltig)
L. 4,5 cm; B. 10,5 cm
Musterrapport: H. 1,6 cm; B. 1,6 cm
Hergestellt auf Amami Ôshima
Inv. Nr. 1004/88-69
vgl. auch Inv. Nr. 1003/88-18 u. 1004/88-65 (verwandte Muster)
Lit. u. a.: Textile Designs of Japan. Bd. 2 (Geometric designs). Osaka 1960, T. 163,9 [in kiri-bori] – Urano Riich (Hrsg.), Komon. Tokio 1974, 125, 139 m. Abb. [in kiri-bori] = Nihon senshoku sô ka, Bd. 7 – Blakemore Frances, Japanese Design through Textile Patterns. New York/Tokio 1984, 113 m. Abb. [verwandte Muster].

Kimonostoff, Ende Edo-Zeit
(1. Hälfte 19. Jh.)

Kasuri-Gewebe; Seide (Ôshima tsumugi); Taftbindung; Schußikat (yoko-gasuri) und eingewebte farbige Kettfäden
Farbikat (iro-gasuri): durch einzelne, vertikal verlaufende weiße Kettfäden breite Streifenbildung; als Füllmuster eingefügt versetzte Reihen von Quadraten (Schußikat), reihenweise in Weiß, Rot und Grün in dunkelbraunem Grund; zwischen den einzelnen Quadrat-Reihen beinahe quadratische, an den Ecken unregelmäßige, kleine Schußikatflecken in Weiß; damit Bildung einer abgewandelten Form der »88. Geburtstagsfest«-Musterung als geometrisierende Variante des hachijûhachi-Motivs (vgl. Inv. Nr. 1004/88-4); Symbol für langes Leben
(Wiedergabe um 90° gedreht)
L. 6,5 cm; B. 6,8 cm; Musterrapport: B. 4,3 cm
Hergestellt auf Amami Ôshima
Inv. Nr. 1004/88-77
Lit. u. a.: Langewis Jaap, Geometric patterns on Japanese ikats: Kultuurpatronen. Bulletin of the Ethnological Museum. Bd. 2. Delft 1960, Abb. 17 [verwandtes Muster].

Kimonostoff, Ende Edo-Zeit ▷
(1. Hälfte 19. Jh.)

Kasuri-Gewebe; Seide (Ôshima tsumugi); Taftbindung; Doppelikat (tate-yoko-gasuri)
Gittermusterung (kôshi-moyô) aus drei Doppellinien mit breitem Zwischenraum; an den Kreuzungspunkten ausgesparte Quadrate mit Punkt in der Mitte. Durch die Abstände des Gitterwerks bilden die Gitteröffnungen nur kleine Quadrate; keine Füllmotive. Weiß bzw. hellbraun in dunkelbraunem Grund; Färbung: cha-gasuri (braunes Ikat) mit têchigi und doro-zome (Schlammfärbung, eisenhaltig). Bei dieser Art der Gittermusterung handelt es sich auch um eine abgewandelte Form des Reisfeldmotivs, Symbol für Wohlstand und Reichtum.
L. 4,3 cm; B. 9,5 cm
Musterrapport: H. 2,4 cm; B. 2 cm
Hergestellt auf Amami Ôshima
Inv. Nr. 1004/88-99
Lit. u. a.: Langewis Jaap, Geometric patterns on Japanese ikats: Kultuurpatronen. Bulletin of the Ethnological Museum. Bd. 2. Delft 1960, Abb. 18, 19 [Varianten der Reisfeld-Musterung].

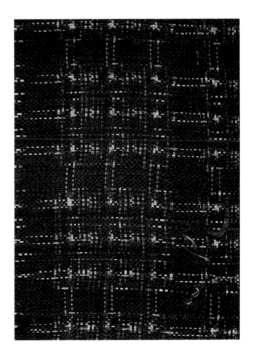

Kimonostoff, Ende Edo-Zeit
(1. Hälfte 19. Jh.)

Kasuri-Gewebe; Seide (Ôshima tsumugi); Taftbindung; Doppelikat (tate-yoko-gasuri)
Reisfeldmuster (ta): Gitter aus breiten Längs- und schmalen Querstreifen, beide aus Reihen von Ikat-Sternchen gebildet; Gitteröffnungen wechselnd als Rechtecke und Quadrate; darin Reisfeldmotiv (Quadrat mit eingeschriebenem Kreuz) als Schriftzeichen-Musterung (monji-moyô). Weiß bzw. hellbraun in dunkelbraunem Grund; Färbung: cha-gasuri (braunes Ikat) mit têchigi und doro-zome (Schlammfärbung, eisenhaltig). Das Reisfeldmotiv steht als Symbol für Wohlstand und Reichtum.
L. 10,8 cm; B. 4,2 cm
Musterrapport: H. 2,9 cm; B. 2,3 cm
Hergestellt auf Amami Ôshima
Inv. Nr. 1004/88-106
vgl. auch Inv. Nr. 1004/88-180 [ähnliches Muster]
Lit. u. a.: Urano Riich (Hrsg.), Kasuri. Tokio 1973, 150 m. Abb. [Vergleichsbeispiel] = Nihon senshoku sô ka. Bd. 3.

Kimonostoff, Ende Edo-Zeit
(1. Hälfte 19. Jh.)

Kasuri-Gewebe; Seide (Ôshima tsumugi); Taftbindung; Doppelikat (tate-yoko-gasuri)
Abgewandelte oktogonale Schildpatt-Gitter-Musterung (kawari shikkô-kôshi); als Verbindungsglieder kleine gefüllte Quadrate (masu-gata); Füllmuster der Oktogone: Drei-Linien-Musterung, reihenweise wechselnd mit Kreuzmuster (jûji) und konzentrischen Quadraten (äußeres Quadrat: Mosquito-Musterung, ka-gasuri). Weiß und hellbraun in dunkelbraunem Grund; Färbung: cha-gasuri (braunes Ikat) mit têchigi und doro-zome (Schlammfärbung, eisenhaltig). Schildpatt-Musterung Symbol für langes Leben; die drei ungebrochenen Parallel-Linien (ursprünglich ein taoistisches Symbol, eines der Acht-Trigramme, Symbol des Himmels) stehen für kreative Energie und Männlichkeit.
L. 5,5 cm; B. 12 cm
Musterrapport: H. 4,2 cm; B. 4,2 cm
Hergestellt auf Amami Ôshima
Inv. Nr. 1004/88-107.

Kimonostoff, Ende Edo-Zeit
(1. Hälfte 19. Jh.)

Kasuri-Gewebe; Seide (Ôshima tsumugi); Taftbindung; Doppelikat (tate-yoko-gasuri)
Schildpatt-Streifen-Musterung (kikkô-shima-moyô): langgestreckte Hexagone, an beiden Enden von Andreaskreuzen begrenzt; Zwischenräume der Kreuzarme gefüllt, dadurch Streifenbildung. Füllmuster der Hexagone: kleine, ausgesparte Rauten mit betonter Mitte. Weiß bzw. hellbraun in dunkelbraunem Grund; Färbung: cha-gasuri (braunes Ikat) mit têchigi und doro-zome (Schlammfärbung, eisenhaltig). Symbol für langes Leben
L. 4,5 cm; B. 12,3 cm
Musterrapport: B. 3 cm
Hergestellt auf Amami Ôshima
Inv. Nr. 1004/88-121.

Kimonostoff, Ende Edo-Zeit
(1. Hälfte 19. Jh.)

Kasuri-Gewebe; Seide (Ôshima tsumugi); Taftbindung; Doppelikat (tate-yoko-gasuri)
Diagonalgitter (naname-kôshi); Gitter durchbrochen, an den Kreuzungspunkten Andreaskreuze; dazwischen kleine, aus 3×3 Punkten gebildete Rauten. Füllmuster: große gefüllte Rauten aus drei Punkt-Reihen gebildet, mit Ikat-Stern in der Mitte. Da das Gitternetz unterbrochen ist, läßt sich das Muster auch als Abfolge von Rauten und Andreaskreuzen, reihenweise versetzt, ablesen. Weiß und hellbraun in dunkelbraunem Grund; Färbung: cha-gasuri (braunes Ikat) mit têchigi und doro-zome (Schlammfärbung, eisenhaltig)
L. 10,6 cm; B. 10,6 cm
Musterrapport: H. 6,1 cm; B. 6,6 cm
Hergestellt auf Amami Ôshima
Inv. Nr. 1004/88-113.

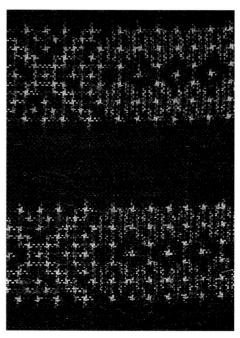

Kimonostoff, Ende Edo-Zeit
(1. Hälfte 19. Jh.)

Kasuri-Gewebe; Seide (Ôshima tsumugi); Taftbindung; Doppelikat (tate-yoko-gasuri)
Diagonalgitter (naname-kôshi): aus freistehenden kleinen Quadraten gebildet; an den Kreuzungspunkten große, mit Ikat-Sternchen (Mosquito, kagasuri) gefüllte Rauten; Füllmuster: konzentrische Quadrate (ireko-masu-gata); Rauten und Quadrate wechseln somit in horizontalen und vertikalen Reihen. Weiß und hellbraun in dunkelbraunem Grund; Färbung: cha-gasuri (braunes Ikat) mit têchigi und doro-zome (Schlammfärbung, eisenhaltig)
L. 5 cm; B. 11,7 cm
Musterrapport: H. 3,7 cm; B. 3,7 cm
Hergestellt auf Amami Ôshima
Inv. Nr. 1004/88-137
Lit. u. a.: Textile Designs of Japan. Bd. 2 (Geometric designs). Osaka 1960, T. 49,3 [ireko-masu-gata] – Yoshimoto Kamon (Hrsg.), Wa-sarasa mon-yô zukan (Sarasa-Mustersammlung). Tokio 1982, 130, Abb. 30 [Vergleichsbeispiel: konzentrische Rauten u. Quadrate im Wechsel].

Kimonostoff, Ende Edo-Zeit
(1. Hälfte 19. Jh.)

Kasuri-Gewebe; Seide (Ôshima tsumugi); Taftbindung; Doppelikat (tate-yoko-gasuri)
Streifenmuster (kasuri-shima-gara): schmale und breite Ornamentstreifen in abwechselnder Reihenfolge; die schmäleren Streifen bestehen aus aneinander gereihten Kreuzformen (jûji) mit betonter Mitte, die breiteren Streifen aus drei nebeneinander verlaufenden Reihen von kleinen Quadraten (seihô), die sowohl vertikal als auch horizontal miteinander verbunden sind; in den kreuzförmigen Zwischenräumen jeweils ein Ikat-Sternchen (Mosquito, ka-gasuri). Weiß bzw. hellbraun in dunkelbraunem Grund; Färbung: cha-gasuri (braunes Ikat) mit têchigi und doro-zome (Schlammfärbung, eisenhaltig)
L. 11,3 cm; B. 4 cm
Musterrapport: H. 2,1 cm
Hergestellt auf Amami Ôshima
Inv. Nr. 1004/88-144
vgl. auch Inv. Nr. 1004/88-162 (Musterbildung mit drei kleinen Quadraten).

Kimonostoff, Ende Edo-Zeit
(1. Hälfte 19. Jh.)

Kasuri-Gewebe; Seide (Ôshima tsumugi); Taftbindung; Doppelikat (tate-yoko-gasuri)
Musterung »88. Geburtstagsfest« (bei-jû no iwai), mit hachijûhachi-Motiv (Zahl 88) in zwei Varianten; 1. Variante: Andreaskreuz gebildet aus drei Reihen übereck gestellter kleiner Quadrate, in der Mitte Raute aus 3×3 Ikat-Sternchen (Mosquito, ka-gasuri), in den Ecken kreuzförmig angeordnete, getreppte Polygone; 2. Variante: Andreaskreuz aus einer Reihe übereck gestellter kleiner Quadrate, in der Mitte getrepptes Polygon, in den Ecken (zwischen den Kreuzarmen) kreuzförmig angeordnete Rauten, gebildet aus 4×4 Ikat-Sternchen. Motive alternierend und reihenweise versetzt. Weiß bzw. hellbraun in dunkelbraunem Grund; Färbung: cha-gasuri (braunes Ikat) mit têchigi und doro-zome (Schlammfärbung, eisenhaltig). Symbol für langes Leben (s. dazu Inv. Nr. 1004/88-4)
L. 5,5 cm; B. 10,8 cm; Musterrapport: B. 6,9 cm
Inv. Nr. 1004/88-142
Lit. u. a.: Langewis Jaap, Geometric patterns on Japanese ikats: Kultuurpatronen. Bulletin of the Ethnological Museum. Bd. 2. Delft 1960, Abb. 1 [Variante].

Kimonostoff, Ende Edo-Zeit
(1. Hälfte 19. Jh.)

Kasuri-Gewebe; Seide (Ôshima tsumugi); Taftbindung; Doppelikat (tate-yoko-gasuri)
Diagonalgitter (naname-kôshi), aus dicht aneinander stoßenden, getreppten, doppellinigen Polygonen gebildet, durch Ikat-Sternchen (Mosquito, ka-gasuri) zu Rauten ergänzt, in horizontalen bzw. vertikalen, versetzten Reihen. Füllmotiv der Polygone: ausgespartes doppelliniges Kreuz. Das gesamte Muster ist aus kleinen imaginären Quadraten entwickelt; in deren Mitte jeweils ein Ikat-Sternchen; diese ergeben ein gleichmäßiges Punkt-Muster. Weiß und hellbraun in dunkelbraunem Grund; Färbung: cha-gasuri (braunes Ikat) mit têchigi und doro-zome (Schlammfärbung, eisenhaltig). L. 5,1 cm; B. 12,5 cm; Musterrapport: H. 3,5 cm; B. 3,5 cm; Inv. Nr. 1004/88-150
Lit. u. a.: Stephen Barbara, [Kat. Ausst.] Japanese Country Textiles. Royal Ontario Museum. Toronto 1965, K36 m. Abb. – Urano Riich (Hrsg.), Kasuri. Tokio 1973, Abb. 39 [kaku-yose-gasuri] – Fux Herbert, [Kat. Ausst.] Traditionelles Kunsthandwerk der Gegenwart aus Japan. Österreichisches Museum für angewandte Kunst. Wien 1974, Abb. 172 [Vergleichsbeispiele].

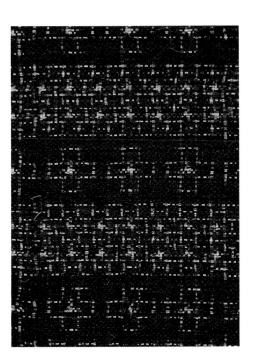

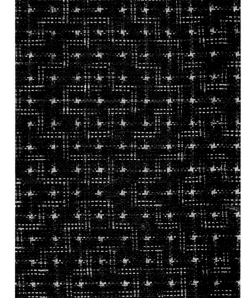

Kimonostoff, Ende Edo-Zeit
(1. Hälfte 19. Jh.)

Kasuri-Gewebe; Seide (Ôshima tsumugi); Taftbindung; Doppelikat (tate-yoko-gasuri)
»Bergwolken-Musterung« (yama-gata-kumo-moyô): vertikale Reihen aus Ikat-Sternchen (Mosquito, ka-gasuri) gebildet, in deren Mitte jeweils drei kleine miteinander verbundene Quadrate (seihô); durch deren Versetzung um jeweils ein Quadrat (viermal) ergibt sich ein Zickzackmuster gleich einer stilisierten Berglinie (yama-gata) und ausgesparten Wolken (kumo-moyô). Weiß bzw. hellbraun in dunkelbraunem Grund; Färbung: cha-gasuri (braunes Ikat) mit têchigi und doro-zome (Schlammfärbung, eisenhaltig)
L. 4,1 cm; B. 9,5 cm
Musterrapport: H. 3,3 cm; B. 1,8 cm
Hergestellt auf Amami Ôshima
Inv. Nr. 1004/88-162.

Kimonostoff, Ende Edo-Zeit
(1. Hälfte 19. Jh.)

Kasuri-Gewebe; Seide (Ôshima tsumugi); Taftbindung; Doppelikat (tate-yoko-gasuri)
Schildpatt-Gitter-Musterung (shikkô-kôshi): bestehend aus kleinen, durch Ikat-Sternchen (Mosquito, ka-gasuri) gebildeten Oktogonen und kleinen, deren vier Hauptseiten zugeordneten Quadraten; Binnenmusterung der Oktogone reihenweise wechselnd: gefüllt mit kleinem quadratischen Mittelmotiv und abwechselnd mit gefüllten und ungefüllten Oktogonen. Weiß bzw. hellbraun in dunkelbraunem Grund; Färbung: cha-gasuri (braunes Ikat) mit têchigi und doro-zome (Schlammfärbung, eisenhaltig). Schildpatt-Musterung steht als Symbol für langes Leben.
L. 3,5 cm; B. 13,8 cm
Musterrapport: H. 1,7 cm; B. 1,7 cm
Hergestellt auf Amami Ôshima
Inv. Nr. 1004/88-165.

Kimonostoff, Ende Edo-Zeit
(1. Hälfte 19. Jh.)

Kasuri-Gewebe; Seide (Ôshima tsumugi); Taftbindung; Schußikat (yoko-gasuri) und eingewebte farbige Kettfäden
Farbikat (iro-gasuri) mit Streifenmuster (shima-moyô). Vertikale Streifen durch eingewebte gelbe Kettfäden. Flächenmuster mit unregelmäßigen Ikat-Linien; Doppellinien in Orangegelb mit y-förmig angeordneten Ansätzen sowie versetzte Reihen mit grünen und roten Doppellinien mit gelbem Zwischenmotiv. Dunkelbraune Grundfärbung mit têchigi und doro-zome (Schlammfärbung, eisenhaltig)
(Wiedergabe um 90° gedreht)
L. 6,5 cm; B. 8,8 cm
Musterrapport: B. 4,5 cm
Hergestellt auf Amami Ôshima
Inv. Nr. 1004/88-158
Lit. u. a.: Urano Riich (Hrsg.), Kasuri. Tokio 1973, 46 m. Abb. = Nihon senshoku sô ka, Bd. 3 – Yamanobe Tomoyuki (Hrsg.), Nihon no senshoku. Bd. 2. Tokio 1979, T. 74 [Vergleichsbeispiele].

Kimonostoff, Ende Edo-Zeit
(1. Hälfte 19. Jh.)

Kasuri-Gewebe; Seide (Ôshima tsumugi); Taftbindung; Doppelikat (tate-yoko-gasuri)
Rautenmuster (kikkô-gata-moyô), in horizontalen und vertikalen Reihen versetzt: aneinander gereihte, mit Ikat-Sternchen (Mosquito, ka-gasuri) und Linien gefüllte Rauten, auf Abstand gesetzt. Trennmuster: kleinere Rauten, einander an den Spitzen berührend. Weiß bzw. hellbraun in dunkelbraunem Grund; Färbung: cha-gasuri (braunes Ikat) mit têchigi und doro-zome (Schlammfärbung, eisenhaltig)
L. 8 cm; B. 4,5 cm
Musterrapport: H. 2,4 cm; B. 2,5 cm
Hergestellt auf Amami Ôshima
Inv. Nr. 1004/88-169
Lit. u. a.: Urano Riich (Hrsg.), Kasuri. Tokio 1973, 165, 170 m. Abb. [Vergleichsbeispiele] = Nihon senshoku sô ka, Bd. 3.

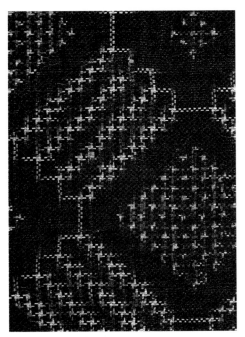

**Kimonostoff, Ende Edo-Zeit
(1. Hälfte 19. Jh.)**

Kasuri-Gewebe; Seide (Ôshima tsumugi); Taftbindung; Doppelikat (tate-yoko-gasuri)
»Reisfelder« (inada): aus Doppel-Linien gebildetes Quadratgitter (futasuji-kôshi); an den Kreuzungspunkten angedeutete Rauten mit betonter Mitte; Füllmotiv: Reisfeldmusterung in Form von Quadraten, gebildet aus jeweils fünf, sich (horizontal/vertikal) kreuzenden Linien. Weiß bzw. hellbraun in dunkelbraunem Grund; Färbung: cha-gasuri (braunes Ikat) mit têchigi und doro-zome (Schlammfärbung, eisenhaltig). Symbol für Reichtum oder Wohlstand
L. 4,5 cm; B. 11,8 cm
Musterrapport: H. 1,7 cm; B. 1,7 cm
Hergestellt auf Amami Ôshima
Inv. Nr. 1004/88-176
Lit. u. a.: Langewis Jaap, Geometric patterns on Japanese ikats: Kultuurpatronen. Bulletin of the Ethnological Museum. Bd. 2. Delft 1960, Abb. 18 [Vergleichsbeispiel].

**Kimonostoff, Ende Edo-Zeit
(1. Hälfte 19. Jh.)**

Kasuri-Gewebe; Seide (Ôshima tsumugi); Taftbindung; Doppelikat (tate-yoko-gasuri)
Abgewandelte Schildpatt-Gitter-Musterung (kawari shikkô-kôshi) mit »Reisfeldern« (ta): quadratisches Gitterwerk, darin reihenweise versetzt abwechselnd Oktogone und Reisfeldmuster (Quadrat mit eingeschriebenem Kreuz), als Schriftzeichen-Musterung (monji-moyô). Weiß bzw. hellbraun in dunkelbraunem Grund; Färbung: cha-gasuri (braunes Ikat) mit têchigi und doro-zome (Schlammfärbung, eisenhaltig). Schildpatt-Muster und Reisfeldmotiv stehen als Symbole des Wunsches für ein langes Leben im Wohlstand.
L. 4,8 cm; B. 9,1 cm
Musterrapport: H. 2,4 cm; B. 2,4 cm
Hergestellt auf Amami Ôshima
Inv. Nr. 1004/88-180
vgl. auch Inv. Nr. 1004/88-106 (Reisfeldmusterung)
Lit. u. a.: Urano Riich (Hrsg.), Kasuri. Tokio 1973, 150 m. Abb. [Vergleichsbeispiel] = Nihon senshoku sô ka, Bd. 3.

**Kimonostoff, Ende Edo-Zeit
(1. Hälfte 19. Jh.)**

Kasuri-Gewebe; Seide (Ôshima tsumugi); Taftbindung; Doppelikat (tate-yoko-gasuri)
Musterung »88. Geburtstagsfest« (bei-jû no iwai) mit Variante des hachijûhachi-Motivs (Zahl 88): getreppte Polygone und oktogonales Schildpatt-Muster (shikkô) in horizontaler/vertikaler Reihung abwechselnd. Füllmuster der Polygone: kleine, aus 3×3 Ikat-Sternchen (Mosquito, ka-gasuri) gebildete Rauten; Füllmuster der Oktogone: große gefüllte Rauten, gebildet aus 8×8 Ikat-Sternchen. Als Verbindungsmotive zu den Polygonen vier Reihen übereck gestellter kleiner Quadrate; damit werden diese im Sinne des hachijûhachi-Motivs reihenübergreifend zum Andreaskreuz ergänzt, wie die Oktogone kreuzförmig aufeinander zu beziehen. Weiß bzw. hellbraun in dunkelbraunem Grund; Färbung: cha-gasuri (braunes Ikat) mit têchigi und doro-zome (Schlammfärbung, eisenhaltig). Symbol für langes Leben (vgl. Inv. Nr. 1004/88-4)
L. 11,5 cm; B. 4,5 cm
Musterrapport: H. 5,6 cm
Hergestellt auf Amami Ôshima
Inv. Nr. 1004/88-179
Lit. u. a.: Urano Riich (Hrsg.), Kasuri. Tokio 1973, 33 m. Abb. [kaku-yose-gasuri, verwandtes Muster] = Nihon senshoku sô ka, Bd. 3.

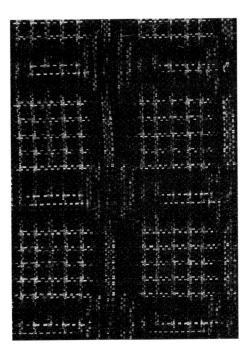

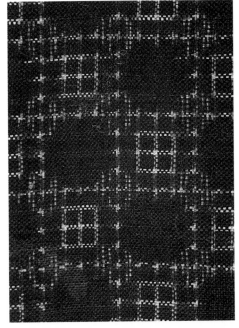

**Kimonostoff, Ende Edo-Zeit
(1. Hälfte 19. Jh.)**

Kasuri-Gewebe; Seide (Ôshima tsumugi); Taftbindung; Doppelikat (tate-yoko-gasuri) mit eingewebten weißen Kettfäden
Streifenmuster (kasuri-shima-gara): bestehend aus je zwei parallel laufenden, eingewebten weißen Kettfäden (Wiedergabe hier gemäß dem Musterbuch), durch Schußikatmusterung in Querfelder unterteilt; in der Mitte und außen begleitende Punktreihe aus Ikat-Sternchen (Mosquito, ka-gasuri) in Doppelikat. Weiß bzw. hellbraun in dunkelbraunem Grund; Färbung: cha-gasuri (braunes Ikat) mit têchigi und doro-zome (Schlammfärbung, eisenhaltig)
L. 10,5 cm; B. 4,5 cm
Musterrapport: H. 1,2 cm
Hergestellt auf Amami Ôshima
Inv. Nr. 1004/88-173
vgl. auch Inv. Nr. 1004/88-47 (verwandtes Muster).

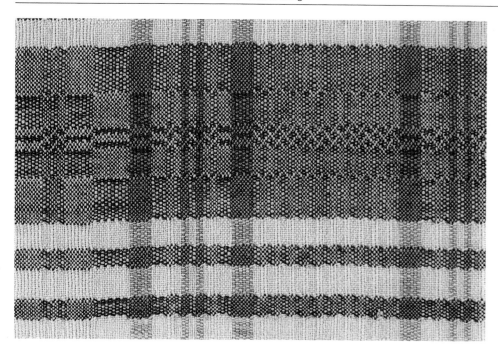

Kimonostoff, Ende Edo-Zeit/Meiji-Zeit
(2. Hälfte 19. Jh.)

Webstoff; Baumwolle; Panamabindung; farbiges
Gewebe (shima-ori); Kette: Weiß, Mauve, Gelb;
Schuß: Weiß, Blau
Variiertes Gittermuster (kawari-kôshi) aus drei
gleichbreiten horizontalen Streifen in Weiß und
vertikalen Streifen in Mauve und Gelb von ver-
schiedener Breite (außen: zwei breitere in
Mauve; innen: je zwei schmälere in Gelb und
Mauve); Grund: blau-weiß gezettelt. Grundmu-
sterung durch geschmückte Bindung hervorgeru-
fen; quadratische Gitterfelder: abwechselnd vari-
ierte Schildpatt-Gitter-Musterung (kawari-kikkô-
kôshi) und geometrisierte »88. Geburtstagsfest«-
Musterung (bei-jû no iwai) mit hachijûhachi-Motiv
(Zahl 88) oder Reis-Motiv (kome). Symbole für lan-
ges Leben im Wohlstand
Bez.: Kyôto-shinai
L. 6,7 cm; B. 12,4 cm; Musterrapport: H. 5,2 cm
Hergestellt in Kioto
Inv. Nr. 1005/88-2b
Lit. u. a.: Yoshimoto Kamon (Hrsg.), Suji, shima,
kôshi mon-yô zukan (Linie, Streifen, Gitterwerk –
Mustersammlung). Tokio 1985, Abb. 689 [mo-
men-shima, Vergleichsbeispiel].

Kimonostoff, Ende Edo-Zeit/Meiji-Zeit
(2. Hälfte 19. Jh.)

Webstoff; Baumwolle; Leinwandbindung; farbiges Gewebe (shima-ori); Kette: Beige, Blau, Dunkelblau, Weiß; Schuß: Blau, Weiß
Gittermuster und Streifen (kawari-shôji-kôshi
shima-gara), unvollständig. Weitmaschiges Gitter
in Weiß, jeweils zwei breite Streifen einschlie-
ßend; diese symmetrisch verlaufend (beige gezettelt, blau und dunkelblau) neben dunkelblauem, schmalem Streifen. Indigo-Färbung
(aigata)
Bez.: Banshû-hômen
L. 6,7 cm; B. 12,4 cm
Hergestellt im Bezirk Banshû
Inv. Nr. 1005/88-1b
vgl. auch Inv. Nr. 1005/88-16c u. 29c (verwandte
Muster)
Lit. u. a.: Urano Riich (Hrsg.), Shima, kôshi. Tokio
1973, 37, 99, 105 m. Abb. = Nihon senshoku sô
ka, Bd. 5 – Yoshimoto Kamon (Hrsg.), Suji, shima,
kôshi mon-yô zukan (Linie, Streifen, Gitterwerk-
Mustersammlung). Tokio 1985, Abb. 686 [Ver-
gleichsbeispiele: ähnliche Streifenanordnung und
Farben].

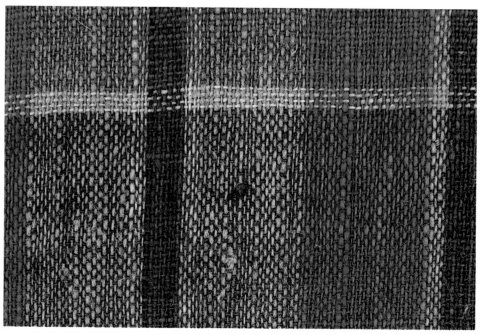

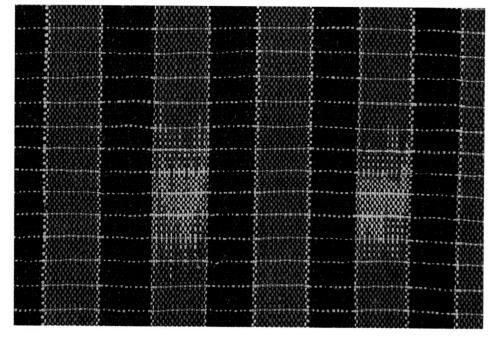

Kimonostoff, Ende Edo-Zeit/Meiji-Zeit
(2. Hälfte 19. Jh.)

Webstoff; Baumwolle; Leinwandbindung; farbiges Gewebe (shima-ori) mit Kettikat (tate-gasuri)
und Effektfäden; Kette: Blau, Dunkelblau; Schuß:
Dunkelblau; Effektfäden: Beige (Kette), Weiß
(Schuß)
Gittermuster und Streifen (kôgôshi shima-gara).
Feines Gitter, gebildet aus je zwei Kettfäden in
Beige und einem Schußfaden in Weiß (Effektfä-
den); die beige-farbenen Kettfäden begrenzen zu-
gleich gleichbreite Längsstreifen (daimyô), wech-
selnd in Blau und Dunkelblau; blaue Streifen mit
versetztem Ikat-Muster (kasuri-shima). Die weißen Schußfäden verlaufen in halber Breite der
Kettstreifen und bilden somit längliche Recht-
ecke. Indigo-Färbung (aigata). Bez.: Kyôto-fukin
L. 6,7 cm; B. 12,4 cm; Musterrapport: B. 3,3 cm
Hergestellt in der Umgebung von Kioto
Inv. Nr. 1005/88-1c
Lit. u. a.: Urano Riich (Hrsg.), Shima, kôshi. Tokio
1973, 182 m. Abb. = Nihon senshoku sô ka, Bd. 5
– Yoshimoto Kamon (Hrsg.), Suji, shima, kôshi
mon-yô zukan (Linie, Streifen, Gitterwerk – Mustersammlung). Tokio 1985, 7, 8 m. Abb. [Ver-
gleichsbeispiele].

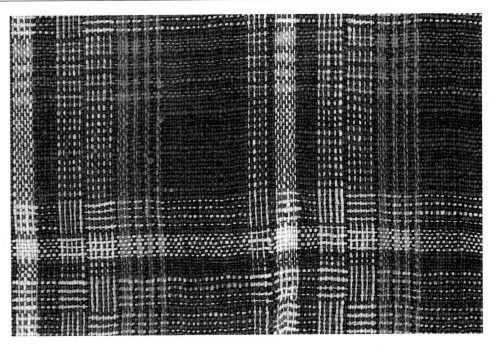

Kimonostoff, Ende Edo-Zeit/Meiji-Zeit
(2. Hälfte 19. Jh.)

Webstoff; Baumwolle; Leinwandbindung; farbiges Gewebe (shima-ori) mit Effektfäden; Kette und Schuß: Dunkel-, Hellblau, Weiß; Effektfäden: Weiß (Kette u. Schuß)
Mehrfach-Gitter-Musterung (kasane-kôshi): mehrere, sich überschneidende Gittersysteme asymmetrisch versetzt, von unterschiedlicher Farbe und Stärke, in Weiß und Hellblau auf dunkelblauem Grund; an den Kreuzungspunkten kleine unregelmäßige Karo-Musterung, flechtwerk-artig (ajiro-kôshi). Wirkung zusätzlich intensiviert durch Verwendung von verschieden starken, gelegentlich auch stärker gedrehten Fäden in unregelmäßigen Abständen, sowohl in Schuß als auch in Kette. Besonders feine, raffinierte Musterung. Indigo-Färbung (aigata)
Bez.: Kyôto-shinai
L. 6,7 cm; B. 12,4 cm
Musterrapport: B. 4,6 cm
Hergestellt in Kioto
Inv. Nr. 1005/88-6b
vgl. auch Inv. Nr. 1005/88-9a (verwandtes Muster)

Lit. u. a.: Urano Riich (Hrsg.), Shima, kôshi. Tokio 1973, 178 m. Abb. [ajiro-futa-suji-kôshi, Vergleichsbeispiel] = Nihon senshoku sô ka, Bd. 5 – Textile Designs of Japan. Bd. 2 (Geometric designs). Tokio/New York 1980, T. 41,5 [verwandtes Muster].

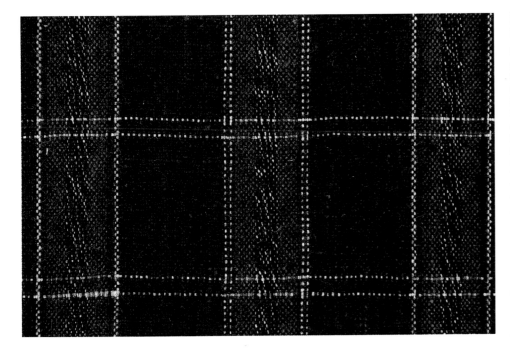

Kimonostoff, Ende Edo-Zeit/Meiji-Zeit
(2. Hälfte 19. Jh.)

Webstoff; Baumwolle; Leinwandbindung; farbiges Gewebe (shima-ori) mit Kettikat (tate-gasuri) und Effektfäden; Kette: Dunkelblau, Grün, Braun; Schuß: Dunkelblau; Effektfäden: Weiß (Kette u. Schuß)
Gittermuster und Streifen (kawari-shôji-kôshi shima-gara): Gitter gebildet aus zwei nebeneinander liegenden Kettfäden und zwei auf Abstand gesetzten Schußfäden in Weiß; die vertikalen Gitterlinien (Kettfäden) begrenzen abwechselnd breitere, unifarbene und schmälere, gemusterte Streifen; breite Streifen in Dunkelblau, schmale in Grün, Braun und Dunkelblau mit ikatierten Mittelstreifen; Indigo-Färbung (aigata)
Bez.: Kyôto-shinai
L. 6,7 cm; B. 12,3 cm; Musterrapport: H. 2,8 cm; B. 6,6 cm
Hergestellt in Kioto; Inv. Nr. 1005/88-4c
Lit. u. a.: Textile Designs of Japan. Bd. 2 (Geometric designs). Tokio/New York 1980, T. 44,5 [verwandtes Muster] – Yoshimoto Kamon (Hrsg.), Suji, shima, kôshi mon-yô zukan. (Linie, Streifen, Gitterwerk – Mustersammlung). Tokio 1985, Abb. 415 [Vergleichsbeispiel].

Kimonostoff, Ende Edo-Zeit/Meiji-Zeit
(2. Hälfte 19. Jh.)

Webstoff; Baumwolle; Leinwandbindung; farbiges Gewebe (shima-ori); Kette: Dunkel-, Hell-, Mittelblau, Weiß; Schuß: Dunkelblau
Streifenmuster (shima-gara). Symmetrisch angeordnete gleichbreite Längsstreifen in Hellblau, Mittelblau und Grau (= weiß-dunkelblau gezettelt) neben dunkelblauen Streifen mit weißer Mittellinie; Außenbegrenzung des Musters: schmale Streifen in Hellblau auf dunkelblauem Grund. Indigo-Färbung (aigata)
Bez.: Nara-chihô
L. 6,7 cm; B. 12,4 cm
Hergestellt in der Region Nara
Inv. Nr. 1005/88-6c
Lit. u. a.: Urano Riich (Hrsg.), Shima, kôshi. Tokio 1973, 37 m. Abb. [Vergleichsbeispiel der Edo-Zeit mit ähnlicher Farbstellung und Linienanordnung].

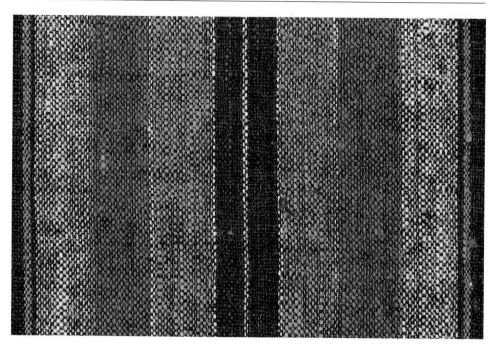

Kimonostoff, Ende Edo-Zeit/Meiji-Zeit
(2. Hälfte 19. Jh.)

Webstoff; Baumwolle; Leinwandbindung; farbiges Gewebe (shima-ori); Kette: Blau, Weiß, Beige; Schuß: Violett, Weiß, Beige
Streifenmuster und Gitter (shima-gara kôshi-moyô). Gittermuster aus unterschiedlich zusammengesetzten Längs- und Querstreifen; dominante Längsstreifen gebildet aus unterschiedlich breiten Bändern in Gelb (= weiß-beige gezettelt), Beige und Weiß von abnehmender Breite (taki-shima, Wasserfall-Streifen); zurückhaltendere Querstreifen aus zwei breiteren Bändern, begrenzt von zwei schmäleren in Dunkelblau (= blau-violett gezettelt); Grund: blau (gezettelt) mit kaum wahrnehmbaren Querstreifen aus drei gleichbreiten Bändern (blau-beige gezettelt). Indigo-Färbung (aigata)
Bez.: Kyôto-shinai
L. 6,7 cm; B. 12,4 cm
Musterrapport: H. 4,1 cm; B. 3,7 cm
Hergestellt in Kioto
Inv. Nr. 1005/88-8c
Lit. u. a.: Urano Riich (Hrsg.), Shima, kôshi. Tokio 1973, 98 m. Abb. = Nihon senshoku sô ka, Bd. 5 – Yamanobe Tomoyuki (Hrsg.), Nihon no senshoku.

Bd. 2. Tokio 1979, T. 65-72 – Textile Designs of Japan. Bd. 2 (Geometric designs). Tokio/New York 1980, T. 41,5 [Vergleichsbeispiele].

Kimonostoff, Ende Edo-Zeit/Meiji-Zeit ▷
(2. Hälfte 19. Jh.)

Webstoff; Baumwolle; Leinwandbindung; farbiges Gewebe (shima-ori); Kette: Dunkelblau, Weiß, Gelb, Rot; Schuß: Dunkelblau
Streifenmuster (shima-gara) im Wechsel von gemusterten und ungemusterten (= Grund) Längsstreifen gleicher Breite. Gemusterte Streifen abwechselnd in Weiß (vier Kettfäden in Gleichschritt, d. h. jeder zweite Kettfaden weiß) und farbig (rote Mittellinie, begleitende gelbe Außenlinien, jeweils aus zwei nebeneinander liegenden, d. h. versetzten Kettfäden); Grund in Dunkelblau. Indigo-Färbung (aigata)
Bez.: Kyôto-shinai
L. 6,7 cm; B. 12,4 cm
Musterrapport: B. 1,7 cm
Hergestellt in Kioto
Inv. Nr. 1005/88-9b
Lit. u. a.: Yoshimoto Kamon (Hrsg.), Suji, shima, kôshi mon-yô zukan (Linie, Streifen, Gitterwerk – Mustersammlung). Tokio 1985, Abb. 10 [kiha-chijô], Abb. 555 [Vergleichsbeispiele].

Kimonostoff, Ende Edo-Zeit/Meiji-Zeit
(2. Hälfte 19. Jh.)

Webstoff; Baumwolle; Leinwandbindung; farbiges Gewebe (shima-ori) mit Effektfäden; Kette
und Schuß: Dunkel-, Hellblau, Weiß; Effektfäden:
Weiß (Schuß)
Gitter und Streifenmuster (kawari-shôji-koshi
shima-gara), unvollständig. Gitter gebildet aus
breiten gemusterten Streifen, hellblau konturiert;
Binnenmusterung der Vertikalstreifen: gebün-
delte vier-linige Streifen, abwechselnd in Weiß
und Hellblau; Binnenmusterung der Querstreifen:
gebündelte vier-linige Streifen in Weiß; an den
Kreuzungspunkten Flechtwerkbildung (ajiro);
Grund: dunkelblau mit jeweils drei beige-farbenen
(= dunkelblau-weiß gezettelten), gebündelten
Vertikalstreifen und einzelnen weißen Schußfäden. Indigo-Färbung (aigata)
Bez.: Banshû-hômen
L. 6,7 cm; B. 12,4 cm
Musterrapport: B. 5,2 cm
Hergestellt in Banshu
Inv. Nr. 1005/88-9a
vgl. auch Inv. Nr. 1005/88-6b (verwandtes Muster)
Lit. u. a.: Urano Riich (Hrsg.), Shima, kôshi. Tokio
1973, 178 m. Abb. [ajiro-futasuji-kôshi, Vergleichs-
beispiel] = Nihon senshoku sô ka, Bd. 5 – Textile
Designs of Japan. Bd. 2 (Geometric designs). To-
kio/New York 1980, T. 41,5 [verwandtes Muster].

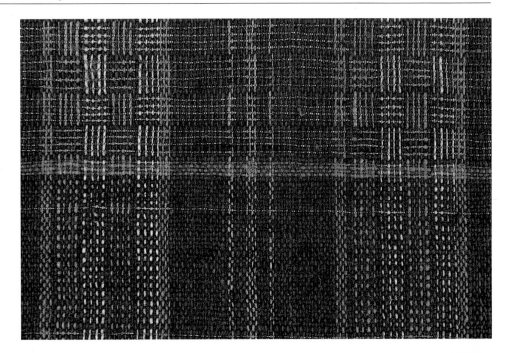

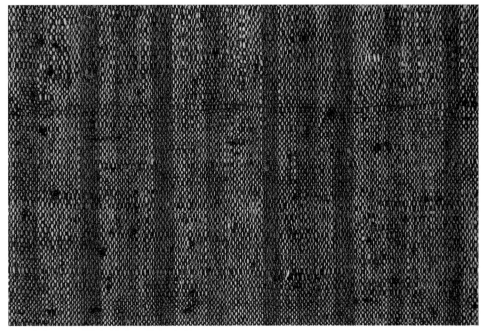

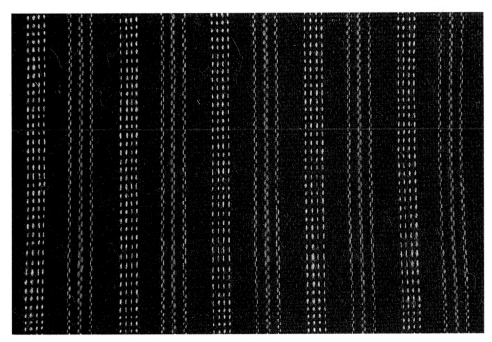

Kimonostoff, Ende Edo-Zeit/Meiji-Zeit   △
(2. Hälfte 19. Jh.)

Webstoff; Baumwolle; Leinwandbindung; farbiges Gewebe (shima-ori); Kette: Gelb, Weiß, Violett, helles Lila; Schuß: dunkles Lila
Streifenmuster (shima-gara): gleich breite Längsstreifen abwechselnd in Violett, Lila, Gelb und in
weiß-dunkellila gezettelten Farbtönen; durch unterschiedliche Abstände und Farbwirkungen ergeben sich Streifen-Bündel von zwei violetten Bändern, in deren Mitte und im Zwischenraum jeweils lila-farbenes Band. Meliert wirkender, gelb-
lich-weiß erscheinender (gezettelter) Grund
Bez.: Kyôto-fukin
L. 6,7 cm; B. 12,4 cm
Musterrapport: B. 3,3 cm
Hergestellt in der Umgebung von Kioto
Inv. Nr. 1005/88-12b.

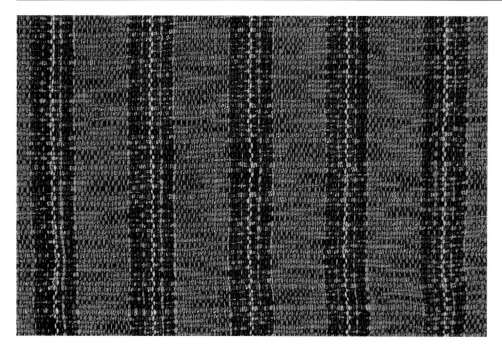

Kimonostoff, Ende Edo-Zeit/Meiji-Zeit △
(2. Hälfte 19. Jh.)

Webstoff; Baumwolle; Seide; Leinwandbindung;
farbiges Gewebe (shima-ori), unterschiedliche Fadenstärke und Drehung in Kette und Schuß;
Kette: Hell-, Dunkelblau, Weiß; Schuß: gespren-
kelt (Weiß, Hellblau, Grau)
Streifenmuster (shima-gara): Wechsel von
schmäleren dunkelblauen Streifen mit betonter
weißer Mittellinie und breiteren hellblauen Längs-
streifen (kôbô-jima); gesamte Fläche mit unregel-
mäßigen, querverlaufenden Linien verziert durch
Verwendung von verschiedenfarbig (weiß-blau-
grau) bedruckten Garnen im Schuß
Bez.: Tamba-hômen
L. 6,7 cm; B. 12,4 cm
Musterrapport: B. 1,8 cm
Hergestellt im Bezirk Tamba
Inv. Nr. 1005/88-15b
Lit. u. a.: Hauge Victor u. Takako, Folk Traditions in
Japanese Art. Tokio/New York/San Francisco
1978, Abb. 130 [Vergleichsbeispiel, 19. Jh.] – Tex-
tile Designs of Japan. Bd. 2 (Geometric designs).
Tokio/New York 1980, T. 3,5 [verwandtes Muster]
– Yoshimoto Kamon (Hrsg.), Suji, shima, kôshi
mon-yô zukan (Linie, Streifen, Gitterwerk – Mu-
stersammlung). Tokio 1985, Abb. 247 [Vergleichs-
beispiel; Meiji-Zeit].

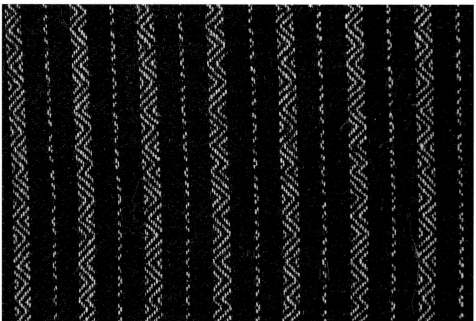

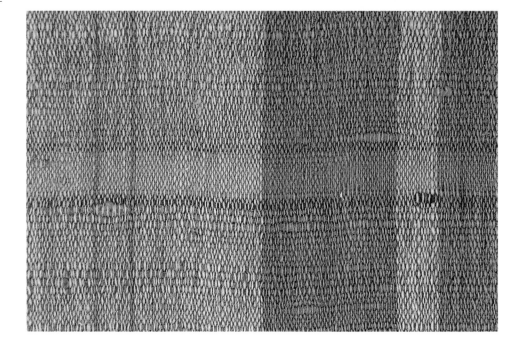

Kimonostoff, Ende Edo-Zeit/Meiji-Zeit
(2. Hälfte 19. Jh.)

Webstoff; Baumwolle; Leinwandbindung; farbiges Gewebe (shima-ori); Kette und Schuß: Blau, Dunkelblau, Ocker
Gitter und Streifenmuster (kôshi shima-gara). Gitter aus schmalen ockerfarbenen Streifen; quadratische Mittelfelder in Blau, symmetrisch um schmalen Mittelstreifen in Dunkelblau geordnet; Vertikalstreifen des Gitters zugleich Begrenzung der Farbfelder; Indigo-Färbung (aigata)
Bez.: Kyôto-fukin
L. 6,7 cm; B. 12,4 cm
Musterrapport: H. 4,9 cm
Hergestellt in der Umgebung von Kioto
Inv. Nr. 1005/88-16c
vgl. auch Inv. Nr. 1005/88-1b.

◁ Kimonostoff, Ende Edo-Zeit/Meiji-Zeit
(2. Hälfte 19. Jh.)

Webstoff; Baumwolle; Zickzack-Köper; farbiges Gewebe (shima-ori); Kette: Dunkelblau, Weiß; Schuß: Dunkelblau
Streifenmuster (shima-gara) im Wechsel von breiteren und schmalen Ornamentbändern in dunkelblauem Grund (nakakômochi-daimyô); breitere Streifen mit unterbrochenen und gefüllten weißen Zickzack-Linien nach Art der japanischen Zedern (sugi-aya-Streifen); die schmäleren Streifen stellen Ausschnitte davon dar. Indigo-Färbung (aigata)
Bez.: Kyôto-shinai
L. 6,7 cm; B. 12,4 cm
Musterrapport: B. 1,2 cm
Hergestellt in Kioto
Inv. Nr. 1005/88-9c
Lit. u. a.: Hauge Victor u. Takako, Folk Traditions in Japanese Art. Tokio/New York/San Francisco 1978, Abb. 126 [Vergleichsbeispiel, 19. Jh.] – Textile Designs of Japan. Bd. 2 (Geometric designs). Tokio/New York 1980, T. 18,5 [identisches Muster].

◁ Kimonostoff, Ende Edo-Zeit/Meiji-Zeit
(2. Hälfte 19. Jh.)

Webstoff; Baumwolle mit Seide (ito-ire); Leinwandbindung; farbiges Gewebe (shima-ori), Fäden sehr unterschiedlicher Stärke im Schuß, sehr starke Drehung der Kettfäden; Kette: Weiß, Beige; Schuß: Beige, Ocker, Braun
Streifenmuster (shima-gara). Zwei ocker-farbene breite Längsstreifen mit beige-farbenem Band in der Mitte (= Grund) im Wechsel mit beige-farbenen breiten Streifen mit gleichgefärbtem, durch dunklere Konturen (Ocker) abgesetztem Mittelband (nakakômochi-daimyô); Querstreifung durch unterschiedlich dicke Schußfäden (mit dominierendem Ocker) bzw. durch braune Schußfäden; hierbei doppellinige Querbänder, entsprechend etwa den Mittel-Bändern der Längsstreifung, dadurch Gitterbildung (futasuji-kôshi, evtl. sogar kasane-kôshi). Muster unvollständig
Bez.: Kyôto-fukin
L. 6,7 cm; B. 12,4 cm
Hergestellt in der Umgebung von Kioto
Inv. Nr. 1005/88-19b
Lit. u. a.: Yoshimoto Kamon (Hrsg.), Suji, shima, kôshi mon-yô zukan. Tokio 1985, 6, 7 m. Abb. [Vergleichsbeispiele].

Kimonostoff, Ende Edo-Zeit/Meiji-Zeit
(2. Hälfte 19. Jh.)

Webstoff; Baumwolle; Leinwandbindung; farbiges Gewebe (shima-ori); Kette: Weiß, Beige, Hell-, Mittel-, Dunkelblau; Schuß: Weiß, Beige, Dunkelblau
Streifenmuster (shima-gara). Längsstreifen, unregelmäßig angeordnet, von verschiedener Breite in Beige auf hellblauem Grund (bo-jima) und dunkelblaue Doppelstreifen auf mittelblauem Grund (nakakômochi-daimyô), durch schmale weiße Streifen getrennt; Querstreifung in Weiß von verschiedener Breite (2 bis 3 weiß-beige Kettfäden) in gleichen Abständen (0,5 cm) (yoko-shima). Weiße Trennlinien und etwas breitere Querlinien (3-fädig) auch als Gitter ablesbar. Muster unvollständig. Indigo-Färbung (aigata). Bez.: Fukuchi-yama-hômen
L. 6,7 cm; B. 12,4 cm
Hergestellt im Bezirk Fukuchi-yama
Inv. Nr. 1005/88-17b
Lit. u. a.: Textile Designs of Japan. Bd. 2 (Geometric designs). Tokio/New York 1980, T. 40,1 – Yoshimoto Kamon (Hrsg.), Suji, shima, kôshi, mon-yô zukan (Linie, Streifen, Gitterwerk – Mustersammlung). Tokio 1985, Abb. 250 [Vergleichsbeispiele].

**Kimonostoff, Ende Edo-Zeit/Meiji-Zeit
(2. Hälfte 19. Jh.)**

Webstoff; Baumwolle mit Seide (ito-ire); Leinwandbindung; farbiges Gewebe (shima-ori) mit
Effektfäden; Kette: Dunkelblau, Weiß; Schuß:
Dunkel-, Hellblau, Weiß, Gelb, Rot, Violett, Lila
(verschiedene Farbtöne); Effektfäden: Weiß mit
Dunkelblau gezwirnt (Schuß), dadurch Ikat-Wir-
kung
Gitter und Streifenmuster (kawari-shôji-kôshi
shima-gara). Schmale weiße Vertikalstreifen in
weiten Abständen, dunkelblaue Horizontalstreifen
in halben Abständen der weißen Längsstreifen,
dadurch Bildung eines länglichen Gitters; Binnen-
musterung: Querstreifung in unterschiedlichen
Breiten und Farbtönen von Gelb, Blau, Rot, Violett
und Lila (yatara-shima). Grund: blau-weiß gezettelt, teilweise mit blau-weißen Schußfäden
(Effektfäden) mit ikat-artiger Wirkung
Bez.: Kyôto-shinai
L. 6,7 cm; B. 12,4 cm
Musterrapport: B. 4,4 cm
Hergestellt in Kioto
Inv. Nr. 1005/88-21b
Lit. u. a.: Textile Designs of Japan. Bd. 2 (Geomet-
ric designs). Tokio/New York 1980, T. 41,5 [ver-
wandtes Muster] – Yoshimoto Kamon (Hrsg.),
Suji, shima, kôshi mon-yô zukan (Linie, Streifen,
Gitterwerk – Mustersammlung). Tokio 1985, 6
m. Abb. [kawari-shôji-kôshi, Vergleichsbeispiel].

**Kimonostoff, Ende Edo-Zeit/Meiji-Zeit
(2. Hälfte 19. Jh.)**

Webstoff; Baumwolle; Leinwandbindung; farbiges Gewebe (shima-ori) mit Doppelikat (tate-yoko-
gasuri); Kette: Blau, Weiß, Rotbraun; Schuß:
Dunkelblau, Weiß, Rotbraun; Ikatfäden: Dunkelblau-Weiß (Kette u. Schuß) *
Gittermuster und Streifen (kasane-kôshi shima-
gara), unvollständig. Breite Längsstreifen, symmetrisch um schmales mittleres Band in Dunkelblau (gezettelt) angeordnet, begleitet von weißen,
teilweise ikatierten Streifen gleicher Breite; dazu
breite, braune und farbig gezettelte Bänder. Horizontalstreifen in verschiedenen Blautönen (dunkelblau, gezettelt und ikatiert). Die ikatierten
Längs- und Querstreifen ergeben ein doppelliniges Gittermuster (futasuji-kôshi); ein weiteres,
dieses überschneidendes Gittersystem ist auch
durch die Kreuzung der breiteren Längs- und
Querstreifen ablesbar. Indigo-Färbung (aigata)
Bez.: Kyôto-shinai
L. 6,7 cm; B. 12,4 cm
Hergestellt in Kioto
Inv. Nr. 1005/88-22b
Lit. u. a.: Textile Designs of Japan, Bd. 2 (Geomet-
ric designs). Tokio/New York 1980, T. 41,5 [ver-

wandtes Muster] – Yoshimoto Kamon (Hrsg.),
Suji, shima, kôshi mon-yô zukan (Linie, Streifen,
Gitterwerk – Mustersammlung). Tokio 1985,
Abb. 484 [kasuri-shima, Meiji-Zeit].

**Kimonostoff, Ende Edo-Zeit/Meiji-Zeit ▷
(2. Hälfte 19. Jh.)**

Webstoff; Baumwolle; Leinwand- und Panama-
bindung; farbiges Gewebe (shima-ori); Kette:
Weiß, Beige, Rosa; Schuß: Dunkelblau, Rosa
Karo-Muster (ishidatami ichimatsu): schachbrett-
artig aus helleren und dunkleren Quadraten, blau-
weiß gezettelt; unterschiedliche Farbigkeit durch
Leinwand- und Panamabindung erreicht; Kontu-
ren in Rosa und Weiß (horizontal) bzw. in Rosa
und Blau (vertikal). Indigo-Färbung (aigata)
Bez.: Kyôto-shinai
L. 6,7 cm; B. 12,4 cm
Musterrapport: H. 2,8 cm; B. 2,6 cm
Hergestellt in Kioto
Inv. Nr. 1005/88-23b
Lit. u. a.: Yoshimoto Kamon (Hrsg.), Suji, shima,
kôshi mon-yô zukan (Linie, Streifen, Gitterwerk –
Mustersammlung). Tokio 1985, Abb. 17/37 [mo-
men-shima, verwandtes Muster].

Kimonostoff, Ende Edo-Zeit/Meiji-Zeit ▷
(2. Hälfte 19. Jh.)

Webstoff; Baumwolle mit Seide (ito-ire); Lein-
wandbindung; farbiges Gewebe (shima-ori) mit
Effektfäden; Kette: Dunkel-, Hellblau, Weiß,
Beige, Rosa, Hellgrau, Grau; Schuß: Dunkelblau,
Rosa, Weiß, Hellgelb; Effektfäden: Weiß/Grau,
Beige/Hellgrau u. a. (Kette)
Gitter und Streifenmuster (kôshi shima-gara), un-
vollständig. Längsstreifen unterschiedlicher
Breite in verschiedenen Blautönen und rosa-gelb
gezettelten Farben um mittleren schmalen dun-
kelblauen Streifen angeordnet; die Querstreifung
kehrt die Farbqualitäten um: Volltöne werden ge-
zettelt, gezettelte Farben treten als Vollton auf.
Indigo-Färbung (aigata)
Bez.: Kyôto-fukin
L. 6,7 cm; B. 12,4 cm
Hergestellt in der Umgebung von Kioto
Inv. Nr. 1005/88-20b
Lit. u. a.: Urano Riich (Hrsg.), Shima, kôshi. Tokio
1973, 99 m. Abb. [Vergleichsbeispiel, Meiji-Zeit] =
Nihon senshoku sô ka, Bd. 5.

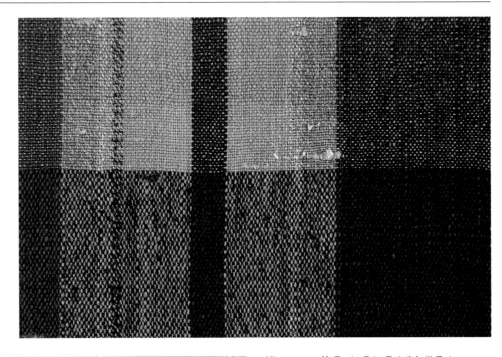

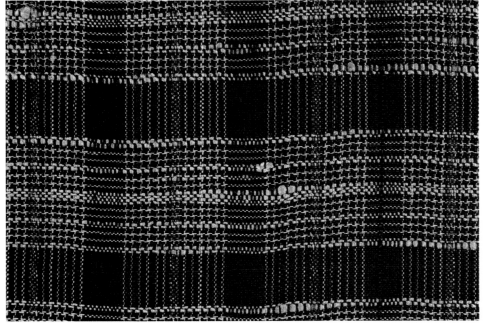

Kimonostoff, Ende Edo-Zeit/Meiji-Zeit
(2. Hälfte 19. Jh.)

Webstoff; Baumwolle; Leinwandbindung; farbiges Gewebe (shima-ori) mit Effektfäden; Kette
und Schuß: Dunkelblau, Gelb; Effektfäden: Mittelblau mit Gelb gezwirnt (Kette)
Gitter und Streifenmuster (kôshi shima-gara),
mehrfach ablesbar. Querstreifen aus 13 gelben
Linien, breitere mit zwei schmalen wechselnd;
Längsstreifen ebenfalls aus 13 Linien gebildet: 12
schmale gelbe Linien, dazu eine mittlere etwas
breitere Linie in Mittelblau und Gelb; dunkelblauer
Grund. Anzahl und Breite der Streifen entsprechen einander, sie bilden kleine ausgesparte Quadrate; diese sind Mittelfelder der breiten, aus den
13-linigen Streifen gebildeten Gitter-Musterung
(jûsansuji-kôshi) und zugleich Mittelfelder eines
schmallinigen Gitters der jeweils gelben bzw.
blauen Mittelbänder; sie können aber auch als
Kreuzungspunkte eines dunklen Gitters der nicht
überkreuzten Restformen angesehen werden. In-
digo-Färbung (aigata)
Bez.: Nagoya-itô
L. 6,7 cm; B. 12,4 cm
Musterrapport: H. 2,9 cm; B. 2,6 cm
Hergestellt in der östlichen Umgebung von
Nagoya
Inv. Nr. 1005/88-24a
Lit. u. a.: Textile Designs in Japan. Bd. 2 (Geomet-
ric designs). Tokio/New York 1980, T. 30,2 [ver-
wandtes Muster] — Yoshimoto Kamon (Hrsg.),
Suji, shima, kôshi mon-yô zukan (Linie, Streifen,
Gitterwerk — Mustersammlung). Tokio 1985,
Abb. 745 [verwandtes Muster, Meiji-Zeit].

Kimonostoff, Ende Edo-Zeit/Meiji-Zeit ▷
(2. Hälfte 19. Jh.)

Webstoff; Baumwolle; Leinwandbindung; farbiges Gewebe (shima-ori); Kette: Dunkel-, Mittelblau, Braun; Schuß: Dunkelblau, Gelb-Grün
Gitter und Streifenmuster (kôshi shima-gara), unvollständig. Längsstreifen aus fast gleich breiten Bändern gebildet, beidseits braun-blau gezettelt, das mittlere in Mittelblau; Querstreifen: drei schmälere, auf Abstand gesetzte Bänder, gelbgrün und dunkelblau gezettelt in dunkelblauem Grund. Indigo-Färbung (aigata)
Bez.: Fukuchi-yama-hômen
L. 6,7 cm; B. 12,4 cm
Hergestellt im Bezirk Fukuchi-yama
Inv. Nr. 1005/88-25a
Lit. u. a.: Textile Designs of Japan. Bd. 2 (Geometric designs). Tokio/New York 1980, T. 37,3 [verwandtes Muster] – Yoshimoto Kamon (Hrsg.), Suji, shima, kôshi mon-yô zukan (Linie, Streifen, Gitterwerk – Mustersammlung). Tokio 1985, Abb. 18 [Tamba-nuno, Vergleichsbeispiel mit ähnlicher Streifenanordnung].

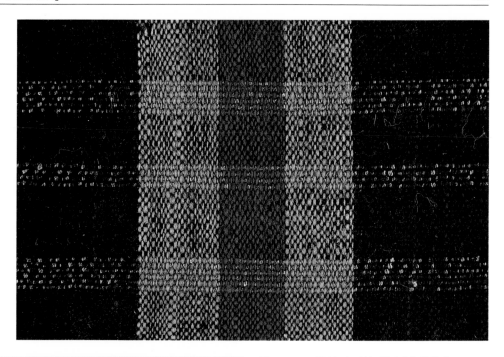

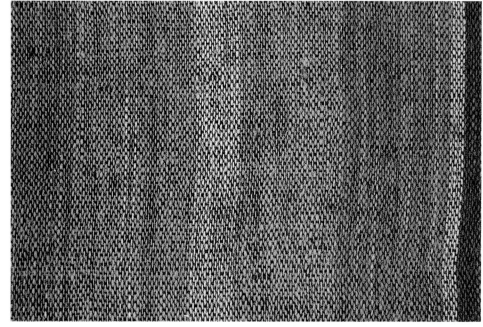

Kimonostoff, Ende Edo-Zeit/Meiji-Zeit
(2. Hälfte 19. Jh.)

Webstoff; Baumwolle; Leinwandbindung; farbiges Gewebe (shima ori); Kette: Mittel-, Hellblau, Weiß, Ocker; Schuß: Dunkelblau, Weiß
Streifen und Gittermuster (shima-gara kôshimoyô), unvollständig. Breite, symmetrisch angeordnete Längsstreifen: schmäleres Mittelband in Weiß, beidseitig ocker-farbene und hellblaue breite Bänder, mit schmalen weißen Streifen konturiert und von dunkelblauen Streifen begrenzt; alle Farben jedoch stark gebrochen, d. h. gezettelt durch homogene dunkelblaue Schußfäden. Querstreifung nur am oberen Rand (da Ausschnitt), erkennbar an helleren Farbtönen durch weiße Schußfäden. Indigo-Färbung (aigata)
Bez.: Nagoya-itô
L. 6,7 cm; B. 12,4 cm
Hergestellt in der östlichen Umgebung von Nagoya
Inv. Nr. 1005/88-29c
vgl. auch Inv. Nr. 1005/88-1b (verwandtes Muster)
Lit. u. a.: Khan-Majlis Brigitte, Indonesische Textilien. Köln 1984, Abb. 499 [Vergleichsbeispiel, Sarong, 19. Jh.].

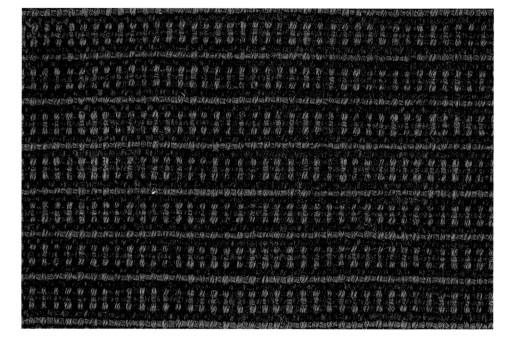

Kimonostoff, Ende Edo-Zeit/Meiji-Zeit (2. Hälfte 19. Jh.)

Webstoff; Baumwolle; Leinwandbindung; farbiges Gewebe (shima-ori); Kette: Weiß, Gelb, Lila, Violett, Grau; Schuß: Grau, Gelb
Gitter und Streifenmuster (kôshi shima-gara). Vertikalstreifen: abwechselnd breitere Doppellinien in Violett und Grau; Querstreifen: schmale Doppellinien; gelb-grau gezettelter Grund; Bildung eines doppellinigen Gittermusters (futasuji-kôshi)
Bez.: Kyôto-fukin
L. 6,7 cm; B. 12,4 cm
Musterrapport: H. 1,6 cm; B. 2,7 cm
Hergestellt in der Umgebung von Kioto
Inv. Nr. 1005/88-31a
Lit. u. a.: Muraoka Kageo u. Kichiemon Okamura, Folk Arts and Crafts of Japan. New York 1973, Abb. 45 [Vergleichsbeispiel, kihachijô, 19. Jh.].

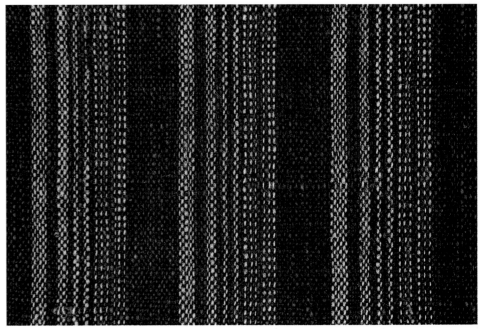

◁ Kimonostoff, Ende Edo-Zeit/Meiji-Zeit (2. Hälfte 19. Jh.)

Webstoff; Baumwolle; Leinwand- und Panamabindung; farbiges Gewebe (shima-ori); Kette und Schuß: Braun, Blau
Streifenmuster (shima-gara). Dünne horizontale Linien in Braun auf dunkelblauem Grund; dazwischen kurze vertikale Linien, axial aufeinander bezogen (ajiro-kuzushi-nuki-shima: ineinander geschobenes Bambusmatten-Muster). Der blaue Grund ist auch als leiterförmiges Muster ablesbar.
Indigo-Färbung (aigata)
Bez.: Hokuriku-hômen
L. 6,7 cm; B. 12,4 cm
Musterrapport: H. 0,7 cm
Hergestellt in Hokuriku
Inv. Nr. 1005/88-24c
Lit. u. a.: Urano Riich (Hrsg.), Shima, kôshi. Tokio 1973, 175 m. Abb. [ajiro-kuzushi-nuki-shima, verwandtes Muster] = Nihon senshoku sô ka, Bd. 5.

Kimonostoff, Ende Edo-Zeit/Meiji-Zeit (2. Hälfte 19. Jh.)

Webstoff; Baumwolle; Leinwandbindung; farbiges Gewebe (shima-ori); Kette: Dunkel-, Mittelblau, Weiß, Beige; Schuß: Dunkelblau
Streifenmuster (shima-gara), gebildet aus gebündelten Längsstreifen abnehmender Breite (takishima, Wasserfall-Streifen) in sich wiederholender Anordnung: zwei breitere und zwei schmälere beige-farbene Bänder, daneben einzelne weiße Kettfäden (2×3 in Gleichschritt gruppiert und nebeneinander versetzt). Indigo-Färbung (aigata).
(Vgl. auch Beschreibung von Inv. Nr. 1005/88-9b)
Bez.: Nara-chihô
L. 6,7 cm; B. 12,4 cm
Musterrapport: B. 2,7 cm
Hergestellt in der Region Nara
Inv. Nr. 1005/88-30c
Lit. u. a.: Muraoka Kageo u. Kichiemon Okamura, Folk Arts and Crafts of Japan. New York 1973, Abb. 48 [Vergleichsbeispiel, 19. Jh., Niigata-Präfektur] – Urano Riich (Hrsg.), Shima, kôshi. Tokio 1973, 147 m. Abb. = Nihon senshoku sô ka, Bd. 5 – Textile Designs of Japan. Bd. 2 (Geometric designs). Tokio/New York 1980, T. 9,4 [verwandtes Muster] – Yoshimoto Kamon (Hrsg.), Suji, shima,

kôshi mon-yô zukan (Linie, Streifen, Gitterwerk – Mustersammlung). Tokio 1985, Abb. 553 [Vergleichsbeispiel, Ende Edo-Zeit].

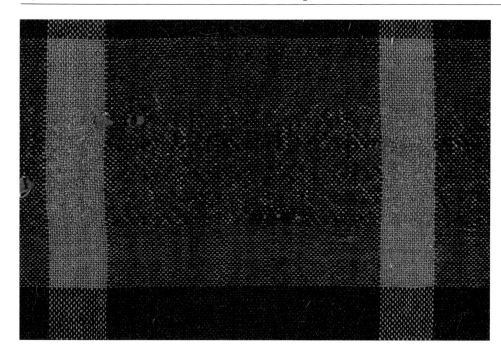

Kimonostoff, Ende Edo-Zeit/Meiji-Zeit
(2. Hälfte 19. Jh.)

Webstoff; Baumwolle; Leinwandbindung; farbiges Gewebe; Kette: Dunkelblau, Grün; Schuß: Dunkelblau, Grün, rot-weiß-rosa gesprenkelt Streifen und Gittermuster (shima-gara kôshi-moyô). Längsbänder in breitem Abstand, in Grün auf dunkelblauem Grund; breite Querstreifen in grün-dunkelblauer Zettelung mit breitem Mittelband in rot-rosa-weiß gesprenkelten Farbtönen mit dunkelblauer Zettelung; Gitter unvollständig. Indigo-Färbung (aigata)
Bez.: Nagoya-itô
L. 6,7 cm; B. 12,4 cm
Hergestellt in der östlichen Umgebung von Nagoya
Inv. Nr. 1005/88-46b
Lit. u. a.: Textile Designs of Japan. Bd. 2 (Geometric designs). Tokio/New York 1980, T. 27,3 [verwandtes Muster].

Kimonostoff, Ende Edo-Zeit/Meiji-Zeit
(2. Hälfte 19. Jh.)

Webstoff; Baumwolle mit Seide (ito-ire); Leinwandbindung; farbiges Gewebe (shima-ori); Kette: Weiß, Hellblau; Schuß: Weiß, Grau, Blau, Beige, Lila, Rosa
Gitter und Streifenmuster (kôshi shima-gara). Vertikale Streifen in Weiß und Hellblau; horizontale Streifen rosa konturiert, in gleicher Breite der weißen Vertikalstreifen; weiterhin dichte Querstreifung in Dunkelblau und Grau von unregelmäßiger Breite und Anordnung (yatara-shima); Gitter unvollständig
Bez.: Nagoya-itô
L. 6,7 cm; B. 12,4 cm
Hergestellt in der östlichen Umgebung von Nagoya
Inv. Nr. 1005/88-32b
Lit. u. a.: Textile Designs of Japan. Bd. 2 (Geometric designs). Tokio/New York 1980, T. 40,1 [verwandtes Muster].

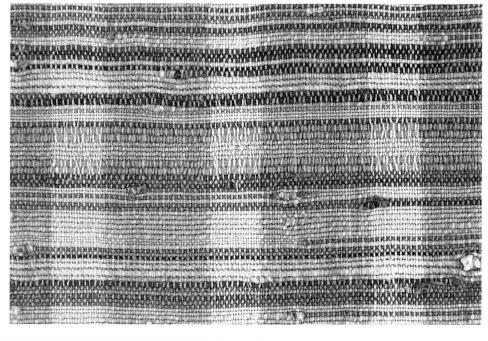

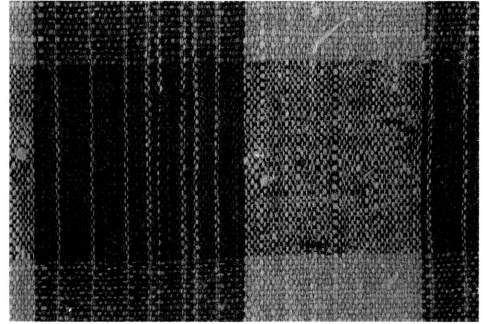

Kimonostoff, Ende Edo-Zeit/Meiji-Zeit
(2. Hälfte 19. Jh.)

Webstoff, Baumwolle; Leinwandbindung; farbiges Gewebe (shima-ori); Kette: Dunkel-, Hell-, Mittelblau, Ocker; Schuß: Dunkelblau, Ocker
Gitter und Streifenmuster (kôshi shima-gara). Gitter aus gleich breiten, horizontal und vertikal verlaufenden Streifen in Ocker und Dunkelblau, dadurch Karo-Bildung (benkei-shima). Dunkelblaue Längsstreifen durchzogen mit dünnen, hell- und mittelblauen, unregelmäßig angeordneten Linien (yatara-shima), dadurch Wechsel von gemusterten und ungemusterten (Ocker) Längsstreifen; Querstreifen ocker und blau gezettelt; an den Kreuzungspunkten dunkelblau; Mittelfelder des Gitters in Ocker. Indigo-Färbung (aigata)
Bez.: Awa-chihô
L. 6,7 cm; B. 12,4 cm
Hergestellt in der Region Awa
Inv. Nr. 1005/88-35c
Lit. u. a.: Textile Designs of Japan. Bd. 2 (Geometric designs). Tokio/New York 1980, T. 38,3 [verwandtes Muster] – Noma Seiroku, Japanese Costume and Textile Arts. New York/Tokio 1983, Abb. 102 [Vergleichsbeispiel: Detail eines Nô-Kostüms, dan-gawari, Edo-Zeit].

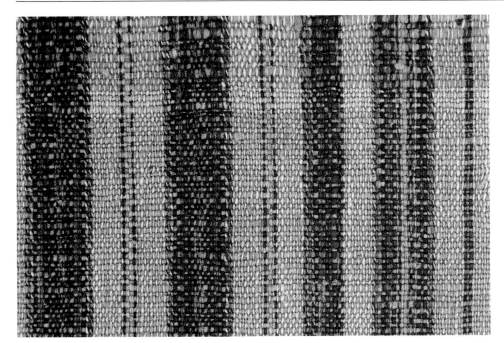

Kimonostoff, Ende Edo-Zeit/Meiji-Zeit
(2. Hälfte 19. Jh.)

Webstoff; Baumwolle; Leinwandbindung; farbiges Gewebe (shima-ori) mit Effektfäden; Kette: Weiß, Blau, Dunkelblau; Schuß: Rosa, Weiß, Gelb, Hellgrau; Effektfäden: Blau mit Weiß gezwirnt (Kette)
Streifenmuster (shima-ori). Längsstreifung aus etwa gleich breiten, durch doppellinige Kettfäden voneinander getrennten Segmenten, diese mit unterschiedlich breiten Bändern untergliedert, dunkelblau gezettelt (yatara-shima); Querstreifung durch breite Streifenfelder in Gelb und Rosa, durch schmale weiße Streifen voneinander getrennt. Muster unvollständig
Bez.: Kyôto-fukin
L. 6,7 cm; B. 12,4 cm
Hergestellt in der Umgebung von Kioto
Inv. Nr. 1005/88-33b
Lit. u. a.: Textile Designs of Japan. Bd. 2 (Geometric designs). Tokio/New York 1980, T. 40,1 [verwandtes Muster].

Kimonostoff, Ende Edo-Zeit/Meiji-Zeit
(2. Hälfte 19. Jh.)

Webstoff; Baumwolle mit Seide (ito-ire); Leinwandbindung; farbiges Gewebe (shima-ori) mit Effektfäden; Kette: Mittel-, Dunkelblau, Beige; Schuß: Dunkelblau; Effektfäden: Hellblau, weißbeige gesprenkelt (Bourretteseide; Schuß)
Streifenmuster (shima-gara). Längsstreifen: breites dunkelblaues Band, beige konturiert, und schmales beige-farbenes Band in mittelblauem Grund; Querstreifung: gebündelte schmale Bänder, mit beige-weiß gesprenkelten und hellblauen Effektfäden, gezettelt, in verschiedenen Breiten und Abständen (yoko-shima). Indigo-Färbung (aigata)
Bez.: Kyôto-shinai
L. 6,7 cm; B. 12,4 cm
Hergestellt in Kioto
Inv. Nr. 1005/88-37b
Lit. u. a.: Textile Designs of Japan. Bd. 2 (Geometric designs). Tokio/New York 1980, T. 40,3 [verwandtes Muster] — Yoshimoto Kamon (Hrsg.), Suji, shima, kôshi mon-yô zukan (Linie, Streifen, Gitterwerk – Mustersammlung). Tokio 1985, Abb. 637 [Vergleichsbeispiel, ohne Querstreifung].

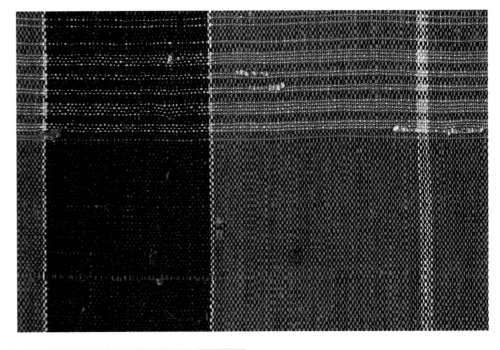

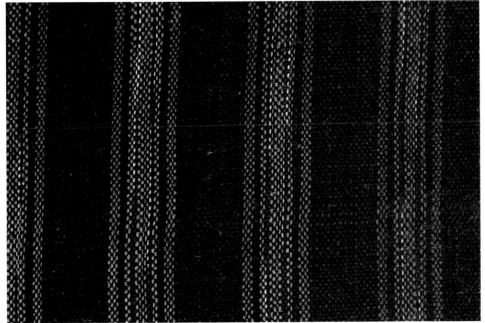

Kimonostoff, Ende Edo-Zeit/Meiji-Zeit
(2. Hälfte 19. Jh.)

Webstoff; Baumwolle; Leinwandbindung; farbiges Gewebe (shima-ori) mit Effektfäden; Kette: Dunkelblau, Grün, Mauve; Schuß; Dunkelblau; Effektfäden: blau-weiße Ikat-Fäden (Kette)
Streifenmuster (shima-gara). Wechsel von gleich breiten, gemusterten und ungemusterten (= Grund) Streifen (daimyô); gemusterte Streifen beidseitig von grünen Bändern begrenzt, mit dreigeteiltem mauve-farbenem Band in der Mitte; innere Trennlinien unregelmäßig von dunkelblauweiß ikatierten Kettfäden durchzogen; Grund: dunkelblau. Indigo-Färbung (aigata)
Bez.: Kyôto-shinai
L. 6,7 cm; B. 12,4 cm
Musterrapport: B. 2,4 cm
Hergestellt in Kioto
Inv. Nr. 1005/88-37c.

Kimonostoff, Ende Edo-Zeit/Meiji-Zeit
(2. Hälfte 19. Jh.)

Webstoff; Baumwolle; Leinwandbindung; farbiges Gewebe (shima-ori) mit Effektfäden; Kette: Beige, Grau, Weiß, Violett, violett-weiß gesprenkelt; Schuß: Grau, Weiß, Hellblau, violett-grau gesprenkelt; Effektfäden: Dunkel-, Hellblau, sowie Blau mit Weiß und Violett mit Beige u. a. gezwirnt (Kette)
Streifenmuster (shima-gara). Längsstreifen: gleich breite Bänder in Violett, in unregelmäßiger Anzahl gebündelt (kôbô-jima); die Vierer-Gruppe beidseitig begleitet von braunen (beige-grau gezettelt) Bändern mit eingewebten Effektfäden in Blau/Weiß und Violett/Grau u. a. (yatara-shima); die Dreier-Gruppe beidseitig begleitet von Linienbündel in Dunkel- und Hellblau u. a. Leichte Querstreifung durch heller getönte Schußfäden sowie durch Hellblau (am unteren Rand). Grund beige. Muster unvollständig. Bez.: Nara-chihô
L. 6,7 cm; B. 12,4 cm; hergest. in der Region Nara
Inv. Nr. 1005/88-39a
Lit. u. a.: Yoshimoto Kamon (Hrsg.), Suji, shima, kôshi mon-yô zukan (Linie, Streifen, Gitterwerk – Mustersammlung). Tokio 1985, 7 m. Abb. [Vergleichsbeispiel für kôbô-jima], 8 m. Abb.

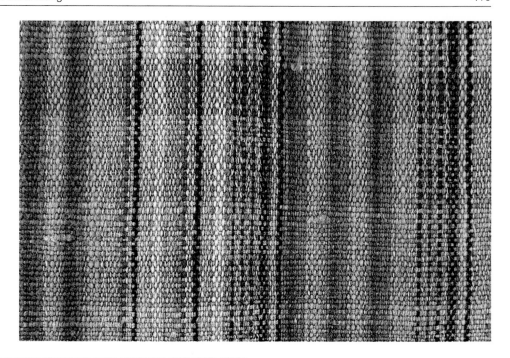

◁ Kimonostoff, Ende Edo-Zeit/Meiji-Zeit
(2. Hälfte 19. Jh.)

Webstoff; Baumwolle; Leinwandbindung; farbiges Gewebe (shima-ori); Kette und Schuß: Ocker, Weiß, Hellblau
Gittermuster (kôshi-moyô). Zwei einander kreuzende Gittersysteme (kasane-kôshi); das eine Gitter gebildet aus je drei grünen (= hellblau-ocker gezettelt) Bändern auf ocker-farbenem Grund (misuji-kôshi); das andere Gittersystem aus je zwei weißen Bändern (futasuji-kôshi) bzw. aus vier schmalen weißen Linien (yosuji-kôshi) im Wechsel. Bez.: Kyôto-shinai
L. 6,7 cm; B. 12,4 cm
Musterrapport: B. 5,8 cm
Hergestellt in Kioto
Inv. Nr. 1005/88-40a
Lit. u. a.: Urano Riich (Hrsg.), Shima, kôshi. Tokio 1973, 80 m. Abb. [futasuji-kôshi, yosuji-kôshi; Meiji-Zeit] = Nihon senshoku sô ka, Bd. 5 – Hauge Victor u. Takako, Folk Traditions in Japanese Art. Tokio/New York/San Francisco 1978, 147 m. Abb. [Vergleichsbeispiel, Tamba-nuno, 19. Jh.] – Textile Designs of Japan. Bd. 2 (Geometric designs). Tokio/New York 1980, T. 29,3 [verwandtes Muster].

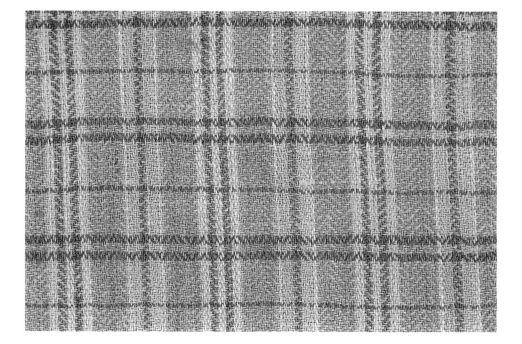

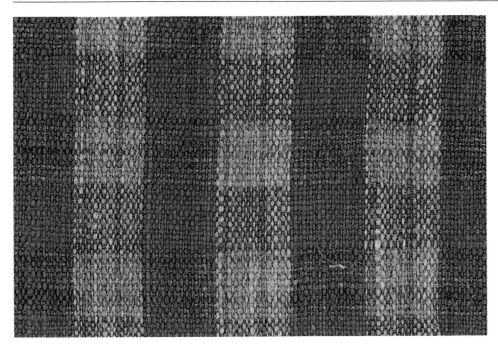

Kimonostoff, Ende Edo-Zeit/Meiji-Zeit
(2. Hälfte 19. Jh.)

Webstoff; Baumwolle; Leinwandbindung; farbiges Gewebe (shima-ori); Kette und Schuß: Beige; Mittelblau
Karomuster und Streifen (ichi-matsu shima-gara). Dominierende Längsstreifen, abwechselnd in Mittelblau und Beige; Querstreifung in gleicher Breite in Beige und beige-braun gezettelt; dadurch Karobildung von mittelgroßen blauen und beige-farbenen Quadraten, im Vollton und in Zettelung wechselnd, in versetzten Reihen
Bez.: Banshû-hômen
L. 6,7 cm; B. 12,4 cm
Musterrapport: H. 2,4 cm; B. 2,5 cm
Hergestellt im Bezirk Banshû
Inv. Nr. 1005/88-45c
Lit. u. a.: Urano Riich (Hrsg.), Shima, kôshi. Tokio 1973, 173 m. Abb. [Vergleichsbeispiel mit stärker betonten Querstreifen] = Nihon senshoku sô ka, Bd. 5.

◁ Kimonostoff, Ende Edo-Zeit/Meiji-Zeit
(2. Hälfte 19. Jh.)

Webstoff; Baumwolle; Zickzack-Köper; farbiges Gewebe (shima-ori); Kette: Beige, Braun, Weiß, Hellblau; Schuß: Braun, Weiß
Gitter und Streifenmuster (kôshi shima-gara). Längsstreifen abwechselnd in Hellblau mit einer Mittellinie in Braun bzw. in Beige mit zwei Mittellinien in Braun; dazwischen in gleich breiten Streifen: beigefarbener, weiß gezettelter und durch Köperbindung mit feinen Zickzack-Linien (Berg-Musterung, yama-gata) strukturierter Grund; Querstreifen entsprechend den Mittellinien der Längsstreifen im Wechsel von einfachen und doppelten Linien in Braun. Längs- und Querstreifen bilden zwei Gittersysteme (kasane-kôshi); das der doppelten Linien (futasuji-kôshi) ist so gegen das der einfachen Linien versetzt, daß die Kreuzungspunkte des einen jeweils in der Mitte des anderen liegen. Bez.: Kyôto-shinai
L. 6,7 cm; B. 12,4 cm
Musterrapport: H. 2 cm; B. 2,8 cm
Hergestellt in Kioto; Inv. Nr. 1005/88-40c
Lit. u. a.: Textile Designs of Japan. Bd. 2 (Geometric designs). Tokio/New York 1980, T. 29,6 [ähnl. Muster].

Kimonostoff, Ende Edo-Zeit/Meiji-Zeit
(2. Hälfte 19. Jh.)

Webstoff; Baumwolle mit Seide (ito-ire); Leinwandbindung; farbiges Gewebe (shima-ori); Kette: Dunkelblau, Gelb, Rosa, lila-weiß-violett gesprenkelt; Schuß: Dunkelblau, Rot, Bordeaux, violett-rosa-weiß, lila-weiß u. a. gesprenkelt Streifenmuster und Gitter (shima-gara kôshi-moyô), Muster unvollständig. Längsstreifung: System aus drei verschieden aufgebauten Komposit-Bändern; mittleres Band: drei Streifen in Dunkelblau und mit verschiedenen Bordeaux-Rottönen gezettelt, der mittlere etwas schmäler; linkes Band: in sich symmetrisch aufgebaut aus schmalen, zur Mitte hin abnehmenden, dunkelblauen Streifen und zunehmendem, gelb gezetteltem Grund; rechtes Band ebenfalls symmetrisch aufgebaut aus schmalen, violett-bordeaux-farbenen, zur Mitte hin zunehmenden Streifen und blau, rosa u. a. gezetteltem Grund (beides sog. »Wasserfall-Streifen«, taki-shima). Querstreifung entsprechend dem rechten Band der Längsstreifung, gleichfalls in Violett-Rosa, Bordeaux u. a. Tönen mit schmalen, zur Mitte hin zunehmenden Streifen. Cohenille- und Indigo-Färbung (bin-ai-gata)
Bez.: Nagoya-itô

L. 6,7 cm; B. 12,4 cm
Hergestellt in der östlichen Umgebung von Nagoya
Inv. Nr. 1005/88-47b
Lit. u. a.: Textile Designs of Japan. Bd. 2 (Geometric designs). Tokio/New York 1980, T. 40,3 [verwandtes Muster] – Yoshimoto Kamon (Hrsg.), Suji, shima, kôshi mon-yô zukan (Linie, Streifen, Gitterwerk – Mustersammlung). Tokio 1985, 7 m. Abb. [Vergleichsbeispiele für taki-shima].

Anmerkungen

1 Vgl. u. a.: Das Zeitalter der europäischen Revolution 1780-1848. Frankfurt/M. 1969 = Fischer Weltgeschichte 26 (dort weit. Lit.) – Hobsbawm E. J., Europäische Revolutionen. Zürich 1962 (aus dem Engl.) – Sedlmayr H., Gefahr und Hoffnung des technischen Zeitalters. In: Der Tod des Lichtes. Salzburg 1964, 149-169.

2 U. a.: 1733 Erfindung des »Schnellschützen« zur Steigerung der Webgeschwindigkeit durch John Kay (1704- nach 1764); 1769 Konstruktion der Flügelspinnmaschine durch Sir Richard Arkwright (1732-1792); 1782/84 entwickelt James Watt (1736-1819) aus seiner 1765 erfundenen direktwirkenden Niederdruck-Dampfmaschine mit Drehbewegung jene Maschine, die wesentlich zur industriellen Revolution beitrug; 1784/85 konstruiert Edmund Cartwright (1743-1823) den mechanischen Webstuhl und 1789/90 die Wollkämmaschine; 1793 entwickelt der Amerikaner Eli Whitney (1765-1825) die Baumwoll-Entkernmaschine.

3 Quelle: Bergeron Louis, Die Industrielle Revolution in England am Ende des 18. Jahrhunderts. In: Das Zeitalter der europäischen Revolution 1780-1848. Frankfurt/M. 1969, 19 = Fischer Weltgeschichte 26 (auf dessen Abhandlung fußen die wirtschaftlichen Aussagen).

4 Vgl. Anm. 3, S. 13 (dort wohl der Wert von 1810 falsch vermerkt, vgl. S. 182, dort wird der Jahresimport zwischen 1811/13 mit 65 Millionen Pfund [Gewicht] angegeben).

5 Die Sklaven wurden an den afrikanischen Küsten zum Teil im Tausch gegen Baumwollzeug eingehandelt, wurden in Kattun gekleidet, der von den Käufern Amerikas bezahlt wurde (vgl. Bergeron a.a.O. S. 21)

6 Vgl. Bergeron S. 23.

7 Vgl. ebenda S. 149. Napoleon glaubte, nach Bergeron, einen europäisch-kontinentalen Markt ohne die Überseeländer verwirklichen zu können. Dies hätte eine dichte verkehrsmäßige, ökonomisch-monitäre und soziologische Verflechtung vorausgesetzt, eine Infrastruktur, die erst 200 Jahre später existent sein sollte.

8 Vgl. Bergeron a.a.O. S. 182.

9 Vgl. u. a. Hoffmann W. G., British Industry. 1700-1905. London 1955 (statistisch grundlegend).

10 Samuel Crompton (1753-1827) entwickelte zwischen 1774 und 1779 eine »Mule-Jenny« genannte Spinnmaschine. Er vereinigte das Streckwerk der Flügelspinnmaschine mit dem Wagen der Jenny-Maschine (fahrbarer Spindelträger) und schuf so die Mulemaschine, benannt nach dem Maulesel (engl. mule). Die Maschine lieferte Garn von einer bis dahin unerreichten Gleichheit und Feinheit. Diese Garnerzeugung war Vorbedingung des mechanischen Webstuhls. Die Maschine arbeitete um 1810 bereits zum Teil mit 100 Spindeln.

11 Z. B. Zyklische Krise von 1816/17 und Baissetendenz ab 1817.

12 Ausfuhr nach Lateinamerika 1820 56 Millionen Yards, 1860 527; Afrika 10:358; Indien 11:825; China 3:324. Quelle: Hoffmann Anm. 9.

13 Vgl. Anm. 2.

14 Richard Roberts, engl. Maschinenbauer (1789-1864). E. Cartwrights mechanischer Webstuhl (1785) wird 1787 durch die Konstruktion T. Gortons mit Dampfkraft angetrieben. Es schließen sich die Erfindung des Musterwebstuhls 1805 durch J. M. Jacquard und die Verbesserung des mechanischen Webstuhls 1822 durch R. Roberts an.

15 Erfunden 1825, arbeitet mit selbständiger Fadenaufwicklung.

16 George Stephenson (1781-1848) baute 1814 als Ingenieur der Killingworther Kohlengruben seine erste Dampflokomotive »Blücher«. Er wurde 1821 leitender Ingenieur beim Bau der Bahnstrecke Stockton-Darlington (39 km, eröffnet 1825). 1823 gründete er in Newcastle die erste Lokomotivenfabrik der Welt. 1826-1830 baute er die 48 km lange Bahnstrecke zwischen Liverpool und Manchester. Die Lokomotive »Rocket«, an deren Entwicklung auch der Sohn Robert Stephenson (1803-1859) wesentlich beteiligt war, gewann den Wettbewerb zwischen vier Konkurrenten. Die Maschine erreichte in freier Fahrt die damals beachtliche Geschwindigkeit von 60 km/h (mit Last 22 km/h).

17 Quelle: Bergeron Anm. 3, S. 191

18 Preußen war um 1860 die größte Industriemacht Deutschlands. 2/3 der Dampfmaschinen vereinigten sich auf seinem Territorium; die Kohle- und Stahlproduktion schnellte empor. Es besaß in Mitteleuropa das bestausgebaute Eisenbahnnetz. Vgl. u. a.: Das bürgerliche Zeitalter. Frankfurt/M. 1974 = Fischer Weltgeschichte 27.

19 Meier Günther (Hrsg.), Karl Friedrich Schinkel. Aus Tagebüchern und Briefen. München/Berlin/Wien 1967, 116.

20 Hard Times (1854, dt. Harte Zeiten 1880 und öfter) zitiert nach Posener J., Ebenezer Howard. Gartenstädte von morgen. Berlin 1968, 16 f. = Bauwelt Fundamente 21.

21 Vgl. Durian-Ress Saskia, Mode zur Zeit des Biedermeier. In: [Kat. Ausst.] Kunst des Biedermeier 1815-1835. München 1988, 70, Anm. 16.

22 U. a.: Augsburger Kattunfabrik. Nach: Durian-Ress Anm. 21, S. 68.

23 Vgl. u. a.: Gurlitt Cornelius, Die deutsche Musterzeichner-Kunst und ihre Geschichte. Darmstadt 1890, S. 63.

24 Joseph-Marie Jacquard (1752-1834) entwickelte diese Maschine als Angestellter des Pariser Conservatoire des arts et métiers. Das Unternehmen basiert auf einer Sammlung von Maschinen, Instrumenten und Modellen, die von Jacques de Vaucanson (1709-1782) dem Staat für den »Unterricht der arbeitenden Klassen« überlassen worden war. Darunter befand sich auch eine Maschine zum Weben von Mustern (1745), an deren Konstruktion Jacquard anknüpfte.

25 Quelle: Meyers Großes Konversations-Lexikon. 6. Aufl. 10. Bd. Leipzig/Wien 1905, 130.

26 Vgl. u. a.: Hübsch Heinrich, In welchem Stil sollen wir bauen? 1828 – Ruskin John, Seven Lamps of Architecture 1849 – Semper Gottfried, Wissenschaft, Industrie und Kunst 1851 – ders., Der Stil in den technischen und tektonischen Künsten. Bd. 1-2. 1860/63 – Dresser Christopher, The Art of Decorative Design 1862 – ders., The Principles of Decorative Design 1870/72 – Reuleaux F., Briefe aus Philadelphia 1876 – Morris William, The Decorative Arts 1878. – Dresser Christopher, Modern Ornamentation 1886 – Day Lewis Foreman, The Planning of Ornament 1887 – Day Lewis Foreman, Nature in Ornament 1892 – Lessing Julius, Amtl. Bericht über die Weltausstellung in Chicago, erstattet vom Reichskommissar 1893 – Crane Walter, Line and Form 1900 – Loos Adolf, Ornament und Verbrechen 1908. Für das Viktorianische Zeitalter ist dekorative Kunst weitgehend gleichbedeutend mit Ornamentik. Vgl. auch die Anm. 78, 80 u. 81.

27 Etwa die von Owen Jones 1852 vorgebrachte Kritik im Rahmen einer Reihe von Vorträgen in der School of Design (Practical Art) im Marlborough House, Pall Mall, vgl. Pevsner Nikolaus, Christopher Dresser: Architectural Review 1937, 183-186. Wieder abgedruckt in [Kat. Ausst.] Christopher Dresser. Kunstgewerbemuseum. Köln 1981, 20-26 m. Abb. [Äußerung von Owen Jones auf S. 22/23]. – Vgl. auch: Muthesius Hermann, Das englische Haus. Bd. 3, Berlin 1905, 70 ff. u. Pevsner Nikolaus, Der Beginn der modernen Architektur und des Design. Köln 1971, 10.

28 Zum Beispiel: 1852 Gründung des Museums of Manufactures, Vorgänger des heutigen Victoria and Albert Museums in London, dem sich 1857 eine School of Design anschloß – Übersiedlung der Central School of Design (Practical Art) in das Marlborough House in London, dort die Aufstellung einer Kunstgewerbe-Sammlung, die den Namen Museum of Ornamental Art trägt und dem Department of Practical Art unterstellt ist.

29 Vgl.: Mundt Barbara, Die deutschen Kunstgewerbemuseen im 19. Jahrhundert. München 1974 = Studien zur Kunst des 19. Jahrhunderts Bd. 22.

30 Owen Jones (1809-1874) erhielt u. a. den Auftrag, die vom Hydepark nach Sydenham übertragenen Gebäude des Kristallpalastes dem Charakter der Zeit und des Landes anzupassen, für die sie bestimmt waren. 1856 erschien sein Hauptwerk »The Grammar of Ornament«.

31 Augustus Welby Pugin (1812-1852) vgl. u. a.: Stanton Ph. B., A.W.N. Pugin. London 1967 (2. Aufl. 1971).

32 John Ruskin (1819-1900) vgl. u. a.: Londow G. P., The Aestetic and Critical Theories of John Ruskin. Princeton 1971 – Blau E., Ruskinian Gothic. The Architecture of Dean and Woodware 1845-61. Princeton 1982.

33 Christopher Dresser (1834-1904) vgl. u. a.: [Kat. Ausst] Christopher Dresser. Kunstgewerbemuseum. Köln 1981.

34 William Morris (1834-1896) vgl. u. a.: Kirsch H. C., William Morris – ein Mann gegen die Zeit. Leben und Werk. Köln 1983 (weiterhin die Lit. bei den in diesem Band wiedergegebenen Stoffen).

35 Die Bewegung führte zur Gründung mehrerer Vereinigungen: 1882 Century Guild (Begründer: Arthur Heygate Mackmurdo), 1883 Art Workers Guild, 1888 Arts and Crafts Exhibition Association (Begründer: Walter Crane), 1889 Home Arts and Industries Association.

36 Besonders auf die deutsche Werkbundbewegung. Vgl. u. a.: Posener Julius, Anfänge des Funktionalismus. Von Arts and Crafts zum Deutschen Werkbund. Berlin/Frankfurt/Wien 1964 = Bauwelt Fundamente 11 – Zum Deutschen Werkbund vgl. u. a.: [Kat. Ausst.] Zwischen Kunst und Industrie. Der Deutsche Werkbund. Die Neue Sammlung. München 1975 (Neuaufl. Stuttgart 1987).

37 Kennzeichen der Phase ist die Nachahmung historischer Stile. Anfänge noch im Rokoko. Auch der sogenannte ›Jugendstil‹ ist unter dieser Bezeichnung zu subsumieren.

38 Etwa das Department of Science and Art, South Kensington, an dem auch Christopher Dresser als »Professor für ornamentale Kunst und Botanik« lehrte. Vgl. daneben die Gewerbeschulen (Anm. 29) und die Fachschulen, u. a. die Dresdner Schule für Modellieren, Ornament und Musterzeichnen oder die Blumenschule, eine Abteilung der Ecole de St. Pierre in Lyon.

39 Vgl. Gurlitt a.a.O. (Anm. 23) S. 13.

40 Nach Gurlitt a.a.O. passim.

41 Quelle: Gurlitt a.a.O. S. 32/33.

42 Vgl. Fischer Weltgeschichte Bd. 26, 27. 1969, 1974.

43 Vgl. die deutschen Reformbewegungen über Werkbund, Bauhaus, Hochschule für Gestaltung Ulm.

44 Nach Pevsner Nikolaus, Christopher Dresser – Industrie-designer. In: [Kat. Ausst.] Christopher Dresser 1834-1904. Kunstgewerbemuseum. Köln 1981, 24.

45 Dreimonatiger Aufenthalt. Dresser überreicht dem japanischen Nationalmuseum Geschenke englischer Firmen und wird am 20. 1. 1877 vom Tenno empfangen. Am 30. 1. 1878 hält er vor der Royal Society of Arts einen Vortrag zum Thema »The Art Manufactures of Japan«. 1882 wird sein Reisebericht »Japan, its Architecture, Art and Art Manufactures« veröffentlicht.

46 Vgl. Pevsner (Anm. 44) S. 20.

47 Gurlitt (Anm. 23), S. 63.

48 Vgl. die Entschließung Nr. IV/2 – 7/39886 des Bayerischen Staatsministeriums für Unterricht und Kultus vom 26. 3. 1981. Sie enthält unter I. den Passus: « Die Neue Sammlung, Staatliches Museum für angewandte Kunst, ist eine selbständige, dem Bayerischen Staatsministerium für Unterricht und Kultus unmittelbar nachgeordnete Behörde«.

49 Vgl.: Wichmann Hans, Industrial Design. Unikate. Serienerzeugnisse. Die Neue Sammlung. Ein

neuer Museumstyp des 20. Jahrhunderts. München 1985. 523 S. m. Abb.

50 Vgl. u. a.: Eckstein Hans, 50 Jahre Deutscher Werkbund. Berlin 1958; Die Form. Stimme des Deutschen Werkbundes 1925-1934. Gütersloh 1969 = Bauwelt Fundamente 24; [Kat. Ausst.] Zwischen Kunst und Industrie. Der Deutsche Werkbund 1907-1934. Die Neue Sammlung. München 1972, 2. Aufl. Stuttgart 1987; Campbell Joan, Der Deutsche Werkbund. Stuttgart 1981.

51 Vgl. Wichmann (Anm. 49), S. 21.

52 Diese Sammelgebiete sind in Wichmann Anm. 49 behandelt, die Textilien auf den Seiten 176-189 m. Abb.

53 Vgl. Wichmann (Anm. 49), S. 21.

54 Die Berichte wurden in der Schrift: Münchner Sammlung für angewandte Kunst. Berichte der Tagespresse (München). [1913] 28 S. 8° zusammengefaßt. Als Herausgeber fungierte, wie aus dem Beiblatt ersichtlich, der »Münchner Bund«.

55 »Bei Kriegsausbruch war die (Vorbilder-) Sammlung in 14 kleinen Zimmern des alten Verkehrsministeriums an der Luisenstraße untergebracht. Von dort wurde sie während des Krieges nach dem Schloß Nymphenburg verbracht und auch hier nach einiger Zeit nochmals in einen anderen Teil verlegt. Sie befand sich infolge des zweimaligen Umzugs in einem völlig ungeordneten Zustand. Nicht nur der größte Teil der Vitrinen, sondern auch zahlreiche Sammlungsgegenstände waren schwer beschädigt ... Im August 1925 wurde die ganze Sammlung (Vitrinen und Sammlungsgegenstände) von Nymphenburg nach dem Bayerischen Nationalmuseum verbracht« (v. Pechmann, 1. Jahresbericht 1925/26, S. 6, bewahrt im Archiv der Neuen Sammlung).

56 Sammlung des »Münchner Bundes«.

57 Richard Riemerschmid verwahrte sich energisch gegenüber dem Verfasser, als er den Begriff »Jugendstil« im Zusammenhang mit seiner Arbeit verwandte.

58 Vgl. Wichmann Siegfried, [Kat. Ausst.] Hermann Obrist. Wegbereiter der Moderne. Villa Stuck. München 1968, Bl. 15 (s. p.).

59 Zwischen 1. 4. 1952 und 24. 10. 1958 stand Die Neue Sammlung unter der Leitung des Bayerischen Nationalmuseums. Ausführende Betreuung und Ausstellungen bis 1955 lagen in den Händen von Helmut Hauptmann (1895-1972).

60 Vgl. Wichmann (Anm. 49), S. 102, Anm. 195.

61 Hermann Obrist – Gedächtnis-Ausstellung vom 17. 3.-15. 4. 1928. Lit.: vgl. Wichmann (Anm. 49), S. 476.

62 Alice von Pechmann, Frau von Günther Freiherr von Pechmann, dem ersten Leiter der Neuen Sammlung. Sie hat ihn entscheidend bei Ankäufen und Erwerbungen beraten und unterstützt. Gerade für Textilien hatte Frau von Pechmann (auch für die Zusammenarbeit mit den Deutschen Werkstätten) eine besondere Neigung und für ihre Qualität ein feines Gespür.

63 Vgl. zu Wolfgang von Wersin: Wichmann Anm. 49, 37 ff.; [Kat. Ausst.] Wolfgang von Wersin. Stadtmuseum Linz und Die Neue Sammlung. Linz 1983.

64 Vgl. Wichmann Anm. 49 S. 27 f.

65 Vgl. u. a.: Staatliche Bauhochschule Weimar. Aufbau und Ziel. Weimar. Verl. Staatl. Bauhochschule 1927. [Typographie von Otto Dorfner].

66 Vgl. u. a.: Neuhaus Wilhelm, Die Burg Giebichenstein. Geschichte einer deutschen Kunstschule 1915-1933. Leipzig 1981.

67 Vgl. Loos Adolf, Ornament und Verbrechen. Wien 1908.

68 Erworben in der Sonderschau »Exempla« der Münchner Handwerksmesse 1972.

69 Vgl. [Kat. Ausst.] Christopher Dresser. Ein viktorianischer Designer. 1834-1904. Kunstgewerbemuseum. Köln 1981.

70 Das Werk wurde bei Garland Publishing Inc. New York und London 1977 neu aufgelegt.

71 Titel eines 1828 erschienenen Buches des Architekten Heinrich Hübsch (1795-1863).

72 Durant Stuart, Christopher Dresser und die Botanik seiner Zeit. In: [Kat. Ausst.] Christopher Dresser vgl. Anm. 69.

73 Vgl. die British Parliamentary Papers. Bd. V (1835), Nr. 598 u. Bd. IX (1836), Nr. 568. Zitiert nach Anm. 69.

74 Vgl. u. a.: J. G. Sulzer, Allgemeine Theorie der Schönen Künste 1771 ff. Das Buch wurde von Goethe aufgrund seines starren Regelwerks scharf kritisiert.

75 Nach Durant vgl. Anm. 72.

76 Vgl.: Reports made by Mr. Dyce, consequent to his Journey on an Inquiry into the State Schools of Design in Prussia, Bavaria and France. In: British Parliamentary Papers Bd. XXIV (1840), Nr. 98. Er lobt darin besonders die Gewerbeschulen in Nürnberg, Augsburg und München.

77 Dresser besuchte die Schule zwischen 1847 und 1852. Er erlebte noch ihre Übersiedlung in das Marlborough House, Pall Mall, und die Aufstellung einer Kunstgewerbe-Sammlung, die den Namen Museum of Ornamental Art trug und dem Department of Practical Art unterstellt war.

78 Vgl. u. a.: Braun Alexander, Vergleichende Ordnung der Schuppen zur Blattstellung überhaupt. In: Nova Acta Leopoldina Carolinae Germanicae naturae curiosorum. Halle 1831 – Schleiden Matthias Jakob, Grundriß der Botanik. Leipzig 1846 – ders., Die Pflanze und ihr Leben. Leipzig 1847 – Pugin A.W.N., Floriated Ornament. London 1849 – Lindley John, The Symmetry of Vegetation, an outline of the principles to be observered in the delineation of plants ... London 1854 – Dresser Christopher, The Rudiments of Botany 1859 – ders., Unity in Variety 1859 – ders., Botany as adapted to the Arts and Art Manufacturers: Art Journal 1858/59 – Hulme F. E., Plant Form. London 1868 – ders., Plants, their natural grow and ornamental treatment. London 1874 – Graff Carl, Das vegetable Ornament 1879 – Plauszweski P., L'Herbier Ornamental 1886 – Meurer M., Pflanzenformen. Dresden 1895 – Haeckel Ernst, Kunstformen der Natur. 1899–1904. Vgl auch Anm. 26, 79, 80 und 81.

79 Vgl. u. a. das bei Fleury Chavant herausgegebene Buch: »Musée des dessinateurs de fabrique« 1837-1838 – Grasset Eugène, La Plante et ses Applications ornamentales. Paris [1896] – Verneuil M. P., Etude de la plante, son application aux industries d'art. 1900.

80 Vgl. u. a. Jones Owen, Grammar of Ornament 1856 [für das auch Ch. Dresser tätig war, Taf. XCVII] – Dresser Christopher, The Principles of Decorative Design 1870/72 – Day Louis Foreman, The Anatomy of Pattern. London 1887 – ders., The Application of Ornament 1888 – Eckmann Otto, Neue Formen. Berlin 1897 – Crane Walter, The Basis of Design. London 1898 – ders., Line and Form. London 1900 – Grasset Eugène, Methode de composition ornamentale 1905. Vgl. auch Anm. 26, 78, 71, 81.

81 Dazu lieferten die zahlreichen Ornamentwerke Informationen. Vgl. u. a.: Bötticher Karl, Ornamentbuch. Berlin 1834-1856 – Dyce William, Drawing Book of the Government School of Design 1842 – Pugin A.W.N., Floriated Ornament 1849 – Colling J. K., Art Foliage. London 1865 – Blanc Charles, Grammaire des Arts Décoratifs. Paris 1867 – Hirth Georg, Der Formenschatz. Leipzig 1879 ff. – Dolmetsch H., Ornamentschatz. Berlin 1886 – Luthmer Ferdinand, Flachornamente. Karlsruhe 1887 – ders., Blütenformen als Motive für Flachornamente. Berlin 1893. Vgl. Anm. 26, 78, 79, 80.

82 London 1851, Paris 1855, London 1862, Paris 1867, Wien 1873, Philadelphia 1876, Paris 1878, Paris 1889, Chicago 1893, Paris 1900. Vgl. dazu: Beutler Christian, [Kat. Ausst.] Weltausstellungen im 19. Jahrhundert. Die Neue Sammlung. München 1973.

83 Weidlé Wladimir, Die Sterblichkeit der Musen. Stuttgart 1958, 164-165.

84 Vgl. Anm. 29.

85 Vgl. u. a.: Muthesius Hermann, Das englische Haus. Bd. 3. Berlin 1905, 72 ff. – Posener Julius, Anfänge des Funktionalismus. Von Arts and Crafts zum Deutschen Werkbund. Berlin 1964 = Bauwelt Fundamente 11. Vgl. auch Anm. 50.

86 Nach: Goffitzer Fritz (Hrsg.), Vom Adel der Form zum reinen Raum. Wolfgang von Wersin zum 80. Geburtstag. Wien 1962, 59 (Auszüge aus dem Buch Wersins, Das elementare Ornament und seine Gesetzlichkeit. Ravensburg 1941).

87 Vgl. u. a.: Haftmann Werner, Malerei im 20. Jahrhundert. München 1954, 76.

88 Haftmann a.a.O. 76.

89 Als Store, Gardine und Übergardine (häufig in rotem Samt und seitlich gegürtet, zuweilen noch in Hotels anzutreffen).

90 »Es ist von Bedeutung, daß in jene Zeit die Bildung der vielfachen Klubs fällt, in deren Einrichtung, als nur für Männer bestimmt, die Rücksicht auf Etikette mehr und mehr der auf Bequemlichkeit weichen konnte, eine Richtung, die schon ohnedies der Zeitströmung entsprach. In den Klubs wurde alles von massigem, wuchtigem, höchst gediegenem, dabei aber bequemem Gepräge. Ganz besonders wurden jene Stühle ausgebildet, die ein Mittelding zwischen Sitzen und Liegen gestatten, die tiefsitzigen Faulenzer. Sie bilden in ihrer absoluten Bequemlichkeit das Abschlußglied des Werdegangs des Stuhles, der sich aus einem Holzgebilde immer mehr in ein gepolstertes Gebilde verwandelt hat« (Muthesius Hermann, Das englische Haus. Bd. 3. Berlin 1905, 87-88).

91 Vgl. Abbildung in Glaser Hermann, Spießer-Ideologie. Von der Zerstörung des deutschen Geistes im 19. und 20. Jahrhundert. Freiburg 1964, Abb. 5 (s. p.).

92 Selbst der Morris so sehr verehrende Hermann Muthesius äußert folgendes: »Es ist wahr, daß Morris in seiner unersättlichen Ornamentliebe hier den gefährlichen Weg gewiesen hat. Er hat oft in den Räumen, die er dekorierte, nicht nur die Wände, den Fries und das Innere des Kamins bemustert, sondern auch noch an der Decke die Balken sowohl wie die dazwischen liegenden Felder mit einem Muster in Malerei versehen.« (a.a.O. 109). Beispiel dafür sind Räume im Landsitz Stanmore Hall bei London.

93 Muthesius Hermann, Das englische Haus. Bd. 3. Berlin 1905, 84-85.

94 Muthesius a.a.O. 102.

95 Muthesius a.a.O. 104.

96 Haftmann a.a.O. 76.

97 Vgl. u. a.: Philip Webb erbaut 1859/60 für William Morris das »Red House« in Bexley Heath, Kent – Arthur Mackmurdo errichtet um 1873 ein Haus in Enfield – Zwischen 1897 und 1899 stattet Charles Rennie Mackintosh die von ihm gebaute Glasgower Kunstschule aus – C.F.A. Voysey vollendet 1891 sein Atelier in West Kensington, London – 1898/1907 errichtet Richard Riemerschmid sein Wohnhaus in München-Pasing – Zwischen 1910 und 1912 baut Adelbert Niemeyer das im Zweiten Weltkrieg zerstörte Haus Krawehl in Essen. – In allen diesen Gebäuden waren die meisten Objekte nach Entwurf der jeweiligen Künstler gefertigt worden.

98 Muthesius a.a.O. 104.

99 ... »unser Sehen dient uns im praktischen Leben ausschließlich zur Orientierung, wir sehen von dem großen Kreis des Sichtbaren nur das, was für unseren Wollensverlauf von Wichtigkeit ist, und alles andere bleibt ein vager Eindruck, der bald vergessen wird. Es kommt hinzu, daß uns das Wahrnehmungsgebilde an sich nicht interessiert, sondern sein Gegenstand, der etwas ganz anderes ist und erst aus den Wahrnehmungsbildern von der Seele geformt wird« (Endell August, Die Schönheit der großen Stadt. Stuttgart 1908, 37).

100 Besonders bei Hermann Obrist zum Ausdruck gebracht. Vgl. u. a.: »»Das zentrifugale Tempo‹ und der ›Pendelprozeß in Spiralen aufwärts und vorwärts‹ (Nachlaßschriften 6/4) zeigen an, daß die Betonung

der Bewegungsmotive sich bis hin zum Heftigen, bis zur Ekstase steigert. Obrist verzeichnet ›increase of speed-spiral movement!‹«« (Wichmann Siegfried, [Kat. Ausst.] Hermann Obrist. Stuckvilla. München 1968, Bl. 8 s. p.).

101 Zitiert nach Haftmann a.a.O. 78. An dieser Haltung sollte sich letztlich auch das berühmte Streitgespräch zwischen Muthesius und van de Velde während der Werkbundtagung 1914 in Köln entzünden. Muthesius zielte auf Typisierung, also auf Gestalt und Dienlichkeit im Rahmen breiter Bedarfsdeckung, van de Velde auf künstlerische Autonomie.

102 Vgl. dazu: Schmoll-Eisenwerth Helga, Die Münchner Obrist-Debschitz-Schule. In: [Kat. Ausst.] Wolfgang von Wersin. Stadtmuseum Linz/ Die Neue Sammlung. Linz 1983, 10 ff.

103 Münchner Neueste Nachrichten v. 7. 5. 1901, Nr. 213.

104 Haftmann a.a.O. 81

105 Wichmann Siegfried, [Kat. Ausst.] Hermann Obrist. Stuckvilla. München 1968, Bl. 8 (s. p.)

106 Vgl. zu dieser Frage u. a. Pinder Wilhelm, Von den Künsten und der Kunst. Berlin 1948 (vor allem das Kapitel: »Noch und schon« 179 ff.) – Panofsky Erwin, Zum Problem der historischen Zeit. In: Aufsätze zu Grundfragen der Kunstwissenschaft. Berlin 1974, 77 ff. (dieser Beitrag erschien ursprünglich 1927 ohne eigenen Titel als Anhang zu dem Aufsatz: Über die Reihenfolge der vier Meister von Reims: Jahrbuch für Kunstwissenschaft 1927, 55-82).

107 Haftmann a.a.O. 79.

108 Vgl. u. a.: Günther Sonja, Interieurs um 1900. München 1971, 15 ff.

109 Vgl. Wichmann Hans, Aufbruch zum neuen Wohnen. Deutsche Werkstätten und WK-Verband 1898-1970. Basel 1978.

110 Vgl. u. a.: Mrazek Wilhelm, [Kat. Ausst.] Die Wiener Werkstätte. Österreichisches Museum für angewandte Kunst. Wien 1967 – Schweiger Werner Josef, Wiener Werkstätte. Kunst und Handwerk 1903-1932. Wien 1982 – Neuwirth Waltraud, Wiener Werkstätte. Avantgarde, Art Déco, Industrial Design. Wien 1984 – Fanelli Giovanni u. Rosalia, Il tessuto Art Nouveau. Bd. 1 u. Il tessuto Art Déco. Bd. 2. Florenz 1986.

111 Karl Schmidt, Gründer der »Dresdner Werkstätten für Handwerkskunst«, ab 1907 »Deutsche Werkstätten«. Vgl. Wichmann Hans, Aufbruch zum neuen Wohnen. Basel 1978 passim.

112 Vgl. Wichmann, Aufbruch a.a.O. 15.

113 Vgl. Muthesius Hermann, Kunst und Volkswirtschaft: Dokumente des Fortschritts. 1908, Jan., 118.

114 Die 1898 gegründeten »Dresdner Werkstätten« bzw. »Deutschen Werkstätten« beschäftigten 1910 bereits 500 Mitarbeiter. Vgl. Wichmann, Aufbruch a.a.O. 16.

115 Vgl. Wichmann, Aufbruch a.a.O. 46 ff.

116 Im Rahmen der ersten größeren Leistungsschau der Dresdener Werkstätten für Handwekskunst im Dresdener Ausstellungspalast. 34 Räume und Einrichtungen nach Entwürfen von Peter Behrens, Gräfin Geldern Egmont-Saaleck, Oswin Hempel, Max Laeuger, Charles R. Mackintosh, M. A. Nicolai, Joseph Maria Olbrich, Richard Riemerschmid, Baillie Scott, Ernst Hermann Walther u. a. wurde gezeigt.

117 Vgl. das Kapitel: Möbel unter sozialem Aspekt. In: Wichmann, Aufbruch a.a.O., 59 ff.

118 Vgl. Wichmann, Aufbruch a.a.O., 19-20.

119 Vgl. [Kat. Ausst.] Zwischen Kunst und Industrie. Der Deutsche Werkbund. Die Neue Sammlung. München 1975.

120 Vgl. u. a.: Wichmann, Aufbruch a.a.O., 50 f.

121 Vgl. Pevsner Nikolaus, Der Beginn der modernen Architektur und des Design. Köln 1971, 144.

122 Die Firma Cassina in Mailand begann den Nachbau von Möbeln Mackintosh's.

123 Äußerung von Hermann Muthesius. Zitiert nach Breuer Gerda, Deneken und die Krefelder Textilindustrie. In: [Kat. Ausst.] Von der Künstlerseide zur Industriefotografie. Kaiser Wilhelm Museum Krefeld. Krefeld 1984, 95 = Der Westdeutsche Impuls 1900-1914.

124 Vgl. Breuer Gerda (Anm. 123), 89 ff.

125 Vgl. ibid., 91.

126 Krefelder Künstlerseiden: Dekorative Kunst 1901, Bd. 7/8, 484 zitiert nach Grönwoldt Ruth, [Kat. Ausst.] Art Nouveau. Textil-Dekor um 1900. Württembergisches Landesmuseum. Stuttgart 1980, 224.

127 Muthesius Hermann, Das englische Haus. Bd. 3. Berlin 1905, 105.

128 Ruth Grönwoldt (Anm. 126), 230.

129 Tietzel Brigitte, Stoffmuster des Jugendstils: Zeitschrift für Kunstgeschichte 1981, 281.

130 Vgl. u. a.: Wichmann, Aufbruch a.a.O., 50 f, 383 f. – Niemeyer Paul, Aus dem Leben Adelbert Niemeyers. In: Wir fingen einfach an. München 1953, 76-81 m. Abb.

131 Vgl. u. a.: Wichmann Siegfried, Japonismus. Herrsching 1980 – [Kat. Ausst.] Le Japonisme. Galeries nationales du Grand Palais. Paris 1988.

132 Vgl. Shinoda Yugiro, Daten zum Japonismus. In: [Kat. Ausst.] Weltkulturen und moderne Kunst. Haus der Kunst. München 1972, 164.

133 Breuer Gerda, Japanische Kunst als Vorbild. In: [Kat. Ausst.] Von der Künstlerseide zur Inustriefotografie. Kaiser Wilhelm Museum Krefeld. Krefeld 1984, 121 = Der Westdeutsche Impuls 1900-1914.

134 Der aus Hamburg stammende Siegfried Bing eröffnete 1888 in der Pariser Rue de Province 22 ein Geschäft für ostasiatische Kunst und gab in französischer, englischer und deutscher Sprache die Zeitschrift »Le Japons Artistique« heraus. Vgl. dazu: Wichmann Siegfried, Japonismus. Herrsching 1980, 9-10. Weiterhin betrieb Bing ab 1895-1904 eine Galerie mit der Bezeichnung »Art Nouveau« und verhalf entscheidend neben Julius Meier-Graefe, dem Begründer des »La Maison Moderne« 1897, dem neuen Kunstgewerbe zum Durchbruch. Vgl. Grönwoldt Ruth, [Kat. Ausst.] Art Nouveau, Textil-Dekor um 1900. Württembergisches Landesmuseum. Stuttgart 1980, 89 – Weisberg Gabriel P., Art Nouveau Bing. New York 1986 (s. dort S. 268, Anm. 1 zum Vornamen Bings).

135 Deneken Friedrich, Japanische Motive für Flächenverzierung. Berlin 1897, 7.

136 Vgl. Ruth Grönwoldt (Anm. 126), 156 ff.

137 Tietzel Brigitte, Stoffmuster des Jugendstils: Zeitschrift für Kunstgeschichte 1981, 258-283 m. Abb.

138 Vgl. dazu: Wichmann Siegfried, Japonismus. Herrsching 1980, 196 ff. und 205 ff.

139 Vgl. dazu: Muthesius Hermann, Das englische Haus. Bd. 3. Berlin 1905, 104 – Tietzel Brigitte (Anm. 137), 260 ff.

140 »Schwämme« 1899, Doppelgewebe, bewahrt im Österreichischen Museum für angewandte Kunst, Wien und im Württ. Landesmuseum, Stuttgart. Vgl. Grönwoldt (Anm. 126), Nr. 117 und G. u. R. Fanelli, Il tessuto Art Nouveau. Bd. 1. Florenz 1986, Farbtaf. 55.

141 Vgl. Druckstoff »Tulip and Bird« von 1896, Textilmuseum Krefeld, abgebildet und behandelt bei B. Tietzel (Anm. 137), 267.

142 Vgl. bedruckter Dekorationsstoff von ca. 1898, abgebildet und behandelt bei R. Grönwoldt (Anm. 126), 64-65.

143 Webstoff »The Bryony« von ca. 1899, bewahrt im Württ. Landesmuseum Stuttgart. Vgl. Grönwoldt (Anm. 126), 78-79.

144 Bedruckter Baumwollsamt, bewahrt in Farbvarianten im Textilmuseum, Krefeld, und Württ. Landesmuseum, Stuttgart, behandelt und abgebildet bei Grönwoldt (Anm. 126), 114-115 und Tietzel (Anm. 137), 270.

145 U.a. Seidengewebe »Les Orchidées«, bewahrt im Museum für Kunst und Gewerbe, Hamburg. Vgl. Grönwoldt (Anm. 126), 141, 143 und Tietzel (Anm. 137), 272.

146 Vgl. Stamm B., Das Reformkleid in Deutschland. Phil. Diss. Berlin 1976 – Breuer Gerda, Deneken und die Krefelder Textilindustrie (Anm. 123), 93 (Die Autorin berichtet über die »Sonderausstellung moderner, nach Künstlerentwürfen ausgeführter Damenkleider« im August 1900 in Krefeld unter der Mittwirkung von Henry van de Velde, Margarete von Brauchitsch, Alfred Mohrbutter u.a.).

147 Ein von Hermann Muthesius bemängeltes Faktum, vgl. Anm. 126

148 Vgl. u.a.: Wichmann Hans, Weltweite Massenkommunikation. In: Drehpunkt 1930. Aspekte. München 1979, 8 ff.

149 Vgl. u.a.: Mundt Barbara, [Kat. Ausst.] Metropolen machen Mode. Kunstgewerbemuseum. Berlin 1977.

150 Zu Emilie Flöge und Gustav Klimt vgl. u.a.: Nebehay Christian, Gustav Klimt. Sein Leben nach zeitgenössischen Berichten und Quellen. München: (dtv) 1979 – Kultermann Udo, Gustav Klimt, Emilie Flöge und die Modereform in Wien um 1900: Alte und moderne Kunst 23, 1978, Nr. 157, 35-36 – Fischer Wolfgang Georg, Gustav Klimt und Emilie Flöge I.II.III: Alte und moderne Kunst 28, 1983, Nr. 186/87, 8-15; Nr. 188, 28-33; Nr. 190/191, 54-59.

151 »In der zweiten Jahreshälfte 1915 entstanden die ersten Modeschöpfungen der Wiener Werkstätte für die Bühne. Die Kostüme der Hauptdarstellerinnen in dem Boulevardstück ›Hedi's erster Mann‹ im Deutschen Volkstheater werden in der Modeabteilung entworfen und ausgeführt« (Völker Angela, [Kat. Ausst.] Wiener Mode und Modefotografie. Die Modeabteilung der Wiener Werkstätte 1911-1932. Österreichisches Museum für angewandte Kunst. Wien 1984, 86).

152 Zitiert nach Brunhammer Yvonne, 1925. In: [Kat. Ausst.] Die zwanziger Jahre. Kontraste eines Jahrzehnts. Kunstgewerbemuseum. Zürich 1973, 102.

153 Paul Poiret (1879-1944), französischer Mode-Schöpfer und -zeichner, begann bei J. Doucet und J. P. Worth, hatte seit 1904 einen eigenen Salon. Seine Modelle besaßen leuchtende Farben und waren durch das russische Ballett Diaghilews angeregt worden.
Poiret kreierte 1910 den Humpelrock, aus dem er den Hosenrock entwickelte. Als großer Bewunderer Hoffmanns besuchte er ihn 1912 in Wien und bezog größere Mengen Stoffe der Wiener Werkstätte.

154 Nach Varnedoe Kirk, Wien 1900. Kunst. Architektur & Design. Köln 1987, 101 (Deutsche Ausg. des [Kat. Ausst.] Museum of Modern Art. New York 1986).

155 Vgl. ibid. 101 und: Bouillon Jean-Paul, Art Déco. 1903-1940. Genf/Stuttgart 1989, 87 (ohne Quellenangabe).

156 Sergej Pawlowitsch Diaghilew (1872-1929) gründete 1909 mit Tänzern des Manijinsky-Theaters von St. Petersburg in Paris eine eigene Gruppe, die »Ballets Russes«. Unter Mitarbeit der Komponisten C. Debussy, J. Strawinsky, D. Milhaud, S. Prokofieff und der Maler Bakst, H. Matisse, S. Delaunay und P. Picasso erstrebte er ein Gesamtkunstwerk von Musik, Tanz und Bühnenbild.
1916 hielt sich Diaghilew mit seiner Truppe in Madrid auf und beauftragte Sonia Delaunay mit der Entwicklung von Kostümen und Bühnenbild für das Stück »Cleopatra«, das er mit großem Erfolg 1918 in London aufführte. Danach entwarf S. Delaunay auch die Ausstattung für das Werk »Aida«. Vgl. Molinari Daniella, Sonia Delaunay. In: [Kat. Ausst.] Delaunay und Deutschland. Haus der Kunst München. Köln 1985, 192 – Vgl. auch: Barten Sigrid, [Kat. Ausst.] Sonia Delaunay. Museum Bellerive. Zürich 1987.

157 Aus: Delaunay Robert, Du cubisme à l'art abstrait. Documents inédits publiés par Pierre Francastel. Paris 1957, 204, zitiert nach [Kat. Ausst.] Sonia Delaunay. Museum Bellerive. Zürich 1987, 24.

158 ibid. 24.

159 Vgl. u.a.: [Kat. Ausst.] Art Déco aus Frankreich. Museum für Kunsthandwerk. Frankfurt/M. 1975.

160 Vgl. Brunhammer (Anm. 152), 102.

161 Durch Die Neue Sammlung wurden in den sechziger Jahren Morris-Stoffe in London erworben.

162 Vgl. Mundt (Anm. 149), 18.

163 Vgl. Wichmann Hans, Industrial Design. Unikate. Serienerzeugnisse. Die Neue Sammlung. Ein neuer Museumstyp des 20. Jahrhunderts. München 1985, 17 ff.

164 Vgl. Völker (Anm. 151), 38 ff.

165 Vgl. u.a.: Völker (Anm. 151) – Schweiger Werner Josef, Wiener Werkstätte. Wien 1982 – Neuwirth Waltraud, Wiener Werkstätte. Wien 1984, 18 f.

166 Vgl. Varnedoe (Anm. 154), 103.

167 Vgl. Wichmann Hans, Aufbruch zum neuen Wohnen. Deutsche Werkstätten und WK-Verband 1898-1970. Basel 1978, 53 ff.

168 Die Neue Sammlung bewahrt einen Teil des Nachlasses von Ruth Geyer-Raack, der 1982 durch die Tochter der Künstlerin dediziert wurde.

169 Zitat von Walter Gropius, entnommen: »Meine Konzeption des Bauhaus-Gedankens«. In: [Kat. Ausst.] 50 Jahre Bauhaus. Württembergischer Kunstverein. Stuttgart 1968, 15. (Erstveröffentlichung 1956).

170 »Nur allzuoft wurden unsere wahren Absichten mißverstanden und werden es auch heute noch, d.h. man betrachtet die Bauhausbewegung als einen Versuch, einen Stil zu kreieren, und sieht in jedem Gebäude und Gegenstand, der keine Ornamente zeigt und sich nicht an einen historischen Stil anlehnt, Beispiele dieses imaginären ›Bauhaus-Stils‹« (Gropius, vgl. Anm. 169).

171 Vgl. [Kat. Ausst.] Gunta Stölzl. Weberei am Bauhaus und aus eigener Werkstatt. Bauhaus Archiv. Berlin 1987, 12. (Else Mögelin schrieb 1923: »Leider hatte ich aber in der Bauhausweberei nie eine Kette berechnet und aufgesetzt, konnte keine Stoffdichte dem Material entsprechend berechnen, hatte mir nur einen Einzug auf vier Schäften – heimlich – aufgeschrieben . . . ich stand also sehr hilflos vor dem Problem«).

172 Vgl. Anm. 171, 19 ff.

173 ibid. 21. Vgl. auch: Stölzl-Sharon Gunta, Die Gebrauchsstoffe der Bauhausweberei: bauhaus. Zs. für Gestaltung 1931 (Juli).

174 Vgl. Molinari Anm. 156, S. 206.

175 Vgl. u.a.: Staatliche Bauhochschule Weimar. Aufbau und Ziel. Weimar 1927.

176 Vgl. u.a.: Nauhaus Wilhelm, Die Burg Giebichenstein. Geschichte einer deutschen Kunstschule 1915-1933. Leipzig 1981.

177 Vgl. Wichmann Hans (Hrsg.), Drehpunkt 1930. Aspekte. München 1979.

178 Vgl. Wichmann Anm. 163, S. 47 ff. (das Kapitel: Schlimme Zeiten).

179 Vgl. u.a.: Grassi Alfonso u. Anty Pansera, L'Italia del design. Casale Monferrato 1986. 329 S. m. Abb.

180 Vgl. u.a.: Zahle Erik (Hrsg.), Skandinavisches Kunsthandwerk. Kopenhagen 1961; (dt. Ausgabe) München/Zürich 1963, 36 ff. und Viten.

181 Vgl. [Kat. Ausst.] Design in America. The Cranbrook Vision 1925-1950. The Detroit Institute of Arts and the Metropolitan Museum of Art. New York 1983.

182 Vgl. [Kat. Ausst.] Textilien 1934-1984 am Beispiel Stuttgarter Gardinen. Design Center. Stuttgart 1984.

183 Lucienne Day (geboren 1917), verheiratet mit Robin Day, erhielt für ihren Druckstoff »Calyx«, hergestellt von Heal, nicht nur 1951 die Goldmedaille während der Triennale, sondern auch den First A.I.D. International Design Award 1952. Der Stoff war besonders in den USA ein Markterfolg. Er ist abgebildet in: Hiesinger Kathryn B., [Kat. Ausst.] Design since 1945. Philadelphia Museum of Art. London 1983, 49 u. 182.

184 Der Deutsche Werkbund lehnte in den fünfziger und sechziger Jahren Musterungen bei Stoffen und Tapeten ab. Bei Jurierungen wurden durch diese Vereinigung Uni-Stoffe, Streifen und Karos begünstigt.

185 Bruder des bekannten italienischen Bildhauers Arnaldo Pomodoro, mit dem er partiell zusammenarbeitete.

186 Es handelt sich dabei um Plakate, die nach der Definition von Fritz Lempert in Köln von »Künstlern für einen besonderen Anlaß speziell entworfen worden sind«. Unter »Künstler« werden bildende, freie Künstler verstanden, nicht Graphic-Designer. Natürlich ist dabei die Grenze fließend. F. Lempert besitzt eine der größten Sammlungen auf diesem Gebiet. Vgl. u.a.: Wichmann Hans, Neu. Donationen und Neuerwerbungen 1986/87. München 1989, 178 ff.

187 Vgl. dazu auch: Wichmann Hans, Bilanz 1980-1990. Die Neue Sammlung. München 1990.

188 Vgl. dazu u.a.: Delaborde Yves, [Kat. Ausst.] Aubusson XX. Jh. Retrospektive der Tapisserien. Orangerie Schloß Charlottenburg. Berlin 1980.

189 Nach Werner Schmalenbach vgl. Anm. 190.

190 Teil eines Vorwortes [Kat. Ausst.] Bildwirkereien von Woty Werner. Die Neue Sammlung. München 1964 [s. p.].

191 Vgl. dazu u.a.: Wichmann Hans, Italien: Design 1945 bis heute. Basel 1988, 17 ff.

192 Ein Begriff, der vor allem von Max Bill geprägt, seit den ausgehenden vierziger Jahren in der Schweiz als Gütezeichen benutzt wurde und auch in Deutschland stark verbreitet war. Vgl. u.a.: Bill Max, Die gute Form. Winterthur 1957. 38 S. Weiterhin Literatur zum Bundespreis »Gute Form«.

193 Quelle: Zahle Erik vgl. Anm. 180, S. 36.

194 Durch die Textilunternehmen Rohleder, Konradsreuth, und Müller, Zell in der Nähe von Münchberg.

195 Vgl. Pausa. Zeit-Stoff. Mössingen 1986 [s. p.].

196 Lis Ahlmann (geb. 1894), dänische Weberin. Ausgebildet bei Gerda Henning. Eigene Werkstatt seit 1933. Seit 1953 künstlerische Beraterin der Textilfirma C. Olesen. Zahlreiche Auszeichnungen. Abgebildet in Zitat Anm. 183, S. 180 u. 204 [dort Lit].

197 Anni Albers lehrte nach ihrer Emigration an dem Black Mountain College in North Carolina, war dann für Knoll International und Sunar tätig. Abbildung u.a. vgl. Lit. Anm. 183, S. 180 u. 204 [dort Lit.] (Der dort gezeigte Stoff stammt aus der Cranbrook Academy of Art).

198 Der Engländer Peter McCulloch wurde 1933 geboren und erhielt für den Entwurf des Druckstoffes »Cruachan« für Hull Traders 1963 den Design Center Award. Abb. bei Kathryn B. Hiesinger Anm. 183, S. 191 u. 222 [dort Lit.].

199 Vgl. u.a.: [Kat. Ausst.] Kunst vom Fließband. Produkte des Textildesigners Wolf Bauer. Design Center. Stuttgart [1970].

200 Vgl. u.a. den Druckstoff »Five« für Hull Traders, der 1968 den Design Award des Council of Industrial Design erhielt. Abgebildet bei Kathryn B. Hiesinger Anm. 150, S. 182. Shirley Craven wurde 1934 geboren, war ab 1963 Art Director der Firma Hull bis zu deren Auflösung 1972.

201 Vgl. u.a.: Venturi R., D. Scott Brown u. S. Izenour, Learning from Las Vegas. Cambridge (Mass.) 1972, London 1977.

202 Vgl. Anm. 182.

203 Vgl. Anm. 191.

204 Vgl. Anm. 20.

205 Barbara Brown wurde 1932 in England geboren und erhielt für den Druckstoff »Spiral« 1970 den Council of Industrial Design Award. Abgebildet bei Kathryn B. Hiesinger Anm. 183, S. 181 u. 208.

206 Besonders beliebt sind in den achtziger Jahren Druck- und Webstoffe mit Gold- und Silbereffekten, die in akzeptablen Lösungen wie lüstriert erscheinen.

207 Vgl. u. a.: Issey Miyake. Photographs by Irving Penn. New York 1988. [dt. Buchausgabe] Lausanne 1988.

208 Vgl. Ferenczy László, Japán iparmüvészet 17.-19. század (Japanisches Kunstgewerbe 17.-19. Jh.). Budapest 1981, 27.

209 Vgl. dazu C.-W. Schümann u. G. Pause-Chang, in: Gasthaus Ruth u. a., Deutsches Textilmuseum Krefeld-Linn. Braunschweig 1983, 8, 92.

210 Dazu u. a. Ferenczy (Anm. 208), 10, 142 (vgl. auch Herkunftsangaben zu Abb. 129, 134 u. a.).

211 Sie werden zur Zeit von japanischer Seite bearbeitet (freundlicher Hinweis von Herrn Dr. Klaus Brandt, Linden-Museum, Stuttgart).

212 Musterbuch mit 199 Stoffproben; vgl. dazu Wichmann Siegfried (Hrsg.), [Kat. Ausst.] Weltkulturen und moderne Kunst. Haus der Kunst. München 1972, 279 (Nr. 911).

213 Dazu u. a. Yoshimoto Kamon (Hrsg.), Suji, shima, kōshi mon-yō zukan (Linie, Streifen, Gitterwerk – Mustersammlung). Tokio 1985, 3 ff.; zu Hiinagata-bon (Books on Kimono Design) wie Shinzen on-hiinagata, um 1660, u. a.: vgl. Noma Seiroku, Japanese Costume and Textile Arts. New York/Tokio 1974, Tabelle nach S. 128.

214 Vgl. Hosono Masanobu, Nagasaki Prints and Early Copperplates. Tokio 1978, 90 ff., Abb. 71-74.

215 Vgl. Ori no jiten (Enzyklopädie der Weberei). Bd. 2. Tokio 1985, 140 ff. [Takeuchi Coll., Fukushima Präf.] = Senshoku no bunka 2.

216 Vgl. Yoshimoto (Anm. 213), 10.

217 Nach Ferenczy (Anm. 208), 78.

218 Einige weitere, meist briefmarkengroße Abbildungen u. a. bei Sugihara Nobuhiko, [Kat. Ausst.] Katazome: Stencil and Print Dyeing. National Museum of Modern Art. Tokio 1980, Abb. 146, 147; Yamanobe Tomoyuki (Hrsg.), Nihon no senshoku. Bd. 2. Tokio 1979-80, T. 180-201.

219 Vorderseite: dai / Sara-Fuji [Stoffeinband] / tehon-chō [Pappe]; Rückseite, o. l.: ri / M.: Sara-Fuji / r.: [unleserlich]; Vorderseite innen, v. l.: Matsusaka-ya [Geschäft] / Kōbayashi [Name des Leiters] / Kyōto-shi-chōten [Zweigstelle in Kioto]; Rückseite innen: Kikkō san-gō [Kikkō-Muster Nr. 3].

220 Firmenstempel: v. l.: ichhō-me [1. Bezirk] / Sara-Fuji / Minami Denma.

221 Vgl. Urano Riich (Hrsg.), Nihon senshoku sō ka. Bd. 7. Komon. Tokio 1974, 12-15; abzulesen jedoch in der Reihenfolge S. 14, S. 12 (Mitte), S. 15, S. 13.

222 Die Zahlenangaben in diesem Kapitel beziehen sich auf die japanische Numerierung.

223 Vgl. dazu u. a. Sugihara (Anm. 218), 4 ff.; Japan Textile Color Design Center (Hrsg.), Textile Designs of Japan. Bd. 2. Osaka 1960, 34 ff.

224 Dazu u. a. Tuer Andrew, Japanese Stencil Designs. New York 1967, 16 ff.; Sugihara (Anm. 218), 2 ff.; Nakano Eisha u. Barbara Stephan, Japanese Stencil Dyeing. Paste-resist techniques. New York/Tokio 1982, 3 ff.; Wichmann (Anm. 212), 275 ff.

225 Dazu u. a. Japan Textile Color Design Center (Anm. 223), 35 ff.; Nakano a. a. O., 12 ff.

226 Vgl. u. a. Japan Textile Color Design Center a. a. O., 37; Nakano a. a. O., 13.

227 Die Nr.-Angaben erfolgen in diesem und in den folgenden Teilen nach den Inventarnummern.

228 Dazu u. a. Yoshimoto Kamon (Hrsg.), Wa-sarasa mon-yō zukan (Sarasa-Mustersammlung). Tokio 1982, 2 ff.

229 Vgl. u. a. Yoshimoto a. a. O., 6 f.

230 Vgl. Kreiner Josef. Japan. Kunst- und Reiseführer mit Landeskunde. Stuttgart/Berlin/Köln 1979, 307; Tomita Jun u. Noriko, Japanese Ikat Weaving. London/Boston 1982, 11 u. a.

231 Vgl. Goepper Roger, Kunst und Kunsthandwerk Ostasiens. München 1968, 227.

232 Vgl. Kreiner (Anm. 230), 307.

233 Dazu u. a. Tomita (Anm. 230), 11; Muraoka Kageo u. Kichiemon Okamura, Folk Arts and Crafts of Japan. New York/Tokio 1973, 53 = Heibonsha Survey of Japan Arts. Bd. 26.

234 Dazu Bühler Alfred u. a., Patola und Geringsing, Zeremonialtücher aus Indien und Indonesien. Basel 1975; Khan-Majlis Brigitte, Indonesische Textilien. Köln 1984, 73 f.

235 Vgl. u. a. Langewis Jaap, Geometric patterns on Japanese Ikats: Kultuurpatronen. Bulletin of the Ethnographical Museum. Bd. 2. Delft 1960, 80 ff.; Stephen Barbara, [Kat. Ausst.] Japanese Country Textiles. Royal Ontario Museum. Toronto 1965, 14.

236 Vgl. Tomita (Anm. 230), 17.

237 Dazu u. a. Tomita a. a. O., 30 ff.; Stephen (Anm. 235), 18 ff. (Bildikate besonders häufig mit Indigo-Färbung).

238 Yoshimoto (Anm. 213), 4.

239 a. a. O.

240 Vgl. dazu u. a. Muraoka (Anm. 233), 54.

241 Vgl. Goepper (Anm. 231), 227.

Verzeichnisse und Register

Glossar

Abgeleitete Bindungen

Dabei handelt es sich um Bindungsarten, welche die wesentlichen Merkmale der entsprechenden → Grundbindung aufweisen, aber durch Hinzufügen oder Wegnehmen von Bindungspunkten ein selbständiges Gewebebild zeigen. Dies kann auch durch andere Anordnungen der Fäden erzielt werden. Von → Leinwandbindung abgeleitete Bindungen sind: → Panama, → Rips, Längs- oder Schußrips, Quer- oder Kettrips. Von → Köperbindung abgeleitete Bindungen: Breitgrat-, Mehrgrat-, → Fischgrat-, Kreuz-, Steil-, Spitz- und Gabardinebindung. Von → Atlasbindung abgeleitete Bindungen: z. B. echter → Damast, Damastgewebe.

Abbindung → Doppelgewebe

Ätzdruck

Der gefärbte Stoff wird mit einer farbzerstörenden Paste bedruckt, so daß das Muster herausgeätzt wird und weiß erscheint (Weißätzung). Der Paste kann auch eine andere Farbe, die von ihr nicht angegriffen wird, zugesetzt sein (Buntätzung). Aufgrund seiner Aufwendigkeit findet der Ätzdruck hauptsächlich bei hochwertigen Erzeugnissen Anwendung.

Ajourgewebe

Gewebe mit durchbrochenen, dreherähnlichen Effekten, erzielt durch Ajourbindungen, auch Sieb-, Gitter- oder Scheindreherbindungen genannt. Beim Ajourgewebe verteilen sich die Durchbrüche nicht gleichmäßig über die ganze Fläche, sondern bilden ein Muster.

Alcantara

Synthetisches Wildleder aus 60% → Polyester und 40% → Polyurethan. Besondere Merkmale: Hälfte des Gewichtes von echtem Wildleder; in Weichheit, Geschmeidigkeit und Struktur echtem Leder sehr ähnlich; formbeständig, knitterfrei, immer geschmeidig, auch bei Nässe; beim Zuschnitt kaum Verlust im Gegensatz zu Leder. In Japan wird Alcantara unter der Bezeichnung »Escaine« hergestellt. In Europa erfolgt die Produktion in Italien.

Amami Ôshima tsumugi → Ôshima tsumugi

Anbindung → Doppelgewebe

Applikation

Stoffverzierung durch Aufnähen oder Aufsticken von Stoff-, Filz-, Leder- oder Metallmotiven auf eine textile Unterlage.

Appretieren

Um das textile Gewebe griffiger, voller oder weicher zu machen, wird es mit Appreturmasse aus Stärke, Wachs, Gummi usw. gefüllt.

Atlasbindung

Auch Satinbindung genannt. Während bei der → Köperbindung die Bindungspunkte stufenartig übereinander angeordnet sind, weist die Atlasbindung zwar auch eine regelmäßige Verteilung der Bindungspunkte auf, aber sie berühren einander nicht. Dadurch entsteht eine glatte Gewebeoberseite ohne markante Bildung der → Grate. Beim Atlas unterscheidet man auch Kett- und Schußatlas, je nachdem, welches der beiden Fadensysteme an der Oberfläche erkennbar ist. Die Gewebeseiten beim Atlas sind immer unterschiedlich.

Ausbrenner

Durchbrucheffekte in Textilflächen aus chemisch unterschiedlich reagierenden Faserstoffen (mindestens zwei unterschiedlich reagierende Materialien) durch chemisches Herauslösen, sogenanntes Ausbrennen, einer Faserart.

Bandgewebe

Schmalgewebe mit fester Kante, hergestellt auf Bandwebstühlen; Breite ca. 0,5 cm – max. ca. 30 cm. Außer den → Bindungen der Breitweberei benutzt man auch spezielle Bindungen der Bandweberei. Um die Jahrhundertwende wurden Borten, gewebte Litzen u. a. mit sehr vielfältigen Bindungen produziert. Die Herstellung dieser Artikel wurde jedoch aus wirtschaftlichen Gründen und im Zuge der Standardisierung eingeschränkt.

Basselisse

Gewirkter Bildteppich mit waagrecht geführter Kette. Als Basselisse-Stuhl wird ein besonders zur Teppichherstellung verwendeter Flachwebstuhl mit waagrechter Kettführung bezeichnet (vgl. → Hautelisse).

Batik

Javanische Drucktechnik, ein Wachsreservedruck, ältestes Buntdruckverfahren. Dabei wird Wachs auf die nicht zu färbenden Stellen des Gewebes aufgetragen. Nach dem Bad in der Farbflotte und Entfernung der Wachsschicht bleiben charakteristische feine Farbadern im ausgesparten Muster, entstanden durch feine Brüche im Wachs. → Reservedruck.

Batist

Gewebe in → Leinwandbindung, angeblich nach dem französischen Handweber Baptiste aus Cambrai benannt. Batiste gehörten zu den feinfädigsten Stoffen. Je nach verwendetem Material spricht man von Baumwoll-, Leinen-, → Zellwoll-, Seidenbatist.

Beiderwand

Stoffe, bei denen das Muster beidseitig zu erkennen ist.

Berberteppich

Traditionellerweise von den Berbern in Nordafrika geknüpfter Teppich aus Schafwolle. Knoten je Quadratdezimeter in Kett- und Schußrichtung: 15×15 oder 20×20. Angewendet wird einfache Knüpfung, doppelte Knüpfung (zwei Fäden pro Knoten) und Torsade (doppelt gedreht).

Bindung

Art der Verkreuzung von → Kett- und → Schußfäden bei Geweben.

Blaudruck

Die Einfuhr indischer Kattune nach Europa im 17. Jahrhundert hatte die teilweise Veränderung der Herstellungsarten europäischer Druckstoffe zur Folge. Mit den sogenannten »Indiennes« wurde der blaue Naturfarbstoff → Indigo in Europa bekannt, der es ermöglichte, ein kombiniertes Druck- und Färbeverfahren zu entwickeln. Dieses Verfahren war von Ende des 17. Jahrhunderts bis ins 20. Jahrhundert gebräuchlich.
Beim Blaudruck werden weiße Leinen- oder Baumwollgewebe mit dem sogenannten »Papp«, einer pastenartigen Masse, bedruckt. Dann wird der Stoff in einer Indigoküpe blau gefärbt. Ähnlich wie beim → Reservedruck entstehen so durch das Auftragen der Reservemasse, hier der »Papp«, ausgesparte Stellen beim Färben. Nach Entfernen des »Papp« erscheint ein weißes Muster auf blauem Fond. Anfänglich auch Porzellandruck genannt. → Katazome.

Bobinet

Englische Erfindung (»bobine« = Klöppel, Spule; »net« = Netz, Spitze); Mitte des 19. Jahrhunderts Import der Bobinetwebstühle nach Deutschland. Bei der Bobinettechnik werden zwei oder mehr Fadensysteme durch ein anderes Fadensystem umschlungen. Die Technik besitzt große Ähnlichkeit mit der Klöppeltechnik. Während jedoch im Klöppelverfahren nur Bänder herstellbar sind, liefert die Bobinet-Maschine neben Bändern auch Stoffe in Breiten bis zu fünf Metern. Bei Bobinetwaren gibt es drei Gruppen:

1. Spitzenbänder und Spitzenstoffe; 2. Tülle; 3. Gardinenstoffe.

Bonding

Bondingware entsteht aus der Verbindung von zwei oder mehreren Stoffen, z. B. zwei unterschiedlichen Stoffen mit Schaumzwischenschicht oder Ober- und Futterstoff, durch ein Bindemittel (Klebstoff) oder durch Verschweißen unter Einwirkung von Hitze. Alle Textilarten können miteinander gebondet werden.

Bouclégarn

→ Effektgarn bzw. -zwirn mit Schleifen, Knoten und Schlingen.

Broché

Gemustertes Gewebe mit speziell eingebundenem → Schuß, dem sogenannten Broschierschuß, der die Musterfiguren bildet und an ihrem Rand wendet (im Gegensatz zum über die ganze Stoffbreite mitgeführten Musterfaden bei → lancierten Geweben).

Brokat

Schwere seidene Gewebe, deren Muster mit → Metallfäden durchwirkt sind; hochwertige Dekorations- und Möbelstoffe in großen Jacquardmusterungen.

Cellulose (Zellulose)

Grundsubstanz aller Pflanzenfasern. Baumwoll-Linters, Nadel- und Laubholz-Zellstoffe finden als Ausgangsmaterial bei der Erzeugung von Cellulose-Chemiefasern Verwendung. Bei diesen ist zwischen Celuloseregeneratfasern (→ Viskose, Kupferfasern) und Celluloseesterfasern (Acetat- und Triacetatfasern) zu unterscheiden; → Kunstseiden-Herstellung.

Chenille (franz. Raupe)

Die Webung des Chenille-Fadens erfolgt auf einem speziellen Chenille-Vorwarestuhl. In die in → Dreherbindung mit Abständen von ca. 1 cm eingezogenen → Kettfäden wird das Flormaterial als → Schuß eingetragen. Anschließend werden die Schußfäden zwischen den Kettfadengruppen durchschnitten. Es entstehen schmale Bänder mit links und rechts abstehenden Polfäden, deren abstehende Enden in einem Brennzylinder u-förmig verformt werden.

Chiné

Gewebe, bei dem das Muster vor dem Weben auf die Kettfäden gedruckt wurde (daher auch: Kettdruck). Aus dem unvermeidbaren, leichten Verschieben der Kettfäden beim Webvorgang resultiert die charakteristische Verschwommenheit der Musterränder beim Chiné. Das Kettdruck-Verfahren leitet sich aus der in Südostasien entwickelten → Ikat-Technik ab.

Chintz

Englische Schreibung des indischen Wortes »Chint«, das ursprünglich ein leinwandbindiges Baumwoll-Gewebe mit lebhafter Musterung bezeichnete, dessen rechte Seite mit einem dünnen Wachsüberzug versehen war. Daher war der Stoff etwas steif und feucht abwischbar. Heute wird durch Einlagen von Kunstharz und Friktions-Kalandern (→ Kalandern) ein gleicher Effekt erzielt, der aber ein Material ergibt, das nicht bricht und waschbar ist.

Crêpe de Chine (Chinakrepp)

Seidengewebe in → Leinwandbindung. Als → Kette findet meist Grègeseide Verwendung, als → Schuß ein → Kreppgarn.

Damast

Ein Gewebe, das aus → Kett- und → Schußatlas mit einem Muster besteht. Es erscheint auf der linken und der rechten Gewebeseite gleich. Andere Bindungen sind ebenfalls möglich. Traditionellerweise auf speziellen Damastwebstühlen, heute jedoch auch auf Schaft- und Jacquardmaschinen hergestellt.

Doppelgewebe

Zwei übereinander liegende, separate Gewebe, die in einem Arbeitsgang hergestellt werden. Die Verbindung der beiden Gewebelagen entsteht durch An- oder Abbindung oder durch eine Bindekette. Doppelgewebe sind beidseitig verwendbar: → Doubleface.

Doppelikat → Ikat; → Kasuri

Doubleface (engl. Doppelgesicht)

Ein → Doppelgewebe, bei dem beide Gewebeseiten sich mustermäßig abwechseln. Es kann auch beidseitig gleich gemustert sein, besitzt dann aber verschiedenfarbige Gewebeseiten.

Dreherbindung

Diese Bindung entsteht, indem die durchgehenden → Kettfäden von den → Schußfäden nicht im rechten Winkel gekreuzt, sondern einzeln von ihnen umschlungen werden. Gardinenstoffe, die in Dreherbindung hergestellt werden, tragen die Bezeichnung → Étamine, → Madras, → Marquisette.

Drehergewebe

Zwei benachbarte → Kettfäden laufen nicht parallel, sondern sind miteinander verschlungen und können sich somit nicht verschieben (→ Dreherbindung).

Drell

Auch Zwillich, Drillich (mit dreifachem Faden gewebte Leinwand). Gewebe aus Leinen, Baumwolle oder Halbleinen, hergestellt u. a. in → Köperbindung (1:3) und Drell-(→ Fischgrat-)Bindung.

Effektgarne

Bezeichnung für Ziergarne bzw. -zwirne; Herstellungsarten: aus → Metallfäden, Zusammenzwirnen verschiedenfarbiger Garne, unterschiedliche Drehung oder Spannung, Schlaufen- oder Schlingenbildung (→ Bouclégarn).

Endlosgarn

Endlosgarn wird aus einer oder mehreren Endlosfasern (Elementarfäden, → Viskose) hergestellt.

Epinglé

Wollstoff mit Kammgarnausrüstung. Ein → Schattenrips, bei dem sich eine feine und eine dicke Rippe miteinander abwechseln. Verwendet auch als in Kettsammttechnik (→ Samt) gewebter Möbelbezugsstoff, dessen Schlingen nicht aufgeschnitten sind.

Étamine

Leichtes, durchsichtiges Gewebe in → Leinwandbindung oder → Dreherbindung aus → Viskose, Seide, Baumwolle oder synthetischen Fasern.

Filmdruck

Bedrucken von Stoffen mit Schablonen. Früher wurde dieses Verfahren in Handarbeit auf Drucktischen ausgeführt, heute halb- oder vollautomatisch mit Filmdruckmaschinen.
Die Schablone besteht aus feiner Stoff- oder Metallgaze, die in einen Metallrahmen eingespannt ist. An den Stellen, an denen sich das meist photographisch übertragene Muster abzeichnen soll, bleibt die Schablone porös; die anderen Zonen sind durch Lack abgedeckt und undurchlässig. Für jede Farbe ist eine Schablone erforderlich.
Beim mechanisierten Filmdruck (halb- und vollautomatisch) unterscheidet man Flachfilm- und → Rotationsfilmdruckmaschinen.

Fischgrat (Chevron)

Eine → abgeleitete Bindung der → Köperbindung: Köper mit ständig wechselnder → Gratrichtung, dadurch entsteht Ähnlichkeit mit Fischgräten.

Flachsgarn

Hechel- und Flachsgarne werden aus Schwingflachs gewonnen und lassen sich zu besonders feinen Garnen ausspinnen.

Flockdruck

Eine Textilfläche aus Chemiefasern wird mit Klebemittel bedruckt und mit elektrostatisch aufgeladenen Kurzfasern beflockt. Die elektrostatische Aufladung hat zur Folge, daß sich die Faserteilchen aufrichten. Dadurch entsteht ein samtähnlicher Oberflächeneffekt.

Flor (bei Teppichen)

Kann durch verschiedene Techniken erzeugt werden. Bei handgeknüpften Teppichen entsteht der Flor durch die aus der Gewebeoberfläche hervorstehenden Knüpffäden oder Knüpfschlingen. Diese Teppichart gliedert sich in zwei Gruppen. Einmal die orientalische Originalware, zum anderen europäische → Knüpfteppiche, zu denen u. a. die → Flossateppiche mit kurzem Flor und die → Ryateppiche mit sehr langem Flor gehören.
Zu den im Jacquarverfahren (→ Jacquardgewebe) hergestellten Teppichen zählen die Brüssler Teppiche, deren Schlingen aus → Kammgarn bestehen. Eine andere Gruppe bilden die Tournay- oder Wilton-Teppiche; sie weisen flor als Decke auf.
Bei im → Kettdruckverfahren hergestellten Teppichen unterscheidet man die sogenannten → Velvet- oder → Velour-Teppiche. Sie besitzen einen dem → Samt gleichenden Flor. Auch Tapestry-Teppiche werden im Kettdruckverfahren hergestellt, weisen jedoch Schlingen auf.
Bei einer weiteren Teppichart wird der Flor aus → Chenille-Fäden gebildet. Dazu zählen Axminster-Teppiche und Haargarnteppiche. Letztgenannte gliedern sich in Haarbrüssler- oder → Bouclé-, Haartapestry-, Haarvelvet, Haartournay-Teppiche.

Florgewebe

Sie weisen im Gegensatz zu den Rauhgeweben ein zweites Kett- oder Schußsystem, das den Flor bildet, auf.

Flossateppich

Skandinavische Abwandlung der → Knüpfteppiche. Charakteristische Merkmale sind der kurze, durch mehrere Zwischenschüsse in → Ripsbindung befestigte → Flor und die hohe Dichte der Knoten des Wollmaterials.

Flottieren (flott liegen)

Bindungstechnischer Terminus für »nicht abbinden«. Zum Beispiel flottiert ein Kettfaden, der frei über mehreren Schußfäden liegt und dann nach unten bindet.

Foulard (franz.)

Leichtes, bedrucktes, seidenes Gewebe mit → Schuß aus Florettseide (Seide aus der äußeren Hülle des Kokons).

Frisé

Stoffe aus → Effektgarnen mit feinen, nur im Griff bemerkbaren Schlingen.

Frottiergewebe

Schlingengewebe mit einem → Schuß. Neben der straffen Grundkette wird eine lockere Schlingenkette, die sogen. → Polkette mitgeführt, die aus weich gedrehtem Zwirn die Schlingen bildet.

Gerstenkornbindung

In einem Grund aus → Leinwandbindung → flottieren regelmäßig Gruppen von → Kett- oder → Schußfäden. Das Gewebe besitzt ein körniges, rauhes Aussehen.

Geschmückte Bindungen → Abgeleitete Bindungen

Gezettelte Farbe → Zettelung

Gobelin

Wandteppiche, seit 1662 in der Manufaktur der französischen Familie Gobelin auf Handwebstühlen in Gobelintechnik hergestellt. Das Muster entsteht nach einer Bildvorlage (Karton) durch Einflechten farbiger → Schußfäden mit kleinen Handspulen oder Nadeln in eine → Kette.
Heute werden Gobelins in → Jacquard-Technik imitiert (Webgobelin); dabei unterscheidet man Kett- und Schußgobelin, je nachdem ob das Muster auf der Schauseite von Kette oder Schuß gebildet wird. Verwendung auch zu schweren Dekorations- und Bezugsstoffen.

Grat → Köperbindung

Grundbindungen

Zu ihnen zählen: → Leinwandbindung, → Köperbindung, → Atlasbindung.

Halbdreherbindung

Bezeichnung für → Dreherbindung mit halber Umschlingung.

Handdruck

Ältestes Druckverfahren. Manuelles Bedrucken mit Hilfe von Modeln und Farbstempelkissen. Für jede Farbe des Musters wird eine entsprechende Model gebraucht. → Modeldruck.

Hautelisse

Webart mit senkrechter Kette, bzw. Wand- bzw. Bildteppich, der in dieser Art hergestellt wurde. Beim Hautelisse-Stuhl (Hochwebstuhl) verläuft die → Kette senkrecht von oben gelagerten Kettbaum nach unten zum Warenbaum. Er steht im Gegensatz zum → Basselisse-Stuhl wie eine Staffelei vor dem Weber. Meistens für die Herstellung von Gobelins, Wand- und Fußbodenteppichen verwendet.

Hohlgewebe

Auch Schlauchgewebe. Es handelt sich um ein → Doppelgewebe, bei dem beide Gewebelagen zonenweise getrennt binden; dadurch entstehen Hohlräume.

Ikat

Der malaische Terminus für »Band, Einfassung« bezeichnet eine ursprünglich dominant in Indonesien und Indien gebräuchliche Technik der Textildruckerei bzw. -färberei, die eines der kompliziertesten → Reserveverfahren darstellt. Dabei erfolgt bereits vor dem Weben die Einfärbung des Garns entsprechend der geplanten Musterung – zumeist durch feste Umwicklung bestimmter Garnteile (Fadenabbindetechnik) oder durch andere Abdeckung, z. B. mit Wachs, so daß die geschützten Stellen im Farbbad ungefärbt bleiben und das Muster ausgespart auf gefärbtem Grund erscheint. Geringfügige Verschiebungen der Fäden beim Weben und die nie völlig abschließenden Reservagen bedingen das für Ikats typische, mehr oder weniger starke Verschwimmen der Musterränder.
Kettikat bezeichnet Gewebe, deren Musterung durch Einfärben des → Kettgarns erzielt wird (vgl. auch → Chiné), Schußikat solche mit eingefärbten → Schußfäden. Die Kombination beider Verfahren – Doppelikat – kommt aufgrund der hohen Anforderungen an die handwerkliche Genauigkeit sehr selten zur Anwendung.
Die Technik breitete sich vermutlich von Indien über Südostasien aus, um im frühen 17. Jahrhundert über Okinawa Japan zu erreichen. → Kasuri.
In der heutigen Textilfabrikation verschiedentlich mittels anderer Verfahren, z. B. → Filmdruck, → Jacquardtechnik, imitiert.

Indanthrenfarbstoffe

Sehr beständige → Küpenfarbstoffe der Anthrachinonreihe, deren erster Vertreter, Indanthrenblau, 1901 von René Bohn (1862 Dornach/Elsaß – 1922 Mannheim) synthetisiert wurde. Später übertrug man in Deutschland die Bezeichnung auch auf besonders echte indigoide Farbstoffe. Mit ihnen können Fasern jeder Herkunft gefärbt und bedruckt werden. Die Bezeichnung indanthrenfarbig umfaßt heute auch Stoffe, die mit gleich kochechten Farbstoffen anderer Gruppen gefärbt sind.

Indigo

Ältester → Küpenfarbstoff von hoher Lichtechtigkeit. Wurde seit Jahrtausenden in Indien und China zum Blaufärben von Wolle und Baumwolle in Form einer Gärungsküpe verwendet. Ursprüngliche Gewinnung aus tropischen Pflanzen der Indigofera-Arten und – im Mittelalter – aus der europäischen Färberwaidpflanze. Ein bedeutendes Derivat ist der Dibromindigo, ein Farbstoff der Purpurschnecke.
1880 wurde die Synthese des Indigo durch Adolf von Baeyer gefunden und 1897 der künstliche Indigo in Deutschland in reinster Form dem Handel übergeben.

Irisé

Gewebe, die durch Cellophaneinlagerungen schillernde Effekte aufweisen.

Jacquardgewebe

Der Terminus bezeichnet alle in Jacquardtechnik gewebten Stoffe. Zur Herstellung dient die von Lochkarten gesteuerte Jacquardmaschine, die 1805 von dem französischen Seidenweber Joseph Maria Jacquard (1752 Lyon – 1834 Oullins) erfunden wurde und auf der sich gemäß der → Patrone jeder → Kettfaden einzeln heben und senken läßt. Vgl. auch Anm. 24.
Jacquardgewebe besitzen Muster mit mehr als 20 verschieden bindenden Fäden, vor allem Ranken-, Blumen- und Bildmuster, und werden in Reinweiß, garngefärbt oder stückgefärbt hergestellt. Bei der Jacquardtechnik wirken neben der figürlichen Musterung noch weitere Faktoren gewebegestaltend, so z. B. die verwendeten Farben: Durch Verkreuzen gleich- oder verschiedenfarbiger Kett- und → Schußfäden entstehen unterschiedliche Farbeffekte (Farbverflechtungen).

Kalandern

Die von Baumwollstoffen mit der Appretur aufgenommene Stärke wird durch ein System schwerer, heizbarer Walzen (Kalander) in die Fäden gepreßt. Der Stoff wird dadurch geschlossener. Man kann → Appretieren mit anschließendem Kalandern als Stärken und Bügeln bezeichnen. Durch Kalandern hervorgebrachte Effekte sind z. B. Mattierung, → Krepp, Hochglanz, Moiré, → Ripseffekt.

Kammgarn

Aus langen, meist gezwirnten Fasern gesponnenes Garn. Kammgarn ist gleichmäßig glatt, reißfest und weist keine hervorstehenden Fasern auf. Durch Kämmen vor dem Verspinnen werden kurze Fasern ausgeschieden und das andere Material gleichmäßig parallel gerichtet.

Kasuri

Japanischer Terminus für → Ikat. Kasuri-Gewebe sind – häufig aus Baumwolle (auch Hanf) gefertigte – Stoffe, deren flächig-geometrisches Muster entstehen, indem Kettfäden bzw. Schußfäden (Schußikat, yoko-gasuri) oder beide (Doppelikat, tate-yoko-gasuri) bereits vor dem Weben entsprechend dem geplanten Muster – meist in Fadenabbindetechnik – gefärbt werden.
Für die aus Amami Ōshima stammenden Kasuri-Gewebe aus Seide (→ Ōshima tsumugi) sind die besonders feinteilige Ornamentierung – meist in Doppelikat – und die dunkelbraune Färbung (cha-gasuri) typisch.

Iro-gasuri (Farbikat): die Gewebe enthalten neben ihrer braunen Grundfarbe weitere Farben (Rot, Gelb, Grün) in Schußikat. E-gasuri (Bildikat): abstrahierte figürliche Darstellungen anstelle der üblichen geometrischen Musterungen.
Charakteristische musterbildende Elemente sind u. a. die Ikat-Sternchen (ka-gasuri) und -Quadrate (masu-gasuri). Zu den häufigsten Motiven zählen die in zahlreichen Varianten auftretenden »Schildkrötenschalen«-Musterungen. Kasuri-Stoffe fanden dominant für Kimonos und Bettzeug (futon) Anwendung. Verschiedentlich wurde versucht, den Charakter von Kasuri-Geweben in anderen Techniken nachzuahmen, z. B. mit → Komon-Mustern im → katazome-Verfahren.

Katagami

Papierschablonen der japanischen Textilfärberei und -druckerei, seit der frühen Edo-Zeit (17. Jahrhundert) gebräuchlich. Hergestellt aus mehreren Schichten von handgeschöpftem washi, d. h. Papier aus dem Bast des Papiermaulbeerbaumes (Broussonetia kajinoki Sieb.), die mit dem tanninhaltigen Saft von Persimonen zusammengeklebt und durch deren Gerbwirkung wasserfest und widerstandfähig werden. Eine zweite Tränkung mit Kaki-Saft und Trocknung durch Räuchern vollenden den mehrwöchigen Herstellungsprozeß.
Das Einschneiden der Muster erfolgt stets zugleich in mehrere Lagen dieses Grundpapiers (jigami) mittels verschiedener, äußerst scharfer Spezialmesser, deren Klingen u. a. halbzylindrisch sind (zur Erzeugung der winzigen Löcher in kiribori-Technik), dreieckig, quadratisch, kreis- oder blütenblattförmig (dogubori-Technik; → Komon); daneben kommen zahlreiche andere Formen und Schnittechniken vor. Die Schablonen werden zum Teil durch Haar oder Fadeneinlagen (itoire), seit den frühen 1920er Jahren meist durch ein Gazenetz stabilisiert und verspannt.
Die Katagami werden für den Färbvorgang des → Katazome-Verfahrens eingesetzt und dienen vor allem der Musterung von Baumwoll-, Hanf- und Seidenstoffen.

Katazome (japan., eigentl. katagami-zome)

Textilfärbeverfahren mittels Schablonen (→ katagami), meist in Kombination mit → Reservedruck-Technik (japan. rôkechi). Die mittels der Schablone aufgetragene Reservemasse, eine Reispaste, ist farbabweisend, so daß nach dem Färben des Stoffes und Entfernen der Reservemasse das Muster weiß ausgespart (Weißreservage) bzw. – bei vorherigem leichtem Einfärben des Grundmaterials – grau ausgespart (Halbtonreservage) erscheint. Verwendete Farben sind dominant helle Blau- und Grautöne, Dunkelblau und Schwarz. Verschiedentlich ergänzt durch zusätzliche, meist schwarze Aufdrucke.
Zu den angesehensten und feinsten Mustern zählten – vor allem in der Edo-Zeit – die → komon-Muster.

Kettatlas → Atlasbindung

Kettdruck → Chiné

Kette

Gesamtheit der in Längsrichtung eines Gewebes verlaufenden, parallel zueinander liegenden Fäden.

Kettlanciert → Lanciert

Knüpfteppiche

Gefertigt auf webstuhlähnlichen, meist senkrechten Rahmengestellen (→ Hautelisse), indem ca. 3-5 cm lange Einzelfäden aus Wolle oder Seide von Hand in einen Trägergrund (Baumwolle, Wolle, selten Seide) eingeknüpft werden. Das vorwiegend in Leinwandbindung ausgeführte Gewebe entsteht gleichzeitig mit dem Knüpfvorgang: in das System der → Kettfäden werden festigende → Schüsse eingetragen und die Einzelfadenstücke jeweils um zwei Kettfäden geschlungen, dabei unterscheidet man verschiedene Knotungen, so u. a. den Türkischen oder

→ Smyrna-Knoten (Smyrnateppiche) und den Perser- oder → Senneh-Knoten (Perserteppiche). Die Enden der eingeknüpften Fäden bilden den → Flor, der je nach Teppichart 3-10 mm, bei China-Teppichen 10-20 mm hoch ist. Die Knüpfdichte (Knoten pro dm^2) bildet eins der wichtigsten Qualitätsmerkmale. Die Muster entstehen durch die Farben, unterschiedliche Florhöhe oder dadurch, daß lediglich Teilflächen geknüpft werden.

Die Technik war traditionellerweise bei Nomaden gebräuchlich, die häufig ohne Vorlage arbeiteten. Ältester bekannter Knüpfteppich ca. 500 v. Chr.; Verbreitung über Vorder-, Mittel- und Zentralasien mit Zentrum in Persien. Orientteppiche wurden etwa seit dem 14. Jahrhundert in Mitteleuropa bekannt und etwa seit dem 18. Jahrhundert in verschiedenen maschinellen Techniken nachzuahmen versucht (→ Flor).

Vgl. auch → Flossa- und → Rya-Teppich.

Köperbindung

Bindungen dieser Art, die auf mindestens drei und bis zu 32 Schäften gewebt werden, sind durch die ununterbrochenen Diagonalen der Bindungspunkte charakterisiert, die den Köpergrat bilden. Die Richtung des → Grates kann von links unten nach rechts oben (Z-Grat) oder umgekehrt (S-Grat) verlaufen. Eingratköper enthalten nur einen Grat pro Bindungsrapport, andernfalls spricht man von Mehrgratköper. Sogen. gleichseitige Köper weisen genausoviele Ketthebungen wie -senkungen auf (notiert z. B. als Köper 2/2, 3/3), wogegen beim ungleichseitigen Köper entweder die Kett- oder die Schußhebungen überwiegen (z. B. Köper 2/1, 3/1, 3/2 u. a.). Unterschieden wird ferner nach Kett- oder Schußköper, je nachdem ob auf der rechten Stoffseite die Kettfäden oder die Schußfäden stärker in Erscheinung treten.

Als → abgeleitete Bindungen des Köper kommen u. a. → Fischgrat, Flach-, Flecht-, Spitz- und Kreuzköper vor.

Köpergewebe zeichnen sich besonders durch ihren guten Fall aus und finden als Kleider-, Möbelbezugs- und Vorhangstoffe sowie für Haushaltswäsche und Teppiche Anwendung.

Komon-Muster

Meist äußerst kleinteilige Muster, die in der japanischen Textildruckerei (→ katazome) seit dem 16. Jahrhundert Verwendung fanden. Zunächst für offizielle Gewänder der Shôgun-Familien, Samurai und einiger Daimyôs, seit Ende des 18. Jahrhunderts auch für Gewänder der Stadtbevölkerung – vor allem Kiotos – zu Feierlichkeiten und Teezeremonien. Ihre große Beliebtheit resultierte u. a. aus der hohen handwerklichen Könnerschaft, die nötig war, um Muster derartiger Feinheit in das Schablonenpapier (→ katagami) zu schneiden bzw. zu stanzen.

Vorrangig entstanden die komon-Muster in kiri-bori-Technik, d. h. zusammengesetzt aus einer Vielzahl winziger Punkte; daneben war die dogu-bori-Technik von Bedeutung, bei der außer Punkten auch andere, z. B. dreieckige, blüten- oder tropfenförmige Elemente zur Bildung des Musters eingesetzt wurden.

Krepp (franz. Crêpe)

Allgemeinbezeichnung für Stoffe mit feinkrauser Oberfläche. Der Kreppeffekt entsteht durch → Kreppbindung, die Verwendung von → Kreppgarnen oder Prägung auf dem → Kalander. Kreppstoffe werden aus unterschiedlichsten Materialien gefertigt.

Kreppbindung

Der Bindungskrepp besteht aus einfachen Garnen (also kein → Kreppgarn) und wird aus → Leinwand-, → Köper und → Atlasbindung zu einer unregelmäßigen → Bindung mit kreppartigem Aussehen entwickelt.

Kreppgarn

Überdrehtes Garn, das sich im lockeren Zustand ringelt, wodurch in Stoffen der Kreppeffekt entsteht.

Küpenfarbstoffe

Unlösliche Farbstoffe, die nur in reduziertem Zustand auf das Fasermaterial aufziehen. Die wichtigsten sind: → Indigo, indigoide Farbstoffe, Hydronfarbstoffe, → Indanthrenfarbstoffe sowie die Helindonfarbstoffe. Die meisten besitzen hervorragende Echtheitseigenschaften.

Kunstseide (artificial silk)

Frühere Bezeichnung für die auf → Cellulose-Basis hergestellten Chemiefasern, wie u. a. → Viskose, → Reyon, Cupro; → Kunstseiden-Herstellung.

Kunstseiden-Herstellung

1845 Der deutsche Chemiker Christian Friedrich Schönbein (1799 Metzingen – 1868 Baden-Baden) entdeckt ein erstes Verfahren zum Löslichmachen von → Cellulose (Nitratcellulose, organische Lösungsmittel).

1883 Auf der Basis von Vorarbeiten des Lausanner Chemikers Audemars (1855, Fäden aus Nitratcellulose) gelingt dem Engländer Joseph Wilson Swan (1828 Sunderland – 1914 Overhill) die Denitrierung der Nitratcellulose (Schießbaumwolle). Dies ermöglicht die praktische Verwendung, zunächst vor allem zur Herstellung von Kohlefäden für Glühlampen (Rheinische Glühlampenfabrik Dr. Max Fremery & Co.). 1885 in London als »artificial silk« vorgestellt.

1889 Der gleichzeitig am Problem der Spinntechnik arbeitende Graf Hilaire de Chardonnet (1839 Besançon – 1924 Paris) stellt auf der Pariser Weltausstellung das erste Spinnverfahren für Nitratcellulose vor (Chardonnet-Seide, Nitroseide).

1891/92 Einführung des Viskose-Verfahrens durch die Engländer Charles Frederick Gross (1855 – 1935), Edward John Bevan (1856 – 1921) und Cl. Beadle: Lösung von Xanthogenat in Lauge, → Viskose (1893: DRP. 70999).

1898 Der Engländer Ch. H. Stearn läßt die Idee, Viskose zu Fäden zu verspinnen, patentieren. Parallel dazu verläuft die Entwicklung der Kupfer-Kunstseide (Cupro), basierend auf der Löslichkeit von Cellulose in Kupferoxidammoniak (1857 entdeckt durch Ed. Schweizer) und anfangs ebenfalls zur Produktion von Glühlampen-Kohlefäden verwendet (Patent der Rheinischen Glühlampenfabrik 1897).

1901 Erfindung des »Streckspinnverfahrens« für Kupferseide durch den deutschen Chemiker E. Thiele, bis 1908 von der Firma J. P. Bemberg AG weiterentwickelt: Erzeugung künstlicher Fäden bislang unbekannter seidenähnlicher Feinheit (Bembergseide).

1903 Viskose-Kunstseide im Handel.

1919 Großtechnische Produktion von Acetatseide aus Celluloseacetat durch die Basler Gebrüder C. und H. Dreyfus, die die englische Celanese Manufacturing Co. auf die Erzeugung von Acetat-Reyon umstellen, nachdem erste Grundverfahren zur Acetylcellulose-Verspinnung bereits 1901 und 1904 gefunden wurden.

1922 beträgt die gesamte Kunstseidenproduktion mehr als die Naturseidenproduktion. Nitrat-, Kupferoxidammoniak- und Acetatverfahren werden neben dem Viskoseverfahren bedeutungslos.

Kurbelstickerei

Unter den verschiedenen Maschinen zur halb- und vollmechanischen Fertigung von Stickereien erlangten im frühen 20. Jahrhundert die Kurbelmaschinen (auch: Kettstichmaschinen) besondere Bedeutung. Während andere Stickautomaten nach dem Prinzip der Nähmaschine arbeiten, wird bei Kurbelmaschinen der zu bestickende Stoff gemäß dem geplanten Muster mit Hilfe einer unter der Arbeitsplatte angebrachten Kurbel hin- und hergeführt.

Läufer

1. Schmaler, langer Teppich. In der Fachsprache hat sich für Läufer auch die Bezeichnung Galerie durchgesetzt. In Persien nennt man diesen Teppich Kenareh (Ufer). Er lag, als Paar oder Dshuft gearbeitet, zur Rechten und Linken eines Hauptteppichs, des sogenannten Keley oder Ghali. Quer zu diesen drei Teppichen war der Keleyghi placiert. In der heutigen Teppichbranche ist »Läufer« eine Größenbezeichnung; dabei geht man hauptsächlich von der von der Webmaschine abhängigen Breite der Teppiche aus, zu die Länge in ein entsprechendes Verhältnis gesetzt wird; Bezeichnung in Metern.

2. Sog. Läuferstoffe: teppichartige Fußbodenbeläge, als Meterware hergestellt, für Flure und Treppen.

3. Tischläufer: Tischwäsche, deren Maße sich nach den Abmessungen der Tische und Kommoden richten.

Lanciert

Ein zusätzlicher Musterfaden wird nur bei den Musterfiguren eingebunden, sonst lose mitgeführt. Die lose liegenden Fäden können abgeschnitten werden. Kettlanciert: Musterbildung durch zusätzlichen → Kettfaden; schußlanciert: Musterbildung durch zusätzlichen → Schußfaden.

Leinwandbindung

Älteste und einfachste → Bindung, engste Verkreuzung von → Kette und → Schuß. Es liegen abwechselnd ein Schuß- und ein Kettfaden an der Oberseite des Gewebes; die Bindung ist links- und rechtsseitig gleich. In der Wollweberei → Tuchbindung genannt, in der Leinen- und Baumwollweberei Leinwandbindung, in der Seidenweberei → Taftbindung, in der Juteweberei Hessianbindung.

Madras

→ Lanciertes Gewebe in → Dreherbindung. Meistens finden als Material farbige Baumwollgarne oder -zwirne Anwendung.

Marquisette

Poröses → Drehergewebe, bei dem zwei Kettfadensysteme einander umschlingen (2 Doppelfäden, 1 Dreherschnur). Dadurch sind die → Schüsse schiebefest eingebunden. Als Material werden zumeist Baumwolle, → Zellwolle oder → Kunstseide verwendet.

Merzerisieren

Verfahren zur Veredelung von Garnen und Geweben, 1850 von John Mercer (Dean bei Blackburn 1791 – Oakenshaw 1866) entwickelt. Die Gewebe oder textilen Materialien erhalten einen waschbeständigen Glanz durch Behandlung mit Natronlauge unter Spannung. Reißfestigkeit und Saugfähigkeit werden erhöht, Dehnbarkeit und Scheuerfestigkeit vermindert.

Metallfäden

Aus Gold-, Silber-, Aluminium- oder Kupferfäden hergestellte → Effektgarne.

Modeldruck

Bei diesem → Handdruckverfahren wird das Muster in einzelne große Holzstempel geschnitten oder bleibt erhaben stehen. Feine Punkte oder Konturlinien fertigt man in Metall. Um die Haltbarkeit zu erhöhen, verwendet man Hirnholz (zumeist Obstbaumhölzer). Vgl. auch → Katazome, → Reservedruck.

Mohair

Wolle der Mohairziege (Angoraziege). Sie repräsentiert ein hochwertiges Material mit seidigem Griff und starkem Glanz. Mohairwolle wird oft mit Schafwolle gemischt. Reines Mohair-Gewebe muß nach dem Wollkennzeichnungsgesetz mindestens 98% Mohairwolle aufweisen.

Mokett (franz. Moquette)

Ein auf Schaft- oder Jacquardmaschinen (→ Jacquardgewebe) produziertes Kettflorgewebe, das auch als → Doppelgewebe hergestellt werden kann.

Nessel

Die Nesselfaser, gewonnen aus dem Stengel der Brennessel (Urtica), erlangte in Deutschland durch den Ersten Weltkrieg Bedeutung, als durch Erschließung neuer Textilmaterialien (Ersatzstoffe) versucht wurde, den Rohstoffbedarf unabhängig vom Ausland zu decken. Sie wurde in vielen Zweigen der Textilindustrie verwendet. Die heutige Bezeichnung »Nessel« für bestimmte, leinwandbindige Gewebe erinnert an diese Fasergewinnung, obwohl der Stoff heute aus Baumwolle, manchmal aus → Zellwolle und Mischgarnen besteht. Unterschieden nach Feinheit und Dichte, wird das Gewebe als Renforcé, Kattun, Kretonne oder Grobnessel benannt.

(Amami) Ôshima tsumugi

Der japan. Terminus bezeichnet eine bestimmte Seidenqualität: von der Insel Ôshima stammende, aus handgesponnenen Fäden handbindige Seide; Ausgangsmaterial sind Abfallkokons oder Rohseide. Häufig in → Kasuri-Technik gemustert, mit charakteristischer dunkelbrauner Färbung (cha-gasuri).

Paisley Pattern

Indisches Motiv, das sogenannte Mir-i-botha-Motiv, in England als »Paisley Pattern« weithin bekannt. Genauer Verbreitungsweg ist umstritten.
Die Asymmetrie des Motivs wird abhängig vom Verhältnis zwischen Frucht und Stengel verändert, verstärkt oder geschwächt.
Oft wechselt die Richtung der Paisleys von einer Reihe zur nächsten, so daß in der Gesamtheit des Musters ein symmetrischer Eindruck erreicht und die Bewegtheit des Motivs zurückgenommen wird.

Panamabindung

→ Abgeleitete Bindung der → Leinwandbindung; auch Würfel-, Natté- oder Mattenbindung genannt. Bei der Panamabindung binden zwei oder mehr → Kett- und zwei oder mehr → Schußfäden. Dadurch entsteht im Gewebe ein Muster kleiner Quadrate oder Würfel.

Patrone

Graphische Darstellung von → Bindungen.

Plüsch

Bezeichnung für → Samt mit hohem Flor (→ Florgewebe).

Polkette, Polschuß

Auch Florkette bzw. Florschuß genannt. Polkette bzw. Polschuß bilden – in das Grundgewebe zusätzlich eingewebt – den Flor eines → Florgewebes oder → Samtes.

Polyamid (PA)

Die PA-Fasern werden aus Caprolactam oder Nylonsalz synthetisch hergestellt und sind im chemischen Aufbau den tierischen Fasern Wolle und Seide ähnlich. Besondere Eigenschaften: hohe Reißfestigkeit, fester als Naturfasern, leichter als Schafwolle, weich, elastisch, alkalibeständig, pflegeleicht, neigen zum Vergilben. Werden oft als Beimischung für Gewebe verwandt.

Polyester (PES)

Vollsynthetische Faserstoffe, die durch → Polykondensation von Glykol mit Diethylerephthalat unter Ausscheidung des überschüssigen Glykols im → Schmelzspinnverfahren entstehen. Sie sind laugen- und säurebeständig, 100% naßfest und haben elastische Eigenschaften.

Polyurethan

Nach dem → TKG »Fasern aus linearen Makromolekülen, deren Kette eine Wiederkehr der funktionellen Urethangruppen aufweist«. Synthetics mit perlonartiger Substanz.
Polyurethan-Fasern sind wetter- und fäulnisbeständig, dehnbarer als Gummi, elastisch und sehr leicht. Polyurethanlack wird für Textilbeschichtungen verwendet.

Rapport

Kleinste Einheit einer → Bindung bis zur Wiederholung der Bindungspunkte (Bindungsrapport) oder einer Figur (Musterrapport).

Rayés

Sammelbezeichnung für Stoffe mit vertikalen Streifen.

Reservedruck

Auch Reservagedruck genannt. Der Stoff wird mit einer isolierenden, z. B. wachsartigen Paste vor dem Färben bedruckt. Dadurch entsteht an der reservierten Stelle nach dem Färbeprozeß und Entfernen der Schutzmasse ein ungefärbtes Muster. Beim Reservedruck kann mit der Reserviersubstanz eine reservebeständige Farbe aufgedruckt werden, so daß zwischen Weißreserve und Buntreserve zu unterscheiden ist. → Batik, → Blaudruck, → Katazome.

Reversible (franz. umkehrbar)

Abseitengewebe, das beidseitig verwendet werden kann. Es ist kein → Doppelgewebe, also einkettig und einschüssig; meist in → Köper- oder → Atlasbindungen gewebt. Charakteristische Merkmale des Gewebes sind eine matte und eine glänzende Seite.

Reyon

Auch Rayon bzw. Rayonne. → Kunstseide, die nach dem → Viskose-Verfahren hergestellt wird und sich von matt bis glänzend gestalten läßt. Reyon ist gut haltbar, gut waschbar und fällt wie Seide. Durch Färben bereits in der Spinnlösung entsteht ein besonders gleichmäßiger Farbton; hohe Farbechtheit, vergleichbar den → Indanthrenfarben. Seit Anfang des 20. Jahrhunderts im Handel.
Die Bezeichnung Reyon oder Zellwolle galt für Viskose-Fasern auf Stappellänge bis zum Inkrafttreten des → TKG 1972. Seitdem gilt der Ausdruck Viskose für Reyon und Zellwolle.

Rips

→ Abgeleitete Bindung der → Leinwandbindung. Dabei unterscheidet man drei Arten von Rips: 1. Quer- oder Kettrips (Rippen laufen quer); 2. Längs- oder Schußrips (Rippen laufen längs); 3. gemusterter Rips (Rippen sind quer und längs zusammengesetzt). Querrips entsteht, wenn zwei oder mehr → Schußfäden gleichzeitig eingetragen werden. Sollen die Rippen in der Längsrichtung auftreten, so müssen die → Ketten dicker als der Schuß sein oder mehrfädig gebunden werden.

Rohnessel

Unausgerüstetes Baumwollgewebe in → Leinwandbindung.

Rotationsfilmdruck (Rotationsdruck)

Druckverfahren, bei dem mit hülsenförmigen Schablonen aus Nickelblech gearbeitet wird. Die Farbzufuhr erfolgt in das Innere der rotierenden Hülsenschablonen, durch deren musterförmige Perforation die Farbe auf den darunter laufenden Stoff gepreßt wird. Gedruckt wird »naß auf naß«; die Trocknung erfolgt in Spezialräumen.

Rya-Teppich

Rya-Knüpfteppiche basieren auf alter finnischer Handarbeit. Ihre ursprünglich geometrische Musterung war symmetrisch geordnet.
Die Geschichte der modernen Rya-Teppiche begann Anfang des 20. Jahrhunderts mit dem finnischen Maler Akseli Gallen-Kallela, der als erster Jugendstil-Ornamente in Rya-Teppiche einarbeiten ließ. Ryen werden bis heute mit asymmetrischen Mustern hergestellt. Charakteristische Merkmale dieser → Knüpfteppiche sind große, dem → Smyrna-Knoten entsprechende Knoten, die mit langen, vorgeschnittenen Fäden geknüpft werden. Der → Flor kann bis zu 10 cm

hoch sein. Zumeist besteht der Grund aus → Leinwandbindung, jedoch finden wir auch → Köper- oder → Ripsbindung.

Samt

Franz. → Velour, engl. → Velvet. → Florgewebe, das im Gegensatz zum → Plüsch eine nur 2-3 mm hohe Flordecke hat, die durch eine während des Webens aufgeschnittene → Polkette entsteht. Die Qualität wird durch das Material, besonders der Flordecke, sowie durch die Dichte des Grundgewebes, in das der Flor eingewebt wird, bestimmt. Üblich ist auch eine Benennung nach dem Material, z. B. Baumwollsamt, Seidensamt.

Satin

Gewebe in → Atlasbindung mit glatter Oberfläche ohne sichtbare → Grate.

Schärli

Gruppen von Fäden, die partienweise in ein Grundgewebe eingewebt werden. Sie → flottieren in → Kette und in → Schuß. Diese Flottierungen werden nach dem Abnehmen des Stoffes vom Webstuhl so geschnitten, daß am Anfang und am Ende des Einwebens Fransen entstehen.

Schattenrips

Stoff aus → Kammgarn in → Leinwandbindung mit S- und Z-Drehung in der → Kette im Wechsel 1:1. Indem abwechselnd alle s-gedrehten und alle z-gedrehten Kettfäden oben liegen, entstehen Schatteneffekte in den Rippen.

Schmelzspinnverfahren

Das Ausspinnen der → Polyamid- und der → Polyester-Fasern aus einer zähflüssigen Spinnschmelze bei hoher Temperatur. Durch einen kühlen Luftstrom erstarren die Fasern.

Schuß

Fadensystem eines Gewebes, das in der Querrichtung verläuft, also von Webkante zu Webkante.

Schußatlas → Atlasbindung

Schußlanciert → Lanciert

Seersucker

Der aus dem Indischen abgeleitete Terminus bezeichnet leinwandbindige Gewebe mit welligen Effekten. Abweichend von der Regel, die gesamte → Kette gleichmäßig zu spannen, erhalten die Kettfäden bei Seersucker-Stoffen abwechselnd hohe und geringe Spannung, so daß zeilenweise Aufwerfungen entstehen. Derselbe Effekt kann durch Verwendung zweier unterschiedlicher Materialien für die Kettfäden erreicht werden, die sich nach Entspannen des Stoffs mehr oder weniger stark zusammenziehen.
Heute erzeugt man Seersucker bei Baumwoll- und Viskosegeweben meist nach dem Prinzip des Kräuselkrepp durch aufgedruckte Natronsäure (→ Krepp).

Senneh-Knoten

Auch Perserknoten genannt. Der Senneh-Knoten wird wie der → Smyrna-Knoten um zwei → Kettfäden geschlungen. Er unterscheidet sich von diesem nur durch die Knotenbildung, von der es vier Arten gibt.

Shima-ori

Japanischer Terminus für Webstoffe mit farbigen Streifenmusterungen (shima-gara). Im 16. Jahrhundert aus Java, Indien und vor allem Europa nach Japan gelangt, wurden die Streifenmuster seit etwa Mitte der Edo-Zeit zu immer größerem Variantenreichtum fortentwickelt, u. a. Streifen-Gittermuster (shima-gara kôshi-moyô) und Karomuster (dangawari-ichimatsu).

Siebdruck → Filmdruck

Smyrna-Knoten

Auch Ghiordesknoten (Gjordes, Gordes, Gördes) oder türkischer Knoten genannt. Der Knoten wird immer um zwei → Kettfäden geschlungen, bei drei verschiedenen Schlingarten.

Spinnfasergarn

Spinnfasern stellen unterschiedlich lange Fasern dar, die durch Zusammendrehen, d. h. Spinnen, zu einem Garn verbunden werden.

Streichgarn

Aus langen und kürzeren Fasern, zum Teil unter Zusatz von Reißwolle gefertigtes, ungleichmäßiges, weiches Garn von rauhem, moosigem Aussehen, im Gegensatz zu → Kammgarn.

Taftbindung

Bezeichnung für → Leinwandbindung in Seide. Taftstoffe werden heute zunehmend aus synthetischen Fasern hergestellt.

TKG = Textilkennzeichnungsgesetz

Seit dem 1.9.1972 ist es Pflicht, Textilien mit der Rohstoffangabe nach bestimmten Richtlinien zu kennzeichnen.

Travèrs

Sammelbezeichnung für Stoffe mit horizontalen Streifen.

Tufting (»tufted fabrics«)

Nadelflorteppiche. Einem Träger – je nach Einsatzbereich aus Gewebe oder Vlies – wird maschinell, zumeist mit einer Vielzahl von Nadeln Garn »eingenadelt«, welches Schlingen (Noppen) bildet. Man spricht dann von Schlingenware. Mit dem Tuftingverfahren läßt sich im Bereich der textilen Bodenbeläge aber auch → Velourware herstellen, indem man die Schlingen aufschneidet. Das so entstandene Flormaterial wird mit dem Träger zusätzlich verbunden (Beschichtung der Rückseite, → Appretierung oder Zweitrücken mit zusätzlichem Gewebe oder Vlies). Durch unterschiedliche Florhöhen können Mustereffekte erzielt werden.
Das Tuftingverfahren findet darüber hinaus sowohl im Bereich der Frottierwaren als auch der Flauschdecken Anwendung.

Velours

Französische Bezeichnung für → Samt. Velours sind Tuche mit kurzem aufgerichtetem Flor (→ Florgewebe).

Velvet

Englische Bezeichnung für → Samt; üblich auch für Baumwollsamt.

Viskose

Frühere Bezeichnung: Zellwolle. Regenerierte → Cellulose-Faser. Zellstoffplatten werden in Natronlauge getränkt; nach Hinzufügen von Schwefelkohlenstoff entsteht Xanthogenat, das in verdünnter Natronlauge aufgelöst wird. Aus dieser zähflüssigen Spinnflüssigkeit (Viskose) erzeugt man ein Bündel endloser Fäden (→ Endlosgarn), indem man sie durch eine brauseartige Spinndrüse mit vielen Löchern preßt. Die Strahlen erstarren in einem Fällbad nach Entzug von Natronlauge.

Voile (Schleierstoff)

Transparentes Gewebe in → Leinwandbindung aus scharf gedrehten Garnen, zumeist aus Baumwolle, aus einer Mischung von → Polyester (PES) mit Baumwolle oder reinem Polyester. Je nach Feinheit des Gespinstes und seiner Dichte ist der Stoff mehr oder weniger durchsichtig, hat körnigen Griff und ist schiebefest.

Waffelgewebe

Gewebe mit Waffelmusterung aus plastischen Quadraten, die durch Spitzköper in Kett- und Schußwirkung erzielt werden.

Walzendruck (Rouleauxdruck)

Tiefdruckverfahren. Druckwalzen mit Mustern drehen sich gleichzeitig mit Farbwalzen, die zur Hälfte im Farbbehälter laufen und die Farbe an die Druckwalzen abgeben. Der Stoff läuft zwischen den Druckwalzen und einer Druckdecke. Der Trocknungsprozeß erfolgt durch Heißluft. Walzendruck findet vor allem bei kleingemusterten Stoffen bei großer Auflage Anwendung.

Werggarn

Aus Wergflachs gewonnenes, grobes, ungleichmäßiges, mit zahlreichen Knötchen durchsetztes Material. Die Verarbeitung erfolgt zu groben und mittleren Garnen.

Wirkerei

In der heutigen Textilindustrie ist Wirkerei die Bezeichnung für Maschenware. Der Textilhistoriker jedoch bezeichnet damit eine Webart, z. B. von Bildteppichen. Das Muster entsteht durch verschiedenfarbige → Schüsse. Die einzelnen Schüsse werden in → Leinwandbindung soweit in die → Kette eingetragen, wie es das Muster bedingt, dann kehrt der Schuß um. An den Umkehrstellen entstehen Schlitze, die durch ein Verzahnen mit den benachbarten Schußfäden oder durch Vernähen nach dem Weben (Schlitzweberei) geschlossen werden. → Gobelin

Zellwolle → Viskose, → Reyon

Zettelung (gezettelte Farbe)

Entsteht durch das Verweben verschiedenfarbiger Kett- und Schußfäden (z. B. Kette: Dunkelblau; Schuß: Weiß) besonders bei Karomustern.

Bibliographie

Vorbemerkung

Die nachfolgende Bibliographie gliedert sich in vier Blöcke. Den Anfang bilden Titel zu den sogenannten »Ornamentfragen«, also zu Dekor und Muster, deren Diskussion das 19. Jahrhundert bestimmte. Wir verfolgen diese Literatur vor allem bis 1908, dem Erscheinungsjahr von Adolf Loos, Ornament und Verbrechen, also bis zu dem auch verbalen Bruch zwischen Form und Ornament, der im Historismus längst praktiziert wurde, aber erst durch Loos konsequent zum Ausdruck gebracht wird. Die Heranziehung von Literatur dieser Art ist für die kunsthistorische Textilforschung insbesondere des 19. Jahrhunderts unerläßlich. Es folgen als zweiter und dritter Block Titel, die sich in selbständige Schriften (Bücher, Kataloge etc.) und Zeitschriftenartikel gliedern. Völlig unmißverständlich spiegeln sie den augenblicklichen Forschungsstand und seine historische Dimension wieder, heben sich doch nur wenige, größere Phasen oder Zeitspannen umfassende Abhandlungen heraus, so etwa die Arbeiten von Ruth Grönwoldt 1980, Linda Parry 1983 und 1988 oder von Giovanni und Rosalia Fanelli 1986, die grundlegende Arbeit leisteten.

Generell besteht aber die Literatur über moderne Textilien noch durchaus aus einem Mosaik von Detailbetrachtungen, die dominant nur dokumentarischen Charakter besitzen. Aus diesen zumeist kursorischen Bildberichten sondert sich der vorzügliche Aufsatz von Brigitte Tietzel 1981 ab, der an die Untersuchungsmaterie im eigentlichen Sinne kunsthistorische Maßstäbe legt. Hier wird gewissermaßen der frühe Ansatz von Cornelius Gurlitt 1890 auf einer heutigen Ansprüchen gerecht werdenen Interpretationsebene weitergeführt.

Beschlossen wird die Bibliographie von einem vierten Block von Literaturhinweisen, der sich auf japanische Textilien unseres Untersuchungszeitraums bezieht. Er ergänzt die Abhandlung von Ildikó Klein-Bednay. Gemäß dem Gewicht, das Textilien im Kulturleben Japans einnahmen, besitzt die Literaturlage bereits eine andere Qualität, die sich besonders in dem dreibändigen Werk »Textile Designs of Japan« 1959-1961 niederschlägt.

Zu Dekor und Muster
(vor allem bis 1908; chronologisch geordnet)

Debes Dietmar, Das Ornament. Wesen und Geschichte. Ein Schriftenverzeichnis. Leipzig 1956. 103 S.
Die Bibliographie umfaßt 2026 Titel.

Moritz Karl Philipp, Vorbegriffe zu einer Theorie der Ornamentik. Berlin 1793. 114 S.

Bötticher Karl, Ornamenten-Buch zum praktischen Gebrauch für Architekten, Decorations- und Stubenmaler, Tapeten-Fabrikanten, Seiden-, Woll- und Damastweber etc. Lfg. 1-5. Berlin 1834-44, Neuausg. Berlin 1856.

ders., Dessinateur-Schule. Ein Lehr-Cursus der Dessination der gewebten Stoffe. Berlin 1838-40. 14 Taf. u. 5 Taf. mit 18 eingekl. Seidenstoff-Proben.

Phillips George, Rudiments of Curvilinear Design, illustrated by a series of plates in various styles of ancient and modern ornament... in aid of selection applicable to the arts and manufactures. London [ca. 1839]. m. Taf.

Metzger Eduard, Ornamente aus deutschen Gewächsen zum Gebrauch für Plastik und Malerei. München 1841. 12 Taf.

Dyce William, Drawing Book of the Government School of Design. Royal College of Art. London 1842-43, Neuausg. London 1877 50 Taf.

Kleines Ornamentenbuch oder Sammlung der verschiedenartigsten Verzierungen im neuesten Geschmack, als: Arabesken, Borduren... Lissa 1843-47. 144 Taf.

Zahn Wilhelm, Ornamente aller klassischen Kunstepochen. H. 1-20. Berlin 1843-48.

Nüll Eduard van der, Andeutungen über die kunstgemäße Beziehung des Ornaments zur rohen Form. Wien 1845. 22 S.

Pugin August Welby N., Floriated Ornament. London 1849, 4 S., 31 Farbtaf.

Jones Owen, The Grammar of Ornament. London 1856. 157 S., 112 Taf. (Dt. Ausgabe: Grammatik der Ornamente. Illustriert mit Mustern der verschiedenen Stylarten der Ornamente. London/Leipzig 1856. 164 S., 112 Taf.).

Semper Gottfried, Über die formelle Gesetzmäßigkeit des Schmuckes und dessen Bedeutung als Kunstsymbol: Monatsschrift des wissenschaftlichen Vereins in Zürich 3, 1856 [52 S.].

Wornum Ralph Nicholson, Analysis of Ornament. The characteristics of styles. An introduction to the study of the history of ornamental art. London 1856. IV, 112 S.

Plock C., Ornamente im neueren Stil. Karlsruhe 1858. 20 Taf.

Guilmard D., Die Geschichte der Ornamentik. Berlin 1860. 8 S., 42 Taf.

Semper Gottfried, Der Stil in den technischen und tektonischen Künsten oder Praktische Ästhetik. Bd. 1. Die textile Kunst. Bd. 2. Keramik, Tektonik, Stereotomie, Metallotechnik. 1. Aufl. Frankfurt a. M./München 1860-63, 2. Aufl. München 1878-79. 525 u. 589 S. m. Abb.

Dresser Christopher, The Art of Decorative Design, with an appendix giving the hour of the day at which flowers open, etc.... London 1862. XI, 241 S., 28 Taf.

ders., On decorative art: The Planet 1, 1862, 123-135 m. Abb.

Plock C. u. J. Offinger, Neue Sammlung von Ornamenten neuerer Styls. Stuttgart 1862-63. 10 Taf.

Rothe F. O., Praktische Original-Ornamente für alle Gewerbe. Leipzig 1863-64. 60 Taf.

Colling James Kellaway, Art Foliage, for sculpture and decoration with an analysis of geometric form and studies from nature, of buds, leaves, flowers, and fruit. London 1865. VII, 136 S., 139 Abb. u. 72 Taf. (2., revid. Aufl. London 1878. 84 S., 80 Taf.).

Matthias J. J. Chr., Allgemeine Formenlehre für Kunst und Gewerbe. Liegnitz 1865. 47 S., 36 Taf.

Liénard, Spécimen der Decoration und Ornamentik im 19. Jahrhundert. Lfg. 1-25. Lüttich 1866, 4 S., 131 Taf. (2. Aufl. Berlin 1872).

Pfnor Rodolphe, Ornementation usuelle de toutes le époques dans les arts industriels et architecture. Bd. 1 [Text] – 2 [Taf.]. Paris 1866-67.

Pugin Augustus Welby N., Glossary of Ecclesiastical Ornament and Costume. London 1868. 254 S., 75 Taf.

Kanitz Felix, Katechismus der Ornamentik. Leipzig 1870, 2. Aufl. Leipzig 1877. 163 S. m. 130 Abb.

Hettwig C., Kunstgewerbliche Ornamentik. Reichhaltige Mustersammlung ornamentirter Gegenstände . . . Neue Original-Entwürfe. [Berlin 1871]. 36 Taf.

Bourgoin Jules, Théorie de l'ornement. Paris 1873. 366 S., 24 Taf. (2. Aufl. 1883).

Dresser Christopher, Studies in Design. London 1874-76. 40 S., 60 Taf.

Fischbach Friedrich, Ornamente der Gewebe. Hanau [1874-80]. X S., 160 Taf. (engl. Ausgabe m. d. Titel: Ornament of Textile Fabrics. London 1883. 9 S., 160 Taf.).

Hulme Frederick Edward, Plants, their natural growth and ornamental treatment. London 1874. 43 Taf.

Matthias J. J. Chr., Formensprache des Kunstgewerbes. Über Bedeutung, Gestalt und Anwendung der ornamentalen Formen auf dem Gebiet der technischen Künste. Liegnitz 1875. XII, 159 S., 41 Taf.

Redgrave Gilbert Richard, A Manual of Design, compiled from the writings and addresses of Richard Redgrave. London 1875. 173 S.

Gropius Martin u. L. Lohde (Hrsg.), Archiv für ornamentale Kunst. Berlin 1876-79. 72 Taf.

Ruprich-Robert V., Flore ornementale. Essai sur la composition de l'ornement. Eléments tirés de la nature et principes de leur application. Paris 1876. 80 S., 5 Taf.

Dupont-Auberville, Art industriel. L'ornement des tissus. Paris 1877. 37 S., 100 Taf.

Picard Adolphe, L'ornementation fleurie. Paris 1877. 24 Bl.

Wessely J. E., Das Ornament und die Kunstindustrie in ihrer geschichtlichen Entwicklung auf dem Gebiet des Kunstdruckes. Bd. 1-3. Berlin 1877-79. 300 Taf.

Hulme F. Edward, Principles of Ornamental Art. London 1878. 137 S., 32 Taf.

ders., Suggestions in Floral Design. London/New York etc. 1878-79. 52 S. m. Taf.

Hirth Georg, Der Formenschatz. Eine Quelle . . . für Künstler . . . aus den Werken . . . aller Zeiten und Völker. Jg. 1-35. München 1879-1911. Je Jg. ca. 150 Taf.

Krumbholz Karl, Das vegetabile Ornament. Dresden 1879. 30 Taf.

Muster-Ornamente aus allen Stilen in historischer Anordnung. Lfg. 1-25. Stuttgart 1879-81. 300 Taf.

Bourguin Jules, Grammaire élémentaire de l'ornement. Paris 1880. VII, 207 S. m. Abb.

Audsley William James u. George Ashdown, Outlines of Ornament in the Leading Styles. London 1881, New York 1968. 14 S., 60 Taf.

Haweis Maria Eliza, The Art of Decoration. London 1881. 407 S. m. Abb.

Herdtle Edouard, Schule des Musterzeichnens. Stuttgart 1881. 48 Taf.

Woenig Franz, Pflanzenformen im Dienst der bildenden Künste. Ein Beitrag zur Ästhetik der Botanik, zugleich ein Leitfaden durch das Pflanzenornament aller Stilepochen der Kunst. Leipzig 1881. IV, 60 S., 130 Abb.

Christy Eugène, Motifs de décoration usuelle. Paris 1882. 30 Taf.

Floquet Alphonse, Compositions décoratives. Paris 1882. 36 Taf.

Ornements remarquables de l'exposition hongroise industrielle des femmes en 1881. Budapest 1882. 25 Taf.

Collinot E. V. u. Adelbert de Beaumont, Recueil des dessins pour l'art et l'industrie. Bd. 1-6. Paris 1883 = Encyclopédie des arts décoratifs de l'orient. Sér. 1-6. *Bd. 1: Ornements de la Perse (58 Taf.); Bd. 2: Ornements arabes (40 Taf.); Bd. 3: Ornements turcs (30 Taf.); Bd. 4: Ornements du Japon (40 Taf.); Bd. 5: Ornements de la Chine (40 Taf.); Bd. 6: Ornements vénitiens, hindous, russes etc. (40 Taf.).*

Drahan Emanuel, Geometrische Ornamente für die Zwecke der Flächendekoration mit bes. Berücks. d. Textilindustrie. Reichenberg 1883. 8 Taf.

Dresser Christopher, Modern Ornamentation, being a series of original designs for the patterns of textile fabrics, for the ornamentation of manufactures in wood, metal, pottery, etc. . . . London 1883. 50 Taf.

Kolb H. u. E. Högg, Vorbilder für das Ornamentenzeichnen. Stuttgart 1883. 30 Taf.

Meyer Franz Sales, Ornamentale Formenlehre. H. 1-30. Leipzig 1883-86. 300 Taf.

Flach-Ornamente. Stuttgart 1884. 150 Taf.

Häuselmann J. und E. Ringger, Petit traité d'ornements polychromes. Zürich 1884. 135 S., 51 Taf.

Hölder O., Pflanzenstudien und ihre Anwendung im Ornament. Stuttgart 1884. 60 Taf.

Kompendium der Ornamentik. Hrsg. vom Verbande der Regierungsbauführer-Vereine . . . Berlin 1884. 40 Taf.

Mayeux Henri, La composition décorative. Paris 1885. 314 S.

Zeller August, Der praktische Ornamentzeichner. Straßburg 1885. 44 Taf.

Dolmetsch H. (Hrsg.), Der Ornamentenschatz. Eine Sammlung historischer Ornamente aller Kunstepochen. Berlin 1886, 4. Aufl. Stuttgart 1913. 200 S., 100 Taf., 1000 Textill.

Guillaume Edmond, L'histoire de l'art et de l'ornement. Paris 1886. 133 S.

Haité George Charles, Plant Studies for Artists, Designers and Art-Students . . . London 1886. 71 S., 50 Taf.

Plauszweski P., L'herbier ornemental. Paris 1886. 70 Taf.

Day Lewis Foreman, The Anatomy of Pattern. London 1887. 53 S., 35 Taf. = Text Books of Ornamental Design. 1.

ders., The Planning of Ornament. London 1887. 49 S., 38 Taf. = Text Books of Ornamental Design. 2.

Despois de Folleville H., Cours public et gratuit du dessin d'ornement d'après la plante. Rouen 1887. 14 S., Taf.

Léonce G., La décoration. Oiseaux, fleurs et plantes. Paris 1887. 12 Taf.

Luthmer Ferdinand, Flachornamente im Stil der deutschen Renaissance . . . zum praktischen Gebrauch für Dekorationsmalerei . . . etc. Karlsruhe 1887. 25 Bl.

Picard Adolphe, L'ornement végétale. Das Pflanzenornament. Berlin 1887. 20 Taf.

Reichhold Karl, Geometrisches Ornament. Lfg. 1-4. Würzburg 1887-94. 40 Taf.

Seder Anton, Die Pflanze in Kunst und Gewerbe. Darstellung der schönsten und formenreichsten Pflanzen in Natur und Styl zur praktischen Verwerthung . . . Bd. 1 (Abt. I: Naturalistisch) – 2 (Abt. II: Stylistisch). Wien 1887-89. XIV S., 189 Taf.

Day Lewis Foreman, The Application of Ornament. London 1888. 73 S., 42 Taf. = Text Books of Ornamental Design. 3.

Hauser Alois, Grundzüge der ornamentalen Formen- und Stillehre. Wien 1888. VII, 50 S. = Der Zeichenunterricht und seine Hilfsmittel.

Charvet Léon, Enseignement de l'art décoratif, comprenant son histoire generale, ses procédées industrielles et la théorie de la composition décorative. Paris 1889. 472 S.

Baum Hermann, Motive aus der Pflanzenwelt. Ornamentale Studien. Berlin/New York [ca. 1890]. 20 Taf.

Day Lewis Foreman, Some Principles of Everyday Art. London 1890. 148 S. = Text Books of Ornamental Design. 4.

Gurlitt Cornelius, Die deutsche Musterzeichner-Kunst und ihre Geschichte. Darmstadt 1890. 63 S.

Polisch Carl, Ornamentstichtafeln. Paris [um 1890]. 63 Taf.

Stauffacher Jean, Studien und Compositionen. Blumen, Blüthen und Pflanzen in naturalistischer und stilistischer Darstellung. St. Gallen 1890. 32 Taf.

Jackson Frank G., Lessons on Decorative Design. An elementary textbook of principles and practice. London 1891. 173 S.

Poterlet H., Stylisierte und naturalistische Blumenornamente. Berlin 1891. 36 Bl.

Audsley George Ashdown u. Maurice Ashdown, The Practical Decorator-Ornamentist. Glasgow 1892. 36 S. m. Abb.

Day Lewis Foreman, Nature in Ornament. London 1892. 246 S., 123 Taf. = Text Books of Ornamental Design. 5.

Fischbach Friedrich, Ornamentalalbum. Wiesbaden 1892. 27 Bl.

Gerlach Martin, Blumen und Pflanzen zur Verwendung für kunstgewerbliche Decorationsmotive. Wien 1892. 56 Taf.

Heiden Max, Motive. Sammlung von Einzelformen aller Techniken des Kunstgewerbes. Leipzig 1892. 300 Taf.

Hofmann Richard, Stilisierte Pflanzenformen in industriellen Verwendungen. Plauen 1892, 12 Bl.

Mackmurdo Arthur H., Nature in ornament: The Hobby Horse 7, 1892, 62-68 m. Abb.

Gerlach Martin, Festons und dekorative Gruppen, nebst einem Zieralphabet aus Pflanzen und Thieren, Jagd-, Touristen- und anderen Geräthen. Wien 1893. 4 Bl., 146 Taf.

Hulme F. Edward, The Birth and Development of Ornament. London 1893. XII, 340 S.

Lebart G., Décoration florale. Paris 1893. 12 Taf.

Luthmer Ferdinand, Blütenformen als Motive für Flachornamente. Berlin 1893.

Moser Ferdinand, Handbuch der Pflanzenornamentik. Leipzig 1893. VII, 68 S., 120 Taf.

Hofmann Richard, Muster für Textil-Industrie, entworfen in der kgl. Industrieschule zu Plauen i. V. Ser. 1-5. Plauen 1894-1904. 104 Taf.

Passepont Jules, Etudes des ornements. Paris 1894. 236 S. = Bibliothèque des arts décoratifs. 1.

Fraipont G., La plante: fleurs, feuillages, fruits, légumes dans la nature et la décoration. Paris 1895. 16 Taf.

Godron Richard, Moderne stilisierte Blumen und Ornamente. München 1895. 20 Taf.

Heiden Max, Muster-Atlas (für Industrie und Kunstgewerbe). Leipzig 1895. 145 Taf.

Meurer Moritz, Pflanzenformen. Vorbildliche Beispiele zur Einführung in das ornamentale Studium der Pflanze. Dresden 1895. 64 S., 85 Taf.

Grasset Eugène, La plante et ses applications ornamentales. Ser. 1-2. Brüssel 1896-1901. m. Farbtaf.

Lilley A. E. V. u. W. Moddley, A Book of Studies in Plantform, with some suggestions for their application to design. London 1896. XVI, 131 S.

Eckmann Otto, Neue Formen. Dekorative Entwürfe für die Praxis. Berlin 1897. 3 S., 10 Taf., 3 Farbtaf.

Friling Hermann, Moderne Flächenornamente, entwickelt aus dem Pflanzen- und Tierreich. Ideen für textile Musterzeichnungen und dekorative Malereien aller Art ... Berlin 1897. 48 Taf.

Meurer Moritz, Pflanzenbilder. Dresden 1897-98. 200 Taf.

Sammelmappe für Flächenverzierungen mit bes. Berücks. der Textilindustrie. Folge 1-14. Plauen 1897-1905. Je 8 Taf.

Crane Walter, The Basis of Design. London 1898. 365 S. m. Abb.

Hofmann Richard, Moderne Pflanzenornamente. Ser. 1-4. Plauen 1898-1904. 93 Taf.

Cole S., Ornament in European Silks. London 1899. XV, 220 S.

Haeckel Ernst, Kunstformen der Natur. Lfg. 1-10. Leipzig/Wien 1899-1904. 78 Bl., 100 Taf.

Meyer-Graefe Julius, Ornement floral, ornement linéaire: L'Art Décoratif 1899, 234-236 m. Abb.

Schiller Albert u. Carl Wahler, Formenschatz aus der Pflanzenwelt. Stuttgart 1899. 20 Taf.

Beauclair René, Farbige Flächenmuster für das moderne Kunstgewerbe. Stuttgart 1900. m. Taf.

Verneuil Maurice Pillard, Etude de la plante, son application aux industries d'art. Paris 1900. 326 S. m. Taf.

Foord Jeanie, Decorative Flower Studies, for the use of artists, designers ... etc. London 1901. 40 Taf. (Neuausgabe London/New York 1906).

Fraipont G., Die Blume und ihre dekorativen Anwendungen. Plauen 1901. 3 S., 32 Taf.

Hellmuth Leonhard, Moderne Pflanzenornamente. Leipzig 1901. III S., 27 Taf.

Tikkanen Johan Jakob, Finnische Textilornamentik: Finnländische Rundschau 1, 1901, 1-22 m. Abb.

Fischbach Friedrich, Die wichtigsten Webeornamente bis zum 19. Jahrhundert. Ser. 1-5. Wiesbaden 1902-11. 270 Taf.

Kolb Gustav u. Karl Gmelich, Von der Pflanze zum Ornament. Ser. 1-3. Göppingen 1902. m. Farbtaf.

Seguy E. A., Les fleurs et leurs applications décoratives. Paris 1902. 60 Farbtaf.

Kleser Richard, Das neuzeitliche Pflanzenornament: Wie entwikle ich mein Ornament aus den Pflanzen. Krefeld 1903. 39 S. m. 12 Taf.

Fraipont G., Farbige Blumenornamentik. Plauen 1904. 20 Taf.

Day Lewis F., Ornaments and its Applications. A book for students treating in a practical way of the relation of design to material, tools and methods of work. London 1905. XXXII, 319 S. m. 289 Abb.

Ornamentik der Gegenwart. Künstler-Vorlagenhefte. Ser. 1-6. Plauen 1905-09. Je 36 Taf.

Neuhoff G., Neue Ornamente. Motive für Textilkunst und Zimmerschmuck im modernen Stil und unter Berücks. von Empire und Ludwig XVI. Dresden 1907. 27 Taf.

Ross Denman W., A Theorie of Pure Design: harmony, balance, rhythm. Boston 1907. 201 S.

Lessing Julius, Die Gewebesammlung des Kgl. Kunstgewerbe-Museums zu Berlin. Lfg. 1-52. Berlin 1908-12. Je 30 Taf.

Loos Adolf, Ornament und Verbrechen (1908): Glück Franz (Hrsg.), Adolf Loos. Sämtliche Werke. Bd. 1. München/Wien 1962, 276-288.

Day Lewis Foreman, Nature and Ornament. Bd. 1. Nature, the raw material of design. Bd. 2. Ornament, the finished product of design. London 1909. 428 u. 292 S. m. Abb.

Meurer Moritz, Vergleichende Formenlehre des Ornaments und der Pflanze. Dresden 1909. 596 S. m. Abb.

Falke Otto von, Kunstgeschichte der Seidenweberei. Bd. 1-2. Berlin 1913. XLII, 128 u. 147 S. Abb. *Mit besonderer Berücksichtigung der Textilornamentik.*

Schauer R., Details und Kompositionen für die Textilindustrie. Plauen 1913. 20 Taf.

Renner Johann, Geometrische Ornamente. Bd. 1-3. Berlin 1914.

[Kat. Ausst.] Die Form ohne Ornament. Deutscher Werkbund. Stuttgart/Berlin/Leipzig 1924. VIII, 22 S., 89 Taf. = Bücher der Form 1.

Bossert Helmuth Theodor, Volkskunst in Europa. Nahezu 2100 Beispiele unter bes. Berücksichtigung der Ornamentik ... Berlin 1926. 46 S., 132 Taf.

Das Textilwerk. Gewebeornamente und Stoffmuster vom Altertum bis zum Anfang des 19. Jahrhunderts. Berlin 1927, XXXVIII, S. m. Abb., 320 S. Abb., 8 farb. Taf. = Wasmuths Werkkunst-Bücherei. 4.

Bossert Helmuth Theodor, Das Ornamentwerk. Eine Sammlung angewandter Schmuckformen fast aller Zeiten und Völker. Berlin 1937. 48 S., 120 Taf.

Wersin Wolfgang von, Das elementare Ornament und seine Gesetzlichkeit. Eine Morphologie des Ornaments. Ravensburg 1940. 100 S. m. Abb.

Selbständige Abhandlungen
(Bücher und Kataloge, chronologisch geordnet)

Musée des dessinateurs de fabrique. Paris (ed. Fleury Chavant) 1837-38. *Mustervorlagebuch.*

Wyatt Matthew Digby, The Industrial Arts of the Nineteenth Century. London 1851-53 = Wyatt's Illustrated Works. 1.

Rock Daniel, Textile Fabrics: a descriptive catalogue of the collection of church-vestments ... needlework and tapestries, forming that section of the Museum. South Kensington Museum. London 1870. 353 S.

Dresser Christopher, The Principles of Decorative Design. London/New York 1873. VI, 167 S. m. Abb. *Ursprünglich veröffentlicht als Artikelserie in The Technical Educator, 1870-72.*

Gabba Luigi, L'industria della seta. Mailand 1878.

Harrison Constance Cary, Women's Handiwork in Modern Homes. New York 1881. 242 S. m. Abb. u. Farbtaf.

Crane Walter, The Claims of Decorative Art. London 1892. 191 S.

Morris William (Vorwort), Textiles: Arts and Craft's essays by members of the Arts and Crafts Exhibition Society. London 1893. 31 S. m. Abb.

Vallance Aymer, William Morris. His art, his writings and his public life. London 1897. 462 S., 38 Taf.

Hoffmann Julius jun. (Hrsg.), Der moderne Stil. Bd. 1-7. Stuttgart 1899-1905. m. Abb. u. Taf.

Crane Walter, Line and Form. London 1900, dt. Ausgabe: Linie und Form. Leipzig 1901. 296 S. m. Abb.

Prevot Gabriel u. Gaston Devresse, Motifs modernes: stores, guipures et broderies d'art dans le style moderne. Plauen i. V. [1900-1905]. 80 Taf.

Stratz Carl Heinrich, Die Frauenkleidung. Stuttgart 1900, X, 186 S.; 3. völlig umgearbeitete Aufl. m. d. Titel: Die Frauenkleidung und ihre natürliche Entwicklung. Stuttgart 1904. XVI, 403 S. m. 269 Abb. u. 1 Farbtaf.

Velde Henry van de, Die künstlerische Hebung der Frauentracht. Krefeld 1900. 34 S.

Velde Maria van de, Album moderner, nach Künstler-Entwürfen ausgeführter Damenkleider, ausgestellt auf der großen Allgemeinen Ausstellung für Bekleidungswesen Krefeld. Düsseldorf 1900. 4 Bl., 32 Taf.

Lichtwark Alfred, Die Erziehung des Farbensinnes. Berlin 1901, 3. Aufl. Berlin 1905. 63 S.

Schultze-Naumburg Paul, Die Kultur des weiblichen Körpers als Grundlage der Frauenkleidung. Leipzig 1901. 152 S. m. 133 Illustr.

Muthesius Anna, Das Eigenkleid der Frau. Krefeld 1903. 84 S. m. 13 Taf.

Mohrbutter Alfred, Das Kleid der Frau. Darmstadt/Leipzig 1904. 99 S. m. 74 Abb. u. 16 Farbtaf. = Alexander Kochs Monographien. 2. *Entwürfe von Alfred Mohrbutter, Peter Behrens, Henry van der Velde, Else Oppler, Anna Muthesius, Emmy Friling u. a.*

Muthesius Hermann, Das englische Haus. Bd. 3. Der Innenraum. Berlin 1905. XXVI, 240 S. m. Abb. *Behandelt auch Textilien.*

Errera Isabelle, Catalogue d'etoffes anciennes et modernes. (Musées royaux d'art et d'histoire.) Brüssel 1907, 3. Aufl. Brüssel 1927. 100 Abb.

[Verkaufskat.] Webwaren. Dresdner Werkstätte für Handwerkskunst. (Dresden) [ca. 1907]. 122 [nicht gezählte] S. m. Abb. *Enthält Entwürfe von M. Junge, R. Riemerschmid, M. H. Kühne, A. Niemeyer, W. v. Beckerath, O. Gußmann, Ch. Krause, E. H. Walther, M. Rößler, M. v. Brauchitsch, M. A. Nicolai.*

Lamoitier Paul, La décoration des tissus, principalement des tissus d'habillement par le tissage, l'impression, la broderie. Paris 1908. 158 S. m. Abb.

Heiden Max, Die Textilkunst des Altertums bis zur Neuzeit. Berlin 1909. XVI S., 480 Sp. m. Abb.

Koch Alexander (Hrsg.), Moderne Stickereien. Darmstadt [ca. 1910]. 80 S. m. Abb. = Serie II. *U. a. Arbeiten von Baillie-Scott, Margaret M.-Mackintosh, Peter Behrens, Henry van de Velde, Margarete von Brauchitsch, Otto Gussmann.*

Koch Alexander (Hrsg.), Moderne Stickereien. Darmstadt [ca. 1910]. 98 S. m. Abb. = Serie III. *Kurbelstickereien von Margarete von Brauchitsch, C. O. Czeschka, Gabriele Gürtler (Applikationen), u. a. auch Entwürfe der Wiener Werkstätte, Maschinenstickereien von Richard Riemerschmid.*

Roger-Milès Léon, Les créateurs de la mode. Paris 1910. 156 S. m. Abb.

Casartelli Enrico, L'arte di disporre gli ornamenti sulle stoffe ... Mailand 1911. 37 S. m. Abb.

Bayerische Gewerbeschau 1912 in München. Amtliche Denkschrift. München 1913. *Gewebte und bedruckte Stoffe auf S. 95-110 m. Abb.*

Münchner Sammlung für angewandte Kunst. Berichte der Tagespresse 1913. München 1913. 28 S. *Herausgegeben vom »Münchner Bund« anläßlich der Eröffnung seiner Vorbildersammlung, die Grundstock der Neuen Sammlung wurde. Auch die Textilien werden behandelt.*

Cox Raymond, Les soieries d'art depuis les origines jusqu'à nos jours. Paris 1914.

Mourey Gabriel, Essai sur l'art décoratif français moderne. Paris 1921. 197 S. m. Taf.

Richards Charles Russell, Art in Industry. New York 1922. 499 S.

Carrá Carlo, L'arte decorativa contemporanea alla prima Biennale internazionale di Monza. Mailand 1923. 153 S. m. Taf.

Seguy E. A., Suggestions pour étoffes et tapis. Paris 1923. 2 S., 20 Farbtaf.

Staatliches Bauhaus Weimar 1919-1923. (Hrsg.: Staatl. Bauhaus Weimar u. Karl Nierendorf.) Weimar/München [ca. 1924]. 225 S. m. 146 Abb. u. Taf. *Behandelt auf S. 128-138 die Webereiwerkstatt und stellt Entwürfe u. a. von Erps, Deinhardt, G. Stölzl, H. Jungnik, Peiffer-Watenphul, I. Kerkovius und M. Köhler vor.*

Retera Wilhelmus Marinus, Behangsel en Bespanningstof. Rotterdam 1924. 60 S., 31 Abb.

Gropius Walter u. Laszlo Moholy-Nagy (Hrsg.), Neue Arbeiten der Bauhauswerkstätten. München 1925. 116 S. m. Abb. = Bauhaus Bücher. 7. *Stellt auf S. 73-93 Arbeiten von M. Schreyer, F. Knott,*

E. Niemeyer, L. Leudesdorff, R. Valentin, R. Hollos, B. Otte, D. Helm, G. Hantschk, M. Erps, A. Fleischmann, G. Stölzl, L. Deinhardt u. M. Köhler vor.

[Kat. Ausst.] Zweite Internationale Kunstgewerbe-Ausstellung Monza 1925. Deutsche Abteilung. [o. O., 1925]. 55 S. m. Abb.
Mit Textilien vertreten waren u. a. die Deutschen Werkstätten, Handweberei Hablik-Lindemann, Pausa AG, Friedrich Adler, Sigmund von Weech und Burg Giebichenstein.

Moussinac Léon, Étoffes d'ameublement tissées brochées. Paris 1925. 5 S., 50 Taf.

Verneuil Maurice Pillard, Étoffes et tapis étrangers. Exposition Internationale des Arts Décoratifs et Industriels Modernes. Paris 1925. 12 S., 75 Taf.

Wettergren Erik, L'art décoratif moderne en Suède. Malmö 1925. 185 S. m. Abb. (Dt. Ausgabe: Moderne schwedische Werkkunst. Malmö 1926).

Benoist Luc, Les tissus, les tapisseries, les tapis. Paris 1926. 113 S., 24 Taf.

Riezler Walter (Hrsg.), Das deutsche Kunstgewerbe. Bilder von der deutschen Abteilung der Internationalen Kunstgewerbeausstellung in Monza 1925. Berlin 1926. 20 S., 64 Taf. = Bücher der Form. 4. Band.
Zeigt Textilien der Deutschen Werkstätten, von Friedrich Adler, Josef Hillerbrand u. a.

Staatliche Bauhochschule Weimar. Aufbau und Ziel. Weimar 1927. 69 S. m. Abb.
Behandelt auf S. 55-58 die Aufgaben der Werkstätte für Weberei mit Färberei und stellt Entwürfe von Ewald Dülberg und Hedwig Heckemann vor.

Follot Paul, Intérieurs françaises au Salon des Artistes Décorateurs 1927. Paris 1927. 4 S., 48 Taf.

25 Jahre Schule Reimann 1902-1927. Berlin 1927. 150 S. m. Abb. = Farbe und Form. Monatsschrift für Kunst und Kunstgewerbe 1927. Sonderband 1. April.
Behandelt innerhalb der allgemeinen Schulgeschichte auch die Klassen für Textilkunst und ihre Leiter, u. a. Maria May u. Gerda Juliusberg.

[Kat. Ausst.] Deutsches Kunstgewerbe 1927. Mostra Internazionale delle Arti Decorative di Monza. Sezione Germanica. (Berlin 1927). 67 S. m. Abb.
Mit Textilien vertreten waren u. a. die Deutschen Werkstätten, Bayer. Textilwerke Bernh. Nepker/Tutzing, Deutsche Farbmöbel AG/München, Burg Giebichenstein, Handweberei Hablik-Lindemann, Bruno Paul, Pausa AG und Ernst Böhm (Abb.).

Clouzot Henri, Le décor moderne dans la teinture et le tissu. Paris 1929. 4 S., 40 Taf.

Jong Jo de, De nieuwe richting in de kunstnijverheid in Nederland. Rotterdam 1929. XXIV, 115 S., 112 Taf. m. 287 Abb.
Mit Entwerferviten; Batikarbeiten Abb. 243-248; Textilien Abb. 249-275.

Berger Otto, Die europäische Wandteppichwirkerei in Vergangenheit und Gegenwart. Augsburg (1930). VII, 141 S.

American Federation of the Arts (Hrsg.), [Kat. Ausst.] Decorative Metalwork and Cotton Textiles: Third International Exhibition of Contemporary Industrial Art. Portland 1930. 123 S. m. Abb.

[Kat. Ausst.] Ausstellung Moderner Bildwirkereien 1930. J. B. Neumann und Guenther Franke. München 1930.

Wollin Nils G., Svenska Textilier 1930. Stockholm 1930. 138 S. m. Abb.
Behandelt Teppiche, Gobelins und Coupons (bedruckt und gewebt).

Wollin Nils G., Modern Swedish Decorative Art. London 1931. XXX, 207 S. m. Abb. u. Taf.
Auf S. 166-204 Textilien, vorwiegend Tapisserien.

Jong Jo de, Weef – en Borduurkunst. Rotterdam/Brüssel 1933. 66 Ill., 179 Abb.

Schmalenbach Fritz, Jugendstil. Ein Beitrag zu Theorie und Geschichte der Flächenkunst. Würzburg 1935. 160 S. m. Abb.
Stilgeschichtliche Abhandlung des deutschen Jugendstils mit Berücksichtigung der Textilentwürfe

von O. Eckmann, P. Behrens, H. Obrist, A. Endell, H. Christiansen, P. Huber, J. M. Olbrich, W. Leistikow u. a.

Passarge Walter, Deutsche Werkkunst der Gegenwart. Berlin [ca. 1936]. 154 S. m. Abb. = Die Kunstbücher des Volkes. Bd. 20.
Behandelt auf S. 97-129 Textilien der Handweberei Hablik-Lindemann, Handwerkerschule Halle (ehem. Werkstätten der Stadt Halle, Burg Giebichenstein), Städelschule Frankfurt a. M., von Benita Koch-Otte, Ida Kerkovius u. a.

Tremelloni Roberto, L'industria tessile italiana. Turin 1937. 294 S.

Rochas Marcel, Vingt-cinq ans d'élégance à Paris. Paris 1951. 111 S. m. Abb.

Haupt Otto, Margret Hildebrand. Stuttgart (1952). 16 Bll. = Schriften zur Formgebung des Landesgewerbeamtes Stuttgart. 1.

[Kat. Firma] Handweberei Hablik-Lindemann. 1902-1952. Itzehoe 1952. [s. p.] 30 S. m. Abb.

Wollin Nils Gustav, Swedish Textiles 1943-1950. Leigh-on-Sea 1952. 21 S., 69 Taf. = A survey of world textiles. 2.

Hirzel Stephan, Kunsthandwerk und Manufaktur in Deutschland seit 1945. Berlin 1953. 148 S. m. Abb.
S. 58-89 über Textilien, u. a. von H. Leistikow, U. Weiler, R. Berndt für Thorey, M. Hildebrand für Stuttgarter Gardinenfabrik, I. Stellbrecht und G. Weber für Pausa AG.

Jacques Renate, Deutsche Textilkunst. Krefeld 1953. 299 S. m. 189 Abb. u. 4 Farbtaf.

Koch Alexander, Dekorationsstoffe, Tapeten, Teppiche. Stuttgart 1953. 150 S. m. Abb.
Enthält u. a. Entwürfe von L. Wollner, E. Kupferoth, M. Hildebrand, C. Fischer, J. Hillerbrand, L. Bertsch-Kampferseck, St. Lindberg, L. Day.

Leistung durch Nachwuchs. 100 Jahre Staatliche Höhere Fachschule für Textilindustrie Münchberg. Münchberg 1954. 80 S. m. Abb.

Mäki Oili, Taide Ja Tyo. Finnish Designers of today. Helsinki 1954. 174 S. m. Taf. u. Abb.
Behandelt auf S. 1-63 Textilien.

Schiaparelli Elsa, Shocking Life. London 1954. 230 S. m. Taf.
Autobiographie.

Bayer Herbert u. Walter u. Ilse Gropius (Hrsg.), Bauhaus 1919-1928. Stuttgart 1955. 229 S. m. Abb.
Zur Werkstatt für Weberei S. 56-59 u. S. 140-145 mit Textilien von A. Albers, O. Berger, G. Stölzl u. a.

Roh Juliane, Deutsche Bildteppiche der Gegenwart. Darmstadt 1955. 32 S., 20 Taf.
U. a. Arbeiten von Woty Werner, Johanna Schütz-Wolff, Nürnberger Gobelin-Manufaktur.

Goldschmit Werner, Lisbeth und Julius Bissier. Karlsruhe 1956. 30 S. m. Abb. = Kunsthandwerkliche Werkstätten. 1 (Sonderausgabe Werkkunst 18, 1956, H. 1).

[Kat. Ausst.] Jean Lurçat. Tapisseries nouvelles. Maison de la Pensée Française. Paris 1956. 18 S., 15 Taf.

Roy Claude, Lurçat. Genf 1956, 2. erw. Aufl. 1961. 120 S. u. 132 Taf.

Gestaltendes Handwerk in Nordrhein-Westfalen. Düsseldorf 1957. 124 S. m. Abb.
Behandelt auf S. 54-71 Textilien.

[Kat. Ausst.] Gewebt – gedruckt. Die Neue Sammlung. München 1959. 8 Ill., 5 Originaltextilien.
Mit Stoffproben von L. Bertsch-Kampferseck.

Pevsner Nikolaus, Pioneers of Modern Design from William Morris to Walter Gropius. London/Bologna 1960. 253 S. m. Abb.
Betont u. a. die Bedeutung der Musterentwürfe von Owen Jones sowie der Textilien von William Morris und C. F. A. Voysey.

Forman W. u. B. u. Ramses Wissa Wassef, Blumen der Wüste. Ägyptische Kinder weben Bildteppiche. Prag 1961. 36 S., 65 Farbtaf.
Webschule Harrania.

[Kat. Ausst.] Wandteppiche. Ausst. der Bayer. Akademie der Schönen Künste und der Neuen Sammlung. München 1961. 35 S., [davon ab S. 21] Taf. m. Abb.

Moderne dänische Textilien. [Kopenhagen 1961]. 82 S. m. Abb.
Entwürfe u. a. von Nanna Ditzel, Ruth Hull, Arne Jacobsen.

[Kat. Ausst.] Deutsche Auswahl [ab 1988] Design-Auswahl. Hrsg. LGA-Zentrum Form [ab 1969] Design Center Stuttgart. 1-23 –. Stuttgart 1962-1989 –.
Jeder Katalog enthält auch Textilien der jüngsten Produktion. Bis 1987 dominant deutsche Produkte.

[Kat. Ausst.] Primitive Bildwirkereien aus Ägypten. Die Neue Sammlung. München 1962. 47 S., [davon ab S. 22] Taf. m. Abb.
Webschule Harrania.

[Kat. Ausst.] F. Leger. Tapisseries, Ceramiques, Bronzes, Lithographies. Palais de la Mediterranée. Nizza 1962. [s. p.] 36 S. m. 15 Taf.
Mit einem Vorwort von Jean Cocteau.

Schmutzler Robert, Art Nouveau – Jugend Stil. Stuttgart 1962. 321 S. m. Abb.
Mit Textilien von Owen Jones, A. H. Mackmurdo, K. Moser, H. Obrist, R. Ovey und C. F. A. Voysey.

Wingler Hans M., Das Bauhaus. Bramsche 1962. 556 S. m. Abb. (2. Aufl. Bramsche 1968, 3. Aufl. Bramsche 1975).
Enthält auf S. 178-180 m. Abb.: Stölzl-Sharon Gunta, Die Gebrauchsstoffe der Bauhausweberei (aus: Bauhaus. Zeitschrift für Gestaltung 1931); ferner S. 308-314, 418-423 m. Abb.: »Werkstatt für Weberei«.

Billeter Erika, [Kat.] Europäische Textilien. Kunstgewerbemuseum. Zürich [1963]. 162 S. m. Abb. = Sammlungskatalog. 1.
Behandelt auf S. 77-115 die Textilien der Sammlung vom Jugendstil bis in die sechziger Jahre.

[Kat. Ausst.] Biennale de la Tapisserie. Centre Internationale de la Tapisserie Ancienne et Moderne. Bd. 1-14 –. Lausanne 1963-1989 –.
Internationale Veranstaltung mit zeitgenössischen Tapisserien; die Kataloge enthalten u. a. Entwerferviten.

Tapisserien von Jean Lurçat. Dresden 1963. 108 S. m. 49 Taf.

Zahle Erik (Hrsg.), Skandinavisches Kunsthandwerk. München/Zürich 1963. 296 S. m. 406 Abb.
Enthält Hinweise auf die Textilproduktion und -gestaltung der nordischen Länder (mit Viten).

Howaldt Gabriele, Bildteppiche der Stilbewegung. Darmstadt 1964. 153 S. m. Abb. = Kunst in Hessen und am Mittelrhein. 4.

[Kat. Ausst.] Arbeiten aus der Weberei des Bauhauses. Bauhaus-Archiv. Darmstadt 1964. [s. p.] 36 S. m. Abb.

[Kat. Ausst.] Bildwirkereien von Woty Werner. Die Neue Sammlung. München 1964. 7 Bll., 15 Taf.

[Kat. Ausst.] Bio. Biennal of Industrial Design. Bd. 1-12 –. Ljubljana 1964-1988 –.
Jeder Band enthält Textilien jüngster internationaler Produktion.

[Kat. Ausst.] Wien um 1900. Wien 1964. 131 S. m. 110 Abb.
Kat. Nr. 798-834 mit Textilien von L. Frömmel-Fochler, K. Moser, A. Nechansky, R. Oerley, O. Prutscher, F. Stanzel, A. Krasnik u. a.

Kybalová Ludmilla, Moderne Gobelins in der Tschechoslowakei. Prag 1964. 89 S. m. Abb.

Schwartz P. R. u. R. Micheaux, A Century of French Fabrics, 1850-1950. Leigh-on-Sea 1964. 16 S., 72 Taf.

Bott Gerhard (Hrsg.), [Kat. Mus.] Kunsthandwerk um 1900. Jugendstil, Art Nouveau, Modern Style, Nieuwe Kunst. Darmstadt 1965, 2. erweiterte Aufl. Darmstadt 1973. 456 S. m. 495 Abb. = Kataloge des Hessischen Landesmuseums Darmstadt. Nr. 1.
Auf S. 409-421 u. a. O. Textilien von P. Behrens, P. Huber, J. M. Olbrich, E. Bernard, O. Eckmann, M. Laeuger u. a.

Brunhammer Yvonne, Lo Stile 1925. Mailand 1966,

franzöz. Ausg.: Le Style 1925. Paris 1975. 191 S. m.Abb.
Textilien S. 104-116, 120-123.

Scheffler Wolfgang, [Kat. Mus.] Werke um 1900. Kunstgewerbemuseum. Berlin 1966. 217 S. m.Abb.
Behandelt auf S. 184-187 Textilien.

Scheidig Walther, Bauhaus Weimar 1919-1924. Leipzig 1966. 157 S., 92 Taf.
Arbeiten der Weberei-Werkstatt auf S. 147-148 u. Abb. 43-58, u. a. von H. Jungnick, P. Klee, B. Otte, G. Stölzl, S. Ackermann.

[Kat.] Catalogue of the A. H. Mackmurdo and the Century Guild Collection. William Morris Gallery. Walthamstow/London 1967.

[Kat.Ausst.] Jack Lenor Larsen. Stedelijk Museum. Amsterdam 1967. [s.p.] 18 S. m.Abb. = Catalogus Nr. 413.

Klöcker Johann (Hrsg.), Zeitgemäße Form. Industrial design international. München 1967. 243 S. m.Abb.
Enthält Beiträge über Textilien: S. 25 ff. K. H. Dallinger »Bewältigung der Formenflut«; S. 28 ff. E. Pfeiffer-Belli »Teppichlegenden«; S. 30 f. J. Klöcker »Nordische Grillen«; S. 74 M. Nieland »Das Ornament muß stimmen«; S. 109 M. Hildebrand »Der Tapfere Käufer«; jeweils m. Abb.

Mrazek Wilhelm, [Kat. Ausst.] Die Wiener Werkstätte. Modernes Kunsthandwerk von 1903-1932. Österreichisches Museum für angewandte Kunst. Wien 1967. 100 S., 80 Taf.
Auf S. 77-73 m. Abb. Textilien behandelt.

Thompson Paul, The Work of William Morris. London 1967. 300 S. m.Abb.
S. 94-112 Textilien.

Watkinson Ray, William Morris as Designer. London 1967, 2. Aufl. London 1979. 84 S. u. 90 Abb.
Textilien: Abb. 15-20 u. 53-64.

[Kat.Ausst.] 50 Jahre Bauhaus. Kunstverein. Stuttgart 1968. 368 S. m.Abb.
Weberei-Werkstatt: S. 135-141 m. Abb.

[Kat.Ausst.] Teppiche. Galerie Beyeler. Basel [ca. 1968]. 14 Bll. m. Abb.
Teppiche u. a. von Arp, Calder, Klee, Léger, Miro, Picasso.

Pevsner Nikolaus, The Sources of Modern Architecture and Design. London 1968. Dt. Ausgabe m. d. Titel: Der Beginn der modernen Architektur und des Design. Köln 1971. 216 S. m.Abb.
Behandelt auch Textilien unter bes. Berücksichtigung der Bedeutung von William Morris.

Wichmann Siegfried, [Kat. Ausst.] Hermann Obrist. Wegbereiter der Moderne. Stuck-Villa. München 1968. 85 S. m.Abb.
Stickereien Nr. 66-71.

Aslin Elizabeth, The Aestetic Movement. Prelude to Art Nouveau. London 1969. 192 S. m.Abb.
Bildet auch Textilien von C. R. Ashbee, L. F. Day, E. W. Godwin, Liberty's, W. Morris, B. J. Talbert u. a. ab.

Battersby Martin, The Decorative Twenties. London 1969. 213 S. m.Abb.
Textilien auf S. 84-95 u. 181-184.

[Kat.Ausst.] Johanna Schütz-Wolff. Bildwirkereien und Graphik. Kunstverein. München 1969. 44 S. m.Abb.

[Kat.Ausst.] British Sources of Art Nouveau. 19th and 20th century British textiles and wallpapers. Whitworth Art Gallery. Manchester 1969. 64 S. m.Abb.

Leonhard Kurt, [Kat.Ausst.] Ida Kerkovius. Württembergischer Kunstverein. Stuttgart 1969. 48 S. m.Abb.
Die Ausstellung zeigte auch Teppiche.

Robinson Stuart, A History of Printed Textiles. Cambridge/Mass. 1969. 152 S. m.Abb. u. Taf.

[Kat.Ausst.] Herbert Bayer. 9 Wandteppiche und 34 Entwürfe. Germanisches Nationalmuseum. Nürnberg 1970. 16 Bll.

[Kat.Ausst.] Kunst vom Fließband. Produkte des Textildesigners Wolf Bauer. Design Center. Stuttgart. [ca. 1970]. 46 S. m.Abb.

Battersby Martin, The Decorative Thirties. London 1971. 208 S. m.Abb.
Kap. »Textiles« auf S. 99-106.

Sonia Delaunay. Rhythme et couleurs. Vorw. v. Michel Hoog. Paris 1971. 409 S. m.Abb.
Behandelt u. a. Kleider, Theaterkostüme und Stoffe.

Günther Sonja, Interieurs um 1900. München 1971. 178 S. u. 122 Abb.
Behandelt auch Textilien von Pankok, Paul und Riemerschmid.

Hesse Herta, [Kat. Ausst.] Tapisserie und textile Objekte. Else Bechteler, Sophie Dawo, Heinz Diekmann u. a. Karl-Ernst-Osthaus-Museum. Hagen 1971. 52 S. m.Abb.

Hillier Bevis, [Kat. Ausst.] The World of Art Deco. The Minneapolis Institute of Arts. New York 1971. 224 S. m.Abb.
Auf den S. 186-195 Textilien erörtert.

[Kat. Ausst.] Elisabeth Kadow. Seidenbehänge und Entwürfe. Kulturgeschichtliches Museum. Osnabrück 1971. 26 S. m.Abb.

Naylor Gillian, The Arts and Crafts Movement: a study of its sources, ideals, and influence on design theory. Cambridge/Mass. 1971. 208 S. m. Abb.
Enthält Textilien von A. W. N. Pugin, W. Morris, A. H. Mackmurdo, L. F. Day, O. Jones, C. F. A. Voysey, sowie im Kap. »Guildsmen and industry« eine kurze Zusammenstellung von Textilherstellern (S. 158/159).

Pianzola Maurice u. Julien Coffinet, Die Tapisserie. Genf 1971. 128 S. m.Abb. = Das Kunsthandwerk
Technik und Geschichte bis in die Gegenwart.

Constantine Mildred u. Jack Lenor Larsen, Beyond Craft: the art fabric. New York u. a. 1972. 294 S. m.Abb.
Behandelt vorwiegend textile Kunstobjekte.

[Kat. Ausst.] Vom Geheimnis der Farbe. Werkstatt Lydda. Bethel 1972, 2. Aufl. m. d. Titel: [Kat. Ausst.] Farbenlehre und Weberei. Benita Koch-Otte. Bauhaus Archiv. Berlin 1976. 112 S. m.Abb.

Alison Filippo, Le sedie di C. R. Mackintosh. Mailand 1973. 107 S. m.Abb.
Enthält auch Entwürfe für Bezugsstoffe.

Clark Fiona, William Morris. Wallpapers and chintzes. London/New York 1973. 95 S. m.Abb.

Holstein Jonathan, The Pieced Quilt. An American design tradition. New York 1973. 189 S. m.Abb.
Zur Geschichte der Quilt-Herstellung 18.-20. Jh.

[Kat.Ausst.] Raoul Dufy, 1877-1953. Créateur d'étoffes. Musée de l'Impression sur Étoffes. Mülhausen [ca. 1973]. [s.p.] m.Abb.

Devoti Donata, L'arte del tessuto in Europa. Mailand 1974. 271 S., davon S. 41-232 Taf.

Storey Joyse, Textile Printing. London 1974. 188 S., 154 Abb.

Adburgham Alison, Liberty's. A biography of a shop. London 1975. 160 S. m.Abb.
Behandelt auch Textilien.

Cohen Arthur A., Sonia Delauney. New York 1975. 206 S. m.Abb.
Enthält auch Textilien.

Ewing Elizabeth, History of Twentieth Century Fashion. London 1975. 244 S. m.Abb. u. Taf.

Gysling-Billeter Erika, [Kat. Mus.] Objekte des Jugendstils. Museum Bellerive. Zürich 1975. 310 S. m.Abb.
Erörtert Textilien von O. Eckmann, F. Hansen, Ch. Lebeau, Morris & Co., H. Obrist und H. van de Velde.

Jarry Madelaine, Wandteppiche des 20. Jahrhunderts. München 1975. 362 S. m. 250 Abb.

[Kat. Ausst.] François Ducharne. Les folles années de la soie. Musée Historique du Tissus. Lyon 1975. 101 S. m.Abb.; deutsche Ausg.: Art Déco aus Frankreich. Lyoner Seiden von François Ducharne. Museum für Kunsthandwerk. Frankfurt a. M. 1975. [s.p.] 25 Bll., 22 Taf.

Über Lyoner Seidenstoffe von F. Ducharne, mit Entwurfszeichnungen von M. Dubost und dem Zeichen-

atelier Ducharne, hauptsächlich aus den 20er Jahren. Die Ausstellung wurde auch im Museum für Kunsthandwerk, Frankfurt a. M., gezeigt.

[Kat.Ausst.] Liberty's 1875-1975. An exhibition to mark the firm's centenary. Victoria and Albert Museum. London 1975. 128 S. m.Abb.
Enthält auch Textilien.

Bishop Robert u. Elisabeth Safanda, A Gallery of Amish Quilts. New York 1976. 96 S. m.Abb.
Enthält Quilts der Amish People vor allem aus Pennsylvania, Ohio und Indiana.

Brunhammer Yvonne u. a., [Kat. Ausst.] Art Nouveau Belgium/France. Institute for the Arts, Rice University. Houston 1976. 512 S. m.Abb.
Textilien von Bohl, Fa. Bouvard & Cie., E. Colonna, G. de Feure, E. Gaillard, A. H. Mackmurdo und W. Morris.

Fanelli Giovanni u. Rosalia, Il tessuto moderno. Disegno moda architettura 1880-1940. Florenz 1976. 254 S. m.Abb.
Grundlegend, siehe auch Neubearbeitung 1986.

Haders Phyllis, Sunshine + Shadow. The Amish and their quilts. Pittstown 1976. 87 S. m.Abb.
Behandelt Quilts der Amish von ca. 1845 bis ca. 1930.

[Kat. Ausst.] Zwischen Industrie und Kunst. Design Center. Stuttgart 1976. 52 Bl. m.Abb.
Arbeiten der Textil-Abteilung der Stuttgarter Akademie unter der Leitung von Leo Wollner.

[Kat. Ausst.] Kunst und Dekoration 1851-1914. Hessisches Landesmuseum. Darmstadt 1976. 208 S. m.Abb. = Ein Dokument Deutscher Kunst 1901-1976. Bd. 2
Enthält auf S. 65-85 m. Abb. das Kap. »Bildteppiche« (G. Reising).

[Kat. Ausst.] Kunsthandwerk und Industrieform des 19. und 20. Jahrhunderts. Staatliche Kunstsammlungen Dresden. Schloß Pillnitz. Dresden 1976. 169 S. m.Abb.
Behandelt auf S. 157-168 Textilien.

[Kat. Ausst.] Die Künstler der Mathildenhöhe. Hessisches Landesmuseum/Mathildenhöhe. Darmstadt 1976. 232 S. m.Abb. = Ein Dokument Deutscher Kunst 1901-1976. Bd. 4
Mit Textilien von P. Behrens, H. Christiansen, P. Huber, A. Müller, J. M. Olbrich.

Stamm Brigitte, Das Reformkleid in Deutschland. Diss. Phil. Berlin 1976. 225 S.

[Kat. Ausst.] Raoul Dufy. Créateur d'étoffes 1910-1930. Musée d'art moderne de la ville de Paris. Paris 1977. 66 S. m.Abb.

[Kat. Ausst.] Jugendstil. Europalia 1977. Palais des Beaux-Arts. Brüssel 1977. 317 S. m. Taf.
Auf S. 60-90 Tapisserien und Teppichentwürfe u. a. von H. Christiansen, O. Eckmann, P. Huber, W. Leistikow, H. Obrist.

[Kat. Ausst.] Elisabeth Kadow. Wandteppiche 1973-1977. Clemens-Sels-Museum. Neuss 1977. [s.p.] 30 S. m. 10 Farbtaf.

[Kat. Ausst.] Stoffe um 1900. Textilmuseum. Krefeld 1977. [s.p.] 76 S. m.Abb.

Mundt Barbara, [Kat. Ausst.] Metropolen machen Mode. Haute Couture der Zwanziger Jahre. Kunstgewerbemuseum. Berlin 1977. 146 S. m.Abb., 30 Taf.

Witt Cleo, [Kat. Ausst.] French Art Nouveau from English Collections. City of Bristol Museum and Art Gallery. Bristol 1977. 28 S. m.Abb.
Kat. Nr. 11-15 mit Stoffen von A. Mucha, G. de Feure u. a.

Brandon-Jones John u. a., [Kat. Ausst.] C. F. A. Voysey: architect and designer 1857-1941. Lund Humphries Art Gallery and Museums and The Royal Pavilion, Brighton. London 1978. 139 S. m.Abb.
Das Kap. »Pattern Design« enthält auch Textilien und Musterentwürfe (Nr. D 1-29, D 36-39, D 44-47) u. a. für Foxton, Liberty's, G. B. u. J. Baker und Thomas Wardle.

Delaunay Sonia, Nous irons jusqu'au soleil. Paris 1978. 225 S. m. 35 Abb. u. Taf.

Fanelli Giovanni u. Rosalia, [Kat. Ausst.] Il design del tessuto dall'Art Nouveau all'Art Deco. Museo del Tessuto, Prato. Florenz 1978 = [Kat. Ausst.] 6. Biennale Internazionale della Grafica d'Arte. Bd. 1.

Gestaltendes Handwerk in Nordrhein-Westfalen. Düsseldorf 1978. 124 S. m. Abb.
Enthält auf S. 65-83 Textilien.

[Kat. Ausst.] Biennale der deutschen Tapisserie [Textilkunst]. Bd. 1. München 1978. Bd. 2. Osnabrück 1980. Bd. 3. Krefeld 1982. Bd. 4. Hamburg 1985. Bd. 5-6 –. Krefeld 1987-1989 –.
Überblick über die zeitgenössische deutsche Tapisseriekunst, mit Viten der Künstler.

[Kat. Ausst.] Zeitgenössisches deutsches und britisches Kunsthandwerk. Museum für Kunsthandwerk. Frankfurt a. M. 1978. 296 S. m. Abb.
Behandelt auf S. 95-131 u. 253-277 Textilien.

Thomé Jacqué Jacqueline, Chefs-d'oeuvre du Musée de l'Impression sur Étoffes, Mulhouse [Mülhausen, Elsaß]. Tokio 1978.

Wichmann Hans, Aufbruch zum neuen Wohnen. Deutsche Werkstätten und WK-Verband (1898-1970). Basel 1978. 431 S. m. Abb.
Behandelt auch Textilien u. a. von J. Hillerbrand, B. Senestréy, H. Sattler, L. Bertsch-Kampferseck, A. Niemeyer, E. Seyfried, E. Wenz-Viëtor, R. Riemerschmid.

Barten Sigrid, [Kat. Ausst.] William Morris 1834-1896. Persönlichkeit und Werk. Museum Bellerive. Zürich 1979. 76 S. m. Abb.
Enthält auch Textilentwürfe.

125 Jahre Textilausbildungsstätten in Münchberg. 1854-1979. [Münchberg] 1979. 39 S. m. Abb.

Hawkins Jennifer u. Marianne Hollis (Hrsg.), [Kat. Ausst.] Thirties. British art and design before the war. Hayward Gallery. London 1979. 320 S. m. Abb.
Enthält auf S. 87-92 das Kapitel »Carpets and furnishing textiles« sowie im Katalog einzelne Textilien aus dem Besitz des Victoria and Albert Museum, London.

[Kat. Ausst.] Moderne Hollandsk Tekstilkunst og Glas. Kunstindustrimuseet. Kopenhagen 1979. 59 S. m. Abb.
Künstler mit ausführlichen Viten.

Martin Edna u. Sydhoff Beate, Svensk textilkonst. Swedish Textile Art. Stockholm 1979.
Vor allem textile Kunstobjekte.

Spielmann Heinz u. a., [Kat. Mus.] Die Jugendstil-Sammlung. Bd. 1: Künstler A-F. Museum für Kunst und Gewerbe. Hamburg 1979. 493 S. m. Abb.
Erster der auf drei Bände Umfang geplanten, alphabetischen Bestandskataloge; Textilien von P. Behrens, E. Bernard, I. u. C. Brinckmann, L. P. Butterfield, H. Christiansen, E. Colonna, W. Crane, C. O. Czeschka, L. F. Day, Dunsky, O. Eckmann, A. Endell, G. de Feure.

Völker Angela, [Kat. Ausst.] Textilkunst aus Österreich 1900-1979. Schloß Halbturn. Eisenstadt 1979. 111 S. m. Abb.
Tapisserien.

Wichmann Hans, [Kat. Ausst.] Drehpunkt 1930. BMW-Museum. München 1979. 84 S. m. Abb.
Auf S. 19, 45, 72 Textilien behandelt.

Branzi Andrea u. Michele De Lucchi (Hrsg.), Il Design Italiano degli Anni '50. Mailand 1980. 312 S. m. Abb.
Zeigt auf S. 178-183 Textilien.

Garner Philippe, The Contemporary Decorative Arts from 1940 to the Present Day. Oxford 1980.
Textilien auf S. 136-143 m. Abb.

Grönwoldt Ruth, [Kat. Ausst.] Art Nouveau. Textil-Dekor um 1900. Württembergisches Landesmuseum. Stuttgart 1980. 317 S. m. Abb.
Behandelt: England, Frankreich, Österreich, Deutschland. Grundlegende Arbeit.

Jeanneau Thérèse (Hrsg.), [Kat. Ausst.] Mariano Fortuny 1871-1949. Musée Historique des Tissus. Lyon 1980. 116 S. m. Abb.

[Kat. Ausst.] Art Nouveau Belgique. Palais des Beaux-Arts. Brüssel 1980. 481 S. m. Abb. u. Taf.
Tapisserien auf S. 140-145, 307-311.

Liebig Klaus, [Kat. Ausst.] Else Bechteler [Bildwebereien]. Werkraum Godula Buchholz, Pullach. München 1980. 4 Bll. m. Abb.

Wichmann Hans, [Kat. Ausst.] Textilien. Silbergeräte. Bücher. Eine Auswahl aus den verborgenen Depots. Die Neue Sammlung. München 1980. 38 S. m. 9 S. Abb. = Zeugnisse. 1.

Constantine Mildred u. Jack Lenor Larsen, The Art Fabric: mainstream. New York u. a. [1981]. 272 S. m. Abb.
Enthält vorwiegend textile Kunstobjekte.

Fairclough Oliver u. Emmeline Leary, Textiles by William Morris and Morris & Co. London 1981. 117 S. m. Abb.

[Kat.] William Morris & Kelmscott. The Design Council. London 1981. 190 S. m. Abb.
Behandelt Textilien auf S. 104-123 u. 140-147.

[Kat. Ausst.] Ida Kerkovius 1879-1970. Galerie Orangerie-Reinz. Köln 1981. 95 S. m. Abb.
Enthält auch Teppichentwürfe.

[Kat. Ausst.] Französisches Kunsthandwerk heute. Overstolzenhaus. Köln 1981. 84 S. m. Abb.
Auf den S. 10-21 werden Textilien behandelt.

[Kat. Ausst.] Zeitgenössisches deutsches und niederländisches Kunsthandwerk. Triennale 1981. Museum für Kunsthandwerk. Frankfurt a. M. 1981. 414 S. m. Abb.
Textilien auf S. 115-161, 338-345.

[Kat. Ausst.] Jack Lenor Larsen: 30 Years of Creative Textiles. Musée des Arts Décoratifs. Paris 1981. [s. p.] 74 S. m. Abb.

[Kat. Ausst.] Manufactum 81. Kunsthalle Bielefeld. Düsseldorf 1981. 120 S. m. Abb.
Enthält auf S. 39-48 Textilien.

[Kat. Ausst.] Moderne Vergangenheit. Wien 1800-1900. Künstlerhaus. Wien 1981. 382 S. m. Abb.
Auf S. 193-203, 343-355 werden Textilien dargestellt.

[Kat. Mus.] Bauhaus Archiv Museum für Gestaltung. Berlin 1981, 2. Aufl. Berlin 1984. 308 S. m. Abb.
Auf S. 124-138 Kap. »Die Weberei«.

Larrabee Eric u. Massimo Vignelli, Knoll International. New York 1981. 307 S. m. Abb.
Auch die Textilien des Unternehmens werden erörtert.

Lynes Russel, More than meets the eye. The History and Collections of Cooper-Hewitt Museum. New York 1981. 159 S. m. Abb.
Textilien auf S. 73-93.

Mundt Barbara, Historismus. München 1981. 392 S. m. Abb.
Erörtert auf S. 133-148 Textilien.

Nauhaus Wilhelm, Die Burg Giebichenstein. Geschichte einer deutschen Kunstschule 1915-1933. Leipzig 1981. 159 S. m. Abb.
Innerhalb der Schulgeschichte werden auch die Textil-Werkstätte und ihre Leiter, u. a. Maria Likarz, Benita Otte und Johanna Schütz-Wolff besprochen.

Billcliff Roger, Mackintosh. Textile designs. London 1982. 80 S. m. Abb.

[Kat. Ausst.] Norwegen. Bildweberei und Email von der Jahrhundertwende bis zur Gegenwart. Münster 1982. 75 S. m. Abb.

[Kat. Ausst.] Richard Riemerschmid. Vom Jugendstil zum Werkbund. Stadtmuseum. München 1982. 546 S. m. Abb.
Behandelt Textilien und Tapeten auf S. 360-383 m. Abb.

MacFadden David Revere (Hrsg.), [Kat. Ausst.] Scandinavian Modern Design 1880-1980. Cooper-Hewitt Museum. New York 1982. 287 S. m. Abb.
Streift auch die skandinavischen Textilien (m. Kurzviten).

Schweiger Werner Joseph, Wiener Werkstätte. Kunst und Handwerk 1903-1932. Wien 1982. 285 S. m. Abb.
S. 220-245 über Textilien.

Wichmann Hans, [Kat. Ausst.] Donationen und Neuerwerbungen 1980/81. Die Neue Sammlung. München 1982. 59 S. m. Abb.
Auf S. 22-23 wird eine Auswahl neuerworbener Textilien behandelt.

Barten Sigrid, [Kat. Ausst.] Josef Hoffmann Wien. Jugendstil und Zwanziger Jahre. Kunstgewerbemuseum. Museum Bellerive. Zürich 1983. 144 S. m. Abb.
Erörtert auf S. 134-138 m. Abb. die Textilien des Künstlers.

Hiesinger Kathryn B. u. George H. Marcus, [Kat. Ausst.] Design since 1945. Philadelphia Museum of Art. London 1983. 251 S. m. Abb.
Enthält auf S. 173-179 die Abhandlung: J. L. Larsen »Textiles«; auf S. 180-196 m. Abb. internationale Textilien seit 1945; Entwerferviten.

[Kat. Ausst.] Design in America: the Cranbrook Vision 1925-1950. Detroit Institute of Arts. Metropolitan Museum of Art. Detroit/New York 1983.
Kapitel »Textiles« S. 173-211 m. Abb.

Parry Linda, William Morris – Textiles. London 1983, dt. Ausgabe m. d. Titel: William Morris. Textilkunst. Herford 1987. 191 S. m. Abb.

[Kat. Ausst.] Eduard Josef Wimmer-Wisgrill. Modeentwürfe 1912-1927. Hochschule für angewandte Kunst. Wien 1983.

Breuer Gerda, [Kat. Ausst.] Von der Künstlerseide zur Industriefotografie. Das Museum zwischen Jugendstil und Werkbund. Kaiser Wilhelm Museum. Krefeld 1984. 220 S. m. Abb. = Der Westdeutsche Impuls 1900-1914.
Enthält u. a. den Aufsatz: »Denecken und die Krefelder Textilindustrie« S. 89-104; S. 162-165 Verzeichnis der europäischen Textilbestände.

Kämpfer Fritz u. Klaus G. Beyer, Kunsthandwerk im Wandel. Aus dem Schaffen dreier Jahrzehnte in der Deutschen Demokratischen Republik. Berlin 1984. 280 S. m. Abb.
Textilien auf S. 227-272.

[Kat. Ausst.] Zeitgenössisches deutsches Kunsthandwerk. Triennale. Museum für Kunsthandwerk. Frankfurt a. M. 1984. 320 S. m. Abb.
Behandelt auf S. 182-235 Textilien.

[Kat. Ausst.] Katja Rose Weberei. Bauhaus Archiv. Berlin 1984. [s. p.] 30 S. m. Abb.
Schwerpunkt Bauhaustätigkeit.

[Kat. Ausst.] Textildesign 1934-1984 am Beispiel Stuttgarter Gardinen. Design Center. Stuttgart 1984. 120 S. m. Abb.

Neuwirth Waltraut, Wiener Werkstätte. Avantgarde, Art Déco, Industrial Design. Wien 1984. 240 S. m. Abb.
Mit Textilentwürfen u. a. von L. Blonder, J. Hoffmann, H. Jesser, C. Krenek, M. Likarz, D. Peche und E. J. Wimmer.

Rücker Elisabeth, [Kat. Ausst.] Wiener Charme. Mode 1914/15. Graphiken und Accessoires. Germanisches Nationalmuseum. Nürnberg 1984. 152 S. m. Abb. = Kataloge des Germanischen Nationalmuseums, Bestandsverzeichnisse der Bibliothek. 2.
Alle wichtigen Mitarbeiter der Wiener Werkstätte vertreten.

Völker Angela, [Kat. Ausst.] Wiener Mode und Modefotografie. Die Modeabteilung der Wiener Werkstätte 1911-1932. Österreichisches Museum für angewandte Kunst. München/Paris 1984. 283 S. m. 393 Abb.

Wichmann Siegfried, [Kat. Ausst.] Jugendstil. Floral. Funktional. Bayerisches Nationalmuseum. München 1984. 247 S. m. Abb.
Enthält Textilien von O. Eckmann, J. Hoffmann, K. Moser, H. Obrist und R. Riemerschmid.

Boman Monica (Hrsg.), Design in Sweden. The Swedish Institute. Uddevalla 1985.
Behandelt auf S. 63-66 Textilien und Tapeten.

Gmeiner Astrid u. Gottfried Pirhofer, Der Österreichische Werkbund. Salzburg/Wien 1985. 258 S. m. Abb.
Enthält auch Textilien.

[Kat. Ausst.] Design. Design Center. Stockholm 1985. 88 S. m. Abb.
Enthält auch schwedische Stoffe.

[Kat. Ausst.] Traum und Wirklichkeit. Wien 1870-1930. Historisches Museum, Künstlerhaus. Wien 1985. 801 S. m. Abb.
Textilien der Wiener Werkstätte auf S. 395-404 (ohne Abb.).

Panzini Franco, [Kat. Ausst.] La tessitura del Bauhaus 1919-1933 nelle collezioni della Repubblica Democratica Tedesca. Palazzo Ducale di Pesaro. Venedig 1985. 95 S. m. Abb.

Thomas Mienke Simon u. a., Textile: [Kat. Ausst.] Industry & Design in The Netherlands 1850/1950. Stedelijk Museum. Amsterdam 1985, 79-111 m. Abb.
Knappe Einführung in die historische Entwicklung der niederländischen Textilindustrie von 1850-1950 am Beispiel der Firmen P. F. van Vlissingen & Co. (Baumwolldruckstoffe), Linnenfabrieken E. J. F. van Dissel en Zonen sowie de Ploeg u. a.

Weber Nicholas Fox, [Kat. Ausst.] The Woven and Graphic Art of Anni Albers. Renwick Gallery of the National Museum of American Art, Smithsonian Institution. Washington D. C. 1985. 140 S.

Wichmann Hans, Industrial Design. Unikate. Serienerzeugnisse. Die Neue Sammlung. Ein neuer Museumstyp des 20. Jahrhunderts. München 1985. 523 S. m. Abb.
Auf S. 176-189 sind exemplarisch die Textilbestände des Museum mit 38 Abb. behandelt.

Zimmermann-Degen Margret, Hans Christiansen. Bd. 1. Königstein i. T. 1985. 192 S. m. Abb.
Erörtert Textilien auf S. 50-73.

Fanelli Giovanni u. Rosalia, Il tessuto art nouveau. Florenz 1986. 318 S. m. Abb.
Grundlegende Arbeit. Vgl. auch die vorangehende Publikation: Fanelli G. u. R., Il tessuto moderno, 1880-1940. Florenz 1976.

Fanelli Giovanni u. Rosalia, Il tessuto art deco e anni trenta. Florenz 1986. 310 S. m. Abb.
Grundlegend und für die Textilforschung unentbehrlich.

Garnier Guillaume, [Kat. Ausst.] Paul Poiret et Nicole Groult, maîtres de la mode de l'art déco. Musée de la Mode et du Costume de la Ville de Paris. Paris 1986. 247 S. m. Abb.

[Kat. Ausst.] Bundespreis Gute Form 1985/86. Kreatives Textildesign für den Raum. Rat für Formgebung. Haus Industrieform, Essen. Darmstadt 1986. 72 S. m. Abb.

[Kat. Ausst.] Hommage à Jean Lurçat. Deutsches Museum. München 1986. [s. p.] 20 S. m. Abb.
Die Wanderausstellung anläßlich des 20. Todesjahres von Jean Lurçat zeigte u. a. achtzehn seiner Tapisserien.

[Kat. Firma] Phenomenon Marimekko. Helsinki 1986. 146 S. m. Abb.

[Kat. Ausst.] Johanna Schütz-Wolff. 1895-1965. Bildwirkereien, Holzschnitte, Monotypien. Akademie der Schönen Künste. München 1986. 24 Bll.

Kircher Ursula, Von Hand gewebt. Eine Entwicklungsgeschichte der Handweberei im 20. Jahrhundert. Marburg 1986. 223 S. m. Abb.

Radewaldt Ingrid, Bauhaustextilien 1919-1933. Phil. Diss. Universität Hamburg 1986.

Weisberg Gabriel P., Art Nouveau Bing. Paris Style 1900. New York 1986. 295 S. m. Abb.
Begleitbuch der vom Smithsonian Institution, Washington D. C., durchgeführten Wanderausstellung in den USA; enthält auch Textilien.

Wichmann Hans, [Kat. Ausst.] Donationen und Neuerwerbungen 1982/83. Die Neue Sammlung. München 1986. 90 S. m. Abb.
Auf den S. 26-27 eine Auswahl neuerworbener Textilien verzeichnet.

Barten Sigrid, [Kat. Ausst.] Sonia Delaunay 1885-1979. Museum Bellerive. Zürich 1987. 157 S. m. Abb.
Behandelt auch zahlreiche Stoffe und Modeentwürfe.

Franzke Irmela, Bestandskatalog Jugendstil. Badisches Landesmuseum. Karlsruhe 1987. 382 S. m. Abb.
Auf S. 104-119, Nr. 63-77, und S. 308-312, Nr. 269-289, werden Textilien behandelt.

[Kat. Ausst.] British Design. Konstindustri och design 1851-1987. Nationalmuseum. Stockholm 1987. 111 S. m. Abb.
Enthält Textilien u. a. von Liberty, W. Morris, C. F. A. Voysey.

[Kat. Ausst.] Design Textile Scandinave 1950/1985. Musée de l'Impression sur Étoffes. Mülhausen 1987. 81 S. m. Abb.

[Kat. Ausst.] Gunta Stölzl. Weberei am Bauhaus und aus eigener Werkstatt. Bauhaus Archiv. Berlin 1987. 174 S. m. Abb.

[Kat. Ausst.] Zeitgenössisches deutsches und finnisches Kunsthandwerk. Museum für Kunsthandwerk. Frankfurt a. M. 1987.
Textilien auf S. 197-253, 361-385.

Kerkuliet Gerard u. Willem van Well Groeneveld (Hrsg.), Industrial Design in Practice. Akademie Industriele Vormgeving Eindhoven. Interieurs with former academy students. Eindhoven 1987. 184 S. m. Abb.
Behandelt u. a. die Entwerferinnen José de Pauw und Marja Oosthoek.

Magnesi Pinuccia, Tessuti d'Autore degli anni Cinquanta. Turin 1987. 109 S. m. Abb.
Zeigt Textilien u. a. von A. Aalto, F. Cheti, E. Carmi, R. Crippa, G. Dova, S. Fiume, L. Fontana, E. Luzzati, G. Ponti, E. Sottsass, R. Sambonet.

Mathias Martine u. a., Le Corbusier Oeuvre Tissé. Paris 1987. 103 S. m. Abb.

Mendes Valerie D. u. Frances M. Hinchcliffe, [Kat. Ausst.] Zika and Lida Ascher. Fabric, art, fashion. Victoria and Albert Museum. London 1987. 260 S. m. Abb.
Bildet Textilien der Mode- und Textilfirma Ascher ab, entworfen von Henry Moore, Feliks Topolski u. a.

Noever Peter u. Oswald Oberhuber (Hrsg.), [Kat. Ausst.] Josef Hoffmann. Ornament zwischen Hoffnung und Verbrechen. Österreichisches Museum für angewandte Kunst. Hochschule für angewandte Kunst. Wien 1987. 383 S. m. Abb.
Textilien: Kat. Nr. T 1-52, S. 324-326.

Pausa. Zeit-Stoff. Mössingen [1987]. [s. p.] 57 Bll.
Firmen-Monographie über Gestalter und histor. Entwicklung des Textil-Unternehmens.

Varnedoe Kirk, Wien 1900. Kunst. Architektur. Design. Köln 1987. 255 S. m. Abb.
Deutsche Ausgabe des Ausst. Kat. des Museum of Modern Art, New York 1986. Das Kapitel »Design« (S. 78 ff.) enthält auch Textilien bzw. Textilentwürfe von K. Moser, O. Wagner, J. Hoffmann, A. Nechansky, D. Peche, J. Wimmer, R. Oerley, K. J. Benirschke.

Bauhaus Archiv (Hrsg.), [Kat. Ausst.] Experiment Bauhaus. Berlin 1988. 428 S. m. Abb.
Darin auf S. 73-97 m. Abb.: Droste Magdalena, Die Werkstatt für Weberei.

Duncan Alastair, Encyclopedia of Art Deco. London 1988. 192 S. m. Abb.
Textilien auf S. 170-185.

Hiesinger Kathryn Bloom (Hrsg.), [Kat. Ausst.] Art Nouveau in Munich. Masters of Jugendstil. (dt. Ausgabe: Die Meister des Münchner Jugendstils). Philadelphia Museum of Art. München 1988. 177 S. m. Abb.
Bei P. Behrens, M. v. Brauchitsch, O. Eckmann, H. Obrist, R. Riemerschmid werden auch Textilien behandelt.

[Kat. Ausst.] Bauhaus 1919-1933. Meister- und Schülerarbeiten. Dessau, Weimar, Berlin. Kunstgewerbemuseum. Zürich 1988. 195 S. m. Abb. = Wegleitung. 367.
Mit Arbeiten aus der Weberei-Werkstatt von R. Hollos, B. Koch-Otte, A. Roghé, G. Stölzl u. a.

Olgers Karla u. Caroline Boot, [Kat. Ausst.] Bauhaus. De weverij. Nederlands Textielmuseum. Tilburg 1988.

Parry Linda, Textiles of the Arts and Crafts Movement. London 1988. 160 S. m. Abb.

Wichmann Hans, [Kat. Ausst.] Donationen und Neuerwerbungen 1984/85. Die Neue Sammlung. München 1988. 129 S. m. Abb.
Auf S. 126-128 eine Auswahl neuerworbener Textilien verzeichnet.

Bouillon Jean Paul, Art Déco 1903-1940. Genf 1989. 271 S. m. Abb.
Behandelt S. 85 ff. »Die Mode dringt in die Kunstwelt ein«. Das auch zur Ornamentfrage des 20. Jh. wichtige Werk wurde erst nach Abfassung der Texte bekannt. Es versachlicht die polare Diskussion zur Fragen des Schmuckes und der sogen. »Sachlichkeit«.

[Kat. Ausst.] L'Art Déco en Europa. Tendances décoratives dans les arts appliqués vers 1925. Palais des Beaux-Arts. Brüssel 1989. XXI, 285 S. m. Abb.
Enthält auch einige Textilien.

[Kat. Ausst.] Bauhaus Weimar, 1919-1925. Werkstattarbeiten. Kunstsammlungen. Weimar 1989. 104 S. m. Abb.
Textilien von L. Beyer, K. Jungnik, B. (Koch-)Otte, A. Roghé, G. Stölzl auf S. 37-47 u. a. O.

[Kat. Ausst.] Frauen im Design. Berufsbilder und Lebenswege seit 1900. Bd. 1-2. Design Center. Stuttgart 1989.
Auf S. 174-202 das Kapitel »Beruf: Kunstgewerblerin. Frauen in Kunsthandwerk und Design 1890-1933« (M. Droste); berücksichtigt auch Textilentwerferinnen, u. a. A. Albers, O. Berger, R. H. Geyer-Raack, G. Stölzl.

Smith Greg u. Sarah Hyde (Hrsg.), [Kat. Ausst.] Walter Crane, 1845-1915: artist, designer and socialist. Whitworth Art Gallery, University of Manchester. London 1989. 151 S. m. Abb.
Textilien auf S. 124-128 sowie im Kap. »Walter Crane as a Pattern Designer« (Jennifer Harris) S. 38-46.

Wright Susan M. (Hrsg.), The Decorative Arts in the Victorian Period. London 1989. 103 S. m. Abb. = The Society of Antiquaries of London, Occasional Paper (New Series). XII.
Enthält u. a. auf S. 82-88 m. Abb. das Kap. »Textiles and Wallpapers by the Silver Studio, 1880-1900« (Mark Turner).

Zeitschriftenartikel

(chronologisch geordnet)

Vallance Aymer, The Arts and Crafts Exhibition 1893: embroideries, textiles, and wall-papers: The Studio 1894, Nr. 2, 18-27 m. Abb.

Cox Mabel, Arts and crafts workers, IV: Sir Thomas Wardle and the art of dyeing and printing: The Artist 1897, Bd. 19, 211-218 m. Abb.

Logan Mary, Hermann Obrist's embroidered decorations: The Studio 1897, Nr. 9, 98-105 m. Abb.

Mourey Gabriel, The decorative art movement in Paris: The Studio 1897, Nr. 10, 119-126 m. Abb.

Endell August, Formen-Schönheit und dekorative Kunst: Dekorative Kunst 2, 1898, 119-125 m. Abb.

Verneuil Maurice Pillard, Les applications d'étoffes: Art et Décoration 1898, Bd. 3, 11-21 m. Abb.

[Dresser Christopher], The Work of Christopher Dresser: The Studio 1899, Nr. 15, 104-114 m. Abb.
S. 107-109 Stoff- und Teppichentwürfe.

Vallance Aymer, Mr. Arthur H. Mackmurdo and the Century Guild: The Studio 1899, Nr. 16, 183-192 m. Abb.
Bildet zwei von Mackmurdo entworfene Stoffe ab.

Calmettes Fernand, L'Exposition universelle de 1900: les tissus d'art: La Revue de l'Art 8, 1900, 237 ff., 333 ff., 405 ff.

Pit Adriaan, Holländische Batiks: Dekorative Kunst 3, 1900, Bd. 2, 223-228 m. Abb.

Verneuil Maurice Pillard, Les étoffes tissées et les tapisseries à l'Exposition: Art et Décoration 1900, Bd. 8, 111-128 m. Abb.

Muthesius Hermann, Krefelder Künstlerseide: Dekorative Kunst 4, 1901, Bd. 4, 477-488 m. Abb.
Arbeiten von Patriz Huber und Otto Eckmann.

Velde Maria van de, Sonderausstellung moderner Damenkostüme, Krefeld 1900: Dekorative Kunst 4, 1901, Bd. 4, 41-47 m. Abb.
Mit Entwürfen von Henry van de Velde und Margarethe von Brauchitsch.

Margarethe von Brauchitsch: Dekorative Kunst 5, 1902, Bd. 6, 258-261 m. Abb.
Stoffe und Stoffentwürfe mit Maschinenstickerei.

Dreger Moriz, Die Textilausstellung des Leipziger Kunstgewebemuseums: Kunst u. Handwerk 1902, 169-176 m. Abb.

Velde Henry van de, Das neue Kunst-Prinzip in der modernen Frauen-Kleidung: Deutsche Kunst u. Dekoration 1902, Bd. 10, 363-386 m. Abb.

Verneuil Maurice Pillard, Étoffes et tapis de Koloman Moser: Art et Décoration 1902, Bd. 2, 113-116 m. Abb.

Die Neue Frauentracht: Dekorative Kunst 6, 1903, Bd. 8, 76-79 m. Abb.
U. a. Stoffentwurf von Koloman Moser.

Künstlerseide von Deuss & Oetker in Krefeld: Dekorative Kunst 6, 1903, Bd. 8, 59-62 m. Abb.
U. a. mit Entwürfen von O. Gussmann, H. v. d. Velde, G. de Feure, A. Mohrbutter, C. Voss, O. Eckmann.

Schultze-Naumburg Paul, Die Bewegung zur Bildung einer neuen Frauentracht: Dekorative Kunst 6, 1903, Bd. 8, 63-68 m. Abb.
Entwürfe von M. v. Brauchitsch u. a.

Konody Paul George, Die Tapeten und Stoffmuster des Harry Napper: Kunst u. Kunsthandwerk 7, 1904, 159-169 m. Abb.

Die neuen Stickereien von Margarethe von Brauchitsch: Dekorative Kunst 7, 1904, Bd. 10, 77-79 m. Abb.

Zuckerkandl B., Koloman Moser: Dekorative Kunst 7, 1904, Bd. 10, 329-344, 345-357 [zusätzl. Abb.]
Enthält auch Textilien.

Dresdner Kunstgewerbe. Spielzeug, Metall- und Textilarbeiten: Dekorative Kunst 8, 1905, Bd. 12, 41-48 m. Abb.

Moderne Wiener Möbelstoffe: Dekorative Kunst 8, 1905, Bd. 12, 238-239 m. Abb.
Entwürfe von M. Ziegler.

Neue Stickereien von Margarethe von Brauchitsch: Dekorative Kunst 8, 1905, Bd. 12, 19-24 m. Abb.

Schulze Paul, Moderne Möbelstoffe: Innen-Dekoration 17, 1906, 192-193 m. Abb.

Lux Joseph August, Mode und Handarbeit: Gewebe und Stickereien, Vorhänge und Teppiche: Hohe Warte 3, 1906/07, 293-294 m. Abb.

Neue Arbeiten von Margarethe von Brauchitsch: Dekorative Kunst 10, 1907, Bd. 16, 118-119 m. Abb.

Scheffler Karl, Adalbert Niemeyer: Dekorative Kunst 10, 1907, Bd. 16, 488-504 m. Abb.
Enthält auch Stoffentwürfe.

Schulze Otto, Neue Stickereien von Margarethe von Brauchitsch: Deutsche Kunst u. Dekoration 11, 1908, Bd. 21, 30-33 m. Abb.

Schulze Paul, Neue Seidenstoffe für Innendekoration: Dekorative Kunst 11, 1908, Bd. 18, 322-324 m. Abb.
Neue Krefelder Seidenstoffe.

Breuer Robert, Deutsche Werkstätten für Handwerkskunst: Deutsche Kunst u. Dekoration 12, 1909, Bd. 20, 165-181 m. Abb.
Auch Textilien behandelt.

Michel Wilhelm, Vereinigte Deutsche Werkstätten für Handwerkskunst: Dekorative Kunst 12, 1909, Bd. 20, 425-447 m. Abb.
Auch Textilien erwähnt.

Eine Ausstellung österreichischer Kunstgewerbe: Dekorative Kunst 13, 1910, Bd. 22, 261-281 m. Abb.
Mit Entwürfen von O. Prutscher, F. Delavilla, J. Hoffmann, H. Geiringer, L. Fochler, K. Witzmann, F. Jakobsen, G. Schütz, M. Feldkircher; Hersteller u. a.: Backhausen & Söhne, Herrburger & Rhomberg.

Karl Bertsch und die Deutschen Werkstätten: Dekorative Kunst 13, 1910, Bd. 22, 418-429 m. Abb.
Mit Tischdecken, Stickereien.

Brachvogel Carry, Ausstellung neuer Stickereien in den Vereinigten Werkstätten: Dekorative Kunst 13, 1910, Bd. 22, 25-34 m. Abb.
U. a. von M. v. Brauchitsch.

Guillemot Maurice, L'exposition des arts de la femme au Musée des Arts Décoratifs: Art et Décoration 1911, Bd. 29, 137-156 m. Abb.

Levetus A. S., Schools for Weaving in Austria: The Studio 1912, Nr. 54, 130-139 m. Abb.
Stoffentwürfe von Studenten an österr. Textilschulen, u. a. Wien, Klasse Prof. Stanzel.

Pechmann G. von, Die Deutschen Werkstätten für Handwerkskunst GmbH in München: Dekorative Kunst 15, 1912, Bd. 26, 217-224 m. Abb. bis 244.
Auch Textilien behandelt.

Verneuil Maurice Pillard, Toiles imprimées nouvelles: Art et Décoration 1912, Bd. 31, 13-24 m. Abb.

Ausstellung Österreichisches Kunstgewerbe 1913-14: Kollektivausstellung textiler Arbeiten von Rosalia Rothansle, Else Stübchen-Kirchner, Anton Hofer und Tini Spira: Kunst u. Kunsthandwerk 16, 1913, 641 ff. m. Abb.

[Textilentwürfe von Minna Vollnhals]: Dekorative Kunst 16, 1913, Bd. 28, 336 m. Abb.

Muthesius Hermann, Deutsche Mode: Der Kunstwart 1914/15, 205-208 m. Abb.

[Textilentwürfe von A. Niemeyer]: Kunst u. Handwerk 1915, 231-234 m. Abb.

Eisler Max, Die Wiener Modeausstellung: Dekorative Kunst 19, 1916, Bd. 34, 229-240 m. Abb.
Mit Arbeiten von M. Köhler, E. Stübchen-Kirchner, M. Bernhuber, E. Zweybrück-Prochaska, F. Jakobson.

Fischel Hartwig, Modeausstellung im Österreichischen Museum: Kunst u. Kunsthandwerk 19, 1916, 69 ff. m. Abb.

Neumann Karl, Die Mechanische Seidenweberei Michels & Cie, in Nowawes bei Potsdam: Dekorative Kunst 19, 1916, Bd. 34, 190-194 m. Abb.

Westheim Paul, Wiener Mode: Dekorative Kunst 19, 1916, Bd. 34, 123-129 m. Abb.
Mit Entwürfen von L. Blonder, F. Löw, C. O. Czeschka, J. Hoffmann; Ausführung Wiener Werkstätte.

Neue Stoffe für Raumkunst: Dekorative Kunst 20, 1917, Bd. 36, 328-331 m. Abb.
Mit Entwürfen von E. Kleinhempel, H. Michel-Koch, A. Müller, V. Peter, H. Geiringer.

Dufy Raoul, Les tissus imprimés: L'Amour de l'Art 1, 1920, 18-19 m. Abb.

Karlinger Hans, Handarbeiten von Luise Pollitzer: Dekorative Kunst 24, 1921, Bd. 44, 99-100 m. Abb.
Perl-, Tüll- und Seidenstickereien.

München: Deutsche Kunst u. Dekoration 1921/22, Bd. 49, 335-349 m. Abb.
Handgeknüpfte Teppiche von M. Mack erwähnt.

Die Form 1, 1922, H. 5, 1-41 m. Abb.
Das Heft ist Modefragen gewidmet. Es enthält folgende Aufsätze: Riezler W., Der Sinn der Mode; Reith L., Modefragen; Lisker R., Woran liegt's?; Schnelte M., Hand- und Maschinenspitze; Hoffmann J., Über Möglichkeit und Pflicht des Echtfärbens; Lisker R., Blaudruck; Lill G., Batikarbeiten.

Popp Josef, Die »Deutschen Werkstätten« auf der deutschen Gewerbeschau: Deutsche Kunst u. Dekoration 1922/23, Bd. 51, 99-102 m. Abb.
»Stoffbühne« von E. Wenz-Viëtor.

Clouzot Henri, Le décor de la soie au Musée Galliera: La Soierie de Lyon 6, 1923, 109-118 m. Abb.

Clouzot Henri, Le tissage à la main dans les textiles: La Renaissance de l'Art Français 6, 1923, 551-557 m. Abb.

Lang, Neue Dekorationsstoffe: Innen-Dekoration 35, 1924, 363-365 m. Abb.
Über Textilien der Firma Hahn und Bach, München.

Weber Marcel, Les tapis de Da Silva Bruhns: Art et Décoration 1924, Bd. 2, 65-72 m. Abb.

Benoist Luc, Un atelier moderne de décor textile: Art et Décoration 1925, Bd. 1, 23-28 m. Abb.

Colette, Les tissus de Rodier: Art et Industrie 1925, 51-53 m. Abb.

Henriot Gabriele, Soieries modernes de Cornille Frères: Mobilier et Décoration d'Intérieur 1925, 146-150 m. Abb.

Lahalle P., Les soieries modernes de Bianchini-Férier: Mobilier et Décoration d'Intérieur 1925, 24-29 m. Abb.

Benoist Luc, Les tissus de Sonia Delaunay: Art et Décoration 1926, Bd. 2, 142-144 m. Abb.

Die Form 1, 1926, H. 14, 305-328 m. Abb.
Das Heft beschäftigt sich mit Fragen der Mode und enthält folgende Aufsätze: Zeitlin L., Mode und Wirtschaft; Hinz M., Bekleidungskunst; Lutz F. A., Die Lipperheidesche Kostümbibliothek; Hinz M., Die Mode und ihre Requisiten; Lutz F. A., Der Modezeichner; Spitzen.

Moussinac Léon, Le décor et le costume au cinéma: Art et Décoration 1926, Bd. 2, 129-139 m. Abb.

Wainwright Shirley Benjamin, Modern printed textiles: The Studio 1926, Nr. 91/92, 394-400 m. Abb.

Algoud Henri, L'oeuvre de Karbowski en soieries à décor moderne: La Soierie de Lyon 10, 1927, 180-189 m. Abb.

Clouzot Henri, L'art de la soie au Musée Galliera, II. L'art moderne de la soie: La Renaissance de l'Art Français 10, 1927, 378-384 m. Abb.

Dormoy M., Les tissus de Sonia Delaunay: L'amour de l'art 8, 1927, 97-98 m. Abb.

Die Form 2, 1927, H. 3, 65-94 m. Abb.
Beschäftigt sich mit Textilien. Enthält folgende Aufsätze: Lotz W., Stoff und Kleid; Raemisch E., Die deutsche Seidenindustrie; Weltzien W., Alte und neue Farbprobleme; Riezler W., Die Frage nach der Gültigkeit der Ostwaldschen Farbenlehre; Peltzer A., Krefelder Seidensamt; Keiper W., Das Bedrucken von Stoffen; Oppenheimer A., Die Ausbildung des Nachwuchses . . .; Meißner E., Kunstschutz auf Textilmuster.

Gallotti Jean, Les salons d'une maison de couture: Art et Décoration 1927, Bd. 1, 91-96 m. Abb.

Henriot Gabriele, Tapis de Da Silva Bruhns: Mobilier et Décoration d'Intérieur 1927, 113-124 m. Abb.

Henriot Gabriele, Les tissus d'ameublement de Rodier: Mobilier et Décoration d'Intérieur 1927, 12-17 m. Abb.

Lahalle P., Les tissus de vitrages de Rodier: Mobilier et Décoration d'Intérieur 1927, 75-79 m. Abb.

Neue Stoffe der Deutschen Werkstätten AG: Deutsche Kunst u. Dekoration 31, 1927, Bd. 61, 316-319 m. Abb.

Henriot Gabriele, Au Musée Galliera, la toile imprimée et la papier peint: Mobilier et Décoration d'Intérieur 1928, 164-174 m. Abb.

Dane M., English textiles of modern design: The Studio 1929, Nr. 98, 489-494 m. Abb.

Delius Rudolf, Neue Arbeiten der Deutschen Werkstätten: Dekorative Kunst 32, 1929, Bd. 60, 142-146 m. Abb.
Auch Textilien behandelt.

[Gobelin-Entwurf von E. Böhm]: Jahrbuch der Deutschen Werkstätten 1929, 33 m. Abb.

[Bildbericht über Druckstoffe nach Entwürfen von J. Hillerbrand]: Deutsche Kunst u. Dekoration 33, 1930, 326-334 m. Abb.

Rémon Georges, Nouvelles conceptions du tapis moderne: Mobilier et Décoration d'Intérieur 1930, 199-204 m.Abb.

Rémon Georges, Étoffes d'ameublement: le tissu Baltiss: Mobilier et Décoration d'Intérieur 1930, 174-176 m.Abb.

Rémon Georges, Vitrages et stores modernes: tissus crées par Henri Rault: Mobilier et Décoration d'Intérieur 1930, 146-147 m.Abb.

Les tissus à la mode: Art et Industrie, 1930, Bd. 6, 29-32 m.Abb.

Bonney Louise, Modern fabrics: leading designs and materials at the International Exhibition of the American Federation of Arts: The Studio 1931, Nr.101, 256-261 m.Abb.
Stoffe von Doris Gregg, Jean Lurçat, Maria May, Ruth Reeves u.a.

Clouzot Henri, Un dessinateur de soieries: Michel Dubost: Art et Industrie, 1931, Bd.8, 19-22 m.Abb.

Modern luxury in silks: the designs of Guido Ravasi: The Studio 1931, Nr.101, 262-265 m.Abb.
Seidenstoffe u.a. für den Papst und Mussolini.

J.Hillerbrand. Bedruckte Dekorationsstoffe: Dekorative Kunst 35, 1932, Bd.66, 194-196 [nur] Abb.

Fine craftmanship: The Studio 1933, Nr.106, 177-181 m.Abb.
Teppichentwürfe für Aubusson u.a. von Jean Lurçat und Joan Miró.

Fine craftmanship, furnishing textiles: The Studio 1933, Nr.106, 239-248 m.Abb.
Enthält zeitgen. englische Textilien.

Lisker Richard, Über gewebte Stoffe: Die Form 8, 1933, H.3, 65-70 m.Abb.

Stoffe italiane »Tutta seta«: Domus 6, 1933, 551 ff. m.Abb.

I tessuti italiani alla Triennale: Domus 6, 1933, 243-245 m.Abb.

Weech Sigmund von, Handwerk und Maschine in der Weberei: Die Form 8, 1933, H.3, 75-80 m.Abb.

Biggs E.J., A Swedish textile designer: Astrid Sampe: The Studio 1935, Nr.110, 162-164 m.Abb.

Breuer Robert, »Dewetex«: Innendekoration 46, 1935, 5, 169-173 m.Abb.

Cogniat Raymond, Tapis récents d'Ivan Da Silva Bruhns: Art et Décoration 1935, Bd.2, 419-423 m.Abb.

Tessuti italiani di seta: Domus 8, 1935, Dez.-H., 36-37 m.Abb.

Dekorationsstoffe der Deutschen Werkstätten: Die Kunst 37, 1936, Bd.74, 229-230 m.Abb.
Entwürfe von Josef Hillerbrand.

Kiener Hans, Die Neue Sammlung. In: ders., Kunstbetrachtungen. Ausgewählte Aufsätze. München 1937, 280-287 m.Abb.
Erstmals in: Kunst und Handwerk 1926, 57-66 m.Abb. – Behandelt auch die Textilien.

Hellwang Fritz, Zu den Arbeiten der Handweberei Hablik-Lindemann, Itzehoe: Dekorative Kunst 39, 1938, Bd.78, 47-48 m.Abb.

Arbeiten der Handweberei Hablik-Lindemann, Itzehoe: Dekorative Kunst 40, 1939, Bd.80, 108-110 m.Abb.

Nannen, Farbige Vorhänge im Raum: Dekorative Kunst 40, 1939, Bd.80, 233-235 m.Abb.

Schilling M.H., Neue Dekorationsstoffe der Stuttgarter Gardinenfabrik: Die Kunst 41, 1940, 156-158 m.Abb.
Entwürfe von Margret Hildebrand.

Lisbet Hablik-Lindemann zu ihren Arbeiten: Die Kunst 42, 1941, 140-144 m.Abb.

Pechmann G.v., Neue Stoffmuster von Josef Hillerbrand für die Deutsche-Werkstätten-Textilgesellschaft Dresden: Die Kunst 42, 1941, 56-61 m.Abb.

Grote Ludwig, Die Schule des neuen Bauens: Die Kunst u. das schöne Heim 47, 1949, 185-187 m.Abb.
Decke in Flachwebereitechnik von Gunta Stölzl.

Carrington Noel u. Muriel Harris, The British contribution to industrial art 1851-1951: Design (London) 1951, Nr.29/30, 2-6; Nr.31, 2-7 m.Abb.
Behandelt auch Stoffe u.a. von Foxton.

MacDonald William B., Molekülstrukturen als Stoffmuster: Graphis 1951, Nr.35, 188-189 m.Abb.

Neuzeitliche künstlerische Vorhangstoffe, entworfen von Margret Hildebrand, Herrenberg: Architektur u. Wohnform 59, 1951, H.1, 22-23 m.Abb.

Hanow Eduard W., Beschwingte Linien – frohe Farben. Neue Vorhangstoffe entworfen von Tea Ernst, Bielefeld: Architektur u. Wohnform 60, 1952, H.6, 212-215 m.Abb.

Reilly Paul, Royal patrons of design: Design (London) 1952, Nr.38, 20-21 m.Abb.
Textilien von Viola Gråsten, Nordiska Kompaniet, im Auftrag von König Gustav VI. Adolf von Schweden.

Schirmer Erwin, Chintz-Dekorationsstoffe aus der Schweiz [Fa. Stoffel & Co.]: Architektur u. Wohnform 61, 1953, 70-72 m.Abb.

Farr Michael, Impressions from the ›Triennale‹: Design (London) 1954, Nr.72, 14-19 m.Abb.
Entwürfe von Corinne Steinrisser, E. Prampolini, Studio Ponti, Mora.

Farr Michael, Pattern out of texture: Design (London) 1954, Nr.64, 12-15 m.Abb.
Behandelt Möbelbezugsstoffe.

Hofmann Herbert, Neue Dewetex-Druckstoffe von Professor Josef Hillerbrand: Die Kunst u. das schöne Heim 52, 1954, 226-227 m.Abb.

Remszhardt Guido, Mode als Funktion und Form: Baukunst u. Werkform 52, 1954, H.6, 359-366 m.Abb.

Roehl Fritz Michael, Handgewebte Möbel- und Dekorationsstoffe der Handweberei Rohi, Geretsried bei Wolfratshausen/Obb.: Die Kunst u. das schöne Heim 52, 1954, 193-195 m.Abb.

New Sanderson patterns: Design (London) 1954, Nr.61, 7-10 m.Abb.
Stoffe und Tapeten von Arthur Sanderson & Sons Ltd.

New textiles from the Glasgow School: Design (London) 1954, Nr.71, 28-29 m.Abb.

Braun-Ronsdorf M., Handgewebte Damaste von Lisbeth Bissier: Die Kunst u. das schöne Heim 53, 1955, 64-67 m.Abb.

Gilboy Eric, A new approach to moquette: Design (London) 1955, Nr.73, 20-23 m.Abb.

Harbers, Neue Druckstoffe – Neue Vorhänge der Firma DeWeTex, Deutsche Werkstätten Textil GmbH, Wolfratshausen, Oberbayern: Die Kunst u. das schöne Heim 53, 1955, 468-469 m.Abb.
Entwürfe von J. Hillerbrand und E. Stohwasser-Bertsch.

Hofmann Herbert, Teppiche der Deutschen Werkstätten: Architektur u. Wohnform 63, 1955, 170-176 m.Abb.
U.a. Teppichentwürfe von E. Stohwasser.

Koch Alexander, Vier namhafte Textilgestalter zeigen neue Entwürfe: Architektur u. Wohnform 63, 1955, H.5, 220-228 m.Abb.
Entwürfe von M. Hildebrand, E. Kupferoth, T. Ernst, C. Fischer.

Leischner Margaret, Germany: Design (London) 1955, Nr.73, 41-44 m.Abb.
Enthält Entwürfe von M. Hildebrand.

A survey of textiles: Design (London) 1955, Nr.80, 16-31 m.Abb.
Stoffe von E. Kupferoth, L. Fontana, A. Sampe, C. Steinrisser u.a.

Neue Dekorationsstoffe: Baukunst u. Werkform 9, 1956, H.6, 336 m.Abb.
Textilentwürfe von Willi Baumeister für Pausa AG Mössingen.

Neue Dekorationsstoffe nach Entwürfen von Herrn Professor Willi Baumeister: Die Kunst u. das schöne Heim 54, 1956, 145-147 m.Abb.

Goldschmit Werner, Lisbeth und Julius Bissier: Werkkunst 18, 1956, H.1, 1-30 m.Abb. = Sonderheft Kunsthandwerkliche Werkstätten 1.

Hofmann Herbert, Möbel-Bezugsstoffe aus Wolle: Architektur u. Wohnform 64, 1956, H.1, 40-42 m.Abb.
Handweberei Rohi, Geretsried.

Schirmer Erwin, Vorhang und Tapete. Entwürfe von Elsbeth Kupferoth: Zeitschrift für Innendekoration 64, 1956, 160-161 m.Abb.

Neue Stoffe und Gardinen. Entwürfe von Stephan Eusemann: Die Kunst u. das schöne Heim 54, 1956, 24-25 m.Abb.

Blends and contrasts: Design (London) 1957, Nr.97, 34-38 m.Abb.
Stoffe von T. Reich und J. Frank.

Dam Asger, Ein neues Glied in der Entwicklung der modernen Wohnungstextilien. Cotil: mobilia 1957, Nr.4, 33-40 m.Abb.
Geschichte der Firma »Cotil«, u.a. mit Stoffen von D. Raaschou. L. Ahlmann, B. Vollmer und Teppichen von V. Gråsten und B. Ziebe.

Johnston Dan, A survey of furnishing fabrics: Design (London) 1957, Nr.104, 26-35 m.Abb.
Stoffe von Warner & Sons Ltd., Sanderson, G. P. & J. Baker Ltd., Conran, Heals's, Edinburgh Weavers, W. Foxton Ltd. u.a.

Moderne Textilien: mobilia 1957, Nr.1, 6-9 m.Abb.
Stoffe der Firma L. F. Foght.

Debus Maximilian, Vorhangstoffe und Möbelbezugsstoffe: Architektur u. Wohnform 66, 1958, H.2, 74-79 m.Abb.
Entwürfe von Anneliese May u.a.

D'Ortschy Brigitte, Neue Dekorationsstoffe: Architektur u. Wohnform 66, 1958, H.7, 300-302 m.Abb.
Entwürfe von M. Hildebrand und G. Thiele für Stuttgarter Gardinen.

Viola Gråsten. Eine Textilkünstlerin in Weltklasse: mobilia 1958, Nr.32, 13-20 m.Abb.

Möbelstoffe in Wolle: md (moebel + decoration) 1958, H.1, 38-43 m.Abb.
Stoffe von M. Hielle-Vatter, Rohi, S. v. Weech.

Roy Claude, Jean Lurçat: Graphis 1958, Nr.75, 10-24 m.Abb.
Enthält u.a. den Teppich »La Table Noire« (1953).

Salmon Geoffrey, Painting into printing: Design (London) 1958, Nr.113, 40-41 m.Abb.
Entwürfe von D. Carr, G. Dent, B. Brown, L. Day, E. Fricke für Heal's.

Skandinavismus in der Praxis: mobilia 1958, Nr.37, 53-66 m.Abb.
Über Fa. den Blaa, Dänemark, und B. Drewsen.

Textilien. Neue Dekorationsstoffe: md (moebel + decoration) 1958, H.8, 417-431 m.Abb.
Enthält Stoffe von Mölnlycke, Stuttgarter Gardinen, Fuggerhaus, G. van Delden, Pausa AG, Deutsche Werkstätten, Printex Oy.

Weström Hilde, Aufgaben und Möglichkeiten des Vorhangs: md (moebel + decoration) 1958, H.3, 128-145 m.Abb.
Stoffe von Stuttgarter Gardinen, Vereinigte Seidenweberei Krefeld, Kupferoth GmbH, G. van Delden, Fuggerhaus, Pausa AG, Hablik-Lindemann.

D'Ortschy Brigitte, Möbel und Teppiche der Deutschen Werkstätten: Architektur u. Wohnform 67, 1959, 66-69 m.Abb.
U.a. Teppichentwürfe von E. Stohwasser.

Dreyer Hans H., Neue Ausstellungsstände der Frankfurter Frühjahrsmesse 1959: md (moebel + decoration) 1959, H.5, 222-226 m.Abb.
Über die Stuttgarter Gardinenfabrik.

Entwicklung des bedruckten Vorhangstoffes von 1951 bis 1959: md (moebel + decoration) 1959, H.4, 191-194 m.Abb.
Es wird der Versuch unternommen, die deutsche Entwicklung an Beispielen zu charakterisieren, wobei der Weg zum abstrakten Muster akklamiert wird.

Floud Peter, Dating Morris patterns: Architectural Review 1959, (Juli) 15-20 m. Abb.

Hipp Hartmut, Neue Dekorationsstoffe der Mölnlycke Väfveriaktiebolag, Göteborg: md (moebel + decoration) 1959, H. 6, 313-315 m. Abb.

Johnston Dan, Upholstery: a survey: Design (London) 1959, Nr. 127, 32-41 m. Abb.
Englische Möbelzugsstoffe.

König Heinrich, 25 Jahre Stuttgarter Gardinenfabrik Herrenberg: Architektur u. Wohnform 67, 1959, H. 6, 224-225 m. Abb.

md collection: md (moebel + decoration) 1959, H. 1, 53-55 m. Abb.
Stoffe von S. van Weech, DeWeTex, Rohi u. a.

md collection: md (moebel + decoration) 1959, H. 3, 102-105 m. Abb.
Stoffe von Erwin Sorge, Fuggerhaus u. a.

Overseas review. European trade: furnishing fabrics: Design (London) 1959, 46-50 m. Abb.
Stoffe von M. Hildebrand, V. Gråsten, A. Sampe, F. Cheti, T. Sarpaneva u. a.

Ruhmer Eberhard, Neue Dekorationsstoffe nach Entwürfen von Leo Wollner: Die Kunst u. das schöne Heim 57, 1959, 430-433 m. Abb.
Für Pausa AG, Mössingen.

Finnische Textilien in Kopenhagen: mobilia 1959, Nr. 42, 47-68 m. Abb.
Enthält Arbeiten von M. Isola, V. Eskolin-Nurmesniemi, T. Sarpaneva u. a.

Vorhangstoffe der Deplo-Textil GmbH: md (moebel + decoration) 1959, H. 4, 195-198 m. Abb.

D'Ortschy Brigitte, Schöne handgewebte Bezugsstoffe: Architektur u. Wohnform 68, 1960, H. 1, 29-30 m. Abb.
Entwürfe der Firma Rohi.

Fischer Ludwig, Neue Stoffe der Mech. Weberei Pausa AG, Mössingen/Württemberg: Architektur u. Wohnform 68, 1960, H. 6, 238-239 m. Abb.

Gray Patience, Centenary – fabrics and wallpapers: Design (London) 1960, Nr. 136, 29-45 m. Abb.
Stoffe aus dem Archiv der Firma Arthur Sanderson & Sons Ltd., entworfen von F. L. Wright, G. Ponti, F. Cheti, A. Jacobsen u. a.

Hildebrand Margret, Die Kunst und die Industrie von der Jahrhundertwende bis zur Gegenwart: Architektur u. Wohnform 68, 1960, H. 7, 303-305 m. Abb.
Textilien von D. Peche, M. Mack, G. Stölzl, A. Albers.

Drei Kunstgewerbler und ein Möbelhaus: mobilia 1960, Nr. 63, 9-36 m. Abb.
U. a. Stoffe von Age Faith-Ell.

Muche Georg, Poesie der heiteren Farben: Architektur u. Wohnform 68, 1960, H. 4, 145-147 m. Abb.
Entwürfe von Tea Ernst.

Aus alten Bildern – eine neue Druckstoffserie von der Mechanischen Weberei Pausa AG., Mössingen: md (moebel interior design) 1961, H. 6, 301-305 m. Abb.

Henningsen Poul, 1001 Nacht: mobilia 1961, Nr. 66, 49-56 m. Abb.
Enthält u. a. Textilien von Verner Panton.

Hofmann Herbert, Aus dem Schaffen von Josef Hillerbrand: Die Kunst u. das schöne Heim 59, 1961, 434-440 m. Abb.
Auch Textilien behandelt.

Johnston Dan, Furnishing fabrics: Design (London) 1961, Nr. 153, 42-58 m. Abb.
Enthält u. a. Stoffe der Firmen Sanderson, Vetrona Fabrics und Heal nach Entwürfen von S. Craven, L. Day, P. Albeck, D. Dyall u. a.

[Erik Ole Jørgensen]: mobilia 1961, Nr. 71, 23-38 m. Abb.
U. a. Stoffe und Teppiche des Entwerfers.

[Teppiche und Stoffe von Verner Panton]: mobilia 1961, Nr. 73, 82 m. Abb.

Bellori Arturo, Neue Teppiche von Sandra Marconato: md (moebel interior design) 1962, H. 2, 86 m. Abb.

Bendixson T. M. P., Design by competition: Design (London) 1962, Nr. 161, 60-63 m. Abb.
Entwürfe von E. Armstrong, C. Farr, D. Sanderson.

Cheetham Dennis, Fabrics international [Heal's]: Design (London) 1962, Nr. 159, 46-47 m. Abb.

Henningsen Poul, Genies auf dem Boden: mobilia 1962, Nr. 86, 68-77 m. Abb.
Teppiche von F. Léger, H. Laurens, J. Miró, P. Picasso, H. Arp.

Toikka-Karvonen Annikki, Marjatta Metsovaara: mobilia 1962, Nr. 89, 39-61 m. Abb.

Beer Alice, The printed textiles in the museum's collection: The Cooper Union Museum Chronicle 1963, Bd. 3, 103-147 m. Abb.

Møller Svend Erik, Dessin und Gewebe: mobilia 1963, Nr. 90, 25-37 m. Abb.
Stoffe der Firmen Den Blaa, Unika-Vaev, L. F. Foght u. a., entworfen von V. Panton, E. O. Jørgensen, T. Kindt-Larsen, V. Klint.

Møller Svend Erik, Dorte Raaschou erhielt den Cotilpreis: mobilia 1963, Nr. 90, 66-75 m. Abb.
Stoffentwürfe für AS C. Olesen, Kopenhagen.

Schmidt Grohe Johanna, Gewirkte Bilder von einer Ausstellung der Nürnberger Gobelin-Manufaktur: Die Kunst u. das schöne Heim 1963, 349-354 m. Abb.
Entwürfe von E. Kadow, E. W. Nay, St. Eusemann.

Stoffe der Jack Lenor Larsen Inc. für Europa: md (moebel interior design) 1963, H. 7, 349-352 m. Abb.

[Vorhangstoffe]: md (moebel interior design) 1963, Beilage 3, c 24-28 m. Abb.
Vorhangstoffe u. a. von Stuttgarter Gardinenfabrik, Pausa AG.

Cheetham Dennis, Choosing decorative designs: Design (London) 1964, Nr. 191, 54-60 m. Abb.
Entwürfe von B. Brown, O. L. Newman, S. Craven.

Druck- und Buntwebstoffe von De Ploeg: md (moebel interior design) 1964, H. 12, 621-623 m. Abb.

Fotografie di stoffe: i colori nuovi di Rut Bryk: Domus 1964, Nr. 410, 47-49 m. Abb.

Heal & Son: mobilia 1964, Nr. 110/111, 2-65 m. Abb.

Møller Svend Erik, Jack Lenor Larsen: mobilia 1964, Nr. 106, 1-25 m. Abb.

Tarschys Rebecka, Marimekko: mobilia 1964, Nr. 102, 2-27 m. Abb.
Enthält u. a. Entwürfe von A. Ratia, A. Reunen, L. Suvanto, M. Isola.

Uni-Vorhangstoffe aus der Kollektion 1964: Architektur u. Wohnform 72, 1964, H. 5, 292-295 [mit Mustercoupons]
Dekorationsstoffe von Stuttgarter Gardinenfabrik, Verlag der Tea Ernst-Stoffe, Storck Gebr. & Co. KG, Kupferoth-Drucke.

Bedruckte Vorhangstoffe: md (moebel interior design) 1964, Beilage 8, c 77-80 m. Abb.
U. a. Stoffe der Stuttgarter Gardinenfabrik.

Dänische Wochen in Stockholm: mobilia 1964, Nr. 105, 66-86 m. Abb.
Behandelt u. a. die Stoffausstellung der Den Blaa Fabrik, Dänemark.

Hall Clive, Accent on rugs: Design (London) 1965, Nr. 204, 28-35 m. Abb.
Entwürfe von P. Collingwood, Heal and Son Ltd., P. MacGowan u. a.

Kindt-Larsen Tove, Textil: mobilia 1965, Nr. 121/122, 1-12 m. Abb.

Møller Svend Erik, Etwas Neues: mobilia 1965, Nr. 118, 1-12 m. Abb.
Textilien von Percy v. Halling-Koch.

New products: Design (London) 1965, Nr. 196, 40-45 m. Abb.
Stoffe von R. I. Jenkins, A. MacIntyre, M. Straub, D. Dyall u. a.

Roh Juliane, Lurçat muß Konzessionen machen. Betrachtungen zur 2. Biennale der Wandteppiche in Lausanne: Die Kunst u. das schöne Heim 64, 1965, 83-87 m. Abb.
Teppiche von Hans Arp u. a.

Wir weben: mobilia 1965, Nr. 114/115, 16-31 m. Abb.
Über Bogesund Väveri AB.

Fried Kerstin, Marjatta Metsovaara: mobilia 1966, Nr. 136, 5-35 m. Abb.
Arbeiten für Tampella Oy, Finnland, u. a.

Gegerstad af Ulf Hård, Kinnasand, Ingredningstextil: mobilia 1966, Nr. 130, 1-12 m. Abb.

Goltermann Antoinette, Stuttgarter Gardinenfabrik GmbH, Herrenberg: md (moebel interior design) 1966, H. 11, 83-85 m. Abb.

Junck Christoph, Bildteppiche der Galerie Beyeler, Basel: md (moebel interior design) 1966, H. 10, 86-87 m. Abb.
»Pik As« von Hans Arp.

Møller Svend Erik, Berndt Ullins Möbelstoffe: mobilia 1966, Nr. 129, 35-60 m. Abb.

Antoinette de Boer, Trilogie – eine Komposition in Design und Farbe für Vorhang, Möbelstoffe und Teppich: md (moebel interior design) 1967, H. 6, 83-85 m. Abb.

Ingrid Dessau. Schweden 1955: mobilia 1967, Nr. 146, 20-21 m. Abb.

Hatch Peter, Scandinavian with a difference: Design (London) 1967, Nr. 226, 40-44 m. Abb.
Enthält u. a. Stoffe von Maija Isola.

Møller Svend Erik, Jack Lenor Larsen: mobilia 1967, Nr. 142, 1-15 m. Abb.

Møller Svend Erik, Malerei als Medium: mobilia 1967, Nr. 143, 68-75 m. Abb.
Stoffe von Bernat Klein.

Reimers Gerd, Textilkunst in Schweden: md (moebel interior design) 1967, H. 5, 79-82 m. Abb.

Tarschys Rebecka, Marimekko: mobilia 1967, Nr. 149, 18-41 m. Abb.

Tessuti per l'arredamento: Domus 1967, Nr. 457 [s. p.] m. Abb.
Stoffe von Fede Cheti.

Mary Bloch design a/s: mobilia 1968, Nr. 153, 14-21 m. Abb.

CoID Design Awards. Consumer goods: Design (London) 1968, Nr. 233, 29-44 m. Abb.
Entwürfe von S. Craven, L. Day, B. Brown, H. Williams.

Davies David, Fabrics by Marimekko: Design (London) 1968, Nr. 236, 28-31 m. Abb.
Entwürfe von M. Isola und A. Ratia.

Kirsti Ilvessalo entwirft Fennica-Kollektion: md (moebel interior design) 1968, H. 4, 68-70 m. Abb.

Møller Svend Erik, Bei Textura in Kinna, Schweden, und in Irland: mobilia 1968, Nr. 150, 44-55 m. Abb.

Rodes Toby E., Neue Möbelstoffe von Stuttgarter Gardinen: md (moebel interior design) 1968, H. 4, 65-67 m. Abb.

Schmidt Torben, Svängsta is Swedish: mobilia 1968, Nr. 157, 55-67 m. Abb.

Schultz Gisela, Rosenthal-Studio-Preis 1967: md (moebel interior design) 1968, H. 3, 50-57 m. Abb.
3. Preis für einen Dekorationsstoff von Antoinette de Boer, Fab. Tetex, Teppichmanufaktur GmbH, München.

Stadler-Stölzl Gunta, In der Textilwerkstatt des Bauhauses 1919-1931: Das Werk 55, 1968, H. 11, 744-748 m. Abb.

Williamson Elizabeth, Fabric survey: Design (London) 1968, Nr. 230, 26-30 m. Abb.
Entwürfe von W. Bauer, B. Dehnert, B. Wardle, J. Glynn-Smith u. a.

Col'Nova Drucke: md (moebel interior design) 1969, H. 12, 93-96 m. Ab.

Darracott Joseph, The Silver Studio collection and the history of design: The Connoisseur 1969, Nr. 170, 84-86 m. Abb.

Davenport Tarby, Weaver's trade: Design (London) 1969, Nr. 241, 29-31 m. Abb.
Über Peter Collingwood.

Bedruckte und gewebte Dekostoffe: md (moebel interior design) 1969, H. 2, 85-94 m. Abb.

Good Elizabeth, Fabrics of convenience: Design (London) 1969, Nr. 242, 38-43 m. Abb.
Entwürfe u. a. von Barbara Brown.

Metsovaara Oy, Finnland: mobilia 1969, Nr. 162/163, 116-131 m. Abb.

Middleboe Rolf, News from Jack Lenor Larsen: mobilia 1969, Nr. 172, 12-15 m. Abb.

Möbelbezugsstoffe: md (moebel interior design) 1969, H. 6, 96-100 m. Abb.

Rodes Toby E., Farbharmonie für Teppiche und Vorhänge: md (moebel interior design) 1969, H. 8, 61-64 m. Abb.
Entwürfe von Antoinette de Boer.

Teppiche, Teppichböden, Dekorationsstoffe: Architektur u. Wohnform 77, 1969, H. 8, 445-448 m. Abb.
Entwürfe von W. Bauer, A. de Boer, H. Bernstiel für Knoll International und Stuttgarter Gardinen.

Vilja Eeva-Mija, Marimekko – anti-mode?: Louisiana-Revy 10, 1969, H. 2, 27-28 m. Abb.

Ancker Bo, AB Kinnasand in »Gamla Stan«: mobilia 1970, Nr. 183, 38-50 m. Abb.

Carr Richard, Textiles for the seventies: Design (London) 1970, Nr. 255, 40-49 m. Abb.
Stoffe der Firmen Boyle & Son, Sanderson, Warner, Danasco, Heal's u. a.

Bedruckte und gewebte Dekorationsstoffe: md (moebel interior design) 1970, H. 3, 88-89 m. Abb.

The Fabrics Picture: Design (London) 1970, Nr. 265, 47-52 m. Abb.
Textilien u. a. von de Ploeg, Textra Furnishing, Moygashel Furnishing, Liberty's, Parker Knoll Textiles, Margo Fab., Heal's.

Kontraste: md (moebel interior design) 1970, H. 6, 61 m. Abb.
Stoffe von Wolf Bauer und Barbara Brenner.

Renert H., Picknick als Premiere: md (moebel interior design) 1970, H. 12, 38-43 m. Abb.
Bericht von einer Kollektions-Premiere bei Stuttgarter Gardinen, Herrenberg.

Silbereffekte: md (moebel interieur design) 1970, H. 6, 60 m. Abb.
Stoffe von Jack Lenor Larsen.

Schmidt Torben, Sven Fristed: mobilia 1971, Nr. 193, 48-58 m. Abb.

Schmidt Torben, Zusammenarbeitsvertrag in der Textilbranche: mobilia 1971, Nr. 186, 26-31 m. Abb.
L. F. Foght, Dänemark, und Uddebo Väveri AB, Schweden.

Hansen Svend, Farma Textiltryck AB [Kinna, Schweden]: mobilia 1972, Nr. 202, 34-43 m. Abb.

Hartung Martin, Nanna Ditzel at Lerchenberg Slot: mobilia 1972, Nr. 208/209, 10-16 m. Abb.
Zeigt u. a. Stoffe und Entwurfszeichnungen der Designerin.

Mey I., Sonia Delaunay: bedrukte stoffen met abstracte dessins: Bijvoorbeeld tijdschrift voor creatief handwerk 1972, Nr. 1, 5-7 m. Abb.

Schmidt Torben, Möbelstoffe Langenthal: mobilia 1972, Nr. 200, 21-30 m. Abb.
Textilentwürfe von M. Bloch, J. F. Tissot und B. Birkelbach.

Trini Tommaso, Abitare l'abito. La »collezione etnologica« di Nanni Strada: Domus 1972, Nr. 510, 35-37 m. Abb.

Cotton Blues – something for everything: mobilia 1973, Nr. 214, 22-29 m. Abb.
Neue Stoffkollektion von Kinnasand, Schweden.

Gelson Hilary, Bright spell forecast. Marimekko's vivid Scandinavian prints herald a colour cult in Britain: Design (London) 1973, Nr. 298, 58-61 m. Abb.

Gelson Hilary, Textra strikes the balance: Design (London) 1973, Nr. 292, 62-65 m. Abb.
Entwürfe von A. Foster, R. Clements, P. MacCulloch u. a. für Textra.

Glas & Beton: mobilia 1973, Nr. 221, 12-21 m. Abb.
Stoffkollektion »Glas & Beton« von S. Fristedt und V. Sjölin für Borås Wäfveri.

Gröger Ursula, Stuttgarter Gardinen: Gedämpfte Naturfarben bevorzugt: Architektur u. Wohnwelt 81, 1973, H. 3, 184 m. Abb.

Schmidt Torben, Nordisk Textiltryk & Skandinavisk Miljøcenter: mobilia 1973, Nr. 210, 58-65 m. Abb.

Hundert gute dänische Designs: mobilia 1974, Nr. 230-233, 13-106 m. Abb.
Enthält auf S. 101-105 Stoffe u. a. von A. Kristensen, L. Ahlmann, I. Ebert für AS Georg Jensen, Damaskveriet, L. F. Foght AS, C. Olesen, Textil Larsen.

Gray Ilse, Texprint [II]: Design (London) 1974, Nr. 311, 38-43 m. Abb.

Davies David, Colour it freely: Design (London) 1975, Nr. 319, 38-43 m. Abb.
Über Marimekko mit Stoffen von M. Isola, B. Hahn, K. Kawasaki.

Gray Ilse, Message to Stuttgart: Design (London) 1975, Nr. 319, 35-37 m. Abb.
Über Form International, Stuttgart.

Lamitschka Hans, Tropic-Paradies der Stoffe und Tapeten: Architektur u. Wohnform 83, 1975, H. 6, 442-443 m. Abb.
Textilien von Elsbeth Kupferoth.

Jack Lenor Larsen/Thai Seide: mobilia 1975, Nr. 243/244, 11-18 m. Abb.
Mit eingeklebten Stoffmustern.

Verner Panton in der mobilia: mobilia 1975, Nr. 236, 1-54 m. Abb.
Ein vollständig dem Designer gewidmetes Heft, darunter auch viele Textilien.

One hundred great Swedish designs: mobilia 1976, Nr. 256/257, 8-99 m. Abb.
S. 89-97 Textilien, u. a. von S. Fristedt, I. Dessau, G. Marshall, M. Hjelm für Borås Wäfveri AB, Kinnasand AB, Marks-Pelle Vävare AB und Textura Väveri AB.

The trouble with textiles: Design (London) 1976, Nr. 329, 36-40 m. Abb.
Entwürfe von S. Dallas, J. Mills, P. MacLauchlan, Laura Ashley, Brunnschweiler, Liberty u. a.

Carr Richard, Leap to luxury: Design (London) 1977, Nr. 341, 48-51 m. Abb.
Bezugsstoffe von Bute Looms.

Création Baumann, Farben zarter, Stoffe feiner: Architektur u. Wohnwelt 85, 1977, H. 3, 231 m. Abb.

Larsen Jack Lenor, British textile designers – the secret of successful foreign competition: Design (London) 1977, Nr. 348, 28-29 m. Abb.
Entwürfe von S. Bowen-Morris, A. Waller, M. Gray u. D. Rosewarne.

One hundred great Swiss designs: mobilia 1978, Nr. 270/271, 1-63 m. Abb.
U. a. Stoffe von Baumann AG und Zumsteg.

Einfach – Marimekko: md (moebel interior design) 1978, H. 2, 44-46 m. Abb.

Mollerup Per, Ullarverks midjan Gefjun/Kvadrat Ebeltoft: mobilia 1978, Nr. 279, 28-41 m. Abb.

Tomlinson Donald, What do you want from a textile show?: Design (London) 1978, Nr. 356, 50-53 m. Abb.
Entwürfe von F. Hillier, R. Dodd, J. Frean, P. Phillips, S. Newton-Mason u. a.

Visick Jacquey, Why British print design talent is blocked by British printers: Design (London) 1978, Nr. 355, 30-33 m. Abb.

Witzemann Herta-Maria, Von der Inspiration zur Realisation – Jack Lenor Larsen: md (moebel interior design) 1978, H. 7, 21-23 m. Abb.

Frank Peter, Von der Kommune zum Industrieunternehmen: md (moebel interior design) 1979, H. 3, 68-71 m. Abb.
Firmengeschichte von de Ploeg, mit Entwürfen von O. Berger und de ploeg design.

Holm Aase, Ishimoto: mobilia 1979, Nr. 283, 36-41 m. Abb.
Stoffentwürfe von F. Ishimoto für Marimekko.

Holm Aase, Marimekko: mobilia 1979, Nr. 284, 20-25 m. Abb.

Holm Aase, Vuokko: mobilia 1979, Nr. 284, 26-31 m. Abb.

Kontrast-Programm. Mech. Weberei Pausa AG, Mössingen: md (moebel interior design) 1979, H. 1, 76-77 m. Abb.

Møller Svend Erik, Gabriel Boligtekstiler ApS: mobilia 1979, Nr. 283, 28-35 m. Abb.
Stoffentwürfe u. a. von T. Kindt-Larsen.

Møller Svend Erik, Fred Jörgens Textildesigner: mobilia 1979, Nr. 286, 18-23 m. Abb.

Nob + Non – die Stoffdesigner Utsumi: Architektur u. Wohnwelt 87, 1979, H. 6, 415 m. Abb.

Rodes Toby E., Textilmessen im Januar: md (moebel interior design) 1979, H. 3, 55-58 m. Abb.
Entwürfe von Ch. Häusler-Goltz, A. Albers, Création Baumann, K. Dombrowski.

Schlee Ernst, Lisbeth Hablik-Lindemann zum Gedächtnis: Schleswig-Holstein 1979, Nr. 9, 11-14 m. Abb.

Lebhafte Farben auf weißem Grund: md (moebel interior design) 1980, H. 3, 45-48 m. Abb.
Entwürfe von A. de Boer und T. Hahn.

Ferrabee Lydia, Eine Firma mit mehreren Gesichtern: md (moebel interior design) 1980, H. 4, 54-58 m. Abb.
Firmengeschichte der Sunar GmbH.

Gestaltungsideen der 80er Jahre. Neue Kreationen von Antoinette de Boer: AIT (Architektur Innenarchitektur . . .) 88, 1980, H. 2, 188 m. Abb.

MacKay Jennifer, An experimental approach: Design (London) 1980, Nr. 382, 50-53 m. Abb.
Bericht über die Entwerferin P. Woodhead.

MacKay Jennifer, Texprint '80: Design (London) 1980, Nr. 381, 48-51 m. Abb.
Entwürfe von M. Waud, M. Janaway, S. Bowen-Morris.

Nob + Non Collection 1: md (moebel interior design) 1980, H. 2, 36-40 m. Abb.
»Collection 1« von Nob + Non Utsumi für Knoll International.

Rodes Toby E., Ein komplettes Textilprogramm – flammenhemmend: md (moebel interior design) 1980, H. 6, 62-64 m. Abb.
Entwürfe von Verner Panton für Mira-X GmbH.

Völker Angela, Österreichische Textilien des frühen 20. Jahrhunderts: Alte und moderne Kunst 25, 1980, Nr. 171, 1-7 m. Abb.

Textile Akzente: md (moebel interior design) 1981, H. 6, 33-35 m. Abb.
Entwürfe von Christa Häusler-Goltz.

La fabbrica del decoro. L'evoluzione del Lanificio Rossi: Domus 1981, Nr. 615, 36-39 m. Abb.

In der 3. Generation: md (moebel interior design) 1981, H. 3, 56-68 m. Abb.
Stoffkollektion ›Weekend‹ der Baumann Weberei + Färberei AG.

Handgewebt – handgedruckt: md (moebel interior design) 1981, H. 12, 31-33 m. Abb.
Stoffe von Fuggerhaus.

Harmonie im Raum: md (moebel interior design) 1981, H. 6, 17-20 m. Abb.
›collection C‹ von interlübke, Entwurf von P. Maly und M. Seppälä.

Klar und sachlich: md (moebel interior design) 1981, H. 5, 31-34 m. Abb.
Entwürfe von A. de Boer für Stuttgarter Gardinen.

Knoll Textiles '81. Bezugs- und Vorhangstoffe in neuen Farben und Dessins: AIT (Architektur Innendekoration . . .) 89, 1981, H. 2, 168 m. Abb.

Marimekko im neuen Gewand: md (moebel interior design) 1981, H. 4, 57-60 m. Abb.

Obermaier Bella, Castle of the Winds: mobilia 1981, Nr. 298, 25-32 m. Abb.
Textilkollektion »Castle of the Winds« von F. Ishimoto für Marimekko.

Rodes Toby E., Heimtextil 1981 – Gratwanderung zwischen Angst und Hoffnung: md (moebel interior design) 1981, H. 3, 71-75 m. Abb.
Entwürfe von T. Hahn, A. de Boer, Sunar Design GmbH, Knoll International.

Rodes Toby E., Larsen-Retrospektive in Paris: md (moebel interior design) 1981, H. 11, 68-69 m. Abb.

Zweimal der gleiche Stoff: md (moebel interior design) 1981, H. 1, 27-29 m. Abb.
Entwürfe von B. Dürr für Fuggerhaus und P. Bekaert für Alfred Kill GmbH.

Tietzel Brigitte, Stoffmuster des Jugendstils: Zeitschrift für Kunstgeschichte 1981, 258-283 m. Abb.
Vorzügliche Arbeit, die den Versuch unternimmt, Wesensmerkmale der Jugendstil-Stoffe zu erarbeiten.

Fanelli Giovanni, L'infinito ornamento. Koloman Moser: FMR 1982, Nr. 8, 29-68 m. Abb.

Opalisierende Farbigkeit: md (moebel interior design) 1982, H. 11, 49-51 m. Abb.
Entwürfe von A. de Boer, V. Kiefer und S. Kartheuser.

Die Grafischen: md (moebel interior design) 1982, H. 10, 84-85 m. Abb.
Entwürfe von A. de Boer und T. Hahn.

Lott Jane, Back to basics: Design (London) 1982, Nr. 399, 30-37 m. Abb.
Bericht über die Situation der britischen Textilindustrie mit Stoffen von de Ploeg, Kinnasand, Baumann, Skopos Fabrics, Osborne & Little.

Mollerup Per, Trompe l'oeil textiles: mobilia 1982, Nr. 307, 17-24 m. Abb.
Entwürfe von A. Hablützel und T. u. R. Hausmann für Mira-X.

Sparke Penny, Bold strokes on a broad canvas: Design (London) 1982, Nr. 402, 31-32 m. Abb.
Entwürfe von A. Airikka-Lammi, A. Ward, F. Ishimoto.

Farbenfroh und schwarz-weiß: md (moebel interior design) 1983, H. 9, 30-31 m. Abb.
Entwürfe von Inez Svensson für Borås Wäferi AB.

Hablützel Alfred, Printed by Taunus Textildruck – 30 Jahre Textildruck in Deutschland am Beispiel einer Firma: md (moebel interior design) 1983, H. 10, 41-46 m. Abb.

Ein Hauch von Kreide: md (moebel interior design) 1983, H. 10, 47-50 m. Abb.
Entwürfe von A. de Boer und T. Hahn.

Hauptmann H., 100 Jahre Färbereifachschule Krefeld: Textilpraxis International 38, 1983, 1138-1140.

Huber Verena, »Arte Casa« und ihre Designerin: md (moebel interior design) 1983, H. 12, 54-57 m. Abb.
Kollektion »Arte Casa« von Freia Prowe für Mira-X AG.

Lauraéus Ritva, Made in Finland: md (moebel interior design), 1983, Nr. 5, 15-29 m. Abb.
Entwürfe von F. Ishimoto, V. Eskolin-Nurmesniemi, A. Airikka-Lammi.

Tessuti per arredare: Domus 1983, Nr. 637, [s. p.] m. Abb.

Spielerische Vielfalt: md (moebel interior design) 1983, H. 4, 71-73 m. Abb.
Entwürfe von A. de Boer, T. Hahn, V. Kiefer.

Symbolisierter Ausdruck der Zeit: md (moebel interior design) 1984, H. 7, 44-47 m. Abb.
Bericht über die Ausstellung »Textilgeschichte 1934-1984 am Beispiel der Stuttgarter Gardinen«.

Dezente Farbigkeit: md (moebel interior design) 1984, H. 1, 81-83 m. Abb.
Entwürfe von M. Hielle-Vatter.

Raster-Figurationen: md (moebel interior design) 1984, H. 4, 65-67 m. Abb.
Entwürfe von A. de Boer für Stuttgarter Gardinen.

Stoff und Tapeten-Set: md (moebel interior design) 1984, H. 6, 32-34 m. Abb.
Entwürfe von Fuggerhaus, Augsburg.

Assoziationen und Abstraktionen: md (moebel interior design) 1985, H. 1, 69-71 m. Abb.
Entwürfe von V. Kiefer und H. Scheufele.

»Concept Synchron«: md (moebel interior design) 1985, H. 3, 28-29 m. Abb.
Entwürfe von T. Hahn für Stuttgarter Gardinen.

Crispolti Enrico, Giacomo Balla e il vestito futurista: Domus 1985, Nr. 659, 58-63 m. Abb.

Ferré Giusi, Le système de la moda: Domus 1985, Nr. 659, 45-54 m. Abb.

Ferré Giusi, Versace versus technology: Domus 1985, Nr. 660, 33-37 m. Abb.

Gerasterte Flächen: md (moebel interior design) 1985, H. 9, 72-73 m. Abb.
Entwürfe von A. de Boer und T. Hahn.

Für den Objektbereich: md (moebel interior design) 1985, H. 9, 69-71 m. Abb.
Entwürfe von Fuggerhaus, Augsburg.

Pasini Francesca, Storie di seta: Domus 1985, Nr. 660, 38-40 m. Abb.

Santachiara Denis, I materiali dell'arredamento: il tessuto: Domus 1985, Nr. 657, 36-41 m. Abb.

Schwarz Erne, Konsequente Kühle: Die Designerin Christa Häusler-Goltz: Objekt 1985, Nr. 9, 58-59 m. Abb.

Modern nicht modisch – Trend 85/86: md (moebel interior design) 1985, H. 12, 63-70 m. Abb.
Entwürfe von G. Turcato, M. Hielle-Vatter, T. Hahn, W. Bauer u. a.

Abstrahiert, rapportiert und komponiert: md (moebel interior design) 1986, H. 6, 23-25 m. Abb.
Kollektion ›Feuillage‹ von H-Design für Mira-X GmbH.

»Minimal Art«: md (moebel interior design) 1986, H. 3, 72-73 m. Abb.
Entwürfe von Antoinette Goltermann »de Boer Design« GmbH + Co., Herrenberg.

Metallic Effekte: md (moebel interior design) 1986, H. 10, 83-85 m. Abb.
Entwürfe von A. de Boer und T. Hahn für Stuttgarter Gardinen.

Hawkins Helen, Making a mark: Design (London) 1986, April, 40-43 m. Abb.
Bericht über T. Houghton.

Huber Verena, Tradition und Innovation: md (moebel interior design) 1986, H. 8, 64 m. Abb.
Firmengeschichte von Création Baumann, Möbelstoffweberei Langenthal und Leinenweberei Langenthal.

Ein Konzept mit 172 Farben: md (moebel interior design) 1986, H. 5, 58-59 m. Abb.
Bezugsstoffe von Langenthal AG, Schweiz.

Phenomenon Marimekko: tools 2, 1986, Nr. 3, 16-17 m. Abb.

Tommasini Maria Cristina, Pavimenti tessili; tappeti e moquettes: Domus 1986, Nr. 676, [s. p.] m. Abb.

Tommasini Maria Cristina, Tessuti per arredamento: Domus 1986, Nr. 674, [s. p.] m. Abb.

Panzini Franko, Gli stilisti dell'ottobre: Domus 1987, Nr. 688, 4-5 m. Abb.
Stoffe von sowjetischen Entwerfern um 1930.

Tommasini Maria Cristina, Tessuti per arredare: Domus 1987, Nr. 684, [s. p.] m. Abb.

Neue Design-Ideen für Möbelstoffe ... Die Kollektion »Landing« der Langenthal AG: AIT (Architektur Innenarchitektur ...) 96, 1988, H. 1/2, 106 m. Abb.

Kreativität und Praxisnähe. Design-Wettbewerb der Möbelstoffe Langenthal AG: AIT (Architektur Innenarchitektur ...) 96, 1988, H. 11, 92-93 m. Abb.

Reder Michael, Leinen-Design in Mailand ...: AIT (Architektur Innenarchitektur ...) 96, 1988, H. 6, 58-59 m. Abb.
Über die Ergebnisse des »Grand Prix International du Lin«.

Sosnowski Wolfgang, Heimtextilien: Trendthemen statt Modethemen: AIT (Architektur Innenarchitektur ...) 96, 1988, H. 11, 78-79 m. Abb.

Billeter Erika, Die Helden sind müde geworden. 14e Biennale Internationale de la Tapisserie Lausanne.

Ein Vorbericht: Kunst u. Handwerk 1989, H. 4, 247-248 m. Abb.

1989. Jahr des Patchwork-Quilts: Kunst u. Handwerk 1989, H. 2, 107-114 m. Abb.
Zeitgenössische deutsche Quilts.

Material benefits: Design (London) 1989, June, 40-41 m. Abb.
Neue Entwicklungen der schottischen Textilindustrie; Entwürfe u. a. von Absolventen der Glasgow School of Art.

Technische Raffinessen: md (moebel interior design) 1989, H. 8, 68-69 m. Abb.
Stoffe von F. Sködt, R. Littell, O. Kortzau, E. O. Jørgensen für Fab. Kvadrat, Dänemark.

Rodes Toby, E., Erlaubt ist, was gefällt. Heimtextil 1989: md (moebel interior design) 1989, H. 4, 84-89 m. Abb.
Stoffe u. a. von A. de Boer, Création Baumann, Pausa, Weverij de Ploeg.

Helmut Scheuffele. Gedeckte Farben: md (moebel interior design) 1989, H. 3, 92-93 m. Abb.
Entwürfe für Fab. A. Goltermann de Boer-Design GmbH + Co., Herrenberg.

Stoffe, die anziehen [Fab. Création Baumann, Schweiz]: md (moebel interior design) 1989, H. 7, 60-61 m. Abb.

Tommasini Maria Cristina u. a., Rassegna. Tessuti d'arredamento: Domus 1989, Nr. 707, [s. p.] m. Abb.
Stellt neueste Textilien internationaler Produktion vor.

Zu japanischen Textilien
(chronologisch geordnet)

Dresser Christopher, Japan, its Architecture, Art and Art Manufactures. London 1882. 467 S.

Brinckmann Justus, Kunst und Handwerk in Japan. Berlin 1889. 300 S., 225 Abb.

Brinckmann Justus, Ein Beitrag zur Kenntnis des japanischen Kunstgewerbes. Aarau 1892. 36 S., 48 Farbtaf. = Fernschau. Jahrbuch der Mittelschweizerischen Geographisch-Kommerziellen Gesellschaft in Aarau. Bd. 5.
Kap. I. Über den Einfluß Japans auf das europäische Kunstgewerbe (S. 1-26); Kap. II. Über japanische Färberschablonen (S. 27-31); Kap. III. Verzeichnis der Abbildungen (S. 32-36).

Tuer Andrew W., The Book of Delightful and Strange Designs, being one hundred facsimile illustrations of the art of the Japanese stencil-cutters ... London 1893. 26 S. m. Abb., 100 z. T. doppels. Taf.; Neudruck m. d. Titel: Japanese Stencil Designs. London 1967. 24 S. u. 122 S. Abb.

Deneken Friedrich, Japanische Motive für Flächenverzierungen. Ein Formenschatz für das Kunstgewerbe. Berlin 1897. 100 Taf.

Seemann Artur, Japanische Fächerschablonen. Hundert Muster kleineren Formates. Leipzig/Berlin 1899. IV S., 100 Taf.

Graul Richard, Ostasiatische Kunst und ihr Einfluß auf Europa. Leipzig 1906. 88 S., 49 Abb.

Crewdson Wilson M. A., Japanese art and artists of to-day. III. Textiles and embroidery: The Studio 1910, Nr. 51, 40-54 m. Abb.

Piggott Francis, Studies in the Decorative Art of Japan. London 1910. 130 S., 33 Taf.

Verneuil Maurice Pillard, Etoffes japonaises, tissées & brochées. Paris 1910. 80 Taf.

Kümmel Otto, Kunstgewerbe in Japan. Berlin 1911, 3. Aufl. Berlin 1922. IV, 22 S. m. Abb. u. Taf. = Bibliothek für Kunst- und Antiquitätensammler. 2.

Vever Henri, L'influence de l'art japonais sur l'art décoratif moderne: Bulletin de la Société Franco-Japonaise de Paris 22, 1911, 109-119 m. Abb.

Adami Fumie, (Japanese Design Motifs. 4260 illustrations of Japanese crest). Tokio 1913, engl. Neuausgabe New York 1972.

Lambert Théodore, Motifs décoratifs tirés de pochoirs japonais. Berlin 1924. 4 S., 50 Taf.

Ema Tsutomu, A Brief History of the Japanese Costume. Tokio 1956.

Maeda Taiji, Japanese Decorative Design. Tokio 1957. 157 S. m. Taf. = Tourist Library. [N. S.] 23.

Nomachi Katsutoshi, Japanese Textiles. Leigh-on-Sea 1958. 21 S., 28 Taf. = Survey of World Textiles. 14.

Textile Designs of Japan. [Hrsg.] Japan Textile Color Design Center. Bd. 1-3. Osaka 1959-61, erweiterte Neuaufl. Tokio/New York/San Francisco 1980.
Bd. 1.: Designs composed mainly in free style (66 S., 184 Taf.); Bd. 2: Designs composed mainly in geometric arrangement (62 S., 175 Taf.); Bd. 3: Designs of Ryuku, Ainu, and foreign textiles (54 S., 168 Taf.).

Feddersen Martin, Japanisches Kunstgewerbe. Braunschweig 1960. XII, 320 S. m. 239 Abb., 8 Taf. = Bibliothek für Kunst- und Antiquitätenfreunde. 2.

Langewis Jaap, Geometric patterns on Japanese ikats: Kultuurpatronen. Bulletin of the Ethnological Museum, (Delft) 1960, Bd. 2.

Lancaster Clay, Japanese Influence in America. New York 1963. 292 S. m. Abb.

Minnich Helen Benton, Japanese Costume and the Makers of its Elegant Tradition. Rutland/Tokio 1963. 374 S. m. Abb.

[Kat. Ausst.] Traditional Handicrafts of Japan. An exhibiton of contemporary works. Die Neue Sammlung, München. Tokio 1964. 64 S. m. 178 Abb. (dt. Ausgabe m. d. Titel: Modernes Kunsthandwerk in Japan. München 1964. 28 S. o. Abb.)
Enthält Textilien auf S. 43-59.

Janata Alfred, [Kat. Ausst.] Das Profil Japans. Museum für Völkerkunde. Wien 1965. 294 S. m. Taf.
S. 104-111 Stoffe und Katagami; S. 161 ff. Kleidung.

Stephen Barbara, [Kat. Ausst.] Japanese Country Textiles. Royal Ontario Museum. Toronto 1965. 40 S. m. Abb.

Muraoka Kageo u. Kichiemon Okamura, Folk Arts and Crafts of Japan. New York/Tokio 1967, Neuaufl. ebenda 1973. 164 S. m. Abb. = The Heibonsha Survey of Japanese Art. Bd. 26.

Mizuguchi Saburô, Design Motifs. New York/Tokio 1968, Neuaufl. ebenda 1973. 143 S. m. Abb. = Arts of Japan. Bd. 1.

Sugihara Nobuhiko, [Kat. Ausst.] Katagami: stencil papers for dyework in Japan. Kyoto National Museum. Kioto 1968.

Amstutz Walter (Hrsg.), Japanese Emblems and Designs. Zürich 1970. 175 S. m. Abb. u. Taf.

Urano Riich (Hrsg.), Sarasa. Tokio 1972 = Nihon senshoku sô ka. Bd. 2.

Wichmann Siegfried (Hrsg.), [Kat. Ausst.] Weltkulturen und moderne Kunst. Die Begegnung der europäischen Kunst und Musik im 19. und 20. Jahrhundert mit Asien . . . Haus der Kunst. München 1972. 639 S. m. Abb. u. Taf.
Japan auf S. 164-389 behandelt; 168-185 für japanische Textilkunst von besonderem Interesse.

Urano Riich (Hrsg.), Kasuri. Tokio 1973 = Nihon senshoku sô ka. Bd. 3.

ders. (Hrsg.), Shima, kôshi (Streifen, Gitterwerk). Tokio 1973 = Nihon senshoku sô ka. Bd. 5.

Noma Seiroku, Japanese Costume and Textile Arts. New York/Tokio 1974, Neuaufl. ebenda 1983. 168 S. m. Abb. u. Taf. = The Heibonsha Survey of Japanese Art. Bd. 16.

Urano Riich (Hrsg.), Komon. Tokio 1974 = Nihon senshoku sô ka. Bd. 7.

Yoshimoto Kamon (Hrsg.), Wa-sarasa mon-yô zukan (Sarasa-Mustersammlung). Kioto 1975, erweiterte Neuausgabe Tokio 1982.

Blakemore Frances, Japanese Design through Textile Patterns. New York/Tokio 1978, 2. Aufl. ebenda 1984. 272 S. m. Abb.

Hauge Victor u. Takako, Folk Traditions in Japanese Art. Tokio/New York/San Francisco 1978. 272 S. m. Abb. u. Taf.

Hughes Sukey, Washi: the world of Japanese paper. Tokio/New York/San Francisco 1978. 360 S. m. Abb. u. Taf.

Yamanobe Tomoyuki (Hrsg.), Nihon no senshoku. Bd. 1-4. Tokio 1979-80.

Sugihara Nobuhiko, [Kat. Ausst.] Katazome: stencil and print dyeing. Traditional and today. National Museum of Modern Art. Tokio 1980.

Watson William (Hrsg.), [Kat. Ausst.] The Great Japan Exhibition. Art of the Edo-Period 1600-1868. Royal Academy of Arts. London 1980. 365 S. m. Abb. u. Taf.

Wichmann Siegfried, Japonismus. Herrsching 1980. 432 S. m. Abb.
Vgl. insbesondere S. 16 ff., 196 ff.

Ferenczy László, Japán iparmüveszet 17.-19. század (Japanisches Kunstgewerbe 17.-19. Jh.). Budapest 1981.

Tomita Jun u. Noriko, Japanese Ikat Weaving. The techniques of kasuri. London 1982. VIII, 88 S. m. Abb. (2. Aufl. London 1984).

[Kat. Ausst.] Tsutsugaki-Aizome-Momen. Sammlung Yuriko Futagami. Niederrheinisches Museum für Volkskunde und Kulturgeschichte. Kevelaer 1983. 59 S. m. Abb.

Yoshimoto Kamon (Hrsg.), Karakusa mon-yô zukan (Arabesken-Mustersammlung). Tokio 1983, 2. Aufl. Tokio 1985.

ders. (Hrsg.), Suji, shima, kôshi mon-yô zukan (Linie, Streifen, Gitterwerk – Mustersammlung). Tokio 1983, 2. Aufl. Tokio 1985.

[Kat. Ausst.] Shogun. Kunstschätze und Lebensstil eines japanischen Fürsten der Shogun-Zeit. Haus der Kunst. München 1984. 292 S. m. Abb.

Müller Friedrich, [Kat. Ausst.] Katagami. Textiel-verfsjablonen uit Japan. Museum Het Princessehof. Leeuwarden 1984. 26 S. m. Abb.

Moes Robert, [Kat. Ausst.] Mingei: Japanese folk art from the Brooklyn Museum Collection. Brooklyn 1985. 191 S. m. Abb.
S. 131-161, 170-173, 183-188 Textilien.

Allen Jeanne, The Designer's Guide to Japanese Patterns. London 1988. 130 S. m. Abb.

dies., The Designer's Guide to Japanese Patterns. Bd. 2. San Francisco 1988. 132 S. m. Abb.

[Kat. Ausst.] Le Japonisme. Galeries Nationales du Grand Palais. Paris 1988. 341 S. m. Abb.

Viten und Register der Künstler

(Kursive Ziffern verweisen auf Erwähnungen in Fließtexten, gerade auf Abbildungen)

Henri-Georges Adam S. *15, 224,* 252-253

18. 1. 1904 Paris – 27. 8. 1967 La Clarté/Bretagne
Maler, Graphiker, Bildhauer, Textilkünstler
1918 Ausbildung bei seinem Vater Henri Adam zum Goldschmied. Danach u. a. 1925 Besuch der Ecole de Dessin, Montparnasse. Bis 1934 war er vor allem als satirisch-sozialkritischer Zeichner tätig, sporadisch als Maler, Radierer und Stecher. Seit den vierziger Jahren auch Bildhauer und Bühnenausstatter. Er war beteiligt an der Wiederbelebung der Tapisserie durch den Kreis um J. Lurçat und entwickelte die ›fil-à-fil‹-Wirkerei. Adams frühe, in Schwarz-Weiß-Abstufungen gestaltete Teppichentwürfe stehen der Graphik nahe. Mit einer Ausstellung in der Galerie Maeght, Paris 1949, gelang der Durchbruch zu öffentlicher Anerkennung. 1959 Berufung zum Professor für Graphik und Monumentalskulptur an der Ecole Nationale Supérieure des Beaux-Arts. Adam erhielt zahlreiche Auszeichnungen, u. a.: 1938 Prix Blumenthal für Graphik, 1957 Grand Prix der Graphikbiennalen von Ljubljana und Tokio, 1961 Grand Prix der Kleinplastikbiennale von Padua.
Lit. u. a.: [Kat. Ausst.] Neue Schweizer Bildteppiche in Konfrontation mit Werken von Henri-Georges Adam, Hans Arp... St. Gallen 1959 – [Kat. Ausst.] Wandteppiche aus Frankreich. Die Neue Sammlung. München 1960, 9 – Meißner Günter (Hrsg.), Allgemeines Künstlerlexikon. Die bildenden Künstler aller Zeiten und Völker. Bd. 1. Leipzig 1983, 297-8 [dort weit. Lit.].

Friedrich Adler S. *119,* 130-131, 142-143

29. 4. 1878 Laupheim/Ulm – 1942 deportiert nach Auschwitz
Entwerfer für Gerät, Schmuck, Möbel, Textilien
1894-97 Studium an der Kunstgewerbeschule München sowie bei H. Obrist und W. v. Debschitz. In deren Atelier 1904-07 Lehrtätigkeit. 1907-33 Lehrer an der Kunstgewerbeschule Hamburg. Zwischen 1910-13 Leiter der Nürnberger Meisterkurse. In den zwanziger Jahren Entwicklung von industriellen Herstellungsverfahren auf der Basis von Batiktechniken für die Adler-Textil-GmbH »ATEHA«, Hamburg. Weiterhin Entwürfe für Bruckmann & Söhne, Heilbronn, sowie für die Metallwarenfabrik O. G. F. Schmitt in Nürnberg. Konzipierte darüberhinaus Möbel, Textilien, Metallgeräte, Glasätzungen, Keramik, Stukkaturen. 1902 erhielt er den Auftrag, für die »Internationale Ausstellung für moderne dekorative Kunst« in Turin den Vorraum der Landesgruppe Württemberg zu gestalten. 1914 entwarf er für die »Deutsche Werkbundausstellung Köln« eine Synagoge. Adler kam vom Jugendstil über die Abstraktion des floralen Dekors zu abstrakter, tektonischer Ornamentik.
Lit. u. a.: Vollmer Hans, Allgemeines Lexikon der bildenden Künstler des 20. Jahrhunderts. Bd. 1. Leipzig 1953, 12 [dort weit. Lit.] – Fanelli Giovanni u. Rosalia, Il tessuto moderno. Florenz 1976, 166 – Meißner Günter (Hrsg.), Allgemeines Künstlerlexikon. Die bildenden Künstler aller Zeiten und Völker. Bd. 1. Leipzig 1983, 389 [dort weit. Lit.] – Hiesinger Kathryn Bloom (Hrsg.), [Kat. Ausst.] Art Nouveau in Munich. Philadelphia Museum of Art. München 1988, 26 m. Abb. [dort weit. Lit.].

Jacques Adnet S. *14,* 200, *202, 224*

20. 4. 1900 Châtillon-Coligny – lebt in Paris
Innenarchitekt, Entwerfer u. a. für Möbel, Keramik, Tapisserien
Zwillingsbruder von Jean Adnet, mit dem er bis 1928 zusammenarbeitete. 1916-21 Ecole Nationale des Arts Décoratifs, Paris; seit 1922 arbeitete er als Innenarchitekt in der »Maitrise«, dort Schüler von Maurice Dufrène. 1925-28 zahlreiche Preise und Auszeichnungen für seine in Ausstellungen gezeigten Ensembles. 1928 wurde er Direktor der Compagnie des Artistes françaises, 1947-49 war er Präsident der Société des Arts Décoratifs; 1959-70 Direktor, seit 1971 Ehrendirektor der Ecole Nationale des Arts Décoratifs. Trennte sich 1928 von seinem Bruder und arbeitete eigenständig. Er entwarf Möbel, Leuchten, Tapisserien, Keramik, Glas, Theaterdekorationen und zahlreiche Innenausstattungen für öffentliche Institutionen sowie für Privatpersonen, u. a. das Privatappartement des Präsidenten der Republik im Palais d'Elysée in Paris. Zahlreiche nationale und internationale Ausstellungen (Athen, Rio de Janeiro, Mailand, New York, etc.).
Lit. u. a.: Vollmer Hans, Allgemeines Lexikon der bildenden Künstler des 20. Jahrhunderts. Bd. 5. Leipzig 1953, 12 [dort weit. Lit.; hier werden die Zwillinge Jacques und Jean als eine Person biographisch erfaßt] – Meißner Günter (Hrsg.), Allgemeines Künstlerlexikon. Die bildenden Künstler aller Zeiten und Völker. Bd. 1. Leipzig 1983, 400 f. [dort weit. Lit.].

Jean Adnet S. *14,* 200, *202*

20. 4. 1900 Châtillon-Coligny – lebt in Paris
Maler, Entwerfer u. a. für Möbel und Tapisserien
Zwillingsbruder von Jacques Adnet, verfolgte den gleichen künstlerischen Werdegang wie dieser und errang bis 1928 zusammen mit ihm dieselben Auszeichnungen. Seit 1928 als künstlerischer Direktor der Pariser Galeries Lafayette tätig. Zahlreiche Ausstellungen. Neben Möbelentwürfen vor allem auch Aquarellmalerei.
Lit. u. a.: Vollmer Hans, Allgemeines Lexikon der bildenden Künstler des 20. Jahrhunderts. Bd. 5. Leipzig 1953, 12 [dort weit. Lit.; hier werden die Zwillinge Jacques und Jean als eine Person biographisch erfaßt.] – Meißner Günter (Hrsg.), Allgemeines Künstlerlexikon. Die bildenden Künstler aller Zeiten und Völker. Bd. 1. Leipzig 1983, 401 [dort weit. Lit.].

Annalisa Åhall S. *226,* 272, 292

4. 2. 1917 Falköping/Schweden – lebt in Lerum/Schweden
Textildesignerin
Bis 1965 Ausbildung in Weberei und Design an der Högskolan, Textilinstitut, in Borås; bis 1973 an der Kunstindustrieschule in Göteborg (Meisterschülerin). 1973-1978 Humanistisches Gymnasium und Kunststudium an der Universität Göteborg. Seit 1965 als Designerin für Kinnasand tätig. Auch Entwicklung von Unikaten (in Web- und Nähtechniken) sowie Ausstellungen.

Samiha Ahmed S. 258

lebt in Harrania
Weberin
Schülerin der »ersten Generation« der Ramses-Wissa-Wassef-Webschule in Harrania/Ägypten. Arbeitete dort auch weiterhin als Weberin.
Lit. u. a.: [Kat. Ausst.] Primitive Bildwirkereien aus Ägypten. Die Neue Sammlung. München 1962, Abb. 28, 39 – [Kat. Ausst.] Das Land am Nil. Bildteppiche aus Harrania. Staatliche Sammlung Ägyptischer Kunst München. Mainz 1978, Abb. 16.

Anneli Airikka-Lammi S. *286,* 293

20. 10. 1944 Tampere – lebt in Helsinki
Malerin, Graphikerin, Entwerferin für Plakate, Textilien, Konfektionsmode u. a.
Nach ihrem Studium am Institute of Industrial Arts in Helsinki arbeitete sie zwei Jahre in einer Werbeagentur. Zugleich begann ihre Tätigkeit als freischaffende Entwerferin für verschiedene Textilhersteller in Europa, USA und Japan. Hervorzuheben ist besonders die Zusammenarbeit mit den finnischen Firmen Finlayson, Helenius, Tampella (Chefdesignerin 1981-85) und Kangastus (seit 1986). Einzelausstellungen u. a. 1983 in den Galeries Lafayette, Paris, und 1985 im Confectiecentrum Amsterdam. 1982 Finnish Textile Artist of the Year.

Flavio Albanese S. *227,* 320

28. 9. 1951 Mossano/Vicenza – lebt in Vicenza
Designer
Arbeitete seit 1980 mit dem Einrichtungshaus Driade zusammen und entwarf Möbelstoffe für die Firmen Montanari und Lanerossi, gestaltete Innenräume, beteiligte sich an Bühnenbildentwürfen für das Theater »La Fenice« und die Veranstaltung »L'Autunno Musicale« in Como. 1983 hielt er Vorlesungen über Design am Art Institute in Chicago und 1984 Vorträge an der Ecole Politecnique in Lausanne. Das »Studio Albanese« – in Zusammenarbeit mit Franco Albanese – widmet sich seit 1987 architektonischen Aufgaben, so u. a. der Planung des neuen

Polytechnikums in Palermo, der Neugestaltung der Piazza Mateotti in Vicenza (mit Rob Krier) und seit 1988 der Erweiterung des Polytechnikums in Padua (Bibliothek), der Erneuerung der Plätze in Thiene, der neuen Ladenkette Trussardi in Paris, Mailand und Rom. Albaneses Arbeiten wurden in zahlreichen Organen veröffentlicht.

Anni (Anneliese) Albers (geb. Fleischmann) S. *14, 120,* 154-155, *225, 331*

12.6.1899 Berlin – lebt in Orange/Connecticut, USA
Weberin, Textilentwerferin, Graphikerin
Studierte 1922-30 am Bauhaus in Weimar und Dessau bei Paul Klee, Georg Muche und Gunta Stölzl. 1925 Heirat mit Josef Albers. 1930-33 Leitung der Weberei des Bauhauses und freiberufliche Webarbeiten in Dessau und Berlin. 1933 Emigration in die USA. Anni und Josef Albers wurden als erste Bauhaus-Künstler an das neu eröffnete Black Mountain College in North Carolina berufen. Dort war sie bis 1949 Professorin und übte daneben Lehrtätigkeiten an anderen Universitäten in den USA, Europa und Japan aus. Sie entwarf sowohl Unikate als auch Stoffe für die maschinelle Produktion, z.B. 1959 für Knoll und 1978 für Sunar.
Wurde u.a. 1961 mit der Medaille für Kunsthandwerk des American Institute of Architecture ausgezeichnet und erhielt mehrere Ehrendoktorwürden. Arbeiten von ihr befinden sich u.a. im Museum of Modern Art, New York, Kunstgewerbemuseum Zürich und Bauhaus-Archiv, Berlin.
Lit. u.a.: Wingler Hans M., Das Bauhaus. Bramsche 1962 – [Kat. Ausst.] Arbeiten aus der Weberei des Bauhauses. Bauhaus-Archiv. Darmstadt 1964 – [Kat. Ausst.] 50 Jahre Bauhaus. Kunstgebäude am Schloßplatz. Stuttgart 1968 – [Kat. Ausst.] Anni Albers. Bildweberei-Zeichnung-Druckgraphik. Düsseldorf/Berlin 1975 – Meißner Günter (Hrsg.), Allgemeines Künstlerlexikon. Die bildenden Künstler aller Zeiten und Völker. Bd. 1. Leipzig 1983, 790 [dort weit. Lit.] – [Kat. Mus.] Bauhaus Archiv. Museum für Gestaltung. Berlin 1984, 125, 127-130 m.Abb., 135 m.Abb. – Neumann Eckhard (Hrsg.), Bauhaus und Bauhäusler. Erinnerungen und Bekenntnisse. Köln 1985 – Wichmann Hans, Industrial Design. Unikate. Serienerzeugnisse. Die Neue Sammlung. Ein neuer Museumstyp des 20. Jahrhunderts. München 1985, 487 [dort weit. Lit.] – Weber Nicolas Fox [Kat. Ausst.] The Woven and Graphic Art of Anni Albers. Renwick Gallery. National Museum of American Art, Smithsonian Institution. Washington 1985 – [Kat. Ausst.] Gunta Stölzl. Weberei am Bauhaus und aus eigener Werkstatt. Bauhaus-Archiv. Berlin 1987 – [Kat. Ausst.] Frauen im Design. Berufsbilder und Lebenswege seit 1900. Design Center. Stuttgart 1989, 204-207.

Ossian (Johan Ossian) Andersson S. 88

23.5.1889 Stockholm – gestorben nach 1953 in Asker/Schweden
Maler, Textilentwerfer
Studium an der Technischen Hochschule in Stockholm. Reisen durch Skandinavien. Neben Marinebildern und Landschaftsmalereien entstanden auch Textilentwürfe. Signierte auf Grund der Häufigkeit seines Familiennamens mit »J. Ossian«.
Lit. u.a.: Vollmer Hans, Allgemeines Lexikon der bildenden Künstler des 20. Jahrhunderts. Bd. 1. Leipzig 1953, 46 – Meißner Günter (Hrsg.), Allgemeines Künstlerlexikon. Die bildenden Künstler aller Zeiten und Völker. Bd. 2. Leipzig 1986, 907 [dort weit. Lit.].

Roswitha Anton-Moseler S. 318-319

1950 Gutenthal/Hunsrück – lebt in Schwaikheim
Designerin
Von 1969-74 Studium an der Akademie der Bildenden Künste in Stuttgart. Seit 1974 als freischaffende Designerin für Heimtextilien, Tapeten und Wandfliesen tätig. Zahlreiche nationale und internationale Ausstellungen. Mehrfache Auszeichnung ihrer Entwürfe (u.a. Bundespreis »Gute Form« 1985/86), die sie u.a. für die Firmen aste (1980er Jahre), Knoll International (1972) und Taunus Textildruck (1980er Jahre) konzipierte.
Lit. u.a.: [Kat. Ausst.] Zwischen Industrie und Kunst. Design Center. Stuttgart 1976 [s.p.].

Gertrud Arndt (geb. Hantschk) S. 172

20.9.1903 Ratibor/Oberschlesien – lebt in Darmstadt
Weberin
Nach Ausbildung an der Kunstgewerbeschule in Erfurt folgte 1923-27 das Studium in der Webereiwerkstatt des Bauhauses: in Weimar bei Georg Muche, in Dessau bei Gunta Stölzl. 1927 Heirat mit dem Architekten und Maler Alfred Arndt. 1929-32 Wiederaufnahme des Studiums am Bauhaus. Während ihrer Ausbildung beteiligt an der Entwicklung von Teppichen und Geweben. 1932-48 Aufenthalt in Probstzella/Thüringen, seit 1948 lebt Gertrud Arndt in Darmstadt.
Lit. u.a.: [Kat. Mus.] Bauhaus Archiv. Museum für Gestaltung. Berlin 1984, 129-130 m.Abb. – Radewaldt Ingrid, Bauhaustextilien 1919-1933. Phil. Diss. Universität Hamburg 1986 [dort weit. Lit.] – [Kat. Ausst.] Gunta Stölzl. Weberei am Bauhaus und aus eigener Werkstatt. Bauhaus Archiv. Berlin 1987, 144 [dort weit. Lit.].

Hans Arp S. *14, 15, 120,* 200-201

16.9.1888 Straßburg – 7.6.1966 Basel
Bildhauer, Maler, Graphiker, Schriftsteller, Entwerfer von Kunstgewerbe
1905-07 Studium an der Kunstschule in Weimar und 1907/08 an der Académie Julien in Paris. 1911/12 Zusammentreffen mit Kandinsky und der Gruppe des »Blauen Reiter« in München, an deren zweiter Ausstellung er sich beteiligte. 1916-19 Mitinitiator der »Dada«-Bewegung in Zürich. Teilnahme an Dada-Ausstellungen in Köln und Berlin sowie an der ersten Surrealisten-Ausstellung in Paris 1925. 1931 Mitbegründer der Gruppe »Abstraction-Création« in Paris. 1926-40 lebte Arp in Mendon bei Paris, danach vorübergehend in Grasse bei Nizza und ab 1941 in Zürich. 1916-20 entwarf er zusammen mit seiner Frau Sophie Taeuber-Arp abstrakt-geometrische Stickereien und Textilien. Seit 1930 war er vornehmlich als Bildhauer tätig, entwarf aber auch Silberarbeiten für Christofle und Teppiche, z.B. für Aubusson.
Lit. u.a.: Vollmer Hans, Allgemeines Lexikon der bildenden Künstler des 20. Jahrhunderts. Bd. 1. Leipzig 1953, 69 – Wichmann Hans, Industrial Design. Unikate. Serienerzeugnisse. Die Neue Sammlung. Ein neuer Museumstyp des 20. Jahrhunderts. München 1985, 488 [dort weit. Lit.] – [Kat. Ausst.] Hans Arp. Staatsgalerie. Stuttgart 1986 – [Kat. Ausst.] Meisterwerke internationaler Plastik des 20. Jahrhunderts aus dem Wilhelm-Lehmbruck-Museum. Duisburg 1988, 101-102 [dort weit. Lit.].

Mackay Hugh Baillie Scott S. *25, 26, 27,* 82-83, 108

1865 Ramsgate/Isle of Man – 10.2.1945 London
Architekt, Innenarchitekt, Entwerfer
1886-89 Ausbildung bei den Architekten C.E.Davis in Bath. Fellow of the Royal Institute of British Architects. Hauptmeister der modernen englischen Country Cottage. Seit 1886 wurde er mit Entwürfen für Möbel, Metallgegenstände und Tapeten bekannt. 1897 beauftragte ihn Großherzog Ernst Ludwig von Hessen mit der Gestaltung eines Salons und eines Speisezimmers im Neuen Palais in Darmstadt. Seitdem waren seine Arbeiten in zahlreichen europäischen Ländern sehr erfolgreich und wurden häufig publiziert. Kurz nach 1900 fanden Applikationsstickereien nach seinen Entwürfen besondere Beachtung.
Zwischen 1900 und 1914 entwarf er Raumausstattungen, Möbel, Kleingeräte, Lampen und Wandteppiche. Baillie Scott zählt zu den wichtigsten und am meisten beachteten Architekten Englands im ausgehenden 19. und frühen 20. Jahrhundert.
Lit. u.a.: Kornwolf James D., M.H.Baillie Scott and the Arts and Crafts Movement. Baltimore/London 1972 = The John Hopkins Studies in Nineteenth-Century Architecture 2 – Wichmann Hans, Aufbruch zum neuen Wohnen. Basel/Stuttgart 1978, 395 [dort weit. Lit.] – Jervis Simon, The Penguin Dictionary of Design and Designers. London 1984, 43 – Wichmann Hans, Industrial Design. Unikate. Serienerzeugnisse. Die Neue Sammlung. Ein neuer Museumstyp des 20. Jahrhunderts. München 1985, 180, 489 [dort weit. Lit.] – Parry Linda, Textiles of the Arts and Crafts Movement. London 1988, 144.

Rudolf Bartholl S. 253

30.9.1907 Bad Oldesloe – 1970 Bad Oldesloe
Maler, Weber, Entwerfer für Textilien, Keramiken u.a.
Studium der Malerei an den Akademien Breslau und Berlin bis 1930. Nach Auslandsreisen seit 1931 Atelier in Hamburg. 1934 Übersiedelung nach Midelsdorf/Schlesien und Gründung der »Webgemeinschaft Midelsdorf für Textil-, Tischlerei-, Polsterei- und Schmiedehandwerk«. Dort erste Webarbeiten. 1939 legte er die Webmeisterprüfung ab. 1949 Aufbau der Handwebereiwerkstatt in Bad Oldesloe, die seit seinem Tod von seiner Frau Norah Bartholl geleitet wird.
Bartholl fertigte vorwiegend Textilien für den Inneneinrichtungsbedarf, wie Vorhangstoffe, Teppiche und Decken, in enger Zusammenarbeit mit Architekten und Handwerkern. Ausgezeichnet u.a. mit dem Preis des Kunstgewerbevereins Hamburg, 1966, und 1967 mit dem Bayerischen Staatspreis (Goldmedaille) sowie dem Hessischen Staatspreis für das Kunsthandwerk.
Lit. u.a.: Preisgekröntes Kunsthandwerk. Bd. 2. 30 Jahre Hessischer Staatspreis für das deutsche Kunsthandwerk. [Frankfurt 1980], 40-45 m.Abb.

Wolf Bauer S. *225, 226,* 260, 278-279, 283

10.6.1938 Neckartenzlingen – lebt in Hamburg
Entwerfer für Textilien, Porzellan u.a., Professor
1959-63 Studium der Fachrichtung Textildesign an der Staatlichen Akademie der Bildenden Künste, Stuttgart, bei Leo Wollner. Seit 1965 selbständige Entwurfstätigkeit für Dekorations-, Möbel- und Modestoffe sowie für Teppiche, Tapeten, Porzellan, Glas, Bühnenbilder und Kostüme. Textilentwürfe u.a. für Pausa AG/Mössingen, S-Kollektion Barbara Segerer/Erbach, Heal Fabrics/London, Knoll International/New York. Daneben als Maler und Graphiker tätig. 1970 Einzelausstellung seiner Textilentwürfe im Design Center Stuttgart. 1972 Übersiedelung nach Hamburg, dort 1985 als Professor für Textildesign an die Fachhochschule berufen. Teilnahme an zahlreichen Ausstellungen sowie Auszeichnungen seiner Textilentwürfe u.a. 1970 durch die Industrial Design Society of America, New York, für die »Bauer-Print-Collection« der Firma Knoll International, 1971 durch das Resources Council New York für Dekorationsstoffe sowie 1982 durch die American Society of Interior Design, San Francisco, für den Dekorationsstoff Silhouette/Quadrille der Firma weverij de ploeg. Seine Stoffentwürfe fanden Aufnahme in das Victoria and Albert Museum, London, das Museum für Kunst und Gewerbe, Hamburg, sowie in das Württembergische Landesmuseum, Stuttgart.
Lit. u.a.: [Kat. Ausst.] Kunst am Fließband. Produkte des Textildesigners Wolf Bauer. Design Center. Stuttgart 1970 – [Kat. Ausst.] Zwischen Industrie und Kunst. Design Center. Stuttgart 1976 [s.p.].

Willi Baumeister S. *223, 243*

22.1.1889 Stuttgart – 31.8.1955 Stuttgart
Maler, Graphiker, Bühnenbildner, Professor
Studierte ab 1905 an der Akademie der Bildenden Künste, Stuttgart, und war dort 1910-14 Meisterschüler von Adolf Hölzl. Unternahm 1911-14 mehrere Reisen nach Paris. Beteiligte sich 1914 zusammen mit Oskar Schlemmer an Wandbildern für den Portikus der Kölner Sonderbundausstellung. Zwischen 1919 und 1923 war er vorwiegend als Bühnenbildner und Typograph in Stuttgart tätig. Seit 1928 Professor an der Städelschen Kunstschule in Frankfurt, erhielt er 1930 den deutschen Staatspreis, war ab 1933 verfemt und wurde aus dem Staatsdienst entlassen. 1946 wurde er als Professor an die Akademie der Bildenden Künste Stuttgart berufen. Ursprünglich stark von Cezanne und frühgeschichtlichen Darstellungen beeinflußt, gab er in seiner Malerei seit 1937 gegenständliche Motive auf, während er sich gleichzeitig im Bereich der Graphik der Illustration von Mythen und klassischer Literatur zuwandte. 1947 publizierte er seine kunsttheoretische Schrift »Das Unbekannte in der Kunst«. Die 1954 entstandenen Stoffentwürfe für die Pausa AG in Mössingen bilden innerhalb seines Oeuvres die Ausnahme.
Lit. u.a.: Grohmann Will, Willi Baumeister – Leben

und Werk. Köln 1963 – [Kat. Ausst.] Willi Baumeister. Vom Bild zum Relief. Westfälisches Landesmuseum. Münster 1981.

Otto Baur S. 98

5.1.1875 Wasseralfingen – 23.8.1944 Berreuth b. Dresden
Architekt, Innenarchitekt, Textilentwerfer
Studierte in Stuttgart, München und Berlin Architektur und ließ sich in München als selbständiger Architekt nieder. 1912 anläßlich der Bayerischen Gewerbeschau Geschäftsleiter des Künstlerausschusses. 1917 erfolgte die Übersiedlung nach Berlin. Dort zwischen 1917 und 1934 – zunächst mit Theodor Heuss – als Geschäftsführer des Deutschen Werkbundes tätig. In den beginnenden zwanziger Jahren entwarf O. Baur verschiedene Raumausstattungen, die von den Deutschen Werkstätten ausgeführt wurden.
Lit. u. a.: Wichmann Hans, Aufbruch zum neuen Wohnen. Basel/Stuttgart 1978, 357 [dort weit. Lit.].

Else Bechteler S. 15, 271

26.4.1933 Berlin – lebt in München
Malerin, Textilkünstlerin
1942-52 Lehre im Textilhandwerk; 1952-54 an der Meisterschule für Kunsthandwerk Berlin; 1958-64 Studium der Malerei an der Akademie der Bildenden Künste München (Meisterschülerin von Franz Nagel). Seit 1964 freischaffend; Teilnahme an zahlreichen Ausstellungen. Führt ihre Entwürfe für Tapisserien und liturgische Gewänder selbst aus.
Lit. u. a.: Hesse Herta, [Kat. Ausst.] Tapisserie und textile Objekte. Else Bechteler, Sophie Dawo, Heinz Diekmann. Karl-Ernst-Osthaus-Museum. Hagen 1971 – [Kat. Ausst.] Erste Biennale der deutschen Tapisserie. Bayerische Akademie der Schönen Künste. München 1978, 20 f. m. Abb. – [Kat. Ausst.] Else Bechteler. Werkraum Godula Buchholz, Pullach. München 1980.

Otti Berger S. 120, 168

4.10.1898 Zmajavac, Baranja (Jugoslawien) – 1944/45 in einem KZ verschollen
Weberin, Textilentwerferin
Besuchte 1921-26 die Kunstakademie in Zagreb, kam 1926 an das Bauhaus, besuchte den Vorkurs bei Moholy-Nagy und belegte Kurse bei Klee und Kandinsky. Nach Gunta Stölzls Ausscheiden leitete sie 1931/32 die Weberei-Werkstatt des Bauhauses unter Oberleitung von Lilly Reich. Ab 1932 arbeitete sie als Textildesignerin in Berlin, siedelte 1937 nach London über und kehrte 1938 nach Jugoslawien zurück. Als Weberin maßgeblich an der Entwicklung von Stoffen für die industrielle Produktion beteiligt.
Lit. u. a.: [Kat. Ausst.] Bauhaus Archiv. Museum für Gestaltung. Berlin 1984, 125, 131 m. Abb., 138 – Wichmann Hans, Industrial Design. Unikate. Serienerzeugnisse. Die Neue Sammlung. München 1985, 489 [dort weit. Lit.] – Radewaldt Ingrid, Bauhaustextilien 1919-1933. Phil. Diss. Universität Hamburg, 1986 [dort weit. Lit.] – [Kat. Ausst.] Gunta Stölzl. Weberei am Bauhaus und aus eigener Werkstatt. Bauhaus Archiv. Berlin 1987, 145 – [Kat. Ausst.] Experiment Bauhaus. Bauhaus Dessau. Berlin 1988, 416 – [Kat. Ausst.] Frauen im Design. Berufsbilder und Lebenswege seit 1900. Design Center. Stuttgart 1989, 208-211.

Heidi Bernstiel-Munsche S. 226, 270, 283

28.10.1937 Hamburg – lebt in München
Textilentwerferin
Studium bei Margret Hildebrand an der Hochschule für Bildende Künste, Abteilung Textildesign, in Hamburg. Von 1964 bis 1980 als Designerin bei der Stuttgarter Gardinen GmbH, seit 1980 als Ergotherapeutin tätig.
Lit. u. a.: [Kat. Ausst.] Textildesign 1934-1984 am Beispiel Stuttgarter Gardinen. Design Center. Stuttgart 1984.

Karl Bertsch S. 14, 25, 26, 105, 118, 164

2.3.1873 München – 27.4.1933 Bad Nauheim
Architekt, Innenarchitekt, Entwerfer von Möbeln, Geräten und Stoffen

Autodidakt. Mitarbeiter in den Vereinigten Werkstätten, München. Gründungsmitglied der »Münchner Vereinigung für angewandte Kunst« (später »Münchner Bund«). 1902 eröffnete er mit W. v. Beckerath und A. Niemeyer die »Münchner Werkstätten für Wohnungseinrichtung«, die 1907 mit den »Dresdner Werkstätten für Handwerkskunst« zu den »Deutschen Werkstätten« fusionierten. 1926 Übersiedlung nach Berlin und Errichtung eines Architekturateliers. Verheiratet seit 1923 mit Lisl Bertsch-Kampferseck, die vor allem die Textilien der von ihrem Mann entworfenen Ensembles konzipierte.
Karl Bertsch zählte zu den aktivsten und fruchtbarsten Mitarbeitern der Deutschen Werkstätten auf künstlerischem wie auf organisatorischem Gebiet. Er entwarf für die Werkstätten nicht nur Hunderte von Raumensembles und Möbeln, sondern auch Beleuchtungskörper, Metallgeräte, Schiffsausstattungen, Einrichtungen von Eisenbahnwagen, Ausstellungen und Holzhäuser. Zwischen etwa 1900 und 1932 war Karl Bertsch in fast allen wichtigen nationalen und internationalen Kunstgewerbeausstellungen vertreten.
Lit. u. a.: Vollmer Hans, Allgemeines Lexikon der bildenden Künstler des 20. Jahrhunderts. Bd. 1. Leipzig 1953, 196 [dort weit. Lit.] – Wichmann Hans, Aufbruch zum neuen Wohnen. Basel/Stuttgart 1978, 358 [dort weit. Lit.] – [Kat. Ausst.] Die Zwanziger Jahre in München. Stadtmuseum. München 1979, 746.

Lisl Bertsch-Kampferseck S. 14, 118, 160

28.9.1902 München – 21.2.1978 Murnau
Innenarchitektin, Textilentwerferin
1916-1923 Ausbildung an der Münchner Kunstgewerbeschule unter A. Niemeyer. Seit 1923 verheiratet mit Karl Bertsch und seitdem für die Deutschen Werkstätten als Textilentwerferin und Innenarchitektin tätig. Entwarf für DeWe auch Messestände (u. a. der Leipziger- und Hannoveraner Messen), war daneben für verschiedene deutsche Textilhersteller tätig und entwickelte Innenausstattungen zahlreicher Reichsbahnwagen.
Lit. u. a.: Wichmann Hans, Aufbruch zum neuen Wohnen. Basel/Stuttgart 1978, 359 [dort weit. Lit.].

Lisbeth Bissier S. 245, 255

1903 Freiburg i. Br. – lebt in Ascona, Schweiz
Ab 1920 Studium bei Julius Bissier, den sie 1922 heiratete. 1923 Eröffnung einer eigenen Werkstatt für Bildstickerei, die jedoch bald aufgegeben wurde, ab 1926 Tapeten- und Stoffentwürfe. 1929 Studium an der Textil- und Modeschule Berlin. 1930 begann sie als Autodidaktin zu weben und errichtete eine eigene Handspinnerei. 1939 Übersiedelung nach Hagnau am Bodensee und Vergrößerung der Weberei, Errichtung einer eigenen Spinnerei und Färberei. Zwischen 1946-1952 entstanden kleine Gobelins nach Entwürfen von Julius Bissier. In der Nachkriegszeit Herstellung von Stoffen verschiedenster Art (Schwerpunkt Damaste). Ab 1951 Knüpfteppiche nach eigenen und nach Entwürfen von Julius Bissier. 1955 Hessischer Staatspreis und 1956 Staatspreis von Baden-Württemberg. 1960 erfolgte die Aufgabe der Weberei als gewerbliche Werkstatt, und nur noch vereinzelt wurden Tapisserien hergestellt.
Lit. u. a.: Goldschmidt Werner, Lisbeth und Julius Bissier. Karlsruhe 1956, 1 = Kunsthandwerkliche Werkstätten XVIII – [Kat. Ausst.] Wandteppiche. Die Neue Sammlung. München 1961 – Vollmer Hans, Allgemeines Lexikon der bildenden Künstler des 20. Jahrhunderts. Bd. 5. Leipzig 1961, 311 [dort weit. Lit.] – Preisgekröntes Kunsthandwerk. Frankfurt 1965, 60-66 m. Abb. – [Kat. Ausst.] Lisbeth Bissier – Julius Bissier. Museum Ulm. Ulm 1966.

Morel Bissière S. 202

War um 1930 als Entwerfer von Teppichen für das Pariser Warenhaus »Galeries Lafayette« tätig.

Leopold Blonder S. 118, 122

1.7.1893 Wien – gestorben vor 1946
Entwerfer, Architekt
Ab 1911 Studium an der Kunstgewerbeschule in Wien bei O. Strnad und J. Hoffmann. Teilnahme an zahlreichen Ausstellungen, u. a. Werkbundausstellung Köln 1914 (plastischer Schmuck für den Raum

der Wiener Werkstätte), Deutsche Gewerbeschau München 1922. Zog 1921 von Wien nach Freiburg i. Br., wo er bis 1925 lebte. Wohl in den dreißiger Jahren nach England emigriert; 1946 kehrte seine Frau Henriette Blonder verwitwet aus London nach Wien zurück.
Mitglied des Österreichischen Werkbundes und der Zentralvereinigung österreichischer Architekten. Entwarf für die Wiener Werkstätte neben Schmuck, Spielzeug, Keramik etc. auch Textilien.
Lit. u. a.: Schweiger Werner Joseph, Wiener Werkstätte. Kunst und Handwerk 1903-1932. Wien 1982, 259 – Gmeiner Astrid u. Gottfried Pirhofer, Der Österreichische Werkbund. Salzburg/Wien 1985, 223.

Ernst Böhm S. 14, 150

6.3.1890 Berlin – 2.9.1963 Berlin
Maler, Graphiker, Entwerfer
Studierte an der Unterrichtsanstalt des Berliner Kunstgewerbemuseums bei Bruno Paul und war dort 1913-1937 Lehrer ebenso wie an den Vereinigten Staatsschulen für freie und angewandte Kunst in Charlottenburg. 1937 aus dem Lehramt entlassen. Seit 1945 Professor und Dekan der Hochschule für bildende Kunst in Berlin-Wilmersdorf. In den ausgehenden zwanziger und beginnenden dreißiger Jahren u. a. Textil- und Tapetenentwürfe für die Deutschen Werkstätten. Weiterhin Entwürfe für Buchschmuck, Plakate, Porzellan und Holzschnitte.
Lit. u. a.: Vollmer Hans, Allgemeines Lexikon der bildenden Künstler des 20. Jahrhunderts. Bd. 1. Leipzig 1953, 247 [dort weit. Lit.] – Kürschners Graphiker Handbuch. Berlin 1959, 19 [dort weit. Lit.] – Wichmann Hans, Aufbruch zum neuen Wohnen. Basel/Stuttgart 1978, 360 [dort weit. Lit.]

Antoinette de Boer S. 225, 226, 262, 264, 268-270, 274-276, 285, 290, 295-297, 302

1939 – lebt in Herrenberg/Stuttgart
Designerin
Meisterschülerin von M. Hildebrand an der Hochschule für Bildende Künste in Hamburg. Ab 1962 Designerin bei der Firma Stuttgarter Gardinen, seit 1963 Leitung des Design Ateliers. 1973 Gründung einer eigenen Firma. Entwürfe für Stuttgarter Gardinen und de boer design, gestaltet außerdem Teppiche, Haustextilien und Porzellan. Ausgezeichnet u. a. mit dem Bundespreis »Gute Form« 1985/86 für den Entwurf des Stoffes »Akaba«.
Lit. u. a.: Hiesinger Kathryn B., [Kat. Ausst.] Design since 1945. Philadelphia Museum of Art. London 1983, 210 – [Kat. Ausst.] Textildesign 1934-1984 am Beispiel Stuttgarter Gardinen. Design-Center. Stuttgart 1984 – Wichmann Hans, Industrial Design. Unikate. Serienerzeugnisse. Die Neue Sammlung. Ein neuer Museumstyp des 20. Jahrhunderts. München 1985, 188 f., 490 [dort weit. Lit.]

Margarethe von Brauchitsch S. 13, 24, 78-79, 112-113

14.6.1865 Frankenthal/Rügen – 15.2.1957 München
Textilkünstlerin
Studium der Malerei bei Max Klinger in Leipzig und Koloman Moser in Wien. Vor der Jahrhundertwende Leitung einer Malschule in Halle. 1898 Übersiedelung nach München und Gründungsmitglied der »Vereinigten Werkstätten für Kunst im Handwerk«, wo sie zunächst das Damenatelier für ornamentales Entwerfen leitete. Später führte sie ein eigenes Unternehmen mit 16 Mitarbeiterinnen, die Maschinenstickereien nach ihren Entwürfen anfertigten. Ihre wichtigsten textilen Werke sind die Bühnenvorhänge für Schauspielhaus und Prinzregententheater in München, beide in Kurbelstickerei ausgeführt. 1909 wurden in ihrem Atelier die textilen Wandfüllungen für den Lloyd-Dampfer »Prinz Friedrich Wilhelm« angefertigt. Sie entwarf außerdem Damen- und Kinderkleidung.
Darüber hinaus konzipierte sie auch Entwürfe für Glasmalerei, Tapeten und Fliesen. Seit 1899 beschickte sie regelmäßig die Münchner Jahresausstellung im Glaspalast und war 1900 in Paris und 1910 in Brüssel bei internationalen Ausstellungen vertreten. Margarethe von Brauchitsch gilt als eine der bedeutendsten Textilkünstlerinnen des Jugendstils.

Lit. u. a.: Wichmann Hans, Aufbruch zum neuen Wohnen. Basel/Stuttgart 1978, 360 [dort weit. Lit.] – Hiesinger Kathryn Bloom (Hrsg.), Die Meister des Münchner Jugendstils. München 1988, 42-43 [dort weit. Lit.].

Barbara Brenner   S. 226, 268

11. 6. 1939 Stuttgart – lebt in Hamburg
Entwerferin, Malerin
1955-58 Ausbildung an der Gewerblichen Berufs- und Fachschule Stuttgart als Schaufensterdekorateurin. Von 1958 bis 1960 Chefdekorateurin bei Firma Tritschler, Stuttgart, 1960-68 bei Rosenthal AG, Selb; dort u. a. für die Präsentation der »Rosenthal-Studio-Line« und Ausstellungen im In- und Ausland verantwortlich. Mitarbeit im Studio Tapio Wirkkala Design, Helsinki. Seit 1968 in Hamburg freischaffend als Designerin tätig. Sie entwarf Keramiken, Bücher, Tapeten und Textilien, so u. a. für die Firmen Finntex, Intair Hamburg, Luxorette, Modo Maison Bern und Norta. Seit 1984 Lehrtätigkeit an der Fachschule Hannover für den Bereich Textilentwurf. Ihre Arbeiten wurden mehrfach prämiiert.
Lit. u. a.: nicole 1987, H. 1, 84 m. Abb. [dort weit. Lit.].

Fritz August Breuhaus de Groot   S. 14, 119, 183

Solingen 9. 2. 1883 – 2. 12. 1960 Köln
Architekt, Innenarchitekt, Entwerfer von Möbeln, Textilien, Professor
Studierte an der Technischen Hochschule Berlin-Charlottenburg und bei Peter Behrens. Tätig in München, Bremen, Düsseldorf, seit 1932 in Berlin in Zusammenarbeit mit Heinrich Roßkotten. Errichtete Bank- und Verwaltungsbauten, Villen und Landhäuser. Daneben konzipierte er Ausstattungen von Überseedampfern wie der »Bremen« des Norddeutschen Lloyd (1926/28) und zahlreiche Möbel. 1914 Beteiligung an der Werkbund-Ausstellung, Köln, mit der Einrichtung eines Speisezimmers und dem Arbeitsraum eines Kunstsammlers. In den zwanziger Jahren entwarf er Porzellan sowie Tapeten und Dekorationsstoffe. In den dreißiger Jahren war F. A. Breuhaus künstlerischer Mitarbeiter der Deutschen Werkstätten und des WK-Verbandes.
Eigene Schriften u. a.: Landhäuser und Innenräume. Düsseldorf 1910; Der Ozean-Express »Bremen«. München 1930; Neue Bauten und Innenräume. Berlin 1941.
Lit. u. a.: Vollmer Hans, Allgemeines Lexikon der bildenden Künstler des 20. Jahrhunderts. Bd. 1. Leipzig 1953, 312 [dort weit. Lit.] – Wichmann Hans, Aufbruch zum neuen Wohnen. Basel/Stuttgart 1978, 360-361 [dort weit. Lit.] – Wichmann Hans, Industrial Design. Unikate. Serienerzeugnisse. Die Neue Sammlung. Ein neuer Museumstyp des 20. Jahrhunderts. München 1985, 121, 491 [dort weit. Lit.]

Thomas Brolin   S. 310, 322

28. 9. 1954 Göteborg/Schweden – lebt in Göteborg
Textilentwerfer, Maler, Bildhauer
1973-77 Studium an der Konstindustri Skolan in Göteborg. Neben seiner Arbeit als Textilentwerfer, u. a. für Kinnasand, auch als Maler und Bildhauer tätig.
Lit. u. a.: [Kat. Ausst.] Design Textile Scandinave 1950/1985. Musée de l'Impression sur Etoffes. Mülhausen 1987, 62, 65, 72.

Gregory F. Brown   S. 14, 118, 135

4. 1. 1887 London – 1941 London
Maler, Graphiker, Entwerfer, Kunstmetallhandwerker
1903 Lehre im Kunstmetallhandwerk, wandte sich dann dem Feld der Graphik zu. 1908 Ausstellung in der Royal Academy in London; in den folgenden Jahren graphische Arbeiten für eine Reihe von Firmen. Gründungsmitglied der »Design and Industries Association« (DIA) 1915. Brown entwarf auch Textilien, insbesondere ab 1920 für die Firma W. Foxton Ltd. in London. Für diese wurde er innerhalb der Ausstellung »Exposition Internationale des Arts Décoratifs et Industriels Modernes«, Paris 1925, ausgezeichnet. Daneben war Gregory F. Brown auch als Landschaftsmaler tätig und entwarf Buchschmuck.
Lit. u. a.: Vollmer Hans, Allgemeines Lexikon der bil-

denden Künstler des 20. Jahrhunderts. Bd. 1. Leipzig 1953, 327 [dort weit. Lit.] – Fanelli Giovanni u. Rosalia, Il tessuto moderno. Florenz 1976, 217, 720 m. Abb. – [Kat. Ausst.] Thirties. Hayward Gallery. London 1979, 90, 144, 216, 286 – Wichmann Hans, Industrial Design. Unikate. Serienerzeugnisse. Die Neue Sammlung. Ein neuer Museumstyp des 20. Jahrhunderts. München 1985, 183, 491.

Brigitte Burberg   S. 223, 253

15. 8. 1925 Düsseldorf
Textildesignerin
Studierte 1946-1948 an der Textilingenieurschule Krefeld, Abteilung Textilkunst, in der Klasse für Webgestaltung (Leitung Prof. Barbara Schu) und seit 1948 in der Meisterklasse für Textilkunst (Leitung Prof. Georg Muche). (Angaben auf Grund freundlicher Hinweise von Prof. Paul Roder, Willich, bis 1984 Leiter der Abteilung Textilkunst der Textilingenieurschule Krefeld)

Mary Cappelli   S. 227, 325

1954 Mailand – lebt in Mailand
Designerin
Besuchte das »Istituto d'Arte e Stilismo« in Mailand. Danach Zusammenarbeit mit der Textilfirma Enzo degli Angiuoni auf dem Gebiet der Möbel- und Modestoffe sowie bei den Kollektionen, deren Entwürfe ausschließlich im Studio Mary Cappelli konzipiert werden.

Hans Christiansen   S. 13, 24, 26, 81

6. 3. 1866 Flensburg – 5. 1. 1945 Wiesbaden
Maler, Graphiker, Entwerfer
Ausbildung als Maler. 1887-88 Studium an der Münchner Kunstgewerbeschule. Anschließend Lehrer an der Kunstgewerbefachschule Hamburg, 1893-99 Studienreisen nach Amerika (Weltausstellung Chicago 1893), Italien (Rom, Florenz), Antwerpen, Paris. 1899 Berufung in die Darmstädter Künstlerkolonie. Während seiner Aufenthalte in Paris und Darmstadt zahlreiche Entwürfe für Bildwebereien, die in der Kunstwebschule Scherrebek ausgeführt wurden. Zwischen etwa 1904 und Mitte der dreißiger Jahre konzipierte er Textilien für die Firma Oberhessische Leinenindustrie Marx und Kleinberger, Frankfurt a. M. Weiterhin Entwürfe für Silbergeräte, Möbel, Plakate, Buchschmuck, Lederarbeiten.
Lit. u. a.: Spielmann Heinz, [Kat. Mus.] Die Jugendstilsammlung. Bd. 1. Museum für Kunst und Gewerbe. Hamburg 1979, 170 ff. m. Abb. – Zimmermann-Degen Margret, Hans Christiansen. Leben und Werk eines Jugendstilkünstlers. Bd. 1-2. Königstein 1985.

Sonia Delaunay   S. 14, 15, 117, 120, 169

1885 Gradizhsk/Ukraine – 5. 12. 1979 Paris
Malerin, Entwerferin
1905 Studium an der Académie de la Palette in Paris. Wandte sich 1909 unter dem Einfluß von Robert Delaunay (Heirat 1910) der Stickerei zu. Ab 1912 entstanden die ersten Gemälde, Collagen, Bucheinbände und Kleider auf der Grundlage des Simultankontrastes. Neben Kostümentwürfen für Theater, Oper und Ballett gestaltete sie auch Bühnenbilder. 1922 entwarf sie Schals und Tücher mit geometrischen Mustern sowie die Inneneinrichtung einer Buchhandlung in Neuilly. Der Auftrag einer Lyoner Seidenfabrik führte 1923 zu den »Tissus simultanés«. Auf der Exposition Internationale des Arts Décoratifs et Industriels Modernes, Paris 1925, richtete Sonia Delaunay eine gemeinsame Boutique mit dem Couturier Jacques Heim ein. Seit 1931 widmete sie sich fast ausschließlich der Malerei, Entwürfe für Textilien und Tapisserien entstanden erst wieder in den sechziger Jahren. 1971 erfolgte die erste Ausstellung ihrer Stoffe im Musée de l'Impression sur Etoffes, Mülhausen.
Lit. u. a.: [Kat. Ausst.] Sonia Delaunay, Etoffes imprimées des Années Folles. Musée de l'Impression sur Etoffes. Mülhausen 1971 – Fanelli Giovanni u. Rosalia, Il tessuto moderno. Florenz 1976, 156 f. – Wichmann Hans, Industrial Design. Unikate. Serienerzeugnisse. Die Neue Sammlung. Ein neuer Museumstyp des 20. Jahrhunderts. München 1985, 494 [dort weit.

Lit.] – [Kat. Ausst.] Sonia Delaunay 1885-1979. Rhythmen und Farben. Museum Bellerive. Zürich 1987 [dort weit. Lit.].

Ingrid Dessau   S. 226, 269, 293, 311

1923 Schweden
Textilkünstlerin
Ausbildung an der Kunstfachschule in Stockholm. Teilnahme an internationalen Ausstellungen seit 1953, Trägerin verschiedener Auszeichnungen. Ankäufe des Nationalmuseums von Stockholm, Göteborg und Malmö. Entwürfe für Kinnasand und weitere schwedische Firmen.
Lit. u. a.: Zahle Erik (Hrsg.), Skandinavisches Kunsthandwerk. München/Zürich 1963, 271 – mobilia 1967, Nr. 146, 20-21 m. Abb.

Piero Dorazio   S. 227, 317

29. 6. 1927 Rom
Maler, Designer
Studierte anfänglich Architektur, dann Malerei an der Ecole des Beaux Arts in Paris. Aus seinen neo-kubistischen Anfängen entwickelt er eine Malerei, die ihre Voraussetzungen in Mondrian und Malewitsch besitzt. Dorazio gehört zu den bedeutendsten abstrakten Malern Italiens der Nachkriegszeit, der u. a. auch Textilien, Keramiken und Plakate entworfen hat.
Lit. u. a.: Vollmer Hans, Allgemeines Lexikon der bildenden Künstler des 20. Jahrhunderts. Bd. 5. Leipzig 1961, 435 [dort weit. Lit.] – [Kat. Ausst.] Forma 1 (1947-1987). Darmstadt 1987, 162-163 = Meister der italienischen Moderne 19 – Wichmann Hans, Italien. Design 1945 bis heute. Die Neue Sammlung, München/Basel 1988, 351.

Gianni Dova   S. 15, 223, 244

8. 1. 1925 Rom – tätig in Mailand
Maler, Graphiker, Textilentwerfer
Studium an der Accademia di Brera, Mailand, bei Carpi, Carrà und Funi. Mitunterzeichner des »Manifesto dello Spazialismo« 1951. Nach längeren Aufenthalten in Antwerpen und Paris 1958 Niederlassung in Mailand. Zahlreiche nationale und internationale Ausstellungen, so u. a. bei der Biennale, Venedig 1954, der 2. documenta, Kassel 1959, im Guggenheim-Museum, New York 1959, in London und Tokio. Von Tachismus und Informel geprägte Bilder, seit 1954/55 Einflüsse durch den Surrealismus von Max Ernst, seit der ersten Bretagne-Reise auch Hinwendung zu Gauguin und den Nabis. Neben freier Malerei konzipierte er auch Entwürfe zu Druckstoffen der Manifattura Isa.
Lit. u. a.: Vollmer Hans, Allgemeines Lexikon der bildenden Künstler des 20. Jahrhunderts. Bd. 5. Leipzig 1961, 436 [dort weit. Lit.] – [Kat. Ausst.] Milano 70/70. Museo Poldi Pezzoli. 3. T. Mailand 1972, 299 [Vita m. weit. Lit.] – Vangeli Flavio (Hrsg.), Dova. Mailand 1986 = Puntolinea, La Memoria del Tempo – Matzner Florian, Künstlerlexikon mit Registern zur documenta 1-8. Kassel 1987, 30 – Cavallo Luigi, [Kat. Ausst.] Dova. Centro Tornabuoni. Florenz 1988.

Maurizia Dova   S. 227, 324

10. 2. 1947 Mailand – lebt in Mailand
Textilentwerferin, Designerin
Tochter des italienischen Malers Gianni Dova; arbeitet seit 1968 für die italienische Firma Naj-Oleari, für die sie neben Stoffen, Kleidungsstücken und Teppichen auch Schmuck, Schuhe und Parfümverpackungen entwirft. Außerdem als Designerin von Schuhen (Sergio Rossi), Fliesen (Tecnoceramica, Cedit) und Verpackungen (Euroitalia) tätig.
Lit. u. a.: Vigiak Mario (Hrsg.), Architectural, Graphic, Product, Public, Textile and Surface Designers Italiani. Udine 1988, 328 = Omnibook 4.

Guido Drocco   S. 264-265

19. 9. 1942 Turin – lebt in Turin
Architekt, Entwerfer
Nach Architekturstudium und Promotion am Polytechnikum Turin seit 1962 Mitarbeit im Studio der Architekten Gabetti und Isola. Teilnahme an zahlrei-

chen Wettbewerben, u. a. ausgezeichnet mit dem 1. Preis und Spezialpreis des Concorso Internazionale MIA, Monza 1967 und 1968. Entwarf u. a. Möbel und war um 1970 an der Konzeption der Teppichserie »Tapizoo« für Collezione ARBO, Turin, beteiligt.

Ewald Dülberg   S. *120,* 176-177

12.12.1888 – 1933 Freiburg
Graphiker, Bühnenbilder, Textilentwerfer, Professor
1908 Studium in München an der Knirr-Zeichenschule und Akademie der Bildenden Künste bei Angelo Jank. Dozententätigkeit 1913-15 an der Kunstgewerbeschule Hamburg (Akt- und Portraitzeichnen), 1919-20 an der Odenwaldschule in Oberhambach. 1921-26 Professor für Graphik und Weberei an der Staatlichen Kunstakademie Kassel, 1926-28 Professor für Aktzeichnen, Farblehre, Weberei und Theater an der Staatlichen Hochschule für Handwerk und Baukunst, Weimar. Künstlerischer Beirat 1912-15 am Hamburger Stadttheater bei Otto Klemperer, 1918 an der Volksbühne Berlin, 1927-30 an der Krolloper Berlin. Zwischen 1924 und 1927 fertigte er ungefähr 50 Entwürfe (mit Färberezepten) für Stoffe in Wolle, Seide und Baumwolle, die in den Kasseler (bis 1926) und Weimarer Webereiwerkstätten ausgeführt wurden. 1930/31 Entlassung aus dem Preussischen Staatsdienst.
Lit. u. a.: Bratke Elke, [Kat. Ausst.] Ewald Dülberg 1888-1933. Städtisches Kunstmuseum, Ernst Moritz Arndt-Haus. Bonn 1986 [dort weit. Lit.].

Robert Engels   S. *13, 26,* 60

9.3.1866 Solingen – 24.5.1926 München
Illustrator, Maler, Entwerfer von Möbeln, Glasfenstern, Textilien u.a., Professor
Studierte an der Privatschule Fehr in München, dann ansässig in Düsseldorf, seit 1898 in München. 1910 Professor an der Kunstgewerbeschule in München. Der Schwerpunkt seines Schaffens lag auf dem Feld der Buchillustration (Hauff, Dumas, B. v. Münchhausen, Hebbel, Bechstein). Wandte sich erst spät der Ölmalerei zu. Daneben Entwürfe für Plakate, Textilien, Theaterfigurinen, Bühnenbilder, Glasbilder (u. a. Trauzimmer des Rathauses in Remscheid, Johanniskirche in Breslau). Vor dem Ersten Weltkrieg u. a. Entwürfe für die Deutschen Werkstätten. Gedächtnis-Ausstellung Nov./Dez. 1926 in der Galerie Thannhäuser in München (Gemälde) und gleichzeitig in der Graphischen Sammlung (Zeichnungen).
Lit. u. a.: Vollmer Hans, Allgemeines Lexikon der bildenden Künstler des 20. Jahrhunderts, Bd. 2. Leipzig 1955, 40 [dort weit. Lit.] – Bredt, Die Gedächtnis-Ausstellung Robert Engels: Deutsche Kunst u. Dekoration 1926/27, Bd. 59, 309-310 – Wichmann Hans, Aufbruch zum neuen Wohnen. Basel/Stuttgart 1978, 363 [dort weit. Lit.].

Lilly Erk   S. *26,* 97

Textilentwerferin
Ausbildung an der Kunstgewerbeschule München in der Klasse von Adelbert Niemeyer. Vor dem Ersten Weltkrieg Entwürfe für die Deutschen Werkstätten, insbesondere Seidenstoffe.
Lit. u. a.: Wichmann Hans, Aufbruch zum neuen Wohnen. Basel/Stuttgart 1978, 363 [dort weit. Lit.].

Vuokko Eskolin-Nurmesniemi   S. *222, 227, 228,* 248, 282, 287, *333*

1930 Finnland – lebt in Helsinki
Textilentwerferin, Keramikerin, Innenarchitektin
Bis 1952 Ausbildung als Keramikerin an der Konstindustriella Läroverket (Kunstindustrieschule) in Helsinki. Entwerferin bei Printex bzw. Marimekko und von 1953 bis 1960 Leiterin der Design-Abteilung. 1964 Gründung der eigenen Firma Vuokko Oy, Helsinki. Weiterhin Entwürfe für Borås (Schweden) und Pausa (Deutschland). Preise in finnischen Teppich- und Glas-Wettbewerben. Goldmedaille bei der Triennale, Mailand 1957. Architektin der finnischen Kunstindustrie-Ausstellung in Boston 1959. Der von ihr entworfene Druckstoff »Tiibet« wird im Victoria und Albert Museum, London, bewahrt.

Lit. u. a.: Zahle Erik (Hrsg.), Skandinavisches Kunsthandwerk. München/Zürich 1963, 272 – Holm Aase, Vuokko: mobilia 1979, Nr. 284, 26-31 m. Abb. – Hiesinger Kathryn [Kat. Ausst.] Design since 1945. Philadelphia Museum of Art. London 1983, 212 [dort weit. Lit.] – [Kat. Firma] Phenomenon Marimekko. Helsinki 1986, 120-121 – [Kat. Ausst.] Design Textile Scandinave 1950/1985. Musée de l'Impression sur Etoffes. Mülhausen 1987, 26 m. Abb., 73.

Stephan Eusemann   S. *15, 224, 225,* 236-237, 244-246, 256, 259, *337 ff.,* 343-355

1924 Bergrheinfeld/Main – lebt in Nürnberg
Textilentwerfer, Designer, Professor
1945-52 Architekturpraktikum und Studium an den Universitäten Erlangen, Bamberg und München. Weiterhin Studium an den Kunstakademien in Stuttgart und München. 1952-60 Aufbau und Leitung der neu gegründeten Fachklasse für Textilgestaltung an der späteren Fachhochschule Coburg, Abteilung Münchberg. Seit 1960 Professor für Textilkunst an der Akademie der bildenden Künste in Nürnberg. Präsident der International Association of Colour Consultants (IACC), Mitglied des Fachnormenausschuß Farbe (FNF/DIN), Vorstandsmitglied des Deutschen Farbenzentrums Berlin. Entwürfe für textile Raumausstattungen, u. a. Kultusministerium München, Universitätskirche Erlangen, Universität Regensburg, Deutsche Bank, Nürnberg, Landratsamt Weißenburg, sowie für Porzellan und Glas. Teilnahme an internationalen Ausstellungen. Publikationen auf dem Gebiet von Textil-System-Design und Farbsystemen.
Lit. u. a.: Die Kunst 1955, Okt.-H., 24-26 – Eusemann Stephan, Farbsystematik in Theorie und Praxis des Design: Süddeutsche Zeitung Nr. 266, 6. Nov. 1969, Beilage Zeitgemäße Form – ders., Computer-Design Lehre und Praxis: Computer-Design in der Textilindustrie. 1. Symposium Gesamttextil, Mainz. (Frankfurt a. M. 1971), 42-45 – 125 Jahre Textilausbildungsstätten in Münchberg 1854-1979. [Münchberg] 1979, 32-33 – [Kat. Ausst.] 4. Biennale der deutschen Tapisserie. Museum für Kunst und Gewerbe. Hamburg 1985, 90.

Age (Anna Margareta) Faith-Ell   S. *222,* 252

9.7.1912 Växjö, Kronobergslän/Schweden
Textildesignerin
1930-34 Ausbildung als Kunststickerin, Schneiderin und Weberin an der Johanna-Brunsson-Webschule in Stockholm. 1935 Studium an der Hochschule für angewandte Kunst in Wien (Professor E. J. Wimmer-Wisgrill). 1936-42 Textildesignerin bei der schwedischen Handwerksgesellschaft, 1942-45 Lehrerin an der Hochschule für angewandte Kunst in Wien. 1946-49 Tätigkeit als Textildesignerin bei R. Atkinson im Irish Poplin House, Belfast. Seit 1955 als freie Textildesignerin für zahlreiche schwedische Firmen tätig, u. a. für Kinnasand, Eriksbergs Väveri, ebenso für die Schweizer Firma Arova (1967-68). Erhielt zahlreiche Preise, u. a. 1960 Goldmedaille während der Triennale in Mailand.
Lit. u. a.: Zahle Erik (Hrsg.), Skandinavisches Kunsthandwerk. München/Zürich 1963, 272 – Morgan Ann Lee (Hrsg.), Contemporary Designers. London 1984, 185 f. [dort weit. Lit.].

Mathilde (Hilda) Flögl   S. *14, 118,* 125

9.9.1893 Brünn – gestorben nach 1950, Salzburg
Entwerferin u. a. für Textilien
1909-16 Studium an der Kunstgewerbeschule in Wien. 1916-31 Mitarbeiterin der Wiener Werkstätte. 1931-35 eigenes Atelier in Wien. Lehrtätigkeit an verschiedenen Schulen. Ab 1945 tätig bei J. Hoffmann im Künstlerwerkstättenverein; später Designerin in Salzburg. Teilnahme an zahlreichen Ausstellungen, u. a. 1922 Deutsche Gewerbeschau in München, 1930 Werkbundausstellung. Entwürfe für Textilien, Wandmalereien u. a. in von J. Hoffmann eingerichteten Wohnungen.
Lit. u. a.: Schweiger Werner J., Wiener Werkstätte. Kunst und Handwerk 1903-1932. Wien 1982, 260 [dort weit. Lit.] – Völker Angela, [Kat. Mus.] Wiener Mode und Modephotographie der Wiener Werkstätte 1911-1932. Österreichisches Museum für an-

gewandte Kunst. München/Paris 1984, 215, 221, 225 ff., 231 – Gmeiner Astrid u. Gottfried Pirrhofer, Der Österreichische Werkbund. Salzburg/Wien 1985, 226 [dort weit. Lit.].

Lucio Fontana   S. *15, 223,* 239

29.2.1899 Rosario de Santa Fé (Argentinien) – 7.9.1968 Comabbio/Varese (Italien)
Maler, Bildhauer, Keramiker, Textilentwerfer
1905 Übersiedlung nach Mailand. 1914-15 Studium an der Baugewerkschule Carlo Cattaneo, Mailand; 1918 Examen als Diplomingenieur. Ab 1922 Mitarbeit im Bildhaueratelier seines Vaters in Buenos Aires, danach eigenes Atelier in Rosario de Santa Fé. 1928-30 Studium an der Accademia di Brera, Mailand, bei dem symbolistischen Bildhauer Adolfo Wildt. Einflüsse u. a. durch Archipenko, Medardo Rosso und den Futurismus. Begründet 1934 mit Melotti, Soldati und Veronesi die Mailänder Sektion der Pariser Künstlergruppe »Abstraction – Création«. 1937 keramische Arbeiten in der Porzellanmanufaktur Sèvres, Paris; Kontakte zu Brancusi, Miro und Tzara. 1939-47 in Argentinien; Lehrtätigkeit an der »Scuola di Altamira«, Buenos Aires; zahlreiche Ausstellungen und Veröffentlichung seines »Manifesto Blanco« (1946). Nach seiner Rückkehr nach Mailand Manifeste des »Spazialismo« (bis 1952), verwirklicht in seinen »Buchi« (Perforierungen), »Ambienti spaziali« (Environments) und »Concetti spaziali«, aber auch in Schaufenster- und Raumdekorationen; Entwürfe für Stoffe der Manifattura Isa. Seit 1958/59 geschlitzte Leinwände und aufgesprengte Metallplastiken und Keramiken. Einflüsse auf Arte povera und Zero.
Lit. u. a.: Vollmer Hans, Allgemeines Lexikon der bildenden Künstler. Bd. 2. Leipzig 1955, 129 f. [dort weit. Lit.] – [Kat. Ausst.] Milano 70/70. Museo Poldi Pezzoli. 3. Teil. Mailand 1972, 301 [Vita] – [Kat. Ausst.] Rosenthal. Hundert Jahre Porzellan. Kestner-Museum. Hannover 1982, 175 – Schulz-Hoffmann Carla, [Kat. Ausst.] Lucio Fontana. Staatsgalerie moderner Kunst. München 1983, 9-15 u. a. O. [dort weit. Lit.].

Piero Fornasetti   S. 231

10.11.1913 Mailand – lebt in Mailand
Maler, Graphiker, Entwerfer für Textilien u. a.
Studium der Philosophie, Malerei, Bildhauerei und Graphik. Entwürfe für Textilien (vgl. Magnesi Pinuccia, Tessuti d'Autore degli anni Cinquanta. Turin 1987, Nr. 37-43 m. Abb.), Buchkunst, Gebrauchsgegenstände, Innendekorationen etc. 1959 Auszeichnung für seine Konzeptionen im Bereich der Mode. Teilnahme an zahlreichen Ausstellungen. Entwarf in den siebziger Jahren u. a. für das Fuggerhaus, Augsburg, Textilien.
Lit. u. a.: Amstutz Walter (Hrsg.), Who's Who in Graphic Art. Zürich 1962, 309.

Josef Franz   S. 218

23.12.1882 St. Georgenthal/Warnsdorf – 14.5.1949 Bruneck/Südtirol
Weber, Textilentwerfer
Nach dem Besuch der Handels- und Webschule in Warnsdorf Anstellung in der Lodenfabrik Moessmer. 1923 Gründung einer eigenen Kunsthandweberei, die heute als Weberei in Südtirol von seinem Sohn und Enkel weitergeführt wird.

Sven Fristedt   S. 310, *334*

1940 Schweden
Textildesigner
Ausbildung an der Stockholm Arts and Crafts School und an der Beckmannschule. Zahlreiche Studienreisen nach Amerika und Afrika. Seit 1965 Textildesigner bei Borås Wäfveri, Schweden. Gründung des Borås Cotton Studio. Seine textilen Entwürfe leiten sich von den Entwicklungen der internationalen Malerei ab. Auch Konzeption von textilen Entwürfen für architektonische Großprojekte.
Lit. u. a.: Schmidt Torben, Sven Fristedt: mobilia 1971, Nr. 193, 48-58 m. Abb. – McFadden David Revere (Hrsg.), [Kat. Ausst.] Scandinavian Modern Design 1880-1980. Cooper Hewitt Museum. New York 1982, 201 m. Abb., 264 – Monica Boman (Hrsg.), De-

sign in Sweden. The Swedish Institute. Stockholm 1985, 65-67 m. Abb. – [Kat. Ausst.] Design Textile Scandinave 1950/1985. Musée de l'Impression sur Etoffes. Mülhausen 1987, 65-68 m. Abb., 73.

Lotte (Charlotte) Frömmel-Fochler   S. 114

1.5.1884 Wien – gestorben nach 1947, Wien
Entwerferin, Kunststickerin
1904-1908 Ausbildung an der Kunstgewerbeschule in Wien (J. Hoffmann); Besuch der Fachschule für Kunststickerei; Mitglied des Österreichischen Werkbundes und der Wiener Werkstätte. Arbeiten für die Firmen Haas (Stoffe), Ludescher (Keramik) und insbesondere für die Wiener Werkstätte: Stoffe, Spitzen, Tüllstickerei, Lederarbeiten.
Lit. u. a.: Schweiger, Werner J., Wiener Werkstätte. Kunst und Handwerk 1903-1932. Wien 1982, 261 [dort weit. Lit.] – Völker Angela, [Kat. Mus.] Wiener Mode und Modephotographie der Wiener Werkstätte 1911-1932. Österreichisches Museum für angewandte Kunst. München/Paris 1984, 26 – Gmeiner Astrid u. Gottfried Pirhofer, Der Österreichische Werkbund. Salzburg/Wien 1985, 227 [dort weit. Lit.].

Roberto Gabetti   S. *15, 226,* 264-265

29.11.1925 Turin – lebt in Turin
Architekt, Designer, Professor
Architekturstudium an der Universität in Turin (Diplom 1949); heute Ordinarius an der dortigen Architekturfakultät. Führt seit 1952 zusammen mit Aimaro Isola ein gemeinsames Büro, dem auch Giorgio De Ferrari, Luciano Re, Enrico Moncalvo und Guido Drocco angehörten. Neben ihren Bauten, u. a. 1952 Palazzo della Borsa, Turin (mit G. Raineri), 1969-74 Centro Residenziale Olivetti in Ivrea, konzipierten Gabetti und Isola auch Ausstellungsarchitekturen, u. a. 1960 die »New Designs in Italia Furniture Show« in Mailand und 1962 die Ausstellung »Fashion-Style-Manners« in Turin. Das Büro entwarf seit Beginn der fünfziger Jahre Möbel, Beleuchtungskörper, Beschläge und Armaturen sowie Teppiche und Textilien.
Lit. u. a.: [Kat. Ausst.] Design Process Olivetti 1908-1983. Ivrea 1983, 378 – Ferrari Fulvio, Gabetti e Isola. Turin 1986 – Pevsner Nikolaus (Hrsg.), Lexikon der Weltarchitektur. München 1987, 223 [dort weit. Lit.].

Jole Gandolini   S. *227,* 314

7.10.1927 Bergamo – lebt in Mailand
Textilentwerferin
Seit 1957 als Weberin tätig. 1958 Gründung der eigenen Firma »Texital«. Zur Gewinnung von Entwürfen Zusammenarbeit mit bekannten italienischen Architekten und Designern wie Giò Ponti, Gae Aulenti, Tobia Scarpa u. a. Teilnahme an der Mailänder Triennale und Design-Ausstellungen. Seit 1980 Entwürfe für Dekorationsstoffe und Tapeten für Firmen in Deutschland (u. a. Fuggerhaus, Augsburg), Japan und USA. Unterhält ein Atelier in Mailand.

Ruth Hildegard Geyer-Raack   S. *14, 118,* 138, 160, 212-213

16.6.1894 Nordhausen/Harz – 19.3.1975 Berlin
Innenarchitektin, Wandmalerin, Entwerferin
Schülerin Bruno Pauls an den Vereinigten Staatsschulen für freie und angewandte Kunst in Berlin; in den zwanziger und dreißiger Jahren wiederholte Studienaufenthalte in Paris. Konzipierte laut Vollmer »vornehme Wohnungseinrichtungen mit farbiger Behandlung der Wände«. Gemeinsam mit B. Paul führte sie 1926 den Umbau des Richmodi-Hauses in Köln durch, leitete 1931 die IRA (Internationale Raumausstellung in Köln), entwarf Textilien und Tapeten (u. a. »Geyer-Raack-Sonderkarte« der Fa. Strauven, Bonn). Für die Deutschen Werkstätten war Ruth H. Geyer-Raack vor allem in den zwanziger Jahren als Entwerferin von Textilien tätig. 1955 veröffentlichte sie das Buch: Möbel und Raum. Berlin 1955. 96 S. m. Abb.
Lit. u. a.: Vollmer Hans, Allgemeines Lexikon der bildenden Künstler des 20. Jahrhunderts. Bd. 2. Leipzig 1955, 235 [dort weit. Lit.] – Wichmann Hans, Aufbruch zum neuen Wohnen. Basel/Stuttgart 1978, 366 [dort weit. Lit.] – [Kat. Ausst.] Frauen im Design. Berufsbilder und Lebenswege seit 1900. Design Center. Stuttgart 1989, 78-83.

Hubert de Givenchy   S. *227,* 316

21.2.1927 Beauvais – lebt in Paris
Entwerfer
Jurastudium und Besuch der Ecole des Beaux-Arts in Paris. Assistent von bekannten Couturiers wie Jacques Fath, Pierre Balmain, Christian Dior u. a. 1952 Gründung eines eigenen Couture Hauses in Paris. Seit Frühjahr 1985 Entwürfe von Dekorationsstoffen für das Fuggerhaus. Seine Arbeiten werden auch im Metropolitan Museum of Art, New York, und im Victoria and Albert Museum, London, bewahrt.
Lit. u. a.: Morgan Ann Lee, Contemporary Designers. London 1984, 144-146 [dort weit. Lit.].

Serge Gladky   S. *117,* 194-197

Entwarf in den zwanziger und frühen dreißiger Jahren in Paris Textilien und publizierte Ornamentvorlagen. Gehört stilistisch zum Umkreis der russischen Konstruktivisten.
Publikationen u. a.: Compositions ornementales. Paris 1926. 4° – Fleurs. Paris 1929. 8 S., 26 Taf. – Nouvelles compositions décoratives. Première série. (Introduction de Georges Rémon, directeur de l'École des Arts Appliqués de la ville de Paris). Paris 1931. 4 S., 48 Taf. – Point de vue. Paris 1932. 17 S. m. Taf.

Donna Gorman   S. 322

14.11.1959 – lebt in den USA
Designerin
Studierte an der Universität von Boston Photo-Journalismus, Kommunikationswissenschaften und Design. Als Textilentwerferin u. a. für die Firma Marimekko, Helsinki, tätig.

Viola Gråsten   S. *222, 247, 333*

8.1.1910 Keuru/Tavastehus, Finnland – lebt in Schweden
Textilentwerferin
Nach dem Studium an der Konstindustriella Läroverket (Kunstindustrieschule) in Helsinki Ausbildung in Frankfurt (1937) und Kopenhagen (1946). Von 1945 bis 1955 Entwürfe für die Nordiska Kompaniets. Seit 1956 künstlerische Leiterin der Abteilung Textil-Mode bei Mölnlycke Väfveri bis 1973. Viola Gråsten erhielt, beginnend mit einer Goldmedaille in der Weltausstellung Paris 1937, zahlreiche Auszeichnungen (auch Goldmedaille bei den Triennalen 1951 und 1957). Arbeiten von ihr werden u. a. im Nationalmuseum Stockholm, in Museen in Helsinki, Drontheim, Kopenhagen, München und New York bewahrt. Ihre Entwürfe sind von der finnischen Volkskunst beeinflußt.
Lit. u. a.: Vollmer Hans, Allgemeines Lexikon der bildenden Künstler des 20. Jahrhunderts. Bd. 5. Leipzig 1961, 536 [dort weit. Lit.] – Zahle Erik (Hrsg.), Skandinavisches Kunsthandwerk. München/Zürich 1963, 274 – [Kat. Ausst.] Design Textile Scandinave 1950/1985. Musée de l'Impression sur Etoffes. Mülhausen 1987, 57, 73.

Eileen Gray   S. *14, 15, 120,* 129

9.8.1879 Enniscorthy/Irland – 28.11.1976 Paris.
Architektin, Innenarchitektin, Entwerferin
1898 Besuch der Slade School in London. 1902 Übersiedlung nach Paris, studierte dort an der Académie Colarossi und an der Académie Julien sowie bei dem japanischen Lackmaler Sugawara. Bereits vor dem Ersten Weltkrieg kaufte der Couturier und Kunstsammler J. Doucet einige Lackmöbel von ihr. 1919-22 entwarf sie eine Wohnung für die Modistin S. Talbot und eröffnete 1922 die Galerie Jean Désert für den Verkauf ihrer Möbel, Paravents und Lampen. Entwarf außerdem Wohnhäuser, u. a. in Roquebrune, »E – 1027« (1927-29) und in Castellar (1932-34). Zahlreiche Arbeiten werden heute in Italien, Deutschland und Frankreich erneut hergestellt.
Lit. u. a.: Rinn Annette, Eileen Gray. München 1978 – Johnson Stewart, Eileen Gray. Designer 1879-1976. Victoria and Albert Museum. London 1979 – Moderne Klassiker. Möbel, die Geschichte machen. Hamburg 1982, 110-111 – Wichmann Hans, Industrial Design. Unikate. Serienerzeugnisse. Die Neue Sammlung. Ein neuer Museumstyp des 20. Jahrhunderts. München 1985, 498 [dort weit. Lit.] – [Kat.

Ulrike Greiner-Rhomberg   S. 314

26.7.1941 Dornbirn/Österreich
Textilentwerferin
Ausbildung zur Textildesignerin an den Akademien in Stuttgart und Paris. 1965-1969 als freischaffende Designerin für Textilien und Tapeten in New York, seit 1970 bei der Pausa AG als Entwerferin und Kollektionsgestalterin für Dekorations- und Kleiderstoffe tätig. Mehrere Designpreise im In- und Ausland.
Lit. u. a.: [Kat. Ausst.] Zwischen Industrie und Kunst. Design Center. Stuttgart 1976 [s. p.].

Hugo Gugg   S. 177

21.8.1878 Leipzig – 25.4.1956 Weimar
Maler, Entwerfer, Professor
Studium in Saaleck. Seit 1921 Professor an der Staatlichen Hochschule für Handwerk und Baukunst in Weimar; Leiter der Landschaftsklasse. Teilnahme an Ausstellungen. Während seiner Tätigkeit in Weimar entstanden auch Entwürfe für Dekorationsstoffe.
Lit. u. a.: Vollmer Hans, Allgemeines Lexikon der bildenden Künstler des 20. Jahrhunderts. Bd. 2. Leipzig 1955, 333 [dort weit. Lit.]; ders., Bd. 5. Leipzig 1961, 548.

Elisabeth Hablik-Lindemann   S. 214

23.8.1879 Westerwohld/Dithmarschen – 15.8.1960 Itzehoe
Textilentwerferin, Weberin
Ausbildung als Musterzeichnerin in Dresden und Besuch einer Webschule in Schweden. 1902 setzte sie mit der Einrichtung der Meldorfer Museumsweberei die Tradition der Dithmarscher Handweberei fort. Verlegung der Werkstatt nach Itzehoe und ständiger Ausbau. Zusammenarbeit mit dem Maler Wenzel Hablik, den sie 1917 heiratete.
Lit. u. a.: [Kat. Firma] Handweberei Hablik-Lindemann 1902-1952. Itzehoe 1952 – Schlee Ernst, Lisbeth Hablik-Lindemann zum Gedächtnis: Schleswig Holstein 1979, Nr. 9, 11-14 m. Abb.

Christa Häusler-Goltz   S. *226,* 274, 283, 290, 294, 297, 314

16.12.1943 Nürnberg – lebt auf Sylt
Designerin
Nach dem Besuch des Gymnasiums Webereilehre bei Marga Hielle-Vatter-Süß in Geretsried. Ab 1964 Studium an der Hochschule für Bildende Künste in Hamburg, u. a. bei Prof. Margret Hildebrand. Seit 1970 für Firmen im In- und Ausland freiberuflich tätig. Seit 1981 lebt und arbeitet sie auf Sylt. Neben Dekorationsstoffen entwarf sie Tapeten, Teppiche, Keramik und Glasgefäße.
Lit. u. a.: [Kat. Ausst.] Deutscher Designertag 1980. Landesgewerbeamt. Karlsruhe 1980, 166-167 – Schwarz Erne, Konsequente Kühle: Die Designerin Christa Häusler-Goltz: Objekt Nr. 9, 1985, 58-59.

Tina Hahn   S. *226,* 280, 296

24.10.1944 Wuppertal – lebt in Hamburg
Designerin
1968-72 Studium an der Fachhochschule Hamburg, Fachrichtung: Bühne und Kostümbild; 1973-79 Industrieller Textilentwurf bei Professor Margret Hildebrand an der Hochschule für Bildende Künste, Hamburg. Neben Arbeiten für Firmen wie die Stuttgarter Gardinenfabrik unterhält sie ein eigenes Atelier für Entwurf, Farbgebung und Kollektionsgestaltung; Schwerpunkte: Druckstoffe, Tapeten, Teppiche und Porzellan. Ausstellungen im In- und Ausland; ihre Entwürfe wurden mehrfach ausgezeichnet.

Hedwig Heckemann   S. 176

27.6.1903
Textilentwerferin, Weberin, Dozentin
Studium an den Staatlichen Kunstakademien von Kassel und Weimar. Seit 1926 Webemeisterin in der Webereiwerkstatt der Staatlichen Hochschule für Handwerk und Baukunst in Weimar, seit 1927 Leiterin der Klassen Weberei und Färberei. Gab 1928 ihre Tätigkeit wegen Krankheit auf.

Thomas Theodor Heine   S. *13, 26, 27,* 63, 74, 75, 102-103

28.8.1867 Leipzig – 26.1.1948 Stockholm
Maler, Zeichner, Schriftsteller, Entwerfer
1883-87 Studium an der Düsseldorfer Akademie bei P. Janssen, 1889 Übersiedlung nach München. Neben der Malerei widmete er sich den politischen Karikaturen, die er in den Zeitschriften »Jugend«, »Fliegende Blätter« und »Simplicissimus« (1896-1933 dafür tätig) veröffentlichte. Emigrierte 1933 nach Prag und gelangte über Brünn und Oslo 1942 nach Stockholm. Schuf eigene Publikationen sowie Entwürfe für Plakate, Buchillustrationen, Kunstgewerbe und Textilien, u.a. für die Vereinigten Werkstätten, München.
Lit. u. a.: Vollmer Hans, Allgemeines Lexikon der bildenden Künstler des 20. Jahrhunderts. Bd. 2. Leipzig 1955, 407 [dort weit. Lit.] – Wichmann Siegfried, [Kat. Ausst.] Jugendstil. Floral. Funktional. Bayerisches Nationalmuseum. München 1984, 239 – Wichmann Hans, Industrial Design. Unikate. Serienerzeugnisse. Die Neue Sammlung. Ein neuer Museumstyp des 20. Jahrhunderts. München 1985, 499 [dort weit. Lit.].

René Herbst   S. 202, 203

1891 Paris – 1982 Paris
Architekt, Innenarchitekt, Entwerfer für Möbel, Beleuchtungskörper, Teppiche u. a.
Nach einer Ausbildung als Architekt (bis 1908) und Studienaufenthalten in Frankfurt und London Niederlassung in Paris, anfänglich mit eigener Innenausstattungsfirma, den »Etablissements René Herbst«. Seit 1921 stellte er in den »Salons d'Automne« und »Salons des Artistes Décorateurs« aus und nahm 1925 in großem Umfang an der »Exposition Internationale des Arts Décoratifs et Industriels Modernes«, Paris, teil. Dort gestaltete er u. a. mehrere der Läden in der »Rue des Boutiques«, deren Gesamtkonzeption von M. Dufrêne – Leiter des Ateliers La Maîtrise der Galeries Lafayette – stammte. Parallel dazu entstanden seit 1919 Einrichtungen für Kinos, Restaurants, Galerien, Büros, Flugzeuge, Ozeandampfer etc.; in den dreißiger Jahren führte Herbst außerdem Aufträge für Aga Khan, den Kunsthändler Léonce Rosenberg und den Maharadscha von Indore aus. 1935 Beteiligung an der Brüsseler Weltausstellung, nach dem Zweiten Weltkrieg u. a. als Architekt bei der XI.-XIII. Triennale in Mailand (1954-60) tätig.
Herbst – einer der Gründer der »Union des Artistes Modernes« (UAM, 1929) – zählt zu den ersten Designern in Frankreich, die Stahlrohr für Möbelkonstruktionen verwendeten. In Ergänzung zu seinen Raumeinrichtungen entwarf er auch Teppiche, die z. T. durch die Galeries Lafayette vertrieben wurden.
Lit. u. a.: Il progetto del mobile in Francia, 1919-1939: Rassegna 8, 1979, Nr. 26, 65 – Kjellberg, Art Déco. Les maîtres du mobilier. Paris 1981, 89-91 – Duncan Alastair, Art Deco Furniture. French designers. London 1984, 100 – Barré-Despond Arlette, UAM. Paris 1986, 414-421 u. a. O. [dort weit. Lit.].

Marga Hielle-Vatter   S. *224, 226, 228,* 268, 284, 304-305, 312, *333*

1913 – lebt in Geretsried
Textilentwerferin
1927-1932 Studium an Fachschulen und Akademien in Dresden und Wien, Abschluß mit dem »Großen Befähigungsnachweis«. Seit 1933 im Sudetenland eigene Werkstatt für handgewebte Möbelbezugs- und Dekorationsstoffe sowie Knüpfteppiche. 1946 Neuaufbau des Betriebes in Geretsried bei München unter der Bezeichnung »rohi« und Ausbau zu einer Jacquard-Weberei. Spezialisierte sich auf den Entwurf komplexer geometrischer Muster. Teilnahme an zahlreichen Ausstellungen. Mehrfach ausgezeichnet, u. a. Silbermedaille 1957 während der Triennale Mailand.
Lit. u. a.: Deutsche Warenkunde. Stuttgart 1961 [s. p.] – Hiesinger Kathryn B., [Kat. Ausst.] Design since 1945. Philadelphia Museum of Art. London 1983, 215 – Wichmann Hans, Industrial Design. Unikate. Serienerzeugnisse. Die Neue Sammlung. Ein neuer Museumstyp des 20. Jahrhunderts. München 1985, 500 [dort weit. Lit.].

Margret Hildebrand   S. *223,* 228-229, *232-233,* 238, 248

6.5.1917 Stuttgart – lebt in Hamburg
Entwerferin, Professorin
Ab 1934 Ausbildung an der Staatlichen Kunstgewerbeschule in Stuttgart und an der Kunstschule für Textildesign in Plauen (1938) bei Reinhard Metz. Seit 1936 für die Stuttgarter Gardinenfabrik tätig, 1938 feste Anstellung. 1948 Leitung des Entwurfsateliers der inzwischen nach Herrenberg übersiedelten Firma, deren Geschäftsleitung sie 1951 übernahm. 1956 Professorin für Textildesign an der Staatlichen Hochschule für Bildende Künste in Hamburg. Schied 1966 aus der Stuttgarter Gardinenfabrik aus und seit 1981 Emeritus, verbunden mit freier künstlerischer Tätigkeit. Arbeitete mit Architekten des BDA und des Werkbundes zusammen, u. a. mit Hans Schwippert. Entwürfe für Vorhänge, Möbelstoffe, Teppiche, Tapeten, Porzellan und Kunststoffe. Zahlreiche internationale Auszeichnungen.
Lit. u. a.: Haupt Otto, Margret Hildebrand. Stuttgart 1952 – [Kat. Ausst.] Textildesign 1934-1984 am Beispiel Stuttgarter Gardinen. Design Center. Stuttgart 1984 – Wichmann Hans, Industrial Design. Unikate. Serienerzeugnisse. Die Neue Sammlung. Ein neuer Museumstyp des 20. Jahrhunderts. München 1985, 500 [dort weit. Lit.].

Josef Hillerbrand   S. *14, 119,* 137, 139, 161-165, 178-179, 208, *223, 233,* 242, 248-249

2.8.1892 Bad Tölz – 26.11.1981 München
Architekt, Maler (Wand-, Hinterglas-, dekorative Malerei), Entwerfer von Textilien, Möbeln und Geräten, Professor
Studierte nach praktischer Malerlehre an der Kunstgewerbeschule in München. 1922 von R. Riemerschmid zum Leiter einer Klasse für angewandte Malerei an dem gleichen Institut berufen. Professor an der Staatsschule für angewandte Kunst bzw. an der Akademie der Bildenden Künste bis zu seiner Pensionierung 1960 (zuletzt als Vorstand der Klassen für Textilentwurf und Raumgestaltung). In seiner fast vierzig Jahre währenden Lehrtätigkeit bildete er eine Generation vorzüglich geschulter Innenarchitekten und Entwerfer heran, von denen einige (z. B. H. Magg) internationalen Ruf erlangten. Josef Hillerbrand setzte in seiner Entwurfstätigkeit die Vielseitigkeit von Riemerschmid, Niemeyer und Bertsch fort, war er doch auf fast allen Gebieten der angewandten Kunst tätig (u. a. Druckstoffe, Teppiche, Tapeten, Keramik, Gläser, Metallgeräte, Beleuchtungskörper, Marmorintarsien, Möbel und Raumensembles).
Der überwiegende Teil seiner durch Schlichtheit der Formen und Reiz der Farben ausgezeichneten Entwürfe entwickelte er für die Deutschen Werkstätten, mit denen er – von Karl Bertsch gefördert – seit den beginnenden zwanziger Jahren eng zusammenarbeitete.
In den zwanziger und dreißiger Jahren zählte er zu den wichtigsten künstlerischen Mitarbeitern der Werkstätten; im ersten Jahrzehnt nach dem Zweiten Weltkrieg war er wohl ihre stärkste künstlerische Kraft. Zahlreiche Schüler wurden von ihm zu Entwürfen und Arbeiten für die Deutschen Werkstätten angeregt, so auch Helmut Magg.
Neben seiner Entwurfstätigkeit auf dem Feld der angewandten Kunst konzipierte Hillerbrand auf architektonischem Feld Wohnhäuser und das Kurzentrum seiner Vaterstadt in Bad Tölz.
Lit. u. a.: Vollmer Hans, Allgemeines Lexikon der bildenden Künstler des 20. Jahrhunderts. Bd. 2. Leipzig 1955, 446 [dort weit. Lit.] – Bachmeier Doris Luise, Josef Hillerbrand. Designer in München in den 20er und 30er Jahren. [Mag. Arbeit] München 1985 [dort weit. Lit.]. – Wichmann Hans, Industrial Design. Unikate. Serienerzeugnisse. Die Neue Sammlung. Ein neuer Museumstyp des 20. Jahrhunderts. München 1985, 500 [dort weit. Lit.]

Monica Hjelm   S. *226,* 272

1945 Värnamo/Schweden
Textilentwerferin
Besuch der Konstindustriskolan in Göteborg 1965-69.
Als Designerin bei Marks-Pelle Vävere AB in Kinna seit 1969 tätig. Dort Entwerferin für Dekorations- und Bezugsstoffe. Daneben Projektarbeiten, u. a. für Ikea. In Zusammenarbeit mit Architekten Ausstattung u. a. des World Trade Center in Amsterdam, des Sheraton Hotel in Kopenhagen und des Regierungsgebäudes Rosenbad in Stockholm.

Josef Hoffmann   S. *14, 24, 25, 26, 27,* 52, 62-63, 79, 93-95, *335*

15.12.1870 Pirnitz/Mähren – 7.5.1956 Wien
Architekt, Entwerfer, Professor, Dr. h. c.
1892-95 Architekturstudium bei Karl von Hasenauer und Otto Wagner an der Akademie der Bildenden Künste in Wien, die er mit einem Romstipendium verließ. War 1897 im Architekturbüro Otto Wagners beim Bau der Wiener Stadtbahn und im gleichen Jahr an der Gründung der Wiener Secession beteiligt. Seit 1899 Professor für Architektur an der Wiener Kunstgewerbeschule. Mit Kolo Moser 1903 Gründer der Wiener Werkstätte, die bis 1932 bestand und weltweiten Ruf erlangte. 1907 Gründungsmitglied des Deutschen Werkbundes. Gründer und Leiter des Österreichischen Werkbundes, den er 1920 verließ, um die »Gruppe Wien« des Deutschen Werkbundes zu übernehmen. Auf der Kölner Werkbundausstellung errichtete er den österreichischen Pavillon. 1920 Oberbaurat der Stadt Wien. Im Rahmen dieser Tätigkeit Siedlungsbauten (u. a. Werkbundsiedlung Wien 1932) und zahlreiche Einzelhäuser.
Seine um die Jahrhundertwende entworfenen Bauten waren bahnbrechend. Das von ihm konzipierte Sanatorium in Purkersdorf (1903) zählte zu den kühnsten Bauwerken seiner Zeit. Als Gesamtkunstwerk war das 1905-1911 geplante und errichtete Palais Stoclet in Brüssel ein Monument höchster ästhetischer Verfeinerung, die ebenso für seine Entwürfe von Gebrauchsgegenständen charakteristisch ist. Seine Entwürfe – u. a. für die Wiener und Deutschen Werkstätten – für Möbel, Tapeten, Tafelgeschirr, Glas, Beleuchtungskörper, Schmuck und Textilien waren beispielhaft und beeinflußten Kunsthandwerk und Design bis in die 2. Hälfte des 20. Jahrhunderts.
Lit. u. a.: Wichmann Hans, Aufbruch zum Neuen Wohnen. Deutsche Werkstätten und Werkbund. Basel/Stuttgart 1978, 371 [dort weit. Lit.] – Grönwoldt Ruth, [Kat. Ausst.] Art Nouveau. Textil-Dekor um 1900. Württembergisches Landesmuseum. Stuttgart 1980, 307 – Barten Sigrid, [Kat. Ausst.] Josef Hoffmann, Kunstgewerbemuseum. Zürich 1983 – Wichmann Hans, Industrial Design. Unikate. Serienerzeugnisse. Die Neue Sammlung. Ein neuer Museumstyp des 20. Jahrhunderts. München 1985, 500 [dort weit. Lit.] – Noever Peter u. Oswald Oberhuber (Hrsg.), [Kat. Ausst.] Josef Hoffmann. Ornament zwischen Hoffnung und Verbrechen. Österreichisches Museum für angewandte Kunst. Wien 1987.

Ruth Vedde Hull   S. *222,* 250

1912 Dänemark
Entwerferin
Ausbildung an der Kunsthandwerkerschule Kopenhagen. 1935 eigene Werkstatt. Stoffentwürfe für Unika-Vaev Solvgarden Kopenhagen. Zahlreiche Ausstellungen im In- und Ausland. Ihre Arbeiten wurden von den Kunstindustriemuseen in Kopenhagen und Drontheim angekauft.
Lit. u. a.: Zahle Erik [Hrsg.], Skandinavisches Kunsthandwerk. München/Zürich 1963, 277 – Wichmann Hans, Industrial Design. Unikate. Serienerzeugnisse. Die Neue Sammlung. Ein neuer Museumstyp des 20. Jahrhunderts. München 1985 – [Kat. Ausst.] Design Textile Scandinave 1950/1985. Musée de l'Impression sur Etoffes. Mühlhausen 1987, 10, 75.

Constance Irving   S. *14, 118,* 135

Geboren 1880
Textilentwerferin
Neben Charles R. Mackintosh, Minnie MacLeish u. a. für die Londoner Firma Foxton Ltd. tätig. Ihre Entwürfe aus den zwanziger Jahren zeigen Einflüsse der zeitgenössischen Textilien aus Paris und Wien.
Lit. u. a.: Fanelli Giovanni u. Rosalia, Il tessuto moderno. Florenz 1976, 181, 217.

444

Fujiwo Ishimoto   S. *227, 228,* 289, 292, 311, 322-323

10.3.1941 Ehime/Japan – lebt in Helsinki/Finnland
Textildesigner
Studierte von 1960-64 an der Nationalen Kunsthochschule, Tokio, Graphik und Design. Arbeitete von 1964-70 als Graphiker für Ichida Co., Tokio. 1971 Übersiedlung nach Finnland. 1970-74 Designer bei Decembre Oy, seit 1974 für Marimekko Oy, Helsinki. Seit 1978 Mitglied des Kunstindustriebundes Ornamo e. V. Zahlreiche Ausstellungen in Japan, Finnland und den USA sowie Bühnenausstattungen 1980 und 1989 für die Oper »Madame Butterfly«. Erhielt 1983 den Roscoe Preis, USA, und im gleichen Jahr sowie 1989 auf der Ausstellung »Finnland gestaltet« Ehrenauszeichnungen. Im selben Jahr fand auch in Seinäjoki eine Retrospektive seiner Stoffentwürfe statt.
Lit. u. a.: Holm Aase, Ishimoto: mobilia 1979, Nr. 283, 36-41 – Wichmann Hans, Industrial Design. Unikate. Serienerzeugnisse. Die Neue Sammlung. Ein neuer Museumstyp des 20. Jahrhunderts. München 1985, 501 [dort weit. Lit.] – [Kat. Ausst.] Design Textile Scandinave 1950/1985. Musée de l'Impression sur Etoffes. Mülhausen 1987, 30, 75 – [Kat. Firma] Phenomenon Marimekko. Helsinki 1986, 130-131 m. Abb.

Aimaro Isola   S. *226,* 264-265

14.1.1928 Turin – lebt in Turin
Architekt, Designer, Professor
Studierte Architektur an der Universität in Turin (Diplom 1952); heute Ordinarius an der dortigen Architekturfakultät. Seit 1952 gemeinsames Büro mit Roberto Gabetti. Neben ihren Bauten, u. a. Palazzo della Borsa, Turin (mit G. Raineri), 1969-74 Centro Residenziale Olivetti in Ivrea, konzipierten Gabetti und Isola auch Ausstellungsarchitekturen, u. a. 1960 die »New Designs in Italia Furniture Show« in Mailand und 1962 die Ausstellung »Fashion-Style-Manners« in Turin. Das Büro entwarf seit Beginn der 50er Jahre Möbel, Beleuchtungskörper, Beschläge und Armaturen sowie Teppiche und Textilien.
Lit. u. a.: [Kat. Ausst.] Design Process Olivetti 1908-1983. Ivrea 1983, 378 – Ferrari Fulvio, Gabetti e Isola. Turin 1986.

Kristina Isola   S. 288-289

1946 – lebt in Finnland
Textildesignerin
1966 Schule für Freie Kunst, 1967-71 Schule für Angewandte Kunst, Photographische Abteilung, in Helsinki. Seit 1979 Zusammenarbeit mit Maija Isola und Textilentwürfe für Marimekko Oy, Helsinki.

Maija Isola   S. *225,* 268, 288-289, *334*

1927 – lebt in Finnland
Textildesignerin, Malerin
1946-49 Besuch der Konstindustriella Läroverket (Kunstindustrieschule) in Helsinki. Seit 1949 Textildesignerin für Printex und Marimekko Oy, Helsinki, und seit 1979 Zusammenarbeit mit Kristina Isola. Zahlreiche Ausstellungen in Europa und Übersee. Erhielt u. a. 1977 den Ehrenpreis der Finnish Cultural Foundation.
Lit. u. a.: Zahle Erik (Hrsg.), Skandinavisches Kunsthandwerk. München/Zürich 1963, 227-278 – [Kat. Ausst.] Scandinavian Modern Design 1880-1980. Cooper Hewitt Museum. New York 1982, 202 m. Abb., 265 – [Kat. Firma] Phenomenon Marimekko. Helsinki 1986, 118-119 m. Abb.

Ludwig Heinrich Jungnickel   S. 112

22.7.1881 Wunsiedel/Oberfranken – 14.2.1965 Wien
Maler, Graphiker, Entwerfer, Professor
1896 Besuch der Kunstgewerbeschule in München. Danach Schüler an den Kunstakademien von Wien und München. Seit 1911 Professor an der Kunstgewerbeschule in Frankfurt, später in Wien. Zusammen mit Gustav Klimt 1911 Ausschmückung des Palais Stoclet in Brüssel. 1938 Emigration, 1952 Rückkehr

nach Österreich. Neben Entwürfen für Stoffe (Wiener Werkstätte), Tapeten und Tapisserien (Wiener Gobelin-Manufaktur) führte er auch buchkünstlerische Arbeiten aus. Teilnahme an internationalen Ausstellungen.
Lit. u. a.: Vollmer Hans, Allgemeines Lexikon der bildenden Künstler des 20. Jahrhunderts. Bd. 2. Leipzig 1955, 579, 580 [dort weit. Lit.] – Grönwoldt Ruth, [Kat. Ausst.] Art Nouveau. Textil-Dekor um 1900. Württembergisches Landesmuseum. Stuttgart 1980, 307 – Schweiger Werner, J., Wiener Werkstätte. Kunst und Handwerk 1903-1932. Wien 1982, 262.

Elisabeth Kadow   S. *15, 226,* 266

19.3.1906 Bremerhaven – lebt in Krefeld
Malerin, Textilkünstlerin
Ausbildung am Staatlichen Bauhaus in Weimar 1924-25 sowie an der Textilfachschule Berlin 1926-27, an der Kunstgewerbeschule in Dortmund und an der Textilingenieurschule Krefeld bei Georg Muche. Seit 1940 Dozentin für Textilentwürfe an der Textilingenieurschule in Krefeld. 1958 übernahm sie die Leitung als Nachfolgerin von Professor Muche. Teilnahme an Ausstellungen im In- und Ausland.
Lit. u. a.: Vollmer Hans, Allgemeines Lexikon der bildenden Künstler des 20. Jahrhunderts. Bd. 6. Leipzig 1962, 124-125 [dort weit. Lit.] – [Kat. Ausst.] Elisabeth Kadow. Seidenbehänge und Entwürfe. Kulturgeschichtliches Museum. Osnabrück 1971 – [Kat. Ausst.] Elisabeth Kadow. Wandteppiche 1973-1977. Clemens-Sels-Museum. Neuss 1977.

Ida Kerkovius   S. *15,* 261

31.8.1879 Riga – 8.6.1970 Stuttgart
Malerin, Textilentwerferin, Weberin
Seit 1902 Studium der Malerei bei Adolf Hoelzel in Dachau, später in Berlin und Stuttgart. Schülerin am Bauhaus in Weimar 1920-23. 1933 Ausstellungsverbot. Zahlreiche Studienaufenthalte im Ausland. Ab 1939 in Stuttgart als Malerin tätig, Entwurfzeichnerin für Wandteppiche und Weberin. Nach dem zweiten Weltkrieg Teilnahme an internationalen Ausstellungen.
Lit. u. a.: Vollmer Hans, Allgemeines Lexikon der bildenden Künstler des 20. Jahrhunderts. Bd. 3. Leipzig 1956, 39 [dort weit. Lit.] – Leonhard Kurt, Ida Kerkovius. Leben und Werk. Köln 1967 – ders., [Kat. Ausst.] Ida Kerkovius. Württembergischer Kunstverein. Stuttgart 1969 – [Kat. Ausst.] Ida Kerkovius 1879-1970. Galerie Orangerie-Reinz. Köln 1981.

Inka Kivalo   S. 327

23.3.1956 – lebt in Helsinki
Designerin für Textilien und Metallkunst
Studierte ab 1977 Photographie an der University of Industrial Design, Helsinki, 1979-85 Textilgestaltung. Nahm 1988 erneut das Studium, nunmehr im Metallkunsthandwerk, auf und ist seit 1985 als freischaffende Designerin tätig. Zahlreiche Ausstellungen seit 1981. 1984 erhielt sie den 2. Preis im »Kalevala«-Textilwettbewerb, 1986 den 4. Preis im »Kalevala Koru«-Designwettbewerb. Arbeiten von ihr wurden in das finnische Museum of Industrial Art aufgenommen.

Verena Kiefer   S. *227,* 264, 276

24.5.1953 Olten/Schweiz – lebt in Bevagna/Italien
Textilentwerferin
1970-74 Studium an der Kunstgewerbeschule Basel, Textilfachklasse. 1975-1981 Entwerferin für Gewebe und Druck bei Création Baumann. Eidgenössische Stipendien für angewandte Kunst, Studienaufenthalte in Berlin und Japan. Seit 1982 u. a. Entwürfe von Vorhängen und Bezugsstoffen für Stuttgarter Gardinen und De Boer-Design, Herrenberg.
Lit. u. a.: [Kat. Ausst.] Bundespreis »Gute Form« 1985/86. Kreatives Textildesign für den Raum. Funktion und Ästhetik. Rat für Formgebung. Darmstadt 1986, 20.

Karl Klein   S. 282

War Ende der siebziger Jahre als Entwerfer für Fuggerhaus, Augsburg, tätig.

Viktor Kovačić   S. *14, 118,* 122

28.7.1874 Lička vas/Rohitsch – 21.10.1924 Agram (Zagreb)
Architekt, Textilentwerfer
Studium an der Wiener Kunstakademie bei Otto Wagner. Seit 1899 Professor für architektonisches Komponieren an der Technischen Hochschule in Agram. Arbeitete hauptsächlich als Architekt, entwarf aber auch Textilien.
Lit. u. a.: Vollmer Hans, Allgemeines Lexikon der bildenden Künstler des 20. Jahrhunderts. Bd. 3. Leipzig 1956, 105 [dort weit. Lit.].

Elsbeth Kupferoth   S. 232, 310

Graphikerin, Textilentwerferin
29.10.1920 München – lebt in München
1937-1941 Studium an der Textil- und Modeschule Berlin, bis 1945 Mitarbeit im Deutschen Modeinstitut bei Maria May. Neben Arbeiten als Graphikerin entwarf sie vor allem Teppiche, Tapeten und Stoffe, z. B. für die Pausa AG, seit 1956 hauptsächlich für die eigene Textilfirma Kupferoth-Drucke. Ihre Stoffe werden u. a. im Victoria and Albert Museum, London, bewahrt. Unter den Auszeichnungen ist die Medaille auf der Triennale Mailand 1955 hervorzuheben.
Lit. u. a.: Vollmer Hans, Allgemeines Lexikon der bildenden Künstler des 20. Jahrhunderts. Bd. 6. Leipzig 1962, 177 [dort weit. Lit.].

Richard Landis   S. *226,* 263, *335*

1931 USA
Maler, Textilentwerfer
Besuch der Arizona State University. Reisen nach Europa und Japan. Studierte bei Mary Pendleton Weberei und bei Frederick Sommer bildende Kunst. Ausstellungen vor allem in den USA; von ihm konzipierte Textilien werden auch im Museum of Modern Art, New York, bewahrt.
Lit. u. a.: Constantine Mildred u. Jack Lenor Larsen, Beyond Craft: the art fabric. New York u. a. 1972, 205-207.

Jack Lenor Larsen   S. *223, 225, 226,* 262-264, *330, 332, 333, 334*

1927 Seattle/Washington – lebt in New York
Designer, Dozent, Dr. h. c.
Nach Studium an der University of Washington in Seattle 1945-50 und Cranbrook Academy of Art, Bloomfield Hills/Michigan, 1950/51 eröffnete er 1951 ein Weberei-Atelier in New York City. 1952/53 Aufbau der Entwurfs-, Produktions- und Vertriebsfirma Jack Lenor Larsen Inc. 1958 Gründung der Schwesterfirma Larsen Design Corporation zur Entwicklung neuer Materialien und Gewebestrukturen sowie fertigungstechnischer Neuerungen auf der Basis traditioneller Technologien, die in der Folge weitreichenden Einfluß auf die internationale Textilindustrie ausübten. Seine Entwürfe zeigen Einflüsse südamerikanischer, afrikanischer und südostasiatischer Muster. Zahlreiche Ausstellungen in den USA und Europa. Ausgezeichnet u. a. mit Goldmedaillen 1964 bei der 13. Triennale in Mailand und 1968 durch das American Institute of Architects; 1982 Ernennung zum »Royal Designer for Industry«; 1988 Entwerfer des Jahres der »Designers West«-Vereinigung.
Lit. u. a.: [Kat. Ausst.] Jack Lenor Larsen. Stedelijk Museum. Amsterdam 1967 = Catalogus Nr. 413 – [Kat. Ausst.] Jack Lenor Larsen: 30 Years of Creative Textiles. Musée des Arts Décoratifs. Paris 1981 – Hiesinger Kathryn B., [Kat. Ausst.] Design since 1945. Philadelphia Museum of Art. London 1983, 219 [dort weit. Lit.].

Paul (Pal) László   S. *14, 119,* 182-183

6.2.1900 Debrecen (Debreczin) – gestorben nach 1968, USA
Architekt, Entwerfer
Nach Studium in Stuttgart arbeitete er bis 1923 in Berliner Baubüros, danach vorwiegend in Stuttgart. Villen u. a. in Bukarest, Prag, Steinamanger (Szombathely), Stuttgart und am Vierwaldstätter See. Preisträger in mehreren deutschen Architekturwettbewerben. Entwürfe für Möbel und Textilien, z. B. Druck-

stoffe für die Vereinigten Werkstätten. In den frühen dreißiger Jahren künstlerischer Leiter der Möbelfirma Alfred Bühler AG, Stuttgart. Emigrierte in die USA; bis in die sechziger Jahre als Entwerfer und Architekt hauptsächlich in Kalifornien tätig.
Lit. u. a.: Thieme K., F. Becker u. H. Vollmer, Allgemeines Lexikon der bildenden Künste. Bd. 22. Leipzig 1928, 416 [dort weit. Lit.] – Vollmer Hans, Allgemeines Lexikon der bildenden Künstler des 20. Jahrhunderts. Bd. 3. Leipzig 1956, 180 f. [dort weit. Lit.].

Fernand Léger   S. 210-211

4. 2. 1881 Argentan/Normandie – 17. 8. 1955 Gif-sur-Yvette
Maler, Graphiker, Entwerfer
Begann als Zeichner in einem Pariser Architektur-büro. 1903 nach Abweisung durch die École des Beaux-Arts in die École des Arts Décoratifs aufgenommen. Freier Schüler in den Ateliers von Léon Gerôme und Gabriel Ferrier, Besuch der Académie Julien. 1908-1909 Bekanntschaft mit Delaunay und Henri Rousseau, Hinwendung zum Kubismus. 1910 von Kahnweiler entdeckt, der ihn mit der Malerei Picassos und Braques bekannt machte. Die Teilnahme am Ersten Weltkrieg prägte die Arbeiten seiner »Periode méchanique«. 1920 Beginn der sogenannten monumentalen Epoche; Bekanntschaft mit Le Corbusier, später mit Mondrian und Van Doesburg. Dekorationen für Filme und Ballettaufführungen; sein experimenteller Film »Les ballets mécaniques« entstand 1924. Für R. Mallet-Stevens führte er zusammen mit Delaunay die Dekoration der Eingangshalle der »Exposition Internationale des Arts Décoratifs et Industriel Modernes«, Paris 1925, aus, für Le Corbusier seine ersten Wandmalereien im dortigen Pavillon »L'Esprit Nouveau«. Daneben entstanden zahlreiche Buchillustrationen, u. a. für A. Malraux »Lunes en papier«, 1921. 1935 erste Ausstellung im Museum of Modern Art in New York. 1940-1945 Aufenthalt in den USA; Dekorationsentwürfe für die Radio-City-Hall und für das Rockefeller Center. Nach seiner Rückkehr nach Frankreich u. a. Ausführung von Wandmalereien, Mosaiken, Glasfenstern. Neben monumentalen Gemälden entstanden bereits seit 1924 auch Entwürfe für Teppiche.
Lit. u. a.: [Kat. Ausst.] Fernand Léger, 1881-1955. Haus der Kunst. München 1957 – [Kat. Ausst.] F. Léger. Tapisseries, Ceramiques, Bronzes, Lithographies. Palais de la Mediterranée. Nizza 1962 – [Kat. Ausst.] Léger. Galerie Beyeler. Basel 1969 – [Kat. Ausst.] Fernand Léger, 1881-1955. Staatliche Kunsthalle. Berlin 1980 [dort weit. Lit.].

Ernst Lichtblau   S. 94

24. 6. 1883 Wien – 8. 1. 1963 Wien
Architekt, Entwerfer, Dozent
Studium an der Bundesgewerbeschule und 1902-1905 an der Akademie der bildenden Künste bei O. Wagner. Lehrer an der Staatsgewerbeschule. Hochbauten und Geschäftsumbauten in Wien, Beteiligung am Wiener Gemeindebauprogramm. 1939 Emigration in die USA. Lehrer an der Rhode Island School of Design. U. a. Textilentwürfe für die Wiener Werkstätte und Fa. Johann Backhausen & Söhne, Wien.
Lit. u. a.: Schweiger Werner Joseph, Wiener Werkstätte. Kunst und Handwerk 1903-32. Wien 1982, 264 – Gmeiner Astrid u. Gottfried Pirrhofer. Der österreichische Werkbund. Salzburg/Wien 1985, 235.

Maria Likarz (später Strauss-Likarz)   S. 14, 118, 119, 124

28. 3. 1893 Przemysl – 1971 Rom
Malerin, Grafikerin, Entwerferin, Dozentin
1908-1910 Besuch der Kunstschule für Frauen und Mädchen bei O. Friedrich. 1911-1915 Schülerin von A. von Kenner und J. Hoffmann an der Kunstgewerbeschule, Wien. 1916/20 Lehrerin an der Kunstgewerbeschule in Halle a. d. Saale (Burg Giebichenstein). Mitarbeiterin der Wiener Werkstätte, seit 1922 zusammen mit Max Snischek Hauptentwerferin der Modeabteilung. Konzipierte außer Textilien Kostüme, Lederarbeiten, Tapeten, Gebrauchsgraphik, Plakate, Möbel etc., Wandmalereien. Später u. a. Keramik- und Emailarbeiten. Teilnahme an zahl-

reichen Ausstellungen in Österreich, Deutschland, Frankreich und Niederlande. Seit 1928 in Italien ansässig.
Lit. u. a.: Vollmer Hans, Allgemeines Lexikon der bildenden Künstler des 20. Jahrhunderts. Bd. 4. Leipzig 1958, 374 f. [dort weit. Lit.] – Schweiger Werner Joseph, Wiener Werkstätte. Kunst und Handwerk 1903-1932. Wien 1982, 264 – Völker Angela, [Kat. Ausst.] Wiener Mode und Modefotografie. Die Modeabteilung der Wiener Werkstätte 1911-1932. Österreichisches Museum für angewandte Kunst. München/Paris 1984, 251.

Richard Lisker   S. 14, 118, 145

1893 Gräfenhainichen b. Bitterfeld – Dezember 1955 Jungingen b. Hechingen
Maler, Zeichner, Entwerfer, Professor
Studierte in München und Berlin. Seit 1924 Professor, später Direktor der Städelschen Kunstschule in Frankfurt a. M. Er wurde 1939 zwangsweise entlassen. Richard Lisker entwarf Ende der zwanziger Jahre auch Stoffe für die Deutschen Werkstätten.
Lit. u. a.: Vollmer Hans, Allgemeines Lexikon der bildenden Künstler des 20. Jahrhunderts. Bd. 3. Leipzig 1956, 245 – Stuttgarter Zeitung v. 7. 12. 1955 [Nekrolog] – Wichmann Hans, Aufbruch zum neuen Wohnen. Basel/Stuttgart 1978, 378 [dort weit. Lit.].

Ross Littell   S. 228, 319

14. 7. 1924 Los Angeles, USA – lebt in Palanzo di Faggeto Lario (Como)
Designer
Arbeitete nach seinem Abschlußexamen als Industriedesigner 1949 am Pratt Institut in New York zusammen mit Douglas Kelley und William Katavolos bis 1955 vorwiegend im Bereich des Möbeldesign. Ein Fulbright-Stipendium ermöglichte ihm 1957/58 einen Studienaufenthalt in Mailand. 1959 Graphik-Designer für Knoll Associates, New York. 1961 entwarf er zusammen mit Inger Klingenberg Stoffe und Teppiche für Unika-Vaev, Kopenhagen, 1962 Accessoirs für Torben Orskov, ab 1964 Möbel für ICF de Padova, Mailand. 1975 konzipierte er Wandverkleidungen für das von Oskar Niemeyer errichtete Verlagsgebäude Mondadori in Mailand; seither u. a. für die italienischen Möbelfirmen Matteo Grassi (1984), »Atelier« (1987), »UP&UP« (1988) sowie für die dänische Firma Kvadrat tätig, für die er Entwürfe für Druck- und Webstoffe fertigte. Seine Anfang der fünfziger Jahre entworfene »The New Furniture Collection« wurde in die permanenten Sammlungen des Museum of Modern Art, New York, aufgenommen. 1961 gewann er den A.I.D. Preis, 1969 wurden seine »Luminars«-Objekte im New Yorker Hermann Miller-Showroom gezeigt.

Edna Lundskog   S. 272

1935 Göteborg/Schweden
Textilentwerferin
1952-56 Ausbildung an der Kunsthandwerksschule Göteborg. 1957-60 Textilentwürfe für das Heimatwerk in Halmstad, Schweden. 1960-61 Studium an der Kunstgewerbeschule Luzern. 1962-84 für die Schweizer Textilindustrie tätig. Seit 1985 freischaffend.
Lit. u. a.: [Kat. Ausst.] 4. Biennale der deutschen Tapisserie. Museum für Kunst und Gewerbe. Hamburg 1985, 96.

Jean Lurçat   S. 15, 210, 224, 235

1. 7. 1892 Bruyères/Frankreich – 6. 1. 1966 St. Paul-de-Vence/Frankreich
Tapisserie-Künstler
1912 Abbruch des Medizinstudiums, um Maler zu werden. 1933 erste, in Aubusson gewirkte Tapisserie »Das Gewitter«. 1939-45 in Aubusson Ausführung staatlicher Aufträge. 1945 Einzug in die Burg Les Tours de St. Laurent über St. Céré, Lot. Zahlreiche Ausstellungen und Vortragsreisen. 1957 Beginn der Tapisserie-Serie »Gesang der Welt«. 1958 Retrospektive seines Gesamtwerkes im Pariser Museé d'Art Moderne. 1961 Gründung der »1. Internationalen Tapisserie-Biennale« in Lausanne. 1964 Mitglied der Académie Française. 1965 »2. Internationale Biennale der Tapiserie«.

Lit. u. a.: Lurçat Jean, Tapisserie française. (Paris) 1947 – [Kat. Ausst.] Jean Lurçat. Tapisseries nouvelles. Maison de la Pensée Française. Paris 1956 – Roy Claude, Jean Lurçat: Graphis 14, 1958, Nr. 75, 10-25 m. Abb. – Roy Claude, Lurçat. Genf 1961 – Tapisserien von Jean Lurçat. Dresden 1963 – [Kat. Ausst.] Hommage à Jean Lurçat. Deutsches Museum. München 1986.

Minnie M(a)cLeish   S. 118, 132-133

Geboren 1876
Textilentwerferin
Arbeitete neben Charles R. Mackintosh, Constance Irving u. a. für die Firma Foxton Ltd., London, sowie für Metz & Company, Amsterdam. 1927 gehörte sie dem Organisationskomitee der britischen Ausstellung bei der Leipziger Messe an. Ihre Entwürfe aus den zwanziger Jahren zeigen Einflüsse der gleichzeitig in Paris und Wien entstandenen Textilien.
Lit. u. a.: Fanelli Giovanni u. Rosalia, Il tessuto moderno. Florenz 1976, 181, 217, Abb. 662 – Journal of the Decorative Arts Society 1890/1940, 1979, Nr. 4, 26 f.

Sylvia Markhoff   S. 291

21. 6. 1941 Ljubljana – lebt in Huenikon/Zürich
Entwerferin
Seit 1958 Ausbildung als Textilentwerferin bei der Firma Heberlain in St. Gallen; ab 1962 in Frankreich tätig. Seit 1965 eigenes Atelier für Papier- und Textilentwurf in St. Gallen.
Lit. u. a.: Wichmann Hans, Industrial Design. Unikate. Serienzeugnisse. Die Neue Sammlung. Ein neuer Museumstyp des 20. Jahrhunderts. München 1985, 507.

Gillian Marshall   S. 226, 269, 272

29. 12. 1942 England – lebt in Göteborg
Textildesigner
Nach dem Studium am High College of Art 1960-64 Besuch des Textil-Instituts in Borås 1966-67. Entwirft u. a. Stoffe für die schwedische Firma Kinnasand.

Wilhelm Marsmann   S. 14, 119, 166, 170-171

19. 6. 1896 Prusdorf/Pommern – 16. 9. 1966 München
Entwerfer von Intarsien, Textilien u. a.
Nach Abitur Studium der Architektur in München, dann Schüler Richard Riemerschmids. Neben freiberuflicher Tätigkeit als Intarsienschneider (auf diesem Feld auch für die Deutschen Werkstätten tätig) Fachlehrer an der Kerschensteiner Meisterschule für Schreiner. Zusammen mit Viktor von Rauch u. a. gründete er 1925 die Deutsche Farbmöbel AG, für die er auch Textilien entwarf.
Lit. u. a.: Roth H., Wilhelm Marsmann: Bau- und Möbelschreiner 11, 1966, 40 m. Abb. [Nachruf.] – Wichmann Hans, Aufbruch zum neuen Wohnen. Basel/Stuttgart 1978, 381 [dort weit. Lit.].

Walter Matysiak   S. 230

28. 4. 1915 Schweidnitz/Schlesien – 17. 2. 1985 Konstanz
Maler, Graphiker, Textilentwerfer
1929-33 Lehre als Dekorationsmaler in Schweidnitz. Studium an der Staatsschule für angewandte Kunst in München 1935-36 und 1940-41 bei Josef Hillerbrand. Nach seiner Tätigkeit als freier Graphiker und Maler in Bad Godesberg 1948-55 als Textildesigner bei Pausa. Seit 1955 Arbeit als Kolorist in der Textilindustrie, daneben Lehrer an der Bodensee-Kunstschule, Illustrator, Cartoonist. Zahlreiche Ausstellungen.
Lit. u. a.: [Kat. Ausst.] Walter Matysiak (1915-85). Kunstverein Konstanz. Konstanz 1986.

Anneliese (Anny, Anni) May (verh. Schmid, verh. Schedler)   S. 184, 216

29. 4. 1894 München – 21. 4. 1984 Sala Capriasca/Lugano
Textil- und Tapetenentwerferin

Entstammt der Familie des Entwerfers Hermann Kaulbach und studierte an der Kunstgewerbeschule München. Heiratete 1931 den Münchner Graphiker und Akademieprofessor Eugen Julius Schmid und 1946 den Basler Kaufmann Robert Schedler. Ende der zwanziger Jahre für die Deutschen und Vereinigten Werkstätten tätig; kam durch den Wechsel eines Mitarbeiters der Vereinigten Werkstätten, Direktor Häusler, zur Pausa AG nach Mössingen und ging nach dem Verkauf dieser Firma mit den jüdischen Besitzern nach England, wo sie in der dort neugegründeten Firma tätig war. Seit 1939 in der Schweiz ansässig, arbeitete sie als Entwerferin und Fabrikationsleiterin für die Firma Meier-Wepfer (heute Rohmer) in Balgach (Kanton Appenzell), wo vor allem Webstoffe und Teppiche entstanden. 1949 Übersiedlung in die Nähe von Lugano (Kanton Tessin), wo sie für die Firma Intes, Tesserete, sowie erneut für Pausa AG tätig war.
Lit. u. a.: Wichmann Hans, Aufbruch zum neuen Wohnen. Deutsche Werkstätten und WK-Verband 1898-1970. Basel, Stuttgart 1978, 381 [dort weit. Lit.].

Maria May   S. *119*, 180-181

24. 9. 1900 Berlin – 28. 10. 1968 Berlin
Entwerferin für Textilien, Wandmalerei, Mosaike, Plakate, Dozentin
Studierte an der Staatlichen Kunstschule in Berlin und war ab 1922 an der privaten Kunst- und Gewerbeschule Reimann in Berlin als Lehrerin tätig. Neben der Leitung der Textilfachklasse baute sie eine eigene Klasse für Entwurf und dekorative Malerei auf, in der u. a. Stoffdruckmuster, bemalte Wandschirme und Unter-Glasmalerei entworfen wurden. Durch die Zusammenarbeit mit der I.G. Farbenindustrie kamen in der Textilklasse farbtechnische Neuerungen in den Bereichen Stoffärben, Batik, Stoffdruck, Spritzdruck, Malen und Schablonieren auf Stoff und Leder zur Anwendung. Bekannt wurde sie durch ihre in den Vereinigten Werkstätten unter der Bezeichnung »May-Stoffe« eingeführten Textilien. 1928 wurden ihre Arbeiten im Grassi-Museum in Leipzig gezeigt. Seit etwa 1930 war sie auch für verschiedene Tapetenfabriken tätig, so für die Firma Gebr. Rasch & Co., die um 1938 eine »Mia May-Kollektion« herausgab.
Lit. u. a.: Farbe und Form. Monatsschrift für Kunst und Gewerbe 12, 1927, Sonderband 25 Jahre Schule Reimann (April), 115 – Vollmer Hans, Allgemeines Lexikon der bildenden Künstler des 20. Jahrhunderts, Bd. 3. Leipzig 1956, 356 [dort weit. Lit.] – Olligs Heinrich (Hrsg.), Tapeten. Ihre Geschichte bis zur Gegenwart. Bd. 2. Braunschweig 1970, 182-183 m. Abb.

Marjatta Metsovaara-Nyström   S. *222*, 245, *333*

29. 11. 1928 Abo/Finnland – lebt in Helsinki
Textilentwerferin
1949 Ausbildung im Institut für industrielle Kunst (Taideteollinen oppilaitos) in Helsinki. Seit 1954 Ausbau einer eigenen Werkstätte; 1963 Gründung einer Textilfirma für Bezugs- und Dekorationsstoffe zusammen mit May Kuhlefelt. Textile Ausstattung u. a. von zahlreichen Hotels, z. B. der Hilton-Kette, von öffentlichen und Büro-Gebäuden im In- und Ausland, Fluglinien und Ozeankreuzern, so für Finnair, Sabena und die norwegischen Karibikkreuzschiffe. Auszeichnungen auf der Triennale Mailand 1957 und 1960.
Lit. u. a.: Toikka-Karvonen Annikki, Marjatta Metsovaara: mobilia 1962, Nr. 89, 39-61 m. Abb. – Fried Kerstin, Marjatta Metsovaara: mobilia 1966, Nr. 136, 5-35 m. Abb. – Metsovaara Oy: mobilia 1969, Nr. 162/163, 116-131 m. Abb. – Møllerup Per, Metsovaara: mobilia 1979, Nr. 284, 33 m. Abb. – Hiesinger Kathryn B., [Kat. Ausst.] Design since 1945. Philadelphia Museum of Art. London 1983, 222 [dort weit. Lit.] – Morgan Ann Lee (Hrsg.), Contemporary Designers. London 1984, 408.

Alexandre Mimoglou   S. 300-301

1954 Thessalien/Griechenland – lebt in Paris
Architekt, Maler, Designer
Studierte bildende Kunst und Architektur in Paris, Abschluß als Architekt 1979 und als Städteplaner 1980, Diplom in Ästhetik und Wissenschaft der Künste an der Sorbonne 1982. Zahlreiche Ausstellungen in Europa. Entwürfe u. a. für Keramik, Möbel und Textilien, so für Knoll International, P. Frey und Bucol etc.
Lit. u. a.: Wichmann Hans, Industrial Design. Unikate. Serienerzeugnisse. Die Neue Sammlung. Ein neuer Museumstyp des 20. Jahrhunderts. München 1985, 508.

Ottavio Missoni   S. *15*, *223*, 277, 315, 328-329

1921 Ragusa/Dalmatien – lebt in Mailand
Designer, Textilsteller
Studium in Triest und Mailand. Gründete 1953 gemeinsam mit seiner Frau Rosita eine Textilfabrik in Gallarate (Varese/Italien). 1966 erste größere Präsentation ihrer Kollektion in Mailand. Seitdem kontinuierliche Teilnahme an internationalen Modepräsentationen in Florenz, Paris, New York. Ab 1975 Produktion von Wandteppichen, die seit 1981 international gezeigt wurden (USA, Paris, München, Stockholm, Triest). 1982 Entwicklung einer neuen Kollektion von Stoffen in Zusammenarbeit mit der Firma Vestor in Golasecca/Italien. Zahlreiche internationale Auszeichnungen.
Lit. u. a.: Bayley Stephen (Hrsg.), The Conran Directory of Design. London 1985, 188 – Bianchino Gloria u. a. (Hrsg.), Italian Fashion. Bd. 1. Mailand 1987, 294 – Wichmann Hans, Italien: Design 1945 bis heute. Basel 1988, 359.

William Morris   S. *11, 12, 13, 14, 19, 22 f., 25, 26, 27*, 32-45, *117*

24. 3. 1834 Walthamstow – 3. 10. 1896 London
Maler, Graphiker, Entwerfer, Schriftsteller
1853 Studium mit Burne-Jones am Exeter College in Oxford. In dieser Zeit Reisen nach Frankreich und in die Niederlande; im Jahr darauf Europareise mit Burne-Jones. Ab 1856 Lehre bei dem Architekten George Edmund Street und Arbeit für die Zeitschrift »Oxford and Cambridge Magazine«. 1857 Übersiedlung nach London, um unter dem Einfluß von Dante Gabriel Rossetti Maler zu werden. Um 1860 erste Textilentwürfe. Gründete 1861 mit Freunden (u. a. Ford Maddox Brown und Rossetti) die Firma Morris, Marshall, Faulkner & Company, deren Ziel die Wiederbelebung des Handwerks war. Entwürfe für Textilien (44 Chintz-Entwürfe) und Wanddekorationen (ca. 50 Tapetenmuster), Holzwaren, Gläser, Metallgeräte und Möbel. Zu den wichtigsten Mitarbeitern gehörte – neben Burne-Jones und Rossetti – Webb. 1891 gründete Morris die »Kelmscott Press« zur handwerklichen Herstellung von Büchern. Die Firma Morris, deren alleiniger Besitzer Morris seit 1875 war, bestand bis 1939. Teilnahme an zahlreichen Ausstellungen.
Lit. u. a.: Muthesius Hermann, Der Innenraum des englischen Hauses. Berlin 1905 = Das englische Haus. Bd. 9 – Floud Peter, Dating Morris Patterns: The Architectural Review 1959, Juli – Clark Fiona, William Morris. Wallpapers and Chintzes. London/New York 1973 – Barten Sigrid, [Kat. Ausst.] William Morris. 1834-1896. Persönlichkeit und Werk. Museum Bellerive. Zürich 1979 [dort weit. Lit.] – Fairclough Oliver u. Emmeline Leary, Textiles by William Morris and Morris & Co. 1861-1940. London 1981 – [Kat.] Morris and Kelmscott. The Design Council. London 1981 – Wichmann Hans, Industrial Design. Unikate. Serienerzeugnisse. Die Neue Sammlung. Ein neuer Museumstyp des 20. Jahrhunderts. München 1985, 508 [dort weit. Lit.] – Parry Linda, William Morris. Textilkunst. Herford 1987.

Koloman Moser   S. *27*, 48, *118*

30. 3. 1868 Wien – 18. 10. 1918 Wien
Maler, Graphiker, Entwerfer, Professor
1886-92 Studium an der Akademie der bildenden Künste und 1892-95 an der Kunstgewerbeschule in Wien. 1897 Gründungsmitglied der Wiener Sezession und 1903 der Wiener Werkstätte. Ab 1899 Lehrer und seit 1900 Professor an der Wiener Kunstgewerbeschule. Entwarf vor dem Ersten Weltkrieg u. a. für die Glas-, Möbel-, Textil- und Keramikfirmen: Backhausen und Söhne, Bakalovits und Söhne, Portois und Fix, Jacob und Josef Kohn, Prag-Rudniker, Wiener Werkstätte, Böck, Deutsche Werkstätten.
Lit. u. a.: Fanelli Giovanni u. Rosalia, Il tessuto moderno. Florenz 1976, 22-48 – Wichmann Hans, Aufbruch zum neuen Wohnen. Basel/Stuttgart 1978, 382 [dort weit. Lit.] – Fenz Werner, Koloman Moser. Salzburg 1984 – Baroni Daniele und Antonio D'Autria, Kolo Moser. Mailand 1984 – Wichmann Hans, Industrial Design. Unikate. Serienerzeugnisse. Die Neue Sammlung. Ein neuer Museumstyp des 20. Jahrhunderts. München 1985, 508 [dort weit. Lit.].

Mario Talli Nencioni   S. 324

Textilentwerfer
In den fünfziger Jahren Ausbildung an der Textilschule »G. Paleocapa« in Bergamo. Anschließend Studium der Wirtschaftswissenschaften mit Promotion an der »Bocconi«-Universität in Mailand. Leitet zusammen mit seinem Bruder Bruno seit dem Rücktritt des Vaters die familieneigene Firma Telene, deren Stoffe dominant auf seinen Entwürfen basieren.

Adelbert Niemeyer   S. *13, 14, 25, 26, 27*, 59-61, 68-73, 98-100, *118*, 160-161

15. 4. 1867 Warburg – 21. 7. 1932 München
Maler, Architekt, Entwerfer, Professor
Ab 1883 Studium an der Akademie Düsseldorf. Seit 1888 in München. Danach Studium in Paris an der Académie Julien. Mitbegründer der Münchner Sezession 1892. 1902 Gründung der »Werkstätten für Wohnungseinrichtung« in München zusammen mit Karl Bertsch und Willy von Beckerath. 1904 in St. Louis und 1906 in Dresden für seine Möbel- und Innenausstattungen ausgezeichnet. 1907 schließen sich die »Werkstätten für Wohnungseinrichtung« mit den »Dresdner Werkstätten für Handwerkskunst« zu den »Deutschen Werkstätten für Handwerkskunst, München« zusammen. Im gleichen Jahr tritt Niemeyer eine Professorenstelle an der Kunstgewerbeschule in München an. Ausstellungen 1910 in Brüssel, München und Wien, 1912 abermals in München und 1914 Teilnahme an der Deutschen Werkbundausstellung in Köln. Nach dem ersten Weltkrieg Leiter der keramischen Werkstatt der Münchner Kunstgewerbeschule. Schuf Modelle für zahlreiche Keramikwerkstätten und Manufakturen (u. a. Nymphenburg, Berlin, Meißen, Villeroy & Boch, sowie für die Schwarzburger Werkstätten für Porzellankunst in Unterweißenbach/Thüringen). Textil- und Möbelentwürfe vor allem für die Deutschen Werkstätten.
Lit. u. a.: Vollmer Hans, Allgemeines Lexikon der bildenden Künstler des 20. Jahrhunderts. Bd. 3. Leipzig 1950, 480 [dort weit. Lit.] – Wichmann Hans, Aufbruch zum neuen Wohnen. Basel/Stuttgart 1978, 383-384 [dort weit. Lit.] – Wichmann Hans, Industrial Design. Unikate. Serienerzeugnisse. Die Neue Sammlung. Ein neuer Museumstyp des 20. Jahrhunderts. München 1985, 509 [dort weit. Lit.] – Hiesinger Kathryn B. (Hrsg.), [Kat. Ausst.] Die Meister des Münchner Jugendstils. Philadelphia Museum of Art. München 1988, 76-78 [dort weit. Lit.].

Hermann Obrist   S. *14, 15, 24*, 46-47

23. 5. 1862 Kilchberg/Schweiz – 26. 2. 1927 München
Entwerfer, Bildhauer
Studierte ab 1885 Naturwissenschaften und Medizin in Heidelberg, wechselte 1886 an die Universität Berlin, gab 1887 nach einer Reise nach England und Schottland sein naturwissenschaftliches Studium auf und ging an die Kunstgewerbeschule Karlsruhe. 1888 lernte er in einer Bauerntöpferei bei Jena. 1889 nahm er an der Weltausstellung in Paris teil und erhielt dort die Goldene Medaille für ausgestellte Töpfereien und Möbel, entdeckte sein Talent für Bildhauerei, studierte 1890 an der Académie Julien und ging 1891 nach Berlin. 1892 gründete er zusammen mit Berthe Ruchet und italienischen Stickerinnen ein eigenes Stickerei-Atelier in Italien. Durch den Tod seiner Mutter finanziell unabhängig geworden, errichtete er sich 1895 in München ein eigenes Wohnhaus mit drei Ateliers für Bildhauerarbeiten, Entwerfen und Stickereien. Obrist war Mitbegründer der »Vereinigten Werkstätten für Kunst im Handwerk« und eröffnete mit Wilhelm von Debschitz 1902 die »Lehr- und Versuchs-Ateliers für angewandte und freie Kunst«, die er 1904 wieder verließ. 1903 erschien seine Publikation »Neue Möglichkeiten in der Bildenden Kunst«. Neben seinen Entwürfen für Stickereien, Brunnen

und Grabmälern gilt Obrist als entscheidender Inspirator der Stilwende um 1900 und übte Einfluß u. a. auf Pankok, Endell, Bruno Paul, Otto Eckmann und Wolfgang von Wersin aus.
Lit. u. a.: Wichmann Siegfried, [Kat. Ausst.] Hermann Obrist. Wegbereiter der Moderne. Stuck-Villa. München 1968 [dort weit. Lit.] – Wichmann Siegfried, [Kat. Ausst.] Jugendstil. Floral-Funktional. Bayerisches Nationalmuseum. München 1984 – Wichmann Hans, Industrial Design. Unikate. Serienerzeugnisse. Die Neue Sammlung. Ein neuer Museumstyp des 20. Jahrhunderts. München 1985, 510 – Hiesinger Kathryn B. (Hrsg.), [Kat. Ausst.] Die Meister des Münchner Jugendstils. Philadelphia Museum of Art. München 1988, 79-87 [dort weit. Lit.].

Robert Oerley   S. 26, 48

24.8.1876 Wien – 11.11.1939 Wien
Maler, Entwerfer, Innenarchitekt, Architekt
Studium an der Kunstgewerbeschule Wien; 1889-1903 als Maler tätig, daneben Tischlerlehre, die er 1892 beendete. Unter seinen kunstgewerblichen Entwürfen befinden sich auch Möbel und Stoffe. Gründungsmitglied des Hagenbundes. 1907-1939 Mitglied der Sezession, 1911-1912 ihr Präsident. Arbeiten u. a. für das Sanatorium Auersberg (1907), die Optischen Werke Carl Zeiß, Wien (1917), für das Unternehmen Robert Bosch AG, Wien (1924), und für die Gemeinde Wien (1924 ff.).
Lit. u. a.: Grönwoldt Ruth, [Kat. Ausst.] Art Nouveau. Textil-Dekor um 1900. Württembergisches Landesmuseum. Stuttgart 1980, 308 [dort Todesjahr 1945] – Müller Dorothee, Klassiker des modernen Möbeldesign. München 1980, 142 ff. – Wichmann Siegfried, [Kat. Ausst.] Jugendstil. Floral. Funktional. Bayerisches Nationalmuseum. München 1984, 241.

Ingrid Ollmann   S. 276

6.3.1942 Moers/Niederrhein
1962-63 Besuch der Textilingenieurschule in Krefeld. Seit 1963 praktische Tätigkeit u. a. für Horten GmbH, Düsseldorf, Gebr. Storck & Co., Krefeld, Storck van Besouw Interior, Goirle/Holland und Stuttgarter Gardinenfabrik GmbH, Herrenberg. Hervorgehoben u. a. im Design Center Stuttgart 1974, 1975, 1978, 1983 und im Haus Industrieform Essen 1984.

Emil Orlik   S. 13, 24, 26, 86-87

21.7.1870 Prag – 28.8.1932 Berlin
Maler, Graphiker, Entwerfer, Professor
Studierte in München von 1889-91 in der Malschule H. Knirr und von 1891-93 an der Akademie der bildenden Künste bei W. von Lindenschmit und J. L. Raab. War 1898-1901 Mitarbeiter der Zeitschrift »Jugend« und besaß 1897-1904 ein Atelier in Prag. 1900/01 unternahm er eine Reise nach Japan zum Studium der Holzschnitt-Technik und fand 1903/04 Anschluß an den Kreis um Gustav Klimt. 1905 erfolgte seine Berufung als Nachfolger von Otto Eckmann an die Lehranstalt des Berliner Kunstgewerbemuseums, wo er bis zu seinem Tode als Professor tätig war. Begegnete in Berlin Max Reinhardt, für dessen Inszenierungen er Kostüme und Dekorationen entwarf. 1911/12 unternahm er ausgedehnte Reisen nach Ägypten, China, Japan und Rußland sowie 1924 in die USA. Mitglied der Wiener und Berliner Sezession, des Vereins deutscher bildender Künstler in Böhmen sowie 1912-19 Mitglied des Deutschen Werkbundes. Neben seiner Tätigkeit als Maler und Graphiker entwarf er Textilien (u. a. für die Vereinigten Werkstätten, München), Tapeten und Plakate.
Lit. u. a.: Wichmann Siegfried [Kat. Ausst.], Secession. Europäische Kunst um die Jahrhundertwende. Haus der Kunst. München 1964, 63 – Popitz Klaus u. a. (Hrsg.), Das frühe Plakat in Europa und den USA. Bd. 3/1. Berlin 1980, 215 – Schweiger Werner Joseph, Wiener Werkstätte. Wien 1982, 266 – Wichmann Hans, Industrial Design. Unikate. Serienerzeugnisse. Die Neue Sammlung. Ein neuer Museumstyp des 20. Jahrhunderts. München 1985, 510 [dort weit. Lit.].

Bernhard Pankok   S. 13, 24, 50-51

16.5.1872 Münster/Westfalen – 5.4.1943 Baierbrunn/Oberbayern
Maler, Graphiker, Bildhauer, Architekt, Entwerfer, Bühnenbildner, Professor
Lernte anfangs bei einem Steinmetzen, dann Lehre als Dekorationsmaler und Restaurator in Münster. Studium von Malerei und Graphik in Düsseldorf und Berlin. Ab 1892 selbständig als Maler in München tätig, wo er seit 1896 für die Zeitschriften »Pan« und »Jugend« arbeitete. 1897 erste Möbelentwürfe, 1898 Mitbegründer der »Vereinigten Werkstätten für Kunst im Handwerk« in München. 1900 Teilnahme an der Pariser Weltausstellung mit dem ausgezeichneten »Erkerraum«, entworfen für die Vereinigten Werkstätten. Im gleichen Jahr erhielt er seinen ersten Architekturauftrag. Ab 1901 als Professor an der »Lehr- und Versuchswerkstätte« in Stuttgart tätig, deren Direktor er 1913 wurde. Übersiedlung nach Stuttgart. Neben seiner Tätigkeit als Architekt schuf er Entwürfe für Möbel, Buchschmuck, Metallgeräte, Textilien und Tapeten, widmete sich der Innenausstattung von Schiffen (u. a. den Bodenseedampfern »Friedrichshafen« und »Überlingen«) sowie der Ausgestaltung von Zeppelinluftschiffen und schuf Bühnendekorationen. 1932 Dr. Ing. e. h. der Technischen Hochschule, Stuttgart.
Lit. u. a.: Vollmer Hans, Allgemeines Lexikon der bildenden Künstler des 20. Jahrhunderts. Bd. 3. Leipzig 1956, 544 [dort weit. Lit.] – Klaiber Hans, [Kat. Ausst.] Bernhard Pankok. Württembergisches Landesmuseum. Stuttgart 1973 [dort weit. Lit.] – Grönwoldt Ruth, [Kat. Ausst.] Art Nouveau. Textil-Dekor um 1900. Württembergisches Landesmuseum. Stuttgart 1980, 251, 308 – Wichmann Hans, Industrial Design. Unikate. Serienerzeugnisse. Die Neue Sammlung. Ein neuer Museumstyp des 20. Jahrhunderts. Die Neue Sammlung. München 1985, 511 – Hiesinger Kathryn B. (Hrsg.), [Kat. Ausst.] Die Meister des Münchner Jugendstils. Philadelphia Museum of Art. München 1988, 88-93 [dort weit. Lit.].

Verner Panton   S. 312, 334

13.2.1926 Gentofte/Dänemark – lebt in Binningen/Schweiz
Architekt, Designer
Studium der Architektur an der Königlichen Kunstakademie Kopenhagen. Arbeitete von 1950-52 für Arne Jacobsen. 1955 eigenes Atelier in der Schweiz. Gestaltete neben Objekt- und Möbelentwürfen (»Panton«-Stuhl aus Kunststoff) auch Textilien und Inneneinrichtungen u. a. für den »Spiegel« und für »Gruner + Jahr«. Träger zahlreicher internationaler Preise.
Lit. u. a.: Wichmann Hans, Industrial Design. Unikate. Serienerzeugnisse. Die Neue Sammlung. Ein neuer Museumstyp des 20. Jahrhunderts. München 1985, 511 [dort weit. Lit.] – (Kaiser Niels-Jørgen u. a.), Verner Panton. Kopenhagen 1986.

Tommi Parzinger   S. 14, 119, 145, 184-185

ca. 1898 – lebte 1974 in New York
Entwerfer
Besuchte nach dem Ersten Weltkrieg die Münchner Kunstgewerbeschule und arbeitete in den zwanziger Jahren für die Deutschen und Vereinigten Werkstätten in München. Daneben Entwürfe für Metallarbeiten, für Porzellan- und Keramikformen. Bekannt wurde Parzinger vor allem durch seine Tapetenentwürfe (vgl. u. a. »Parzinger Sonderfond-Karte« der Fa. Flammersheim & Steinmann, Köln 1928). Er wanderte 1930 nach den USA aus und gründete in New York ein Einrichtungshaus.
Lit. u. a.: Wichmann Hans, Aufbruch zum neuen Wohnen. Basel/Stuttgart 1978, 385 [dort weit. Lit.] – [Kat. Ausst.] Die Zwanziger Jahre in München. Stadtmuseum. München 1979, 759.

Nathalie du Pasquier   S. 227, 298-299

1957 Frankreich – lebt in Mailand
Textilentwerferin, Designerin
Nach Schulabschluß in Bordeaux 1975, ausgedehnte Reisen bis 1978. Kam 1979 nach Italien und begann im Frühjahr 1980 als Autodidaktin ihre Entwurfstätigkeit in Mailand, oftmals in Zusammenarbeit mit George Sowden. 1980 Beteiligung an der ersten Memphis-Collection. Entwirft seither vorwiegend Textilien, u. a. für Memphis/Mailand, Pichat-Chaléard/Lyon, Fiorucci, Pink Dragon, Missoni Kids, Esprit, Naj-Oleari und Palmisano. In jüngster Zeit entstanden auch Entwürfe für den graphischen Bereich sowie für Möbel und Uhren. Ihre Arbeiten sind von der Post-Moderne und der Memphis-Bewegung nachhaltig geprägt.
Lit. u. a.: Ambasz Emilio (Hrsg.), The International Design Yearbook 1986/87. London 1986, 222 – McQuiston Liz, Women in Design. London 1988, 80.

Bruno Paul   S. 13, 24, 65, 75, 96

19.1.1874 Seifhennersdorf (Oberlausitz) – 17.8.1968 Berlin
Maler, Graphiker, Architekt, Entwerfer von Raumausstattungen und Möbeln, Professor
Nach Ausbildung in Dresden (Kunstgewerbeschule 1886-1894) und München (Akademie der Bildenden Künste 1894-1907) war er als Illustrator für »Jugend« und »Simplicissimus«, später als Architekt und Entwerfer tätig. 1898 Mitbegründer der »Vereinigten Werkstätten für Kunst im Handwerk«, 1907 des Deutschen Werkbundes. Im gleichen Jahr Berufung als Leiter des Unterrichtsanstalt des Kunstgewerbemuseums und Direktor der Vereinigten Staatsschulen für freie und angewandte Kunst, Berlin. 1924-1932 Direktor der Akademischen Hochschule für bildende Künste, Berlin. 1932 Leiter eines Meisterateliers der Akademie der bildenden Künste. Im Anschluß beratender Architekt des Maharadscha von Mysore (Maissur), Colombo (Erweiterungsbau der Durbar-Hall). 1933 Versetzung in den Ruhestand. Weiterarbeit in einem Privatatelier in der Mark Brandenburg. Nach 1945 Übersiedlung von Hanau nach Düsseldorf. 1955 Ordentliches Mitglied der Akademie der bildenden Künste, Berlin.
Bruno Paul war ebenso wie R. Riemerschmid bis 1932 an zahlreichen nationalen und internationalen Ausstellungen zum Teil leitend beteiligt (z. B. Weltausstellung Paris 1900, St. Louis 1904, Brüssel 1910; Werkbundausstellung Köln 1914, Bern-Basel 1917; Kunstgewerbeausstellung Monza 1927; Glasausstellung Berlin 1928). Für die »Vereinigten Werkstätten« entwarf er vor dem Ersten Weltkrieg zahlreiche Möbel, Textilien, auch Schiffsausstattungen. In den zwanziger und dreißiger Jahren gehörte er zu den bekanntesten und fruchtbarsten Mitarbeitern der Deutschen Werkstätten, für die er nicht nur Raumausstattungen konzipierte, sondern auch Fertighäuser (Plattenhaus, ausgestellt auf der Jahresschau deutscher Arbeit, Dresden 1925) und Schiffsausstattungen (z. B. M. S. Boissevain 1938) entwickelte. Zu seinen Schülern zählte auch Ludwig Mies van der Rohe.
Lit. u. a.: Wichmann Hans, Aufbruch zum neuen Wohnen. Basel/Stuttgart 1978, 385-386 [dort weit. Lit.] – Wichmann Hans, Industrial Design. Unikate. Serienerzeugnisse. Die Neue Sammlung. Ein neuer Museumstyp des 20. Jahrhunderts. München 1985, 511 [dort weit. Lit.] – Hiesinger Kathryn B. (Hrsg.), [Kat. Ausst.] Die Meister des Münchner Jugendstils. Philadelphia Museum of Art. München 1988, 94.

Elizabeth Peacock   S. 14, 118, 132

1880 – 1969 England
Textilentwerferin, Weberin
1917 erste Webarbeiten mit Ethel Mairet. 1922 gründete sie eine eigene Werkstatt. Mitbegründerin der Spinner-, Färber- und Weberinnung 1931. Im Auftrag von Leonhard und Dorothy Elmhirst webte sie zwischen 1930/31 und 1938 acht Banner für die Great Hall in Dartington. Lehrtätigkeit von 1940 bis 1957. Ausstellung ihrer Arbeiten 1970 im West Surrey College of Art and Design und 1979 im Crafts Study Centre in Bath.
Lit. u. a.: [Kat. Ausst.] Thirties. British art and design before the war. Hayward Gallery. London 1979, 298.

Dagobert Peche   S. 14, 26, 114-115, 118, 121-122

3.4.1887 St. Michael/Salzburg – 16.4.1923 Mödling/Wien
Architekt, Maler, Entwerfer
Studierte 1906-10 Architektur an der Technischen Hochschule Wien bei Karl König, Max von Ferstel und Eduard Veith und besuchte daneben 1908-11 die Architekturklasse von Friedrich Ohmann an der Akademie der bildenden Künste. Unternahm 1910 eine Reise nach England und 1912 nach Paris. War nach

seiner Rückkehr ausschließlich als Innenarchitekt und Entwerfer für Kunstgewerbe tätig, u. a. für die Firmen Johann Backhausen, Philipp Haas, die Wiener Keramik, Porzellanmanufaktur Josef Böck, Thausig & Komp., Jul. Jaksch-Atzgersdorf sowie P. Piette-Bubentsch. Durch Josef Hoffmann aufgefordert, beteiligte er sich 1914 mit Tapetenentwürfen an der Internationalen Kunstausstellung in Rom und im gleichen Jahr mit einem Damenboudoir an der Werkbundausstellung in Köln. Ab 1915 war er Mitarbeiter der Wiener Werkstätte und 1917-19 Filialleiter der Werkstätte in Zürich. Entwarf Inneneinrichtungen, Silbergeräte, Schmuck, Elfenbeinarbeiten, Lederwaren, Keramik und Porzellan sowie Tapeten, Stickereien und Textilien. Hatte in den zwanziger Jahren maßgeblichen Einfluß auf die Produkte der Wiener Werkstätte.
Lit. u. a.: [Kat. Ausst.] Dagobert Peche Gedächtnisausstellung. Arbeiten des modernen österreichischen Kunsthandwerks. Österreichisches Museum für Kunst und Industrie. Wien 1923 – Waltraud Neuwirth, Wiener Werkstätte. Wien 1984 – [Kat. Ausst.] Dagobert Peche 1887-1923. Zentralsparkasse und Kommerzialbank, Hochschule für angewandte Kunst. Wien 1987.

Pablo Picasso (eigentl. Ruiz y Picasso) S. *14, 15, 120,* 208-209, *210*

25. 10. 1881 Malaga – 8. 4. 1973 Mougins
Die entscheidende Künstlerpersönlichkeit des 20. Jahrhunderts zeigte bereits als Kind seine ungewöhnliche Begabung. Sein erstes bekannt gewordenes Bild »Der Picador« datiert von 1888/89. Mit elf Jahren trat er in die Kunstschule von La Corogne ein, 1894 schrieb und zeichnete er für die Zeitungen »La Coruna« und »Azul y Blanco«. Mit 15 Jahren besuchte er die Kunstschule in Barcelona, studierte 1897 die alten Meister im Prado und war kurzfristig an der Akademie eingeschrieben. 1900 erstmals in Paris, wohin er 1904 übersiedelte. 1901 gab er seinen akademisch realistischen Malstil auf; es entstanden die Bilder der sogenannten Blauen Periode, deren Themen vorwiegend Gaukler und Artisten gewidmet waren, die er erstmals mit »Picasso« signierte. Seine zwischen 1905 und 1907 entstandenen Bilder wurden wegen ihrer Grundfarbe als »Rosa Periode« zusammengefaßt; mit dem 1907 entstandenen Gemälde »Demoiselles d'Avignon« leitete er den Kubismus in der Malerei ein. Sein 1937 gemaltes Wandbild »Guernica« wurde zum weltweiten Symbol des leidenschaftlichen Protestes gegen den Krieg. Befreundet mit zahlreichen Künstlern, Philosophen, Komponisten und Literaten wurde Picasso zur Zentralfigur des Pariser Künstlerlebens.
Als Universalgenie beschäftigte er sich neben der Malerei nahezu mit allen künstlerischen Techniken, so als Zeichner, Graphiker, Bildhauer und Keramiker sowie als Entwerfer für Teppiche und Tapisserien, die nach seinen Entwürfen in verschiedenen Werkstätten ausgeführt wurden.
Lit. u. a.: Jaffé Hans L. C., Picasso. Köln 1964 – Penrose Roland u. John Golding (Hrsg.), Picasso in Retrospect. New York 1973 – Ray Anne Kibey, Picasso. A comprehensive bibliography. New York/London 1977 – [Kat.] Musée Picasso. Catalogue sommaire des collections. Bd. 1-2. Paris 1985 u. 1987.

Henri Pinguenet S. *202,* 204

30. 9. 1889 Paris – lebte 1956 in Paris
Maler, Raumausstatter, Entwerfer von Teppichen
War um 1930 u. a. als Teppichentwerfer für das Pariser Kaufhaus »Galeries Lafayette« tätig.
Lit. u. a.: Vollmer Hans, Allgemeines Lexikon der bildenden Künstler des 20. Jahrhunderts. Bd. 3. Leipzig 1956, 593 [dort weit. Lit.].

Luise Pollitzer S. 145

19. 5. 1875 Wien – gestorben nach Mai 1940
Malerin, Holzschneiderin, Entwerferin
Studierte in Wien bei F. König, in Karlsruhe und München bei K. Schmoll gen. Eisenwerth. Auf dem kunstgewerblichen Arbeitsfeld beschäftigte sie sich insbesondere mit Textilarbeiten (Perl-, Seiden- und Tüllstickereien). Luise Pollitzer entwarf vor allem auch in den zwanziger Jahren für die Deutschen Werkstätten und

war durch diese an der Werkbund-Ausstellung in Kopenhagen 1918 beteiligt. Im Mai 1940 verlegte sie ihren Hauptwohnsitz von Wien nach München, wo sie bereits seit Sept. 1905 lebte.
Lit. u. a.: Wichmann Hans, Aufbruch zum neuen Wohnen. Basel/Stuttgart 1978, 378 [dort weit. Lit.].

Gio Pomodoro S. *15, 223,* 251

17. 11. 1930 Orciano di Pesaro – tätig in Mailand und Querceta (Versilia)
Bildhauer, Maler, Bühnenbildner, Textilentwerfer
Nach Kunst- und Architekturstudium in Florenz Beginn der Bildhauertätigkeit 1951. 1953-1964 Werkstattgemeinschaft mit seinem Bruder Arnaldo Pomodoro in Mailand; 1954 zusammen mit diesem und Giorgio Perfetti Gründung der Gruppe »3 P«. 1956/57 längere Reisen nach Paris, Brüssel und London, 1965 nach New York und Los Angeles. Seit 1972 entstehen die Steinskulpturen in seinem Atelier in Querceta. Zahlreiche Auszeichnungen und Ausstellungen im In- und Ausland, u. a. bei den Triennalen in Mailand 1954 und 1957, der 2. und 3. documenta, Kassel (1959, 1964), in Paris 1959, mehrmals auf der Biennale in Venedig (1984 mit eigenem Saal). Bühnenbildentwürfe 1978 für die Arena di Verona, 1980 für das Teatro della Fenice, Venedig. Seine Werke zeigen Beeinflussung u. a. durch den russischen Konstruktivismus.
Lit. u. a.: Vollmer Hans, Allgemeines Lexikon der bildenden Künstler des 20. Jahrhunderts. Bd. 6. Leipzig 1962, 256 [dort weit. Lit.] – [Kat. Ausst.] Gio Pomodoro. Kunstverein. Wuppertal 1966 – [Kat. Ausst.] Gio' Pomodoro. Verona 1980 – [Kat. Ausst.] Gio Pomodoro. Skulpturen. Förderverein Schöneres Frankfurt. Frankfurt 1983 – [Kat. Ausst.] Gio' Pomodoro. Marmi e bronzi. Galleria L'Isola. Roma 1987.

Enrico Prampolini S. *15, 223,* 246

20. 4. 1894 Modena – 17. 6. 1956 Rom
Maler, Bildhauer, Architekt, Bühnen- und Kostümentwerfer
1912 Studium der Malerei an der Accademia in Rom und bei Giacomo Balla; Anschluß an das »Movimento Futurista Italiana«. 1913 Mitglied der Berliner »Novembergruppe«. Seit 1915 Bühnen- und Kostümentwürfe. 1916 Hinwendung zu Dada, später Beziehungen zu Bauhaus und De Stijl. Beteiligt an zahlreichen Manifesten des Futurismus und Konstruktivismus, u. a. 1922 »Die mechanische Kunst«, 1929 »Aeropittura«. Trat 1932 der Pariser Künstlergruppe »Abstraction – Création« bei. 1925-37 in Paris, danach in Rom. Gründer und Leiter mehrerer Zeitschriften, z. B. »Noi«, Rom 1916-25, und »L'Esprit Nouveau«, Paris, 2. Folge. Neben zahlreichen Ausstellungen im In- und Ausland gestaltete er verschiedentlich die Ausstattung von Ausstellungspavillons, so bei der Mostra della Rivoluzione, Rom 1932, und der Internationalen Ausstellung Paris 1937.
Lit. u. a.: Vollmer Hans, Allgemeines Lexikon der bildenden Künstler des 20. Jahrhunderts. Bd. 3. Leipzig 1956, 621 [dort ältere Lit.] – Banham Reyner, Die Revolution der Architektur. Theorie und Gestaltung im Ersten Maschinenzeitalter. Hamburg 1964 = rowohlts deutsche enzyklopädie 209/210 – [Kat. Ausst.] Tendenzen der Zwanziger Jahre. Berlin 1977, B/52 [dort weit. Lit.].

Lotti Preiswerk S. *227,* 282

25. 6. 1933 Basel
Textildesignerin
1968-71 Ausbildung in der Textilfachklasse der Kunstgewerbeschule Basel. 1971-73 Entwerferin bei Tisca, Bühler/Schweiz. Seit 1973 Entwerferin bei Création Baumann, Langenthal.

Freia Prowe S. 312

20. 12. 1940 Sagan/Niederschlesien – lebt in Baden/Schweiz
Textildesignerin, Dozentin
1959-62 Studium an der Fachhochschule Coburg bei Prof. Eusemann mit Abschluß als Textildesignerin. Seit 1962 Arbeiten u. a. für die Firmen A. Rogler Sohn, Gefrees, Krüger & Co., Reutlingen, Textilwerke AG, Meisterschwanden/Schweiz, Krall & Roth, Mönchen-

gladbach. Ab 1982 freie Mitarbeit bei der Firma Mira-X AG, Internationaler Textilverlag, Suhr. Seit 1978 Lehrtätigkeit an der Textilklasse der Schule für Gestaltung, Zürich. Erhielt 1980 den 2. Preis bei einem Wettbewerb des Eidgen. Departement des Inneren (EDI) und war 1984 und 1986 im Design Center Stuttgart, 1987 im Haus Industrieform, Essen, vertreten.

Otto Prutscher S. *13,* 52

7. 4. 1880 Wien – 15. 2. 1949 Wien
Architekt, Entwerfer, Professor
Studierte zunächst an der Fachschule für Holzindustrie und ab 1897 an der Kunstgewerbeschule bei F. Matsch und Josef Hoffmann in Wien. War 1895 mit Hilfe eines Rothschildschen Reisestipendiums ein Jahr in Paris und London. Seit 1903 Assistent an der Graphischen Lehr- und Versuchsanstalt und ab 1909 Professor an der Akademie für angewandte Kunst in Wien. Errichtete zahlreiche Privatbauten und beteiligte sich in der Zwischenkriegszeit an Gemeindebauprogrammen der Stadt Wien. Neben seiner Tätigkeit als Architekt entwarf er eine Vielzahl von Gebrauchsgegenständen und beteiligte sich an zahlreichen Ausstellungen, so an der Weltausstellung Paris 1900, der Internationalen Kunstgewerbeausstellung in Turin 1902, der Pressa 1925 in Köln und der »Exposition des Arts Décoratifs et Industriels Modernes« 1925 in Paris. War Mitglied des Deutschen und Österreichischen Werkbundes und entwarf Möbel, u. a. für die Deutschen Werkstätten, die Firmen Thonet, Prag Rudniker, Glasfenster für die Firma Geyling, Metallwaren für Berndorfer und Klinkosch, Keramiken und Porzellan für Augarten, Keramos, Böck und Wahliss, Glas für Bakalowits, Meyr's Neffe, Lobmeyr und Lötz sowie Stoffe für die Wiener Werkstätte und die Firmen Backhausen und Herburger & Rhomberg, Wien.
Lit. u. a.: Wichmann Hans, Aufbruch zum neuen Wohnen. Basel/Stuttgart 1978, 387, 388 [dort weit. Lit.] – Schweiger Werner J., Wiener Werkstätte. Wien 1982, 266.

Elisabeth Raab (geb. Eimer) S. *14, 118,* 144, 151

25. 2. 1904 Münchweiler bei Pirmasens – lebt in München
Entwerferin von Stoffen und Tapeten
1923-28 Studium an der Kunstgewerbeschule, München, vor allem als Schülerin J. Hillerbrands. Seit etwa 1928 bis Anfang der dreißiger Jahre künstlerische Mitarbeiterin der Deutschen Werkstätten und der Deutschen Farbmöbel AG, München. Elisabeth Raab – verheiratet mit dem Maler Robert Raab (1904-1989) – entwarf für die Werkstätten Textilien und Tapeten (Tapetenentwürfe für die »Neu-Deutsche-Künstler-Tapeten«-Kollektion).
Lit. u. a.: Wichmann Hans, Aufbruch zum neuen Wohnen. Basel/Stuttgart 1978, 388 [dort weit. Lit.].

Viktor von Rauch S. *14, 119,* 166-167, 170

21. 5. 1901 St. Petersburg – 1. 3. 1945 Ulm
Maler, Entwerfer u. a. von Textilien
Kam 1921 von Berlin nach München, wo er 1925 zusammen mit Wilhelm Marsmann u. a. die Deutsche Farbmöbel AG gründete, für die er auch Stoffe entwarf. Nach längerem Aufenthalt in Wien 1927/28 zog er 1928 zurück nach Berlin und war 1945 in Salzburg ansässig.

Luciano Re S. 264-265

1939 Turin – lebt in Turin
Architekt, Entwerfer, Professor
Zwischen 1963 und 1967 zusammen mit Piero Derossi Assistent bei Carlo Mollino. Seit 1975 Professor für architektonische Komposition am Polytechnikum, Turin, wo er seit 1987 auch einen Lehrauftrag für Architektur-Restaurierung inne hat. Vor allem in Zusammenarbeit mit dem Studio Gabetti & Isola als Entwerfer in den Bereichen Architektur, Einrichtung und Industrial Design tätig; um 1970 an der Konzeption der Teppichserie »Tapizoo« für Collezione ARBO, Turin, beteiligt. Zahlreiche Veröffentlichungen über Architektur des 19. und 20. Jahrhunderts im Piemont.

Jaana Elina Reinikainen S. 326

11.4.1961 Tampere, Finnland – lebt in Tampere
Textildesignerin
Studierte in Stockholm, Paris und Florenz Textildesign. 1984 und seit 1986 entstanden Entwürfe für
Finlayson, Finnland. 1984 Textilien für die Nouvelles
Galeries, 1985 für das »bureaux de tendance«, beide
Paris, sowie 1985 für verschiedene Firmen in Frankreich, Italien, Deutschland, den USA und Skandinavien. Einzelausstellungen 1987 und 1988 in Tampere,
1989 in Paris. Teilnahme an den Ausstellungen »Me-
taxis«, Museum of Applied Arts, Helsinki (1987),
»Biennale de la Création Contemporaine«, Grand Palais, Paris (1987), »I & I '88«, Design Center, Stuttgart
(1988) und »Florenz-Berlin«, Berlin (1989).

Richard Riemerschmid S. 13, 24, 25, 26, 27, 54-58, 66-67, 86, 217, 221, 238

28.6.1868 München – 13.4.1957 München
Architekt, Maler, Entwerfer, Professor
1888-90 Studium der Malerei an der Akademie der
Bildenden Künste in München. Erste Möbelentwürfe
ab 1895 und 1897 Ausstattung eines Raumes der
Kunstgewerbeabteilung auf der VII. Kunstausstellung
im Glaspalast, München. 1898 Gründungsmitglied
der »Vereinigten Werkstätten für Kunst im Handwerk«. Teilnahme an der Pariser Weltausstellung
1900 mit einem vollständigen Interieur, »Zimmer eines Kunstliebhabers«, das mit einer Goldmedaille
ausgezeichnet wurde. Im gleichen Jahr entstand bis
1901 nach Plänen Riemerschmids das Schauspielhaus in München. 1902-05 leitete er an der Kunstgewerbeschule Nürnberg den kunstgewerblichen Mei-
sterkurs. 1902/03 Ausgestaltung von neuen Räumen
für eine Ausstellung der »Dresdner Werkstätten für
Handwerkskunst« in Dresden. Kleinteilige, wieder-
kehrende Motive bei den Textilentwürfen für die
Werkstätten. Mitbegründer des Deutschen Werkbundes 1907. 1913-24 Direktor der Kunstgewerbeschule in München, 1921-26 Vorsitzender des Deutschen Werkbundes, 1926-31 Leiter der Werkkunstschule Köln. Neben zahlreichen Entwürfen im
Bereich der Wohnungseinrichtung gestaltete er Aus-
stellungsräume, Fabrikationsanlagen, Schiffsausstattungen und Holzfertighäuser.
Lit. u. a.: Wichmann Hans, Aufbruch zum neuen Wohnen. Basel/Stuttgart 1978, 389-390 [dort weit. Lit.] –
[Kat. Ausst.] Richard Riemerschmid. Vom Jugendstil
zum Werkbund. Stadtmuseum. München 1982 –
Wichmann Hans, Industrial Design. Unikate. Serienerzeugnisse. Die Neue Sammlung. Ein neuer Museumstyp des 20. Jahrhunderts. München 1985, 513
[dort weit. Lit.] – Hiesinger Kathryn B. (Hrsg.), [Kat.
Ausst.] Die Meister des Münchner Jugendstils. Philadelphia Museum of Art. München 1988, 107-147
[dort weit. Lit.].

Felice Rix (-Ueno) S. 14, 122-124, 148-149

1.6.1893 Wien – 15.10.1967 Kioto/Japan
Entwerferin, Professorin
Nach zweijährigem Besuch der Graphischen Lehr-
und Versuchsanstalt 1913-17 Studium an der Wiener
Kunstgewerbeschule bei Strnad, v. Stark, Rothansl
und Hoffmann. 1917-30 Mitglied der Wiener Werkstätte. Seit 1935 in Japan ansässig, dort von 1950 bis
1963 Professorin an der städtischen Kunsthochschule von Kioto.
Lit. u. a.: Schweiger Werner Joseph, Wiener Werkstätte. Kunst und Handwerk 1903-1932. Wien 1982,
267 – Gmeiner Astrid u. Gottfried Pirhofer, Der Österreichische Werkbund. Salzburg/Wien 1985, 241.

Ch. Rogelet

War um 1930 als Entwerfer für das Pariser Kaufhaus
»Galeries Lafayette« tätig und konzipierte u. a. 1931
den Teppich »Bourasque«.

Hajo Rose S. 14, 207

1910 Mannheim – lebt in Leipzig
Graphiker, Textilentwerfer, Dozent
Besuchte zunächst die Königsberger Kunstgewerbeschule. 1930-33 Ausbildung am Bauhaus. Danach
1934 Assistent von Laszlo Moholy-Nagy. Heirat mit

Katja Rose, Textilentwerferin, ausgebildet am Bau-
haus. Als Dozent an der Neuen Kunstschule in Am-
sterdam (1935-41), an der Kunsthochschule Dresden
(1949-53), an der Fachschule Leipzig (1953-58) tätig.
Seit 1959 freischaffend, Mitglied des VBK der DDR.
In seiner Bauhauszeit enge Zusammenarbeit mit
Mies van der Rohe bei der Entwicklung von Druck-
stoffdekoren. U. a. verwandte Rose Schreibmaschi-
nentypen zur Dekoration von Stoffen.
Lit. u. a.: [Kat. Ausst.] bauhaus 3. Leipzig 1978, 27, 31
– [Faltblatt] Grafik und Gebrauchsgrafik. Hajo und
Isolde Rose. Kleine Galerie Süd. Leipzig 1984.

Katja Rose (geb. Käthe Schmidt) S. 207

geb. 8.7.1905 Bromberg – lebt in München
Weberin, Textilentwerferin
1925/26 Ausbildung an der Staatlichen Schule für
Frauenberufe, Hamburg, und der dortigen Kunstgewerbeschule. 1929/30 Volontärin am Dürerhaus
Hamburg, 1930 in der Weberei Klappholttal auf Sylt
und in Hamburg. Herbst 1931 bis April 1933 in der
Werkstatt für Weberei am Bauhaus bei Otti Berger
und Lilly Reich. Vorkurs bei Albers, ergänzende Lehr-
veranstaltungen bei Kandinsky, Schmidt und Dürck-
heim. 1933-34 an der Höheren Fachschule für Textilindustrie in Berlin. 1934-36 nach der Gesellenprüfung
eigene Handweberei in Bromberg, 1936-41 Mitarbeit
an der »Nieuwe Kunstschool« Amsterdam und Teil-
nehmerin an Zeichenkursen Ittens. 1942/43 in der
Handweberei von Weech in Schaftlach, 1955/56
Webkursleiterin bei der Firma Walter Kirchner in Marburg. Seit 1956 eigene Weberei in München.
Lit. u. a.: [Kat. Ausst.] Katja Rose. Weberei. Bauhaus
Archiv. Berlin 1984.

Take Sato S. 118, 134

Die englische Entwerferin japanischer Abstammung
war in den zwanziger Jahren für die Firma William
Foxton Ltd. in London tätig. In der »Exposition Internationale des Arts Décoratifs et Industriels Modernes« in Paris 1925 wurden von ihr entworfene Druckstoffe gezeigt.
Erwähnt u. a.: Decorative Art 1926. »The Studio«
Year Book. London 1926, 171 m. Abb.

Heinrich Sattler S. 14, 118, 165

17.4.1898 München – 10.2.1985 Garatshausen b.
Feldafing
Maler, Grafiker, Entwerfer, Dozent
Nach Glasmalerlehre (Zettler, München) 1916/17
Ausbildung an der Münchner Kunstgewerbeschule
bei R. Engels. 1921/22 Meisterschüler von A. Niemeyer. 1922/23 Lehrer an der Fachschule für Glasin-
dustrie, Zwiesel, dann selbständig und Mitarbeiter
der Deutschen Werkstätten. 1927 von Riemerschmid an die Kölner Werkkunstschule berufen. Ab
1936 Lehrer an der Kerschensteiner Meisterschule in
München. Dort bis zur Pensionierung 1963 tätig. Entwarf u. a. für die Deutschen Werkstätten dekorative
Malereien, Gläser, Möbel und Möbelbezugsstoffe.
Lit. u. a.: Wichmann Hans, Aufbruch zum neuen Wohnen. Basel/Stuttgart 1978, 392 [dort weit. Lit.] – [Kat.
Ausst.] Die Zwanziger Jahre in München. Stadtmuseum. München 1979, 762.

Eugen Julius Schmid S. 118 f., 126

22.8.1890 München – 10.11.1980 München
Graphiker, Illustrator, Entwerfer, Professor
Ausgebildet an der Kunstgewerbeschule in Mün-
chen, dann als freier Graphiker tätig. 1946 Berufung
an die Staatliche Hochschule für bildende Künste,
München, als Lehrer für Schriftgestaltung und
Gebrauchsgraphik, 1947 zum Professor ernannt.
Schmid lehrte an der Hochschule bzw. Akademie der
bildenden Künste München, bis zu seiner Emeritie-
rung 1959. Besonders in den beginnenden zwanziger
Jahren arbeitete Schmid auch für die Deutschen
Werkstätten München, vor allem im graphischen Bereich, aber auch als Textilentwerfer und bei der Konzi-
pierung von Ausstellungen.
Lit. u. a.: Vollmer Hans, Allgemeines Lexikon der bil-
denden Künstler des 20. Jahrhunderts. Bd. 4. Leipzig
1958, 195 – Wichmann Hans, Aufbruch zum neuen
Wohnen. Basel/Stuttgart 1978, 393 [dort weit. Lit.].

Hilda Schmid-Jesser S. 14, 118, 125

21.5.1894 Marburg a. d. Drau – 1986 Wien
Entwerferin, Dozentin
Nach Besuch der Wiener Frauenakademie studierte
sie 1912-17 an der Kunstgewerbeschule, u. a. bei
J. Hoffmann. 1916-22 Mitglied der Wiener Werkstätte, entwarf Textilien, Tapeten, Dekore für gravier-
tes und bemaltes Glas, Porzellan, Keramik u. a. Von
1922-32 Assistentin unter Witzmann, später Stein-
hof, an der Wiener Kunstgewerbeschule und ab 1935
dort Dozentin. 1938 Entlassung, 1949 Wiederaufnahme der Lehrtätigkeit bis 1967. Teilnahme an verschiedenen Ausstellungen. Entwarf u. a. Textilien
und Glasdekore für die Firma Lobmeyr und Porzellan-
dekore für die Manufaktur Augarten.
Lit. u. a.: Schweiger Werner J., Wiener Werkstätte.
Kunst und Handwerk 1903-1932. Wien 1982, 262 –
Gmeiner Astrid u. Gottfried Pirhofer, Der Österreichische Werkbund. Salzburg/Wien 1985, 232 – Wichmann Hans, Industrial Design. Unikate. Serienerzeugnisse. Die Neue Sammlung. Ein neuer Museumstyp
des 20. Jahrhunderts. München 1985, 515 [dort weit.
Lit.].

Johanna Schütz-Wolff S. 14, 119, 120, 172-173

20.7.1896 Halle/Saale – 30.8.1965 Söcking bei
Starnberg
Malerin, Holzschneiderin, Textilkünstlerin,
Professorin
1915-18 Ausbildung an der Kunstgewerbeschule
Burg Giebichenstein, Halle, bei Paul Thiersch. Danach Studium an der Münchner Akademie bei
F. H. Ehmcke und Ausbildung in Flach- und Gobelin-
weben bei Elisabeth Hablik in Itzehoe. 1920 Ruf an
die Kunstgewerbeschule Halle zur Einrichtung und
künstlerischen Leitung der Werkstätte für Weberei.
Seit 1925 freischaffend tätig. Studienreisen nach
Ägypten und Italien. Starke Beeinflussung ihres
Oeuvres durch die deutschen Expressionisten. Sie
arbeitete ihre Webteppiche ohne farbigen Karton und
färbte die Fäden während des Webprozesses. Zahlreiche Ausstellungen im In- und Ausland.
Lit. u. a.: Vollmer Hans, Allgemeines Lexikon der bildenden Künstler des 20. Jahrhunderts. Bd. 4. Leipzig
1958, 226 [dort weit. Lit.] – Nauhaus Wilhelm, Die
Burg Giebichenstein. Geschichte einer deutschen
Kunstschule 1915-1933. Leipzig 1981, 45-47, 86,
Abb. 24-27 – [Kat. Ausst.] Johanna Schütz-Wolff.
Akademie der Schönen Künste. München 1986.

Peter Seipelt S. 262-263, 291

1937 Königsberg – lebt in Zürich
Textildesigner
1957-59 Architekturstudium an der Werkkunstschule
Krefeld, Fachrichtung Industriegestaltung, 1961-63
Studium Textilentwurf in der Meisterklasse der Textilingenieurschule Krefeld. 1962 Rom-Stipendium.
1963-75 Chefdesigner bei der Weberei Storck in Krefeld. Entwürfe für namhafte Großprojekte und Zusammenarbeit mit Tobia Scarpa, Mario Bellini u. a.
1975-79 Aufbau einer textilen Druckkollektion für die
Firma Zumsteg AG, Zürich. Seit 1979 Director of Design für die gesamte europäische Textilkollektion der
Firma Knoll International. Träger des Kunstpreises
der Stadt Krefeld (1969).
Lit. u. a.: Larrabee Eric u. Massimo Vignelli, Knoll
Design. New York 1981, 97.

Berta Senestréy (verheiratete Schub) S. 14, 118, 126-127, 144, 160

22.6.1900 München – lebt in München
Innenarchitektin, Entwerferin für Textilien, Tapeten
und Perlstickereien
Studium an der Münchner Kunstgewerbeschule zwischen 1916 und 1919, vor allem bei A. Niemeyer. Im
Anschluß bis 1928 Leiterin des kunstgewerblichen
Ateliers der Deutschen Werkstätten München – unterbrochen von einem Aufenthalt in Südamerika
(1924/25). Berta Senestréy war bis zu ihrer Verheira-
tung 1928 fast ausschließlich für die Deutschen
Werkstätten tätig und arbeitete mit Carola Hilsdorf
und teilweise mit Charlotte Herzfeld zusammen.
Lit. u. a.: Wichmann Hans, Aufbruch zum neuen Wohnen. Basel/Stuttgart 1978, 395 [dort weit. Lit.].

Emmy (Emilie) Seyfried (verheiratete Neeb)   S. *26*, 84-85, 101

15.10.1888 München – ca. 1972
Porzellan- und Glasmalerin, Entwerferin für Möbel, Schmuck, Textilien u. a.
Studierte vor dem Ersten Weltkrieg an der Münchner Kunstgewerbeschule als Schülerin von F. Widnmann und A. Niemeyer. Danach entwarf sie vor allem Tapeten für die Deutschen Werkstätten und die Firma Erismann & Co., Breisach, sowie Textilien, die u. a. von Wilhelm Vogel, Chemnitz, ausgeführt wurden. 1918 Gründung eines Porzellan- und Glasmalereibetriebes. Nach ihrer Heirat mit dem Kaufmann Ernst Neeb (27.3.1923) Übersiedlung nach Hessen; dort ca. 1932 Neugründung der »Seyfried-Werkstätte, Ernst Neeb – Werkstätte für künstlerische Glasveredelung« (bis 1961).
Lit. u. a.: Wichmann Hans, Aufbruch zum neuen Wohnen. Basel/Stuttgart 1978, 395-396 [dort weit. Lit.] – Zühlsdorff Dieter, Markenlexikon. Porzellan und Keramik 1885-1935. Bd. 1 (Europa). Stuttgart [1989], 569.

Ivan da Silva Bruhns   S. *14, 120*, 152-153

5.1.1881 Paris – 17.10.1980 Antibes
Dekorationsmaler, Entwerfer von Tapisserien
Als Sohn brasilianischer Eltern wuchs er in Frankreich auf, studierte Biologie, Medizin und später Kunst. Seit 1919 eigene Teppichweberei in Paris, ab 1925 eigene Galerie. Zahlreiche Aufträge für repräsentative Inneneinrichtungen, u. a. für Botschaften, den Palast des Maharadscha von Indore und mehrere französische Luxusdampfer. Nach dem Zweiten Weltkrieg widmete er sich wieder völlig der Malerei. Seit 1907 Teilnahme am Salons d'Automne u. a. Ausstellungen. 1925 Grand Prix bei der »Exposition Internationale des Arts Décoratifs et Industriels Modernes« in Paris.
Lit. u. a.: Vollmer Hans, Allgemeines Lexikon der bildenden Künstler des 20. Jahrhunderts. Bd. 4. Leipzig 1958, 282 [dort weit. Lit.] – Fanelli Giovanni u. Rosalia, Il tessuto moderno. Florenz 1976, 160, 196, 201, 203, Abb. 673, 674. – [Kat.] Sammlung Bröhan. Bd. 3. Kunst der 20er und 30er Jahre. Berlin 1985, 108, Abb. 105/106 [dort weit. Lit.].

Finn Sködt   S. *228*, 311, 314

23.1.1944 Aarhus/Dänemark
Maler, Grafiker, Entwerfer, Dozent
1965 Ausbildung als Lithograph. Besuch der Kunstakademie in Jütland (1966) und der Hochschule für Graphik in Kopenhagen (1966-68). Gastlehrer an der Kunsthandwerkerschule in Kolding, an der Architekturschule in Aarhus, an der Hochschule für angewandte Kunst in Kopenhagen und an der dortigen Hochschule für Graphik. Neben freier Kunst Entwürfe für Plakate, Textilien und Keramik. Zahlreiche Ausstellungen in Europa, USA, Japan. Seit 1977 Textilentwürfe für Kvadrat.

Max Snischek   S. *14, 118*, 146-147

24.8.1891 Dürnkraut/Niederösterreich – 17.11.1968 Hinterbrühl/Niederösterreich
Gebrauchsgraphiker, Entwerfer, Dozent
1912-14 Studium an der Kunstgewerbeschule Wien. Mitarbeiter am Mappenwerk »Die Mode« 1914/15. Leitete nach E. Wimmers Ausscheiden aus der Wiener Werkstätte ab 1922 deren Modeabteilung. Danach Lehrer an der Modeschule in München. Mitglied des Österreichischen Werkbundes. Entwarf für die Wiener Werkstätte u. a. Stoffe, Spitzen, Tülldecken, Kleider, Email, Schmuck und Tapeten.
Lit. u. a.: Schweiger Werner Joseph, Wiener Werkstätte. Kunst und Handwerk 1903-1932. Wien 1982, 268 – Wichmann Hans, Industrial Design. Unikate. Serienerzeugnisse. Die Neue Sammlung. Ein neuer Museumstyp des 20. Jahrhunderts. München 1985, 516.

Anton Stankowski   S. *225*, 260

18.6.1906 Gelsenkirchen – lebt in Stuttgart
Maler, Graphiker, Designer, Professor
Ausbildung als Graphiker an der Folkwang Schule Essen bei Professor Buchartz. Seit 1929 Mitarbeit in der Werbeagentur Dalang in Zürich. Selbständiger Graphiker in Stuttgart ab 1937. Gastdozent an der Abtei-

lung für visuelle Kommunikation der Hochschule für Gestaltung Ulm (1964). Vorsitzender des Ausschusses für visuelle Gestaltung der XX. Olympischen Spiele, München 1972. Einzelausstellungen in Deutschland, USA und Kanada. Zahlreiche Auszeichnungen für graphische Gestaltung und Design. Stankowski beschäftigte sich u. a. mit Photographie, Typographie und Textilentwurf.
Lit. u. a.: Vollmer Hans, Allgemeines Lexikon der bildenden Künstler des 20. Jahrhunderts. Bd. 4. Leipzig 1958, 342 [dort weit. Lit.] – Amstutz Walter (Hrsg.), Who's Who in Graphic Art. Bd. 2. Dübendorf 1982, 296, 872 [dort weit. Lit.].

Erika Steinmeyer   S. *15, 226*, 267

15.5.1923 Zagreb – lebt in Nürnberg
Gobelinentwerferin, Restauratorin
Kindheit und Schulzeit in Wien. Nach 1945 Beschäftigung mit Architektur und Mode. Besuch der Modefachschule in Frankfurt/Main; Zeichenstudien. 1962 Eintritt in die Gobelinmanufaktur Nürnberg und Beginn der Ausbildung. 1965-71 künstlerische Leiterin der Nürnberger Gobelinmanufaktur. Seit 1968 wiederholt Aufenthalte in Bolivien. Ab 1971 freiberuflich in Nürnberg tätig. Ihre Arbeiten – vor allem der 70er Jahre – wurden durch die südamerikanische Landschaft und präkolumbische Architektur angeregt.
Lit. u. a.: Mrazek Wilhelm, [Kat. Ausst.] Südamerikanische Impressionen. Wandteppiche aus Bolivien von Erika Steinmeyer. Wien 1974.

Diethard Stelzl   S. 318

1.10.1942 Neuhaus/Neubistritz – lebt in Eislingen
Unternehmer, Dr. oec. publ., Textildesigner
Studium der Volkswirtschaftslehre 1962-68 an der Universität München, dort bis 1970 Promotion zum Dr. oec. publ. Danach Eintritt in das elterliche Unternehmen, die Möbelstoffweberei Albrecht & Stelzl. Seit 1982 geschäftsführender Gesellschafter der aste-Möbelstoffweberei als Nachfolgerfirma. Textilentwürfe seit 1984, die durch zahlreiche Design-Preise ausgezeichnet wurden, u. a. Bundespreis Gute Form 1985/86.

Gunta Stölzl   S. *14, 120*, 156-157, 186-187

5.3.1897 München – 22.4.1983 Küsnacht/Schweiz
Textilentwerferin, Weberin
Studierte 1914-16 bei Engels, Blain und Popp und 1919 ein weiteres Semester an der Kunstgewerbeschule, München. 1919 Übersiedlung nach Weimar. Dort nach einem Probesemester bei Johannes Itten 1920 in das Bauhaus aufgenommen und erste textile Arbeiten. 1921 Unterricht bei Paul Klee und Zusammenarbeit mit Marcel Breuer. 1922/23 Gesellenprüfung als Weberin; nach dem Umzug des Bauhauses nach Dessau 1925/26 Werkmeisterin der Webereiabteilung, deren Gesamtleitung sie 1927 übernahm. 1929-36 mit Arieh Sharon und ab 1942 mit dem Schweizer Schriftsteller Willy Stadler verheiratet. 1931 Beteiligung an der Ausstellung »Moderne Wandbehänge und Lederarbeiten« am Staatlichen Kunstgewerbemuseum in Dresden. Schied im gleichen Jahr als Leiterin der Bauhaus-Weberei aus und gründete mit G. Preiswerk und H.-O. Hürlimann die Handweberei S-P-H-Stoffe in Zürich, die 1933 aus wirtschaftlichen Gründen wieder aufgelöst wurde. War ab 1932 Mitglied des Schweizer Werkbundes. 1937-67 besaß sie eine eigene Werkstatt »Sh-Stoffe Handweberei Flora«. 1939 Beteiligung an der Schweizer Landesausstellung »Wohnen-Möbelindustrie«. 1976/77 Einzelausstellung im Bauhausarchiv. Arbeiten von ihr werden u. a. im Museum of Modern Art, New York, und im Victoria and Albert Museum, London, bewahrt.
Lit. u. a.: Wingler Hans Maria, Das Bauhaus. Bramsche 1962 – Künstler Lexikon der Schweiz, XX. Jahrhundert, Bd. 2. Frauenfeld 1967 – Wichmann Hans, Industrial Design. Unikate. Serienerzeugnisse. Die Neue Sammlung. Ein neuer Museumstyp des 20. Jahrhunderts. München 1985, 517 [dort weit. Lit.] – [Kat. Ausst.] Gunta Stölzl. Weberei am Bauhaus und aus eigener Werkstatt. Bauhaus Archiv. Berlin 1987 [dort weit. Lit.] – [Kat. Ausst.] Frauen im Design. Berufsbilder und Lebenswege seit 1900. Design Center. Stuttgart 1989, 228-233.

Carl Strathmann   S. *13, 24*, 76-77

11.9.1866 Düsseldorf – 1931 München
Maler, Entwerfer für Textilien und Ornamente
Studierte 1882-86 Malerei an der Düsseldorfer Kunstakademie und war anschließend bis 1889 bei Leopold von Kalckreuth an der Kunstschule Weimar. Anfang der 1890er Jahre kam er nach München, wo er 1894 Mitglied der »Freien Vereinigung« – einer Splittergruppe der Münchner Secession – wurde, der u. a. Peter Behrens, Lovis Corinth, Otto Eckmann, Julius Exter, Th. Th. Heine angehörten. Arbeitete für die Zeitschriften »Jugend«, »Fliegende Blätter« und »Pan«. In Ateliergemeinschaft mit Adelbert Niemeyer intensivierte er um 1900 sein kunsthandwerkliches Engagement und entwarf u. a. Stoffmuster, Tapeten, Theatervorhänge und Teppiche. Charakteristisch für sein Schaffen sind ornamentale Muster von Kleinteiligkeit und hohem Motivreichtum, die oftmals die Fläche teppichhaft überziehen.
Lit. u. a.: Hiesinger Kathryn Bloom (Hrsg.), [Kat. Ausst.] Die Meister des Münchner Jugendstils. Philadelphia Museum of Art. München 1988, 158 [dort weit. Lit.].

J. Strobel   S. 64

Stammte wohl aus der Familie des Erfinders, Velociped- und Nähmaschinenfabrikanten Jean Strobel (1855-1914), München. Schülerin von A. Niemeyer an der Münchner Kunstgewerbeschule. Entwarf im ersten Jahrzehnt des 20. Jahrhunderts Dekorationsstoffe für die Deutschen Werkstätten, München.

Franz von Stuck   S. *13*, 90

23.2.1863 Tettenweis/Niederbayern – 30.8.1928 München
Maler, Grafiker, Bildhauer, Architekt, Entwerfer, Professor
1878-81 Studium an der Kunstgewerbeschule sowie am Polytechnikum und 1881-85 an der Akademie in München, seit 1885 bei Lindenschmit und Löfftz. Mitarbeit in den frühen Jahren bei den Zeitschriften »Die Fliegenden Blätter«, »Pan« und »Die Jugend«. Zusammen mit Fritz von Uhde, Bruno Piglhein und Heinrich Zügel Begründer der Münchner Sezession 1892. Ab 1895 als Nachfolger Lindenschmits Professur an der Akademie. 1897-98 Bau der Villa Stuck, München. 1900 Teilnahme an der Pariser Weltausstellung, bei der Möbel aus der Villa Stuck ausgezeichnet wurden. Entwürfe für Kunsthandwerk, u. a. Textilien.
Lit. u. a.: Wichmann Siegfried, [Kat. Ausst.] München 1869-1958. Aufbruch zur Modernen Kunst. Rekonstruktion der ersten internationalen Kunstausstellung 1869. Haus der Kunst. München 1958, 245-248 – Voss Heinrich, Franz von Stuck, 1863-1928. München 1973 – Hiesinger Kathryn B. (Hrsg.), [Kat. Ausst.] Die Meister des Münchner Jugendstils. Philadelphia Museum of Art. München 1988, 160-161 [dort weit. Lit.].

Inez Svensson   S. 293-294, 311

1932 Schweden
Textilentwerferin
Ausbildung an der Anders Beckmans Skola in Stockholm und dem Chicago Art Institute. 1957-71 künstlerische Leiterin bei Borås Wäferi. Seit 1970 Mitglied der »10-Gruppen« (Zusammenschluß von 10 unabhängigen schwedischen Textildesignern). 1974-78 Entwürfe für die Textilindustrie in Pakistan.
Lit. u. a.: Boman Monica (Hrsg.), Design in Sweden. The Swedish Institute. Stockholm 1985, 65, 140.

Gisela Thiele   S. 254, 256

2.5.1924 Riethagen
Textilentwerferin
Als Textilentwerferin u. a. für die Stuttgarter Gardinen GmbH tätig.

Helga Tuchtfeldt   S. 223, 254

2.6.1929 Lübeck – lebt in Hamburg
Textilentwerferin
Studierte 1955-58 in der Abteilung Textilentwurf, Klasse Weberei, an der Werkkunstschule Hannover.

Giulio Turcato   S. *227*, 302-303

16.3.1912 Mantua – lebt in Rom
Maler, Entwerfer
Kunststudium in Venedig. Zählt zu den Malern der italienischen Nachkriegsavantgarde und vertritt bis heute einen abstrakten Symbolismus. Initiator und Mitglied wichtiger Kunstbewegungen wie »Forma 1«, »Fronte Nuovo delle Arti«, »Gruppo degli otto pittori italiani«. In den achtziger Jahren auch Entwürfe für Textilien.
Lit. u. a.: Vollmer Hans, Allgemeines Lexikon der bildenden Künstler des 20. Jahrhunderts. Bd. 4. Leipzig 1958, 482-483 [dort weit. Lit.] – [Kat. Mus.] Staatsgalerie moderner Kunst. München 1987, 206.

Nob und Non Utsumi   S. *226*, 281

1945 Shizuoka/Japan – lebt in New York
1944 Kyoto/Japan – lebt in New York
Textilentwerfer, Graphiker, Dozenten
Designausbildung in Japan. 1970 Übersiedlung nach New York und dort als Textilentwerfer für renommierte Firmen, u. a. Knoll International tätig. Seit 1975 selbständige Arbeiten auch im graphischen Bereich für Auftraggeber in den USA, Japan und Europa. Lehrtätigkeit an den Akademien von Stanford und Cranbrook.
Lit. u. a.: Larrabee Eric u. Massimo Vignelli, Knoll Design. New York 1981, 104 – Wichmann Hans, Industrial Design. Unikate. Serienerzeugnisse. Die Neue Sammlung. Ein neuer Museumstyp des 20. Jahrhunderts. München 1985, 519.

Henry van de Velde   S. *13, 24, 25, 26, 27, 49-50*

3.4.1863 Antwerpen – 27.10.1957 Zürich
Maler, Graphiker, Architekt, Innenarchitekt, Entwerfer, Dozent
Studierte Malerei und wechselte 1890 unter dem Einfluß von W. Morris zu Architektur und Kunsthandwerk über. Entwarf zahlreiche Inneneinrichtungen, u. a. für »L'Art Nouveau« von S. Bing in Paris (1896) und für das von ihm gebaute Karl-Ernst-Osthaus Museum in Hagen (1898-1902). Seit der Jahrhundertwende auch Entwürfe für Reformkleider, Möbelbezugsstoffe und andere Textilien. 1906-14 Aufbau und Leitung der Kunstgewerblichen Lehranstalten in Weimar. Gründungsmitglied des Deutschen Werkbundes 1907. Baute 1914 das Theater der Deutschen Werkbundausstellung in Köln. 1925 gründete er in belgischem Auftrag das »Institut Supérieur d'Architecture et des Art Décoratifs«. 1937 und 1939-40 Entwurf der belgischen Pavillons der Weltausstellung. Verfaßte u. a. theoretische Schriften über Textilien.
Lit. u. a.: Vollmer Hans, Allgemeines Lexikon der bildenden Künstler des 20. Jahrhunderts. Bd. 5. Leipzig 1961, 19-20 [dort weit. Lit.] – [Kat. Ausst.] Henry van de Velde. Gebrauchsgraphik, Buchgestaltung, Textilentwurf. Karl-Ernst-Osthaus Museum. Hagen 1963 – Fanelli Giovanni u. Rosalia, Il tessuto moderno. Florenz 1976, 73, 80 – Wichmann Hans, Industrial Design, Unikate, Serienerzeugnisse. Die Neue Sammlung. Ein neuer Museumstyp des 20. Jahrhunderts. München 1985, 519 [dort weit. Lit.].

Sigmund von Weech   S. *14, 120*, 128, 152, 174-175, 198-199, 214-215, 219-220

16.5.1888 Landsberg/Lech – 27.10.1982 München
Grafiker, Entwerfer, Dozent
Architekturstudium an der Technischen Hochschule München und Besuch der dortigen Kunstgewerbeschule. 1912 Assistent und später Dozent an der Architekturabteilung der Technischen Hochschule, gleichzeitig graphische Tätigkeit. Nach dem Aufbau einer eigenen Handweberei in Schaftlach (1920) gründete Sigmund von Weech eine Werkstatt für Marmormosaik und Scagliolatechnik. 1931-43 Leiter der Höheren Fachschule für Textil- und Bekleidungsindustrie in Berlin. Mehrere Aufenthalte in Japan. 1948 Einrichtung eines Ateliers in München. Zahlreiche Entwürfe für Dekorationsstoffe (u. a. für Pausa AG), Teppichmuster, Firmenzeichen, Briefmarken, Münzen etc.
Lit. u. a.: Hölscher Eberhard, Sigmund von Weech.

Entwürfe, Graphik, Textilien (Werkstattbericht des Kunstdienstes, 14). Berlin 1941 – Sigmund von Weech. 50 Jahre Entwerfer: Tapeten-Zeitung 69, 1960, Nr. 20, 8-9 – Vollmer Hans, Allgemeines Lexikon der bildenden Künstler des 20. Jahrhunderts. Bd. 5. Leipzig 1961, 94 [dort weit. Lit.] – Thiel Helmut, Sigmund von Weech: Porträt eines bayerischen Briefmarkenkünstlers: Archiv für Postgeschichte 1973, Nr. 1, 28-32.

Emil Rudolf Weiß   S. *24*, 106-107

12.10.1875 Lahr – 7.11.1942 Meersburg a. Bodensee
Maler, Graphiker, Schriftsteller, Entwerfer u. a. von Textilien, Professor
Nach Studium in Karlsruhe 1893/99 und 1901, Stuttgart und Paris war er 1903-06 in Hagen tätig, u. a. für K. E. Osthaus. Anschließend Professur an den Vereinigten Staatsschulen für freie und angewandte Kunst, Berlin. Seit 1933 lebte er im Ruhestand in Freiburg i. B.
Weiß war für die deutsche Buchkunst von hoher Bedeutung, u. a. entwickelte er mehrere Schrifttypen, so die Weiß-Antiqua und -Fraktur, und gestaltete Buchschmuck bei engagierten Verlagen wie Eugen Diederichs und Insel. Neben Graphiken, freier Malerei und dekorativen Wandmalereien (Musiksaal, ehem. Folkswang-Museum, Hagen 1906; Festsaal des »Gelben Hauses«, Werkbund-Ausstellung, Köln 1914; Wandbilder für Dampfer des Norddeutschen Lloyd, 1912/24) entwarf er den »Hagener Raum« der 3. Deutschen Kunstgewerbe-Ausstellung, Dresden 1906, Vasen, Porzellan und Textilien, vorwiegend Jacquardstoffe für Wandbespannungen (ausgeführt durch die Vereinigten Werkstätten, München).
Lit. u. a.: Thieme U., F. Becker u. H. Vollmer, Allgemeines Lexikon der bildenden Künste. Bd. 35. Leipzig 1942, 325-326 [dort weit. Lit.] – Vollmer Hans, Allgemeines Lexikon der bildenden Künstler des 20. Jahrhunderts. Bd. 5. Leipzig 1961, 103 [dort weit. Lit.] – Schauer Georg Kurt (Hrsg.), Internationale Buchkunst im 19. und 20. Jahrhundert. Ravensburg 1965, 323-326.

Paul Wenz   S. *26*, 91

16.5.1875 Großhesselohe b. München – 21.3.1965 Icking
Architekt, Entwerfer
Nach Architekturstudium in München und Berlin Assistent bei Gabriel von Seidl, später bei August von Thiersch in München. Seit 1903 eigenes Architekturbüro, 1913-15 in Berlin tätig. Nach dem Ersten Weltkrieg Aufbau eines neuen Büros in München, das er bis 1955 leitete. Wohl angeregt durch seine Frau, die Entwerferin und Illustratorin Else Wenz-Viëtor, konzipierte er auch Entwürfe für Möbel und Textilien.

Else Wenz-Viëtor   S. *14, 119*, 144

30.4.1882 Sohrau/Niederlausitz – 29.5.1973 Icking
Malerin, Illustratorin, Entwerferin u. a. von Textilien, Glas und Möbeln
Ab 1901 Ausbildung an der Kunstgewerbeschule in München, daneben Privatunterricht bei A. Jank, H. Knirr, und J. Leonhard. Seit etwa 1902/03 selbständige Tätigkeit, vor allem Illustrationsaufträge. Ab 1907 Mitarbeiterin der Deutschen Werkstätten als Entwerferin von Raumausstattungen und Geräten (Möbel, Textilien, Lampen, Gläser etc.). Teilnahme an zahlreichen Ausstellungen. Am bekanntesten wurde Else Wenz-Viëtor durch ihre Kinderbuchillustrationen.
Lit. u. a.: Vollmer Hans, Lexikon der bildenden Künstler des 20. Jahrhunderts. Bd. 5. Leipzig 1961, 112 [dort weit. Lit.] – Wichmann Hans, Aufbruch zum neuen Wohnen, Basel/Stuttgart 1978, 400 [dort weit. Lit.].

Woty Werner   S. *15, 224*, 240-241

27.11.1903 Berlin – 1971
Malerin, Weberin, Entwerferin
1919-26 Studium der Malerei in Berlin und München, 1926-30 Studienaufenthalte in Paris und München. Seit 1931 mit dem Maler Theodor Werner verheiratet, lebte sie 1931-36 in Paris, anschließend in Pots-

dam und wandte sich dort nach Besuch der Fachschule für Weberei von der Malerei zur Bildweberei. Sie arbeitete nicht nach Kartons, sondern entwarf unmittelbar am Webstuhl, anfangs gegenständlich, später abstrakt. 1945-59 Wohnsitz in Berlin, danach in München. Zahlreiche Ausstellungen im In- und Ausland; u. a. ausgezeichnet mit dem Ehrendiplom der Mailänder Triennale 1954.
Lit. u. a.: [Kat. Ausst.] Woty Werner. Kestner-Gesellschaft Hannover. Museum für Kunst und Gewerbe. Hamburg 1960 – Vollmer Hans, Allgemeines Lexikon der bildenden Künstler des 20. Jahrhunderts. Bd. 5. Leipzig 1961, 115-116 [dort weit. Lit.] – [Kat. Ausst.] Wandteppiche. Bayerische Akademie der Schönen Künste. Die Neue Sammlung. München 1961 – [Kat. Ausst.] Bildwirkereien von Woty Werner. Die Neue Sammlung. München 1964.

Wolfgang von Wersin   S. *14, 119,* 150, 160-161

3. 12. 1882 Prag – 13. 6. 1976 Bad Ischl
Architekt, Entwerfer, Dozent
Studium der Architektur in Prag und 1901 in München. 1902-05 war er Schüler von H. Obrist und dem Maler W. von Debschitz in den Lehr- und Versuchsateliers für Freie und Angewandte Kunst in München. Dort 1907-08 als Lehrer für zeichnerisches Naturstudium und Modellieren tätig. Ab 1912 künstlerische Mitarbeit bei den Deutschen Werkstätten mit der Entwicklung von Zinngefäßen und venezianischen Gläsern, später (vor allem in den zwanziger und dreißiger Jahren) von Möbeln, Keramik und Glasgefäßen, Stoffen, Teppichen etc. 1925-29 Beteiligung am Aufbau der »Neuen Sammlung« in München. Anschließend übernahm er ihre Leitung und war bis 1934 für 22 Ausstellungen verantwortlich. Weitere Ausstellungsvorhaben in München, Dresden und Linz. 1948-63 Lehrtätigkeit in Linz.
Lit. u. a.: Wichmann Hans, Aufbruch zum neuen Wohnen. Basel/Stuttgart 1978, 400 [dort weit. Lit.] – [Kat. Ausst.] Wolfgang von Wersin (1882-1976). Gestaltung und Produktentwicklung. Die Neue Sammlung. Stadtmuseum. Linz 1984 [dort weit. Lit.] – Wichmann Hans, Industrial Design. Unikate. Serienerzeugnisse. Die Neue Sammlung. Ein neuer Museumstyp des 20. Jahrhunderts. München 1985, 37 ff., 520 f. [dort weit. Lit.] – Hiesinger Kathryn Bloom (Hrsg.), [Kat. Ausst.] Die Meister des Münchner Jugendstils. Philadelphia Museum of Art. München 1988, 166.

Franz Wiedel   S. 150

Entwarf in den zwanziger Jahren Dekorationsstoffe für die Deutschen Werkstätten und war in der von den Deutschen Werkstätten herausgegebenen Tapetenkollektion »NDK« Ende der zwanziger Jahre vertreten.
Erwähnt u. a.: Wichmann Hans, Aufbruch zum neuen Wohnen. Basel/Stuttgart 1978, 401 [dort weit. Lit.].

R. R. Wieland   S. 234, 242

War in den fünfziger Jahren freischaffend als Entwurfszeichner von Textilien, u. a. für die Firma Thorey in Mering, tätig.

Mechtild Wierer   S. 273

1933 – lebt in München und Paris
Entwerferin
Studierte an der Hochschule für angewandte Kunst in Wien und legte in Berlin die Meisterprüfung ab. Fortbildung an der Académie des Art Décoratifs Paris, Abteilung Theaterdekoration und Kostüm. Arbeitete als Modellistin in verschiedenen DOB-Firmen Berlins wie auch in einem Pariser Haute-Couture-Haus. Zahlreiche Forschungsaufträge innerhalb der Textil- und Bekleidungsindustrie. In den letzten Jahren als Designerin vor allem für Farben, Textilien und Entwurfsschnitte tätig.
Lit. u. a.: Wichmann Hans, Industrial Design. Unikate. Serienerzeugnisse. Die Neue Sammlung. Ein neuer Museumstyp des 20. Jahrhunderts. München 1985, 521.

Vally (Valerie) Wieselthier   S. *14, 118,* 124-125

25. 5. 1895 Wien – 1. 9. 1945 New York
Keramikerin, Grafikerin, Entwerferin für Glas, Textilien etc.
Besuch der Kunstschule für Frauen und Mädchen, Wien. 1914-20 Studium an der dortigen Kunstgewerbeschule, u. a. bei K. Moser und J. Hoffmann. Als Mitglied der Wiener Werkstätte Entwürfe für Keramik, Glas, Gebrauchsgraphik, Tapeten, Stoffe etc. Teilnahme an zahlreichen Ausstellungen in München, Paris, Den Haag und Wien. 1929 Übersiedlung in die USA.
Lit. u. a.: Vollmer Hans, Lexikon der bildenden Künstler des 20. Jahrhunderts. Bd. 5. Leipzig 1961, 131 [dort weit. Lit.] – Schweiger Werner Joseph, Wiener Werkstätte. Kunst und Handwerk 1903-1932. Wien 1982, 268-269.

Valentin Witt   S. 110

26. 12. 1869 München – bis 1929 in München nachweisbar
Tapezierer, Möbelfabrikant, Textilentwerfer
Mitglied des Deutschen Werkbundes und kgl. bayer. Hofmöbelfabrikant, dessen Unternehmen Niederlassungen in München und Köln hatte. Entwarf auch Dekorationsstoffe. Beteiligt u. a. an der Werkbund-Ausstellung in Köln 1914 mit Repräsentations- und Speiseräumen.
Erwähnt u. a.: Deutsche Form im Kriegsjahr. Die Ausstellung Köln 1914. Jahrbuch des Deutschen Werkbundes. München 1915, Taf. 59 – [Kat. Ausst.] Der westdeutsche Impuls. Die Deutsche Werkbund-Ausstellung Cöln 1914. Kunstverein. Köln 1984 – Wichmann Hans, Industrial Design. Unikate. Serienerzeugnisse. Die Neue Sammlung. Ein neuer Museumstyp des 20. Jahrhunderts. München 1985, 521.

Willem Eise Witteveen   S. 309

2. 8. 1952 Hengelo/Niederlande
Textilentwerfer
Ausbildung an der Akademie Industriele Vormgeving (Akademie für industrielle Formgebung) in Eindhoven, Studiengang Textilentwurf. Von 1977 bis 1982 als Designer bei N. V. Brabantse Textielmy. »Artex«, Aarle Rixtel/Niederlande, seit 1982 für Weverij de Ploeg, Bergeyk, tätig.

Käthe Lore Zschweigert   S. 106

6. 12. 1884 Roßwein/Leipzig (geb. Stelzner)
Textilentwerferin
Einheirat in eine in Plauen/Vogtland ansässige Textilindustriellen-Familie. Vom 1. 11. 1909 bis 8. 8. 1910 Aufenthalt in München als Schülerin an der Kunstgewerbeschule; danach Rückkehr nach Plauen. Entwarf um 1912 Dekorationsstoffe für die Deutschen Werkstätten, die Beeinflussung durch A. Niemeyer zeigen.

Historie und Register der Werkstätten und Firmen

Adler-Textil GmbH, Hamburg (»ATEHA«), Deutschland S. 130-131, 143

Das Unternehmen fertigte in den zwanziger Jahren vorwiegend Druckstoffe nach Entwurf von Friedrich Adler, der industrielle Herstellungsverfahren auf der Basis von Batiktechniken entwickelte. Modeln für Reservedruck wurden von Adler selbst montiert, später von Naum Slutzky, der nach seiner Bauhaustätigkeit ab 1924 bei ATEHA angestellt war.
Entwerfer: *F. Adler.*

De Angelis Srl, Mailand, Italien S. 302-303

Das 1976 gegründete Textilunternehmen ist auf Stoffe des Inneneinrichtungsbedarfs spezialisiert; daneben werden u. a. auch Tapeten, Möbel und Lampen vertrieben. Die Firma arbeitet bei Entwurf, Produktion und Vertrieb mit der Marktex Palmiotta & Co. KG, Kronberg, Deutschland, zusammen.
Entwerfer u. a.: *G. Turcato.*

Enzo degli Angiuoni S. p. A., Birago di Lentate (Mailand), Italien S. 325

Die Firma stellt im wesentlichen Bezugsstoffe für Polstermöbel her. Als Materialien der bedruckten oder in Jacquardtechnik gewebten Textilien finden dominant Baumwolle und Leinen Verwendung.
Entwerfer u. a.: *M. Cappelli.*

Collezione ARBO, Turin, Italien S. 264-265

Das Projekt Arbo entstand 1969 als Markenzeichen von Boschis & C., Turin, einer 1910 als kunstgewerbliche Werkstätte gegründeten Möbelfabrik, die bereits in den vierziger und fünfziger Jahren mit Architekten wie Franco Albini, Carlo Mollino, Carlo Scarpa und Nikolay Diulgheroff sowie dem Studio Gabetti & Isola zusammenarbeitete. ARBO umfaßt Möbel, Teppiche (s. Man. Paracchi, Turin) und Leuchten, die 1969-1972/73 ausschließlich nach Entwürfen des Studios Gabetti & Isola angefertigt und auf zahlreichen Ausstellungen, u. a. Salone del Mobile/Mailand und Eurodomus/Turin, gezeigt wurden.
Entwerfer: *G. Drocco, R. Gabetti, A. Isola, L. Re*
Lit. u. a.: Ferrari Fulvio, Gabetti e Isola. Turin 1986.

Aste, Eislingen/Fils, Deutschland S. 318-319

Der Produktionsschwerpunkt des seit 1976 von Diethard Stelzl als Geschäftsführer geleiteten Unternehmens liegt bei Möbelstoffen, Vorhängen, Bettüberwürfen. Innenausstattung von Luxuslinern und Hotels, z. B. Sheraton, München; Piccadilly, London; Mandarin, Hongkong; Fairmont, San Francisco. Zusammenarbeit u. a. mit Jack Lenor Larsen, ansonsten fertigen eigene Designer Entwürfe für die Firma. 1986 erhielten Entwürfe von Aste den Bundespreis »Gute Form«. 12 Möbelstoffe wurden 1987 durch das Haus Industrieform in Essen als »Design Innovationen 1987« ausgezeichnet.
Entwerfer u. a.: *R. Anton-Moseler, J. L. Larsen, D. Stelzl,* N. Stelzl.

Aubusson, Frankreich S. *15,* 210-211, *224,* 235, 252-253

Seit dem 14. Jahrhundert bestanden Teppichwirkereien – aus Flandern eingeführt – in der französischen Grafschaft Marche, zunächst in Felletin, später auch im benachbarten Aubusson, das seit dem 17. Jahrhundert die Schwesterstadt an Bedeutung übertraf und vor allem bis zur Französischen Revolution prosperierte. 1884 sollte hier die Gründung einer »École nationale d'art décoratif« der Teppichherstellung, die sich auf das Kopieren von Vorlagen des Barock und Rokoko beschränkte, neue Impulse verleihen. Dieselbe Absicht veranlaßte Madame Marie Cuttoli, seit den zwanziger Jahren eine ganze Teppichserie nach Kartons moderner Künstler wie G. Braque, R. Dufy, *F. Léger, P. Picasso,* H. Matisse u. a. in Aubusson fertigen zu lassen. Zu einer tiefgreifenden Neubelebung der Tapisserie kam es jedoch erst seit Ende der dreißiger Jahre, als der Maler *Jean Lurçat* im Auftrag des französischen Staates nach Aubusson übersiedelte und Kartons für die privaten Manufakturen konzi-

pierte; 1940 wurden 20 Tapisserien von Lurçat in Aubusson gewebt. Weitere Maler konnten – z. T. im Auftrag von *Jacques Adnet,* Leiter der Compagnie des Arts Français – gewonnen werden, u. a. A. Derain, M. Gromaire und J. Picart-le-Doux. In den fünfziger und sechziger Jahren erlebte Aubusson eine neue Blüte und entwickelte sich zu einem Treffpunkt der französischen Kunstwelt.
Als ausführende Werkstätten sind u. a. zu nennen die Ateliers Des Borderies, Goubely, Picaud, Pinton Frères und Tabard.
Neben den bereits erwähnten Malern waren entwerferisch tätig u. a.: *H. G. Adam, Y. Agam, H. Arp,* Le Corbusier, *S. Delaunay,* M. Prassinos, V. Vasarély, R. Wogensky.
Lit. u. a.: [Kat. Ausst.] Aubusson-Teppiche aus fünf Jahrhunderten. Kunstgewerbemuseum. Zürich 1942 = Wegleitung Nr. 155 – [Kat. Ausst.] Moderne Aubusson-Teppiche und Sonderausstellung Jean Lurçat. Kunstgewerbemuseum. Zürich 1947 = Wegleitung Nr. 173 – Delaborde Yves, [Kat. Ausst.] Aubusson XX. Jh. Retrospektive der Tapisserien. Orangerie Schloß Charlottenburg. Berlin 1980.

Johann Backhausen & Söhne, Wien S. 48, 52, 62-63, 94

1849 gründeten die Brüder Karl und Johann Backhausen die Firma Karl Backhausen & Co.; bereits vier Jahre später schied Karl Backhausen aus, Umbenennung der Firma in »Johann Backhausen & Söhne«. Der 1871 in Hoheneich bei Gmünd, Niederösterreich, errichtete Fabrikbetrieb besteht noch heute.
Johann Backhausen jr. nahm nach Auslandsaufenthalten (Paris, London) bei seiner Rückkehr nach Wien 1897 Kontakt mit Künstlern der Secession auf und führte ab 1898 vor allem Stoff- und Tapetenentwürfe der Wiener Werkstätte von Wagner, Olbrich, Moser, Hoffmann, Prutscher, Jungnickel und Raimondo d'Aronco aus. Die Serie trug den Namen »Ver Sacrum«, benannt nach der 1898-1903 publizierten Zeitschrift der Wiener Secession.
Der Schwerpunkt der Produktion lag auf Vorhang- und Möbelstoffen, auch Teppichen in Verbindung mit Objekt-Ausstattungen u. a.: Wiener Staatsoper, Parlament, Wiener Rathaus, Burgtheater. Das Produktangebot umfaßt zur Zeit Jugendstilstoffe und -teppiche, Damaste, Brokate, Gobelins nach alten Originalen, Möbel- und Vorhangstoffe sowie Bezugsstoffe für Verkehrsmittel.
Entwerfer u. a.: *J. Hoffmann, E. Lichtblau, K. Moser, R. Oerley, O. Prutscher*
Lit. u. a.: Fanelli Giovanni u. Rosalia, Il tessuto Art Nouveau. Florenz 1986, 194 – [Kat. Firma] Backhausen. Ein Wegbereiter für den Wiener Jugendstil. Wien, o. J.

Handweberei Rudolf Bartholl, Bad Oldesloe, Deutschland S. 252

In der 1949 von Rudolf Bartholl gegründeten Werkstatt entstanden dominant Textilien des Inneneinrichtungsbedarfs, z. B. Vorhangstoffe, Teppiche und Dekken. Neben der Handweberei wurden auch eine Spinnerei und Färberei betrieben. Nach dem Tod des Gründers (1970) von dessen Frau Norah fortgeführt.
Entwerfer: *R. Bartholl.*

Textilwerkstatt im Bauhaus, Weimar-Dessau-Berlin S. *14, 24, 119 f.,* 154-157, 168, 172, 186-193, 206-207, *224*

Die Werkstätte für Weberei ging aus einer sogen. Frauen-Abteilung hervor, die bereits 1919, wohl auf Initiative von Gropius, am Bauhaus eingerichtet worden war. Die künstlerische Aufsicht über diese Abteilung lag zunächst bei Johannes Itten, dem anfänglich alle Werkstätten unterstanden, und ging von 1921 bis 1926 auf Georg Muche über. 1926-31 leitete Gunta Stölzl die Werkstätte, die 1931 von Anni Albers kommissarisch übernommen und ab 1932 bis zur Schließung von Lilly Reich betreut wurde. Als Lehrerin war seit 1919 auch Helene Börner tätig. Nach Umzug des Bauhauses nach Dessau übernahm 1925/26 G. Stölzl diese Funktion, A. Albers kam 1930 zunächst für eine nebenamtliche Tätigkeit hinzu; im Oktober 1931 wurde zudem die ehem. Bauhausschülerin Otti Berger berufen.

Zahlenmäßig gehörte die Textilabteilung zu den am stärksten besuchten Werkstätten, jedoch konnte man zunächst keinen Lehrbrief erwerben. Dies änderte sich mit dem Umzug nach Dessau.
Die Ausbildung unterschied sich anfänglich kaum von anderen Kunstgewerbeschulen, wurde doch die gesamte Palette textiler Arbeiten, insbesondere Applikationen, ausgeführt. Erst Anfang der zwanziger Jahre konzentrierte sich die Ausbildung auf die Weberei. Charakteristisch für die Arbeiten der Textilwerkstätte ist die Verwendung neuer Materialien wie Kunstseide oder Cellophan und die von Itten und Klee beeinflußte Farbgebung.
1925 erfolgte auf Betreiben von Muche der Ankauf von Jacquardwebstühlen; dies stieß jedoch auf Widerstand von Gunta Stölzl, die sich gegen eine stärkere Industrialisierung aussprach. Die Polarisierung zwischen handwerklich hergestelltem Einzelprodukt und »Laboratorien für die Industrie« – personifiziert in G. Stölzl und O. Berger – wird ab etwa 1930 zu Gunsten der Entwürfe für die industrielle Produktion entschieden. Ausführende Firmen waren u. a. van Delden und Polytextil (s. auch dort).
Entwerfer u. a.: *A. Albers, G. Arndt, O. Berger, H. u. K. Rose, G. Stölzl*
Lit. u. a.: Wingler Hans M., Das Bauhaus. Bramsche 1962 – [Kat. Ausst.] Arbeiten aus der Weberei des Bauhauses. Bauhaus Archiv. Darmstadt 1964 – [Kat. Ausst.] 50 Jahre Bauhaus. Kunstgebäude am Schloßplatz. Stuttgart 1968 – [Kat. Ausst.] Bauhaus Archiv. Museum für Gestaltung. Berlin 1984 – [Kat. Ausst.] Experiment Bauhaus. Bauhaus Dessau. Berlin 1988.

Baumann Weberei und Färberei AG, Langenthal, Schweiz   S. *227, 272, 276, 282*

Das 1886 gegründete Unternehmen, das heute den Namen Création Baumann trägt, fertigt vorwiegend Dekorations- und Bezugsstoffe sowie textile Tapeten, die weltweit vertrieben werden. Das firmeninterne Designerteam untersteht der Leitung des Firmeninhabers Jörg Baumann. Zu den Auftraggebern zählten u. a. das Metropolitan Museum New York, die Deutschen und Schweizer Bundesbahnen und der Airport Frankfurt. Die Stoffe des Unternehmens wurden mehrfach ausgezeichnet, u. a. die Stoffe »Scritto« und »Pacco« beim Wettbewerb »Design-Innovationen '88«, Haus Industrieform Essen.
Entwerfer u. a.: *A. Ballinari, A. Aebi, V. Kiefer, U. Lüthi, E. Lundskog, L. Preiswerk, C. Schenk-Hunziker*
Lit. u. a.: Huber Verena, Tradition und Innovation: md (moebel interior design) 1986, H. 8, 64.

Bayerische Textilwerke Bernhard Nepker, Tutzing, Deutschland   S. 138

Die heute noch bestehende Firma nahm 1927 mit Druckstoffen an der Internationalen Kunstgewerbe-Ausstellung in Monza teil. Im Mai 1931 unter der Bezeichnung »Tutzinger Textilwerke« neu gegründet, führt das Unternehmen heute den Namen »Bayerische Textilwerke Lothar Lindemann GmbH« und ist ausschließlich als Textildruckerei tätig.
Entwerfer u. a.: *I. Gräfin von Einsiedel, R. H. Geyer-Raack*
Erwähnt u. a.: [Kat. Ausst.] Deutsches Kunstgewerbe 1927. Mostra Internazionale delle Arti Decorative di Monza. Sezione Germanica. [Berlin 1927], 40.

Handweberei Lisbeth Bissier, Hagnau, Deutschland   S. 245, 255

1929 errichtete Lisbeth Bissier (geb. Hofschneider) im ehemaligen Atelier ihres Mannes Julius Bissier eine Textilwerkstatt. Nach dem Besuch der Textil- und Modeschule Berlin erfolgte 1930/31 ein Ausbau der Handweberei. Bereits in dieser Zeit sandte Lisbeth Bissier Kollektionen zur Messe in Leipzig. 1938/39 Übersiedlung der Weberei nach Hagnau-Bodensee. Dort Eröffnung einer Leinenweberei, ab 1942 auch Damastweberei, daneben Produktion als Unikate gewebter Wandteppiche, seit 1948 auch die geknüpfter oder gewebter größerer Bildteppiche. Ab 1951 auch Knüpfteppiche nach Entwürfen von Julius Bissier. 1960 schloß man die Weberei, und Lisbeth und Julius Bissier siedelten nach Ascona/Tessin über.

Bekannt wurde die Weberei durch die von *Lisbeth Bissier* entworfenen Damaststoffe.
Lit. u. a.: Kircher Ursula, Von Hand gewebt. Eine Entwicklungsgeschichte der Handweberei im 20. Jahrhundert. Marburg 1986, 149-151 m. Abb.

Borås Wäfveri AB, Borås, Schweden   S. 293, 294, 310-311

Die Baumwollindustrie in Borås geht auf das Jahr 1857 zurück, als englische Emigranten dort die Weberei »Viskaholm« gründeten. Diese wurde 1869 von einheimischen Fabrikanten übernommen und 1870 als »Borås Wäfveri AB« registriert. Dem kontinuierlich wachsenden Unternehmen gliederte man 1901 eine Färberei, 1914 eine Spinnerei und 1917 eine Textildruckerei an. Bis in die sechziger Jahre beschränkte sich die Fabrikation dominant auf Grundmaterialien für die weiterverarbeitende Heimtextilien- und Kleiderstoffindustrie. Heute produziert Borås Wäfveri hochwertige Textilien selbst, die weltweit in 17 Ländern vertrieben werden und vielfach Auszeichnungen erhielten.
Entwerfer u. a.: *M. Björk, L. Boije, S. Fristedt, Ch. Holmström, I. Svensson.*

M. van Delden + Co., Gronau/Westfalen, Deutschland   S. 206

1854 trat Mathieu van Delden (1828-1904) in die Firma Jordaan & van Heek ein, übernahm sie im gleichen Jahr und gründete die Mathieu van Delden + Co. Nach dem Tode van Deldens im Jahr 1904 folgten seine Söhne Willem (1858-1921), Jan (1860-1923) und Hermann van Delden (1863-1940) in der Leitung der Firma nach. Ab 1923 traten an ihre Stelle Mathieu van Delden jr. (ein Sohn Willems) und Berhard van Delden (ein Sohn Jans).
Der Schwerpunkt der Produktion lag auf der Verarbeitung von Baumwolle. Die Firma produzierte in den dreißiger Jahren Vorhangstoffe für das *Bauhaus*.
Lit. u. a.: [Kat. Firma] 100 Jahre M. van Delden + Co. 1854-1954. Karlsruhe [1954] – Hans M. Wingler, Das Bauhaus. Bramsche 1962, 184, 192.

Deutsche Farbmöbel AG, München, Deutschland   S. *14, 119,* 150, 166-167, 170-171

Das 1925 als Aktiengesellschaft registrierte Unternehmen – zu den Firmengründern gehörten Viktor von Rauch und Wilhelm Marsmann – bestand bis 1930. Es war auf Erzeugung, Verarbeitung und Vertrieb von künstlerischen Gebrauchsgegenständen, insbesondere von Farbmöbeln und Farbmöbelfurnieren spezialisiert. Die Produktion konzentrierte sich jedoch vor allem auf handgedruckte Stoffe.
Entwerfer: *W. Marsmann, E. Raab, V. von Rauch*
Lit. u. a.: Handbuch der deutschen Aktiengesellschaften, 1925-30.

Deutsche Werkstätten, Dresden, Deutschland   S. 14, *24 f.;* 54-58, 60, 64, 66-73, 76, 82-83, 86, 91, 97-100, 105-106, 108, *118 f.,* 126-127, 137, 139, 144-145, 150, 160-165, 178-179, 208, *223,* 233, 248-249

1898 gründete Karl Schmidt (1. 2. 1873 Zschopau – 6. 11. 1948 Dresden-Hellerau) die »Dresdner Werkstätten für Handwerkskunst« als Tischlerei in Dresden-Laubengast. Der Betrieb zog wegen stetiger Expansion innerhalb kurzer Zeit zweimal um und siedelte sich schließlich 1911 in der Gartenstadt Hellerau (1909-10) an, deren Bebauungsplan Richard Riemerschmid entworfen hatte.
Bereits 1907 schlossen sich die »Werkstätten für Wohnungseinrichtung München« – 1902 von Karl Bertsch gegründet – und die »Dresdner Werkstätten« zu den »Deutschen Werkstätten für Handwerkskunst Dresden und München« mit Produktionszentrum in Dresden zusammen. Durch die Münchner Gruppe stießen Künstler wie A. Niemeyer und W. v. Beckerath zu der Dresdner Gruppe, zu der vor dem Ersten Weltkrieg Mitarbeiter wie L. Gräfin von Geldern-Egmont, K. Groß, O. Gußmann, O. Hem-

pel, M. Junge, die Geschwister Kleinhempel, H. Muthesius, M. H. Baillie Scott zählten. Diese Kette vorzüglicher Künstler riß auch zwischen den Kriegen nicht ab. Zu ihnen gehörten u. a. K. Bertsch, F. A. Breuhaus, J. Hillerbrand, E. und R. Raab, H. Sattler, E. Wenz-Viëtor und W. v. Wersin, die nach dem Zweiten Weltkrieg durch Entwerfer wie H. Magg und F. X. Leitz ergänzt wurden.
Ziel Karl Schmidts war es, Handwerk und Kunst in neuartiger Weise zu verbinden und Raumensembles zu schaffen, die sich aus Möbeln, Textilien, Tapeten, Lampen und Kleingeräten zusammensetzten. Dies machte auch den Aufbau von Textilwerkstätten erforderlich.
Die meisten Stoffe wurden jedoch in Zschopau und Zschopental gefertigt. Nach dem Zweiten Weltkrieg – die Werkstätten in Dresden waren zerstört bzw. enteignet – setzte Walter Heyn die Tradition von Hellerau mit der 1950 wiedergegründeten Fertigungs- sowie Textilgesellschaft DeWeTex in München bzw. Wolfratshausen fort. 1970 übernahm diese Fertigungsgesellschaft der WK-Verband.
Entwerfer u. a.: *M. H. Baillie Scott, O. Baur, K. Bertsch, L. Bertsch-Kampferseck, E. Böhm, L. Erk, R. H. Geyer-Raack, J. Hillerbrand, R. Lisker, A. Niemeyer, T. Parzinger, E. Raab, R. Riemerschmid, H. Sattler, E. J. Schmid, B. Senestréy, C. Strathmann, J. Strobel, P. Wenz, E. Wenz-Viëtor, W. v. Wersin, F. Wiedel, K. L. Zschweigert*
Lit. u. a.: Wichmann Hans, Aufbruch zum neuen Wohnen. Deutsche Werkstätte und WK-Verband 1898-1970. Stuttgart 1978, 14-25 [dort weit. Lit.].

DeWeTex → Deutsche Werkstätten

Ecart International, Paris   S. 129

Das Unternehmen konzentriert sich auf Neuproduktion klassischer Design-Entwürfe von Möbeln und Lampen der 1. Hälfte des 20. Jahrhunderts, so von Michel Dufet, Mallet-Stevens, René Herbst, Michel Frank und Pierre Chareau. Hinzu kommen Neuauflagen von Teppichen nach Entwürfen von *Eileen Gray* sowie die Fertigung gut gestalteter zeitgenössicher Produkte.

Carl Faber und Michael Becker GmbH, Weilheim a. d. Teck, Deutschland   S. 50

Gründung 1837 in Stuttgart; 1860 Errichtung von Produktionsanlagen in Kirchheim a. d. Teck, die 1925 durch eine Jacquardweberei erweitert wurden. 1858 erfolgte ein Zusammenschluß mit der durch Michael Becker in Weilheim a. d. Teck gegründeten Firma Becker zur »Carl Faber und Michael Becker GmbH«, die 1968 wiederum von der Kolb und Schüle AG (gegründet 1760) in Kirchheim als alleiniger Gesellschafterin übernommen wurde. Zwischen 1981 und 1987 Prämierung verschiedener Möbelstoffe durch das Design Center, Stuttgart.
Entwerfer u. a.: *H. J. Otto, B. Pankok.*

Staatliche Höhere Fachschule für Textilindustrie, Münchberg (heute: Fachhochschule Coburg, Abt. Textiltechnik und Gestaltung, Münchberg), Deutschland   S. *224,* 236-237, 244-246, 256, 259, *337,* 342

Die 1854 gegründete Münchberger Webschule sollte zunächst der Förderung und Stärkung der oberfränkischen Heimweberei dienen. Nach einer Phase der Reorganisation erfolgte 1898 die Erhebung zu Staatsschule mit dem Namen »Königliche Höhere Webschule Münchberg«. Zu den Kursen in handwerklicher und mechanischer Weberei kam ab 1906 ein dritter in Maschinenstickerei. 1916 wurde das Staatliche Material- und Warenprüfamt der Schule angegliedert. 1947 nach Zerstörung Wiedereröffnung unter der Leitung von Burkhardt Schilling. Seit 1950 Ausbau der Schule mit eigenen Abteilungen für Spinnerei, Weberei, Wirkerei und Stickerei, Färberei, Druckerei. 1952-60 Aufbau und Leitung der Fachklasse für Textilgestaltung durch Prof. Stephan Eusemann. 1956 Umbenennung in »Staatliche Textilfach- und Ingenieurschule Münchberg«. Die Ingenieur- und Gestaltungsabteilung der Münchberger Textilschule

wurde 1971 als »Abteilung Textiltechnik und Gestaltung Münchberg« an die Fachhochschule Coburg angegliedert.
Entwerfer u.a.: *St. Eusemann*
Lit.u.a.: Leistung durch Nachwuchs. 100 Jahre Staatliche Höhere Fachschule für Textilindustrie. [Münchberg/Bayreuth] 1954 – 125 Jahre Textilausbildungsstätten in Münchberg 1854-1979. [Münchberg] 1979.

Falkensteiner Gardinenweberei und Bleicherei (vorm. Georg Thorey), Mering bei Augsburg, Deutschland S. 234, 238, 240, 242

Die Firma Thorey, zu der auch eine Textildruckerei gehörte, wurde 1883 gegründet. Bei der Pariser Weltausstellung 1900 mit einer Goldmedaille ausgezeichnet. Nach dem Zweiten Weltkrieg Wiederaufbau zunächst in Neuss, 1950 in Mering. Unter dem Namen Thorey Textilveredelung ist das Unternehmen heute spezialisiert u.a. auf Ausrüsten und Färben von Gardinen- und Tischdeckenstoffen, Web- und Wirkwaren aus Baumwolle und Synthetik für Heimtextilien. Die 1978 aufgelöste Abteilung Druckerei fertigte in den fünfziger Jahren u.a. Entwürfe von Richard Riemerschmid, R.R. Wieland, Fa. Rotärmel, Heidenheim, und von Schülerinnen der Werkkunstschule Kassel.
Entwerfer u.a.: *R. Riemerschmid, R.R. Wieland.*

Oy Finlayson AB, Tampere, Finnland S. 326

Das 1820 von James Finlayson gegründete Unternehmen begann 1828 mit der Produktion von Baumwollstoffen. 1934 wurde die Firma Forssa Oy erworben, 1963 und 1973 die Fabriken Vaasan Puuvilla und Porin Puuvilla an Finlayson angegliedert, das seit 1985 zum Asko-Konzern gehört. Die Produkte werden innerhalb Skandinaviens sowie nach England, Frankreich, Österreich und in die Schweiz ausgeführt; darüber hinaus exportiert Finlayson Know-How-Lizenzen für Textildesign nach USA und Japan. Heute fertigt das Unternehmen vorwiegend Garne, Baumwollstoffe, Dekorationsstoffe aus Frottée und Leinen, Flaggen- und synthetische Stoffe sowie Sportbekleidung, u.a. für adidas, head und Puma.
Entwerfer u.a.: *R. Bryk, J. Reinikainen,* L. Rewell, U. Simberg, T. Wirkkala.

William Foxton Ltd., London S. *118,* 132-135, 140

1903 durch William Foxton (gest. 1945) gegründet, einem Gründungsmitglied der 1915 ins Leben gerufenen DIA (Design and Industries Association). Die Firma stellte vor allem bedruckte Möbelbezugsstoffe her. 1940 wurde die Fabrik in London zerstört und von William Foxton vorübergehend in sein Haus nach St. Johns Wood verlegt.
Bedeutende Künstler wie Charles Rennie Mackintosh und seine Frau Margret – zwischen 1915 und 1923 –, Minnie MacLeish, Constance Irving, Gregory Brown sowie C.F.A. Voysey wurden mit Stoffentwürfen beauftragt. Darüber hinaus Zusammenarbeit mit englischen Designern wie u.a. Cecil Millar, Lewis F. Day, Sidney Mawson, Alfred Carpenter, Edgar Pattison und Joseph Doran.
Entwerfer u.a.: *G. Brown, C. Irving, M. MacLeish, T. Sato*
Lit.u.a.: Fanelli Giovanni u. Rosalia, Il tessuto moderno. Florenz 1976, 181, 182, 217 – [Kat.Ausst.] Thirties, British art and design before the war. Hayward Gallery. London 1979, 289 – Parry Linda, Textiles of the Arts and Crafts Movement. London 1988, 89, 128, 134, 135, 150.

Kunstweberei Franz, Bruneck, Südtirol S. 218

Von Josef Franz 1923 in Bruneck als Jacquard-Handweberei gegründet. Danach von den Söhnen Josef und Siegfried Franz übernommen und zu einer mechanischen Jacquardweberei umgewandelt. Der Schwerpunkt der Produktion liegt auf Reinleinen-, Halbleinen- sowie Baumwolltischdecken. Darüber hinaus werden u.a. Tischsets, Läufer, Kissenbezüge und Schürzen hergestellt, sowie Vorhang-, Möbelstoffe und Teppiche. Alle Entwürfe stammen von Mitgliedern der Familie Franz. Ausgezeichnet auf der Internationalen Messe, Tripolis 1938, der X. Triennale, Mailand 1954, der Targa d'Oro MITAM, Mailand 1965.
Entwerfer u.a.: *J. Franz.*

Mechanische Bandweberei Georg Fuchs, Passau, Deutschland S. 104

Das 1985 aufgelöste Familienunternehmen wurde 1862 als Handweberei für schmale Bänder und dünne Gazegewebe gegründet. Georg Fuchs, der Sohn des Gründers, stellte den Betrieb zunächst auf halbmechanische, später mechanische Webstühle und dominant auf die Herstellung von Trachtenborten und breiteren Bändern um. Anregungen für die Muster holte er im 1. Jahrzehnt des 20. Jahrhunderts in Wien. 1912 wurden Erzeugnisse der Firma Georg Fuchs bei der Bayerischen Gewerbeschau in München gezeigt. Unter seinen Nachfolgern verlagerte sich der Produktionsschwerpunkt auf Uniformbändchen und – während des Zweiten Weltkrieges – Verbandsbinden, weiterhin Trachtenborten und später auch auf handgewebte Textilien für den Wohnbereich.
Erwähnt u.a.: Bayerische Gewerbeschau 1912 in München. Amtliche Denkschrift. München 1913, 106.

Fuggerhaus, Augsburg, Deutschland S. *223, 226, 228,* 231, 278-279, 282, 291, 307-308, 314, 316

Gründung 1954 in Augsburg. Der Schwerpunkt der Produktion liegt im Bereich von Gardinen-, Vorhang- und Möbelstoffen, überwiegend aus Naturfasern. Das Fuggerhaus vertreibt darüber hinaus von Ägyptern handgewebte, in Kelimtechnik gefertigte Teppiche und marokkanische, handgeknüpfte Teppiche. 1970-72 u.a. ausgezeichnet mit Goldmedaillen innerhalb der California State Fair. 1986 in der »Deutschen Auswahl«, 1988 in der »Design Auswahl« des Design Center Stuttgart prämiert. Im gleichen Jahr Teilnahme an der Ausstellung »Teppich – Unikate und Serienprodukte, Ergebnisse eines Studiums, Karl Höing« im Design Center Stuttgart mit eigenen Produkten, die von K. Höing entworfen wurden.
Entwerfer u.a.: H. Awatsuji, *W. Bauer,* B. Christoph, B. Doege, K. Dombrowski, B. Dürr, *P. Fornasetti, J. Gandolini, H. de Givenchy, Ch. Häusler-Goltz,* K. Höing, *K. Klein,* I.v. Kruse, *S. Markhoff,* K. Vogelsang.

Galeries Lafayette, Paris s. S. 202-205

Staatlich-Städtische Kunstgewerbeschule Giebichenstein, Werkstätten der Stadt Halle, Deutschland S. *16, 119, 120,* 159, 172

Gründung 1879 als gewerbliche Zeichenschule; 1902 in »Handwerkerschule« umbenannt; ab 1904 auf Anregung von Hermann Muthesius Errichtung von Lehrwerkstätten. 1915 wird Paul Thiersch zum Direktor berufen. Unter seiner Leitung Anpassung der Konzeption an den Stil einer modernen Kunstgewerbeschule. Seit 1918 als »Handwerker- und Kunstgewerbeschule«, seit 1920 als »Werkstätten der Stadt Halle« bezeichnet mit gleichzeitiger Erweiterung des Werkstattangebotes. Ab 1922 Sitz der Werkstätten die Burg Giebichenstein. Neben Stiftungen der Stadt finanzierte sich die Schule, die bis 1933 bestand, durch externe Aufträge.
Die Textilwerkstatt: 1915 Einrichtung des Unterrichtes für kunstgewerbliche Frauenarbeiten als »Fachklasse für Textilarbeiten« unter Leitung von Maria Likarz (Schülerin J. Hoffmanns). 1920 wurde die Leitung der Textilklasse Johanna Schütz-Wolff übertragen; ihre Entwürfe galten als charakteristisch für die Schule. 1925 Berufung der Weberin Benita (Koch-)Otte vom Bauhaus zur Leiterin. Unter ihrer Ägide entstanden u.a. experimentelle Gewebe sowie Knüpfteppiche. Für die Weißenhofsiedlung Stuttgart wurde u.a. die Ausstattung zweier Wohnungen mit Dekora-
tions- und Bezugsstoffen in einem von Peter Behrens konzipierten Haus ausgeführt.
Entwerfer u.a.: *M. Likarz,* B. Koch-Otte, *J. Schütz-Wolff*
Lit.u.a.: Nauhaus Wilhelm, Die Burg Giebichenstein. Geschichte einer deutschen Kunstschule. 1915-1933. Leipzig 1981.

Giesse Springolo S.p.A., Treviso, Italien S. 321

Seit 1829 auf dem Gebiet des Textilhandels in Venezien tätig, gründete die Familie Springolo 1961 in Treviso den Verlag für Heimtextilien »Giesse«, der sich anfangs auf den Import hochwertiger europäischer Stoffe und deren Vertrieb in Italien konzentrierte. Die Eröffnung einer Filiale in Mailand markiert die Erweiterung des Firmenprogramms. Heute erfolgt auch die Herausarbeitung einer eigenständigen Produktlinie, die u.a. unifarbene und bedruckte Leinenware und Jacquardgewebe umfaßt.

Atelier Goubely → Aubusson

Handweberei Hablik-Lindemann, Itzehoe, Deutschland S. 214

Seit 1902 führte Elisabeth Lindemann die Dithmarscher Museumsweberei in Meldorf, die zuvor von dem Weber Frerk geleitet wurde. 1906 zeigte man Arbeiten auf der Dresdner Ausstellung, die z.T. ausgezeichnet wurden. Seit 1907 entwarf der Maler Wenzel Hablik (1881 Brüx/Böhmen – 1934 Itzehoe) vor allem die Stoffe. Durch seine Entwürfe löste moderne Gestaltung die tradiert-volkskundliche Formensprache ab. Seit 1912 war Elisabeth Lindemann Werkbundmitglied und nahm 1914 an der Werkbundausstellung in Köln mit Arbeiten nach Entwürfen Habliks teil. 1917 gründete Elisabeth Hablik-Lindemann mit ihrem Mann die Handweberei-Werkstatt in Itzehoe, die besonders in den zwanziger und dreißiger Jahren florierte. Nach dem Tode Wenzel Habliks 1934 führte die Witwe die Arbeit im Sinne Habliks weiter. Seit 1943 Mitarbeiterin, übernahm 1960 die Tochter Sybille Hablik den Betrieb, der 1964 geschlossen wurde.
Der Produktionsschwerpunkt lag bei Möbel- und Vorhangstoffen, Teppichen, Kissenbezügen sowie Tischdecken.
Entwerfer: *E. Hablik-Lindemann,* W. Hablik
Lit.u.a.: Passarge Walter, Deutsche Werkkunst der Gegenwart. Berlin [ca. 1936], 97-99 m. Abb. – [Kat. Firma] Handweberei Hablik-Lindemann 1902-1952. [Itzehoe] 1952 – Müller Wolfgang J., Besuch in der Handweberei Hablik-Lindemann: Kunst u. Handwerk 1959, H. 1/2 – Kircher Ursula, Von Hand gewebt. Eine Entwicklungsgeschichte der Handweberei im 20. Jahrhundert. Marburg 1986, 121-125 m. Abb.

Hahn und Bach, München, Deutschland S. 59, 61, 68, 84, 137

Die Firma – Mitglied des Deutschen Werkbundes – war bis etwa 1930 sowohl als Handelsunternehmen für Teppiche, Tapeten, Dekorations- und Möbelstoffe als auch als Textilverleger im In- und Ausland tätig. Darüber hinaus betrieb man eine eigene Textildruckerei (Indanthren, Handdruck), die nach firmeninternen Entwürfen und solchen von Adelbert Niemeyer u.a. arbeitete. Ziel der Produktion war es, sich »durch hochwertige, neuzeitliche Musterungen« hervorzuheben.
Entwerfer u.a.: *A. Niemeyer, E. Seyfried*
Lit.u.a.: Innen-Dekoration 1924, Bd.35, 363-365 m. Abb.

Webschule in Harrania, Ägypten S. *15,* 257-258

1952 Gründung der Webschule in der Nähe Kairos durch Ramses Wissa Wassef, Bildhauer und Professor für Architektur an der Universität Kairo, und seine Frau, die Kunsterzieherin Sophie Habib Gorgi. Die Ausbildung von Kindern unterschiedlicher Altersstufen entsprach derjenigen an der Grundschule bis zum 12. Lebensjahr. Jedoch konzentrierte sich der Schwerpunkt der Erziehung auf die Herausbildung von Kreativität und manueller Geschicklichkeit. Dies geschah im Rahmen der Grundsätze, keine Vorlage-Zeichnungen zu verwenden und keine vorgeformten ästhetischen Einflüsse (Museen etc.) von außen einwirken zu lassen. Der daraus resultierende primär textile Charakter der Teppiche bestimmt ihre bildnerische Form; so bestehen ihre Kompositionen z. B. zuweilen aus mehreren, ohne Anwendung der Zentralperspektive übereinandergeordneten Reihen von flächig stilisierten Motiven. Die Ausstattung der Werkstatt folgt traditionellen Gepflogenheiten, d. h. die verwendeten Materialien – Wolle, Flachs – stammen aus heimischer Produktion und werden mit natürlichen, in eigenen Gärten angebauten Substanzen gefärbt. Die Schüler können frei über ihre Arbeitszeit verfügen.

Seit einigen Jahren entstanden im Dorf Harrania und seiner Umgebung mehrere Teppichwebereien, die vom Erfolg Wissa Wassefs profitierten.

Entwerfer u. a.: *S. Ahmed*

Lit. u. a.: Forman W. u. B., Ramses Wissa Wassef, Blumen der Wüste. Ägyptische Kinder weben Bildteppiche. Prag 1961 – [Kat. Ausst.] Primitive Bildwirkereien aus Ägypten. Die Neue Sammlung. München 1962 – [Kat. Ausst.] Das Land am Nil. Bildteppiche aus Harrania. Staatliche Sammlung Ägyptischer Kunst, München. Mainz 1978.

Heal & Son Ltd., London   S. 140-141, *225, 226, 227,* 290, 334

Das Unternehmen zählt seit dem Ende der 1940er Jahre zu den führenden Textilherstellern Englands. Es war in allen wesentlichen Bereichen des Kunstgewerbes und der Möbelproduktion tätig. 1810 von John Harris Heal gegründet, existierte das Warenhaus seit 1840 am gleichen Ort. Nach dem Tode Heals 1933 wurde die Firma von dessen Frau Fanny und ab 1834 zusammen mit ihrem Sohn John Harris Heal jr. weitergeführt, dessen Nachfolge 1876 seine beiden Söhne Harry und Ambrose antraten. Zentrale Gestalt war Ambrose Heal jr. (1872-1959) – seit 1893 Mitglied der Firma –, der als Innenarchitekt vor allem Möbel entwarf und eine wichtige Rolle im englischen Design- und Industrieverband spielte. 1898 erschien der erste Möbelkatalog, gleichzeitig begann die Firma mit dem Verkauf künstlerisch gestalteter Bezugsstoffe. Ab 1941 konzentrierte sich das Unternehmen vor allem auf die Herstellung bedruckter Möbelstoffe. Zusammen mit englischen Firmen wie Allan Walton Textiles, Ascher Silks, Edinburgh Weavers und David Whitehead repräsentiert Heal internationales Niveau.

Entwerfer u. a.: B. Brown, H. Carter, L. Day, H. Spender.

1964 wurde die Firma Heal Textil GmbH in Stuttgart als deutsche Niederlassung der seit 1948 bestehenden Firma Heal Fabrics Ltd. (einer Tochtergesellschaft von Heal & Son) gegründet. Seit der Schließung von Heal Fabrics 1984 ist die deutsche Firma selbständig; 1986 Umbenennung in Oliver Heal Textil GmbH.

Entwerfer für das deutsche Werk u. a.: *W. Bauer,* S. Bowen-Morris, B. Christoph-Haefel, B. Dürr, *Ch. Häusler-Goltz,* P. McCulloch

Lit. u. a.: mobilia 1964, H. 110-111, 2-65 – Kauf vor dem Schultor: md (moebel interior design) 3, 1968, 80-85 – [Kat. Ausst.] 20th Century Printed Textiles. West Surrey College of Art and Design. Birmingham 1980, 12 – Parry Linda, Textiles of the Arts and Crafts Movement. London 1988, 128.

E. Helenius Tekstiilipaino, Aitoo/Tampere, Finnland   S. 286

1960 von Erkki Helenius gegründet, gehört die Textildruckerei seit 1976 als selbständiger Betrieb zu Suomen Trikoo Oy AB, einem der führenden finnischen Textilhersteller. Ab Ende der sechziger Jahre erfolgte die Umstellung von traditionellen Handdruckverfahren auf maschinelle Drucktechniken.

Das Unternehmen entwickelt jährlich ca. 300 neue Muster; die Stoffe finden vorwiegend für Sport-, Freizeit- und Damenbekleidung Verwendung.

Entwerfer u. a.: *A. Airikka-Lammi*

Erwähnt u. a.: [Kat. Ausst.] Finnland gestaltet. Museum für Kunst und Gewerbe, Hamburg. Helsinki 1982, Nr. 87, 88.

Herburger & Rhomberg, Wien   S. 110-111

Das Unternehmen – Mitglied des Österreichischen Werkbundes – stellte u. a. vor dem Ersten Weltkrieg Borten mit geometrischen Musterungen her.
Julius Rhomberg, damaliger Mitinhaber der Firma, stammte aus einer bis ca. 1800 zurückreichenden Textilfabrikantenfamilie. »Herburger & Rhomberg« wurde 1982 aufgelöst.

Erwähnt u. a.: Die Kunst in Industrie und Handel. Jahrbuch des Deutschen Werkbundes 1913. Jena 1913 [s. p.] – Eisler Max, Österreichische Werkkultur. Wien 1916, 249. – Fanelli Giovanni u. Rosalia, Il tessuto Art Nouveau. Florenz 1986, 194.

Staatliche Hochschule für Handwerk und Baukunst, Weimar, Deutschland   S. *16, 119, 120, 158,* 176-177

1925, nach der Übersiedelung des Bauhauses von Weimar nach Dessau erfolgte unter der neuen Leitung des Berliner Architekten Otto Bartnig eine Reorganisation der Weimarer Kunstschule. Sie wurde im April 1926 als Staatliche Hochschule für Handwerk und Baukunst wieder eröffnet und arbeitete im Sinne des Bauhauses bis zu ihrer Auflösung 1930. Die Schule umschloß eine Bauabteilung und Werkstätten, die den Charakter von Lehrwerkstätten besaßen, jedoch auch für den Markt produzierten. Eine Vertriebsabteilung übernahm die Verbindung zum Handel.

In der Webereiwerkstatt wurde der gesamte Produktionsvorgang vom Rohgarn bis hin zum fertigen Verkaufsprodukt gelehrt und praktiziert. Hergestellt wurden einfache Gebrauchsstoffe, aber auch Teppiche in verschiedenen Webetechniken. Ausgeschlossen war die Benutzung von Maschinen.

Der Webereiwerkstatt stand Professor Ewald Dülberg vor. 1926 erfolgte die Anstellung Hedwig Hekkemanns als Webmeisterin, die 1927 und 1928 Leiterin der Weberei und Färberei war.

Entwerfer u. a.: *E. Dülberg, H. Gugg, H. Heckemann*

Lit. u. a.: Staatliche Hochschule Weimar. Aufbau und Ziel. Weimar 1927.

Images/Kaleidos, Venedig, Italien   S. 169

Das 1975 von Gianni Zennari gegründete und zeitweise von Carlo Scarpa beratene Unternehmen stellt Neuauflagen von Entwürfen des klassischen Design her, so u. a. Möbel und Lampen von Eileen Gray, Beschläge von Antonio Gaudi und Teppiche von *Sonja Delaunay, Sophie Täuber-Arp* und *Ivan da Silva Bruhns.* Daneben werden seit 1982 unter dem Namen »Kaleidos« moderne Möbelentwürfe der Gruppe »Speciale«, Bari, ausgeführt.

Intair Internationales Stoffdesign, Hamburg/ Zürich/New York   S. 268

1964 Gründung des Textilverlages Intair durch Claus-Peter Stüvecke in Hamburg. Zunächst Vertrieb von vorwiegend skandinavischen, später von internationalen Dekorationsstoffen. Seit 1969 eigene Druckstoff-Kollektionen, seit 1985 Herstellung von Leuchtstoffen. Neben der Chefdesignerin Barbara Brenner konzipieren junge Designer, häufig in Gemeinschaftsarbeit, Entwürfe für Dekorations-, Möbelbezugs- und Transparentstoffe sowie für Bettwäsche und Tapeten.

Entwerfer u. a.: N. Akteren, H. Altona, *B. Brenner*

Lit. u. a.: Objekt 1985, H. 10, 118-119.

Isa, Busto Arsizio, Italien   S. *223,* 239, 244, 246, 251

1948 durch Luigi Grampa (21. 6. 1915 Busto Arsizio – 16. 4. 1976 Busto Arsizio) gegründet. Zunächst wurden Jacquard- und gefärbte Bezugsstoffe hergestellt. 1950-52 brachte Grampa Kollektionen handbedruckter Stoffe auf den Markt, die meist durch firmenexterne Färbereien bedruckt worden waren. 1956 Gründung der »Manifattura Isa s. r. l.« in Busto Arsizio mit eigenen Produktionsgebäuden. Zwischen 1957 und 1965 prosperierte das Unternehmen in besonderem Maße; Zusammenarbeit mit führenden italienischen Künstlern. 1955 Verleihung des Compasso d'Oro-

Preises, in den folgenden Jahren Teilnahme an Biennalen und Triennalen in Mailand. Seit 1968 begann, vor allem in Folge der schwierigen wirtschaftlichen Situation Italiens, der Rückgang der Firma, die 1980 geschlossen wurde.

Entwerfer u. a.: R. Crippa, S. Dangelo, *G. Dova, L. Fontana,* E. Pagani, *G. Pomodoro,* G. Ponti, *E. Prampolini,* E. Sottsass

Lit. u. a.: Magnesi Pinuccia, Tessuti d'Autore degli anni Cinquanta. Turin 1987, 15.

Jab-Stoffe Josef Anstoetz, Bielefeld, Deutschland   S. 283, 294, 297

1946 in Bielefeld von Josef Anstoetz als Großhandelshaus für Möbel- und Dekorationsstoffe gegründet. Unter seinem Nachfolger Heinz Anstoetz entstand 1956 die Polstermöbelfabrik »Bielefelder Werkstätten«. Neubau der Betriebsstätten 1959/63 in Oldentrup. Das Produktionsprogramm der Firma »Jab« wurde um Transparent-Gardinen, Posamenten und Textil-Tapeten erweitert. 1970 kam mit der Abteilung »Jab Dekorationen« die Fertigung von Maß- und Modellgardinen hinzu. Die Tochterfirma »Jab Teppiche Heinz Anstoetz« wurde 1974 in Herford-Elverdissen gegründet. Das Unternehmen »Jab Stoffe« wandelte sich zu einem der größten Stoffverlage der Welt. Heute umfaßt die Kollektion ca. 1600 Artikel in 12500 Farben. Auszeichnungen der meist nach Werksentwürfen gefertigten Stoffe u. a. durch Haus Industrieform Essen (Design-Innovationen '89) und Design-Center Stuttgart (Design-Auswahl '89).

Entwerfer u. a.: I. Bader, *Ch. Häusler-Goltz.*

Kinnasand AB, Kinna, Schweden   S. *226,* 269, 272, 292-293, 310-311, 322

Das Unternehmen entwickelte sich aus der seit Jahrhunderten traditionell rund um Kinna betriebenen Handweberei mit ihrem Zentrum in Gut Sanden. 1830 faßte man die einzelnen bäuerlichen Kleinwebereien innerhalb einer großen Fabrikorganisation zusammen, für die zeitweise bis zu 2000 Heimarbeiter tätig waren. Nach Einführung der mechanischen Webstühle (gegen 1870) wurde Kinnasand 1873 als Industrieunternehmen registriert. Der Schwerpunkt der heutigen Produktion liegt im Bereich von Textiltapeten und Dekorationsstoffen. Stoffe des Unternehmens wurden u. a. 1979 auf der Paritex mit dem »Grand Prix Maison Française« und durch Aufnahme in die »Deutsche Auswahl 1979« des Design Center Stuttgart ausgezeichnet.

Entwerfer u. a.: *A. Åhall, T. Brolin, I. Dessau,* K. Dombrowski, *G. Marshall,* B. Peterson

Lit. u. a.: Kinnasand Magazin, (Westerstede) 1983, Nr. 1, 15; 1984, Nr. 2, 3-5.

Knoll-International   S. *222, 223, 225, 226,* 260, 274, 276, 281, 300-301, *331, 332 f.*

Im Februar 1947 eröffnete Hans G. Knoll in New York einen Ausstellungsraum, in dem ausschließlich Textilien, vor allem Bezugsstoffe gezeigt wurden. 1951 gründete Knoll das Zweigunternehmen »Knoll International« in Frankreich und Deutschland, zu welchem 1955 Filiationen in Belgien, Kanada, Kuba, der Schweiz und Schweden hinzutraten. Knoll International ist zur Zeit in 30 Ländern der Welt und in 27 Städten Deutschlands vertreten. 1979 wurde Knoll Textilien im Unternehmen Knoll International eine eigenständige Abteilung, deren Leitung Peter Seipelt übernahm.

Entwerfer u. a.: *A. Albers, W. Bauer, Ch. Häusler-Goltz,* E. Harastzy, S. Huguenin, St. Lindberg, *A. Mimoglou, U. (Greiner-)Rhomberg,* B. Rodes, *P. Seipelt,* A. Testa, *N. u. N. Utsumi,* L. Wollner

Lit. u. a.: Deutscher Werkbund (Hrsg.), Made in Germany. Bd. 2. München 1970, 261 – [Kat. Ausst.] Knoll au Louvre. Musée des Arts Décoratifs. Paris 1972 – Larabee Eric u. Massimo Vignelli, Knoll Design. New York 1981.

Kupferoth-Drucke, Poing, Deutschland   S. 310

1956 durch Elsbeth und Heinz-Joachim Kupferoth gegründet, stellte die Firma anfangs u. a. Baumwoll-Uni-

Kollektionen mit für die damalige Zeit ungewöhnlich umfangreichen Farbpaletten von je 120 Kolorits her. Heute umfaßt das Programm den gesamten Bereich der Heimtextilien mit etwa 1500 Produkten und wird weltweit vertrieben. Schwerpunkt der Produktion sind nach wie vor die Dekorationsstoff- und Tapetenentwürfe von *Elsbeth Kupferoth*.

Kvadrat Boligtextiler AS, Ebeltoft, Dänemark   S. *228*, 311, 314, 319

Gründung 1966. Der Produktionsschwerpunkt konzentriert sich auf Textilien für Inneneinrichtung. In Zusammenarbeit mit zahlreichen Webereien und Druckereien im In- und Ausland werden vor allem Möbelbezugsstoffe und Vorhänge produziert. Kvadrat nahm an Ausstellungen und Messen u. a. in Köln, Düsseldorf, Hamburg, Mailand, Venedig, Chicago und Utrecht teil. 1980, 1982, 1986 mit dem »Scandinavian Trade Mart«-Preis, 1983 mit dem »Dansk Design Counsil IG«-Preis, 1987 mit dem Möbel-Preis der Association of Furniture Manufacturers sowie 1988 mit dem »Nykredit's Erhvervspris« ausgezeichnet. Darüber hinaus vertreten im Design Center, Stuttgart, und im Museum für angewandte Kunst, Kopenhagen.
Entwerfer u. a.: *O. Kortzau, R. Littell, F. Sködt*.

Lanerossi, Schio, Italien   S. 320

Gründung 1817 in Schio durch Francesco Rossi. Der Sohn Alessandro führte moderne Technologien ein, sodaß die Weberei über mehrere Jahrzehnte eine führende Position innerhalb des italienischen Marktes innehatte. Der Produktionsschwerpunkt liegt heute im Bereich von Wollstoffen für Decken und Möbelbezüge. Seit 1987 ist Lanerossi Teil der Textilgruppe Marzotto.
Entwerfer u. a.: *F. Albanese*.

Möbelstoffe Langenthal AG, Langenthal, Schweiz   S. 326

1886 wurde die Vorgängerfirma Brand & Baumann in Langenthal gegründet. Friedrich Baumann errichtete 1905 eine eigene Weberei für Haushaltswäsche. Die Produktion von Möbelbezugsstoffen begann 1938, seit 1956 läuft dazu parallel die Herstellung von Geweben für Eisenbahnen. Autobusse und Flugzeuge in der Tochtergesellschaft Weberei Meister AG in Zürich. Heute liegt der Produktionsschwerpunkt im Ausstattungsbereich von Flug- und Fahrzeugen, vor allem bei der Flugzeuginnenausstattung (Langenthal beliefert rund 250 Fluggesellschaften). Die Textilien bestehen zum großen Teil aus reiner Wolle, es werden aber auch synthetische Garne verwendet. Für die Entwürfe zeichnet das firmeninterne Designteam verantwortlich (J. F. Tissot, B. Birkelbach u. a.); daneben Entwerfer wie: M. Bloch, K. Höing, R. Monti.
Lit. u. a.: Schmidt Torben, Möbelstoffe Langenthal: mobilia 1972, Nr. 200, 21-30 – Huber Verena, Tradition und Innovation: md (moebel interior design) 1986, H. 8, 64.

Jack Lenor Larsen Inc., New York   S. *223*, 262-264

Nachdem J. L. Larsen bereits 1950/51 ein erstes Weberei-Atelier in New York City eröffnet hatte, gründete er 1952/53 die Firma Jack Lenor Larsen Inc., deren Aufgaben bei Entwurf, Herstellung und Vertrieb eigener Textilien lagen, die darüber hinaus jedoch auch Aufträge für die Industrie ausführte und -führt. Zunächst auf die maschinelle Herstellung von Stoffen, die einen handgewebten Charakter besaßen, spezialisiert, begann Larsen seit 1953 mit der Entwicklung neuer Materialien und Technologien, u. a. 1953 erste Verwendung von gesponnenem Industrienylon für Siebdrucke, 1958 erste Stoffe für Düsenflugzeuge, 1959 erste Samtdrucke, 1961 erste Spannbezugsstoffe. Seit 1963 Eröffnung der Niederlassungen Jack Lenor Larsen International in Zürich und Stuttgart (1969). 1969-70 Ausstattung von Jets der Fluggesellschaften PanAm und Braniff. 1972 Kauf der Firma Thaibon Fabrics Ltd.; Erweiterung des Unternehmens durch Larsen Carpet und Larsen Leather Division (1973) sowie Larsen Furniture Division

(1976). Die Firma besitzt heute Niederlassungen in 30 Ländern und ist weltweit in zahlreichen Museen vertreten, u. a. im Stedelijk Museum Amsterdam, Kunstindustrietmuseum Copenhagen, Victoria and Albert Museum, London, und Museum of Modern Art, New York.
Entwerfer u. a.: *R. Landis, J. L. Larsen*
Lit. u. a.: [Kat. Ausst.] Jack Lenor Larsen. 30 ans de création textile. Musée des Arts Décoratifs. Paris 1981.

Liberty, London   S. 34, 44, 108-109, *118*

1875 gründete Arthur Lasenby Liberty (14. 10. 1843-11. 5. 1917) das East India House in der Regent Street, London. Zunächst Handel mit japanischen Möbeln, Tapeten, Vorhangstoffen, Wandbespannungen sowie Keramiken, dann mit indischen, chinesischen, javanischen und persischen Waren. Später importierte Liberty nur noch ungefärbte Naturstoffe aus Fernost, um sie, u. a. in Zusammenarbeit mit Thomas Wardle (auch Mitarbeiter von William Morris), mit den sogenannten Liberty-Farben einzufärben. Glaubte im Gegensatz zu William Morris an die Möglichkeit, maschinelle Herstellung in den Dienst künstlerischer Gestaltung stellen zu können, und konnte daher sehr viel preiswerter als »Morris & Co.« produzieren. 1878 Teilnahme an der Weltausstellung in Paris mit in Indien hergestellten, doch von Liberty eingefärbten Stoffen. 1881 Kostüme für Theateraufführungen, u. a. nach Entwürfen von Gilbert für dessen Theaterstück »Patience«. 1883 Eröffnung der »Furnishing and Decoration Studios«. Erste Preise auf der Rational Press Ausstellung in der Kensington Town Hall in London und für die »Lotus«-Kollektion in Amsterdam, beide 1883. In den späten 1880er Jahren verpflichtete Liberty Entwerfer wie C. F. A. Voysey, Arthur Wilcock u. a. für sein Unternehmen. Nach dem Tode A. Liberty's übernahm 1917 sein Neffe Ivor Stewart das Geschäft, das von dessen Sohn Arthur Stewart weitergeführt wurde. Vor dem Ersten Weltkrieg Stoffentwürfe im Art Nouveau-Stil, danach vor allem in den zwanziger Jahren historisierende Rückgriffe auf den sogenannten Tudor- und Queen Anne-Stil. In den fünfziger Jahren wurden u. a. Art Nouveau-Entwürfe sowie die »Lotus«-Kollektion wieder hergestellt.
Entwerfer vor dem Zweiten Weltkrieg u. a.: L. P. Butterfield, S. Mawson, F. Miles, J. Scarratt-Rigby, A. Silver/Silver Studio, C. F. A. Voysey
Lit. u. a.: Adburgham Alison, Liberty's. A biography of a shop. London 1975 – [Kat. Ausst.] Liberts's 1875-1975. Victoria and Albert Museum. London 1975 – Arwas Victor, The Liberty Style. London 1979 – Parry Linda, Textiles of the Arts and Crafts Movement. London 1988, 133, 134.

Martha Lutz, Stuttgart, Deutschland   S. 261

Fertigte u. a. 1968 einen von *Ida Kerkovius* entworfenen Knüpfteppich.

Luciano Marcato Srl, Mailand, Italien S. 322

Die 1962 gegründete Firma ist seit 1978 vorrangig als Textilverlag für Stoffe des Inneneinrichtungsbedarfs in enger Kooperation mit Möbelherstellern und Architekturbüros tätig. Das Produktionsprofil erarbeitet man im internen »Büro für kreative Entwicklung« (Ufficio Tecnico Luciano Marcato), dem seit einiger Zeit auch die Architektin Patrizia Marcato, die Tochter des Firmeninhabers, angehört.

Marimekko Oy, Helsinki, Finnland   S. *222*, *223*, *225*, *228*, 268, 288-289, 292, 311, 322-323, 327, *333*, 334

1951 gründete Armi Ratia Marimekko Oy in Zusammenschluß mit Printex, der Firma ihres Mannes Viljo Ratia. Sie leitete das Unternehmen bis 1979. In den sechziger Jahren trotz wirtschaftlicher Engpässe stete Expansion, die durch 1966 in Helsinki, 1967 in Spanien und 1970 in den USA errichtete Fabrikgebäude dokumentiert wurde. Die Firma zählte 1975 in Finnland 25, in Skandinavien und Südeuropa 15 Filialen und ging 1985 in den Besitz des Amer-Konzerns

über. Neben Textilien, vor allem Druckstoffen, stellt Marimekko Tapeten, Papierservietten, Einweggeschirr, Keramiken sowie Mappen und Hefte her. Enge Mitarbeiterin der Firmengründerin war von Anfang an Maija Isola.
Entwerfer u. a.: *V. Eskolin, D. Gorman, F. Ishimoto, M. u. K. Isola, I. Kivalo, A. u. R. Ratia, P. Rinta, A. Turick*
Lit. u. a.: Tarschys Rebecka, Marimekko: mobilia 1967, Nr. 149, 18-41 m. Abb. – Holm Aase, Marimekko: mobilia 1979, Nr. 284, 20-25 m. Abb. – [Kat. Firma] Phenomenon Marimekko. Helsinki 1986.

Marks-Pelle Vävare AB, Kinnahult/Kinna, Schweden   S. *226*, 272

1893 Errichtung der ersten Fabrik in Kinnahult/Kinna. Das Unternehmen gehört seit 1986 dem Konzern Gamlestaden Industrier AB an; zur Zeit bestehen weltweit Vertretungen in rund zwanzig Ländern. Die Firma stellt Gardinen- und Möbelstoffe, sowie Frottéestoffe für Haushaltsbedarf und Konfektionsindustrie in farblich koordinierten Kollektionen her; es finden vor allem Naturmaterialien wie Baumwolle, Wolle und Leinen, aber auch Acryl und Trevira CS Verwendung.
Entwerfer u. a.: *W. Hall, M. Hjelm*
Lit. u. a.: [Kat. Firma] Marks-Pelle Vävare. Skara 1986.

Memphis, Mailand, Italien   S. *225*, *227*, 298-299

Gruppe von italienischen Architekten und Designern, die sich 1981 um Ettore Sottsass in Mailand bildete und sich zum Ziel setzte, neue Wege im Möbel-, Textil- und Keramikdesign zu beschreiten. Eine erste Ausstellung ihrer Objekte in Mailand parallel zur Möbelmesse, 1981, brachte internationale Anerkennung. Memphis ging aus dem »Studio Alchimia« hervor, einer weiteren Mailänder Avantgardegruppe, die ihre Ideen von der »Architettura radicale« und der amerikanischen »Pop-Art« der späten sechziger Jahre ableitete. Zu Memphis gehörten u. a. Martine Bedin, Andrea Branzi, Aldo Cibic, Michele de Lucchi und George Sowden.
Entwerfer u. a.: *N. du Pasquier, E. Sottsass, G. Sowden*
Lit. u. a.: Radice Barbara, Memphis, Mailand 1984 – Fischer Volker (Hrsg.), Design heute: Maßstäbe: Formgebung zwischen Industrie und Kunst-Stück. München 1988, 73-76 – Wichmann Hans, Italien: Design 1945 bis heute. Basel 1988, 358.

Mira-X AG, Leinfelden-Echterdingen, Deutschland   S. 312

Um 1950 als Textilverlag gegründetes Unternehmen, das in zahlreichen Ländern Europas, in den USA und Kanada vertreten ist. Mira-X vertreibt Teppichböden, Dekorationsstoffe sowie Möbelbezugsstoffe, die überwiegend aus Naturmaterialien wie Wolle gefertigt sind. 1985/86 mit dem Bundespreis »Gute Form« für Dekorationsstoffe nach Entwurf von V. Panton, 1988 im Wettbewerb »Design Innovationen« des Hauses Industrieform, Essen, ausgezeichnet.
Entwerfer u. a.: *A. Hablützel, T. u. R. Hausmann, J. Ph. Lenclos, V. Panton, F. Prowe, E. Strässle*.

Missoni S. p. A., Sumirago (Varese), Italien S. *223*, 328-329

1947 gründete Ottavio Missoni eine kleine Strickerei in Triest. Sie war der Ausgangspunkt für das heutige, seit 1982 in Sumirago (Varese) angesiedelte Unternehmen. 1953 erfolgte durch die Erweiterung der Strickproduktionen für Sportswear und Damenbekleidung die erste Expansion des Betriebes in Gallarate. Von 1975 an entwarf und produzierte Missoni Dekorations- und Möbelstoffe sowie Wandteppiche. Ein weiterer Schwerpunkt liegt nach wie vor im Bereich von Strickkleidung. Seit einigen Jahren arbeiten auch die Kinder Vittorio, Luca und Angela in dem Unternehmen von Ottavio und Rosita Missoni.
Entwerfer u. a.: *O. Missoni*, R. Missoni
Lit. u. a.: [Kat. Ausst.] Missoni. Haus der Kunst. München 1982 – Wichmann Hans, Italien: Design 1945 bis heute. Basel 1988, 359 [dort weit. Lit.].

Mölnlycke Väfveri AB, Mölnlycke/Göteborg, Schweden   S. *222, 247, 250, 252, 260*

1849 als Baumwoll-Spinnerei und Weberei gegründet; ab 1855 Herstellung von bedruckten Stoffen. Gehörte in der Zeit des Ersten Weltkrieges zu den führenden Textilherstellern Schwedens. In den dreißiger Jahren Produktion von Kleiderstoffen, Inneneinrichtungstextilien, Sanitärartikeln, Nähgarn und Strumpfwaren. Die Muster wurden vor allem in Frankreich und Deutschland erworben. Die diesbezügliche Kritik von Presse und Designern in den zwanziger und dreißiger Jahren führte zur Beschäftigung einheimischer Entwerfer, u. a. Edna Martin (1942-1945) und Eyvind Beckmann (Produktionsleiter in den frühen fünfziger Jahren). Seit 1956 hatte Viola Gråsten die künstlerische Leitung des Entwurfsateliers inne, bis zur Übernahme der Firma durch Svenska Cellulosa AB 1975 und Einstellung der Textilproduktion.
Entwerfer u. a.: B. Dahlström, *V. Gråsten, A. Faith-Ell,* L. Hassel, *R. Hull,* A. Malmström
Lit. u. a.: Hipp Hartmut, Neue Dekorationsstoffe der Mölnlycke Väfverieaktiebolag, Göteborg: md (moebel + decoration) 1959, 313-315.

Morris & Co., London – Merton Abbey/Surrey, England   S. 32-45, *117*

Die 1861 von William Morris und seinen Freunden gegründete Firma »Morris, Marshall, Faulkner and Company« fertigte anfangs vor allem Glasfenster für Kirchen und stattete u. a. 1866/67 den »Armoury and Tapestry Room« des St. James Palace, London, und den »Green Dining Room« des heutigen Victoria and Albert Museum aus. Nach Auflösung und Umbenennung der Firma leitete W. Morris seit 1875 als Alleininhaber das Unternehmen »Morris & Co.« mit Sitz in London, Queen Square, das 1877 seinen ersten Ausstellungsraum in der Oxford Street eröffnete. 1881 Verlegung der Produktionsstätten nach Merton Abbey nahe Wimbledon; seit 1883 wurden dort nach Morris' Entwürfen die vorher bei Wardle & Co. gefertigten Chintze bedruckt, ebenso die meisten Webstoffe und Teppiche hergestellt. Am 21. 5. 1940 Liquidation des Unternehmens.
Mit dem Ziel einer Erneuerung der handwerklichen Traditionen produzierte »Morris & Co.« u. a. Stoffe, Wanddekorationen, Möbel, Gläser und Metallgeräte nach Entwürfen von *W. Morris,* Ph. Webb, E. Burne-Jones und D. G. Rossetti.
Lit. u. a.: Fairclough Oliver u. Emmeline Leary, Textiles by William Morris and Morris & Co. London 1981 – [Kat. Ausst.] William Morris & Kelmscott. The Design Council. London 1981 – Parry Linda, William Morris. Textilkunst. Herford 1987.

Müller-Zell, Zell/Oberfranken, Deutschland   S. 259

Gründung 1907 durch Fritz Reinhard und Paul Bernhard Müller in Plauen. Der Produktionsschwerpunkt lag damals auf Gardinen, Vitragen, Köper-Rollos sowie etwas später auf Halbstores und Füllstores. 1924 siedelte die Firma nach Zell in Oberfranken über. Seit 1930 wurden Dekorationsstoffe produziert. Der inzwischen verstorbene Sohn F. R. Müllers, Carl-Heinz Müller, führte die Firma fort.
Entwerfer u. a.: *St. Eusemann.*

Naj-Oleari S. r. L., Mailand, Italien   S. 324

Gründung 1916 durch Riccardo Naj Oleari. 1943 trat sein Sohn Carlo Naj Oleari die Nachfolge an und ließ 1951 den Betrieb erneuern; hinzu kam eine eigene Spinnerei, die das Rohmaterial lieferte. 1973 erfolgte unter dessen Söhnen Angelo, Riccardo und Giancarlo, den jetzigen Inhabern des Unternehmens, eine grundlegende Änderung des Firmenkonzeptes: Produktion von bedruckten Stoffen nach Entwürfen von Künstlern wie Gianni Dova, Maurizia Dova (sie konzipiert 80% der Stoffkollektionen), Lindsay Camp u. a.; Verarbeitung der Stoffe zu Fertigprodukten, anfangs zu Bezugsstoffen, später zu Bekleidungskollektionen; eigene Verkaufsgeschäfte. Heute besteht Nay-Oleari aus einem Betrieb für die Stoffherstellung und einem weiteren für die Herstellung und den Vertrieb der Fertigprodukte, die von Accessoires bis zu Möbeln reichen. Hinzu kommen fünfzig Geschäfte in Italien und im Ausland.
Entwerfer u. a.: *G. Dova, M. Dova,* L. Camp.

Oberhessische Leinenindustrie (Louis Marx & Josef Kleinberger), Frankfurt a. M., Deutschland   S. 80, 98, 106

Das Unternehmen führte vor dem Ersten Weltkrieg Entwürfe für unterschiedliche Künstler aus, so u. a. für A. Niemeyer und seine Schule, besonders aber für Hans Christiansen. Letzterer besaß einen Exklusivvertrag mit dem Unternehmen zwischen 1. 4. 1904 und 1. 4. 1914 und war insbesondere mit dem Firmeninhaber Marx befreundet. Bis in die dreißiger Jahre war er infolgedessen beratend für das Unternehmen tätig, das sich auf handbedruckte Stoffe für Möbelbezüge, Wandbespannungen und Vorhänge spezialisierte. 1938 verloren die Inhaber als Juden ihre Reichsbürgerschaft; nach ihrem Ausscheiden wurde das Unternehmen nach Schönheide/Bezirk Chemnitz verlegt.
Entwerfer u. a.: *H. Christiansen, A. Niemeyer, E. R. Weiß*
Lit. u. a.: Zimmermann-Degen Margret, Hans Christiansen. Heidelberg 1985, 53 f., 70, 72 f. [dort weit. Lit.].

Manifattura Paracchi, Turin, Italien   S. 264-265

Die 1901 gegründete Teppichmanufaktur beschäftigt heute rund 200 Mitarbeiter. Das Unternehmen führte u. a. um 1970 die Serie »Tapizoo« des Studios Gabetti & Isola aus, die im Rahmen der Collezione ARBO (s. auch dort) vertrieben wurde.
Entwerfer u. a.: H. Arp, U. Boccioni, *G. Drocco, R. Gabetti, A. Isola,* R. Kinsella, *L. Re*
Erwähnt u. a.: Ferrari Fulvio, Gabetti e Isola. Turin 1986, 81.

Pausa AG, Mössingen, Deutschland
S. 216, *223, 225,* 230, 232, 242-243, 260, 314, 317

Gegründet 1911 in Pausa, einer kleinen Gemeinde im Vogtland, durch Felix und Arthur Löwenstein als mechanische Weberei vor allem für Hemden- und Schürzenstoffe. 1919 Kauf des Fabrikanwesens in Mössingen, dort Weiterführung der Buntweberei und ab 1923 Beginn mit Handmodeldruck. 1928 Erweiterung des Betriebs und eigene Dessins. 1932 Einführung des Filmhanddrucks. 1936 geht das Unternehmen in den Besitz der Familie Greiner-Burkhardt über. 1948 Zusammenarbeit mit HAP Grieshaber, 1953 mit Willi Baumeister. 1958/59 werden Pausa-Stoffe in Übersee und den meisten europäischen Staaten verkauft, die Unistoffkarte »NANA« mit 100 Farbstellungen erscheint. 1961 Neubauten für Fabrikation und Verwaltung durch Manfred Lehmbruck. 1963 Werner N. Greiner tritt in die Firma ein. 1979 erfolgen neue technische Einrichtungen mit Filmdruckautomaten. 1983 Einsatz neuartiger Rotationsmaschinen; das Unternehmen konzipiert Modestoffe für die Haute Couture. Verner Panton und Piero Dorazio entwarfen 1985 für Pausa.
Entwerfer u. a.: *W. Baumeister, P. Dorazio, U. Greiner-Rhomberg,* HAP Grieshaber, *E. Kupferoth, W. Matysiak, A. May, V. Panton, A. Stankowski,* M. Takahara-Boss, *S. v. Weech*
Lit. u. a.: Pausa. Zeit-Stoff. Mössingen [1986].

Ateliers Pinton Frères → Aubusson

Weverij de Ploeg, Bergeyk, Holland   S. *228,* 306, 309, 313

Ehemalige Mitglieder der seit 1919 in Best/Prov. Brabant bestehenden landwirtschaftlichen »Kooperative Der Pflug« gründeten 1923 die Weberei gleichen Namens in Bergeyck, die bis 1957 als Kooperative geführt, danach in eine Stiftung umgewandelt wurde. Anfangs beschränkte sich die Produktion auf einfachste Stoffe für Tisch- und Hauswäsche, ab 1926 kamen Möbelbezugsstoffe hinzu. Auf Betreiben des Gründungsmitgliedes Piet Blijenburg spezialisierte man sich seit ca. 1928 (Schließung des Webebetriebs) auf Textilhandel und Vermittlung von Stoffentwürfen an verschiedene Webereien. Mit Ausnahme von Frits Wichard, der seit 1931 Mitglied der Kooperative war, arbeitete de Ploeg fast ausschließlich mit externen Entwerfern zusammen, die u. a. Verbindungen zur de Stijl-Bewegung oder – wie Otti Berger – zum Bauhaus herstellten. Nach dem Zweiten Weltkrieg Wiederaufnahme der Produktion durch Erwerb von technisierten Schaftwebstühlen, 1956 Bezug des durch Gerrit Rietveld errichteten Neubaus, in dem heute Möbelbezugs-, Dekorations- und Vorhangstoffe mit eigenständigem Firmengesicht gefertigt werden.
Entwerfer u. a.: G. Adriaans, *W. Bauer, O. Berger,* N. Daalder, J. Köhler, R. van Daalen, F. Wichard, *W. Witteveen*
Lit. u. a.: [Kat. Ausst.] Dutch Textile. Royal College of Art Galleries. London 1979, H. 3, 68-71 m. Abb. – [Kat. Firma] Weverij de Ploeg 1923 – heden. [Bergeyk, ca. 1984] – [Kat. Ausst.] Industry & Design in The Netherlands 1850/ 1950. Stedelijk Museum. Amsterdam 1985, 109-111 m. Abb. [dort weit. Lit.].

Polytextil GmbH, Berlin   S. 186-187

Neben den Firmen C. E. Baumgärtel & Sohn GmbH (Lengenfeld), Van Delden (Gronau) und Websky, Hartmann & Wiesen (Wüstewaltersdorf) arbeitete auch die Polytextil GmbH mit der Bauhausweberei in Dessau zusammen. In dem Vertrag vom 1. Juli 1930 verpflichtete sich die Firma für ein Jahr, eine Kollektion von Bauhausstoffen unter der Bezeichnung »Bauhaus Dessau« in den Handel zu bringen. Ca. 20 Stoffmuster wurden der Polytextil GmbH zur alleinigen mechanischen Herstellung gegen eine Lizenzabgabe überlassen. Das Bauhaus behielt sich eine strenge Überprüfung der Produktion vor. Eine weitere Anfrage der Firma nach neuen Stoffmustern wurde 1932 zunächst abgelehnt; spätere Verhandlungen scheiterten aufgrund der Auflösung des Bauhauses.
Entwerfer u. a.: *A. Albers, G. Arndt, O. Berger,* B. Ullmann, G. Kadow, M. Leischner, *G. Stölzl*
Lit. u. a.: [Kat. Ausst.] Gunta Stölzl. Weberei am Bauhaus und aus eigener Werkstatt. Bauhausarchiv. Berlin 1987, 132 f., 141.

Handweberei Hildegard von Portatius, Krefeld, Deutschland   S. *226,* 266

1945 siedelte Hildegard von Portatius (geb. von Eichel) nach Hessen über, wenig später nach Vlyn/ Moers in der Nähe Krefelds und baute dort eine Werkstatt auf. Zunächst ab 1956 (bis 1965) Arbeit für den kirchlichen Bereich. 1960-62 besuchte Hildegard von Portatius die von Gerhard Kadow geleitete Webereientwurfsklasse der Textilingenieurschule Krefeld und lernte dessen Frau *Elisabeth Kadow* kennen, deren Entwürfe sie 1962-73 ausführte. In dieser Zeit entstanden 18 Bildbehänge. 1965 gab sie einen Teil der Werkstatt, wenig später die gesamte Stoffweberei auf, widmete sich seither verstärkt der Bildweberei und webt seit 1966 eigene Entwürfe. In der Firma wurde vor allem Seide verarbeitet.
Lit. u. a.: Kircher Ursula, Von Hand gewebt. Eine Entwicklungsgeschichte der Handweberei im 20. Jahrhundert. Marburg 1986, 184-185 m. Abb.

Printex Oy, Helsinki, Finnland   S. *222, 223, 225,* 248

1949 kaufte sich Viljo Ratia als Juniorpartner in ein bereits bestehendes Unternehmen ein, das vor allem Wachstücher produzierte und nunmehr den Namen Printex trug. Diese, eng mit Marimekko zusammenarbeitende Firma hatte bis 1966 Bestand und wurde dann mit der von Viljo und Armi Ratia 1951 gegründeten Textilfirma Marimekko vereinigt.
Entwerfer u. a.: *V. Eskolin (-Nurmesniemi)*
Lit. u. a.: Ratia Viljo, Early recollections: [Kat. Firma] Phenomenon Marimekko. Helsinki 1986, 23-29 m. Abb.

Reimann-Schule, Berlin   S. 181

1902 gegründet durch den Bildhauer Albert Reimann (9. 11. 1874 Gnesen – 5. 6. 1976 London) als »Schülerwerkstatt für Kleinplastik«, zunächst mit Sitz in der Ritter Straße; 1903 Verlegung nach Schöneberg, Landshuter Straße. Die Schule bestand in Berlin bis 1943, nach der Emigration Albert Reimanns 1935 fortgeführt unter der Leitung des Architekten Hugo Häring. Ab 1913 als »Kunst- und Gewerbeschule« bezeichnet, umfaßte 1927 die Lehranstalt 1000 Schüler und 30 Lehrkräfte mit zahlreichen Fachstellungen.

Für das Textilfach sind die 1908 eingerichtete Werkstatt zur Erneuerung alter Batiktechniken und die 1910 gegründete Modeklasse – eine der meistbesuchten Abteilungen – von Bedeutung. Später Erweiterung durch Werkstätten für Frauenkleidung. Seit 1922 erfolgte durch die Malerin Maria May der Aufbau von Fachkursen für Textilkunst, Entwurf und dekorative Malerei, in denen u. a. Stoffmalerei, Stoffdruck, Weberei und Stickerei unterrichtet wurden. Die Lehranstalt trat durch regelmäßige Präsentation ihrer Arbeiten (u. a. Wanderausstellungen durch Deutschland 1927/28 und die USA, 1930/31) an die Öffentlichkeit und nahm wiederholt an Ausstellungen wie z. B. im Grassi Museum, Leipzig, und bei der »Internationalen Lederschau Berlin« teil.
Entwerfer u. a.: G. Juliusberg, *M. May*
Lit. u. a.: 25 Jahre Schule Reimann 1902-1927. Berlin 1927 = Farbe und Form 12, 1927, Sonderbd. März – Wingler Hans M., Kunstschulreform 1900-1933. Berlin 1977, 246-261 u. a. O. – [Kat. Mus.] Kunst der 20er und 30er Jahre. Sammlung Karl H. Bröhan. Bd. 3. Berlin 1985, 463-466 [dort weit. Lit.].

rohi Stoffe GmbH, Geretsried, Deutschland   S. *223, 224,* 268, 284, 304-305, 312, *333*

Die 1933 im Sudetenland errichtete Handweberei der Firma wurde 1946 durch Marga Hielle-Vatter in Bayern wiederbegründet. Seit 1951 befindet sich der Firmensitz in Geretsried, südlich Münchens. In den fünfziger Jahren zunehmende Mechanisierung des Betriebes (Jacquard-Stühle). Neben Möbelstoffen werden auch Stoffe für Großraumbestuhlungen, Flugzeuge und Autoausstattungen hergestellt.
Marga Hielle-Vatter zeichnet auch heute noch für das Design der Textilien verantwortlich. Ihre Entwürfe wurden mehrfach ausgezeichnet, u. a. 1957 auf der Mailänder Triennale mit einer Silbermedaille.

Lorenzo Rubelli S. p. A., Venedig, Italien   S. *227,* 326

Das seit 1958 bestehende Unternehmen ist spezialisiert auf Samte, Jacquard- und Damastwebstoffe, die vorwiegend nach alten Techniken, basierend auf traditionellen venezianischen Mustern ausgeführt werden. Die der Firma angegliederten Webereien »Lisio« in Florenz und »Tessitura Serica A. Zanchi« in Como sind für die Fertigung von Heimtextilien in modernen Technologien zuständig. Die heute rund 500 Dessins in je 10-20 Farbvarianten umfassenden Kollektionen werden außerhalb Italiens vor allem über Filialen in Paris, London und New York vertrieben.
Das firmeninterne Entwurfsstudio (Studio Lorenzo Rubelli) untersteht der Leitung von Paul Charles Bidault; neben anderen ist hier auch Matilde Rubelli, Tochter des Firmeninhabers Alessandro Favaretto Rubelli, als Designerin tätig.

Berthe Ruchet, Florenz-München   S. 46

Die aus Lausanne gebürtige Freundin der Familie Obrist und Gesellschafterin der aus schottisch-keltischem Hochadel stammenden Alice Obrist stand dem von *Hermann Obrist* 1892 in Florenz gegründeten Stickatelier vor. Sie begleitete 1894/95 dessen Verlegung nach München in die Karl-Theodor-Straße. Berthe Ruchet überwachte die meisten seiner Stickereientwürfe. Gegen Ende 1900 wurde das Atelier wegen ihrer Augenerkrankung aufgelöst.
Lit. u. a.: Lampe-von Bennigsen Silvie, Hermann Obrist. Erinnerungen. München [um 1965], 22-23.

Handweberei Schmitter (heute: Handweberei Leonhard Brey), Murnau, Deutschland   S. 218

Typus eines bayerischen Familienbetriebes. Die 1890 von Josef Schmitter (1864-1948) aus Riedhausen gegründete Weberei wurde seit 1928 durch dessen Sohn Nikolaus Schmitter (1903-1984) geführt und wesentlich erweitert. Die Produktion umfaßte vor allem Leinengewebe und Lodenstoffe, die vorwiegend nach traditionellen Mustern gefertigt und in der Umgegend vertrieben wurden. Seit 1982 vom Urenkel des Firmengründers geleitet, stellt der Familienbetrieb heute neben Bezugsstoffen vor allem Webteppiche auf acht Handwebstühlen her.

Scuola di Tessitura a Mano, Tesero, Italien   S. *224,* 230

Die heute nicht mehr bestehende Schule für Handweberei in der Nähe Trients fertigte bis in die fünfziger Jahre u. a. Jacquard-Gewebe für Inneneinrichtungsbedarf und Haushaltswäsche nach traditionellen Mustern. (Vgl. Handweberei Schmitter, Murnau)

Erwin Sorge GmbH & Co. KG, Stuttgart, Deutschland   S. 230

1935 durch Erwin Sorge (1907-1979) als Fachgroßhandel für Dekorations- und Möbelbezugsstoffe in Stuttgart gegründet. Nach kriegsbedingter Unterbrechung der Firmenentwicklung erfolgte 1949 der Neubeginn in Stuttgart und 1953 der Aufbau einer eigenen Produktion durch Gründung der Mechanischen Weberei im Aichtal GmbH in Neuenhaus/Württemberg. Spezialisierung u. a. auf Ätzdruckverfahren; Herstellung vor allem von Druckstoffen aus Baumwolle, Zellwolle, Kunstseide und Leinen. Mit Übernahme der Möbelstoffweberei R. W. Sinkwitz in Zell/Oberfranken und der Neuen Münchberger Drellweberei Hans Hofmann in Münchberg/Oberfranken (1965/67) verlagerte sich der Produktionsschwerpunkt in den Bereich buntgewebter Dekorationsstoffe aus Kunstfasern (Dralon etc.).
Entwerfer u. a.: Th. Ernst, M. Mungenast.

Ehem. Staatsschule für angewandte Kunst (Akademie der Bildenden Künste), Nürnberg, Deutschland   S. 172

Private Gründung 1662 durch den Kupferstecher Joachim von Sandrart, Heinrich Elias von Gödeler, Joachim Nützel. Offizielle Gründung 1674 durch Joachim von Sandrart. Zeitweiliger Zusammenschluß von Zeichenschule und Akademie. Diese ab 1818 mit »Königliche Kunstschule« bezeichnet, ab 1833 mit »Kunstgewerbeschule«, ab 1940 mit »Akademie der Bildenden Künste«. 1954 Bezug des von Sep Ruf errichteten Neubaus.
Aufgrund der 1905/06 erfolgten Reorganisation des Lehrplans wurden etwa 1907 eine Weberei, weiterhin eine Handarbeitsklasse und seit den 1920er Jahren eine Stoffdruckerei eingerichtet. Ab 1920 leiteten Maria Köckenberger und Emma Hoffmann die Kunsthandarbeitsklasse.
Lit. u. a.: Gesellschaft der Freunde der Akademie der Bildenden Künste (Hrsg.), Die Akademie der Bildenden Künste in Nürnberg. Nürnberg 1983, 11-53 [dort weit. Lit.].

Starnberger Modeldruck, Starnberg, Deutschland   S. 217, 221

Gegründet 1948 von Hans Wichmann, dem Autor dieses Buches, mit dem Ziel, durch dieses Unternehmen sein kunsthistorisches Studium zu finanzieren, zugleich auch um Kenntnisse im Bereich des Textildrucks zu gewinnen. Die Werkstatt befand sich im »Sonnenhof« der Knorr-Villa unmittelbar am Starnberger See in Niederpöcking. Es wurde ausschließlich mit Holzmodeln gearbeitet, die man selbst aus Hirnholz erstellte.
Zwischen 1949 und 1955 ergab sich eine enge, freundschaftliche Zusammenarbeit zwischen dem Werkstattgründer und Richard Riemerschmid, der zahlreiche Entwürfe für die Stoffdruckerei zur Verfügung stellte und die Arbeit ermutigte. Der Betrieb

wurde 1955 – nach Promotion des Gründers – aufgelöst.
Entwerfer: *R. Riemerschmid.*

S. E. Steiner & Co., Wien   S. 93

Das als »Möbelstoff- und Plüsch-Fabriken« bezeichnete Unternehmen – Mitglied des Deutschen und Österreichischen Werkbundes – war neben der Herstellung von Bezugsstoffen u. a. auf textile Wandbespannungen spezialisiert. Es wurde in den dreißiger Jahren aufgelöst.
Entwerfer u. a.: K. Bräuer, M. Herrgesell, *J. Hoffmann*, J. E. Margold
Erwähnt u. a.: Dekorative Kunst 15, 1912, Bd. 26, 581 m. Abb. – Fanelli Giovanni u. Rosalia, Il tessuto Art Nouveau. Florenz 1986, 194.

Stoffel & Co., St. Gallen, Schweiz   S. 233

Das Unternehmen – bis in die 1960er Jahre einer der führenden Schweizer Textilkonzerne – wurde 1795 von Franz Xaver Stoffel in Arbon/Thurgau als Textilhandelsgeschäft und Seidenbandweberei gegründet. 1860 Neugründung der Handelsfirma in St. Gallen. Unter Leitung von Beat Stoffel (1895-1929) Expansion durch Aufnahme z.. T. bahnbrechender neuer Stoffe (z. B. merzerisierte Mousseline, Voile, Organdy); Filialen u. a. in Berlin, Paris, London, New York, Singapur. Schritt vom Textilhandel zur -fabrikation durch Erwerbung mehrerer Fertigungsbetriebe. Das Unternehmen leistete alle Stufen der Herstellung vom Rohmaterial bis zum fertigen Stoff und produzierte dominant Kleiderstoffe – u. a. für Modedesigner wie Balmain und Fath, Paris – sowie Dekorationsstoffe und Taschentücher. 1962 Umwandlung in »Stoffel AG«; Beteiligung von Burlington Industries Inc., USA; später Übernahme durch den italienischen Konzern Legler, Bergamo.
Lit. u. a.: Architektur u. Wohnform 61, 1953, 70-72 m. Abb. – [Firmenschrift] Stoffel, 1795-1965. [St. Gallen 1965].

Gebr. Storck & Co., Krefeld, Deutschland   S. 168, 172, 187, 189, *224, 225, 228*, 259, 262-263, 276

1882 gegründet, produzierte das Unternehmen zunächst Fahnenseiden und Paramente. Anfang der zwanziger Jahre übernahm Fritz Steinert, Schwiegersohn Storcks und Mitglied des Deutschen Werkbundes, die Leitung der Firma. Er erweiterte das Textilprogramm um Möbelbezugs- und Vorhangstoffe. Als künstlerische Berater und Entwerfer gewann er u. a. Maler der Worpsweder Schule sowie Thorn-Prikker, Ewald Mataré und Heinrich Nauen. Anfang der fünfziger Jahre trat Georg Hirtz die Nachfolge Steinerts an. Beeinflußt u. a. vom Bauhaus und der Hochschule für Gestaltung, Ulm, verlegte er den Produktionsschwerpunkt vorwiegend auf Uni- und Strukturgewebe aus Naturfasern wie Wolle, Leinen und Seide. Die Farbstellungen orientierten sich an Goethes, später an Ittens Farbenlehren. Bezugs- und Dekorationsstoffe wurden wiederholt auch in Zusammenarbeit mit Architekten wie H. Schwippert, E. Eiermann, H. Scharoun, A. Aalto u. a. konzipiert. (Nach freundlicher Mitteilung von Georg Hirtz)
Entwerfer u. a.: *I. Ollmann, P. Seipelt*; Nachwebungen nach Entwürfen von: *G. Arndt, O. Berger, G. Stölzl.*

Stuttgarter Gardinenfabrik GmbH, Herrenberg, Deutschland   S. *14, 223, 225, 226, 227,* 228-229, 232-233, 237, 245, 248, 253-254, 256, 262, 264, 268-270, 274-276, 280, 283, 285, 290, 295-297, 302

Gründung 1934 in Stuttgart, 1938 wurde die Weberei in Lengenfeld/Sachsen hinzu erworben. Im gleichen Jahr erfolgte die Einrichtung des Entwurfsateliers unter Leitung Margret Hildebrands. Nach totaler Zerstörung 1944 in Stuttgart und Enteignung in Lengenfeld folgte der stufenweise Wiederaufbau in Herrenberg bei Stuttgart. Ab 1963 übernahm Antoinette de Boer (Meisterschülerin Margret Hildebrands) die Leitung des Entwurfsateliers. Die Firma stellt einfarbige,

buntgewebte und bedruckte Vorhang- und Möbelbezugsstoffe her.
Entwerfer u. a.: *H. Bernstiel-Musche, A. de Boer, T. Hahn*, Y. Hashimoto, *M. Hildebrand, V. Kiefer*, U. Lüthi, *G. Thiele*, H. Scheufele
Lit. u. a.: Deutscher Werkbund (Hrsg.), Made in Germany. München 1966, 269 – [Kat. Ausst.] Textildesign 1934-1984 am Beispiel Stuttgarter Gardinen. Design Center. Stuttgart 1984.

Sunar Textil GmbH, Schelklingen (heute: s-kollektion Barbara Segerer, Erbach), Deutschland   S. *226, 283*

1979 Gründung der Firma Sunar Textil (Sunar-Design) GmbH in Schelklingen als Tochterunternehmen von Sunar-Hauserman, USA. Barbara Segerer übernahm 1982 die Firma. 1986 erfolgte die Verlegung nach Erbach b. Ulm.
Aufnahme zahlreicher Stoffe in die Deutsche Auswahl bzw. Design-Auswahl des Design Center Stuttgart (zuletzt 1988).
Entwerfer u. a.: *A. Albers, W. Bauer, Ch. Häusler-Goltz*
Lit. u. a.: md 1980, H. 4, 54-58 m. Abb.

Atelier Tabard Frères & Soeur → Aubusson

Oy Tampella AB, Tampere, Finnland   S. *226*, 245, 268, 286, 293

Die 1856 gegründete Textilfabrik produzierte vor allem Dekorations- und Bezugsstoffe sowie Haushaltswäsche und Bettdecken in natürlichen Materialien wie Baumwolle und Leinen. Bei der Mailänder Triennale 1957 mit dem Grand Prix ausgezeichnet. Nach Eingliederung des Betriebes in die Firma Finlayson wurde 1984 die Fertigung von Textilien eingestellt.
Entwerfer u. a.: *A. Airikka-Lammi, B. Brenner*, D. Jung, P. Mentula, *M. Metsovaara-Nyström*, R. Puotila, L. Sparre
Lit. u. a.: Bjerregaard Kristen (Hrsg.), Design in Scandinavia, No. 11. Kopenhagen [1982], 71; No. 12. Kopenhagen [1983], 108.

Telene S. p. A., Cernusco sul Naviglia (Mailand), Italien   S. 324

1939 gründete Aldo Talli Nencioni eine Firma, die Leinen-, Hanf- und Baumwollgewebe produzierte und aus der die spätere Firma Telene (1980 Società per Azienda) hervorging. Seit 1966 leitete er zusammen mit seinen Söhnen den Betrieb, dessen Herstellungsschwerpunkt zunächst bei Tisch- und Bettwäsche lag; in den siebziger Jahren kam Herren- und Damenbekleidung hinzu, die inzwischen 70% der Gesamtproduktion ausmacht, seit 1985 auch Einrichtungstextilien, die weltweit exportiert werden. Als Materialien finden vorwiegend Leinen, Leinengemische, Wolle, Seide, Viskose und Baumwolle aller Art Verwendung.
Entwerfer u. a.: *M. T. Nencioni*.

Textilingenieurschule (Werkkunstschule), Krefeld, Deutschland   S. *223*, 253

Die 1855 gegründete Höhere Textilschule Krefeld (auch Preußische Schule für textile Flächenkunst) trug nach verschiedenen Reorganisationen den Namen Textilingenieurschule. Die Abteilung Textilkunst, zu der die Bereiche »Meisterklasse für Textilkunst«, Webgestaltung, Druckgestaltung und Modellentwurf gehörten, wurde 1932-38 durch Johannes Itten, 1938-58 durch Georg Muche geleitet. Auf diesen folgten die Direktoren Elisabeth Kadow, Paul Roder und seit 1984 Detlef Rüscher.
1964/65 Umbenennung in »Studienstätte Textilkunst, Höhere Fachschule für Entwurf und Mode an der Staatl. Ingenieurschule für Textilwesen, Krefeld«. Heute als Studiengang »Textilgestaltung« des Fachbereichs Textil- und Bekleidungstechnik an der Fachhochschule Niederrhein, Mönchengladbach, weitergeführt. (Nach freundlicher Mitteilung von Prof. Paul Roder, Willich)
Entwerfer u. a.: *B. Burberg, E. Kadow*
Lit. u. a.: Die höhere Fachschule Krefeld 1855-1930.

Festschrift zum 75jährigen Bestehen der preuß. höheren Fachschule für Textilindustrie (Spinn- und Webschule) zu Krefeld. Düsseldorf 1930.

Texunion SA, Pfastatt-le-Château (Elsaß), Frankreich   S. 273

Die Anfänge des 1963-65 aus der Fusion mehrerer Gesellschaften hervorgegangenen Unternehmens liegen bei einer 1798 in Mühlhausen gegründeten Bleicherei. 1868 Aufstellung von Druckmaschinen in Pfastatt-le-Château, 1870 Gründung einer Aktiengesellschaft, der späteren »Schaeffer et Cie«. 1907 Übernahme von Maschinen, Technikern und Kaufleuten der Dollfuß Mieg et Cie. Nach Kriegszerstörungen Wiederaufbau der Fabrik in Pfastatt. Neue Aktivitäten u. a. auf dem Gebiet der Entwicklung künstlicher und synthetischer Garne bzw. entsprechender Artikel aus diesen Materialien. Umfangreiche Beteiligungen an afrikanischen Unternehmungen. Schaeffer druckte bzw. färbte vor allem für die wichtigsten weiterverarbeitenden Fabrikanten des Elsaß. 1957 Umwandlung in eine Holding-Gesellschaft. Aus der Schaeffer-Gruppe und der Gillet-Thaon-Gruppe entstand 1963 die Société Tentures, Impression, Blanchiment des Vosges et d'Alsace (T.I.V.A.L.). Aus TIVAL-Pfastatt, CVT-Marignan, Taco, Wallach und Euratex konstituierte sich die Texunion SA. 1967/68 interne Neustrukturierung. Die DMC, einer der größten Textilkonzerne der Welt, erwarb 1977 die Kapitalmehrheit der Texunion.
Entwerfer u. a.: *M. Wierer*.

Thorey Werkstätten → Falkensteiner Gardinenweberei

Tutzinger Textilwerke → Bayerische Textilwerke, Tutzing

Vereinigte Werkstätten, München, Deutschland   S. 16, *24f.*, 63, 65, 74-75, 86, 90, 102-103, 106, 118f., 180-185

Die Gründung der »Vereinigten Werkstätten« geht im Gegensatz zu den anderen auf dem Werkstattgedanken basierenden Produktionsstätten nicht auf die Initiative einer einzelnen Person zurück, sondern auf den Zusammenschluß mehrerer Künstlerpersönlichkeiten.
1897 fand im Münchner Glaspalast die »VII. Internationale Kunstausstellung« statt, deren verantwortlicher Ausschuß für Kleinkunst von Hofrat W. Rolfs, den Architekten M. Dülfer und Th. Fischer, den Malern H. v. Berlepsch und R. Riemerschmid und dem Bildhauer H. Obrist gebildet wurde. Aus diesem Ausschuß ging der »Ausschuß für Kunst im Handwerk« hervor, der 1898 die Gründung der »Vereinigten Werkstätten für Kunst im Handwerk« (zunächst als GmbH, ab 1907 als AG) mit Geschäftssitz in München (Geschäftsführer: der Maler F. A. O. Krüger) veranlaßte. Zu den frühesten Mitarbeitern der Werkstätten gehörten u. a. P. Behrens, M. v. Brauchitsch, H. Obrist, B. Pankok, B. Paul, R. Riemerschmid. Der Name »Vereinigte Werkstätten« (zuerst bei W. Morris, News of Nowhere, 1892/93) und das Konzept wurden durch die Auseinandersetzung mit der englischen Arts and Crafts-Bewegung motiviert. Größere Erfolge für die »Vereinigten Werkstätten« der Anfangszeit waren die Ausgestaltung je eines Raumes in der deutschen Kunstgewerbeabteilung der Pariser Weltausstellung 1900 durch Riemerschmid, Pankok und Paul sowie die Teilnahme Riemerschmids und Pauls an der Weltausstellung in Brüssel 1910 mit einer geschlossenen Anlage von Raumensembles.
Die heute noch bestehenden »Vereinigten Werkstätten« besitzen Einrichtungshäuser in München und Bremen mit Produkten internationaler Hersteller aus den Bereichen Möbel, Textilien, Glas und Metall und fertigen Möbel und Teppiche der klassischen Moderne, u. a. von Gropius und *Eileen Gray* wie auch von zeitgenössischen Designern in eigenen Produktionsbetrieben.
Entwerfer u. a.: *M. v. Brauchitsch, F. A. Breuhaus de Groot, Ch. Häusler-Goltz, Th. Th. Heine, P. László,*

A. May, M. May, T. Parzinger, B. Paul, E. Orlik, R. Riemerschmid, E. R. Weiß
Lit. u. a.: Günther Sonja, Interieurs um 1900. München 1971 – Wichmann Hans, Aufbruch zum neuen Wohnen. Deutsche Werkstätten und WK-Verband 1898-1970. Basel/Stuttgart 1978 – [Kat. Ausst.] Richard Riemerschmid vom Jugendstil zum Werkbund. Werke und Dokumente. Stadtmuseum. München 1983 – Form stand stets im Mittelpunkt: Ambiente 1987, H. 1.

t & j Vestor, Golasecca, Italien   S. 277, 315

Von Piero Torrani in Golasecca gegründet. Zunächst Produktion von bestickten Stoffen, vor allem aus Seide, für Tücher, Kimonos und Kissenbezüge. 1978 wurde die Firma umbenannt in »t&j. Vestor«, wobei die Initialen für die Familiennamen Torrani und Jelmini stehen. Die Fabrik in Golasecca produziert Haus- und Damenwäsche sowie Bezugs- und Dekorationsstoffe, während die Druckstoffe in der Druckerei Texprint in Caronno Pertusella hergestellt werden. 1983 kam zu der Marke t&j. Vestor die Marke Missoni für die Produktion von Bezugs- und Dekorationsstoffen, Hauswäsche sowie Teppichen.
Entwerfer u. a.: *O. Missoni*.

Wilhelm Vogel, Chemnitz, Deutschland   S. 49, 59, 60, 85, 101

Die 1837 als Kommissionsgeschäft für sächsische Textilien gegründete »Mechanische Weberei von Möbelstoffen, Decken und Portieren« prosperierte vor allem seit 1887 unter Leitung von H. W. Vogel – um 1900 zählte sie mehr als 1000 Beschäftigte, 650 Webstühle, 50 Stickmaschinen – und fertigte Gewebe aus Baumwolle, Wolle, Jute, Leinen, Ramie und Seide, z. T. nach Entwürfen namhafter Künstler. Im Auftrag der Firma Gerson, Berlin, führte das Unternehmen 1924 Stoffe nach Mustern des Bauhauses aus. Mitglied des Deutschen Werkbundes. (Nach freundlicher Mitteilung von Dr. Joh. Gurks, Karl-Marx-Stadt)
Entwerfer u. a.: *P. Behrens, R. Engels, A. Niemeyer, E. Seyfried, H. van de Velde*
Lit. u. a.: Chemnitz am Ende des 19. Jahrhunderts in Wort und Bild. [Chemnitz o. J.], 193 – Textile Kunst u. Industrie 5, 1912, 493 – Wilhelm Vogel. Hundert Jahre 1837–1937. [Chemnitz/München 1937] – [Kat. Ausst.] Gunta Stölzl. Weberei am Bauhaus und aus eigener Werkstatt. Bauhaus Archiv. Berlin 1987, 119.

Vuokko Oy, Helsinki, Finnland   S. 282, 287

Die 1964 von Vuokko Eskolin gegründete Firma produziert neben Bekleidung, Accessoires und Möbeln u. a. auch Textilien, hauptsächlich nach Entwürfen der Firmengründerin.
Entwerfer u. a.: *V. Eskolin-Nurmesniemi*
Lit. u. a.: Holm Aase, Vuokko: Mobilia 1979, Nr. 284, 26-31 m. Abb. – [Kat. Ausst.] The Lunning Prize. Nationalmuseum. Stockholm 1986, 148-153.

Wardle & Co., Leek/Staffordshire, England   S. 32, 34, 36

Der Besitzer der Textilfärberei und -druckerei, Sir Thomas Wardle (1836-1909), war mit William Morris befreundet und druckte von 1875 bis 1883 die von diesem entworfenen Chintz-Stoffe bis zur Inbetriebnahme der Produktionsstätten von »Morris & Co.« in Merton Abbey. Daneben führte das Unternehmen auch Aufträge der Firma Liberty aus.
Entwerfer u. a.: *W. Morris*
Lit. u. a.: Cox Mabel, Sir Thomas Wardle and the Art of Dyeing and Printing: The Artist 1897, Bd. 19, 211-218 – [Kat. Ausst.] Liberty's 1875-1975. Victoria and Albert Museum. London 1975, 10 – Fairclough Oliver u. Emmeline Leary, Textiles by William Morris and Morris & Co. London 1981, 14, 33-34.

Handweberei Sigmund von Weech, Bäck am Hof/Schaftlach, Deutschland   S. *16*, 128, 152, 214

1916 erwarb die spätere Frau von Sigmund von Weech, Angelina von Weech, nahe des Tegernsees

die Gebäude, in denen später die Handweberei untergebracht wurde. 1921, im Jahr ihrer Heirat mit Sigmund von Weech, Gründung der Werkstatt. Bereits 1924 stießen die Entwürfe von Weechs auf so große Resonanz, daß die Weberei vergrößert werden konnte. Seit 1931 war Angelina von Weech alleinige Leiterin der Werkstatt, seit 1932 Alleininhaberin; die Werkstatt bestand bis kurz nach ihrem Tod (1962). Zunächst wurden Wollstoffe hergestellt, dann Jacquard-Webstühle angeschafft. Sigmund von Weech produzierte etwas später für die Industrie und experimentierte mit neuartigen Materialien wie z. B. Kunstfasern. Die Handweberei stellte in ihren Blütejahren zweimal jährlich in Leipzig ihre Produkte vor.
Entwerfer: *S. von Weech*
Lit. u. a.: Kircher Ursula, Von Hand gewebt. Eine Entwicklungsgeschichte der Handweberei im 20. Jahrhundert. Marburg 1986, 112, 126-127.

Werkkunstschule Hannover, Deutschland S. 254

In der heutigen Fachhochschule Hannover sind seit 1971 sieben Fachbereiche zusammengefaßt. Der Fachbereich »Kunst und Design« hat seinen Ursprung in der im Jahre 1791 gegründeten »Freien Zeichenschule für Handwerkslehrlinge«. Seit 1892 »Handwerker- und Kunstgewerbeschule« benannt, wurde sie ab 1952 mit dem Terminus »Werkkunstschule Hannover« bezeichnet.
Nach 1923 erfolgte unter dem Einfluß des Bauhauses Einführung der Werkstättenlehre als Grundlage der gestalterischen Ausbildung der Schule. Nach Absolvierung der Grundklasse hat der Schüler die Wahl zwischen elf Abteilungen, zu denen auch eine Textilentwurf- und Webereiklasse (in den fünfziger Jahren von Gertrud Günther geleitet) zählt.
Entwerfer u. a.: *H. Tuchtfeldt*
Lit. u. a.: Tiemann Karlgeorg, Die Werkkunstschulen in Westdeutschland. Köln 1953, 10, 18.

Wiener Werkstätte, Wien S. *16, 24 f., 26 f.,* 52, 62-63, 94-95, 112, 114-115, *116, 117, 118, 120,* 121-125, 146-149

1903 Gründung der »Wiener Werkstätte, Produktionsgenossenschaft für Gegenstände des Kunstgewerbes« durch die Künstler Josef Hoffmann und Kolo Moser sowie den Bankier Fritz Wärndorfer. Die Werkstätte bestand bis 1932 und wurde 1939 endgültig aus dem Handelsregister gelöscht.
Der Textilbereich war eine der ertragreichsten und produktivsten Abteilungen des Unternehmens, der von fast allen für die Werkstätte tätigen Künstlern – oft Mitglieder der Wiener Secession und der Wiener Kunstgewerbeschule – mit Entwürfen gespeist wurde. Seit 1905 stellte die Textilabteilung handbedruckte Stoffe in eigener Werkstätte her. Die maschinell produzierten Textilien fertigte dagegen die Firma Backhausen & Söhne (s. auch dort).
1910 erfolgte die Anmeldung des Damenkleidermacher- und Modistengewerbes. Seit 1911 wurde die neu konstituierte »Modeabteilung« vor allem von Josef Eduard Wimmer-Wisgrill und ab 1922 von seinem Schüler Max Snischek geleitet. Ab 1913 veranstaltete die Wiener Werkstätte wiederholt Mode- und Modellschauen in zahlreichen Städten. 1915 konnte Dagobert Peche (gest. 1923) zur Mitarbeit gewonnen werden. Er entwarf vor allem Textilien, Tapeten und Teppiche. Durch Josef Eduard Wimmer und Dagobert Peche trat der Einfluß Hoffmanns und Mosers in den Hintergrund.
1920 nahm die Werkstätte erstmals an der Frankfurter Messe mit Mode- und Stoffentwürfen teil. Die Wiener Werkstätte entwarf neben Textilien Tapeten und Teppiche, Gold- und Silberschmiedegeräte sowie Möbel, Bücher, Keramiken und andere kunstgewerbliche Objekte.
Entwerfer u. a.: *L. Blonder, M. Flögl, L. Frömmel-Fochler, J. Hoffmann, L. H. Jungnickel, V. Kovačić, M. Likarz, D. Peche, F. Rix, M. Snischek, H. Schmidt-Jesser. V. Wieselthier*
Lit. u. a.: Mrazek Wilhelm, Die Wiener Werkstätte. Modernes Kunsthandwerk von 1903-1932. infor Austria [o. J.] – [Kat. Ausst.] Die Wiener Werkstätte. Österreichisches Museum für angewandte Kunst. Wien 1967 – Völker Angela, [Kat. Ausst.] Wiener Mode + Modefotografie. Die Modeabteilung der Wiener Werkstätte 1911-1932. Österreichisches Museum für angewandte Kunst. Wien/München/Paris 1984 – Neuwirth Waltraud, Die Wiener Werkstätte 1903-1932. Wien [1985] – [Kat. Ausst.] Traum und Wirklichkeit. Wien 1870-1930. Historisches Museum. Wien 1985.

WK-Verband, Leinfelden-Echterdingen, Deutschland S. 248-249

Repräsentiert einen Zusammenschluß von Einrichtungshäusern. Er wurde 1912 von Arthur Schubert unter der Bezeichnung »Deutsche Werkstätte für Wohnungskunst«, Düsseldorf – in Imitation der Deutschen Werkstätten – gegründet. Der Verband produzierte nicht in eigenen Werkstätten, sondern vergab Aufträge, so u. a. an die Firma Erwin Behr. 1913 erfolgte die Umbenennung in »Deutsche Wohnungskunst, Verein für neuzeitliche Wohnkunst e. V.« Hieraus leitete sich der Markenname WK-Möbel ab. 1924/25 zählte der WK-Verband zwanzig Vertragslieferanten, und 1927 entwarf Paul Grießer die ersten WK-Aufbaumöbel. Ab 1933 übernahm Erwin Hoffmann mit Hilfe namhafter Entwerfer die Leitung. Die WK-Gruppe fusionierte 1934 mit dem »Verband deutscher Wohnkultur«.
Durch Erwin Hoffmann als »Neue Gemeinschaft für Wohnkultur e. V.« (Sitz in Stuttgart) wieder ins Leben gerufen, erfolgte ab 1949 die Zusammenarbeit mit zahlreichen sozial orientierten Einrichtungen, und man entwickelte die sogenannten WKS-Möbel (besonders preiswerte Vielzweckmöbel). Die 1957 gegründete »WK-Erwin Hoffmann Stiftung« hat das Ziel, junge Entwerfer zu fördern und schulische Einrichtungen auf dem Gebiet der Innenarchitektur zu unterstützen.
1968 verlegte die WK-Gruppe ihren Sitz nach Leinfelden-Echterdingen, und 1970 übernahm man die Reste der Deutschen Werkstätten.
Entwerfer u. a.: *J. Hillerbrand*
Lit. u. a.: Wichmann Hans, Aufbruch zum neuen Wohnen. Deutsche Werkstätten und WK-Verband 1898-1970. Stuttgart 1978, 148-156 [dort weit. Lit.].

Zu den Autoren

Stephan Eusemann, Designer, Professor (geb. 1924)

Nach Architekturpraktikum Studium der Kunstgeschichte, Psychologie und Pädagogik an den Universitäten Erlangen und Bamberg sowie an den Kunstakademien Stuttgart und München (Staatsexamen). 1952-60 Aufbau und Leitung der neu gegründeten Fachklasse für Textilgestaltung an der Textilingenieurschule Münchberg. Seit 1960 Inhaber des Lehrstuhls für Textilkunst und Flächendesign, Akademie der bildenden Künste, Nürnberg; 1974-86 Vizepräsident dieser Institution.

Entwürfe für Wohntextilien, Tapeten, Tapisserien sowie in den Bereichen Kunststoff, Glas und Porzellan; Entwicklungen u. a. von Faser-Misch-Systemen. Gleichzeitig Konzeption textiler Raumausstattungen, z.B. für das Bayerische Kultusministerium in München, die Universität Regensburg und Deutsche Bank Nürnberg; als Berater für Farb- bzw. Materialgestaltung bei Siemens, BMW, Deutsche Bundespost, Bundesbahn u. a. tätig. Forschungen in den Gebieten Textil-System-Design und Farbsysteme.

Vizepräsident der International Association of Colour Consultants (IACC), Vorstandsmitglied des Deutschen Farbenzentrums Berlin, Mitglied u. a. des Fachnormenausschuß Farbe (FNF/DIN) und im Kuratorium der Neuen Sammlung, München.

Ausgezeichnet u. a. bei der 11. und 13. Triennale Mailand (1957, 1963), mit dem Bayerischen Staatspreis 1981 und dem »Ehrenring« des Zentralverbandes Deutscher Raumausstatter.

Lit. u. a.: 125 Jahre Textilausbildungsstätten in Münchberg 1854-1979. [Münchberg] 1979, 32-33 – [Kat.Ausst.] 4. Biennale der deutschen Tapisserie. Museum für Kunst und Gewerbe. Hamburg 1985, 90.

Ildikó Klein-Bednay, Dr. (geb. 1950 in Budapest)

Studium der Orientalischen Kunstgeschichte, Japanologie und Vergleichenden Religionswissenschaft an der Rheinischen Friedrich-Wilhelms-Universität. Stipendiatin des Deutschen Cusanuswerks. Promotion Bonn 1983. Drei längere Studienaufenthalte im Metropolitan Museum of Art, New York, Textile Study Room und Far Eastern Department. Seit Winter-Semester 1985 Lehrbeauftragte der Universität Köln, Seminar für Textilgestaltung. Spezialgebiete: Textilkunst Ostasiens, Ostasiatische Sammlungen in Osteuropa. Mitgliedschaften u. a. in: Deutsch-Morgenländische Gesellschaft; Deutsch-Japanische Gesellschaft, Bonn; Kölner Museumspädagogische Gesellschaft; CIETA; Colloquium Humanum, Bonn. Veröffentlichungen u. a.: »Schmuck und Gewand des Bodhisattva in der frühchinesischen Plastik«, Bonn 1984; »Prof. Dr. Eleanor von Erdberg und ihre Schüler«, Beitrag und Hrsg. (mit Klaus Fischer), Bonn 1984; »Die Akademische Lehrerin«, Festbeitrag in: Gedanken in die Ferne (Hrsg.: Hans Holländer), Aachen 1989; »Staatsporträt und Ereignisbild. Zu den Darstellungen des Meiji-Tennō«, in: Das Bildnis in der Kunst des Orients (Hrsg.: D. Seckel, H. Kraatz u. Meyer zur Capellen), Wiesbaden 1989. Wissenschaftliche Beiträge (Kongresse): Bushidō, der Weg des Samurai, Solingen 1984; A magyar Keletázsiai kutatás történetéböl (= Zur Geschichte der Ostasienforschung in Ungarn), Köln 1988; Natur und Landschaft in der Textilkunst Ostasiens, Köln 1988; Japanisches Hofzeremoniell und europäisches Protokoll, Bonn 1988.

Jack Lenor Larsen, Dr. h.c., Designer, Dozent (geb. 1927)

Studium der Architektur, des Möbel- und Textildesign an der University of Washington in Seattle und Cranbrook Academy of Arts, Bloomfield Hills/Michigan; dort Studien zu peruanischen Stofftechniken und 1951 Graduierung zum M.F.A. Parallel zur akademischen Ausbildung Beginn der handwerklichen Tätigkeit als Weber. Erste Ausstellung 1949 in Parkland/Oregon. 1951 Eröffnung eines Ateliers in New York City. 1952 Gründung der Jack Lenor Larsen Inc. zusammen mit Win Anderson, Bob Car und Manning

Field und erster Großauftrag: textile Ausstattung des Lever House, New York. 1958 Gründung der Larsen Design Corporation. In der Folgezeit Konzeption, Gestaltung und Leitung internationaler Ausstellungen, so u. a. 1962 »Fabrics International«, 1964 U.S. Pavillon der 13. Mailänder Triennale, 1968 und 1977 »Wall Hangings« (The Museum of Modern Art, New York), 1981 »The Art Fabric: Mainstream« (The San Francisco Museum of Modern Art). Gleichzeitig Durchführung zahlreicher Aufträge im Bereich des Textildesign und Entwicklung neuer Materialien, Gewebestrukturen und Fertigungsverfahren auf der Basis traditioneller Technologien, angeregt durch die Auseinandersetzung mit afrikanischen, südamerikanischen und südostasiatischen Stoffen. Eigene Ausstellungen u. a. im Stedelijk Museum Amsterdam (1968), Museum Bellerive Zürich (1970), Kunstindustrietmuseum Kopenhagen (1976), Fashion Institute of Technology New York (1978), Musée des Arts Décoratifs Paris (1981). Auszeichnungen u. a.: Goldmedaillen bei der 13. Triennale Mailand (1964) und durch das American Institute of Architects (1968), »Elsie de Wolfe«-Preis (1971), »Royal Designer of Industry« (1982).

Buchpublikationen u. a.: [mit Azalea Thorpe], Elements of Weaving. New York 1967 – [mit Mildred Constantine], [Kat. Ausst.] Beyond Craft: The Art Fabric. New York 1972 – [mit Alfred Bühler et al.], The Dyer's Art – Ikat Batik Plangi. New York 1977 – [mit Mildred Constantine], [Kat. Ausst.] The Art Fabric: Mainstream. New York 1981.

Lit. u. a.: Hiesinger Kathryn B., [Kat. Ausst.] Design since 1945. Philadelphia Museum of Art. London 1983, 219 [dort weit. Lit.].

Hans Wichmann, Dr., Leiter der Neuen Sammlung, Staatliches Museum für angewandte Kunst (geb. 1925)

Studium der Kunstwissenschaft, Archäologie, Literaturgeschichte und Volkskunde in München. Promotion 1955. Weiterhin handwerkliche Ausbildung und Ausbildung als Museumspraktiker. 1955 bis 1973 Leiter der Forschungsgruppe bei der Bayerischen Akademie der Wissenschaften; daneben 1960 bis 1980 Leiter des Werkbundes Bayern. 1976 Bundesverdienstkreuz; seit 1981 u. a. Mitglied des Bayer. Landesbaukunstausschusses.

Buchpublikationen u. a.: Toni Stadler, München 1955 – August Macke. Darmstadt 1959 – Max Beckmann. Darmstadt 1960 – Ursprung und Wandlung der Schachfigur in zwölf Jahrhunderten. München 1960, New York und London 1964 – Bibliographie der Kunst in Bayern. Bd. 1-4. Wiesbaden 1960 bis 1973 – Produktform. Made in Germany. Bd. 1-2. München 1966, 1970 – Die Zukunft der Alpenregion (Hrsg.). München 1972 – Kultur ist unteilbar. Starnberg 1972 – Ohne Vergangenheit keine Zukunft. Donauwörth 1976 – Wohnen im ländlichen Raum. Basel 1978 – Aufbruch zum neuen Wohnen. Basel 1978 – Drehpunkt 1930. Aspekte (Hrsg.) München 1979 – Der Sport formt sein Gerät. München 1980 – Architektur der Vergänglichkeit (Hrsg.). Basel 1983 – System-Design. Bahnbrecher: Hans Gugelot (Hrsg.). München 1984 – Festschrift Aloys Goergen (Hrsg.). München 1985 – Industrial Design, Unikate, Serienerzeugnisse. Die Neue Sammlung. Ein neuer Museumstyp des 20. Jahrhunderts. München 1985 – Sep Ruf. Bauten und Projekte. Stuttgart 1986 – Design-Process-Auto (Hrsg.). München/Basel 1986/87 – Reiz und Hülle. Gestaltete Warenverpackungen des 19. und 20. Jahrhunderts. Basel 1987 (mit E. Leitherer) – Italien: Design 1945 bis heute. München/Basel 1988 – Japanische Plakate. München/Basel 1988 – System-Design: Fritz Haller (Hrsg.). München/Basel 1989 – Armin Hofmann (Hrsg.). München Basel 1989 – Herausgeber der Buch-Reihe: »industrial design – graphic design«, Birkhäuser-Verlag Basel, 1987 ff.

Kataloge und Bücher
der Neuen Sammlung 1980/90

Im Rahmen des gleichen Erscheinungsbildes
erschienen:

Wichmann Hans, Textilien, Silbergeräte, Bücher.
Eine Auswahl aus den verborgenen Depots.
München 1980. 40 S. m. Abbildungen
= Zeugnisse 1.

Wichmann Hans, Der Sport formt sein Gerät.
Reiten, Schießen, Fechten, Klettern.
München 1980. 90 S. m. Abbildungen
= Blickpunkte 1.
*Die behandelten Objekte bilden den Grundstock der
Sportgeräte-Sammlungen des Museums.*

Wichmann Hans, Warenplakate. Meisterplakate der
Jahrhundertwende bis heute.
München 1981. 48 S. m. Abbildungen
= Zeugnisse 2.
Bestände der Neuen Sammlung.

Wichmann Hans (Hrsg.), Architektur der
Vergänglichkeit. Lehmbauten der Dritten Welt.
München 1981. 160 S. m. Abbildungen und
Zeichnungen = Blickpunkte 2.
*Erschien 1983 überarbeitet und stark erweitert als
Buch u. a. mit Beiträgen von A. Adam, B. Hrouda,
R. Wienands, D. Wildung (Birkhäuser Verlag, Basel).*

Wichmann Hans, Neu. Donationen und
Neuerwerbungen 1980/81.
München 1982. 58 S. m. Abbildungen
= Zeugnisse 3.
*Erstmals werden die neuen Sammlungsbereiche:
Sekundärarchitektur/street furniture, Sportgeräte,
Fahrzeuge und Systeme vorgestellt.*

Wichmann Hans, Raymond Savignac. Werke des
französischen Plakatkünstlers aus den Jahren 1948
bis heute.
München 1982. 58 S. m. zahlreichen Abbildungen
= Beispiele 2.
*Mit Bibliographie, Vita und Äußerungen des
Künstlers. Der Umschlag des Katalogs wurde von
ihm entworfen.*

Wichmann Hans (Hrsg.), System Design.
Bahnbrecher: Hans Gugelot 1920–1965.
München 1984. 140 S. m. Abbildungen
= Blickpunkte 3.
*Enthält u. a. mehrere Aufsätze des Designers, ferner
Werkverzeichnis und Bibliographie. – Zugleich Bd. 3
der Serie: industrial desig-graphic design. Basel
1987.*

Donation Agip.
München 1984. 18 S. m. Abbildungen.
*Enthält eine Abhandlung über die durch das
Unternehmen Agip der Neuen Sammlung
dedizierten Objekte.*

Wichmann Hans (Hrsg.), Kirche heute. Architektur
und Gerät. Süddeutscher Raum.
München 1984. 108 S. m. zahlreichen farbigen
Abbildungen und Zeichnungen = Blickpunkte 4.
*Enthält ein Glossar und Beiträge von Aloys
Goergen, Günther Rombold u. a.*

Wichmann Hans (Hrsg.), Polnische Plakate der
Nachkriegszeit.
München 1985. 90 S. m. 104 teils farbigen
Abbildungen = Zeugnisse 4.
*Mit Viten der vertretenen Künstler und
Bibliographien der einzelnen Plakate. Bestände der
Sammlung.*

*Wichmann Hans, In memoriam Sep Ruf.
Stuttgart 1985. 240 S. m. 321 Abbildungen und
Zeichnungen = Beispiele 4.
U. a. mit Äußerungen des Architekten, Vita,
Werkverzeichnis und Bibliographie. Erschien 1986
auch in Buchform (DVA, Deutsche Verlagsanstalt).*

Donation Braun.
Berlin 1985. 28 S. m. Abbildungen.
*Enthält eine Abbildung über die durch das
Unternehmen Braun der Neuen Sammlung
dedizierten Objekte.*

Wichmann Hans, Neu. Donationen und
Neuerwerbungen 1982/83.
München 1986. 90 S. m. 142 teils farbigen
Abbildungen = Zeichnungen 5
*Gibt einen Ausschnitt von etwa 300 Objekten der in
den Jahren 1982/83 erfolgten knapp 3000
Neuerwerbungen.*

Donation Olivetti.
Frankfurt/M. 1986. 43 S. m. Abbildungen.
*Enthält Abhandlungen über die durch das
Unternehmen Olivetti der Neuen Sammlung
dedizierten Objekte.*

Olivetti, Corporate Identity Design.
Frankfurt/M. 1986. 63 S. m. Abbildungen.
*Begleitende Veröffentlichung der gleichnamigen
Ausstellung in der Neuen Sammlung während der
Ausstellung »Neu«.*

Wichmann Hans (Hrsg.), Design-Process-Auto. Zum
Beispiel BMW.
München 1986. 203 S. m. 228 meist farbigen
Abbildungen. (Ln. geb. m. farb. Schutzumschlag).
= Blickpunkte 5.
*Erste Abhandlung der Thematik. Enthält u. a. ein
Glossar. – Zugleich Bd. 1 der Serie: industrial
design-graphic design. Basel 1987.*

Bayerischer Staatspreis für Nachwuchs-Designer
1987.
München 1987. 40 S. m. Abbildungen.
*Enthält u. a. Statuten, Würdigung der mit Preisen
ausgezeichneten Arbeiten, Behandlung der
prämiierten Entwürfe.*

Wichmann Hans (Hrsg.), Mendell & Oberer, Graphic
Design.
München 1987. 152 S. m. zahlr. farbigen
Abbildungen (Ln. geb. m. farb. Schutzumschlag).
= Beispiele 5.
*Die wichtigsten Entwürfe Pierre Mendells. –
Zugleich Bd. 2 der Serie: industrial design-graphic
design. Basel 1987.*

Wichmann Hans (Hrsg.), Donation Siemens an Die
Neue Sammlung.
München 1987. 142 S. m. 158 meist farbigen
Abbildungen. (Ln. geb. m. Schutzumschlag).
*Enthält Beiträge von Eugen Leitherer, Dieter Rams,
Dankwart Rost und Herbert Schultes. Die Objekte
der Donation werden jeweils unter den Aspekten:
Konstruktion – Leistung – Gestalt behandelt.*

Wichmann Hans, Neu. Donationen und
Neuerwerbungen 1984/85.
München 1988. 130 S. m. 95 schwarz-weißen u. 11
farbigen Abbildungen (Ln. geb. m. farb.
Schutzumschlag) = Zeugnisse 6.
*Überblick von ca. 320 Objekten aus den knapp 2437
Neuerwerbungen.*

Wichmann Hans, Italien: Design 1945 bis heute.
München 1988. 388 S. m. 125 farbigen u. 220
schwarz-weißen Abbildungen (Ln. geb. m. farb.
Schutzumschlag). = Blickpunkte 7.
*Mit einem Beitrag von Vittorio Gregotti, zahlreichen
Statements italienischer Designer, Daten und
Fakten und einer umfangreichen Bibliographie. –
Zugleich Bd. 4 der Serie: industrial design-graphic
design. Basel 1988.*

Wichmann Hans, Japanische Plakate. Sechziger
Jahre bis heute.
München 1988. 211 S. m. 106 farbigen u. 50
schwarz-weißen Abbildungen (Ln. geb. m. farb.
Schutzumschlag). = Zeugnisse 7.

*Mit einem Beitrag von Irmgard Schaarschmidt-
Richter. Arbeiten von 52 bedeutenden Entwerfern,
deren Viten zum Teil zum ersten Mal in Europa
veröffentlicht wurden; mit Bibliographie.
Zugleich Bd. 5 der Buchreihe: industrial design-
graphic design. Basel 1988.*

Wichmann Hans, Neu. Donationen und
Neuerwerbungen 1986/87.
München/Basel 1989. 207 S. m. 130 schwarz-weißen
u. 62 farbigen Abbildungen (Ln. geb. m. farb.
Schutzumschlag) = Zeugnisse 7.
*Auswahl aus den 2025 Neuerwerbungen der
beiden Jahre.*

Wichmann Hans (Hrsg.), System-Design:
Fritz Haller. Bauten-Möbel-Forschung.
München/Basel 1989. 303 S. m. 525 schwarz-weißen
u. 78 farbigen Abbildungen (Ln. geb. m. farb.
Schutzumschlag). = Beispiele 8.
*Werkverzeichnis des 1924 geborenen Schweizer
Architekten und Forschungsvorhaben; mit
Bibliographie. Zugleich Bd. 6 der Buchreihe:
industrial design-graphic design. Basel 1989.*

Wichmann Hans (Hrsg.), Armin Hofmann.
Werk, Erkundung, Lehre.
Basel 1989. 224 S. m. 187 schwarz-weißen
u. 11 farbigen Abbildungen (Ln. geb. m. farb.
Schutzumschlag). = Blickpunkte 8.
*Monographie des bedeutenden Schweizer
Graphikers. Zugleich Bd. 7 der Buchreihe: industrial
design-graphic design. Basel 1989.*

Wichmann Hans, Neu. Donationen und Neuerwer-
bungen 1988/89.
München/Basel 1990. 314 S. m. 212 schwarz-wei-
ßen u. 98 farbigen Abbildungen (Ln. geb. m. farb.
Schutzumschlag) = Zeugnisse 8.
*Auswahl aus den 2680 Neuerwerbungen der beiden
Jahre.*

Sammlungs-Kataloge im Großquartformat
(H. 30,5 cm; Br. 23,5 cm):

Wichmann Hans, Industrial Design. Unikate.
Serienerzeugnisse. Die Neue Sammlung. Ein neuer
Museumstyp des 20. Jahrhunderts. München 1985.
526 S. m. ca. 1200 teils farbigen Abbildungen.
(Ln. geb. m. farb. Schutzumschlag).
*Grundkatalog der Sammlung. Das Standardwerk
»zur Kunst, die sich nützlich macht« enthält etwa
600 Viten und mehr als 8000 Literaturzitate. Wurde
als eines der schönsten Bücher des Jahres 1985
ausgezeichnet.*

Leitherer Eugen und Hans Wichmann,
Reiz und Hülle. Gestaltete Warenverpackungen des
19. und 20. Jahrhunderts.
Basel 1987. 304 S. m. ca. 500 meist farbigen
Abbildungen = Sammlungskat. Bd. 2.
(Ln. geb. m. farb. Schutzumschlag).
*Behandelt die Verpackung unter sozio-
ökonomischen und formal-graphischen Aspekten.
Durch umfangreiche Bibliographien und Register
das Standardwerk zum Thema.*

Wichmann Hans, Von Morris bis Memphis.
Textilien der Neuen Sammlung.
Ende 19. bis Ende 20. Jahrhundert.
Basel 1990. 464 S. m. 746 zumeist farbigen
Abbildungen = Sammlungskat. Bd. 3.
(Ln. geb. m. farb. Schutzumschlag).
*Mit Beiträgen von Stephan Eusemann, Ildikó
Klein-Bednay, Jack Lenor Larsen. Enthält auch
japanische Stoffe der Neuen Sammlung, weiterhin
Verzeichnisse, Register und Bibliographie.*